Die Gebläse

Bau und Berechnung der Maschinen zur Bewegung,
Verdichtung und Verdünnung der Luft

Von

Albrecht von Ihering
Kaiserlicher Geheimer Regierungsrat

Dritte, umgearbeitete und vermehrte Auflage

Mit 643 Textfiguren und 8 Tafeln

Springer-Verlag Berlin Heidelberg GmbH 1913

Additional material to this book can be downloaded from http://extras.springer.com

ISBN 978-3-662-24136-3   ISBN 978-3-662-26248-1 (eBook)
DOI 10.1007/978-3-662-26248-1
Softcover reprint of the hardcover 3rd edition 1913

Vorwort zur ersten Auflage.

Indem ich das vorliegende Buch über „Gebläse" der Öffentlichkeit übergebe, sehe ich mich zunächst genötigt, auf eine kaum zu vermeidende Ungenauigkeit des Titels hinzuweisen. Eine Schrift, welche die Maschinen zur Ortsveränderung der Luft zum Gegenstand ihrer Betrachtungen hat, darf die in neuerer Zeit zur ausgedehntesten Anwendung gelangten Maschinen zur Verdichtung und Verdünnung der Luft, die Luftkompressoren und Luftpumpen oder Vakuumpumpen nicht unberücksichtigt lassen. Da dieselben jedoch weder ihrem Zwecke noch dem Sprachgebrauch gemäß zu den Gebläsen zu rechnen sind, so habe ich die Unzulänglichkeit des Haupttitels durch den Nebentitel „Bau und Berechnung der Maschinen zur Bewegung, Verdichtung und Verdünnung der Luft" zu beseitigen versucht.

Eine weitere Schwierigkeit lag in der Einteilung des Stoffes.

Während die Kompressoren und Luftpumpen ihrer Wirkungsweise und Bauart nach zu den Zylinder-Gebläsen zu rechnen sind und als Unterabteilung derselben zu behandeln gewesen wären, zog ich es vor, dieselben in besonderen Kapiteln zu erledigen, um nicht durch ein zu weit gegliedertes Schema, wie es sich im ersteren Falle ergeben hätte, die Übersichtlichkeit zu beeinträchtigen. Auch bezüglich der Schraubengebläse ist ähnliches zu bemerken. Dieselben gehören streng genommen ihrer Wirkungsweise nach zu den Kolbengebläsen mit fortwährend umlaufendem Kolben oder Kapselgebläsen, indessen läßt sich auch gegen das Zusammenfassen mit diesen manches geltend machen, weshalb ich auch hier eine Lostrennung von der an sich schon so umfangreichen Klasse der Kolbengebläse aus demselben Grunde wie bei den Luftkompressoren für wünschenswert hielt. Daß durch beide Anordnungen das strenge Ordnungsgefühl manches Lesers vielleicht verletzt werden wird, muß ich wohl zugestehen, indessen hoffe ich, auch hierbei auf Nachsicht rechnen zu dürfen.

Was die Bezeichnung der einzelnen Klassen anbetrifft, so habe ich für die auf der Zentrifugalkraft beruhenden Gebläse die Bezeichnung Schleudergebläse oder Ventilatoren angewandt, den letzteren Ausdruck jedoch nicht, wie es häufig noch geschieht, auch für die Kapselgebläse beibehalten. Die gleichfalls noch vielfach gebräuchliche Bezeichnung Ejektoren habe ich durch das Wort „Strahlgebläse" ersetzt.

Für die Beibehaltung des Wortes „Kompressoren" bedarf es wohl keiner Rechtfertigung, da dasselbe sich ebenso gut wie das Wort Expansion derartig in den technischen Sprachgebrauch eingebürgert hat, daß ein Überbordwerfen desselben den Ausdruck nur erschweren würde.

Der vereinzelten Wiedergabe älterer Konstruktionen lag die Absicht zugrunde, einen Vergleich derselben mit dem gegenwärtig Gebräuchlichen zu ermöglichen und hierdurch für die weitere Ausbildung der betreffenden Maschinenklassen einigen Anhalt zu gewähren. Wenn auch einige wenige, kaum empfehlens- und nachahmungswerte Konstruktionen aufgenommen sind, so geschah es in der Erwägung, daß auch der Nachweis, welch falsche Bahnen der erfinderische Geist zuweilen einschlägt, lehrreich ist und vor ähnlichen Fehlern zu bewahren vermag.

Bei der Behandlung der Ventilatoren war mein Augenmerk vor allem auf das Sammeln und die Wiedergabe von Versuchsergebnissen gerichtet. Die Ergebnisse zahlreicher, mit den verschiedensten Ventilatoren angestellter Versuche sind in vielen in- und ausländischen Fachzeitschriften derartig zerstreut zur Veröffentlichung gelangt, daß es mir wünschenswert erschien, sie zusammenzufassen und aus ihnen das Gemeinsame und Charakteristische hervorzuheben, um einmal in diesen Werten für die Untersuchung anderer eine gewisse Grundlage zu liefern, sodann aber auch durch möglichst genaue Wiedergabe der Art und Weise der Ausführung der Versuche für die Vornahme neuer Versuche einige Anleitung zu geben und endlich durch den Hinweis auf die vielfach zutage tretenden Ungenauigkeiten und Unvollständigkeiten der gefundenen Werte die unbedingte Notwendigkeit fortgesetzter wissenschaftlicher Versuche hervorzuheben.

Während es ursprünglich in meiner Absicht lag, die vielfachen Anwendungen der verdichteten oder verdünnten Luft, wenn auch nur im allgemeinen, mit zum Gegenstand der Behandlung zu machen, so mußte ich hiervon, abgesehen von verschiedenen anderen Gründen schon aus Rücksicht auf den mir gesteckten Rahmen, Abstand nehmen.

Bei der Ableitung der Gleichungen zur Berechnung der Gebläse im zweiten Teil dieser Schrift war ich überall bestrebt, dieselbe mit den Hilfsmitteln der niederen Mathematik durchzuführen, um auch jenen Lesern, welchen die höhere Mathematik nicht geläufig ist, das Verständnis zu ermöglichen, indem ich hierin dem von Weisbach-Herrmann in dem Lehrbuche der Ingenieurmechanik gegebenen Beispiele Folge leistete. Nur dort, wo eine Entwickelung mit Hilfe der niederen Mathematik entweder gar nicht oder nur auf großen Umwegen zum Ziele geführt hätte, bediente ich mich der Methoden der höheren Mathematik.

Durch das möglichst bis auf die neueste Zeit vervollständigte Literaturverzeichnis hoffte ich allen denen, welche eingehende Studien über bestimmte Maschinen zu machen gewillt sind, dienlich sein zu können.

Schließlich darf ich es nicht unterlassen, allen jenen Firmen und Fachgenossen, welche mich durch die Zusendung von Zeichnungen und Versuchsergebnissen und sonstige Mitteilungen in bereitwilligster Weise unterstützt haben und der Verlagsbuchhandlung für ihr höchst dankenswertes Entgegenkommen bezüglich der vortrefflichen Ausstattung des Buches meinen aufrichtigsten Dank zu sagen.

Möchte mein Buch allen, welche sich über die Maschinen zur Bewegung der Luft zu unterrichten wünschen, von Nutzen sein können und eine freundliche und nachsichtige Beurteilung der Fachgenossen finden!

Aachen, den 28. Mai 1893.

Albrecht von Ihering.

Aus dem Vorwort zur zweiten Auflage.

Um den Umfang des Buches gegen die erste Auflage nicht zu sehr zu erweitern, war ich genötigt, den für die Aufnahme der großen Anzahl neuer, seit der ersten Auflage ausgeführter Konstruktionen auf dem Gebiete der Gebläsemaschinen, Luftkompressoren und Ventilatoren erforderlichen Raum durch Fortlassen eines großen Teiles älterer und veralteter Ausführungen zu gewinnen.

Völlig neu ist das Kapitel der erst seit etwa 6 Jahren in der Praxis in stetig zunehmendem Maße zur Anwendung gelangten „Hochofengas-Gebläsemaschinen". Neu aufgenommen ist ferner das Kapitel der hydraulischen Kompressoren oder Wasserdruckkompressoren, sodann die mannigfaltigen Konstruktionen von neueren Luftkompressoren mit Federventilen, mit rückläufigen Ventilen, mit Kolbenschiebersteuerungen und der zahlreichen neueren Ausführungen von Kondensatorluftpumpen.

Auf dem Gebiete der Ventilatoren sind besonders die Konstruktionen von Rateau mit Antrieb durch Dampfturbinen, von Davidson und Mortier zu nennen, welche völlig neu hinzugekommen sind und eine eingehende Behandlung erfahren haben.

Der theoretische Teil wurde wesentlich gekürzt und einzelne Kapitel, so dasjenige über die Berechnung der vorteilhaftesten Kondensatorspannung und dasjenige über die Berechnung der Schwungräder als entbehrlich ganz fortgelassen.

Berlin, den 24. Januar 1903.

Albrecht von Ihering.

Vorwort zur dritten Auflage.

Gegenüber der zweiten Auflage hat die vorliegende dritte Auflage eine große Anzahl von Ergänzungen erfahren.

Ganz neu aufgenommen sind die, erst seit einigen Jahren zur Ausbildung gelangten Turbo-Gebläse und Turbo-Kompressoren, ebenso die zahlreichen, verschiedenartigen Konstruktionen der sogenannten masselosen Plattenfederventile für Gebläse und Luftkompressoren.

Von Ventilatoren sind neu hinzugekommen der Hohenzollern-Ventilator, der Keith-Ventilator, das Schrägschaufelgebläse von Schiele und der Grubenventilator der letzteren Firma. Bei den bekannten Konstruktionen, sowohl der Gebläsemaschinen als auch der Kompressoren und Ventilatoren, war es mein Bestreben, stets nach Möglichkeit nur die neuesten Ausführungen aufzunehmen. Wenn trotzdem auch eine größere Anzahl von Konstruktionen der früheren Auflagen aus derselben in die neue Auflage übernommen ist, so geschah es in der Erwägung, daß gerade die alten, vielfach bewährten aber auch manche, nicht mehr in der Praxis ausgeführten Konstruktionen für die Konstrukteure und Erfinder, welche an dem weiteren Ausbau des großen Gebietes der Gebläse mitarbeiten, als „Wegweiser" und wertvolles Orientierungsmaterial von größtem Werte sind und daher nicht gut in einem Werke fehlen durften, in welchem beabsichtigt ist, ein möglichst vollständiges Bild der Entwicklung des Gebläsebaues zu geben.

Wie bei den beiden früheren Auflagen suchte ich auch bei der vorliegenden Auflage durch die Wiedergabe möglichst reichhaltigen Versuchsmaterials den Leser in den Stand zu setzen, sich von der Leistungsfähigkeit der einzelnen Konstruktionen selbst zu überzeugen.

Auf die Aufnahme eines Literatur-Verzeichnisses konnte ich ganz verzichten, um möglichst viel Raum für die Ergänzungen zu gewinnen, da ja fast alle größeren technischen Zeitschriften, so die Z. Ver. deutsch. Ing., Stahl und Eisen, „Glück auf", Zeitschrift des österreichischen Arch. u. Ing. Vereines und viele andere Fach-Zeitschriften periodische Literaturübersichten geben.

Den vielen Maschinenfabriken, welche mich auch diesmal wieder, wie bei den früheren Auflagen in entgegenkommendster Weise durch Übersendung von Zeichnungen, Versuchsergebnissen und sonstigen wertvollen Mitteilungen unterstützt haben, sei an dieser Stelle mein verbindlichster Dank ausgesprochen.

Gießen, den 28. Dezember 1912.

Albrecht von Ihering.

Inhalts-Verzeichnis.

II. Teil.

Berechnung der Gebläse.

Einleitung.

Unter Gebläsen versteht man alle jene Arbeitsmaschinen, welche entweder nur eine Ortsveränderung oder eine Orts- und Druckveränderung atmosphärischer Luft bezwecken.

Eine Ortsveränderung der Luft, d. h. die Verdrängung einer bestimmten Luftmenge aus einem bestimmten Raum, ihre Fortleitung nach einem anderen Raum oder in die äußere Atmosphäre und ihre Ersetzung durch eine neue Luftmenge kann aus verschiedenen Gründen erforderlich sein.

Ist die in einem bestimmten Raum vorhandene Luft durch mechanische oder chemische Prozesse verunreinigt, verdorben und daher zur Unterhaltung des Atmungsprozesses oder zur weiteren Ausführung mechanischer oder chemischer Prozesse unbrauchbar geworden, so muß sie durch neue reine Luft ersetzt werden. Man nennt diese Art der Lufterneuerung Lüftung.

Soll ferner in einem bestimmten Raume eine Verbrennung stattfinden, so ist die zur Unterhaltung derselben notwendige Luftmenge den Brennstoffen fortwährend zuzuführen, während die durch den Verbrennungsprozeß verbrauchte Luft nebst den Verbrennungsprodukten, im wesentlichen Stickstoff und Kohlensäure, abzuführen ist. In diesem Falle nennt man die Luftbewegung den Zug, ihre Ausführung die Zugerzeugung. In den beiden angeführten Fällen wird lediglich eine Ersetzung der gebrauchten Luft durch frische Luft, also nur eine Ortsveränderung der Luft bezweckt.

Soll jedoch in einem Raume zu irgend welchem Zwecke eine Luftverdünnung (Depression) erzeugt werden, so hat das Gebläse außer der Ortsveränderung auch eine wesentliche Druckverminderung zu bewirken.

Jede Ortsveränderung der Luft ist jedoch infolge der Elastizität der Luft auch mit einer Druckänderung verbunden, die erstere ohne eine solche nicht ausführbar. Indessen ist die letztere in den beiden erstgenannten Fällen nur Mittel zum Zweck und wird nur in dem Maße bewirkt, als zur Bewegung der Luft eben erforderlich ist.

Eine vierte Art der Luftbewegung ist die durch Kompression oder Zusammendrücken der Luft bewirkte, welche eine Ortsveränderung verbunden mit einer wesentlichen Druckerhöhung bezweckt.

Man kann also im wesentlichen vier Zwecke unterscheiden, welchen die Gebläse zu dienen haben:

1. Entfernung verdorbener und Zuführung frischer Luft bei Wohn- und Arbeitsräumen, Lüftung.

2. Zuführung frischer Luft und Abführung der Verbrennungs-
   produkte bei Verbrennungsprozessen, Zugerzeugung.
3. Herstellung einer Luftverdünnung oder einer möglichsten Luftleere in einem geschlossenen Raume, Absaugen oder Absorption.
4. Verdichtung einer Luftmenge und Fortleitung nach ihrem Ver-
   wendungsort, Kompression.

Die Anwendung der beiden ersten Arten von Gebläsen ist ohne
weiteres durch die von ihnen zu erfüllenden Zwecke gegeben.

Die Herstellung luftleerer oder richtiger nahezu luftleerer Räume
findet Anwendung bei den Kondensatoren der Dampfmaschinen, in der
chemischen Industrie zum Absaugen von Gasen, bei Verdampfapparaten
aller Art, Vakuumbremsen, bei der Fabrikation der elektrischen Glüh-
lampen usw. Die Anwendung der verdichteten Luft, Druckluft oder
Preßluft, endlich ist die vielseitigste. Sie findet statt zur Kraftübertragung, zum Betriebe von Arbeitsmaschinen, speziell von Gesteinsbohrmaschinen und Hebemaschinen im Bergbau, ferner von sogenannten
pneumatischen Werkzeugen, bei Luftdruckbremsen sowie zur Unterhaltung der Verbrennung bei hüttenmännischen Prozessen, speziell in
Hochofenanlagen und Bessemereien.

Bezüglich ihrer Wirkungsweise lassen sich die Gebläse in folgende
vier Hauptklassen einteilen.

1. Die Kolbengebläse, bei welchen die Luft durch einen massiven
   Kolben bewegt wird.
2. Die Schleudergebläse, bei welchen die Luft vermöge der
   durch rasch umlaufende Flügel oder Schaufeln ihr erteilten
   Zentrifugalkraft bewegt wird.
3. Die Schraubengebläse, bei welchen die Luft durch schraubenförmig gestaltete Flügel fortbewegt wird.

   Die letzteren beiden Klassen werden häufig auch mit dem
   gemeinsamen Namen Ventilatoren bezeichnet.
4. Die Strahlgebläse, bei welchen die Luft durch einen mit
   großer Geschwindigkeit aus einer Mündung ausfließenden
   Dampf-, Wasser- oder Luftstrahl angesaugt und fortbewegt
   wird.

Außer den in die vier angeführten Klassen gehörigen Gebläse gibt
es noch einige andere Arten derselben, die Wassertrommelgebläse,
Schneckengebläse und ähnliche Konstruktionen, welche jedoch in neuerer
Zeit wohl kaum noch irgendwo im Betriebe sind, geschweige denn noch
ausgeführt werden, also nur historisches Interesse besitzen. Dieselben
sind daher nicht in den Kreis der nachfolgenden Betrachtung gezogen
und muß für ihr Studium auf die Lehrbücher der beschreibenden Maschinenlehre und Ingenieurmechanik verwiesen werden.

Beschreibung der Gebläse.

Erstes Kapitel.

Die Kolben-Gebläse.

Unter Kolbengebläsemaschinen oder Kolbengebläsen schlechthin versteht man alle jene Maschinen zur Luftbewegung, welche zu diesem Zwecke mit einem massiven Verdränger, dem Kolben, versehen sind, welcher in einem geschlossenen Raume beweglich ist und durch seine Bewegung die Ortsveränderung der Luft bewirkt.

Entsprechend den drei einfachsten, gesetzmäßigen Bewegungen, der gradlinig hin- und hergehenden, der schwingenden und der drehenden Bewegung, hat man drei Arten von Kolbengebläsen zu unterscheiden:

    1. Kolbengebläse mit gradlinig hin- und hergehenden Kolben oder Zylindergebläse,

    2. Kolbengebläse mit um eine Achse schwingendem Kolben oder Balggebläse, auch Blasebälge genannt,

    3. Kolbengebläse mit einem oder mehreren fortlaufend sich umdrehenden Kolben oder Kapselgebläse.

Die Zylindergebläse bilden eine der wichtigsten Klassen aller Gebläsemaschinen sowohl hinsichtlich der Mannigfaltigkeit ihrer Konstruktion als auch hinsichtlich ihrer Verbreitung und Anwendung. Während man unter Zylindergebläsen schlechthin nur jene Gruppe versteht, welche zur Luftbeschaffung und Verdichtung für Hochöfen und Bessemereien dient, müssen ihrer analogen Wirkungsweise und Konstruktion halber auch alle jene Luftförderungsmaschinen hier Aufnahme finden, welche durch gradlinig hin- und hergehende Bewegung eines massiven Verdrängers in einem geschlossenen Raume saugend und drückend wirken, also sowohl die Vakuum- oder Luftpumpen, als auch die Luftkompressoren oder Luftverdichter. Dieselben stimmen hinsichtlich ihres Zweckes und ihrer Wirkungsweise mit den Gebläsemaschinen völlig überein und unterscheiden sich von denselben eigentlich nur durch die Druckerverhältnisse und ihre Steuerungsorgane.

Bei der Einteilung der Zylindergebläse kann man verschiedene Gesichtspunkte annehmen, nach welchen sich dieselben wesentlich unterscheiden. Dieselben ergeben folgende Einteilung der Zylindergebläse:

    a) bezüglich ihrer Wirkungsweise in:

        α) einfach wirkende Gebläse,

        β) doppelt wirkende Gebläse;

b) bezüglich der **äußeren** Anordnung in:
  α) liegende Gebläse,
  β) stehende Gebläse;
c) bezüglich des **Antriebs** in Gebläse:
  α) mit indirektem Antrieb durch Balanzier oder Kurbelübertragung (Dampf- und Gebläsezylinder **nebeneinander** liegend oder stehend),
  β) mit direktem Antrieb (Dampf- und Gebläsezylinder in einer **Achse** horizontal oder vertikal gelegen);
d) bezüglich der **Massenausgleichung** in:
  α) Maschinen ohne Schwungrad,
  β) Maschinen mit Schwungrad;
e) bezüglich der **Luftdruckverhältnisse** in:
  α) Luftpumpen und Vakuumpumpen,
  β) Niederdruckmaschinen, Gebläse für Schmiedefeuer, Hochöfen, Kupolöfen,
  γ) Hochdruckmaschinen, Gebläse für Bessermereianlagen, Luftkompressoren für beliebige Zwecke, Verbundkompressoren;
f) bezüglich der **Abschlußorgane** in:
  α) Maschinen mit selbsttätig wirkenden oder kraftschlüssigen Abschlußorganen,
  β) Maschinen mit zwangläufigen oder paarschüssigen (gesteuerten) Abschlußorganen;
g) bezüglich der **Abdichtung** in:
  α) Maschinen mit elastischer Abdichtung, lederne Zylinderbälge, Membranbälge,
  β) Maschinen mit flüssiger Abdichtung, Baadersches Gebläse, nasse Luftkompressoren,
  γ) Maschinen mit fester Abdichtung, Hochofen- und Bessemergebläse, trockene Luftkompressoren.

Andere Unterscheidungen ließen sich noch treffen, z. B. hinsichtlich des Betriebes durch Menschen-, Wasser- oder Dampfkraft, durch Gasmotoren etc.

Da jedoch bei obigen Unterscheidungen ein und dieselbe Maschine z. B. eine Hochofengebläsemaschine, mehreren Gruppen gleichzeitig angehört, (z. B. als doppelt wirkendes, liegendes Gebläse mit direktem Antrieb, Schwungrad und selbsttätig wirkenden Ventilen zu $a\,\beta$, $b\,\alpha$, $c\,\beta$, $d\,\beta$, $e\,\beta$ etc.), so soll zur nachfolgenden Beschreibung der verschiedenen Systeme die gebräuchlichste Einteilung nach dem Zwecke gewählt werden, und sollen die vorstehenden Gesichtspunkte erforderlichenfalls nur bei Unterabteilungen berücksichtigt werden.

Hiernach gruppieren sich die Zylindergebläse folgendermaßen:
1. Maschinen zur Luftverdichtung und -förderung für Verbrennungszwecke, für Schmiedefeuer, Kupolöfen, Hochöfen, Bessemereianlagen etc.
  Zylinderbälge, Hochofen- und Bessemergebläsemaschinen.

2. Maschinen zur Luftverdichtung und -förderung für sonstige Zwecke, für Bergbau, Kraftübertragung, pneumatische Fundierungen, pneumatische Förderungen, pneumatische Werkzeuge, Bremsen etc.

Luftkompressoren oder trockene und nasse Luftverdichter.

3. Maschinen zur Luftverdünnung und Luftentziehung, zur Herstellung luftverdünnter Räume

Luftpumpen.

Da die Balggebläse oder Blasebälge sowohl ihrem Alter als auch ihrer Konstruktion nach die unterste Stufe aller Gebläse einnehmen, so sollen dieselben an erster Stelle, hierauf die Zylinderbälge, die Hochofen- und Bessemergebläsemaschinen behandelt werden, während die Beschreibung der Luftkompressoren, Luftpumpen und Kapselgebläse in besonderen Kapiteln erledigt werden soll.

A. Die Blasebälge.

Dieselben sind die einfachsten und ältesten Gebläsemaschinen und bestehen aus folgenden Teilen (Fig. 1 u. 2). In dem hölzernen Kasten A ist die Platte oder der Kolben B um das Charnier G drehbar beweglich. Die Bewegung desselben erfolgt durch die Stange C. Am vorderen Ende des Kastens befindet sich die Düse H, welche entweder direkt in eine

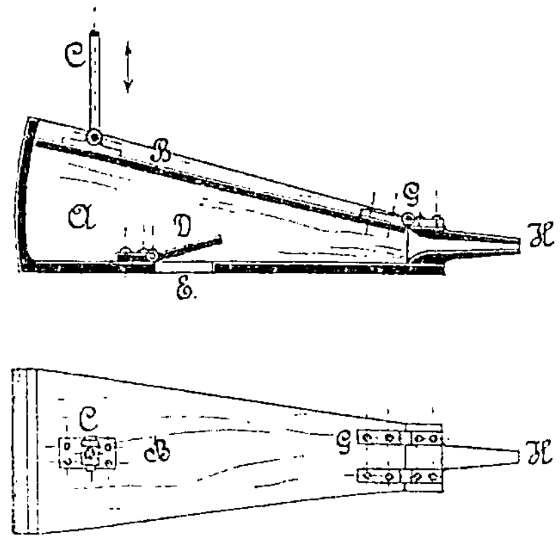

Fig. 1 u. 2.

Feuerungsanlage mündet oder durch eine Rohrleitung mit letzterer in Verbindung steht. Im Boden des Kastens befindet sich die Saugöffnung E, welche durch eine Klappe D geöffnet oder verschlossen wird.

Geht die Stange C und mit ihr der schwingende Kolben B nach oben, so entsteht im Kasten eine geringe Luftdruckverminderung durch Vergrößerung des Raumes, wodurch der Kolben durch E nach Aufheben der Klappe D Luft von außen ansaugt. Beim Niedergang des Kolbens wird die Klappe D geschlossen und die unterhalb des Kolbens angesaugte Luft durch die Düse hinausgedrückt.

Dieses Gebläse ist ein einfach wirkendes, d. h. es wird nur bei einer Bewegungsrichtung Luft verdrängt, dieselbe gelangt daher nur stoßweise in die Feuerung. Um dies zu vermeiden, also um einen fortwährend wirkenden Luftstrom zu erhalten, kann man das Gebläse mit einem Luft- oder Windsammler versehen (Fig. 3) oder dasselbe

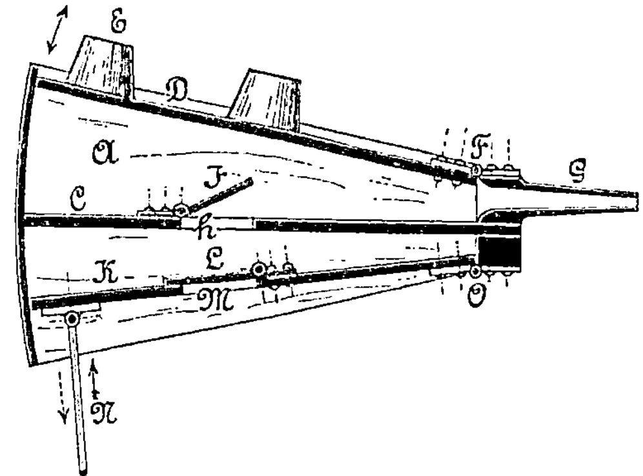

Fig. 3.

doppeltwirkend ausführen (Fig. 4). In Fig. 3 ist *A* der Sammelraum, welcher einerseits von der festen Wand *C*, andererseits von dem um das Scharnier *F* drehbaren, beweglichen Deckel *D* begrenzt wird, während die Rück- und Seitenwände genau wie in Fig. 2 gebildet sind. Auf

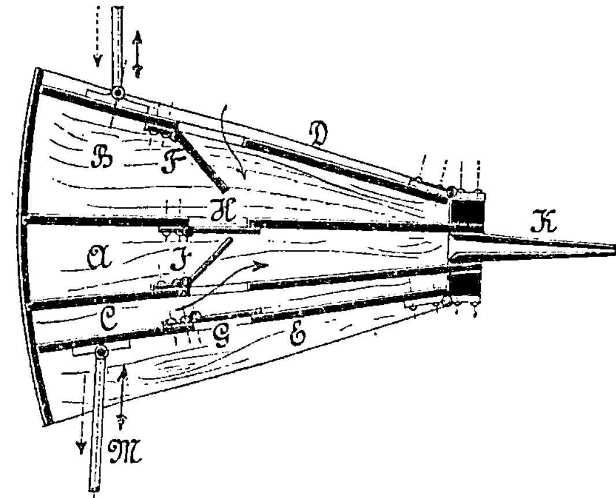

Fig. 4.

dem Deckel *D* sind die Gewichte *E* befestigt, welche denselben stets nach unten zu drücken bestrebt sind. Durch die Düse *G* gelangt die gepreßte Luft in die Feuerungsanlage. Im unteren Teile des Kastens ist der um das Scharnier *O* drehbare Kolben *K* durch die Stange *N* auf- und niederbeweglich angebracht.

Geht derselbe nach oben (wie in der Figur gezeichnet), so tritt die vorher angesaugte Luft durch die Öffnung H nach Anheben der Klappe I in den Raum A, wobei sowohl der Deckel D gehoben, als auch ein bestimmtes Luftquantum durch die Düse ausgeblasen wird. Beim Niedergang von K schließt sich die Klappe I, während L sich öffnet, und durch die Saugöffnung M Luft eingesaugt wird. Zugleich sinkt der Deckel D infolge der auf ihm ruhenden Gewichte E nieder und verdrängt hierbei die in A enthaltene Luft durch die Düse G. Folgen sich die Hübe rasch genug, so daß der Deckel D noch nicht seine tiefste Lage erreicht hat, wenn neue Luft durch I eingeblasen wird, so ist der durch G ausgeblasene Luftstrom ein ununterbrochener.

Fig. 4 stellt ein doppeltwirkendes Balggebläse dar. A ist die Mittelkammer, von welcher die Düse K zur Feuerung führt, B die Oberkammer, C die Unterkammer, D der obere Verdränger, E der untere, F und G sind Saugklappen, H und I Druckklappen, welche sich in die Mittelkammer öffnen. Die Zugstangen L und M bewirken den Auf- und Niedergang der Verdränger und gehen beide gleichzeitig aufwärts oder abwärts. Die Wirkungsweise ist ohne weiteres aus der Figur zu ersehen.

Die vorbeschriebenen Bälge sind Typen der ältesten Ausführungen dieser Gebläsearten. Ihrer äußeren Form wegen erhielten dieselben den Namen Spitzbälge oder Spitzbalgen. Da dieselben vielfach in Schweden in Gebrauch waren und vornehmlich von einem Erbauer Namens Windholm ausgeführt wurden, erhielten sie auch den Namen „schwedische Windholmgebläse"[1].

Ein großer Nachteil der besprochenen Gebläse liegt in der Unmöglichkeit, dieselben luftdicht zu erhalten, da die hölzernen Verdränger einen gewissen Spielraum in den Kästen haben müssen.

Diesen Nachteil vermeiden die ledernen Balggebläse, welche sich infolgedessen auch länger erhalten haben und noch gegenwärtig in manchen kleineren Schmieden und Schlossereien in Gebrauch sind. Auch bei diesen unterscheidet man einfachwirkende, doppeltwirkende Bälge, und solche mit Luftsammler.

Eine ältere Konstruktion dieser Art (von dem Franzosen Rabier[2]) stellt Fig. 5 dar. A ist der Sammler, welcher mit einem beweglichen und durch Gewichte G belasteten Deckel F versehen ist. Aus ihm führt die Düse K in die Feuerung oder Windleitung. Unterhalb des Sammlers liegen die beiden Bälge B und C, welche durch den Verdränger D voneinander getrennt sind. Derselbe enthält zwei seitlich nach außen führende Saugkanäle, welche durch zwei Klappen L geschlossen werden können. In der Figur sind die Klappen geöffnet gezeichnet, weil beim Niedergang des Verdrängers Luft in den Raum B eingesaugt wird. H ist die Druckklappe für den letzteren, I diejenige für den unteren Balg, dessen Saugklappe M im festen Boden E angebracht ist.

---

[1] Rühlmann, Allg. Masch.-Lehre. Bd. IV, S. 728. Karmarsch, Geschichte d. Technologie, S. 245.

[2] Rühlmann, Allg. Masch.-Lehre. Bd. IV, S. 729.

Die Wirkungsweise ist ohne weiteres verständlich. In der gezeichneten Stellung hat der Verdränger die Luft aus dem unteren Balg durch I in den Sammler A bzw. die Düse K geblasen, während durch L Luft in den oberen Balg B gesaugt ist. Beim Aufgang schließen sich I und L, während H und M sich öffnen.

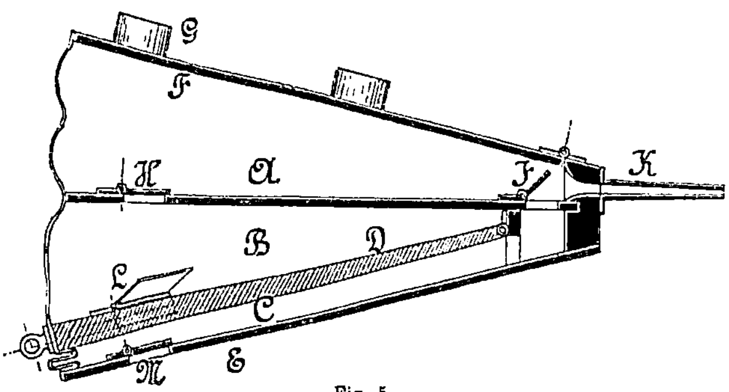

Fig. 5.

Zwei neuere Konstruktionen sind in Fig. 6 und 7 gegeben, in ersterer ein einfach wirkender Balg mit Luftsammler, in letzterer ein doppeltwirkender. (D.R.P. Nr. 23376 und Nr. 27844 von Fr. Behmer und C. Schwartz in Werl.)

Der schwingende Verdränger A ist von kleinerer Grundfläche als das Gehäuse B und die Mittelwand C. Das zur Abdichtung dienende Leder wird nicht wie in Fig. 5 in Falten gelegt, sondern bleibt fast ganz

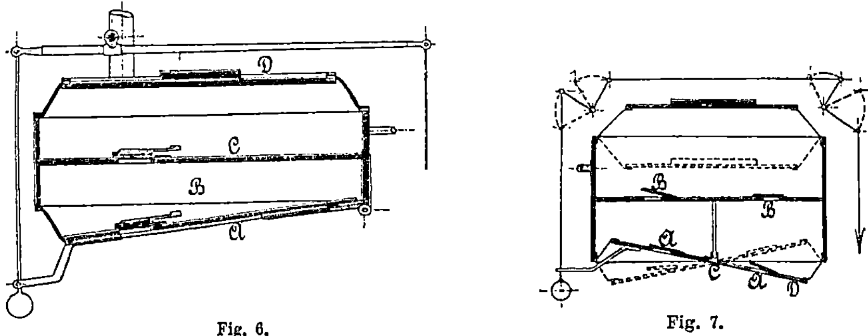

Fig. 6.
Fig. 7.

straff gespannt, wodurch eine geringere Abnutzung desselben erzielt wird. Die Ventile sind durch kleine Gegengewichte derartig ausgeglichen, daß sie sich beim geringsten Überdruck der äußeren Luft öffnen. In Fig. 6 ist die obere Kammer, in welche die Windleitung mündet, mit dem durch Gewichte beschwerten Deckel D geschlossen, welcher beim Einsaugen der Luft in die untere Kammer niedersinkt, wodurch auch während dieser Periode ein Luftstrom in die Windleitung gelangt.

In Fig. 7 ist die untere Kammer durch eine Scheidewand in zwei Hälften geteilt, deren jede durch ein Saug- und Druckventil A und B

Luft ein- und ausführt. Bei C ist der Verdränger D drehbar befestigt Die Bewegung desselben ist aus der Figur ersichtlich.

Die Verbindung eines ledernen Balges mit einem Schmiedefeuer stellt Fig. 8 dar. Hier ist der Balg einfachwirkend und mit einer darüberliegenden Luftsammelkammer versehen, aus welcher das Druckrohr zur Form des Schmiedefeuers führt.

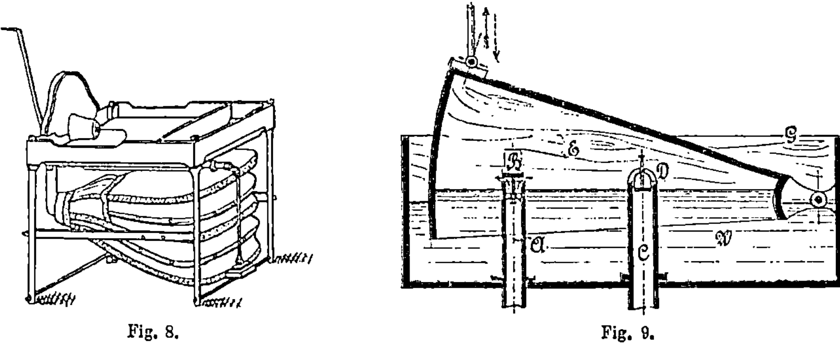

Fig. 8.   Fig. 9.

Während bei den zuerst erwähnten hölzernen Bälgen die Dichtung eine sehr unvollkommene war, ist sie bei den Lederbälgen fast vollkommen. Indessen wird nach längerem Gebrauche das Leder häufig brüchig oder es entstehen Undichtigkeiten in den Fugen. Eine bessere Abdichtung findet dagegen statt bei den beiden folgenden Gebläsen mit nasser Liderung, dem Wettersatz Fig. 9 und dem Tonnen-

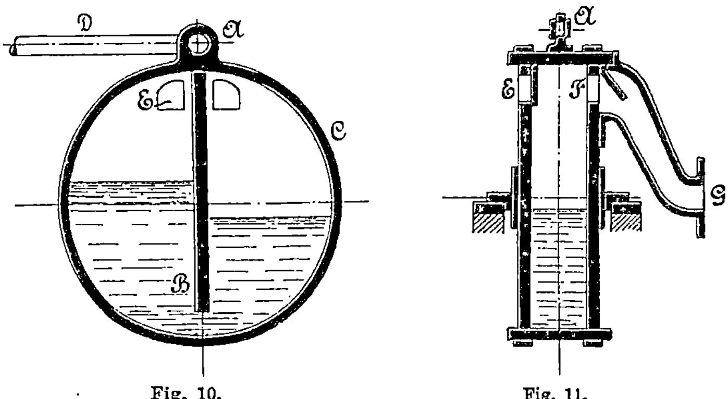

Fig. 10.   Fig. 11.

gebläse Fig. 10 und 11. Der erstere ist in Fig. 9 kastenförmig gestaltet. Beim Aufgang saugt derselbe Luft durch das Rohr A und Ventil B an, während die Druckleitung C durch das Ventil D geschlossen ist; beim Niedergang wird B geschlossen und D geöffnet. Das in dem Kasten G enthaltene Wasser W schließt die Kammer oder den hohlen Verdränger E nach den Seiten hin völlig luftdicht ab. Allerdings wird der Wasserspiegel abwechselnd gehoben und gesenkt, auf welchen Umstand bei der Anordnung der Ventile B und D Rücksicht zu nehmen ist.

Bei dem Tonnengebläse Fig. 10 und 11 wird die Bewegung der Luft durch Schwingung der Tonne C um die horizontale Querachse bewirkt. Durch eine feste Zunge oder Scheidewand B ist der Innenraum in zwei Kammern geteilt, deren jede mit einer Saugklappe E und einer (gegenüberliegenden) Druckklappe F versehen ist. Beide Druckklappen münden in das Druckrohr G, dessen Achse mit der Drehachse der Tonne zusammenfällt. Durch eine Stopfbüchse ist die Abdichtung des sich drehenden Rohres G mit dem anschließenden Ableitungsrohr bewirkt. An der obersten Stelle der Tonne ist eine Schwinge- oder Pleuelstange D befestigt, bei deren horizontaler Hin- und Herbewegung die Tonne um ihre Achse schwingt. Die Wasserspiegel der beiden Kammern stehen abwechselnd höher oder tiefer, je nachdem in der betreffenden Kammer die Luft verdrängt oder angesaugt wird.

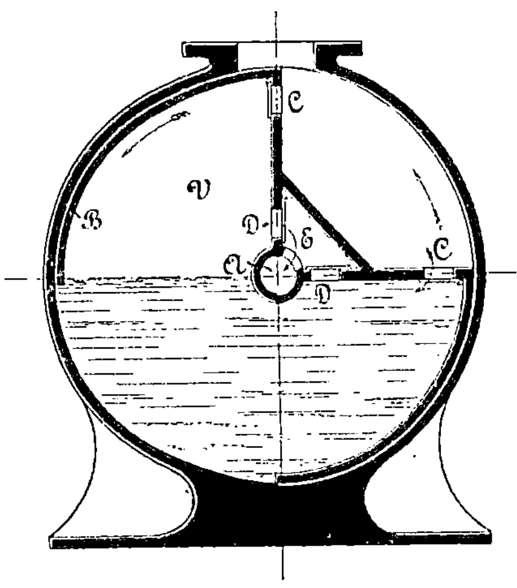

Fig. 12.

Als eine Verbesserung des Tonnengebläses kann das Gebläse von Carlile[1]) angesehen werden, Fig. 12, bei welchem zwei um eine hohle Achse A schwingende Viertelzylinder B die Luft durch die Ventile C ansaugen, dieselbe beim Niedergang verdichten und durch die Druckventile D in die Kammer E drücken, von wo sie durch die hohle Achse in die Druckleitung gelangt. Die Abdichtung erfolgt durch Wasser, welches das Gehäuse bis zur Mitte anfüllt, so daß der schädliche Raum auf ein Minimum reduziert ist[2]). Ein Nachteil dieses Gebläses ist das Aufsteigen der Wassersäule auf der Saugseite während der Kompression. Beim Niedergang des linken Flügels B wird die eingeschlossene Luftmenge V komprimiert, hierdurch aber auf die Wassersäule ein fortwährend wachsender Druck ausgeübt, welcher sich nach der anderen Seite fortpflanzt, so daß ein Öffnen des Saugventils hier nicht stattfinden kann. Vermeiden ließe sich dieser Übelstand durch Anbringen

---

[1]) W. A. Carlile, Birmingham, Engl. Pat. Nr. 11813 vom 29. 7. 1890.
[2]) Vergl. weiter unten „Nasse Luftkompressoren" (Kapitel 3, C).

einer mittleren Scheidewand, wodurch zwei getrennte Wasserräume entstehen würden und ein Überströmen des Wassers verhindert würde.

Endlich sei noch ein eigenartiges Gebläse erwähnt, bei welchem jedoch keine schwingende, sondern eine fortlaufend drehende Bewegung ausgeführt wird, das Zellenradgebläse von Wellner[1]), Fig. 13. Am Umfange eines um die horizontale Welle C drehbaren Rades B ist beiderseits eine größere Anzahl konischer Zellen A befestigt, welche beim Niedergang mit Luft erfüllt sind. Dieselbe entweicht in der tiefsten

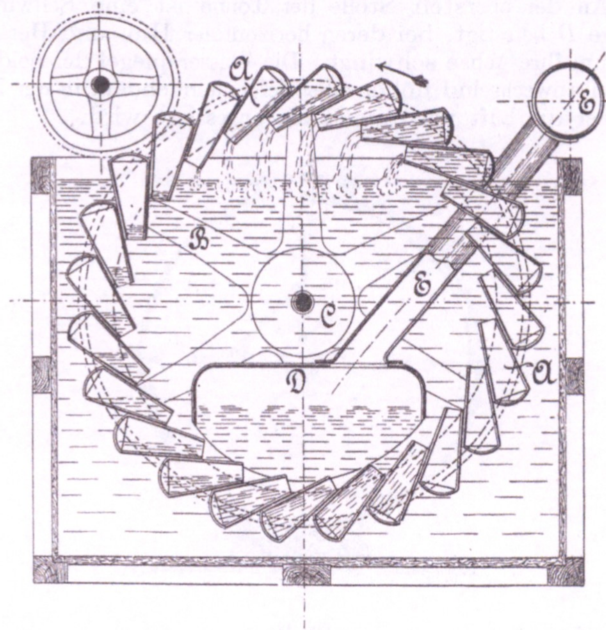

Fig. 13.

Lage der Zellen aus denselben und wird in der Glocke D aufgefangen, von wo dieselbe durch das Druckrohr E dem Ort ihrer Verwendung zugeführt wird. Das Rad ist von einem mit Wasser gefüllten, hölzernen oder eisernen Kasten umgeben. Der Kompressionsdruck entspricht der Höhe der Wassersäule zwischen dem Wasserspiegel und der Ausgußstellung der Zellen. Da keine Luft verloren gehen kann, ist der Wirkungsgrad des Gebläses ein sehr günstiger, indessen ist die Luft, da sie durch das Wasser in die Glocke D gelangt, sehr feucht. Für kleinere Luftmengen dürfte sich das Gebläse wohl empfehlen.

B. Die Zylinder-Balggebläse.

Die hierher gehörigen Maschinen bezwecken, einen möglichst gleichmäßigen Strom schwach gepreßter oder komprimierter Luft für

---

1) G. Wellner, Brünn, D.R.P. No. 10041.

einen auf offenem Herd (Schmiedefeuer) oder einen, in Öfen (Kupolöfen, Schmelzöfen) stattfindenden Verbrennungsprozeß zu mehr oder weniger lebhaften Unterhaltung desselben zu liefern. Sie sind daher meist doppeltwirkend ausgeführt und noch mit einem Luftsammler, oder, hüttenmännisch ausgedrückt, „Windregulator"[1]) versehen, weil selbst bei doppelter Wirkungsweise des Zylindergebläses infolge der erst nach gewisser Kompression der Luft erfolgenden Einströmung derselben in die Windleitung kein fortwährender Luftstrom zu erzielen ist. Letzterer ist jedoch für die meisten Verbrennungszwecke unbedingt erforderlich.

Die einfachsten Zylinderbalggebläse sind diejenigen, welche, meist nur durch Menschenkraft (Hand oder Fuß) betrieben, zur Unterhaltung des Feuers kleinerer, meist tragbarer Schmiedefeuer, sogenannter Feldschmieden, dienen. Dieselben bestehen aus einem würfelförmigen oder zylindrischen Raum, dessen Seitenwände aus Leder gebildet sind, dessen Deckel oder Boden aber gradlinig hin und her bewegt werden kann, wodurch der Innenraum abwechselnd vergrössert und verkleinert, hierdurch zuerst Luft aufgesaugt und sodann komprimiert und verdrängt wird.

Die einfachste Konstruktion dieser Art ist in Fig. 14 gegeben, welche ein einfachwirkendes Gebläse dieser Art darstellt. A ist der Innenraum, B die Lederdichtung, C der Kolben, welcher durch die Stange D bewegt wird, E die Saug-, F die Druckklappe, welche in die Windleitung H mündet. G ist das den Kolben führende, entweder aus drei oder vier eisernen Stützen oder aus einem Blechzylinder bestehende Gestell.

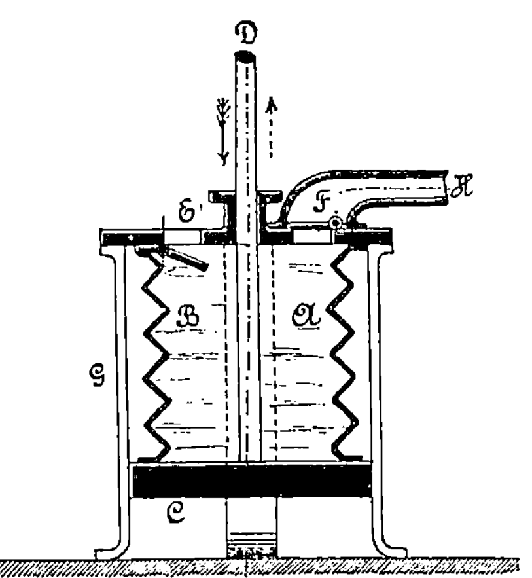

Fig. 14.

Da dieses Gebläse nur beim Aufgang des Kolbens, also nur unterbrochen Wind liefert, so wird es in dieser Ausführung selten angewandt, sondern zur Herstellung eines gleichmäßigeren Windstromes mit einem Windbehälter oder Regulator versehen, welcher während der Saugperiode des Kolbens in Wirksamkeit tritt.

In den Figuren 15—17 sind drei doppeltwirkende Zylinder-Balggebläse[2]) dargestellt, welche außerdem noch mit einem Windregulator versehen sind. Fig. 15 ist ein zu Lötzwecken angewandtes Gebläse, welches durch den Fuß des Arbeiters bewegt wird. A ist der Windzylinder, in welchem der Kolben B abwechselnd auf- und niedergeht. Da er oberhalb mit einem Lederbalg C versehen ist, so wirkt sowohl die untere, als auch die obere Seite saugend und drückend. D und E sind

---

[1]) Näheres hierüber siehe: Wedding, Grundriß der Eisenhüttenkunde. II. Aufl., S. 76 u. 92 u. folg. Weissbach, Ingenieur- und Maschinen-Mechanik. Teil III. Abteil. II, S. 1070 u. folg.
[2]) Von G. A. Kroll & Co. in Hannover.

die beiden Saugventile, F und G die beiden Druckventile. H ist der
Windregulator im oberen Teile des Gehäuses; derselbe wird durch den
Winddruck zusammengedrückt, während die Feder L stets das Bestreben

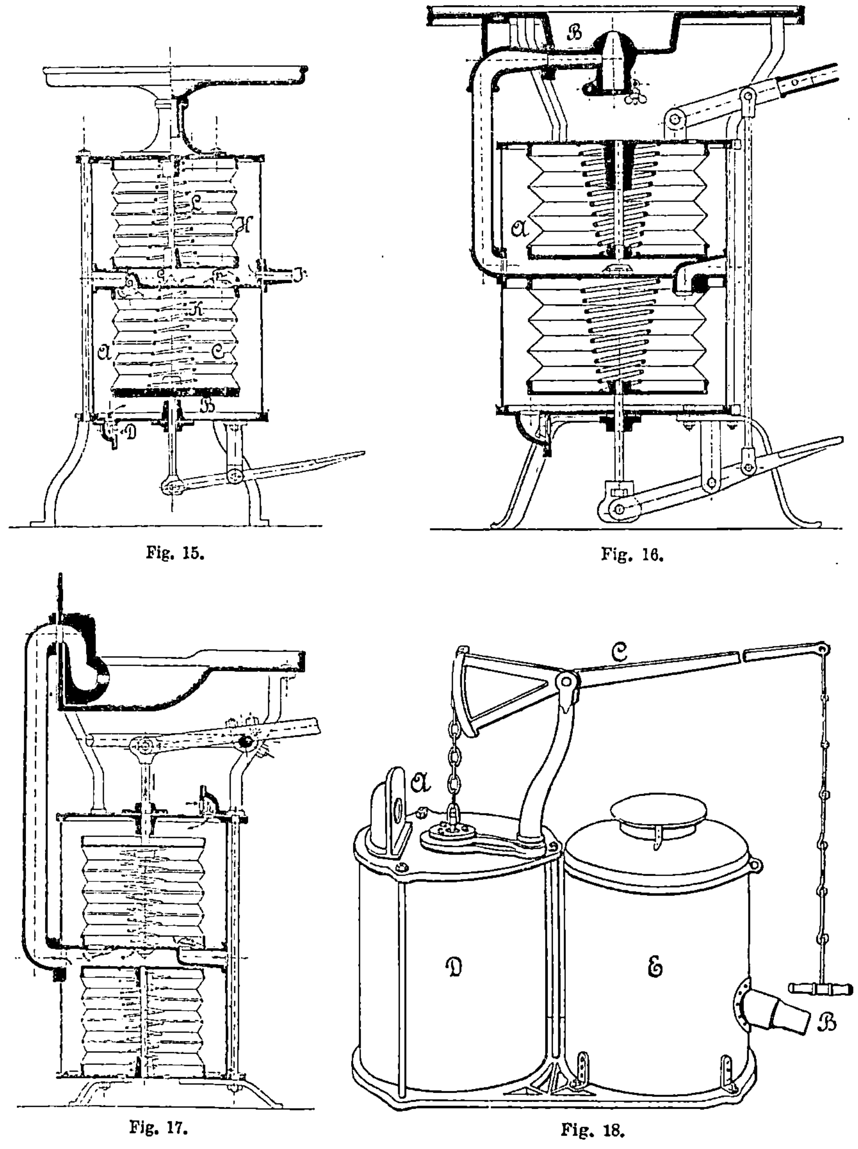

Fig. 15.

Fig. 16.

Fig. 17.

Fig. 18.

hat, ihn auszudehnen. Hierdurch wird der bei I auftretende Luftstrom
ziemlich gleichförmig erhalten.

Bei der Anordnung Fig. 16 wird die Luft aus dem Windsammler A
direkt unter das Schmiedefeuer B geleitet. Sie ist sowohl für Hand-

als auch Fußbetrieb eingerichtet. In Fig. 17 befindet sich der Windsammler unterhalb des Windzylinders, und tritt die Luft seitlich in das
Schmiedefeuer ein.

In Fig. 18 ist die äußere Anordnung eines doppeltwirkenden Zy-
linderbalggebläses dargestellt. *A* ist die Lufteinströmung, *B* die Aus-

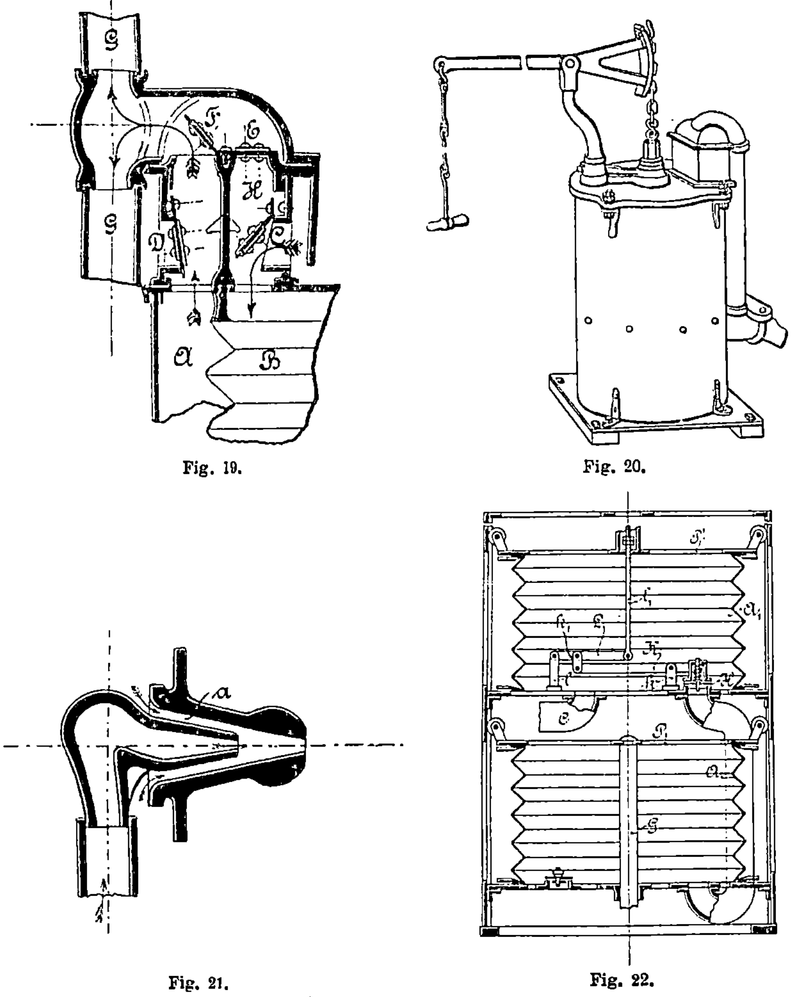

Fig. 19.

Fig. 20.

Fig. 21.

Fig. 22.

strömung, *C* der Antriebshebel, *D* der Windzylinder und *E* der Windsammler oder Regulator.

Eine andere Anordnung der Luftklappen zeigt Fig. 19. Dieselbe
ist ausgeführt an dem Gebläse von A. Enfer jeune, Paris, dessen
äußere Form Fig. 20 wiedergibt.

In dem Zylinder *A* wird ein mit Lederbalg *B* versehener Kolben
auf- und niederbewegt. Beim Niedergange saugt derselbe durch *C* innen

Luft an, während der Raum im Zylinder *A* verkleinert, die Luft also durch die Druckklappe *F* verdrängt wird. Beim Aufgange entweicht die Luft aus dem Innern des Balges *B* durch die Druckklappe *E*, während durch *D* Luft in den äußeren Zylinder *A* gesaugt wird. *G* ist das gegabelte Windleitungsrohr. Sämtliche Klappen sind auf dem Zylinder in dem leicht zugänglichen Kästchen *H* angebracht, wodurch ein großer Vorteil bei etwa notwendigen Reparaturen an den Klappen geboten ist.

Besonders erwähnenswert ist die Anordnung der Windform Fig. 21 an demselben Gebläse. Indem diese konisch gestaltet und mit einem ringförmigen Zwischenraum *a* versehen ist, wirkt dieselbe als Luft-strahlgebläse (siehe weiter unten Kapitel 8) und erhöht so den Wirkungs-grad des Gebläses bedeutend, indem es durch den Ring *a* Luft ansaugt und dem Feuer zuführt.

Eine neue Reguliervorrichtung von Hillenbrand für Zylinder-blasebälge mit einem Pumpenbehälter und einem Regulierbehälter ist in Fig. 22 dargestellt [1]). Bei derselben wird das Einlaßventil *H*, welches aus einer Gummiplatte gebildet ist, bei der höchsten Stellung des oberen Behälters A_1 vermittelst der Hebel und Stangen l_1, *L*, k_1 und *K* gegen seinen Sitz gedrückt, so daß keine Luft aus dem unteren Balg *A*, welcher durch die Stange *G* auf- und abbewegt wird, in den Regulierbehälter A_1 mehr gelangen kann.

Erst wenn durch den auf den oberen Balg durch die Platte *P* ausgeübten gleichmäßigen Druck die Luft aus demselben durch das Rohr *C* entfernt ist, öffnet sich beim Sinken von *P* das Ventil *H* wieder und läßt wieder neue Luft in den Regulierbehälter eintreten.

C. Die Hochofengebläsemaschinen.

Die weitaus größte Anwendung findet die komprimierte Luft zur Erzeugung einer lebhaften Verbrennung in vielen Hüttenprozessen, so namentlich zum Schmelzen der Erze in den Hochöfen, bei dem Um-schmelzen des Roheisens in Kupolöfen zum Zwecke der nachfolgenden Entkohlung durch den Bessemerprozeß sowie zur Unterhaltung der Verbrennung bei letzterem. Die Luftmengen, welche diese Prozesse benötigen, sind so groß, daß zu ihrer Beschaffung die größten Maschinen. sowohl hinsichtlich der äußeren Anordnung als auch bezüglich ihres Kraftbedarfs erforderlich sind. In letzterer Hinsicht werden dieselben nur übertroffen von den großen Dampfschiffs- und Wasserhaltungs-maschinen, während jedoch keine dieser Maschinengattungen sich in der Größe der Zylinder und des ganzen Raumbedarfs sowie bezüglich des fast überwältigenden Eindruckes mit ihnen messen kann. Es kommen bei diesen Gebläsen Zylinder bis zu 3 m Durchmesser und mit ähnlich großem Hube vor, und sind solche von 2—2½ m Durchmesser sehr vielfach zu finden.

Diese Dimensionen erscheinen jedoch nicht übermäßig groß, wenn

---

[1]) Deutsche Pat.-Schrift No. 92375 vom 9. 6. 1897.

man die Luftmengen erwägt, welche die erwähnten Schmelzöfen zur Unterhaltung ihres Betriebes erfordern.

Für einen Hochofen, welcher täglich mit 100 t Koks aus 330 t Möllerung 110 t Roheisen ausschmilzt, ist eine mehr als fünffache Luftmenge, nämlich 520 t Luft erforderlich, „eine Menge, die, wenn Luft auf Eisenbahnwagen geladen werden könnte, zwei schwere Lastzüge füllte"[1].

Nach Wedding[2] berechnet sich die Windmenge eines Hochofens folgendermaßen. Für eine tägliche Produktion des Ofens von 100 t gleich 100 000 kg Roheisen sind pro 100 kg Roheisen 90—150 kg Koks für weißes, bzw. 100—200 kg Koks für graues Eisen erforderlich, welche pro 100 kg 600 kg Luft von 0,25 Atm. Überdruck zu ihrer Verbrennung bedürfen. Demnach sind pro Tag 540 000—1 200 000 kg Luft, je nach der Art des herzustellenden Roheisens, dem Ofen zuzuführen. Hieraus ergibt sich die Luftmenge in cbm durch Einführung des spez. Gewichts

$$\gamma = 1{,}2936 \text{ kg pro cbm zu } Q = \frac{540\,000}{1{,}2936} = 417\,500\text{—}927\,650 \text{ cbm in}$$

24 Stunden oder $Q_1 = 4{,}83$ bis $10{,}74$ cbm pro Sekunde. Dies ist die von der Maschine zu liefernde Luftmenge im komprimierten Zustande, woraus sich die von der Maschine pro Sekunde anzusaugende Luftmenge je nach der Größe der Überdruckes noch beträchtlich größer berechnet.

Nach Dürre[3] haben vielfach angestellte Berechnungen aus den Analysen der Rohmaterialien und Hochofenprodukte den Luft- oder Windbedarf ergeben und seien einige derselben hier angeführt:

Hochofenwerke	Windmenge in kg p. 1000 kg Roheisen
1. Clarence bei Middlesborough	6543
2. dto.	5193
3. Ormesby bei Middlesborough	4897
4. Cousex bei Durham	5071
5. dto.	3571
6. Providence bei Charleroi	5108
7. Hörde i. Westf.	5838,5.

Stevenson[4] gibt den Windbedarf an zu:

3,964 cbm für 1000 kg Roheisen in 24 Std. für Kokshochofen,
3,115 „ „ 1000 „ „ „ 24 „ „ Holzkohlenofen,
4,247 „ „ 1000 „ „ „ 24 „ „ Anthrazitofen.

Man kann hiernach im Maximum 6,5 kg, im Mittel 5,5 kg Wind pro kg Roheisen rechnen, woraus die stündlich anzusaugende Windmenge in cbm von atmosphärischem Druck durch Umrechnung nach den weiter unten entwickelten Gleichungen leicht zu ermitteln ist, wenn die stündliche Produktion des Hochofens bekannt ist.

---

[1] Gemeinfaßliche Darstellung des Hüttenwesens. Herausgegeben vom Verein deutsch. Eis.-Hüttenleute. Düsseldorf 1889, S. 16.

[2] Siehe Taschenbuch der „Hütte", 15. Aufl. II., S. 451 u. 456. 20. Aufl. 1908, I., S. 640.

[3] Dürre, Anlage und Betrieb der Eisenhütten. Bd. II, S. 41, 49, 72 u. folg.

[4] Engineer 25. 8. 1905, darnach in Oe. Z. f. B.- u. H.-W. 1906, S. 221.

In neuerer Zeit sind sowohl in Deutschland als auch im Auslande vielfach Versuche mit Anwendung erhitzten und getrockneten Windes gemacht worden. Durch Windüberhitzung sind Brennstofferparnisse bis zu 6 und mehr % und Mehrerzeugungen bis zu 15 % erzielt worden. Die nachfolgende Tabelle, welche einem Vortrage von Prof. Wüst auf dem Düsseldorfer Internationalen Kongreß für Berg- und Hüttenwesen im Jahre 1910 entnommen ist, gibt die Resultate von diesbezüglichen Versuchen wieder:

Nummer des Versuches	Windtemperatur °C	Brennstoffverbrauch pro 1000 kg Roheisen kg	Roheisenproduktion pro Woche kg	Brennstofferparnis %	Mehrerzeugung %	Temperaturerhöhung °C
1	532	1 209	406 000	0	0	0
2	631	1 179	415 000	2,5	2,2	99
3	702	1 169	456 000	3,3	12,3	170
4	722	1 157	468 000	4,3	15,2	190
5	760	1 132	465 000	6,4	14,6	228

Sie zeigt, daß bei einer Windüberhitzung um nur ca. 230° schon eine Produktionssteigerung von fast 15 % erzielt werden kann.

Gleich beachtenswert sind Versuche, welche wohl zuerst auf den Vorschlag des Erfinders Gayley hin mit der Trocknung des Windes durch Abkühlung, sogenanntes „Ausfrierenlassen des Wasserdampfes" angestellt sind. Auch hierüber berichtete Prof. Wüst in dem genannten Vortrag und ist diesem ebenfalls die nachfolgende Tabelle entnommen.

Dieselbe zeigt unter anderem, daß eine größte Mehrerzeugung von 45 % bei einem Versuche auf Pottstownofen I bei einer Temperaturerniedrigung von 27° erreicht wurde, daß ferner bei einer größten Windabkühlung um 148° (von 668 auf 520°) noch eine Mehrerzeugung von 21 % erzielt wurde.

Die mittlere Brennstofferparnis betrug danach bei mittlerer Winderhitzung um 35,4° C 20,5 % und bei einer mittleren Abkühlung des Windes um 50° C 16,2 %. Es scheinen freilich noch zahlreichere Versuche zur Bestätigung dieser, lediglich in England ermittelten Zahlen vonnöten zu sein. In Deutschland dagegen scheinen auf Grund längerer Betriebserfahrungen gewonnene Ergebnisse noch nicht ermittelt zu sein.

In einem Aufsatz in „Stahl und Eisen"[1]) gibt Wüst ferner noch folgende interessante Resultate an, zu welchen er auf Grund der Vorarbeiten von Gayley, van Vloten, Neumark und Simmersbach und auf Grund seiner eigenen Untersuchungen gelangt sei.

Es heißt dort:

1. Jede Maßnahme, welche geeignet ist, die oxydierende Zone vor den Formen zu verringern, wird günstige Betriebsverhältnisse herbeiführen.

---

[1]) 1910, S. 1715 u. folg.

Name des Werkes	Anwendung von feuchtem Wind				Anwendung von trockenem Wind				Bei Anwendung von trockenem Wind erzielt man:			Literaturangabe
	Zeit Monat und Jahr	Temperatur des Windes	Brennstoffverbrauch auf 1000 kg Roheisen	Tägliche Roheisenerzeugung	Zeit Monat und Jahr	Temperatur des Windes	Brennstoffverbrauch auf 1000 kg Roheisen	Tägliche Roheisenerzeugung	Temperatur unterschied	Brennstoffersparnis	Mehrerzeugung	
		°C	kg	kg		°C	kg	kg	°C	%	%	
Isabella-Hochofenwerk Etna . . .	VIII. 1904	400	966	364 000	VII. u. IX. 1904	466	777	454 000	+ 66	19	25	Journal of the Iron and Steel Institute 1904, II, S. 294
desgl. Ofen I . .	15.—31. I. 1905	411	1061	421 000	1.—10. I. 1905	465	828	435 000	+ 54	22	3	Journal of the Iron and Steel Institute, 12. Mai 1905
„ Ofen III . .	1.—10. I. 1905	380	1066	417 000	15.—31. I. 1905	428	821	431 000	+ 48	23	3	do.
„ Ofen I u. III	II. 1905	427	1020	431 000	II. 1905	418	823	411 000	— 9	19	3	do.
„ Ofen I u. IV	III. 1905	454	1031	418 000	III. 1905	418	833	411 000	— 36	19	2	do.
„ Ofen I u. III	XI. 1905	399	1034	392 000	XI. 1905	457	824	454 000	+ 58	20	16	do.
„ Ofen I u. III	XII. 1905	418	1047	406 000	XII. 1905	469	827	462 000	+ 51	21	14	do.
„ Ofen I u. II	V. 1907	—	1077	357 000	V. 1907	—	921	466 000	—	15	30	Iron Age, 1907, 6. Juni, S. 72
Warwick Iron and Steel Company Pottstown. Ofen II	VI. 1904	554	1220	383 000	IX.—XI. 1907	524	1092	402 000	— 30	12	5	Iron Age, 1908, 2. Januar, S. 53
desgl. Ofen I	1898	668	1080	181 000	IV.—XII. 1908	520	956	220 000	— 148	11	21	Iron Age, 1908, 8. Oktober, S. 998 u. 1909, 28. Jan., S. 317
„ Ofen I	1906	547	1195	152 000	IV.—XII. 1908	520	956	220 000	— 27	20	45	do.
Cardiffhochofen, Wales	1907	—	1034	290 000	1908	—	869	348 000	—	16	20	do.

2. Die Winderhitzung und die Windtrocknung haben sich als derartige geeignete Mittel zur Verbesserung der Betriebsverhältnisse des Hochofens erwiesen.

3. Eine weitere Maßnahme besteht darin, daß der im Cowperapparat erhitzte Wind durch Einspritzen bzw. Zufuhr von flüssigen, festen oder eventuell auch gasförmigen Brennstoffen weit höher als etwa 800° C erhitzt wird, und demgemäß dem Hochofen ein hocherhitztes Gemenge von Sauerstoff, etwas Kohlensäure und Wasserstoff zugeführt wird.

4. Der Betrieb des Hochofens mit erhitzter „Linde"-Luft ist weiterhin ein geeignetes Mittel zur Einschränkung der oxydierenden Zone von den Formen.

Die Größe des Überdruckes der komprimierten Luft schwankt je nach der Höhe des Hochofens, der Beschickung und der Lagerung des Materials in demselben, sowie je nach der Länge der Luftleitung und der Beschaffenheit der zur Vorwärmung der Luft angewandten Winderhitzungsapparate zwischen 0,06—0,1 m Quecksilbersäule im Hochofen, 0,184 m in den Düsen und ca. 0,2 m in den Leitungen oder dem sogenannten Regulator, einem größeren Luftsammelraum, in welchem die Luft vor dem Eintritt in den Hochofen gedrückt wird.

Für Bessemergebläsemaschinen sind diese Werte noch beträchtlich höher, weil die Luft in den Konvertern oder Birnen den ferrostatischen Druck des Eisens zu überwinden d. h. das in der Birne enthaltene flüssige Eisen ganz zu durchdringen hat. Bei ihnen beträgt der Überdruck 1,5 Atmosphären beim sauren und bis zu 2 Atmosphären beim basischen oder Thomas-Prozeß.

Beide Umstände zusammen, die große von der Maschine zu liefernde Luftmenge und der, namentlich im letzteren Falle große Kolbendruck bedingen also sehr große und kräftig konstruierte Maschinen.

So verschiedenartig dieselben nun auch in ihrer äußeren Anordnung und ihrer Leistungsfähigkeit sein mögen, so ist doch allen die folgende typische Konstruktion und Wirkungsweise gemeinsam.

In einem gußeisernen, stehenden oder liegenden Zylinder befinden sich entweder in den Deckeln oder in besonderen, ringförmig den Zylinder einschließenden Kammern auf jeder Seite des Zylinders Lederklappen oder Ventile, von denen die größere Anzahl sich nach dem Innern des Zylinders, die kleinere in einen Sammelkasten öffnet. Die ersteren bedecken die Saug- oder Einlaßöffnungen zum Einsaugen der Luft in den Zylinder, die letzteren verschließen die Druck- oder Auslaßöffnungen, durch welche hindurch die Luft in den Sammelkasten und von hier in die Luftleitungen gelangt.

Im Zylinder bewegt sich ein luftdicht abschließender Kolben hin und her, welcher durch die nach außen tretende Kolbenstange von irgend einer Kraftmaschine, einem Wasserrad, oder in neuerer Zeit fast ausschließlich einer Dampfmaschine bzw. einem Gasmotor die zur Kompression und Verdrängung der Luft erforderliche Kraft empfängt.

Während auf der einen Zylinderseite die Luft angesaugt wird, findet auf der anderen Seite die Kompression derselben auf den erforderlichen Enddruck und das Verdrängen derselben aus dem Zylinder statt. Beim

Rückgang des Kolbens erfolgen genau dieselben Vorgänge in den, den vorigen entgegengesetzten Zylinderräumen.

Die Unterschiede der einzelnen Maschinensysteme liegen in der äußeren Aufstellung, der Art und Weise des Antriebes, der Anzahl der Gebläse- und Dampfzylinder, der Anordnung der Klappen oder Ventile und verschiedenen anderen Gesichtspunkten mehr.

Bezüglich des Enddruckes der Kompression unterscheiden sich, wie bereits vorher besprochen wurde, die Hochofengebläsemaschinen von den Bessemergebläsen, jedoch sind die hierdurch bedingten Konstruktionsänderungen keine so wesentlichen, daß die äußere Anordnung hierdurch beeinflußt würde. In neuester Zeit sind jedoch mit den letzteren Maschinen verschiedene Wandlungen vorgegangen, während sie früher genau nach dem Typus der Hochofenmaschinen gebaut wurden, weshalb ihre Besprechung gesondert von jener der Hochofengebläse vorgenommen werden soll.

Die Einteilung der Hochofengebläsemaschinen erfolgt am übersichtlichsten auf Grund ihrer äußeren Anordnung, und ist hierbei zunächst die Lage der Zylinderachse, ob lotrecht oder wagrecht, sodann die Art der Kraftübertragung von der Dampfmaschine auf das Gebläse, ob durch Balancier oder direkt, sowie die Art der Massenausgleichung und Hubbegrenzung, also die Anwendung eines Schwungrades oder der Fortfall eines solchen, und endlich die Anzahl der Luft- und Dampfzylinder als Unterscheidungsmittel angenommen.

Hiernach ergibt sich die nachfolgende Einteilung, welche alle überhaupt ausgeführten Arten dieser hochwichtigen Klasse von Gebläsen umfaßt.

Einteilung der Hochofengebläsemaschinen:

I. Stehende Maschinen:

    A. Indirekt wirkende oder Balanciermaschinen;

        a) ohne Hilfsrotation oder Schwungrad;

$$\left.\begin{array}{l}\alpha)\ \text{mit einem} \\ \beta)\ \text{mit zwei}\end{array}\right\}\ \text{Dampfzylindern;}$$

        b) mit Hilfsrotation oder Schwungrad;

$$\left.\begin{array}{l}\alpha)\ \text{mit einem} \\ \beta)\ \text{mit zwei}\end{array}\right\}\ \text{Dampfzylindern;}$$

    B. Direkt wirkende Maschinen;

        a) ohne Hilfsrotation oder Schwungrad;

$$\left.\begin{array}{l}\alpha)\ \text{mit einem} \\ \beta)\ \text{mit zwei}\end{array}\right\}\ \text{Dampfzylindern;}$$

        b) mit Hilfsrotation oder Schwungrad;

$$\left.\begin{array}{l}\alpha)\ \text{mit einem} \\ \beta)\ \text{mit zwei} \\ \gamma)\ \text{mit drei}\end{array}\right\}\ \text{Dampfzylindern;}$$

II. Liegende Maschinen:

    A. mit einem Luftzylinder;

    B. mit zwei Luftzylindern.

I. Stehende Maschinen[1]).

Die ältesten Gebläsemaschinen sind in ihrer äußeren Anordnung den ältesten Dampfmaschinen, den Balancier-Wasserhaltungsmaschinen der englischen Bergwerke fast genau nachgebildet, indem nur an Stelle des unter Tage liegenden Pumpenzylinders der, auf das Niveau des Dampfzylinders gestellte Gebläsezylinder, an Stelle des mächtigen Schachtgestänges die Gebläsekolbenstange trat.

Die ersten Maschinen waren ohne Schwungrad ausgeführt. Die Mängel dieses Systems, welche auch den direkt wirkenden stehenden Maschinen ohne Schwungrad anhaften, sind folgende:

1. die sehr geringe Kolbengeschwindigkeit;
2. große schädliche Räume, welche nötig waren, um elastische Dampf- und Luftpuffer gegen zu hohes Aufgehen der Kolben zu schaffen;
3. sehr geringe Expansion, daher
4. wegen der beiden letzten Übelstände sehr großer Dampfverbrauch.

Mit der Anwendung eines Schwungrades zur Hubbegrenzung und Überwindung der toten Punkte wurde vielleicht der wichtigste Fortschritt im Gebläsemaschinenbau gemacht. Dasselbe gestattet sofort eine bedeutend höhere Tourenzahl, also auch größere Kolbengeschwindigkeit einzuführen und dadurch die Leistungsfähigkeit der Maschinen beträchtlich zu erhöhen, andererseits aber den Dampfverbrauch zu verringern. Bezüglich der Lage des Schwungrades sind die beiden folgenden Systeme zu unterscheiden.

Dasselbe liegt entweder zwischen dem Dampfzylinder und dem Unterstützungsmauerwerk des Balanciers, welches infolgedessen in der Mitte durchbrochen sein mußte, wodurch seine Stabilität und Festigkeit verringert wurde, oder außerhalb.

Die erste Anordnung erforderte ein weiteres Auseinanderziehen der Maschine und eine Verlängerung des Balanciers zur Befestigung der Steuerungsgestänge, wodurch die Konstruktion komplizierter wurde.

Die Verlegung des Schwungrades nach außen bedingte freilich gleichfalls eine Verlängerung des Balanciers, die Anbringung des sogenannten Horns, an dessen äußerstem Ende die Pleuelstange angreift, gewährte aber dafür den großen Vorteil einer bequemen Befestigung der Gestänge für den Dampfschieber, die Luft-, Kaltwasser- und Kesselspeisepumpe am Balancier und einer leichteren Gradführung der Kolben- und Pumpenstangen.

Ein weiterer, wichtiger Schritt in der Vervollkommnung der Gebläsemaschinen war die Einführung des Woolfschen Prinzips. Bei älteren Maschinen wurde neben dem ursprünglichen Dampfzylinder der Hochdruckzylinder eingebaut, die Kolbenstange und Schieberstange am Parallelogramm des ersten Zylinders befestigt und die Dampfzuleitung an den Hochdruckzylinder angeschlossen. Bei späteren Ausführungen findet sich an Stelle des Wattschen Parallelogramms bereits eine Prismen-

---

[1]) Siehe I. Aufl. Fig. 23—40.

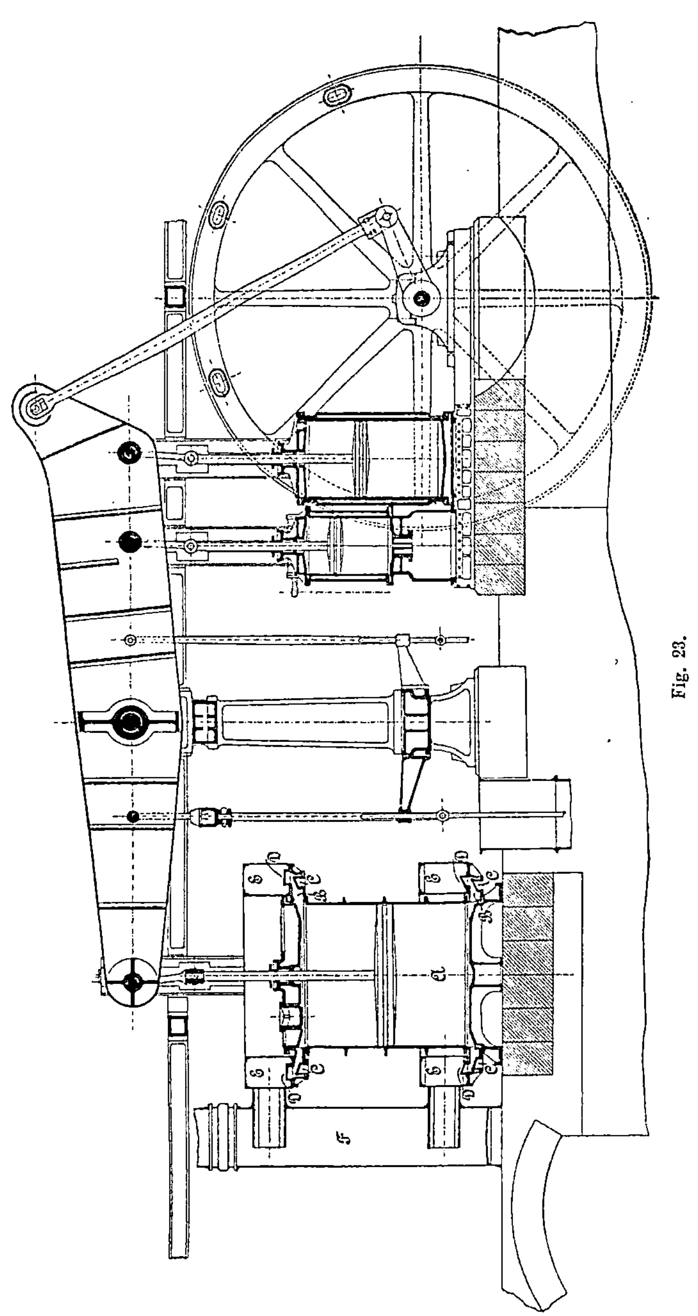

Fig. 23.

gradführung für alle Kolbenstangen, während die Bewegung der Steuerung durch Exzenter und Exzenterstange, Winkelhebel etc. von der Schwungradwelle aus, diejenige der Pumpen vom Balancier aus erfolgt.

Fig. 23 stellt eine Maschine dieses Systems, jedoch mit Unterstützung des Balanciers durch eine gußeiserne Säule dar. Die Maschine ist im Jahre 1882 von der Maschinenfabrik Bolzano, Tedesco u. Co. in Schlan für die Carl-Emilshütte in Königshof bei Beraun in Böhmen erbaut. Der Gebläsezylinder A besitzt an beiden Enden ringsumlaufende Kanäle B, in welche die Saugklappen C und Druckklappen D eingebaut sind. Die letzteren öffnen sich in zwei schmiedeeiserne ringförmige Kanäle E, aus welchen die Luft in das Sammelrohr F und von dort in die Windleitung gelangt. Der Balancier ist aus Eisenblech genietet, das Schwungrad aus acht Teilen zusammengesetzt [1]). Diese Maschine ist nach Mitteilung der Erbauerin jetzt außer Betrieb und nur aus geschichtlichem Interesse hier noch aufgenommen worden.

Fast gleichzeitig mit den Balanciermaschinen kamen bei den Wasserhaltungsmaschinen die direkt wirkenden stehenden Maschinen in Gebrauch, und wurde dieses System dann bald auf die Gebläsemaschinen übertragen. Dieselben boten jedoch, so lange sie ohne Schwungrad und nur mit Gegenbalancier ausgeführt waren, keinerlei Vorteile gegenüber den Balanciermaschinen, da auch sie große schädliche Räume, geringe Tourenzahlen, geringe Expansion und großen Dampfverbrauch hatten. Auch ihnen gab daher erst die Einführung der Hilfsrotation Lebenskraft, und haben die stehenden, direkt wirkenden Maschinen mit Schwungrädern sich bis zur Gegenwart behauptet, ja in vielen Gegenden und bei vielen Fabriken den Vorzug vor den liegenden Maschinen behalten.

So findet sich die stehende Maschine z. B. in zahlreicher Anwendung in den nordamerikanischen Eisenhütten.

Eine solche Zwillingsgebläsemaschine neuerer Konstruktion, mit obenstehendem Gebläsezylinder beschreibt R. Volkmann [2]) in Yonkers, N. Y. in der Zeitschr. d. Vereins deutscher Ingenieure i. J. 1891.

Die Maschine ist auf Tafel I abgebildet. Sie bedient die Hochöfen der Pennsylvania Steel Co. in Sparrow Point Works. Ihre Hauptabmessungen sind folgende:

Raumbedarf 12,2 m Länge,
         9,8 m Breite (in der Richtung der Achse genommen),
         9,8 m Höhe.

Dampfzylinder-Durchmesser	1118	mm
Gebläse ,, ,,	2134	,,
Gemeinschaftlicher Hub	1524	,,
Kondensator-Durchmesser	914	,,
Plungerpumpen-Durchmesser	660	,,
,, Hub	762	,,
Schwungrad-Durchmesser	7315	,,

---

[1]) Über die Ermittelung der Leistung dieser Maschine s. Ausführliches I. Aufl., S. 27 u. folg.

[2]) Z. Ver. deutsch. Ing. 1891, S. 457, Tafel 12.

Armzahl   8

Kranzhöhe   457 mm

Kranzbreite   381   „

Gewicht   36000 kg

Balancier-(Stahlguß) Länge   5296 mm (Zapfenmittel bis Zapfenmitt.)

Balancier-Höhe   1524   „

Als eine in mancher Hinsicht vorteilhafte Erweiterung des stehenden Zwillingssystems ist die stehende Drillingsmaschine der Friedrich-Wilhelms-Hütte zu Mülheim an der Ruhr anzusehen. Bei

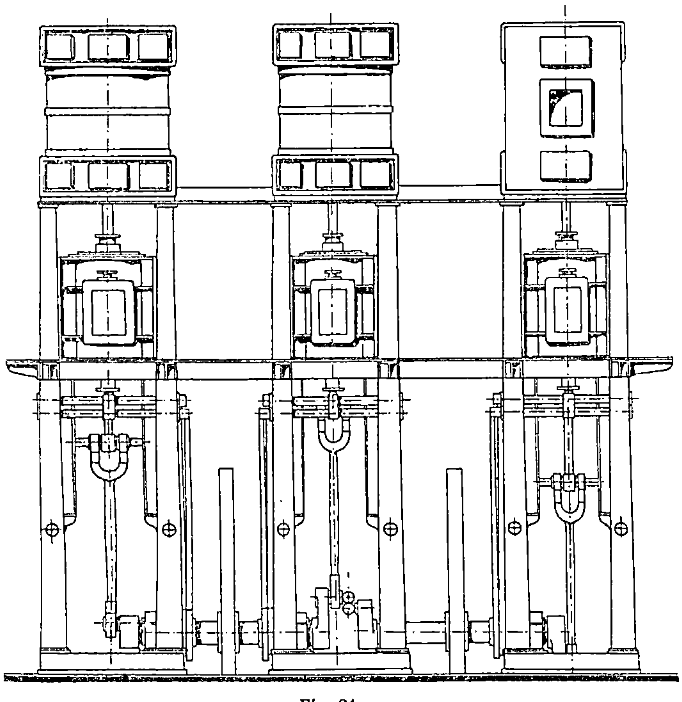

Fig. 24.

derselben, Fig. 24 und 25, liegen die Dampf- und Gebläsezylinder hoch, während die Kolbenstangen der ersteren nach unten durch die Zylinder hindurch geführt sind und mit je einem Kreuzkopf und einer Pleuelstange in Verbindung stehen, welche die darunter liegende Schwungradwelle bewegen. Durch diese Konstruktion ist die sehr hohe Lage der beiden Zylinder bedingt, da selbst bei einem Hube von nur 1,2 m und 2½ facher Pleuelstangenlänge die Höhe von Mitte Schwungrad bis Mitte Dampfzylinder sich zu ca. 4½ m ergibt.

Nach Angabe [1]) des Erbauers J. Schlink besitzt die Maschine neben „den allgemeinen guten Eigenschaften der stehenden, direkt wirkenden Maschinen noch die besonderen Vorzüge

---

1) Schlink, „Gebläsemaschinen", Glas. Annal. Gew. u. Bauwes. 1880, S. 42.

a) einer vollkommenen statischen Ausgleichung der beweglichen Teile ohne jedes Gegengewicht;

b) einer sehr gleichmäßigen Windlieferung;

c) einer geringeren Raumbeanspruchung bei verhältnismäßig hoher Leistungsfähigkeit;

d) einer nicht übermäßigen Schwere oder Größe der einzelnen Teile, daher Handlichkeit bei vorkommenden Reparaturen;

e) eines sparsamen Dampfverbrauchs, indem die gegenseitige Ergänzung der Zylinder hohe Expansionen gestattet."

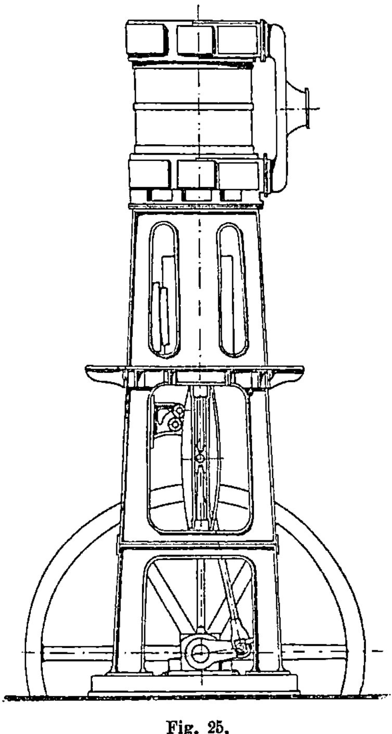

Fig. 25.

Als weitere Vorteile möchte Verfasser noch die folgenden hinzufügen:

f) Möglichkeit der Abkuppelung eines Zylinders bei vorkommenden Betriebsstörungen und dadurch bedingten Reparaturen;

g) bedeutende Verringerung der Schwungradgewichte infolge der gegenseitigen Ausgleichung der auf- und niedergehenden Massen und dadurch Verringerung der Reibungsarbeit.

Wenn trotz dieser Vorzüge das Drillingssystem keine weitere Verbreitung gefunden hat, so mag dies wohl in folgenden, nicht zu verkennenden Übelständen seinen Grund haben:

a) die große Höhe der Maschine erschwert die Übersichtlichkeit und Wartung ganz außerordentlich. Die letztere erfordert den Aufbau zweier Plattformen, einer obersten zur Bedienung der Stopfbüchsen der Gebläsezylinder und zur Vornahme etwaiger Reparaturen an den Windklappen, einer unteren zur Bedienung der Dampfzylinder. Da außerdem vier Schwungradlager und neun Pleuelstangenlager zu kontrollieren und mit Schmiermaterial zu versorgen sind, so ist die sorgsame Wartung der Maschine eine bedeutend schwierigere als bei stehenden Illings- oder Zwillingsmaschinen;

b) die hohe Lage der Zylinder legt die Besorgnis von starken Erschütterungen und Vibrationen in der Maschine bei einigermaßen raschem Gange nahe;

c) infolge des zur Vermeidung der letzteren sehr kräftig ausgeführten Unterbaues ist das Gewicht der ganzen Maschine ein sehr großes, welches auf eine relativ kleine Bodenfläche wirkt, wodurch sehr tiefe Fundamentbauten notwendig werden, die Maschinen aber bei nicht sehr festem Baugrund überhaupt nicht zu empfehlen sein dürften;

d) schließlich mögen auch die relativ hohen Anschaffungskosten gegenüber ein- und zweizylindrischen Maschinen abschreckend wirken.

Das Bestreben nach möglichster Stabilität der stehenden Maschinen führte zu der Umkehrung der vorstehend besprochenen Maschinen, der Verlegung des Gebläsezylinders nach unten und des Dampfzylinders nach oben.

Auch als Woolfsche Maschine ist dasselbe System ausgeführt worden, wobei jedoch beide Zylinder wieder ziemlich hoch über den Fußboden gelegt sind. Die erste Ausführung dieses Systems erfolgte seitens der englischen Firma Kitson u. Co., Airedale Foundry in Leeds, unter Mitwirkung des englischen Ingenieurs A. Hill für die Lackenby Iron Works bei Middlesborough.

Stehende Verbund - Hochofengebläse - Maschine der Kölnischen Maschinenbau - Aktiengesellschaft in Köln - Bayenthal.

Diese auf Tafel II abgebildete stehende Gebläsemaschine ist für eine Normalleistung von 1600 cbm, eine Maximalleistung von 1920 cbm angesaugter Luft und normal 1 Atmosphäre, maximal 1,8 Atmosphären Winddruck bei 50 resp. 60 Umdrehungen in der Minute, 6½ Atmosphären Admissionsdruck im Schieberkasten des Hochdruckzylinders und Anschluß an eine Weißsche Kondensation konstruiert.

Der Hochdruckzylinder hat einen Durchmesser von 1600 mm und Schiebersteuerung, während die Steuerung des Niederdruckzylinders durch eine von Hand verstellbare Meyersche Kolbenschiebersteuerung erfolgt. Die Abschlußorgane sind in zentral um die Gebläsezylinder angeordneten Ventilkästen untergebracht und bestehen aus kleinen, in Stahl geschmiedeten Ventilen mit Rotgußventilsitzen und Federbelastung.

Ein in die Abdampfleitung eingebautes Wechselventil gestattet, die Maschine auch ohne Kondensation zu betreiben. Die Wellenlager, Zapfenlager und Gradführungsplatten sind mit Weißmetall ausgegossen. Der Dampfverbrauch stellt sich auf 7,kg für die indizierte Pferdekraft und Stunde.

Diese Maschine ist seit Juni 1901 in Betrieb.

II. Liegende Maschinen.

Unter den liegenden Hochofengebläsemaschinen, welche sich schon zu Anfang der 50er Jahre des vorigen Jahrhunderts[1] einbürgerten, nimmt wohl gegenwärtig die liegende Zweizylinderverbundmaschine den ersten Platz ein. Ältere Ausführungen zeigen nur einen Gebläsezylinder, betrieben entweder durch zwei seitlich daneben liegende Dampfzylinder, oder einen davor liegenden, direktwirkenden Dampfzylinder. Auch Schiebergebläse nach Slateschem System wurden liegend ausgeführt, konnten jedoch auch in dieser Anordnung sich nicht dauernd einführen. Abbildungen der letzteren finden sich in Schlink[2] sowie in Weißbach-

---

[1] Schlink, „Stahl und Eisen", 1888, No. 1.
[2] Schlink, a. a. O., S. 54 u. 55.

Herrmanns Lehrbuch der Ingenieurmechanik [1]). Liegende Drillings-
gebläse sind nicht ausgeführt.

Bei allen neueren Maschinen findet sich folgendes Gemeinsame:

Die Gebläsezylinder liegen am hinteren Ende des Rahmens, beide
sind betrieben durch die nach hinten verlängerten Dampfkolbenstangen,
die Gebläsekolbenstangen sind durch beide Zylinderdeckel hindurchgeführt und vorn und hinten getragen. Vor den Dampfzylindern liegt
die Gradführung (Querhäupter mit Gleisführungen oder Corlißrahmen)
am vorderen Ende des Rahmens die Schwungradwelle mit einem Schwungrad, betrieben durch zwei, meist unter 90 Grad versetzte Stirnkurbeln.

Die Unterschiede der verschiedenen Ausführungen beruhen in der
Art der Windableitung, entweder unterhalb, oder oberhalb der Maschinenachse, in der Steuerung der Dampfmaschine und in der Konstruktion und Anordnung der Windklappen oder -Ventile.

Die Steuerung der Dampfmaschine ist meistens als Ventilsteuerung
ausgeführt, die Ventile sind entweder, wie bei Sulzermaschinen, an beiden
Zylinderenden übereinander oder seitlich angeordnet. Schieber- und
Corlißsteuerungen finden sich seltener.

D. Die Bessemer-Gebläsemaschinen.

Wenngleich die allgemeine Anordnung der Bessemer-Gebläsemaschinen, wie bereits erwähnt wurde, nicht wesentlich von derjenigen
der Hochofengebläsemaschinen verschieden ist, so erfordert doch der
bedeutend höhere Luftdruck, die stärkere Erwärmung der Luft und die
größere Tourenzahl eine bedeutend stärkere Bauart der ganzen Maschine
sowie eine Verstärkung der Saug- und Druckorgane, wodurch eine
Änderung in der Konstruktion der Saug- und Druckkanäle und Zylinderdeckel bedingt ist. Die stärkere Erwärmung erfordert Wasserkühlung,
für welche jedoch, da die Luft direkt in die Bessemerkonverter geleitet
wird und daher nicht feucht sein darf, keine Wassereinspritzung anwendbar ist. Hierdurch ist die Anordnung doppelwandiger Zylinder mit
Wassermantel, sowie zur Vergrößerung der Abkühlungsfläche doppelwandiger Zylinderdeckel gleichfalls mit Wasserkühlung geboten. Durch
beide Umstände wird die Konstruktion der Zylinder umständlicher.
Während endlich bei den geringen Drücken der Hochofengebläsemaschinen zum Abschluß der Saug- und Druckkanäle Leder-, Filz- und
Gummiklappen Anwendung finden können, sind dieselben für Bessemergebläse infolge des höheren Druckes, der zu starken Abnutzung und daher
erforderlichen allzu häufigen Auswechselung wegen ungeeignet und in
neuerer Zeit fast durchweg durch Metallventile ersetzt worden, wodurch
gleichfalls Konstruktionsänderungen bedingt sind.

Hinsichtlich der äußeren Aufstellung der Zylinder kommen in
neuerer Zeit wohl nur noch die direktwirkenden stehenden und liegenden
Maschinen zur Ausführung, da die Balanciermaschine für Bessemergebläse der kleineren Tourenzahl wegen ungeeignet ist.

---

[1]) II. Aufl. 1880. Bd. III. 2. Abteil., S. 1087 u. folg.

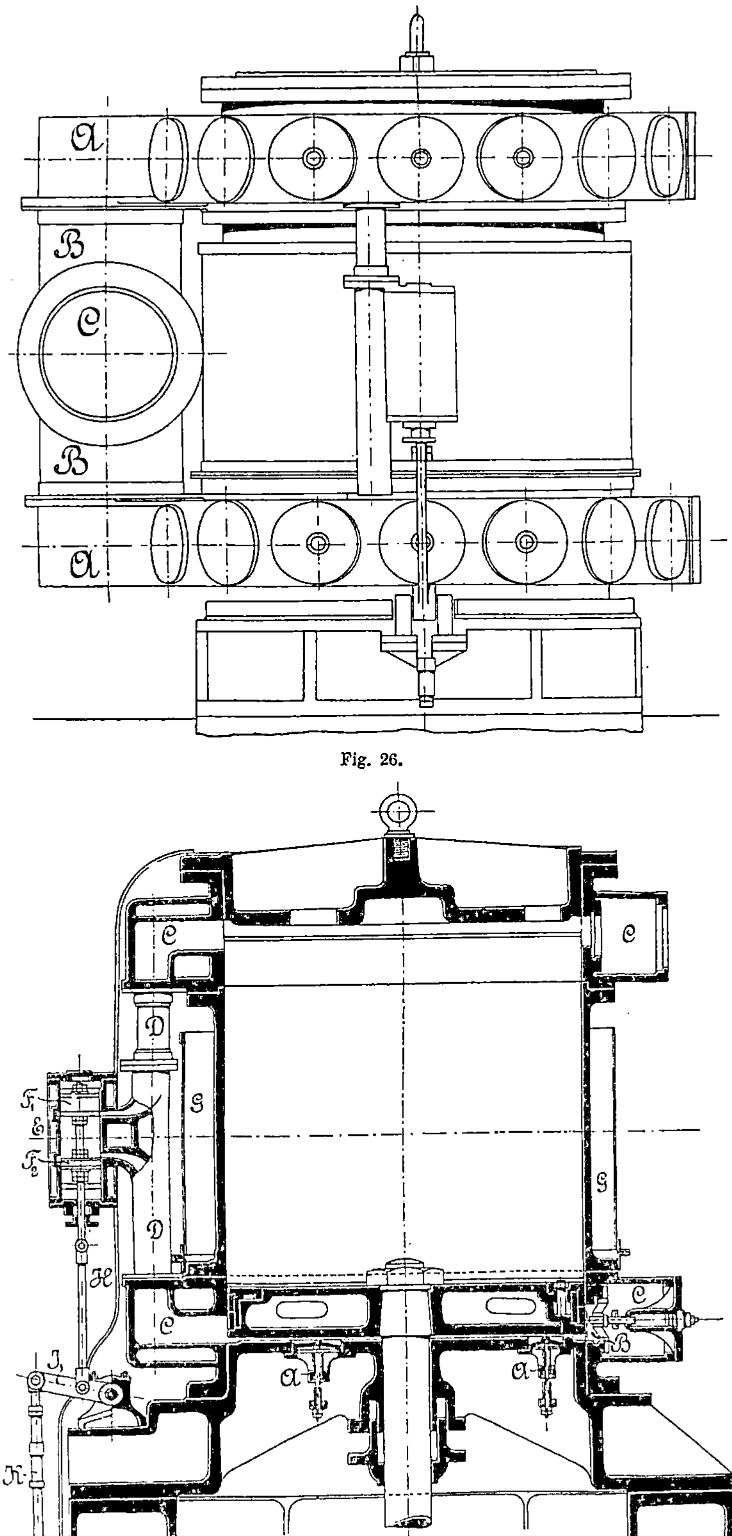

Fig. 26.

Fig. 27.

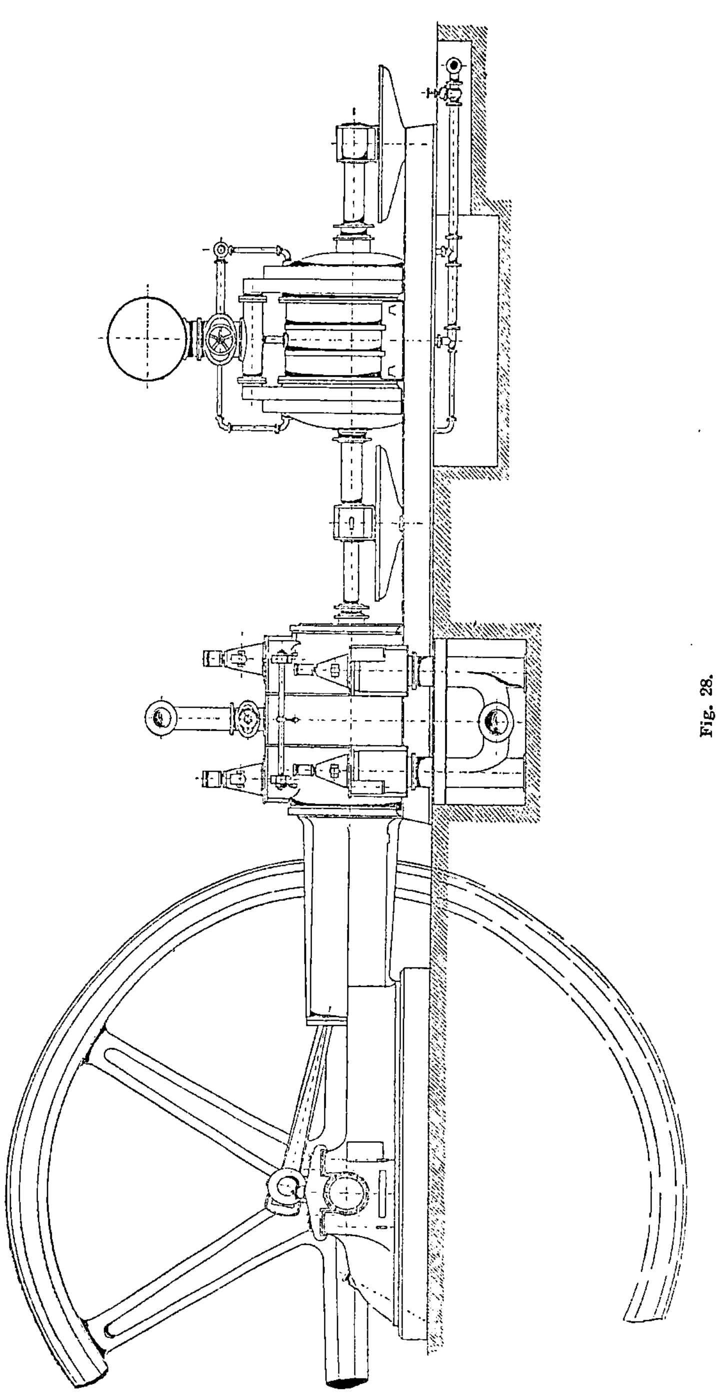

Fig. 28.

I. Stehende Bessemer-Gebläsemaschinen.

Die Konstruktion einer älteren, stehenden Bessemergebläsemaschine der Société John Cockerill in Seraing, welche für die Bessemereianlage der Dortmunder Union zu Dortmund im Jahre 1870 ausgeführt wurde, ist durch die Fig. 26 und 27 dargestellt. Die Saugventile A, Fig. 27, sind ringförmig in den Zylinderdeckeln, die Druckventile B dagegen seitlich in einem oben und unten um den Zylinder herumführenden Kanal C angebracht, wie aus dem Vertikalschnitt Fig. 27 zu ersehen ist. Beide Kanäle stehen durch ein Verbindungsrohr D und einen mit zwei Kolben F^1 und F^2 versehenen Zylinder E miteinander in Verbindung. Durch die Stangen H und K und den Hebel I werden die Kolben F^1 und F^2 beim Hubwechsel der Maschine gehoben, so daß ein momentaner Druckausgleich zwischen beiden Zylinderseiten erfolgt, wodurch, wie später gezeigt werden wird, der volumetrische Wirkungsgrad der Maschine bedeutend vergrößert, der Anfangsdruck auf der Saugseite dagegen verkleinert wird. Die Druckventilstangen sind doppelt geführt und stoßen mit den äußeren Enden gegen Spiralfedern, welche in den Deckeln der Ventilkästen gelagert sind. Der Gebläsezylinder ist mit einem oben offenen Wassermantel G umgeben, in welchen fortwährend frisches Kühlwasser einfließt. Beide Druckkanäle A, Fig. 26, münden in ein vertikales Sammelrohr B, von welchem die Windleitung C abgezweigt ist.

II. Liegende Bessemer-Gebläsemaschinen.

Als Beispiele neuerer Konstruktionen sind im folgenden zunächst zwei Ausführungen, eine Maschine der Gutehoffnungshütte zu Sterkrade und eine Maschine der Essener Union zu Essen behandelt, welche sich hauptsächlich durch die Anordnung der Ventile unterscheiden.

Bessemer - Verbund - Gebläsemaschine für die Bessemerei der Gebrüder Röchling in Völcklingen, Fig. 28 Ansicht, Fig. 29 Vertikalquerschnitt, Fig. 30 Horizontallängsschnitt. An beiden Zylinderenden befindliche, schmale, ringförmige Kanäle A liegen zwischen den Saugventilen C und den Druckventilen D, welche letztere in zwei ringsumlaufende Kanäle B münden, von welchen ein Verbindungsrohr nach dem in der Mitte über beiden Gebläsezylindern liegenden Windsammler W, Fig. 29, führt. Die Konstruktion und Anordnung der Ventile ist aus Fig. 31 ersichtlich. Durch die Windschieber V, Fig. 29, können beide Zylinder von dem Windsammler abgesperrt werden, so daß bei Betriebsstörungen eine Maschine allein arbeiten kann. Durch die Rohrleitung L wird sowohl den Zylindermänteln als auch den Deckeln Kühlwasser zugeführt. Die Steuerung der Dampfmaschine geschieht durch Ventile, deren Anordnung insofern bemerkenswert ist, als die Einlaßventile oben auf dem Zylinder, die Auslaßventile jedoch nicht wie gewöhnlich, unterhalb, sondern seitlich neben dem Zylinder liegen. Die Konstruktionsverhältnisse der Maschine sind folgende:

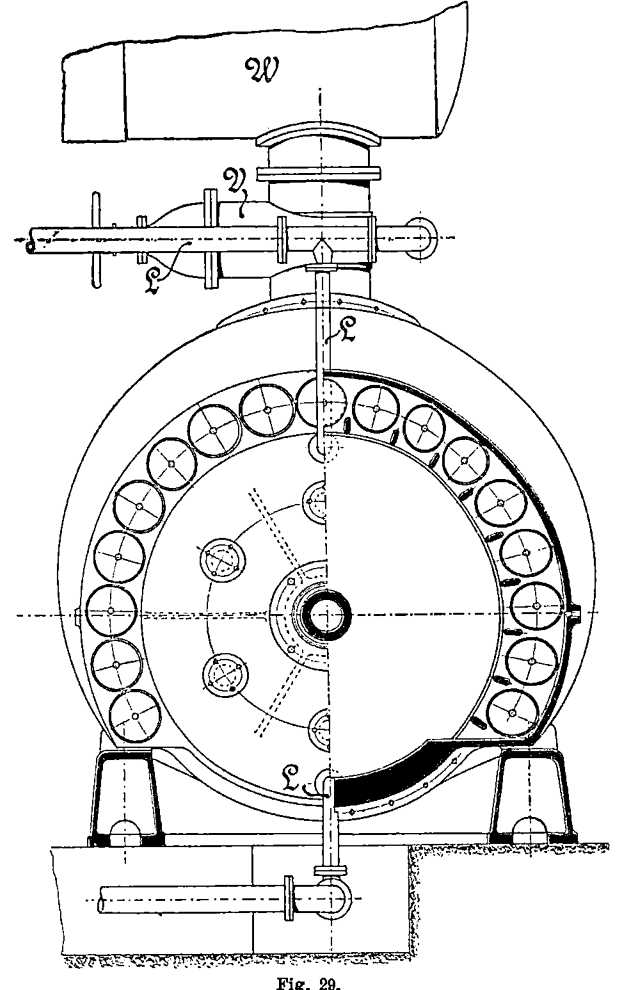

Fig. 29.

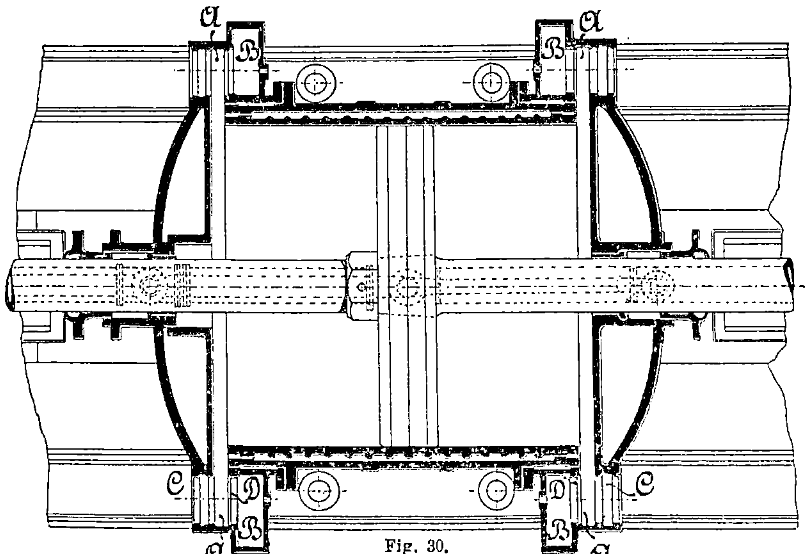

Fig. 30.

Dampfzylinder-Durchm.: Hochdruckzylinder: 1300 mm
                     Niederdruckzylinder: 1900 „
Windzylinder-Durchm. 1700 „
Gemeinschaftlicher Hub 1700 „
Umdrehungszahl 36 i. d. Min.
Minutlich angesaugte Luftmenge 540 cbm

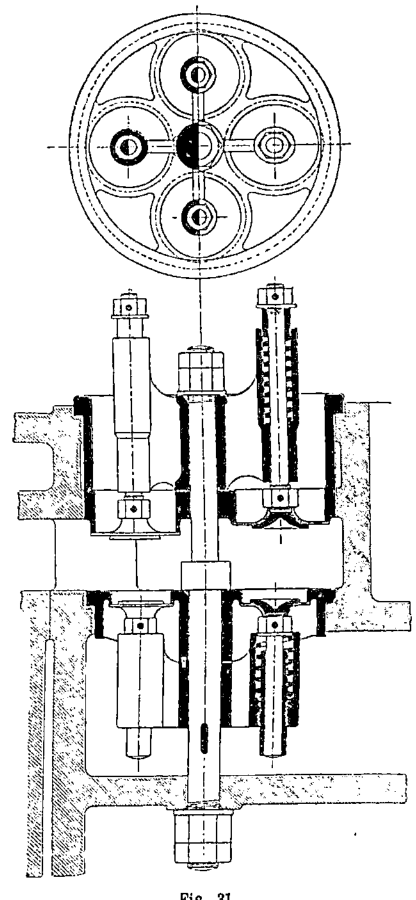

Fig. 31.

Winddruck 2,2 Atm. Überdr.
Indizierte Pferdestärkenzahl ca. 1800
Anfangsspannung im Hochdruckzylinder 5 Atm. Überdruck.
Füllung im Hochdruckzylinder ca. 0,4
Freier Saugventilquerschnitt ca. $\frac{1}{6}$ der Kolbenfläche.
Freier Druckventilquerschnitt ca. $\frac{1}{12}$ „ „

    Zum Betriebe der Kondensationsanlage ist eine besondere Kondensationszwillingsmaschine von folgenden Abmessungen vorhanden:

Dampfzylinder, Durchm. = 280 mm, Hub = 600 mm
Doppeltwirkende Luftpumpen, Durchm. = 500 „ Hub = 600 „
Umdrehungszahl 60 i. d. Min.

In den Fig. 32—34 sind die Schnitte und die äußere Zylinderansicht einer neueren Ausführung eines Stahlwerksgebläses derselben Firma von folgender Abmessung abgebildet:

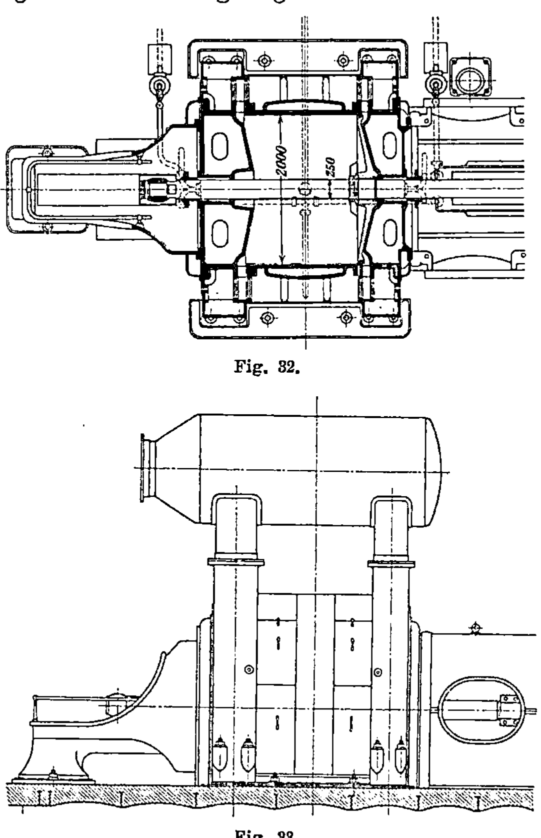

Fig. 32.

Fig. 33.

Dampfzylinder, Durchm.	1470 × 2200 mm
Windzylinder, Durchm.	2000 „
Gemeinsamer Hub	1500 „
Tourenzahl in der Minute	75
Luftleistung (verdichtet) cbm/min	1000
Höchster Verdichtungsdruck, Atm.	2,5.

Auf beiden Zylinderseiten sind Ringräume vorhanden, welche ganz herumführen und je 23 Saug- und Druckventile mit gemeinsamer Achse enthalten. Die Zylinderdeckel sind mit sehr großen Kühlräumen versehen, während die Zylindermantelkühlung nur etwa $^2/_3$ der Zylinderfläche beeinflußt.

Fig. 32 gibt den horizontalen Schnitt durch den Zylinder, Fig. 33

die äußere Seitenansicht des Gebläsezylinders mit dem Luftsammler
über dem Zylinder, in welchen die Druckstutzen beider Zylinder
münden, und Fig. 34 die Vertikalquerschnitte beider Gebläsezylinder.
Aus dem Schnitt des rechts gelegenen Zylinders ist die Kühlwasserzu-

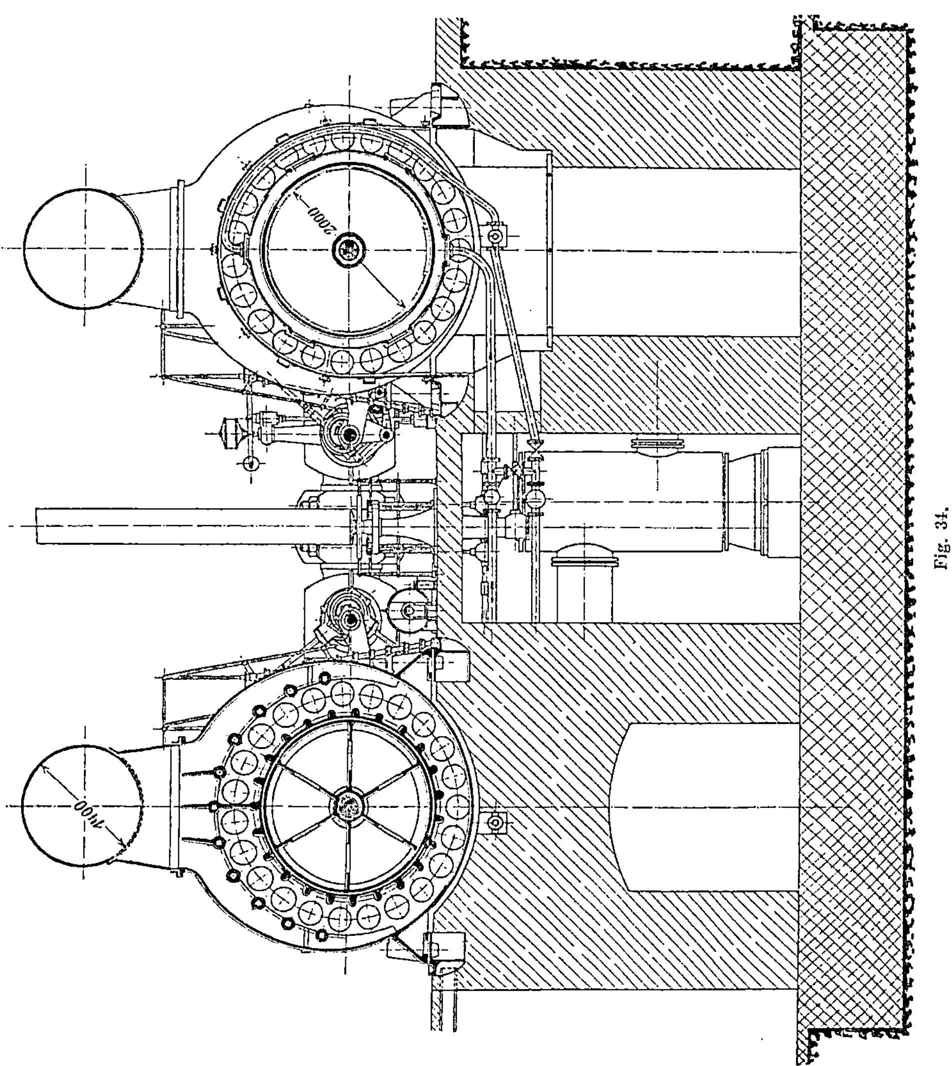

Fig. 34.

und -ableitung des Zylindermantels zu ersehen. Beachtenswert ist noch
in Fig. 32 der außerordentlich leichte, dünne Stahlkolben, dessen Form
sich an die innere Deckelform der Zylinderdeckel genau anschmiegt.

Gebläsemaschinen der Märkischen Maschinenbauanstalt
Ludw. Stuckenholz, A.G., Wetter-Ruhr.

3*

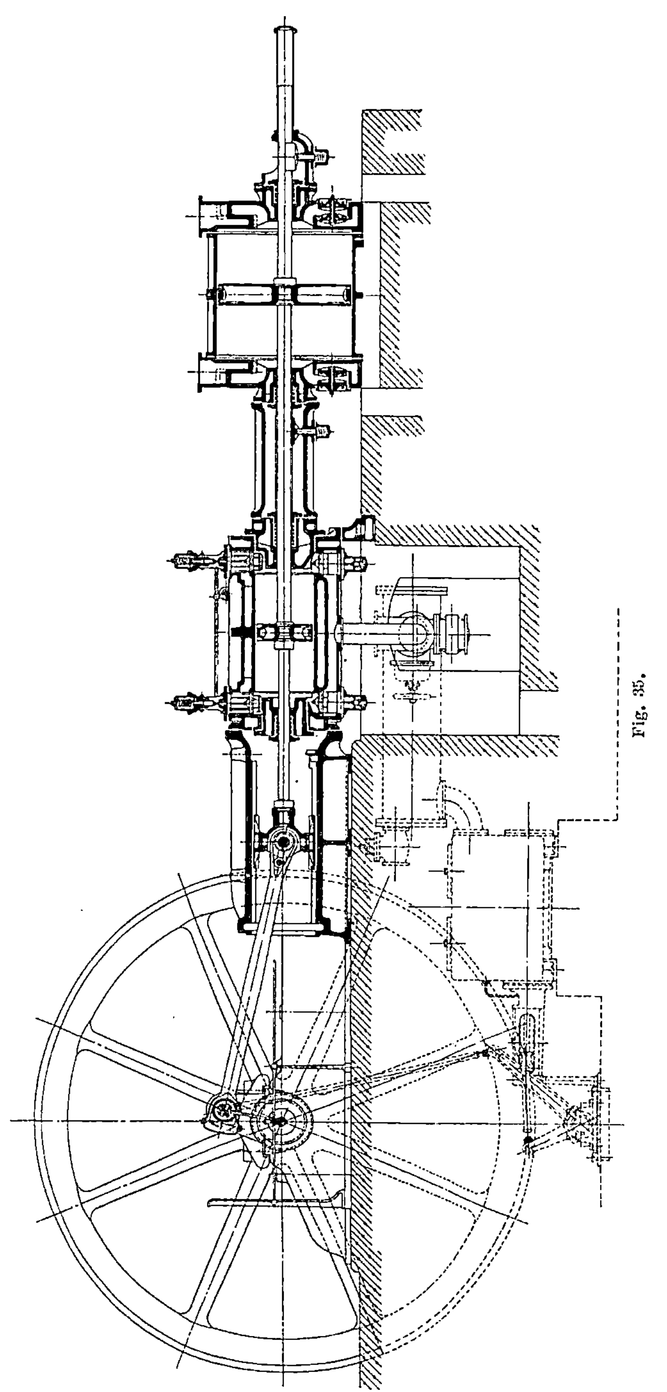

Fig. 35.

In den Fig. 35 und 36 ist zunächst der Längsschnitt und Querschnitt einer Hochofengebläsemaschine von folgenden Abmessungen dargestellt:

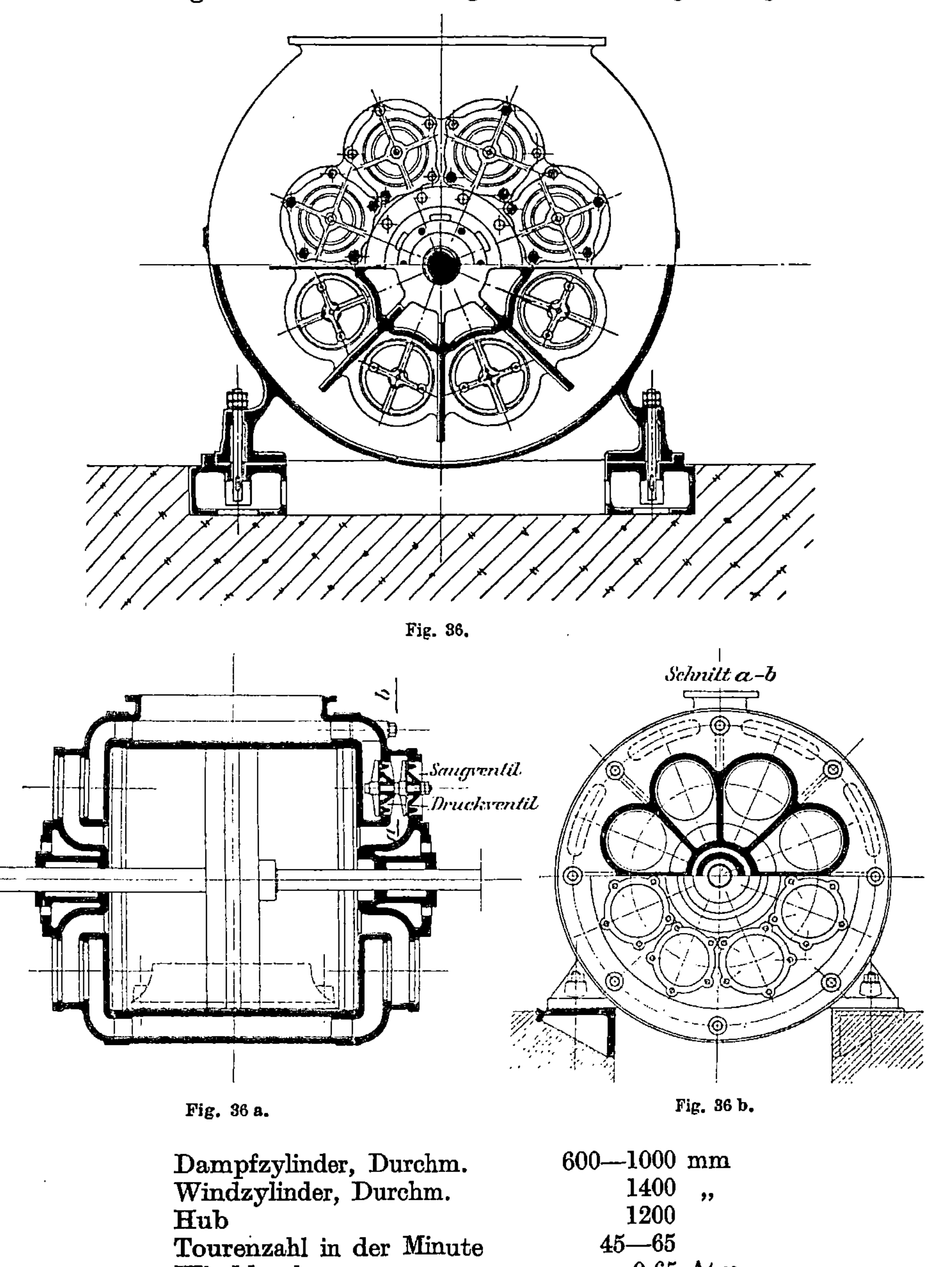

Fig. 36.

Fig. 36 a.   Fig. 36 b.

Dampfzylinder, Durchm.   600—1000 mm
Windzylinder, Durchm.   1400   „
Hub   1200
Tourenzahl in der Minute   45—65
Winddruck   0,65 Atm.

Die Konstruktion des Zylinders ist aus den Fig. 36a und 36b zu ersehen. Auf jeder Zylinderseite sind acht sektorförmige Kanäle rings um die Zylindermitte angebracht, welche zu den horizontal, konaxial gelagerten Ventilen führen; die äußeren sind die, direkt aus der äußeren Luft saugenden Saugventile, die inneren die Druckventile, welche in einen gemeinschaftlichen, den Zylinder umgebenden Ringkanal münden, von welchem die Druckluft an die höchste Stelle des Zylinders abgeleitet wird.

Als Ventile sind die sogenannten Hörbiger-Ventile[1]) neuester Konstruktion ohne Lenker, Niete etc. angewandt. Die aus je einem Saug- und einem Druckventil bestehenden Ventilsätze sind auf einer gemeinsamen Schraube montiert und können zusammen ein- und ausgebaut werden. Die Detailkonstruktion ist aus

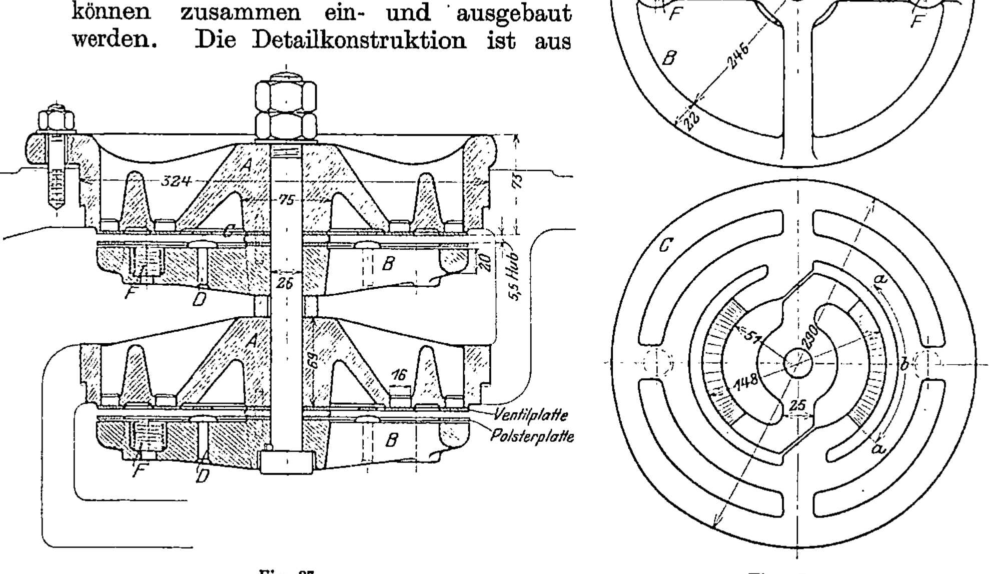

Fig. 37.   Fig. 37 a.

Fig. 37 zu ersehen, während Fig. 37 a die Ansicht der federnden Ventilplatte wiedergibt. Der Ventilhub beträgt für das Saugventil 5,5 mm, für das Druckventil 4 mm. Dadurch, daß die Ventilplatten an zwei Seiten schräg aufgeschnitten sind, erhalten sie freie Beweglichkeit. Durch die in den Platten befindlichen kreisringförmigen Schlitze strömt die Luft beim Öffnen der Platten hindurch und ist dadurch ein großer Durchgangsquerschnitt geschaffen.

Die äußere Ansicht einer Maschine dieser Bauart ist aus Fig. 38 zu ersehen. Sie stellt eine Anlage der „Union"-A. G. in Dortmund dar. Dieselbe setzt sich aus vier Verbundmaschinen von je 1500 PS. zusammen. Die erzielte Windmenge beträgt für jede Maschine 850 cbm,

---

[1]) S. weiter unten.

also für die ganze An-
lage 3400 cbm in der
Minute bei einem Wind-
druck von 0,5—1 Atm.
Überdruck (1,5—2,0
Atm. absolut).

Die Maschine hat
bei 41 Touren folgende
Leistungen ergeben:
Dampfmaschine 317 PS.
Gebläse 273 „
Mechanischer
  Wirkungsgrad
  (273 : 317).100 86 %
Dampfverbrauch
  für 1 PS. in
  der Stunde 5,65 kg.

In Fig. 39 sind die
Dampf-Diagramme des Hoch-
und Niederdruckdampfzylinders und das rankinisierte
Diagramm abgebildet. Sie
zeigen einen befriedigenden
Verlauf, wenngleich die Füllung, also auch die Diagramm-
völligkeit im Niederdruckzylinder etwas größer sein
könnte. Einen sehr guten
Verlauf zeigt das zugehörige
Gebläsediagramm, Fig. 40,
aus welchem besonders die
ohne Druckverluste sich voll-
ziehende Öffnung der Saug-
und Druckplatten hervorgeht.

Eine Stahlwerksgebläse-
maschine neuerer Bauart
derselben Firma ist in den
Fig. 41—44 abgebildet. Die
Hauptabmessungen derselben
sind folgende:

Fig. 38.

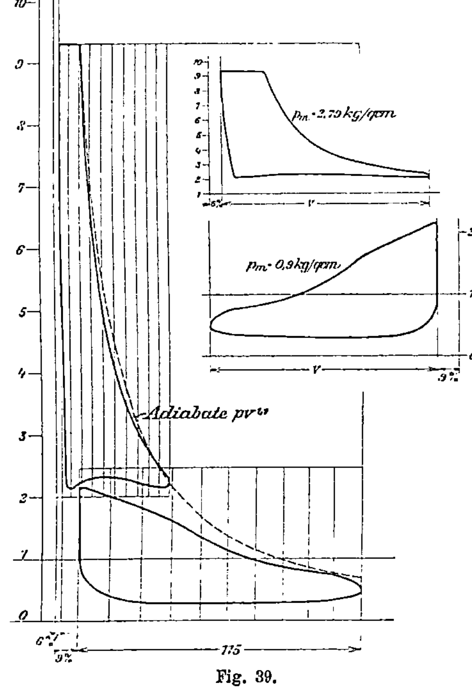

Fig. 39.

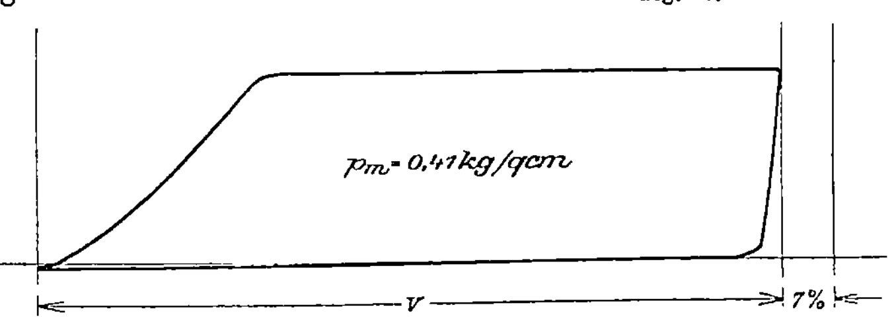

Fig. 40.

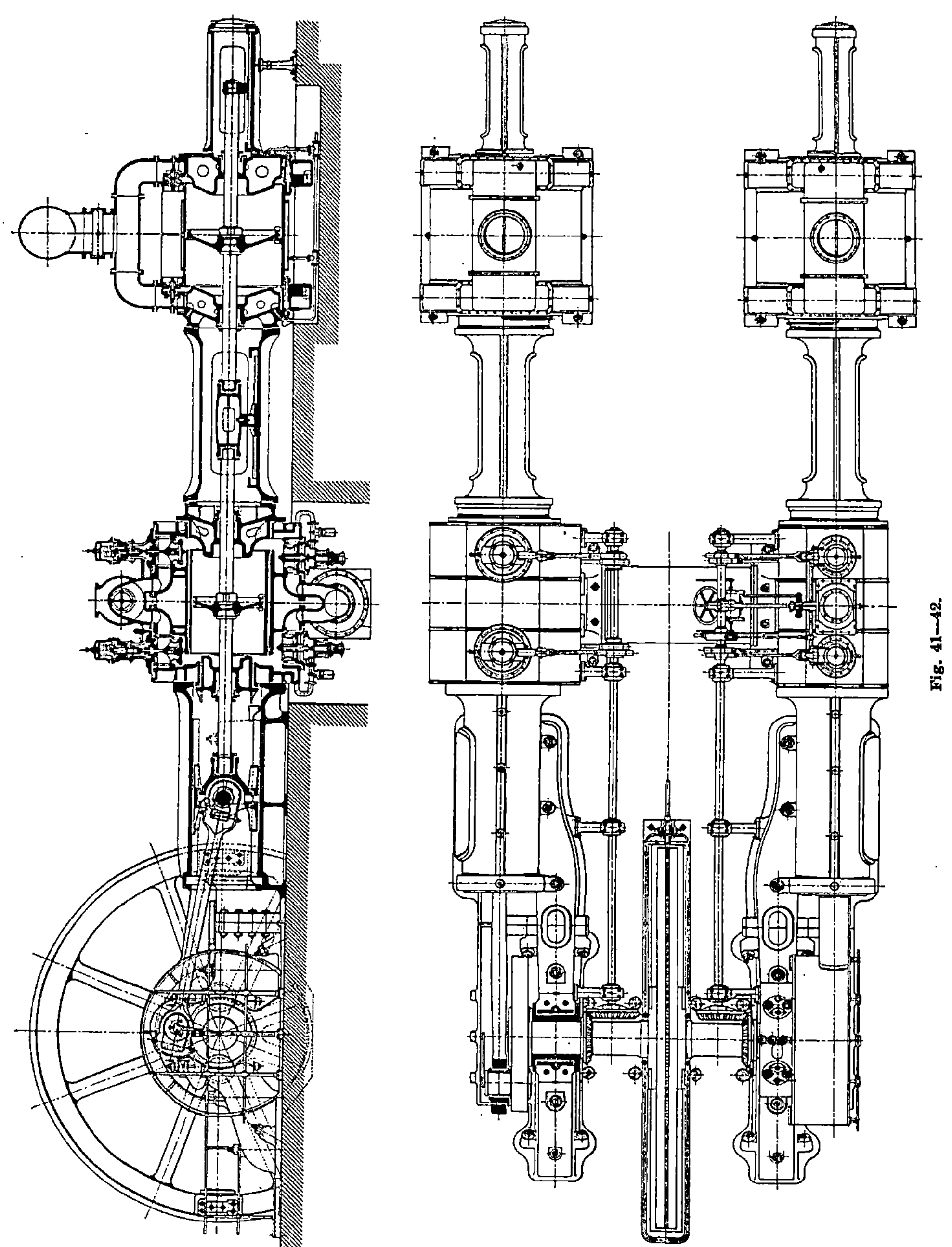
Fig. 41—42.

Dampfzylinder, Durchm.	1200 × 1800 mm
Windzylinder, Durchm.	1600 „
Gemeinsamer Hub	1600 „
Maximaltourenzahl	80
Windüberdruck, kg/qcm	2,5
Durchlaufenes Windkolbenvolumen	1010 cbm/stde.

Von diesen Maschinen sind von der genannten Firma u. a. je eine für den Aachener Hüttenverein Rothe Erde bei Aachen und für die Dillinger Hüttenwerke in Dillingen mit nachstehenden Abmessungen geliefert worden[1]).

	Aachener Hüttenwerke	Dillinger Hüttenwerke
Durchm. des Hochdruckzylinders . . . . . mm	1500	1200
„ „ Niederdruckzylinders . . . . „	2300	1800
„ der Gebläsezylinder . . . . . . „	2000	1600
gemeinsamer Kohlenhub . . . . „	1800	1600
Uml./min höchstens	60	80
Kesselspannung . . . . at	10	8
Windpressung . . . . „	2,5	2,5
angesaugte Luftmenge . . . . . . cbm/st	1300	1010
Überhitzung . . . . °C	280	350
Anzahl der Windventile	8 × 20	8 × 18
Abmessung der Hauptlager . . . . . . mm	630 × 850	580 × 760
„ „ Kurbelzapfen . . . . . „	400 × 400	360 × 360
„ des Kreuzkopfes . . . . . . „	340 × 400	270 × 360
Durchm. der Kolbenstange . . . . . . „	250	210
Gesamtgewicht . . . . „	465	340

Nähere Einzelheiten über diese beiden Maschinen finden sich in dem unten erwähnten Aufsatz. Hier sei nur auf den eigenartigen Einbau der Hörbiger Plattenventile hingewiesen. Die Konstruktion dieser Ventile selbst ist weiter unten in dem Abschnitt über die Gebläseventile von Lang - Hörbiger näher beschrieben. Dieselben sind in Ringkästen untergebracht, so daß das Innere der Gebläsezylinder nach Herausnahme des Deckels zugänglich ist. Die aus je einem Druck- und einem Saugventil bestehenden Ventilsätze sind nach Fig. 44a mit gemeinsamen Spindeln so im Ringkasten befestigt, daß beide gemeinsam herausgenommen werden können. Es werden bei dieser Bauweise die vielen einzelnen Deckel vermieden, die ja nicht allein einen bedeutenden Bearbeitungsaufwand erfordern, sondern auch eine bedeutende Schwächung des Ringkastens verursachen, ein Umstand, der beim Stahlwerksgebläse natürlich weit mehr ins Gewicht fällt als beim Hochofengebläse. Aus dem gleichen Grunde ist auch die übliche Befestigung des Ring-

---

[1]) Vgl. C. Michenfelder, Neuere Stahlwerks-Gebläsemaschinen, Z. Ver. deutsch. Ing. 1909, S. 1393.

kastens und Deckels mit Stiftschrauben, wobei der Ringkasten den ganzen
vom Deckel ausgeübten Zug übertragen muß, vermieden; es sind viel-

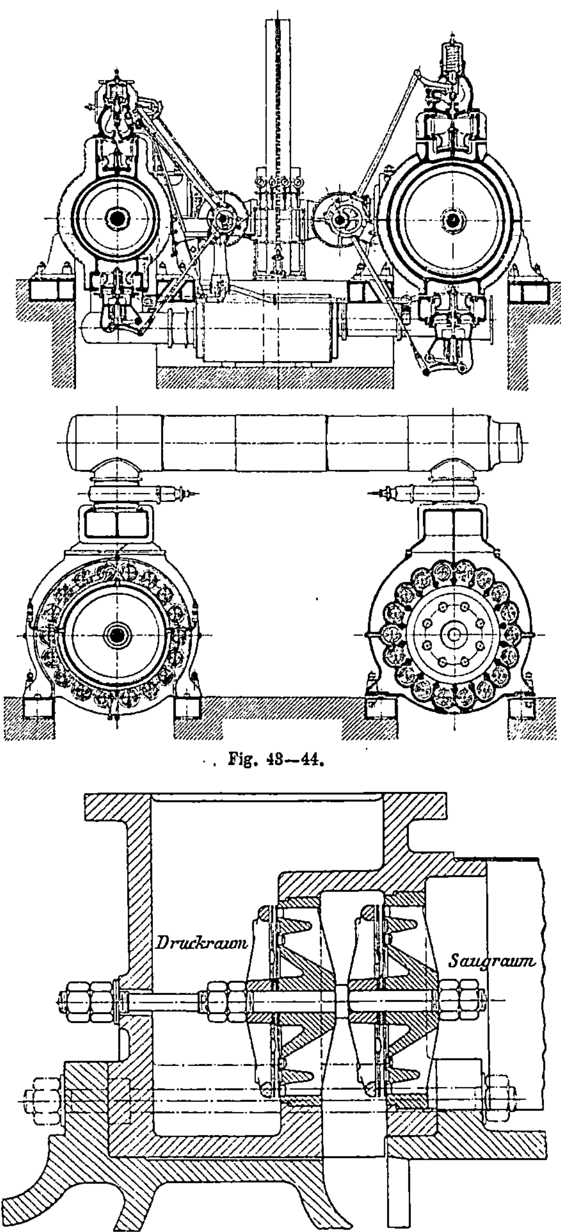

Fig. 43—44.

Fig. 44a.

mehr durchgehende Schaftschrauben verwendet, die den Ringkasten in
eingegossenen Röhren durchdringen. Der Mantel und die Deckel der

Gebläsezylinder sind in der aus der Tafel ersichtlichen Weise mit Wasserkühlung versehen.

Die äußere Anordnung beider Maschinen ist aus den Figg. 45 und 46
zu ersehen, deren erstere die Aachener Maschine, letztere die Dillinger
Maschine zeigt. Nach Mitteilung der Erbauerin dürfte die Aachener
Maschine zur Zeit wohl die größte aller liegenden Stahlwerksgebläse-
maschinen des Festlandes sein.

Über zwei ältere, liegende Bessemergebläse berichtete R. M. Daelen
in Stahl und Eisen [1]) folgendes:

Bessemer - Gebläsemaschine der „Gutehoffnungshütte"
zu Sterkrade-Oberhausen.

Das Verhältnis des Dampfzylinders zum Windzylinder ist bei derselben 1 : 1,29, der Füllungsgrad 0,3 für einen Dampfdruck von 3,5 kg/qcm
und Winddruck von 2,0 kg/qcm. Die Maximalleistung beträgt bei voller
Füllung und 5—6 kg/qcm Dampfdruck bzw. 2,5 kg Winddruck 360
bzw. 450 cbm Wind in
der Minute für 25 bzw.
30 Touren oder 1,4 bzw.
1,7 m Kolbengeschwin-
digkeit, welche Maxi-
malwindmenge für eine
Charge von 10 t be-
rechnet ist.

Die Ventilanord-
nung ist die folgende:
Auf jeder Zylinderseite
befinden sich 36 Saug-
und 18 Druckventile
von 140 mm lichter
Weite, 17 mm bzw.
20 mm Hubhöhe und
einem Gesamtquer-
schnitt von $\frac{1}{8}$ bzw.

Fig. 45.

$\frac{1}{13}$ der Kolbenfläche. Alle Ventile und Ventilsitze sind ausschließlich aus Metall hergestellt, wodurch nicht nur eine größere Haltbarkeit
als bei Lederventilen erzielt, sondern auch eine größere Kolbengeschwindigkeit ermöglicht wird.

Die Radialstellung der Ventile ergibt im Gegensatz zu den sonst
gebräuchlichen Anordnungen einen kleinen schädlichen Raum von nur
3 % des Zylinderinhaltes auf jeder Seite.

Nach Riedler wurden zum Zwecke des Druckausgleiches beide
Zylinderseiten durch ein mit einem gesteuerten Ventil versehenes Rohr
verbunden. Diese Konstruktion wurde jedoch, da kein wesentlicher
Vorteil damit erzielt wurde, später wieder fallen gelassen. Der Grund
für den Nichterfolg dieser Anordnung lag in dem zu kleinen Querschnitt
des Verbindungsrohres. Es wurden daher nach Wellners Vorschlag
Nuten im Zylinder angebracht, welche ebenfalls einen Druckausgleich
zwischen beiden Zylinderseiten bewirken sollten. Dieselben gaben bei

---

[1]) „Stahl und Eisen" 1888, 2., S. 433 und 575.

15 mm Tiefe und 70 mm Breite zusammen einen Querschnitt von $^1/_{100}$ des Zylinderquerschnittes und 0,4 $^0/_{00}$ des Zylinderinhaltes an schädlichem Raum.

Fig. 46.

Daelen empfiehlt an dieser Stelle, die anzusaugende Luft zur Erhöhung des Nutzeffektes an einem System dünnwandiger, mit Wasser gekühlter Rohre vorbeistreichen zu lassen, anstatt sie aus dem durch die Dampfleitung und Dampfzylinder erhitzten Maschinenraum zu entnehmen, welcher Vorschlag an und für sich entschieden als richtig und beherzigenswert anzuerkennen ist, jedoch einmal die Maschine komplizierter und teurer machen würde, da doch für die Wasserzirkulation auch eine Zirkulationspumpe zu beschaffen wäre, und sodann auch den Kühlwasserbedarf erhöhen würde.

Bessemer-Gebläsemaschine des Bochumer Vereins, gebaut von der Hannoverschen Maschinenbau-Aktiengesellschaft.

Die Maschine dient zum gleichzeitigen Betriebe von zwei Konvertern von je 7,5—8 t Einsatz.

Die Abmessungen derselben sind folgende:

$$\begin{aligned}
&\text{Durchmesser der Dampfzylinder} \ldots \ldots 1{,}6 \text{ m} \\
&\qquad\qquad\text{''}\qquad\qquad\text{''}\qquad\qquad\text{''}\qquad \ldots \ldots 1{,}8 \text{ ''} \\
&\text{Gemeinschaftlicher Hub} \ldots \ldots \ldots 1{,}73 \text{ ''} \\
&\text{Mittlere bzw. größte Tourenzahl} \ldots 30 \text{ bzw. } 40 \\
&\text{Dampfdruck} \ldots \ldots \ldots \ldots 4{-}5 \text{ Atm.} \\
&\text{Luftdruck} \ldots \ldots \ldots \ldots 1{,}5{-}1{,}7 \text{ Atm.}
\end{aligned}$$

Das Ansaugen der Luft erfolgt sowohl durch seitliche Saugventile als auch durch eine Anzahl in den Deckeln angebrachter Saugklappen von Gummi. Die Sauggeschwindigkeit der Luft beträgt 12,1 m, die Druckgeschwindigkeit 26,5 m, das Verhältnis des gesamten Saugventil- bzw. Druckventilquerschnittes zum Kolbenquerschnitt $^1/_7$ bzw. $^1/_{15{,}3}$. Die Ventilkegel sind aus gestanztem Flußeisenblech hergestellt, die Ventile zu je vier auf einem Sitz vereinigt. Die minutlich angesaugte Windmenge beträgt bei 30 Touren ca. 240 cbm, bei 40 Touren ca. 320 cbm.

Einige andere Mitteilungen desselben Autors über Bessemer-Gebläsemaschinen[1]) mögen hier noch kurz wiedergegeben werden.

Derselbe empfiehlt das liegende System bei Bessemergebläsen gegenüber dem stehenden seiner bedeutend billigeren Herstellungskosten halber, welche bei ersterem bis zu 20—30 % geringer als bei letzterem sein dürften. Als Hauptvorteil der stehenden Gebläse bezeichnet Daelen die dadurch ermöglichte vertikale Aufstellung der Ventile und Anordnung derselben in den Deckeln, was bei liegenden Maschinen schwieriger ausführbar ist. Der Anwendung von Verbundmaschinen mit Kondensation erkennt Daelen gegenüber den Maschinen mit einem Zylinder ohne Kondensation eine Dampfersparnis von 25—30 % zu.

Bezüglich der Querschnitte der Saug- und Druckventile empfiehlt Daelen:

$$F_s = {}^1/_6 - {}^1/_5\,F$$
$$F_d = {}^1/_{18} - {}^1/_{15}\,F,$$

mithin das Verhältnis $\dfrac{F_s}{F_d} = 3$ zu machen. Der schädliche Raum endlich soll auf jeder Zylinderseite nicht über 5 % des Zylinderinhaltes sein.

Liegende Verbund-Stahlwerks-Gebläsemaschine der Kölnischen Maschinenbau-Aktiengesellschaft in Köln-Bayenthal.

---

1) Verh. d. Vereins zur Beförd. d. Gewerbefl. 1883, Bd. 62, S. 173 u. folgende.

Diese auf Tafel III abgebildete Gebläsemaschine ist für eine Normalleistung von 600 cbm, eine Maximalleistung von 850 cbm angesaugter Luft und 2½ Atmosphären Winddruck bei 35 resp. 50 Umdrehungen in der Minute und 8—10 Atmosphären Kesseldruck und Anschluß an eine Zentralkondensation konstruiert. Der Hochdruckzylinder hat einen Durchmesser von 1300 mm, der Niederdruckzylinder einen Durchmesser von 1700 mm, die beiden Gebläsezylinder von je 1800 mm, der gemeinsame Hub beträgt 1700 mm. Die Bajonettgestelle der Maschine liegen in der ganzen Länge auf dem Fundament. Die Dampfzylinder und der Receiver sind doppeltwandig ausgeführt, mit Dampf geheizt und mit Hochglanzblech gemantelt. Die Steuerung des Hochdruckzylinders erfolgt durch eine von Hand verstellbare Rider-Kolbenschiebersteuerung, während die Steuerung des Niederdruckzylinders durch einen Kolbenschieber, System Trick, erfolgt.

Die Dampfzylinder und Gebläsezylinder sind durch zweiteilige Rundführungen verbunden und ruhen auf gehobelten Füßen, so daß die durch die Erwärmung erfolgende Ausdehnung nicht behindert ist. Die hintere Kolbenstangenführung ist ebenfalls als Rundführung ausgebildet, damit das Gestänge kleinen, durch die Stellung des Kurbelzapfens etwa verursachten, oszillierenden Bewegungen folgen kann.

Zur Erhöhung des Wirkungsgrades saugt die Maschine die kalte Luft von außen an.

Die Gebläseventile sind in zentral um die Gebläsezylinder angeordneten Ventilkästen untergebracht und bestehen aus kleinen Blechscheiben mit Federbelastung. Zwei in die Abdampfleitung der Maschine eingebaute Abdampfschieber gestatten, die Maschine entweder mit oder auch ohne Kondensation laufen zu lassen.

Der Dampfverbrauch stellt sich auf ca. 7 kg für die indizierte Pferdekraft und Stunde bei Anschluß an die Zentralkondensation. Die Inbetriebsetzung der ersten dieser Maschinen erfolgte im Jahre 1897.

Liegende Verbund - Bessemer - Gebläsemaschine der Maschinenbau - Aktien - Gesellschaft „Union" in Essen.

Diese auf Tafel IV dargestellte, für den Lothringer Hüttenverein Aumetz-Friede in Kneutingen erbaute Maschine, welche im Jahre 1900 dem Betriebe übergeben wurde, ist eine Verbundmaschine mit Zentralkondensation und direkt gekuppelten Gebläsezylindern.

Der Hochdruckzylinder hat 1300 mm, der Niederdruckzylinder 2000 mm und die beiden Gebläsezylinder 1650 mm Durchmesser, der gemeinschaftliche Hub beträgt 1700 mm.

Der Betriebsdruck beträgt 10 Atm. und der Winddruck 2—2½ Atm. Die angesaugte Luftmenge beträgt 740 cbm in der Minute bei 55 Touren.

Der Hochdruckzylinder hat Ventilsteuerung nach Patent Gutermuth, der Niederdruckzylinder Corlißschiebersteuerung.

Die Gebläsezylinder haben gesteuerte Saugschieber und rückläufige Druckventile nach Patent Riedler - Stumpf folgender Bauart.

Die rückläufigen Ventile von Riedler-Stumpf für Ge
bläse, Kompressoren und Luftpumpen[1]).

Die Riedler-Kompressoren mit gesteuerten Ventilen wurden in
den letzten Jahren namentlich in Amerika und England mit Ventilen nach den Fig. 47—50 ausgeführt. Die Fig. 47 und 48 veran-
schaulichen die Ventile eines Verbund-Kompressors der Delaware Lacka-
wanna & Western Railroad Co., Avondale, Penn. Das Gesamtbild
dieses Kompressors ist in den Fig. 49 und 50 gegeben. Der Kompressor

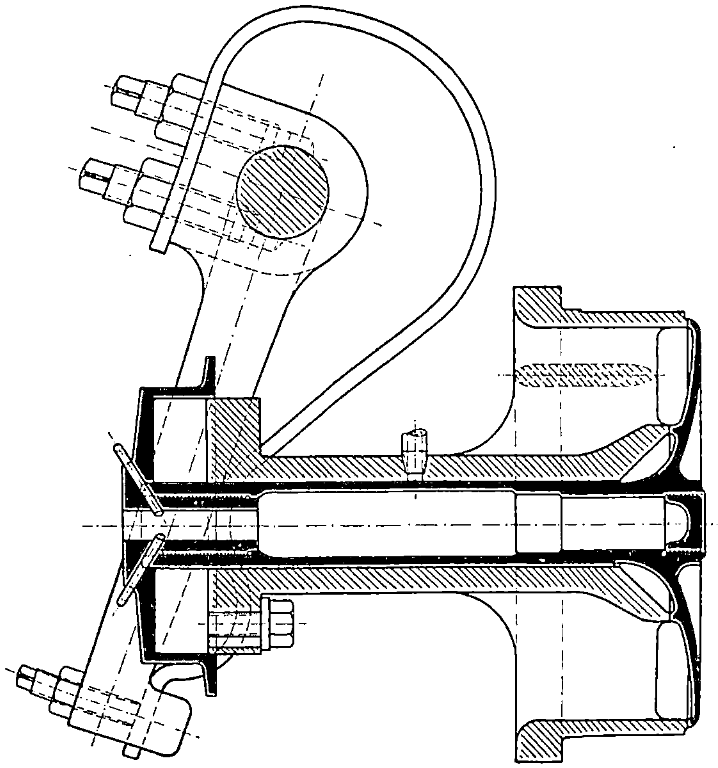

Fig. 47.

ist als Verbundkompressor mit zweistufiger Dampfexpansion und zweistufiger Luftkompression mit angehängter Einspritzkondensation durch-
geführt. Die Ventile werden durch elastische Hebel geschlossen. Diese
Hebel sind derart auf die Steuerspindel aufgesetzt, daß mit den gezeichneten Schrauben, welche ihrerseits in Lücken, die in die Steuerwelle
eingebracht sind, eingreifen, das Festklemmen der den Ventilschluß bewirkenden Feder erfolgt. Die Steuerbewegung wird hierbei fast durchgängig von einem Exzenter abgeleitet, welches der Kurbel um $90 + 70^0$
etwa voreilt oder um ca. 20^0 nacheilt. Der den restlichen 20^0 entsprechende

---

[1]) Nach Angaben des Erfinders, Prof. J. Stumpf in Charlottenburg.

Weg wird durch ein Verdrücken der Feder aufgenommen. Die Feder ihrerseits ist wieder einstellbar durch eigene Schrauben, welche in die Enden der Hebel eingesetzt sind. Ferner sind die Federn so berechnet und bemessen, daß der ganze Hub des Ventils durch die Feder aufgenommen werden kann, ohne ein Brechen derselben zu veranlassen. Die Notwendigkeit hierzu ergab sich aus der Erfahrung, daß vielfach bei einstufiger Kompression schlechtes Öl verwandt wurde, welches im Druckraum unter dem Einfluß der großen Hitze verbrannte und Rückstände auf der Ventilführung zurückließ, derart, daß das Ventil bald vollständig festsaß. Diese Erfahrungen machten eine Steuerung notwendig, welche eine Nachgiebigkeit im Steuergestänge für diesen Fall vorsah.

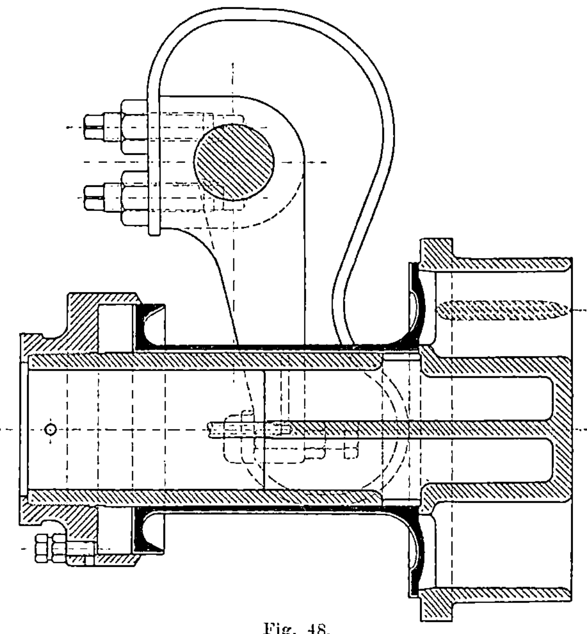

Fig. 48.

Die Ventile sind durchgängig als geschmiedete Stahlventile gedacht und nur als solche, in den Vereinigten Staaten wenigstens, zur Ausführung gelangt. Hieraus ergibt sich die Form der Ventile, welche möglichst als reine Drehkörper ausgebildet sind.

Sowohl Druck- als Saugventil sind mit reichlich bemessenen Luftpuffern versehen, welche die Eröffnung der Ventile recht sanft gestalten sollen. Diese Luftpuffer sind außerdem regulierbar eingerichtet, und sind zu diesem Zwecke eigene Regulierschrauben vorgesehen, wie aus den dargestellten Figuren ersichtlich ist.

Diese Steuerung wurde bei einer größeren Anzahl von Kompressoren verwandt, welche in Österreich zur Ausführung gelangten. Bei diesen Kompressoren, welche meist durch Schiebermaschinen angetrieben wurden, konnte die Ableitung der Steuerbewegung von dem Expansions-Exzenter der Expansions-Doppelschieber-Steuerung erfolgen.

Die Einrichtung wurde dabei meist so getroffen, daß eine gemeinsame Spindel, wie dies aus Fig. 51 ersichtlich ist, sich durch Saug- und Druckraum erstreckte und in diesen Räumen je ein Saug- und ein Druck-

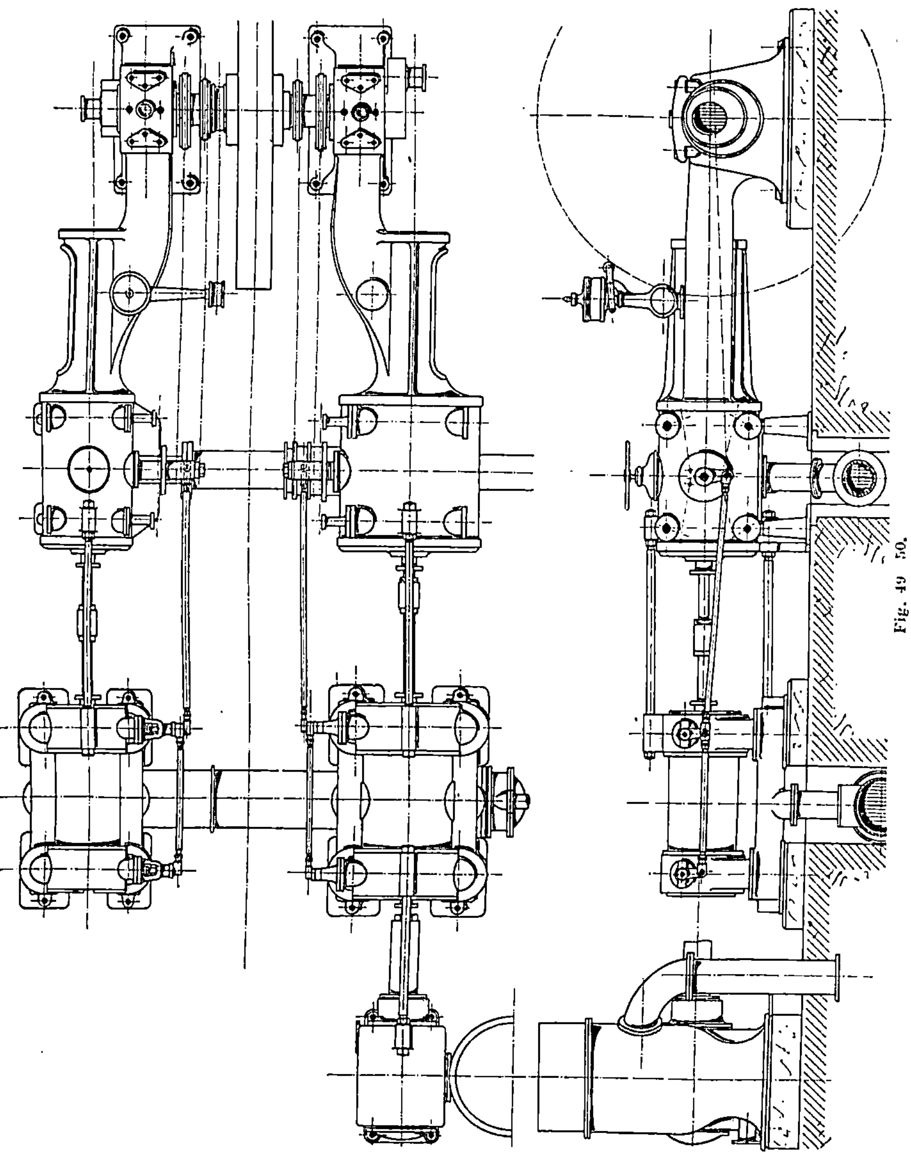

Fig. 49 u. 50.

ventil betätigte. Die beiden Spindeln der beiden Ventilkästen konnten dabei in einfachster Weise verkuppelt und mit dem Antrieb-Exzenter in Verbindung gesetzt werden. Die konstruktive Durchbildung der

Steuerung ist somit außerordentlich einfach und haben die Kompressoren in allen Fällen vollkommen entsprochen.

Eine andere Gruppe von gesteuerten Kompressorventilen, Patent Riedler, ist in den Fig. 52—54 veranschaulicht. Im Saug- und Druckraum, welche in den Zylinderfüßen liegen und durch eine vertikale Doppelwand voneinander geschieden sind, ist je ein Saug- und je ein Druckventil eingesetzt. Beide Ventile werden durch eine gemeinsame Spindel gesteuert. Durch den einen Fuß wird die Luft angesaugt und durch den gegenüberliegenden Fuß fortgedrückt. Beide Hohlfüße stützen sich auf den als Rahmen ausgebildeten Saug- bzw. Druckröhren. Die Steuerung der Ventile geschieht indirekt, z. B. der Steuerhebel des Saugventils drückt die äußere Hülse gegen den Druck

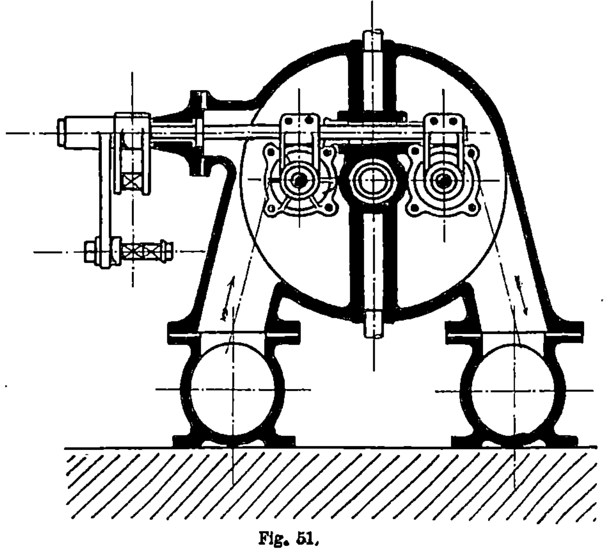

Fig. 51.

der Feder nach unten und macht so den Hub des Ventils frei. Bei der Eröffnungsbewegung der äußeren Hülse bildet sich infolge Mitnahme der zwischen Feder und Hülse eingeschalteten Druckplatten ein teilweises Vakuum, welches die Eröffnung des Ventiles frühzeitiger einleiten wird und somit eine exaktere Gestaltung des Diagrammes bei Beginn der Saugperiode veranlassen wird. Sobald sich das Ventil eröffnet, bildet derselbe Raum den Pufferraum, dessen Wirkung durch die hinter der Kopfplatte des Ventils sich ergebende Vakuumwirkung noch verstärkt wird. Sollte die Pufferwirkung nicht genügen und die Kopfplatte des Ventils gegen die Druckplatte der Feder anschlagen, so gibt letztere gegen den Druck der Feder nach, wodurch immer noch eine gewisse Wirkung der Pufferfeder auch in diesem Eventualfalle noch sicher gestellt ist. Die Pufferwirkung am Ende der Eröffnung und die Vakuumwirkung am Anfang derselben ist nun noch regulierbar durch die beiden eingesetzten Regulierschrauben. Die Puffer- bzw. Vakuumräume sind so ausgebildet, daß dieselben von der Außenluft total abgeschlossen sind, so daß kein Staub zu den Schleifflächen hinzutreten kann.

In ähnlicher Weise ist das Druckventil durchgebildet. Auch hier wird die äußere Hülse durch den Steuerhebel gegen den Druck der Feder zurückgeschoben, wodurch sich in den Raum zwischen Ventil- und Druckplatte ein Unterdruck bilden wird. Durch diesen Unterdruck wird die Eröffnungsbewegung des Druckventils schon früher eingeleitet. Dies

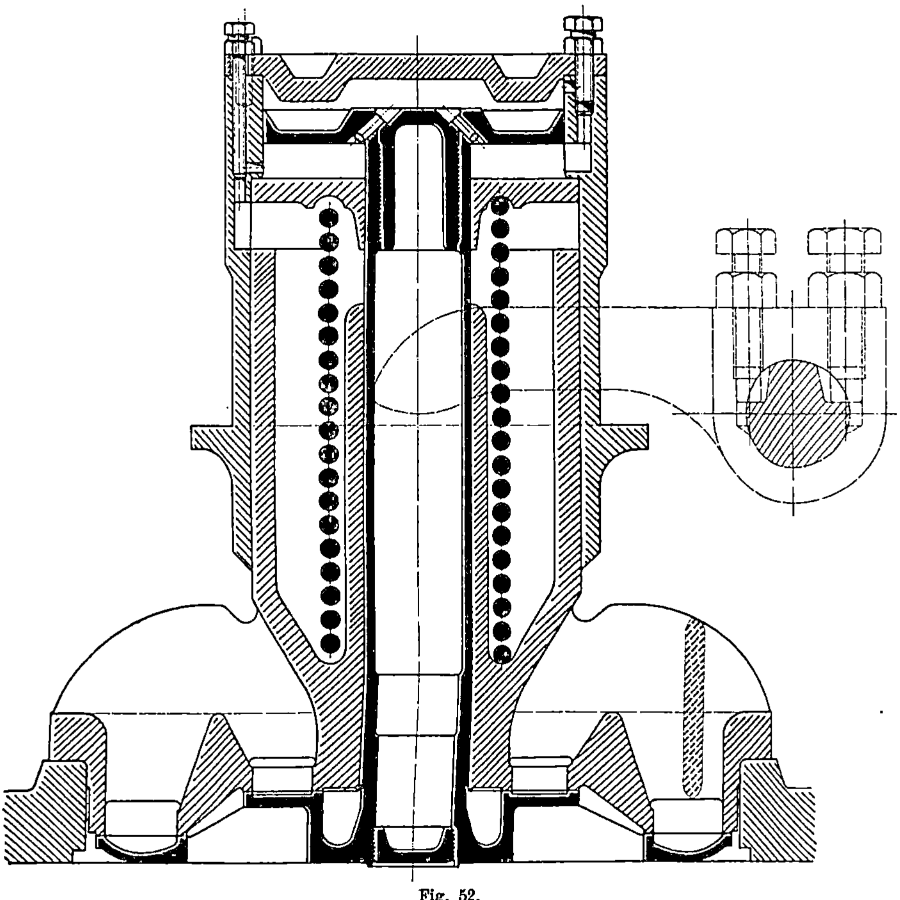

Fig. 52.

hat für das Druckventil eine besondere Wichtigkeit, indem ja eigentlich jedes Druckventil bei einem Kompressor bzw. Gebläse sich zu spät öffnet, wodurch die bekannte Druckerhöhung beim Anfang der Eröffnung des Druckventils veranlaßt wird. In dem Augenblick, wo der Kompressionsdruck im Innern des Zylinders den Druck des Druckraumes erreicht, sollte theoretisch die ganze Eröffnung des Ventils schon vollzogen sein, statt dessen beginnt die Eröffnung erst nach diesem Punkte. Indem die Eröffnung nun Zeit beansprucht, die mit Bezugnahme auf die

4*

zu der Zeit stattfindenden hohen Kolbengeschwindigkeit sehr groß ausfällt, müssen sich, wie das ja alle Indikatordiagramme, namentlich bei
hohen Tourenzahlen zeigen, sehr erhebliche Druckerhöhungen und entsprechende Arbeitsverluste ergeben. Zweck der vorliegenden Einrichtung
ist, die Eröffnungsbewegung des Ventils schon früher beginnen zu lassen
und hierdurch die Verlustflächen bei der Eröffnung zum Wegfall zu
bringen. Der Erfolg hat gezeigt, daß den an die Konstruktion geknüpften
Hoffnungen und Erwartungen vollkommen entsprochen wurde. Die
Diagramme zeigten selbst bei höheren Tourenzahlen einen durchweg

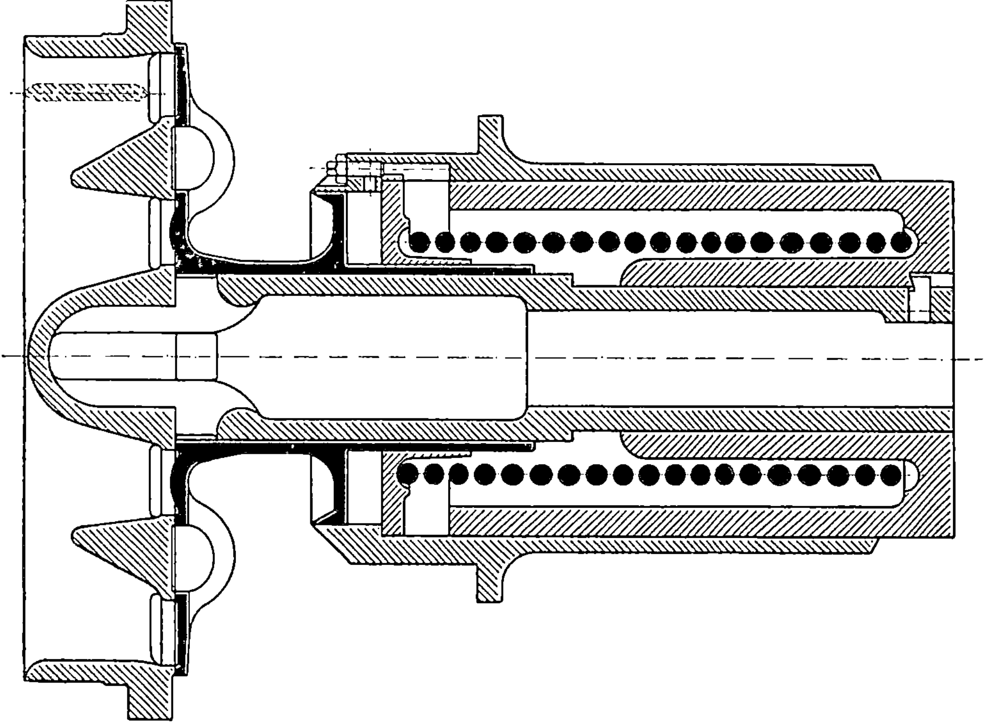

Fig. 53.

exakten regelmäßigen Verlauf bei allen Linien, einschließlich der Druck-
linie. Der Erfolg war so durchschlagend, daß für eine einzige Firma
in den Vereinigten Staaten zwölf große Kompressoren mit diesen Ventilen ausgerüstet wurden.

    Auch bei dem Druckventil dient der Vakuumraum gleichzeitig als
Pufferraum bei der Eröffnung, wobei die Druckplatte mit der Feder
noch eine zusätzliche Sicherung hinsichtlich der Erzielung einer sanften
Eröffnung abgibt. Auch hier ist eine Regulierschraube vorgesehen, wo-
mit man die Vakuum- bzw. Pufferwirkung einstellen kann. Die Konstruktion ist im übrigen so getroffen, daß das innere Gehäuse, worin der
Puffer, die Feder, Druckplatte usw. untergebracht sind, nach Möglichkeit vor Schmutz und Staub geschützt sind.

Beide Ventile, Saug- und Druckventil, sind, obwohl sie als Ringventil ausgebildet sind, aus geschmiedetem Stahl angefertigt. Beim
Saugventil ist solches nur durch ein Herausfräsen des zwischen dem
zentralen Teil und dem äußeren Ring zwischen den Rippen gelegenen
Materials möglich.

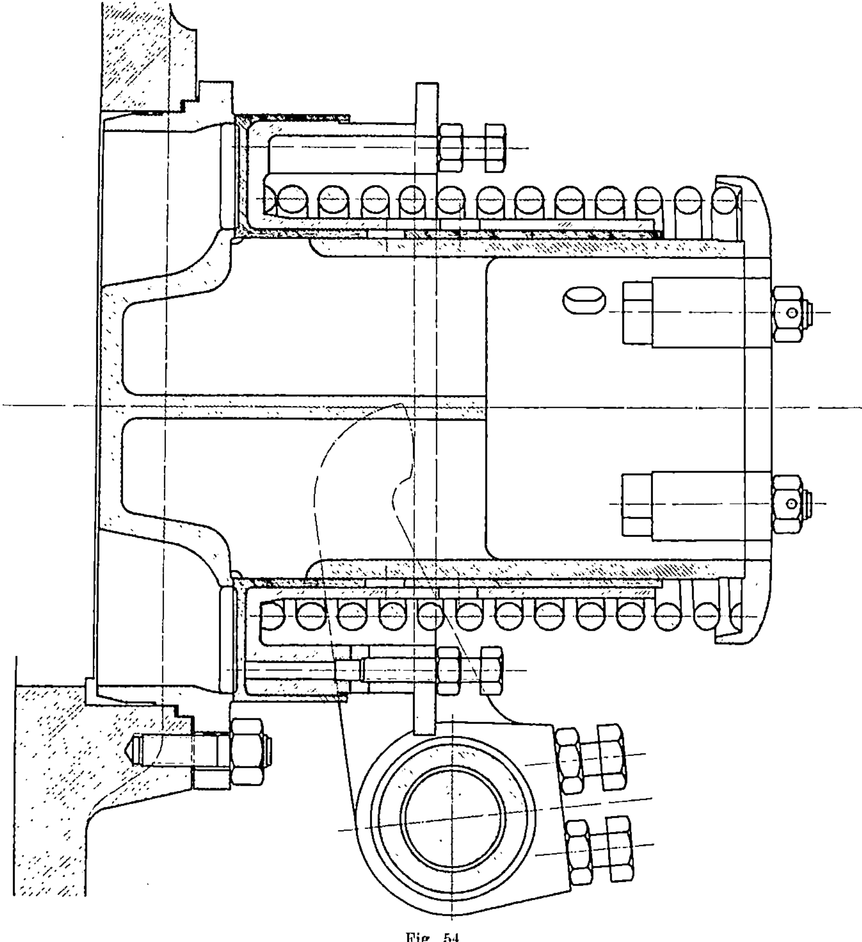

Fig. 54.

Das Druckventil ist so ausgebildet, daß zunächst der ganze Körper
gedreht wird, wobei sich zwischen dem äußeren Ring und dem Zentral-
körper ein halbkreisgebogener Vollring ergibt. Durch radiales Aus-
stoßen wurden aus diesem Ring die einzelnen Arme hergestellt. Diese
Herstellungsweise ist eine recht umständliche und kostspielige, sie war
aber in diesen Fällen geboten, indem mit diesen Ventilen ein Gasgemenge
gepumpt wurde, welches solche Gase enthielt, denen nur Schmiedeeisen
bzw. Stahl widerstehen konnte. Bronze z. B. war vollständig ausge-

schlossen. Andererseits wurden durch den Betrieb derart hohe Anforderungen gestellt, daß sich die Verwendung eines vorzüglichen Materials als notwendig erwies. Mehrere Kompressoren befinden sich seit mehreren Jahren in anhaltendem Betrieb (Tag und Nacht), wobei bis jetzt die Ventile vollkommen entsprochen haben.

In Fig. 54 ist das Druckventil eines großen Bessemergebläses veranschaulicht. Auch bei diesem Ventil wird eine Vakuumwirkung vor der Eröffnung durch Zurückschieben der Hülse gegen die Feder erzeugt. Derselbe Raum dient als Pufferraum bei der Eröffnung, wobei die Feder noch als zusätzliches Pufferorgan in Wirksamkeit treten kann. In allen Fällen geschieht der Schluß des Ventils durch die Feder nach Maßgabe der rückläufigen Bewegung der Steuerung. Sollte sich bei der Rückbewegung irgendwo ein Hemmnis ergeben, was durch Verbrennen von Schmieröl, durch Ansaugen von Staub, Schmutz usw. eintreten kann, so bleiben die einzelnen Teile einfach hängen, und der Hebel schwingt frei weiter. Demnach kommt eine solche indirekte Steuerung den praktischen Anforderungen, die sich bei den angedeuteten Betriebsverhältnissen ergeben können, in vorzüglicher Weise nach.

Auch bei dem in Fig. 54 gezeigten Ventil kann die Vakuum- bzw. Pufferwirkung durch eine Regulierschraube beherrscht werden.

Die Stumpfschen rückläufigen Ventile.

Der Grundgedanke dieser eigenartigen Konstruktion ist der, daß die Eröffnungsbewegung hinsichtlich ihrer Richtung umgekehrt wurde, wodurch der Schluß des Ventils durch den Kolben wiederum ermöglicht wurde. Bei den gesteuerten Ventilen normaler Konstruktion erfolgt die Schlußbewegung des Ventils entgegengesetzt der Kolbenbewegung. Der Kolben kann sofort zum Schluß des Ventils herangezogen werden, wenn die Bewegung des Ventils umgekehrt wird. Die Umkehrung der Bewegung wird bei dem in Fig. 55 dargestellten Ventil dadurch erzielt, daß das Druckventil ähnlich wie ein Saugventil ausgebildet wird, wobei sich an das Ende der hohlen Führungsspindel des Ventils eine Platte anschließt, die etwa hinsichtlich ihrer Fläche doppelt so groß ist wie die nach dem Zylinderinnern hin liegende Abschlußplatte. Die Druckänderung im Innern des Zylinders wird sich durch die hohle Führungsspindel auf die Rückseite der erwähnten großen Druckplatte des Ventils erstrecken. In dem Augenblick, wo der Kompressionsdruck im Innern des Zylinders den Luftdruck im Druckraum übersteigt, wird sich ein Überdruck auf das Ventil geltend machen, der sich aus dem Flächenunterschied der beiden Platten ergibt. Dieser Überdruck wird das Ventil nach innen aufwerfen und so der Druckluft den Austritt nach dem Druckraum hin gestatten. Der Kolben läuft nun gegen das geöffnete Ventil an und drückt dasselbe mit der Geschwindigkeit Null im Totpunkte auf den Sitz auf. Der Schluß geschieht somit vollkommen geräuschlos, indem die Schlußgeschwindigkeit Null ist. Die Eröffnung geschieht ebenfalls lautlos, indem auf der Rückseite der großen Platte ein übergroßer Pufferraum zur Verfügung steht. Dieser Pufferraum kann durch eigene Stellschrauben eingestellt werden. In den Kolben werden Federn eingesetzt, die auch den Anschlag des Ventils am Kolben lautlos gestalten. Hieraus ergibt sich, daß diese Ventile außerordentlich

ruhig funktionieren müssen, was eine recht lange Lebensdauer der Ventile
gewährleisten muß.

Das Zuhalten der Ventile während der Saugperiode geschieht durch
den Druck, welcher aus dem Druckraum nach dem Pufferraum übertritt.
Der Druck lastet zwar gleichzeitig auch auf der kleinen Platte. Die Kraft,
welche somit den Schluß des Ventils sichergestellt, ergibt sich wieder
aus dem Flächenunterschied der beiden Platten. Der Außenrand der
großen Platte ist soweit verlängert, daß derselbe einem in das zweiteilige
Gehäuse eingesetzten nach innen spannenden Spannring Raum gibt.
Hierdurch wird während der Saugperiode die Dichtung sichergestellt.
An Stelle dieser Schleifdichtung könnte auch eine Dichtung durch einen
Sitz vorgesehen werden. Die Schleifdichtung hat nur den Vorzug, daß
die volle Druckdifferenz, die sich aus dem Unterschied der beidenPlatten
ergibt, als Dichtungskraft auf den Ventilsitz zur Geltung kommt.

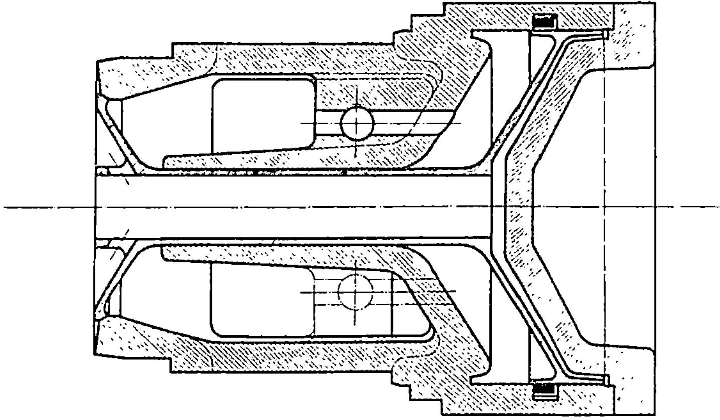

Fig. 55.

Eine verbesserte Konstruktion des rückläufigen Ventils ist in Fig. 56
gegeben. Bei diesem Ventil ist die Ventilröhre bis zu dem Ventilsitz
der Fig. 55 erweitert, wodurch der erwähnte Flächenunterschied zwischen
der großen und kleinen Platte sich in dem verbleibenden Rand ergibt.
Die Eröffnungskraft bei Beginn der Eröffnung, sowie die Schlußkraft
während der Ansaugung wird somit bei dem Ventil der Fig. 56 genau
so sein wie bei dem Ventil der Fig. 55. Überhaupt wird die ganze
Wirkungsweise in beiden Fällen vollkommen identisch sein.

An Stelle der Sitzdichtung der Fig. 55 ist eine Kolben-Schleif-
dichtung bei dem Ventil der Fig. 56 verwandt. Dagegen ist die Kolben-
Schleifdichtung an der großen Platte des Ventils der Fig. 55 durch eine
Sitzdichtung bei dem Ventil der Fig. 56 ersetzt. Die Eröffnungsbewegung
geschieht wieder gegen die Wirkung eines Puffers. Der Kolben läuft,
wie bei dem vorher beschriebenen Ventil, gegen das geöffnete Ventil
und drückt dasselbe mit der Geschwindigkeit Null im Todpunkte auf den
Sitz auf. Um den Anschlag am Kolben lautlos zu gestalten, ist an Stelle
einer Feder ein Bleiausguß vorgesehen. Um den Übertritt der Luft

aus dem Innern des Zylinders nach dem Druckraum während der Schluß-
zeit zu gestatten, sind Bohrungen an dem nach innen liegenden Rand
des Ventils angebracht.

Bei diesem Ventil geschieht im Gegensatz zu dem in Fig. 55 gezeichneten Ventil der Austritt der Luft nach dem Druckraum an dem
äußeren Ventilrand der großen Platte. Dies hat den Vorzug, daß sich
der Hub des Ventils im Verhältnis des Durchmessers der kleinen Platte
zum Durchmesser der großen Platte verkleinert. Die Abdichtung des

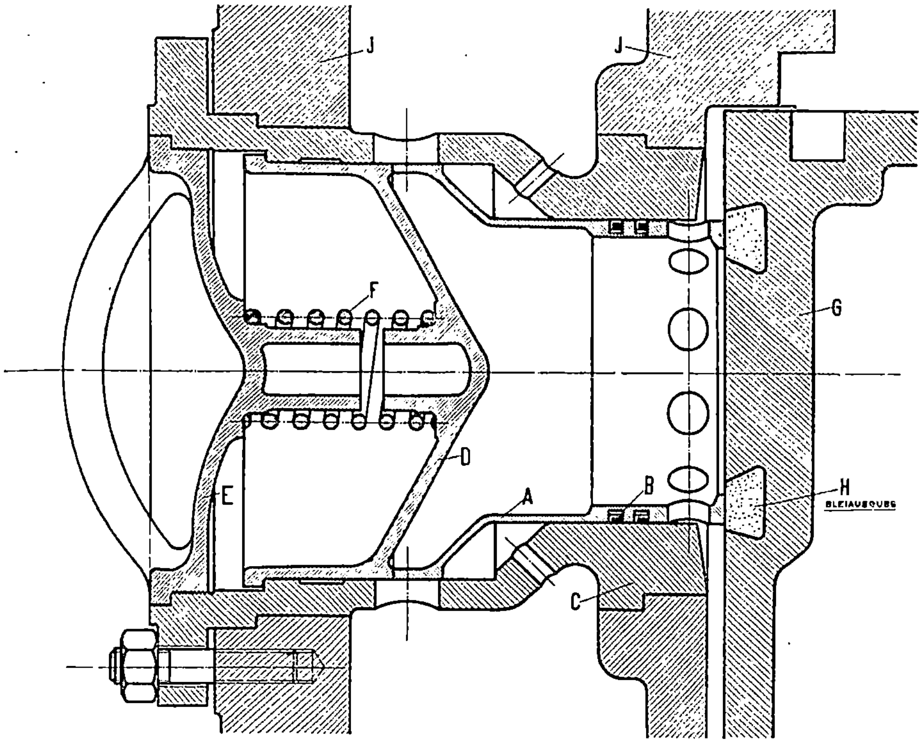

Fig. 56.

Druckraumes nach dem Zylinderinnern hin während der Zeit des Ansaugens geschieht durch zwei Kolbenspannringe, die in das Ventil eingesetzt sind.

In diesem speziellen Falle ist der Sitz des Ventils nachgiebig eingerichtet, um Fehler in der Einstellung des Ventils, die sonst durch in
den Kolben eingesetzte Federn auch aufgenommen werden könnten, unschädlich zu machen. Mit dieser Einrichtung kann z. B. das Ventil
schon vor dem Hubwechsel auf den Sitz aufgedrückt werden bzw. das
Ventil kann sich im entgegengesetzten Falle ein Stück selbständig
schließen. Auch sind erfolgreiche Versuche nach der Richtung gemacht
worden, den Sitz teilweise als Ventil auszunutzen. Dies kann, namentlich
bei hohen Tourenzahlen, in der Weise erzielt werden, daß die Druck-

feder für gewöhnlich mit einer sehr geringen Kraft auf den Sitz drückt. Indem der Überdruck im Anfang der Eröffnung des Ventils mit der Tourenzahl wächst, wird von einer gewissen Geschwindigkeit an auch der Sitz sich heben, aber infolge der Federbelastung vor dem Todpunkte wieder geschlossen sein. Bei dieser Wirkungsweise ergibt sich eine sehr rasche Eröffnung des Ventildurchtritts-Querschnittes, indem zwei Ventile in entgegengesetzten Richtungen bei Verwendung eines sehr großen Durchtrittsdurchmessers den Raum frei geben. Dies hat auf den Ventilüberdruck einen günstigen Einfluß. Unter allen Umständen muß die Feder aber so bemessen sein, daß im Todpunkte das zurückgeschobene Ventil den Ventilsitz antrifft. Die Feder wird ihrerseits durch einen eigenen eingeschraubten Deckel angedrückt.

Die Konstruktion hat den großen Vorzug, daß Ungenauigkeiten in der Einstellung keine weiteren Folgen haben. Ferner gestattet dieselbe das Auswechseln von Ventilen in der denkbar kürzesten Zeit, wobei kein Einstellen der Steuerung usw. nötig ist. Die Konstruktion gestattet ferner einen Zusammenbau des Ventils mit dem Sitz und Gehäuse außerhalb der Maschine, so daß das Ganze als zusammengebauter Apparat stets zur Auswechselung bzw. zum Einsetzen in die Maschine vorrätig gehalten werden kann.

III. Neuere Ventilkonstruktionen für Gebläsemaschinen.

Unter den zahlreichen, in den letzten Jahren zur Anwendung gelangten neuen Ventilkonstruktionen für Gebläsemaschinen sollen die folgenden hervorgehoben werden.

Gebläseventile von Lang-Hoerbiger.

Diese, als „reibungslos geführte Ringklappenventile" bezeichneten Ventile sind in ihrer anfänglichen Ausführungsform in den Fig. 57—58 abgebildet [1]). Fig. 57 zeigt ein einfaches Gebläseventil für mittelgroße, liegende Zylinder. In Fig. 58 ist die Konstruktion der Ventile schematisch dargestellt. Eine aus dünnem Stahlblech hergestellte Ringklappe V ist mittelst dreier oder mehrerer biegsamer Lenker LK an der festen Ventilauflagerebene CC befestigt. Durch den Druck der Luft gegen die Ringklappe wird die letztere gehoben, wobei sie vermöge ihrer eigenartigen, äußerst elastischen Aufschwingung eine geringe Drehung um ihre ideelle Ventilachse OX ausführt. Vermöge ihres sehr geringen Gewichtes können die Ventile bei Maschinen mit großen Tourenzahlen Anwendung finden, und ist ihr Spiel trotzdem ein äußerst ruhiges.

Die Anordnung der Ventile Fig. 57 im Zylinderdeckel ist aus Fig. 59 ohne weiteres verständlich, während die Fig. 60 und 61 ein etagenförmiges Druckventil und die Anordnung desselben im Ventildeckelgehäuse erkennen lassen.

---

1) Nach dem Prospekt der Firma Hoerbiger & Rogler in Budapest, V, Lipot-Körut 1. D.R.Pat. No. 87267 von 7./8. 1895. Vgl. ferner Stahl u. Eisen, 1897. Abhandlung von Hoerbiger.

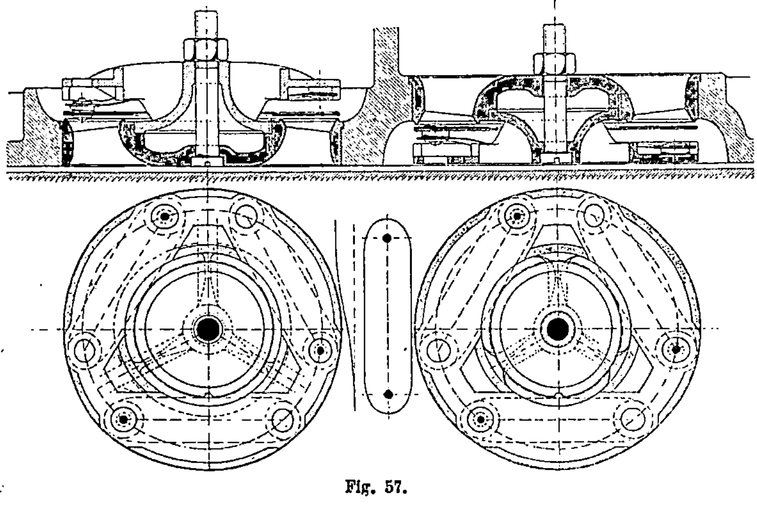

Fig. 57.

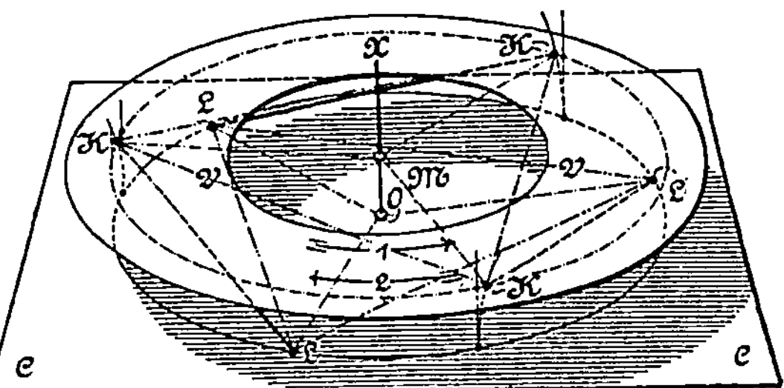

Fig. 58.

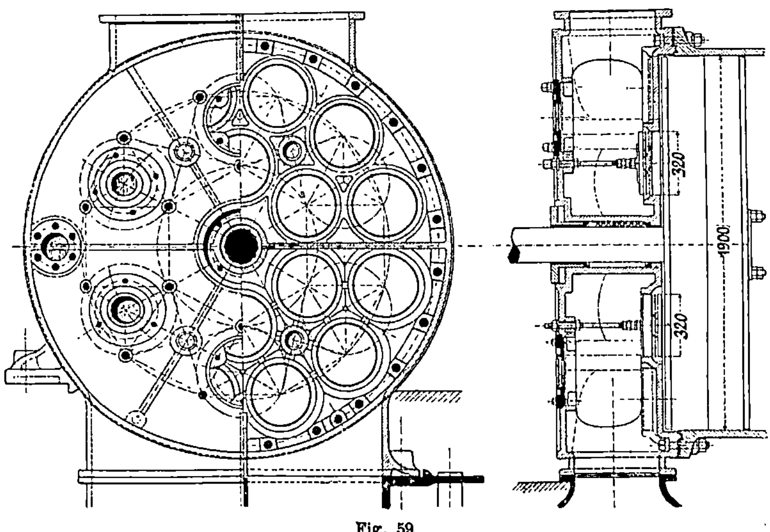

Fig. 59.

Nach einer älteren Angabe der Erbauerin dieser Ventile waren bis Ende des Jahres 1899 28 Gebläsezylinder — darunter acht ältere Zylinder — mit diesen Ventilen ausgeführt worden oder waren zu jener Zeit im Bau.

Die neuere Bauart des Hoerbiger-Ventils, wie dasselbe u. a. von der Firma Schüchtermann & Kremer in Dortmund ausgeführt wird, ist aus Fig. 62a—d zu ersehen.

Das Ventil A ist eine aus bestem Spezialwerkzeugstahl hergestellte, aus konzentrischen Ringen bestehende Platte, deren innerster Ring als federnder Lenker ausgebildet ist.

Das Ventil ist auf dem ebenfalls ringförmigen gußeisernen Sitz B sauber aufgeschliffen und wird durch den Luftdruck dicht aufgepreßt.

Der innere Lenkerteil ist mit dem Sitz durch den Bolzen E fest verschraubt, während sich die äußeren Ringe entsprechend dem Gange des Kompressors parallel ohne reibende Führung auf und ab bewegen.

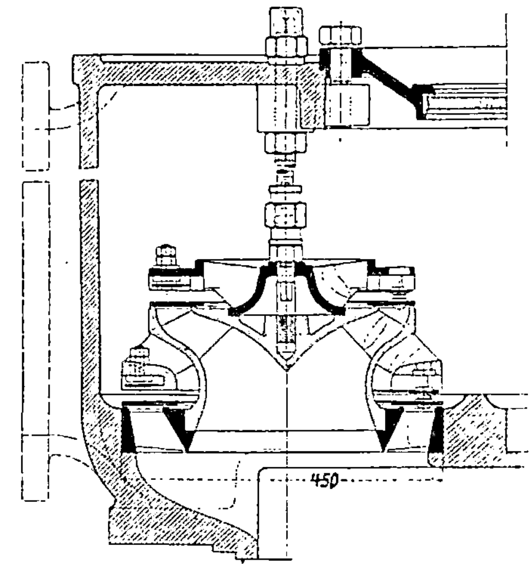

Fig. 60.

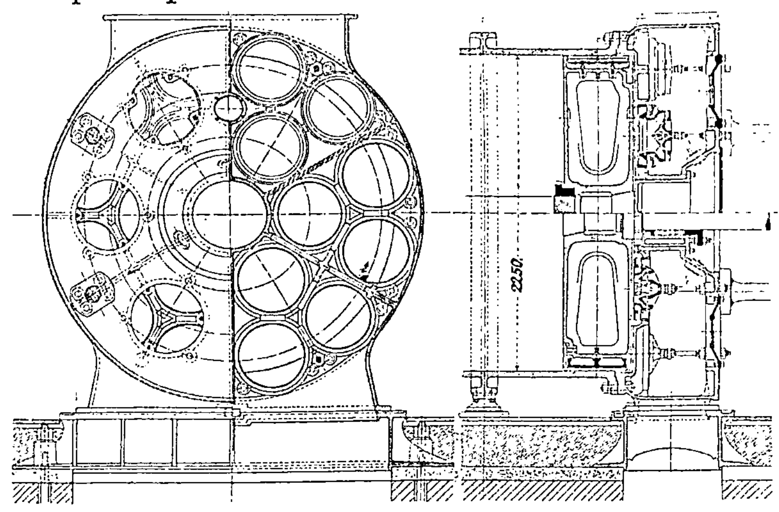

Fig. 61.

Als Hubfänger dient eine elastische Stahlplatte C, welche sich federnd an den festen Hubfänger D anlegt.

Durch Wegfall jeder äußeren Steuerung, wie Schieber und Stangen, Ventilspindeln und Stopfbüchsen, ist die Wirkung des Ventils von der

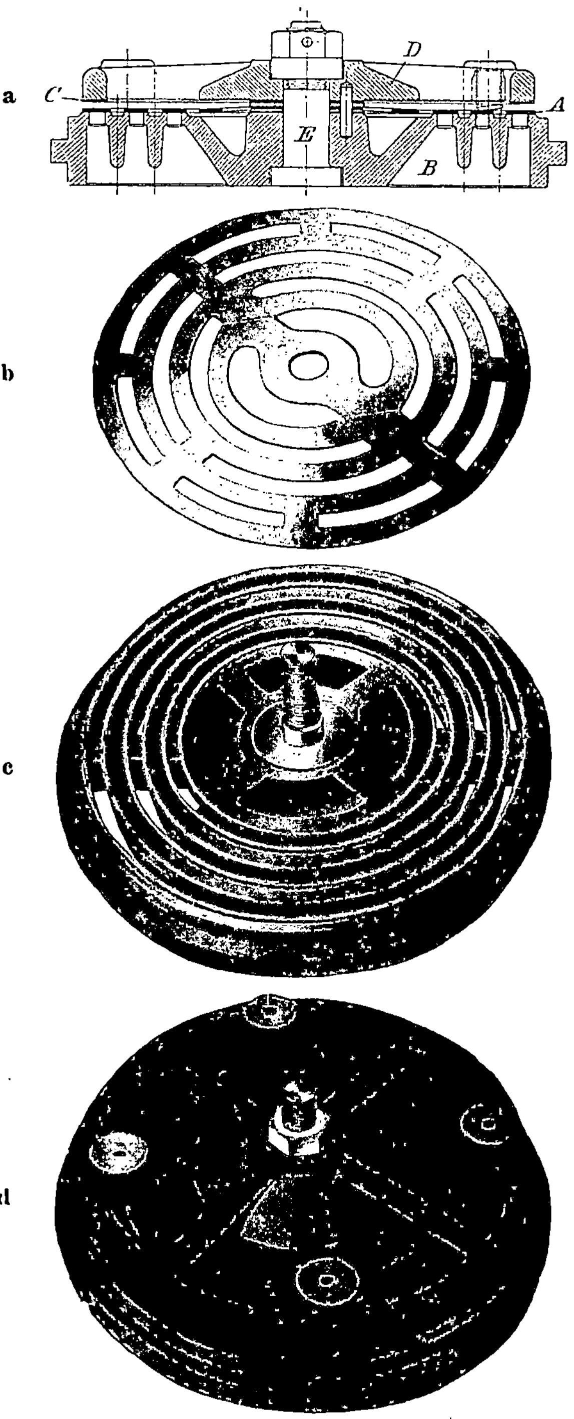

Fig. 62 a—d.

Wartung völlig unabhängig und größte Betriebssicherheit sowie ein hoher Nutzeffekt des Kompressors gewährleistet.

Die Konstruktion zeichnet sich durch die größte Einfachheit und gute Zugänglichkeit aus. Saug- und Druckventil sind gleich geformt und austauschbar.

Infolge der geringen Maße, des kleinen Hubes, der reibungsfreien Führung und der elastischen Hubbegrenzung ist die Arbeitsweise des Ventils eine äußerst präzise und der Gang auch bei den höchsten Tourenzahlen ein ruhiger.

Sämtliche Ventile eines Luftzylinders sind über Flur angeordnet und kann deren Auswechselung durch Abschrauben einfacher Verschlußdeckel erfolgen.

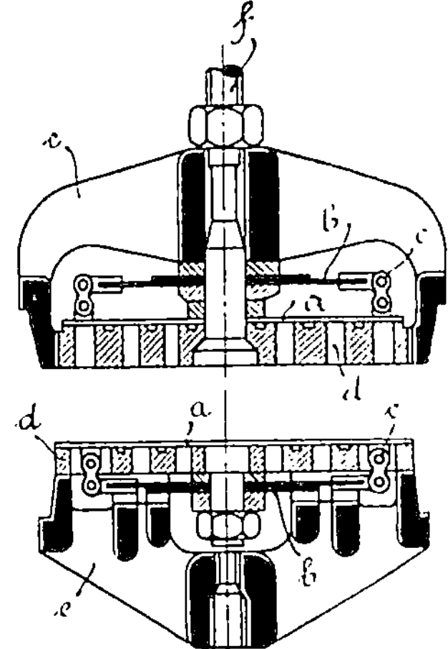

Fig. 63 und 64.

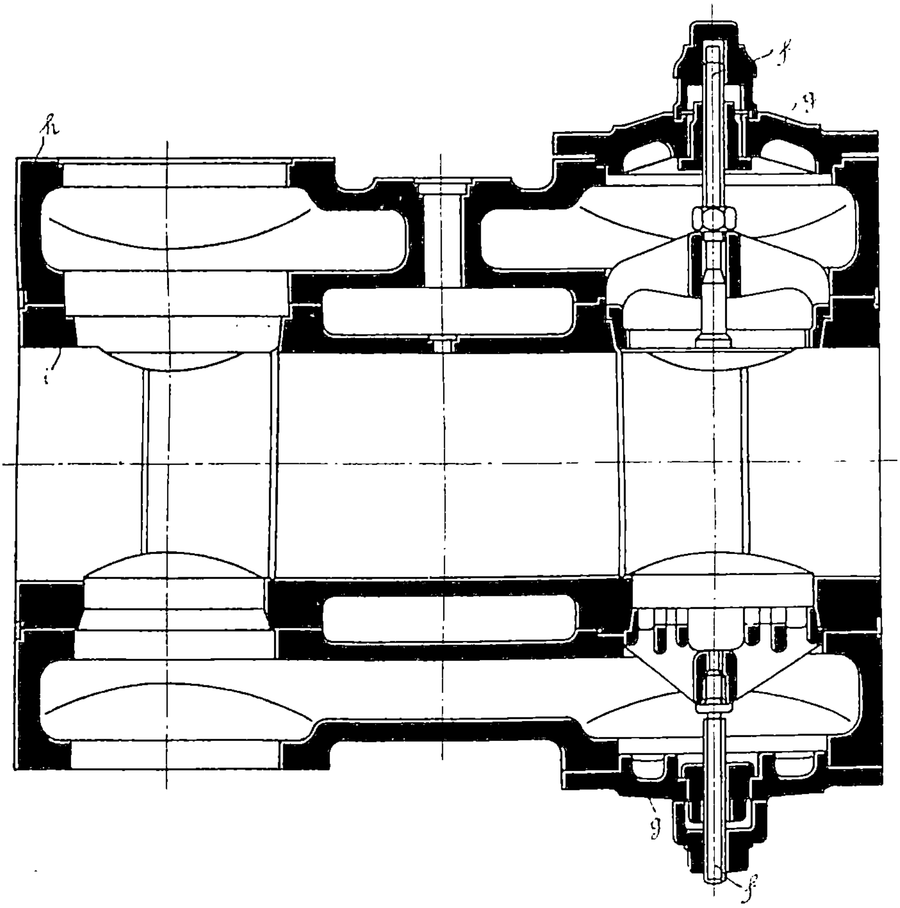

Fig. 65.

Gebläseventil von R. Meyer.

Den älteren Hoerbiger-Langschen Ventilen ähnlich ist das neue reibungslose Plattenventil von Rudolf Meyer in Mülheim a. d. Ruhr; Fig. 63—65. In Fig. 63 ist das Druckventil, in Fig. 64 das Saugventil abgebildet, während Fig. 65 den Einbau desselben in den Zylinder zeigt.

Die dünne Stahlventilplatte a ist durch Gelenke c mit einer oberhalb bzw. unterhalb des Ventils an der Stange f, welche den Ventilsitz d festhält, befestigten Flachfeder b verbunden. Das Ventil hebt sich infolgedessen sehr leicht an und wird beim Hubwechsel durch die Feder b auf seinen Sitz d zurückgeworfen. Die getroffene Anordnung dürfte leichtes Spiel und geringen Ventilwiderstand bewirken[1]).

Gebläseventil von Gutermuth[2]).

Gutermuth verwendet als Abschlußorgan statt der Ventile federnde Klappen. Hierbei sind die Kanäle der Klappensitze so ausgebildet, daß der Durchfluß in einem spitzen Winkel zur Sitzfläche erfolgt, wobei der Neigungswinkel der ersteren nahezu dem Eröffnungswinkel der Klappe entspricht, wie aus Fig. 66 und 67 ersichtlich. Es wird hierdurch erreicht, daß der Flüssigkeitsstrom ohne empfindlichen

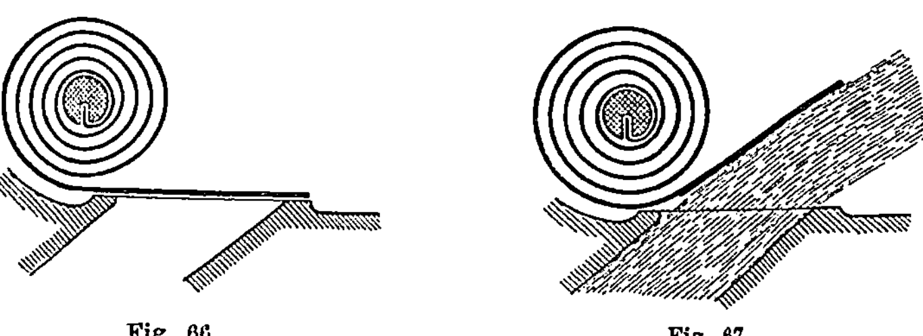

Fig. 66.   Fig. 67.

Richtungswechsel durch das Abschlußorgan strömt und Wirbelungsverluste ganz vermieden werden. Die Durchflußgeschwindigkeit ist nicht, wie bei Ventilen von der Ventilbelastung abhängig, sondern fast ausschließlich vom Sitzquerschnitt. Die Federspannung der Klappen hat nur den Zweck, die Auflagerung des Abschlußorganes auf den im Sitz fertig gebildeten Flüssigkeitsstrahl zu sichern und die Klappe dem Strahl bei abnehmender Flüssigkeitsmenge folgen zu lassen. Der Klappenhub ist durch die Strahldicke ganz von selbst begrenzt, und nicht wie beim Ventil durch den Belastungswiderstand.

Von hervorragender praktischer Bedeutung ist der charakteristische Unterschied allen Ventilkonstruktionen gegenüber, daß die Klappe sich ohne irgendwelche Führung oder Hubbegrenzung und gänzlich reibungslos bewegt, ein Ecken oder Klemmen ausgeschlossen ist und daher ein absolut zuverlässiger und rechtseitiger Schluß bei allen Hubverhältnissen gewährleistet ist. Hierzu kommt nun noch als wertvolle Eigenschaft

---

[1]) Näh. s. „Glückauf" 1905, 24. 6., S. 792, wo auch Versuchsresultate mitgeteilt sind.

[2]) Nach Angabe des Erfinders, Prof. M. F. Gutermuth in Darmstadt.

der geringe Durchgangswiderstand, welchen die schwache Federspannung der Klappe dem Flüssigkeits- oder Gasstrom entgegensetzt. Eine Klappe von z. B. 100 mm Breite, 75 mm Länge und 0,75 mm Dicke, welche eine Spirale von vier Ringen hat, wird durch einen Druck von nur 0,9 kg um einen Winkel von 30 geöffnet, was einem Überdruck von nur 12 g per $cm^2 = 0,012$ Atm. entspricht. Die Konstruktion der Klappen bei einem liegenden Verbundkompressor von 500 PS. ist aus den Fig. 68—70 zu ersehen. Die Leistung des Kompressors und seine Hauptabmessungen sind folgende:

Kompressor-Zylinderdurchmesser 850 mm und 510 mm, Hub 1000 mm, 85 Umdrehungen pro Minute. Leistung 90 cbm angesaugte Luft pro Minute auf 7 Atm. komprimiert. Erbauer: Maschinenbauanstalt Humboldt, Kalk bei Köln. In Betrieb auf Zeche Ewald bei Essen.

Dieser große Luftkompressor ist auf Grund der Erfahrungen mit dem Offenbacher Kompressor konstruiert und ausgeführt. An Einfachheit der Konstruktion wird diese Anlage durch keine der bis heute bekannten Kompressorsysteme erreicht.

Von den älteren Ausführungen unterscheidet sich die vorliegende Neukonstruktion dadurch, daß statt zylindrische, selbstdichtende, konische Einsätze für die Unterbringung der Saug- und Druckklappen gewählt sind, wodurch die zum einseitigen Anpressen der ersteren Sitze erforderlichen Druckschrauben fortfallen. Außerdem arbeitet der Kompressor mit Mantelkühlung.

Jeder Zylinder hat zwei Klappeneinsätze, welche Saug- und Druckklappen tragen. Beim Hochdruckzylinder sind je vier, beim Niederdruckzylinder je sechs Klappen auf einer Spindel angeordnet. Vermöge des geringen Federwiderstandes der Klappen ist die durch deren Spiel sich ergebende Torsionsbeanspruchung der Spindeln so gering, daß diese Anordnung ohne Bedenken gewählt werden konnte. Die Kanalquerschnitte sind so reichlich gehalten, daß selbst bei der maximalen Tourenzahl von 85 in der Minute empfindliche Durchgangswiderstände noch nicht auftreten und letztere bei der normalen Umdrehungszahl von 55—60 in der Minute praktisch verschwinden.

Der Gang der Klappen ist auch hier vollkommen stoßfrei und unhörbar. Die Anordnung der Klappengehäuse an der unteren Mantellinie der Kompressorzylinder hat noch den dauernden Vorteil, daß Wassereinspritzung in beliebigem Umfang Anwendung finden kann, da während der Druckperiode das Wasser bequem Zeit hat nach der Druckleitung abzufließen und die Zuverlässigkeit des Klappenspiels in keiner Weise durch das mit der Luft austretende Wasser beeinträchtigt wird. Es unterscheidet sich in dieser Beziehung der Klappenkompressor ganz wesentlich vom Schieber- oder Ventilkompressor; bei ersterem ist Wassereinspritzung prinzipiell ausgeschlossen und bei letzterem wird die Steigerbarkeit der Umdrehungszahl und die Betriebssicherheit empfindlich beeinträchtigt.

Bezüglich der Abdichtung der Klappeneinsätze im Gehäuse mag noch darauf hingewiesen werden, daß bei großer Länge derselben, statt des direkten Einpassens der konischen Dichtungsflächen, der dichte Abschluß durch Kupferbeilagen erleichtert werden kann; dieselben werden zur Vereinfachung der Montage in die zu dichtenden Flächen der Einsatz-

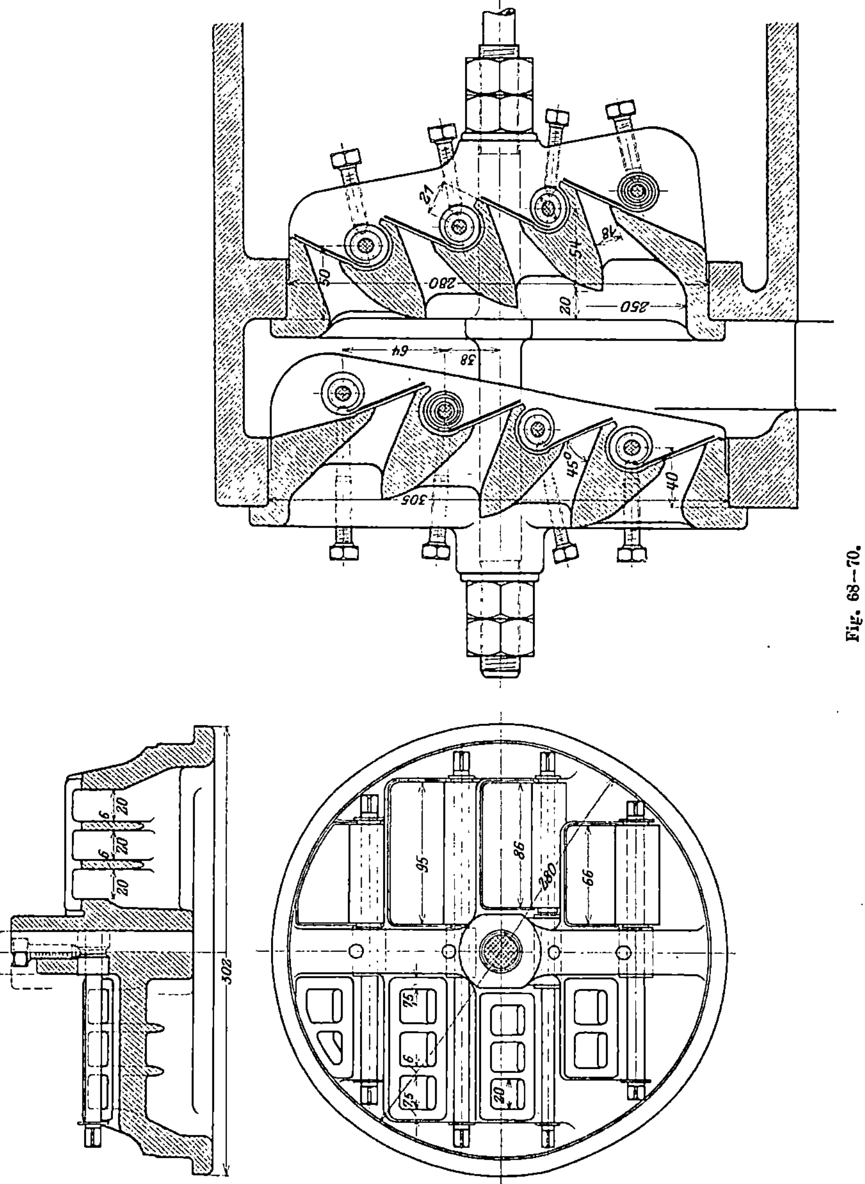

Fig. 68—70.

körper zum Teil eingelassen, so daß sie sich mit dem noch vorstehenden Teil an der Gehäusewand anlegen können.

Sämtliche Klappen des Hoch- und Niederdruckzylinders haben

übereinstimmende Abmessungen, wodurch sich das Auswechseln von Klappen vereinfacht und nur eine geringere Zahl Reserveklappen nötig wird.

Vom konstruktiven wie betriebstechnischen Standpunkte aus ergeben sich zugunsten der federnden Klappen noch weitere wichtige Unterschiede, unter denen noch die folgenden besonders angeführt werden mögen:

1. Universelle Anpassungsfähigkeit an konstruktive Bedürfnisse, da die Klappe an keine Lage gebunden ist und sowohl vertikal, wie horizontal oder beliebig geneigt angeordnet werden kann.
2. Gleiche Brauchbarkeit für rasche und langsam gehende Maschinen.
3. Kein Verschleiß der Sitzflächen oder Klappen, da die Sitzfläche von der Luft oder dem Wasserstrom nicht berührt wird und die Klappe selbst keinen für empfindliche Abnutzung genügenden Widerstand bietet.
4. Einfacher Einbau und bequeme Zugänglichkeit der Organe.
5. Leichte Regulierbarkeit und Einstellbarkeit auf verschiedene Hübe und Federspannungen.

Schiebersteuerung für Gebläsemaschinen und Luftkompressoren von Brooks in Philadelphia.

Die in Fig. 71 abgebildete Steuerung [1]), welche vornehmlich für die Auslaßschieber von Gebläsemaschinen und Kompressoren verwandt wird, bezweckt ein Bremsmittel in der Art eines Bremszylinders zu schaffen, mit Hilfe dessen die Öffnung und Schließbewegung des Schiebers geregelt wird und nachteilige Stöße auf den Schieber möglichst vermieden werden. Die Einrichtung ist folgende: An dem zylindrischen Gehäuse 1 ist eine Schiebeführung 17 befestigt. Der im Zylinder 1 arbeitende Kolben 18 hat am Ende einen zylindrischen Ansatz 19, in welchen eine kolbenförmige Verlängerung 20

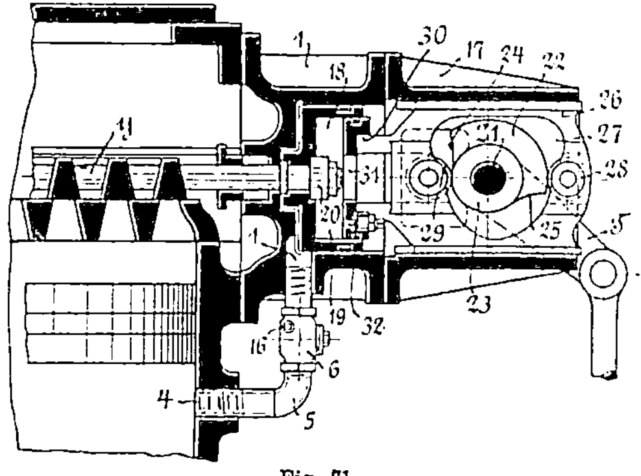
Fig. 71.

hineinragt. Eine oszillierende Welle 21 ruht in Lagern der Führung 17 und wird durch einen Hebel T bewegt. Auf der Welle 21 ist ein Daumen befestigt, der zwei gegenüberliegende konzentrische Flächen 22 und 23 aufweist, die durch zwei Hubflächen 24 und 25 miteinander verbunden sind. Ein hin- und hergehender Schieber 26 ist an der Stelle 27 ausgespart und trägt an jeder Seite des Daumens eine Rolle 28 bzw. 29, die den Daumen in jeder Lage desselben berühren. Am Ende des Schlittens befindet sich ein im hinteren Ende des

---

[1]) Deutsche Pat.-Schrift 121 549.

Kolbens 18 sich bewegender Kolben 30, welcher mit der mittleren
Öffnung 31 versehen ist und bei der in der Figur gezeigten Lage offen
ist, jedoch von der kolbenförmigen Verlängerung 20 verschlossen wird,
wenn sich der Kolben 18 gegen den Daumen bewegt. Im Kolben 30
befindet sich ein einstellbarer Luftauslaßkanal 32. Durch die auf den
Schieberstangenkolben 18 wirkende Druckluft wird der Auslaßschieber y
geöffnet und durch die vorbeschriebene Vorrichtung 21 und 22 und den
Hebel T geschlossen. Durch ein zwischen den Schieberstangenkolben 18
und den zwangläufig bewegten Schieberschließapparat 30 und 26 ein-
geschaltetes Luftkissen wird die Bewegung der Schieberschließvorrichtung
derartig bewirkt, daß der Schieberstangenkolben 18 bei beliebiger Stellung
der Schließvorrichtung 30/26 fortwährend und gleichmäßig gebremst
werden kann, und hierdurch ein stoßfreies Schließen und Öffnen des
Schiebers ermöglicht wird. Durch den Kolben G des Arbeitszylinders
wird zunächst die Druckluft durch den Kanal 4, 5, 6 in den Zylinder 1
gepreßt, wo sie mit allmählich zunehmendem Drucke auf den Kolben 18
wirkt. Die Bewegung des Schiebers y findet jedoch einen Widerstand
durch den Druck, mit welchem derselbe auf seinem Sitz gehalten wird,
und wird dieser Druck mit der zunehmenden Bewegung des Kompressions-
kolbens gegen die Schieber hin beständig kleiner, bis er auf beiden Schieber-
seiten nahezu gleich ist. In diesem Augenblicke genügt der Überdruck
auf den Kolben 18 zur Bewegung des Schiebers, welche, nachdem sie
begonnen hat, eine sehr rasche ist; jedoch wird durch die in dem Raume
19 eingeschlossene Luft eine bremsende Wirkung gegen Ende des Hubes
des Schiebers hervorgebracht. Hat jedoch die untere Kante des Arbeitskolbens die Öffnung 4 im Zylinder wieder freigelegt, so kann die in den
Zylinder 1 eingedrückte Luft durch die Öffnung des Zylinders 1 wieder
zurückweichen, wobei jedoch die Geschwindigkeit der Rückströmung durch
Einstellung des im Ventilgehäuse 6 befindlichen Hahnes 16 geregelt
werden kann. Durch den jetzt auf der Rückseite des Kolbens 18 wirkenden Überdruck wird nun der Schieber gegen Ende des Hubes des Arbeitskolbens wieder geschlossen. Die Auseinanderbewegung beider Kolben
18 und 30 erfolgt hierauf durch den Steuermechanismus, so daß die
Vorrichtung wieder in die ursprüngliche Lage gebracht wird. In
neuester Zeit wird diese Steuerung von der Firma J. Cockerill in
Seraing für Gebläsemaschinen gebaut[1]).

Gebläseventile von Kieselbach.

Dieses von der Maschinenfabrik Sack & Kieselbach in Rath-
Düsseldorf gebaute Ventil[2]) wird sowohl als einfaches, wie als Etagen-
ventil und als Ventil mit mehreren konzentrischen Ventiltellern gebaut.
Die drei Ausführungsarten sind in den Fig. 72—74 dargestellt. Die
Ventilteller, aus Hohlblech gequetscht, sind außen durch kräftige Spiralfedern belastet und innen an Führungsrippen geführt. Eine starre Hub-
bewegung findet nicht statt, vielmehr stützt sich die Belastungsfeder
auf eine elastische Platte, die als Hubbegrenzung dient, wodurch
nicht nur ein sanftes, stoßfreies Öffnen, sondern auch ein schnelles

---

[1]) S. weiter unten Abschn. E., 1, S. 68.
[2]) „Stahl u. Eisen" 1908, S. 518/19, Fig. 1—4.

Schließen erzielt werden soll, da die elastische Platte den Stoß des schnell
auffliegenden Ventils auffängt, und auch die Schlußbewegung mit großer
Energie einleitet. Die Widerstände sind hierdurch sehr reduziert; für

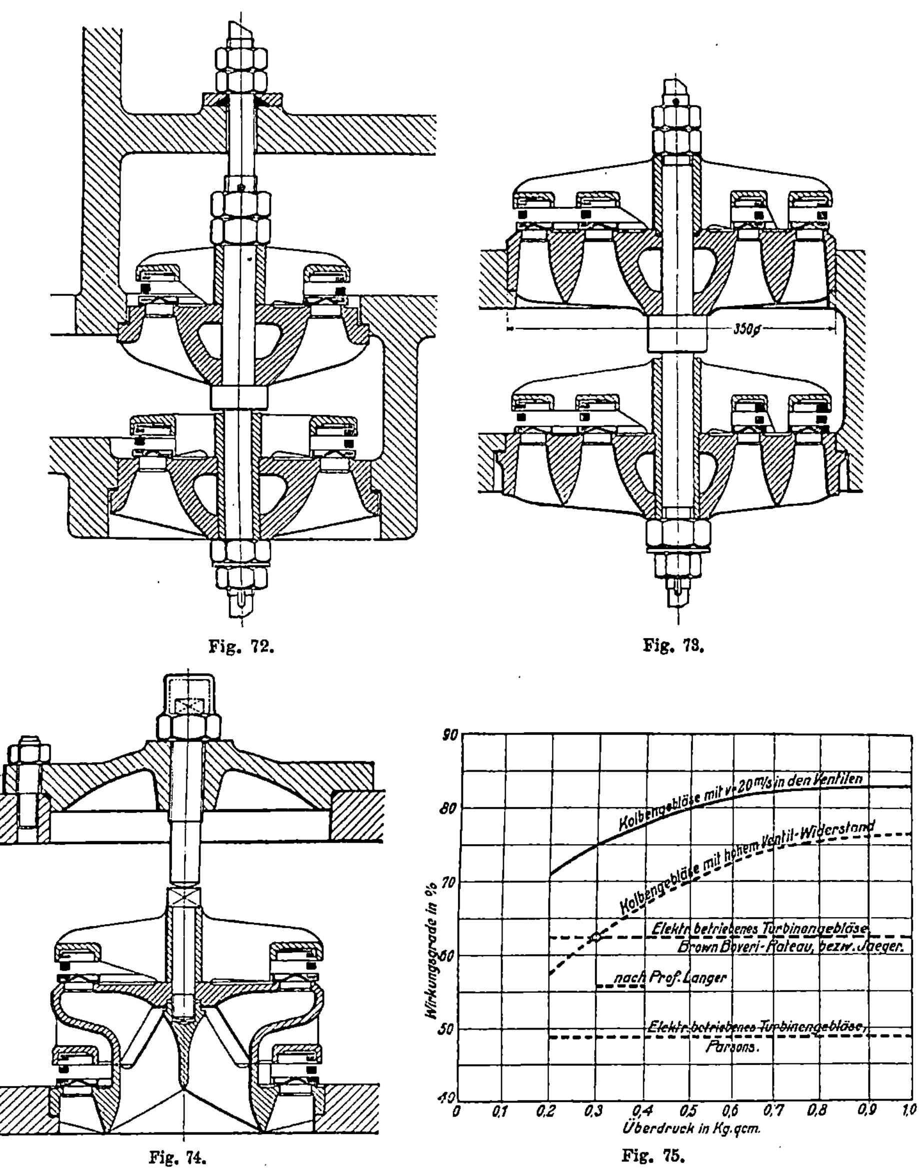

Fig. 72.

Fig. 73.

Fig. 74.

Fig. 75.

eine mittlere Geschwindigkeit der Luft von 20 m ergab sich der auf
den ganzen Hub bezogene Saugunterdruck zu nur 0,007 Atm., der Überdruck über die Windpressung zu 0,022 Atm., daher der gesamte indi-

zierte Druckverlust zu 0,029 Atm. Fig. 75 zeigt die beträchtliche Zunahme des Wirkungsgrades bei dem neuen Gebläseventil mit 20 Sek./m Luftventilgeschwindigkeit, im Vergleich zu einem Kolbengebläse mit hohem Ventilwiderstand und den Hubgebläsen gleicher Leistung. Bei einem im September 1905 in Betrieb gekommenen Gebläse konnte infolge der besseren Wirkung der Ventile die mittlere Umdrehungskraft für die Charge bedeutend verringert werden. Bei gleichem Winddruck verminderte sich der mittlere indizierte Druck um 0,1135 Atm. Gleichzeitig erhöhte sich die angesaugte Windmenge wegen der verbesserten Zylinderfüllung um 2,9 %. Bei 24 Chargen in der Schicht ergab sich daraus — ganz abgesehen von den sonstigen Ersparnissen infolge der Verminderung der Tourenzahlen und geringeren Reparaturen — eine jährliche Ersparnis von 14 400 t Dampf. Eingehendere Versuchsresultate liegen leider nicht vor.

E. Durch Gasmotoren betriebene Gebläsemaschinen.

Einer der bemerkenswertesten Fortschritte im Gebiete des Gebläsemaschinenbaues ist mit der Anwendung der, in der Mitte der 90er Jahre des 19. Jahrhunderts zur Ausführung gelangten, durch Hochofen-Gichtgase betriebenen Gasmotoren auf den Betrieb von Gebläsemaschinen verbunden, da durch diese neue Betriebsart ganz neue Anforderungen an den Bau der Gebläsemaschinen bezüglich ihrer Regulierfähigkeit, ihrer Geschwindigkeit und in mancher anderen Hinsicht gestellt wurden.

Einige der wichtigsten Ausführungen dieser Maschinen sollen im folgenden, soweit es der beschränkte Raum gestattet, behandelt werden.

1. Hochofengas-Gebläsemaschine der Société J. Cockerill in Seraing[1]).

Die in Fig. 76 abgebildete Maschine ist liegend ausgeführt und wird mit einem einzigen Gasmotorzylinder nach dem System Delamar-Debouteville betrieben. Die Maschine kam am 20. November 1899 in Seraing in Betrieb und hat folgende Hauptabmessungen:

Zylinder der Gasmaschine, Durchm. . .	1,30 m
Hub	1,40 „
Windzylinder	1,70 „
Länge der gemeinschaftlichen Kolbenstange	4,40 „
Durchmesser derselben	0,30 „
„ der Kurbelwelle	0,46 „
„ des Schwungrades	5,00 „
Gewicht des Schwungrades	35 T.
Gasmotor-Länge	11,00 m
„ Breite	6,00 „
Gebläsezylinder-Länge	5,50 „
„ Breite	3,50 „
Gesamtgewicht der Maschine	160 T.

---
[1]) Engng. 1900. S. 87.

Fig. 70.

Die Luftmenge beträgt bei 80 Umdrehungen der Maschine 500 cbm in der Minute, der Normalluftdruck 40 cm Quecksilbersäule, die Normalleistung der Maschine bei dieser Umdrehungszahl und diesem Luft-

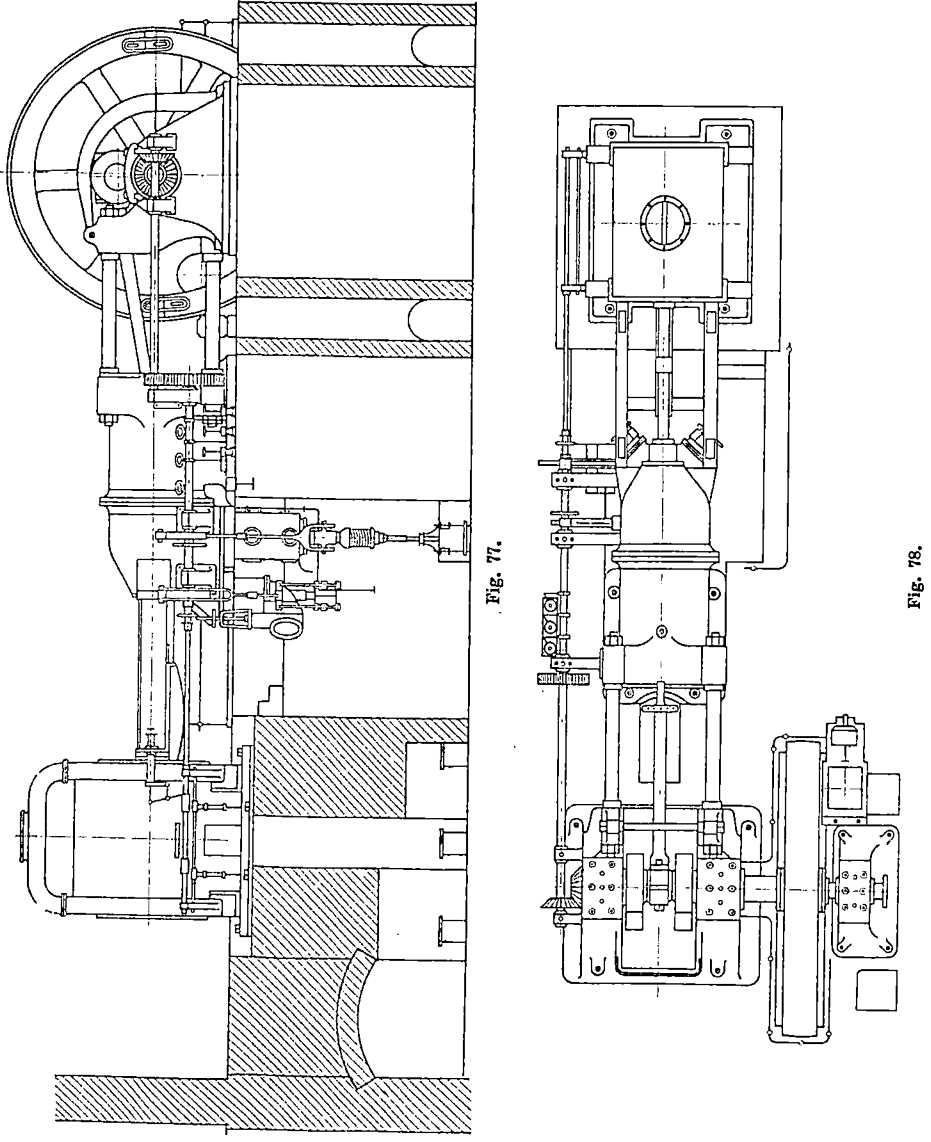

druck 500 PS. Die Saugventile des Windzylinders sind Stahlscheiben von 80 mm Durchm. und 1 mm Dicke. Das Betriebsgas ist nicht gereinigt, sondern wird nur in einer eisernen Kühlkammer von 6 m Länge,

6 m Höhe und 1,25 m Breite gekühlt, in welche durch einen Körting-
schen Apparat von 10 mm Durchmesser Wasser eingestäubt wird. Hier-
durch wird die Temperatur auf 20⁰ C erniedrigt. Eine Maschine dieser
Ausführung ist in den Hochofenwerken der Gesellschaft in Seraing in
Betrieb. Eine Maschine von gleichen Abmessungen war in der Pariser
Weltausstellung 1900 ausgestellt [1]).

Die Resultate, welche mit der Pariser Maschine erzielt wurden,
sind folgende:

<pre>
        im Dampfzylinder . . . .   900 ind. PS.
        im Druckluftzylinder . . . .   725 PS.
        Gasverbrauch . . . . 2,853 cbm p. Std.,
        während die ältere Maschine in Seraing . 3,329   „   „   „
</pre>
erfordert.

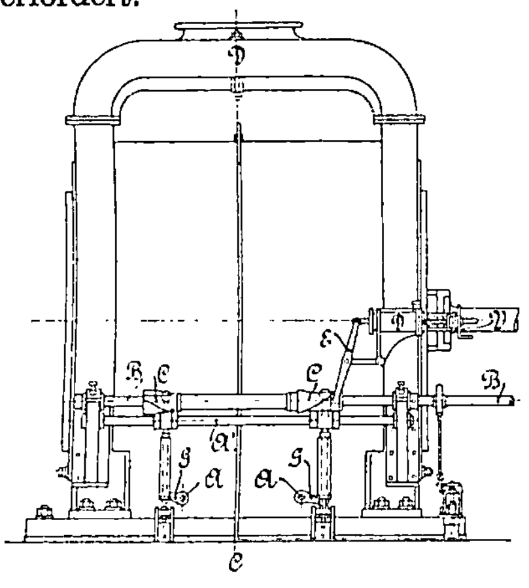

Fig. 79.

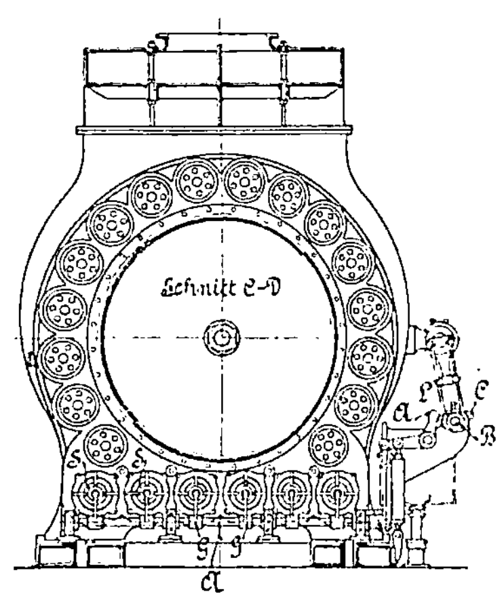

Fig. 80.

In den Fig. 77 und 78[2]) ist die
Maschine im Grundriß und Aufriß
dargestellt. Wie aus der Figur hervorgeht, ist die Kolbenstange der
Gasmaschine durch den hinteren
Deckel hindurchgeführt und direkt
mit der Kolbenstange der Gebläsemaschine gekuppelt. Das Gebläse
enthält kleine, runde Stahlscheiben-
ventile mit Schraubenfedern, deren
je vier oder fünf auf einem Sitz aus
Stahlguß vereinigt sind. Die Saugventile liegen innen und tritt die
Luft von außen durch einen Funda-
mentkanal in die Fußplatte des Windzylinders ein, wie aus dem Aufriß
zu ersehen ist. Die Vorrichtung zur

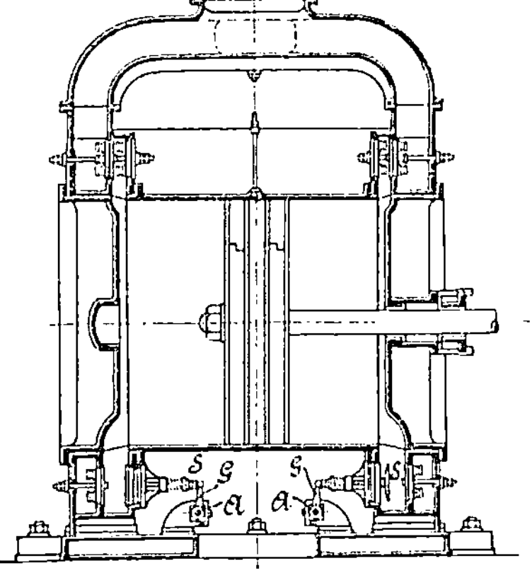

Fig. 81.

Veränderung des Winddruckes
ist in den Fig. 79—81 dargestellt. Dieselbe arbeitet selbsttätig, kann

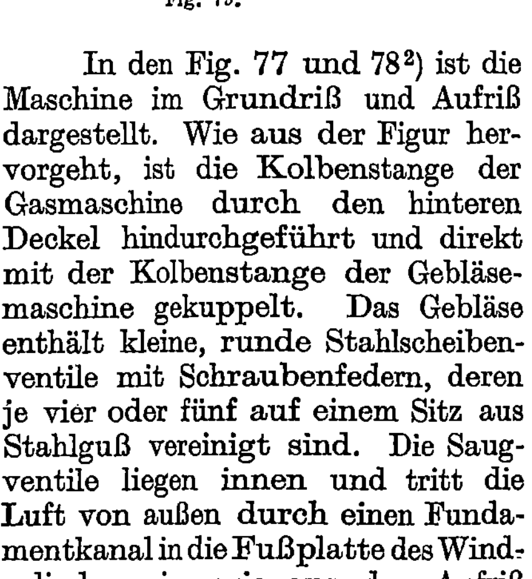

---

[1]) Engng. 1900. S. 845.
[2]) „Stahl und Eisen" 1901, S. 491.

Fig. 82.

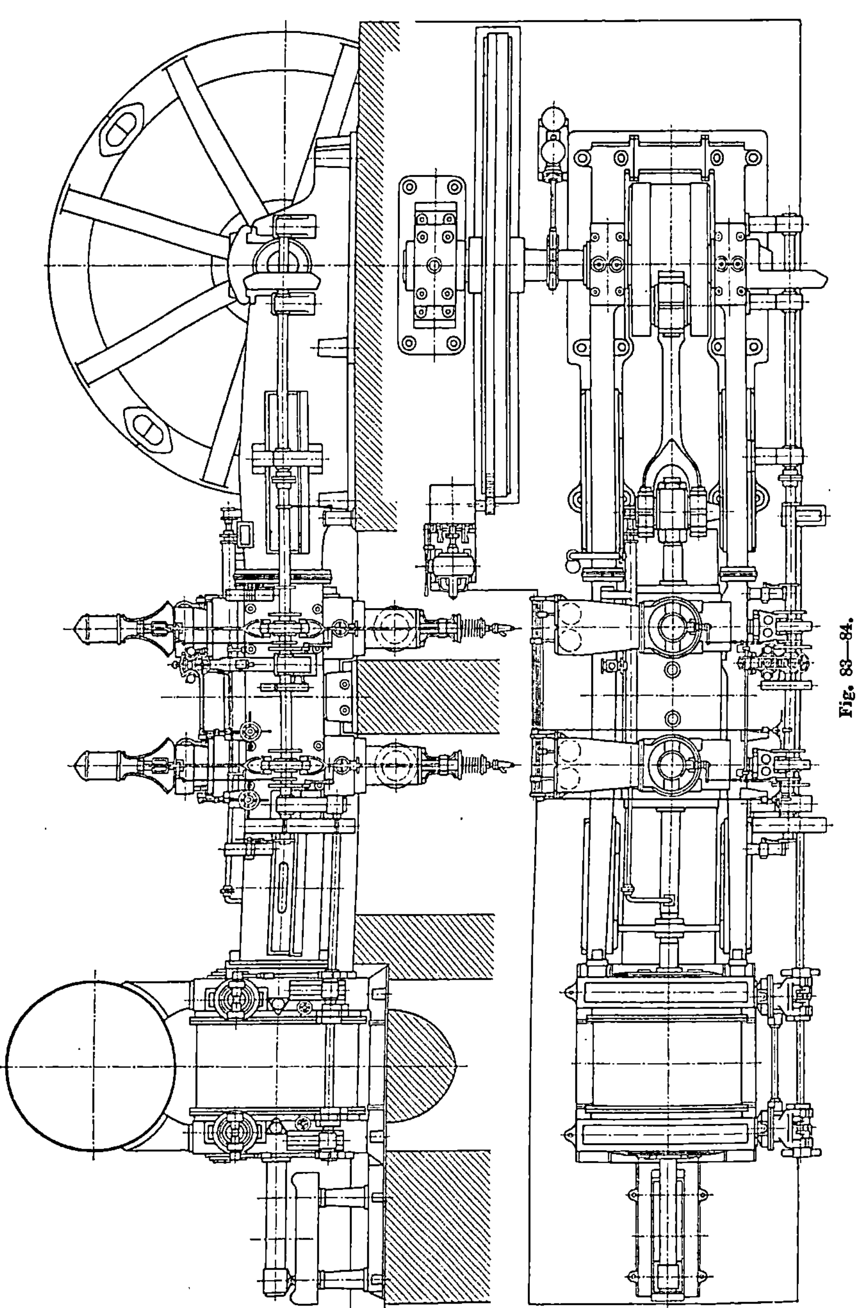

Fig. 83—84.

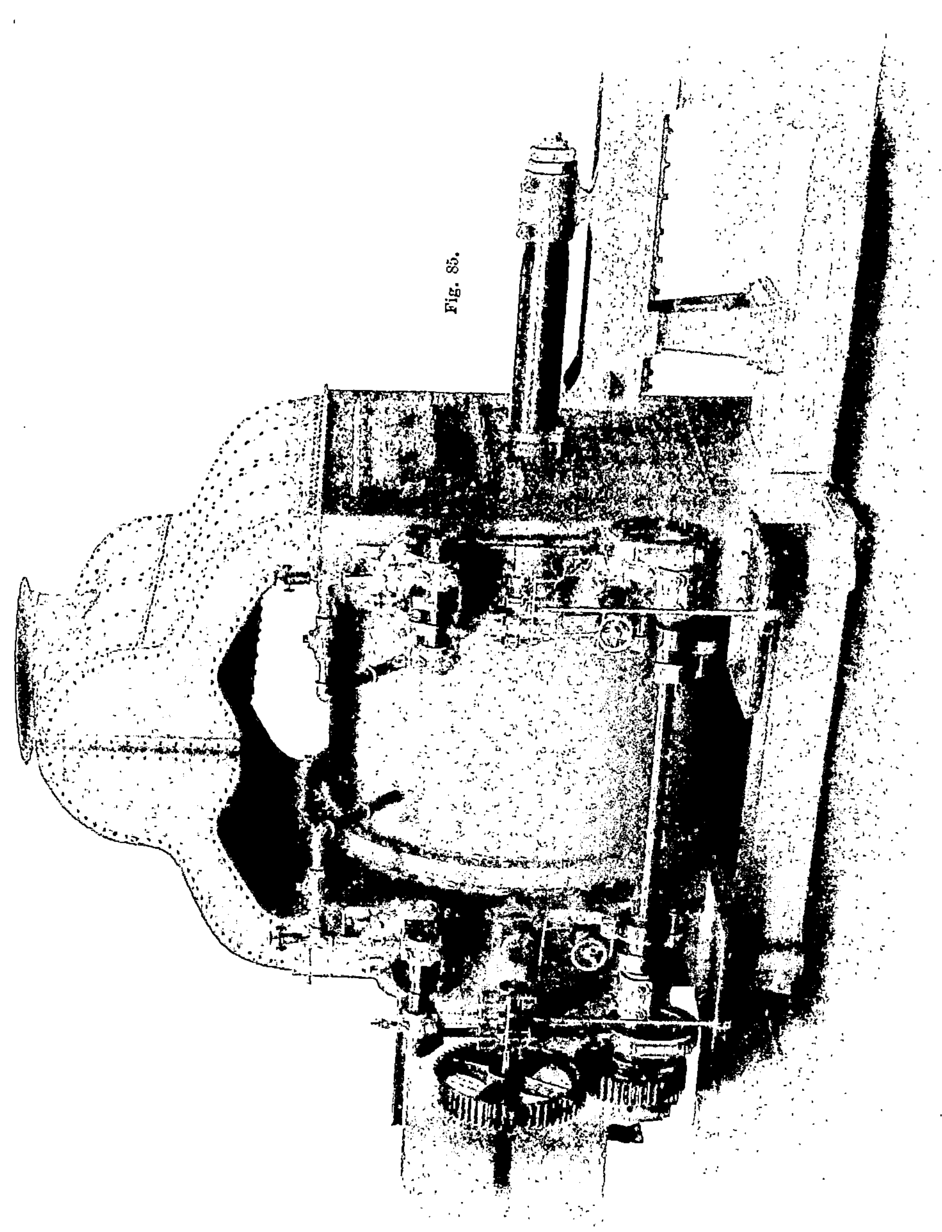

Fig. 85.

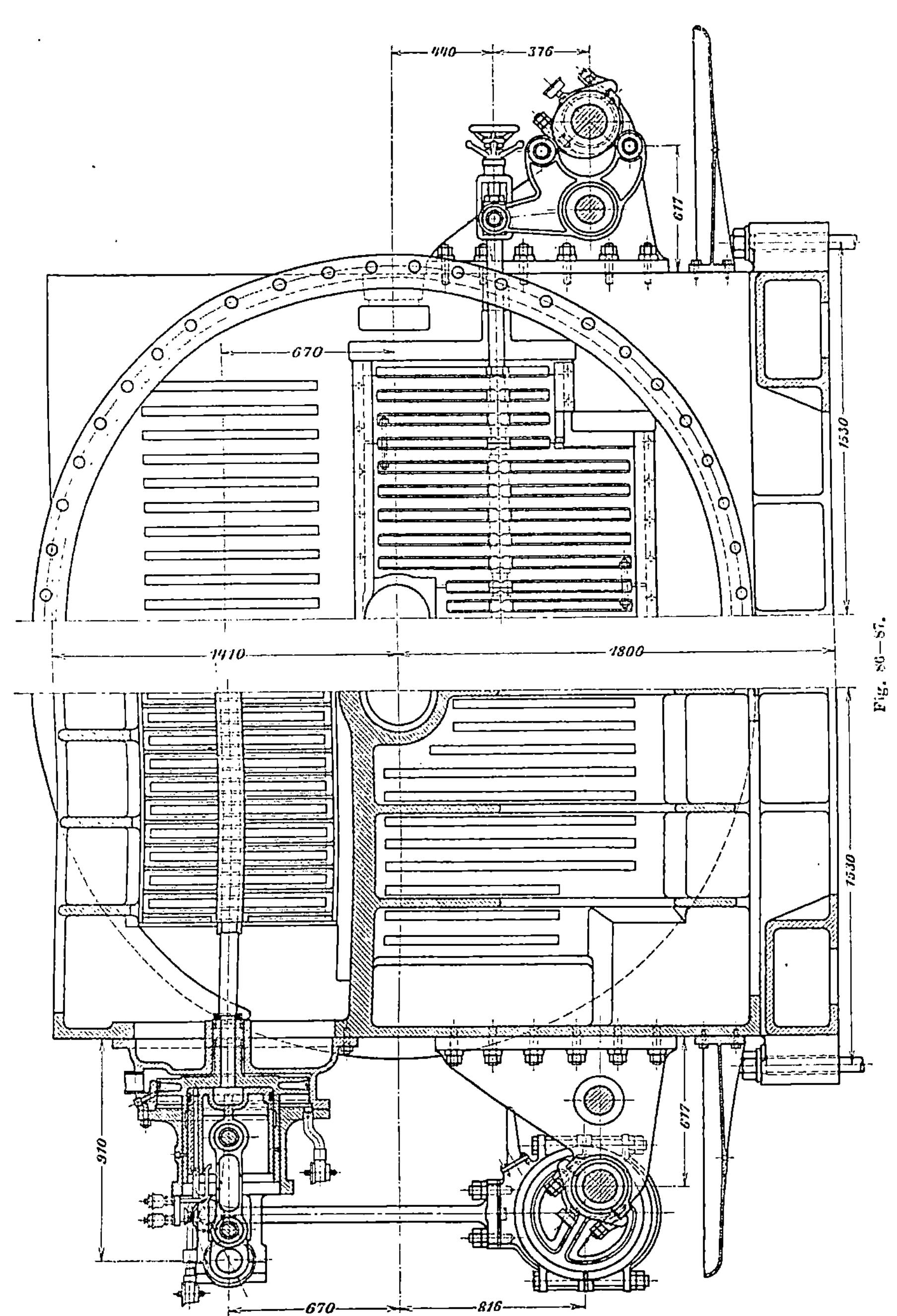

Fig. 86—87.

aber auch von Hand eingestellt werden und ist ihre Wirkungsweise folgende:

Am Fuße der an beiden Enden des Gebläsezylinders befindlichen Kanäle ist eine Anzahl großer Saugventile S angebracht, welche bei normalem Gange selbsttätig spielen, bei erhöhtem Winddruck von den Hebeln G eine Zeitlang am Schlusse verhindert werden können, wodurch

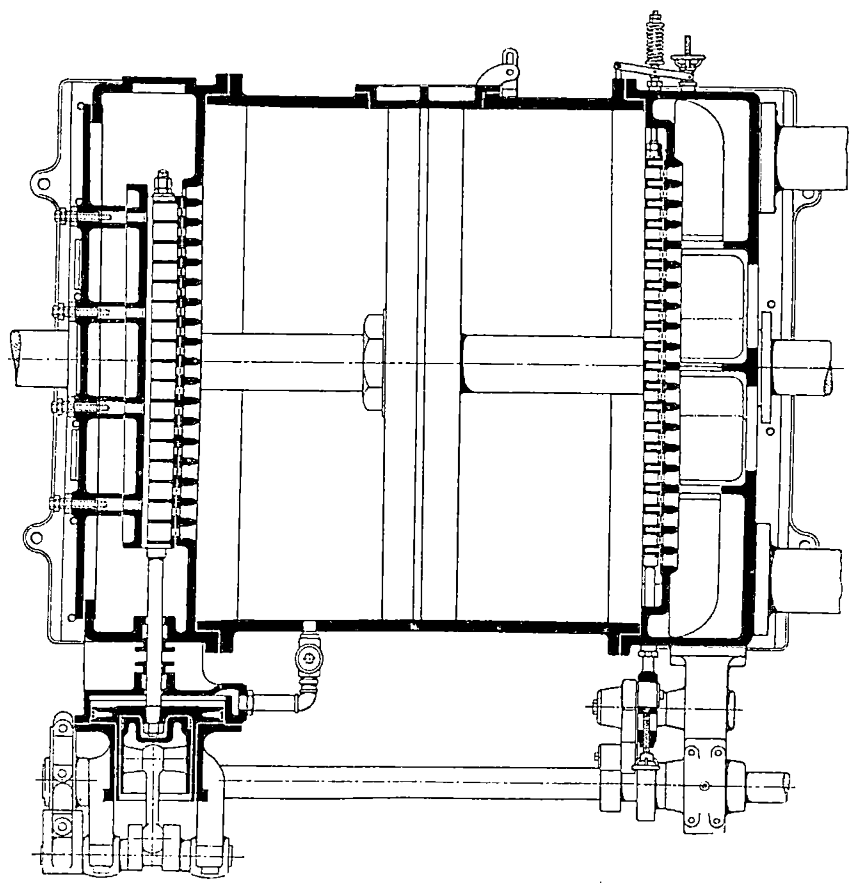

Fig. 88.

ein Teil der angesaugten Luft wieder ausgeblasen wird, sobald der Kolben die Kompressionsperiode beginnt. Diese Hebel werden von den, auf der Welle B sitzenden, verstellbaren Kulissen C beeinflußt, welche letztere sich durch den, im Druckregulator D befindlichen Kolben mittelst des Hebels E verschieben, sobald der Winddruck den, durch eine im Druck-regulator angebrachte Feder verursachten Gegendruck zu überwinden vermag. Das ganze System verschiebt sich mithin diesem Winddruck entsprechend, und erfolgt der Schluß der Ventile daher um so später, je weiter die Kulisse aus ihrer Normallage sich verrückt bis zu der äußersten Stellung, bei welcher die Saugventile beim Kolbenhubwechsel und Rückgange fortwährend geöffnet bleiben, also eine Nutzarbeit gar nicht mehr verrichtet wird. Der Mechanismus kann auch von Hand mittelst des Handrades V betätigt werden, in welchem Falle beim Ingangsetzen der Maschine der Leerlauf durch Öffnen der Saugventile S hergestellt werden kann.

Eine neuere Maschine dieser Firma mit der oben S. 65 beschriebenen amerikanischen Brooks - Southwork - Steuerung, ist in den Fig. 82—88 abgebildet.

Fig. 82 gibt die Außenansicht einer Maschine dieser Bauart mit einem einzigen, aber doppeltwirkenden Gaszylinder von 1200 PS.

Der Gebläsezylinder liegt hinter dem Gaszylinder. Grundriß und Aufriß dieser Maschine zeigen die Fig. 83 und 84, während Fig. 85 die äußere Ansicht der Steuerung des Gebläsezylinders wiedergibt. Aus den Fig. 86, 87 und 88 ist die detaillierte Ausführung der Steuerung in ihren Einzelheiten zu erkennen. Als Abschlußorgane dienen sowohl für die Saug- als auch die Druckwirkung sogenannte Rostschieber oder Gitterschieber, welche große Geschwindigkeiten bis zu 80 und 90 Umdrehungen in der Minute gestatten. Da die Schieber direkt in den Zylinderdeckeln untergebracht sind, geben sie einen sehr kleinen, schädlichen Raum und einen großen, volumetrischen Wirkungsgrad. Die Saugschieber liegen an der unteren Deckelhälfte, die Druckschieber an der oberen.

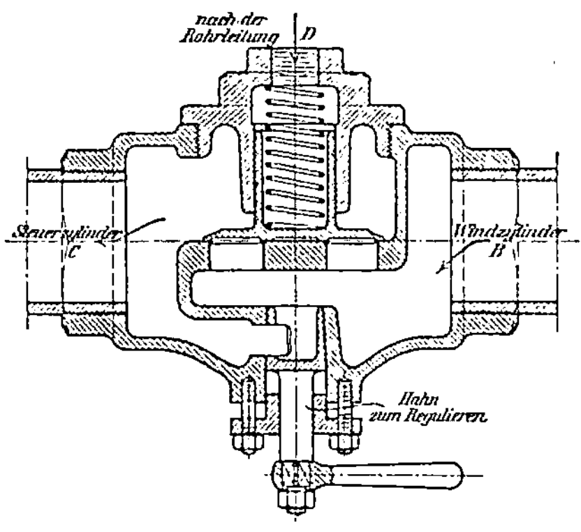

Fig. 89.

Die ersteren werden durch unrunde Scheiben angetrieben mit einer geringen Nacheilung, die dem geringen schädlichen Raum von etwa 2 % des Hubvolumens angepaßt ist. Der Druckschieber wird durch ein Exzenter (oder auch eine unrunde Scheibe) geschlossen, während das Öffnen durch einen entlasteten Steuerzylinder erfolgt, welcher mit dem Windzylinder direkt durch ein, mit einem Druckausgleichventil ausgestattetes Druckrohr verbunden ist. Das Ventil ist in Fig. 89 in Schnitt abgebildet. Das Rohr B desselben kommt vom Windzylinder, das Rohr C führt zum Steuerzylinder, während der obere Rohransatz D mit der Druckluftrohrleitung verbunden ist. Der am unteren Ende des Ventilgehäuses befindliche, von Hand einstellbare Drosselhahn dient zur Regelung des Druckes im Raum oberhalb des Rückschlagventils. Damit der Schieber sich erst dann öffnen kann, wenn der Druck im Zylinder gleich dem Drucke in der Druckrohrleitung ist, wird das Rückschlagventil mit letzterem belastet. Der Zylinderdruck wirkt somit erst dann auf den Steuerkolben des Druckschiebers, wenn das Rückschlagventil sich öffnet. Durch den Regulierhahn kann

Fig. 90.

der Gesamtdruck im Ventilgehäuse, also auch der Druck auf den Steuerzylinder eingestellt werden.

Bei der in den Fig. 82 bis 88 dargestellten Maschine beträgt
der Durchmesser des Windzylinders 265 cm, der Kolbenstangendurch-

Fig. 91.

messer 27,5 cm, also die wirksame Kolbenfläche 5,456 qm. Es sind
bei derselben 22 Spalten für den Lufteinlaß und 20 für den Luftauslaß
vorhanden. Das Verhältnis des Durchgangsquerschnittes für die Saugluft zur wirksamen Kolbenfläche berechnet sich dabei zu 1:8,1 oder

12,3 % der Kolbenfläche, für die Druckluft zu 1 : 11,3 oder 8,8 % der
wirksamen Kolbenfläche.

    2. Hochofengas - Gebläsemaschinen der Maschinenbau-
Aktiengesellschaft vormals Breitfeld, Daněk & Co. in Prag-
Carolinenthal.

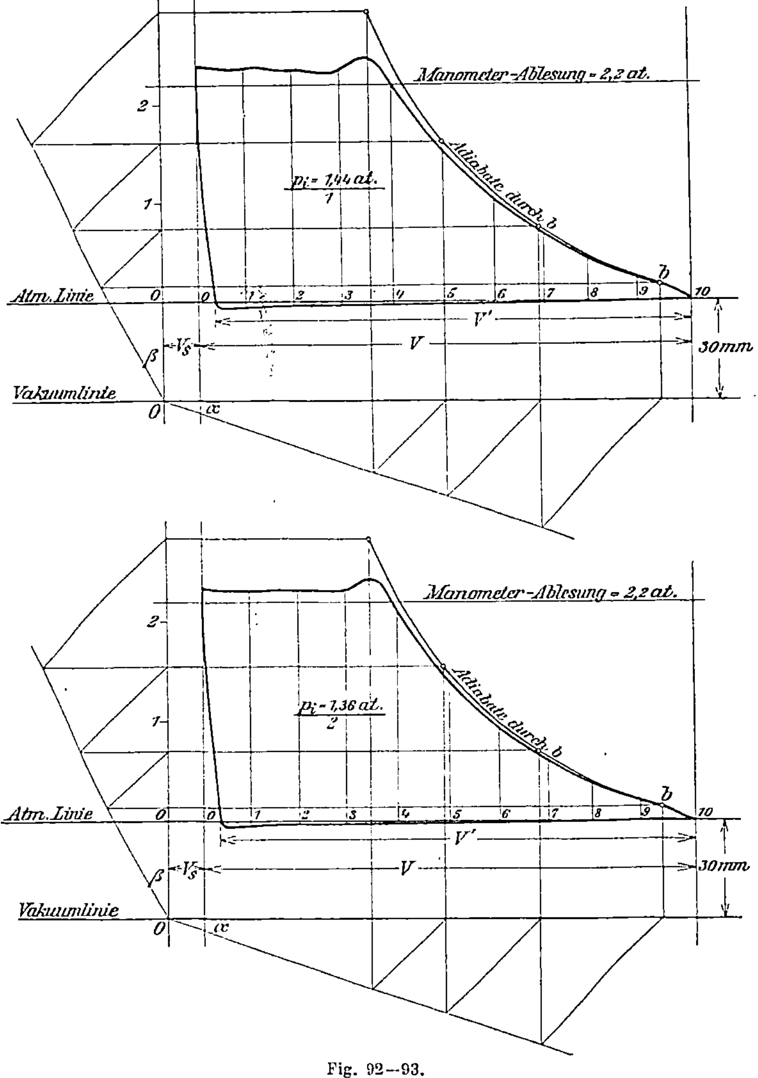

Fig. 92—93.

    Von dieser Firma sind neuerdings mehrere Hochofengas - Gebläse-
maschinen zur Aufstellung gelangt, welche den Maschinen der Société
Coquerill in Seraing ähnlich sind. Die allgemeine Anordnung der
Ausführungen dieser Art ist in Fig. 90 abgebildet. Der Gebläsezylinder

ist mit Rundschiebersteuerung für den Einlaß und Ventilen für den Auslaß versehen.

Die Tourenzahlen dieser durch Gasmotoren betriebenen Maschinen bewegen sich zwischen 84 und 94 in der Minute und dementsprechend die Windleistungen zwischen 500 und 600 cbm in der Minute. Von der gleichen Firma sind sowohl Maschinen mit Riedlerschen Ventilen als auch Maschinen mit freien Ringventilen, sowie endlich solche mit geführten Ringventilen ausgeführt worden. Bei den letzteren betragen die Tourenzahlen bis zu 55 in der Minute und können bis auf 75 in der Minute und sogar noch höher gesteigert werden. Die Ausführung der letzteren Maschinen sind in Tabelle No. 1, S. 82 wiedergegeben.

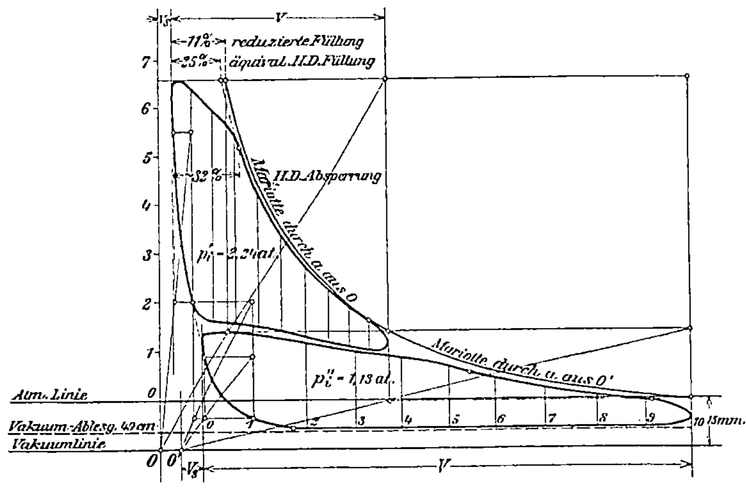

Fig. 94.

Eine ebenfalls mit Rundschiebersteuerung, aber sowohl für den Einlaß als auch für den Auslaß, versehene, allerdings durch Dampfmaschine betriebene Maschine ist in Fig. 91 abgebildet. Dieselbe ist im Jahre 1909 für das Stahlwerk im Eisenwerk Kladno der Prager Eisenindustrie-Gesellschaft gebaut und im Jahre 1910 in Betrieb gesetzt worden. Die Abmessungen und Leistungen dieser Maschine sind folgende:

Dampfzylinder, Durchm., H.-D. 1200 mm
      „   Durchm., N.-D. 1800 „
Windzylinder, Durchm., beide . 1480 „
Gemeinsamer Kolbenhub . . . 1600 „
Tourenzahl in der Minute . . . 45—50
Dampfüberdruck . . . . 7 Atm.
Windpressung . . . . 2—3 Atm.
Windmenge . . . . 460—510 cbm i. d. Min.

In den Fig. 92—94 sind die rankinisierten Diagramme dieser Maschine abgebildet. Beide Diagramme sind bei 38 Touren abgenommen und zeigen einen sehr guten Verlauf der Expansions- bzw. Kompressions-

Gebläsemaschinen mit Gasbetrieb (System Delamare-Deboutteville).

Tabelle 1.

Aufstellungs-ort	System	Abmessungen			Umlaufzahl	Winddruck	Windleistung cbm i. d. Min.	Anzahl der Ventile einer Zylinderseite
		Durchmesser der Gaszylinder	Durchmesser der Windzylinder	Gemein-samer Hub				
Aktien-Gesell-schaft für Eisen- und Kohlen-industrie, Differdingen	Einzylinder	1300	1700	1400	84	0,5	500	11
Böhmische Montan-Gesell-schaft Königshof	Einzylinder	1300	1700	·1400	94	0,5	560	11
Berg- und Hütten-Gesell-schaft auf Insel Elba	Einzylinder	1300	1700	1400	84	0,5	500	·11

Tabelle 2.

Aufstellungs-ort	System	Abmessungen			Umlaufzahl	Dampf-Überdruck	Winddruck	Windleistung cbm i. d. Min.	Anzahl der Ventile einer Zylinderseite
		Durchmesser der Dampfzylind.	Durchmesser der Windzylinder	Gemein-samer Hub					
Chemische Fabrik Aussig [1]	Einzylinder-gebläse ohne Kondensation. Flachschieber-steuerung	530	840	900	64	6	0,7	60	4
Eisenwerk Witkowitz	Verbund-Stahl-werkgebläse mit Anschluss an eine Zentral-Kondensation. Drehschieber-steuerung	1040/1960	1700	1500	55	6	1,5	700	4
Alpine Montan-Gesellschaft [2]	Verbund-Stahl-werkgebläse mit Konden-sation. H. D. Ventil-N. D. Dreh-, schiebersteue-rung	895/1260	1050	1500	30	6	2,5	150	2

[1]) Die Konstruktion dieses Gebläses weicht gegenüber den vorstehenden Angaben bezüglich der Ventilausführung insofern ab, als nur einfache Ring-ventile aus Metall mit elastischer Dichtung und direkter Einwirkung des Steuerungsdaumens verwendet wurden.

[2]) Abweichende, vereinzelte Konstruktion.

linien. In der Tabelle 2 S. 82 sind einige Ausführungen dieser Firma von Maschinen mit gesteuerten Ventilen angegeben.

3. **Körtingsche doppeltwirkende Zweitakt-Gasmaschine mit Gebläse.**

Die in Fig. 95 und 96 dargestellte Zweitaktgebläsemaschine von Gebrüder Körting in Hannover[1]) ist mit einer von der Siegener Maschinenbau-Aktiengesellschaft in Siegen hergestellten Gebläsemaschine mit gesteuerten Saugrundschiebern und rückläufigen Stumpfschen Ventilen versehen. Dies Gebläse ist in der niederrheinischen Hütte in Duisburg-Hochfeld aufgestellt und leistet die Maschine beim Betriebe mit Hochofengas 500 PS. Der Windzylinder hat 1600 mm Durchmesser, 1100 mm Kolbenhub. Die Steuereinrichtung ist derart getroffen, daß die Saugschieber früher oder später den Luftzutritt abschließen können, so daß mit veränderlicher Saugmenge gearbeitet werden kann und die Arbeit der Maschine zur Verdichtung einer geringeren Luftmenge verwendet wird, als der Volleistung entspricht, sobald die Füllung früher beendet wird. Diese verringerte Luftmenge kann mithin auch auf einen höheren Druck gebracht werden. Es kann demnach die der größten Leistung stets sehr naheliegende günstigste Arbeitsleistung der Gasmaschine für den Normalbetrieb nutzbar gemacht werden, und trotzdem erforderlichenfalls durch Verringerung der Windmenge ein diese Normalleistung wesentlich übersteigender Winddruck erreicht werden. Die Vorrichtung verfolgt somit denselben Zweck wie die auf Seite 71 beschriebene Einrichtung der Gesellschaft Coquerill in Seraing. Die Gasmaschine ist die bekannte Körtingsche Zweitaktgasmaschine mit besonderen Luft- und Gaspumpenzylindern, mittelst deren das Betriebsgas bzw. die Betriebsluft unter Druck in den Zweitaktzylinder eingeführt wird. Bei einer ähnlichen Maschine wurden folgende Versuchsergebnisse ermittelt:

Indizierte Leistung . . . . 544 PS.
Nutzleistung . . . . 341,5 ,,
Gasverbrauch für 1 ind. PS. i. d. Min. 1,635 cbm Generatorgas
      ,,   ,, effektive PS. . . . 2,305 ,,   ,,
Von der aufgewendeten Wärme wurden
  verwandelt in indizierte Arbeit . . 37,9 %
in Nutzarbeit . . . . 23,8 ,,

Die Tourenzahl dieser Maschinen beträgt bis 100 und mehr Touren, so daß dieselben leicht mit Gebläsemaschinen direkt gekuppelt werden können.

4. **Hochofengas-Gebläsemaschine von Klein.**

Die Firma Maschinenbau-Aktiengesellschaft vorm. Gebr. Klein in Dahlbruch baut Hochofengasgebläse mit Körtingschen Zweitaktmaschinen und Hörbiger-Ventilen.

In Tafel V ist eine solche Maschine abgebildet. Die Hauptabmessungen derselben sind folgende:

	I.	II.
Arbeitszylinder, Durchm.	900	1000 mm
,, Kolbenhub	1400	1400 ,,

---

[1]) „Stahl und Eisen" 1901, S. 501.

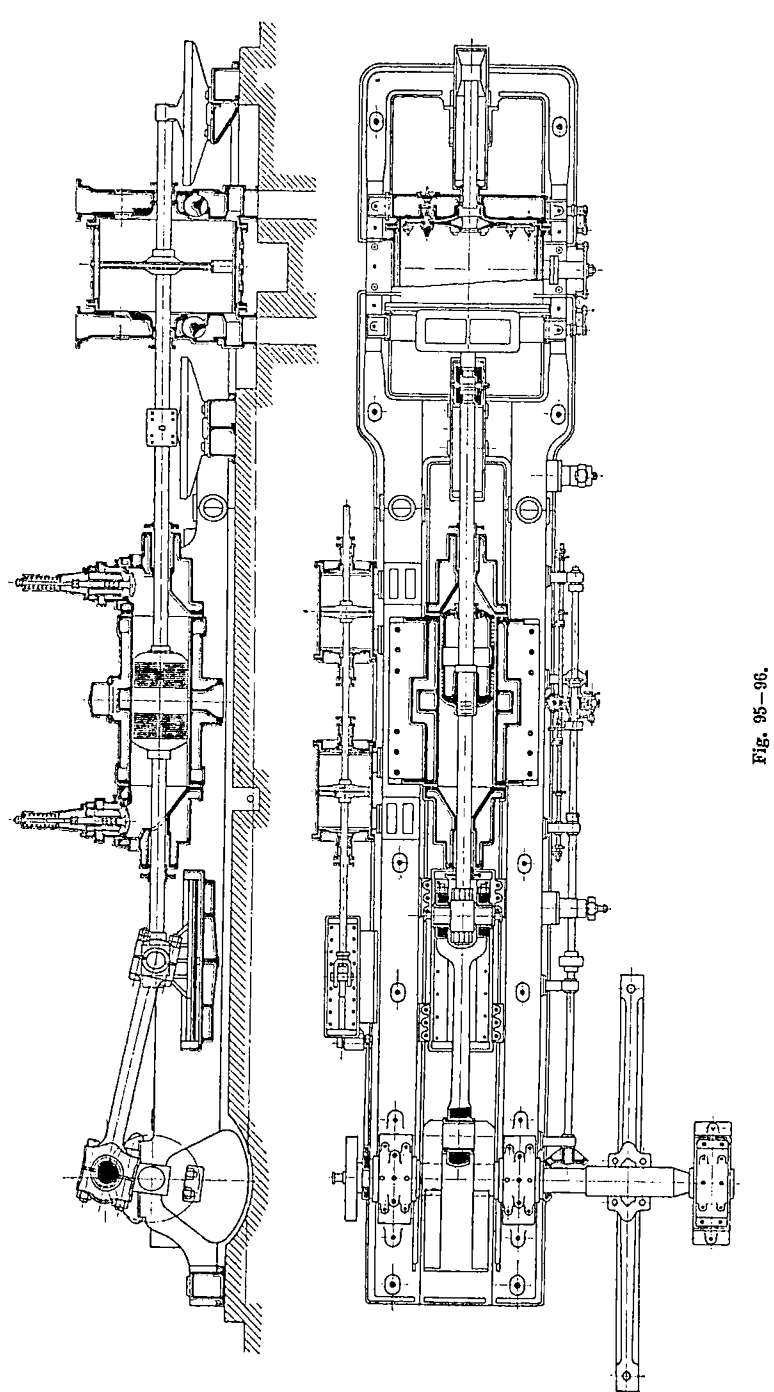

Fig. 95—96.

<pre>
Gaspumpen, Durchm.   1000   1150   mm
Luftpumpen,   „   920   1030   „
Windzylinder,   „   1815   2180   „
Tourenzahl i. d. Minute   70   78
Winddruck, Atm.-Überdruck   0,8   0,8
Jahr der Ausführung   1908   1911
</pre>

In je einem, an den Zylinderdeckel anschließenden Ringkanal liegen in den Deckeln die Saug- und Druckventile nebeneinander, erstere innerhalb, letztere außen. Für absoluten Leerlauf wird das Ringventil im Zylinderdeckel hydraulisch geöffnet, für dauernden Leerlauf einer Seite werden außerdem ein oder mehrere Saugventile von dem Sitz abgehoben.

Zu ersterem Zwecke führt eine Druckwasserleitung nach drei, um je 120° gegeneinander versetzten kleinen hydraulischen Zylindern in den Deckeln der Gebläsezylinder, so daß drei kleine Kolben mittelst Druckwasser bewegt werden kann, welche ein konzentrisch zur Zylinderachse liegendes Ringventil öffnen [1]), wodurch eine Verbindung zwischen dem Zylinderinnern und der Saugkammer hergestellt, also eine der beiden Zylinderseiten außer Wirksamkeit gesetzt werden kann.

Eine größere Ausführung dieser Maschine hat die in der Tabelle auf S. 83 unter II angegebenen Abmessungen.

5. Konvertergebläse der Siegener Maschinenbau-Aktien-Gesellschaft.

Das von dieser Firma für das Peiner Walzwerk bei Ilsede [2]) im Jahre 1908 gebaute Gebläse wird elektrisch angetrieben. Dasselbe ist als Zwillingsgebläse mit selbsttätigen Saug- und Druckventilen ausgeführt und hat folgende Abmessungen:

1. Elektromotor:

<pre>
   Leistung . . . .   2000 PS.
   Spannung . . . .   500 V. Gleichstrom
   Tourenzahl . . . .   40—80
   Ungleichförmigkeitsgrad bei 50 Tour.   1 : 30
   Wirkungsgrad . . . .   94,4 %.
</pre>

2. Gebläse:

<pre>
   Zylinderdurchmesser . . . .   1500 mm
   Kolbenhub   1500   „
   Höchste Tourenzahl   80
   Entsprechende Kolbengeschwindigkeit   4,0 m/Sek.
   Maximale Windmenge beider Zylinder
       zusammen . . . .   800 cbm/min
   Anzahl der Saugventile auf jeder
       Zylinderseite   40
   Druckventile auf jeder Zyl.-Seite . .   28
   Maximalwinddruck . . . .   2,5 Atm.
</pre>

---

[1]) Im Grundriß der Gebläsemaschine auf der rechten Zylinderseite im Schnitt dargestellt.

[2]) Näheres s. „Stahl und Eisen" 1909, S. 1049 ff. Tafel XVIII.

Die Ventile sind Doppelsitzventile und ist deren Konstruktion aus Fig. 97 zu erkennen. Infolge der doppelsitzigen Ausführungsform derselben ist es möglich geworden, die Windkästen verhältnismäßig klein zu halten und trotzdem große Saug- und Druckquerschnitte zu erzielen. Zur Regulierung der Leistung, sowie zum Abstellen der Windlieferung zwischen zwei Chargen ohne Abstellung des Motors ist eine Einrichtung getroffen, welche gestattet, die vorderen oder beide Zylinderseiten der Gebläse zeitweilig mit der Saugleitung in Verbindung zu setzen, was durch Umlaufhähne geschieht, die in beiden Zylindern beiderseits direkt über der Kolbenstange im Zylinderdeckel angebracht sind und vom Maschinisten mit Hilfe eines hydraulischen Servomotors bedient, eine sofortige Ausschaltung einer der beiden Zylinderseiten gestatten, indem die Druckseite durch die Umlaufhähne mit dem Saugraum in Verbindung gebracht wird. Es findet dann keine Kompression von Luft, sondern ein Zurückschieben derselben in die Saugkammer statt.

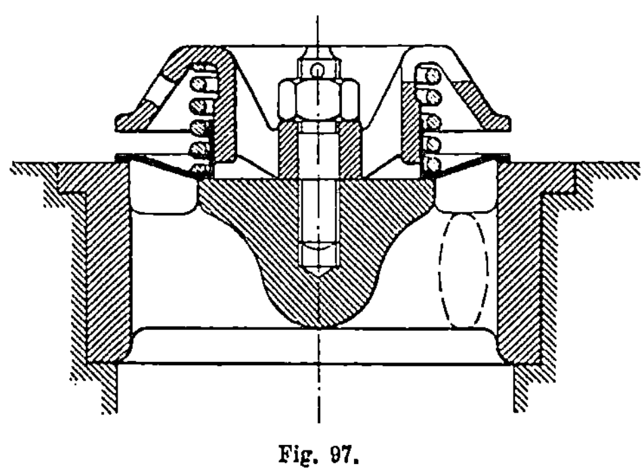

Fig. 97.

Bei Versuchen, welche mit diesem Gebläse im Februar und März 1909 angestellt waren, wurden folgende Resultate erzielt:

Nr.	Datum	Wirkungsgrad des Motors in %	Leistung des Motors in KW.	Vom Motor a. d. Gebläse abgegebene Leistung in PS.	Wirkungsgrad der Gesamtanlage in %	Bemerkungen
1.	9. 2. 09	90,9	827	1023	83,0	
2.	9. 2. 09	94,2	1185	1515	86,2	
3.	11. 2. 09	94,2	1078	1380	85,4	Ohne Warmblasen
4.	16. 2. 09	92,7	961	1213	84,8	
5.	11. 3. 09	91,7	884	1104	83,8	
6.	12. 3. 09	92,5	948	1158	84,7	
	i. M.	92,7	980,5	1215	84,65	
7.	10. 2. 09	94,45	1303	1670	86,7	
8.	10. 2. 09	94,5	1498	1925	87,0	Mit gleichzeitigen Warmblasen
9.	10. 2. 09	94,5	1511	1942	87,0	
10.	10. 2. 09	94,5	1482	1900	87,0	
11.	10. 2. 09	94,5	1493	1925	87,0	
	i. M.	94,49	1496 (Nr. 8—11)	1923 (dtto.)	86,94 (Nr. 7—11)	

Der maximale Gesamtwirkungsgrad (Verhältnis der vom Gebläse abgegebenen Windleistung zu der vom Motor aufgenommenen elektrischen Leistung) von $\sim 87\,\%$ ist als ein recht günstiger zu bezeichnen.

Daraus berechnet sich der Wirkungsgrad des Gebläses $= 100 \cdot \dfrac{87}{94,4}$ $= 92\,\%$, welcher auch als sehr hoch zu bezeichnen ist.

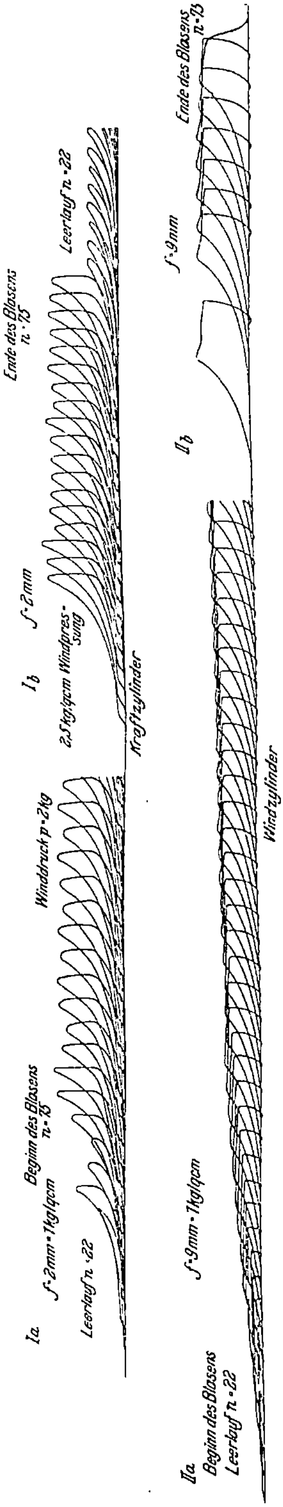

Fig. 98.

Über ein anderes Gebläse derselben Firma, welches mit einer Körtingschen Zweitaktgasmaschine betrieben wird und dieselbe Regelungsvorrichtung wie das Peiner Gebläse besitzt, berichtet Schmerse in derselben Zeitschrift[1]).

Dasselbe wurde im März 1908 im Hasper Eisen- und Stahlwerk in Haspe i. W. in Betrieb gesetzt. Die Hauptabmessungen dieser Zwillingsmaschine waren:

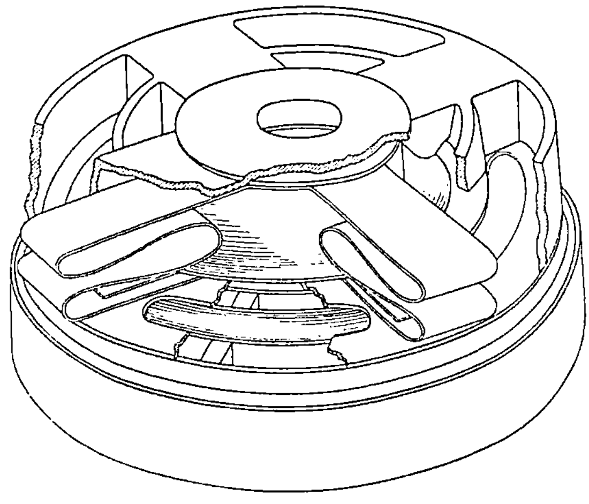

Fig. 99.

Durchmesser der Gasmotorenzylinder	790	mm
„ „ Windzylinder	. . 1200	„
Gemeinsamer Kolbenhub	1300	„
Leistung bei 75 Touren im Gaszylinder	1810	PS.
Gebläseleistung	1400	„
Gesamtwirkungsgrad zwischen Motor und Gebläse	77,4	%
Pumpenleistung am Motor	91	PS.
„ in % der indiz. Motorleistung	5	
Tourenzahl beim Leerlauf	20—24	
Indizierte Leerlaufsarbeit	69	PS.
„ „ in % der indizierten Motorleistung . . .	3,8	

Wie aus dem in Fig. 98 dargestellten fortlaufenden Diagramm beim An- und Ab-

---

[1] „Stahl und Eisen" 1909. II., S. 1857. Tafel XXII.

stellen des Blasens ersichtlich ist, erfolgt die Regelung mit der denkbar größten Präzision, ja rascher als bei einem Dampfkonvertergebläse. Es liegt dies daran, daß die Füllungsveränderung im Hoch-

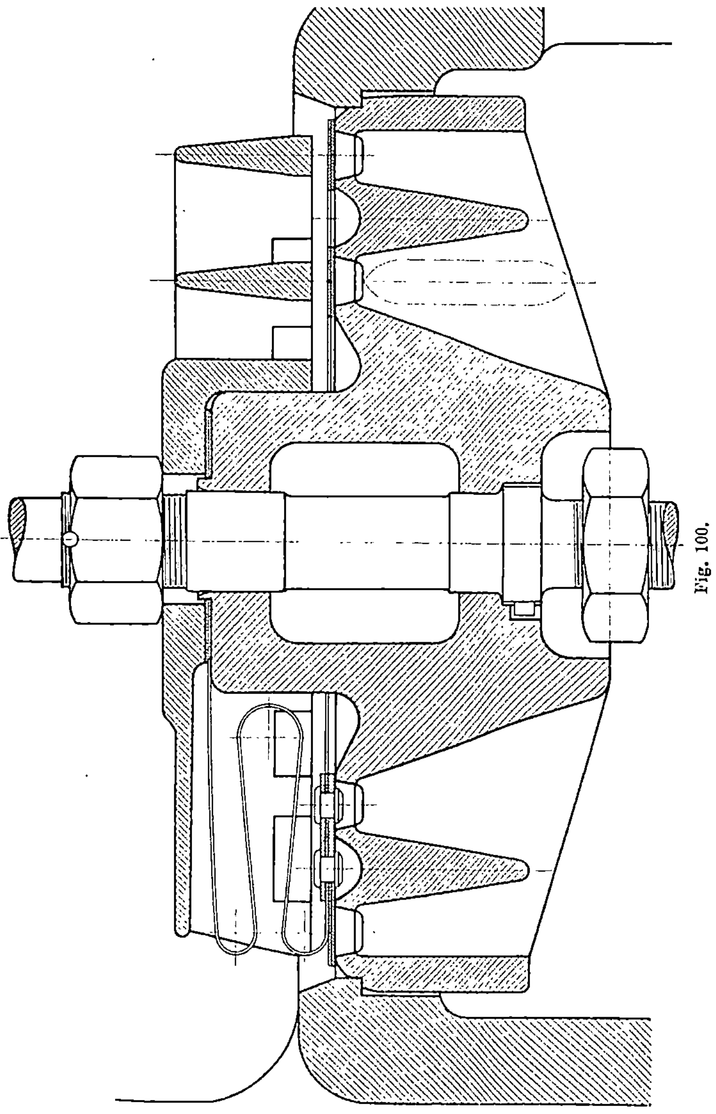

druckzylinder einer Verbunddampfmaschine eine gewisse Zeit braucht, um sich bis zum Niederdruckzylinder durchzusetzen, während die Veränderung einer Gaspumpenfüllung bei einer Zweitaktmaschine dieser Bauart stets innerhalb einer Umdrehung an beiden Zylinderseiten des Kraftzylinders bemerkbar wird.

Der Betrieb hat ferner ergeben, daß es vorteilhafter ist, die Maschine nach jeder Charge nicht stillzusetzen, sondern fortlaufen zu lassen, da

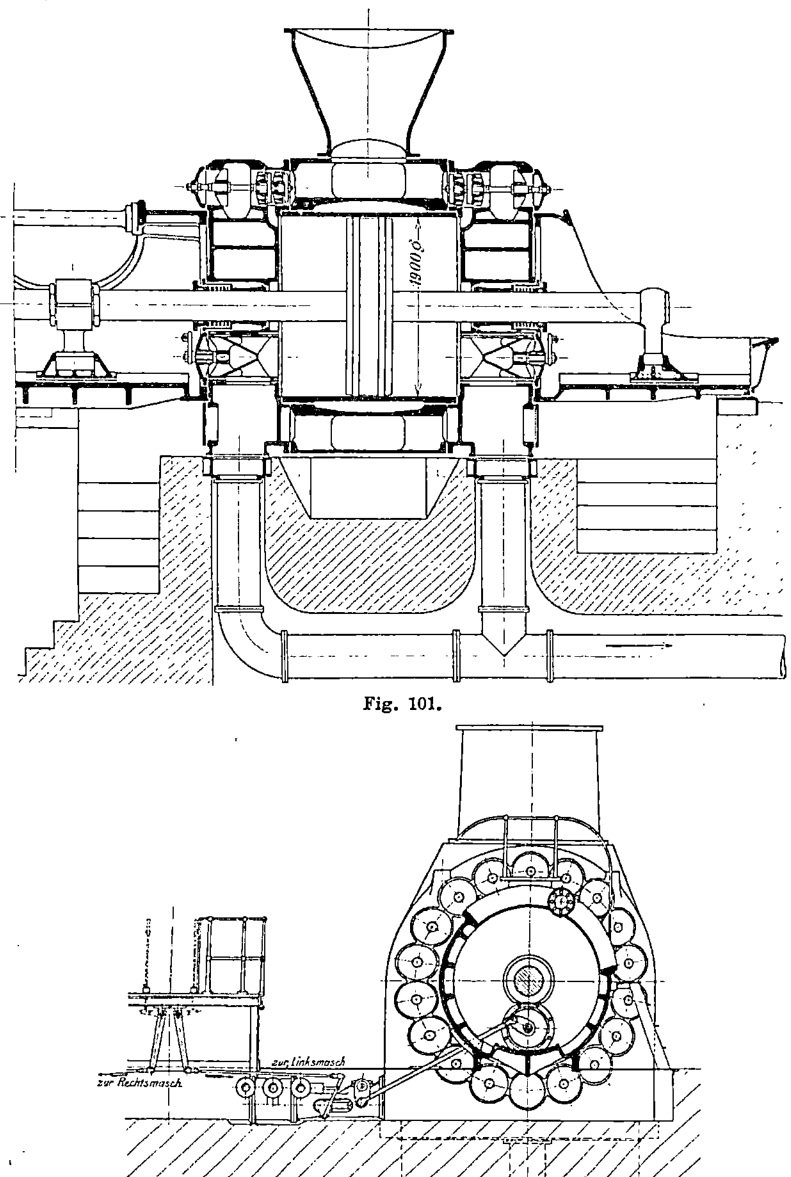

Fig. 101.

Fig. 102.

die Maschine zweifellos betriebsfertiger ist, als wenn sie jedesmal stillgesetzt würde. Das Gebläse ist fortdauernd in Betrieb und hat sich in der ganzen Zeit zur vollsten Zufriedenheit bewährt.

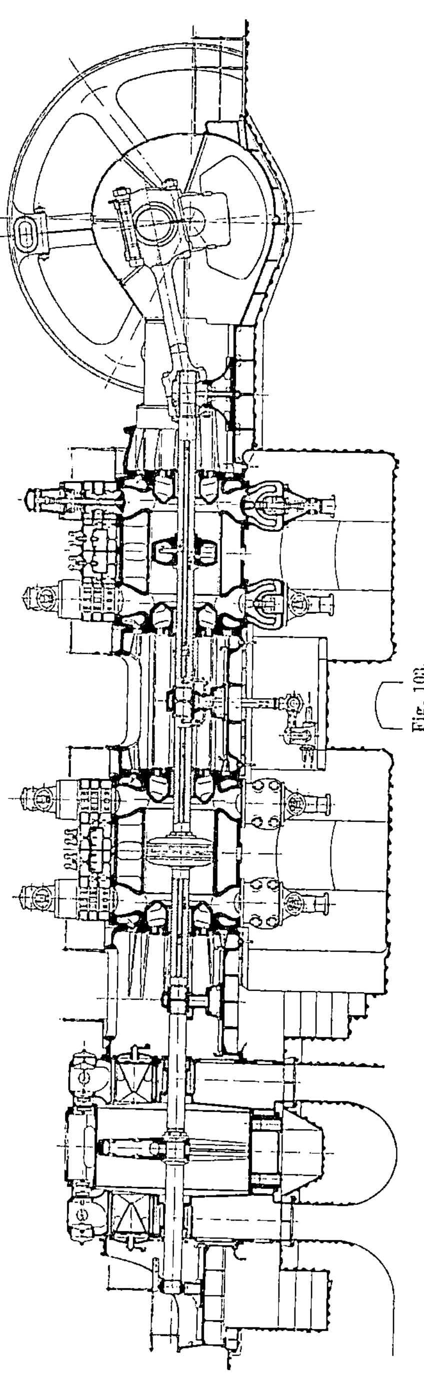

Fig. 103.

6. Stahlwerksgebläse von Thyssen & Cie.

Sowohl für Stahlwerksgebläse als auch für Luftkompressoren wendet die Firma Thyssen & Cie. in Mülheim a. Ruhr das in den folgenden Figuren abgebildete Plattenventil[1]) an. Fig. 99, S. 87, zeigt die äußere Ansicht, Fig. 100 den Schnitt durch dasselbe. Das Abschlußorgan ist das, an sich bekannte Plattenfederventil, unterscheidet sich aber von den übrigen Konstruktionen durch die Anordnung der Feder selbst und durch die Länge derselben. Jedes Ventil ist nämlich mit vier, kreuzweise angeordneten, breiten, doppelt umgebogenen Federn, welche an einem Ende an der Platte festgenietet sind, versehen.

Durch diese Konstruktion ist man imstande, es so einzurichten, daß auch noch bei verhältnismäßig großem Hub eine äußerst geringe Durchbiegung der Feder eintritt, so daß ihre Beanspruchung eine sehr geringe ist. Ferner ist die Nietverbindung der Federn mit der Ventilplatte eine von jeder Drehung freie, so daß ein Lösen des Nietes ausgeschlossen ist. Die Anordnung der Ventile in dem Zylinder eines großen Stahlwerksgebläses ist aus den Fig. 101 u. 102 zu ersehen. Diese Figuren zeigen auch noch die Vorrichtung zur Regelung des Winddruckes bzw. der Leistung der Maschine, welche aus einem, auf jeder Zylinderseite befindlichen Rundschieber besteht, der nötigenfalls eine Verbindung mit der Saugleitung herzustellen erlaubt, so daß die entsprechende Zylinderseite bzw. der ganze Zylinder leer läuft. Fig. 102 zeigt die Anordnung des Servomotors zur Umstellung des Drehschiebers. Fig. 103 zeigt den Längsschnitt einer Hochofengasgebläsemaschine mit dieser Steuerung von folgenden Abmessungen:

---

1) D. R.-Patent 195 816.

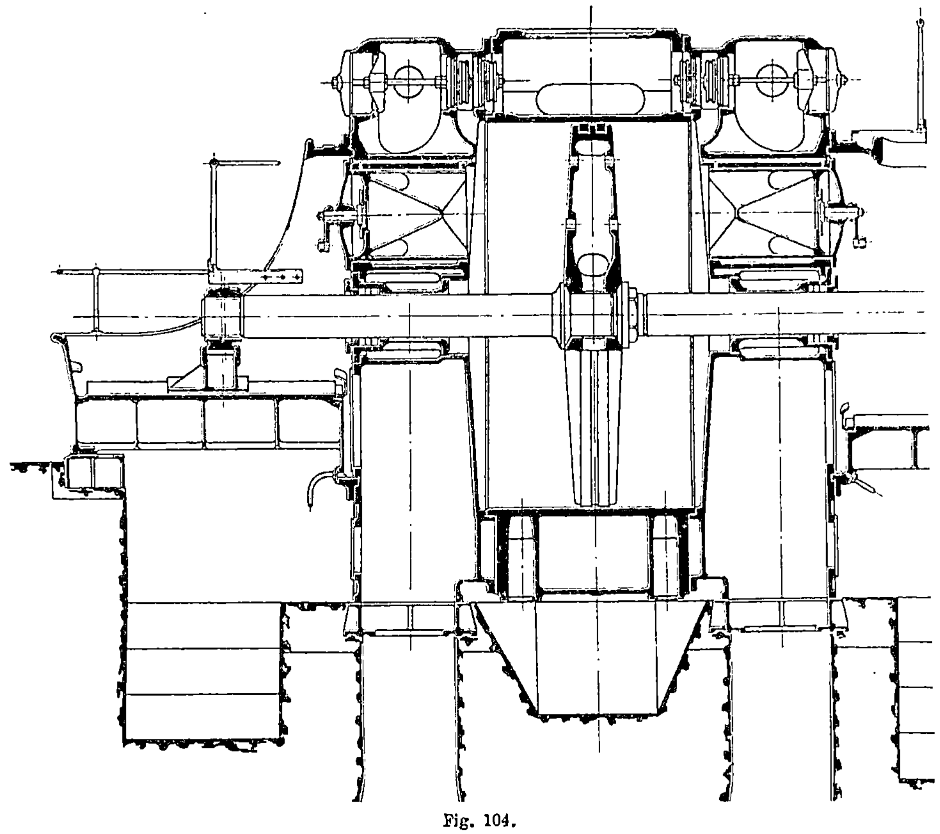

Fig. 104.

Fig. 105.

Durchmesser der beiden Gaszylinder . . . . . . 1100 mm
     ,,   des Gebläsezylinders . . . . . . 2560 ,,
Gemeinsamer Kolbenhub . . . . 1300 ,,
Normale Tourenzahl i. d. Min. 80
Luftmenge i. d. Min. . . . . 1000 cbm

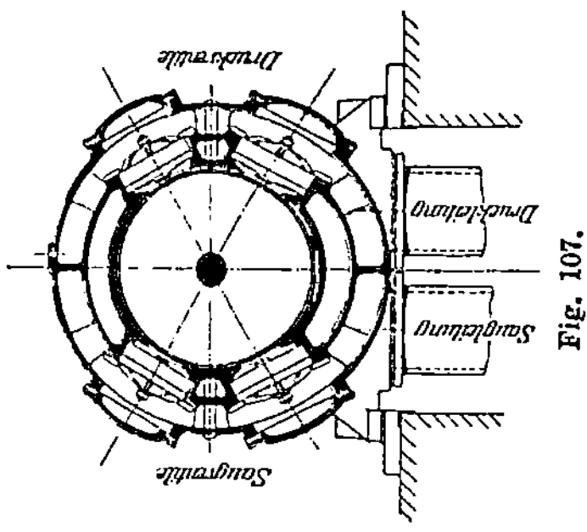

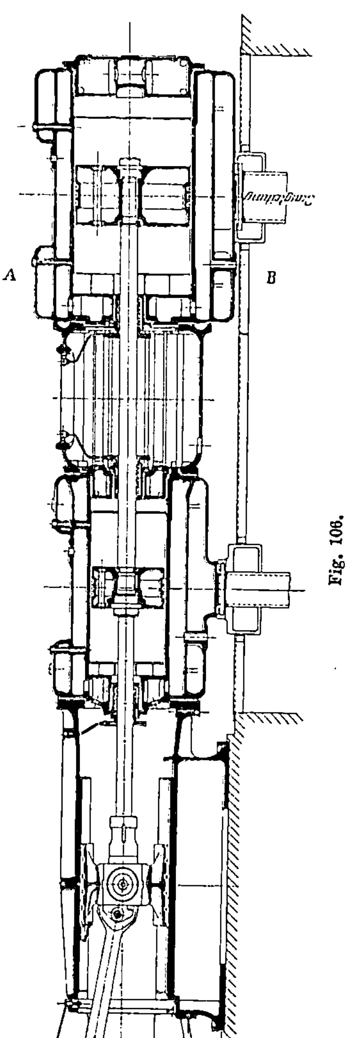

Die Konstruktion des Gebläsezylinders dieser Maschine ist aus Fig. 104 deutlicher zu ersehen.

Das Diagramm einer Maschine dieser Ausführung ist in Fig. 105 abgebildet und zeigt einen sehr geringen Ventil-Überdruck sowie einen sehr raschen Schluß und rasches Öffnen der Ventile.

Nach Mitteilung der Firma sind zur Zeit, d. h. innerhalb vier Jahren, ca. 60 Gebläsemaschinen und Kompressoren dieser Bauart geliefert.

Die Ausführung als TandemVerbundkompressor zeigt Fig. 106 und 107 im Längs- und Querschnitt. Derselbe hat folgende Abmessungen:

Luftzylinderdurchmesser:

Hochdruck	520	mm
Niederdruck	780	,,
Kolbenhub	900	,,
Tourenzahl i. d. Min. .	90.	

Zwischen beiden Zylindern ist ein Röhrenzwischenkühler eingeschaltet von 70 qm Kühlfläche, welcher bei 930 mm lichter Weite 191 Rohre von 38 mm äußeren, 34 mm inneren Durchmesser enthält. Auch dieser Kompressor ist in zahlreichen Ausführungen im Betrieb.

Zweites Kapitel.

Die Luftkompressoren.

Den Maschinen der vorhergehenden Klasse in ihrer Wirkungsweise gleich, in ihrer Bauart, ihrer Verwendung und in der Größe des erzielten Kompressionsdruckes jedoch von ihnen wesentlich verschieden sind die Luftkompressoren oder Luftverdichter.

Was zunächst ihre Bauart anbetrifft, so wird dieselbe wesentlich beeinflußt durch die Wasserkühlung, welche bei allen Luftkompressoren infolge der starken Wärmeentwickelung ein unbedingtes Erfordernis ist. Je nachdem dieselbe nur in äußerer Kühlung des Zylinders, also in Mantel- und Deckelkühlung besteht, oder zur Erhöhung des Effektes in das Innere des Zylinders Kühlwasser in fein verteiltem Zustande oder Staubform eingespritzt wird, oder endlich der Zylinder großenteils mit Wasser gefüllt ist, welches abkühlend auf die Zylinderwände und die Luft selbst wirkt, haben sich drei verschiedene Systeme der Kompressoren ausgebildet, von welchen namentlich das letzte ganz wesentliche konstruktive Abweichungen von dem Typus der Zylindergebläse zeigt.

Man unterscheidet nach diesem Gesichtspunkt der Kühlmethode:

1. trockene   Kompressoren,
2. halbnasse   „
3. nasse   „

Auch hinsichtlich ihrer Anwendung stehen die Kompressoren den Gebläsen gegenüber, da die in ihnen komprimierte Luft nie zu Verbrennungszwecken, vielmehr meist zur Kraftübertragung, so im Bergbau zum Betriebe unterirdischer Gesteinsbohrmaschinen, Lufthaspeln und Wasserhaltungen, oder zur Kraftverteilung bei industriellen und städtischen Druckluftanlagen, ferner zum Betriebe von Lokomotiven für Grubenbahnen, zum Betriebe von Luftdruckbremsen bei Eisenbahnfahrzeugen, zu pneumatischen Fundierungen und Abteufungen, zu pneumatischen Werkzeugen, zum Betriebe von Torpedomaschinen, zur Erzeugung kalter Luft in Kältemaschinen, zum Transport von Flüssigkeiten in Zuckerfabriken und chemischen Fabriken, zum Mischen von Flüssigkeiten an Stelle von Rührwerken, zum Betriebe von Sirenen und Nebelhörnern auf Leuchttürmen usw. verwandt wird.

Die bedeutend höheren Kompressionsdrücke endlich, welche in
den Luftkompressoren erzielt werden müssen und beispielsweise bei Tor-
pedokompressoren bis zu 200 Atm. gehen, bedingen für die Konstruktion
gleichfalls Abweichungen von dem Typus der gewöhnlichen Zylinder-
gebläsemaschinen.

Als Grundlage für die Einteilung der höchst mannigfaltigen Ausführungen der Kompressoren soll im folgenden die bereits erwähnte dreifache Art der Wasserkühlung angenommen werden. Den hierdurch gegebenen drei Klassen der trockenen, halbnassen und nassen Kompressoren
sollen noch zwei andere zugefügt werden, welche sich zwar bezüglich
der Wasserkühlung einer der drei ersten Klassen zuteilen ließen, jedoch
ihrer im übrigen wesentlich abweichenden Konstruktion wegen besser
abgesondert behandelt werden; es sind dies die Kompressoren mit gesteuerten Ein- und Auslaßorganen und die Verbundkompressoren. Für
Unterabteilungen soll, wo es ausführbar ist, die Übereinstimmung der
Abschlußorgane maßgebend sein.

A. Trockene Kompressoren.

Die Konstruktion derselben steht derjenigen der vorbehandelten
Zylindergebläse, speziell der Bessemergebläse am nächsten. Da für viele
Zwecke die Verwendung feuchter Luft untunlich ist, weil der Wasser-
gehalt der Luft entweder bei der nachfolgenden Arbeitsleistung der komprimierten Luft zu einer Eisbildung und Verstopfung der Kanäle Ver-
anlassung gibt oder in den Maschinen Rostbildung bewirkt, so muß man
in diesen Fällen auf die Abkühlung der durch die Kompression erhitzten
Luft durch direkte Berührung mit kaltem Wasser verzichten und sich
mit äußerer Kühlung der Zylinderwände und Zylinderdeckel begnügen.
Daß der beabsichtigte Effekt hierdurch nur sehr unvollkommen erreicht
wird, hat leider die Erfahrung bestätigt und ergeben auch die theoretischen Untersuchungen. Bei höheren Drücken, also starker Erwärmung
der Luft, wird die äußere Kühlung dann als befriedigend angesehen
werden müssen, wenn sie wenigstens den einen Zweck ausreichend erfüllt, das Zersetzen der Schmieröle oder -fette durch zu hohe Temperatur
im Zylinder zu vermeiden.

Da selbst bei mäßig großer Kolbengeschwindigkeit bzw. Tourenzahl der Maschine der Zeitraum, während dessen die komprimierte und
dadurch erwärmte Luft im Zylinder verbleibt, ein zu geringer ist, um eine
bis ins Innere der komprimierten Luftmenge gehende Abkühlung zu bewirken, so werden nur die äußersten, mit den Zylinderwandungen in
direkter Berührung befindlichen Luftteilchen abgekühlt werden, bei der
schlechten Wärmeleitungsfähigkeit der Luft aber die größere Menge
derselben den Zylinder mit der Endtemperatur der Kompression verlassen. Die Schmiermittel jedoch werden, da die Innenwände der Zylinder mäßig abgekühlt sind, hierdurch vor einer Zersetzung durch die
erhitzte Luft bewahrt. Daß natürlich auch hierfür eine Grenze einzu-
halten ist, bis zu welcher die Erwärmung der Luft, also auch die Kompression ohne schädlichen Einfluß auf die Schmiermittel und somit

auch auf die Betriebsfähigkeit der Maschine getrieben werden kann, ist selbstverständlich.

Für die meisten praktischen Bedürfnisse genügen absolute Luftdrücke von 6—8 Atmosphären, und werden auch kaum einfache Kompressoren mit höherer als siebenfacher Verdichtung der Luft gebaut. Es wird später erörtert werden, wie man dem, allerdings nur selten vorkommenden, Bedürfnis nach bedeutend höher gespannter Luft durch stufenweise Kompression der Luft in mehreren Zylindern entsprochen hat.

Hinsichtlich der Abschlußorgane können folgende zwei Unterabteilungen gemacht werden:

a) Ventilkompressoren (ohne Druckausgleichvorrichtung),

b) Schieberkompressoren (mit Druckausgleichvorrichtung).

I. Ventilkompressoren.

a) Einfach wirkend.

1. Kompressor Davey. Fig. 108—110.

An der Stirnfläche des einfach wirkenden, gegen die vertikale Achse der Maschine geneigt liegenden Zylinders A befinden sich die beiden Ventile, das Saugventil B und das Druckventil C, an letzteres anschließend

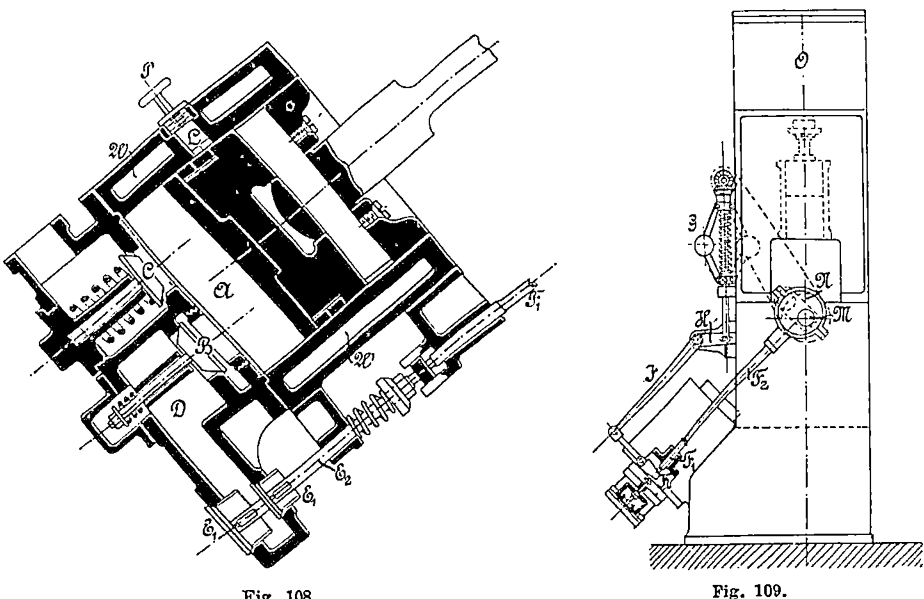

Fig. 108.   Fig. 109.

die Druckluftleitung. Zwei einfach wirkende Zylinder liegen nebeneinander, und werden die Kolben derselben durch zwei um 180^0 versetzte Kurbeln der Maschinenachse M, Fig. 109, bewegt. Beide Zylinder sind mit einem Wassermantel W umgeben. Da mit wachsendem Luftdruck die Arbeit zur Kompression und Verdrängung der Luft in einen Luftbehälter stetig wächst, so muß auch die Leistung der Dampfmaschine zum Betriebe der Luftkompressoren wachsen und hierzu eine veränderliche Füllung gegeben werden können. Um die hierdurch entstehende Komplikation der Dampfmaschine zu vermeiden und eine konstante Arbeitsleistung und Tourenzahl derselben zu erhalten, muß mit Rücksicht auf die veränderliche Kompressionsarbeit die angesaugte Luftmenge derart reguliert werden, daß möglichst die Bedingung erfüllt wird, das Produkt aus der angesaugten Luftmenge und dem Kompressionsenddruck konstant zu erhalten. Dies bezweckt die der ausführenden Firma[1]) patentierte Reguliervorrichtung. Die Regulierung kann auf doppelte Weise erfolgen, entweder durch eine größere Anzahl in der Zylinderwand in der Längsrichtung nebeneinander liegender, durch Schrauben P verschließbarer Löcher L, oder durch eine von der Maschine selbsttätig verstellbare Reguliervorrichtung. Die erstere Vorrichtung wirkt folgendermaßen. Wird der zu leistende Druck stärker, so öffnet

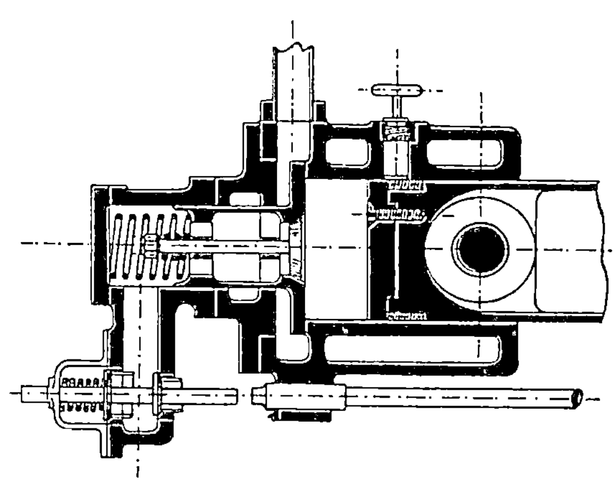

Fig. 110.

man am Beginn des Kolbenrückgangs zunächst das oberste Loch und hierauf nach und nach mit wachsendem Drucke im Luftbehälter ein Loch nach dem andern. Hierdurch wird die angesaugte Luft teilweise durch die geöffneten Löcher wieder ausgetrieben und erst nach dem Vorübergang des Kolbens an dem letzten, geöffneten Loche die Luft im Zylinder zusammengedrückt werden. Durch richtiges Öffnen und Regulieren der Löcher L kann auf diese Weise die Luftmenge verändert, die Kompressionsarbeit also konstant erhalten werden.

Weit günstiger, weil unabhängig von der Wartung des Maschinisten, wirkt die selbsttätige Regulierung. Am Ende des Saugkanals D ist ein Doppelsitzventil E_1 angebracht, durch dessen längere oder kürzere Eröffnung die angesaugte Luftmenge reguliert wird.

Da bei zunehmendem Drucke die Geschwindigkeit der Maschine abnehmen wird, so sinkt der Regulator G der Maschine. Durch den Winkelhebel HJ wird hierbei der Keil K nach außen gezogen; die durch das Exzenter bewegte Stange F_1F_2 wird infolgedessen nur kürzere Zeit auf die Ventilstange E_2 einwirken, das Ventil E_1 also nur kürzere Zeit öffnen.

Es ist leicht ersichtlich, daß der innersten Stellung des Keils, bei welcher das dickere Ende desselben zwischen den Stangen F_1 und E_2 liegt, die größte bzw. längste Eröffnung des Ventils E_1 entspricht, der

---

[1]) Hathorn, Davey & Co., London, 3. Princess Street, Mestminster S.W. D.R.P, No. 45472 vom 29. 4. 1888.

äußersten Stellung dagegen die geringste bzw. kürzeste, und daß durch
richtige Wahl des Keilwinkels eine, dem allmählich zunehmenden Druck

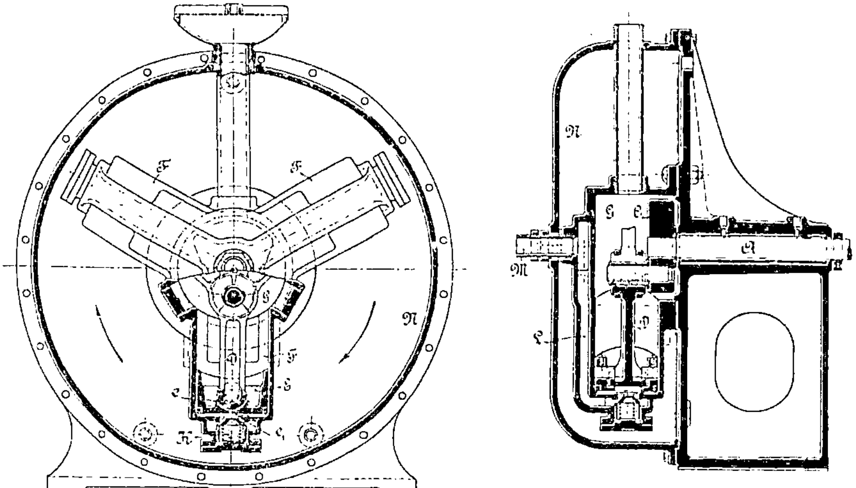

Fig. 111.

Fig. 112.

genau entsprechende Abnahme
der angesaugten Luftmenge
erzielt werden kann.

2. Kompressor Broth-
erhood.

Das Eigenartige dieses in
Fig. 111 in Ansicht und teilweisen Querschnitt des Zylinders, in Fig. 112 im vertikalen
Längsschnitt abgebildeten
Kompressors der bekannten
englischen Firma[1]) in Lambeth
(England) besteht in der
Steuerung der Luftzylinder.
Der Kompressor besitzt mehrere, 3—4, einfach wirkende,
radial um eine gemeinsame
Antriebswelle angeordnete Zylinder F, welche alle von einem
gemeinschaftlichen Gehäuse N
umschlossen sind. Die inneren
offenen Enden dieser Zylinder
münden sämtlich in eine gemeinschaftliche Kammer G, in
welcher sich die Kurbel C der

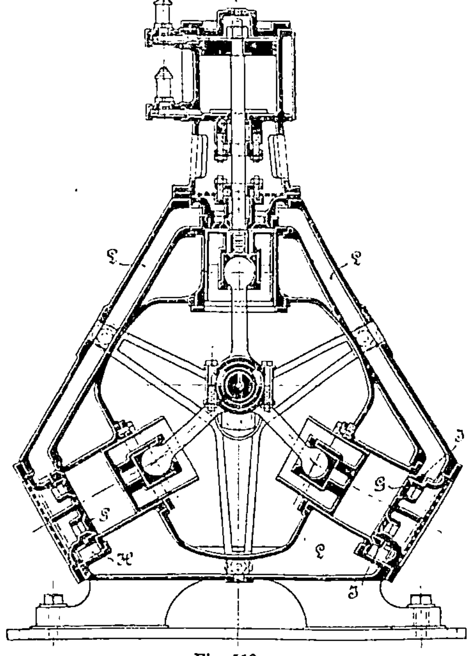

Fig. 113.

Welle A bewegt. Das Einsaugen der Luft in den Zylinder erfolgt nun
durch das Innere der Kolben E hindurch, indem bei der Einwärtsbe-

---

1) Deutsche Pat.-Schrift 109862.

wegung des Kolbens ein in dem unteren Ende der Kolbenstange D befindlicher Durchlaß e mit einer Öffnung e^1 des Kolbens in Verbindung tritt, worauf die im Innern des Kolbens befindliche Luft in den Kompressionszylinder eintreten kann. Beim Niedergang des Kolbens dagegen überdeckt das untere Ende der Kolbenstange den Durchlaß e^1 wieder, so daß ein Zurückströmen der Luft in die innere Kammer G vermieden wird, die Kompression stattfinden kann und am Ende des Hubes die Druckluft durch das Druckventil K hindurch in einen seitlich am Zylinder sich entlang ziehenden Kanal L und von hier in die Druckleitung M geschafft werden kann. Es ist klar, daß die ganze Anordnung außerordentlich kompendiös und einfach und daher besonders zur Erzeugung von Druckluft in engen Räumen z. B. für Bergbaubetriebe etc. geeignet erscheint; indessen ist nicht zu übersehen, daß der Wirkungsgrad der-

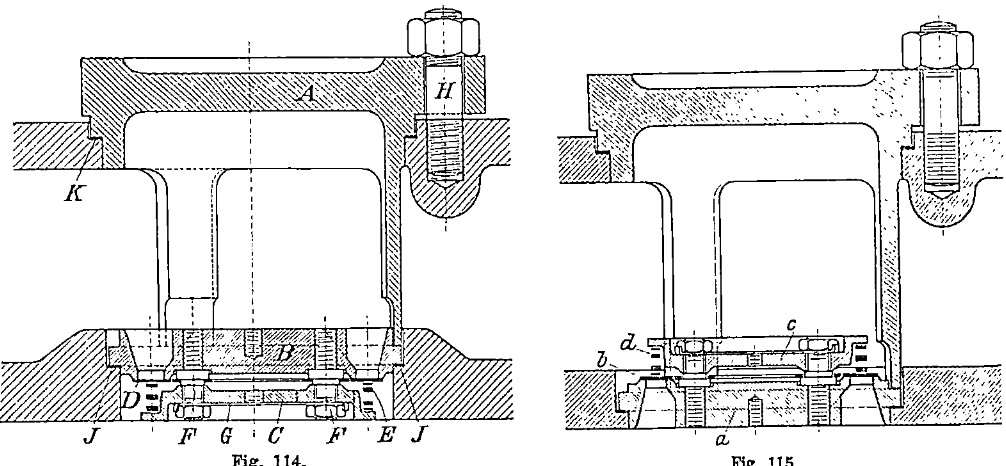

Fig. 114.   Fig. 115.

selben kein sehr hoher sein kann, da das Einsaugen nicht von der Todpunktlage aus beginnt und auch die Eröffnung der Saugkanäle zu Anfang und zu Ende der Saugperiode eine schleichende ist, also ein starkes Drosseln der Saugluft bewirkt wird. Trotzdem dürfte die Konstruktion ihrer Einfachheit halber empfehlenswert sein.

Von der gleichen Firma ist eine andere Bauart zur Ausführung gekommen[1]), bei welcher die Zylinder gleichfalls sternförmig um die Antriebswelle angeordnet sind, jedoch die Anordnung der Saug- und Druckventile eine wesentlich andere ist. Bei dieser Maschine, Fig. 113, sind die Saugventile G ringförmig ausgebildet und sitzen in den Zylinderdeckeln, welche direkt den Eintritt der Luft von außen gestatten. Der diese Saugventile im Zylinderdeckel umgebende Raum ist von einem Raume H umschlossen, dessen unterer Abschluß den Sitz eines zweiten gleichfalls ringförmigen Ventils J bildet, so daß beim Eingange des Kolbens nach innen sich das durch Federn gegen seinen Sitz gehaltene ringförmige Saugventil öffnet, während beim Ausgang des Kolbens die Luft

---

[1]) Deutsche Pat.-Schrift 109862.

durch das ringförmige Druckventil in den Raum H und von hier in eine gemeinschaftliche Kammer L und aus dieser endlich in die Druckleitung entweicht. Die vorbeschriebene Anordnung hat gegenüber der ersteren den Vorzug, daß sowohl Saug- wie Druckventile durch Entfernen des Zylinderdeckel leicht nachgesehen und ausgewechselt werden können und auch die Leistung des Kompressors eine wesentlich günstigere als die des vorbeschriebenen sein wird.

b) Doppelwirkend.

1. Kompressor von A. Borsig, Tegel-Berlin.

Sowohl für Gebläse- als auch für Luftkompressoren wendet diese Firma neuerdings ein masseloses, ringförmiges Plattenventil, Patent Lindemann an, dessen Anordnung aus den Fig. 114 und 115 ersichtlich ist, ersteres ein Saugventil, letzteres ein Druckventil. Es stellt D die Ventilplatte dar und setzt sich dieselbe beim Öffnen auf die Ventilfänger C auf. E ist eine Feder aus Flachstahl, welche den raschen, geräuschlosen Schluß bewirkt. Wie außerordentlich exakt der Schluß

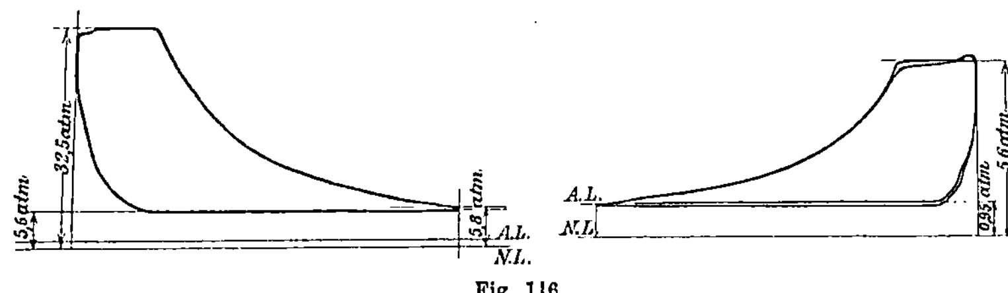

Fig. 116.

der Ventile erfolgt, geht aus den Diagrammen, Fig. 116, eines Verbundkompressors für 32 Atm. Enddruck hervor. Namentlich der Abschluß der Druckseite des Hochdruckzylinders erfolgt fast momentan, wie die scharfe Ecke des Diagrammes erkennen läßt. Der Einbau der Ventile in einem doppeltwirkenden Kompressor in den Deckeln ist aus Fig. 117 ohne weiteres verständlich. Auch seitlich werden diese Ventile eingebaut und zwar bei dem normalen Riemenkompressor dieser Firma, Fig. 118 und 119. Letztere Figur zeigt den Längsschnitt durch die seitlich, in der Höhe der Zylinderachse angebrachten Saug- und Druckventile.

In den Fig. 120—122 ist noch die selbsttätige Leerlaufregulierung der Firma dargestellt, welche folgendermaßen wirkt.

Dieselbe besteht aus:

    1. dem Druckregler, Fig. 120 und 121,

    2. der Greifersteuerung, Fig. 122, welche die Saugventilplatten anhebt.

Der Druckregler besteht aus dem Kolben l, dem Reglergehäuse und der Regulierfeder, welche nachspannbar ist. Der Druckregler wird entweder auf dem Windkessel oder auf einem mit letzterem durch ein Rohr verbundenen Konsol am Luftzylinder selbst montiert und möglichst vertikal aufgestellt, damit der Kolben l reibungslos auf und ab

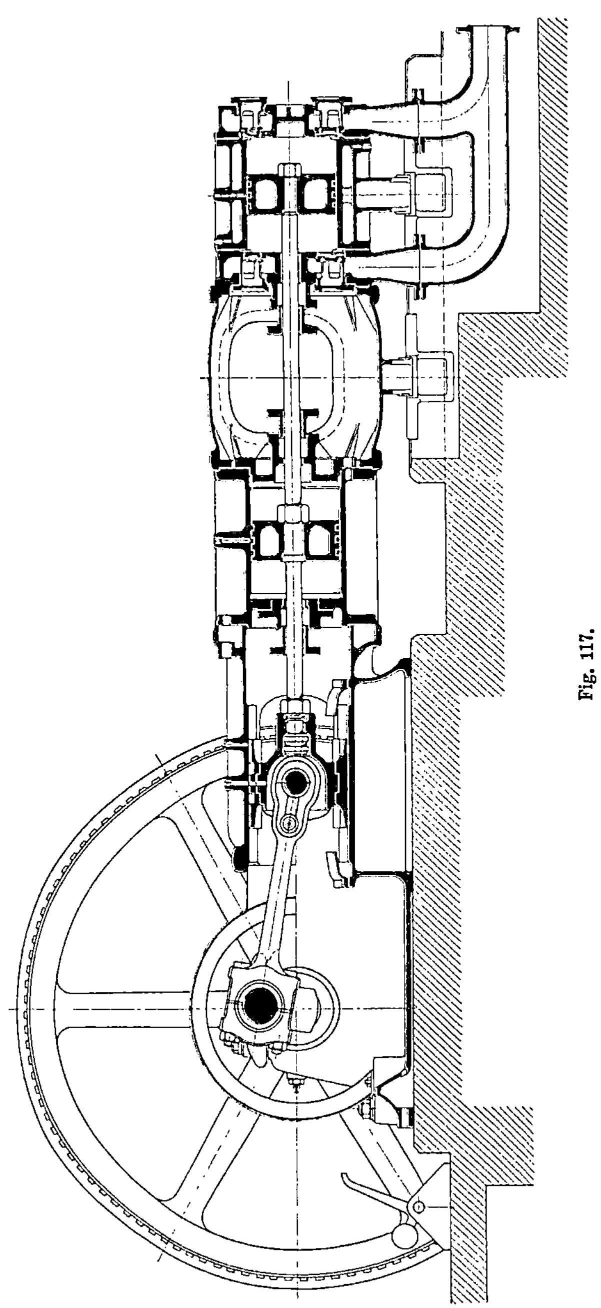

Fig. 117.

bewegt werden kann. Mittelst der Regulierfeder wird durch eine Stellschraube der gewünschte Regulier-(Höchst-)druck eingestellt. Bei diesem Druck geht der Kolben in die Höhe und läßt die von dem Druckwind-

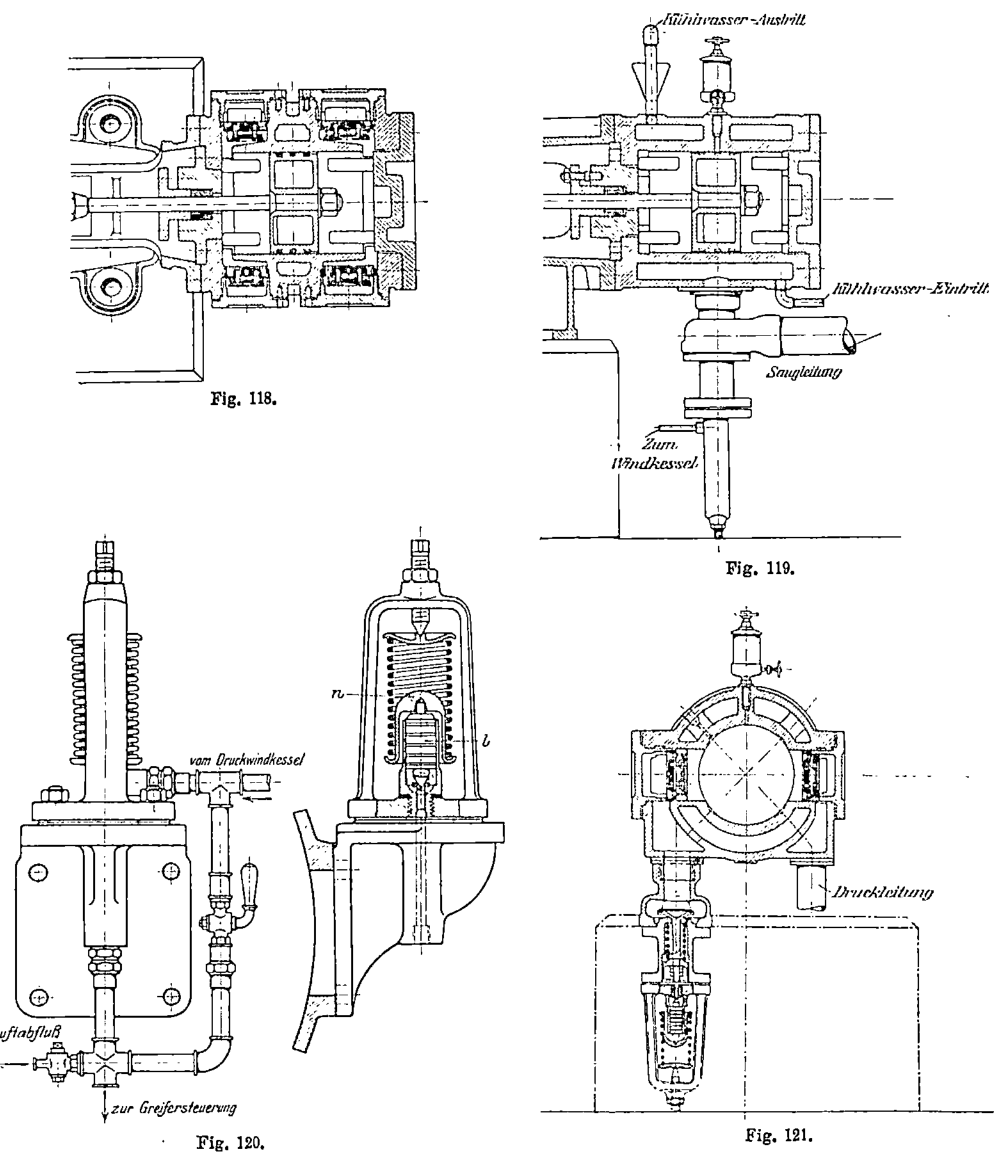

Fig. 118.

Fig. 119.

Fig. 120.

Fig. 121.

kessel herkommende Druckluft nach dem Kolben d der Greifersteuerung gelangen. Dadurch, daß nunmehr der Greifer a, Fig. 122, die Saugventilplatte offen hält, stellt er den Leerlauf der Maschine her, indem die angesaugte Luft durch die geöffneten Saugventile wieder ausgestoßen wird. Sinkt jetzt der Windkesseldruck durch Luftentnahme, so drückt die Regulierfeder den Reglerkolben l in die Anfangsstellung und schließt dadurch die Verbindung nach dem Windkessel ab. Die hinter dem Greiferkolben d befindliche Druckluft entweicht durch einen kleinen Hahn, Fig. 120, in das Freie. Die Maschine fördert jetzt wieder in normaler Weise Preßluft. Die Steuerung kommt auf jeder Kolbenseite, und zwar je nach der Größe der Maschine, an einem oder mehreren Ventilen zur Ausführung, bei Verbundkompressoren auch bei jeder Stufe.

2. Kompressor der Braunschweigischen Maschinenbauanstalt. Fig. 123 und 124.

Die Saug- und Druckventile liegen, je eins an der Zahl, an beiden Zylinderenden über den Zylindern und stehen durch schmale Kanüle mit den Zylinderräumen in Verbindung. Die Führung der Saugventile erfolgt durch die Ventilstange, die der Druckventile ist doppelt, indem

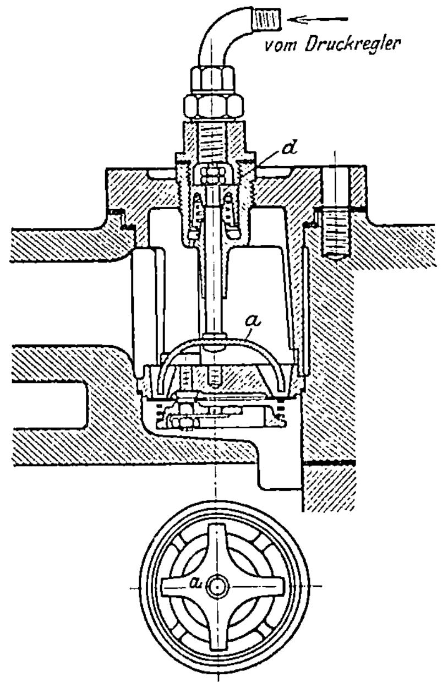

Fig. 122.

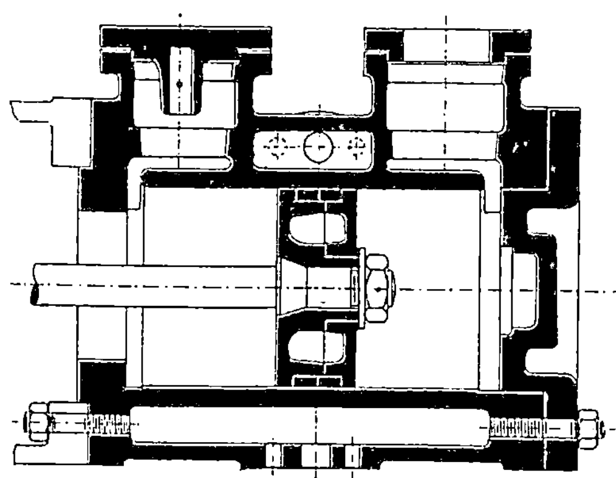

Fig. 123.

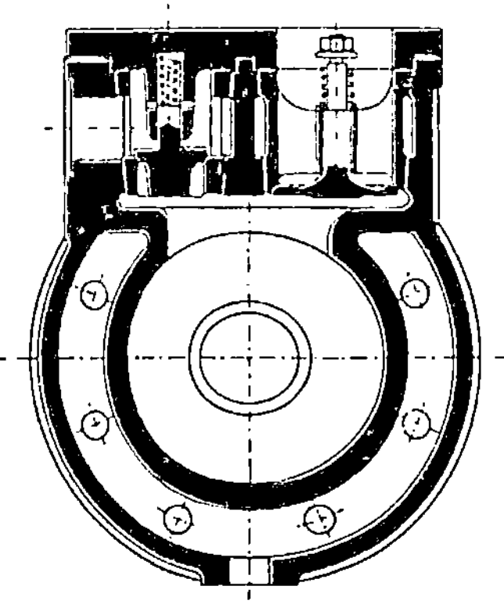

Fig. 124.

sowohl die Ventilstange, als auch das Ventil selbst durch Rippen im Ventilsitz geführt wird, wodurch allerdings der schädliche Raum um einen, wenn auch kleinen, Betrag vergrößert wird. Das Verhältnis des freien Saug- und Druckventilquerschnitts zum Zylinderquerschnitt ergibt sich zu:

$$\tfrac{1}{7} \text{ für das Saugventil,}$$
$$\tfrac{1}{20} \text{ „   „   Druckventil.}$$

Letzteres dürfte wohl eine etwas starke Drosselung der Luft und hierdurch vermehrten Kraftverbrauch verursachen.

Die Zylinder sind freihängend, die Zugänglichkeit der Ventile ist eine sehr bequeme, auch ist durch die vertikale Anordnung derselben

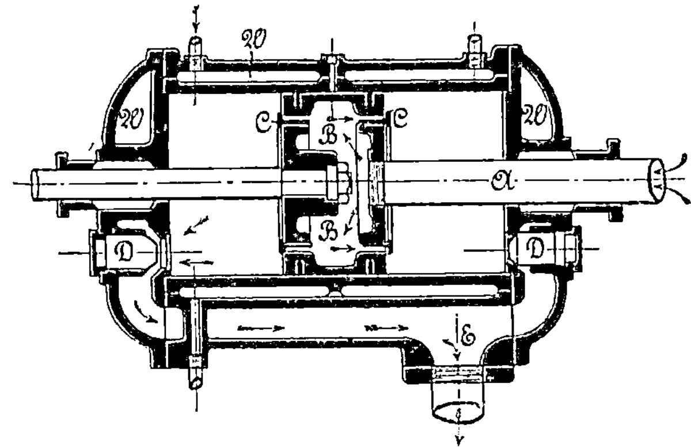

Fig. 125.

ein Arbeitsverlust durch die Reibung der Ventilstangen in den Führungen, ein Verschleißen der letzteren, sowie ein Festklemmen und Undichtwerden der Ventile vermieden. Es darf daher wohl ausgesprochen werden, daß trotz der stärkeren Drosselung der Luft und des etwas vergrößerten schädlichen Raumes die vertikale Anordnung der Ventile gegenüber der horizontalen aus den angeführten praktischen Gründen den Vorzug verdient.

3. Kompressor Ingersoll-Sergeant[1]). Fig. 125—127.

Als eine Umkehrung der Konstruktion der Gebläsemaschine zu Libetbanja in Oberungarn[2]) erscheint die Konstruktion des Sergeant-Kompressors. Während dort die Ableitung der gepreßten Luft durch die hohle Kolbenstange in den Windsammler geschah, erfolgt hier das Ansaugen der Luft durch die Kolbenstange A in den Kolben B. An beiden Stirnflächen desselben, Fig. 127, ist je ein ringförmiges Ventil von T-förmigem Querschnitt angebracht, durch welches die Luft in das

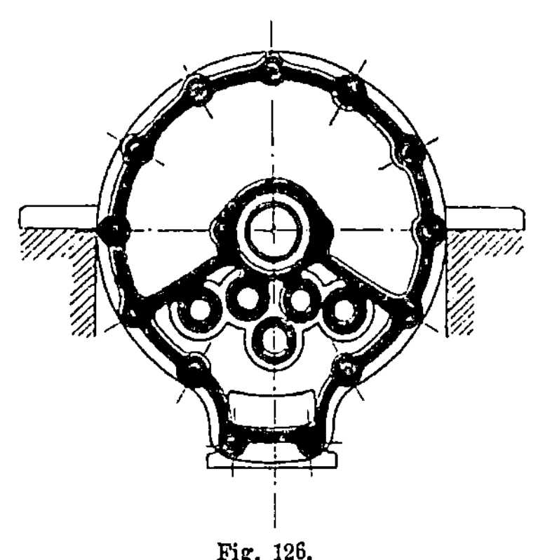

Fig. 126.

1) D.R.P. No. 52997 von H. C. Sergeant, New-York; Industries 1891, S. 601. Ausgeführt von der Jngersoll-Sergent-Drill-Company, 114 A, Queen Victoria Street, London, E. C.
2) s. 1. Aufl. dieses Buches 1893, S. 54.

Innere des Zylinders gelangt. Die Druckventile D liegen in einem kreissektorförmigen Hohlraume des Deckels, Fig. 126, von welchem je ein Kanal nach der unterhalb des Zylinders liegenden Druckleitung E führt. Sowohl der Zylinder als auch der größere Teil des Deckels ist mit einem Wassermantel W versehen. Die Druckventile D sind als Kegelventile mit zylindrischer Führung und innen liegenden Federn ausgeführt. Durch die im Federgehäuse abgeschlossene Luft, welche beim Öffnen des Ventils

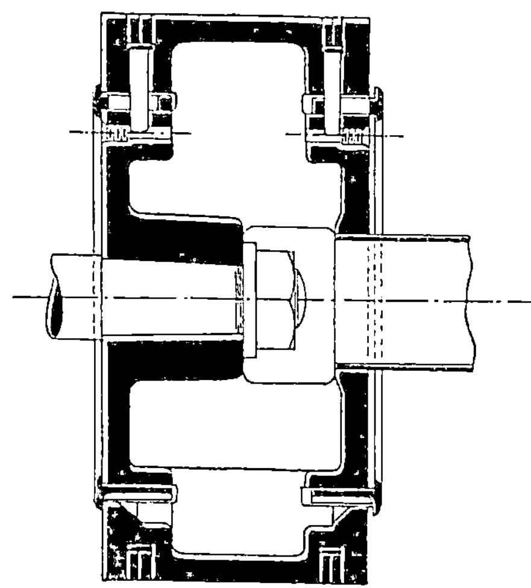

Fig. 127.

komprimiert wird, ist ein elastischer Buffer gebildet und die Wirkung der Spiralfeder noch verstärkt.

Als Vorteile seiner Konstruktion gibt der Erfinder folgende an:

„Der Betrieb des mit Einlaßventilen von der beschriebenen Form ausgerüsteten Kompressors kann ein sehr rascher sein; da genannte Ventile ein ziemlich großes Gewicht besitzen, so können sie sich bei Beginn des Kolbenhubes infolge ihres Trägheitsmomentes sehr schnell öffnen und schließen, ohne die Erreichung des zum Öffnen der Ventile nötigen Luftdruckes abwarten zu müssen. Durch den Wegfall der Einlaßventile im Zylinderdeckel ist es ferner möglich, einen größeren Teil der Kopfseiten des Zylinders mit Wassermantel zu versehen."

Diesen gewiß anzuerkennenden Vorteilen stehen jedoch folgende Nachteile gegenüber:

1. Starkes Schlagen und hierdurch verursachtes Geräusch der Saugventile und Gefahr des Brechens der verhältnismäßig dünnen Ventilringe.

2. Komplizierte, daher kostspielige und nicht sehr dauerhafte Konstruktion des Kolbens, sowie der Saugventile.

3. Schwierigkeit der Vornahme von Reparaturen am Kolben und an den Saugventilen.

4. Erwärmung der angesaugten Luft durch die, infolge der Stopfbüchsenreibung und Kompressionswärme erhitzte Kolbenstange, hierdurch bewirkte Verringerung des volumetrischen Wirkungsgrades und Vergrößerung der Kompressionsarbeit.

5. Vergrößerung des Zylinders durch die erforderliche größere Breite des Kolbens.

Ob diese Nachteile der Konstruktion durch die zuvor erwähnten Vorteile aufgehoben oder gar übertroffen werden, mag dahingestellt bleiben. Jedenfalls dürften die Herstellungs- und Unterhaltungskosten des Sergeant-Kompressors höhere als die der meisten vorbesprochenen Konstruktionen sein.

4. Kompressor Sturgeon. Fig. 128.

In höchst sinnreicher Weise benutzt Sturgeon[1]) die Bewegung der Kolbenstange zum Öffnen und Schließen der Saugventile beim Hubwechsel. Beim Beginn des Hubes der Kolbenstange A wird vermöge der Reibung zwischen ihr und der Stopfbüchse BD die letztere, welche das Saugventil bildet, mitgenommen, bis die Innenkante S_1 an die feste Kante S_2 des Deckels anschlägt und hierdurch den Hub des Ventils begrenzt. Durch die konzentrisch zum Vorteil angebrachten Saugöffnungen C wird hierbei die Luft eingesaugt. Da die Öffnung des Saugventils im Moment des Hubwechsels beginnt, so findet ein sehr rascher Druckausgleich der im schädlichen Raume noch enthaltenen komprimierten Luft mit der äußeren Luft und ein fast sofortiges Ansaugen statt. Beim Rückgang des Kolbens wird zwar das Saugventil erst nach Zurücklegung eines geringen Hubes geschlossen, so daß während dieser Zeit eine bestimmte Luftmenge aus dem Zylinder entweicht, jedoch ist dieselbe kaum größer als bei selbsttätig schließenden Saugventilen, so daß der volumetrische Wirkungsgrad wohl ein ebenso günstiger wie bei selbsttätigen Saugorganen ist.

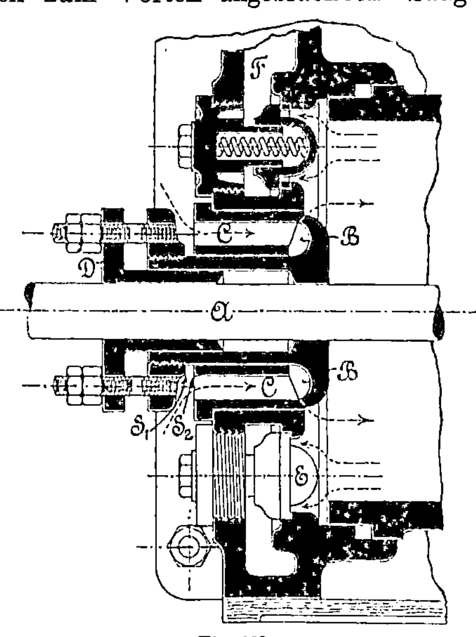

Fig. 128.

Das Verhältnis des freien Saug- und Druckventilquerschnitts zum Zylinderquerschnitt ergibt sich hier folgendermaßen:

Saugventil . . . . $^1\!/_{21\,3} = 0{,}047$

Druckventile (8 Stück) . . . . . $^1\!/_{4{,}76} = 0{,}21.$

Der Saugventilquerschnitt ist jedenfalls, sowohl im Verhältnis zum Zylinderquerschnitt, als auch zum Druckventilquerschnitt viel zu klein, so daß ein starker Druckverlust beim Ansaugen entsteht. Eine Vergrößerung des ringförmigen Eintrittsquerschnitts bei ganz geöffnetem Saugventil ist nur erreichbar durch größeren Hub $(S_1 S_2)$, wodurch aber beim Rückgang des Kolbens wieder ein desto größerer Luftverlust bewirkt wird. Eine Vergrößerung des Saugventildurchmessers ist aber aus praktischen Gründen wegen der Unterbringung der Druckventile im Zylinderdeckel nicht ausführbar. Derselbe beträgt in Fig. 128 genau die Hälfte des Zylinderdurchmessers und dürfte dies wohl die oberste Grenze für den Saugventildurchmesser sein. Es ist hieraus ersichtlich,

---

[1]) Vgl. „Maschinenbauer" 1883, S. 348.

daß der Vorteil des größeren volumetrischen Wirkungsgrades, sowie die Möglichkeit größerer Tourenzahlen durch zu enge Saugventilquerschnitte und hierdurch bewirkten Arbeitsverlust und durch das, beim Auf- und Zuschlagen der Saugventile verursachte, lästige Geräusch stark beeinträchtigt wird. Daß auch durch das mit der ganzen Kolbenkraft bewirkte Aufschlagen der Ventile auf die Sitze eine starke Abnutzung beider verursacht wird, braucht wohl kaum besonders hervorgehoben zu

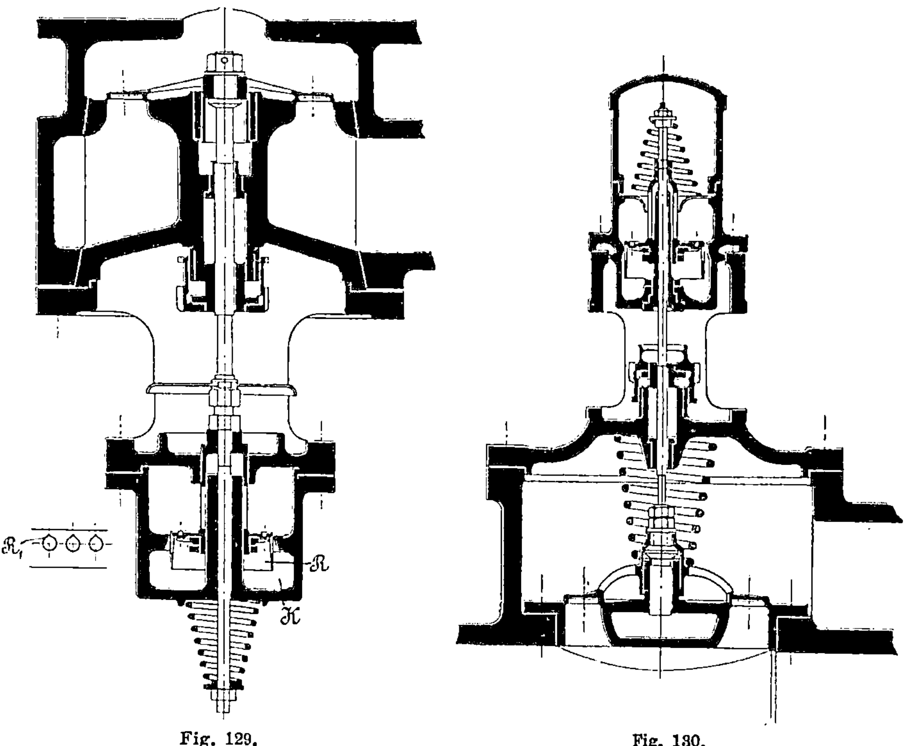

Fig. 129.   Fig. 130.

werden. So interessant und eigenartig die von Sturgeon erdachte Konstruktion mithin auch ist, so dürfte sie sich doch aus praktischen Gründen kaum einer langdauernden Anwendung erfreuen.

5. Kompressor von Schüchtermann & Kremer in Dortmund.

In den Fig. 129 und 130 ist das Saug- bzw. Druckventil dieser Kompressoren dargestellt. Beide Ventile sind als einfache Ringtellerventile ausgebildet und liegt das eigenartige der Konstruktion in der Herbeiführung eines möglichst sanften Ventilschlusses, einmal durch die Verwendung zweier gegeneinander wirkender Federn, speziell beim Druckventil, und sodann durch die Anordnung eines ringförmigen Rückschlagventils mit dem bekannten Collmannschen Katarakt. Der letztere, R und R_1, liegt beim Saugventil unterhalb desselben, beim Druckventil oberhalb desselben. Die Ventile sind am Umfange mit einer größeren Anzahl kreisförmiger, nach oben spitz zulaufender Öffnungen R_1 versehen, welche anfänglich der im Katarakt befindlichen Flüssigkeit (Wasser, Öl, Glyzerin oder dgl.) einen leichten Austritt aus dem Kataraktraum K gewähren, gegen Ende des Schlusses aber die Flüssigkeit mehr und mehr drosseln, und schließlich die Durchgangsöffnung völlig abschließen. Die gleiche Konstruktion befindet sich bekanntlich bei den neuen Collmannschen Ventilsteuerungen und hat sich auch für Luftkompressoren nach Angabe der Erbauerin vorzüglich bewährt.

Die Wirkung dieses Kataraktes zeigt sich deutlich in den Ventilerhebungsdiagrammen. Ist z. B. $c\,c\,c$ die Anhubkurve des Ventils, Fig. 131, so sind für die verschiedenen Füllungen die, bei ca. 3 m Kolbengeschwindigkeit tatsächlich eintretenden Ventilschlußlinien

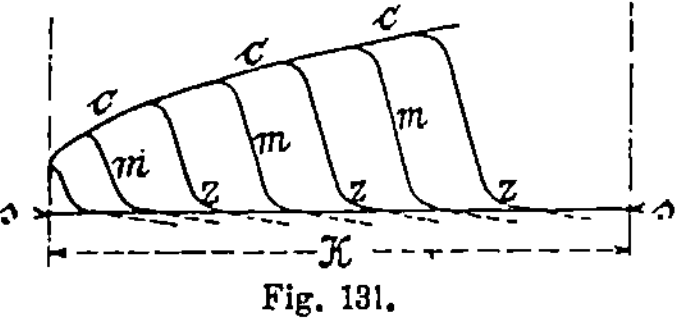

Fig. 131.

die steilen Kurven $m\,m\,m$. Infolge der exakten Flüssigkeitskataraktwirkung flachen sich diese steilen Schlußkurven $m\,m$ knapp vor der Ventilschlußlinie $s\,s$ nach den Krümmungen $z\,z\,z$ ab, und es erfolgt ein, für alle Füllungen genau gleicher, rascher Ventilschluß mit sanftem Aufsetzen der Ventile, wie derselbe durch Luftbuffer oder Zwanglaufsteuerungen dauernd nie zu erreichen ist.

Da hierbei im Gegensatze zur Luftbufferwirkung eine tropfbare, nicht ausdehnbare oder zusammendrückbare Flüssigkeit verwendet wird, so ist dieser Ventilschluß ganz frei von jeder variablen Kompressionsoder Expansionswirkung und proportional zu der Größe des freien Durchströmquerschnittes für die Flüssigkeit, weshalb diese Bewegung durch die Form der im Kataraktkolben angebrachten Durchströmöffnungen genau konstruktiv festgelegt werden kann und praktisch genommen als eine gezwungene Bewegung anzusehen ist.

Da ferner die Größe des das Ventil schließenden Federdruckes nur in umgekehrt quadratischem Verhältnisse auf die Durchströmgeschwindigkeit des Öles und in noch geringerem Maße auf die Ventilgeschwindigkeit Einfluß hat, so sind vorkommende Veränderungen in der Größe dieses Ventilschlußdruckes, somit auch in der Größe der diesen Druck vermindernden Reibungswiderstände (wie in der Praxis erwiesen) ohne nennenswerten Einfluß auf diese gezwungene Schlußbewegung und sind einstellbare Teile wie die Lufthähne der Luftbuffersteuerungen nicht erforderlich. Es ist daher diese Ventilschlußbewegung als eine völlig zuverlässige, von den veränderlichen Reibungswiderständen z. B. der Stopfbüchse und von der Wartung unabhängige zu bezeichnen.

Zwei Ausführungen dieser Kompressoren finden sich auf den Zechen Caroline und Vollmond der Harpener Bergbau - Aktiengesellschaft in Dortmund. Die Leistungen derselben, welche nach dem Verbundsystem arbeiten, betragen 5200 cbm angesaugter Luft in der Stunde [1]). Die Hauptabmessungen der Kompressoren sind folgende:

---

1) „Glückauf" 1901, Bd. 37, S. 973 ff.

Hochdruckzylinderdurchmesser . . . . 575 mm
Niederdruckzylinderdurchmesser . . . . 900 „
Durchmesser der Kolbenstange . . . . . . 110 „
Dampfzylinderdurchmesser . . . . 700 „
Kolbenhub . . . . 1100 „
Leistung bei 50 Touren . . . . 3700 cbm
    angesaugte Luft auf 5—6 Atm.
Leistung bei 60 Touren . . . . 4500 „
    angesaugte Luft auf 5—6 Atm.
Leistung bei 70 Touren . . . . 5200 „
    angesaugte Luft auf 5—6 Atm.

Garantiert ist von der ausführenden Firma ein volumetrischer Nutzeffekt der Niederdruckzylinder von 95 % und ein maschineller Nutzeffekt von 85 %. Bei Versuchen, welche am 6. Juni 1901 ausgeführt wurden, ergaben sich folgende Werte:

Tourenzahl 64
Mittlerer Kolbendruck der Zwillingsdampf-
    maschine . . . . 2,066 kg
Gesamtleistung der Maschine
    (beide Zylinder zusammen) . . . . 482,9 PS.
Theoretisch angesaugte Luftmenge
    (aus den Zylinderabmessungen berechnet) . 5334,2
Volumetrischer Wirkungsgrad der Niederdruck-
    zylinder . . . . 95,6 und
                                  94,5
                  im Mittel   95,2 %
Demnach wirklich angesaugte Luftmenge
           5334,2 × 0,952 = 5078,2 cbm
während bei 70 Touren . . . . 5200,0 „
    garantiert waren.
Mittlerer Luftdruck aus allen Diagrammen
    im Niederdruckzylinder . . . . 1,044 Atm.
    im Hochdruckzylinder . . . . 2,794 „
Hieraus Arbeitsleistung des Niederdruck-
    zylinders . . . . 206,21 PS.
Hieraus Arbeitsleistung des Hochdruck-
    zylinders . . . . 223,025 „

                     Summa 429,235 PS.

Daher maschineller Wirkungsgrad $\dfrac{429,24}{482,89} = 88,6 \%$.

Die Gesamtkühlfläche des zwischen dem Niederdruck- und Hochdruckzylinder eingeschalteten Zwischenkühlers mit Messingrohren betrug 60,4 qm, die gesamte Kühlwassermenge 10,3 cbm.

Bei der Untersuchung der Kompressorenanlage auf Zeche Vollmond am 9. Juni 1901 ergaben sich die in der nachfolgenden Tabelle enthaltenen Resultate bezüglich der Temperaturen in den Luftzylindern vor und nach der Kompression, der Kühlwassererwärmung und der gesamten Kühlwassermengen.

Zeit	Temperatur				Kühlwassertemperatur beim Eintritt	Kühlwassertemperatur beim Austritt	Druck der Luft beim Austritt a. dem	
	der angesaugten Luft	beim Austritt a d. Niederdruckzylinder	vor dem Eintritt i. d. Hochdruckzylinder	beim Austritt a. d. Hochdruckzylinder			Hochdruck zylinder in Atm.	Niederdruckzylinder in Atm.
	in ° C.							
8 Uhr 30 Min.	16,5	128,5	33,5	122	15	25,5	6	1,75
8 „ 45 „	16,5	132	34	123	15	26	5,5	1,75
9 „ — „	18,0	133	34	123,5	15	26	5,25	1,75
9 „ 15 „	18,0	133	34,5	124	15	26	5,25	1,75
9 „ 30 „	18,0	134	37	125,5	15	29,5	5,25	1,75
9 „ 45 „	18,0	135	37,5	126	15	31	5,25	1,75
10 „ — „	18,0	134,5	35,5	126	15	27	5,25	1,75
10 „ 15 „	20	134,5	35,5	126,5	15	27	5,25	1,75
10 „ 30 „	20	134,5	35	127	15	26,5	5,25	1,75
10 „ 45 „	20	134,5	35,5	127	15	27	5,25	1,75
11 „ — „	21	134,5	36	128,5	15	26,5	5,25	1,75
11 „ 15 „	21	135	38	129	15	29	5,25	1,75
11 „ 30 „	21	136	39	129	15	29	5,25	1,75
im Mittel ..	18,9	133,7	35,8	125,9	15	27,4	5,32	1,75

Kühlwasser im ganzen   30,956 cbm,
„   für 1 Stunde 10,319 „

Aus den Mittelwerten geht hervor, daß die Luft vor dem Eintritt in den Hochdruckzylinder um etwa 100° im Zwischenbehälter abgekühlt wurde, während das Kühlwasser von 15 auf 27, also um etwa 12—13° erwärmt wurde. Die Niederdruckdiagramme zeigten gegen Ende des Hubes eine ziemlich starke Erhebung gegenüber dem normalen Kompressionsdruck, was auf die plötzliche Drosselung der Luft zurückzuführen ist. Die Hochdruckdiagramme zeigten einen normalen Verlauf und war bei diesen ein Erhebungswiderstand für die Ventile nicht zu bemerken.

II. Schieberkompressoren mit Druckausgleichvorrichtung.

Wie bereits bei den Bessemergebläsen erwähnt wurde, bewirkt die am Ende jedes Kolbenhubes im schädlichen Raum enthaltene komprimierte Luft eine beträchtliche Vergrößerung des Anfangsdruckes beim Beginn des neuen Kolbenhubes, welcher selbst bis auf das Doppelte des Druckes auf den Dampfkolben steigen kann, und eine, wenn auch nur momentane, übermäßige Beanspruchung des Triebwerkes verursacht. Da aber auch die Öffnung der Saugventile nicht eher erfolgen kann, als bis der Druck im Zylinder auf bzw. etwas unter den äußeren Luftdruck gesunken ist, dies aber um so später erfolgen wird, je größer der schädliche Raum, also auch die in ihm enthaltene Luftmenge und je höher der Kompressionsdruck ist, so wird der volumetrische Wirkungsgrad hierdurch nicht unbeträchtlich verkleinert [1]).

---

[1]) Ausführliches hierüber: Theoret. Teil, Kapitel 4; 5, B. 7. C.

Zur Vermeidung dieser Übelstände hat zuerst Prof. Wellner einen Druckausgleich zwischen beiden Zylinderseiten durch Überströmen der komprimierten Luft des schädlichen Raumes nach der Saugseite in Vorschlag gebracht und zur Erreichung desselben an beiden Zylinder-

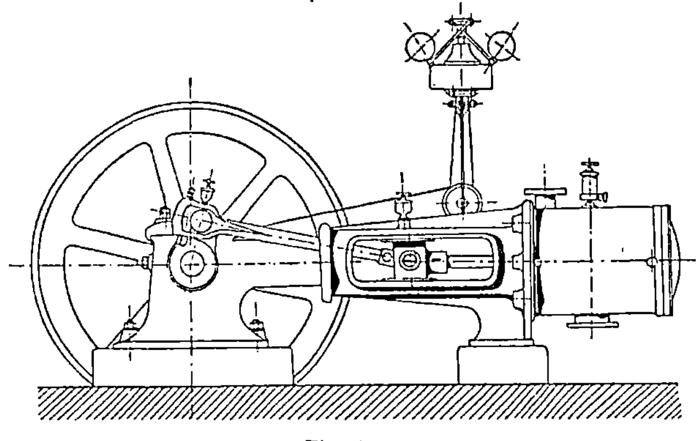

Fig. 132.

enden Nuten angebracht, welche bei der Endstellung des Kolbens eine Verbindung zwischen beiden Zylinderräumen herstellen. Dasselbe bezwecken die nachfolgend beschriebenen Konstruktionen bei Schieber-

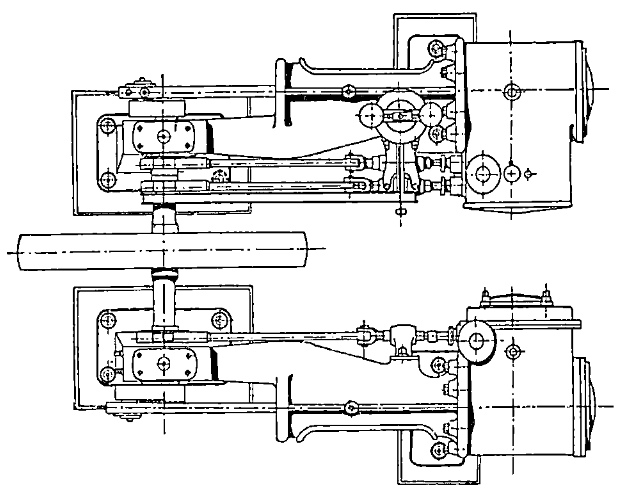

Fig. 133.

kompressoren. Das allen Gemeinsame ist die Herstellung einer Verbindung zwischen den beiden Zylinderkanälen am Ende des Kolbenhubes.

    1. Kompressor Burckhardt - Weiß [1]).

Die äußere Form desselben ist aus den Fig. 132 und 133 ersicht-

___

[1]) Vgl. Zeitschr. d. Vereins deutsch. Ing. 1885, S. 929 u. folg. Tafel 36. F. J. Weiß, Trockene Schieberkompressoren und Vakuumpumpen mit potenzierter Leistung, ausgeführt von der Firma Burckhardt & Weiß in Basel.

lich. Dampf- und Luftzylinder sind parallel nebeneinanderliegend wie bei Ammoniak- und Kohlensäure-Kompressoren angeordnet. Die Steuerung der Dampfmaschine ist eine vom Regulator beeinflußte Doppel-

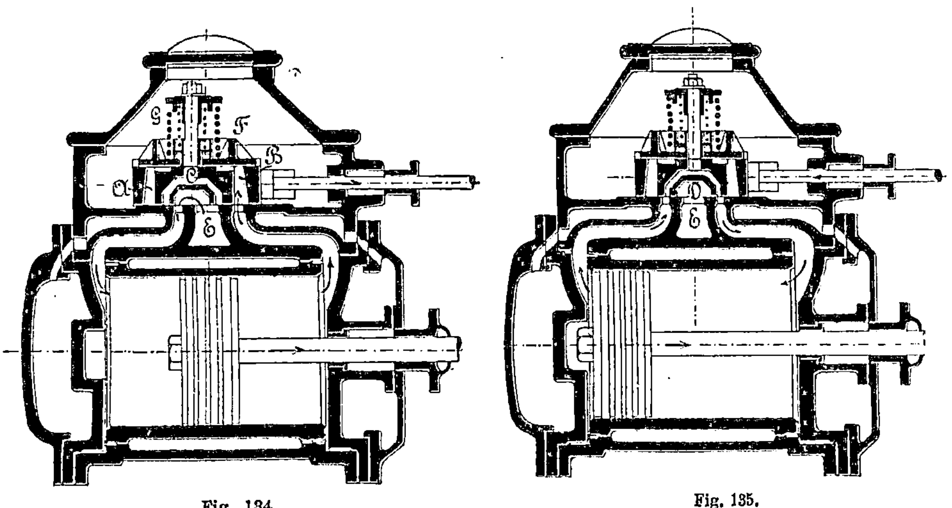

Fig. 134. Fig. 135.

schiebersteuerung. Die beiden auf der gemeinsamen Schwungradwelle sitzenden Kurbeln sind um einen Winkel von 50 Grad [1]) gegeneinander versetzt, und zwar eilt die Luftkurbel der Dampfkurbel vor.

Das Wesen der Burckhardt - Weißschen Konstruktion beruht auf dem in den Fig. 134—136 dargestellten Schieber. Derselbe besitzt zwei Durchlaßkanäle A und B, den Druckausgleichkanal C und die Muschel D, Fig. 135, welche die Verbindung zwischen dem Saugkanal E und den Zylinderkanälen herstellt. Auf dem Rücken des Grundschiebers ist die Platte F befestigt und wird durch zwei Spiralfedern gegen denselben gedrückt. Bei der in Fig. 134 gezeichneten Stellung findet links vom Kolben

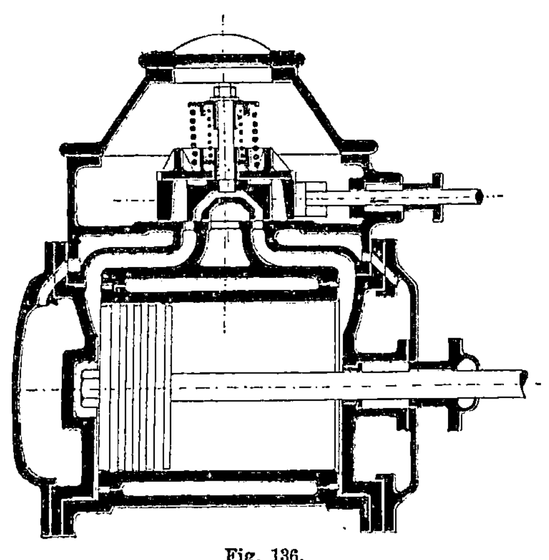

Fig. 136.

Ansaugen, rechts Kompression statt. Am Ende derselben wird durch den inneren Überdruck die Platte F gehoben, so daß die Luft in den Schieberkasten und von hier in die Druckluftleitung gelangt. In

---

[1]) Näheres hierüber Theoret. Teil, Kapitel 8, B.

Fig. 136 ist die Stellung des Schiebers am Ende der Ausströmung kurz vor Beginn des Druckausgleiches, in Fig. 135 die Stellung während des Druckausgleiches dargestellt.

Als Hauptvorteile der Burckhardt-Weißschen Kompressoren werden sowohl von Weiß (a. a. O.), als auch von den zur Ausführung derselben berechtigten Fabriken [1]) die nachfolgenden angegeben:

1. Größere Kolbengeschwindigkeit als bei Ventil-Kompressoren.
2. Bedeutend größerer volumetrischer Wirkungsgrad, daher
3. Kleinere Zylinder als bei Ventilkompressoren bei gleicher Luftmenge.
4. Geringere Reibungsarbeit.
5. Kleineres Gewicht und geringere Anschaffungskosten.
6. Weniger Reparaturen, weil geringere Abnutzung als bei Ventilen.
7. Besseres Dichthalten als bei Ventilen.
8. Wegfall des bei Ventilkompressoren auftretenden Geräusches.

Als Hauptbedenken, welche gegen die Weißschen Kompressoren geltend gemacht werden, welche sich jedoch allgemein gegen alle Schieberkompressoren richten, lassen sich folgende hervorheben:

1. Undichthalten der Schieber.
2. Großer Kraftbedarf der Schieber.
3. Starke Erwärmung der Luft.

Der erste Vorwurf wird in einem Prospekt der Sangerhäuser Maschinenfabrik in folgender Weise zurückgewiesen:

„Ein gegen unsere Konstruktion erhobener Einwand, daß die Schieber auf die Dauer nicht dicht halten, auf Grund böser Erfahrungen, welche man mit angefressenen Schiebern bei Dampfmaschinen und früheren Schiebergebläsen gemacht hat, ist hinfällig. Wo Schieber angefressen worden sind, hatte dies immer in schlechter und mangelhafter Schmierung seinen Grund. Es ist Tatsache, daß man früher gerade bei Gebläsen auf eine richtige Schmierung der Schieber unbegreiflicherweise nicht die geringste Sorgfalt verwendete, auch keine richtige Einrichtung dafür hatte. Ganz anders bei unseren Schiebern! Da ist im Gegenteil auf sehr einfache, aber zielbewußte und zweckmäßige Art eine kontinuierliche und selbsttätige Schmierung der Schieber eingerichtet, und zwar mittelst des Schmierapparates Patent Weiß, der speziell nur für Luftzylinder und Luftschieber, nicht für Dampf, konstruiert ist und dessen Wirkungsweise auf Druckwechsel beruht. Die kontinuierliche Ölzuführung des Schmierapparates — sichtbar an aufsteigenden Luftblasen — läßt sich auf jedes gewünschte Maß einstellen, wodurch somit gleichzeitig neben rationellster Schmierung die höchst mögliche Ökonomie im Ölverbrauch erreicht wird. Bei schon jahrelang in ununterbrochenem Betriebe befindlichen Vakuumpumpen und Kompressoren haben sich die Schieber auf das vorzüglichste bewährt.“

Es dürfte wohl zweifellos sein, daß bei geeigneter Schmierung ein Einfressen des Schiebers leichter als bei Dampfmaschinen vermieden

---

[1]) Sangerhäuser Aktien-Maschinenfabrik vorm. Hornung und Rabe Sangerhausen. Duisburger Maschinenbauanstalt vorm. Bechem und Keethmann, Duisburg a. Rh. Klein, Schanzlin und Becker, Frankenthal.

werden kann, da die auftretenden Maximaltemperaturen im allgemeinen nicht so hoch als bei letzteren sind.

Es darf andererseits nicht unterschätzt werden, daß die Weißschen Kompressoren vollkommen trockene Luft liefern, welche für viele Zwecke allein brauchbar ist, da selbst mäßiger Feuchtigkeitsgehalt der Luft bei längerem Betriebe Verunreinigung, Rostbildung und häufig auch Eisbildung in den Arbeitsmaschinen verursacht.

2. Kompressor Finke[1]). Fig. 137.

Die Lufteintrittskanäle e münden außerhalb der Kanäle c in den Schieberspiegel und werden mit den Kanälen c durch Aussparungen m des Schiebers S verbunden, wo hingegen die Mittelöffnung a des Schiebers S den Luftaustritt, sowie die Verbindung beider Kanäle c beim Hubwechsel zum Zwecke des Druckausgleiches vermittelt.

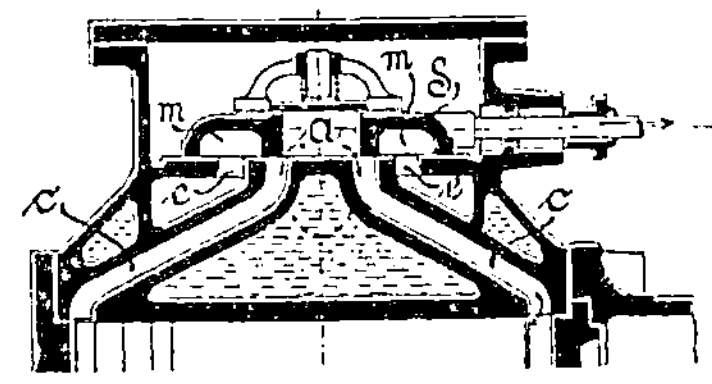

Fig. 137.

Der Schieber hat den Vorzug leichterer und billigerer Herstellung, indem sowohl die Aussparungen m, als auch die mittlere Öffnung a leicht einzugießen sind. Auch ein Verstopfen der engen Umlauf-

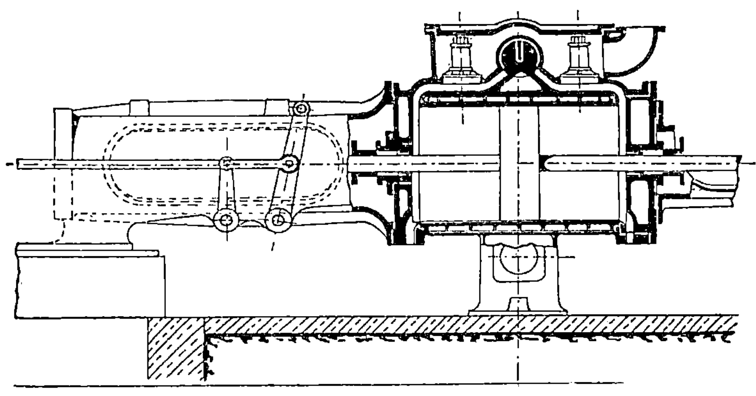

Fig. 138.

kanäle, wie dies bei Anordnung derselben im Schieber leicht möglich ist, dürfte als ausgeschlossen zu betrachten sein.

Das auf dem Rücken des Schiebers befindliche Druckventil arbeitet genau wie dasjenige des Weißschen Schiebers.

3. Kompressor Harras, ausgeführt von der Maschinenbau-Aktiengesellschaft vorm. Breitfeld, Daněk & Co., Prag-Karolinenthal. Fig. 138—142.

Die allgemeine Anordnung desselben ist aus den Fig. 138—140 zu ersehen. Durch einen in der Mitte des Zylinders über dem Saugkanal angebrachten Rundschieber, Fig. 141, wird das Ansaugen der Luft reguliert.

---

[1]) A. Finke, Braunschweig, D.R.P. No. 62138 s. Z. Ver. deutsch. Ing. 1892, S. 818.

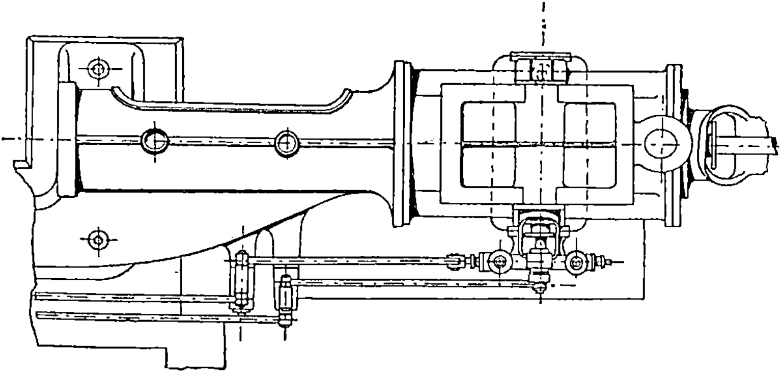

Fig. 139.

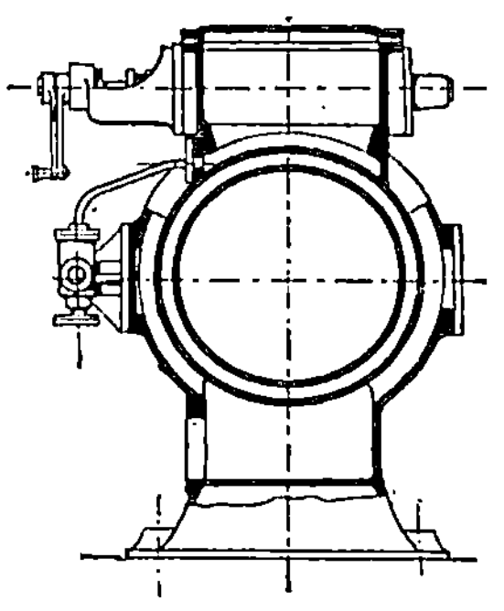

Fig. 140.

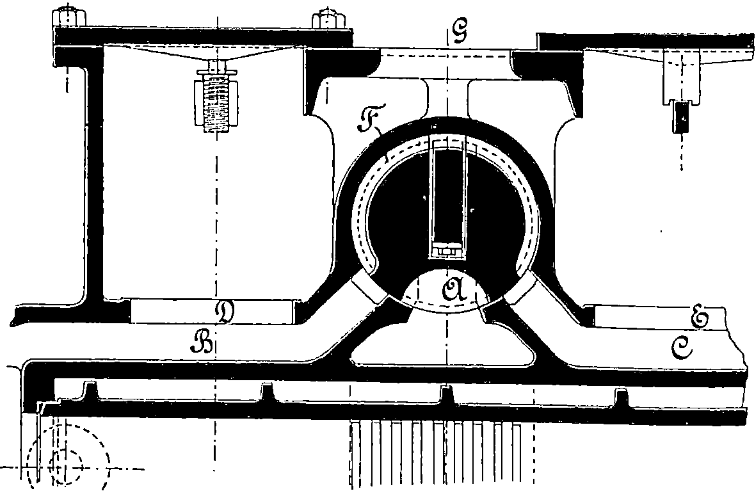

Fig. 141.

In den Zylinderkanälen *B* und *C* befinden sich die Öffnungen *D* und *E*, über welchen die Druckventile, Fig. 142, angeordnet sind. Der Rundschieber enthält den ringförmigen Druckausgleichkanal *F*, Fig. 141, welcher bei der gezeichneten Stellung die Verbindung zwischen beiden Zylinderseiten herstellt. Bei *G* ist die Druckluftleitung angeschlossen. Während also der Luftaustritt wie bei Ventilkompressoren selbsttätig erfolgt, wird der Saug- und Ausgleichschieber von der Maschine durch ein Exzenter und einen Zwischenhebel bewegt. Ersteres eilt der Maschinenkurbel um ca. 90° nach. Der Druckausgleich beginnt ½% vor dem Ende des Kolbenhubes und dauert bis ½% nach Überschreitung des toten Punktes.

Die Vorzüge der besprochenen Konstruktion gegenüber den Weiß-schen Kompressoren sind folgende.

Der Drehschieber hat eine kleinere Schieberfläche als der Weiß-sche Schieber, so daß der Druck, mit welchem er gegen die Schieberfläche gepreßt wird, geringer ist. Außerdem wird derselbe nur mit dem jeweilig im Zylinder herrschenden Druck angepreßt, während auf dem Weißschen Schieber fortwährend der Maximaldruck ruht. Infolge des geringeren Druckes ist die Schmierung besser ausführbar und die Abnutzung eine geringere.

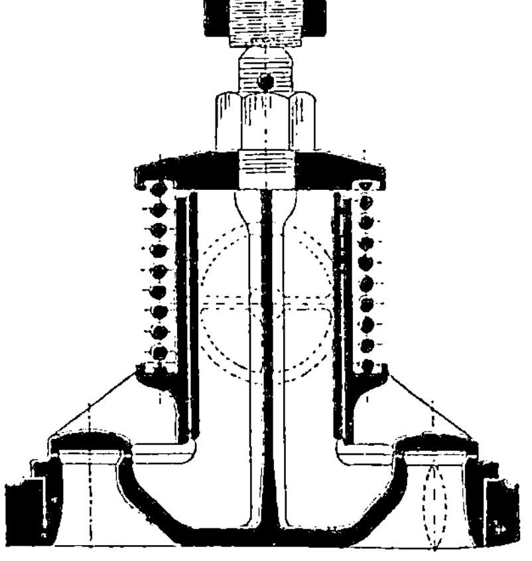

Fig. 142.

Die Druckventile, Fig. 142, sind als Ringventile mit möglichst großem, äußerem Durchmesser ausgeführt, so daß dieselben einen großen Durchgangsquerschnitt, also geringe Hubhöhe erhalten.

Im Wassermantel sind spiralförmig um den Zylinder herumlaufende Rippen angebracht, wodurch eine bessere Zirkulation des Wassers, also auch eine bessere Kühlung bezweckt wird.

In Fig. 139 ist noch eine kleine Pumpe abgebildet, welche entweder zur Wasserzirkulation dient, oder, falls Wassereinspritzung gewünscht wird, dieselbe während der Kompressionsperiode ausführt.

Der volumetrische Wirkungsgrad des Harrasschen Kompressors beträgt, nach den Diagrammen berechnet, 90—95 %. Die Kolbengeschwindigkeit desselben variiert zwischen 1,5 und 2 m, die Tourenzahl geht bei kleineren Maschinen bis 100 und darüber, bei größeren bis 60—70 in der Minute. Die nachfolgende Zusammenstellung[1] ergibt für einige Ausführungen des Harrasschen Kompressors die Abmessungen und die effektiv angesaugte Luftmenge in der Minute.

---

[1] Nach einem von der Firma dem Verf. gütigst übermittelten „Führer durch die Maschinenhalle der Jubiläumsausstellung zu Prag, 1891." Abteilung: Masch.-Akt.-Gesellschaft vorm. Breitfeld, Daněk & Co.

Aufstellungsort	Durch-messer mm	Hub mm	Tourenzahl i. d. Min.	Luftmenge cbm i.d Min.
Mileschauer Gewerkschaft, Pribram .	260	400	100	3,68
Fischer-Zeche, Zieditz	350	630	90	9,53
Mauthner & Sohn, Wien	400	400	100	8,90
Doblhoffschacht, Wiklitz	420	650	90	14,29
Sylvester-Zeche, Dux	450	650	90	16,44
Kohlenwerke d. Nordbahn, Poln. Ostrau	600	900	70	31,42

4. Kompressor Bettinger und Balcke.

Eine auf demselben Prinzipe wie demjenigen des Harrasschen Kompressors beruhende Konstruktion hat der Kompressor der Firma Bettinger und Balcke in Frankenthal, dessen Anordnung aus den Fig. 143—146 nach dem vorher Gesagten ohne weiteres verständlich ist.

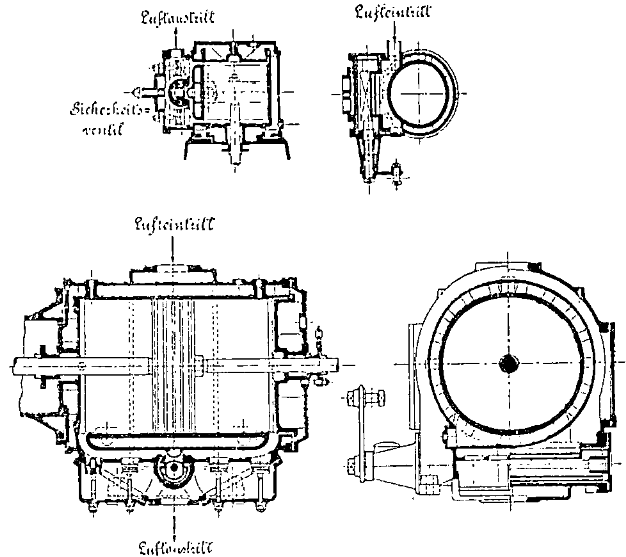

Fig. 143—146.

5. Kompressor Hirzel[1]).   Fig. 147—150.

Ähnlich wie bei den früher besprochenen Konstruktionen erfolgt am Ende des Kolbenhubes der Druckausgleich durch den Schieber hindurch, jedoch ist die Anordnung des Kanals hier eine andere. Wie die Fig. 147 und 150 zeigen, sind seitlich von den Schieberkanälen A und B zwei schmale Kanäle C und D eingegossen, welche mit der aus dem Zylinder verdrängten Luft am Ende des Hubs gefüllt sind. Kommen nun die im Schieber, Fig. 149, befindlichen Kanäle E und F, welche durch den inneren Kanal G miteinander verbunden sind, über C und D

---

[1]) Heinrich Hirzel, Masch.-Fabrik Leipzig-Plagwitz.

zu stehen, so ist die Verbindung zwischen C und D, also auch zwischen den Kanälen A und B und beiden Zylinderseiten hergestellt, und der Druckausgleich erfolgt. An Stelle des beim Weißschen Kompressor angewandten Rückschlagventils findet der Abschluß des Schieberinneren vom Schieberkasten und der Druckleitung durch eine um die Achse H drehbare Rückschlagklappe I statt.

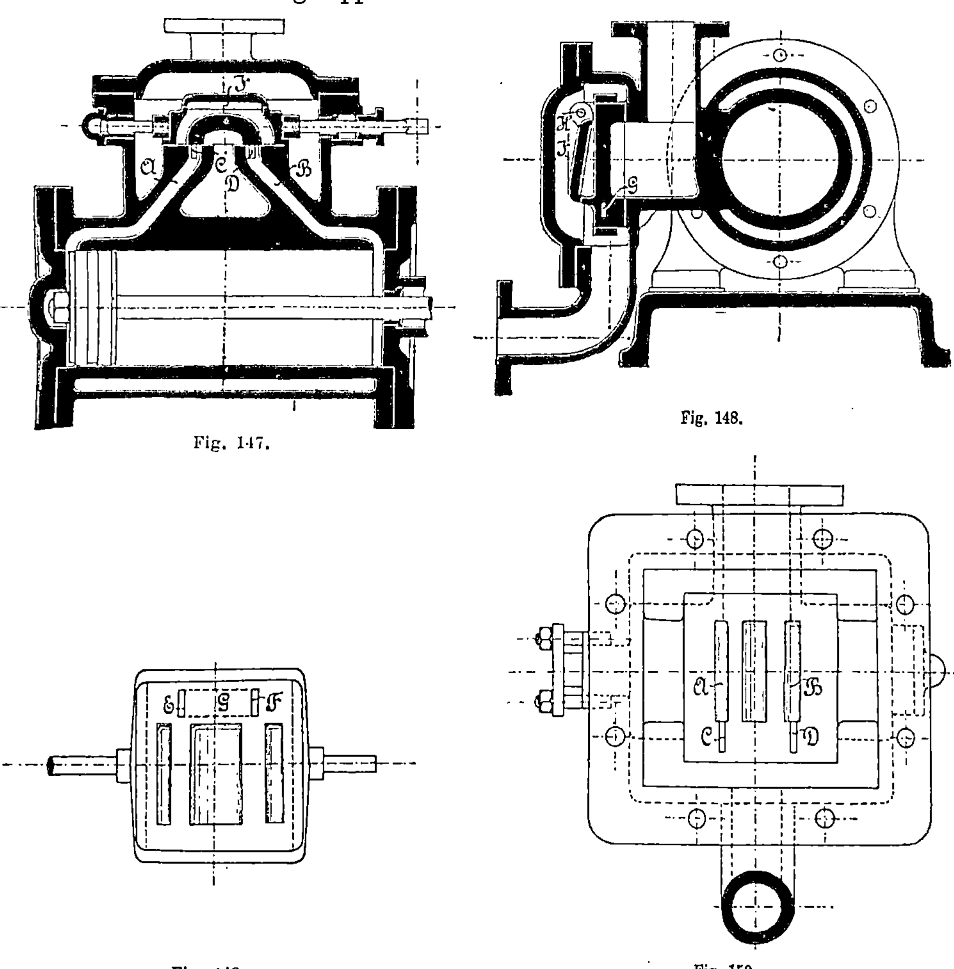

Fig. 147.

Fig. 148.

Fig. 149.

Fig. 150.

Die letztere Anordnung dürfte wohl nicht so vorteilhaft wie ein Ventil sein, da die Erhebung der Klappe, sowie der Schluß derselben mehr Kraft und Zeit erfordert als bei Ventilen. Als Vorteil des Schiebers bezeichnet der Erfinder die Anordnung des Umlaufkanals seitlich im Schieber gegenüber der Anbringung desselben parallel mit den anderen Kanälen, wodurch der Schieber einfacher, billiger herstellbar und geringerer Abnutzung ausgesetzt sei.

6. Kompressor Langen & Hundhausen[1]). Fig. 151.

Wie aus der gezeichneten Mittellage des Schiebers ohne weiteres verständlich ist, erfolgt der Druckausgleich zwischen beiden Zylinderseiten durch den Hohlraum A des Muschelschiebers M hindurch, während der Abschluß des mittleren Einströmungs- oder Saugkanals B durch einen Rundschieber C bewirkt wird. Es sollen hierdurch die mit der Anwendung eines engen Umlaufkanals verbundenen praktischen Schwierigkeiten vermieden werden, welche bei der Herstellung des Kanals im Guß entstehen, nämlich die Unzuverlässigkeit eines überall gleichen freien Durchgangsquerschnittes, die Schwierigkeit der Entfernung des Kerns, des Reinigens des Umlaufkanals während des Betriebes etc. Die erforderliche negative innere Überdeckung läßt sich durch Bearbeitung der inneren Muschelkanten leicht und mit größter Genauigkeit erreichen,

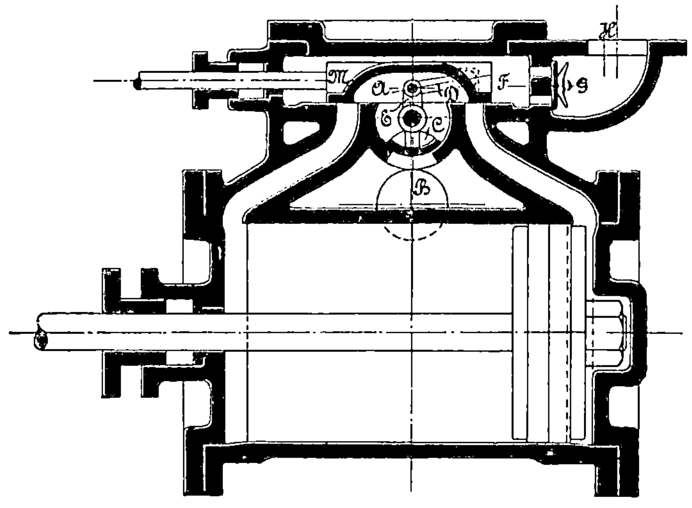

Fig. 151.

und bietet die große innere Höhlung der Muschel einen großen Durchgangsquerschnitt für die überströmende Luft.

Da die Eröffnungsperioden beider Schieber gleichzeitig beginnen müssen, so kann der Muschelschieber den Rundschieber mitnehmen. Letzteres geschieht durch die am Muschelschieber befestigte Stange D, welche am oberen Ende des Doppelhebels E angreift. Geht der Kolben aus der gezeichneten Stellung nach links, so bewegt sich der Schieber nach rechts.

Durch richtige Wahl der Überdeckungen des Rundschiebers kann man den Beginn der Saugperiode mit dem Ende der Expansion der im schädlichen Raum enthaltenen Luft zusammenfallen lassen. Die linksseitig komprimierte Luft gelangt durch den linken Kanal, nach Öffnen desselben durch die linke Schieberkante, in den Schieberkasten F und wird nach Erreichung des in der Druckleitung H herrschenden Druckes

---

1) Langen & Hundhausen, Grevenbroich, D.R.P. Nr. 55170.

durch das Rückschlagventil G hindurch in die Leitung gedrückt. Da jedoch die linke Schieberkante früher abschließt, als der Kolben seine Endstellung erreicht hat, so wird die im linken Kanal enthaltene Luft noch während eines geringen Kolbenwegs weiter komprimiert, wodurch ein unnötiger Überdruck gegen den Schieber und ein Arbeitsverlust erzeugt wird, welcher unter Umständen (je nach der Größe der äußeren Überdeckung und des Kanalquerschnitts) ein Abheben des Schiebers bewirken kann. Ein zweiter Nachteil liegt in der Rückströmung der im Schieberkasten F enthaltenen komprimierten Luft in den Zylinder während der Kompression, wodurch einerseits eine momentane Druckerhöhung, also ein Stoß auf den Kolben, die Kolbenstange etc., andererseits eine Vergrößerung der Kompressionsarbeit bewirkt wird. Der letztere Nachteil wird um so größer sein, je höher der Kompressionsdruck, oder bei Vakuumpumpen, je größer das Vakuum ist. Der Überdruck gegen den Schieber durch zu hohe Kompression am Ende des Hubes würde sich vermeiden lassen, wenn die Breite des Schieberlappens genau gleich der Kanalbreite gemacht würde, so daß unmittelbar nach dem Abschluß des Ausströmungskanals durch die äußere Schieberkante die Öffnung des Umlaufs durch die innere Schieberkante erfolgt.

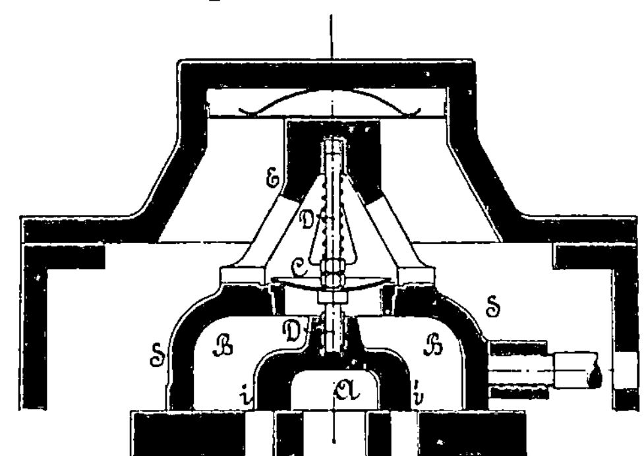

Fig. 152.

7. Kompressor Menck & Hambrock [1]). Fig. 152.

Der hohle Muschelschieber SS bewirkt durch die Höhlung A das Ansaugen der Luft. Durch die innere, negative Überdeckung i des Innenraumes B ist ein Überströmen der Luft in der Mittellage des Schiebers ermöglicht. Den Abschluß des letzteren gegen den Schieberkasten und die Druckleitung bewirkt das Ventil C, dessen Stange D sowohl im Schieber als auch in einem auf dem Rücken des Schiebers befestigten Bock E geführt ist.

Der Hauptvorzug der vorliegenden Konstruktion besteht in dem Fortfall des engen Umlaufkanals, der leichteren Herstellung des Schiebers, gleichmäßigeren Druckverteilung im Inneren des Schiebers und dadurch bewirkten geringeren Abnutzung.

8. Kompressor O'Neill [2]). Fig. 153 und 154.

Ähnlich wie bei Harras wird das Ansaugen, sowie der Druckausgleich durch einen Drehschieber bewirkt, jedoch befindet sich die Druckkammer über letzterem, während bei Harras die Druckventile auf den Zylinderkanälen angebracht waren.

In der Mitte über dem Zylinder schwingt der mit einem Durch-

---

1) Menk & Hambrock, Ottensen bei Hamburg, D.R.P. Nr. 40838.
2) Engl. Pat. 16132, Engn., Bd. 48, S. 94.

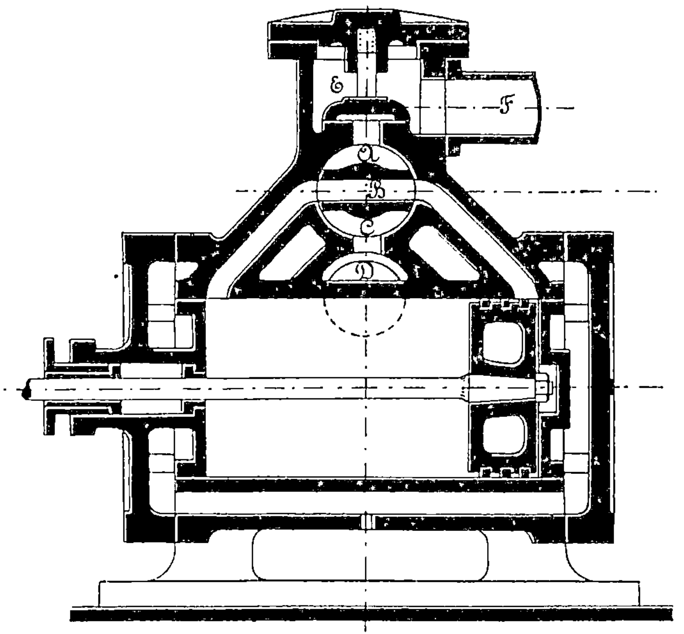

Fig. 153.

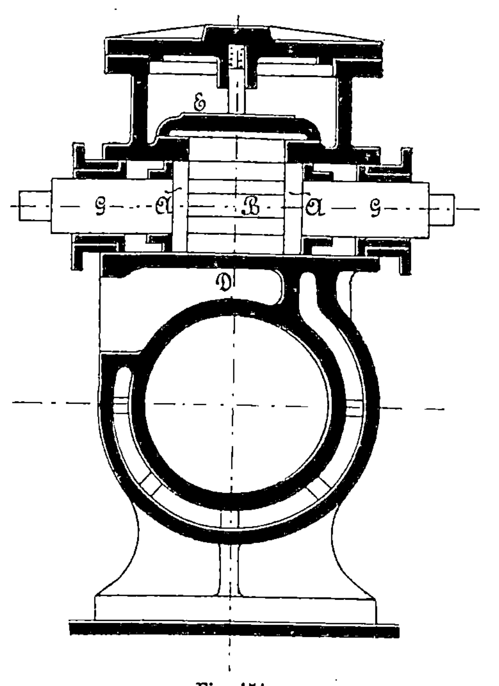

Fig. 154.

gangskanal *B* versehene Rundschieber *A* in der zylindrischen Kammer *C* hin und her. Die obere und untere Höhlung desselben vermittelt bei schräger Stellung des Schiebers abwechselnd die Verbindung zwischen dem linksseitigen bzw. rechtsseitigen Luftkanal und dem Saugkanal *D* bzw. Druckventil *E*. In der gezeichneten Mittellage findet Überströmung der Luft von der einen nach der anderen Zylinderseite statt.

So einfach und sinnreich auch die Konstruktion ist, so dürften doch praktische Gründe gegen ihre dauernde Verwendung sprechen. Da infolge des Kompressionsüberdrucks der Schieber bald an der einen, bald an der anderen Seite stärker angedrückt wird, so findet ein allmähliches Ausschleifen der zylindrischen Kammer *C*, sowie der Schieberstange *G* in den beiderseitigen Stopfbüchsen statt. Letztere lassen sich zwar erneuern, nicht aber die Innenkammer *C*. Die geringste Undichtheit aber bewirkt ein Überströmen der Luft während der Kompression, wodurch die Leistung der Maschine sowohl volumetrisch als auch dynamisch beeinträchtigt wird. Während bei Harras der Drehschieber stets fest gegen den Schieberspiegel angedrückt wird und ein Einschleifen in denselben nicht nur nicht schädlich ist, sondern nur ein größeres Dichthalten bewirkt, hat hier die beiderseitige Abnutzung unvermeidlich ein rasches Undichtwerden des Drehschiebers zur Folge. Mehr oder weniger vermeiden ließe sich die Abnutzung u. A. durch Anwendung eines konischen statt eines zylindrischen Schiebers, welcher nach Art selbstdichtender Hähne durch den Überdruck angepreßt würde und nachstellbar wäre.

9. Kompressor Wegelin & Hübner[1]). Fig. 155—157.

In schematischer Darstellung zeigt Fig. 155 den Querschnitt durch den Wegelin - Hübnerschen Kompressor. Der Verteilungsschieber *A*, welcher auf dem, mit den beiderseitigen Druckkanälen und dem mittleren Saugkanal versehenen Schieberspiegel gleitet, trägt ähnlich wie der Weißsche Schieber auf seinem Rücken ein Rückschlagventil *C*, welches die Luft in die Druckleitung entweichen läßt. Durch zwei seitlich von den Kanälen *A* liegende (in der schematischen Darstellung nach unten gezeichnete) Kanäle und den kleinen Ausgleichschieber *B* wird im Moment des Hubwechsels ein Druckausgleich zwischen beiden Zylinderseiten bewirkt.

Die besprochene Konstruktion gewährt bei allen Enddrücken einen volumetrischen Wirkungsgrad von über 90—95 %. Den Vorteilen, welche die Hübnersche Konstruktion durch billigere Herstellung der Schieber, namentlich des Verteilungsschiebers *A*, also auch des ganzen Kompressors bietet, steht der Nachteil eines doppelten Schieberkastens und Schieberspiegels, zweier Schieberstangen, Stopfbüchsen und Antriebsmechanismen für die Schieber gegenüber. Trotzdem ist der Preis der Hübnerschen Luftpumpen nicht höher als jener anderer Systeme von gleicher Leistungsfähigkeit. Als ein wesentlicher Vorteil der Hübnerschen Ausführung ist die geringe Gefahr eines Verstopfens der Ausgleichkanäle anzusehen, was bei den engen Umlaufkanälen im Weißschen Schieber und namentlich dem Hirzelschen Schieber zumal bei

---

1) Wegelin & Hübner, Halle a. Saale.

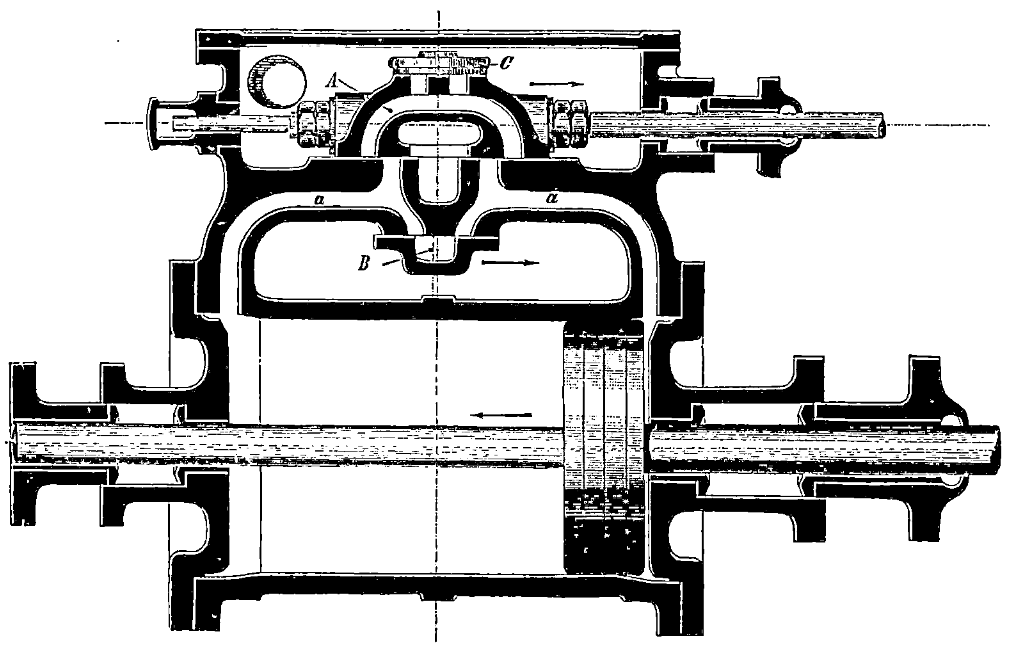

Fig. 155.

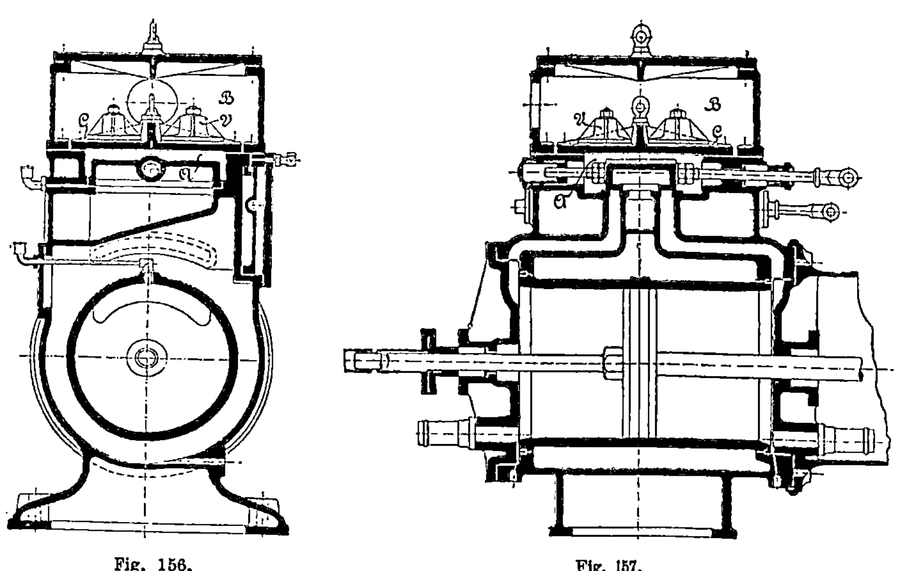

Fig. 156.

Fig. 157.

der Schwierigkeit des vollkommenen Ausputzens des Kerns nach dem Gusse leichter eintreten kann.

Bei größeren Zylindern von 500 mm Durchmesser aufwärts wird das Rückschlagventil C durch vier kleinere Ventile V ersetzt, welche auf einer, die Schieberkasten in zwei Kammern A und B trennenden Scheidewand C sitzen, wie aus den Fig. 156 und 157 ersichtlich ist. Diese Konstruktion ist gewählt worden, da der Schieber bei größeren Zylindern, wenn man das Rückschlagventil auf seinem Rücken anordnen würde, sehr große Abmessungen erhalten müßte, und dadurch bei schnellem Gange ein unangenehmes Zucken des Schiebergestänges hervorgerufen würde.

B. Halbnasse Kompressoren.

Dieselben arbeiten mit Wasserkühlung durch Einspritzung kalten Wassers, teils während der Saugperiode, teils während der Kompressionsperiode, teils während beider Perioden.

Um die Zweckmäßigkeit der verschiedenen Methoden einer vorläufigen Prüfung zu unterziehen, sei folgende Betrachtung angestellt [1].

Die Erwärmung der Luft durch die Kompression bringt einen Arbeitsverlust mit sich, welcher sich genau berechnen läßt und der in Wärme umgesetzten Arbeit entspricht.

Könnte die Druckerhöhung ohne Erwärmung, also bei konstanter Temperatur oder isothermisch erfolgen, so wäre die aufzuwendende Arbeit am geringsten. Wird die ganze, bei der Kompression entwickelte Wärme dagegen in der Luft belassen, mit derselben also aus dem Zylinder entfernt, so ist die Kompressionsarbeit am größten. Die Kompression erfolgt in letzterem Falle adiabatisch. Es ist daher ohne weiteres klar, daß eine Kraft- oder Arbeitsersparnis nur während der Kompression [2]

---

[1] Vgl. auch Theoret. Teil, Kap. 3.

[2] In gleichem Sinne äußert sich Rossigneux (Compt. rent. d. l. Soc. min. 1891, S. 192) über die Zweckmäßigkeit der Kühlung während der Kompression und die Nutzlosigkeit derselben vorher und nachher. Der Inhalt seiner Mitteilung läßt sich in folgendem zusammenfassen: der Unterschied zwischen der äußeren Temperatur des Kompressionszylinders und der aus den Diagrammen und Versuchen sich ergebenden Lufttemperatur ist häufig beträchtlich. Der Umstand, daß die aus dem Kompressor fortgeschaffte Luft abgekühlt ist, beweist noch nicht, daß die Kompression ohne beträchtliche Erwärmung stattgefunden hat. Bei Versuchen mit Burkhardt-Weißschen Kompressoren, von Mathet auf den Gruben von Blanzy angestellt, bei welchen die Luft auf 7 Atm. abs. komprimiert war, wurde in den Schieberkasten Wasser eingespritzt, wodurch man Luft von der Temperatur der Außenluft erhielt, während sich aus den Diagrammen eine Temperatur von 140° feststellen ließ. Das Diagramm blieb (wie wohl selbstverständlich) trotz der während des Verdrängens aus dem Zylinder erfolgten Abkühlung dasselbe. Allein wirksam auf die Kraftersparnis ist eine Abkühlung während der Kompression, dagegen hat weder während des Saugens noch während des Hinausschiebens eine Abkühlung irgend welchen Arbeitsgewinn zur Folge. Rossigneux empfiehlt daher, bei nassen Kompressoren, speziell dem Hanarteschen Kompressor (siehe weiter unten Kap. 2, C.), Rohrspiralen in den Luftraum über dem Wasserspiegel zu legen und dieselben während der Kompression zu kühlen.

stattfinden kann und dieselbe um so größer ist, je weniger die Luft erwärmt, je stärker sie also gekühlt wird. Sowohl die Saugarbeit, als auch die Arbeit zum Verdrängen der Luft aus dem Zylinder sind unabhängig von der Kompressionsarbeit und es ist hieraus sofort ersichtlich, daß eine Abkühlung der Luft sowohl während des Ansaugens als auch während des Hinausschaffens aus dem Zylinder ohne Einfluß auf den Kraftbedarf des Kompressors ist. Da die Menge der bei der Kompression entwickelten Wärme nicht von der absoluten Anfangs- und Endtemperatur der Luft, sondern nur von dem Verhältnis beider zueinander oder dem Kompressionsgrad abhängig ist, so ist auch eine Abkühlung der Luft vor oder nach der Kompression nutzlos und daher zwecklos. Dieselbe muß vielmehr in möglichst vollkommener Weise während der Kompression erfolgen, um einen Gewinn an Kompressionsarbeit zu bewirken.

Um eine Wassereinspritzung während der Kompression zu ermöglichen, muß natürlich der Wasserdruck größer als der jeweilige Kompressionsdruck sein. Der erstere kann jedoch entweder veränderlich sein und mit dem Kompressionsdruck gleichmäßig zunehmen, oder fortwährend derselbe und größer als der Luftdruck am Ende der Kompression sein. Beide Möglichkeiten sind zur Ausführung gekommen.

Der Wunsch einer möglichst raschen und vollkommenen Abkühlung der Luft veranlaßte die Einführung des Kühlwassers in möglichst fein verteiltem Zustande, was durch Zerstäuber oder Düsen mit engen Öffnungen erreicht wird.

So vorteilhaft nun auch die Zerstäubung des Wassers für die Abkühlung ist, so bietet doch die praktische Ausführung dieser Einspritzung Schwierigkeiten, welche namentlich bei längerem Betriebe auftreten. Da alle Zerstäubungsvorrichtungen aus feinen Öffnungen bestehen müssen, durch welche das Wasser vor dem Eintritt in den Zylinder hindurchgehen muß, dieselben aber Verstopfungen durch Rostbildung, Verunreinigungen im Wasser etc. in hohem Grade ausgesetzt sind, ferner aber eine Reinigung derselben mit Betriebsstörungen und häufigen Reparaturen verbunden ist, so treten, namentlich bei ununterbrochenem Betrieb, häufig die Fälle ein, daß infolge von Verstopfungen entweder nur mit teilweiser Einspritzung gearbeitet wird, oder die Einspritzung, wenn man ihre Untauglichkeit infolge der Verstopfung erkannt hat, ganz abgestellt wird. In beiden Fällen ist aber der eigentliche Zweck der Kühlung nicht erreicht. Es kann daher nur bei sehr einfacher, leicht zu reinigender und doch gut zerstäubender Einspritzungsvorrichtung ein dauernder Arbeitsgewinn infolge der Abkühlung erreicht werden.

Die äußere Anordnung der halbnassen Kompressoren unterscheidet sich kaum von derjenigen der trockenen Kompressoren. Zwischen den Ventilen ist meistens in den Zylinderdeckeln für die Einspritzvorrichtung Platz zu lassen, wodurch für die Ventile ein etwas kleinerer Deckelquerschnitt übrig bleibt. Die Mantelkühlung ist genau wie bei den trockenen Kompressoren ausgeführt. Die Wasserabführung erfolgt durch die Druckventile hindurch, und befindet sich meist unterhalb des Zylinders ein Wasserabflußrohr, welches zeitweilig oder dauernd entleert wird.

Zum Trocknen der Luft ist es, namentlich bei Kompressoren für Gesteinbohrmaschinen, empfehlenswert, in die Druckleitung größere Luftkessel einzuschalten, in welchen sich das Wasser abscheidet, während die Luft vorübergehend zur Ruhe kommt.

Einige Konstruktionen der halbnassen Kompressoren sind die folgenden.

1. Kompressor Hertel - Meyer[1]). Fig. 158.

Bei demselben erfolgt das Einspritzen des Kühlwassers in Nebelform während der Saugperiode. Ein kleiner Teil der komprimierten Luft tritt durch den Kanal AB von der Druckseite zur Saugseite und saugt beim Ausströmen aus einem rechtwinkelig zum Luftkanal stehenden Wasserkanal C Wasser an, welches beim Aufstoßen auf die Rohrwand zerstäubt und in diesem Zustand in den Zylinder getrieben wird. Durch ein kleines Kugelventil D wird die Zuleitung E während der Druckperiode auf einer Zylinderseite geschlossen, so daß die durch C eintretende Druckluft nicht in die Kühlwasserleitung gelangen kann.

Nach dem Ergebnis wiederholter Temperaturmessungen, welche mit einem Hertel - Meyerschen Kompressor in Hänichen[2]) in Sachsen angestellt wurden, sollte die Temperatur der Luft nach der Kompression auf 6 Atm. nur um ca. 20⁰ C höher als die Anfangstemperatur sein, wobei der Kühlwasserverbrauch nur $\dfrac{1}{4000}$

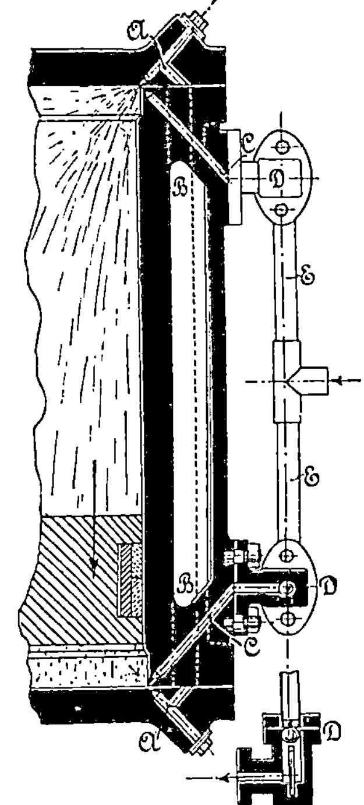

Fig. 158.

der angesaugten Luftmenge betragen hatte. Der Kompressor hatte 350 mm Durchmesser und 500 mm Hub und saugte stündlich 577 cbm Luft an. Die Wassermenge betrug danach $\dfrac{577}{4000} = 0,144$ cbm $= 144$ kg stündlich oder für 1 cbm Luft 0,25 kg Wasser, woraus sich das Verhältnis des Kühlwassergewichts zum Luftgewicht (letzteres zu 1,2938 kg bei 0 Grad angenommen[3]) zu $\dfrac{0,25}{1,2938} = 0,193$ oder rund $^1/_5$ ergibt. Die Temperaturerhöhung um nur 20⁰ C bei dem geringen Wasserverbrauch erscheint doch etwas zu günstig, da die Erwärmung der Luft ohne Kühlung bei 6 Atmosphären bei nur 10⁰ Anfangstemperatur auf 203,49⁰ C[4]) erfolgen, die Temperaturerhöhung also 193⁰ betragen würde.

---

1) Ausgeführt von der Maschinenfabrik G. A. Schütz (vorm. Schütz & Hertel) in Wurzen in Sachsen.

2) Jahrb. f. d. Berg- u. Hüttenwes. im Königr. Sachsen, 1890, S. 34.

3) Vgl. Theoret. Teil, Kapitel 1.

4) Vgl. Tabelle 2, Theoret. Teil, Kapitel 1.

Die Anwendung so feiner Bohrungen, wie sie die Hertel-Meyersche Konstruktion bedingt, führt leicht zu den bereits eingangs erwähnten Übelständen des Verstopfens der Wasser- und Luftkanäle. Außerdem aber ist die Kühlung während der Saugperiode als wertlos zu betrachten, wie gleichfalls nachgewiesen ist, so daß die erzielte Wirkung im Verhältnis zur schwierigen Ausführung der Konstruktion nicht bedeutend erscheint.

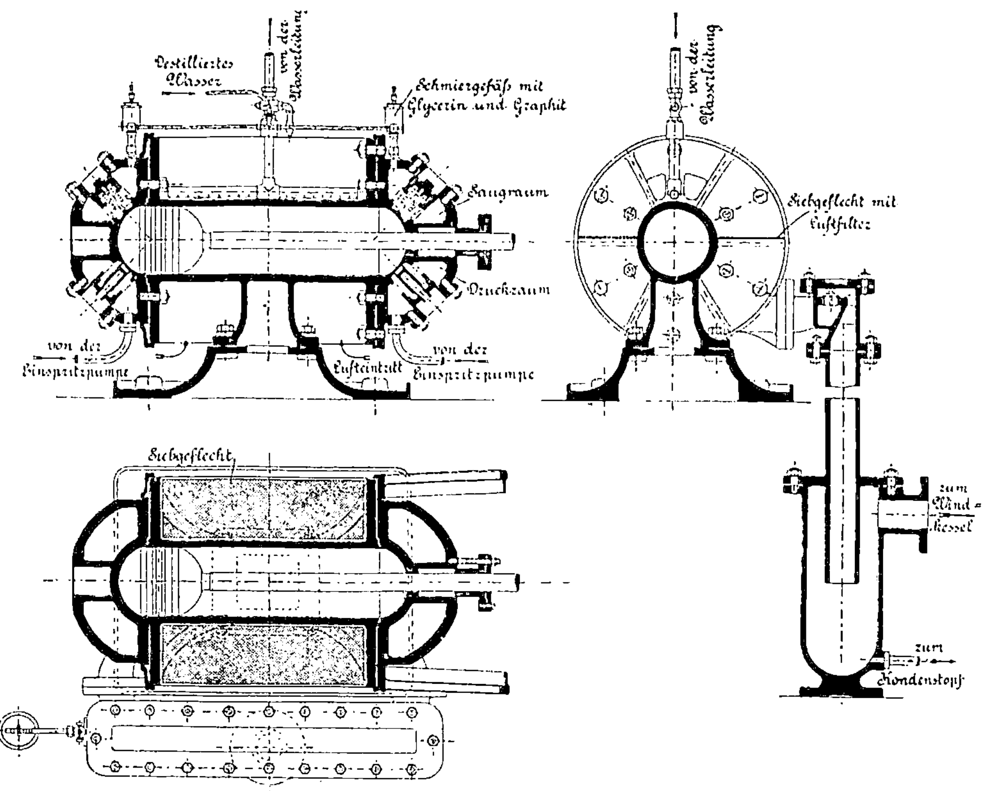

Fig. 159—161.

2. Kompressor von C. Oetling in Strehla a. E.

Die von der genannten Firma ausgeführten Ventilkompressoren gehören zu den halbnassen, da dieselben teilweise mit Wassereinspritzung arbeiten. Die Fig. 159—161 zeigen die Gesamtanordnung eines einstufigen Dampfkompressors durch mehrere Schnitte. Die Kolben des Dampf- und des Luftzylinders sind durch eine Kolbenstange direkt verbunden; letztere Anordnung gewährleistet eine vorzügliche Ausnutzung der Betriebskraft, da nur sehr wenig Reibungsverluste stattfinden. Die Verbindung der beiden Zylinder stellt ein aus Stahlguß gefertigtes Zwischenstück her, welch letzteres wegen des leichteren Nachsehens der

Ventile nicht, wie es bei Tandem-Dampfmaschinen sehr oft üblich, geschlossen ausgeführt ist, sondern aus mehreren Stegen besteht.

Das von obiger Firma angewendete Kühlverfahren setzt sich aus drei Teilen zusammen:

1. Aus der Mantelberieselungskühlung,
2. aus der im Innern des Zylinders entstehenden Wechselwirkung, hervorgerufen durch das Verdampfen des der Luft zugeführten Wassers,
3. aus der Einspritzkühlung in die Druckräume der Zylinderdeckel.

Das von der Wasserleitung kommende Kühlwasser fließt durch ein über dem Zylindermantel aufgehängtes Berieselungsrohr, von wo aus es in lauter feine Strahlen verteilt über die äußere Wandung des Zylinders rieselt. Die von unterhalb des Zylinders durch Öffnungen im Verkleidungsblech eingesaugte Luft streicht nun zwischen letzterem und dem rieselnden Wasser hindurch und dringt durch Löcher von der Innenseite der Flanschen in die Saugkammer der Zylinderdeckel.

Durch diese Art der Kühlung wird das Wasser erstens besser ausgenutzt als bei der gewöhnlichen Mantelkühlung, da es durch seine Verdampfung ca. 600 Kalorien per Kilogramm der durch die Zylinderwandung gehenden Wärme bindet, zweitens wird die Luft dadurch entstaubt, drittens erwärmt, wodurch sie imstande ist, mehr Feuchtigkeit zu absorbieren, viertens wird sie mit Wasserdampf gesättigt.

Um eine noch vollkommenere Sättigung der Luft herbeizuführen, wird der letzteren, bevor sie in den Zylinder tritt, noch destilliertes bzw. Regenwasser zugeführt.

Das absorbierte (nicht mechanisch mitgerissene) Wasser ruft beim Eintritt in den Zylinder im letzteren eine Wechselwirkung hervor, die darin besteht, daß durch allmähliche Erhöhung des Druckes während der Kompressionsperiode der Siedepunkt des Wassers in die Höhe rückt und dieses bestrebt ist, sich niederzuschlagen, woran es aber durch die rapid steigende Kompressionswärme verhindert wird. Je besser die Sättigung ist, um so mehr Wärmeeinheiten werden gebunden, um so wirksamer wird also auch die Kühlung sein.

Der Kraftverbrauch wird noch durch die Einspritzung kalten Wassers in die Druckkammern der Zylinderdeckel reduziert, indem hier eine Kontraktion der heißen Luft und des gebildeten Wasserdampfes wie bei der Dampfeinspritzkondensation erfolgt. Dieses soll nicht nur eine intensive Deckelkühlung, sondern auch eine frühzeitige Eröffnung der Druckventile, daher nur einen geringen Ventilwiderstand zur Folge haben.

Dieses Einspritzwasser wird durch eine kleine Pumpe gefördert, die von der Steuerwelle des Dampfzylinders aus angetrieben wird.

Um zu verhindern, daß zuviel Wasser in die Druckleitung und in den Windkessel gelangt, ist hinter dem Rückschlagventil ein Wasserabscheider angeordnet, in dem sich das Wasser sammelt und dem Kondenstopf zugeführt wird.

Zur Schmierung des Zylinders dient ein aus Glyzerin und Graphit hergestelltes Präparat, das tropfenweise in Verbindung mit dem zur

Sättigung der Luft dienenden destillierten Wasser dem Zylinderinneren zugeführt wird.

Diese Schmierung hat sich als eine außerordentlich wirksame erwiesen. Explosionen, wie sie so oft bei Ölschmierung vorgekommen sind, sind hier vollkommen ausgeschlossen, da diese Stoffe nicht entzündbar sind.

Einen ähnlichen wie den auf den Abbildungen ersichtlichen Kompressor hat die Firma Oetling beispielsweise für die Montanwachsfabrik Völpke und die Eisenbahnhauptwerkstätte Paderborn geliefert.

Die Dimensionen der Maschine waren in beiden Fällen folgende:

Durchmesser des Dampfzylinders 245 mm,
Durchmesser des Luftzylinders 230 mm,
Gemeinschaftlicher Hub der Maschine 600 mm,
Normale Umdrehungen = 120 i. d. Minute.

Die Tourenzahl konnte jedoch gesteigert werden und lief die Maschine bei 150 in der Minute noch vollkommen ruhig und funktionierten die Ventile vollständig zufriedenstellend, wie die genommenen und in

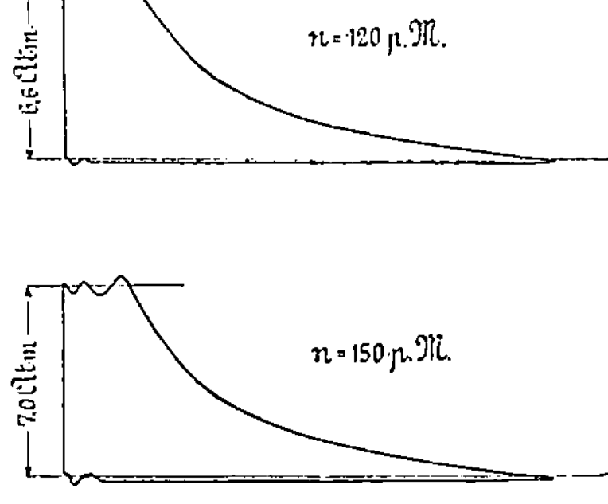

Fig. 162.

Fig. 162 vorgeführten Indikatordiagramme beweisen. Der Saugwiderstand war ein sehr geringer, ein schädlicher Raum war fast gar nicht vorhanden, was durch die eigenartige Deckel- und Ventilkonstruktion bedingt ist.

Die hier angewendete, im vorhergehenden beschriebene Kühlung und Schmierung erwies sich in beiden Fällen als zufriedenstellend, und geht aus den Diagrammen hervor, daß der Verlauf der Kompressionskurve sich der Isotherme nahe anschließt, was durch die reichliche Kühlung durch Wassereinspritzung bewirkt sein kann. Über den Kühlwasserverbrauch allerdings ist seitens der genannten Firma nichts mitgeteilt worden, und dürfte derselbe für die Vorkühlung, Nachkühlung, Mantelkühlung und Einspritzung jedenfalls ein außerordentlich großer sein und hierdurch die etwaigen geringen Vorzüge der Nachkühlung bzw. der eventuelle Kraftgewinn völlig ausgeglichen werden. Es ist zweifellos, daß nur streng wissenschaftlich durchgeführte Versuche hierüber genauen Aufschluß geben können.

C. Nasse Kompressoren.

Von dem Gedanken geleitet, daß eine vom Arbeitskolben bewegte Wassermenge, welche direkt auf die Luft einwirkt, eine günstige Abkühlung derselben während der Kompression, eine Abkühlung der Zylinderwände und Deckel, sowie eine Beseitigung des schädlichen

Raumes auf jeder Kolbenseite bewirken würde, erbaute zuerst Sommeiller für die Gesteinsbohrmaschinen des Mont-Cenis-Tunnels einen nassen Kompressor, bei welchem zwischen dem Kolben und der Luft eine Wassersäule eingeschaltet war.

Am 20. März 1860 erhielt er ein französisches Patent auf seine Konstruktion. Dieselbe ist die Grundlage für alle späteren nassen Kompressoren geworden, welche sich für manche Zwecke gut bewährt haben. Wie jedoch bei den früher besprochenen Systemen den Vorteilen unverkennbare Nachteile gegenüberstehen, so auch hier.

Die Vorteile der nassen Kompressoren sind im wesentlichen folgende:
1. stärkere Abkühlung der Luft als bei Mantelkühlung, daher geringere Endtemperatur der Luft,
2. größerer volumetrischer Wirkungsgrad,
3. größere Einfachheit und dadurch bewirkte geringere Reparaturbedürftigkeit.

Die Nachteile bestehen hauptsächlich in folgenden Umständen:
1. geringere Kolbengeschwindigkeit. Bei raschem Gange finden Stöße, Wasserschläge, Wellen- und Schaumbildung, Umherspritzen von Wasser statt, wodurch der Feuchtigkeitsgehalt der Luft bedeutend erhöht wird,
2. größere Abmessungen, größeres Gewicht und größerer Raumbedarf,
3. größerer Wasserverbrauch,
4. größerer Kraftbedarf infolge des größeren Arbeitsverlustes zur Beschleunigung der Wassermassen, beim Durchgang durch die Ventile, sowie infolge der größeren Kolbenreibung.

Die Hauptnachteile der kleineren Kolbengeschwindigkeit und der Wirbel- und Wellenbildung des Wassers hat zu sinnreichen Konstruktionen geführt (vgl. weiter unten die Kompressoren von Humboldt und Hanarte), welche dieselben mehr oder weniger beseitigt haben.

Die wichtigsten Ausführungen der nassen Kompressoren sind die folgenden.

1. Kompressor Sommeiller[1]). Fig. 163 und 164.

Die in der Patentschrift Sommeillers abgebildete Konstruktion ist aus Fig. 163 zu ersehen. Durch das Saugventil A wird beim Rechtsgang des im horizontalen Zylinder E verschiebbaren Kolbens F Luft und zugleich eine bestimmte Wassermenge, welche das Saugventil bedeckt hat, angesaugt. Aus dem Behälter B fließt die bei jedem Hube anzusaugende Wassermenge durch den Regulierhahn C in das Gefäß D und über den Rand desselben auf das Saugventil A. Die angesaugte Luft wird beim Rückgang des Kolbens durch die aufsteigende Wassersäule komprimiert und durch das Druckventil G aus dem Zylinder verdrängt. Da am Ende des Hubes alle Luft und auch die vorher angesaugte Wassermenge aus dem Zylinder entfernt ist, das Druckventil aber unter Wasser

---

[1]) Z. Ver. deutsch. Ing. 1876, Taf. XI. Zivilingenieur 1863, Taf. 26. Dufresne, Étude historique sur l'emploi de l'air comprimé. Paris, Steinheil 1889, S. 10 und 21, Tafel 3. Pernolet, L'air comprimé, S. 288 u. folg.

steht, so findet beim neuen Spiel des Kolbens ein Zurückfließen von Wasser, jedoch seltener von Luft statt, so daß ein Luftverlust kaum vorhanden, der volumetrische Wirkungsgrad also sehr groß ist. Das mit der Luft ausgetriebene Wasser wird durch ein von einem Schwimmer H bewegtes Ventil I mit geringer Hubhöhe abgelassen, während die Luft in die Druckleitung K gelangt. Eine spätere Ausführungskonstruktion mit Saugklappe und einem Druckventil zeigt Fig. 164.

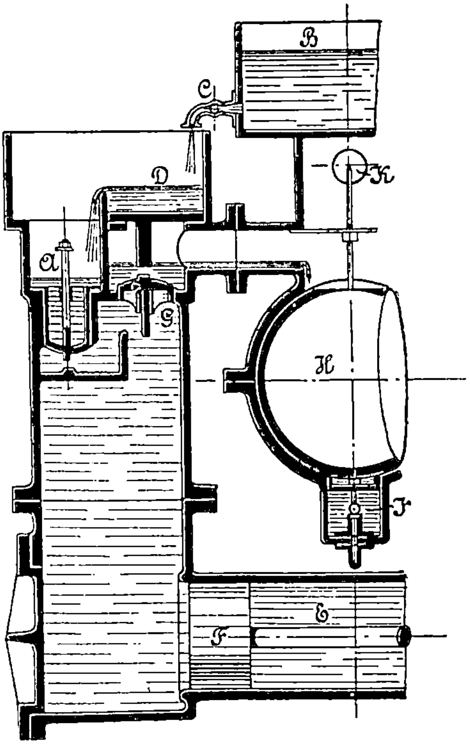

Wie bereits angedeutet, ist versucht worden, den Übelstand geringer Kolbengeschwindigkeit und starker Wasserstöße und -schläge bei rascherem Gange durch verschiedene Konstruktionen zu beseitigen. Ausgehend von dem Gedanken, daß die Geschwindigkeit der aufsteigenden Wassersäule abnimmt, hierdurch die Wellen- und Wirbelbildungen aber gleichfalls verringert werden, wenn der Querschnitt des Zylinders nach oben hin allmählich erweitert wird, haben die Konstrukteure fast aller neueren nassen Kompressoren die Zylinder nach oben hin vergrößert.

Die wichtigsten dieser Ausführungen sind die folgenden:

2. Kompressor Hanrez. Fig. 165 und 166.

Die Luft wird durch zwei Saugklappen A aus den Saugrohren $R_1 R_2$ angesaugt, während sie durch die Druckklappe B aus dem Zylinder entfernt wird. Die Krümmer $K_1 K_2$ werden während der Druckperiode mit Wasser gefüllt, welches durch kleine, im Zylinderdeckel befindliche Löcher C und eine von D nach E führende (in den Figuren nicht gezeichnete) Druckleitung eingespritzt wird. In der Leitung DE befindet sich ein kleines Rückschlagventil, welches sich beim Ansaugen des Kolbens schließt und ein Zurückfließen des Wassers verhindert. Da ein Teil des Wassers durch das Druckventil entweicht, so wird dasselbe bei jedem Hube durch Zufluß von außen her ersetzt. Die Rohrleitung DE bewirkt eine lebhafte Wasserzirkulation, indem die unteren, abgekühlten Wasserschichten in das Saugrohr eingeführt werden und den oberen, erwärmten Schichten Platz machen. Es wird hierdurch eine sehr vollkommene Ausnutzung des ganzen im Zylinder enthaltenen Wassers zur Kühlung der Luft erreicht.

Fig. 163.

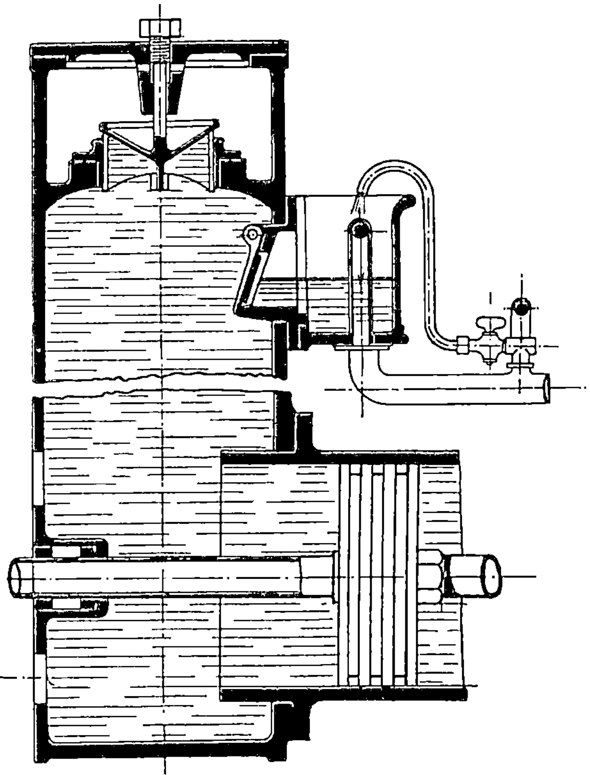

Fig. 164.

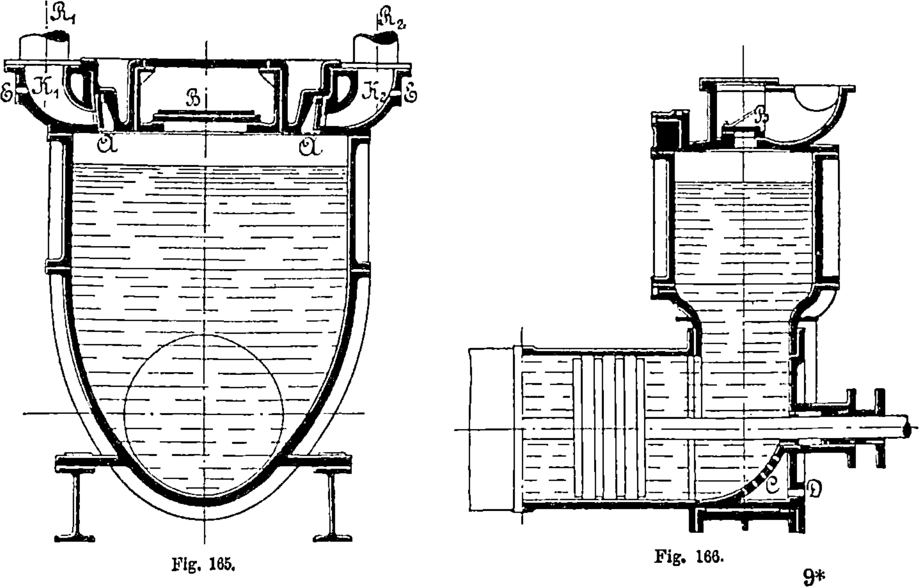

Fig. 165.

Fig. 166.

9*

Wie aus den Figuren ersichtlich ist, erweitert sich der stehende Zylinder oberhalb nach beiden Horizontalrichtungen hin. Der obere Querschnitt beträgt bei demselben fast das Doppelte (1,95fache) des Kolbenquerschnittes, so daß die Wassergeschwindigkeit in demselben Verhältnisse kleiner als die Kolbengeschwindigkeit ist.

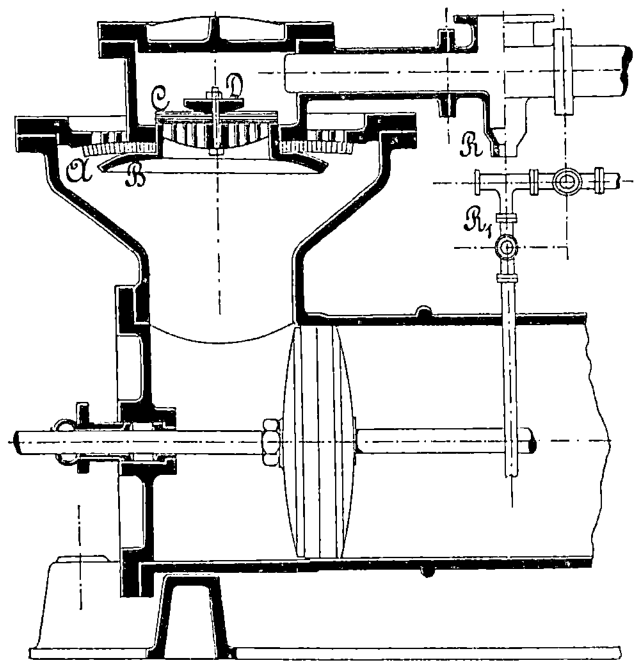

Fig. 167.

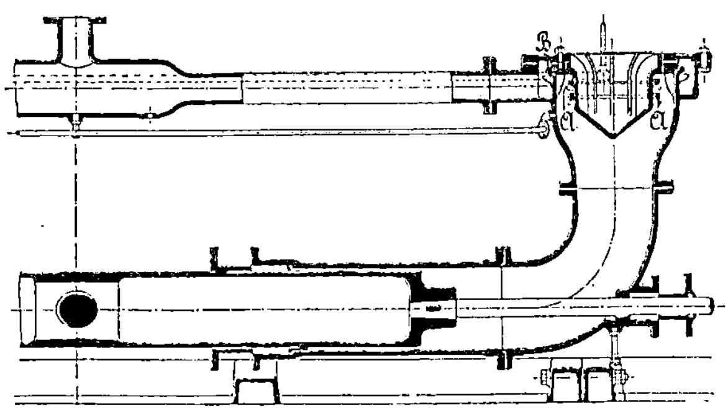

Fig. 168.

3. Kompressor Humboldt[1]). Fig. 167 und 168.

Zwei einfach wirkende Zylinder sind auf einem gemeinschaftlichen Rahmen befestigt. Ein langer Plungerkolben tritt an den einander zu-

<hr>

[1]) Maschinenbau-Aktiengesellschaft „Humboldt", Kalk bei Köln.

gekehrten Seiten der Zylinder in die letzteren ein und ist durch Stopfbüchsen abgedichtet. Sein Antrieb erfolgt entweder durch zwei Pleuelstangen, welche seitlich an zwei in seiner Mitte angebrachten Zapfen
angreifen, oder durch eine Kolbenstange, welche durch den vorderen
Zylinderdeckel hindurch geht. Auf jeden Zylinder ist ein Ventilkasten
von der, aus den Figuren verständlichen, eigentümlichen Form aufgesetzt.
Die Konstruktionen der Fig. 167 und 168 unterscheiden sich nur hinsichtlich der Ausbildung dieses Kastens und der Abschlußorgane.

In Fig. 167 ist die Saugöffnung durch eine ringförmige Gummi-
oder Lederklappe A bedeckt, welche sich in geöffneter Stellung gegen
den Anschlag B legt. Die Druckklappe C ist gleichfalls aus Gummi oder
Leder hergestellt und innerhalb des Saugventils angebracht. Die Rohre R
und R_1 dienen zur Entwässerung bzw. Wasserzuführung. Diese Konstruktion erschwerte die Auswechselung der Saugklappen sehr, weshalb
bei den späteren Maschinen die Anordnung nach Fig. 168 getroffen
wurde.

Bei dieser Ausführung ist die Gummiplatte durch einen oder
mehrere runde Gummiringe A ersetzt und ist dieselbe Konstruktion auch
für das Druckventil B gewählt. Nach Mitteilung der ausführenden
Firma haben sich die runden Gummiringe gut bewährt und sind nur
selten auszuwechseln. Der Querschnitt des Ventilkastens direkt unter
dem Kegel beträgt mehr als das Doppelte des Kolbenquerschnittes, an
der höchsten Stelle noch das $1\frac{1}{2}$ fache desselben.

4. Kompressor Staněk[1]). Fig. 169—171.

Die äußere Anordnung ist nicht wesentlich von derjenigen des
Humboldt-Kompressors verschieden. Die stehenden Zylinder A sind
nach oben hin erweitert und tragen einen Saug- und einen Druckventil-
kasten. In dem ringförmigen Raum B, welcher den Saugkasten bildet,
sind die Saugventile nach unten öffnend angebracht, während die Druckventile, nach oben öffnend, im Druckkasten C sitzen. Das erforderliche
Kühlwasser, welches ca. 0,27—0,3 % des vom Kolben durchlaufenen
Raumes beträgt, fließt in die Saugkammer B und wird von hier mit der
Luft angesaugt. Dasselbe gelangt sodann mit der Luft in die Druckleitung und wird im Sammelrohr D durch ein bei E anschließendes Rohr
abgelassen.

Die Saug- und Druckventile sind runde Kautschukscheiben, welche
in der Mitte durch eine Schraube gehalten werden und um diese herum
sechs gebohrte Löcher von je 20 mm Durchmesser überdecken. Der
Durchgangsquerschnitt beider Ventilgruppen ist infolge der getroffenen
Anordnung sehr groß und kann durch Erweiterung des Saugkastens B
noch beliebig vergrößert werden[2]).

---

[1]) Ausgeführt von der Prager Maschinenbauanstalt, vormals Breitfeld,
Daněk & Co., Prag-Karolinenthal.

[2]) Über eine eingehende Beschreibung der Kompressorenanlage am Annaschacht zum Pribram in Böhmen von Novák siehe „Der Luftkompressor am
Annaschacht in Pribram“. Österr. Z. f. Berg- und Hüttenwesen. 1879. S. 267
u. folg.

5. Kompressor Hanarte. Fig. 172 und 173.

In der vollkommensten, weil theoretisch allein richtigen Weise erreicht Hanarte [1] eine Vermeidung aller Wirbelbildungen und Wasserschläge bei seinem Kompressor, dessen beide stehenden Zylinder nach oben hin erweiterte Rotationsparaboloide bilden. Ursprünglich für Pumpen angewandt [2] ergaben diese Zylinder sehr günstige Resultate. Bei 300 Touren war der Gang derselben vollkommen ruhig ohne Schläge oder Zittern. Nach demselben Prinzip erbaute die Firma M. Sommeiller Luftkompressoren, welche sich ausgezeichnet bewährten. Die Kolbengeschwindigkeit konnte ruhig auf das Dreifache der sonst üblichen Kolbengeschwindigkeit erhöht werden, ohne daß Wasserschläge oder sonstige Störungen vorkamen. Wie aus Fig. 172 ersichtlich ist, liegen die Saug- und Druckventile in einer Horizontalebene an der höchsten und am meisten erweiterten Stelle des Zylinders. Durch ein in die Saugkammer mündendes Rohr wird beim Ansaugen der Luft Wasser mit eingeführt, da ein geringer Teil desselben während des Austreibens der Luft verloren geht.

Das Wesentliche der Hanarteschen Konstruktion ist die Erweiterung des Zylinders nach dem Prinzip, den Wasserspiegel nach oben hin in derselben Weise zunehmen zu lassen, wie die Anzahl der, bei der Kompression entwickelten Wärmemengen wächst.

Den Mitteilungen über den Harnateschen Kompressor in den Comptes rendus [3] ist Nachfolgendes entnommen.

Nach den Versuchen, welche Grand in den Gruben zu Albi (Belgien) angestellt hatte, ergab der Harnatesche Kompressor einen volumetrischen Wirkungsgrad von 92—96 %, wobei der Temperaturunterschied der Luft vor und nach der Kompression nur 4^0 C betragen haben soll.

Nach einer Mitteilung von Hanarte am gleichen Orte ist es prinzipiell fehlerhaft, bei der Kompression der Luft hohe Kolbengeschwindigkeit anzuwenden, da mit derselben die Wärmeentwickelung rasch steigt.

Hanarte berechnet (allerdings unter Zugrundelegung des Mariotteschen Gesetzes) die Wärmeentwickelung für die verschiedenen Kompressionsgrade. Hierbei ist ein Inhalt des Kompressors von 1 cbm und ein Hub von 1 m vorausgesetzt und der Enddruck der Kompression zu $p_2 = 5{,}9$ Atm. abs. angenommen.

Weniger zufriedenstellend [4] arbeitete ein Kompressor desselben Systems auf der Gruppe S. Eugénie der Gruben von Blanzy. Derselbe sollte bei 30 Touren in 24 Stunden 6000 cbm Luft von 4,5 kg abs. Druck liefern.

Es waren 2 Dampfzylinder von 0,72 m Durchm.,
            2 Luftzylinder von 0,62 m Durchm. und einem gemeinschaftlichen Hub von 1 m vorhanden. Der Kompressor lief jedoch infolge fehlerhafter Konstruktion nur mit 20 Touren. Der größte Vorwurf, der ihm jedoch gemacht wurde, war die sehr unbequeme und

---

[1]) Hanarte, Ing. d. mines, Mons, Belgien.
[2]) Uhland, prakt. Masch.-Konst. XXIII, Nr. 17, S. 114 u. 115.
[3]) Compt. rend. d. l. Soc. min. 1891, S. 151.
[4]) Salomon's Reisebericht in Belgien. Z. f. B.-, H.- u. Sal.-Wesen 1887, Bd. 35, S. 231.

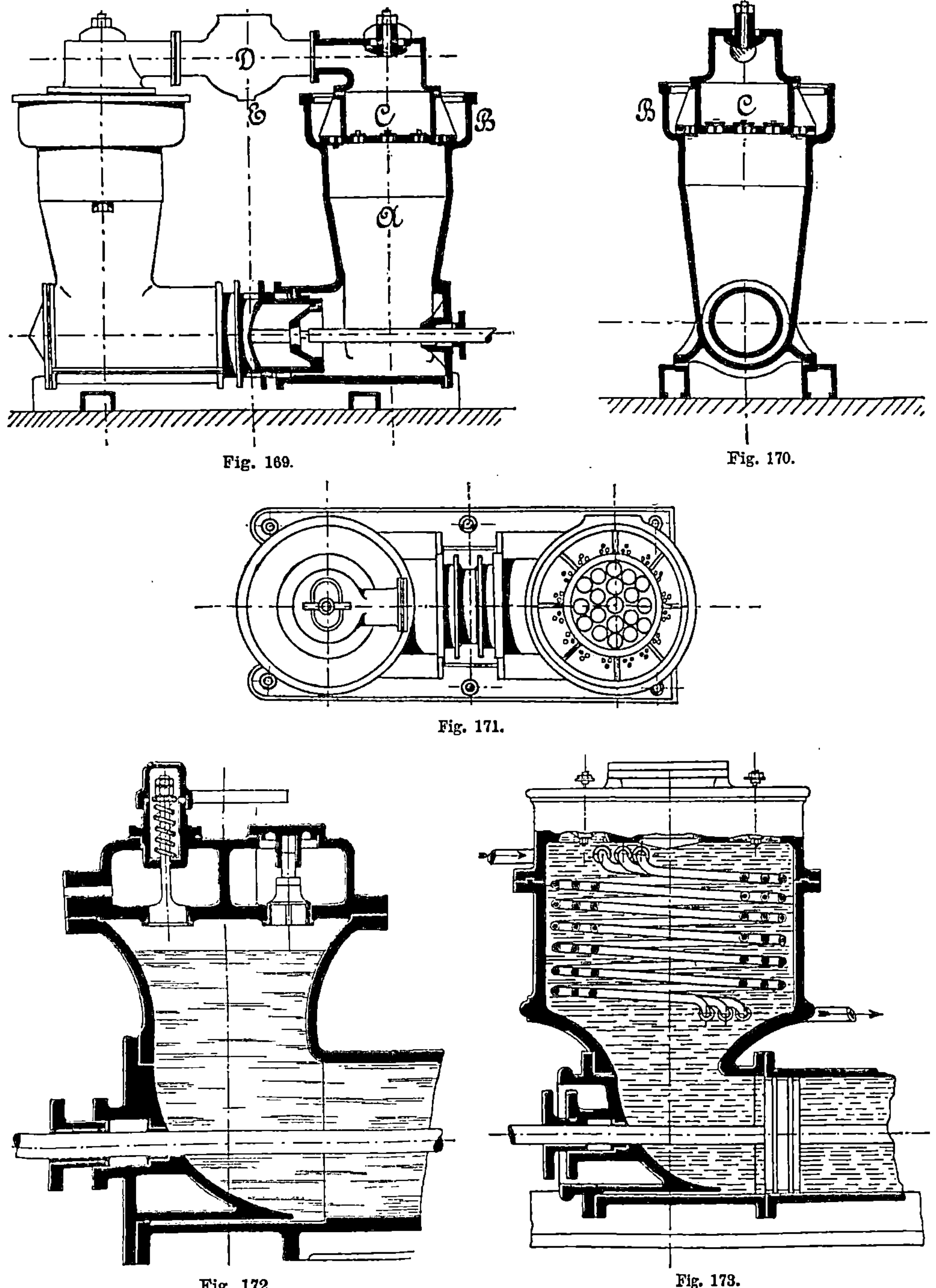

Fig. 169.

Fig. 170.

Fig. 171.

Fig. 172.

Fig. 173.

schwierige Zugänglichkeit der Ventile, sowie das, durch Umherspritzen von Wasser aus den Ventilen verursachte, unsaubere Aussehen der Maschine.

Es scheint nach dem Gesagten, daß die Wartung der Maschine eine nachlässige und die Regulierung des Wasserzuflusses keine richtige gewesen war, da ja gerade die Wirbelbildung und das Umherspritzen von Wasser bei dem Hanarteschen Kompressor infolge seiner Konstruktion geringer ausfallen sollte, als bei anderen Kompressoren ähnlichen Systems.

Leider stehen dem Verfasser keine neueren Versuchsresultate des Hanarteschen Kompressors zur Verfügung, indessen dürften die Vorteile desselben auch ohne weitere Erörterung in die Augen fallen. —

Es bedarf wohl kaum der Erwähnung, daß die Entscheidung über die Vorzüge des einen oder anderen Kompressorensystems sehr schwierig ist. Für viele Zwecke werden nasse Kompressoren den halbnassen oder trockenen wohl überlegen sein, für andere werden dieselben wegen ihres bedeutend größeren Gewichtes und größeren Raumbedarfs den ersteren wohl nachstehen müssen. Nur ausgedehnte Versuche unter genau gleichen Verhältnissen würden einen Maßstab zur Würdigung der verschiedenen Systeme geben, wozu jedoch leider in sehr seltenen Fällen Gelegenheit geboten ist.

D. Wasserdruck-Kompressoren.

Bei denselben wird durch direkten Wasserdruck, ohne Zuhilfenahme eines maschinell bewegten Verdrängers, die Luft komprimiert. Dieselben bestehen im wesentlichen aus einem meist vertikalen Zylinder, in welchen abwechselnd eine bestimmte, unter Druck stehende Wassermenge einströmt, wodurch die Luft komprimiert und nach Bedarf durch ein Druckventil am oberen Ende des Zylinders aus dem Luftkessel entfernt wird. Durch einen vom aufsteigenden Wasserspiegel gehobenen Schwimmer wird die Umsteuerung der Wasser- und Lufthähne bewirkt. Der gemeinsame Nachteil dieser Konstruktionen liegt:

    1. in dem großen Wasserverbrauch,
    2. in der im Verhältnis hierzu geringen Luftmenge,
    3. in der Kompliziertheit der Steuerungsapparate,
    4. in den hierdurch bewirkten häufigeren Reparaturen.

Ein Vorteil ist allerdings in dem Fortfall einer Antriebsmaschine und der infolgedessen billigeren Herstellung dieser Apparate zu suchen. Jedenfalls sind dieselben nur für kleinere Luftmengen zum Heben von Flüssigkeiten, für Bierdruckapparate etc. geeignet und nur dort anwendbar, wo eine reichliche Druckwassermenge (Wasserleitung, Hochreservoir) vorhanden ist.

Einige Beispiele dieser Wasserdruckkompressoren seien im folgenden besprochen. Eine ältere Ausführungsform, welche nur aufgenommen ist, um das Prinzip zu kennzeichnen, zeigt:

1. Der Luftkompressionsapparat von J. Otters in Aachen[1]).
Fig. 174—176.

In den Luftkessel A tritt durch den Dreiweghahn B, Fig. 174,

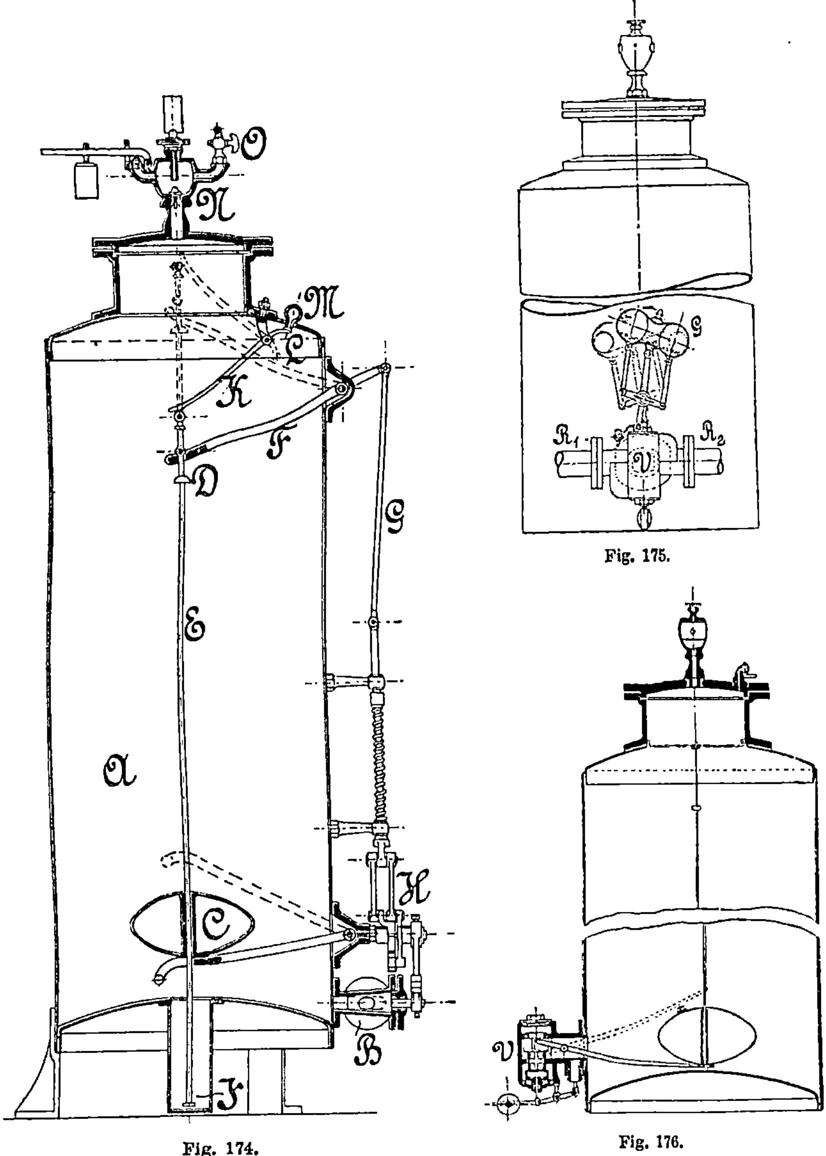

Fig. 174.

Fig. 175.

Fig. 176.

das Druckwasser ein, hebt den Schwimmer C, bis derselbe gegen den
Anschlag D der Steuerstange E stößt, wodurch die Stange und mit ihr

---

[1]) D.R.P. Nr. 11640 und 15402.

das längere Ende des doppelarmigen Hebels F gehoben wird, hierdurch mittelst der Stange G und des Hebels H der Dreiweghahn umgesteuert wird, worauf das Druckwasser seitlich abfließt. Zugleich mit der Umsteuerung des Dreiweghahns erfolgt die Öffnung des Lufteinströmungsventils M, welches während der Kompression durch die am kurzen Ende des Doppelhebels K befindliche Klappe L geschlossen ist. Die höchste Stellung der Hebel F und K ist in der Figur punktiert gezeichnet. Beim Niedergang des Schwimmers schlägt derselbe gegen den Bund I am unteren Ende der Stange E und steuert hierdurch wieder um. Eine Abänderung des Steuerungsmechanismus zeigen die Fig. 175 und 176,

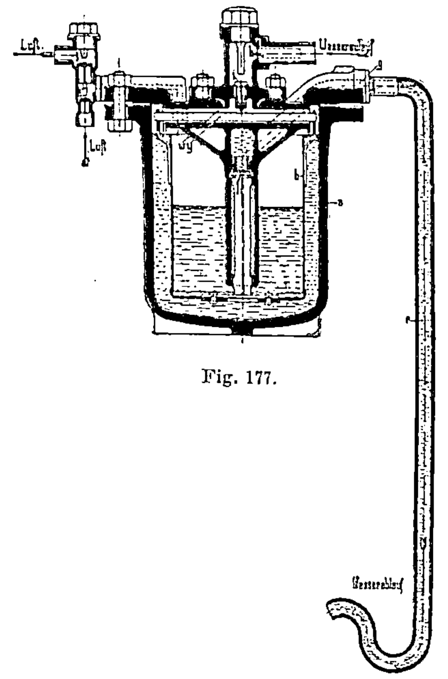

Fig. 177.

bei welchen auf den Umsteuerhebeln ein mit einer schweren Kugel als Laufgewicht versehenes, längliches Gefäß G befestigt ist, dessen Zweck ein besseres Überwinden der Reibungswiderstände beim Umsteuern ist. Die beiden gezeichneten Endlagen machen die Konstruktion ohne weitere Erklärung verständlich. An Stelle des Dreiweghahns ist ein aus Fig. 176 ersichtliches Doppelsitzventil V angewandt, welches die Ein- bzw. Ausströmung des Wassers durch die Rohre R_1 bzw. R_2 reguliert. Die Wirkungsweise des Schwimmers ist dieselbe wie bei der Anordnung Fig. 174 und aus der Figur ersichtlich.

2. Hydraulische Luftpumpe von Scholl.

Diese, von der Firma Böckel & Co., G. m. b. H., in Mannheim, in den Verkehr gebrachte Luftpumpe, hat ebenfalls alternierenden Betrieb, dessen Wechsel durch einen auf- und niedergehenden Schwimmer bewirkt wird, welcher den Zu- und Abfluß des Druckwassers steuert.

Die Pumpe ist in Fig. 177[1]) schematisch dargestellt. In einem Gehäuse a ist ein oben offener Schwimmer b eingebaut, an dem unten das Auslaßventil f für die Arbeitsflüssigkeit und oben die Querstange y befestigt ist, die beim Aufwärtsgang des Schwimmers an das Ventil i für den Flüssigkeitseinlaß stößt und dessen Öffnung vermittelt. Die Stange y liegt in einem Kanal w des Gehäusedeckels. h ist der Stutzen für die zulaufende Arbeitsflüssigkeit (Wasser). Seitlich an a angeschlossen sind die Luftventile, das Saugventil k und das Druckventil l.

In der Zeichnung ist die Pumpe so dargestellt, wie sie zum Absaugen irgend eines beliebigen Gases dienen soll. Das anzusaugende Gas wird der Pumpe durch eine an k anzuschließende Saugleitung zugeführt und durch l weiter befördert. Die aus der Luftpumpe abfließende

---

[1]) „Gesundheitsingenieur" 1908, 12. XII. Nr. 50.

Druckflüssigkeit wird durch ein Rohr r abgeleitet, dessen unteres Ende nach oben umgebogen ist, um den Eintritt von Luft zu verhindern. Ist der Druck des anzusaugenden Gases gleich oder niedriger als atmosphärische Pressung, so muß das untere Ende von r tiefer liegen wie die Pumpe und zwar entsprechend dem spezifischen Gewicht der Arbeitsflüssigkeit und dem zu erzeugenden Unterdruck. Also bei Wasser als Betriebsflüssigkeit und 0,9 Atm. Unterdruck ca. 9 m tiefer.

Um die Wirkungsweise der Pumpe zu verstehen, denke man sich den Behälter a sowie die Heberleitung g und das Rohr r mit Flüssigkeit gefüllt. Schwimmer und Flüssigkeitsventile sollen sich in der gezeichneten Lage befinden und es soll Gas von atmosphärischer Pressung angesaugt werden. Da die Ausmündung von r tiefer liegt als a, so fließt die in a befindliche Flüssigkeit durch r ab und saugt dabei Gas durch k in den Behälter hinein. Zwischen i und y ist in der gezeichneten Stellung des Schwimmers ein kleiner Spielraum, damit das Ventil i durch den Druck der in dem Zuleitungsrohr h befindlichen Flüssigkeit fest geschlossen gehalten werden kann. Sobald nun der Flüssigkeitsspiegel im Innern des Schwimmers so weit gesunken ist, daß der Auftrieb des Schwimmers gleich seinem Gewicht ist, beginnt sich der Schwimmer zu heben. Hierbei wird unter dem Schwimmer ein Raum frei, der sich mit Flüssigkeit aus dem ringförmigen Raume zwischen a und b füllt, und der Auftrieb wird so viel vermindert, wie der Flüssigkeitsspiegel in dem ringförmigen Raume zwischen a und b sinkt. Man hat es durch Vergrößern oder Verkleinern des inneren Durchmessers von a in der Hand, diese Verminderung des Schwimmerauftriebs auf ein gewünschtes Maß zu bringen. Bei weiterem Sinken des Flüssigkeitsspiegels im Innern des Schwimmers wird die durch Spiegelsenkung zwischen a und b entstandene Verminderung des Auftriebs ausgeglichen, y erreicht das Ventil i und der Schwimmerauftrieb überwindet schließlich den auf i lastenden Druck, das Flüssigkeitsventil hebt und öffnet sich, während das Auslaßventil f geschlossen wird. Die einlaufende Flüssigkeit wird von i aus durch den Kanal w in den ringförmigen Raum zwischen a und b geleitet, wo durch den Aufwärtsgang des Schwimmers der Spiegel gesunken war, und darauf in das Innere des Schwimmers. Die Druckflüssigkeit füllt also zunächst den Raum zwischen a und b auf, verstärkt dadurch den Auftrieb von b und die zur Umsteuerung erforderliche Kraft. Gleichzeitig wird das im Behälter a enthaltene Gas komprimiert und nach Erreichung des erforderlichen Überdruckes durch l in die angeschlossene Druckleitung befördert. Bei Beginn der Druckperiode wird das Ventil f durch den Auftrieb des Schwimmers gegen seinen Sitz gepreßt. Mit steigender Kompression wird der Auftrieb durch den Druckunterschied zwischen a und der Atmosphäre ersetzt. Von dem Augenblick an, wo so viel Flüssigkeit in den Schwimmer gelaufen ist, daß der Auftrieb des Schwimmers gleich seinem Gewichte ist, beginnt das Schwimmergewicht der Druckdifferenz zwischen a und der Atmosphäre entgegen zu wirken. Kurz bevor der Schwimmer mit Flüssigkeit gefüllt ist und der Auftrieb sein Minimum erreicht, überwindet das Schwimmergewicht die Druckdifferenz zwischen a und der Atmosphäre und öffnet f, während i sich unter dem Einfluß der Druckflüssigkeitsströmung schließt. Beim Abwärtsgang des Schwimmers fließt die aus dem unteren Raum zwischen a und b verdrängte Flüssigkeit über den oberen Rand des Schwimmers in das Schwimmerinnere, wodurch der Schwimmerauftrieb weiter vermindert und die abwärts wirkende Kraft zur Umsteuerung verstärkt wird. Durch f und g fließt nun die zugelaufene Flüssigkeit ab und das anzusaugende Gas (Luft oder dergleichen) kann wieder durch k noch a, worauf sich das vorher beschriebene Spiel wiederholt.

Als Anwendungsgebiet dieser Luftpumpe ist hauptsächlich zu nennen:

Selbsttätige Entlüftung von Saug- und Hebeleitungen, Destillierapparaten, Heizraumapparaten, Kondensationsanlagen, Unterdruckdampfheizungen und Warmwasserheizungen und automatische Belüftung von Druckwindkesseln bei Pumpen, Lokomotivkrahnen, zum Anlassen von Gasmaschinen u. a. m. Auch als Hochdruckluftpumpe für 30 Atm. Druck ist diese Schollsche Pumpe ausgeführt, so für die Gelsenkirchener Bergwerksaktiengesellschaft, Abteilung Aachener Hüttenverein in Esch. Meistens findet sie jedoch zur Heberleitung-Entlüftung Anwendung.

3. Hydraulischer Luftkompressor von Taylor.

Einen wesentlichen Fortschritt in der direkten Verwendung des Druckwassers zur Luftkompression bedeutet die Erfindung des Amerikaners Taylor.

Bei dieser vor einigen Jahren für große Leistungen zur Anwendung gebrachten Drucklufterzeugungsvorrichtung erfolgt die Luftkompression ebenfalls unter Vermeidung irgendwelcher bewegter Maschinenteile lediglich durch das in einem vertikalen Rohre niederstürzende Druckwasser. Das letztere trägt am oberen Ende den sogenannten Saugkopf[1] und ragt mit dem unteren Ende in einen Luftabscheider. Die für die gewünschte Luftpressung erforderliche Länge des Fallrohrs beträgt je 10 m für jede Atmosphäre Überdruck. Der Saugkopf besteht aus einer großen Anzahl konzentrisch angeordneter enger Röhrchen, durch welche die zu verdichtende Luft angesaugt wird. Der Luftabscheider wird von einem Behälter gebildet, welcher mit Führungswänden zum Zwecke der leichteren Trennung von Druckluft und Wasser versehen ist. Bei den normalen Ausführungen ist dieser Kompressor in einen entsprechend tiefen Schacht, Fig. 178, eingebaut und mit der auszunützenden Wasserkraftanlage derart in Verbindung gebracht, daß die Luftzuführungsröhrchen des Saugkopfes unter den oberen Wasserspiegel tauchen und der Wasserzufluß in das Wasserrohrinnere erfolgt, während der Wasserabfluß aus dem unteren Teile des Luftabscheiders um das Fallrohr herum durch den Schacht nach oben zum Untergraben hin stattfindet. In der den Saugkopf umströmenden Wassermasse des Obergrabens entsteht ein gewisser Unterdruck unter die atmosphärische Spannung, unter dessen Einfluß das Ansaugen von Luft durch die Röhrchen des Saugkopfes in das niederfallende Wasser erfolgt und zwar in Form unzählig vieler, kleiner Bläschen. Letztere werden auf ihrem Wege im Schacht

---

[1] Zeitschr. f. komprimierte u. flüssige Gase. 1891, Heft 1, April, S. 12, Tafel 2.

Ventil
Saugkopf
Obergraben
Luftabnahmerohr
Auspuffrohr
Ventil
Untergraben
Steigschacht
Luftabnahmerohr
Wasserlinie
Luftabscheidekessel

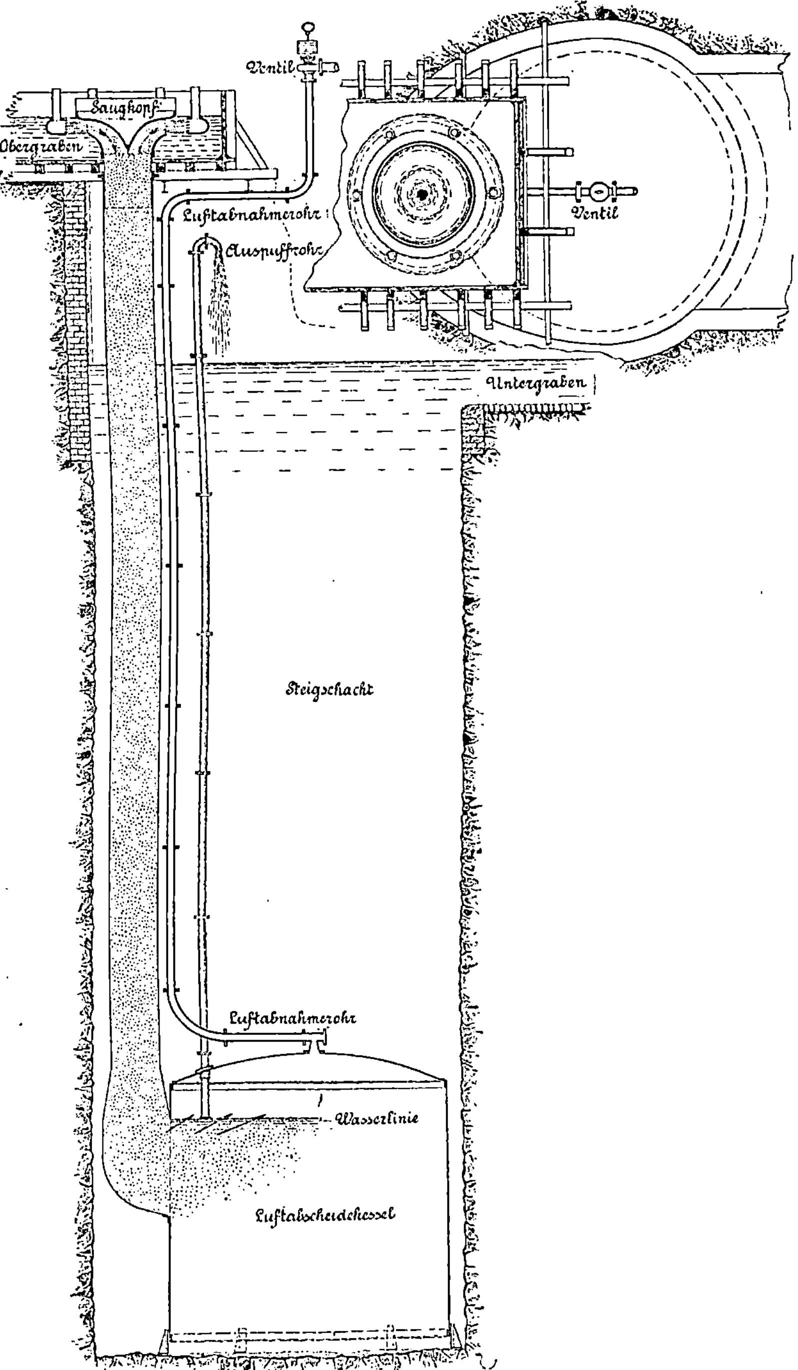

Fig. 178.

nach abwärts mehr und mehr verdichtet bis zu dem im Luftabscheider
herrschenden Druck, welcher der Wassersäule vom Luftabscheider bis
zum Wasserspiegel des Untergrabens entspricht. Der Arbeitsvorgang
in dieser Vorrichtung liefert im Vergleich zur mechanischen Kompression
für gleich große angesaugte Luftmengen den Vorteil kleinsten Arbeits-
aufwandes, da die Kompression isothermisch mit der Wassertemperatur
erfolgt. Der große praktische Vorteil des Apparates liegt in der durch
den Wegfall von Maschinen, Maschinenhäusern, Fundamenten, Dampf-
kesseln, Bedienungsmannschaften usw. gegebenen Einfachheit der Anlage, ferner in der leichten Anpassungsfähigkeit an schwierige örtliche
Verhältnisse, der Zuverlässigkeit des Betriebes und in dem Fortfalle
jeglicher Überwachung und Bedienung. Namentlich zur Ausnutzung der,
durch Flußregulierungen verfügbaren Wasserkräfte mit kleinen Gefällen
und großen Wassermengen wird dieser Kompressor leicht Anwendung
finden können, da bei dem niedrigen Gefälle die Ausnutzung für Wasser-
kraftmaschinen in den meisten Fällen nicht lohnend sein würde. Die
einzigen Unkosten liegen beim Bau in der Ausschachtung des Steig-
schachtes, welcher am oberen Ende gemauert und mit einem Trag-
gerüst für das Fallrohr und das Luftabnahmerohr versehen sein muß,
sowie in den verhältnismäßig geringen Kosten für die eisernen Rohre
und Behälter. Nach diesem Prinzip sind in Amerika bereits mehrfach
größere Anlagen hydraulischer Kompressoren ausgeführt, welche durch
die vor mehreren Jahren gegründete Taylor-Gesellschaft gebaut wurden.

In Magog, einer kleinen Stadt im Staate Kanada, befindet sich seit
mehreren Jahren ein Kompressor von 150 PS. in störungsfreiem Beriebe.
Derselbe erzeugt ohne Aufsicht und Wartung Preßluft von 5 Atmosphären
zum Betrieb der Arbeitsmaschinen einer Kattundruckerei. Eine 500 PS.-
Anlage ist in Ainsworth in Britisch-Kolumbien im Betrieb, während u. a.
eine 700 PS.-Anlage in Mamora im Staate Kanada und eine 1500 PS.-
Anlage in Norwich im Staate Connecticut ausgeführt ist. In Deutschland wurde die erste Anlage in einer alten Turbinenanlage des
Hüttenwerks in Dillingen a. Saar ausgeführt. Der vorhandene Turbinen-
schacht wurde auf größere Tiefe niedergetrieben. Da es sich bei dieser
Versuchsanlage zunächst nur um den praktischen Nachweis der einfachen und zuverlässigen Wirkungsweise des Kompressors handelte,
wurden die Abteufungsarbeiten bei etwa 21 m Schachttiefe unterbrochen,
wobei unter Abrechnung der Konstruktionshöhe des Luftabscheide-
kessels und des Gefälls der Wasserkraft, also des Höhenunterschiedes
zwischen Ober- und Untergraben eine wirksame Wassersäule von 12 m
für eine Luftspannung von 1,2 Atmosphären übrig blieb. Die Anlage
arbeitet vollkommen befriedigend und ist der Nutzeffekt bei der Anlage
bis zu 95 % nachgewiesen worden, welche Werte sich bei richtiger
Dimensionierung der Fallrohre und vollkommener Ausführung der Saug-
köpfe und Luftabscheider wohl noch erhöhen ließen [1]).
In neuerer Zeit wird dieser Kompressor in Deutschland durch
das „Wasserkraft.-Druckluft-Syndikat" in Mühlheim a. Rhein
ausgeführt und sind von demselben bereits verschiedene Anlagen dem

---

[1]) Näheres s. auch „Glückauf" 1906, S. 933, wo sowohl ausgeführte Anlagen beschrieben als auch Versuchsergebnisse mitgeteilt sind.

Betrieb übergeben worden, so im Jahre 1903 auf Schacht Glanzenberg des Erzbergwerks der Gewerkschaft Glanzenberg bei Siegen, auf Grube Holzapfel der Rhein.-Nassauischen Bergwerks- und Hütten-Akt.-Gesellschaft bei Laurenburg a. Lahn, auf dem Altensegenerschacht der Kgl. Berginspektion zu Clausthal, welche Anlage Anfang 1908 in Betrieb kam, eine Anlage der Kgl. Berginspektion Grund i. Harz bei Gittelde, und eine Anlage auf der Zeche Victor in Rauxel in Westfalen. Von ausländischen Anlagen sind zu erwähnen diejenigen in Ainsworth, Britisch-Kolumbien, mit einem Hochgefälle von 32 m und einer Kompressionsleistung von ca. 500 PS. und die Anlage der Victoria Copper Mining Co. in Rockland, Michigan, die größte bisher ausgeführte Anlage der Welt, welche im Jahre 1907 in Betrieb kam und bei einer Gefallhöhe von 22 m eine Wasserkraft von 4000 PS. ausnutzt. Sehr eingehende Versuche wurden auf der Anlage zu Glanzenberg unternommen und zwar mit zwei verschiedenen Gefällen von 50 und 17 m. Die dabei gefundenen Werte sind in den beiden nachstehenden Tabellen enthalten.

Hydraulischer Versuchskompressor auf Grube Glanzenberg (Anordnung I).

Gefälle = 50 m, Luftpressung = 7,0 Atm. eff., $\frac{Lis = 20,79}{Lad = 28,47}$ mkg/l. Luft

Wasser-menge	Anemo-meterweg	Wasser-leistung	Luft-menge	Kompressionsleistung PS		Gütergrad bezogen auf	
l/Sek.	m/Sek.	PS.	l/Sek.	isother-misch	adiabatisch	isoth. Kompr.	adiab. Kompr.
8,7	0,83	5,8	11,8	3,3	4,5	0,57	0,78
10,0	1,03	6,6	14,75	4,1	5,6	0,62	0,85
11,4	1,25	7,6	18,0	5,1	6,8	0,66	0,90
12,5	1,40	8,3	20,0	5,7	7,6	0;68	0,92
13,8	1,50	9,2	23,0	6,3	8,7	0,69	0,95
14,7	1,70	9,8	24,5	6,8	9,3	0;70	0,95
15,1	1,72	10,0	25,0	6,9	9,5	0,69	0,95
16,5	1,88	11,0	27,5	7,6	10,4	0,69	0,94
18,0	2,03	12,0	29,0	8,2	11,0	0,68	0,92

1 m/Sek. Anemometerweg = 14,5 Liter angesaugte Luft.

Hydraulischer Versuchskompressor auf Grube Glanzenberg (Anordnung II).

Gefälle = 17 m, Luftpressung = 7 Atm. eff., $\frac{Lis = 20,79}{Lad = 28,47}$ mkg/l Luft

Wasser-menge	Anemo-meterweg	Wasser-leistung	Luft-menge	Kompressionsleistung PS		Gütegrad bezogen auf	
l/Sek.	m/Sek.	PS.	l/Sek.	isother-misch	adiabatisch	isoth. Kompr.	adiab. Kompr.
7,0	0,25	1,52	3,7	1,00	1,40	0,65	0,92
8,2	0,30	1,83	4,4	1,20	1,67	0,65	0,91
9,3	0,33	2,10	5,2	1,46	2,01	0,68	0,95
10,6	0,41	2,40	6,05	1,66	2,30	0,69	0,95
11,8	0,44	2,66	6,75	1,87	2,56	0,69	0,96
12,6	0,49	2,85	7,1	1,95	2,70	0,69	0,94
14,2	0,56	3,20	8,2	2,25	3,12	0,70	0,97
16,5	0,59	3,73	8,65	2,38	3,28	0,64	0,88
17,6	0,58	3,98	8,5	2,32	3,23	0,58	0,81
18,5	0,58	4,20	8,5	2,33	3,23	0,55	0,77
19,6	0,54	4,45	8,0	2,20	3,04	0,49	0,68

1 m/Sek. Anemometerweg = 14,5 Liter angesaugte Luft.

Wie dieselben zeigen, wurden folgende höchsten und mittleren Gütegrade erreicht:

			Anordnung I (50 m Gefäll)	Anordng. II (17 m Gefäll)
Höchster Wirkungsgrad {	bezogen auf	isotherm. Komp.	0,70	0,70
	„ „	adiab. Komp.	0,95	0,97
Mittlerer Wirkungsgrad {	„ „	isotherm. Komp.	0,664	0,64
	„ „	adiab. Komp.	0,907	0,885

Die maximale Luftmenge betrug somit bei der ersten Anordnung 2,416 l/Sek. für ein Wasserpferd, bei der zweiten Anordnung ∼ 1,8 l/Sek. für ein Wasserpferd. Die mittlere Leistung betrug bei 50 m Gefälle 2,41 l/Sek. für ein Wasserpferd, bei 17 m Gefälle 2,28 l/Sek. für ein Wasserpferd.

Die Resultate der Versuche auf Grube Laurenburg bei 117 m Gefälle sind in der folgenden Tabelle enthalten.

Hydraulischer Luftkompressor auf Grube Laurenburg.

Gefälle = 117 m, Luftpressung = 6,2 Atm. eff., $\frac{\text{Lis} = 19,70}{\text{Lad} = 26,67}$ mkg/l Luft „ „ „

Wasser-menge l/Sek.	Wasser-leistung PS	Luft-menge l/Sek.	Kompressionsleistung PS		Gütegrad bezogen auf	
			isother-misch	adiabatisch	isother. Kompr.	adiab. Kompr.
18,0	28,4	7,2	18,9	25,6	0,66	0,90
30,5	47,6	10,8	28,5	38,5	0,60	0,81
32,2	50,2	11,2	29,5	40,0	0,59	0,80
35,7	55,6	11,4	29,9	40,4	0,54	0,73

Hierbei schwankt der Gütegrad zwischen 66 (isotherm.) und 90 % (adiab. Kompr.)

Die Luftmenge betrug hierbei i. M. 0,223 l/Sek. für ein Wasserpferd.

Über die Anlage- und Betriebskosten gibt Oberingenieur P. Bernstein in einem Vortrag auf dem Internationalen Bergbaukongreß in Düsseldorf 1910 eine interessante Zusammenstellung [1]), welcher folgende Angaben entnommen sind.

Verglichen sind: 1. ein Elektrokompressor, gespeist vom Kraftwerk einer hydroelektrischen Zentrale, 2. ein direkt von einer Turbine angetriebener Kolbenkompressor und 3. ein hydraulischer Kompressor [2]).

	bei	1.	2.	3.
Die Anlagekosten belaufen sich zu	Mk.	12600	13000	15000
Die Verzinsung und Amortisation „	„	1760	1830	1500
Die reinen Betriebskosten „	„	3180	3080	200
Also gesamte Jahresunkosten „	„	11490	4910	1700
Daher die Lufterzeugungskosten für 100 cbm angesaugter Luft „	„	3,20	1,36	0,47
Und der Kraftbedarf in Wasser PS „	„	110	84,5	70,0

[1]) Dingl. Polytech. Journal 1910, Bd. 335, Heft 36—39.

[2]) Erzeugungskosten für je 1000 cbm angesaugte Luft bei Wasserkraftbetrieb unter Zugrundelegung der Wasserkraftverhältnisse im Oberharz. Kompressorleistung 600 cbm/Stde., bei 5—6 Atm. Luftdruck; Jahreserzeugung 3600000 cbm Luft bei 6000 Betriebsstunden.

Setzt man die Unkosten für den hydraulischen Kompressor (0,47 M.) = 1, so verhalten sich die Werte bei 1., 2. und 3. wie 6,81 : 2,89 : 1.

Es dürfte daher zweifellos empfehlenswert sein, wenn sonst die örtlichen und übrigen Betriebsverhältnisse es zulassen, hydraulische Kompressoren anzuwenden, zumal auch die Betriebssicherheit eine fast unbegrenzte ist, da ja keinerlei bewegte, irgendwelchen Abnutzungen unterworfene Teile vorhanden sind.

E. Kompressoren mit gesteuerten Ein- und Auslaßorganen.

Bereits bei der Besprechung der Bessemergebläsemaschinen ist der Vorteil des rechtzeitigen Abschlusses der Saug- und Druckventile beim Hubwechsel erläutert und die Riedlersche Konstruktion für diesen Zweck besprochen worden. Auch unter den bisher behandelten Kompressoren befinden sich verschiedene, welche dieses Prinzip ganz oder teilweise zur Ausführung bringen. Bei allen Kompressoren mit Druckausgleich diente zum rechtzeitigen Abschluß der Saugkanäle ein zwangläufig bewegtes Organ, ein Flach- oder Rundschieber, während allerdings die Druckkanäle durch kraftschlüssig bewegte Ventile geschlossen wurden. Indessen ist auch die zwangläufige Bewegung oder Steuerung der letzteren versucht und ausgeführt worden. Es sollen daher zwei Gruppen dieser Klasse getrennt behandelt werden:

1. Kompressoren mit gesteuerten Einlaßorganen,
2.   „   „   „   Ein- und Auslaßorganen.

I. Kompressoren mit gesteuerten Einlaßorganen.

Da der volumetrische Wirkungsgrad um so größer ist, je genauer der Beginn des Ansaugens mit dem Hubwechsel zusammenfällt, die Eröffnung der Saugventile beim Hubwechsel aber nur durch eine Steuerung möglich ist, so ist der Vorteil gesteuerter Einlaßorgane hierdurch von selbst gegeben. Ihre Ausführung bietet keine Schwierigkeit, da die Bewegung von der Schwungradwelle oder den hin und her gehenden Maschinenteilen leicht abgeleitet werden kann. Der Abschluß der Druckleitung erfolgt hierbei meistens durch kraftschlüssige Ventile.

1. Kompressor Reumaux[1]). Fig. 179—181.

An den beiden Stirnflächen des liegenden Zylinders sind je zwei nebeneinanderliegende Saugventile A und je ein Druckventil B angebracht. Die ersteren sind nach außen hin erweitert und tragen je eine Saugmuschel C, in welche während des Ansaugens Kühlwasser einfließt. Die Saugventilstangen D sind am oberen Ende mit einem Gelenk E versehen, welches beim Aufgang des Daumens F nachgibt und nach oben gedreht wird, während es beim Niedergang desselben in der horizontalen Lage verbleibt. Daumen F und Gelenk E bilden die Hauptteile

---

1) Portef. d. machines 1887, Tafel 23 u. 24.

der Steuerung. Die Bewegung des Daumens erfolgt durch einen Hebel G, welcher seinerseits durch Zwischenhebel und Exzenterstange von einem

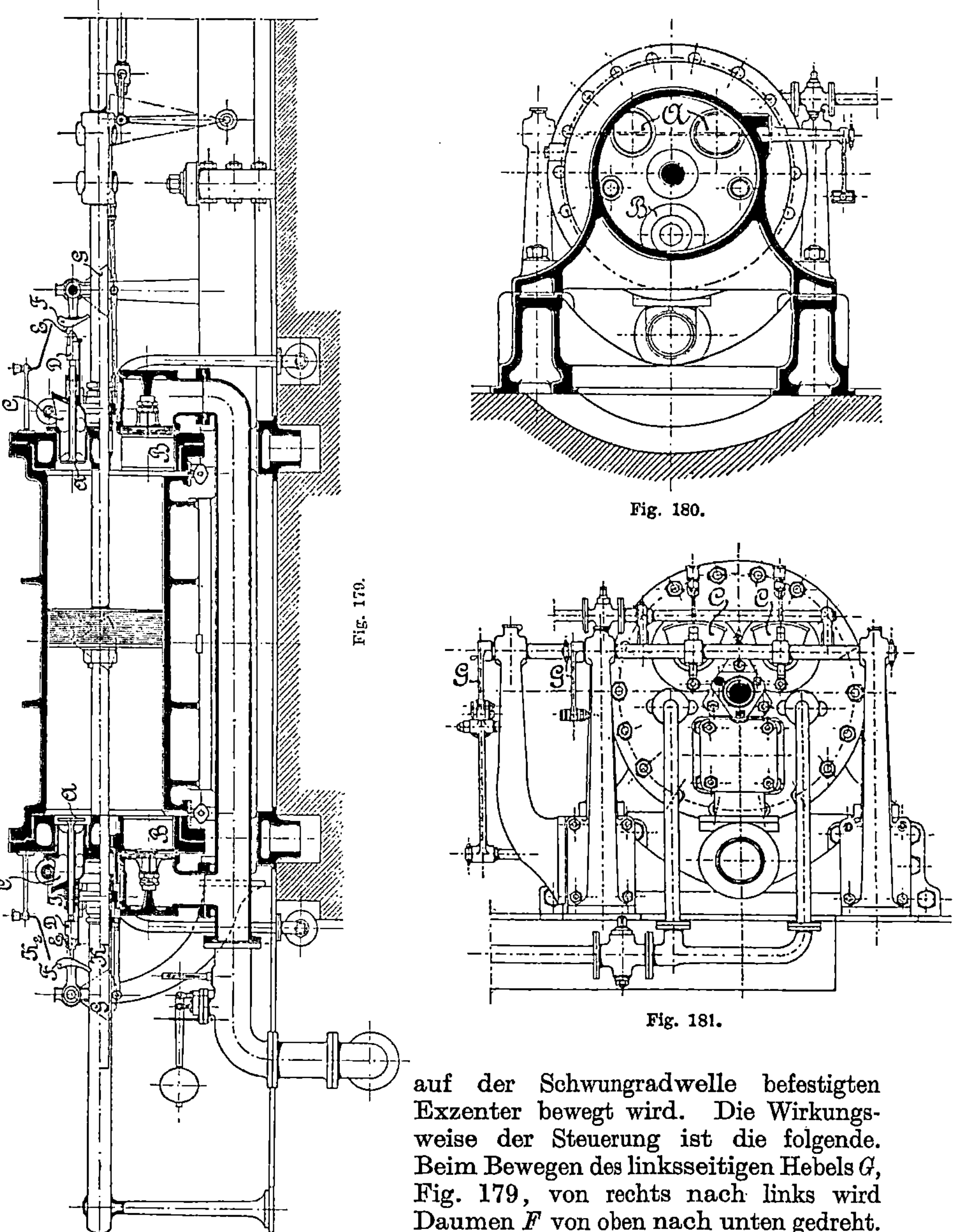

Fig. 179.

Fig. 180.

Fig. 181.

auf der Schwungradwelle befestigten Exzenter bewegt wird. Die Wirkungsweise der Steuerung ist die folgende. Beim Bewegen des linksseitigen Hebels G, Fig. 179, von rechts nach links wird Daumen F von oben nach unten gedreht. Hierbei schlägt die Kante K_1 gegen das Gelenk E, verschiebt hierdurch dasselbe und die Ventilstange D nach rechts und öffnet das Saugventil. Ist der Daumen soweit nach unten gedreht, daß die Kante K_2 über die Unterkante von E hinweggeht, so klinken beide Teile aus, und wird das Ventil durch den Druck der Feder I zugezogen. Beim Aufgang von F wird das Gelenk E gehoben, so daß der Daumen ungehindert nach oben gedreht werden kann.

Das Kühlwasser fließt durch die Druckventile und die Druckleitung nach unten ab.

Zwei Ausführungen des Reumauxschen Kompressors auf den Mines de Lens (Pas de Calais), Schacht 6 bei Douvrin[1]) haben folgende Abmessungen:

1. Einfacher Kompressor:

    Dampfzylinder-Durchmesser . . . . . 0,6 m
    Luftzylinder- „ . . . . . 0,54 „
    Gemeinschaftlicher Hub . . . . 0,7 „
    Tourenzahl i. d. Min. . . . . 45—60
    Dampfdruck . . . . 4,25 kg/qcm
    Luftdruck . . . . 5,5 „
    Dampfarbeit Ni . . . . 79 PS.
    Luftarbeit Ne . . . . 70 „

$$\text{Mechan. Wirkungsgrad } \eta_d = \frac{70}{79} = 0{,}886$$

2. Zwillingskompressor:

    Dampfzylinder-Durchmesser . . . . . 0,7 m
    Luftzylinder- „ . . . . . 0,62 „
    Gemeinschaftlicher Hub . . . . 1,6 „
    Tourenzahl i. d. Min. . . . . 45.

Beide Kompressoren zeigten bei den angegebenen Tourenzahlen vollkommen ruhigen Gang. Die Kühlwassermenge betrug das vierfache Gewicht des Luftgewichts oder dem Volumen nach für 1 cbm angesaugte Luft 5,175 kg oder Liter Wasser = 5,18 %. Leider ist die Kompressions-Endtemperatur nicht mitgeteilt, indessen dürfte nach dem früher Gesagten die Kühlung während des Ansaugens keinen Arbeitsgewinn verursachen.

Über einen am 12. Mai 1886 mit dem letzteren der beiden obigen Kompressoren ausgeführten Versuch ist folgendes zu berichten[2]). Um zunächst die Änderung der Leistung der Maschine bei verschiedenen Tourenzahlen festzustellen, wurden vier Versuche bei 19, bzw. 26, 40 und 54 Touren ausgeführt.

Die Diagramme, welche bei den verschiedenen Touren abgenommen wurden, ergaben folgende Leistungen:

Versuch No.	Minutl. Touren- zahl n	Indiz. Leistung der Dampfmaschine Ni	Indiz. Leistung im Luftzylinder Ne	$\frac{Ne}{Ni} \cdot 100$	Kolbenge- schwindigkeit in m	Sekundl. ange- saugte Luftmenge cbm
1	19	209	185,4	88,7	1,01	0,612
2	26	289,82	257,40	88,8	1,39	0,837
3	40	487,4	391,28	80,3	2,133	1,288
4	54	680,26	532,36	78,3	2,88	1,739

[1]) Salomon, Reisebericht in Belgien, Z. f. B.-H.- u. Sal.-Wesen. 1887, Bd. 35, S. 231.

[2]) Portef. économique d. mach. 1887, Bd. XII, S. 83 u. 84.

Die Diagramme des dritten Versuches bei 40 Touren zeigt Fig. 182.
Die Hauptwerte dieses Versuches sind folgende:

Dampfdruck im Kessel . . . . 6,00 kg/qcm
Luftdruck . . . . 6,00 „ „
Füllungsgrad im Dampfzylinder . . . 0,4
Mittlere Kolbengeschwindigkeit . . . 2,133 m
Dampfzylinderquerschnitt . . . . . 3848 qcm
Kolbenstangenquerschnitt . . . . . 78,5 „
Wirksame Kolbenfläche . . . . . . 3769,5 „
Luftzylinderquerschnitt . . . . . . 3019 qcm
Kolbenstangenquerschnitt . . . . . 78 „
Wirksame Kolbenfläche . . . . . . 2941 „
Mittlerer Dampfdruck (vorn) . . . . 2,221 kg/qcm
„ „ (hinten) . . . 2,323 „ „
„ Luftdruck (vorn) . . . . 2,369 „ „
„ „ (hinten) . . . 2,309 „ „

Dampfarbeit, aus dem vorderen Dampfdruck berechnet

$$\frac{3769,5 \cdot 2,221 \cdot 2,133}{75} = 238,1 \text{ PS.}$$

Dampfarbeit aus dem hinteren Dampfdruck berechnet

$$\frac{3769,5 \cdot 2,323 \cdot 2,133}{75} = 249,3 \text{ PS.}$$

Mittlere Dampfarbeit beider Zylinder zusammen
$$238,1 + 249,3 = 487,4 \text{ PS.}$$

Luftarbeit, aus dem vorderen Luftdruck berechnet

$$\frac{2941 \cdot 2,369 \cdot 2,133}{75} = 198,15 \text{ PS.}$$

Luftarbeit, aus dem hinteren Luftdruck berechnet

$$\frac{2941 \cdot 2,309 \cdot 2,133}{75} = 193,13 \text{ PS.}$$

Mittlere Luftarbeit beider Luftzylinder zusammen
$$198,15 + 193,13 = 391,28 \text{ PS.}$$

Mechan. Wirkungsgrad $\dfrac{Ne}{Ni} = \dfrac{391,28}{487,4} \cdot 0,803$ PS.

Sekundlich angesaugte Luftmenge . . 1,288 cbm
Temperatur der angesaugten Luft . . 26° C.
„ „ komprimierten Luft 21° „
„ „ eingespritzten Wassers 13° „

2. Ventilsteuerung für Luftkompressoren, Gebläse etc.
von Icken in Frankfurt a. M.

Der Zweck derselben ist, einen Rückdruck der aus dem Zylinder
entfernten gepreßten Luft auf das Druckventil, sowie ein Zurückströmen
und Zurückexpandieren der gepreßten Luft möglichst zu vermeiden.
Bei der in Fig. 183 und 184 [1]) abgebildeten Steuerung wird die Ventil-
öffnung und der Abschluß desselben durch ein zwangläufig bewegtes
Ventil *A* und ein selbsttätig wirkendes Rückschlagventil *D* mit Luft-

---

[1]) Deutsche Pat.-Schrift 113092.

buffer B in der Weise bewirkt, daß das zwangläufig bewegte Ventil A zuerst geöffnet und zuerst geschlossen wird und danach erst das von der Steuerwelle mittelst einer Daumenscheibe G bewegte Ventil. Beim Beginn des Kolbenrückgangs nach rechts expandiert im Arbeitszylinder M die Luft nach der Linie 4/5 des Diagramms, Fig. 185, aus dem schädlichen Raume. Würde nun angenommen, daß das Rückschlagventil D noch nicht völlig geschlossen sei, so müßte das Steuerventil A durch den im Druckraum N herrschenden Überdruck geöffnet werden, wenn es nicht durch eine Feder E gegen seinen Sitz gepreßt würde. In demselben Verhältnis, als der Druck im Arbeitszylinder M im Verlauf der Expansion abnimmt, also der Überdruck oder der Unterschied der Drücke im Druckraum N und Arbeitszylinder M zunimmt, wird die Feder E gespannt, so daß, auch wenn das Rück-

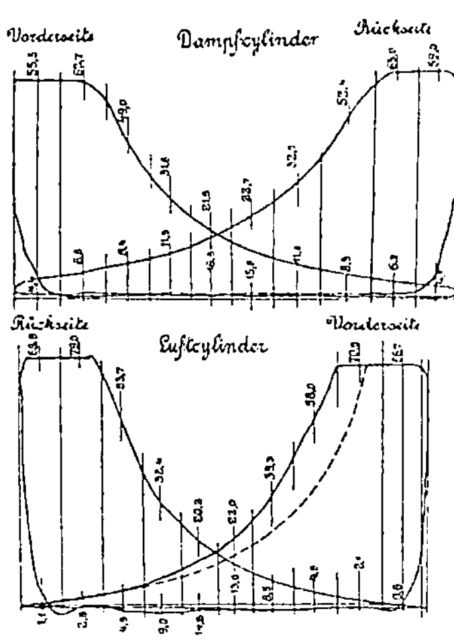

Fig. 182.

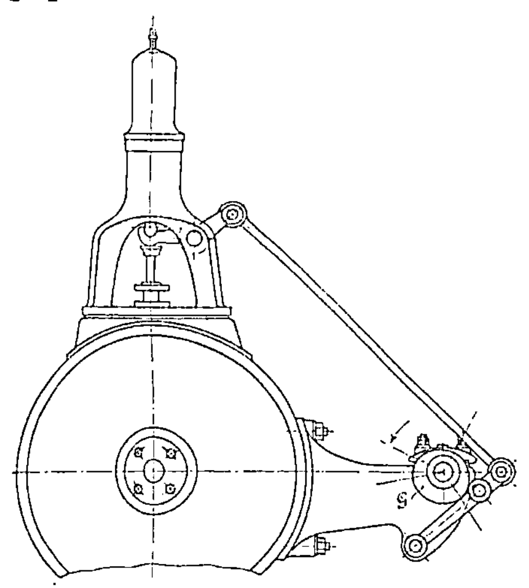

Fig. 183.

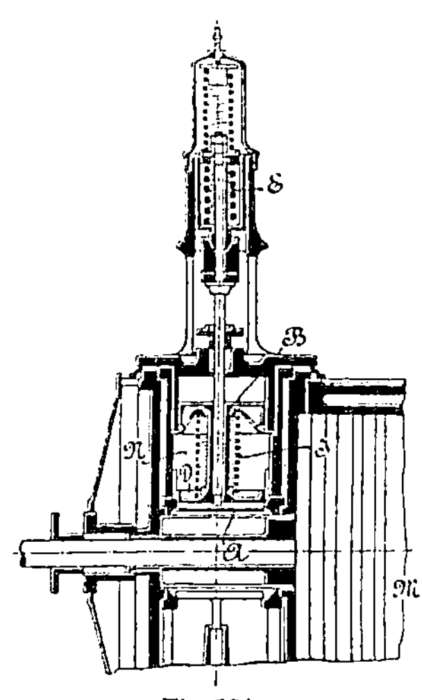

Fig. 184.

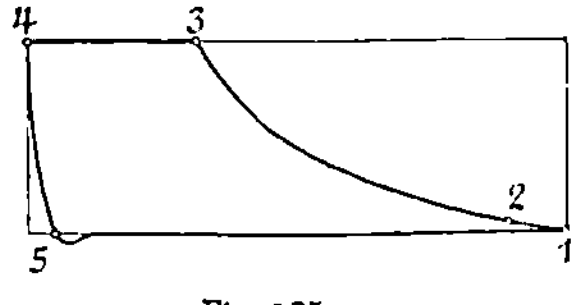

Fig. 185.

schlagventil D noch nicht ganz geschlossen ist, doch das Steuerventil mit einem gewissen Kraftüberschuß auf seinem Sitz lastet. Auch während der Saugperiode, also während des Weges 5—1, Fig. 185, in welcher Zeit sich der Zylinder mit der anzusaugenden Luft füllt, bleibt das Steuerventil A geschlossen. Beim Beginn der Kompression 1—3 läßt die Spannung der Feder E nach und erreicht im

Punkte 2 bereits den Zustand der Spannungslosigkeit, bis zu welchem Punkte also das Steuerventil A geschlossen bleibt. Von nun an kommt die oberste Feder G zur Geltung und bewirkt das Öffnen des Steuerventils A, welches bis zum Punkte 3 des Diagramms seine größte Öffnung erreicht. Das Rückschlagventil D jedoch ist während der Saugperiode und der Kompressionsperiode geschlossen bis zum Punkte 3, worauf der Überdruck dieses Ventil öffnet. Von jetzt an regelt sich der Hub der Ventile A und D entsprechend der jeweiligen Kolbengeschwindigkeit, so daß im Punkte 4, dem Todpunkte des Arbeitskolbens H der Hub des Steuerventils A gleich Null ist, während das Rückschlagventil D, da jetzt der Druck über und unter demselben gleich groß ist, sich unter der alleinigen Einwirkung der Feder J und des Buffers B sanft schließt.

Eine andere Ausführungsform dieser Steuerung ist in Fig. 186 dargestellt [1]), bei welcher im Gegensatz zu der vorbeschriebenen Anordnung, bei welcher das Steuerventil A mit der Stirnfläche abdichtet, die Abdichtung durch die Stirnfläche des Ventils bewirkt wird. Das Rückschlagventil kann entweder als Ringventil B ausgebildet sein oder es können ein oder mehrere seitlich angeordnete Rückschlagventile rings um den gesteuerten Kolben A angeordnet sein. Die letztere Anordnung dürfte gegenüber der vorbeschriebenen den Vorzug einer noch sanfteren Wirkungsweise und eines möglichen, rascheren Ganges des Luftkompressors besitzen.

3. Ventilsteuerung für Luftkompressoren von Burckhardt in Basel.

Den bereits bei mehreren Ausführungen von Luftkompressoren beabsichtigten Zweck, einen möglichst sanften Schluß der Ventile zu erreichen, sucht auch die Konstruktion von Burckhardt zu erzielen [2]). Bei derselben sind Saug- und Druckventile konzentrisch zueinander in einem gemeinschaftlichen Ventilgehäuse angeordnet zu dem Zwecke, die schädlichen Räume derselben möglichst zu verringern, das Saugventil auf einfache Weise zu steuern und leicht zugänglich zu machen. Endlich bezweckt die vorliegende Konstruktion, die Öffnungs- und Schlußgeschwindigkeit des Druckventils von außen während des Ganges durch Veränderung des Bufferwiderstandes beliebig regeln zu können. In dem Ventilgehäuse G, Fig. 187, findet sich das von außen durch die Zugstange e bzw. a steuerbare Saugventil V, welches ein ungesteuertes Druckventil T über sich trägt. Vermittelst einer als Bufferzylinder ausgebildeten Führungshülse t wird das letztere auf einer feststehenden Führung F geführt. Der obere Teil F^1 der letzteren dient als Bufferkolben und ist mit den Kanälen x, y, x_1, y_1 und von außen einstellbaren Saug- und Druckventilen r und m Fig. 188 versehen. Infolge dieser Anordnung wird während des Druckhubes das Druckventil T durch die aus dem Zylinderraum C herausgedrückte Druckluft gehoben und gleichzeitig die Druckluft aus dem Druckraum B unter Schließen des Ventils r durch den Kanal $x\,y$ in den Innenraum der Hülse t angesaugt, wodurch die Öffnungsgeschwindigkeit beeinflußt wird. Beim Schließen des Druckventils T

---

[1]) Deutsche Pat.-Schrift 114991.
[2]) Deutsche Pat.-Schrift 118625.

jedoch bildet die in dem Innenraum der Führungshülse befindliche Luft einen Luftbuffer und wird während der Schlußbewegung des Ventils T allmählich unter Anheben des Ventils m durch den Kanal $y_1 x_1$ in den Druckraum B zurückgedrängt. Hierdurch wird eine Verzögerung des Schlusses des Ventils T und ein sanftes Aufsetzen desselben bewirkt. Dadurch, daß der Hub des Druckventils m von außen mittelst der Schraubenspindel L_1 und der Durchgangsquerschnitt bei x mittelst der Schraubenspindel L während des Ganges der Maschine vergrößert oder verkleinert werden kann, kann auch die Öffnungs-

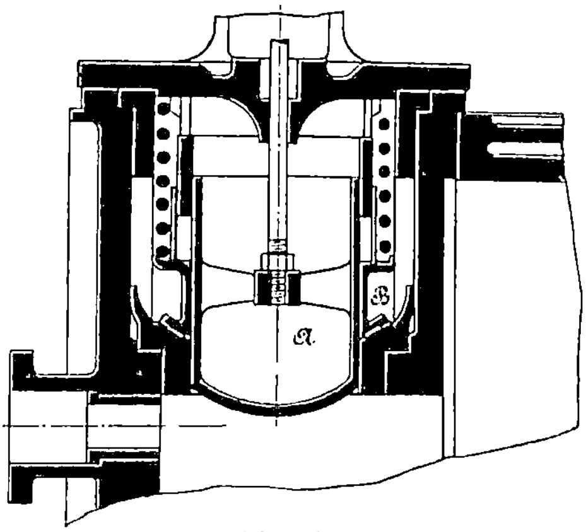

Fig. 186.

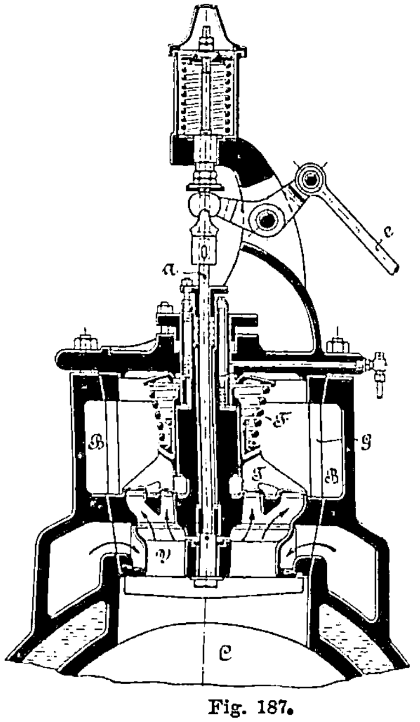

Fig. 187.

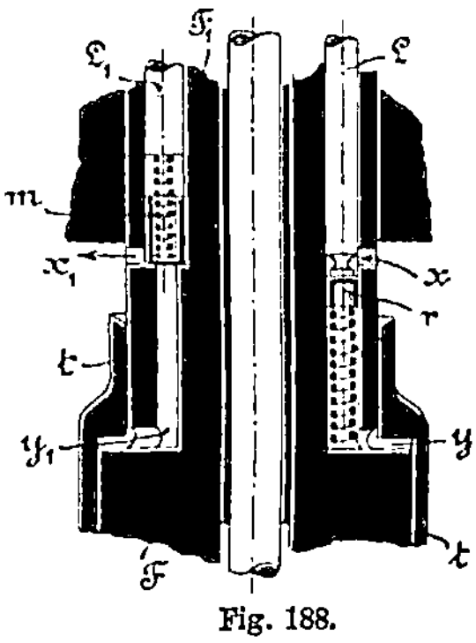

Fig. 188.

und Schlußgeschwindigkeit des Druckventils beliebig geregelt werden. Die Steuerung des Saugventils kann in beliebiger Weise von der Maschinenwelle aus erfolgen, z. B. mittelst einer Daumenscheibe.

4. Entlastete Kolbenschiebersteuerung von Harth in Frankfurt a. M.

Bei dieser Steuerung, Fig. 189[1]), besteht das Wesentliche aus einem zwangläufig bewegten Steuerkolben A und aus einem Schieberringventil B, welches auf dem Rücken des Steuerkolbens A abdichtet. Wie aus dem Diagramm Fig. 190 ersichtlich ist, beginnt bei der dem Punkte 1 entsprechenden Stellung des Arbeitskolbens K der Steuerkolben A bei seiner

____
[1]) Deutsche Pat.-Schrift 123996.

Bewegung nach rechts die Verbindung zwischen dem Arbeitszylinder Z und dem Saugraum L herzustellen, so daß durch das Saugrohr M, von dem an jeder Zylinderseite ein besonderes vorhanden ist, während des Kolbenweges 1, 2 Luft angesaugt wird. Nach Beendigung der Saugperiode unterbricht der Steuerkolben A bei seiner Bewegung nach links

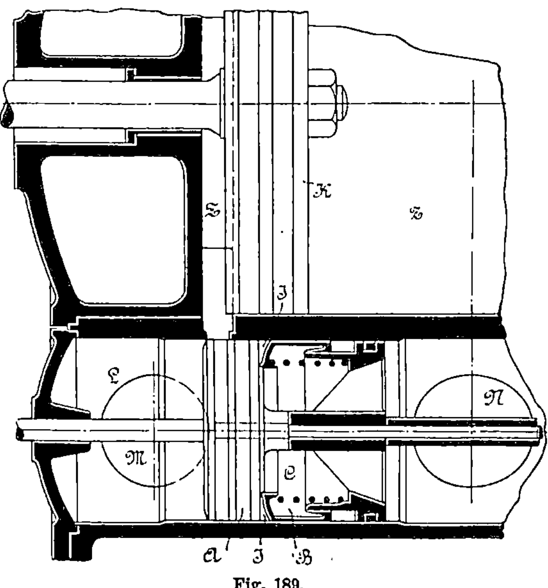

Fig. 189.

die Verbindung zwischen dem Saugraum L und dem Zylinder Z. Bei der nunmehr erfolgenden Umkehr des Arbeitskolbens K findet die Kompression nach der Linie 2, 3, das Hinausdrücken aus dem Zylinder auf dem Wege 3, 4 statt. Bei der Stellung 5 des Diagramms beginnt der

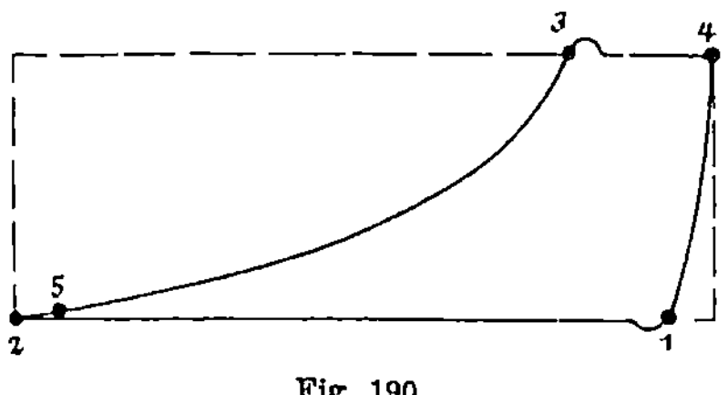

Fig. 190.

Steuerkolben A bereits die Verbindung zwischen dem Zylinderraum Z und dem Spaltraum J zwischen Steuerkolben und Ventil B herzustellen. Das letztere bleibt nun solange geschlossen, bis der Druck im Zylinder den im Druckraum C herrschenden Druck um eine gewisse, zur Öffnung des Ventils erforderliche Größe übersteigt. In diesem Augenblicke öffnet sich das Ventil B selbsttätig, worauf durch den zwischen dem Steuerkolben und dem Ventil gebildeten Ringraum die Druckluft in den Druckraum C

und von hier durch das Druckrohr N in die Druckleitung gelangen kann. Beim Rückwärtsgang des Kolbens A wird die Verbindung zwischen dem Druckraum C und dem Zylinderraum Z abgeschlossen, worauf sich das Ventil B langsam unter Einwirkung einer schwachen Feder während der ganzen Saugperiode schließen kann, da dasselbe auf beiden Seiten mit gleichem Drucke belastet ist, so daß ein Zuschlagen desselben mit großer Kraft verhindert wird. Infolge dieser eigenartigen Anordnung dürfte sich die Steuerung für größere Umdrehungszahlen bei Luftkompressoren und Luftpumpen besonders eignen. Ein Nachteil derselben liegt jedoch in der schweren Zugänglichkeit der beiden innerhalb der Steuerkolben A auf jeder Seite des Arbeitszylinders liegenden Ringventile B, da, um an dieselben zu gelangen, die ganze äußere Steuerung mit dem Steuerkolben entfernt werden muß.

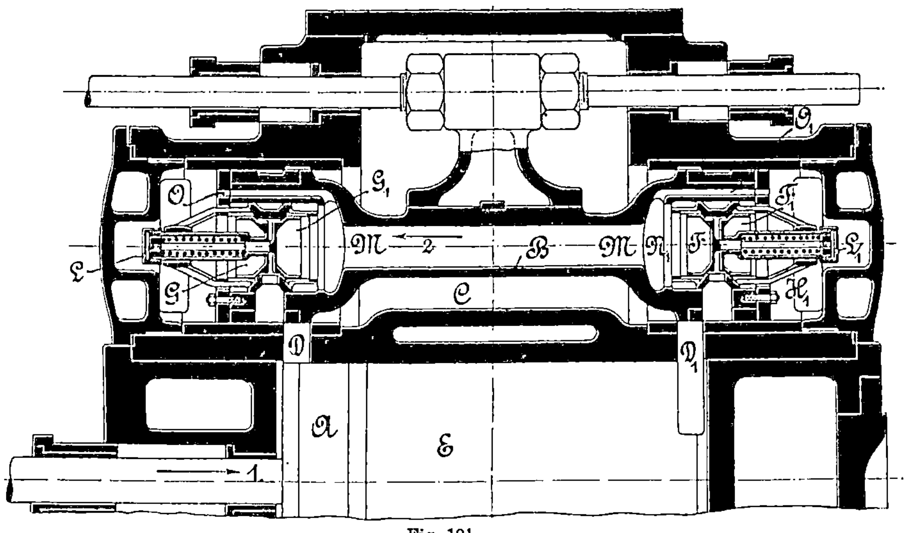

Fig. 191.

5. Entlastete Kolbenschiebersteuerung von Rudolf Meyer in Mülheim a. Ruhr.

Diese in Fig. 191 [1]) abgebildete Steuerung ist eine entlastete Kolbenschiebersteuerung, bei welcher an Stelle der gewöhnlichen, selbsttätigen Saugventile ein einziges, zwangläufig bewegtes Steuerorgan, ein Kolbenschieber, und in diesem letzteren an Stelle der gewöhnlichen selbsttätigen Druckventile je ein Zwillingsventil GG_1 und FF_1 in der Weise angeordnet sind, daß hierdurch der Schluß der Druckventile vollständig unabhängig von der Kolbengeschwindigkeit des Arbeitskolbens bewirkt wird. Bewegt sich der Maschinenkolben A aus der linken Endstellung in der Pfeilrichtung 1 nach rechts, so wird durch die Steuerung der Steuerkolben B nach links, (Pfeil 2) bewegt, so daß nunmehr die Luft aus dem Saugraum C, an welchen seitlich das Luftsaugrohr angeschlossen ist,

---

[1]) Deutsche Pat.-Schrift 92598.

durch den geöffneten Kanal D hindurch in den Zylinder E treten kann. Gleichzeitig wird die bereits vor dem Kolben im Zylinder befindliche Luft verdichtet und durch den ebenfalls in der Öffnung befindlichen Kanal D_1 und durch die Zwillingsventile F und F_1 in die durch Kanal O_1 miteinander verbundenen Druckräume N_1H_1 und von hier in die Druckleitung befördert. Durch die Anordnung der Druckventile FF_1 und GG_1 im Innern des Schiebers B sind dieselben durch die umgebende Druckluft fast vollständig entlastet, so daß während die Eröffnung in gleicher Weise wie bei gewöhnlichen Druckventilen erfolgt, der Schluß dagegen vermöge der Entlastung nahezu geräuschlos und nur infolge des durch die Luftkatarakte L und L_1 regulierbaren Federdruckes sehr sanft auf die einander gegenüberliegenden Sitze erfolgt, da nach beendigter Entfernung der Druckluft aus dem Arbeitszylinder der Raum zwischen den

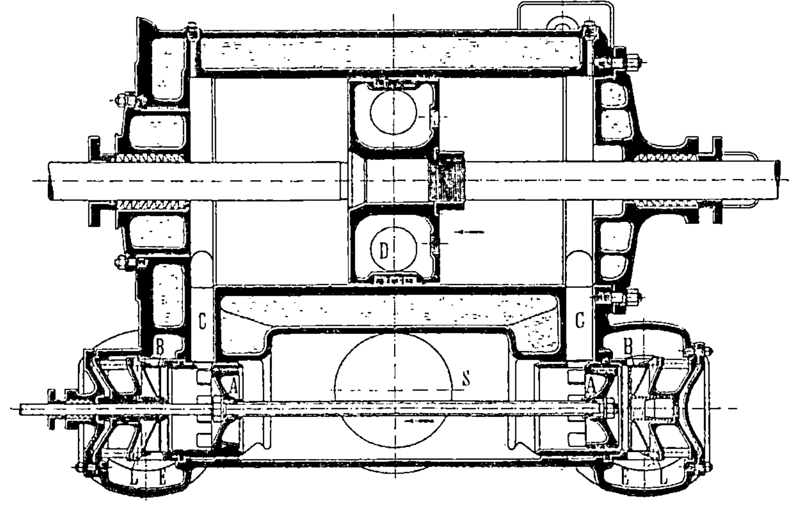

Fig. 192.

Druckventilen mit Luft von derselben Spannung wie in der Druckleitung erfüllt ist, und somit der Schluß nicht durch den Überdruck zwischen Druckleitung und Saugspannung wie bei gewöhnlichen Ventilen, sondern nur durch den Druck der zwischen beiden Ventilen eingeschalteten Federn bewirkt wird. Durch den mittleren Kanal M im Schieber B ist der Druckausgleich zwischen allen vier Ventilen hergestellt. Gegenüber der Anordnung von Harth in Frankfurt a. M. zeigt diese Konstruktion den Vorzug wesentlich leichterer Zugänglichkeit der Ventile, da dieselben nach Öffnen der beiderseitigen Kolbenschieberkastendeckel mit ihren Ventilsitzen zusammen leicht aus dem Schieber herausgenommen werden können.

6. Luftkompressor von Köster [1]).

Die Steuerung dieses Kompressors, D.R.P. No. 76308, Fig. 192 bis 194, geschieht durch einen zwangläufig bewegten Kolbenschieber A in

---

[1]) Vgl. auch u. a. „Glückauf" 1904, S. 2; Versuche an Köster-Kompr. Z. Ver. deutsch. Ing. 1904, Heft 3 u. 4. Aufs. von Köster.

Verbindung mit einem selbsttätigen Rückschlagventil B. Der Kolben-
schieber steuert Anfang und Ende der Saugperiode, sowie Ende der
Druckperiode, und zwar öffnet er den Kanal C abwechselnd auf der
Saug- und Druckseite kurz nach den Todpunkten des Arbeitskolbens D

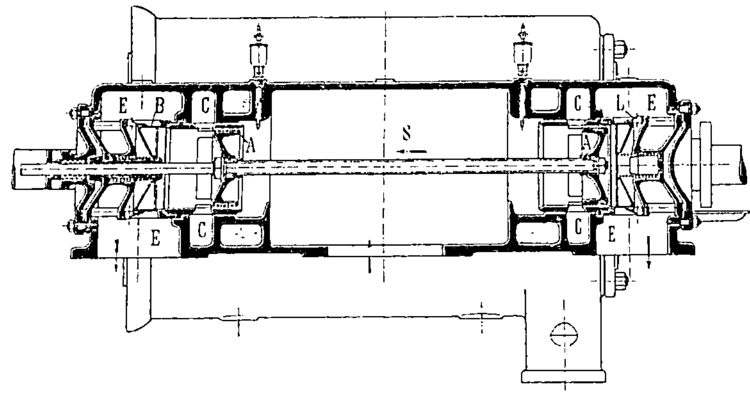

Fig. 193.

um ihn in dem Moment, in welchem der Arbeitskolben die folgende
Todlage erreicht, wieder zu schließen. Nach Eröffnen des Kanals auf der
Druckseite tritt die Luft mit zunehmender Kompressionsspannung unter
das Rückschlagventil B und öffnet dieses, sobald der Druck im Zylinder

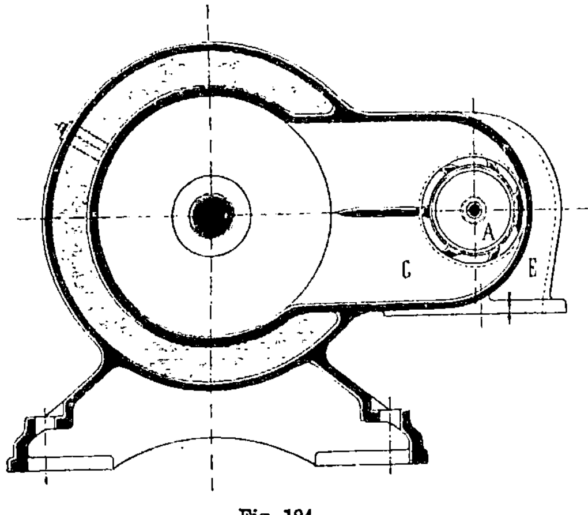

Fig. 194.

den im Druckraum E herrschenden erreicht hat. Der Arbeitskolben D
drückt nun die Luft durch das Ventil B in den Druckraum E. Genau
in der nun folgenden Totpunktlage des Arbeitskolbens unterbricht der
Schieber die Verbindung zwischen Arbeitszylinder und Ventil B, und
drückt während seiner weiteren Bewegung nach dem Ventil zu die
zwischen sich und diesem befindliche Preßluft in den Druckraum E.

L ist ein Luftpuffer, der die rasche Bewegung des Ventils *B* im letzten Moment seines Hubes energisch dämpft. Durch diese eigenartige Verdrängerwirkung des Steuerkolbens *A* wird der Ventilhub ganz allmählich verringert, und so ein sanfter Schluß dieses Organs bewirkt. Das von dem Steuerkolben *A* bestrichene Volumen ist sehr gering gegenüber dem Arbeitsvolumen ($^1/_{30}$—$^1/_{40}$). Der Ventilhub wird sich nach Abschluß des Kanals *C* auf der Druckseite, entsprechend diesem geringen Steuerkolbenvolumen s t a r k vermindern, und bei der Umkehr des Steuerkolbens *A* auf ein kleines Maß herabgesunken sein. Unter Berücksichtigung der Tatsache, daß der Ventilhub, bei richtig gewählter Feder, u n g e f ä h r proportional der Kolbengeschwindigkeit zu- respektive (von ungefähr Mitte Hub an) abnimmt, so daß er bei der Todpunktlage des Arbeitskolbens *D* schon verhältnismäßig gering sein wird. und wenn weiter in Erwägung gezogen wird, daß von diesem (der Todpunktlage des Arbeitskolbens entsprechenden) Zeitpunkt an dem Ventil *B* zu seinem völligen Schluß noch etwas mehr, als die Zeit eines halben Hubes zur Verfügung steht, kann man sagen, daß die für diese Steuerung möglichen Umlaufzahlen praktisch fast unbegrenzt sind. Die Steuerung eignet sich in der Tat für jede beliebige Umdrehungszahl.

Der Steuerkolben *A* bewirkt durch seine eigenartige Verdrängerwirkung nicht allein die günstige Arbeitsweise des Ventiles, sondern ein Hauptvorzug liegt noch darin, daß die gepreßte Luft, die zwischen dem Schieber *A* und dem Ventil *B* sich befindet, fortgedrückt wird. Das zwischen dem Schieber *A* in seiner, dem Ventil am nächsten gelegenen Todlage und dem Ventil *B* selbst eingeschlossene Volumen wird derart bemessen, daß es bis zur Wiedereröffnung des Kanals auf der Druckseite auf ungefähr 1 Atm. abs. (gleich der Spannung im Arbeitszylinder bei Eröffnen des Kanales *C*) zurückexpandiert ist. Während bei vielen Konstruktionen das in den Durchtrittskanälen bleibende Volumen Preßluft bei Eröffnung der Druckkanäle in den Zylinder zurückschießt, und dadurch eine, oft sehr beträchtliche, unnötige Arbeitsvergrößerung bewirkt wird, ist dies hier durch die Verdrängerwirkung des Steuerkolbens unter allen Umständen vermieden.

Erwähnenswert ist noch der doppelte Abschluß zwischen Saug- und Druckraum während eines großen Teiles einer Kurbeldrehung, derart, daß nicht nur der Schieber *A*, sondern zugleich das geschlossene Ventil *B* die fortgedrückte Luft von dem Arbeitszylinder absperrt.

Das Rückschlagventil wird möglichst leicht gebaut und schließt sich unter Einwirkung einer Feder, die nach Ventilgewicht, Ventilhub und Umdrehungszahl, im geschlossenen Zustand des Ventiles eine Spannung von 0,006—0,02 kg auf 1 qcm freie Ventilfläche aufweist.

Die Fig. 195 und 196 zeigen einen Einzylinderkompressor mit Einzylinderdampfmaschine. Ebenso wie für Dampf- oder Riemenantrieb werden diese Kompressoren ein- oder zweistufig für elektromotorischen Antrieb bei jeder vorkommenden Umdrehungszahl und Anordnung von den Firmen P o k o r n y & W i t t e k i n d in Bockenheim—Frankfurt a. M. und N e u m a n n & E s s e r in Aachen gebaut.

Die Kompressoren dieser Bauart arbeiten ohne Druckausgleich. Die schädlichen Räume der Zylinder sind gering. Sie betragen bei Kompressoren mittlerer Größen und normalen Umdrehzahlen (z. B. 85 i. d. Minute bei 400 cbm Saugleistung i. d. Stunde) 1½—3 % des Nutz-

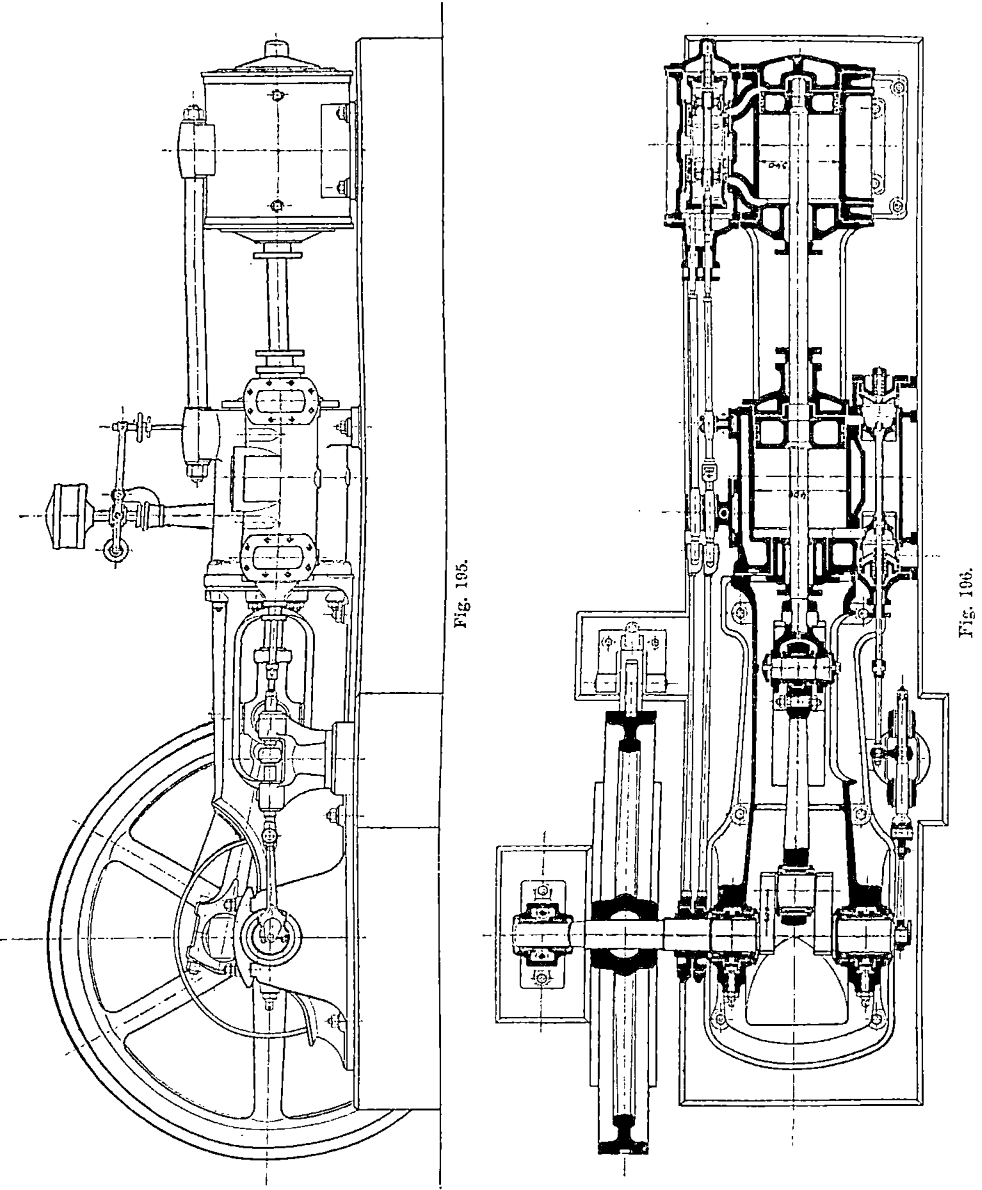

volumens. Dieser kleine Betrag ist durch Teilung der Kolbenschieber erreicht. Die garantierten volumetrischen Wirkungsgrade einstufiger

Kompressoren betragen, je nach der Höhe des Kompressionsdruckes zwischen 2 und 6 Atm. abs., 90—98 %. Bei Verbund-Kompressoren mit 6—8 Atm. absolutem Enddruck beträgt der garantierte volumetrische Wirkungsgrad 95—96 %.

7. Entlastete Kolbenschiebersteuerung von Strnad.

Dieselbe ist in Fig. 197 in Längsschnitt und 198 in Querschnitt abgebildet.

Der Arbeitskolben schließt bei seinem Linksgange mit der Kante m der Kolbenringe eben den Übergangskanal e ab, was in dem selben Augenblicke der gleichfalls links gehende Schieber tut, wodurch die muschelförmige Aushöhlung k im ringförmigen Kolbenschieber c und der Übergangsraum e' zum Druckventil d vom Zylinder abgetrennt werden. Gleich darauf erfolgt die Entleerung von e sowie der Austritt des vor dem Kolben eingeschlossenen Druckmittels durch den Umgangskanal i' nach der anderen Zylinderseite, wo dasselbe vom rückkehrenden Kolben mit verdichtet und ausgeschoben wird. Das Druckventil d, oder deren mehrere, welche strahlenförimg außen am Schieberumfange angeordnet werden, hat während des Kolbenrückganges Zeit, sich sanft zu schließen. Das in der Schieberhöhlung k und dem Übergangs-

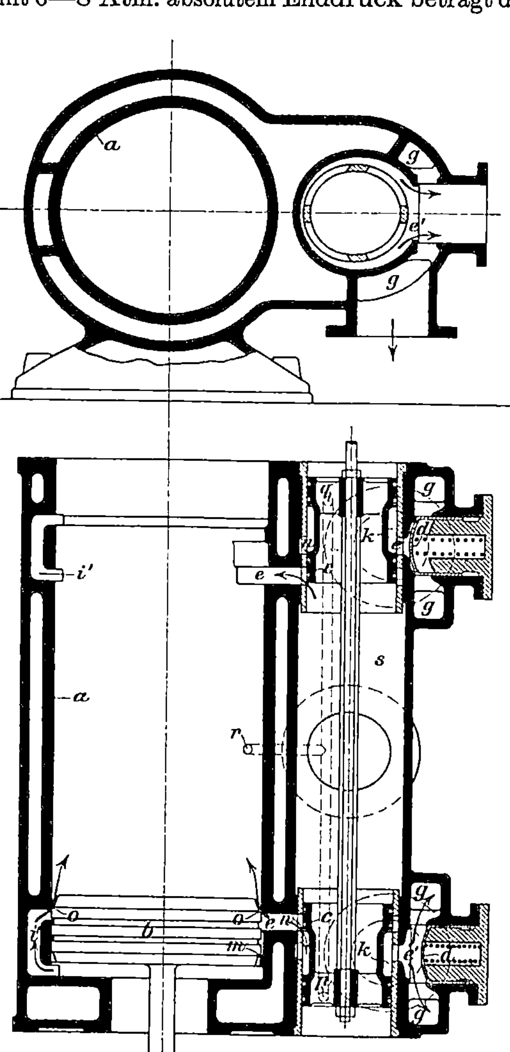

Fig. 197—198.

raume e' eingeschlossene Druckmittel entleert sich ebenfalls nach dem Zylinder und zwar erst beim nächsten Linksgange des Kolbens.

Für Vakuumpumpen wird noch ein verbesserter Druckausgleich durch die punktiert eingezeichnete Leitung p, q, r empfohlen. Derselbe tritt ein, wenn die Schieberhöhlung k in die Außenstellung kommt und zwar, da das Exzenter um 90° gegen die Kurbel vorgekeilt ist, bei Kolbenmittelstellung auf der gegenüberliegenden Zylinderseite, also wenn die Verdichtung schon eine höhere Druckspannung erzielt hat. Dadurch wird der Druckausgleich in zwei Teile zerlegt, weil der in k und e' noch verbleibende Druck sich erst beim nächsten Druckhube nach dem Zylinder ausgleicht.

Das Indikatorschaubild dieser Steuerung gestaltet sich dann nach Fig. 199, wo 1—2 eine durch die Überströmung entstehende abfallende Linie ist, so daß bei Kolbentodlage die Anfangsspannung bereits erreicht ist und die bei vielen Steuerungen mit Druckausgleich auftretende Mehrbelastung des Gestänges wegfällt. Was durch den Druckabfall an Diagrammfläche einerseits gewonnen wird, muß natürlich durch Wieder-

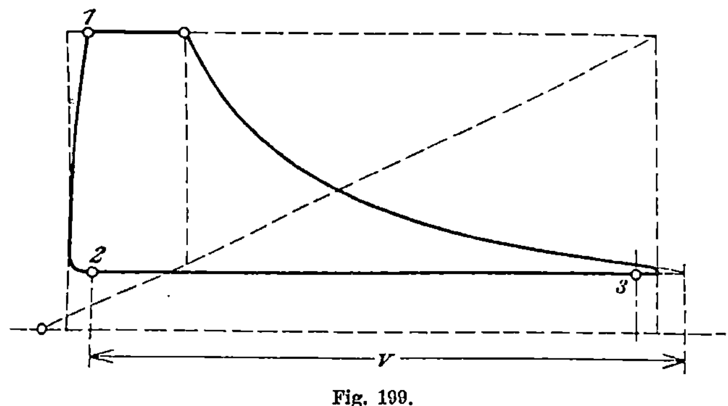

Fig. 199.

verdichtung auf der anderen Zylinderseite ersetzt werden, doch bedingt dieser Teil des Druckausgleiches, welcher das Gestänge entlastet, keine Mehrarbeit. Die Strecke V entspricht der Volumleistung des Kompressors, welche nahezu 100 % des vom Kolben durchlaufenen Volums beträgt, da der Druckausgleich alle schädlichen Räume umfaßt.

Der neue Druckausgleich mit Gestängeentlastung läßt sich bei allen Kompressoren, Gebläsemaschinen und Luftpumpen anbringen.

Als Vorteile der neuen Kolbenschiebersteuerung gibt Strnad die folgenden an:

1. Die schädlichen Räume werden durch Überführung des Druckmittels ausgeglichen, die Volumleistung beträgt 100 % [1]).
2. Das Maschinengestänge ist von der treibenden Kraft der Rückexpansion entlastet.
3. Der ringförmige Schieber ist vollständig entlastet und erhält keine einseitig wechselnde Druckbelastung, wie dies bei manchen anderen Steuerungen der Fall ist.
4. Da die Ringschieber im Saugraume liegen und stets gleichmäßig gekühlt werden, so ist ein Verziehen durch ungleiche Erwärmung ausgeschlossen.
5. Der Schieber und die Ventile können jedes für sich, ganz unabhängig voneinander herausgenommen und nachgesehen werden."

---

[1]) Soll wohl richtiger heißen nahezu 100%, denn absolut vermeiden läßt sich der „schädliche Raum" nie ganz.

Es darf wohl anerkannt werden, daß die Strnadsche Lösung als eine gute anzusprechen ist, wenngleich ihr alle Mängel der Wellnerschen Umlaufnuten, wie u. a. ungleiche Abnutzung der Kolbenringe, schwierigeres Dichthalten, leichtes Verschmutzen der engen, der Reinigung sich völlig entziehenden Umlaufkanäle, ebenfalls anhaften.

8. Kompressor mit Rundschiebersteuerung von Strnad[1]).

Ähnlich wie bei dem Harrasschen Kompressor erfolgt die Regulierung des Luftein- und -austritts durch Rundschieber. Jedoch sind an Stelle des einen, mittleren Schiebers bei Harras zwei an beiden Zylinder-

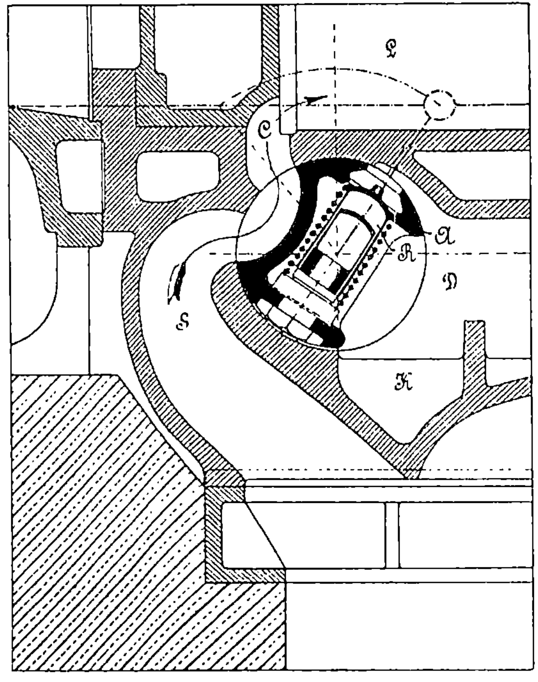

Fig. 200.

enden angebrachte Rundschieber vorhanden. Im Innern jedes Schiebers befinden sich metallene Druckklappen, welche den Abschluß gegen die Druckleitung bilden.

Während somit durch die Kanten des Rundschiebers der Anfang und das Ende der Saugperiode, sowie der Schluß der Druckperiode (oder des Hinausdrängens aus dem Zylinder) unveränderlich reguliert wird, ermöglichen die selbsttätigen Druckklappen einen veränderlichen Beginn der Periode des Hinausschaffens der Luft aus dem Zylinder, also auch einen veränderlichen Kompressionsdruck, entsprechend den Druckschwankungen in der Druckleitung, bzw. wenn stufenweise Kompression

---

[1]) D.R.P. Nr. 58690 vom 28. XII. 1890 von F. Strnad, Zivil-Ingenieur in Schmargendorf bei Berlin.

stattfindet, in den Luftbehältern. Durch die Ersetzung eines mittleren Drehschiebers durch zwei seitliche wird allerdings die Konstruktion komplizierter und die Herstellung des Kompressors kostspieliger, indessen ist durch diese Anordnung der schädliche Raum auf einen sehr kleinen Betrag herabgezogen und beträgt nur 2½ % des Hubvolumens.

Der Druckausgleich zwischen Druckseite und Saugkanal erfolgt am Ende des Hubes durch die Höhlung des Rundschiebers.

An Stelle der Rückschlag- oder Druckklappe wendete Strnad später ein Druckventil an, dessen Konstruktion aus Fig. 200 verständlich

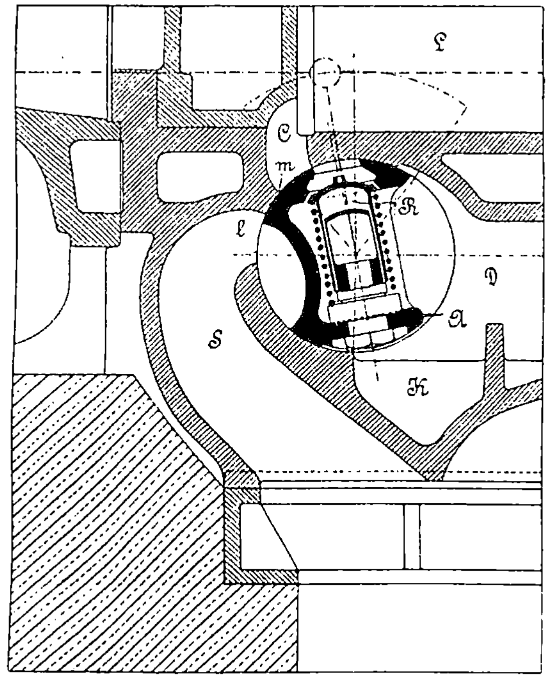

Fig. 201.

ist. S ist die Höhlung für den Einlaß der anzusaugenden Luft, C die Durchlaßöffnung für die komprimierte Luft, R das Druckventil mit zylindrischer Führung und Federbelastung.

Die neueren Ausführungsformen des Strnadschen Kompressors seien im folgenden näher beschrieben.

An jedem Zylinderende ist ein Corlisschieber angeordnet, welcher die Kanäle für den Ein- und Austritt der Luft enthält und auf dem Druckkanale eine Reihe von Ventilen trägt, welche den Austritt der Luft selbsttätig einleiten, wenn der Druck im Zylinder den im Druckraume überschreitet, während der Schieber den Abschluß des Druckkanales besorgt. Dieser Abschluß des Druckkanales erfolgt genau bei Eintritt der Kolbentodlage und wird dadurch die Luftsäule im Druckrohre verhindert zurückzuströmen und sich mit ihrer ganzen lebendigen Kraft auf die noch nicht ganz geschlossenen Ventile zu stürzen und dieselben geräuschvoll zuzuschlagen. Die Ventile, welche mit möglichst geringer Masse ausgeführt werden, bleiben sich selbst (bzw. ihrer nur mäßig angespannten Schlußfeder) überlassen und haben während des ganzen Kolbenrücklaufes Zeit, sich sanft und ruhig auf ihren Sitz niederzulassen, wodurch hier auch bei den höchsten Umlaufszahlen ein nahezu geräuschloser Gang erzielt wird, während bei gewöhnlichen selbsttätigen, oder auch gesteuerten Ventilen der Schluß momentan bei der Richtungs-

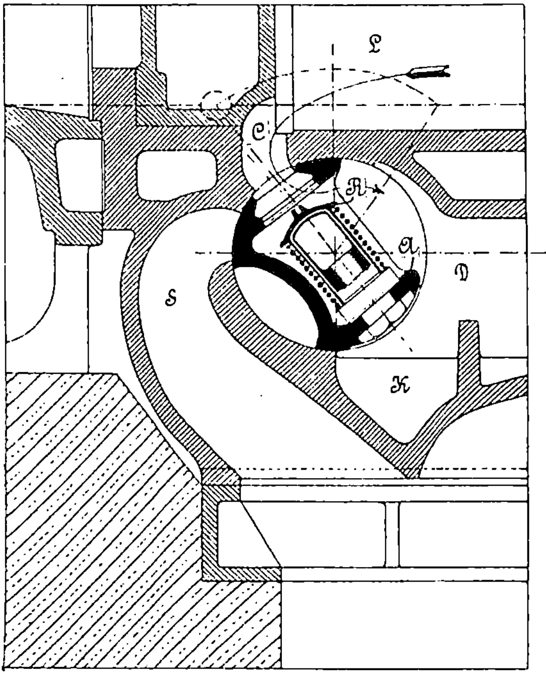

Fig. 202.

umkehr des Kolbens erfolgen soll, was nicht zu erreichen ist, da bei der geringsten Verspätung des Schlusses die Luftsäule im Druckrohre sich nach rückwärts in Bewegung setzen und das Ventil heftig zuschlagen wird.

Der Antrieb der Schieber erfolgt durch ein um ca. 90 Grad (mit etwas Nacheilung) gegen die Maschinenkurbel aufgekeiltes Exzenter.

Das Spiel des Schiebers und der Ventile ist aus Fig. 200—202 zu erkennen. Der Rundschieber A verbindet abwechselnd den Zylinderraum L mit dem Saugkanale S und dem Druckkanale D. Fig. 200 zeigt das Ansaugen der Luft durch die Höhlung des Rundschiebers. Während der Kolben von rechts nach links zurückgeht und die verdichtete Luft vor sich her schiebt, schwingt der Rundschieber nach links und bringt

den, von den Ventilen *R* bedeckten Schieberkanal vor den Zylinderkanal
C, so daß die Ventile selbsttätig gehoben werden, wenn der Druck im
Zylinder den im Druckraume *D* überschreitet, Fig. 202. Hat der Kolben
seine Todlage erreicht, so ist der Schieber um soviel nach rechts zurück-
gegangen, daß, wie in Fig. 201 ersichtlich ist, der Druckkanal eben
geschlossen wird. Die Luft im Druckrohre wird dadurch stoßfrei durch
den Schieber abgefangen und die Ventile, welche noch nicht ganz geschlossen haben, können sich während des Kolbenrückganges sanft auf
ihren Sitz niederlassen.

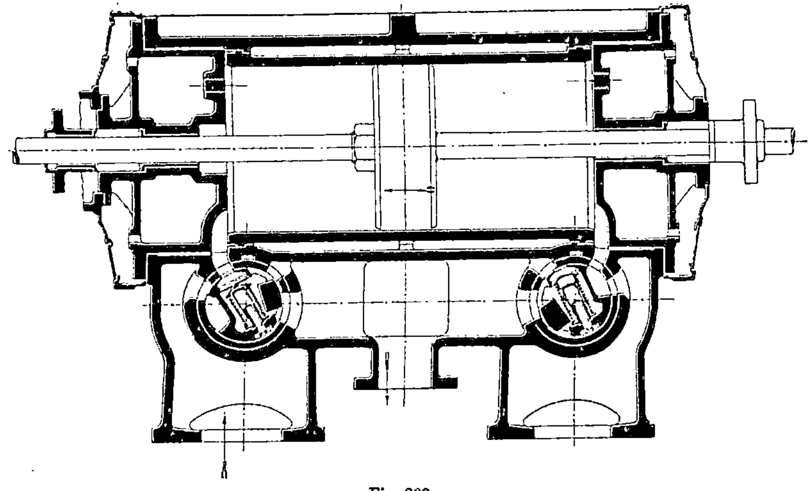

Fig. 203.

Die meist gebräuchliche Anordnung mit tiefliegenden Schiebern,
welche etwa $2\frac{1}{2}$—2 % schädlichen Raum bedingt, ist in den Figg.
203 und 204 im Längs- und Querschnitt eines Zylinders ersichtlich gemacht.

Bei Anwendung dieser Konstruktion als Vakuumpumpe wird der
Schieber in der Regel im Zylinderdeckel angeordnet und läßt sich der
schädliche Raum sodann auf $1\frac{1}{2}$—1 % einschränken.

Infolge dieses geringen schädlichen Raumes fällt bei diesem System
der kraftraubende Druckausgleich vollständig weg. Dadurch ist das
System in der Leistung sehr vollkommen und eignet sich infolge der
Anwendung von Corliß-Schiebern auch für die größten Ausführungen,
bei welchen Flachschieber nicht mehr genügen und erfreut sich insbesondere für Bergwerksbetriebe großer Beliebtheit.

Die erste größere Anwendung hat der Strnadsche Kompressor bei
der von L. A. Riedinger in Augsburg gebauten Offenbacher Druckluftanlage gefunden, welche im Herbste 1891 dem Betriebe übergeben wurde.
Die von den Professoren Schroeter und Gutermuth vorgenommene,
sehr sorgfältig durchgeführte Untersuchung hat sehr günstige Resultate
ergeben, welche in der Tabelle auf S. 164 zusammengestellt sind.

164   Die Luftkompressoren.

Im übrigen sei auf den Bericht von Prof. Gutermuth in der Zeitschrift des Vereins deutscher Ingenieure [1]) verwiesen.

An Stelle der näheren Beschreibung dieser Anlage, welche die erste Auflage dieses Buches enthielt, möge eine neuere Ausführung des

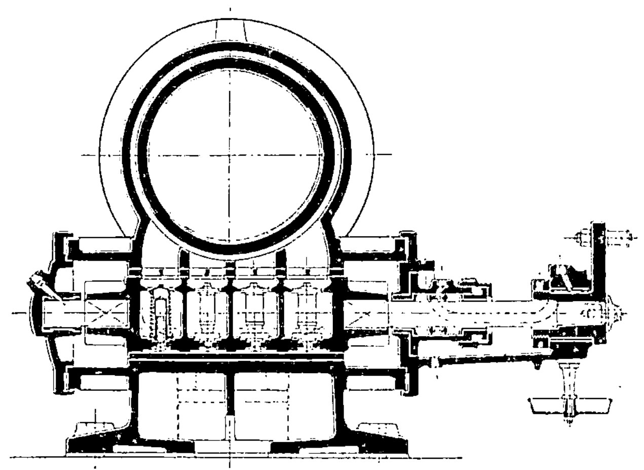

Fig. 204.

Strnadschen Systemes, nämlich die Luftverdichtungsanlage auf „Gotteshilfeschacht" des Steinkohlenbauvereines Gottessegen in Lugau vorgeführt werden.

Die Abmessungen des zweistufig arbeitenden Kompressors sind: 750/500 mm Durchmesser bei 1000 mm Hub, 81—87 Umdrehungen

Versuchsergebnisse des ersten Kompressors System Strnad der
Luftdruckzentrale in Offenbach.

Versuch	Kompressor — Luftpressungen in Atm. abs.			Lufttemperaturen in °C			volumetr. Wirkungsgrad am N.-D.-Zyl.		N_e effektive Leistung	Min.-Umdr.	Dampfmaschine — Eintritts-Dampfspannung Atm. eff.	N_i indizierte Leistung	stündl. Speisewassermenge für 1 PS_i	Mantelwasser in % des Speisewassers	$\frac{N_e}{N_i}$ mechan. Wirkungsgrad	Stündliche Luftlieferung in cbm — im ganzen	für 1 Kompressor-PS	für 1 Dampf PS	Bemerkungen
	Barometer	Zwischenkühler	Druckleitung	Saugleitung	H.-D.-Zyl. Druckrohr vorn	hint.	vorn	hint.											
I	1,03	2,88	7,12	6,0	26,7	40,6	0,975	0,967	162,45	50,0	7,26	197,24	7,16	9,6	0,824	1904,8	11,72	9,67	
II	1,02	2,82	7,10	5,2	24,1	38,9	0,974	0,970	162 16	50,1	7,29	195,34	7,66	12,3	0,830	1910,8	11,76	9,77	
III	1,02	2,90	8,62	3,2	30,2	50,3	0,973	0,968	180,78	50,7	7,19	213,66	7,29	12,0	0,846	1928,5	10,67	9,05	
IV	1,02	2,77	7,10	14,9	30,4	41,7	0,974	0,965	232,88	70,7	7,08	275,24	7,64	10,6	0,848	2689,1	11,54	9,78	
V	—	—	—	—	—	—	0,973	0,967	120,64	38,0	—	144,82	—	—	0,836	1446,2	12,0	10,0	
VI	—	—	—	—	—	—	—	—	8,30	48,0	—	28,8	—	—	—	—	—	—	Leerlauf m.
VII	—	—	—	—	—	—	—	—	19,32	79,0	—	55,52	—	—	—	—	—	—	Kompressor

[1]) Die Druckluftanlage Offenbach von Prof. M. F. Gutermuth zu Aachen, Z. Ver. deutsch. Ing. 1892, Bd. XXXVI. S. 1449 folg. — I. Aufl. S. 136.

in der Minute, wobei stündlich 3900—4200 cbm Luft angesaugt und auf
5 Atm. Überdruck verdichtet werden.

Die beiden Kompressorzylinder, Tafel VI, sind direkt mit den
Kolbenstangen der Dampfzylinder gekuppelt. Zwischen den Luftzylindern ist tiefliegend ein Oberflächenkühler von 120 qm Kühlfläche
angeordnet, welchen die Luft nach Verdichtung im Niederdruckzylinder
durchstreichen muß. Für die reichliche Bemessung der Kühlfläche war

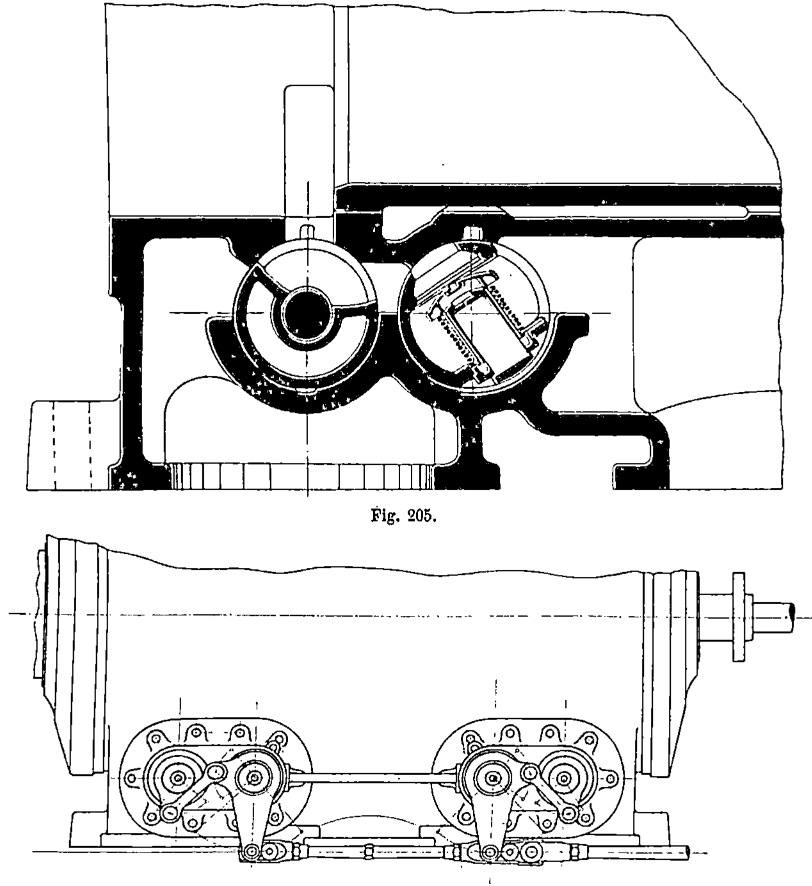

Fig. 205.

Fig. 206.

das Bestreben maßgebend, auch bei hohen Umlaufzahlen möglichst
rationell zu arbeiten und jede schädliche Erwärmung zu vermeiden.

Die Anordnung der Steuerung des Hochdruckzylinders entspricht
der in Fig. 203 und 204 gezeigten Anordnung. Bemerkenswert ist, daß
die Schieber in Büchsen aus besonders dichtem Material laufen, was sich
sehr gut bewährt haben soll.

Die Anordnung der Steuerung des Niederdruckzylinders ist insofern
von der der Hochdruckseite abweichend, als die Einlaßschieber getrennt

von den Austrittsschiebern angeordnet sind, wie in Fig. 205 dargestellt
ist. Die Auslaßschieber enthalten die selbsttätigen Ventile und werden
durch ein Exzenter angetrieben. Von den Antriebshebeln der Auslaßschieber werden durch entsprechend schräg angeordnete Stangen, Fig. 206,
die Eintrittsschieber mit betätigt, was eine gute Eröffnung der Eintrittsquerschnitte ergibt. Diese Schieberanordnung bedingt eine mäßige Vergrößerung des schädlichen Raumes, was bei zweistufiger Verdichtung

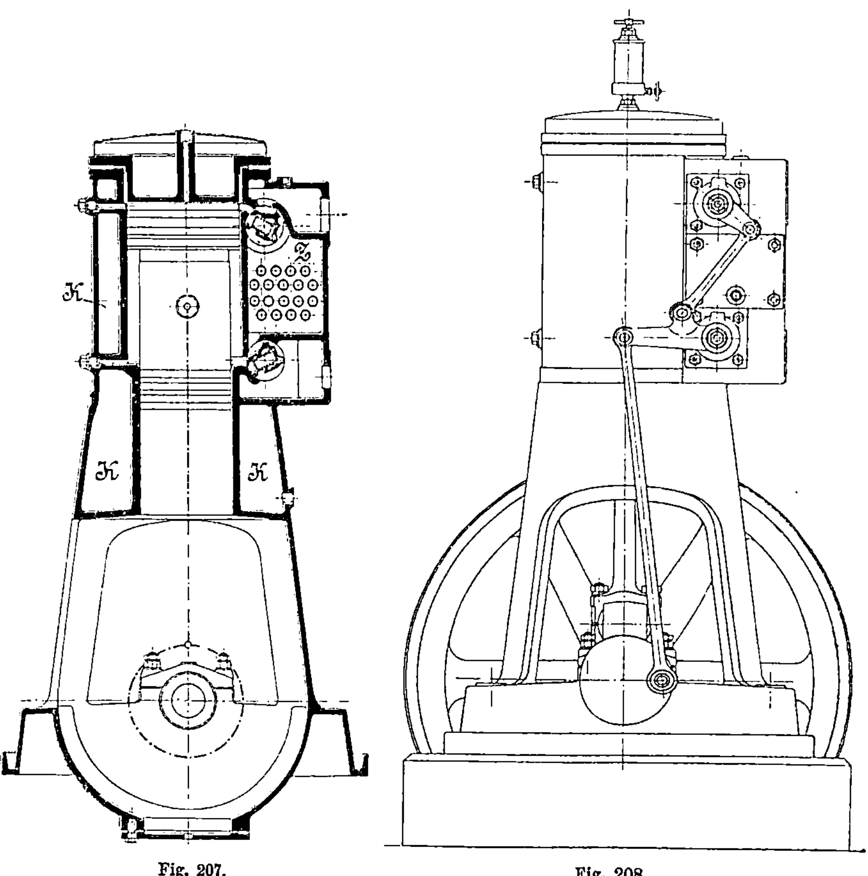

Fig. 207.   Fig. 208.

zulässig ist, gestattet jedoch die Durchmesser der Schieber sehr klein
zu halten, was sich bei großen Ausführungen sehr vorteilhaft erwiesen hat.

Es ist die Einrichtung getroffen worden, daß jeder der beiden
Kompressorzylinder auch allein, also einstufig, arbeiten kann. Da
die sogenannte „Rückexpansion", d. i. die Ausdehnung der Luft im
schädlichen Raume bei Beginn des Hubes, sich mit dem Anfangsdrucke
im Dampfzylinder summiert und das Gestänge der Niederdruckseite zu
hoch beansprucht würde, wenn der Niederdruckkompressorzylinder
allein arbeitet, so ist vorgesehen worden, daß die zuvor erwähnten kurzen

Antriebsstangen der Eintrittsschieber, Fig. 206, durch andere ersetzt werden können, die so bemessen sind, daß die Eröffnung des Saugkanales genau im toten Punkte erfolgt, wodurch die Rückexpansion ganz wegfällt. Von einer Änderung der Stangenlänge etwa mittelst Schraubenschlüssel oder durch ein Handrädchen wurde abgesehen, damit nicht durch eine irrtümliche, nur teilweise Verstellung die Maschine gefährdet würde.

Die Anlage ist von der Maschinenfabrik Hofmann & Zinkeisen in Zwickau gebaut worden.

Von dem Strnadschen System sind bis Ende des Jahres 1901 ca. 150 Ausführungen zu verzeichnen.

Erwähnt sei noch die Bauart der stehenden Verbundkompressoren, die von der Firma Th. Calow & Co. in Bielefeld

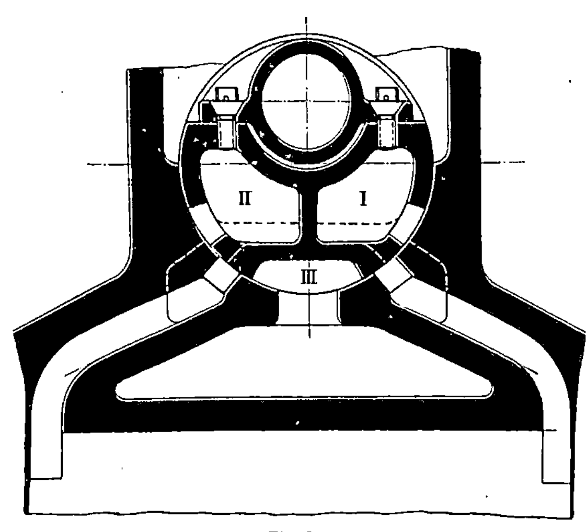

Fig. 209.

Fig. 210.

mit der Strnadschen Steuerung ausgeführt wird, welche bei großer Einfachheit alle Vorzüge eines zweistufigen Kompressors vereinigt und in den Fig. 207—213 dargestellt ist. Die Ringfläche des abgestuften Kolbens bildet den Hochdruckzylinder. Das System ist, wie ersichtlich, einfach wirkend. Der Überströmraum Z vom Niederdruckzum Hochdruckzylinder dient als Zwischenkühler und enthält Messingrohre, welche vom Kühlwasser durchströmt werden, so daß vollständig trockene Luft geliefert wird. Der Raum K ist mit Kühlwasser erfüllt, welches die Zylinderräume vollständig umgibt.

Auch als Luftkompressor mit Druckausgleich wird das angeführte Strnadsche System bei billigen Ausführungen, wo der höhere Preis für getrennte Anordnung von Schiebern an beiden Zylinderseiten nicht angelegt werden soll, derart ausgeführt, daß ein gemeinschaftlicher Rundschieber, welcher die Auslaßventile enthält, beide Zylinderseiten steuert, wobei wegen des größeren schädlichen Raumes ausnahmsweise Druckausgleich angewendet wird.

Die Fig. 210—212 zeigen eine solche Steuerung. Die Ventile sind hier parallel zur Schieberachse gelegt und arbeiten paarweise zusammen. Fig. 213 zeigt ein Paar solcher Ventile in größerem Maßstabe. Es öffnen sich abwechselnd die Ventile, die den Räumen I und II zugekehrt sind, welche abwechselnd die Verbindung mit den Zylinder-

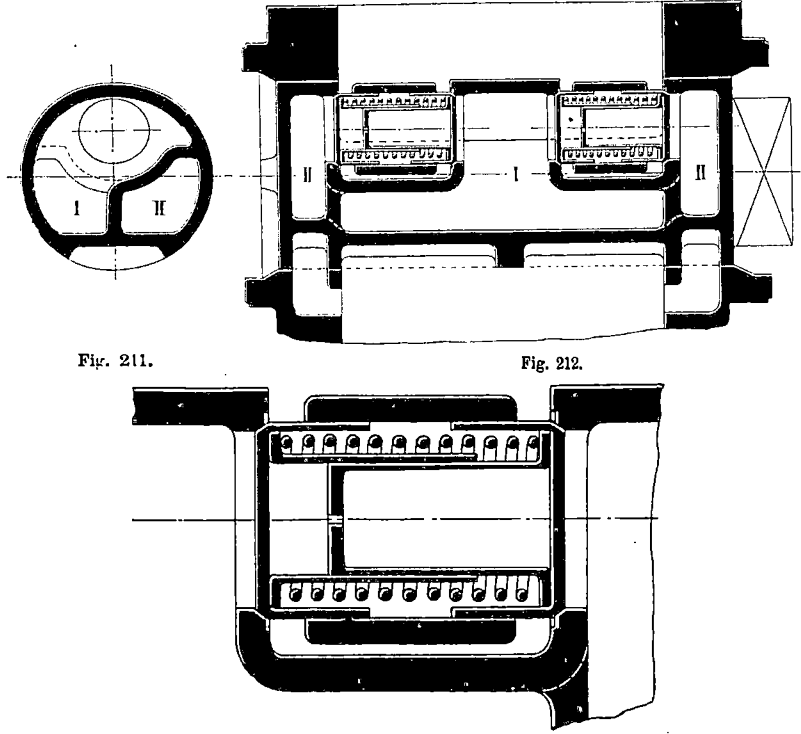

Fig. 211.　　　　　　　　　　　　　　　　　Fig. 212.

Fig. 213.

kanälen herstellen. Die Höhlung III bedient den Eintritt der Luft von der Mitte her; die Höhlung an den Stirnseiten des Schiebers vermittelt durch Übergangsräume den Druckausgleich ähnlich, wie es beim Kompressor von Hirzel beschrieben wurde.

Die Rundschieber gewähren den Flachschiebern gegenüber den Vorteil geringeren Kraft- und Ölverbrauches, die Ventile sind mit Luftpuffern ausgestattet und arbeiten absolut geräuschlos.

In neuester Zeit hat Strnad als Abschlußorgan ein vereinigtes Saug- und Druckventil angewandt [1]), welches sowohl für Kompressoren als auch für Luftpumpen Anwendung findet [2]), Fig. 214.

---

[1]) D.R.P. 130789 u. 212404.

[2]) „Glückauf“, 22. IV. 1905, Vollhubige Pumpenventile. Z. Ver. deutsch. Ing. 29. IV. 1905. Vollhubventile für Kompressoren.

Das doppeltsitzige Saugventil *a* ist mit dem ebenfalls doppelt-
sitzigen Druckventil *b* in einen gemeinschaftlichen Ventilkorb *c* eingebaut
und werden beide Ventile durch eine gemeinschaftliche Feder *d* gegen
ihre Sitze gespannt. Das Saugventil bildet in seinem Führungsrohr
einen Pufferraum *e*, welcher durch Bohrungen *f* mit dem Zylinder in
Verbindung steht. Wenn der Kolben das Druckmittel verdichtet und
durch das Druckventil ausschiebt, stellt sich in dem Pufferraum *e* ebenfalls die Druckspannung ein. Sobald der Kolben die Bewegungsrichtung
wechselt und die Expansion des im schädlichen Raume zurückbleibenden
Druckmittels (die sogenannte Rückexpansion) eintritt, so kann die im
Pufferraume *e* angesammelte, gespannte Luft durch die engen Bohrungen *f*
nicht sofort entweichen und schleudert das Saugventil gewaltsam in
seine Offenstellung. Bei Beendigung des Ansaugens, also gegen die andere

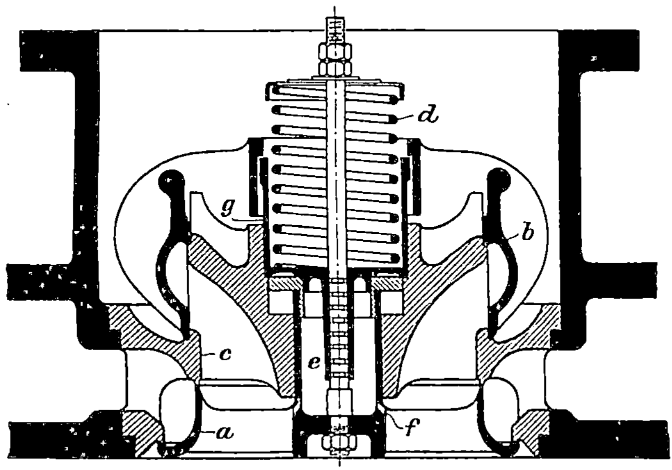

Fig. 214.

Kolbentodlage hin, zieht die Feder das Ventil sanft in seine Schluß-
stellung zurück. Diese einfache Einrichtung ersetzt in ihrer Wirkung
eine zwangläufige Steuerung, indem das Saugventil rechtzeitig geöffnet
wird und der Saugwiderstand möglichst gering ausfällt.

Die Beschleunigung des Ventils geschieht hier nicht durch die
saugende Wirkung der Pumpe, sondern durch den aufgestapelten Druck
vom vorhergehenden Pumpenhube. Zu beachten ist, daß auch bei einem
gesteuerten Einlaßorgane der Saugwiderstand nicht ganz fehlen kann,
weil die Beschleunigungskraft für die Luftsäule sich als Unterdruck
äußert. Versuche der Friedrich-Wilhelms-Hütte in Mühlheim a. d. Ruhr
an einem Versuchskompressor mit den neuen Strnad-Ventilen haben
ergeben, daß die einsitzigen Druckventile bei 152 Touren in der Minute
geräuschlosen Gang mit Ventilerhebungen von 40 mm erreichen lassen,
daß jedoch der Ventilwiderstand beim Ausschieben wegen zu kräftiger
Federspannung verhältnismäßig hoch ausfällt. Daher ist Strnad auf
zweisitzige Druckventile mit einem einsitzigen Hilfsventil überge-

gangen. Das einsitzige Kolbenventil g öffnet sich bei Überschreitung der Druckspannung im Zylinder und hebt das entlastete Doppelsitzventil b mit an, während die Feder den Schluß besorgt. Eine mechanische Steuerung soll angewendet werden, wenn die Ventilerhebungs- und Federwiderstände ganz wegfallen sollen, z. B. bei Kompressoren für Fernbetriebe mit Leucht- und Kraftgas, wobei die Widerstände stark ins Gewicht fallen. In diesem Falle tritt an Stelle der Schlußfeder eine Öffnungsfeder.

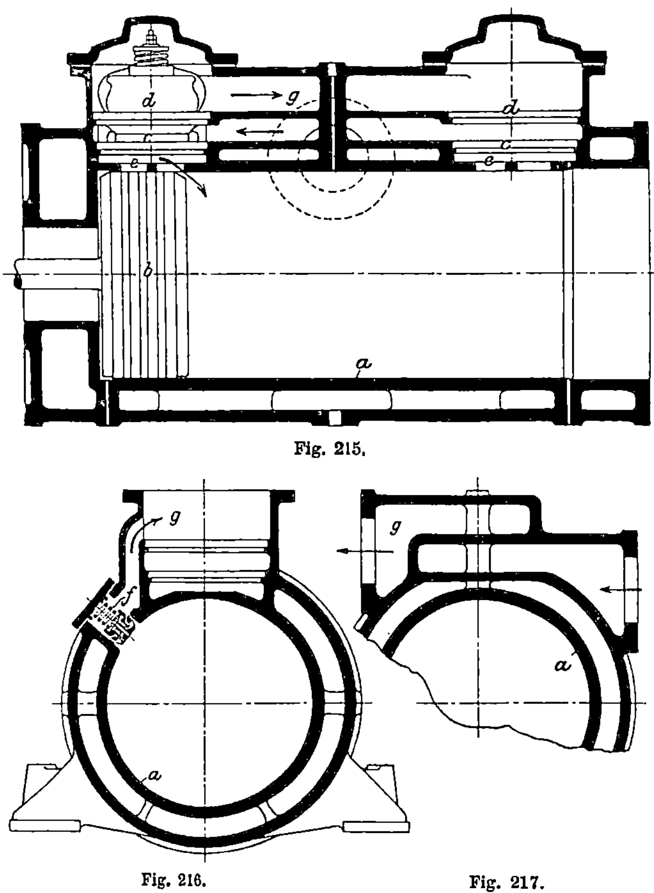

Fig. 215.

Fig. 216.   Fig. 217.

Zum Zwecke des Druckausgleichs trifft Strnad die Einrichtung, Fig. 215—217, daß der Kolben gegen das Hubende hin die Übergangsräume zwischen dem Zylinder und den Steuerungsorganen überläuft, so daß diese sich nach der Gegenseite des Zylinders entleeren, welche die Förderung in den Druckraum beim folgenden Druckhube besorgt. Der Kolben setzt seinen Weg noch um ein kleines Stück fort und schiebt den verbleibenden Luftrest durch das kleine Sicherheitsventil f in den Druckraum g. Eine Verminderung der Volumleistung durch den schädlichen Raum der Ventilübergänge ist dadurch auf einfache Weise vermieden. Die Übergangskanäle rücken etwas nach der Mitte hin, was kürzere, also billigere Zylindermodelle bedingt.

Natürlich bleibt die Vermeidung jeden schädlichen Raumes nach wie vor das anzustrebende Ideal, doch bedingt die Unterbringung von Ventilen in den Deckeln eine weniger einfache Rohrführung und schwerer zugängliche Kolben. Bei Gebläsemaschinen insbesondere bieten die Deckel keinen genügenden Platz für die Ventile.

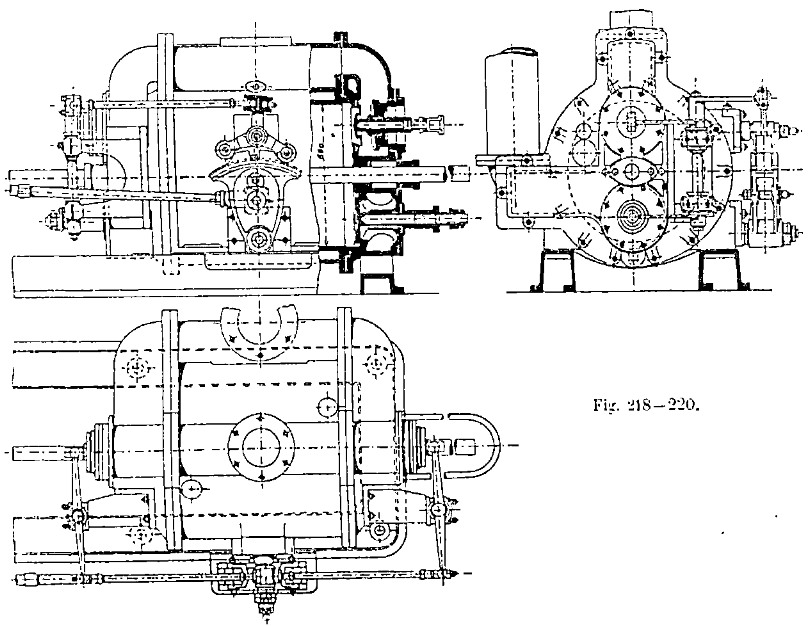

Fig. 218—220.

II. Kompressoren mit gesteuerten Ein- und Auslaßorganen.

1. Kompressor Riedler.

Kompressoren mit gesteuerten Ventilen wurden, ebenso wie Stahlwerksgebläse, zuerst von Prof. Riedler in größerem Maßstabe ausgeführt.

Die Ventile der meisten bisher ausgeführten Riedler-Kompressoren sind einsitzig, und nur bei größeren Maschinen wurden mehrringige Ventile angewendet.

Die Schlußbewegung erfolgt teils durch unrunde Scheiben oder Steuerung mit Kurvenbahnen (D.R.P. Nr. 24849 u. a.), oder durch Kniehebel (D.R.P. Nr. 45614) oder, in neuerer Zeit, durch zwischengeschaltete Federn (D.R.P. Nr. 60447 und 64772).

In den Fig. 218—220 ist ein von Breitfeld, Daněk & Co. in Prag für Aussig gebauter Kompressor dargestellt.

Bei diesem Kompressor sind die einsitzigen Ventile vertikal übereinander im Zylinderdeckel angebracht und werden von einer schwingenden Kurvenbahn gesteuert (D.R.P. Nr. 41580 und 42374), die ihren Antrieb von der verlängerten Schieberstange des Dampfmaschinen-Grundschiebers erhält. Die Kurven sind so angeordnet, daß die Ventile bei der Kurbelstellung im toten Punkte geschlossen sind. Da aber die Antriebsexzenter Voreilungswinkel besitzen, mithin der Hub des Steuerungsantriebs erst nach dem Hubwechsel der Maschine die Bewegungsrichtung ändert, so sind die Kurvenenden mit konzentrischen Stücken begrenzt, über welche die Rollen ablaufen, ohne die Steuerungsteile und Ventile zu bewegen.

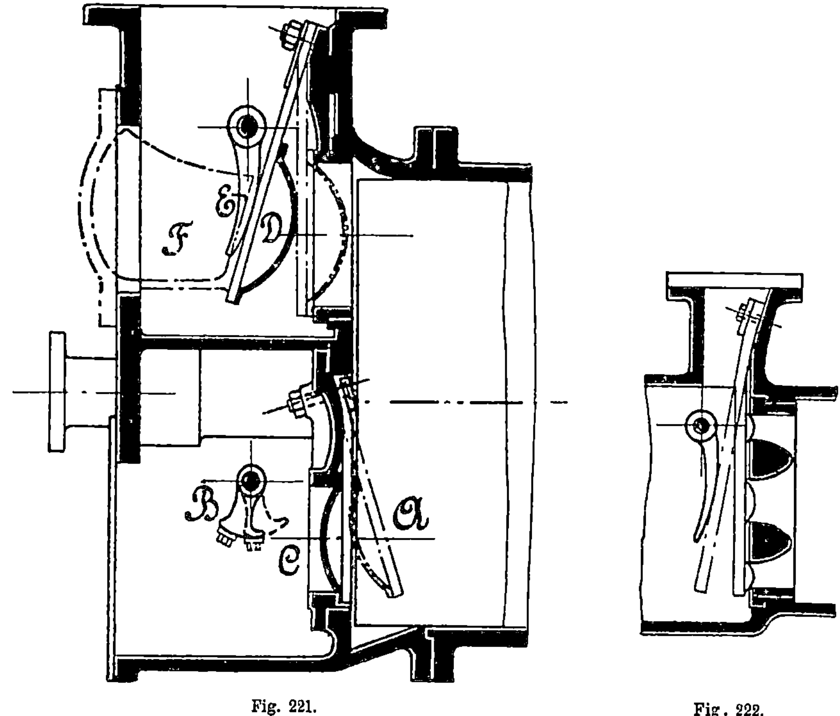

Fig. 221.   Fig. 222.

Eine spätere Ausführung eines Riedler-Kompressors ist in den Fig. 221 und 222 dargestellt.

Die im Zylinderdeckel angeordneten Klappen erhalten möglichst großen Querschnitt, und ist an Stelle mehrerer kleinerer Ventile je eine große Saug- und Druckklappe angebracht. Die Klappen sind möglichst leicht gehalten und mittelst elastischer Bänder oder Federn derart befestigt, daß sie stets das Bestreben haben, sich zu öffnen (D.R.P. Nr. 54194). Durch die elastische Befestigung erfolgt ein rasches Öffnen derselben. Der Schluß erfolgt jedoch durch irgendwelche, von außen bewegte Steuerung.

In Fig. 221 ist die Saugklappe A in geschlossenem Zustand, die Druckklappe D geöffnet dargestellt. Erstere ist durch ein elastisches

Band C (Drahtband, Gummischnüre, Kette mit eingeschalteter Feder, Hanfgurt mit Gummieinlage oder dergl.) mit dem Hebel B verbunden, welcher das Ventil am Ende der Saugperiode zuzieht. Das Druckventil wird durch den daumenförmigen Hebel E beim Hubwechsel zugedrückt.

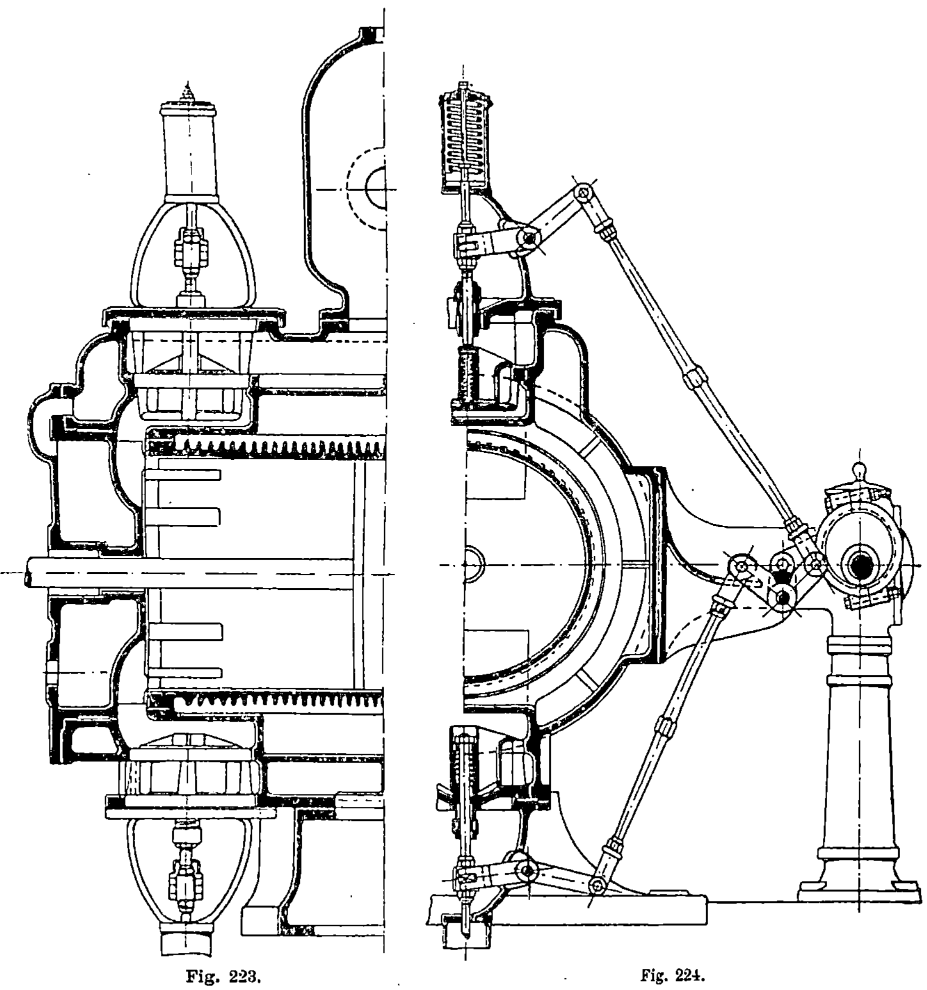

Fig. 223.			Fig. 224.

F ist ein Anschlag zur Hubbegrenzung für das Ventil D. Eine etwas andere Konstruktion des Druckventils ist in Fig. 222 dargestellt [1]).

2. Kompressor Pröll.

Eine andere Form eines gesteuerten Kompressors ist in den Fig.

----

[1]) Soweit Verf. bekannt, werden diese gesteuerten Saug- und Druckklappen gegenwärtig nicht mehr gebaut und haben somit nur noch historisches Interesse.

223 und 224 dargestellt und einem Druckluftprojekt [1]) von Dr. Pröll entnommen.

Derselbe ist in seiner allgemeinen Anordnung einer Ventildampfmaschine nachgebildet. Die Steuerung erfolgt durch ein Exzenter, welches das Schließen der Saug- und Druckventile beim Hubwechsel bewirkt. Die Ventilstangen sind mit den Ventilen nicht fest verbunden, sondern gestatten den letzteren freie Bewegung. Durch eingesetzte Federn erhalten die Ventile das Bestreben, sich stets zu öffnen, so daß sie sich nach beendigter Einwirkung der Steuerung auf dieselben infolge des Federdruckes rasch und leicht heben. Bemerkenswert ist an dem Pröllschen Kompressor noch die Anwendung der Wellnerschen Umlauf- oder Ausgleichsnuten, welche an beiden Zylinderenden eingehobelt sind, sowie der rippenförmige Mantel des inneren Zylinders. Derselbe bezweckt, eine größere Oberfläche für die Wirkung des Kühlwassers zu schaffen. Sowohl der Zylinder als auch die Deckel sind mit Wasserkühlung versehen und ist von einer Wassereinspritzung in den Zylinder Abstand genommen.

Die Luftmenge des Kompressors von 0,7 m Durchmesser und 1,25 m Hub berechnet Pröll bei einem volumetrischen Wirkungsgrad von 0,9 zu 0,4331 cbm für einen Hub oder zu 5,1972 cbm i. d. Minute bei 60 Touren der Maschine.

. Die Kühlwassermenge berechnet sich bei einer Anfangs- und Endtemperatur von 10⁰ bzw. 40⁰ C zu 2 kg i. d. Sekunde oder 129 kg i. d. Minute, was (unter Annahme eines spezifischen Gewichtes von 1,293 kg für 1 cbm Luft) einem 18fachen Wassergewicht entsprechen würde [2]).

F. Verbund-Kompressoren.

Infolge des Einflusses des schädlichen Raumes, welcher in jedem Kompressor vorhanden ist, kann, wie später [3]) gezeigt werden wird, die Kompression in einem Zylinder nur bis zu einer gewissen Grenze getrieben werden, da bei einer Überschreitung derselben beim Rückgang des Kolbens keine Luft angesaugt wird, vielmehr die im schädlichen Raum enthaltene Luft während des ganzen Kolbenhubes expandiert. Nimmt man z. B. den Inhalt des schädlichen Raumes zu 5 % oder $\frac{1}{20}$ des ganzen Hubvolumens an und denkt sich die Luft auf $\frac{1}{20}$ ihres Volumens oder den 20fachen Druck komprimiert, so wird am Ende der Kompression der schädliche Raum mit Luft von 20 Atm. Druck gefüllt sein, beim Rückgang des Kolbens jedoch die Expansion auf das Hubvolumen zurück erfolgen, daher während des ganzen Hubes keine Luft mehr angesaugt und der Kompressor wirkungslos werden.

---

[1]) Projekt einer städtischen Druckluftanlage von Dr. R. Pröll, Dresden, C. Tittmann, 1890.

[2]) Auch diese Konstruktion ist nicht mehr im Betrieb zu finden, ist jedoch entwickelungsgeschichtlich von besonderem Interesse, da sie eine Anwendung der üblichen Dampfmaschinensteuerung auf Kompressoren darstellt.

[3]) Theoret. Teil, Kapitel 6.

Da jedoch für manche Zwecke noch bedeutend höher gespannte Luft benötigt wird, so würde man dieselbe bei der Kompression in einem Zylinder niemals erhalten können. Man wendet daher für diese Zwecke Verbundkompressoren an, welche nach und nach — durch stufenweise Kompression — die Luft auf den gewünschten Enddruck bringen. Der Kompressionsgrad eines jeden Zylinders wird hierdurch kleiner und der Enddruck des ersten Zylinders zum Anfangsdruck des zweiten, derjenige des zweiten zum Anfangsdruck des dritten und so fort.

Soll beispielsweise die Luft gleichmäßig in drei Stufen auf 125 Atm. komprimiert werden, so würde dieselbe im ersten Zylinder auf 5 Atm., im zweiten Zylinder von 5 auf 25 Atm. und im letzten von 25 auf 125 Atm. komprimiert werden müssen. In jedem Zylinder würde dann der Druck eine fünffache Vergrößerung, das Volumen eine Verkleinerung auf etwa $^1/_5$ des Hubvolumens erfahren. Die Kompression auf den fünffachen Druck aber bietet keinerlei praktische Schwierigkeiten, und ist auch der volumetrische Wirkungsgrad für diesen Kompressionsgrad noch sehr günstig.

Bezüglich der Ausführung der stufenweisen Kompression lassen sich zwei Möglichkeiten unterscheiden. Entweder gelangt die Luft direkt vom ersten, größeren, zum zweiten, kleineren, Zylinder, so daß häufig sogar das Saugventil des kleineren Zylinders zugleich das Druckventil des größeren Zylinders ist, oder dieselbe wird von dem ersten Zylinder in ein Reservoir oder einen Zwischenraum gedrückt, in welchem sie möglichst stark wieder abgekühlt wird, um keine zu große Erwärmung zu erhalten, weil hierdurch ein Einfressen der Kolben und Kolbenstangen infolge der Verflüchtigung der Schmiermittel unausbleiblich sein würde. Im zweiten Falle saugt der kleinere Zylinder die Luft aus dem Zwischenbehälter ab.

Zur praktischen Anwendung gebracht wurde die stufenweise Kompression zuerst durch den Engländer Paget, welcher im Jahre 1867 einen dreistufigen Torpedo-Kompressor ausführte. Nach ihm führte zunächst Whitehead in Fiume zu demselben Zwecke ähnliche Kompressoren aus.

Die Frage, ob auch für geringere Enddrücke, zumal noch unter 10 Atm. die stufenweise Kompression mit Zwischenkühlung vorteilhaft ist, soll weiter unten[1] beantwortet werden.

Die wichtigsten Konstruktionen stufenweiser Kompressoren sind im folgenden zusammengestellt, und hierbei zunächst die Ausführungen ohne Zwischenbehälter, sodann diejenigen mit Zwischenbehälter in alphabetischer Reihenfolge besprochen.

[I. Verbund-Kompressoren ohne Zwischenbehälter.

1. Kompressor Bellis und Morcom[2]). Fig. 225 und 226.

Derselbe ist zusammengesetzt aus vier einfach wirkenden, um je 90° gegeneinander versetzten Hohlzylindern H, deren Bewegung nach

---

[1]) Siehe Theoret. Teil, Kapitel 6.
[2]) Engl. Pat. Nr. 4065 vom 6. III. 1891. G. E. Bellis und A. Morcom, Birmingham; s. Industrie 19. II. 1892.

innen gegen die Wellenachse zu durch Federdruck, nach außen durch ein Exzenter erfolgt.

In dem festen Gehäuse A, welches mit fortwährend sich erneuerndem Kühlwasser gefüllt ist, dreht sich die Welle B, auf welcher in der Mitte das Exzenter C aufgekeilt ist. Das letztere verschiebt einen würfelförmigen, mit Ein- und Austrittsöffnungen E und F für die Luft versehenen Hohlkörper D nach zwei aufeinander senkrecht stehenden Richtungen hin und her. Bei dieser Bewegung wird sowohl abwechselnd je ein Zylinder ganz in das feste Gehäuse A hineingedrückt, während der gerade gegenüberliegende Zylinder sich in seiner äußersten Lage befindet, als auch durch die abwechselnd miteinander in Verbindung tretenden

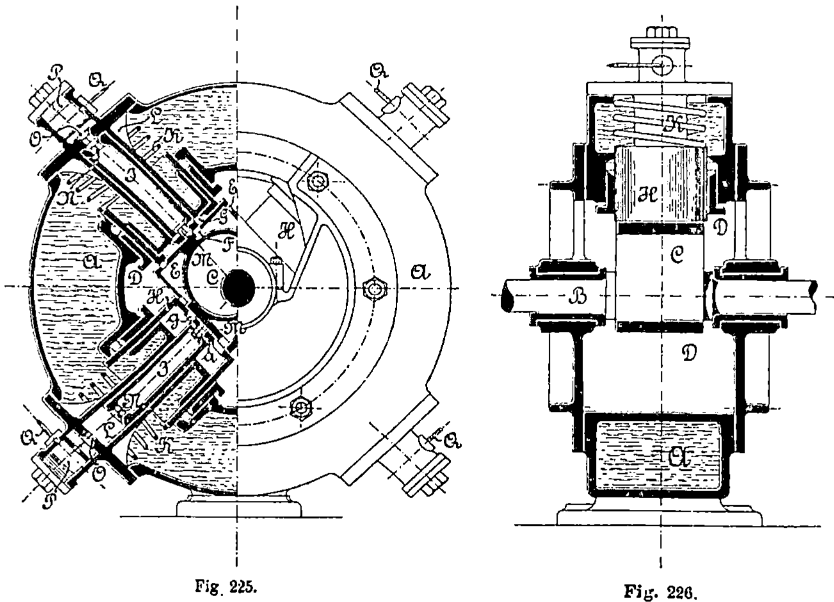

Fig. 225.   Fig. 226.

Öffnungen F und G im Zylinder H bzw. im Hohlkörper D die Luft in den Hohlraum des Zylinders eingesaugt. Mit dem Hohlzylinder H ist ein zweiter, gleichfalls hohler Zylinder J von kleinerem Durchmesser fest verbunden, welcher in dem dritten Zylinder L hin- und hergleitet. Die drei Ventile M, N und O bewirken den Ein- und Auslaß der Luft in die Hohlzylinder J und L.

Die zweistufige Kompression der Luft erfolgt nun folgendermaßen: Das Ansaugen geschieht bei der Bewegung der Zylinder H aus dem Gehäuse nach der Wellenachse zu durch die Kanäle E, F und G hindurch. Beim Rückgang der Zylinder wird die im Innern von H enthaltene Luft durch schmale Kanäle a und das Druckventil M hindurch in den Hohlraum von J gedrückt. Beim zweiten Spiel tritt sodann die im Zylinder J enthaltene Luft durch das Ventil N in den Zylinder L, um beim Rückgang des Kolbens nochmals komprimiert und durch das Ventil O in die Druckkammer P geschafft zu werden. Von diesen Kammern der vier Zylinder führen sodann vier Druckrohre Q zu einem gemeinsamen Druckrohr, welches die Luft an den Ort ihrer Verwendung führt.

2. Kompressor Blyth[1]). Fig. 227—229.

In einem geschlossenen zylindrischen Gehäuse D, Fig. 227, bewegt sich ein hohler Kolben C horizontal hin und her, in dessen Innern ein zweiter Kolben B in einer zylindrischen Bohrung vertikal auf- und

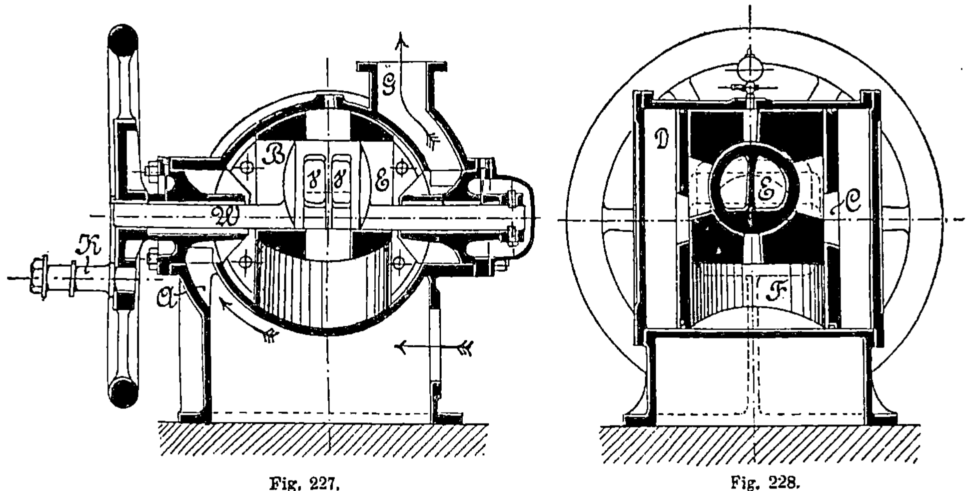

Fig. 227.　　　　　　　　　　　　Fig. 228.

niedergeht. Die Bewegung beider Kolben geschieht durch ein mit seitlichen und axialen Öffnungen versehenes hohles Exzenter E auf der Welle W, an deren einem Ende ein mit einem Kurbelzapfen K versehenes Schwungrad befestigt ist. Durch den Hohlraum des Gestells wird die Luft bei A angesaugt und gelangt durch das hohle Exzenter hindurch in den großen Zylinder D, wird sodann beim Rückgang des großen Kolbens C komprimiert und in den Hohlraum F des kleinen Zylinders gedrückt, wo dieselbe zum zweiten Male (durch den Kolben B) komprimiert und durch das Exzenter hindurch

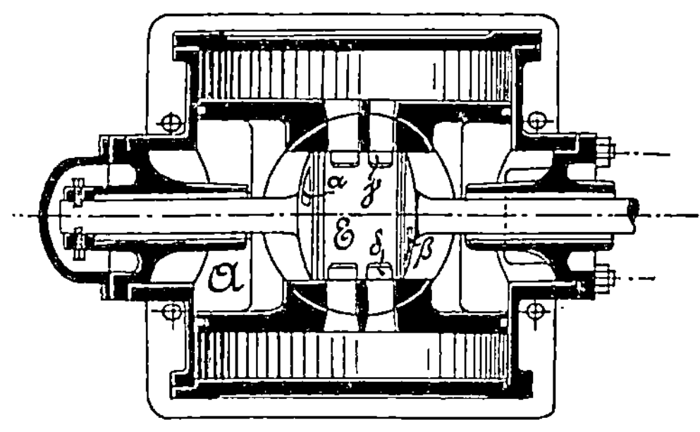

Fig. 229.

nach dem Austrittsrohr G geschafft wird. Durch die im Exzenter E in geeigneter Weise angebrachten Öffnungen α und β, Fig. 229, wird das Ansaugen und Fortschaffen, durch γ und δ die Verbindung zwischen beiden Zylindern D und F bewirkt. Durch richtige Wahl der Überdeckungen ist man imstande, jede beliebig hohe Kompression

---

1) J. F. Blyth & Co., London, s. Engineering 1888, Bd. 46, S. 227.

auszuführen. Eine veränderliche Kompression ist jedoch nicht möglich, da jede Maschine nur für einen bestimmten Enddruck berechnet ist.

Der Blythsche Kompressor gestattet, eine ziemlich große Tourenzahl anzuwenden und ist äußerst kompendiös gebaut. Bei der in der angeführten Quelle beschriebenen Maschine betrug die Luftmenge bei 125 Touren 500 cb′[1] minutlich von 5 Pfund Druck, wobei der Raumbedarf der Maschine nur 39 q′ Bodenfläche auf 3′ 3″ Höhe war.

Der liegende Kolben C ist mit Dichtungsringen versehen, während der stehende Kolben B, sowie das Exzenter genau in die entsprechenden Zylinder eingepaßt sind.

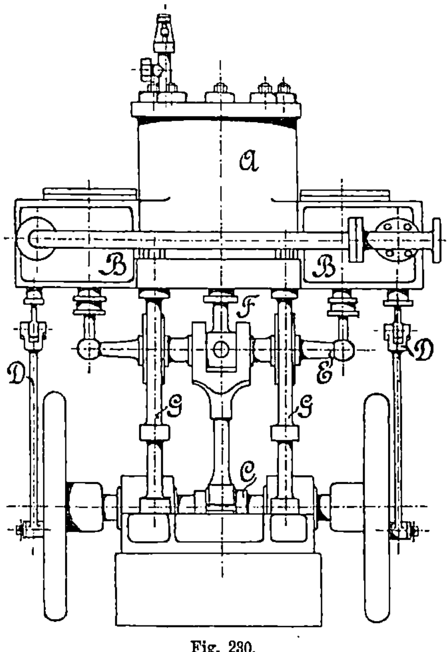

Fig. 230.

Ein großer Nachteil dieses Kompressors dürfte in der unvermeidlichen Abnutzung der beiden letzteren Hohlzylinder und dem hierdurch bewirkten Undichtwerden des Kompressors, sowie in der schwierigen Montage und Zugänglichkeit der inneren Teile zu suchen sein. Er scheint sich auch in die Praxis nicht eingeführt zu haben.

3. Kompressor Brotherhood[2]. Fig. 230—232.

Der zur Kompression der Luft für Torpedodruckluftmaschinen dienende, mit dreistufiger Kompression arbeitende Kompressor ist in seiner äußeren Anordnung in Fig. 230 dargestellt. Zu beiden Seiten des Luftkompressors A liegen die Dampfzylinder B mit einfacher, von der Schwungradwelle C betriebener Schiebersteuerung D. Beide Dampfkolbenstangen greifen an den Enden der Traverse E an, in deren Mitte die Kolbenstange F des Kompressors befestigt ist. Vier schmiedeeiserne Stützen G tragen die Zylinder und dienen zugleich zur Gradführung der Traverse. Die innere Einrichtung des Luftzylinders ist aus den Fig. 231 und 232 ersichtlich. Zwei Zylinder A und B von ungleichem Durchmesser liegen übereinander, in ihnen gleiten die durch den Hohlzylinder C zusammengehaltenen Kolben D und E auf und nieder. Die dreifache Kompression der Luft erfolgt durch die beiden Kolbenflächen des oberen Kolbens D und die Ringfläche des unteren Kolbens E. Durch vier im oberen Zylinderdeckel befindliche Saugventile 1 wird die Luft beim Niedergang des Kolbens in den Raum über dem oberen Kolben D ange-

---

[1] Engl. Masse.

[2] Peter Brotherhood, London. D.R.P. Nr. 13273 vom 20. VIII. 1880. Siehe Engineerin 1890, Bd. 48, S. 10.

saugt. Beim Aufgang desselben wird sie komprimiert und nach Erreichen des ersten Mitteldruckes, z. B. 5 Atm., durch drei Druckventile 2
in den ringförmigen Raum A unter dem oberen Kolben gedrückt. Hierauf

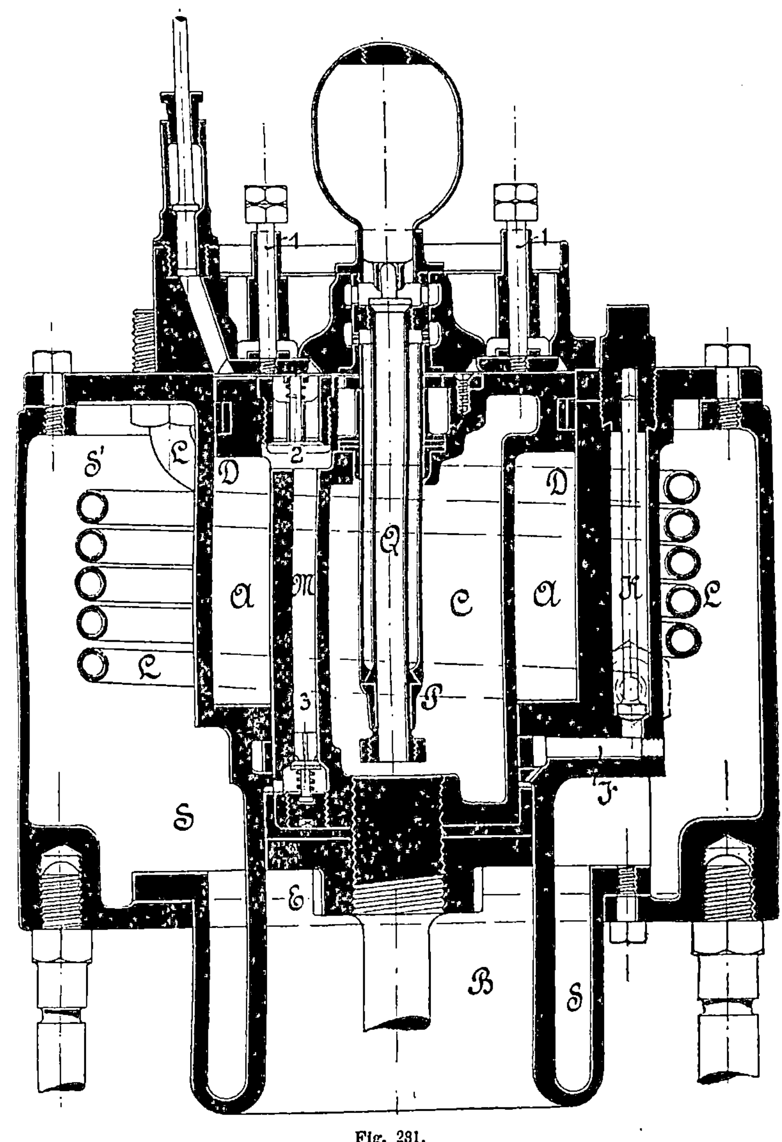

Fig. 231.

erfolgt der zweite Niedergang des Kolbens und die Kompression der
in A enthaltenen Luft auf den zweiten Mitteldruck, z. B. 25 Atm.,
sowie das Hinausschaffen aus A durch drei kleine Kanäle M und drei

12*

Druckventile 3 hindurch in den ringförmigen Raum über dem unteren Kolben *E*. Beim Aufgang des letzteren erfolgt sodann die dritte Kompression auf den Enddruck, z. B. 125 Atm., und das Verdrängen durch

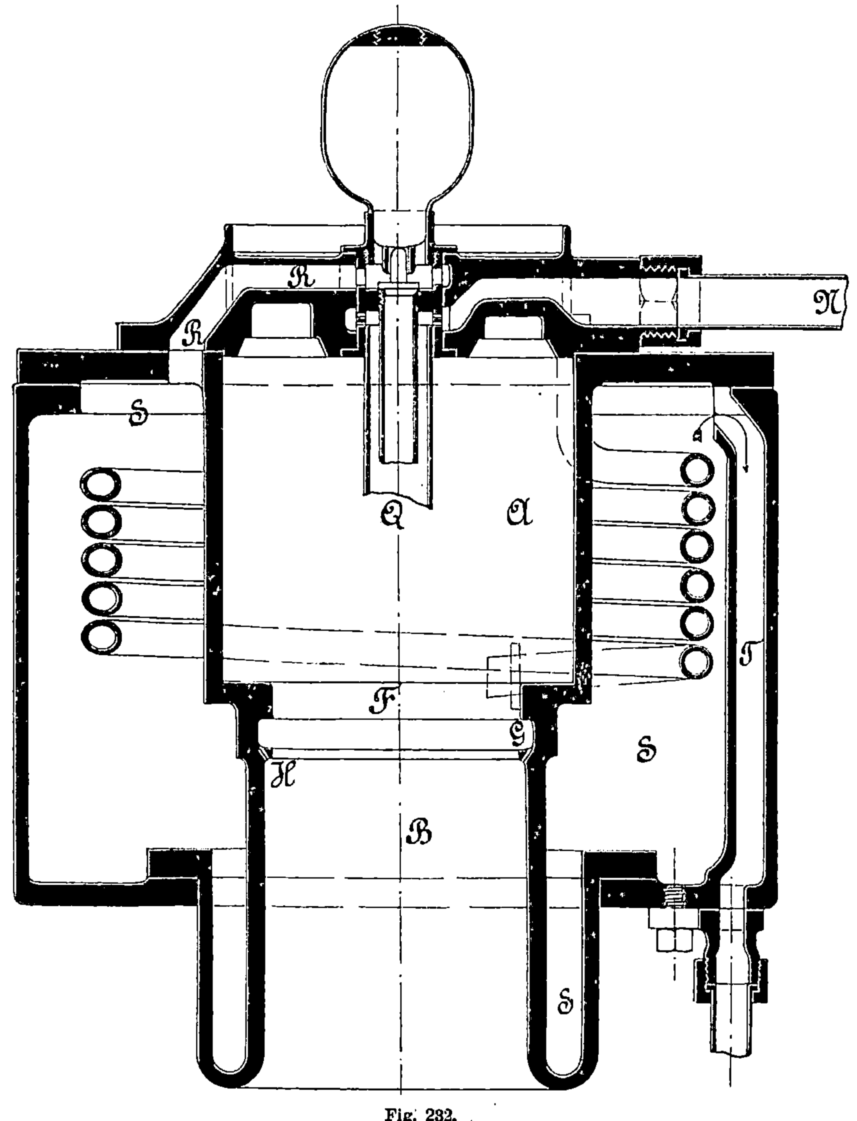

Fig. 232.

den ringförmigen Kanal *H*, den Kanal *I* und das letzte Druckventil in den Raum *K*, an welchen die Rohrspirale *L* als Luftbehälter angeschlossen ist, von wo die Luft abgeleitet wird. Die Kühlung erfolgt sowohl innerhalb des Kolbens *C* als auch außerhalb der Zylinder in folgender Weise.

Durch das Zuflußrohr *N*, Fig. 232, gelangt das Kühlwasser in ein das Rohr *Q* umgebendes Rohr, wird von hier beim Niedergang des Kolbens, indem das äußere Rohr sich dem Innenraum *C* gegenüber verschiebt, also als Taucherkolben wirkt, durch ein Ventil *P* angesaugt, beim Aufgang durch das innere Rohr *Q* und das am oberen Ende desselben befindliche Ventil, sowie den Verbindungskanal *R*, Fig. 232, in den großen Sammelbehälter *S* geschafft, welcher beide Zylinder *A* und *B* einschließt, von wo dasselbe durch das Überfallrohr *T* abfließt. Auf diese Weise ist eine ziemlich rasche, fortgesetzte Erneuerung des Kühlwassers und eine lebhafte Zirkulation desselben ermöglicht.

Zwei Ausführungen der Brotherhood-Kompressoren, welche auf der Pariser Weltausstellung im Jahre 1889 ausgestellt waren, lieferten: 10 cb′ (0,3 cbm) Luft von 1500 Pfd. pro q″ (ca. 110 Atm.) stündlich, wobei das Gewicht der ganzen Maschine nur 250 kg betrug, und die

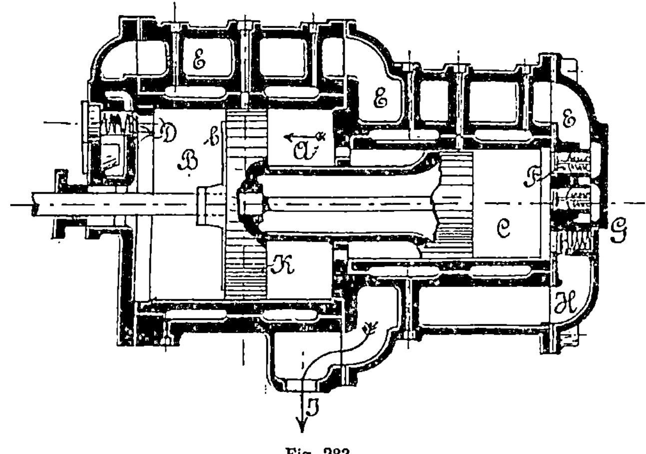

Fig. 233.

größere Maschine 20 cb′ von 1500 Pfd. pro q″ (0,6 cbm von ca. 110 Atm.) bei einem Gewicht von ca. 600—700 kg. Beide Maschinen waren imstande im äußersten Falle bis auf 2500 Pfd. pro q″ (ca. 180 Atm.) zu komprimieren.

So kompliziert auch die Konstruktion dieser Maschine ist, so ist doch gerade für Torpedoboote eine möglichst kompendiöse Anordnung und möglichst geringes Gewicht erforderlich, welche Bedingungen der Kompressor von Brotherhood vollauf erfüllt.

4. Kompressor Sergeant[1]). Fig. 233.

Derselbe besteht aus zwei Zylindern *B* und *C* von ungleichen Durchmessern, in welchen ein Doppelkolben *K* hin und her bewegt wird. Die Einströmung der Luft erfolgt durch die mit der äußeren Luft in Verbindung stehende, in der Scheidewand zwischen beiden Zylindern

---

1) H. ᴜ. Sergeant, New-York, 318 West, 47th Street, Amerika. Pat. Nr. 415822 vom 4. I. 1889.
Engl. Pat. Nr. 7604 vom 7. V. 1889.

befindliche Saugöffnung A und den mit einem Ringventil b versehenen Kolben K hindurch in den großen Zylinder B. Die Konstruktion des Kolbens ist der auf S. 104 dargestellten ähnlich. Durch mehrere Druckventile D wird die Luft in den Umlaufkanal E gepreßt, von hier durch die Saugventile F in den Zylinder C gesaugt und schließlich nach beendeter Kompression durch das Druckventil G und den Kanal H in die Druckleitung I geschafft. Beide Zylinder sind mit einem Wassermantel

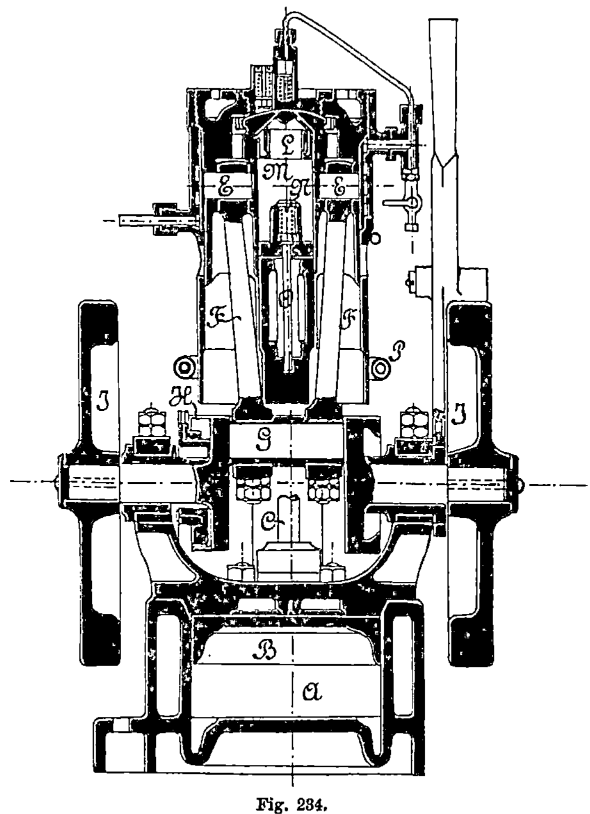

Fig. 234.

versehen. Die in der Figur nur schematisch dargestellten Ventile sind wie diejenigen des Ingersoll-Sergeant-Kompressors, S. 103, konstruiert.

Der Umlaufkanal E dient gewissermaßen als Zwischenbehälter, in welchem die Luft durch Berührung mit den gekühlten Zylinderwänden zugleich etwas abgekühlt wird. Der Sergeant-Kompressor könnte daher aus diesem Grunde auch zur Gruppe der Verbund-Kompressoren mit Zwischenbehälter gezählt werden.

5. Kompressor Whitehead[1]). Fig. 234—236.

Der im unteren Teil des Gestells befindliche Dampfzylinder A ent-

---

1) Whitehead & Co., Fiume, D.R.P. Nr. 50353 vom 7. III. 1889.

hält den Kolben B, dessen zwei Kolbenstangen C direkt mit dem Luft-
kolben D, Fig. 235, verbunden sind.　Derselbe ist unten offen und wird
durch zwei an den Zapfen E angreifende Pleuelstangen F von der Kurbelwelle G bewegt, auf welcher das Exzenter H mit Federregulator, sowie
zwei Schwungräder J befestigt sind.

Durch den hohlen Kolben D wird beim Niedergang die Luft von
unten her angesaugt und tritt durch das ringförmige Ventil K, Fig. 236,
von T-förmigem Querschnitt, welches möglichst leicht gehalten ist, über

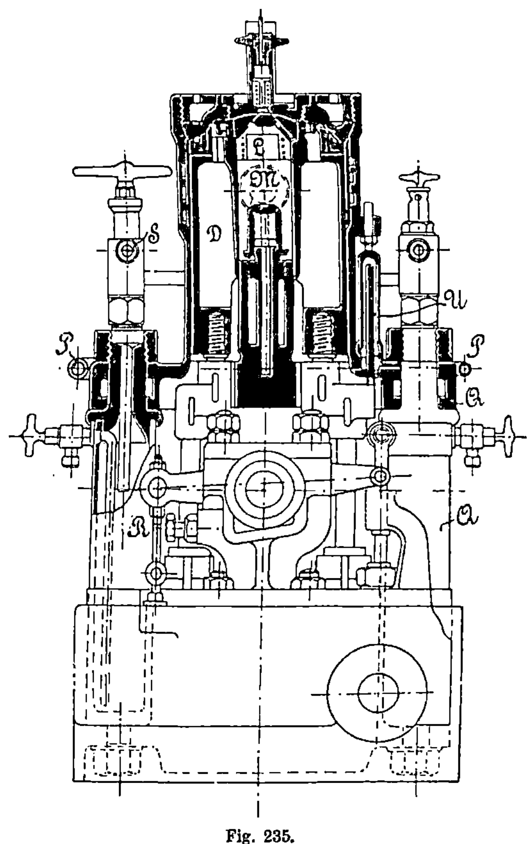

Fig. 235.

den Kolben.　Beim Aufgang wird die Luft komprimiert und durch das
Kegelventil L in den inneren Zylinder M gedrückt.　Beim abermaligen
Niedergang des Kolbens wird die in M enthaltene Luft nochmals komprimiert und durch das Druckventil N in den Hohlraum O geschafft, von
wo dieselbe in die mit einem Wasserrohr umgebene Spirale P und sodann
in die hohlen Säulen Q und R der Maschine gelangt.　In ihnen wird das
beim Ansaugen durch das, über dem großen Zylinder befindliche, Rohr T
und das Ventil V, Fig. 236, einfließende Kühlwasser abgesondert, indem
dasselbe hier niederfällt und durch Ablaßhähne abgelassen werden kann.

Von S aus, Fig. 235, gelangt die Luft durch eine Druckleitung zur Verbrauchsstelle. Das Kühlwasser wird durch eine von der Kolbenstange mitbewegte kleine Druckpumpe U durch die Rohrspirale P und die um den großen Zylinder schraubenförmig herumlaufenden Kanäle W gedrückt. Die Ventile L und N sind in der Mitte überhöht, um ein Einfließen von Wasser in die Druckräume möglichst zu vermeiden. Der Wasserzufluß durch das Rohr T und das Ventil V ist so reguliert, daß die schädlichen Räume durch dasselbe eben ausgefüllt werden.

Die kompendiöse Form des Whiteheadschen Kompressors ist ebenso wie bei dem Brotherhoodschen Kompressor bedingt durch die Verwendung desselben für Torpedoboote zum Füllen der Torpedo-Luft-

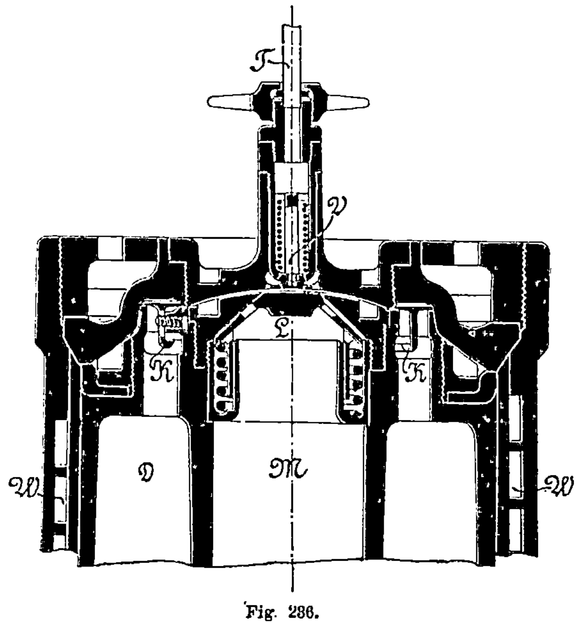

Fig. 236.

kessel, welche die Druckluft zum Betriebe der Torpedomaschinen enthalten. Diese Kompressoren werden für Luftdrücke bis zu 150 Atm., neuerdings sogar bis zu 200 Atm. Enddruck gebaut.

Das durch die Saugventile zufließende Kühlwasser wird in einem Wasserabscheider abgesondert.

Eine Wasserdruckpumpe, welche von der Exzenterstange betrieben wird, besorgt die nötige, lebhafte Wasserzirkulation, wobei das Wasser zuerst das Hochdruckluft-Ventilgehäuse umspülend, in den Mantel des Hochdruckzylinders tritt und von hier ins Freie gelangt.

Ventile und Stulpen sind sehr leicht zugänglich. Die schädlichen Räume können genau auf das Minimum eingestellt werden.

Diese Kompressoren haben ein geringes Gewicht, machen 400 bis 500 Umdrehungen minutlich und liefern stündlich bis über 650 Liter komprimierte Luft bei einem volumetrischen Wirkungsgrad von ca. 90 %.

Bei den schweren Dampfkompressoren befindet sich zwischen den beiden Luftzylindern der Dampfzylinder mit Rundschieber, welcher seitlich von einer Gegenkurbel der Maschinenkurbel bewegt wird. Die Kompression erfolgt ebenfalls zweistufig mit gleicher Abkühlungsart wie bei der vorbeschriebenen Anordnung. Bei den Kompressoren für Transmissionsantrieb besteht das Triebwerk aus Kurbeln mit einem Kurbelzapfen, welcher Niederdruck- und Hochdruckkolben antreibt. Die Kompression der Luft erfolgt zweistufig auf die gleiche Art wie bei den Kompressoren mit direktem Dampfantrieb. Diese Kompressoren werden auch mit Elektromotoren direkt gekuppelt ausgeführt und finden vielseitige Anwendungen bis zu Winddrücken von 300 kg pro qcm, insbesondere für das Luftverflüssigungsverfahren. In die Druckluftleitung ist ein Wasserabscheider eingeschaltet, um möglichst trockene Luft zu erzielen. Um beide Kompressionszylinder sind Kühlmäntel angeordnet, in welchen die die Druckluft enthaltenden Rohrspiralen liegen. Das Kühlwasser wird durch eine gemeinschaftliche Kühlleitung diesen Mänteln zugeführt, welche am unteren Ende derselben mündet, während das erwärmte Kühlwasser oben abfließt.

II. Verbund-Kompressoren mit Zwischenbehälter.

1. Verbundkompressor mit Zwischenbehälter von A. Borsig.

Fig. 237 stellt einen Riemen-Verbundkompressor dieser Firma in Tegel bei Berlin dar. Derselbe ist mit den oben S. 99 beschriebenen Ringventilen ausgestattet. Der Zwischenbehälter ist über dem Kompressor in bekannter Weise angeordnet und wirkt als Oberflächenkühler. Die 42 Rohre haben 35 mm äußeren Durchmesser, 1,3 m Länge, woraus sich die Kühloberfläche zu $\sim$ 6 qm berechnet. Das Verhältnis der freien Zylinderflächen beträgt $\sim$ 1 : 2,8, der Enddruck der Kompression 8 Atm. Überdruck, wobei der Kompressor mit 150—200 Touren läuft. Die angesaugte Luftmenge berechnet sich daraus bei einem Hub von 260 mm und einem volumetrischen Wirkungsgrad von 95 % für die normale Tourenzahl von 150 Touren zu 10,7 cbm in der Minute, mithin die Kühloberfläche f. d. cbm minutlich angesaugter Luft zu 0,56 qm.

Für Hochdruckverbundkompressoren z. B. Wasserstoffkompressoren, wendet die Firma für die höheren Stufen die in Fig. 238 und 239 abgebildeten Saug- und Druckventile an. Die letzteren sind Glockenventile mit sehr langen Zylinderführungen. Das Saugventil hat einen freien Querschnitt von 1,885 qcm, das Druckventil einen solchen von 1,067 qcm. Beide Ventile sind sehr gedrängt und sinnreich gebaut und ermöglichen einen sehr leichten und raschen Ein- und Ausbau.

Der äußere Aufbau eines stehend angeordneten, vierstufigen Kompressors ist aus Fig. 240 zu ersehen. Dieser Kompressor hat 180 mm Kolbenhub, 240/180/85/72 mm Zylinderdurchmesser, macht 160 Umdrehungen in der Minute, saugt in der Minute 1,67 cbm Gas an und preßt dieses bis auf einen Enddruck von 200 Atmosphären.

Das Gas oder die Luft wird von der doppeltwirkenden Niederdruckstufe angesaugt und zuerst auf ca. 3 Atmosphären Überdruck verdichtet, geht durch den ersten Zwischenkühler, wird dann nach der nächstfolgenden, einfachwirkenden Stufe gesaugt, geht von hier aus wieder durch einen Zwischenkühler, von da durch die dritte Stufe und nachfolgenden Zwischenkühler nach dem Hochdruckzylinder, von wo

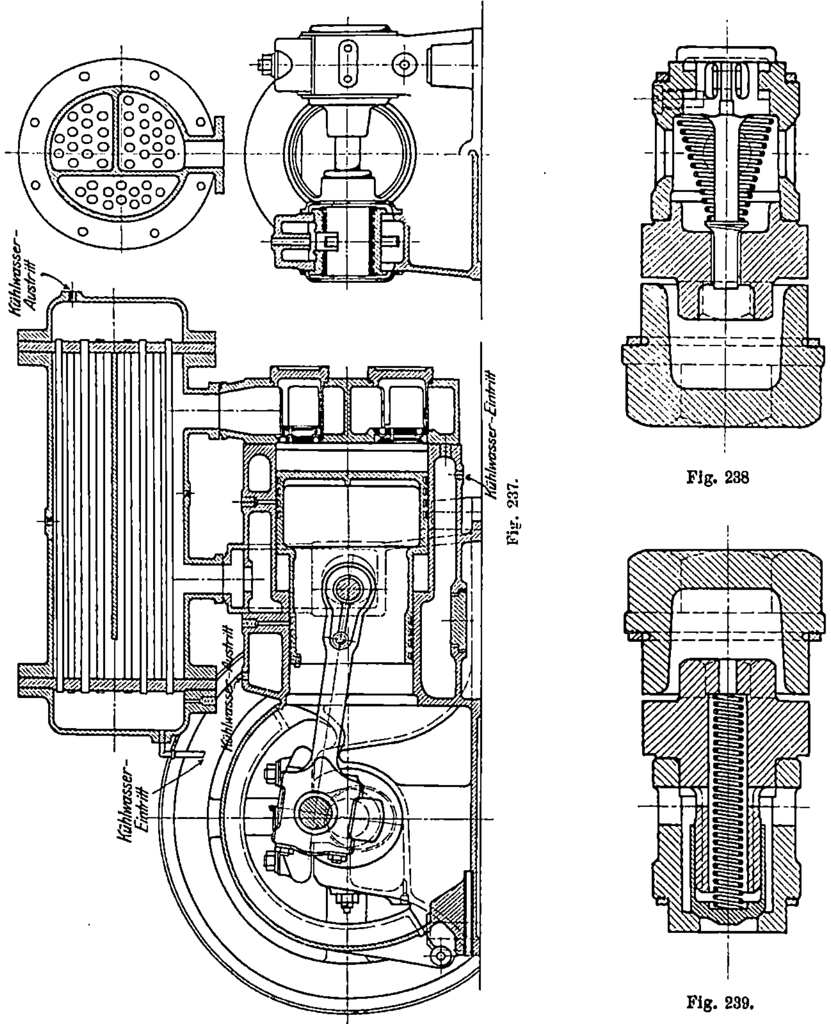

es nach Verdichtung auf 200 Atm. zwecks nochmaliger Abkühlung durch den Endkühler geschickt wird. Von diesem aus wird das Gas nach dem Öl- und Wasserabscheider und der Filterstation geleitet.

Beide Zylinder sind als Differentialzylinder ausgebildet; der erste besteht aus Gußeisen und enthält die Niederdruck- und erste Mitteldruckstufe, der zweite, aus bester, zäher Bronze gegossene, umfaßt die zweite

Mitteldruck- und Hochdruckstufe. Beide Zylinder liegen in einem gußeisernen Kühlergefäße.

Über einige bemerkenswerte Versuchsresultate mit neueren Verbundkompressoren berichtet die Firma folgendes:

1. Liegender Verbundkompressor mit direktem Dampfantrieb.

Dieser im September 1908 an die Fürstl. Pleßische Bergwerks-Direktion, Schloß Waldenburg i. Schl., gelieferte, liegende Bergwerks-kompressor wurde nach einjährigem Dauerbetriebe von der Gruben-verwaltung einer Leistungsprüfung unterzogen, welche die folgenden Ergebnisse hatte:

Fig. 240.

	Ge-währ-leistete Werte	Versuchs-ergebnisse		Auf die Normalleistung umgerechnete Werte
Umdrehungen in der Minute . . . normal	90	90	93,5	90
Admissionsdampfdruck . . . . kg absol.	7,5	7,8	7,93	7,5
Luftdruck im Sammler. . . . „ „	7,5	7,5	7,39	7,5
Angesaugte Luftmenge . . . cbm/Std.	5000	5260	—	5000
Indizierte Dampfarbeit . . . . . PSi.	530	556,2	580,2	528,7
Verbrauch an trockn. gesättigt. Dampf von 7,5 kg Spannung für je 1 PSi. u. Stunde	10,8	—	10,45	10,65
Volumetricher Wirkungsgrad des Kompressors nach den Luftdiagrammen	—	0,97	—	0,97

Die Luftansaugeleistung des Kompressors beträgt demnach:

   a) für je 1 indizierte Pferdestärke der Dampfmaschine = 9,47 cbm

   b) für je 1 effektive Pferdestärke der Dampfmaschine = 10,50cbm
und es sind zur Verdichtung von 1 cbm atmosphärischer Luft auf 7,5 kg absoluten Druck 0,106 PSi., bzw. 0,095 PSe. der Dampfmaschine erforderlich. Die Anlage besteht aus einem Zweizylinder-Verbund-Kompressor und einer unmittelbar mit ihm gekuppelten Zweifach-Expansions-Dampfmaschine. Ihre Hauptabmessungen sind:

1. Durchmesser der Dampfzylinder . . . . 590/945 mm
2.   „   „ Luftzylinder . . . . 845/525 „
3. Gemeinsamer Kolbenhub . . . .   900 „
4. Normale Umdrehungszahl in der Minute . .   90 „

Fig. 241.

Die Kompressorzylinder sind doppeltwirkend und mit patentierten, federbelasteten Plattenventilen versehen; sie besitzen Kühlmäntel, und es ist ferner zwischen beiden ein unter Flur aufgestellter Rohrbündel-kühler eingeschaltet, in welchem die den Niederdruckzylinder verlassende erhitzte Luft auf die Anfangstemperatur zurückgekühlt wird.

2. Liegender Verbundkompressor für 7 Atmosphären Druck mit elektrischem Antrieb.

Diese in Fig. 241 abgebildete Maschine wurde von der Firma A. Borsig im Jahre 1907 auf der Grube Brüderbund der Charlottenhütte Niederschelden, Kreis Siegen, aufgestellt und zeigte nach einer vor kurzem vom Dampfkessel-Überwachungsverein zu Siegen vorgenommenen Leistungsprüfung die in der unteren Tabelle enthaltenen bemerkenswerten Ergebnisse.

Die Anlage besteht aus einem Zweizylinder-Verbundkompressor

in Zwillingsanordnung und einem unmittelbar auf die Kurbelwelle desselben gesetzten Drehstromelektromotor.

Die Hauptabmessungen des Luftkompressors sind folgende:

Gemeinsamer Kolbenhub . . . . 400 mm
Durchmesser der Luftzylinder . . . . . . 515/325 „
Normale Umdrehungszahl in der Minute . . . 164

Die Kompressorzylinder sind doppeltwirkend ausgeführt und mit patentierten Plattenventilen versehen; sie besitzen Kühlmäntel und es ist zwischen beiden ein unter Flur aufgestellter Rohrbündelkühler eingeschaltet, in welchem die den Niederdruckzylinder verlassende erhitzte Luft auf die Anfangstemperatur zurückgekühlt wird. Der Kühler ist nach dem Gegenstromprinzip ausgeführt und mit Messingrohren versehen, welche vom Kühlwasser durchflossen werden, während die Druckluft sie von außen umspült.

Umdrehungen in der Minute		164
Luftdruck im Sammler	kg absol.	7
Angesaugte Luftmenge	cbm/Std.	1581
Mittlerer volumetrischer Wirkungsgrad		0,97
Mittlerer indizierter Kraftverbrauch für 1 cbm stündlich angesaugte Luft	PSi.	0,086
Mittlerer effektiver Kraftverbrauch[1]) für 1 cbm stündlich angesaugte Luft	PSe.	0,093
Stündlich für 1 PSe.[1]) gelieferte Luftmenge	in cbm	10,662
„ „ 1 PSi. „ „	„ „	11,60

Es sind somit zur Verdichtung von 1 cbm atmosphärischer Luft auf 7 kg absoluten Druck 0,093 PSe. (an der Kurbelwelle gemessen) bzw. 0,106 PS. (an der Schalttafel berechnet) nötig.

	Gewährleistete Werte	Versuchsergebnisse	Auf die garantierte Normalleistung umgerechnete Mittelwerte
Umdrehungen in der Minute . . . normal	165	165,5	—
Luftdruck im Endbehälter in Atm. Überdruck	200	200	200
Admissionsdampfdruck i. Hochdruckzylinder	7	8,6	7,0
Luftleere am Abdampfstutzen des Niederdruckzylinders	65%	85%	65%
Gelieferte Preßluftmenge von 200 Atm. in Litern stündlich	900	1014	900
Indizierte Dampfarbeit in PSi.	73	74,9	64,5
Mechanischer Wirkungsgrad der ganzen Anlage	—	78,4%	78,4%
Volumetrischer Wirkungsgrad des Kompressors	—	90%	90%
Verbrauch an trocken. gesättigt. Dampf von 7 Atm. für je 1 PSi. u. Stunde in kg . .	8,5	7,19%	7,8%
Verbrauch an trocken. gesättigt. Dampf für 1 Liter Preßluft von 200 Atm. in kg . .	40	31	31
Für je 1 PSi. stündl. gelieferte Preßluftmenge von 200 Atm. in Litern	—	15,1	15,1

[1]) An der Kurbelwelle gemessen.

3. Liegender vierstufiger Luftkompressor für 200 Atmosphären Enddruck.

Im Jahre 1909 wurde ein von A. Borsig gelieferter Hochdruckkompressor durch den Besteller einer sorgfältigen Leistungsprüfung unterzogen, welche die vorhergehenden Ergebnisse hatte (untere Tabelle S. 189).

Es sind danach also nicht nur die gewährleisteten Werte wesentlich überholt worden, sondern auch Zahlen erreicht, die in Anbetracht der großen Schwierigkeiten, welche bei Kompressoren dieser Art zu überwinden sind, ohne Zweifel als sehr günstig bezeichnet werden müssen.

Die Hauptabmessungen dieser Maschine sind folgende:

    1. Gemeinsamer Kolbenhub . . . . 400 mm
    2. Normale Umdrehungszahl in der Minute . 165

Die Anlage ist als liegende Verbundmaschine ausgeführt; Luftzylinder und Dampfzylinder sind in Tandembauart hintereinander liegend unmittelbar gekuppelt.

Die Dampfmaschine ist eine Zweifach-Expansionsmaschine und an eine Zentralkondensation angeschlossen. Der Hochdruckzylinder besitzt eine, von einem Leistungsfederregler beeinflußte Präzisions-Rider-Schiebersteuerung, der Niederdruckzylinder dagegen eine patentierte Flachschiebersteuerung; der Leistungsfederregler gestattet eine Änderung der Umdrehungszahl der Maschine zwischen 90 und 180 in der Minute.

Der Luftkompressor besitzt zwei Differentialzylinder, die so mit den Dampfzylindern unmittelbar gekuppelt sind, daß der die beiden unteren Stufen enthaltende Luftzylinder mit dem Niederdruckzylinder der Dampfmaschine, und der die beiden höheren Stufen enthaltene Luftzylinder mit dem Hochdruckdampfzylinder verbunden sind.

Die Kolbenstangen beider Maschinenseiten treten durch die hinteren Deckel und sind hier nochmals in einer kräftigen Schlittenführung zuverlässig gelagert.

Mittel- und Niederdruckstufe sind mit dem oben S. 99 beschriebenen Plattenventil ausgerüstet, während für die Hochdruckstufe die in Fig. 238/239 abgebildeten Spezialventile verwendet sind.

Zu je zwei Stufen gehört ein aus Kupferrohrschlangen bestehender Kühler, welche nebeneinander in einem eisernen, mit hölzernen Trennungswänden ausgestatteten Wasserkasten unter Flur aufgestellt sind. Die aus der Hochdruckstufe austretende Preßluft durchströmt noch einen besonderen, ebenfalls in jenem Wasserkasten untergebrachten Endkühler.

Das außerordentlich günstige Arbeiten des beschriebenen Kompressors, insbesondere die geringen Ventilwiderstände und die infolge sehr kleiner schädlicher Räume hohe Ansaugeleistung bestätigen auch die nebenstehenden, bei normalem Betriebe und 165 minutlichen Umdrehungen genommenen Luftdiagramme, Fig. 242—245, deren erstes die Niederdruckstufe, das zweite die erste Mitteldruckstufe, das dritte die zweite Mitteldruckstufe und das letzte die Hochdruckstufe zeigt.

4. Stehender, vierstufiger Hochdruckkompressor für 200 Atm. Enddruck.

Diese Anlage besteht aus zwei gleichen Gruppen, deren jede durch eine besondere Dampfmaschine stehender Bauart angetrieben wird, wobei alle fünf Kurbeln (zwei Dampf-, drei Luftzylinder) in einer Achse liegen.

Die Hauptabmessungen dieser Maschinen sind folgende:

1. Durchmesser der Dampfzylinder . . . . . 350/550 mm
2.   „   „   Luftzylinder . . . 424/225/191/64   „
3. Gemeinsamer Kolbenhub   400   „
4. Normale Umdrehungszahl in der Minute   160

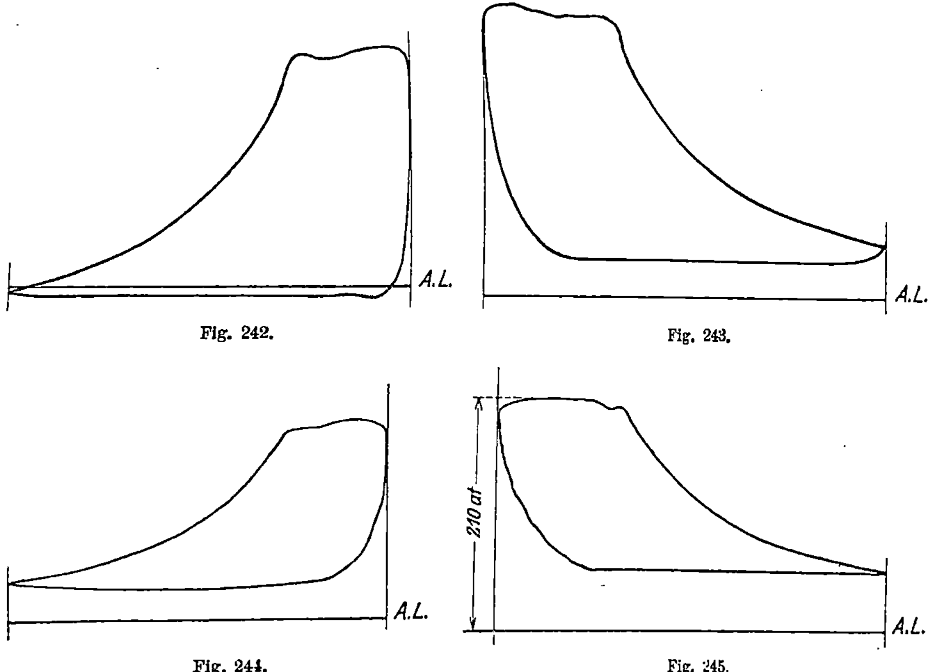

Fig. 242.   Fig. 243.

Fig. 244.   Fig. 245.

Die Dampfmaschine ist eine Zweifach-Expansionsmaschine und an eine Zentralkondensation angeschlossen. Der Hochdruckzylinder besitzt eine von einem Leistungsfederregler beeinflußte Kolbenschiebersteuerung, der Niederdruckzylinder dagegen eine Hochwald-Flachschiebersteuerung; der Leistungsregler gestattet eine Änderung der Umlaufzahl der Maschine zwischen 90 und 180 in der Minute.

Der Luftkompressor besitzt drei Kurbeln; über der neben dem Schwungrade liegenden steht der Niederdruckzylinder, während die äußere zu dem Hochdruckzylinder gehört. Die beiden Mitteldruckstufen greifen an der mittleren Kurbel an.

Mittel- und Niederdruckstufen sind mit den oben beschriebenen patentierten Plattenventilen ausgerüstet, während für die Hochdruckstufe Spezial-Tellerventile verwendet sind.

Die Versuchsergebnisse sind in der folgenden Tabelle zusammengestellt:

	Gewährleistete Werte	Versuchsergebnisse		Auf die garantierte Normalleistung umgerechnete Mittelwerte
		Anlage 1	Anlage 2	
Umdrehungen in der Minute . . normal	160	161	161,8	—
Luftdruck im Endbehälter in Atm. Überdruck	200	200	200	200
Admissionsdampfdruck im Hochdruckzylinder . . . „ „ „ Nieder-	9	9,3	9,2	9
Luftleere am Abdampfstutzen des Niederdruckdampfzylinders	65%	90%	66%	65%
Gelieferte Preßluftmenge von 200 Atm. in Litern stündlich	2000	2670	2442	2000
Indizierte Dampfarbeit in PSi.	154	171,8	164	136
Mechanischer Wirkungsgrad der ganzen Anlage	—	77%	74%	73%
Volumetrischer Wirkungsgrad des Kompressors	—	93%	92	92,5%
Verbrauch an trocken. gesättigt. Dampf von 9 Atm. für je 1 PSi. u. Stunde in kg .	7,2	7,18	7,25	7,05
Verbrauch an trocken. gesättigt. Dampf für 1 Liter Preßluft von 200 Atm. in kg . .	35	27,7	29	28,8
Für je 1 PSi. stündlich gelieferte Preßluftmenge von 200 Atm. in Liter	—	15,6	14,9	14,7

Die erhaltenen Werte sind ebenfalls als recht günstige zu bezeichnen.

2. Verbundkompressor der Masch.-Akt.-Ges. vormals Breitfeld, Daněk & Cie. in Prag-Carolinenthal.

Ein älterer, mit Riedlerschen zwangläufig geschlossenen Ventilen versehener Kompressor [1]) ist für die St. Pancrazzeche in Nürschau (Böhmen) gebaut und seit 9. März 1903 in Betrieb.

Derselbe betreibt sechs Förderhaspeln, zehn Kolbenpumpen, drei Bohrmaschinen und mehrere Sonderventilationsanlagen. Seine Leistung beträgt 60—70 cbm angesaugter Luft in der Minute.

Die Hauptabmessungen der Maschine sind folgende:

Durchmesser des Hochdruckdampfzylinders . 675 mm
„ „ Niederdruckdampfzylinders 950 „
„ „ Niederdruckluftzylinders . . 875 „
„ „ Hochdruckluftzylinders . . 550 „
Gemeinsamer Kolbenhub 900

Bei 5,5 Atmosphären effektiver Eintrittsdampfspannung, 5,5 Atmosphären effektiver Luftpressung und n = 60 Touren saugt der Kompressor 60 cbm in der Minute an.

Die vorn an der rechten Maschinenseite eingebaute, unter Flur stehende Luftpumpe hat 600 mm Durchmesser und 250 mm Hub. Zwischen den Luftzylindern und zu ihnen parallel ist unter dem Fußboden der zylindrische Zwischenkühler von einer Länge von 3,015 m und einer lichten Weite von 0,8 m angeordnet. Er enthält 156 gezogene Messingrohre von 32 mm bzw. 29 mm Durchm., also 1,5 mm Wandstärke, die zwecks Ver-

---

[1]) „Glückauf" 1904, S. 81 uff.

mehrung der Kühlwirkung durch Blechscheidewände in Gruppen geteilt
sind. Das Kühlwasser wird durch eine Pumpe von 175 mm Durchmesser
bei 180 mm Hub auf ein, am Dachboden aufgestelltes Reservoir gepumpt.
Die freie Länge der Kühlrohre beträgt 3,0 m, die gesamte Kühlfläche

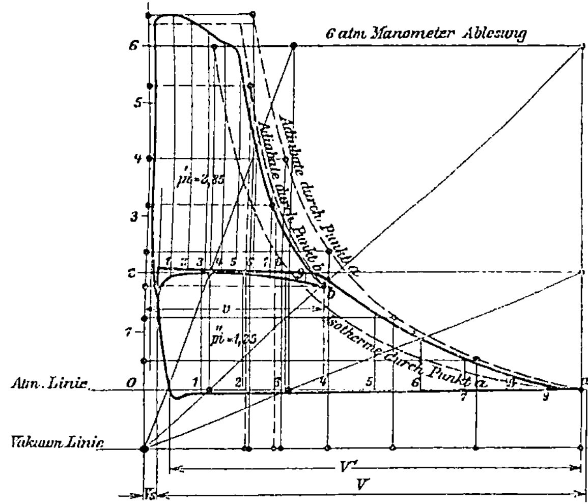

Fig. 246.

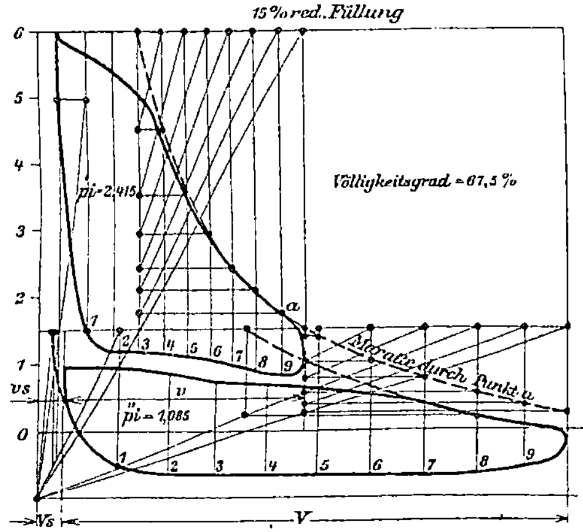

Fig. 247.

47 qm, das innere Volumen des Kühlers 1,508 cbm, die Kühlrohre selbst
nehmen ein Volumen von 0,374 cbm ein, so daß der Kühler 1,134 cbm
Luft fassen kann. Da nun der kleine Zylinder ein Luftvolumen von
0,21 cbm, der große ein solches von 0,54 cbm besitzt, so verhält sich
der Inhalt des Kühlers zum Volumen des großen bzw. kleinen Luftzylinders wie 5,4 : 2,57 : 1.

Da die Kühlrohre ferner einen totalen freien Durchflußquerschnitt für das Kühlwasser von 0,109 qm, der Kühler einen solchen für die Luft von 0,38 qm besitzt, so verhalten sich beide Flächen wie 1:3,49. Der freie Luftdurchflußquerschnitt des Zwischenkühlers verhält sich ferner zu den beiden Luftzylinderkolbenflächen wie 1:1,56:0,61. Einem cbm Luftinhalt des Zwischenkühlers entspricht eine Kühlfläche von 41,44 qm. Die Ventilquerschnitte des Luftzylinders haben folgende Größen:

Freier Saugventilquerschnitt des kleinen Zylinders 154,48 qcm
  ,, Druckventilquerschnitt des kleinen Zylinders 151,0 ,,
  ,, Saugventilquerschnitt des großen Zylinders 397,0 ,,
  ,, Druckventilquerschnitt des großen Zylinders 393,0 ,,
  ,, Kolbenquerschnitt (abzügl. Kolbenstangenfl.)
   beim kleinen Luftzylinder . . . . 2312 ,,
   beim großen Luftzylinder . . . . 5950 ,,
 Verhältnis der freien Ventilflächen zu den zugehörigen
  Kolbenflächen, rund . . . .`. . . 1:15

Die mit dem beschriebenen Kompressor am 20. Juni 1903 vorgenommenen Versuche ergaben die in der nachstehenden Tabelle enthaltenen Resultate, während die dabei abgenommenen Diagramme aus den Fig. 246 und 247 [1]) zu ersehen sind.

Tabelle.

 1. Mittlere Tourenzahl, in der Min. 68
 2. „ Eintrittsdampfspannung, atm. Überdruck . . 5,6
 3. „ Austrittsluftspannung, atm. Überdruck . . . 5,8
 4. „ Vakuum im Kondensator, cm Hg 61,4
 5. Temperatur des Kühlwassers im Kondensator ^{o} C . . 28,0
 6. Indizierte Dampfleistung, PSi 437,5
 7. „ Kompressorleistung PSi 386,8
 8. Mechan. Wirkungsgrad $\left(\dfrac{7.}{6.}\right)$ $^{o}/_{o}$ 88
 9. Volumetrischer Wirkungsgrad $^{o}/_{o}$ 97
 10. Wirkungsgrad des Kompressors $^{o}/_{o}$ 71
 11. Angesaugte Luftmenge auf 1 PSi, cbm/Std. 9,376
 12. Dampf auf 1 PSi, kg/Std. 7,8
 13. Dampfmenge für 1 cbm angesaugte Luft kg 0,799

Der Dampfverbrauch wurde nach Abzug von 2 % Kondenswasser und 3 % Dampfnässe ermittelt, da beim Versuch überhitzter Dampf zweier Kessel mit gewöhnlichem Naßdampf von zwei anderen Kesseln gemischt war, dessen Temperatur 198° C betrug, während der Heißdampf auf 250° überhitzt war.

Interessant sind noch die Daten über die während des Versuches durchgeführten Temperaturmessungen, welche zeigen, daß die erreichte Kühlung vollkommen zufriedenstellend war. Die folgende Tabelle gibt diese Werte wieder.

---

[1]) „Glückauf" 1904, S. 83, Fig. 1 u. 2.

Zeit der Be- obachtung	Temperaturen, °C.					
	Luft				Kühlwasser	
	vor dem N.-D.-Zyl.	vor dem Zwischen- kühler	hinter dem Zwischen- kühler	Preßluft	vor Eintritt in den Kühler	nach Aus- tritt aus dem Kühler
11 Uhr	28	115	51	145	28	35
12 „	27	105	50	124	27	34
1 „	28	130	52	146	28	38
2 „	29	128	56	143	29	39
3 „	29	136	57	138	29	39
im Mittel	28,2	122,8	53,2	139,2	28,2	37

Die Abkühlung der Preßluft geschieht also im Zwischenkühler im Mittel um rund 69,6° C, die Erwärmung der Luft erfolgt im Niederdruckzylinder im Mittel um 94,6° C, im Hochdruckzylinder im Mittel um 86,0° C, während das Kühlwasser im Mittel um 8,8° C erwärmt wurde.

Die äußere Ansicht einer neueren Bauart ist in Fig. 248 abgebildet, während Fig. 249 und 250 den Schnitt durch den Kompressorzylinder gibt. Zum Einlaß der Luft dienen Corlißschieber, welche unterhalb der Zylinderachse in den Deckeln liegen. Für den Auslaß dienen je zwei Druckventile, welche in den Fig. 251—253 im Schnitt dargestellt sind. Zum Abschluß dienen dünne Stahlplatten mit je acht ovalen Durchtrittsöffnungen, welche in der Mitte einen zylindrischen Aufsatz zur Führung der Ventile tragen. Die letzteren gleiten auf einen, mit schräglaufenden Rippen versehenen Führungskörper, Fig. 253, reibungslos auf und nieder. Der Kompressor ist u. a. für den Hohenegger-Neuschacht im Jahre 1909 ausgeführt. Fig. 254 zeigt die rankinisierten Dampfdiagramme, Fig. 255 die Winddiagramme dieses Kompressors, welche allerdings nicht gleichzeitig aufgenommen sind. Die Dampfzylinderdurchmesser betrugen 450/760 mm, der Kolbenhub 700 mm, die Tourenzahl 84 in der Minute und der Admissionsdampfüberdruck 9,2 Atmosphären. Die Leistung der Dampfmaschine betrug 550 PSi., war jedoch auf beiden Zylinderseiten nicht ganz gleich (links 284, rechts 266 PSi.). Die Diagramme zeigen jedoch einen befriedigenden Verlauf und befriedigende Völligkeit. Die Windleistung betrug links 212 PSi., rechts 223 PSi., zusammen 435 PSi., der mechanische Wirkungsgrad daher 435 : 550 = 0,79 oder 79 %.

Seit einigen Jahren baut diese Firma zwei- und mehrstufige Verbundkompressoren nach Patent Castellain[1]. Die Anordnung eines zweistufigen Kompressors dieser Bauart ist in den Fig. 256 und 257 dargestellt. Derselbe arbeitet dreistufig. Die Ventile der beiden größeren Zylinder sind um 45° gegen die lotrechte Achse versetzt angeordnet, wie Fig. 257 erkennen läßt. Die Ventile der letzten Stufe sind direkt im Zylinderdeckel angebracht. Der Zwischenkühler liegt unterhalb der Zylinder im Rahmen der Maschine. Der Zylinder der ersten Stufe liegt in der Mitte, derjenige der zweiten rechts, der letzten links. Die Zylinderabmessungen sind folgende:

---

[1] D. R.-P. 159583. Öst. Pat. 14532.

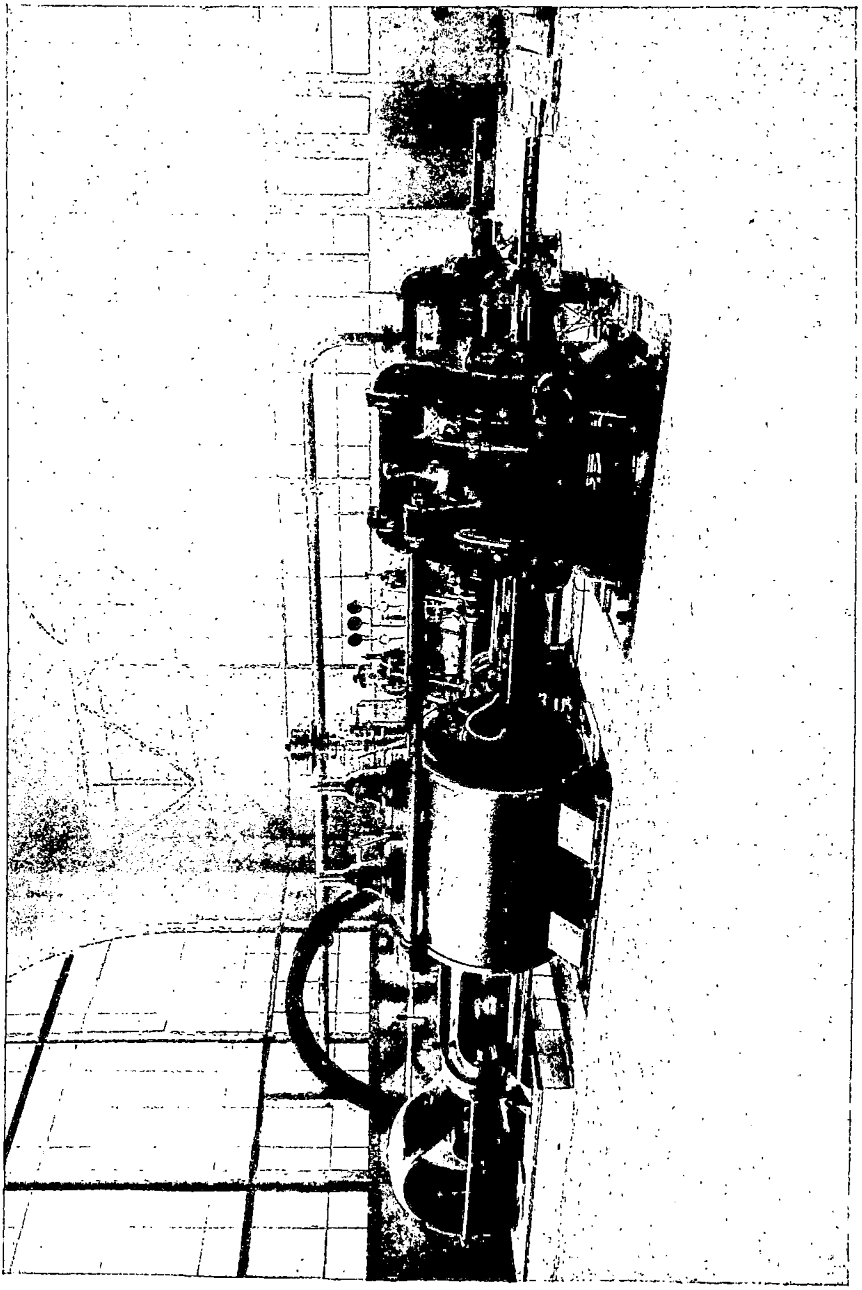

Fig. 248.

Nieder-Druckzylinder-Durchmesser . . 300 mm
Mittel-   „   „   . . 215 „
Hoch-   „   „   . . 150 „

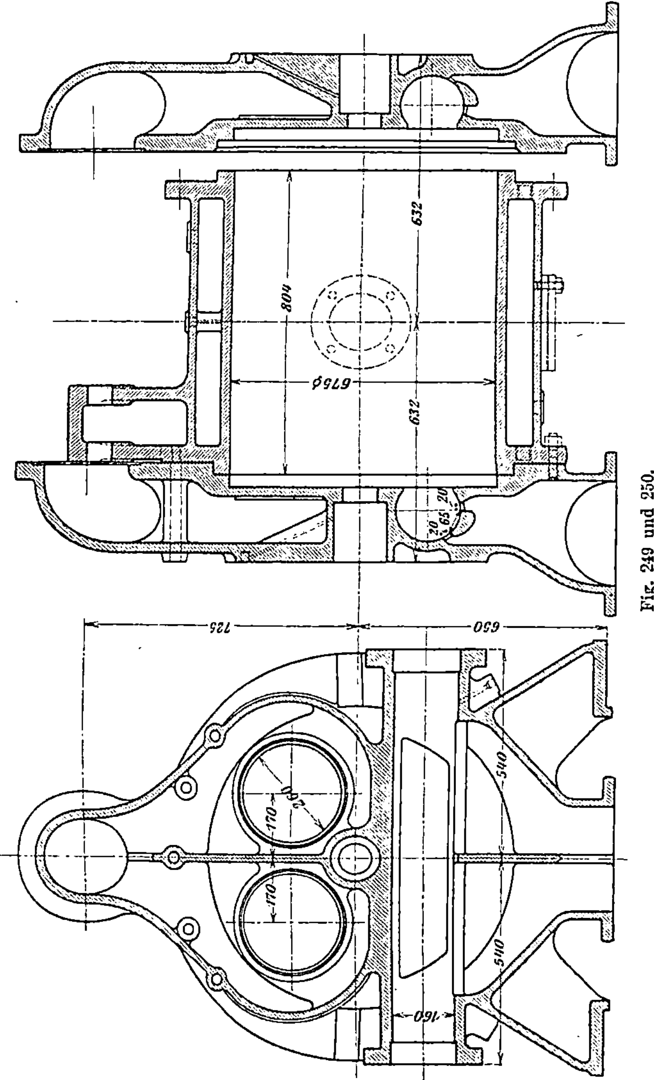

Fig. 249 und 250.

Die Querschnittsflächen betragen für die:

    Nieder-Druck-Stufe . . . . 530 qcm
    Mittel-   „   „   . . . . 344 „
    Hoch-   „   „   . . . . 177 „

und verhalten sich demnach ∽ wie 3 : 2 : 1.

Die Maschine macht 200 Umdrehungen i. d. Min. und verdichtet dabei 150 cbm auf 7—8 Atmosphären Überdruck.

Eine etwas andere Ausführung desselben Kompressors ist in Fig. 258 dargestellt. Hierbei ist die Reihenfolge der Druckstufen: Niederdruck-

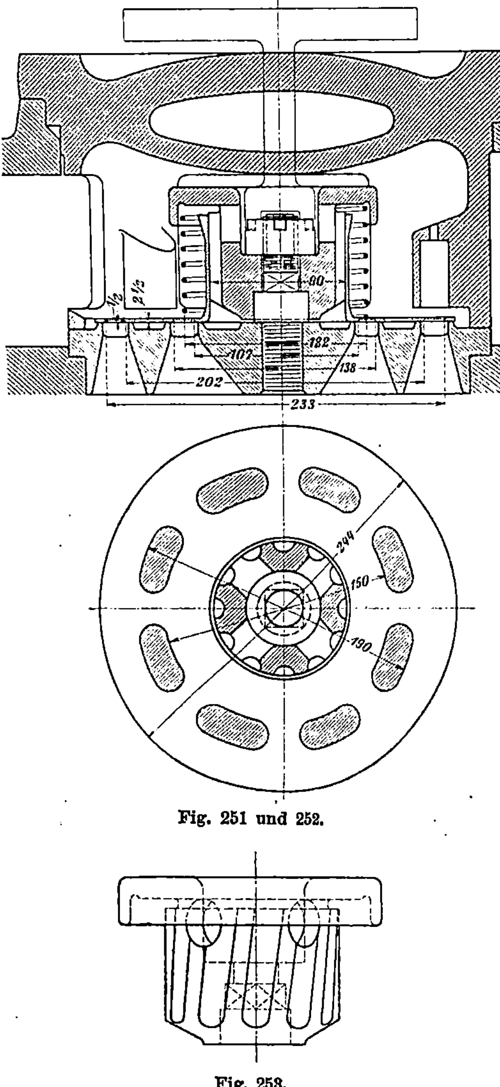

Fig. 251 und 252.

Fig. 258.

stufe in der Mitte, Mitteldruckstufe rechts und Hochdruckstufe links. Die Zylinderflächen sind: Hochdruck = 530, Mitteldruck = 1675, Niederdruck = 1892 qcm, also verhalten sich dieselben wie 1 : 3,1 : 3,6.

Dieser Kompressor wird sowohl mit Ventil- als auch mit Corlißsteuerung gebaut. Eine Ausführung der letzteren Art zeigen die folgenden Fig. 259 und 260 [1]). Einer eingehenderen Beschreibung derselben von J. Divis in unten genannter Zeitschrift sind die nachfolgenden Angaben entnommen.

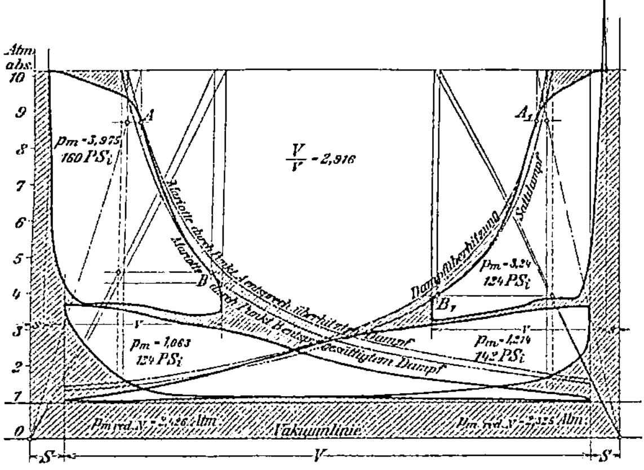

Fig. 254.

Durch den Differentialkolben sind drei Arbeitsräume I, II und III geschaffen. Hierbei ist der Raum I der eigentliche Saugraum, in dem das Ansaugen der Außenluft beim Rechtsgang des Kolbens K durch

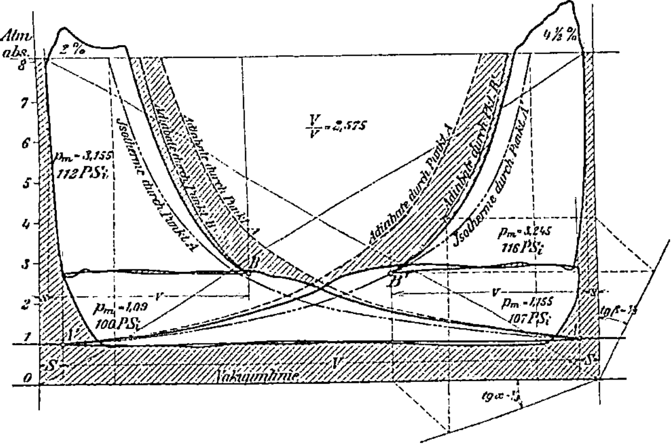

Fig. 255.

den Saugstutzen c nach Öffnung des Steuerschiebers b erfolgt. Beim Rückgang von K nach links erfolgt die erste Verdichtungsperiode im Raum I durch das Ventil i in den ersten Zwischenkühler d und die andere Zylinderseite II, welche keine Ventile besitzt. Durch Öffnen des Ventils i wird die Verbindung zwischen dem Raum I einerseits und dem Raum II

---

[1]) Nach Veit, Z. f. B.- u. H.-Wesen 1904, Nr. 49, Taf. XVII, Fig. 5—9

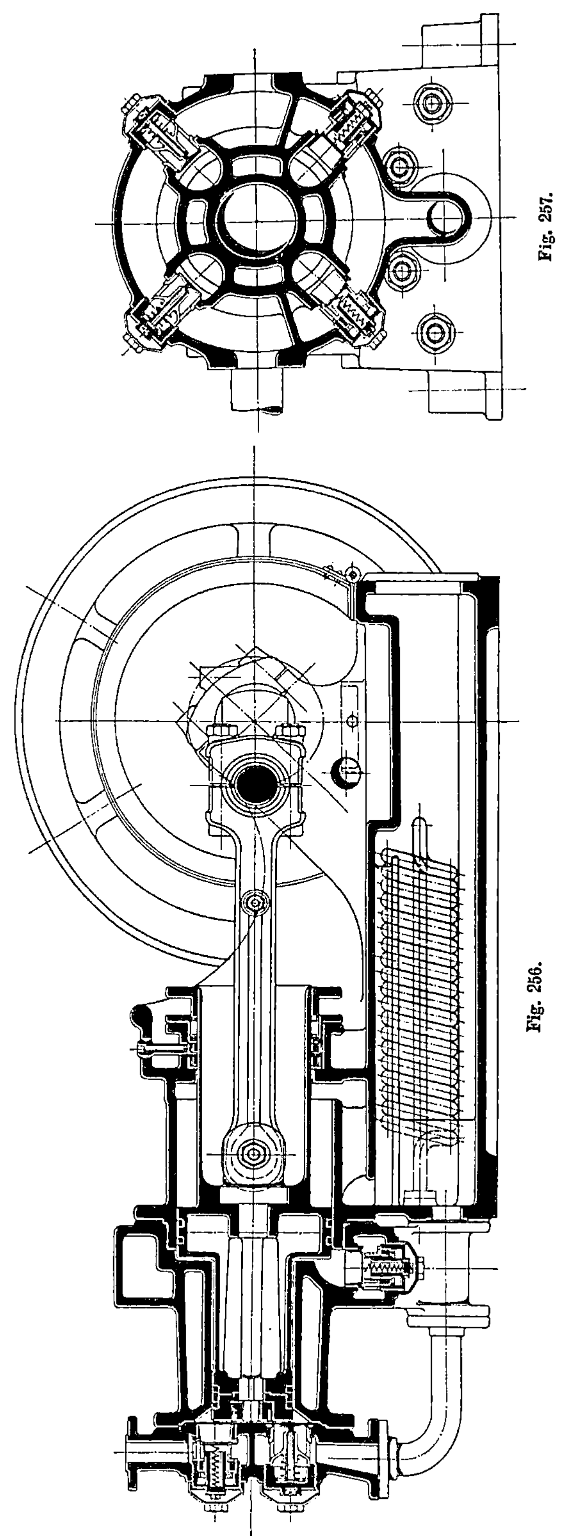

Fig. 257.

Fig. 256.

samt den Überströmröhren (Zwischenkühlern) d und f andererseits hergestellt, in welchen letztgenannten Räumen während des vorhergehenden Vorwärtsganges des Kolbens K die Luft komprimiert worden war. Im

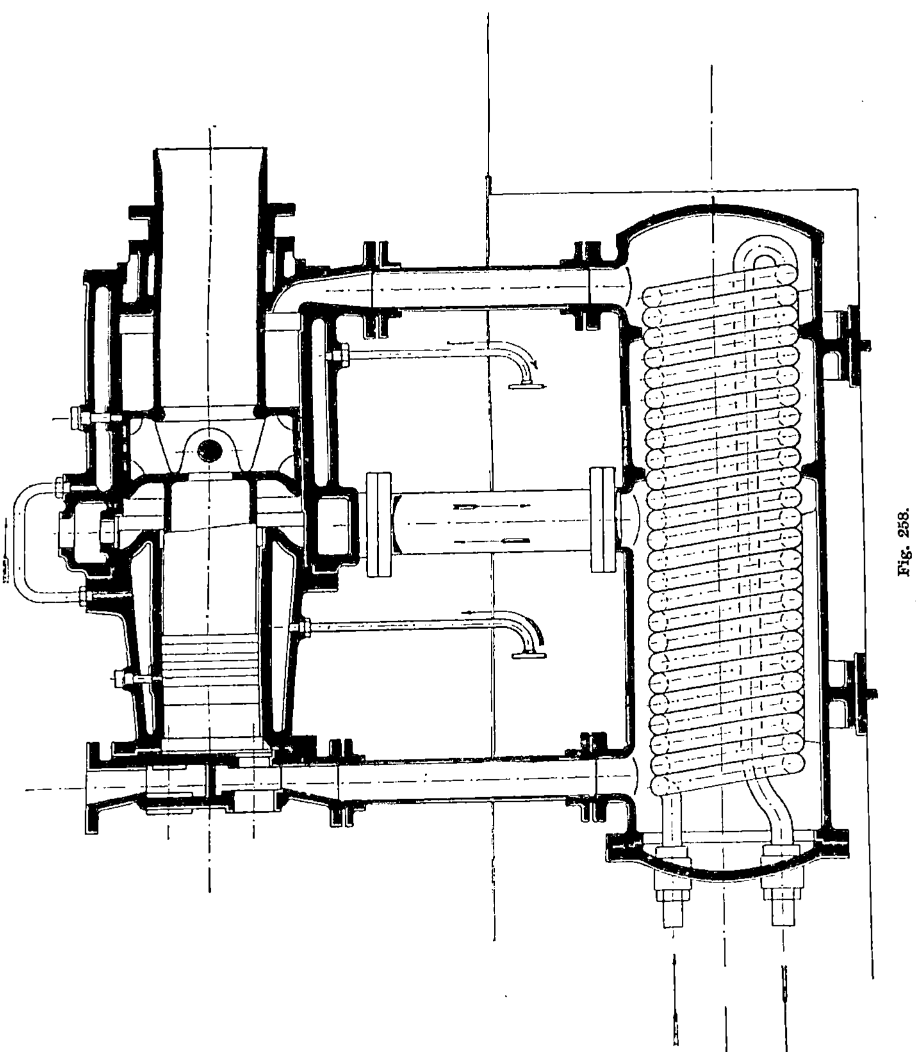

Fig. 258.

Momente und sofort nach der selbsttätigen Eröffnung des Ventils i herrscht daher in den Räumen I, II, d und f die gleiche Spannung p', diese wurde während des Kolbenweges y erreicht und bestimmt sich, wenn wir mit O die Oberfläche des großen, mit o die Oberfläche des kleinen Kolbens, mit p_0 die Spannung der atmosphärischen Luft $= 1$ Atm.

mit l die totale Hublänge und mit m den schädlichen Raum bezeichnen, aus der Gleichung

$$p_0 (O - o) (l + m) = p' (O - o) (l + m - y),$$

woraus dann folgt:

$$p_0 (l + m) = p' (l + m - y) \quad \text{und} \quad p' = \frac{l + m}{l + m - y}.$$

Man kann aus dieser Gleichung auch den Kolbenweg y berechnen, bei welchem sich das Ventil i selbsttätig öffnet. Es ist

$$y = l + m - \frac{l + m}{p'}.$$

Beim fortgesetzten Rückgang des Kolbens K verkleinert sich der Raum I, während sich der damit jetzt kommunizierende Raum II gleichzeitig vergrößert. Infolge dieser Volumsvergrößerung tritt bis zur

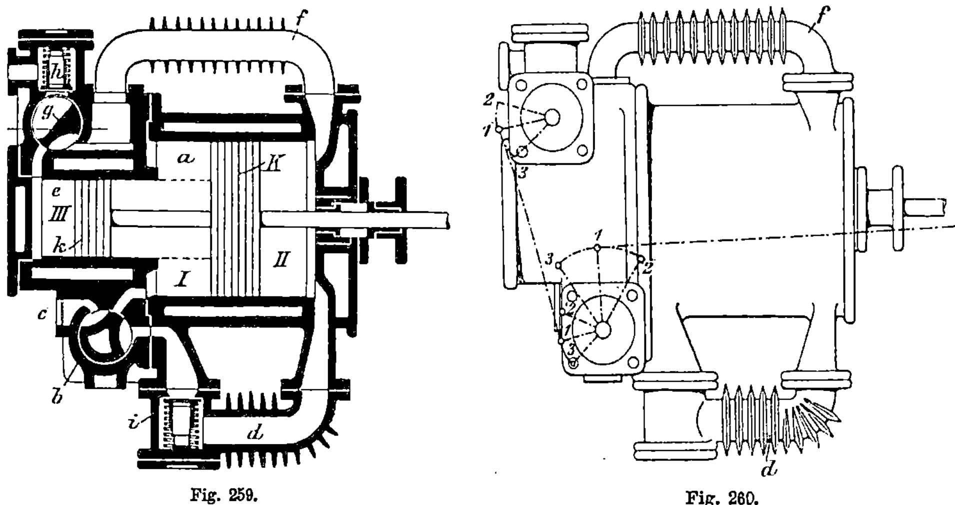

Fig. 259.   Fig. 260.

äußersten Linkslage des Kolbens ein Spannungsabfall bis zur Spannung p_2 ein. Verfolgt man nun die Druckverhältnisse im Raume II, so herrscht daselbst in der soeben genannten äußersten linken Kolbenstellung die Spannung p_2; bei dem nun beginnenden Vorwärtsgange des Kolbens wird die Luft von der Spannung p_2 in dem Raume II und dem damit in Verbindung stehenden Raume III sowie in den beiden Überströmrohren verdichtet; es ist das die zweite Verdichtungsstufe. Die Räume II und III sind fast während des ganzen Vorwärtsganges des Kolbens miteinander verbunden; erst gegen Ende des Hubes sperrt sie der Corlißschieber g voneinander ab. Da nun während dieses Kolbenganges der Raum II zwar stetig kleiner, dafür jedoch der allerdings kleinere Raum III stetig größer wird, so steigt die Spannung entsprechend dem Volumenverhältnis dieser beiden Zylinderräume nur relativ langsam an, um endlich bei Absperrung des von außen gesteuerten Schiebers g den Wert p_3 zu erreichen; beim darauffolgenden Rückgang des Kolbens sinkt dann die Spannung p_3 in dem nunmehr von dem Raume III durch den

Schieber g abgesperrten Raum II nach und nach bis auf p_1 herab, bei welchem Werte, wie wir schon gesehen haben, dieser Raum II durch Eröffnung des Ventils i mit dem Raum I in Verbindung gesetzt wird, worauf bis zum Hubende ein weiterer, wenn auch kleiner Spannungsabfall bis auf p_2 eintritt.

Die am Ende des Vorwärtsganges im Raume III bei einer Schlußspannung von p_3 Atm. eingeschlossene Luft wird nun nach erfolgtem Hubwechsel der letzten, dritten Kompression unterworfen, indem sie während des Rückganges des Kolbens bis auf die im Luftreservoir herrschende Schlußpressung p_4 gebracht wird, mit welcher Spannung sie dann beim weiteren Gang des Kolbens in das Luftreservoir bzw. in die Luftleitung hinausgedrückt wird. Es fallen also die Saugabschnitte

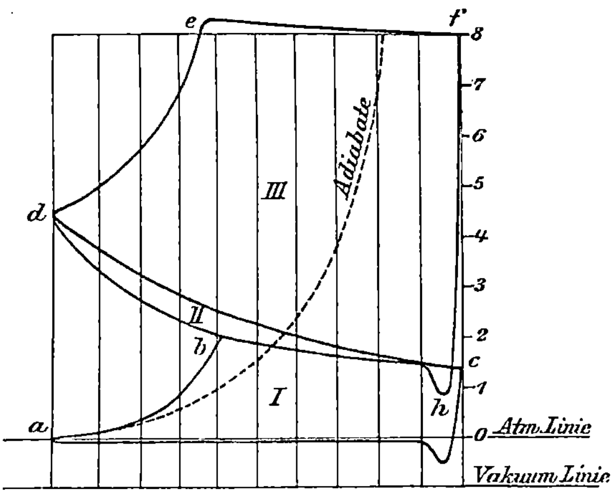

Fig. 261.

in den Räumen I und III in die Zeit des Vorwärtsganges und der Abschluß der Druckperiode im Raum III erfolgt zwangläufig durch den gesteuerten Schieber g im Todpunkte des Kolbens.

Dieser hier geschilderte Vorgang ist aus dem theoretischen Diagramm des Kompressors, Fig. 261, sehr gut ersichtlich; in dem Gesamtdiagramm sind durch I, II und III die den diesbezüglichen drei Arbeitsräumen entsprechenden Einzeldiagramme, so wie sie gegenseitig zusammengehören, gezeichnet. Für jeden einzelnen Druck p_2, p_3 und p_4 kann auf Grund des allgemeinen Gesetzes $P \cdot V = R \cdot T =$ konstant der jeweilige numerische Wert leicht ermittelt werden; so berechnet sich beispielsweise p_2, wenn wir mit v und v' die Volumina der Überströmrohre (Zwischenkühler) d und f bezeichnen, aus:

$$p_2 = \frac{R \cdot T}{(O - o)(1 + m - y) + O(y + m) + v + v'} \quad \text{usw.}$$

Die beiden Zylinder sowie auch die Zylinderdeckel sind mit Mänteln versehen, durch welche Kühlwasser zirkuliert (Außenkühlung); auch die Kolben können (bei hohen Schlußpressungen) mit Wasserkühlung ausgeführt werden. Die bekannterweise nachteilige Einspritzwasserkühlung fällt daher bei diesem Kompressor vollständig weg.

In Fig. 259 sehen wir den Differentialkolben in der Mittelstellung, während Fig. 260 dem Beginn der Saugperiode der beiden Schieber (tote Lage des Kolbens) entspricht; die in Fig. 260 punktierte Lage 2 des Steuerhebels entspricht der äußersten Saugstellung des Corlißschiebers, während die mit 3 bezeichnete Schieberlage dessen Stellung während der Kompressions- bzw. Überströmungsperiode entspricht.

Der vorstehende Kompressor hat außer der sehr einfachen Bauart und einer bedeutenden Nutzwirkung auch noch den Vorteil, daß infolge der dreistufigen Kompression zwei Zwischenkühler angeordnet werden können, wodurch eine sehr ausgiebige Abkühlung der erzeugten Preßluft erreicht werden kann. Selbstverständlich werden die beiden Überströmrohre d und f nicht, wie dies in der gegebenen, schematischen Darstellung bloß andeutungshalber geschehen ist, als einfache Rippenrohre, sondern nötigenfalls als kesselförmige, mit Messingröhren oder einer spiraligen Kühlröhre versehene Zwischenkühler ausgeführt, namentlich dann, wenn es sich um die Erreichung hoher Spannungen handelt, für welche die dreistufige Kompression nicht bloß sehr geeignet, sondern sogar notwendig ist.

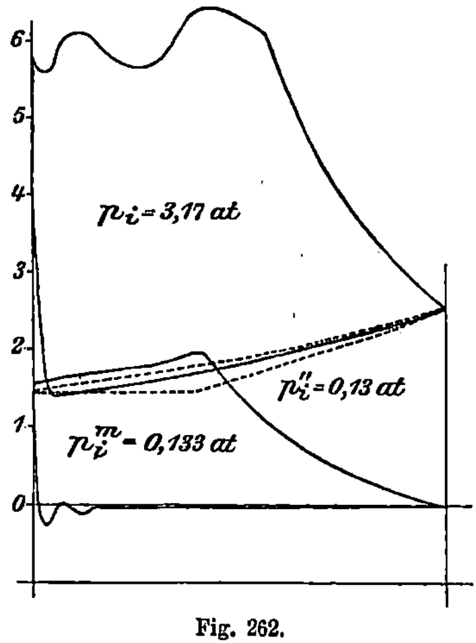

Fig. 262.

Bei einem im Februar 1904 von der oben genannten Firma gebauten Kompressor dieser Art wurden bei zwei Versuchen folgende · Betriebswerte ermittelt:

Anzahl der Umdrehungen $n = 132$ und 160, Kompressorleistung in Pferdestärken indiziert $= 18,6$ und $24,5$, Kompressionsdruck p_4 (Überdruck) $= 5,75$ und 6 Atm., mittlere Temperatur der gepreßten Luft oberhalb des Druckventils $= 120^0$, mittlere Temperatur der gekühlten Luft im Zwischenkühler $= 50^0$, mittlere Temperatur des Kühlwassers $= 20^0$, Verhältnis der rankinisierten Arbeitsflächen, wenn man die durch die Isotherme eingeschlossenen Diagrammfläche $= 1$ setzt, zur faktischen Arbeitsleistung bzw. zur Adiabate: Erster Versuch $1 : 1,09 : 1,31$, zweiter Versuch $1 : 1,17 : 1,25$. Bei der Rankinisierung des großen Verbundkompressors der St. Pankrazzeche[1] ergaben sich die korrespondierenden Werte mit $1 : 1,15 : 1,34$.

Da der de Castellainsche Kompressor bei obigen Versuchen nur ziemlich mangelhaft (mittelst einer Handpumpe) gekühlt war, so kann man aus dem Vergleich obiger Versuchszahlen ganz wohl auf dessen vollkommen entsprechende Wirkungsweise schließen. Was die Dimensionierung des besprochenen Versuchskompressors anbelangt, so beträgt

---

[1] Veit, Z. f. B.- u. H.-Wesen 1904, Nr. 7.

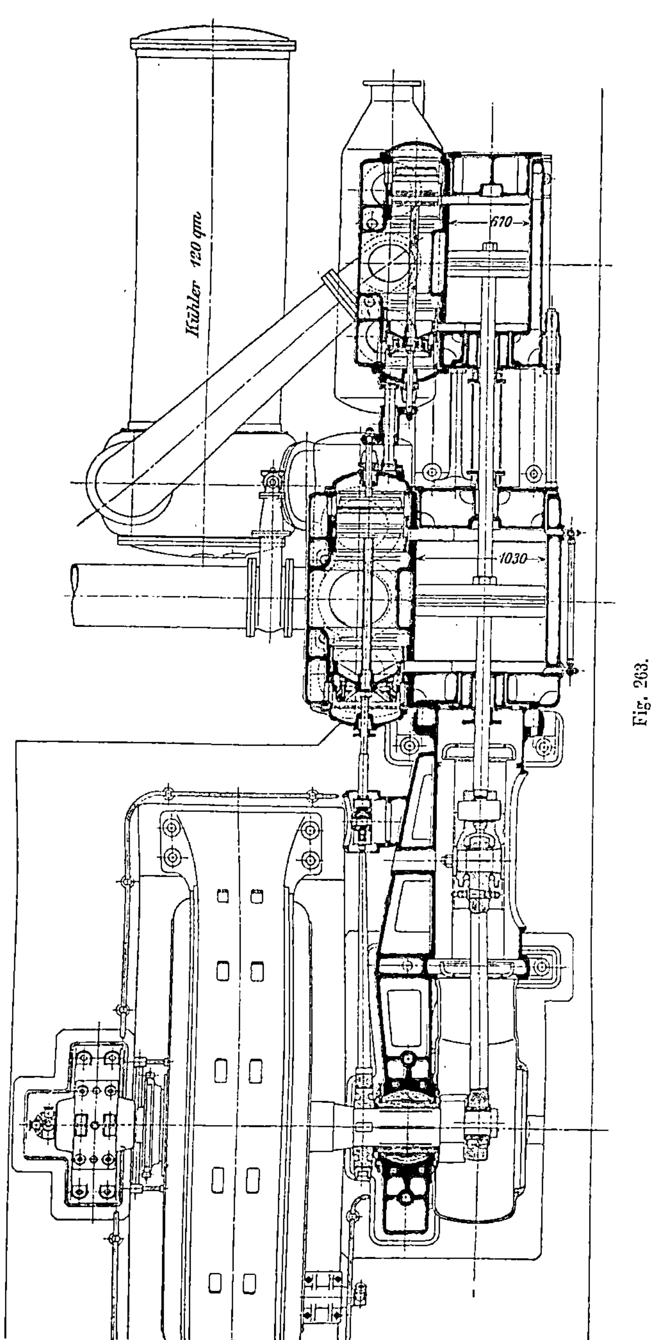

Kühler 120 qm
670
1030
Fig. 263.

der Durchmesser des großen Zylinders 400 mm, jener des kleinen 200 mm, der gemeinsame Hub 300 mm und die Stärke der Kolbenstange 150 mm.

Die Ansaugleistung beträgt bei 150 Touren i. d. Min. rund 240 m³ i. d. Stunde. Der Kompressor selbst dient in den Brückenbau-Werkstätten der genannten Fabrik vornehmlich zum Betriebe von Druckluftwerkzeugen; er speist normal fünf Meißelhämmer, einen großen Niethammer, zwei Bohrmaschinen und überdies einen Ventilator mit Preßluft von 6 Atmosphären Spannung, wobei er aber noch lange nicht ausgenützt ist. Er läuft ohne jede Wartung und wird bei Überschreitung der zulässigen Betriebsspannung durch eine selbsttätige Abstellvorrichtung abgestellt, sowie er andererseits beim Sinken der Spannung auf 5 Atmosphären wieder ebenso in Gang gesetzt wird.

In Fig. 262 ist das Betriebsdiagramm dieses Kompressors wiedergegeben, welches genau den Verlauf der Druckänderungen in den einzelnen Stufen erkennen läßt.

3. Verbundkompressor der „Gutehoffnungshütte".

In Fig. 263 ist ein elektrisch betriebener Verbundkompressor mit Zwischenkühler der Gutehoffnungshütte in Oberhausen-Sterkerade im Horizontalschnitt abgebildet.

Die Abmessungen desselben sind:

Niederdruckzylinder-Durchm.	1030	mm
Hochdruckzylinder-Durchm.	670	„
Gemeinsamer Hub	850	„
Durchm. des Niederdruckschiebers	480	„
„ „ Hochdruckschiebers	330	„
Tourenzahl in der Minute	105	
Stündliche Leistung	8000	cbm

Zur Steuerung dient in beiden Zylindern ein entlasteter Kolbenschieber, ähnlich wie bei der Köster-Steuerung. Derselbe trägt jedoch auf jeder Seite außen ein, mit dem Schieber hin- und herbewegtes Doppelsitzventil, welches auf einem ringförmigen Kanal oberhalb des Kolbenschiebers sitzt und die Verbindung zwischen der Druckseite des Zylinders und dem Druckrohr herstellt. Ähnlich wie bei der Köster-Steuerung führt der Kolbenschieber eine umgekehrte Bewegung gegenüber dem Antriebskolben des Zylinders aus, er läuft also dem letzteren um etwas über 90° nach. Während jedoch bei der Köster-Steuerung die Druckventile fest sitzen, sind sie hier auf dem Kolbenschieber montiert und gehen mit ihm hin und her.

Die Kühlfläche beträgt bei diesem Kompressor 120 qm, also 0,015 qm für 1 cbm angesaugter Luft.

4. Maschinenfabrik Eßlingen.

Der Verbundkompressor mit Stufenkolben dieser Firma ist in den Fig. 264—266 abgebildet. Die Niederdruckstufe hat zwei Saug- und zwei Druckventile, welche im Zylinderdeckel angeordnet sind. Der Zwischenkühler sitzt auf dem Zylinder.

Das patentierte Plattenventil dieser Firma ist in Fig. 267—270 dargestellt. Die aus bestem schwedischen Stahl gefertigte Ventilplatte wird von einer bzw. mehreren am Umfang verstellten Spiralfedern aus ebenfalls bestem Uhrfederstahl gehalten und belastet. Die Federn selbst sind an einen Gewindebolzen derart gewunden, daß sie für Saugventile Zug-, für Druckventile Druckspannung ergeben. Der Gewinde-

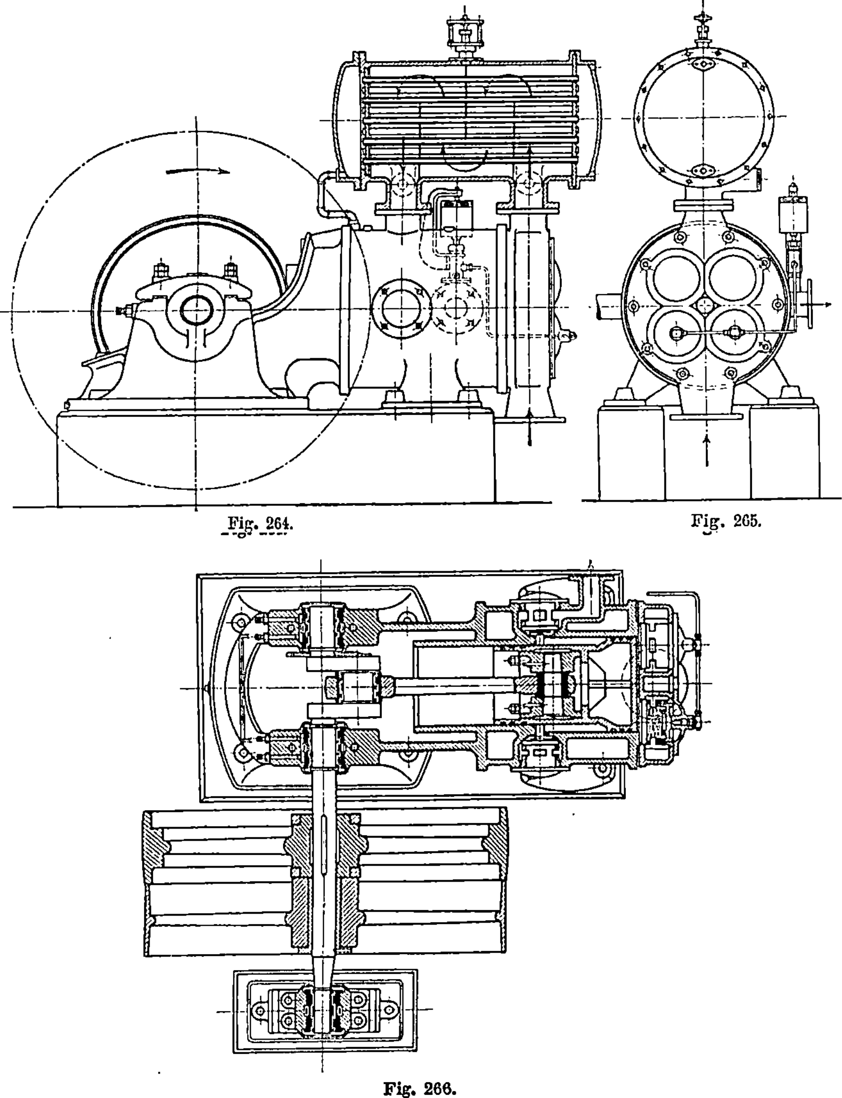

Fig. 264.

Fig. 265.

Fig. 266.

bolzen befindet sich entweder im Ventilsitz oder -fänger. Die Federn werden durch kleine Röhrchen in ihrer genauen Lage festgehalten. Bezeichnend für die Bemessung der Ventilquerschnitte ist, daß sämtliche Durchtrittsquerschnitte gleiche Größe erhalten.

Die Größe der schädlichen Räume ist bei allen Konstruktionen

als sehr gering von vornherein rechnerisch festgelegt. Für niedere
Drücke ergeben sich durchschnittlich Werte von 4—6 %, welche bei
Hochdruckzylinder bis auf 1—2 % des Hubvolumens zurückgehen.

Die Durchgangswiderstände der Ventile sind bei den vorstehend
beschriebenen, reibungslos geführten Plattenventilen erfahrungsgemäß
am geringsten, und sind höhere Druckverluste als 0,05 Atmosphären beim
Ansaugen in den Diagrammen nie ersichtlich geworden. Selbstverständlich muß sich die Wahl der Ventilbelastung in richtigen Grenzen halten,

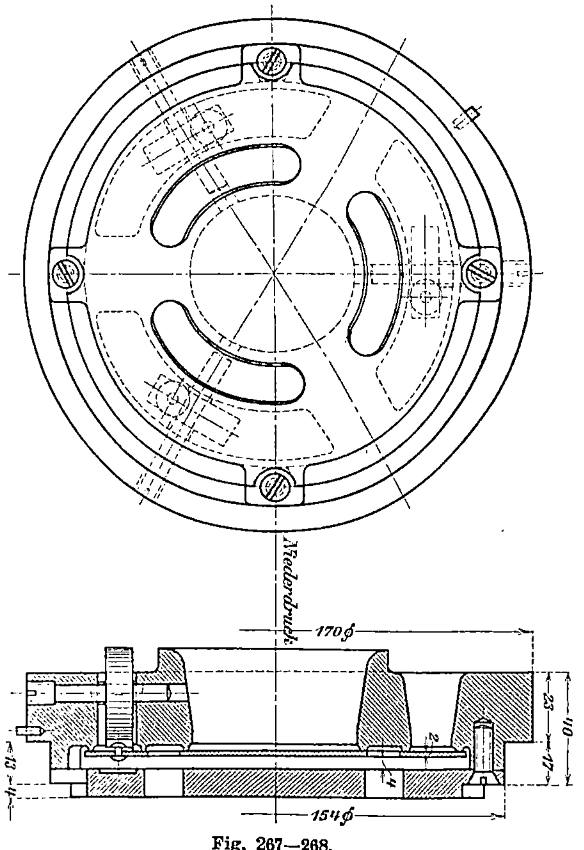

Fig. 267—268.

abhängig von der Druckdifferenz, den Beschleunigungsverhältnissen,
d. h. der Tourenzahl der Maschine usw. Die dargestellte Ausführung
hat bei 130 mm Plattendurchmesser einen Durchgangsquerschnitt von
33,5 qcm bei 4 mm Plattenhub.

Bezüglich der Zwischenkühlung gibt die Firma folgendes an:

„Bei mehrstufigen Hochdruckkompressoren, welche naturgemäß
mehrere Zwischenkühler verlangen, sind wir neuerdings dazu übergegangen, das Gehäuse der bisherigen Röhrenkühler derart anszunützen,
daß mehrere, meist drei Zwischenkühlersysteme für mehrstufige Ver

wendung, darin untergebracht werden. Es wurde in den Mittel- und Hochdruckstufen indessen zu luftdurchflossenen Kupferröhren oder Schlangen und wasserumspülten Röhren übergegangen, wodurch sich auch erfahrungsgemäß die Kühlflächen reduzieren lassen.

Die für Niederdruckzwecke verwandten Röhrenkühler weisen meist bei einem Enddruck von 6—8 Atmosphären Überdruck eine Kühlfläche von 0,7 qm pro cbm minutlich angesaugter Luft auf. Da man stets auf die Anfangstemperatur vor der jeweiligen Kompression zurückzukühlen be-

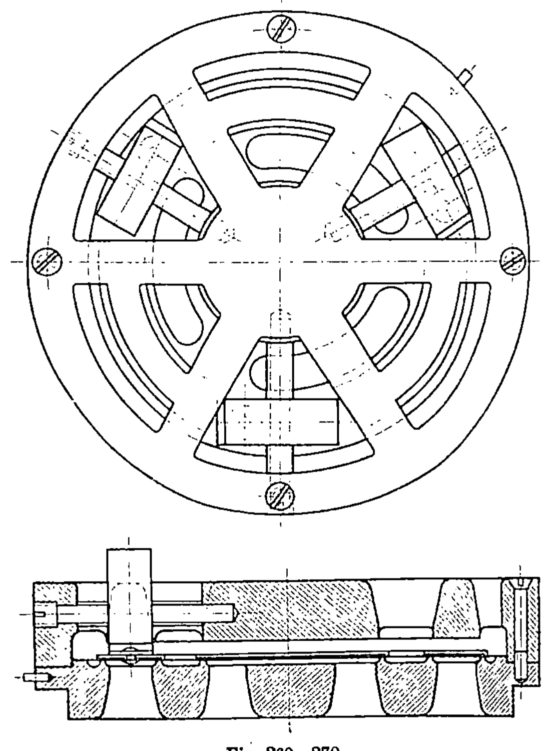

Fig. 269—270.

strebt ist, so bedeutet unter Annahme einer praktisch vorher eintretenden Abkühlung dieser Werte eine Kühlfläche von ca. 0,008 qm pro cbm pro Minute angesaugter Luft und 1⁰ C Temperaturerniedrigung. Für luftdurchflossene Kühlrohre der Hochdruckkühler erniedrigt sich der Wert wegen der besseren Geschwindigkeitsverhältnisse von Luft und Kühlwasser um mehr als die Hälfte des Wertes. Obige Werte schließen indessen schon einen sehr hohen, praktischen Zuschlag infolge im Betrieb auftretender Inkrustationen der Rohre ein."

Auch für sehr hohe Drücke baut die Firma mehrstufige Kompressoren, sowohl liegend als stehend, stationär und fahrbar nach demselben System.

5. Kompressor Hanarte. Fig. 271—273.

Auf der Internationalen Ausstellung zu Antwerpen im Jahre 1885 stellte Ingenieur Hanarte [1]) einen Verbundkompressor aus, bei welchem die Luft in vier Stufen auf 70 Atmosphären Druck komprimiert wurde.

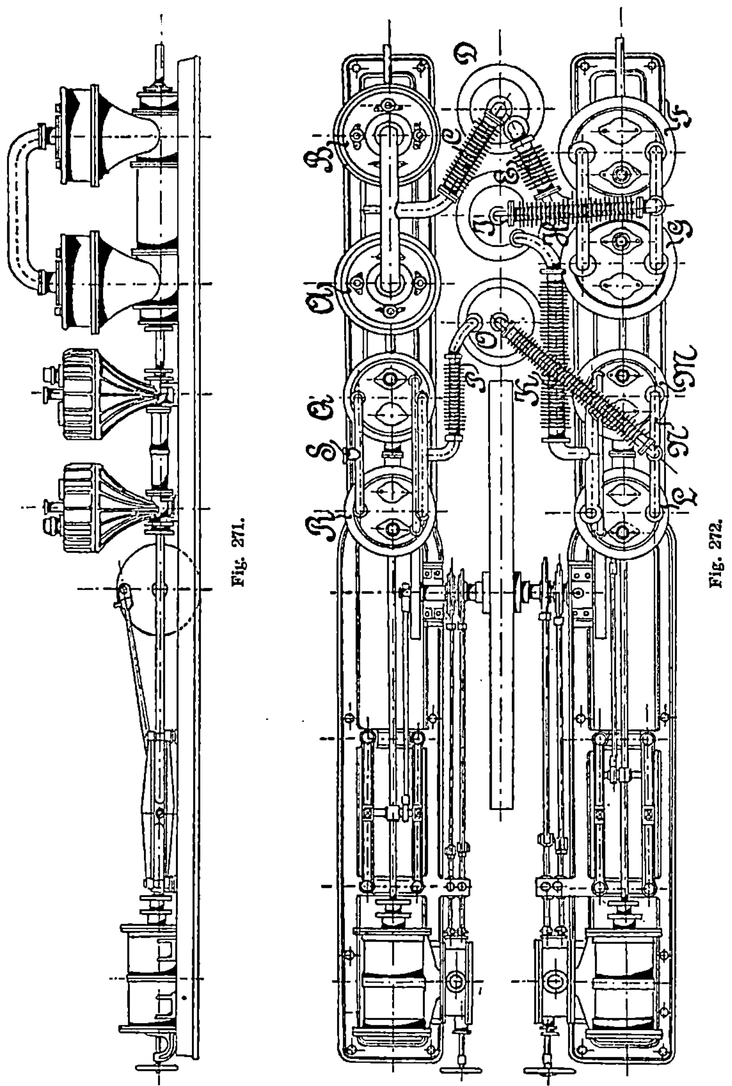

Derselbe bestand aus vier Paaren einfach wirkender Zylinder nach Hanartes System, S. 134, zwischen welchen drei Zwischenbehälter D, J und O mit Kühlvorrichtung aufgestellt waren. Die Luft wird in die Zylinder A und B von außen angesaugt, hierauf durch das Rohr C nach

---

[1]) Vgl. Compt. rend. d. soc. min. 1891, S. 157.

dem ersten Zwischenbehälter D gedrückt, von dort durch E in die Zylinder F und G eingesaugt. Von hier gelangt dieselbe durch das Rohr H, den zweiten Zwischenbehälter J und das Saugrohr K in das dritte Zylinderpaar LM und endlich von hier durch N, O, P in den kleinsten Kompressor RQ, von wo das bei S anschließende Druckrohr

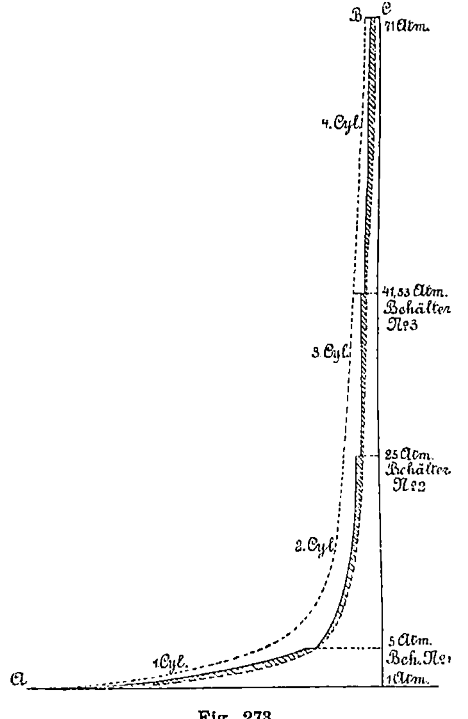

Fig. 273.

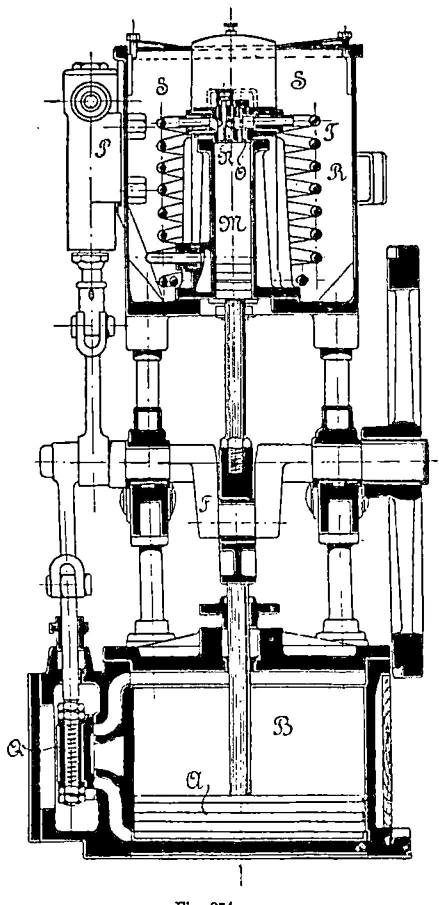

Fig. 274.

die Luft nach einem Sammelbehälter oder direkt zur Verwendungsstelle führt. Hanarte hat sämtliche Rohre mit Rippen versehen, um eine möglichst große wärmeabgebende Oberfläche zu erhalten. Die einzelnen Kompressionsenddrücke betrugen im angeführten Falle in den beiden ersten Zylindern A und B 5 Atm., den zweiten 25 Atm., den dritten 41,83 Atm. und den letzten 71 Atm. absolut. Das Kompressionsdiagramm ist aus Fig. 273 zu ersehen. In demselben stellen die schraffierten Flächen die Mehrarbeit infolge der Erwärmung der Luft, Linie A B die adiabatische, A C die isothermische Kurve dar. Leider sind in der angeführten Quelle keine weiteren Angaben über den Kraftverbrauch, den dynamischen und volumetrischen Wirkungsgrad,

2) E. Kaselowsky, Berlin, Engl. Pat. Nr. 16135 vom 9. XII. 1886.

14*

sowie über die Dimensionen und die Tourenzahl der Maschine gemacht, weshalb von ausführlicherer Behandlung abgesehen werden muß.

6. Kompressor Kaselowsky [2]). Fig. 274 und 275.

Derselbe ist zu dieser Gruppe zu rechnen, weil zwischen der ersten
und zweiten Kompression der Luft eine Abkühlung derselben in der
Rohrspirale R stattfindet.

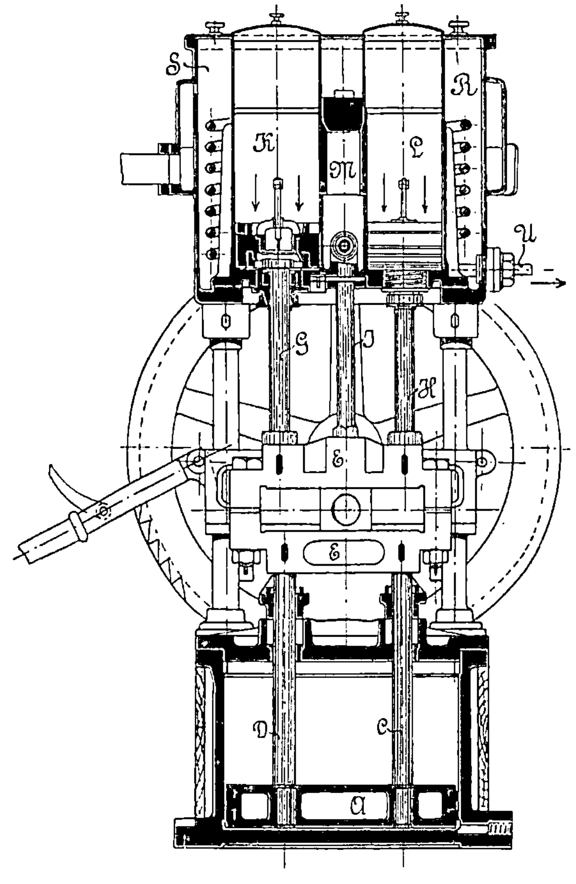

Fig. 275.

Von dem im Dampfzylinder B bewegten Kolben A wird die Kraft
durch zwei Kolbenstangen C und D auf eine Kurbelschleife E übertragen,
welche die Kurbelwelle F in Umdrehung setzt, an deren einem Ende
ein Schwungrad, am anderen eine Kurbel nebst Gegenkurbel zum Betrieb
einer kleinen Wasserdruckpumpe P und zur Bewegung des Schiebers Q
befestigt sind. Von der Kreuzschleife führen drei Kolbenstangen in die
Luftzylinder, und zwar G und H in die beiden äußeren Zylinder K und L,
J in den mittleren Zylinder M.

Beim Aufgang der Kolben wird durch die in den Kolben ange-

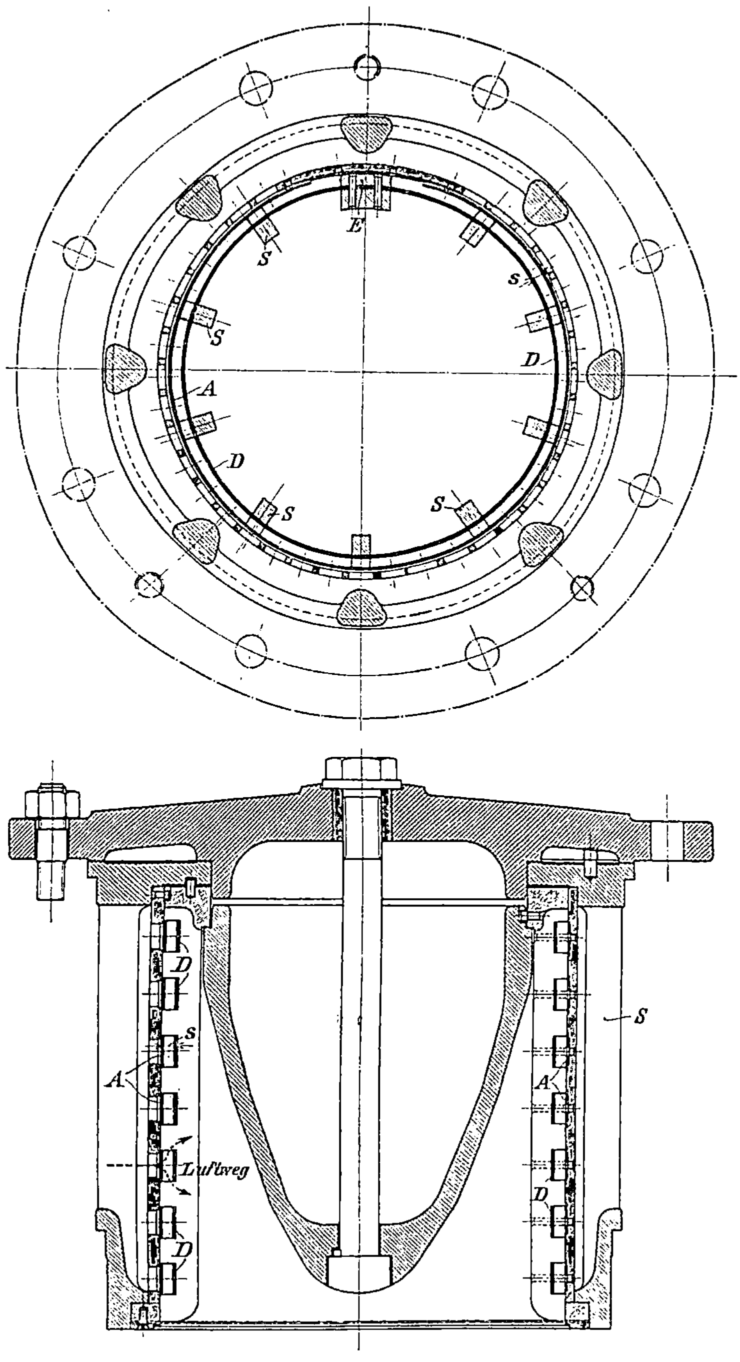

Fig. 276—277.

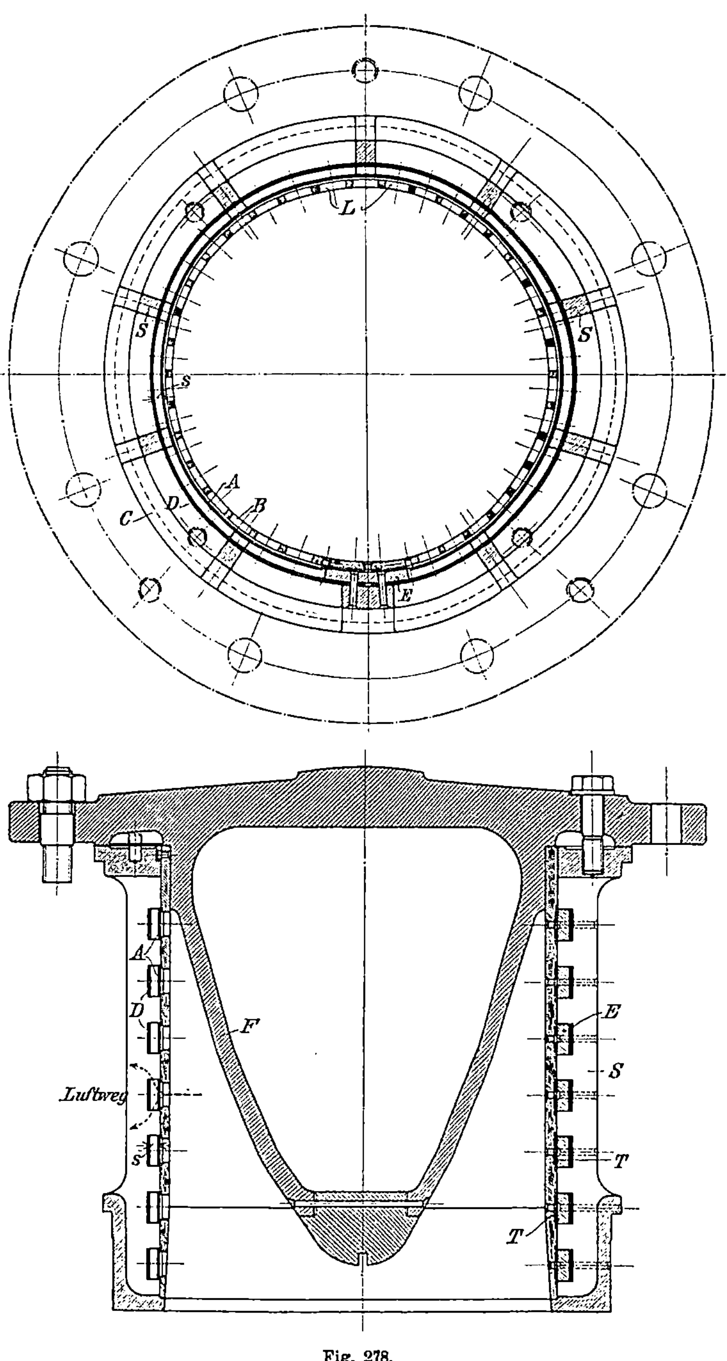

Fig. 278.

brachten Saugventile die Luft in die Zylinder gesaugt, beim Niedergang durch ein (in der Figur nicht ersichtliches) Druckventil in die Rohrspirale R gedrückt und dort abgekühlt. Von hier saugt der Kolben des mittleren Zylinders M die Luft durch das Ventil N an, komprimiert dieselbe beim Aufgang und preßt sie durch das Ventil O in eine zweite, parallel zur ersteren verlaufende Spirale T, in welcher die Luft nochmals abgekühlt wird und bei U die Maschine verläßt. Alle drei Kompressionszylinder nebst den Spiralen sind von einem Wassermantel S umgeben, in welchem durch die Druckpumpe P eine fortwährende Wasserzirkulation unterhalten wird.

Die Maschine ist, ebenso wie die Kompressoren von Brotherhood und Whitehead, zum Füllen der Luftkessel für Torpedoboote bestimmt und daher möglichst kompendiös und leicht gebaut. Wegen ihrer Übersichtlichkeit und Einfachheit, sowie der leichten Zugänglichkeit der Ventile dürfte die vorstehende Konstruktion den vorgenannten noch vorzuziehen sein.

7. Verbund-Kompressor „Hohenzollern".

Die Aktiengesellschaft Hohenzollern in Düsseldorf-Grafenberg führt neuerdings ihre Kompressoren mit einem eigenartigen Federring-Ventil aus, dessen Konstruktion als Saugventil aus Fig. 276/277, als Druckventil aus Fig. 278 zu ersehen ist. Die Ringe dieser Ventile bestehen aus Spezialstahl und besitzen eigene Federung, welche sie auf die Dichtungsflächen der gleichfalls aus Stahl bestehenden Ventilbüchse sanft aufpreßt. Es werden jeweils soviel Ringe als erforderlich in Reihen übereinander angeordnet. Ein Stegsystem aus Bronze sichert ihre Lage, während in den Ausschnitt einspringende Leisten die Ringe an einer Drehung hindern. Gleichzeitig dient das Stegsystem mit seinen Fangringen zur Hubbegrenzung. Die Saugringe liegen im Innern der Ventilbüchse, werden also durch die eingesaugte Luft zusammengedrückt. Die Druckringe liegen außen auf der Ventilbüchse, werden demnach von der Preßluft auseinander gedrückt. Wie aus Fig. 280 ersichtlich ist, geschieht die Anordnung der Ventile derart, daß die Saugventile auf der inneren, die Druckventile auf der äußeren Zylinderseite liegen. Die Ventilringe besitzen sehr wenig Masse, sollen sich deshalb vorzüglich für große Tourenzahlen eignen und sich dem Arbeitsprozeß im Zylinder sehr präzise anschließen. Ihre Haltbarkeit ist eine gute und erstreckt sich nach Angabe der Firma in der Regel über mehrere Jahre.

Fig. 279 zeigt zunächst einen elektrisch betriebenen Stufenkompressor von 6000 cbm stündlicher Leistung, welch letzte unter Beibehaltung der Tourenzahl von ca. 150 in der Minute durch eine Leistungsregulierung von 70 % reduziert werden kann. Zum Fortdrücken der Luft sind lediglich die bereits vorhin erwähnten selbsttätigen Ringventile zur Anwendung gelangt, zum Ansaugen Ringventile und Saugeschieber. Letztere können bei Volleistung von Hand derart eingestellt werden, daß sie nach beendeter Rückexpansion öffnen und am Ende des Saughubes schließen. Durch Veränderung des Voreilungswinkels kann nun der Zeitpunkt der Eröffnung des Schiebers bis auf das Ende des Saughubes herausgeschoben werden, wodurch der Zeitpunkt des Schieberschlusses entsprechend hinausrückt und dadurch ein Rückströmen der Ansauge-

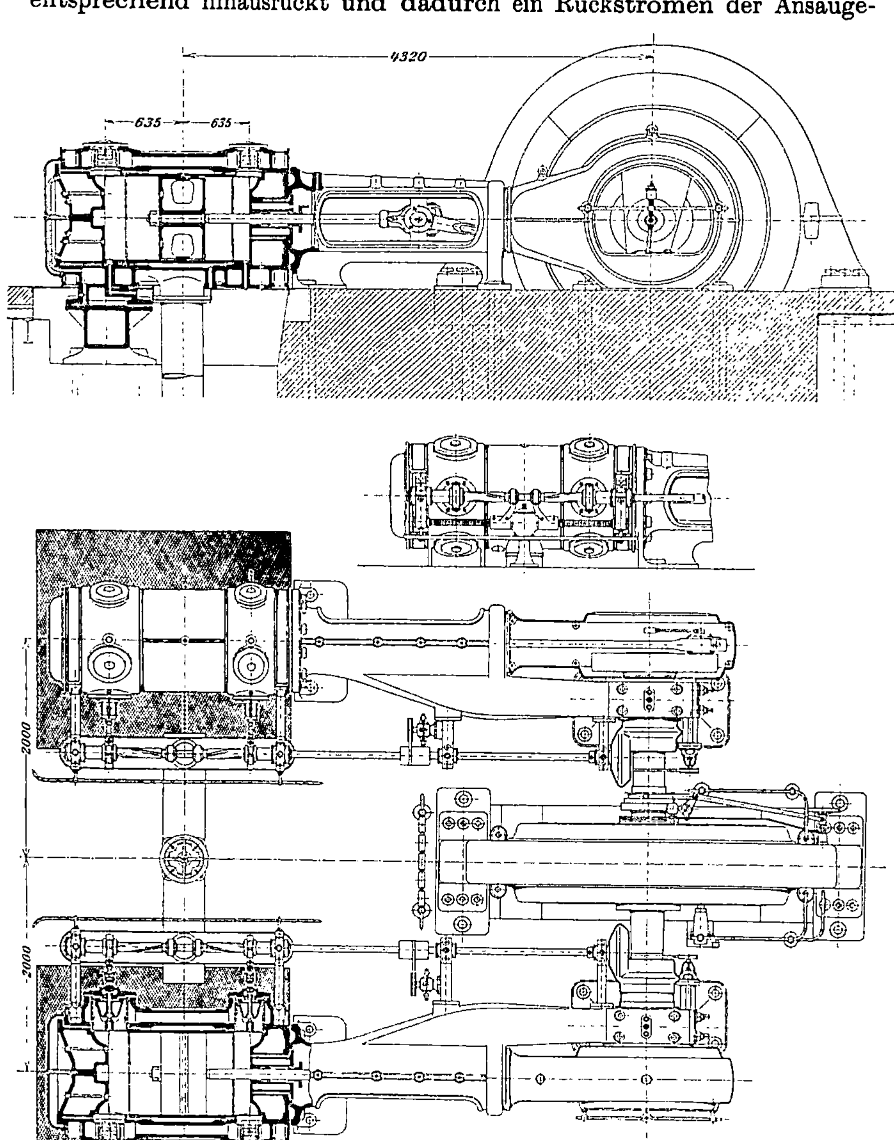

Fig. 279.

luft in die Saugleitung bedingt wird. Selbstverständlich ist jede Mittel-lage der Reguliervorrichtung ohne weiteres erreichbar. Auf diese Weise kann man theoretisch das ganze angesaugte Volumen, praktisch infolge der unvermeidbaren Drosselverluste bei schließendem Schieber bis zu 70% des Volumens in die Saugleitung zurückleiten. Die Steuerung, deren Verstellmechanismus neuerdings wesentlich vereinfacht worden

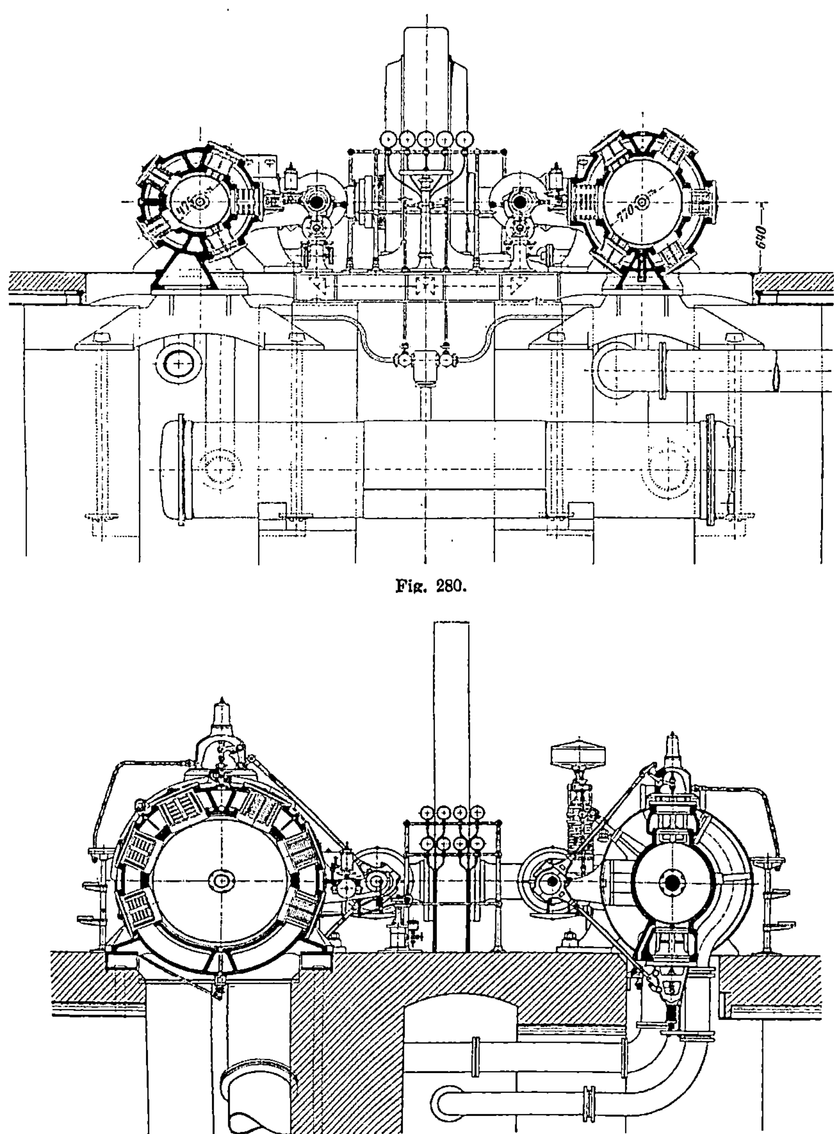

Fig. 280.

Fig. 281.

ist, hat sich vorzüglich bewährt. Der Kompressor befindet sich seit Anfang des Jahres 1908 auf der Zeche Zollverein, Schacht IV/V in Betrieb. Dasselbe Kompressormodell, aber ohne diese Leistungs-

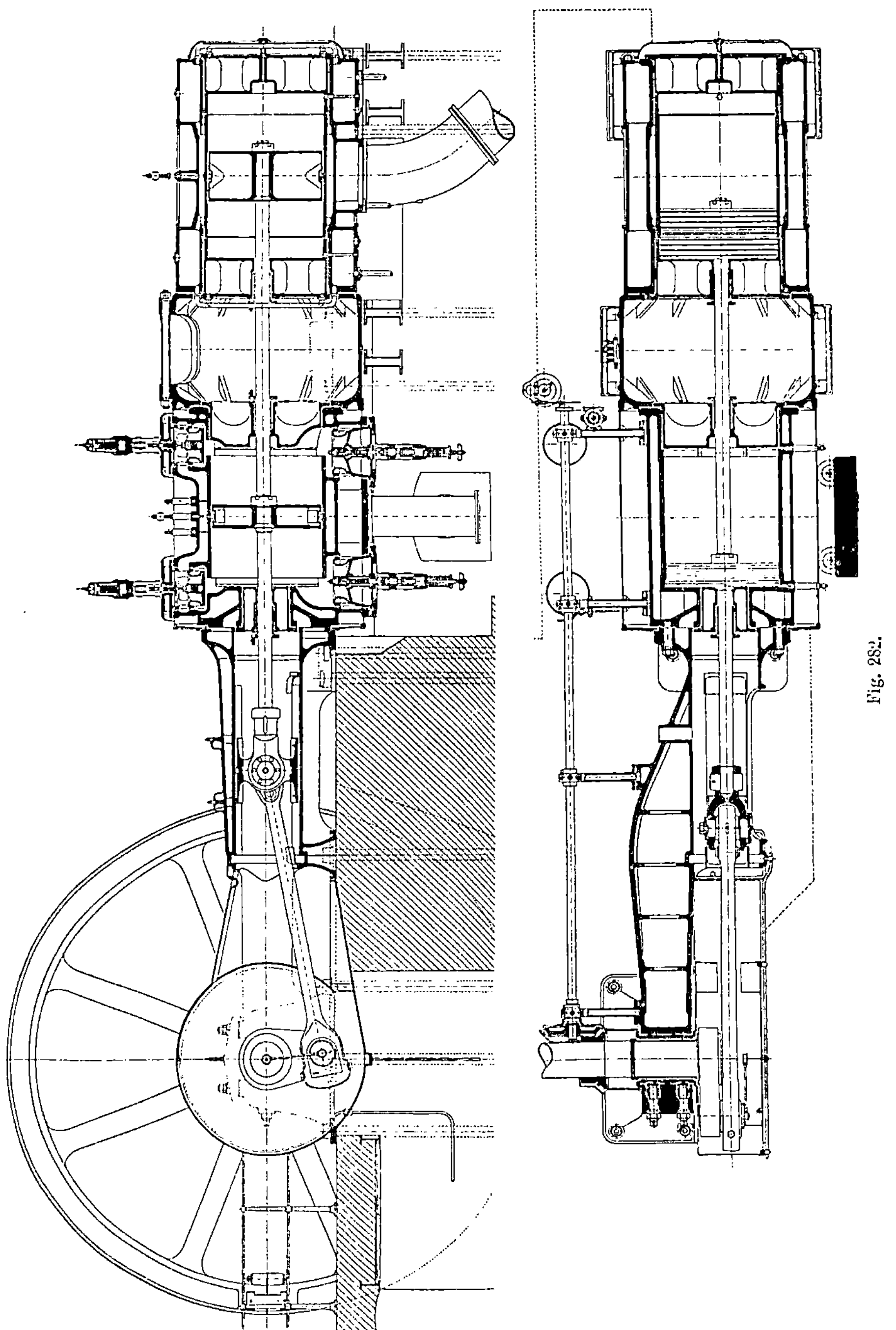

Fig. 282.

regulierung, läuft, durch einen regulierbaren Drehstrommotor der Firma
Brown, Boveri & Cie., Mannheim-Käferthal angetrieben, auf
der Zeche Zollverein, Schacht I/II. Es ist dies nach Ansicht der
Firma der erste Kompressor, der durch einen regulierbaren Drehstrommotor betrieben wird. Die Tourenzahl kann bis auf 72 vermindert
werden. Ursprünglich wurde die Leistung dieses seit Juni 1906 in Betrieb
befindlichen Kompressors durch periodisches Schließen und Öffnen der
Saugleitung reguliert, welches Verfahren nach neuerlichem Aufstellen
des Regulieraggregats in Fortfall kam.

Der in den Fig. 281 und 282 dargestellte Verbundkompressor leistet
normal 15000 und maximal 17000 cbm angesaugte Luft in der Stunde. Der
Hochdruck-Dampfzylinder besitzt eine auslösende, der Firma patentierte
Einlaß-Ventilsteuerung, und für den Dampfauslaß eine Rolldaumen-
steuerung. Die Einlaßsteuerung wird durch einen Leistungsregulator,
System Professor Stumpf mit Sicherheitshub beeinflußt. Letzterer
ist mit einem von der Druckluft betätigten Tourenregler (gleichfalls
nach System Prof. Stumpf) kombiniert, welcher die Tourenzahl der
Maschine dem jeweiligen Luftbedarf selbsttätig anpaßt. Der Nieder-
druck-Dampfzylinder besitzt für Dampfein- und Auslaß Rolldaumen-
steuerung, welche für den Einlaß von Hand einstellbar eingerichtet
ist. Die Luftzylinder besitzen wiederum die oben beschriebenen Ringventile.

8. Verbundkompressor von Gebr. Meer.

Die Firma Gebr. Meer, Maschinenfabrik M.-Gladbach baut neuerdings Verbundkompressoren, zwei- und mehrstufig in einem und mehreren
Zylindern, bei welchen das Meersche patentierte Plattenventil zur Anwendung kommt.

Dasselbe beseitigt die Nachteile der Ventile mit Führungsbolzen,
und die Nachteile der Ventile mit breiten, die Ventilplatten in der Schwebe
haltenden, Ventilfedern. Bei ihm wird das Gewicht der Ventilplatte
dadurch aufgehoben, daß die Platte an einem oder mehreren Punkten
pendelartig aufgehängt wird. Eine Aufhängung der Ventilplatte findet
auch bei dem Ventil mit breiten Ventilfedern statt. Bei dem vorliegenden
Ventil aber wird die Aufhängung durch einen dünnen, etwa 1 mm starken
Stahldraht, Fig. 283, erreicht. Dieser Stahldraht setzt der Luft sozu-
sagen keinen Widerstand entgegen und wird infolgedessen nur durch
das geringe Gewicht der Ventilplatte selbst auf Zug beansprucht. Um
ein seitliches Ausweichen der Ventilplatten zu verhindern, werden alsdann die vorerwähnten Führungsstifte, wie es bei anderen Ventilen auch
der Fall ist, angewandt. Die Führungsstifte selbst aber werden durch
die nunmehr aufgehängte Ventilplatte nicht mehr belastet und dadurch die Reibungswiderstände beseitigt. Eine Beanspruchung auf
Biegung des Aufhängedrahtes kommt kaum in Frage, da der Ventilhub
zur Länge des Aufhängedrahtes verhältnismäßig sehr klein ist. Um
das Ventil stets in sanfter Weise an den Sitz heranzudrücken und
auch die nötige Ventilbelastung zu erhalten, sind kleine Wurmfedern,
Fig. 284 obere Figur, so auf der Platte verteilt, daß ein gleich-
mäßiges Andrücken derselben stattfindet. Diese aus dünnem Stahldraht

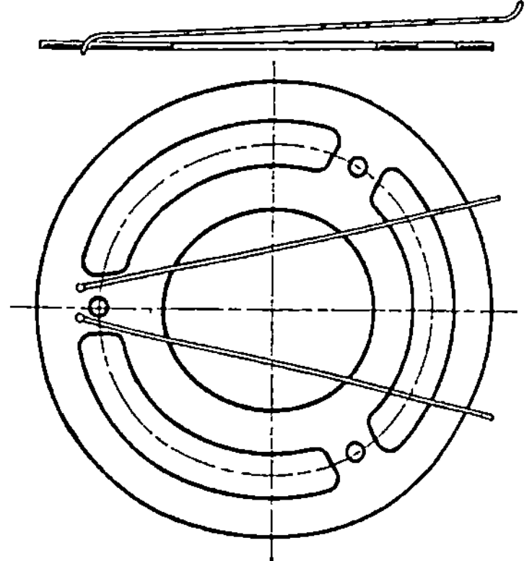

Fig. 283.

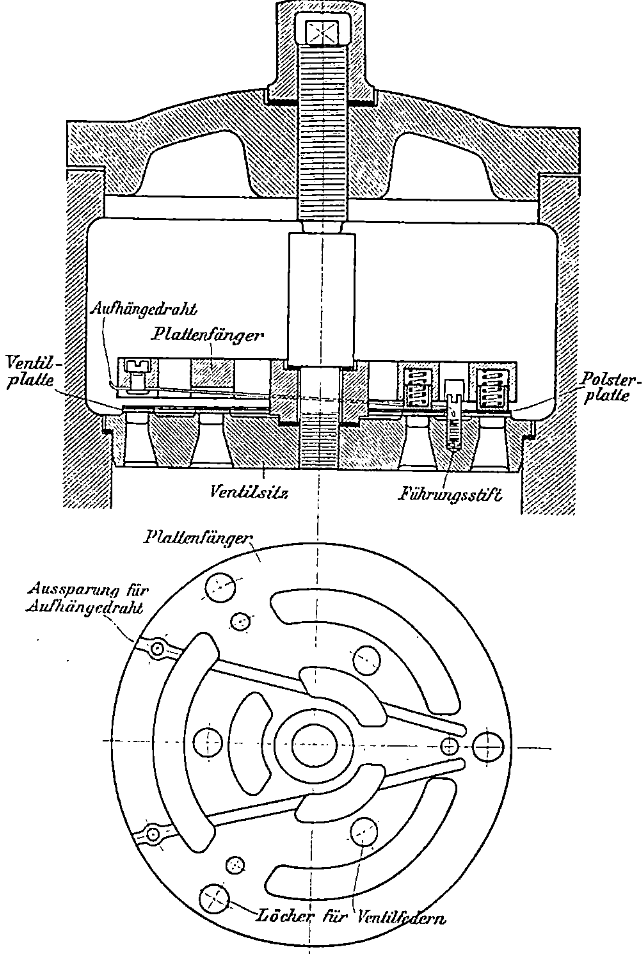

Fig. 284.

hergestellten Wurmfedern werden so gering beansprucht, daß dieselben eine große Lebensdauer haben. Um einen ruhigen Gang des Kompressors zu erzielen, ist es erforderlich, daß der Schlag der Ventilplatten auf den Sitz und an den Fängern nach Möglichkeit gedämpft wird. Um dies zu erzielen, wird eine Doppelplatte angewandt, wovon die eine stärkere Platte als Ventilplatte arbeitet, die dünnere Platte als Polsterplatte. Die beiden Ventilplatten sind nur an dem Aufhängepunkt des Drahtes miteinander verbunden und zwar durch den Draht selbst. Beim Ar-

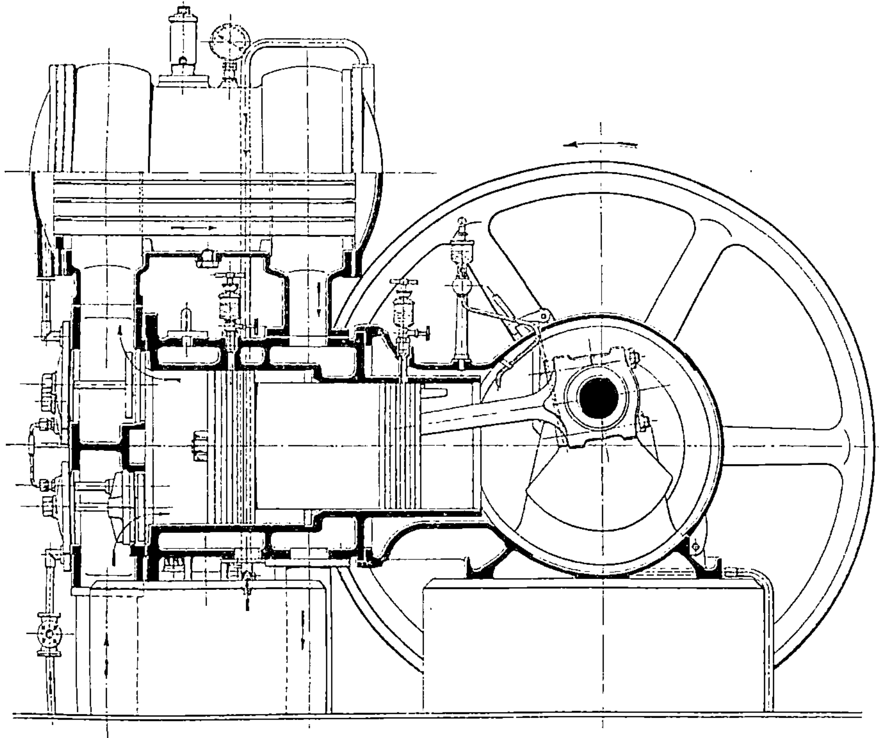

Fig. 285.

beiten des Ventils wird sich zwischen beiden Platten immer eine dünne Luftschicht befinden, die als Puffer also schlagmildernd wirkt. Hierdurch wird eine große Haltbarkeit der eigentlichen Ventilplatten bewirkt. Kleine Kompressoren mit großer Umdrehungszahl bis zu 300 Touren i. d. Min., und Leistungen bis zu 1500 cbm, sowie große Kompressoren mit Umdrehungen bis zu 150 Touren und Leistungen bis zu 10000 cbm i. d. Stunde, sind mit Ventilen der vorerwähnten Konstruktion ausgerüstet und arbeiten im Dauerbetriebe einwandsfrei und betriebssicher. Einige Ausführungen dieser Kompressoren sind in den folgenden Figuren abgebildet.

Fig. 285 stellt zunächst einen Einzylinder-Verbundkompressor mit

Kühlwasser-austritt
Kühlwasser-eintritt
Kühlwasser-austritt
Kühlwasser-eintritt
2600
785
633

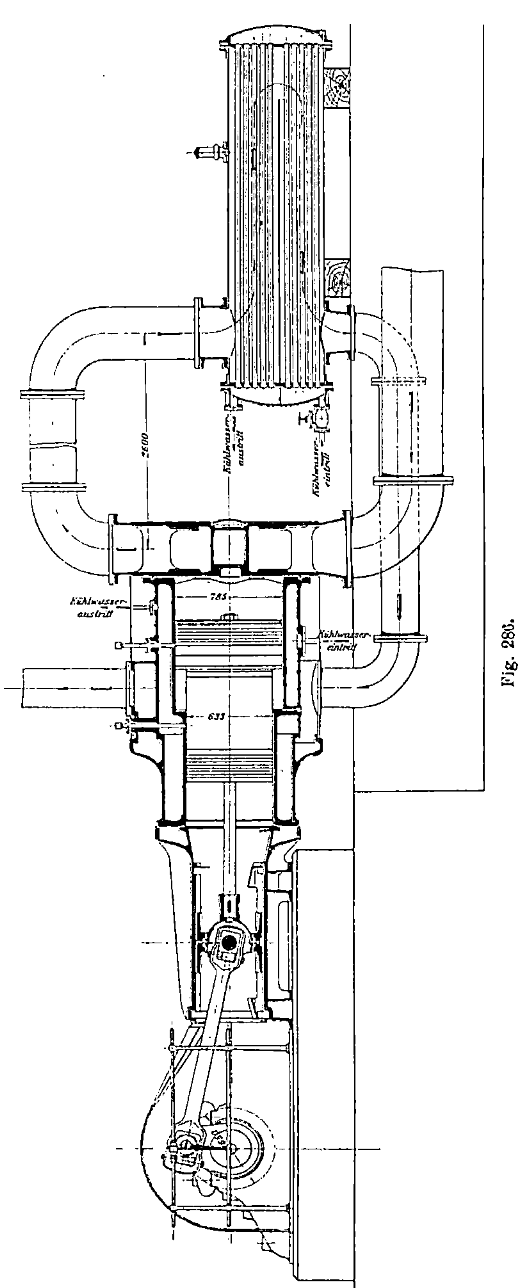

Fig. 286.

Riemenantrieb und einem, über dem Zylinder liegenden Zwischenkühler
dar. An der Deckelseite des Zylinders sind vier Ventile, zwei Saugventile
unten und zwei Druckventile oben, mit horizontaler Achse und lotrechter Aufhängung der Ventilplatten angebracht. Der Luftweg ist
durch die Pfeile kenntlich gemacht. Der Kompressor hat 400×330 mm
Zylinderdurchmesser, 300 mm Kolbenhub. Das Verhältnis der kleinen
Ringfläche zur großen Zylinderfläche beträgt $1:3,12$ oder rund $\frac{1}{3}$.

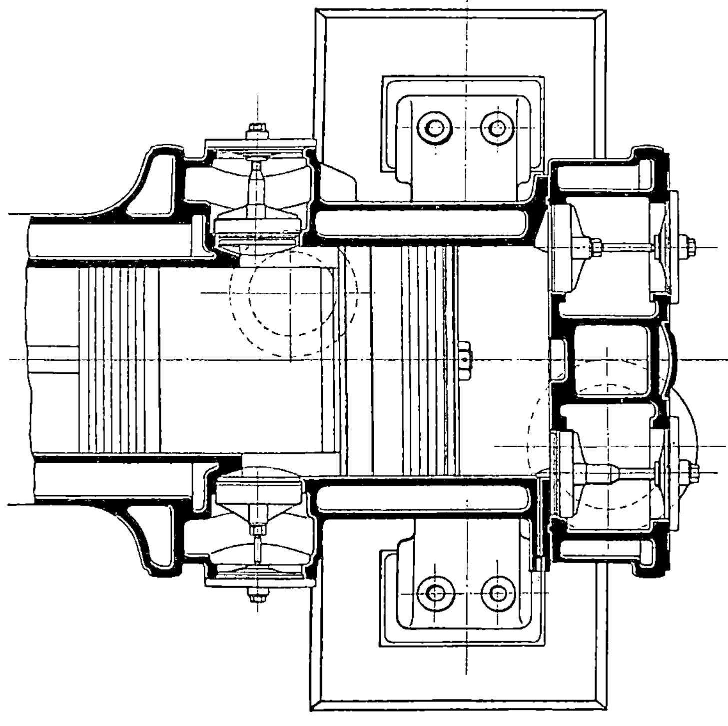

Fig. 287.

In den Fig. 286 und 287 ist ein, von einem parallel zum Kompressor liegenden Gasmotor angetriebener Einzylinder-Verbundkompressor von 785/635 mm Zylinderdurchmesser, 650 mm Kolbenhub und
150 Touren abgebildet. Der Luftweg ist durch die großen Pfeile angedeutet. Der Röhren-Oberflächenzwischenkühler liegt hinter dem Kompressor. Das Flächenverhältnis beträgt auch hier $1673:4840$ qcm $=$
$1:2,89$ oder auch rund $\frac{1}{3}$. Fig. 287 läßt die Anordnung der Saug- und
Druckventile der Hochdruckzylinderseite erkennen.

Fig. 288 endlich zeigt den doppeltwirkenden Hochdruckzylinder
eines Zweizylinder-Verbundkompressors von 685/435 Zylinderdurchmesser, 600 mm Hub und 122 normalen Umdrehungen.

Die verschiedenen Leistungen der besprochenen Kompressoren etc.
sind aus der nachstehenden Tabelle zu ersehen.

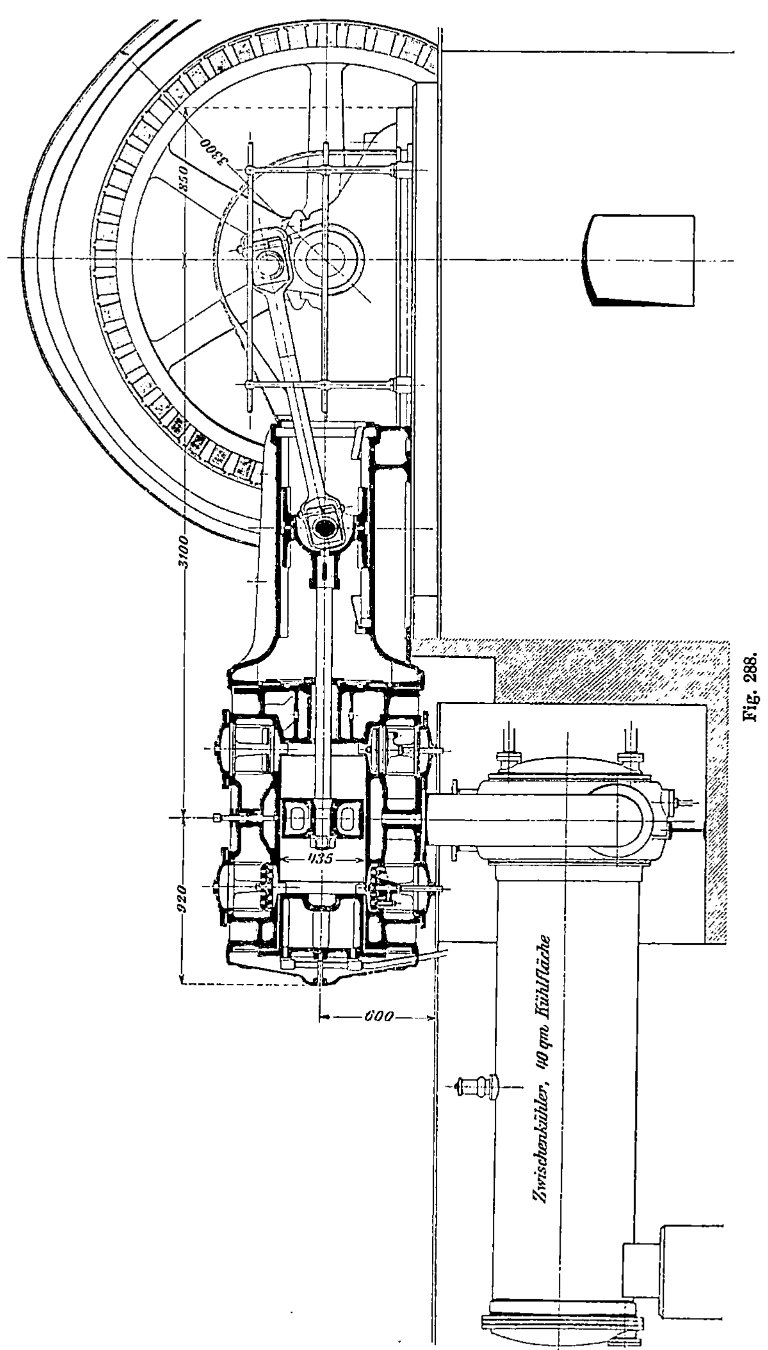

Fig. 288.

Luftzylinder normal		Touren-zahl normal, min. max.	Stündlich anges. Luftmenge bei n = normal, cbm	Druck der kom-prim. Luft Atm. Ü.	Garantie		Antriebsart	Durch-messer und Hub des Dampf-zylinders	Dampf-ein-trittssp. Atm. Ü. Über-hitzung	Geliefert im Jahre an
Durch-messer	Hub				in Vol.	Kraft-verbrauch				
685×435	600	122	3000	6,00	0,93 bis 0,955	325 PSe. a. d. Kurbel-welle	durch direkt auf Kurbelwelle sitzen-den Drehstrom-motor	—	—	1907 an Gewerk-schaft Mont-Cenis Sodingen
1140×710	1100	80 (40—90)	10000	6,00	0,96	1035 PSi. Dampf	durch direkt gek. Verbunddampf-maschine (Anschluß an Zen-tralkondensation)	735×1185	11 Atm. 300° C	1908 an Gewerk-schaft Aug. Vik-toria Hüls, Kreis-Recklinghausen
785/635	650	150	2640	8,00	0,93—0,95	300—310 PSe. a. d. Kurbel-welle	Kompressorkurbel sitzt an der Kurbel-welle eines Zwil-lingssauggasmotors (Deutz)	—	—	1909 an Schiffs-werft-Aktien-Ge-sellschaft Weser, Bremen

Stufenkompressor für Riemenantrieb bis $n = 200$—225 und 8 Atm. Überdr. vielfach ausgeführt.

Als Hauptvorzüge ihres Plattenventils hebt die Firma Meer die folgenden hervor:

1. Aufhebung des Gewichtes der Ventilplatten durch pendelartige Aufhängung.
2. Vorzügliche Verwendbarkeit bei horizontalachsiger Anordnung des Ventils.
3. Einfache Konstruktion und billige Herstellungsweise.
4. Ruhiges Arbeiten der Ventile.
5. Geringste Beanspruchung des Aufhängestahldrahtes und der kleinen Ventilfedern.

Es unterliegt wohl keinem Zweifel, daß das Meersche Ventil eine große Leichtigkeit und Beweglichkeit aufweist und zweifellos einen guten Abschluß erzielen wird, wenngleich die Frage der Haltbarkeit, namentlich der Aufhängungen, eine schwierigere und nur durch langjährige Betriebserfahrungen zu beurteilende sein dürfte.

Bemerkenswert ist schließlich noch eine Konstruktion dieser Firma, eine selbsttätige Druckluftregulierungsvorrichtung, deren Zweck, Konstruktion und Wirkungsweise folgende sind.

Ihre Anwendung findet dieselbe bei Anlagen mit stark wechselndem Luftbedarf. Beim Fehlen einer solchen Reguliervorrichtung müßte, zur Vermeidung eines zu hohen Windkesseldruckes, der Kompressor entweder fortwährend ein- und ausgeschaltet werden, oder aber der Luftüberschuß durch das Sicherheitsventil aus dem Windkessel entweichen. Das Erstere ist wegen der stets erforderlichen Wartung äußerst unbequem, das Letztere sehr unwirtschaftlich, da für die nutzlos entweichende Preßluft Arbeit aufgewendet werden muß. Beide Nachteile werden durch die selbsttätige Reguliervorrichtung vermieden, da diese den Kompressor, ohne daß ein Stillstehen erforderlich wird, selbsttätig bei der Überschreitung des gewünschten höchsten Windkesseldruckes leerlaufen läßt, denselben aber, sobald der Windkesseldruck nur um ca. 0,2—0,5 Atm. gesunken ist, wieder arbeiten läßt. Da während der Leerlaufperiode der Kompressor nicht gegen Druck arbeitet, so ist hier der Arbeitsbedarf ein sehr geringer, derselbe arbeitet also sehr wirtschaftlich.

Die selbsttätige Reguliervorrichtung, Fig. 289 und 290, besteht aus einem Regulierventil R, einer Plattenanhebevorrichtung und den Verbindungsleitungen. Das Regulierventil kann auf dem Windkessel, am Luftzylinder mittelst Halter, oder auf einem Konsol an der Wand angebracht werden. Durch das Rohr w ist es mit dem Windkessel und durch die Rohre i mit den Plattenanhebevorrichtungen in den Saugventilen des Niederdruck- und Hochdruckzylinders verbunden. Mittelst der Gewindebüchse k wird die Feder c so eingestellt, daß, sobald der gewünschte höchste Druck im Windkessel überschritten wird, die Ventilkugel a durch den im Windkessel herrschenden Überdruck, von ihrem Sitz d abgehoben und gegen den Sitz e gedrückt wird. Jetzt sind die Öffnungen n, die ins Freie führen, abgesperrt und es kann Preßluft durch die Rohrleitungen $w\,i$ zu den Plattenanhebevorrichtungen, die in den Saugventilen liegen, gelangen. Sinkt der Windkesseldruck etwa um 0,2—0,5 Atm. unter den höchsten Druck, so wird die Ventilkugel a

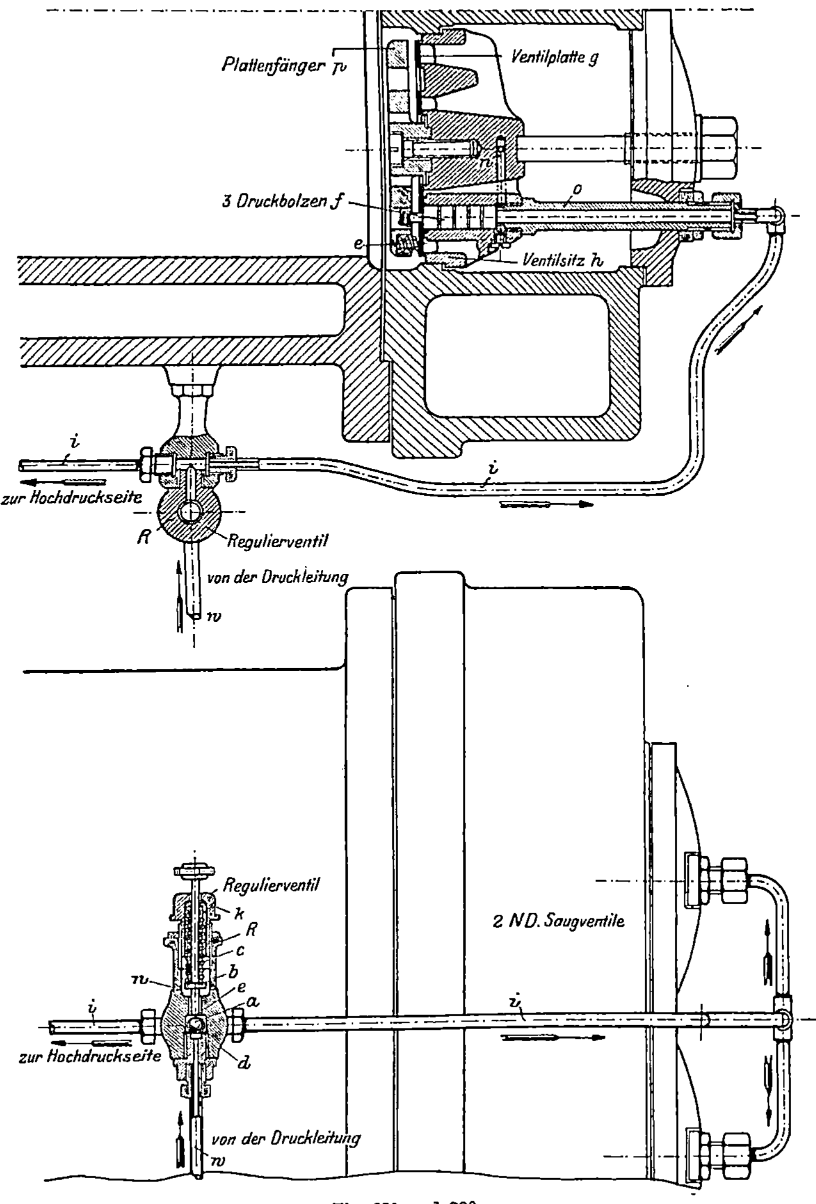

Fig. 289 und 290.

durch die Feder c wieder auf den Sitz d zurückgeschoben. In dieser Lage wird die Leitung w, die vom Windkessel kommt, abgesperrt; dagegen ist das Kugelventil bei e offen, so daß die sich unter der Plattenanhebevorrichtung befindliche Preßluft durch die Leitung i und die Öffnungen n entweichen kann.

Die Ventilkugel a muß trocken in den Ventilkörper eingesetzt und von Zeit zu Zeit von Öl und Schmutz gereinigt werden, damit die Kugel nicht im Ventilkörper festklemmt und die Empfindlichkeit des Apparates beeinträchtigt wird.

Für die Plattenanhebevorrichtung sind in dem Saugventil zylinderische Bohrungen vorgesehen, die durch die Kanäle n miteinander verbunden sind und in denen sich sauber eingeschliffene Bolzen f bewegen. Eine dieser Bohrungen ist durch das Preßrohr o und die Leitung i mit dem Regulierventil R verbunden. Die übrigen Bohrungen sind mit Verschlußschrauben versehen. Die Arbeitsweise ist nun folgende:

Hat das Regulierventil R die Verbindung zwischen Windkessel und Plattenanhebevorrichtung hergestellt, so tritt Preßluft durch die Leitungen $w\,i$ hinter die Bolzen f und drückt die Saugventilplatte g gegen den Plattenfänger p. Das Ventil bleibt infolgedessen geöffnet und die beim Saughub in den Zylinder getretene Luft wird beim Druckhub durch das Saugventil hindurch wieder ausgestoßen. Das Fördern von Preßluft findet also nicht statt; der Kompressor läuft leer. Schaltet bei sinkendem Windkesseldruck das Regulierventil R um, so daß die hinter den Bolzen f eingeschlossene Preßluft, wie oben beschrieben, entweichen kann, so drücken die Federn e die Ventilplatte wieder auf ihren Sitz; das Ventil arbeitet wieder normalerweise, d. h. der Kompressor beginnt wieder Preßluft zu fördern.

9. Verbundkompressor von Rudolf Meyer.

Im folgenden sind zwei neuere Verbundkompressoren von Rudolf Meyer-Mühlheim a. Ruhr beschrieben.

1. Dreistufiger Luftkompressor.

Dieser, in Fig. 291—294 dargestellte Kompressor ist für Grube Waltrop geliefert.

Die Hauptabmessungen desselben sind folgende[1]):

Luftzylinder N.-D. Durchm.	1060 mm
„ M.-D. u. Hochdr. Differentialkolben,	
Durchm.	1060 × 750
Dampfzylinder, H.-D. Durchm.	760 „
„ N.-D. Durchm.	1175 „
Gemeinsamer Kolbenhub	1000 „
Tourenzahl, normal i. d. Min.	81
„ maximal i. d. Min.	90
Saugleistung, normal	8000 cbm/Std.
„ maximal	8900 „
Luftdruck, absol.	7 Atm.
Dampfdruck, Überdruck	10—13 „
Dampfüberhitzung auf	250 °C
Gesamtgewicht, ca.	112000 kg

Über die Ausführung ist folgendes zu bemerken. Eingehende Versuche, die die Firma an kleineren, drei- und vierstufigen Kompressoren

[1]) In den Figuren sind die Abmessungen eines kleineren Kompressors, jedoch derselben Bauart angegeben nach Teiwes, Kompressoren-Anlagen in Grubenbetrieben S. 105—108.

anstellte, brachten die Ge-
wißheit, daß ein weiter öko-
nomischer Effekt und ge-
steigerte Betriebssicherheit
(infolge der niedriger aus-
fallenden Lufttemperaturen)
unbedingt erzielt wird, wenn
man auch schon bei Drücken
von 6 Atm. und darüber
über die Zweistufigkeit hinausgeht und dreistufige
Verdichtung verwendet.

Die dreistufige Verdich-
tung erfolgt in zwei Zylindern.
Die Niederdruckstufe hat
einen doppeltwirkenden Zylinder für sich; die Mittel-
und Hochdruckstufe befinden
sich in dem zweiten Luft-
zylinder, dessen Kolben als
Differentialkolben ausgebildet sind.

Diese Anordnung der
Dreistufigkeit ist der Firma
durch Patente geschützt. Sowohl nach der ersten, wie
nach der zweiten Stufe
durchzieht die Luft einen
Röhrenzwischenkühler; es
wird dadurch erreicht, daß
die Temperatur der Druck-
luft in den einzelnen Druckstufen nicht über 100—105⁰
hinausgeht, also weit unter
der bergbehördlich zugelas-
senen Maximaltemperatur
bleibt.

An den Luftzylindern
fällt ferner auf, daß bei ihnen
die bislang stets übliche
Mantelkühlung fortgelassen
wurde, wie in gleicher Weise
bereits bei einer ganzen Reihe
von Großkompressoren ver-
fahren ist, nachdem die Firma
durch eingehende Versuche
festgestellt hat, daß der Einfluß der Mantelkühlung ein
sehr geringer ist. So betrug

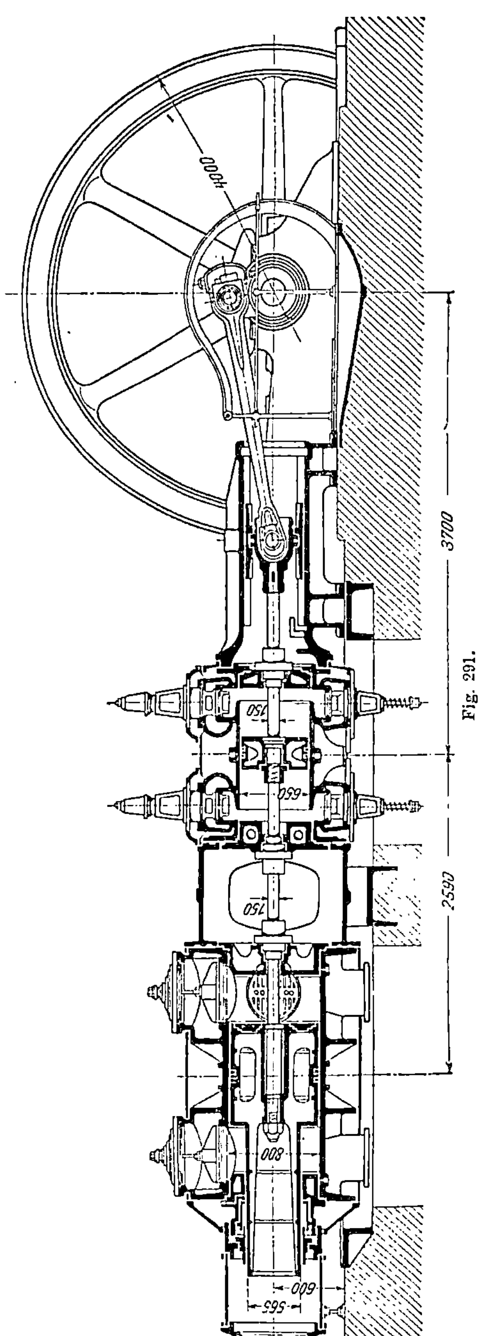

Fig. 291.

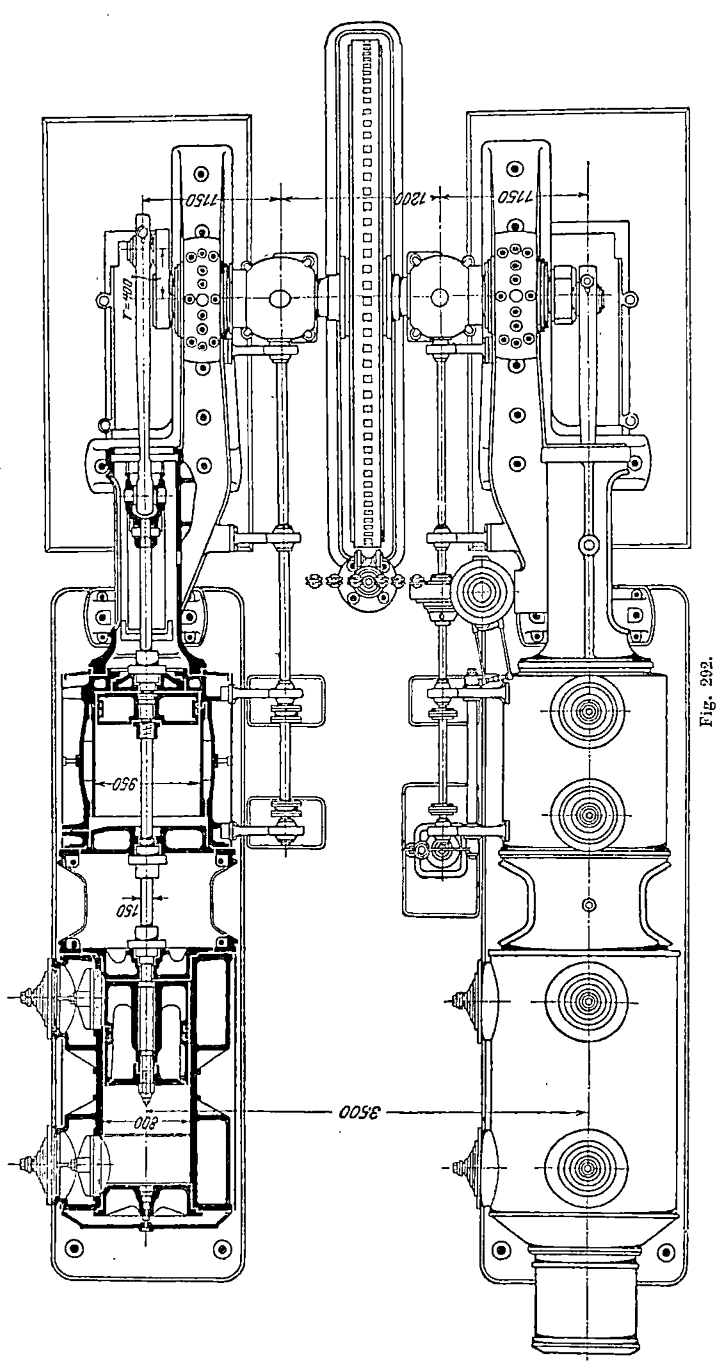

Fig. 292.

nach Angabe der Firma die Temperatursteigerung bei zwei schnell-
laufenden, direkt elektrisch betriebenen 4000 cbm - Kompressoren auf
Grube Zollern II, wenn man Mantel- und Deckelkühlung ausschaltete
und nur Zwischenkühlung verwendete, nur 5⁰ C.

Die Luftventile bestehen aus den bekannten Meyerschen Plattenventilen in neuester Ausführung (Streifenform).

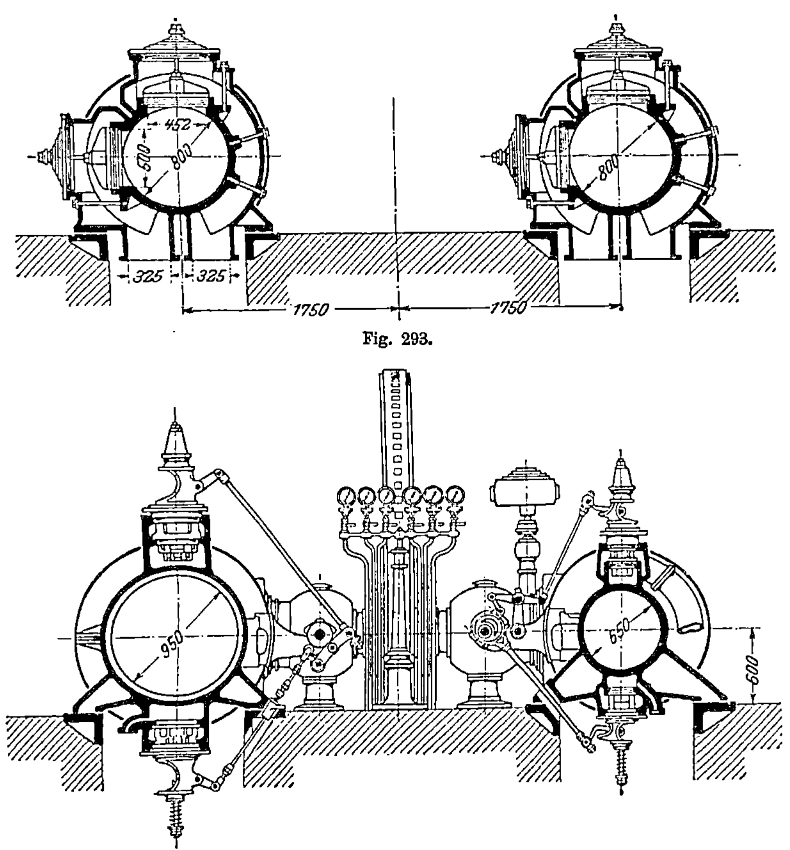

Fig. 293.

Fig. 294.

Die Dampfsteuerung ist Ventilsteuerung nach dem bewährten
System Widemann. Die Abdichtung der Ventilspindeln erfolgt nicht
durch Stopfbüchsen, sondern die Spindeln sind eingeschliffen und das
Schmierungsöl wird in die Führungsbüchsen gepreßt.

Der Kompressor ist mit einer vollständig selbsttätigen Druckluftreguliervorrichtung, gleichzeitig für Luft und Dampf eingerichtet, welche
folgendermaßen arbeitet:

Solange der Luftdruck unter dem normalen Luftdruck bleibt, hat
der Dampfluftregulator gar keinen Einfluß. Die Tourenzahl des Kompressors kann sich dann bei diesem Luftdruck steigern, soweit es der

Zentrifugalregulator zuläßt, also bis zur gewünschten oberen Grenze der Tourenzahl. Wenn aber dann infolge der größten Tourenzahl der Luftdruck über den normalen Luftdruck (bei diesem Kompressor 7 Atm. abs.) steigt, so wirkt der Kolben des Luftdruckregulators, auf dem die Druckluft ruht, auf die Dampfsteuerung selbsttätig ein und zwar derart, daß eine kleinere Füllung eingestellt wird, und somit die Maschine wieder langsamer läuft. Steigt der Luftdruck trotzdem noch weiter, so wird die Dampffüllung selbsttätig immer kleiner und die Tourenzahl noch geringer.

Die niedrigste Tourenzahl liegt etwa bei ¼ der höchsten, so daß also eine Leistungsregulierung in den weitesten Grenzen möglich bleibt; sinkt aber infolge vermehrter Luftentnahme der Luftdruck, so wird die Füllung selbsttätig wieder vergrößert, und die Tourenzahl steigt. Die Grenze, innerhalb welcher der Luftdruck schwankt, ist etwa ½ Atm., kann aber auch beliebig vergrößert werden.

Mit Hilfe dieser vorzüglichen, vollständig selbsttätigen Reguliervorrichtung, verbunden mit der dreistufigen Luftverdichtung wird eine sehr große Betriebsökonomie geschaffen.

Bei dem offiziellen Abnahmeversuch wurden mit dem oben beschriebenen Verbundkompressor folgende Ergebnisse erhalten:

Dauer des Versuches in Stunden	6,1
Gesamte Kondensatmenge in kg	30029,0
Kondensatmenge in kg pro Stunde	4922,4
Temperatur des Kondensates in Grad Celsius	31,0
Dampfdruck an der Maschine in Atm. Überdruck	10,9
Dampftemperatur am Hochdruckzylinder in Grad C	257
Barometerstand in cm	75,7
Vakuum in cm	64,6
„ „ %	86,5
Anzahl der Umdrehungen i. d. Minute	80,8
Luftdruck nach Hochdruckzylinder in Atm. Überdruck	6,0
Leistung der Dampfmaschine in PS	849,3
Mechanischer Wirkungsgrad in %	89,6
Volumetrischer Wirkungsgrad in %	95,8
Angesaugte Luftmenge in cbm/Stdl.	8132,0
Dampfverbrauch in kg für 1 cbm angesaugte Luft	0,605
Temperatur der Luft vor Niederdruckzylinder in Grad Celsius	23,0
Temperatur der Luft nach Niederdruckzylinder in Grad Celsius	101,0
Temperatur der Luft vor Mitteldruckzylinder in Grad Celsius	23,0
Temperatur der Luft nach Mitteldruckzylinder in Grad Celsius	93,0
Temperatur der Luft vor Hochdruckzylinder in Grad Celsius	24,0
Temperatur der Luft nach Hochdruckzylinder in Grad Celsius	79,0

Derselbe Kompressor wurde bald darauf noch nach der modernen Düsenmessung, welche wohl bald die allein anerkannte Prüfungsmethode für Kompressoren jeden Systems sein wird, genau untersucht. Die Prüfung ergab eine effektiv angesaugte Luftmenge von 7888 cbm i. d. Stunde. Die Undichtigkeitsverluste belaufen sich daher auf 7888 : 8132 = 0,97 = drei Prozent, die einen äußerst günstigen Wert darstellen.

Ein derart geringer Prozentsatz der an für sich unvermeidlichen Undichtigkeitsverluste läßt sich mittelst zweistufiger Verdichtung niemals erreichen. Hierin liegt eben der bedeutende Vorteil des drei-

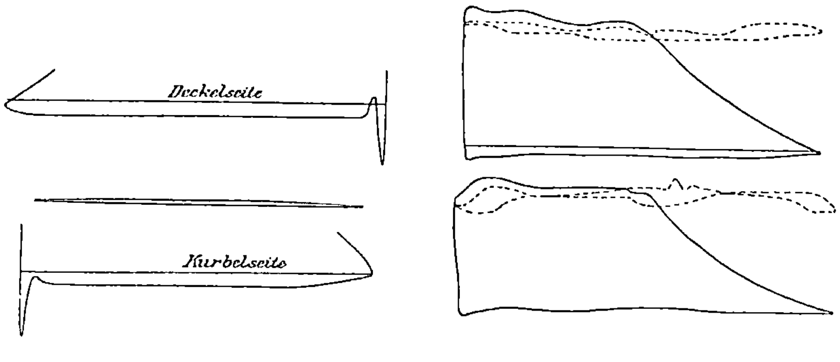

Fig. 295.

stufigen Systems, daß die effektiv gelieferte Luftmenge im Verhältnis zu der indizierten Dampfmaschinenleistung einen beträchtlich höheren, günstigeren Wert ergibt, als bei zweistufiger Verdichtung.

Zum Vergleich sei ein Versuch an einem zweistufigen, Meyerschen Kompressor mitgeteilt [1]), welcher mit Deckel- und Zwischenkühlung, aber ebenfalls keiner Mantelkühlung versehen war.

Die Dampfmaschine hat ebenfalls Widemannsche Ventilsteuerung mit Weißschem Leistungsregler an jedem Zylinder.

Die Hauptabmessungen sind folgende:

Durchmesser des Dampfzylinders . . . . 657 mm
     „   „ Niederdruckluftzylinders . . 900 „
     „   „ Hochdruckluftzylinders . . . 600 „
Gemeinsamer Hub . . . . 1000 „
Durchmesser der Dampfkolbenstange, beiderseits 115 „
     „   „ Luftkolbenstange, Kurbelseite 115 „

Es fanden auch hier zwei Versuche statt, und zwar einer von sechs Stunden mit 62 (I) und einer von zwei Stunden mit 68 Touren (II).

Um die Ventilarbeit feststellen zu können, wurden auch die Saug- und Druckräume zusammen mit den Luftzylindern bei 60 Touren indiziert, Fig. 295 [1]). Die Ventilarbeit der Druckventile betrug danach 4,2 %

---

1) Nach „Glückauf" 1904, S. 625 ff.

der Zylinderarbeit bei dem Hochdruckluftzylinder und 5,3 % bei dem Niederdruckluftzylinder.

Die Druckdiagramme sind in Fig. 296 abgebildet.

Die Versuchsergebnisse waren folgende:

		Vers. I	II
1.	Touren in der Minute	62	68
2.	Leistung der Dampfmaschine, PSi.	431,14	493,88
3.	„ des Kompressors PSi.	380,47	437,67
4.	Mechan. Wirkungsgrad %	88,5	88,8
5.	Volumetrischer Wirkungsgrad in % des Hubvolums	98,5	98,3
6.	Angesaugte Luft, cbm/Std.	4624,2	5061,3
7.	„ „ auf 1 Dampf-PSi. cbm/Std.	10,7	10,3
8.	„ „ „ 1 Kompressor PSi. cbm/Std.	12,2	11,5
9.	Druck der Preßluft, Atm. abs.	6,1	6,1
10.	Dampfverbrauch (rechnerisch a. d. Diagramm ermittelt) kg/PSi.	12,1	11,8
11.	Temperatur der angesaugten Luft ° C	23	23
12.	„ „ Luft hinter N.-D.-Zyl.	116	117
13.	„ „ „ „ Zwischenkühler.	42	42
14.	„ „ „ „ H.-D.-Zyl.	134	137

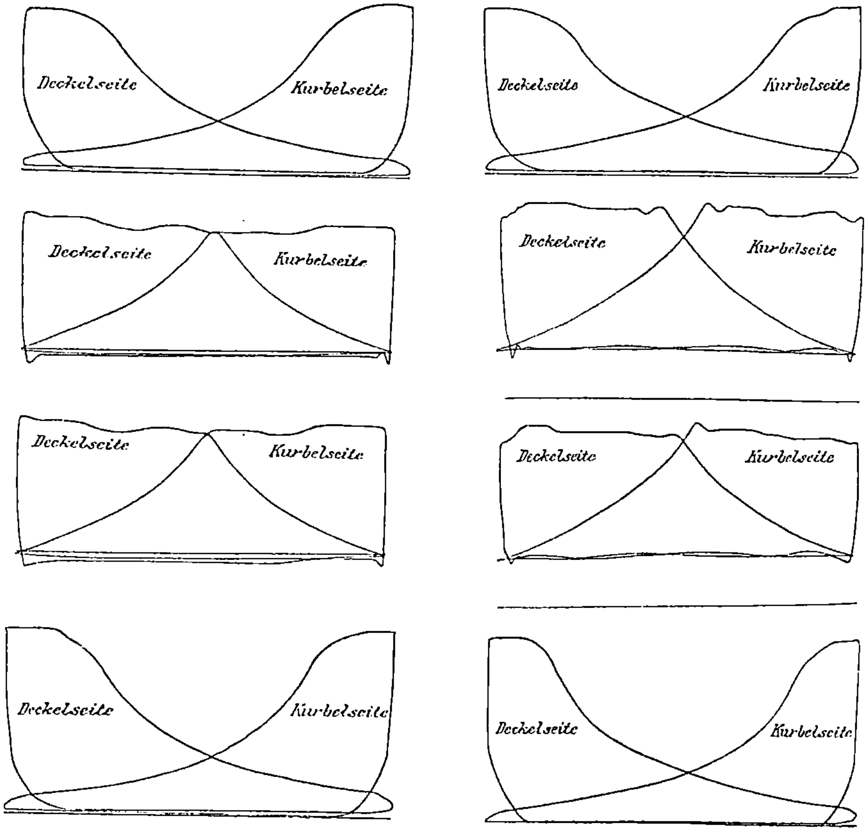

Fig. 296.

Wie sich hieraus ergibt, war zunächst der mechanische Wirkungsgrad bei dreistufiger Kompression 89,6 %, also um 1 % besser als bei der zweistufigen Kompression. Den wesentlichen Vorteil der geringeren Erhitzung der Luft zeigt die folgende Zusammenstellung:

	2-stufig i. M. a. 2 Versuchen	3-stufig
Temp. d. angesaugten Luft	23	23
Hinter d. N.-D.-Zyl. $^{\circ}$C	116,5	101
„ „ 1. Kühler „	42	23
„ „ M.-D.-Zyl. „	—	93
„ „ 2. M.-D.-Zyl. $^{\circ}$C	—	24
„ „ H.-D.-Zyl. $^{\circ}$C	135,5	79

Die Erwärmung der Luft erfolgte also bei dem zweistufigen bzw. dreistufigen Kompressor in der

ersten Stufe um	93,5^{0}	78^{0}
zweiten Stufe um	93,5	70^{0}
dritten Stufe um	—	55^{0}

Hieraus geht klar der geringere Verlust an Arbeit für die Lufterhitzung im zweiten Falle (dreistufige Kompression) hervor.

Während ferner der Dampfverbrauch in kg bezogen auf 1 cbm angesaugter bei zweistufiger Kompression in der Minute 1,1 kg betrug, war derselbe bei dreistufiger Kompression nur 0,605, also fast die Hälfte, wobei allerdings zu bemerken ist, daß der zweistufige Kompressor nur für normal 430 PS. gebaut war, der dreistufige dagegen für 850 PS., also für fast die doppelte Leistung.

Trotzdem sind die Ergebnisse des dreistufigen Kompressors als sehr günstige zu bezeichnen.

2. Fünfstufiger Luftkompressor.

Dieser, in Fig. 297 und 298 abgebildete Kompressor, ist von der Firma an die Entreprise générale du chemin de for des Alpes bernoises geliefert worden und dient zum Betriebe von Druckluftlokomotiven.

Die dortige Anlage besteht aus zwei derartigen Kompressoren. Der Enddruck der Preßluft beträgt 150 Atm. normal und 180 Atm. maximal, die in fünf Druckstufen erzeugt werden.

Der Rahmen ist ein sehr kräftiger Muldenrahmen, an den sich nach beiden Seiten die Luftzylinder anschließen. Die beiden ersten Druckstufen sind durch Anwendung eines Differentialkolbens in einen Zylinder verlegt; die 3., 4. und 5. Druckstufe haben jede ihren besonderen Zylinder, die sämtlich einfach wirkend sind. In den beiden letzten Stufen sind die Kolben als Plunger ausgebildet; sie sind aus Siemens-Martin-Stahl hergestellt, gehärtet und sauber auf Spezialschleifmaschinen geschliffen. Nach jeder Stufe mit Ausnahme der letzten, findet Rückkühlung statt, und zwar befindet sich der Röhrenzwischenkühler zwischen der ersten und zweiten Druckstufe unmittelbar am Luftzylinder, die übrigen drei sind als Schlangenrohre ausgebildet, die konzentrisch ineinander angeordnet sind, und stehen in einem gemeinsamen Kühlgefäß.

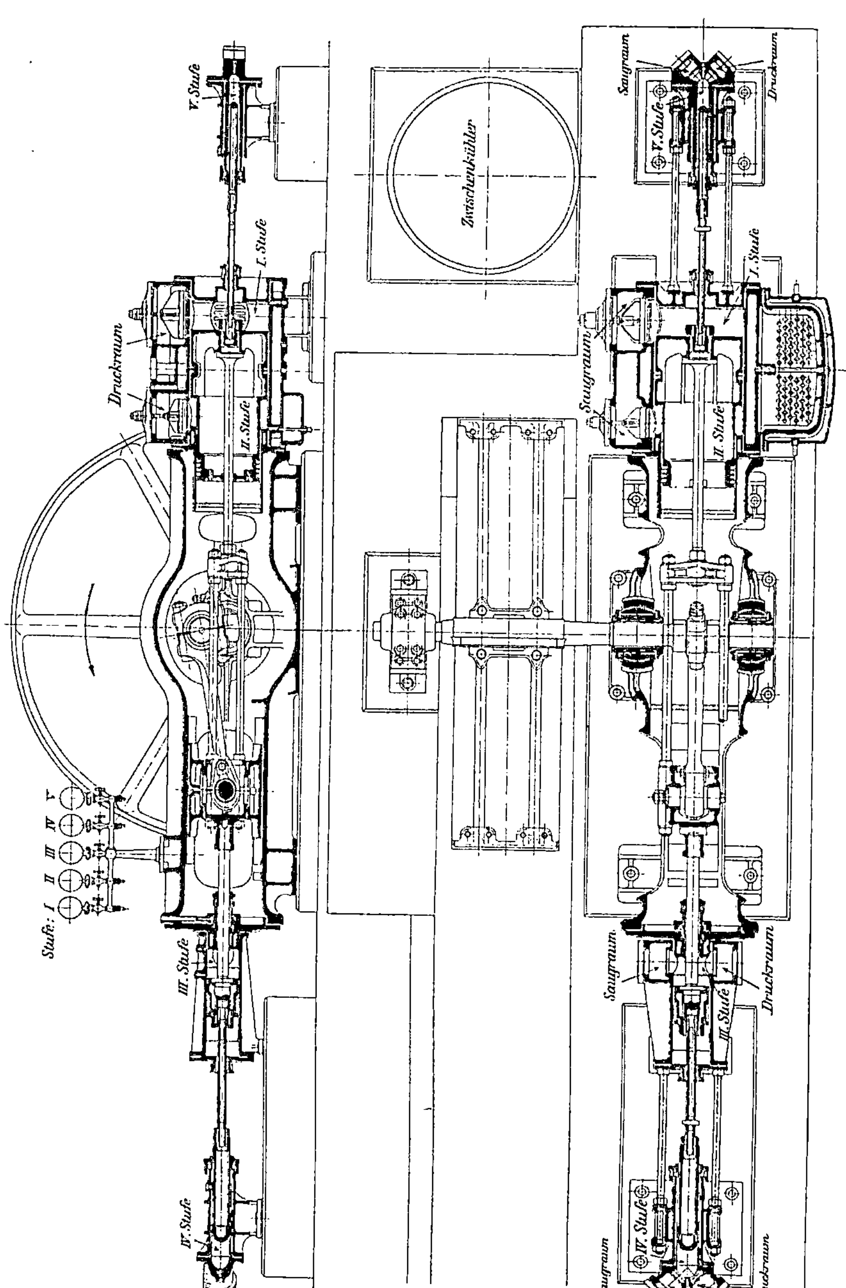

Fig. 297 und 298.

Die Zylinderdurchmesser sind folgende:

I.—II. Stufe 615/500 mm (Differentialkolben)
III. „ 255
IV. „ 140
V. „ 80

Die beiden Kompressoren saugen bei 400 mm Kolbenhub und 130 Touren jeder 825 cbm Luft i. d. Stunde an und verdichten sie auf 150—180 Atm. mit einem Kraftbedarf von 220—250 PS.

Fig. 209.

10. Verbundkompressor der Berliner Maschinenbau-Aktiengesellschaft vorm. L. Schwartzkopff.

Diese Kompressoren werden im wesentlichen nach der in den Fig. 275 und 276 S. 212 abgebildeten Ausführungsform des Kaselowskyschen Kompressors ausgeführt, indessen werden dieselben auch an Stelle des Dampfantriebes mit elektrischem Antrieb versehen und ist eine solche Ausführungsform in Fig. 299 in äußerer Ansicht dargestellt. Die nachfolgende Tabelle gibt die Resultate eines am 16. Oktober 1900 ausgeführten Versuches mit einem derartigen elektrischen Kompressor wieder, bei welchem die Luft innerhalb einer Stunde auf 98 Atm. Druck komprimiert wurde und zwar in dieser Zeit ein Luftbehälter von 386,5 Liter mit Luft von 98 Atm. gefüllt wurde. Die mittlere Tourenzahl beträgt 269, die Leistung in der Minute 6,45 Liter und der Wirkungsgrad des Elektromotors 90·%. Wie die Tabelle zeigt, steigt die Leistung der Kompression von 6,324 auf 10,20 Kilowatt, jedoch ist die Zunahme derselben im Anfange eine größere wie gegen Ende der Kompression, wie aus der letzten Spalte der Tabelle ersichtlich ist.

Versuch, ausgeführt am 16. 10. 1900.

Kompressor Nr. 708 mit elektrischem Antrieb.
Sammler gefüllt: Inhalt 386,5 l.

Luft-spannung in Atm.	Stand des Tourenzählers	Amp.	Volt.	Zeit	Tourenzahl		K. Watt
					in Summa	pro Min.	
0	243 860	62	102	11h $9^1/_2$ M.	—	—	6,324
10	244 260	62	101	„ 11 „	400	266	6,262
20	246 050	69	102	„ $17^1/_2$ „	1790	275	7,038
30	247 860	75	103	„ 24 „	1810	278	7,725
40	249 620	81	102	„ $30^1/_2$ „	1760	270	8,262
50	251 420	85	102	„ 37 „	1800	276	8,670
60	253 210	89	102	„ $43^3/_4$ „	1790	265	9,078
70	255 070	92	102	„ 51 „	1860	256	9,384
80	256 900	96	102	„ $57^3/_4$ „	1830	271	9,792
90	258 640	99	102	12h $4^1/_4$ „	1740	267	10,098
98	260 000	100	102	„ $9^1/_2$ „	1360	260	10,200

Mittlere Tourenzahl in der Minute = 269.
Mittlere Leistung in der Minute = 6,45 l von 98 Atm.
Wirkungsgrad des Elektromotors 90%.

Die neuere Ausführung eines liegenden, Vierfach-Verbundkompressors derselben Firma ist in Fig. 300 im Horizontallängsschnitt und in Fig. 301 in der äußeren Ansicht dargestellt. Am rechten Ende des größeren Zylinders ist die Saugleitung und die erste Niederdruckstufe angeordnet. Zwischen dieser und der ersten Mitteldruckstufe befindet sich ein, über dem Zylinder liegender Oberflächenkühler, zwischen dieser und der zweiten Mitteldruckstufe ein zweiter Kühler. Von der letzten Stufe führt ein Rohr zu dem, am äußersten, rechten Ende der Maschine gelegenen Hochdruckzylinder.

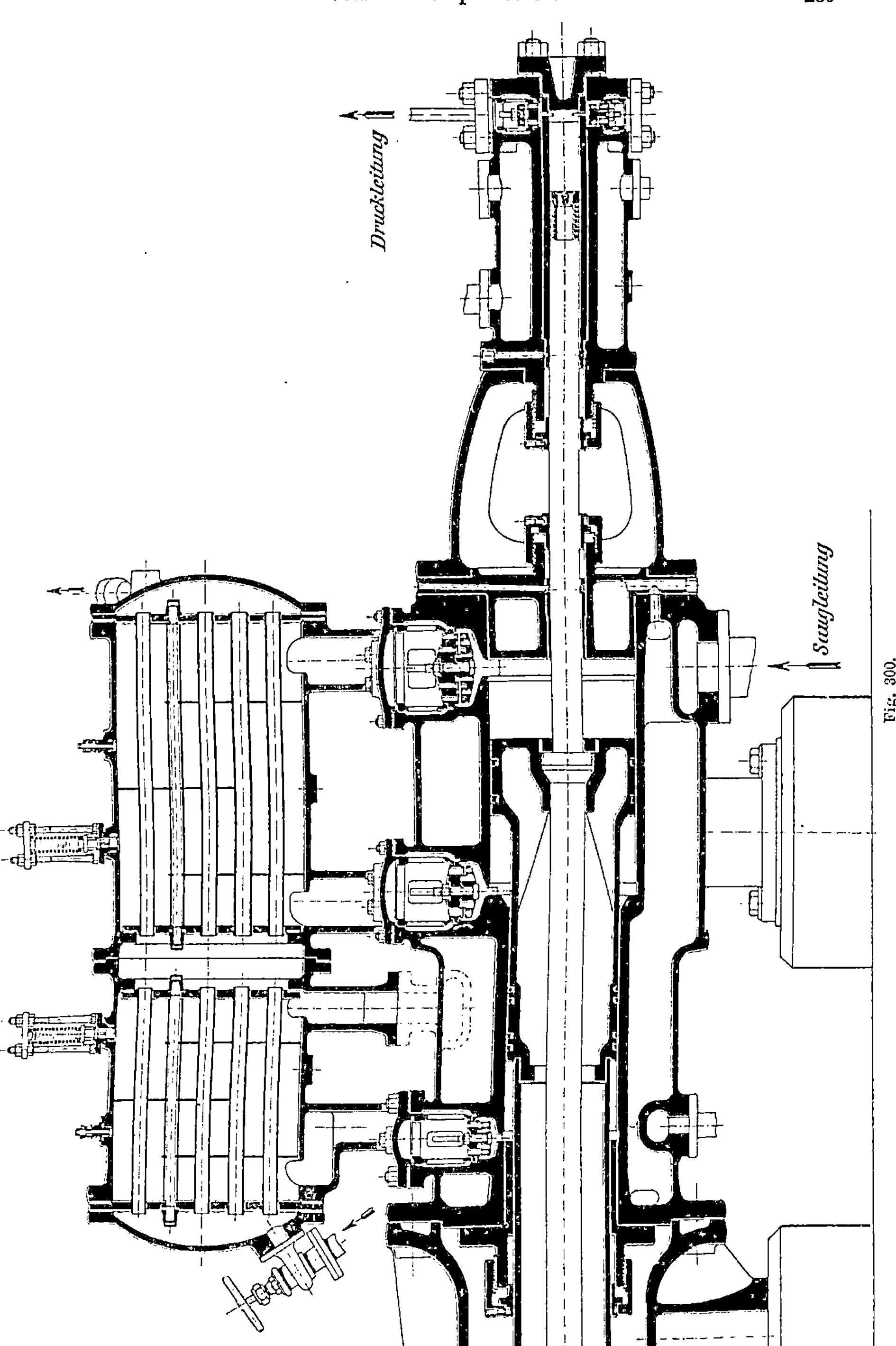
Druckleitung
Saugleitung
Fig. 300.

Die Konstruktion der Saug- und Druckventile dieses Kompressors ist aus Fig. 302 und 303 zu ersehen. Als Abschlußorgane dienen dünne Stahlplatten, welche durch Spiralfedern gegen ihre Sitze gedrückt werden. Zur Führung der Platten dienen dünne, in die Ventilsitze eingelassene Stifte. Dieser Kompressor wird für einen größten Druck von 150 Atm.

Fig. 301.

gebaut, die Ansaugeleistung beträgt 2,6 cbm in der Minute bei 150 Umdrehungen in der Minute. Die Zylinderdurchmesser betragen: 300, 225, 195 und 60 mm, der gemeinsame Kolbenhub 320 mm. Die Gesamt-

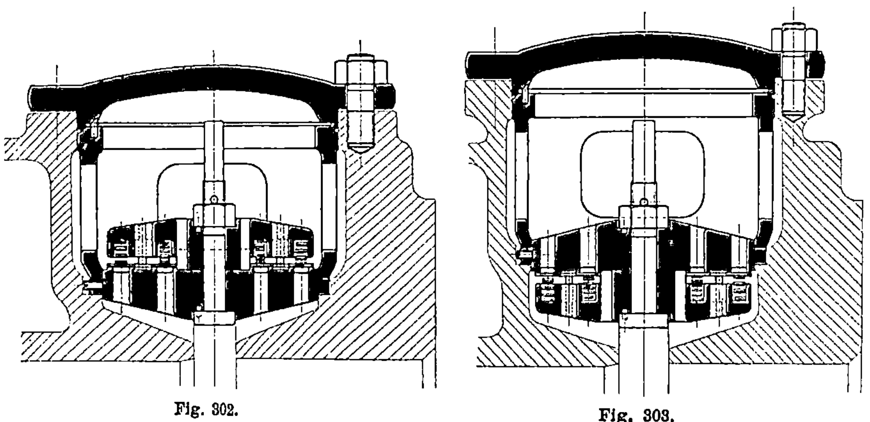

Fig. 302.   Fig. 303.

leistung bei 100 Atm. beträgt 43 PSe., welche sich zu je $\frac{1}{4}$ auf jede Zylinderstufe verteilt. Die höchste Kompressionstemperatur beträgt 110° C.

Eine Ausführung dieses Kompressors ist im Jahre 1909 für die Kgl. Berginspektion Louisenthal geliefert worden.

11. Umschaltevorrichtung für Verbundkompressoren von Pokorny & Wittekind in Frankfurt a. M.

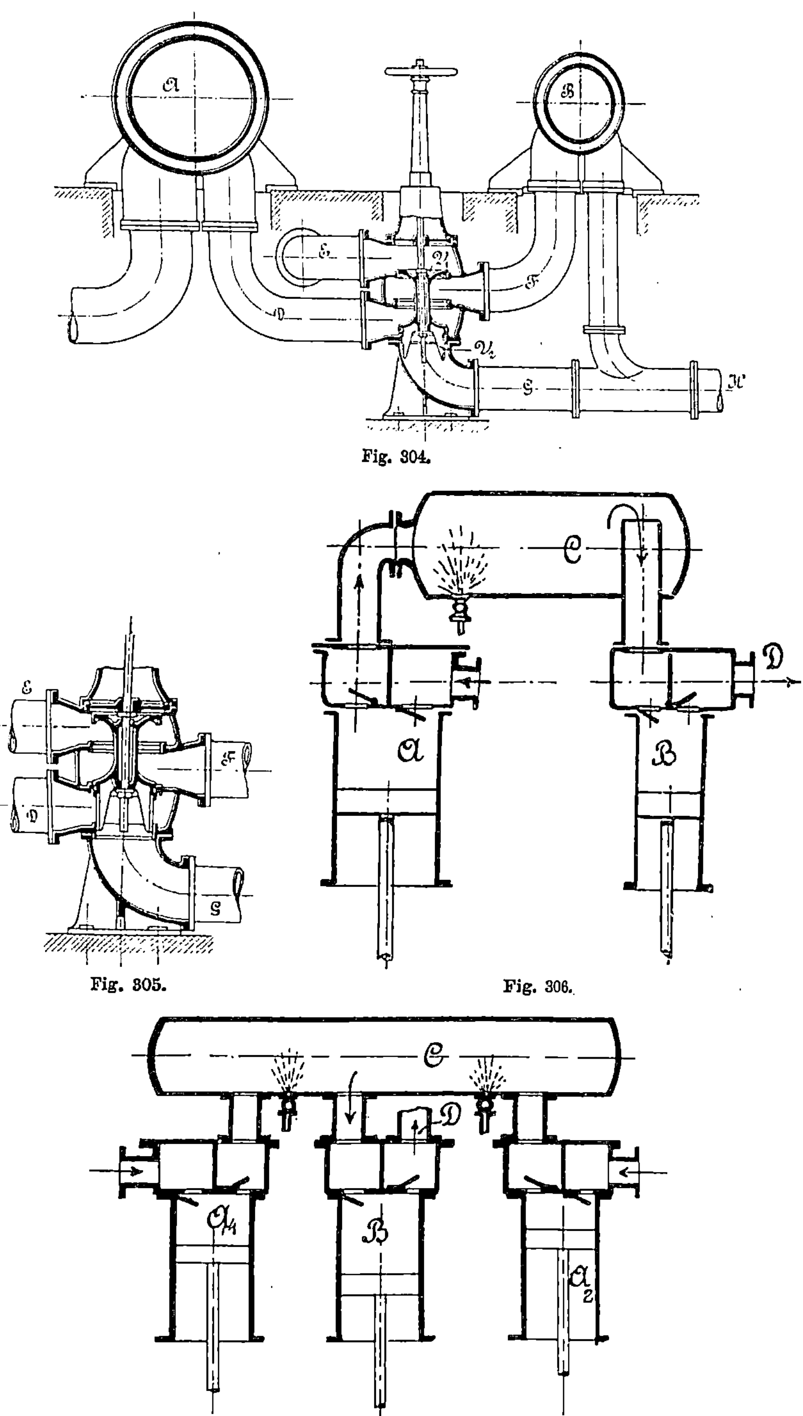

Fig. 304.

Fig. 305.

Fig. 306.

Fig. 307.

Die Vorrichtung, welche in Fig. 304 und 305 [1]) in den beiden Hauptstellungen abgebildet ist, hat den Zweck, Luftkompressoren mit zweistufiger Verdichtung für den Fall, daß der Enddruck nicht höher als der Normalenddruck des Niederdruckzylinders ist, als Zwillingskompressoren arbeiten zu lassen. Durch diese Anordnung ist es möglich, vermittelst eines Handrades die Rohrverbindung zwischen Hoch- und Niederdruckkompressor derartig umzuschalten, daß beide Zylinder aus der Atmosphäre saugen und beide in die Druckleitung arbeiten, oder daß der große Zylinder A die vorkomprimierte Luft dem kleineren Zylinder B zur weiteren Verdichtung zudrückt. Auf der Ventilspindel sitzen zwei Ventile V^1 und V^2, mit Hilfe deren drei Luftdurchgangsöffnungen in der Weise abgeschlossen werden können, daß in der einen Endstellung der Ventile das Druckrohr D des Niederdruckkompressors mit dem Saugrohr F des Hochdruckkompressors B in Verbindung steht, Fig. 304,

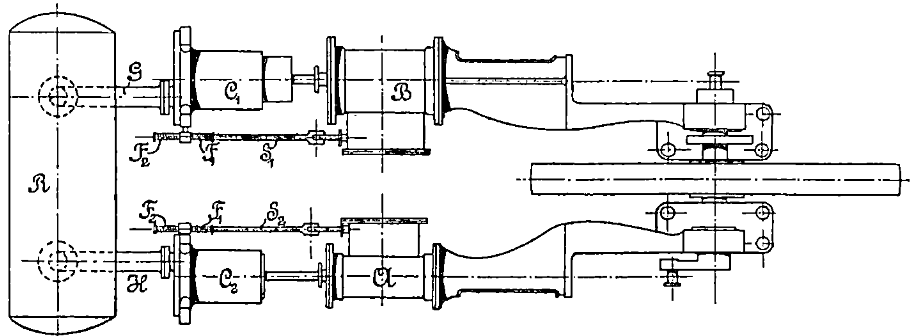

Fig. 308.

während in der anderen Endstellung, Fig. 305, die Verbindung derartig getroffen ist, daß die aus dem Druckrohr D ausströmende Luft durch den Rohransatz G nach dem gemeinschaftlichen Druckrohr H geführt wird, während das Saugrohr F des kleineren Zylinders offene Verbindung mit einem, in die Atmosphäre führenden Saugrohr E besitzt, so daß im letzteren Falle beide Zylinder aus der freien Luft saugen und in das gemeinschaftliche Druckrohr H arbeiten.

12. Verbundkompressor Riedler [2]). Fig. 306—309.

Wie aus den Fig. 306 und 307 zu ersehen, sind zwei oder drei einfach wirkende stehende oder liegende Kompressoren A und B (bzw. A_1, A_2 und B, Fig. 307) mit einem Luftkessel C verbunden, in welchem durch direkte Wassereinspritzung oder gekühlte Rohrschlangen oder dergleichen die Abkühlung der aus dem ersten Zylinder (bzw. den beiden ersten Zylindern) kommenden Luft stattfindet. Von hier saugt der Hochdruckkompressor B die Luft ab, komprimiert dieselbe und drückt sie in die Druckleitung D hinein.

---

[1]) Deutsche Pat.-Schrift Nr. 120235.
[2]) Vergl. u. a. Glückauf 1904, S. 81. Abbild. u. Versuchsresultate u. Oe. Z. f. B. u. H.-W. 1904, No. 7, S. 81.

Eine Verbundkompressoren-Anlage dieses Systems für Bergwerks-betrieb auf Grube Diepenlinchen bei Stolberg (Rheinprov.) ist in den Fig. 307—309 schematisch dargestellt, welche von der Siegener Masch.-A.-Ges. vorm. Oechelhäuser im Jahre 1892 gebaut ist. Beide Kompressoren C_1 und C_2 sind einfach wirkend und mit gesteuerten Klappen versehen, deren je eine, mit Zugschnüren versehene den Ab-schluß der Saugöffnung, je eine, durch Daumen geschlossene den Abschluß der Drucköffnung bewirkt. Die Steuerung erfolgt durch je eine Steuerungstange S_1 und S_2, welche eine Verlängerung der Dampf-schieberstange bildet, und an den Hebeln A und B angreift. Durch eingeschaltete Federn F_1 und F_2 ist ein möglichst sanfter Gang be-zweckt. Die Hebel A und B sitzen am äußeren Ende je einer hori-

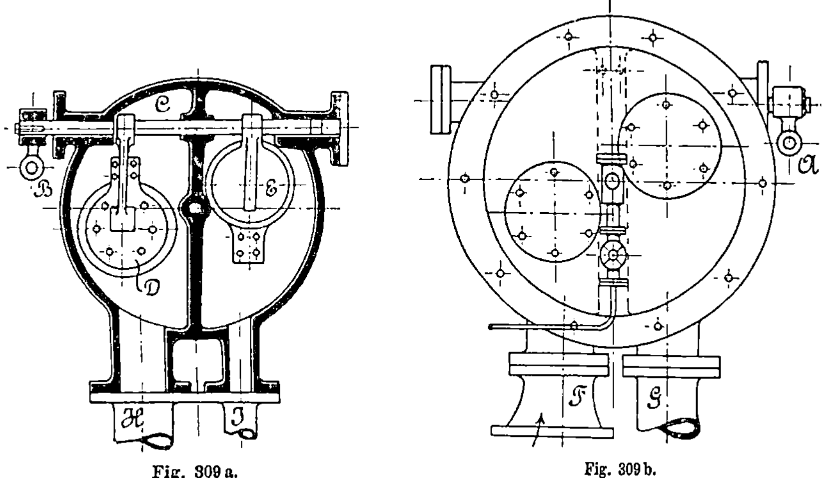

Fig. 309 a.

Fig. 309 b.

zontalen Welle C, Fig. 309a, auf welcher die Steuerungsdaumen D und E befestigt sind. Das Einsaugen der Luft geschieht in den großen oder Niederdruckzylinder C_1 durch den Saugstutzen F, der Austritt durch das Rohr G in den Zwischenbehälter R. In letzterem findet die Kühlung der Luft statt, und wird dieselbe dann durch das Rohr H in den kleinen oder Hochdruckkompressor C_2 eingesaugt und sodann durch das Rohr J in die Druckleitung zum Schacht oder in einen zwischengeschalteten, großen Luftkessel gedrückt. Die Dampfmaschine ist eine Verbund-maschine mit Kondensation, A der Hochdruck-, B der Niederdruck-zylinder, zwischen welchen im Maschinenfundament der (in der Figur nicht gezeichnete) Dampfreceiver angeordnet ist.

Die Maschine ist für eine minutlich angesaugte Luftmenge von 6 cbm berechnet, und soll die Luft auf 6 Atm. absoluten Enddruck komprimiert werden. Die Abmessungen der Maschine sind folgende:

Dampfzylinder: Hochdruck Durchm. . . . . . . 350 mm
                 Niederdruck Durchm. . . . . . 500 „
Luftzylinder   Niederdruck Durchm. . . . . . 530 „
                 Hochdruck Durchm. . . . . . . 340 „

16*

Gemeinschaftlicher Hub beider Zylinderpaare . . . 500 mm
Minutliche Tourenzahl 60
Kesselüberdruck . . . . 5½—6 Atm.
Garantierter Dampfverbrauch für 1 PS. stündlich . 9 kg
Mittlere Pferdestärkenzahl der Maschine ca. . . . 43 PS.

Nach einer, dem Verfasser kürzlich zugegangenen Mitteilung der Grubenverwaltung ist die Maschine noch im Betriebe. Die Druckklappen arbeiten noch zufriedenstellend, während die Gummizugschnüren an den Saugklappen fortgelassen sind. Die Schnüre haben

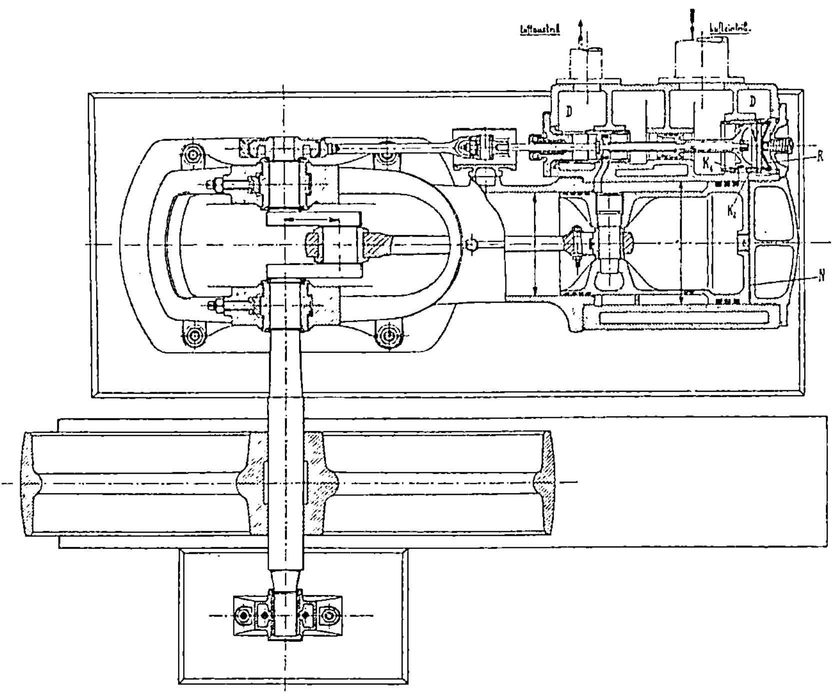

Fig. 310.

sich, weil sie ihre Zugkraft sehr bald verloren und brüchig wurden, nicht bewährt. Auch der Versuch, die Gummischnüre durch Metallkettchen in Verbindung mit Federn zu ersetzen, war mißlungen. Der Schluß der Saugklappen folgt somit selbsttätig durch den Überdruck der Luft bei Beginn der Kompression.

13. Verbundkompressor, System Köster.

Ein Verbundkompressor mit Differentialkolben der Firma Pokorny & Wittekind ist in Fig. 310 abgebildet. Der ganze hintere Kolbenraum N dient als Niederdruckstufe. Die angesaugte Luft wird hier auf einen Druck entsprechend der $\sqrt{\text{abs. Enddruck}}$ komprimiert. Sie gelangt darauf in den Zwischenkühler, wo sie auf nahezu Ansaugetemperatur zurückgekühlt wird. Aus dem Zwischenkühler tritt die Luft in den vorderen Ringraum zwischen Kolben- und Zylinderwand und wird hier auf die gewünschte Endspannung gepreßt.

Der Zylinder ist mit sorgfältiger Mantel- und Deckelkühlung versehen. Die Steuerung ist die oben [1]) beschriebene Köstersteuerung. Für das Ansaugen wird ein reichlicher Zylinderquerschnitt vom Kolbenschieber voll freigegeben, so daß die Luft widerstandslos in den Zylinder gelangt. Nachdem der Schieber am Ende des Saughubes mit der Kante K_1 genau im vorderen Todpunkt den Kanal geschlossen und damit die Saugperiode beendet hat, verbindet er kurz nach Beginn der Kompression durch Überschieben der Kante K_2 über den Zylinderkanal das Zylinderinnere mit dem Raum V zwischen Steuerkolben und Rückschlagventil R. Letzteres schließt den Kompressionsraum noch solange gegen den Druckraum D ab, bis die Spannung im Zylinder genau so groß ist wie im Druckraum D. Dieser steht auf der Niederdruckseite mit dem Zwischen-

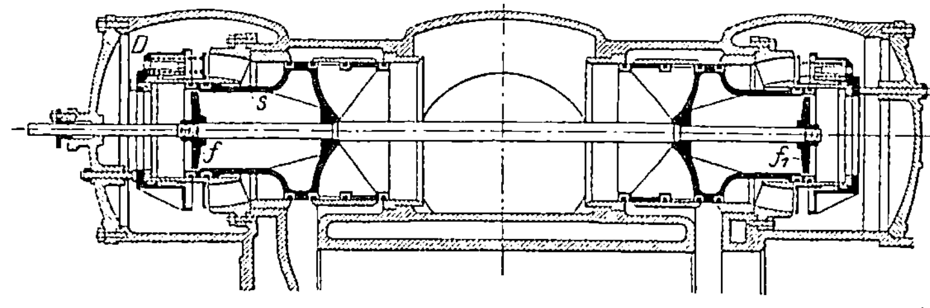

Fig. 311.

kühler, auf der Hochdruckseite mit der Druckluftleitung in Verbindung. Nach dem Überdrücken schließt die Kante K_2 genau im hinteren Todpunkt den Kanal wieder ab und der Steuerkolben bewegt sich weiter, dem sich schließenden Rückschlagventil R entgegen. Letzterem steht nun die ganze Zeit des nachfolgenden Saughubes zum Schließen zur Verfügung. Infolgedessen ist für den Ventilschluß nur eine außerordentlich schwache Federbelastung erforderlich und ein heftiges Aufsetzen des Ventiles auf seine Hubbegrenzung ist so gut wie ausgeschlossen.

Der reichlich bemessene Messingrohr-Zwischenkühler wird bei Kompressoren kleinerer und mittlerer Leistungen stets stehend auf dem Luftzylinder angeordnet. Dieses bietet den Vorteil, daß die sonst erforderlichen Verbindungsleitungen mit ihren Widerständen vermieden sind. Außerdem sind alle Teile in bequemster Weise zugänglich und ist das Fundament außerordentlich einfach.

Für die Hochdruckstufe dient ein Steuerkolben von kleinerem Durchmesser zur Regelung des Ein- und Auslasses.

Für größere Kompressoren, von 8000 cbm stündlicher Leistung aufwärts führt die Firma die Steuerung nach Patent 219 469 aus, Fig. 311.

Während die alte Köstersteuerung ein normales Vollventil aufweist, zeigt die neue ein Ringventil. Durch diese Ringventilkonstruktion sowie

---

[1]) Seite 154.

die dadurch bedingte Konstruktion der Steuerkolben ergeben sich eine
Reihe von Vorteilen und zwar:

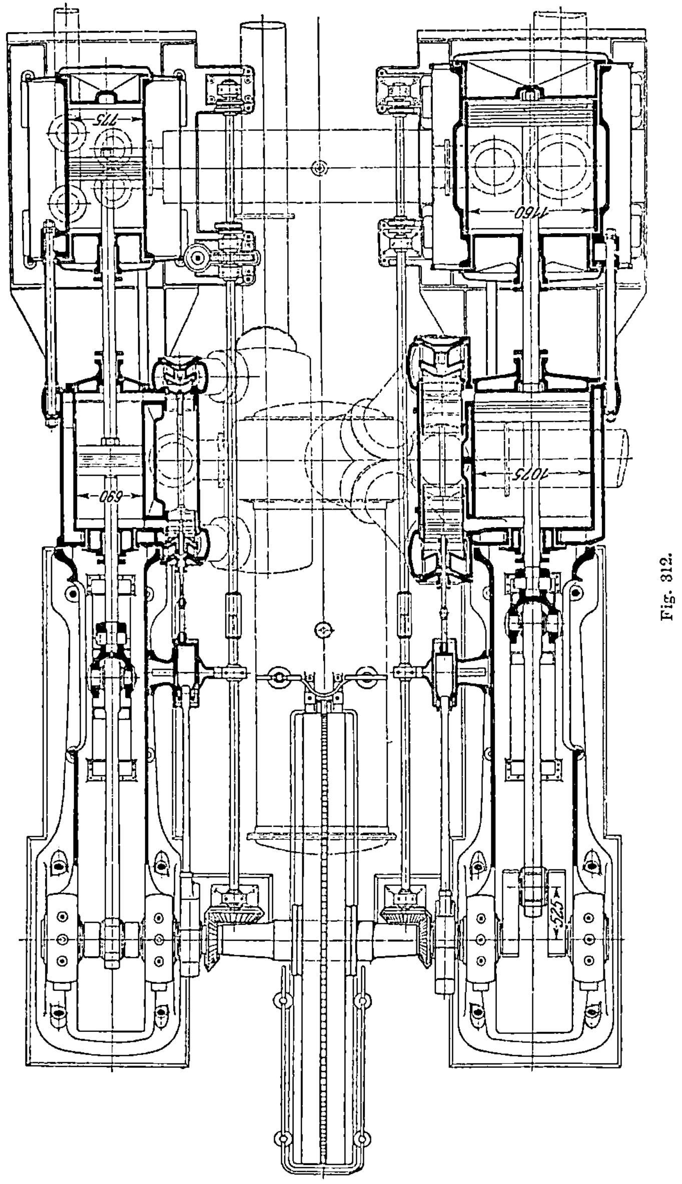

Fig. 312.

Der Steuerkolben wird wesentlich entlastet, da die nutzbare
Schieberarbeit dieser neuen Köstersteuerung infolge des Ringventiles
erheblich geringer ist als die der alten. Die vom Exzenter zu leistende
nutzbare Kompressionsarbeit ist erheblich geringer. Da das Ringventil

für die gepreßte Luft zwei Durchtrittskanäle bietet, einen inneren und einen äußeren, so wird der Ventilhub des neuen Kösterventiles erheblich kleiner; er beträgt nur etwa 60 % desjenigen des alten Kösterventils. Damit ergibt sich eine weitere Gewähr für absolut ruhigen Gang des

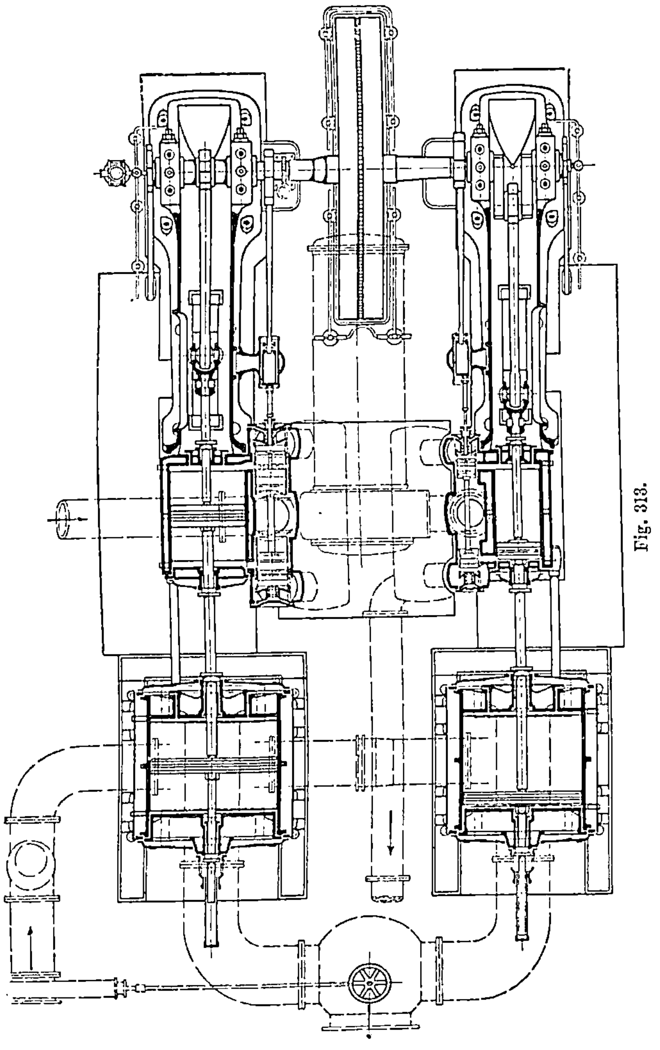

Fig. 313.

Ventiles, die Möglichkeit der Verwendung erheblich größerer Ventilmassen und trotz dieser größeren Ventilmassen nur sehr schwacher Ventilfedern zum Schließen des Ventils.

Die Steuerung ist bereits vielfach, so bis zu Leistungen von 250 cbm/Min. (15 000 cbm/Stunde) ausgeführt und hat sich überall vollkommen bewährt.

Einige Ausführungen größerer Kompressoren sind in den folgenden Figuren dargestellt. Fig. 312 stellt den Horizontalschnitt durch einen Verbundkompressor mit Verbunddampfmaschine für stündliche Saugleistungen von 8000—10000 cbm dar. Fig. 313 zeigt die Verbindung eines liegenden Verbundkompressors mit einer Abdampfkolbenmaschine.

In Fig. 314 ist endlich eine Leerlaufs-Regelungsvorrichtung derselben Firma abgebildet, welche auf dem Prinzip des Abschlusses der Saugleitung bei Überlastung beruht. Dasselbe wird so in die Saugleitung eingeschaltet, daß bei B der Anschluß an den Schieberkasten erfolgt, während die Saugleitung bei A angeschlossen wird. Die Feder H drückt im normalen Betriebe den Kolben G gegen einen oberen Anschlag, so daß die Luft das Ventil ohne jeden Widerstand durchströmt. Oberhalb des Kolbens ist das Relais angeschlossen. In einem Metallgehäuse

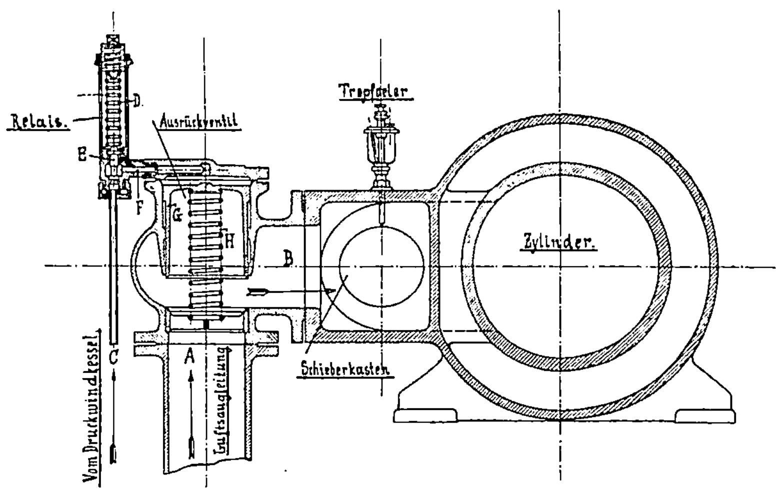

Fig. 314.

befindet sich der durch die Feder D belastete Ventilkolben E. Unterhalb dieses Kolbens schließt sich die nach dem Windkessel führende Leitung C an. Diese Leitung ist genügend weit zu halten, um Luftdrosselungen zu vermeiden. Sie ist stets vor Inbetriebnahme der Anlage sorgfältig zu reinigen, da etwa mitgerissene Schmutzteilchen die exakte Wirkungsweise des Kolbens E der in das Gehäuse eingeschliffen ist, stark beeinträchtigen. Sobald der Druck im Windkessel eine durch die Feder D beliebig einstellbare Höhe, z. B. 6,5 Atm. überschreitet, wird der Kolben E angehoben. Die Druckluft tritt hinter den Kolben G und bewegt ihn unter Überwindung der Federspannung H nach unten, bis er auf seinen unteren Sitz aufsetzt und so die Saugleitung abschließt. In dieser Stellung bleiben die beweglichen Teile, bis der Luftdruck um etwa 0,5 Atm. gesunken ist. Der Kompressor läuft während dieser Zeit mit normaler Umdrehungszahl und sehr geringem Kraftbedarf leer weiter. Ist die untere Druckgrenze im Windkessel erreicht, z. B. 6 Atm., so schließt der Kolben E die Verbindung des Ausrückventils mit dem Windkessel

Versuch-Nr.		4	3	1	2	6	5
Zylinder-Füllung	%	35	35	35	35	41	50
Umdrehungen	in 1 min	33,3	54,3	69,8	83,25	58,5	62,3
Luftanfangsdruck	mm Hg	702	702	701	700	705	703
	Atm. abs.	0,954	0,954	0,953	0,952	0,958	0,956
Luftentdruck	mkg/	5,6	6,4	6,2	6,35	6,25	6,45
	cbm	6,55	7,35	7,15	7,3	7,2	7,4
Isotherm. Kompressionsarbeit	mkg/cbm	18 380	19 500	19 230	19 430	19 340	19 580
Angesaugte Luftmenge	cbm/st	3 230	5 275	6 770	8 080	5 670	6 040
Isotherm. Kraftbedarf	PSi. soth.	220	381	482	581	406	438
Indizierte Luftzylinder-Leistung	PS	255	450	595	750	485	525
Kompressions-Wirkungsgrad	η isoth. %	86,3	84,7	81	77,5	83,8	83,5
Indizierte Dampfzylinder-Leistung	PS.	292	505	660	830	540	585
Mechanischer Wirkungsgrad	η mech. %	87,5	89,2	90	90,5	89,8	89,8
Dampfdruck im Akkumulator	mm Hg Überdr.	— 77	— 4	64	138	— 50	— 122
	Atm. abs.	0,85	0,95	1,04	1,14	0,89	0,79
Druck im Kondensator	mm Hg	53	42	42	61	45	47
	Atm. abs.	0,072	0,057	0,057	0,083	0,061	0,064
Wärmegefälle	WE/kg	86	96	99	92	92	87
Kondensatmenge	kg/st	4 337	6 495	9 050	11 640	7 980	9 320
Ausnutzbare Energie	PS. theor.	590	988	1 417	1 696	1 162	1 282
Thermischer Wirkungsgrad	η therm. %	49,5	51,1	46,7	49	46,5	45,7
Gesamtwirkungsgrad	η gesamt %	37,4	38,6	34	34,3	35	34,2
Dampfverbrauch für 1 PSi. Dampf	kg/PS.	14,8	12,9	13,7	14,0	14,8	15,9
Dampfverbrauch für 1 cbm Luft	kg/cbm	1,34	1,23	1,34	1,44	1,41	1,54

ab und stellt gleichzeitig eine Verbindung zwischen dem Ausrückventil
und der Atmosphäre her. Infolgedessen hebt die Feder H den Kolben G
gegen seinen oberen Anschlag und die Saugleitung ist wieder freigegeben.
Der Kompressor saugt dann von neuem Luft an und komprimiert sie
auf den eingestellten Enddruck.

Über neuere Versuche mit Kösterkompressoren finden sich in
der Literatur zahlreiche Angaben. Sehr interessant ist ein Bericht über
einen Abnahmeversuch eines Verbundkompressors mit Abdampfmaschine
von C. Wolff[1]).

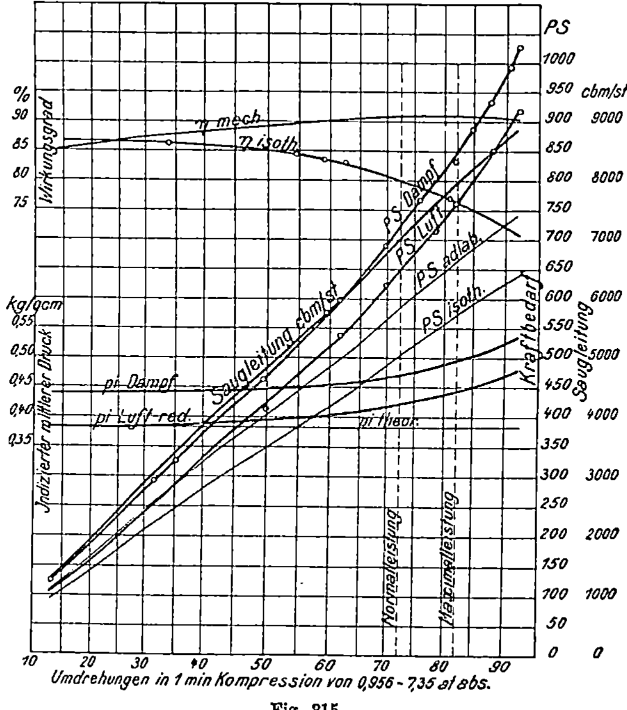

Fig. 315.

Die Versuchsresultate sind in der vorhergehenden Tabelle enthalten,
und in den Diagrammen 315 und 316 graphisch dargestellt.

In Fig. 315 sind die Versuchswerte in Kurvenform, abhängig von
der Tourenzahl, und in Fig. 316 abhängig von der stündlichen Saugleistung aufgetragen und durch errechnete Werte ergänzt, so daß hierdurch die Eigenschaften des Abdampfkolbenkompressors nach jeder
Richtung hin festgelegt sind.

Die gewährleistete normale Saugleistung von 7000 cbm wurde
bereits bei 72, die maximale von 8000 cbm bei 82,5 Umdrehungen erreicht.
Der gewährleistete Dampfverbrauch fiel wesentlich günstiger aus, was

---

[1]) Glückauf 1910, Nr. 20/21.

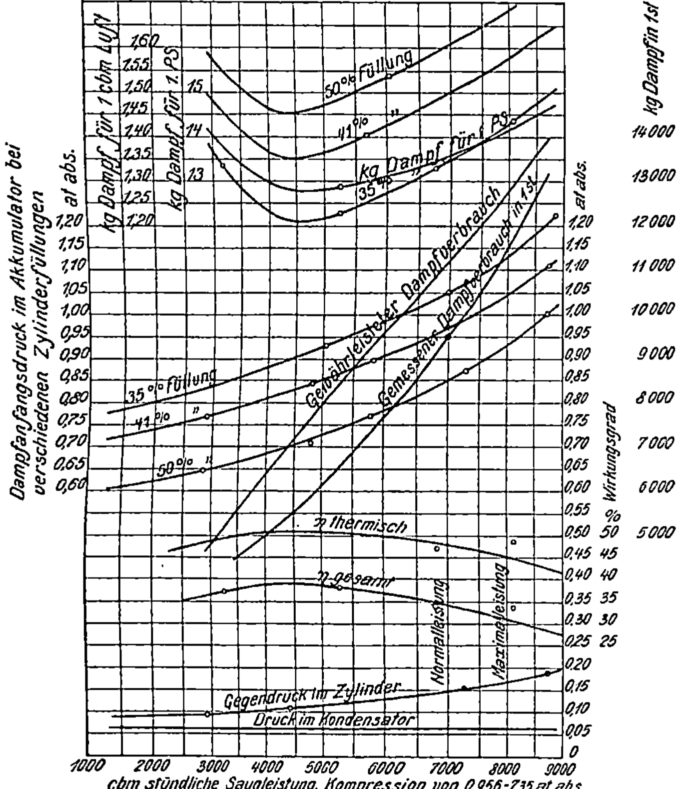

Fig. 316.

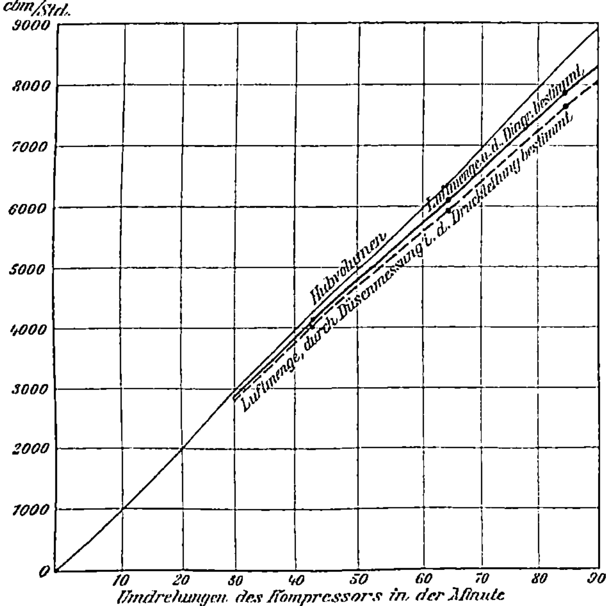

Fig. 317.

aus den Kurven hervorgeht (siehe Fig. 316). Mit der Kondensation
war das ausbedungene Vakuum von 91 % mit Leichtigkeit zu erreichen.
Es wurden häufig 96 % Vakuum bei 720 mm Barometerstand beobachtet;
indes ist es mit Rücksicht auf Stromersparnis im Betriebe Regel geworden, durch Drosselung der Wasserschieber nur rund 92 % Vakuum
zu halten, wobei das Kühlwasser-Luftpumpen-Aggregat rund 60 PS.
und das Ölwasser-Kondensatpumpen-Aggregat rund 5 PS. einschließlich
Fortdrücken des Kondensats nach dem Kesselhause benötigen. Auch
hier wurden die Garantien leicht erreicht.

Sehr interessante Versuche wurden ferner angestellt mit einem
Kolbenkompressor auf Zeche „Rheinpreußen“, Schacht V, nach drei-
jährigem, ununterbrochenem Tag- und Nachtbetrieb, um die drei

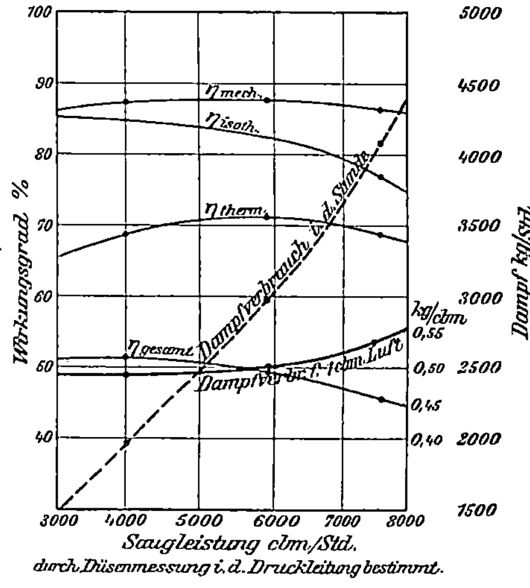

Fig. 318.

folgenden Fragen zu beantworten: 1. Ist eine Abweichung in der Bestimmung der Luftmenge durch Düsen von der bisherigen, mit Hilfe
des volumetrischen Wirkungsgrades, der sich aus den Diagrammen
ergibt, vorhanden und wie groß ist dieselbe? 2. Wie groß ist der Dampfverbrauch für 1 cbm Luft aus der Druckluftmenge bestimmt auch bei
stark reduzierter Leistung? und 3. Ist nach jahrelangem Betrieb eine
beträchtliche Abweichung gegenüber den Garantiezahlen vorhanden?

Die Versuchsresultate sind in Tabelle S. 253 enthalten, während
die Werte in den beiden Diagrammen 317 und 318 graphisch dargestellt
sind.

Es zeigt sich, daß der Verlust an Luft, der teils durch Undichtheiten, teils durch Erwärmung beim Ansaugen der Luft im Zylinder entsteht, im Maximum 3 % ausmacht. Das ist ungefähr ebensoviel, als
durch das Anwärmen der Luft in der Saugleitung bis zum Kompressor-
saugstutzen entsteht. Es ist also von der größten Wichtigkeit, auch
die Saugleitung von der Außenluft bis zum Kompressor so zu verlegen,
daß eine möglichst geringe Anwärmung der Luft stattfindet.

Rheinpreußen, Schacht V. 25. V. 10.

Barometerstand 756,5 mm bei 20°. Druck der Atmosphäre 10251 kg/qm.

	Versuch 1	Versuch 2	Versuch 3
Überdruck vor der Düse . . . . . mm/WS.	201	121	51,5
Absoluter Druck vor der Düse . . . . kg/qm	10452	10372	10302,5
Temperatur der ausströmenden Luft vor der Düse . . . . ° C	81,3	74,9	60,9
Ausströmendes Luftgewicht . . . . . kg/st	8880	6930	4610
Ansaugedruck . . . . kg/cbm	10251	10251	10251
Ansaugetemperatur . . . . ° C	23,1	24,1	24,6
Ansaugevolumen der ausströmenden Preßluft . . . . cbm/st	7510	5870	3920

Berücksichtigung des Feuchtigkeitsgehaltes der Luft.

	Versuch 1	Versuch 2	Versuch 3
Trocknes Thermometer . . . . ° C	16,1	19,5	19,5
Feuchtes Thermometer . . . . ° C	14,5	16,7	16,3
Wassergehalt der Luft . . . . g/cbm	11,52	12,4	11,81
Wassergehalt der Luft im Saugstutzen g/cbm	11,23	12,2	11,6
Relative Feuchtigkeit . . . . %	54,2	55,6	51,4
Teildruck des Wasserdampfes . . . . kg/qm	157	171	163
Teildruck der Luft . . . . kg/qm	10094	10080	10088
Tatsächliches Anfangsvolumen der angesaugten Luft . . . . cbm/st	7640	5960	3990
Mittlere Tourenzahl nach Hubzähler . .	84,94	64,36	43,22
Volumetrischer Wirkungsgrad nach Diagramm . . . . %	93,4	95,4	96,4
Luftmenge, a. d. Diagramm bestimmt . cbm/st	7860	6090	4130
Düsen-Druckluftmessung, weniger um .	2,7%	2,1%	3,4%
Luftenddruck . . . . Atm. abs.	7,23	7,14	6,82
Dampfverbrauch pro Stunde . . . . . kg/st	4154	2982	1932
Dampfverbrauch pro cbm . . . . . kg/cbm	0,544	0,501	0,485
Leistung der Dampfmaschine . . . . . PS.	852	632	387
Dampfverbrauch für 1 PS. . . . . . kg/PS.	4,88	4,72	4,99
Leistung des Kompressors . . . . . . PS.	734	553	337
Mechanischer Wirkungsgrad . . . . . . %	86,3	87,6	87,2
Dampfdruck vor der Dampfmaschine . Atm. abs.	11,33	11,53	11,23
Dampftemperatur v. d. Dampfmaschine . . °C	285	285	263
Druck im Kondensator . . . . . . Atm. abs.	0,094	0,097	0,094
Verfügbares Wärmegefälle . . . . WE/kg	193	193	188
Ausnutzbare Energie des Dampfes . PS. theor.	1268	912	575
Thermischer Wirkungsgrad der Dampfmaschine . . . . %	67,2	69,3	67,3
Isothermische Kompressionsarbeit . . mkg/cbm	20030	19860	19420
Isothermischer Kraftbedarf . . . . PS. isoth.	566	438	287
Isothermischer Wirkungsgrad d. Komp. . . %	77,2	79,3	85,2
Gesamtwirkungsgrad der Maschine bezogen auf die Isotherme und die ge lieferte Luftmenge . . . . %	44,7	48,1	49,9
Daß die Dampfauslaßsteuerung nicht für Kondensation gebaut ist, zeigt der Gegendruck im Zylinder . . . . . Atm. abs.	0,295	0,186	0,138

Auf dem zweiten Kurvenblatt, Fig. 318, ist der Dampfverbrauch der Maschine dargestellt, bezogen auf die Luftmenge, die durch die Düsenmessung in der Druckleitung bestimmt wurde. Der Dampfverbrauch für 1 cbm Luft ist bei maximaler Tourenzahl 0,55 kg und

Die Dampfzylinder hatten Sulzer-Ventilsteuerung. Die Luftzylinder hatten Schiebersteuerung (Patent Köster). Hauptabmessungen der Kompressoranlagen.	Arenbergsche Akt.-Ges. f Bergbau und Hüttenbetrieb Essen-Ruhr Schacht Prosper I 750/1200 Dampfzyl. 625/1025 Luftzyl. 1100 Kolbenhub		Gelsenkirchener Bergwerks-Aktien-Gesellschaft, Rheinelbe bei Gelsenkirchen Schacht Rheinelbe III 725/1200 Dampfzyl. 625/1025 Luftzyl. 1100 Kolbenhub	
1. Dauer des Versuchs in Stunden . . .	6	2	6	2
2. Minutliche Umdrehungszahl	68	78,3	68,3	78,5
3. Leistung der Dampfmaschine PSi. . .	732,12	914,47	708,2	830,85
4. Leistung des Kompressors PSi., einschl. Schieberarbeit	651,42	814,59	612,51	724,4
5. Mechanischer Wirkungsgrad	88,9	89,1	86,5	87,2
6. Volumetrischer Wirkungsgrad [1]) . . .	99,07	103,4	96,8	96,6
7. Angesaugte Luft in der Stunde . cbm	7215,5	8671,5	7087,5	8129,1
8. „ „ für ein indiziertes Dampfpferd . . . . cbm	10,37	9,98	10,01	9,78
9. Angesaugte Luft für ein indiziertes Kompressorpferd . . . . cbm	11,08	10,6	11,57	11,22
10. Druck der Preßluft Atm. absolut . . .	6,9	6,94	6,93	6,97
11. Temperatur der angesaugten Luft ⁰C	22,5	21,0	15,5	14
12. „ nach dem Niederdruck-Luftzylinder . . . . ⁰C	117,3	126,9	105	108
13. Temperatur nach dem Zwischenkühler ⁰C	34,5	39,0	36	36,5
14. „ „ „ Hochdruck-Luftzylinder . . . . ⁰C	107,7	109,4	105,5	108
15. Dampfdruck vor dem Hochdruck-Dampfzylinder Atm. Üb.	6,72	6,68	9,4	9,4
16. Stündlicher Dampfverbrauch . . kg	5529	Konden-sator an der Maschine	Die Betriebsverhältnisse der Zeche ließen eine Messung des Dampfverbrauches nicht zu	
17. Überhitzung in . . . . ⁰C	0			
18. Dampfverbrauch f. ein indiziertes Dampfpferd	7,55			
Datum des Versuchs	21. Mai 1905		16. Sept. 1905	

nimmt beim Fallen der Leistung des Kompressors ab. Diese Erscheinung hat ihren Grund hauptsächlich darin, daß die Dampfmaschine nicht für ein Arbeiten mit Kondensation bestimmt war. Anderenfalls wären jedenfalls die Niederdruck-Auslaßventile bedeutend reichlicher bemessen worden, so daß das zur Verfügung stehende Vakuum von ca. 91 % auch bei hoher Tourenzahl viel besser hätte ausgenutzt werden können. Die einzelnen Wirkungsgrade sind in der Zahlentafel und auch auf dem Kurvenblatt dargestellt, wobei als Kompressorarbeit die isothermische Kompressionsarbeit zugrunde gelegt ist. Der gesamte Wirkungsgrad, also die Arbeit der isothermischen Kompression, dividiert durch die im Dampf enthaltene Energie ist im Mittel 50 %.

---

[1]) Der hohe Volumetrische Wirkungsgrad bei dem Versuch Prosper I ist in der Schleuderwirkung zu suchen, welche durch die lange Ansaugeleitung hervorgerufen wurde.

Gewerkschaft Viktor, Rauxel i. W. Schacht Viktor		Arenbergsche Akt.-Ges. für Bergbau u. Hüttenbetrieb, Essen-Ruhr Schacht Prosper II		Mühlheimer Bergwerks-Verein, Mühlheim a. d. Ruhr Schacht Kronprinz		Bergwerks-Akt.-Ges. Konsolidation, Gelsenkirchen-Schalke	
625/1025 Dampfzyl. 625·1025 Luftzyl. 1100 Kolbenhub		750/1200 Dampfzyl. 625/1025 Luftzyl. 1100 Kolbenhub		650/1050 Dampfzyl. 530/870 Luftzyl. 1000 Kolbenhub		450/750 Luftzyl. 700 Kolbenhub	
6	Versuch mit	6	2	5	Versuch mit	9½	Elektrisch
68,4	erhöhter	70,4	80	63,9	erhöhter	122,4	ange-
694,94	Um-	680,9	800,4	404,66	Um-		triebener
	drehungs-				drehungs-		Kom-
621,09	zahl wurde	616,2	723	365,18	zahl wurde	368,99	pressor
89,3	nicht ge-	90,5	90,3	90,24	nicht ge-	92,2	
95,1	macht, weil	94,8	94,5	95,42	macht.	94,5	
6970	von der	7146	8093	4279,18	Den Frisch-	4377,42	
	Zeche nicht				dampf lie-		
10,03	gewünscht	10,5	10,1	10,57	ferten Röh-		
					renkessel		für 1 elektr.
11,22		11,6	11,2	11,72		9,78	PS.
7,0		7,0	7,0	6,94		6,0	
24,3		11,9	11,6	2		21	
116,7		94,6	101,4	102		117	
24		16,9	19,4	24		34	
102,4		95	99,4	100		123	
10,9		7,5	7,5	8,7			
4620	Konden-	Die Betriebsverhält-		4008	ohne		
250	sator an der	nisse der Zeche ließen		0	Konden-		
	Maschine	eine Messung des			sation		
6,25		Dampfverbrauches nicht zu		9,9			
22. Juni 1905		11. März 1906		26. Oktober 1905		31. Mai 1906	

Die erhaltenen Endresultate, also der Dampfverbrauch für 1 c b m Luft in der Druckleitung gemessen und auf 6 Atm. komprimiert, sind um so wertvoller, als sie die Resultate nach mehrjährigem, forzierten Betrieb unter ungünstigsten Bedingungen darstellen, und gleichzeitig ein Vergleich mit anderen Maschinenarten, z. B. Turbo-Kompressoren ohne weiteres möglich ist. Für den Betriebsinhaber kommt es jedenfalls darauf an, daß ihm bei einer neu zu beschaffenden Maschine von dem Erbauer des Kompressors diese Zahl garantiert wird. Alle anderen Werte, wie z. B. Kompressionswirkungsgrad, mechanischer Wirkungsgrad, volumetrischer Wirkungsgrad, thermischer Wirkungsgrad können dem Besteller ganz gleichgültig sein.

In obiger Tabelle, Seite 254/255, endlich sind sechs Versuchsreihen zusammengestellt, welche an Köster-Kompressoren der Lizenznehmerin, Maschinenfabrik Neumann & Esser in Aachen, in den Jahren 1905 und 1906 durch den Dampfkesselüberwachungsverein der Zechen im Oberbergamtsbezirk Dortmund vorgenommen worden sind.

Danach beträgt die größte angesaugte Luftmenge für ein indiziertes Dampfpferd 10,57 cbm, im Mittel aus allen sechs Versuchen:

bei im Mittel 67,8 Touren i. d. Min. 10,3 cbm,

„ „ „ 78,9 „ „ „ „ 9,92 „

Die Dampfmenge pro 1 cbm angesaugter Luft ergab sich bei den drei Versuchen, bei welchen eine Messung des Dampfverbrauches möglich war, zu:

Schacht Prospor I . . . . . 0,76 kg ⎫

     „   Viktor . . . . . . 0,66 „ ⎬ mit Kondensator

     „   Kronprinz . . . . 0,93 „   o h n e   „

Der mechanische Wirkungsgrad schwankt bei den fünf durch Dampfmaschinen betriebenen Kompressoren zwischen 86,5 und 90,5 % und beträgt im Mittel:

bei im Mittel 67,8 Touren 89,1 %,

„ „ „ 78,9 „ 88,8 %.

Bei dem elektrisch betriebenen Kompressor auf Zeche „Konsolidation" betrug derselbe sogar 92,2 %, ein außerordentlich hoher und günstiger Wert.

Bei einem von der Firma Neumann & Esser in Aachen erbauten Köster-Kompressor[1]) wurden folgende Werte ermittelt:

Die Garantie verlangte bei 121 Touren 4000 cbm Luft/Stde. auf 6 Atm. Überdruck verdichtet.

Der Antrieb erfolgte elektrisch.

Die Abmessungen des Kompressors waren folgende:

	N.-D.-Zyl.	H.-D.-Zyl.
Zylinder-Durchm.	759 mm	451,6 mm
Kolbenschieber-Durchm.	325 „	210 „
Kolbenstangen-Durchm.	70 „	70 „
Schieberkolbenstangen-Durchm. .	45 „	40 „
Kolbenhub	700 „	700 „
Garantierter volumetrischer Wirkungsgrad		96—97 %
„ mechanischer Wirkungsgrad		90 %
Wirkungsgrad des Elektromotors bei cos $\varphi = 0{,}48$		89,5 %

Der Kompressor war direkt mit einem A.E.G.-Drehstrommotor gekuppelt, welcher bei 5000 V. und 121 Touren 420 PS. leistete; er besaß 48 Pole entsprechend einer synchronen Umdrehungszahl von n = 125 i. d. Min.

Der Hauptversuch dauerte zehn Stunden und ergab die in der folgenden Tabelle enthaltenen Resultate:

Dauer	9,5 Std.
Barometer	751,0 mm
Touren i. d. Min.	122,4 „
Leistung der Kompressorzylinder	346,36 PSi.
„ „ Schieberzylinder	22,63 „
Gesamtleistung des Kompressors	368,99 „

---

[1]) Glückauf 1908, I, S. 793.

<pre>
Zugeführte elektrische Energie . . . . 5023,93 V.
     „   „   „   . . . .   44,95 A.
     „   „   „   . . . . 329,469 K.W.
     „   „   „   . . . . 497,37 PS.
cos φ   0,85
Mechanischer Wirkungsgrad . . . .   92,2 %
Volumetrischer Wirkungsgrad . . . .   94,5 „
Anges. Luft, aus d. Diagramm bestimmt .   4377,42 cbm/St.
Anges. Luft f. 1 PS. . . . .   9,87 „
Überdruck der kompr. Luft . . . .   6,00 Atm.
Temp. der anges. Luft . . . .   21,00 °C
Temp. hinter dem N.-D.-Zyl. . . . . . .   117,00 „
Temp. der Luft vor d. H.-D.-Zyl. . . . .   34,00 „
Temp. der Luft hinter d. H.-D.-Zyl. . . .   125,00 „
</pre>

Der Wirkungsgrad des Kompressor-Motors wurde durch Leerlaufmessungen bestimmt.

Kabel:

<pre>
Dem Kabel zugeführte Leistung . . . . 329,47 K.W.
Verluste im Kabel . . . .   1,85 „
Wirkungsgrad . . . .   99,5 %
</pre>

Motor:

<pre>
Dem Motor zugeführte Leistung . . . . 327,62 K.W.
Verlust in Statorkupfer 14,3   „
   „   „ Rotorkupfer . . . .   10,26 „
   „   „ Statoreisen . . . . 8,60 „
Zugeführte Leistung abzügl. aller Verluste . . 294,46 „
Vom Motor abgegebene Leistung . . . . 294,46 „
Wirkungsgrad . . . .   89,99 %
</pre>

Gesamtes Agregat:

<pre>
Dem Kabel zugeführte Leistung . . . . 329,47 K.W.
Vom Kompressor abgegebene Leistung 271,57   „
Gesamt-Wirkungsgrad . . . . 82,4 %.
</pre>

14. Stehender Verbund-Kompressor, System Köster, von Pokorny & Wittekind in Bockenheim - Frankfurt a. M., für die Schiffswerft und Maschinenfabrik von Blohm & Voß in Hamburg.

Die Maschine ist auf Tafel VII abgebildet. Die Hauptabmessungen derselben sind folgende:

<pre>
Luftzylinder-Durchmesser . . . . 990/600 mm
Dampfzylinder-Durchmesser . . . . 550/960 „
Gemeinsamer Hub   650   „
Normale Umdrehungszahl i. d. Minute .   110   „
</pre>

Garantiert war, daß der Kompressor bei 110 minutlichen Umdrehungen stündlich 6000 cbm Luft von atm. Spannung ansaugen und bei einem Kraftbedarf von 660 ind. Dampf-PS. zweistufig auf 7,3 Atm. Überdruck pressen sollte. Der Dampfteil des Kompressors ist für eine

Eintrittsspannung von 14 Atm. Überdruck bei 300° Überhitzungstem-
peratur und für Anschluß an Zentralkondensation gebaut. Die Tourenzahl wird durch eine automatische, vom Luftdruck beeinflußte Regulierung, zwischen 25 und 135 Umdrehungen verändert. Bei letzterer
maximaler Umdrehungszahl beträgt die stündliche Saugleistung 7400 cbm.
Bei dem Abnahmeversuch ergab sich der mechanische Wirkungsgrad

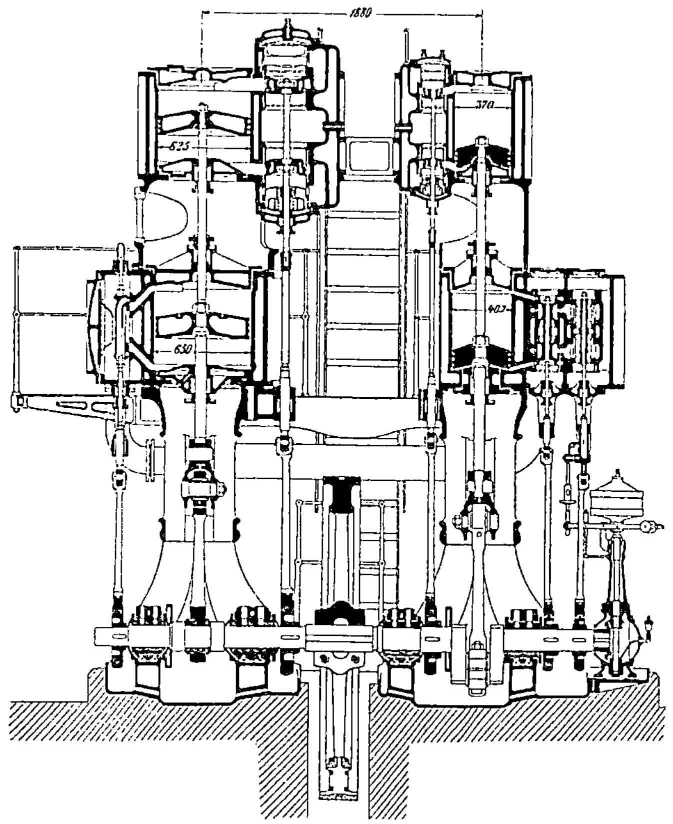

Fig. 319.

zu 89,3 %, der Dampfverbrauch für 1 PSi zu 5,05 kg. Wie aus der
Zeichnung zu ersehen ist, sind die mit Köstersteuerung ausgerüsteten
Luftzylinder unmittelbar an die Ständerrahmen angeschlossen, die
Dampfzylinder darüber angeordnet. Hierdurch wird die Wärmeüber-
tragung von den Dampfzylindern auf die Rahmen und damit eine
schädliche Erwärmung der Kreuzkopfführungen vermieden. Der Hochdruckdampfzylinder ist mit Präzisionsventilsteuerung, der Niederdruck-
dampfzylinder mit einfacher Schiebersteuerung ausgerüstet.

Die Luftzylinder sind mit der Steuerung nach Patent Köster ausgerüstet, und zwar ist sowohl der Niederdruckzylinder als auch der Hoch-

druckzylinder mit je zwei geteilten Steuerkolben und oben und unten mit seitlich angebrachten Rückschlagventilen versehen.

Die Abführung der Kompressionswärme erfolgt in einem Röhren-zwischenkühler von ca. 100 qm Rohrkühlfläche.

Die Maschine ist im Jahr 1907 gebaut.

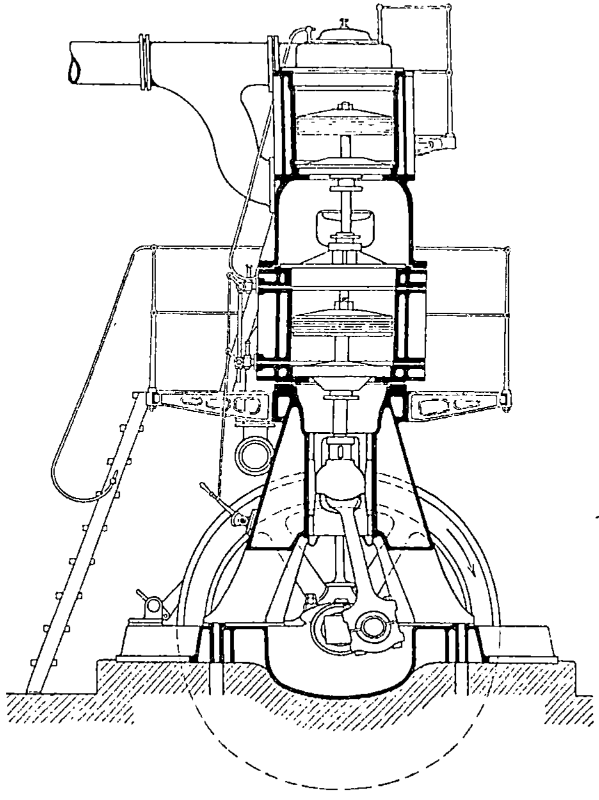

Fig. 320.

Für die Germaniawerft in Kiel-Gaarden lieferte die Firma Neumann-Esser einen stehenden Luftkompressor, System Köster, der in den Fig. 319 und 320 [1]) abgebildet ist.

Die Maschine hatte folgende Abmessungen:

Dampfzylinder-Durchmesser . . . . 400×650 mm
Luftzylinder-Durchmesser . . . . 370×625 „
Kolbenhub, gemeinsamer . . . .   400 „

Der hohe Aufbau in Tandemanordnung geschah mit Rücksicht auf die Raumverhältnisse des Aufstellungsortes.

---

[1]) Nach „Glückauf" 1906, II, S. 1627 Fig. 1 u. 2.

Die zu erfüllenden Bedingungen waren folgende:

Der Kompressor sollte imstande sein, bei 130 Umdrehungen in der Minute 30 cbm Luft anzusaugen und bei einem Dampfdruck von 11 Atm. am Absperrventil der Maschine auf 7 Atm. zu verdichten. Durch den Leistungsregler sollte die Tourenzahl in den Grenzen zwischen 40 und 130 Touren verstellbar sein.

Der Nettodampfverbrauch der Maschine sollte bei 11 Atm. Anfangsdruck 2750 Dampftemperatur und Anschluß an die Kondensation für 1 cbm angesaugte Luft 0,845 kg betragen.

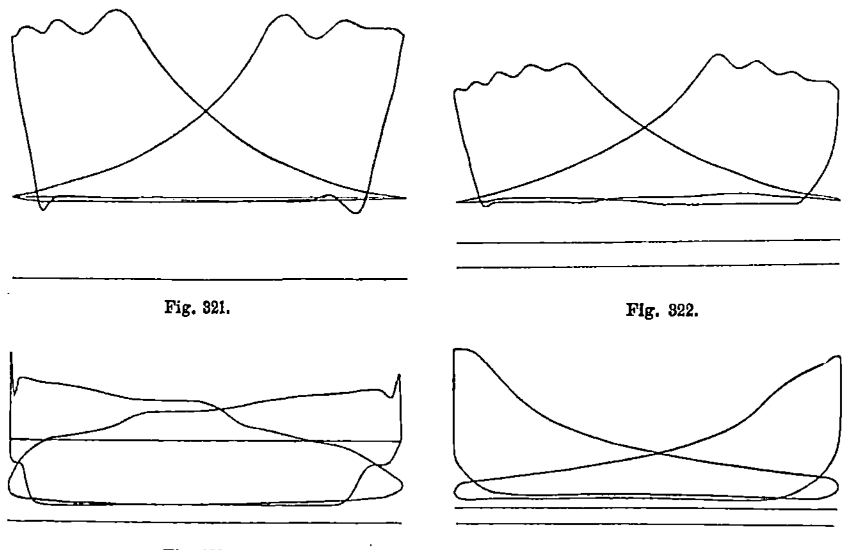

Fig. 321.   Fig. 322.

Fig. 323.   Fig. 324.

Die Versuchsergebnisse sind in der nachfolgenden Tabelle zusammengestellt. Dieselben zeigen, namentlich bezüglich der angesaugten Luftmenge, welche in der Minute $\dfrac{1750}{60} = 29{,}33$ cbm betrug, bei einer Dampftemperatur von nur 195⁰ statt 275⁰, daß die Leistung von 30 cbm bei normaler Dampftemperatur von 275⁰ sicher erreicht worden wäre. Ein Satz der entnommenen Diagramme ist in den Fig. 321—324 [1] abgebildet. Der Dampfverbrauch selbst konnte örtlicher Umstände halber nicht gemessen werden.

1. Dauer des Versuches . . . .   24 Std.
2. Mittlerer Dampfdruck, in Atm. Überdr. . . .   11 Atm.
3. Dampftemperatur, Grad Cels. . . . .   195 ⁰C
4. Temperatur der angesaugten Luft . . . . .   6 „
5.   „   „   Luft hinter Niederdruckzyl.   92 „
6.   „   „   „   vor Hochdruckzyl. . .   30 „

____

[1] Nach „Glückauf" 1906, II, S. 1628 Fig. 3—6.

7. Temperatur der Luft hinter Hochdruckzyl. . 114 °C
8. Umdrehungen i. d. Minute. . . . . 130 „
9. Leistung der Dampfmaschine . . . . 176 PSi.
10. „ des Kompressors . . . . 149 „
11. Schieberarbeit der Luftarbeit . . . . 6 %
12. „ . . . . 8,94 PS.
13. Gesamtarbeit des Kompressors (10. u. 12.) . 158
14. Mechanischer Wirkungsgrad . . . . 90 %
15. Volumetrischer Wirkungsgrad . . . . 92 „
16. Angesaugte Luftmenge . . . . 1750 cbm/Std.
17. „ „ auf 1 PSi. der Dampf-
    maschine . . . . 9,94 cbm
18. Angesaugte Luftmenge auf 1 PSi. des Kom-
    pressors . . . . 11,07 „

15. Verbund-Kompressor, System Burckhardt-Weiß.

Auf Tafel VIII ist ein Kompressor dieses Systems nach den Ausführungen der Sangerhäuser Aktien-Maschinenfabrik und Eisengießerei in Sangerhausen dargestellt.

Die Dampfmaschine sowie der Kompressor sind in Verbundanordnung ausgeführt und die Luftzylinder hinter den Dampfzylindern angeordnet. Die Zylinder ruhen mit den Bajonettbalken auf gemeinschaftlicher gußeiserner Grundplatte. Außerdem sind die Luftzylinder oben gegen die Bajonettbalken noch durch je 2 Anker verstrebt. Der Hochdruckdampfzylinder hat vollkommen entlastete Doppelkolbenschiebersteuerung mit innerer Einströmung des Dampfes, sodaß die Stopfbüchsen in Niederdruckdampf liegen. Der Niederdruckzylinder besitzt einfachen Muschelschieber mit Dampfüberströmung, um die genügende Kompression zu erreichen. Die Steuerung des Hochdruckzylinders wird durch einen Leistungsregulator beherrscht, der eine Änderung der Umdrehungszahl in weiten Grenzen zuläßt. Beide Dampfzylinder sowie der Aufnehmer sind mit Heizmänteln versehen.

Die Luftzylinder besitzen als Steuerungsorgane Luftschieber, System Burckhardt-Weiß mit Überströmung in den Totpunkten, um den schädlichen Raum möglichst unschädlich zu machen und den volumetrischen Wirkungsgrad zu erhöhen. Auf dem Schieberrücken sind Federn aus Uhrfederbandstahl angebracht, die als Rückschlagorgane dienen und durch ihre fast gewichtslose Masse auch bei hohen Tourenzahlen geräuschlos arbeiten. Aus dem Niederdruckzylinder tritt die Luft in einen Zwischenkühler, der unter dem Maschinenhausflur liegt, und in dem die Luft mit großer Geschwindigkeit durch Messingröhren geführt und rückgekühlt wird.

Versuche an einem zweistufigen Burckhardt-Weiß-Kompressor auf dem Zirkelschacht bei Mansfeld am 15. Januar 1899.

    Die Abmessungen sind folgende:

Resultate des Versuches an zwei Verbund-Kompressoren der „Mansfeldschen
vom 15.

Laufende Nr.	Zeit	Dampfdruck am Manometer Atm.	Luftdruck am Manometer Atm.	Temperaturen der Luft				Umdrehungen i. d. Min. n	Leistung des Dampfzylinders				
				vom N.-Druck-Zyl. angesaugt °C.	beim Eintritt in den Kühler °C.	beim Austritt aus d. Kühler °C.	vom H.-Druck-Zyl. fortgedrückt °C.		vorn p_l kg/qcm	hinten p_l kg/qcm	vorn PS_{i_d}	hinten $PS_{i_{d_h}}$	Mittel aus vorn und hinten PS_{i_d}
													Neuerer
1	12 U. 33 M.	6,7	—	—	—	—	—	102	3,490	3,599	97,518	100,563	99,040
2	12 „ 39 „	6,6	—	—	—	—	—	102	3,512	3,562	98,132	99,529	98,831
3	12 „ 44 „	6,7	1)5,3	—	70	30	103	102	3,435	3,547	95,981	99,110	97,546
4	12 „ 48 „	6,7	5,4	—	78	—	110	102	3,470	3,592	96,959	100,368	98,663
5	12 „ 54 „	6,7	5,4	20	83	37	112	102	3,430	3,552	95,841	99,250	97,546
6	12 „ 58 „	6,7	5,3	22,5	85	37	116	102	3,688	3,528	103,050	98,579	100,815
7	1 „ 05 „	6,6	5,5	22,5	87	38	117	101	3,508	3,556	97,059	98,387	97,723
8	1 „ 34 „	6,8	5,3	22,5	88	38	114	102	3,428	3,565	95,729	99,613	97,671
9	1 „ 36 „	6,7	5,4	22,5	89	38,5	116	101	3,455	3,624	95,593	100,169	97,881
10	1 „ 39 „	6,7	5,5	23	89,5	39	117	101	3,494	3,589	96,672	99,300	97,886
11	1 „ 42 „	6,6	5,5	23,5	90	39	118	101	3,476	3,632	96,174	100,400	98,332
12	1 „ 45 „	6,6	5,5	23,75	91	39,5	118	100	3,494	3,611	95,715	98,920	97,317
Durchschnitt		6,67	1)5,41	—	—	—	—	101,46	—	—	—	—	98,272
													Älterer
I	3 U. 12 M.	6,3	5,6	23,75	91	40	120	101	3,543	3,287	98,028	90,945	94,486
II	3 „ 15 „	6,2	5,6	23,75	92	40	120	101	3,518	3,259	97,336	90,170	93,753
III	3 „ 18 „	6,2	5,4	23 75	93	40	120	101	3,480	3,234	96,285	89,478	92,881
Durchschnitt		6,23	1)5,50	—	—	—	—	101	—	—	—	—	93,707

1) Aus den Indikatordiagrammen ergibt sich eine Luftpressung von 6,5–6,9 Atm. Überdruck. Das Manometer zeigte also bestimmt falsch. Das Kühlwasser hatte eine Temperatur von 13,75° C. und erwärmte sich bis auf 20° C., gemessen in der gemeinschaftlichen Kühlwasserableitung aus den Mänteln der Kompressor-Zylinder und des Kühlers.

Dampfzylinder:

440 mm Durchm., 500 mm Hub, Kolbenstange vorn 78 mm Durchm.

Niederdruck-Luftzylinder:

405 mm Durchm., 500 Hub, Kolbenstange vorn 73 mm Durchm.,
     hinten 59 mm Durchm.
Zylinder-Volumen vorn 62,023 Liter, hinten 63,046 Liter.
Schädlicher Raum   „   3,859   „   „   4,098   „
Raum im Schieber zwischen Schieberspiegel und Rückschlagplatte
     1,808 Liter.

Hochdruck-Luftzylinder:

250 mm Durchm., 500 mm Hub, Kolbenstange nur von 59 mm
     Durchmesser.
Zylinder-Volumen vorn 23,177 Liter, hinten 24,244 Liter.
Schädlicher Raum   „   1,108   „   „   1,239   „
Raum im Schieber zwischen Schieberspiegel und Rückschlagplatte
     0,538 Liter.

kupferschieferbauenden Gewerkschaft zu Eisleben" auf Zirkelschacht b. Mansfeld
Januar 1899.

Kraftbedarf des Niederdruck-Luft-Zylinders					Kraftbedarf des Hochdruck-Luft-Zylinders					Kraftbedarf des Hoch- und Nieder-druck-zylinders	Mechanischer Wirkungsgrad η mech. %	Volumetr. Wirkungsgrad η Vol. % aus den Diagrammen
vorn	hinten	vorn	hinten	Mittel aus vorn u. hinten	vorn	hinten	vorn	hinten	Mittel aus vorn u. hinten		$\dfrac{PS_{i_N} + PS_{i_H}}{PS_{i_d}}$	
p_i kg/qcm	p_i kg/qcm	$PS_{i_{N_v}}$	$PS_{i_{N_h}}$	PS_{i_N}	p_i kg/qcm	p_i kg/qcm	PS_{H_v}	$PS_{i_{H_h}}$	PS_{i_H}	$PS_{i_N} + PS_{i_H}$		
Kompressor.												
1,311	1,283	37,165	36,372	36,769	3,537	3,342	38,258	36,149	37,204	73,973	74,690	95,55
1,324	1,338	37,539	37,931	37.733	3,636	3,420	39,239	36,993	38,161	75,894	76,792	95,85
1,315	1,315	37,279	37,279	37,279	3,757	3,255	40,638	35,208	37,923	75,202	77,094	95,30
1,339	1,297	37,959	36,769	37,364	3,512	3,257	37,988	35,230	36,609	73,973	75,989	95,60
1,297	1,325	36,769	37,562	37,166	3,503	3,248	37,891	35,132	36,511	73,677	75,531	95,90
1,325	1,325	37,562	37,562	37,562	3,520	3,266	38,074	35,327	36,701	74,273	73.663	95,65
1,392	1,322	39,095	37,110	38,012	3,588	3,440	38,430	36,844	37,637	75,649	77,412	95,40
1,313	1,384	37,222	39,236	38,229	3,478	3,372	37,620	36,474	37,047	75,276	77,071	95,35
1,325	1,340	37,194	37,615	37,405	3,532	3,384	37,830	36,245	37,037	74,442	76,053	95,55
1,316	1,387	36,941	38,934	37,938	3,731	3,532	39,961	37,830	38,895	76,833	78,492	95,90
1,327	1,355	37,250	38,036	37,634	3,414	3,393	36,586	36,341	36,453	74,096	75,353	95,25
1,345	1,345	37,282	37,382	37,382	3,462	3,397	36,713	36,023	36,368	73,750	75,783	95,90
—	—	—	—	37,540	—	—	—	—	37,212	74,752	76,086	95,766
Kompressor.												
1,260	1,316	35,369	36,941	36,155	3,168	3,295	33,931	35,291	34,611	70,766	74,895	96,20
1,260	1,345	35,369	37,755	36,562	3,427	3,533	36,705	37,840	37,273	73,835	78,755	95,75
1,290	1,389	36,212	38,991	37,601	3,240	3,368	34.702	36,703	35,388	72,989	78,583	95,30
—	—	—	—	36,773	—	—	—	—	35,757	72,530	77,410	95,750

Die Resultate sind in obiger Tabelle zusammengestellt.

Der volumetrische Wirkungsgrad des Kompressors wurde durch Beobachtung des Tourenzählers an der Maschine und der Drucksteigerung im Luftwindkessel am Manometer am Maschinenhaus, nachdem der Windkessel vollkommen abgeblasen war, gemessen.

Der Tourenzähler zeigte bei Beginn des Versuches 2 931 676
bei Steigerung
des Druckes v. p = 0 bis p_1 = 1 Atm. Überdr. 2 931 765 } $n_1 = 89$

„ „ „ „ 1 „ „ 2 „ „ 2 931 822 } $n_1 = 57$

„ „ „ „ 2 „ „ 3 „ „ 2 931 885 } $n_1 = 63$

„ „ „ „ 3 „ „ 4 „ „ 2 931 949 } $n_1 = 64$

„ „ „ „ 4 „ „ 4 ½ „ „ 2 931 978 } $n_0 = 29$ } $n_1 = 60$

„ „ „ „ 4½ „ „ 5 „ „ 2 932 009 } $n_0 = 31$

„ „ „ „ 5 „ „ 5 ½ „ „ 2 932 038 } $n_0 = 29$ } $n_1 = 56$

„ „ „ „ 5½ „ „ 6 „ „ 2 962 065 } $n_0 = 27$

Tourenzahl i. d. Min. im Mittel . . . . $n = 65$

Wie die beobachteten Umdrehungszahlen n_1 ergeben, steigt der Druck von 1 Atm. Überdruck bis zu 6 Atm. Überdruck vollständig gleichmäßig an. Die kleinen Abweichungen, sowohl nach oben als unten sind auf die unvermeidlichen Beobachtungsfehler bei dem relativ raschen Gange von 105 Umdrehungen i. d. Min. zurückzuführen. Nur die erhebliche Abweichung von 0—1 Atm. Überdruck hat darin seinen Grund, daß bei einem Verbund-Kompressor das Volumen des Kühlers und des Hochdruckzylinders erst mit einer gewissen Spannung angefüllt sein müssen, ehe Preßluft vom Hochdruckzylinder nach dem Windkessel gedrückt werden kann.

Im Durchschnitt berechnet sich die nötige Umdrehungszahl n_1, um den Druck um je 0,5 Atm. zu steigern, von 1—6 Atm. Überdruck zu:

$$n_1 = \frac{2\,932\,065 - 2\,931\,765}{2 \cdot (6 - 1)} = \frac{300}{10} = 30 \text{ Umdrehungen.}$$

Das Volumen V des Luftwindkessels zuzüglich Rohrleitungen, Armaturen und anzurechnendem Teil des Hochdruckzylinder-Schieberkastens ist laut Aufstellung seitens der Gewerkschaft $V = 7{,}134$ cbm. Der Inhalt v des bei einem Doppelhub (einer vollen Umdrehung) vom Niederdruckkolben durchlaufenden Volumens ist

$$v = 2 \cdot 0{,}5 \left(\frac{0{,}405^2 \cdot \pi}{6} - \frac{0{,}078^2 + 0{,}059^2}{2} \cdot \frac{\pi}{4} \right) = 0{,}125 \text{ cbm.}$$

Die theoretisch nötige Umdrehungszahl zur Drucksteigerung um $(p_1 - p) = 0{,}5$ Atm. berechnet sich nach Mariotte zu

$$n = \frac{V}{v}(p_1 - p) = \frac{7{,}134}{0{,}125} \cdot 0{,}5 = 28{,}52.$$

Somit

$$\eta_{\text{vol}} = \frac{n}{n_1} = \frac{28{,}52}{30} = 0{,}958 \text{ oder } 95{,}8\,^0/_0, \text{ also}$$

fast ganz genau übereinstimmend mit den aus den Diagrammen ermittelten, in der Tabelle auf S. 262 und 263 angegebenen Werten (95,766 und 95,750).

Es ist hierbei zu bemerken, daß dieser volumetrische Versuch mit Absicht zu Anfang, als noch die Kompressorzylinder, sowie der Kühler, die Luftleitung und der Windkessel vollständig kalt waren, vorgenommen wurde. Diese Teile blieben auch während der sehr kurzen Dauer des Versuches von noch nicht einmal ganz vier Minuten vollkommen kalt, so daß auf die Volumenvergrößerung der gepreßten Luft durch Erwärmung nicht Rücksicht genommen zu werden braucht und auch nicht genommen werden kann, da sich die wärmere Luft an den kalten Eisenteilen sofort wieder abkühlt, also ihr Volumen gar nicht vergrößert. Da der große Windkessel im Freien aufgestellt ist und die Außentemperatur nahe an 0^0 oder nur wenig darüber gewesen ist, die Temperatur der aus dem Maschinenraum angesaugten Luft dagegen nahe an 20^0 C betrug, so würde die Berücksichtigung der Temperaturen der angesaugten Luft und der Preßluft im Windkessel das obige Resultat eher etwas zugunsten der Lieferantin der Maschine verändern.

Das nachstehende, rankinisierte Indikatordiagramm, Fig. 325, ist aus Diagrammen der Serie 9, welche gelegentlich der Abnahmeversuche vom 15. Januar 1899 entnommen wurden, zusammengestellt. Zu gleicher Zeit mit der Entnahme der Indikatordiagramme wurden an vier genügend genau übereinstimmend anzeigenden Quecksilberthermometern abgelesen:

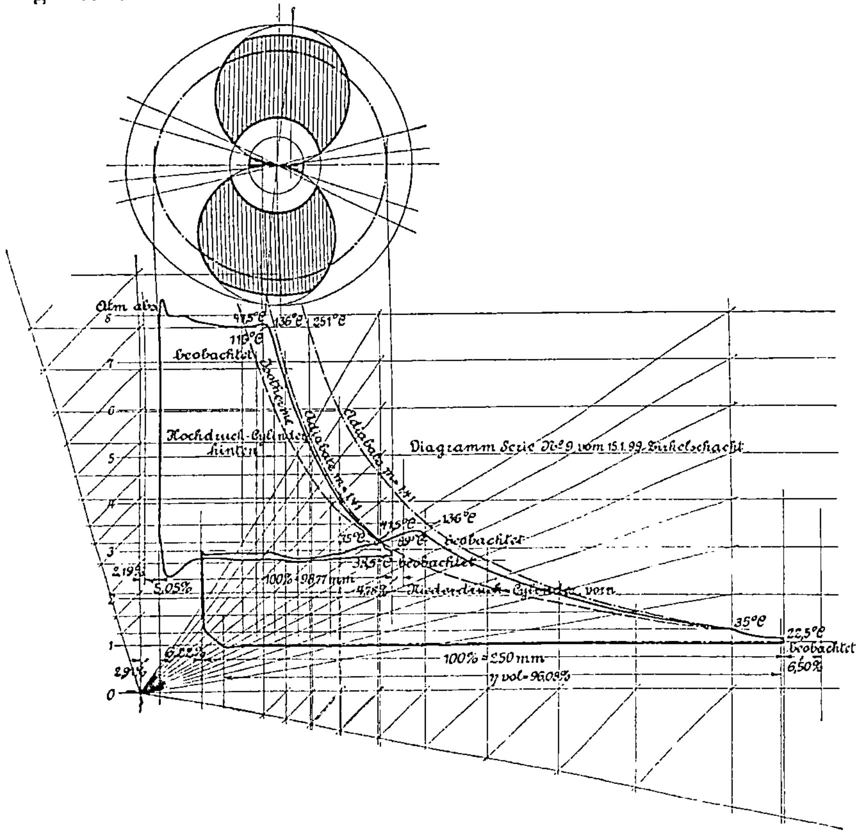

Fig. 325.

1. die Temperatur der vom Niederdruckzylinder angesaugten Luft, unmittelbar an dessen Saugstutzen zu 22,5⁰ C (gesaugt wurde ohne Vermittelung einer Saugleitung unmittelbar aus dem Maschinenraum, deswegen die hohe Ansaugetemperatur),
2. die vom Niederdruckzylinder weggedrückte, vorgepreßte Luft unmittelbar beim Eintritt in den Kühler zu 89⁰ C,
3. die vom Hochdruckzylinder aus dem Kühler abgesaugte Luft, unmittelbar am Austritt aus diesem zu 38,5⁰ C,
4. schließlich noch die Temperatur der Preßluft im Schieberkasten des Hochdruckzylinders zu 116⁰ C.

Durch die Anfangspunkte der Kompressionslinien der Einzeldiagramme sind die Isothermen eingezeichnet und aus der Volumdifferenz

n = 150
640
Kühlwasseraustritt = 35 Lw.
Kühlwassereintritt = 35 Lw
3850

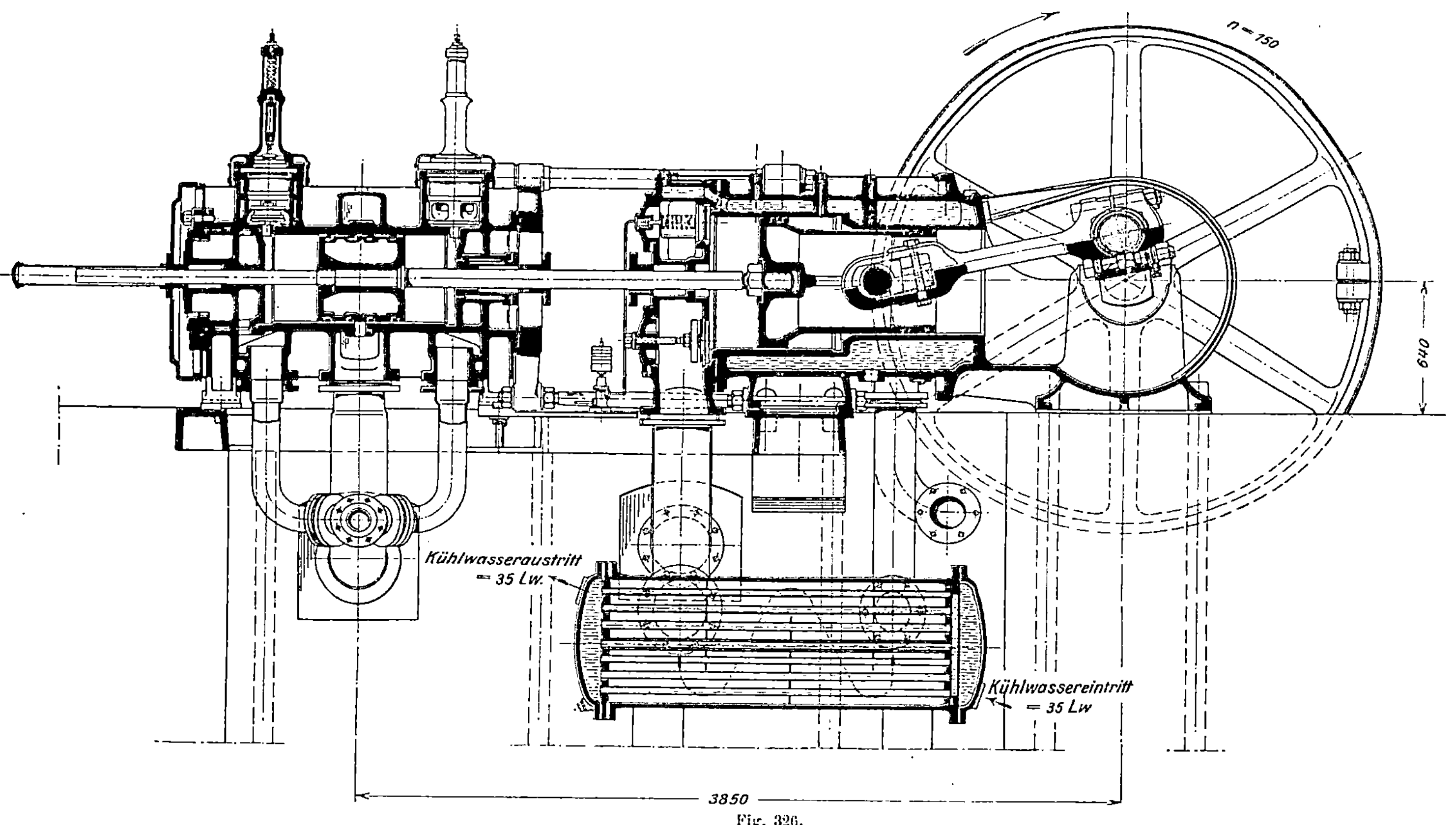

Fig. 326.

die Temperatur am Beginne der Kompression nach dem Gay-Lussac-schen Gesetz für den Niederdruckzylinder zu 35⁰ C, für den Hochdruck-zylinder zu 41,5⁰ C berechnet.

Ferner sind noch die adiabatischen Linien durch die Anfangspunkte der Kompression eingezeichnet und die diesen Linien entsprechenden Endtemperaturen wie vorstehend angegeben berechnet.

Fig. 327. Fig. 328.

Das Kühlwasser hatte 13,75⁰ C Anfangstemperatur und floß mit 20⁰ C ab.

Der große Vorteil zweistufiger oder überhaupt mehrstufiger Kompression liegt nicht nur in der, auch schon bei geringeren Gesamtkom-pressionsverhältnissen möglichen, nicht unerheblichen Ersparnis an Be-

Fig. 329.

triebsarbeit, sondern in weit höherem Maße in der geringen Erwärmung der Preßluft, welche hier bei der überaus hohen Ansaugetemperatur von 22,5⁰ C nur 116⁰ C betrug.

Der volumetrische Wirkungsgrad ergibt sich aus dem Diagramm zu 96,08 %, während sich derselbe durch unmittelbare Messung zu 95,068 % ergeben hatte. Diese geringe Differenz liegt einesteils an der aus dem Diagramm bemerkbaren geringen Drosselung der angesaugten Luft, anderenteils aber an der erheblichen Abkühlung der Preßluft unter die

Temperatur der angesaugten Luft in. dem, im Freien aufgestellten, sehr großen Druckluftbehälter [1]).

16. Verbundkompressor der Zwickauer Maschinenfabrik-Akt.-Ges.

Ein von dieser Firma gebauter Verbundkompressor mit Zwischenkühler ist in Fig. 326 abgebildet. Die Konstruktion des Ventils ist aus den Fig. 327—329 zu ersehen. Dasselbe wird durch eine aus 2—3 mm starkem Sägeblattstahl hergestellte Ventilplatte gebildet, welche bei großem Durchmesser und kleinem Hub reichlich großen Durchgangsquerschnitt besitzt und deshalb auch bei höchster Umdrehungszahl präzis und ohne merkbaren Widerstand arbeitet.

Die Ventilplatte wird durch Spiralfedern aus Flachstahldraht auf ihren Sitz gedrückt und ist reibungslos derart geführt, daß ein Hängenbleiben während des Betriebes vermieden wird. Das rankinisierte

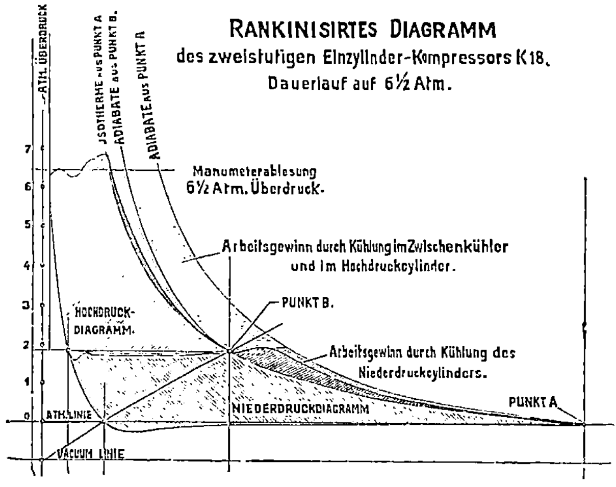

Fig. 330.

Diagramm des in Fig. 326 dargestellten Verbundkompressors ist in Fig. 330 wiedergegeben. Daselbe zeigt namentlich im Hochdruckkompressor einen Verlauf der Kompressionslinie nahezu nach der Isotherme, was auf besonders wirksame Kühlung schließen läßt.

Eine Druckluftreguliervorrichtung dieser Firma ist in Fig. 331 dargestellt. Dieselbe wirkt, wie ähnliche Vorrichtungen, in der Weise, daß sie nach Erreichung eines bestimmten Druckes die angesaugte Luft nicht mehr komprimiert, sondern wieder in die Saugleitung zurückdrückt.

Der Maximaldruck läßt sich mit Hilfe der Gewichte a, die sich auf der Regulierspindel des Reglerventils befinden, beliebig einstellen, und es tritt die Regulierung in Tätigkeit, sobald etwas Druckluft aus dem

---

[1]) Über einen neueren dreistufigen Luftkompressor desselben Systems s. Öst. Z. f. B.- u. H.-Wes. 1904, S. 657, wo mehrere sehr gute Schnitttafeln, Diagramme und Betriebsresultate gegeben sind.

Röhrchen *b*, das mit dem Druckventil in Verbindung steht, in das Röhrchen *c* eintritt, welches mit dem Saugventil verbunden ist. Dadurch werden das Kölbchen *d* und infolgedessen auch die Stifte *e* gegen die Ventilplatte *f* gedrückt, wodurch diese vom Ventilsitz abgehoben wird. Der Kompressor läuft von diesem Augenblicke an leer, das heißt, die angesaugte Luft wird durch das bzw. durch die Saugventile hindurch wieder in die Saugleitung zurückgedrückt, und zwar solange, bis der

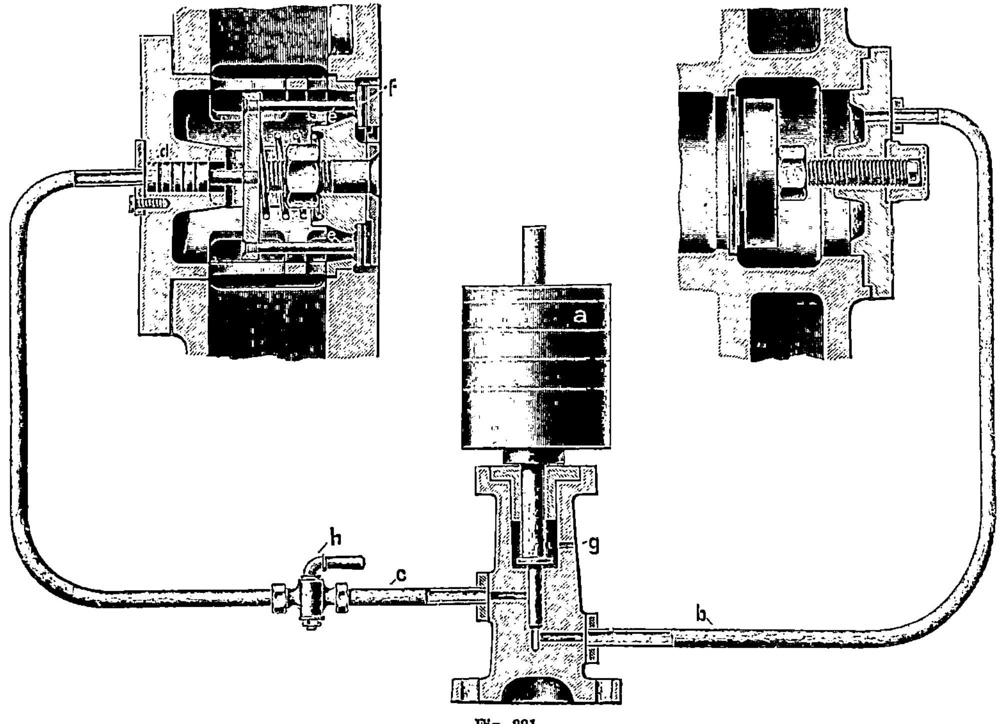

Fig. 331.

Druck im Reservoir, bzw. hinter dem Druckventil, um etwa ½—1 Atm. gesunken ist. Sobald dieser Zustand erreicht ist, senkt sich infolge des Übergewichtes der Belastungsgewichte die Regulierspindel und sperrt die Verbindung des Röhrchens *b* mit dem Röhrchen *c* ab. Die im Röhrchen *c* befindliche Druckluft entweicht durch die Öffnung *g* ins Freie, worauf das Saugventil, da das Kölbchen *d* in seine ursprüngliche Lage zurückgedrängt wird, seine normale Tätigkeit wieder aufnimmt.

In die Leitung *c* werden in bestimmter Anordnung ein, bzw. mehrere Hähnchen *h* eingeschaltet, mit Hilfe deren es möglich ist, den Kompressor stufenweise auszuschalten.

G. Vergleich der verschiedenen Kompressorensysteme.

Nachdem im vorstehenden die Konstruktion der verschiedenen Kompressorensysteme behandelt ist, sollen im folgenden die Vorzüge und Nachteile der fünf Hauptsysteme zum Vergleich zusammengestellt werden.

Vorteile	Nachteile

1. Trockene Kompressoren.

Vorteile	Nachteile
1. Vollkommen trockene Luft.	1. Starke Erwärmung der Luft.
2. Zulässigkeit größ. Kolbengeschwindigkeit als bei nassen Kompressoren.	2. Größerer Kraftbedarf 3. Größere Abnutzung 4. Größerer Verbrauch an Schmiermaterial } als bei halbnassen und nassen Kompressoren.
3. Kleinere Zylinder 4. Kleineres Gewicht 5. Billigere Herstellung } als bei nassen Kompressoren	
6. Vermeidung von Eisbildung in den Rohrleitungen und Arbeitsmaschinen.	

2. Halbnasse Kompressoren.

Vorteile	Nachteile
1. Abkühlung der Luft während der Kompression.	1. Feuchte Luft, daher Möglichkeit der Eisbildung in den Leitungen und Arbeitsmaschinen bei Kälte.
2. GeringererKraftbedarf 3. Kleinerer schädlicher Raum 4. Größerer volumetrischer Wirkungsgrad } als bei trockenen Kompressoren.	2. Verschmutzen und Rostbildung in der Maschine.
	3. Häufigere Reparaturen und häufigeres Verstopfen der Einspritzvorrichtungen 4. Größere Herstellungskosten 5. Größerer Wasserbedarf } als bei trockenen Kompressoren.
	6. Vermehrung des Kraftbedarfs durch die Kühlwasserdruckpumpe.

3. Nasse Kompressoren.

Vorteile	Nachteile
1. Abkühlung der Luft während der Kompression.	1. Feuchte Luft.
2. Geringerer Kraftbedarf bei der Kompression.	2. Verschmutzen und Rostbildung in der Maschine.
3. Sehr kleiner schädlicher Raum.	3. Kleinere Kolbengeschwindigkeit 4. Größere Zylinder, größeres Gewicht, größerer Raumbedarf } als bei trockenen und halbnassen Kompressoren.
4. Großer volumetrischer Wirkungsgrad.	
5. Einfachheit der Konstruktion.	
7. Seltene Betriebsstörungen, geringer Verschleiß und seltene Reparaturen.	5. Größerer Kraftbedarf zur Beschleunigung der Wassersäulen.
	6. Größerer Kühlwasserbedarf als bei halbnassen Kompressoren.

V o r t e i l e	N a c h t e i l e

4. Kompressoren mit gesteuerten Abschlußorganen.

Vorteile	Nachteile
1. Größere Kolbengeschwindigkeit 2. Größere Luftmenge bei kleineren Zylindern 3. Kleineres Gewicht und geringerer Raumbedarf *als bei den drei ersten Systemen.* 4. Größter volumetrischer Wirkungsgrad 5. Geringere Betriebskosten bei dauerndem Betrieb	1. Größere Herstellungskosten 2. Größerer Kraftbedarf (für die Steuerung) 3. Häufigere Reparaturen und Betriebsstörungen *als bei den drei ersten Systemen.* 4. Schwierigere Wartung u. größerer Schmiermaterialverbrauch

5. Verbund-Kompressoren.

Vorteile	Nachteile
1. Möglichkeit bedeutend höherer Kompression 2. Geringerer Kraftbedarf 3. Geringere Betriebskosten *als bei den vorhergehenden Systemen.* 4. Größerer volumetrischer Wirkungsgrad	1. Größere Herstellungskosten 2. Häufigere Reparaturen 3. Größerer Schmiermaterialverbrauch *als bei den vorhergehenden Systemen.*

Es bedarf wohl kaum der besonderen Erwähnung, daß für die verschiedenartigen Anwendungen der verdichteten Luft entweder das eine oder das andere System den Vorzug verdient. Die verschiedenen Gesichtspunkte, 1. ob die Verwendung nasser oder trockener Luft möglich ist, 2. der Kühlwasserverbrauch, 3. die Dauer des Betriebes, 4. die höheren oder niedrigeren Kohlenpreise, 5. das Gewicht, 6. der Raumbedarf usw. sind für jeden besonderen Fall alle gleichmäßig zu prüfen, und ist unter Berücksichtigung der wichtigsten derselben die Wahl des für einen vorliegenden Fall geeignetsten Kompressors zu treffen. Ein Kompressor, welcher beispielsweise für den Betrieb von Gesteinsbohrmaschinen nicht wohl geeignet wäre, könnte für andere Zwecke, z. B. für chemische Fabriken vielleicht am vorteilhaftesten sein. Es ist daher aus diesen Gründen vollständig verkehrt, irgend ein System als das beste bezeichnen zu wollen, da jedes System für ganz bestimmte Zwecke vortrefflich geeignet sein kann, wenngleich es vielleicht für andere Fälle nicht vorteilhaft anzuwenden ist.

H. Zweckmäßigster Antrieb von Kompressoren.

Über den zweckmäßigsten Antrieb von Kompressoren hat Ing. Fr. Harth interessante Berechnungen angestellt[1]), denen die folgenden Daten entstammen.

---

[1]) Glückauf 1907, S. 811 ff.

Er vergleicht Dampfbetrieb mit elektrischem Betrieb. Bei ersterem unterscheidet er einen Betrieb mit Kondensation (Ia) von Auspuffbetrieb (Ib) und bei beiden drei Fällen, Vollast, $\frac{3}{4}$ und $\frac{1}{2}$ Belastung. Die Berechnungen sind für je einen Kompressor von 6000 cbm stündlicher Saugleistung und Kompressionen auf 6 Atm. Überdruck angestellt. Hierbei ist der Preis für 1 Tonne (1000 kg) Dampf einschließlich der Unkosten für Verzinsung und Amortisation der Kessel, sowie für Bedienung, Wasserreinigung bei 8,5 Atm. Überdruck an der Maschine zu 2 M. angenommen.

Für die Untersuchung ist ein Verbundkompressor mit Verbunddampfmaschine (Einspritzkondensation mit Rückkühlung) modernster Ausführung vorausgesetzt. Die jährliche Betriebszeit ist zu $300 \times 20 = 6000$ Betriebsstunden vorausgesetzt. Die Antriebsmaschine leistet bei $\frac{1}{1} - \frac{3}{4} - \frac{1}{2}$ Belastung $610 - 452 - 298$ PSi. entsprechend einem Dampfverbrauch von $6,8 - 7,0 - 7,5$ kg für 1 PSi./St. Die Jahresdampfkosten belaufen sich dann bei

$$\frac{1}{1} \text{ Belastung auf } 610 \cdot 6,8 \cdot 6000 \cdot 0,002 = 49\,800 \text{ M.}$$
$$\frac{3}{4} \quad ,, \qquad ,, \quad 452 \cdot 7,0 \cdot 6000 \cdot 0,002 = 38\,000 \quad ,,$$
$$\frac{1}{2} \quad ,, \qquad ,, \quad 298 \cdot 7,5 \cdot 6000 \cdot 0,002 = 26\,800 \quad ,,$$

Die Anschaffungskosten des Kompressors nebst Zubehör sind:

Kompressor	62 000 M.
Einspritzkondensation	7 000 ,,
Kaminkühler, komplett	7 000 ,,
Wasserleitung für Einspritzwasser vor und nach dem Kühler	1 800 ,,
Dampf- und Luftleitungen zu den Maschinen . .	2 500 ,,
Luftbehälter	2 000 ,,
Fracht, Packung, Montage	2 700 ,,
Fundamente	3 000 ,,
Gebäudeanteilkosten	10 000 ,,
	98 000 M.

Rechnet man hierzu für die Maschinen und Fundamente für Abschreibung 8 %, Verzinsung 4 %, für Gebäude dto. 2 und 4 %, so erhält man noch:

$$(0,08 + 0,04) \cdot 88\,000 = 10\,560$$
$$(0,04 + 0,02) \cdot 10\,000 = \underline{600}$$
$$ 11\,160$$

Hierzu kommen noch

	Transport von vorher	11 160 M.
Kosten für Wartung (Tag und Nacht)		2 600 ,,
,, ,, Putzmaterial		400 ,,
,, ,, Reparaturen		500 ,,
also belaufen sich die festen Jahreskosten auf .		14 660 M.

Die Kosten für Schmierung betragen $1600 - 1400 - 1200$ M. für die drei Belastungen, diejenigen für Kühlwasser (3 kg für 1 cbm angesaugter Luft) 5 Pf. für 1 cbm $= 1000$ kg Wasser, also bei

$$\begin{array}{llll} & \text{cbm} & \text{Tonnen} & \substack{\text{Betriebs-}\\\text{stunde}} & \text{M.} \end{array}$$

$\frac{1}{1}$ Belastung auf $6\,000 \,.\, 0{,}003 \,.\, 6\,000 \,.\, 0{,}05 = 5\,400$ M.

$\frac{3}{4}$,,   ,, $4\,500 \,.\, 0{,}003 \,.\, 6\,000 \,.\, 0{,}05 = 4\,050$,,

$\frac{1}{2}$,,   ,, $3\,000 \,.\, 0{,}003 \,.\, 6\,000 \,.\, 0{,}05 = 2\,700$,,

Somit betragen die gesamten Jahresbetriebskosten

Belastung	$\frac{1}{1}$	$\frac{3}{4}$	$\frac{1}{2}$
Dampfkosten	49 800	38 000	26 800 M.
Feste Jahreskosten	14 660	14 660	14 660 ,,
Kosten für Schmierung . .	1 600	1 400	1 200 ,,
,, ,, Kühlwasser der Luft	5 400	4 050	2 700 ,,
Insgesamt	71 460	58 110	45 360 M.

Diese Kosten beziehen sich auf eine Jahresluftmenge von

$6000 \,.\, 6000 = 36$ Millionen cbm bei $\frac{1}{1}$ Belastung

$4500 \,.\, 6000 = 27$,,   ,,   ,, $\frac{3}{4}$,,

$3000 \,.\, 6000 = 18$,,   ,,   ,, $\frac{1}{2}$,,

also für 1000 cbm bei den drei Belastungen

$\frac{1}{1}$ auf 1,98 M.

$\frac{3}{4}$,, 2,15 ,,

$\frac{1}{2}$,, 2,52 ,,

Bei **Auspuffbetrieb** ergibt die Berechnung folgendes

Belastung	$\frac{1}{1}$	$\frac{3}{4}$	$\frac{1}{2}$
Leistung in cbm Luft/Std. . .	6 000	4 500	3 000
Dampfverbrauch pro PSi./Std.	8,9	9,0	9,5
Dampfleistung in PSi.	600	445	292
Dampfkosten	64 100	48 100	33 300 M.
Feste Jahreskosten	12 740	12 740	12 740 ,,
Kosten für Schmierung . . .	1 600	1 400	1 200 ,,
,, ,, Kühlwasser der Luft	5 400	4 050	2 700 ,,
Insgesamt	83 840	66 290	49 940 M.,

also für 1000 cbm angesaugte und auf 6 Atm. komprimierte Luft bei den drei Belastungen:

$$\begin{array}{ccc} \frac{1}{1} & \frac{3}{4} & \frac{1}{2} \\ 2{,}33 & 2{,}46 & 2{,}77 \text{ M.} \end{array}$$

Bei dem elektrisch betriebenen Kompressor ist Drehstrom von 5000 V und 50 Per. angenommen worden. Der Kompressor läuft mit 122 Touren. Der Kraftbedarf ist dann bei

$$\frac{1}{1} \text{ Belastung 620 PS.} = \frac{620 \,.\, 0{,}736}{0{,}91} = 502 \text{ KW./Std.} =$$

3 012 000 KW./Std. jährlich,

$$\frac{3}{4} \text{ Belastung 486 PS.} = \frac{486 \,.\, 0{,}736}{0{,}9} = 398 \text{ KW./Std.} =$$

$$2\,388\,000 \text{ KW./Std. jährlich,}$$

$$\tfrac{1}{2} \text{ Belastung } 352 \text{ PS. } = \frac{352 \cdot 0{,}736}{0{,}89} = 291 \text{ KW./Std. } =$$

$$1\,746\,000 \text{ KW./Std. jährlich.}$$

Die Anschaffungskosten belaufen sich wie folgt:

Kompressor	34 000 M.
Drehstrom-Elektromotor	24 000 „
Zubehör und Zuleitung zum Elektromotor . .	3 500 „
Luftleitungen für den Kompressor	700 „
Luftbehälter	2 000 „
Fracht, Packung und Montage für Kompressor und Motor	4 000 „
Fundamente	2 000 „
Gebäudeanteilkosten	8 000 „
	78 200 M.

Die festen Jahreskosten betragen (bei gleichen Sätzen wie oben) 12 400 M., die Kosten für Schmierung 1400 — 1200 — 1000 M., dagegen die Kosten für das Kühlwasser der Luft dasselbe wie oben, so daß man erhält:

Belastung	$\tfrac{1}{1}$	$\tfrac{3}{4}$	$\tfrac{1}{2}$	
Leistung in cbm Luft/Std. .	6 000	4 500	3 000	
Feste Jahreskosten	12 400	12 400	12 400	M.
Kosten für Schmierung . .	1 400	1 200	1 000	„
„ „ Kühlwasser . .	5 400	4 050	2 700	„
Insgesamt	19 200	17 650	16 100	

Wenn die Wirtschaftlichkeit dieselbe sein soll wie beim Fall Ia (Kondensation), so dürfen die Stromkosten nur betragen bei Belastung

$\tfrac{1}{1}$	$\tfrac{3}{4}$	$\tfrac{1}{2}$	
71 460	58 110	45 360	M.
—19 200	—17 650	—16 100	„
also 52 260	40 460	29 260	M.,

also da die entsprechenden KW./Std.

3 012 000	2 388 000	1 746 000	sind
1,74	1,69	1,68	Pf. pro KW./Std.

Die KW./Std. muß zu $\sim$ 1,7 Pf. bezogen bzw. hergestellt werden können, wenn die Gesamtbetriebskosten in beiden Fällen gleich sein soll. Setzt man aber 2,5 Pf. für die KW./Std. an, so berechnen sich die Jahreskosten zu:

Belastung	$\tfrac{1}{1}$	$\tfrac{3}{4}$	$\tfrac{1}{2}$	
Kosten der elektrischen Energie	75 200	59 700	43 700	M.
Sonstiges, wie oben	19 200	17 650	16 100	„
Insgesamt	94 400	77 350	59 800	M.

Jahresleistung in Mill./cbm 36   27   18
also Unkosten f. 1000 cbm   2,62   2,86   3,32 M.

Bei Auspuffbetrieb und gleicher Rentabilität muß die KW./Std.
2,14, 2,03 und 1,94 Pfg. kosten.

Sind die Kosten höher als 2,14 Pf. pro KW./Std., so ist selbst der mit Auspuff arbeitende Kompressor noch vorteilhafter als ein elektrisch betriebener Kompressor.

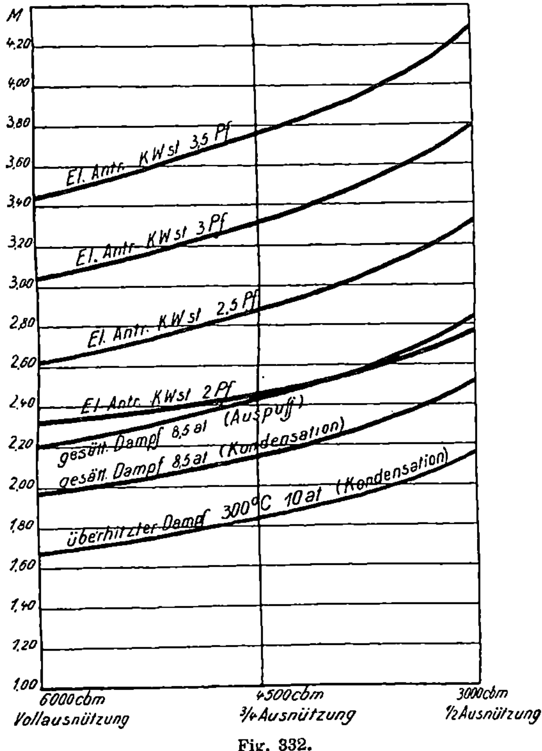

Fig. 332.

Setzt man aber höheren Dampfdruck als 8,5 Atm. und Überhitzung voraus, so wird das Verhältnis für den Dampfkompressor noch günstiger.

Bei 10 Atm. Überdruck und 300° Dampftemperatur an der Maschine ist der Dampfverbrauch bei

$\frac{1}{1}$ $\frac{3}{4}$ $\frac{1}{2}$ Belastung
5,0   5,2   5,7   kg/PSi./Std.

Setzt man die 1000 kg Dampf etwas höher als oben, also z. B. mit 2,10 M. in Rechnung, so kostet für 6000 Betriebsstunden der Dampf bei

$\frac{1}{1}$ Belastung 610 . 5,0 . 6000 . 0,0021 = 38 400 M.
$\frac{3}{4}$,,   452 . 5,2 . 6000 . 0,0021 = 29 600 ,,
$\frac{1}{2}$,,   298 . 5,7 . 6000 . 0,0021 = 21 400 ,,

Da nun die festen Jahreskosten dieselben wie oben bei Fall Ia bleiben, ebenso diejenigen für Schmierung und Kühlwasser, so folgt:

Belastung	$^1/_1$	$^1/_2$	$^3/_4$	
Leistung in cbm Luft/Std.	6 000	4 500	3 000	
Dampfkosten	38 400	29 600	21 400	M.
Feste Jahreskosten	14 660	14 660	14 660	,,
Kosten für Schmierung . .	1 600	1 400	1 200	,,
,, ,, Kühlwasser . .	5 400	4 050	2 700	,,
Insgesamt	60 060	49 710	39 960	M.
also für 1000 cbm	1,67	1,84	2,22	,,

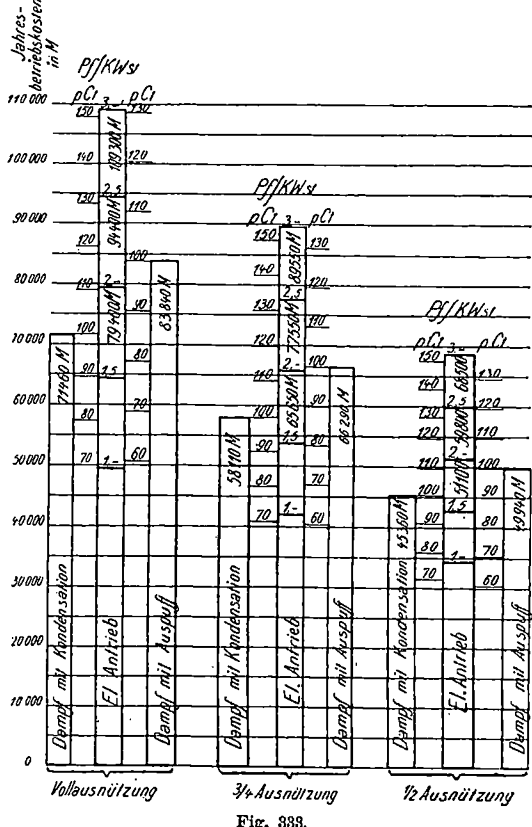

Fig. 333.

In der Fig. 332 sind diese Werte graphisch aufgetragen und miteinander verglichen[1]), während in Fig. 333 die Gesamtbetriebskosten aufgetragen sind. Beide Figuren zeigen die wirtschaftliche Überlegenheit des Dampfkompressors gegenüber dem elektrisch betriebenen bei den angenommenen Verhältnissen.

---

[1]) Fig. 1 u. 2 aus „Glückauf" 1907, S. 814.

Endlich berechnet Harth noch die Betriebskosten für einen unter Tage aufgestellten elektrischen Kompressor bzw. Druckluftkompressor und kommt zu dem Resultat, daß die Kosten für 1 KW./Std. 1,65 Pf. nicht übersteigen dürfen, wenn die Gesamtwirtschaftlichkeit des unter Tage aufgestellten Kompressors bei Vollbetrieb die gleiche sein soll wie diejenige des über Tage aufgestellten Dampfkompressors von 8,5 Atm. Dampfanfangsdruck mit Kondensation ohne Überhitzung.

Harth kommt zu dem Schluß, daß nur in ganz besonderen Fällen der elektrische Antrieb für Kompressoren gerechtfertigt erscheint, daß dagegen im allgemeinen der Dampfkompressor allein schon seiner größeren Betriebssicherheit wegen den Vorzug verdiene.

J. Verwendung der Luftkompressoren im deutschen Bergbau.

In der Festnummer[1]) zum XI. Allgemeinen deutschen Bergmannstag in Aachen 1910 hat der Verfasser eine Erhebung über „Die Erzeugung und Verwendung von Druckluft im deutschen Bergbau zu Beginn des Jahres 1910" veröffentlicht, welche dank der bereitwilligen Unterstützung des „Vereins für die bergbaulichen Interessen im Ober-Bergamtsbezirk Dortmund" möglich wurde und sich auf 363 Schachtanlagen aus allen bergbautreibenden Bezirken Deutschlands bezog. Die folgende Tabelle gibt zunächst eine Übersicht der Anzahl der Kompressoren und ihrer Gesamtleistungen.

Zechen	Förderung	Belegschaft 1910 Anfang	Anzahl der Kompressoren	Luftmenge in cbm/min	Leistung der Antriebsmotoren in PS.	Mittlere anges. Luftmenge eines Komp. cbm/min
Preußen	336	126 308 726 (298)	494 668 (309)	682	34 108 (614)	183 229 (592)	55,6
Sachsen	21	4 544 166 (19)	19 826 (19)	39	1 264 (37)	6 132 (39)	34,1
Bayern	3	636 050	3 004	12	238	1 549	19,8
Mecklenburg-Schwerin	1	—	—	1	3	—	—
Schwarzb.-Rudolstadt .	1	121 872	396	1	—	—	—
Schwarzb.-Sondersh. .	1	102 609	570	2	12	100	6,0
	363	131 717 418 (322)	518 464 (333)	737	35 625 (665)	191 010 (645)	

Die Tabelle Seite 280 gibt als besonders bemerkenswerte Zahl die mittlere Leistung in PS. für 1 cbm angesaugter Luft an, worin der kleinste Wert 4,23 PS., der größte 8,3 PS., das Mittel aus allen Werten sämtlicher 359 Kompressoren 5,904 PS., das Mittel aus den 332 in preußischen Betrieben befindlichen Anlagen 5,952, ohne den Bezirk Clausthal aber nur 5,44 PS. beträgt, während für das Königreich Sachsen der Mittelwert nur 4,83 PS. beträgt.

---

[1]) „Glückauf" 1910, No. 35/36, 27. Aug. 1910, S. 1364 ff.

No.	Firma	Anzahl der Kompr.	Leistung insgesamt — Dampf PS.	Leistung insgesamt — Elektrizität PS.	Leistung insgesamt — Gasmotor PS.	Leistung insgesamt — Luftzylinder PS.	Gesamtluftmenge cbm/min	Zwilling	Verbund	Einfach	elektrisch insgesamt	elektrisch unter Tage
1	Baroper Maschinenbau-A. G.	1	35	—	—	—	—	—	—	1	—	—
2	A. Borsig	10	808 (4)	381 (5)	—	461 (2)	210 (8)	—	1	3	6	1
3	Breitfeld, Danek & Co.	1	210	—	—	180	30	—	1	—	—	—
4	Brinkmann & Co., Witten	1	66	—	—	—	12	1	—	—	—	—
5	Burckhardt, A. G., Basel	32	4 221 (25)	171 (3)	500 (2)	1 200 (7)	824 (14)	8	9	11	4	2
6	Calow & Co., Bielefeld	4	793	—	—	470 (3)	102	2	2	—	—	—
7	Cockerill, Seraing	1	70	—	—	—	12	—	—	1	—	—
8	Dinglersche Maschinenfabrik	24	3 796	—	—	630 (5)	544	5	2	17	—	—
9	Donnersmarckhütte	3	1 710	—	—	1 040 (2)	285	—	2	1	—	—
10	Duisburger Maschinenbau-A. G.	15	358 (8)	—	—	88 (4)	188 (12)	2	1	9	3	3
11	Ehrhardt & Sehmer, Saarbrücken	1	—	—	—	—	0,1	—	—	—	1	1
12	A. Eissner, Lugau	3	311	—	—	135 (2)	74	1	—	2	—	—
13	H. Flottmann & Co.	1	—	—	—	160	25	—	—	1	1	1
14	Friedrich Wilhelmshütte	2	728	—	—	176 (1)	61	1	—	1	—	—
15	Frölich & Klüpfel	3	—	70 (1)	—	80 (2)	20	—	—	—	3	3
16	Gutehoffnungshütte	10	2 455	—	—	1 899 (5)	1 087	2	1	1	1	—
17	Hoffmann, Eiserfeld	9	425 (5)	—	—	242 (3)	189	—	9	—	—	—
18	Hofmann & Zinkeisen, Zwickau i. S.	10	2 138	—	—	1 279 (8)	350	1	3	6	—	—
19	Hohenzollern, A. G., Düsseldorf	10	3 519 (7)	—	—	1 300 (2)	852	—	6	1	3	—
20	P. A. Hoppe, Hamburg	1	125	—	—	—	21	—	—	1	—	—
21	Humboldt, Kalk b. Köln	16	1 567 (8)	244 (5)	—	1 129 (7)	401	2	4	4	6	2
22	Ingersoll Rand Co.	2	490	—	—	—	84	—	—	2	—	—
23	Klein, Schanzlin & Becker	13	952	—	—	369 (6)	145	1	1	7	4	—
24	Koch, Bantelmann & Paasch	2	100	—	—	—	20	—	—	2	—	—
25	Fried. Krupp, A. G., Kiel, Germaniawerft	1	500	—	—	—	84	—	1	—	—	—
26	Dinnendahl, A. G., Kunstwerkerhütte	1	100	—	—	80	14	—	—	1	—	—

Nr.	Firma											
27	Maschinenbau-A. G., Balcke	1	—	—	—	—	3	—	—	1	—	—
28	Maschinenfabr. Guttsmann, Breslau	2	640	—	—	557	100	—	2	—	—	—
29	Sangerhäuser Aktien-Maschinenfabrik	4	130 (2)	—	80 (1)	50 (1)	38	—	—	4	1	—
30	Gebr. Meer, M.-Gladbach	4	1 890 (3)	—	—	720 (1)	360	—	3	9	1	1
31	Menck & Hambrock	9	1 374	—	—	234 (2)	216	—	—	—	—	1
32	Rud. Meyer, Mülheim (Ruhr)	167	42 728 (112)	2 863 (30)	—	23 195 (72)	8 259 (163)	21	71	32	43	31
33	Montania, Nordhausen	2	—	60 (1)	—	44 (1)	9	—	—	—	2	1
34	Neumann & Esser, Aachen	46	16 218 (39)	687 (3)	—	9 636 (25)	3 112 (45)	2	32	7	5	1
35	Paschke & Kastner, Freiberg	1	100	—	—	—	27	—	—	1	1	—
36	Pokorny & Wittekind	98	40 140 (87)	599 (2)	—	22 905 (57)	7 504	5	88	—	5	5
37	Sächsische Maschinenfabrik, Chemnitz	1	95	—	—	—	14	—	—	1	1	1
38	Schkeuditzer M.-F. Karl Enke	1	—	50	—	—	6	—	—	—	1	1
39	Schüchtermann & Kremer	71	25 475 (62)	—	—	15 793 (42)	4 839 (70)	7	57	7	—	—
40	G. A. Schütz, Wurzen	79	18 028 (70)	75 (1)	—	7 007 (27)	3 235 (79)	27	32	16	4	3
41	L. Schwartzkopff, Berlin	2	204 (1)	85 (1)	—	—	14	—	1	—	1	—
42	Siegener Maschinenb.-A. G.	1	37	—	—	26	6	—	1	—	—	—
43	L. Soest & Co., Düsseldorf	1	60	—	—	54	9	—	1	—	—	—
44	Maschinenb.-A. G. Starke & Hoffmann	1	25	—	—	—	4	—	—	1	—	—
45	Thyssen & Co., Mülheim (Ruhr)	10	5 840	—	—	5 017	946	—	10	—	1	1
46	Union, Essen	2	—	90 (1)	—	—	37	—	1	—	1	1
47	Ver. Bastenberg	1	—	46	—	—	8	—	—	—	1	—
48	Ver. Königin Marienhütte A. G., Cainsdorf	21	2 561 (10)	616 (8)	—	2 079 (16)	644	3	1	8	9	5
49	A. Voßberg, Magdeburg	2	55	—	—	—	7	—	—	2	—	1
50	Wasserkraft-Druckluft-Syndikat	1	—	—	—	—	—	—	—	—	—	—
51	Wegelin & Hübner	4	380 (1)	60 (1)	—	320 (1)	37 (3)	1	1	—	2	—
52	Weise & Monski, Halle	3	—	13	—	—	3	—	—	—	3	—
53	Zwickauer Maschinenfabrik	21	1 451 (8)	1 142 (10)	—	570 (4)	510 (20)	1	2	8	10	3
54	Ohne Firma	2	70	—	—	23	16	—	—	2	—	—
55	Plunger-Naßkomp. ohne Firma	2	200	—	—	140	28	—	—	2	—	—
		737	183 178 (564)	7 252 (77)	580 (3)	99 288 (329)	35 625,1 (704)	93	346	172	120	60

Belegschaft	Anzahl der Kompressoren	Mittlere Leistung in PS. pro Kompr.	Leistung in PS. auf 1 cbm anges. Luft	Belegschaft auf 1 Kompr.
Preußen:				
Dortmund	410 (196)	397,2	5,65	802
Breslau	120 (60)	190,5	5,30	1015
Bonn	136 (63)	165,4	5,51	599
Halle	10 (7)	44,4	5,30	254
Clausthal.	6 (6)	80	8,00	215
	682 (332)			i. M. 577
Sachsen:				
Ölsnitz	16 (11)	131	4,58	700
Zwickau I	15 (7)	207	4,23	478
„ II	8 (3)	116	5,67	442
	39 (21)			i. M. 540
Bayern	12 (3)	129	6,50	250
Mecklenburg	1 (1)	—	—	—
Schwzbg.-Rudolstadt . .	1 (1)	—	—	396
Schwzbg.-Sondershausen .	2 (1)	50	8,3	285
Deutsches Reich	737 (359)		i. M. 5,904	i. M. 409

Die Tabelle Seite 278/279 gibt eine Übersicht der Kompressoren nach den Lieferanten, nach ihrer Antriebsart, ihren Systemen und der Aufstellung (ob über oder unter Tage).

Diese Tabelle zeigt, daß von den 645 Kompressoren, deren Antrieb angegeben ist, der Zahl nach 87,5% durch Dampfmaschinen, 12% elektrisch und nur 0,4% durch Gasmotoren betrieben werden. Bezieht man dagegen die Leistungen auf die Gesamtleistung sämtlicher Kompressoren von 191 010 PS. so entfallen auf Dampfantrieb 95,9%, auf elektrischen Antrieb 3,8% und auf Gasmotorenantrieb 0,3%.

Firma	Anzahl.der gelieferten Kompressoren		Gesamtleistung in cbm Luft i. d. Min.	% der Gesamtleistung
	Zahl	von der Gesamtzahl %		
1. Rud. Meyer	167	22,6	8259	23,2
2. Pokorny & Wittekind . . .	98	13,3	7504	21,0
3. Schütz	79	10,7	4839	13,6
4. Schüchtermann & Kremer .	71	9,6	3235	9,0
5. Neumann & Esser	46	6,2	3112	8,7
6. Burckhardt & Weiß	32	4,3	1087	3,1
7. Dingler'sche Masch.-Fabrik .	24	3,3	946	2,7
8. Königin Marien-Hütte . . .	21	2,9	852	2,4
9. Zwickauer Masch.-Fabrik . .	21	2,9	824	2,3
Summa	559 (von 737)	75,8 (von 100%)	30658 (von 35625)	86,0 (von 100%)

Über den Anteil der hauptsächlichsten Firmen an den in der Zusammenstellung vertretenen Kompressoren gibt die Tabelle Seite 280 unten Aufschluß.

Sehr interessant sind noch die Ergebnisse bezüglich der Touren-zahlen, der Abschlußorgane und der Kühlungsarten der verschiedenen Kompressoren. Die ersteren sind zunächst aus der folgenden Tabelle zu ersehen. Dieselbe zeigt, daß 50 bis einschl. 80 Touren 389 Kompressoren oder 54,1 % aller in der Zusammenstellung enthaltenen Kompressoren machen, bis einschl. 100 Touren 545 oder 75,9 % aller Kompressoren. Die elektrischen Kompressoren machen fast ausnahmslos über 100 Touren, die üblichsten Tourenzahlen sind bei denselben 120, 145 und 160 Touren.

Umlaufzahlen aller Kompressoren

Umdr.	Anzahl d. Komp.	Umdr.	Anzahl d. Komp.
15	2	155	2
20	1	160	11
25	7	165	9
30	8	170	8
35	9	175	6
40	23	180	8
45	31	185	4
50	76	190	2
55	21	195	2
60	98	200	9
65	40	210	5
70	52	220	2
75	39	225	3
80	63	235	1
85	21	240	4
90	28	245	2
95	5	250	3
100	21	275	1
105	6	—	—
110	7	—	—
115	3	3300	1
120	24	3650	1
125	9	4000	1
130	7	4200	1
135	4		
140	4	Summa 718	
145	9		
150	14		

Umlaufzahlen d. elektr. Kompressoren

Umdr.	Anzahl d. Komp.	Umdr.	Anzahl d. Komp.
25[1])	1	175	6
45[1])	1	180	6
50	2	185	3
65	1	190	2
75	2	195	1
105	1	200	9
120	11	210	4
125	3	220	1
130	2	225	3
135	1	235	1
140	3	240	4
145	7	245	2
150	10	250	3
155	1	275	1
160	12	Summa 117	
165	7		
170	6		

Die Tourenzahlen über 3000 beziehen sich auf Dampfturbinen zum Antrieb von Rateauschen Turbokompressoren, die von der Gute-hoffnungshütte in Oberhausen geliefert waren.

Bezüglich der Abschlußorgane und der Kühlungen sind die beiden folgenden Tabellen zu beachten.

---

[1]) Plungerkompressor.

Schieber:

		%
Schieber, nicht näher bezeichnet	126	20,0
„ mit Druckausgleich	32	5,1
Kolbenschieber	10	1,6
Kösterschieber	115	18,3
Rundschieber	6	1,0
„ mit Druckausgleich	1	
Entlasteter Rundschieber	1	
Drehschieber	3	
Hübenerschieber	3	2,2
Hasemannschieber mit Druckausgleich	1	
Strnad-Rundschieber	5	
Grünburger-Meyer-Schieber	1	
zusammen:	304	48,2

Ventile:

		%
Ventile, nicht näher bezeichnet	192	30,5
Plattenventile	34	5,4
Collmannventile	61	9,6
Ventile Patent Hohenzollern	9	1,4
Kataraktventile	7	1,1
Hörbigerventile	3	
Ringventil	1	
Riedlerventile	2	1,5
Streifenventil	1	
Ventil Elsner	1	
Ickenventil	1	
zusammen:	312	49,5

Gummiringe . . . . 1 = 0,1 %
Gummiklappen . . . . 9 = 1,4 %
Gutermuthklappen . . . . 4 = 0,8 %

No.	Art der Kühlung	Zahl der Kompressoren	Von der Gesamtzahl %
1.	Mantel	389	55,8
2.	Mantel und Deckel	53	7,6
3.	„ Deckel, Schieberkasten	12	1,7
4.	Zwischenkühler	52	7,6
5.	Deckel	2	0,3
6.	„ und Zwischenkühler	5	0,7
7.	Mantel „ „	118	16,9
8.	Einspritzung	33	4,7
9.	Mantelkühlung und Einspritzung	33	4,7
	Summa:	697	100,0

Weiterer Erläuterungen bedürfen dieselben nicht.

Sehr interessante Werte ergab die Erhebung noch bezüglich der Anschaffungs-, Betriebs- und Amortisationskosten der Kompressoren. Bezüglich des Anschaffungspreises ergab sich der kleinste Wert zu 117 Mk. für 1 PS., bei einer mittleren Maschinenleistung von 328 PS., der größte Wert zu 192 Mk. (146 PS.). Der mittlere Wert aus den Angaben von 14 Firmen betrug 151 Mk. bei einer mittleren Leistung von 372 PS.

Die Betriebskostenwerte sind aus der folgenden Tabelle zu ersehen.

No. d. Firma	Betriebskosten für Dampf usw. in Mk.	Amortisation in Verzinsung in Mk.
	auf 1000 kg angesaugter Luft	
1	1,70	0,190
2	3,21	0.420
5	2,30	0,295
6	3,53	0,255
8	1,88	0,300
9	1,35	0,244
10	1,73	0,480
11	1,55	0,290
12	1,86	0 250
im Mittel	2,12	0,303

Legt man beide Mittelwerte zugrunde, so kann man für rohe Überschlagsberechnungen, ohne einen zu großen Fehler zu begehen, wohl annehmen, daß die Amortisations- und Verzinsungsquote etwa $^1/_7$ des Wertes der Betriebskosten beträgt und letzterer im Mittel zu 2,10—2,50 Mk. für 1000 kg (oder bei einem mittleren Gewichte von 1,2 kg für 1 cbm für $\sim$ 833 cbm) oder zu 2,50—3,00 Mk. für 1000 cbm angesaugter Luft angenommen werden kann.

Drittes Kapitel.

Die Luftpumpen.

Wie bei den Luftkompressoren bemerkt wurde, unterscheiden sich dieselben von den Gebläsen durch den höheren Enddruck, ihre Bauart und ihre Verwendung. In ähnlichem Verhältnisse stehen auch die Luftpumpen zu den beiden ersten Klassen der Luftförderungsmaschinen mit geradlinig bewegtem Kolben.

Während bei denselben eine Verdichtung der Luft von der atmosphärischen Spannung auf eine höhere beabsichtigt wurde, ist der Zweck der Luftpumpen dagegen, einen mit Luft erfüllten Raum zu entleeren, also eine Luftleere, oder ein Vakuum, bzw. da eine absolute Leere nie erreichbar ist, eine möglichste Luftverdünnung zu erzielen. Hierbei wird eine, mit jedem Kolbenhub zunehmende Druckverminderung in dem geschlossenen Raume bewirkt. Das bei jedem Hube angesaugte Luftvolum ist auf atmosphärischen Druck zu komprimieren. Da jedoch der Anfangsdruck immer niedriger wird, so folgt hieraus eine ganz allmähliche Zunahme der Betriekskraft. Bezüglich ihrer Bauart unterscheiden sich die Luftpumpen kaum von den Kompressoren, vielmehr lassen sich die meisten Kompressoren auch als Luftpumpen verwenden, sobald dafür Sorge getragen ist, daß die Saugleitung mit dem zu entleerenden Raum, die Druckleitung oder die Druckventile direkt mit der äußeren Luft in Verbindung stehen.

Die Verwendung der Luftpumpen ist eine sehr vielseitige, namentlich dienen dieselben in der chemischen Industrie zur Erzeugung luftverdünnter Räume in Koch-, Abdampf- und Destillationsgefäßen, zum Absaugen und Fortbewegen von Flüssigkeiten usw.

Eine zweite, sehr ausgedehnte und wichtige Anwendung finden die Luftpumpen bei den Kondensatoren der Dampfmaschinen zur Erzeugung des Vakuums und zum Absaugen der Luft, des Wasserdampfes und Wassers aus dem Kondensator. Die Kondensatorluftpumpen sind daher meist kombinierte Luft- und Warmwasserpumpen. Dieselben sollen im nachstehenden von den ersteren getrennt behandelt werden.

Über die Wirkungsweise und Konstruktion ist bei den einzelnen Typen wenig zu bemerken, so daß im wesentlichen auf die Abbildungen verwiesen werden kann. Von beiden Klassen sind auch nur einige Haupttypen wiedergegeben, da namentlich bei den Kondensator-Luftpumpen die Mannigfaltigkeit der Ausführungen eine zu große ist, als daß es möglich wäre, eine umfassende Übersicht in den Rahmen dieses Buches aufzunehmen.

A. Gewöhnliche oder trockene Luftpumpen.

Da der Enddruck der Kompression bei den Luftpumpen nur 1 Atm. beträgt, so können des kleinen Druckes wegen bei diesen, sowie bei den Kondensatorluftpumpen fast ausschließlich Klappen oder

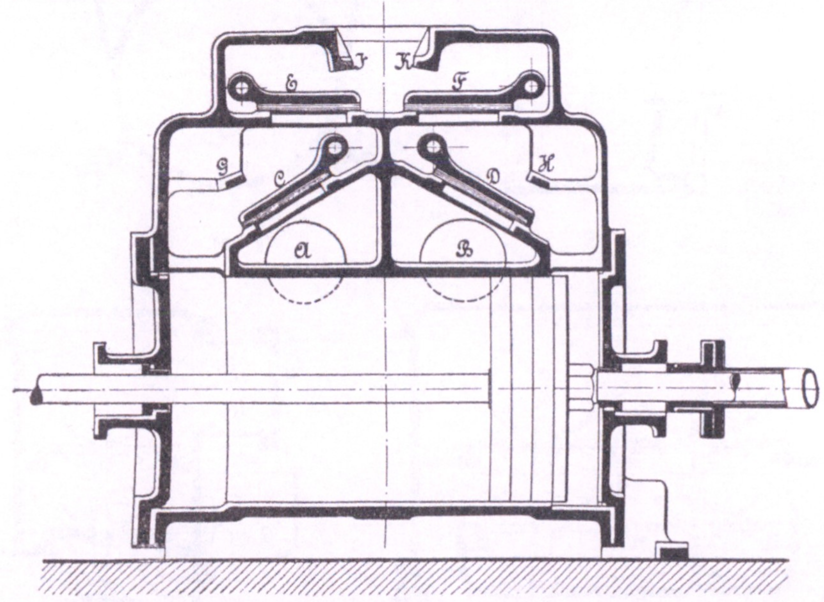

Fig. 334.

Ventile aus Filz, Leder oder Gummi mit oder ohne Metallarmierung Anwendung finden. Bei den hierher gehörigen Luftpumpen findet kein Ansaugen von Wasser statt, weshalb dieselben als trockene Luftpumpen bezeichnet werden.

Eine Reihe verschiedener Ausführungen ist im folgenden gegeben.

1. Amerikanische Luftpumpe. Fig. 334[1]).

A und B Saugöffnungen, C und D Saugklappen, E und F Druckklappen, G, H, I und K Anschläge für die Klappen.

2. Luftpumpe der Braunschweigischen Maschinenfabrik. Fig. 335 und 336.

---

[1]) Nach Uhlands prakt. Masch.-Kontrukteur 1891, Fig. 391.

Auf jeder Zylinderseite sind je zwei runde Klappen als Saugventile A und Druckventile B angebracht, so daß im ganzen acht Klappen

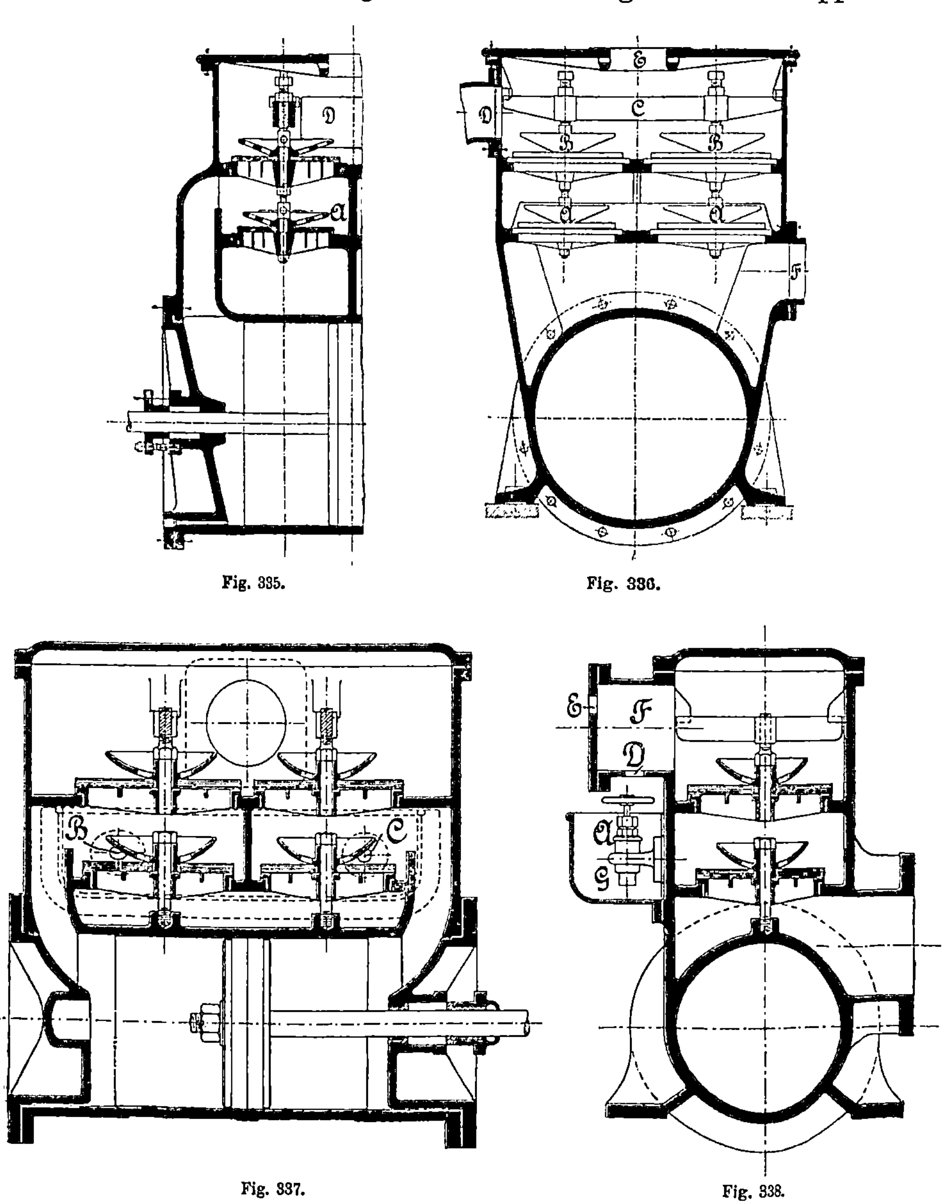

Fig. 335.   Fig. 336.

Fig. 337.   Fig. 338.

vorhanden sind. Die Befestigung ist durch Druckschrauben, welche in je einem gemeinschaftlichen Bügel C sitzen, bewirkt. Zum Ausfüllen des schädlichen Raumes wird durch das Saugrohr F Wasser mit angesaugt, welches durch das Abflußrohr D wieder abfließt, während die Luft bei E ins Freie entweicht.

Hierdurch wird ein volumetrischer Wirkungsgrad von über 90 % erreicht. Die Dimensionen, Luftmengen, Tourenzahlen usw. einiger Ausführungen dieser Luftpumpen sind aus der folgenden Tabelle zu ersehen.

Dampfzylinder, Durchm. mm . .	210	220	240	260	300	330	360	400
Luftzylinder „ „ . .	250	250	350	400	450	500	550	600
Hub mm	300	350	350	400	450	500	550	600
Tourenzahl i. d. Min.	110	100	100	90	84	78	74	70
Kolbengeschwindigkeit i. d. Sek. m	1,1	1,166	1,166	1,2	1,25	1,3	1,35	1,4
Luft- } i. Saugrohr m .	16	16	17	17	17	17	18	18
geschwindigkeit } i. Druckrohr. m . .	22	22	22	23	23	23	24	24
Saugrohr, Durchm. mm	65	70	95	110	125	140	150	165
Druckrohr, „ „	60	60	80	90	105	120	130	145
Minutl. angesaugte Luftmenge cbm	2,9	4,4	6,0	8,1	10,7	13,7	17,2	21,3

3. Luftpumpe von Heckmann[1]). Fig. 337 und 338. Dieselbe ähnelt im wesentlichen der Luftpumpe der Braunschweigischen Maschinenfabrik, nur sind die zwischen die Saug- und Druckventile eingeschalteten, vor den Öffnungen B und C sitzenden Einspritzventile A bemerkenswert, durch welche aus dem Trog G eine zum Ausfüllen des schädlichen Raumes jeweilig erforderliche Flüssigkeitsmenge, Wasser oder Glyzerin, angesaugt wird. Durch die Öffnung D am Boden des Stutzens F fließt das Wasser oder Glyzerin dem Trog G wieder zu, während die Luft durch die Öffnung E ins Freie gelangt. Bei Anwendung von Glyzerin findet zugleich eine Schmierung des Zylinders durch dasselbe statt.

4. Tiefvakuumpumpe von Richter[2]). Fig. 339. Dieselbe bezweckt, durch Verbindung eines Strahlapparates A [3]) mit der trockenen Luftpumpe B in möglichst kurzer Zeit eine starke Luftverdünnung vor und hinter dem Luftpumpenkolben, sowie in dem zu entleerenden Raum zu erzeugen. Beim Anlassen des Strahlapparates, welcher durch das Rohr R sowohl mit Dampf als auch mit Wasser oder Druckluft betrieben werden kann, wird nach Öffnen des Ventils C durch zwei um den Zylinder herumlaufende Rohre F eine Verbindung des Saugrohrs D mit dem Druckrohr E hergestellt, und der Apparat so lange in Tätigkeit gelassen, bis das Manometer des luftleer zu pumpenden Raumes keine Druckverminderung mehr anzeigt. Hierauf wird nach Schließen des Ventils C, sowie des Dampfventils V die Luftpumpe in Bewegung gesetzt, welche nun ein sehr tiefes Vakuum zu erreichen und zu erhalten leichter imstande sein wird. Sämtliche Ventile werden durch das Exzenter G gesteuert, wodurch ein genauer Abschluß beim Hubwechsel erreicht und ein Zurückströmen der Luft verhindert wird.

1) C. Heckmann, Kupferschmiede und Maschinenfabrik, Berlin SO., Görlitzer-Ufer 9.
2) W. Richter in Berlin, D.R.P. No. 22208 vom 18. 6. 1882.
3) Vgl. Kap. 7 und Theoret. Teil, Kap. 13.

Die Verteuerung der Konstruktion durch den Strahlapparat und die Steuerung dürfte der Einführung derselben wohl hinderlich sein und dieselbe nur für solche Zwecke, welche fortgesetzt die Herstellung eines sehr tiefen Vakuums erfordern, empfehlenswert erscheinen lassen.

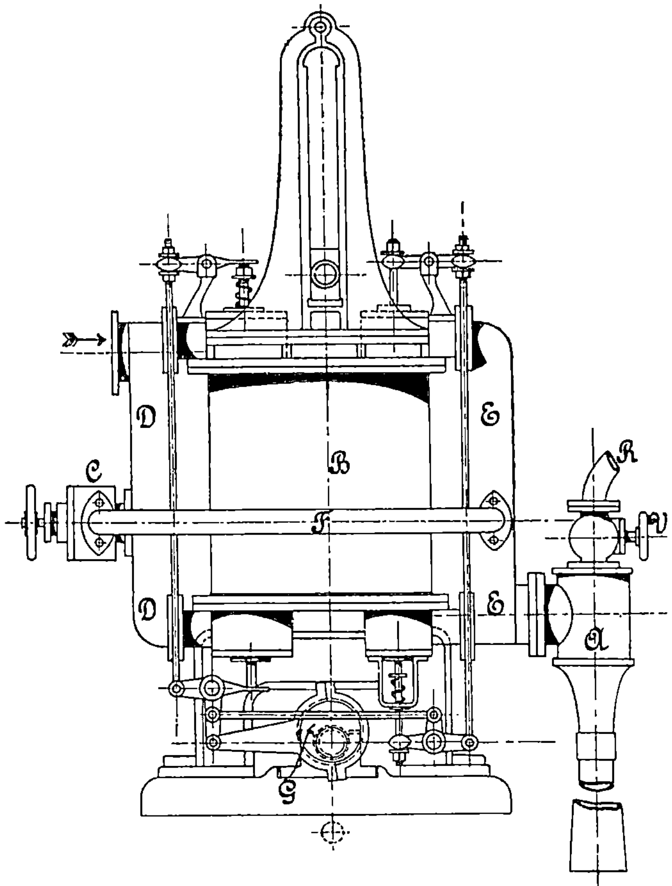

Fig. 339.

5. Luftpumpe von Wegelin und Hübner[1]). Für sehr niedrige Drücke, welche für manche Zwecke bis zu 1 mm Quecksilbersäule herabgezogen werden müssen, verwenden Wegelin und Hübner die in den Fig. 340—342 dargestellte Konstruktion. Da die mit der früher beschriebenen Schieberluftpumpe von Wegelin und Hübner mit Rückschlagplatte überhaupt erreichbare Luftleere von dem Überdrucke abhängt, welcher nötig ist, um die Rückschlagplatte zu heben, dieselbe daher um so größer ist, je geringer dieser Überdruck ist, so geschieht

---

1) Wegelin & Hübner, Masch.-Fabrik, Halle a. S.

das Öffnen der Rückschlagplatte durch die der Firma Wegelin & Hübner unter dem 22. 9. 1891 patentierte Vorrichtung.

Der gewöhnliche Verteilungsschieber C, welcher durch die Schieberstange E hin- und herbewegt wird, trägt als Abschluß des Hohlraums C vom Schieberkasten D eine längliche Platte A, welche an beiden Enden mit zwei seitlichen Ansätzen e und e_1 versehen ist. Unter die letzteren greifen die um k und k_1 drehbaren Knaggen d und d_1 des dreiarmigen

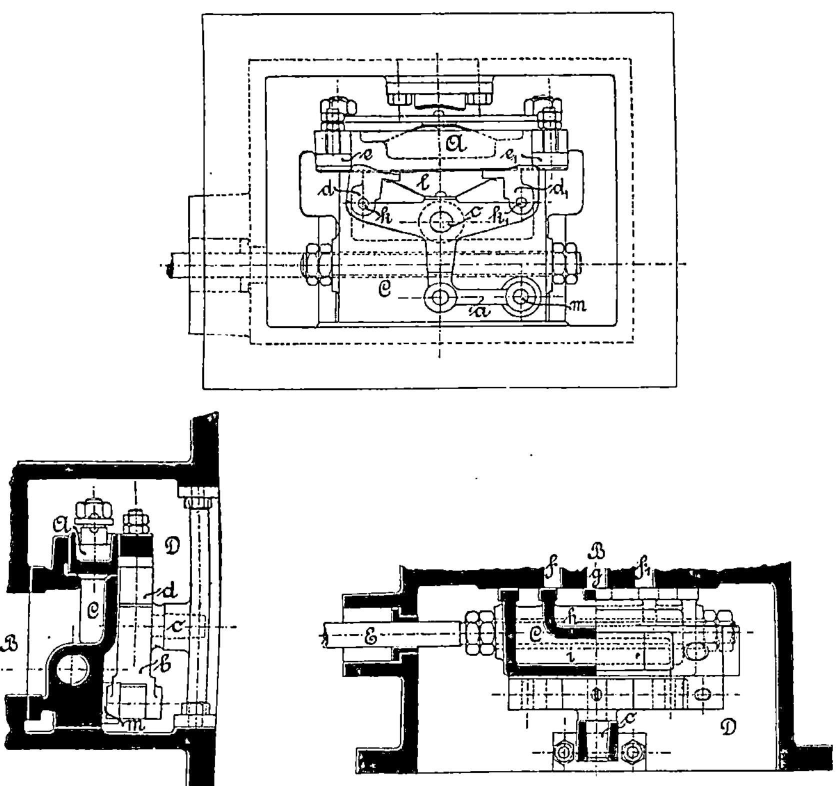

Fig. 340—342.

Hebels b, welcher um den am Schieberkasten befestigten Zapfen c drehbar ist, und durch die am Rücken des Schiebers am Zapfen m befestigte und von diesem mitgenommene Zugstange a bewegt wird. ·Bei der Bewegung des Schiebers wird somit durch die Stange a der Hebel b abwechselnd hin- und hergedreht, hierdurch mittelst der Knaggen d und d_1 abwechselnd der Ansatz e oder e_1 und dadurch die Rückschlagplatte A gehoben, so daß die Ausströmung der komprimierten Luft in den Schieberkasten und von hier in die freie Luft leicht erfolgen kann. Natürlich sind die Größenverhältnisse der einzelnen Teile des Mechanismus so zu wählen, daß die Öffnung der Rückschlagplatte bei dem tiefsten beabsichtigten Vakuum am Ende der Kompression erfolgt, damit für diesen Fall der

Überdruck nicht zu groß werde. Für alle früheren Kompressionen indessen wird die Öffnung des Ventils selbsttätig durch den Luftdruck erfolgen, da eine Veränderlichkeit des Beginns der Eröffnung nicht ausführbar ist [1]).

6. Luftpumpe von Weiß [2]). Der Burckhardt-Weißsche Kompressor wird in sehr vielen Fällen auch als Luftpumpe benutzt. Bezüglich der Konstruktion und Wirkungsweise kann auf das bereits oben (S. 110) Gesagte verwiesen werden. Derselbe liefert eine Luftleere von 74 cm Quecksilbersäule oder 0,026 Atm. absoluten Druckes bei einem volumetrischen Wirkungsgrad von über 90 %.

7. Drehschieber-Luftpumpe der Berlin-Anhaltischen Maschinenbau-Aktiengesellschaft in Berlin. Bei derselben wird [3]), wie aus Fig. 343 und 344 ersichtlich, der Ein- und Austritt der Luft durch zwei sich fortdauernd drehende, mittelst Schraubenrad und

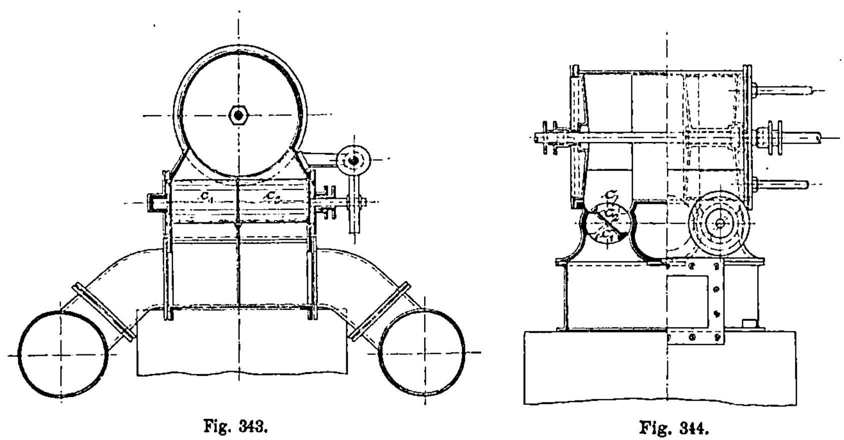

Fig. 343.   Fig. 344.

Schnecke von der Maschine bewegte Drehschieber geregelt, welche mit ihrer einen Hälfte mit dem Einlaßraum, mit ihrer anderen Hälfte mit dem Auslaßraum in Verbindung stehen. Die beiden Räume c_1 und c_2 jedes Drehschiebers c sind durch um 90° gegeneinander versetzte Stege voneinander getrennt. Um eine gewisse Kompression der angesaugten Luft ausführen zu können, können die abschließenden Kanten der Scheidewände mit seitlichen Überdeckungen versehen sein, um beim Hubwechsel durch späteres Öffnen das zusammengepreßte Gas erst später einlassen zu können. Die Konstruktion eignet sich vornehmlich für geringere Drücke und Maschinen mit möglichst gleichbleibender Luftlieferung, insbesondere für Gaspumpen, Luftpumpen etc., kann

---

[1]) Nach Mitteilung der Firma arbeitet eine Luftpumpe dieser Konstruktion im physikal. Laboratorium des bekannten Gelehrten Raoul Pictet zu Berlin für sehr tiefe Luftverdünnung zufriedenstellend.

[2]) Burckhardt & Weiß, Basel. Vgl. weiter oben unter Schieber-Kompressoren.

[3]) Deutsche Pat.-Schrift 113523.

jedoch infolge ihrer Ausbildung mit verhältnismäßig hohen Tourenzahlen arbeiten.

8. **Luftpumpe von Köster.** Die Firma Neumann & Esser in
Aachen baut die Luftpumpe nach Patent Köster in der, aus Fig. 345
ersichtlichen Anordnung. Die beiden Druckkanäle liegen außen, der
Saugkanal in der Mitte des
Zylinders.

Der Schieber ist mit
zwei Löcher versehen, welche
in der Mittelstellung des
Schiebers mit einem Druck-
ausgleichskanal im Schieber-
kastendeckel in Verbindung
treten und so den für Tief-
vakuumpumpen erforder-
lichen Druckausgleich zwischen beiden Zylinderseiten
bewirken. Im Druckkanal
ist ein federbelastetes Rückschlagventil angebracht, wel-

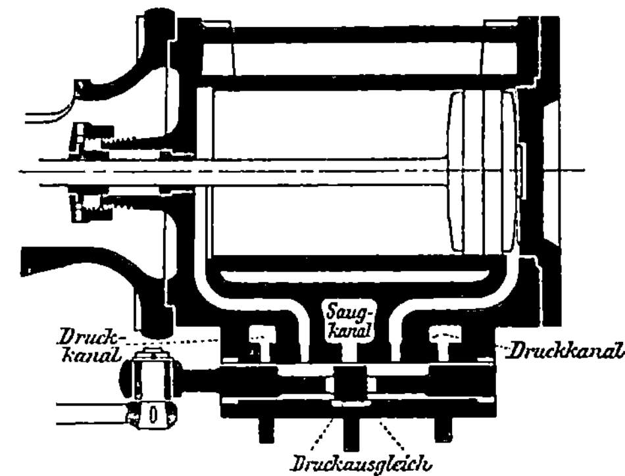

Fig. 345.

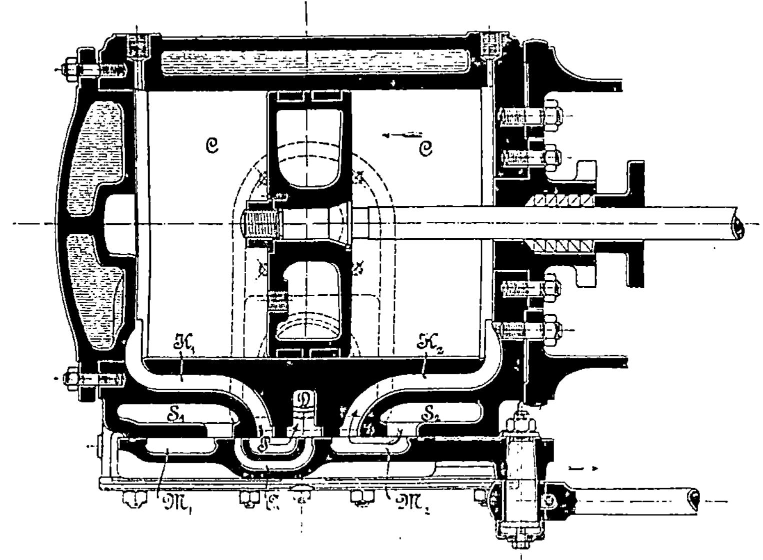
Fig. 346.

ches während des Betriebes entfernt, nachgeschliffen und wieder
eingebaut werden kann. Dasselbe liegt nicht im Rückstrom der Luft
und schließt daher sanft. Der Steuerschieber ist auf dem Schieberspiegel luftdicht aufgeschliffen. Das durch diese Vakuumpumpen erzielte Vakuum ist sehr hoch, bei einstufigen Pumpen 4—8 mm Quecksilbersäule, bei zweistufigen Pumpen 0,5 mm.

Das Wesentliche der Luft-Pumpen wie sie von Pokorny & Wittekind gebaut werden, besteht darin, daß die Gase durch Kanäle M_1, M_2 und P im Schieberspiegel, Fig. 346 und 347, sowohl angesaugt, als auch fortgedrückt werden.

Dadurch wird ein besonderer Schieberkasten entbehrlich, so daß also die Zugänglichkeit des Schiebers jedenfalls eine vorzügliche ist. Außerdem kann das Rückschlagventil V im Zylinder C festliegend und ebenfalls bequem zugänglich untergebracht werden.

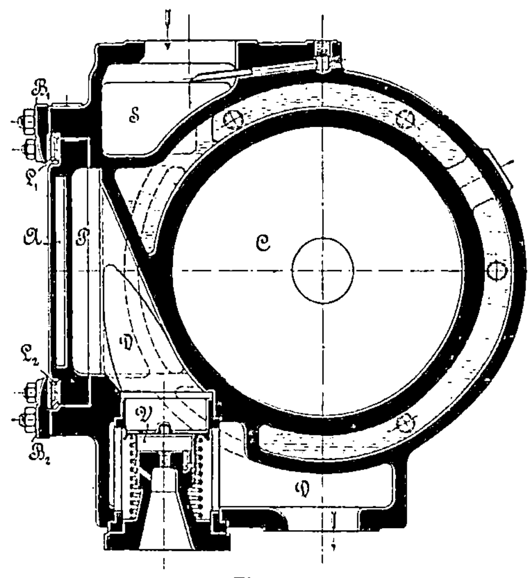

Fig. 347.

Für beide Zylinderseiten ist dies Rückschlagventil V gemeinschaftlich. In dem Luftbuffer desselben wird reine atmosphärische Luft komprimiert, um beim Pumpen unreiner Gase eine Verschmutzung und starke Abnützung der Ventilführung zu vermeiden.

Der Druckausgleich geschieht durch einen in den Schieber eingegossenen Kanal A und er beginnt zwecks Erhöhung des volumetrischen Effektes kurz vor dem Todpunkt des Kolbens, um ebensobald nach demselben beendet zu sein. Das erreichbare und garantierte Vakuum entspricht bei geschlossenem Saugrohre einem absolutem Quecksilberdruck von 3—5 mm. Handelt es sich um ein höheres Vakuum, so werden Doppelpumpen verwendet, und zwar werden alsdann zwei, an sich gleiche, Zylinder hintereinander geschaltet. Für diese Pumpen wird von der ausführenden Firma ein Vakuum von $\frac{1}{2}$—1 mm absoluten Quecksilberdruckes garantiert.

B. Kondensator-Luftpumpen.

Zur Einteilung der sehr verschiedenartigen Ausführungen lassen sich zwei Hauptgesichtspunkte heranziehen.

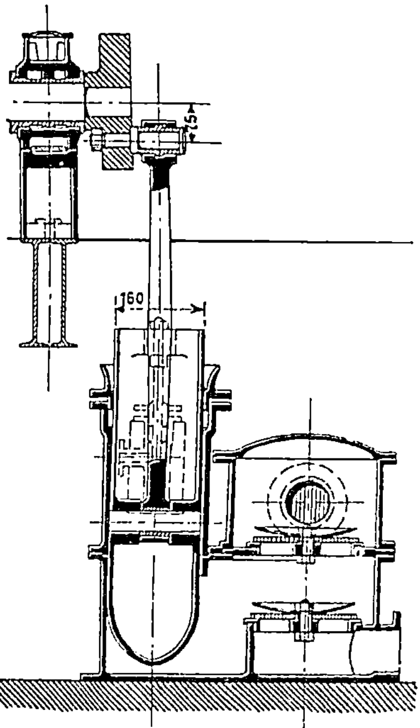

Fig. 348.

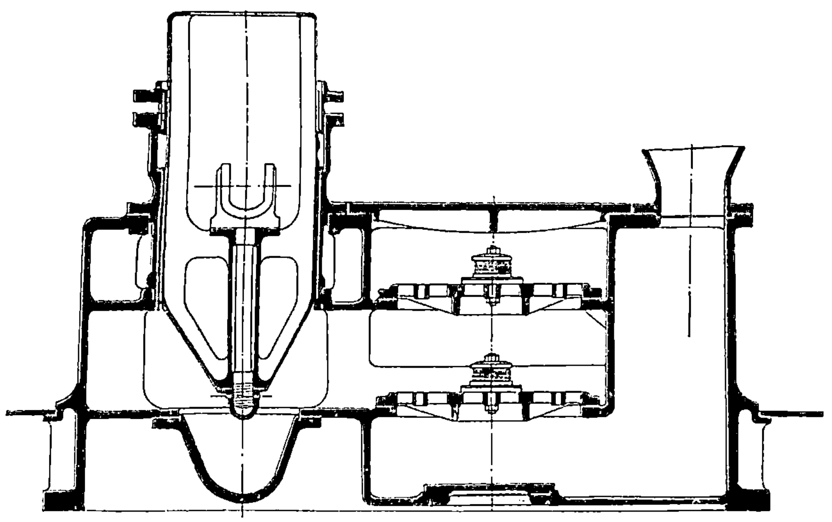

Fig. 349.

a) Die äußere Form, nach welcher man die Einteilung in:
1. stehende,
   α) einfach wirkende Luftpumpen,
   β) doppelt   „   „
2. liegende,
   α) einfach   „   „
   β) doppelt   „   „
treffen kann, und

b) die Art der Luft- und Dampfabsaugung, indem dieselbe entweder mit dem Wasser zugleich oder getrennt erfolgt. Letztere Methode bietet manche Vorteile dar und ist in neuester Zeit vielfach der Konstruktion der Kondensatorpumpen zugrunde gelegt worden. Es soll im folgenden die unter a) gegebene Einteilung zugrunde gelegt und zum Schlusse die Einrichtung einiger Kondensatorpumpen mit getrennter Luft- und Wasserabführung besprochen werden.

I. Stehende Kondensator-Luftpumpen.

a) Einfach wirkende.

Dieselben werden entweder mit Taucherkolben oder Ventilkolben ausgeführt. Im ersteren Falle liegen die Ventile seitlich von der vertikalen Zylinderachse, im letzteren in derselben. Ausführungen der ersten Art zeigen die Fig. 348—351, der letzteren die Fig. 352—358.

Fig. 348. Buffaud und Robatel, Lyon. Stehende, schnelllaufende 20pferdige Verbundmaschine [1]).

Fig. 349. Comp. de Fives-Lilles, Paris. Verbundmaschine zum Betriebe von Zentrifugalpumpen für Dünkirchen [2]).

Fig. 350a. Liegende Verbundmaschine, System Bonjour, gebaut von der Comp. de l'Horme de la Buire [3]).

Die Ventile sind Metallventile, das Saugventil ein Ringventil mit Filz- oder Gummiarmierung, das Druckventil aufgeschliffen.

Fig. 350b. Th. Powell, Rouen (Matter & Co. Succrs.) [4]).

Je 15 Saug- und Druckventile nach Art der Worthington-Pumpenventile, kleine, federbelastete Gummischeiben mit Metallarmierung von 100 mm Durchmesser und 10 mm Hub sind ringförmig um den mittleren Zylinder angeordnet. Die Kolbenstange ist vermittelst eines Kugelgelenkes am unteren Ende des Taucherkolbens befestigt.

Um einen selbsttätigen Wasserzufluß zur Luftpumpe zu bewirken und dadurch den Kondensatordruck zu verringern, hat zuerst Brown die in Fig. 351 [5]) dargestellte Konstruktion angewandt, auf deren Prinzip auch die in Fig. 354 gegebene Kondensatorpumpe von Kuhn in Stutt-

---

[1]) Salomon, Die Dampfmaschinen auf der Pariser Weltausstellung 1889. Z. Ver. deutsch. Ing. 1890, S. 842.

[2]) Buchetti, Les machines à vapeur, à l'Expos. de Paris 1889, Tafel XV.

[3]) Buchetti, a. a. O. Tafel IX.

[4]) Z. Ver. deutsch. Ing. 1890, S. 948 und Buchetti, a. a. O. Tafel XXXIV.

[5]) Z. Ver. deutsch. Ing. 1882, S. 406

gart [1]) beruht. Das Wasser-, Luft- und Dampfgemisch tritt bei A in den doppelwandigen Zylinder C, in dessen Innern sich der hohle

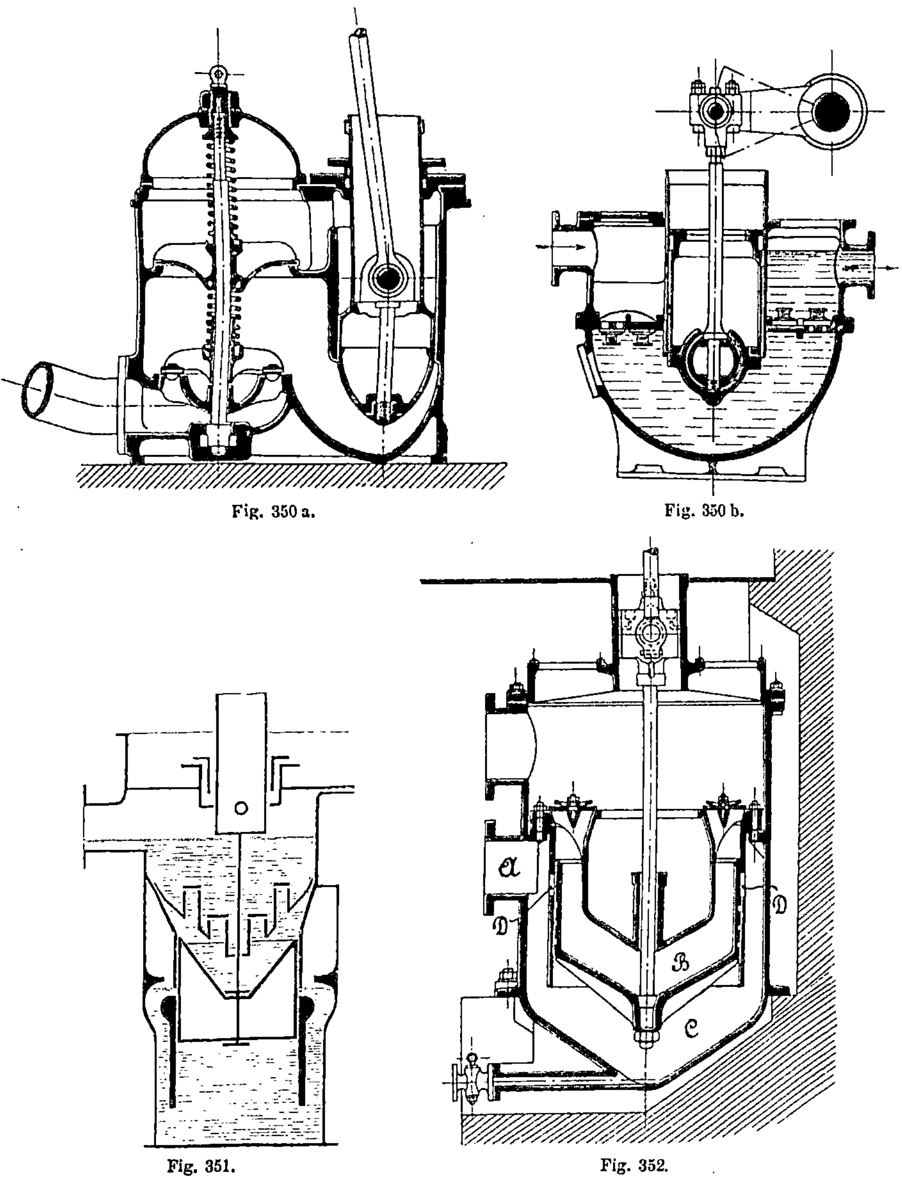

Fig. 350 a.

Fig. 350 b.

Fig. 351.

Fig. 352.

Kolben B auf- und niederbewegt. Eine ringförmige Öffnung D dient zum Eintritt der Luft und des Wassers, sobald der obere Rand des Kolbens

1) Z. Ver. deutsch. Ing. 1891, Tafel 38.

den Ringkanal geöffnet hat. Das über dem Wasserspiegel befindliche Luft- und Dampfgemisch tritt zuerst über den Kolben. Durch den Niedergang des letzteren wird das unterhalb desselben befindliche Wasser aus dem Zylinder C verdrängt und in den Hohlraum des Kolbens gedrückt. Wenn auch beim Aufgang des Kolbens ein Teil des Wassers durch den Ringkanal D wieder abfließt, so ist doch der Fortfall der Saugventile und die hierdurch bewirkte einfachere und billigere Herstellung ein nicht zu unterschätzender Vorteil gegenüber anderen Konstruktionen mit einem oder mehreren Saug- und Druckventilen.

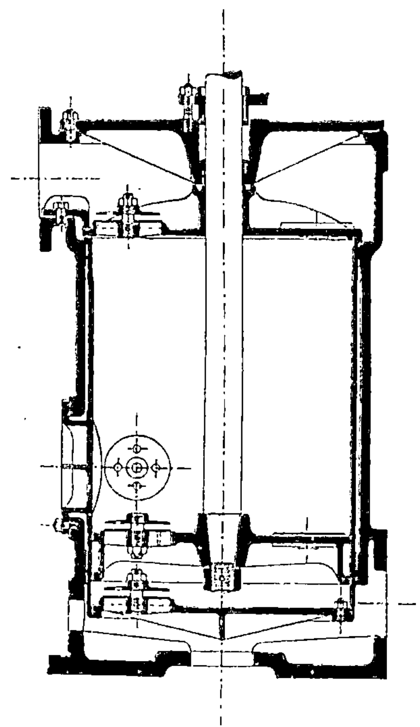

Fig. 353.

Von den Pumpen mit Ventilkolben ist eine typische Ausführungsform in Fig. 353 dargestellt.

Dieselbe stellt die Luftpumpe zur Dreifach-Expansionsmaschine des Hamburger Dampfers „Virginia" [1] dar.

Sie ist mit Kinghornschen Membranventilen versehen, welche aus je drei übereinander gelegten Kupferblechscheiben bestehen. Die Ventile haben 160 mm Durchmesser und 19 mm Hub. Der Durchmesser der Luftpumpe beträgt 630 mm, der Hub 670 mm. Die Maschine ist auf der Werft von Blohm & Voß in Hamburg im Jahre 1891 gebaut.

---

[1] Z. Ver. deutsch. Ing. 1892, S. 1276, Fig. 267.

b) Doppelt wirkende, stehende Luftpumpen.

Sehr verbreitet ist für stehende Luftpumpen die Anwendung von Differentialkolben, wodurch während des Auf- und Niedergangs der Pumpe bei nur einem Saug- und Druckventil Wasser- und Luftförderung

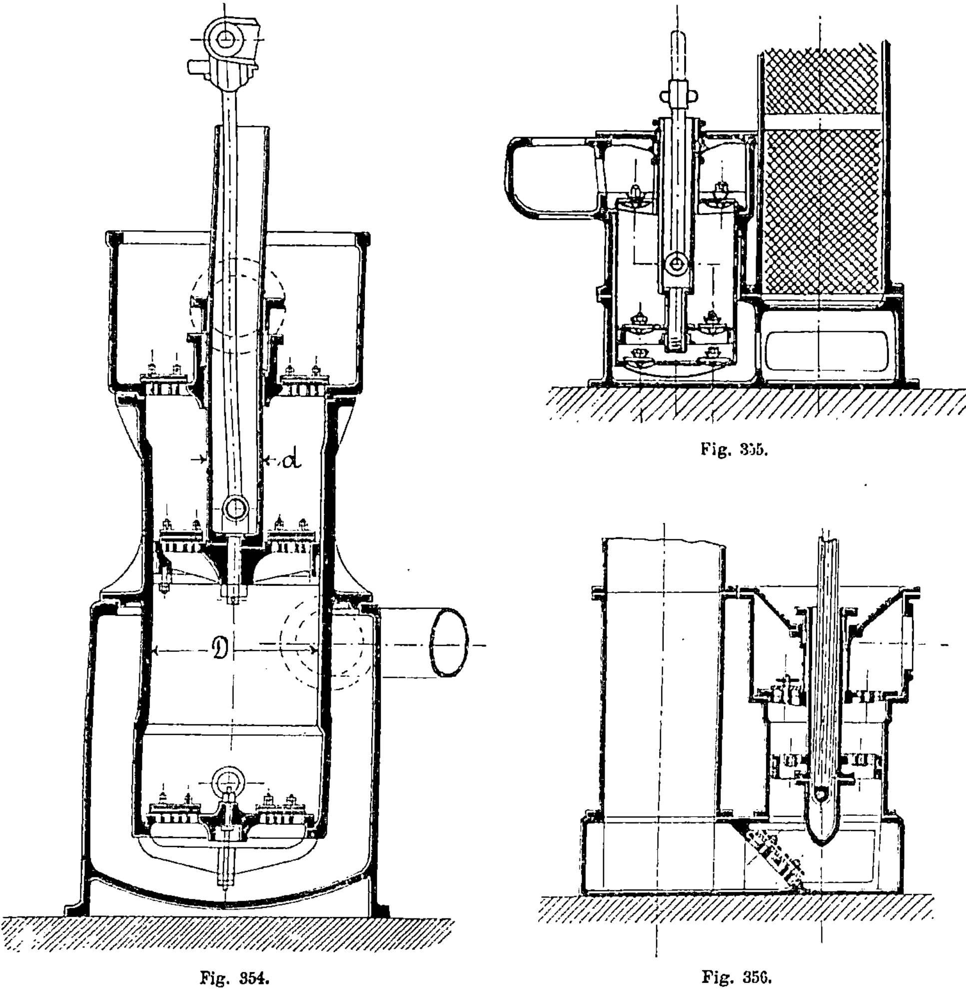

Fig. 355.

Fig. 354.

Fig. 356.

ermöglicht ist. Bezeichnet in Fig. 354 [1]) D den lichten Durchmesser des Pumpenzylinders, d den Plungendurchmesser, s den Hub des Kolbens, so wird beim Aufgang des Kolbens die Luft- bzw. Wassermenge $Q_1 = \dfrac{D^2 \pi}{4} \cdot s$ angesaugt. Beim Niedergang tritt dieselbe Menge über den

[1]) Luftpumpe von A. und H. Oechelhäuser in Siegen.

Kolben. Da jedoch der Inhalt des über dem Kolben befindlichen Raumes nur $V = \dfrac{\pi}{4} (D^2 - d^2) \cdot s$ ist, so wird ein Teil der angesaugten Luft- und Wassermenge Q_1 durch die Druckventile entweichen müssen, und zwar

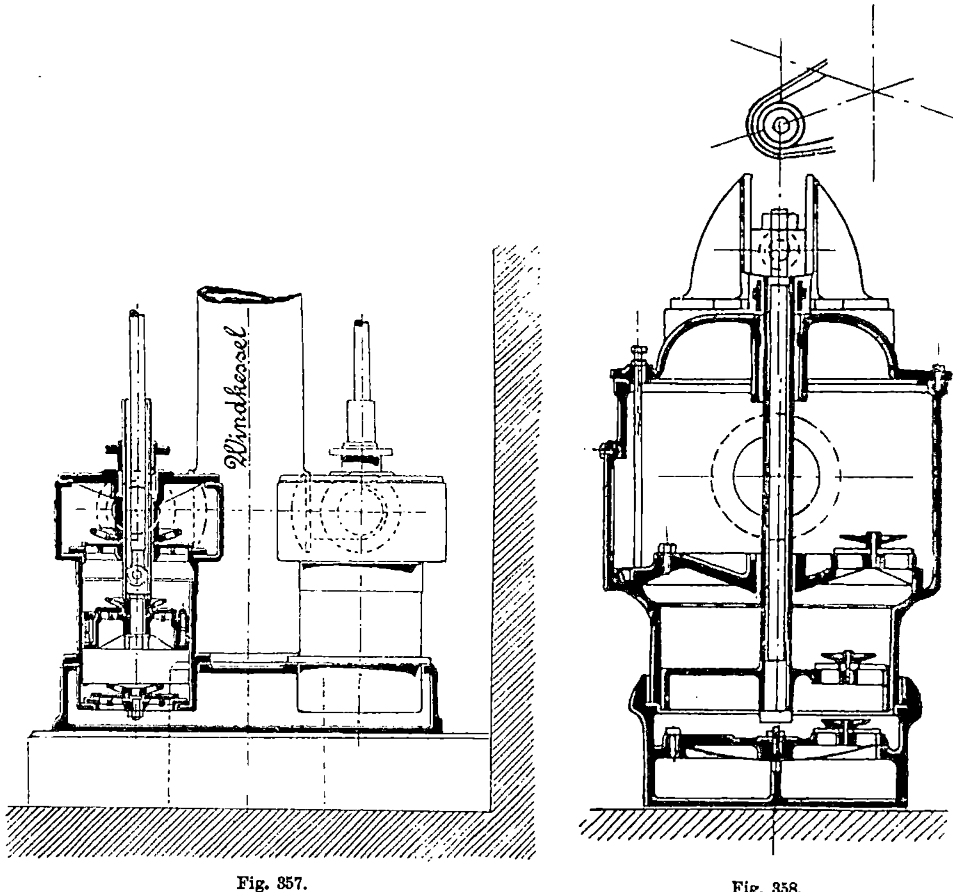

Fig. 357.
Fig. 358.

die Menge $Q_2 = \dfrac{d^2 \pi}{4} \cdot s$, während beim Wiederaufgang der Rest $Q_3 = \dfrac{\pi}{4} (D^2 - d^2) \cdot s$ gehoben wird. Soll die geförderte Flüssigkeitsmenge beim Auf- und Niedergang dieselbe sein, so muß die Gleichung bestehen

$$\frac{d^2 \pi}{4} \cdot s = \frac{\pi}{4} (D^2 - d^2) s,$$

woraus folgt:

$$d = D \cdot \sqrt{\frac{1}{2}} = 0{,}707 \cdot D.$$

Der Plungerdurchmesser müßte also ca. $^7/_{10}$ vom Pumpendurchmesser gemacht werden.

Einige andere Ausführungen dieser Pumpenart zeigen noch die Fig. 355 [1])—360.

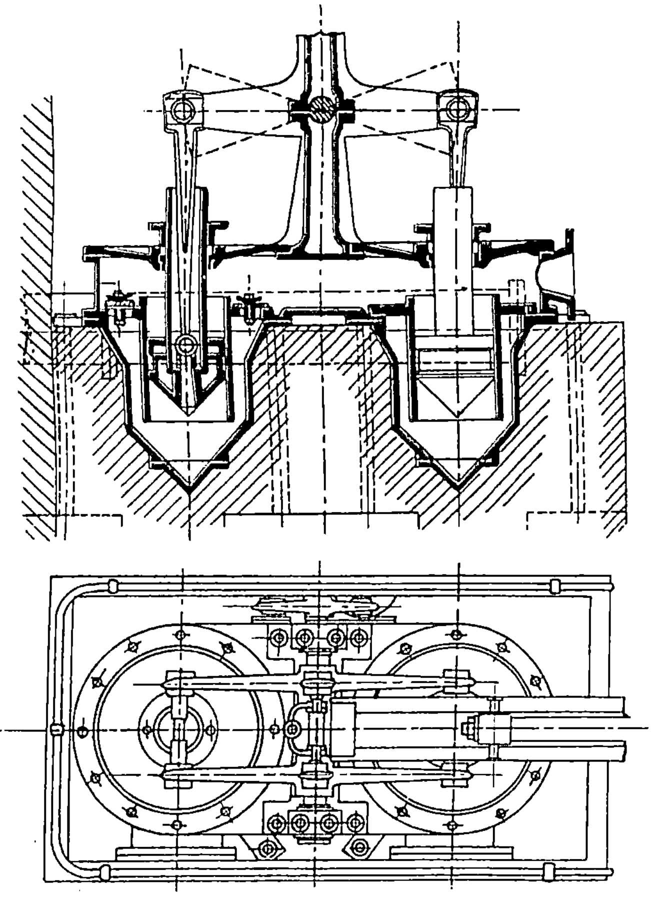

Fig. 359 und 360.

Fig. 356 [2]) Luftpumpe der Dreifach-Expansionsmaschine der Elsässischen Maschinenbau-Gesellschaft in Mühlhausen.

Fig. 357 [3]). Maschinenfabrik von Siegel, Schönebeck a. Elbe, zwei Luftpumpen mit Differentialkolben verbunden und in einen gemeinsamen Windkessel pumpend.

Fig. 358 [4]). Van den Kerkove in Gent. Elektrische Licht-

---

[1]) 2-Zylinder-Schiffsmaschine des Dampfers „Borussia", gebaut von Day Summers & Co. Southampton, aus Z. Ver. deutsch. Ing. 1891, S. 1281.

[2]) Z. Ver. deutsch. Ing. 1891, Tafel 32.

[3]) Z. Ver. deutch. Ing. 1890, Tafel 24.

[4]) Engineering 1890, vom 11. 4.

maschine, Berlin. Saug-, Druck- und Kolbenventil aus je 3 um 120⁰ versetzten Kautschukklappen gebildet.

Fig. 359 und 360[1]). Luftpumpe von Märky, Bromovsky und Schulz. Dieselbe ist aus zwei einfach wirkenden Luftpumpen mit massivem Taucherkolben gebildet, welche durch einen dreiarmigen Hebel bewegt werden. Die in der Figur nicht abgebildeten Saugventile liegen seitlich von beiden Zylindern, die Anordnung der Druckventile ist aus der Figur ersichtlich.

II. Liegende Kondensator-Luftpumpen.

Dieselben werden nur doppeltwirkend ausgeführt und sind einige typische Konstruktionen im Nachfolgenden abgebildet.

Fig. 361 und 362. Luftpumpe der Maschinenbauanstalt „Humboldt", Kalk bei Köln.

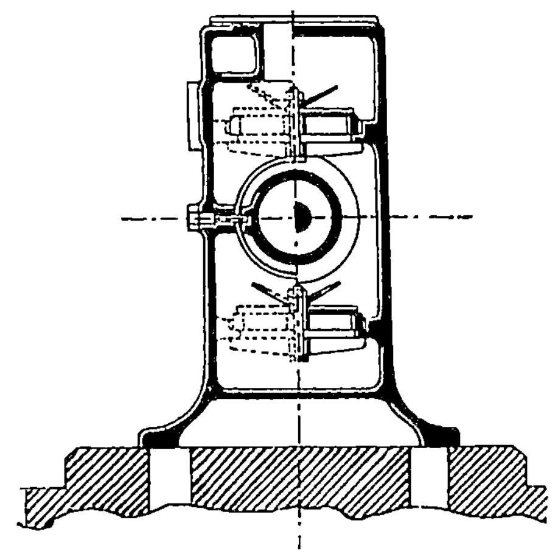

Fig. 361.

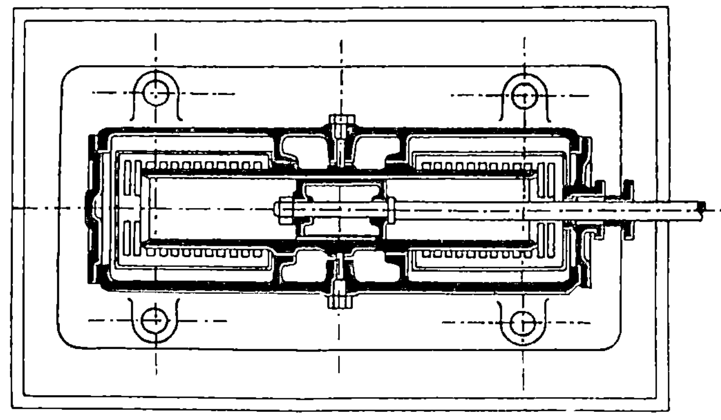

Fig. 362.

---

[1]) Z. Ver. deutsch. Ing. 1890, Tafel 35.

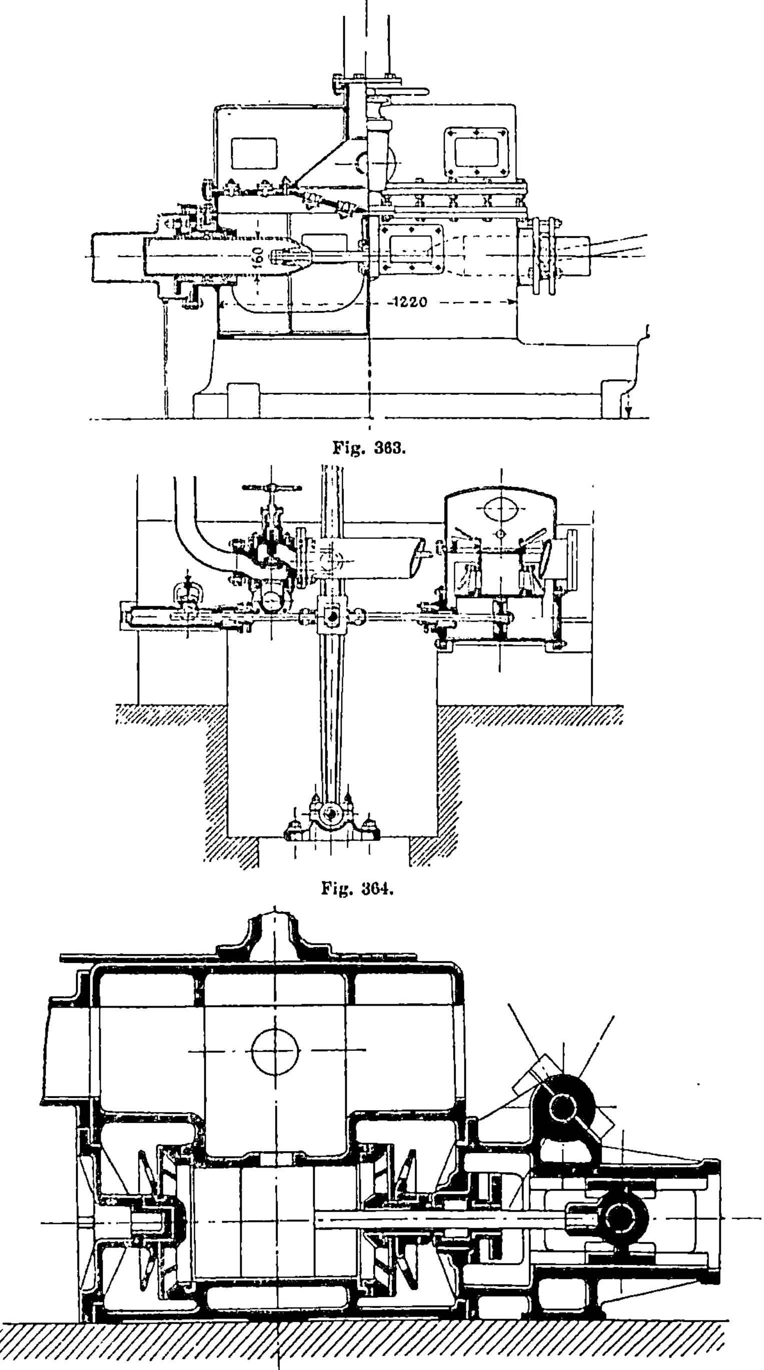

Fig. 363.

Fig. 364.

Fig. 365.

Fig. 363. Luftpumpe von Lecouteux und Garnier, Paris [1]).
Fig. 364. Luftpumpe von Buffaud und Robatel, Lyon [2]).
Fig. 365. Luftpumpe der Elsässischen Maschinenbau-Gesellschaft in Mühlhausen i. E. [3]). Bei derselben ist das bereits bei den stehenden Pumpen besprochene Brownsche Prinzip [4]) zur Anwendung gebracht, indem durch eine Anzahl in der Zylindermitte angebrachter Öffnungen beim Ansaugen (sobald der Kolben die Öffnung freigegeben hat) Luft und Wasser in den Zylinder gelangt. Beim Rückgang wird freilich auch hier wieder ein Teil der angesaugten Flüssigkeit aus dem Zylinder verdrängt, bis der Kolben die Eintrittsöffnung abschließt. Als Druckventil ist an jedem Zylinderende eine ringförmige Gummiklappe angeordnet, wie aus der Figur ersichtlich ist.

III. Luftpumpen mit getrennter Luft- und Wasserabführung.

Durch die getrennte Abführung der Luft und des Wassers wird sowohl die Erzeugung eines tieferen Vakuums ermöglicht, als auch die Bildung von Luftsäcken in der Kondensatorpumpe verhindert. Die Absaugung kann entweder von einer Pumpe allein erfolgen, oder es kann Luft und Wasser je durch eine besondere Pumpe fortgeschafft, oder endlich das Wasser selbsttätig abgeleitet werden. Ausführungen der ersteren Art sind die folgenden.

1. Luftpumpe von Horn [5]). Fig. 366—369. Der durch das Dampfrohr A, Fig. 366, eintretende Dampf wird durch das Einspritzwasser kondensiert, welches durch das mittelst des Ventils D verschließbare Druckrohr C zufließt und durch die Brause B zerteilt wird.

An beiden Enden des Kondensators liegen je zwei Saugventile F und je zwei Druckventile G, außerdem aber an jeder Seite zwei kleine Luftventile H, Fig. 367 und 368. Bei der gezeichneten, rechtsseitigen Stellung des Kolbens ist der Raum zwischen Saugventil, Druckventil und Kolben rechts von diesem mit Wasser gefüllt. Beim Rückgang des Kolbens nach links sinkt, während das Druckventil unter dem Atmosphärendruck fest geschlossen bleibt, der Wasserspiegel und bildet unterhalb der Druckventile G ein Vakuum. Ist das Wasser soweit gesunken, daß die kleinen Luftventile HH von ihm nicht mehr berührt werden, so tritt infolge der im Kondensator herrschenden, größeren Spannung sofort Luft durch die Luftventile H in den Kolbenraum, ohne die Wassersaugventile F zu passieren. Zu gleicher Zeit geht das Wasser aus dem Kondensator durch die Saugventile F in den Kolbenraum auf Grund des Gesetzes der kommunizierenden Röhren, weil beide Räume nach dem Öffnen der Luftventile unter gleichem Druck stehen. Es findet also kein Ansaugen, also auch kein Spannungsverlust entsprechend der Höhe der Saugwassersäule statt. Durch den Raum K und das Abflußrohr L wird das Luft- und Wassergemisch abgeleitet. Durch diese Ein-

---

[1]) Z. Ver. deutsch. Ing. 1890, S. 845, Fig. 15.
[2]) Z Ver. deutsch. Ing. 1890, S. 841, Fig. 8.
[3]) Z. Ver. deutsch. Ing. 1890, S. 919, Fig. 33. — Buchetti, a. a. O. Tafel 33, Fig. 3.
[4]) Z. Ver. deutsch. Ing. 1882, S. 405 und 406.
[5]) Ausgeführt von G. Brinkmann & Co., Witten a. d. Ruhr.

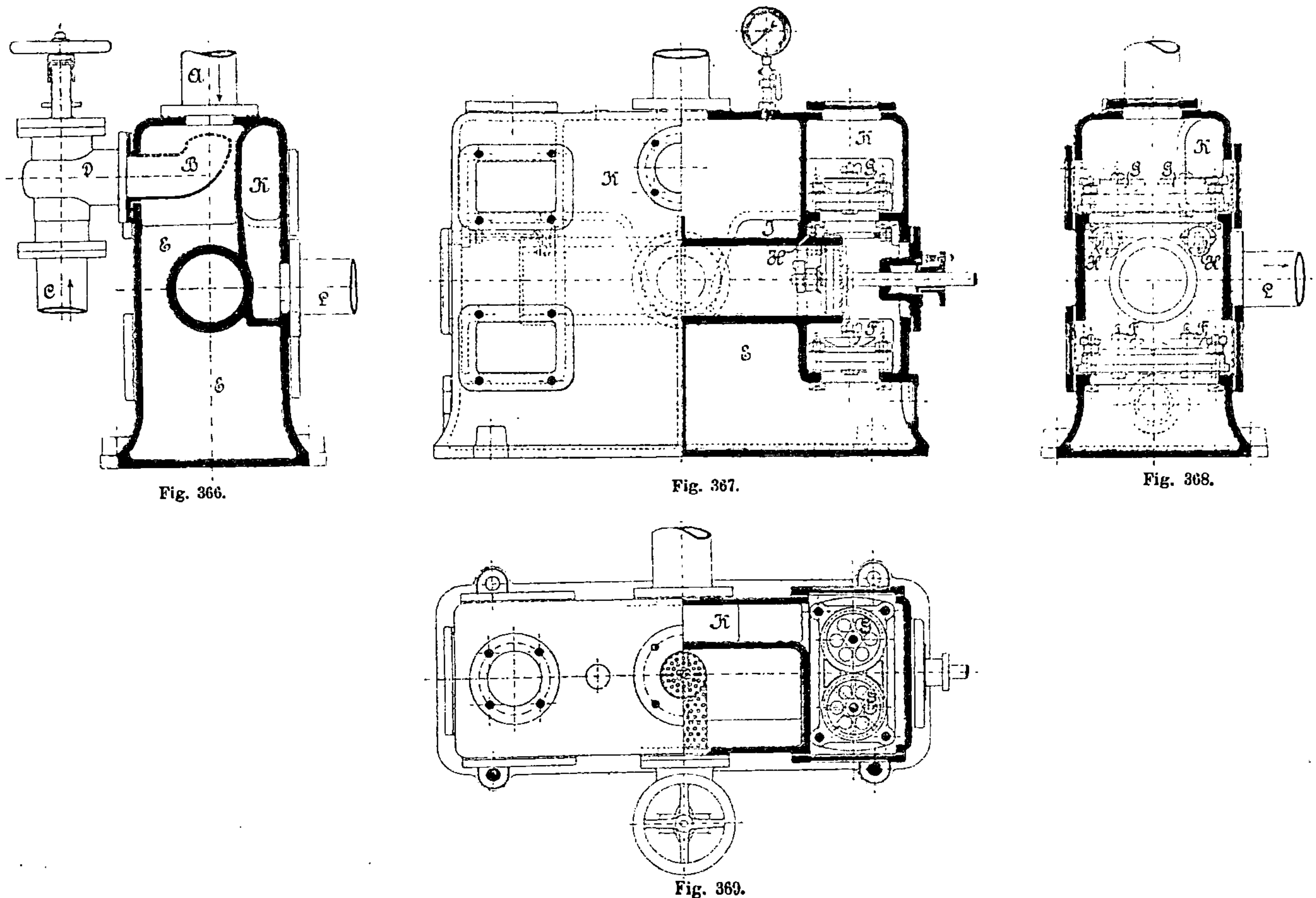

Fig. 366.

Fig. 367.

Fig. 368.

Fig. 369.

richtung des Kondensators wird ein bedeutend höheres Vakuum als bei gewöhnlichen Luftpumpen erreicht. Dasselbe beträgt nach Angabe des Fabrikanten 90—95 %.

Die Menge des Kühlwassers beträgt bei einer Temperatur von 12—15⁰ C ungefähr das 25fache des Speisewassers, wobei das erstere mit einer Temperatur von 36—40⁰ C abfließt.

2. Luftpumpe von Riedler. Fig. 370 und 371. Bei einer, von ihm konstruierten Bessemergebläsemaschine für das Stahlwerk Heft verwandte Riedler eine stehende Luftpumpe, bei welcher durch ein besonderes, nach dem höchsten Punkt des Kondensators führendes

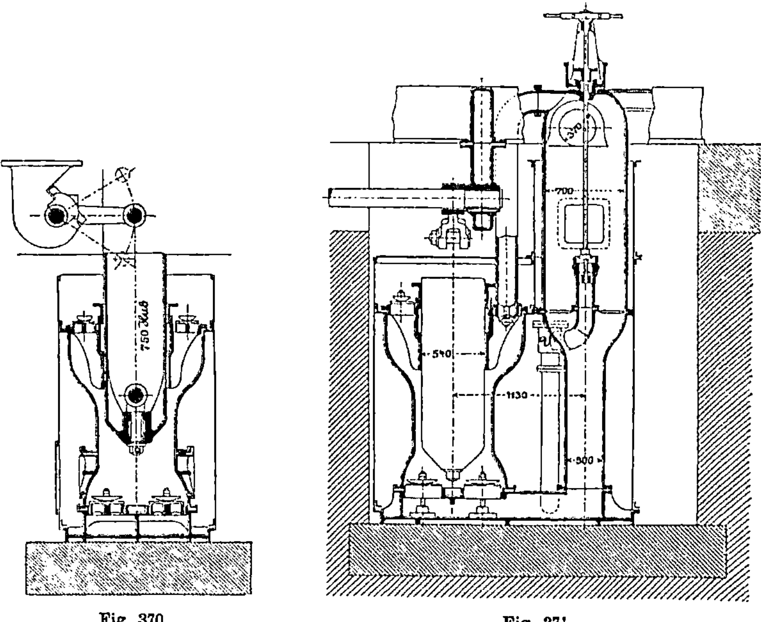

Fig. 370. Fig. 371.

Luftabsaugerohr, welches am unteren Ende ein Saugventil trägt, die Luft angesaugt wird, während das Wasser durch die am Boden des Pumpenzylinders befindlichen Saugventile in denselben gelangt.

3. Kondensator-Luftpumpe der Siegener Maschinenbau-Aktiengesellschaft vormals Öchelhäuser. Bei dieser Pumpe ist das Absaugen der Luft sowohl örtlich wie zeitlich vom Absaugen des Wassers getrennt. Das letztere wird der Pumpe durch ein nach unten kegelförmig erweitertes Rohr zugeführt [1]), Fig. 372, welches im tiefsten Punkte des Kondensators angeschlossen ist. Dieses Rohr ist ganz mit Wasser gefüllt, und dient der hydrostatische Druck desselben mit dazu, die Ventilwiderstände und die eigene Massenträgheit der Wassersäule überwinden zu helfen. Um das Luft- und Dampfgemisch abzusaugen, ist eine besondere Entlüftungsleitung angeschlossen, welche aus dem Kon-

---

1) Z. Ver. deutsch. Ing. 1901, No. 43, S. 1544.

densator an der kältesten Stelle desselben austritt und im Zylinder
der Luftpumpe durch ein Ventil gegen diesen abgeschlossen mündet.
Die Öffnungen dieses Ventils sind derartig in die Bahn des Kolbens
gelegt, daß sie während des ersten Teiles des Kolbenhubes nicht mit
dem Saugrohr in Verbindung stehen und erst frei werden, wenn der
Kolben die bei jedem Hub zu fördernde Wassermenge angesaugt hat. Im
zweiten Teile des Hubes wird hierauf das Luft- und Dampfgemisch an-

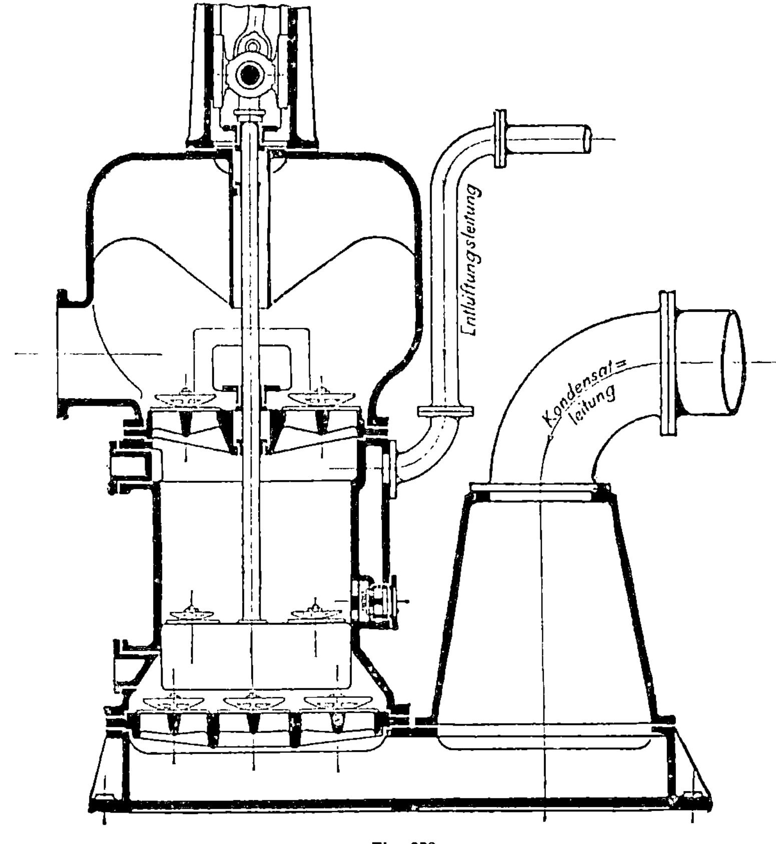

Fig. 372.

gesaugt, ohne daß es durch das bereits angesaugte Wasser vermöge der
höher liegenden Einmündung des Entlüftungsrohres hindurchzutreten
brauchte. Hierdurch wird eine Mischung von Luft und Wasser vermieden, also auch verhindert, daß Luft in beträchtlicher Menge vom
Wasser gebunden wird, wodurch die Wirksamkeit der Luftpumpe verringert würde. Diese Ausführung ähnelt den vorbeschriebenen Luftpumpen mit getrennter Luft- und Wasserabsaugung. Beim Niedergange
des Kolbens tritt durch die im Kolben befindlichen Klappen zunächst
das Luft- und Dampfgemisch und hierauf erst das angesaugte Kondensat

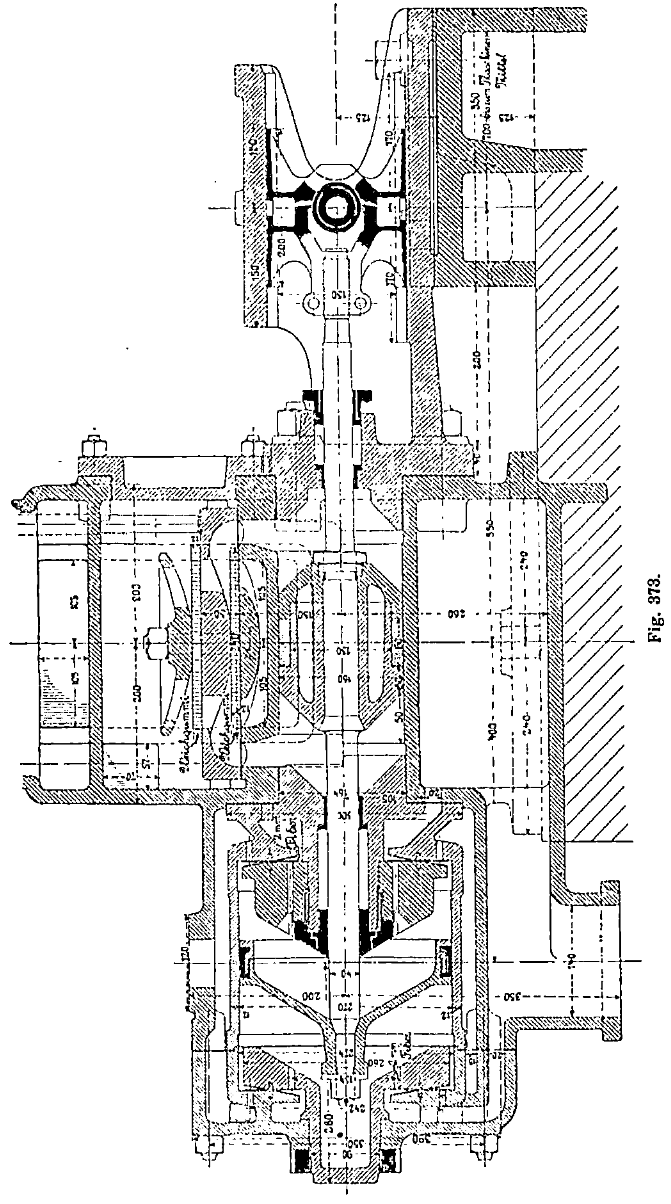

Fig. 373.

über den Kolben, und beim nun folgenden Aufgange desselben durch die
im oberen Zylinderdeckel befindlichen Druckklappen in die Abflußleitung.

    4. Luftpumpe Örlikon[1]). Fig. 373. Eine Luftpumpe mit ge-

____

[1]) Z. Ver. deutsch. Ing. 1890. Salomon, Ausstellungsbericht, S. 812, Fig. 6
und 7.

trennter Luft- und Wasserabsaugung in zwei besonderen Zylindern ist diejenige der Maschinenfabrik Örlikon in Örlikon bei Zürich.

Beide Zylinder (rechts der Wasser-, links der Luftzylinder) liegen in einer Achse hintereinander; die Kolben sind kegelförmig gestaltet,

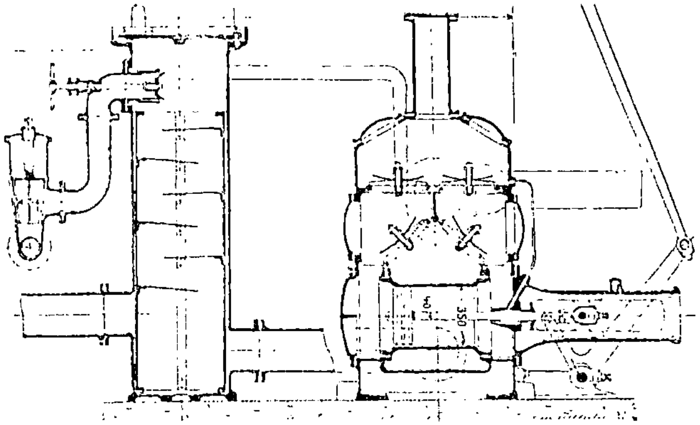

Fig. 374.

wodurch ein allmähliches und stoßfreies Abführen des Wassers zu den Ventilen bewirkt wird. Für den Wasserpumpenzylinder dienen zwei aus Weichgummi hergestellte, rechteckige Klappen als Abschlußorgane, für den Luftzylinder FiberRinge von 2 mm Dicke, welche in der Mitte festgeklemmt sind und mit dem äußeren Rand die Saugöffnungen, mit dem inneren die Drucköffnungen verschließen. Der Saugraum umgibt den Luftzylinder und ist durch ein besonderes Rohr mit dem obersten Raum des Kondensators verbunden. Der Druckraum ist mit dem unter dem Wasser- und Luftzylinder liegenden Abflußraum in Verbindung. Alles weitere der Konstruktion ist aus der Figur zu ersehen.

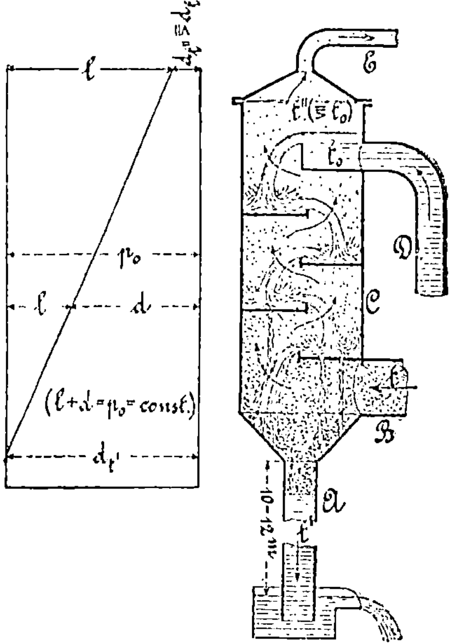

Fig. 375.

5. Luftpumpe von L. A. Riedinger[1]). Fig. 374. Dieselbe ist eine doppelt wirkende, liegende Luftpumpe mit Gummiklappen. Der Kondensator ist ähnlich wie

---

[1]) Maschinenfabrik von L. A. Riedinger in Augsburg, ausgeführt für die Verbundmaschine der Offenbacher Druckluftanlage, s. Z. Ver. deutsch. Ing. 1892, S. 1449 u. folg.

der nachstehend beschriebene Weißsche Kondensator nach dem Gegenstromprinzip angeordnet. Das Kühlwasser wird an der obersten Stelle desselben eingespritzt und fließt über eingebaute Zwischenwände nach unten, dem Dampf entgegen. Das Luft und Dampfge-

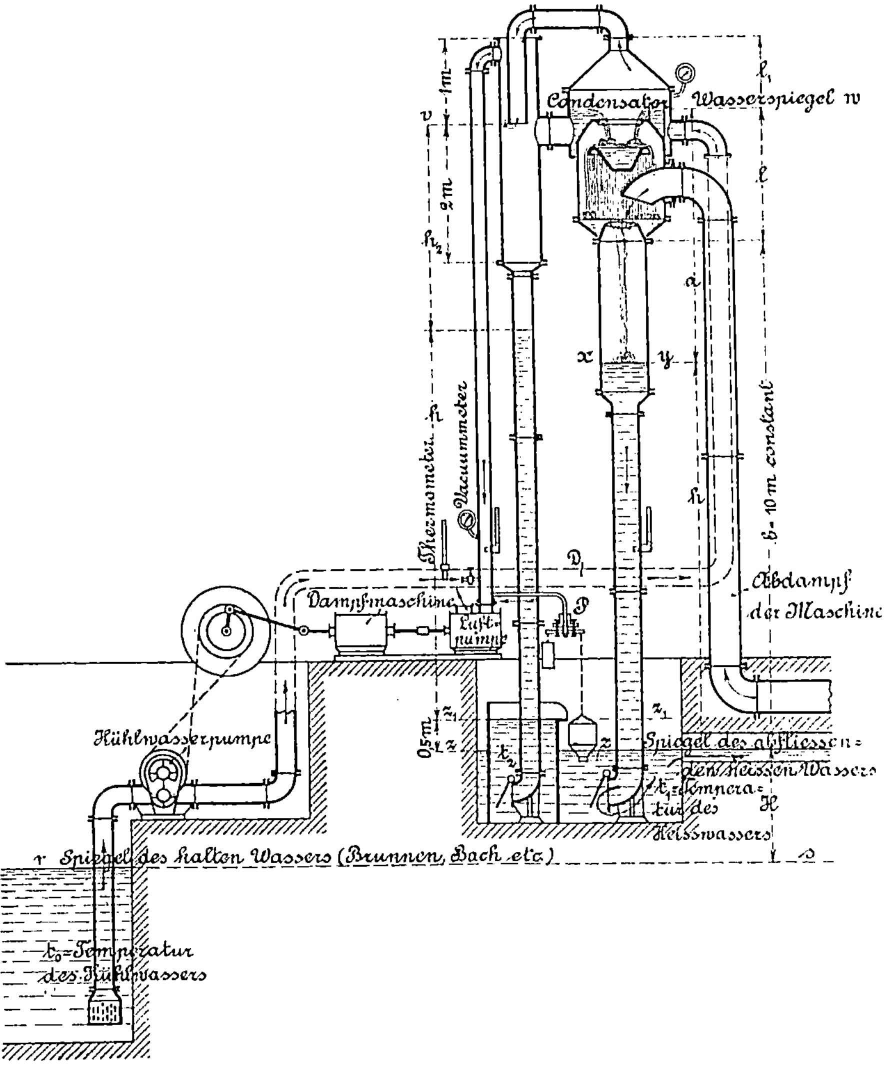

Fig. 376.

misch wird an der obersten Stelle des Kondensators entnommen und nach der höchsten Stelle des Saugraumes geführt, wie aus der Figur zu ersehen ist, während das Kühlwasser aus dem unteren Raum des Kondensators abgesaugt wird. Der Antrieb der Luftpumpe erfolgt vom Kurbelzapfen aus mittelst einer Kuppelstange und eines doppelarmigen Hebels.

6. **Kondensator mit trockener Luftpumpe von Weiß** [1]. Figg. 375 und 376. Um bei Mischkondensatoren eine möglichst günstige Ausnutzung des Kühlwassers zu erzielen, hat Weiß einen auf dem Gegenstromprinzip beruhenden Kondensator, einen sogenannten Gegenstromkondensator, konstruiert.

Das Kühlwasser tritt oben seitlich, Fig. 375, in den als stehenden Zylinder ausgeführten Kondensator ein, und fließt über eine Reihe halbkreisförmiger Querwände nach unten dem aufsteigenden Dampf entgegen. Der letztere tritt am unteren Ende des Kondensators seitlich bei B ein. Die im Kühlwasser enthaltene Luft, welche mit Wasserdampf gesättigt ist, wird zugleich mit dem nicht kondensierten Dampf an der höchsten Stelle durch eine trockene Schieberpumpe abgesaugt, während das Kühl- und Kondensationswasser von der tiefsten Stelle des Kondensators durch ein, je nach dem gewünschten Vakuum kürzeres oder längeres, im Maximum 10—12 m tiefes Abflußrohr abfließt. Die Luft wird, da sie an der kühlsten Stelle des Kondensators abgesaugt wird, von relativ größter Dichtigkeit, also relativ kleinstem Volumen sein.

Eine neuere Anordnung des Weißschen Gegenstromkondensators, wie sie von der Firma Gustav Brinkmann & Co. in Witten a. Ruhr gebaut wird, ist in Fig. 376 abgebildet. Die Gesamtförderhöhe der Wasserpumpe beträgt H + b + l, wovon jedoch die der Saugkraft des Kondensators entsprechende Förderhöhe in Abzug kommt, welche z. B. bei 61 cm Vakuum 8 m beträgt. Für die Anlage dieser Gegenstromkondensatoren empfiehlt die ausführende Firma folgende Gesichtspunkte.

Bei der Disponierung der Höhen hat man immer vom Warmwasserspiegel zz auszugehen oder von der Überfallkante, welche dessen Höhe bestimmt. Den ersteren lege man so tief, als es die lokalen Verhältnisse (Grundwasserstand, Hochwasserstand eines benachbarten Flusses etc.) gestatten, ohne daß man Rückstau befürchten muß.

Alsdann lege man die Unterkante des Kondensatorkörpers um b = 10 m über jenen Unterwasserspiegel zz.

Für die Kühlwasserpumpe soll man nie eine Zentrifugalpumpe, sondern nur Kapselräder- oder Kolbenpumpen nehmen, damit sie imstande sind, ohne Veränderung der Tourenzahl das Wasser, entsprechend den verschiedenen Vakuumgraden, auf verschiedene Förderhöhe, welche

$$= H + 10\,m + l - h$$

ist, zu heben.

Die Kühlwasserpumpe kann nie entbehrt werden, auch nicht, wenn der Wasserspiegel rs über zz läge, H also negativ wäre, es sei denn, daß der Kühlwasserspiegel rs noch über dem Oberwasserspiegel vw im Kondensator läge.

Durch die getroffenen Anordnungen sind folgende, wesentliche Vorteile der Weißschen Konstruktion gegenüber anderen, früher besprochenen Systemen verursacht.

---

[1] F. J. Weiß i. F. Burckhardt, Weiß & Co. Basel. Z. Ver. deutsch. Ing. 1888, S. 9. Kondensation.

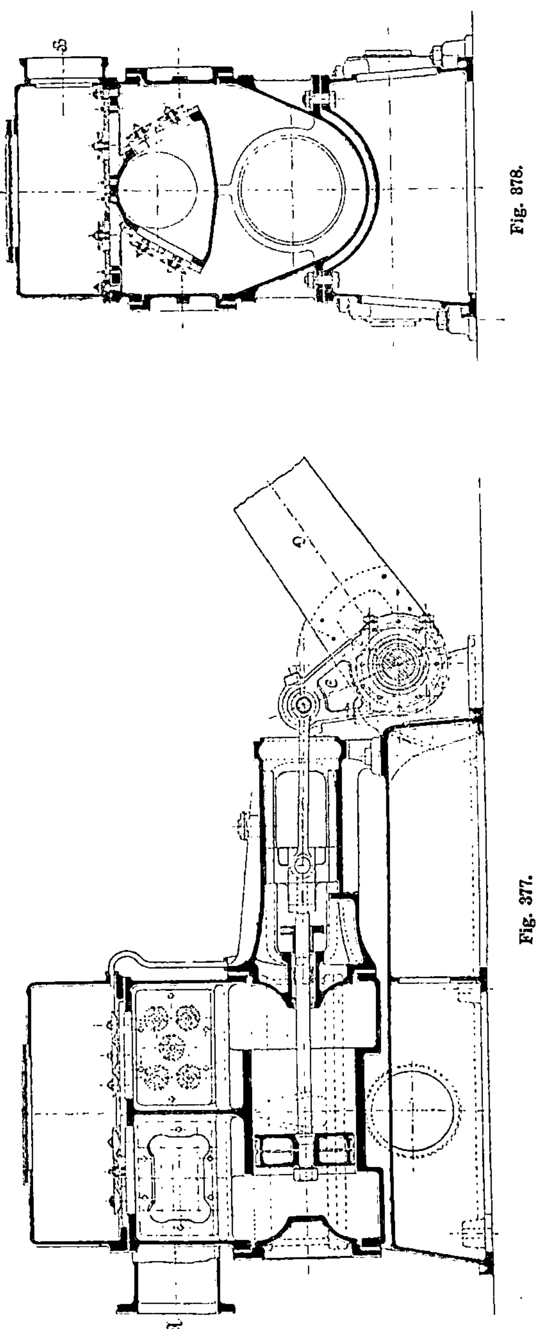

Fig. 378.

Fig. 377.

1. Die Luft hat eine über $2\frac{1}{2}$ mal größere Dichtigkeit als bei den unter sonst gleichen Umständen arbeitenden, nassen Luftpumpen, weshalb das Hubvolumen der Luftpumpe bedeutend kleiner sein kann als bei ersteren.

2. Hierdurch ist, weil eine kleinere Pumpe ausreicht, eine billigere Herstellung, sowie ein geringerer Kraftverbrauch der Anlage bewirkt.

3. Der Kühlwasserverbrauch ist beträchtlich kleiner als bei gewöhnlichen Einspritz- oder Mischkondensatoren, weil die Kühlwirkung des Wassers bedeutend besser durch das Gegenstromprinzip ausgenutzt wird, da dasselbe mit der Temperatur des zuströmenden Dampfes abfließt.

4. Der Raumbedarf und das Gewicht des Kondensators ist beträchtlich kleiner als bei anderen Systemen, wodurch die Aufstellung auch bei geringem, verfügbaren Raume ermöglicht ist.

Ein Hauptnachteil der Weißschen Konstruktion aber liegt in dem 10—12 m tiefen Abflußrohr zum Absaugen des warmen Wassers. Hierin ist für viele Gegenden die Unmöglichkeit der Aufstellung infolge der örtlichen Verhältnisse begründet. Namentlich im Flachland, wo ein natürliches Gefälle von 10 m und mehr kaum verfügbar oder nur durch Anlage sehr langer und kostspieliger Rohrleitungen herzustellen ist, wird aus diesem Grunde die Weißsche Konstruktion, so vorzüglich sie aus den oben angeführten Gründen für andere örtliche Verhältnisse auch sein mag, sich schwer ausführen lassen [1]).

7. Kondensator-Luftpumpe der Maschinenfabrik Augsburg. Dieselbe ist liegend und doppeltwirkend, der Eintritt des Dampfluftgemisches erfolgt bei A, der Austritt bei B, Fig. 377 und 378. Sämtliche Ventile sind in den Räumen oberhalb des Zylinders angeordnet und wird hierdurch erreicht, daß eine Schichtung der Luft und Dampfgemisches, welches nicht kondensiert ist, oberhalb des Wassers stattfindet, indem beim Öffnen der Saugklappen letzteres direkt unter die Druckventile gelangt und sich dort ansammelt, also nicht in den eigentlichen Zylinder einströmt. An jeder Saugseite sind fünf Gummiklappenventile angeordnet, also zusammen für jede Zylinderseite zehn Saugventile, insgesamt also 20. Ebensoviel Druckventile liegen auf dem horizontalen Druckventilrost. Der Antrieb erfolgt in bekannter Weise mittelst eines von der Maschinenkurbel angetriebenen Winkelhebels CD.

8. Trockene Luftpumpe mit Wasserverschluß für Kondensatoren von Th. Thompson in London, Fig. 379 und 380. Bei derselben [2]) erfolgt die Dichtung des Luftkolbens nicht, wie gewöhnlich üblich, durch Ledermanschetten oder ähnliche Vorrichtungen, sondern durch eine geringe Menge Wasser, welche von außen her aus einem beliebigen Behälter in bestimmt geregelten Mengen zuströmt und die Arbeitsfläche des Kolbens bedeckt hält. Der Luftpumpenzylinder A steht mit dem Kondensator B durch die Rohrleitung C in Verbindung, in welche die im unteren Teile der Wandung des Luftpumpenzylinders angeordneten

---

[1]) Näheres s. Theoret. Teil, Kapitel 7, G.
[2]) Deutsche Pat.-Schrift No. 123992 vom 2. 10. 1901.

Öffnungen D münden. Die letzteren sind derartig angeordnet, daß sie sich stets über dem höchsten Wasserstand im Kondensator befinden, der sich jedoch nie über den tiefsten Stand des Rohres C erheben darf; damit das Wasser nicht in den Luftpumpenzylinder gelangen kann. Die Kolbenstange E des Luftpumpenkolbens ist in ihrem oberen Ende ausgebohrt, und steht in ihrer tiefsten Stellung vermöge ihrer Querbohrung I mit einer Ringnut L der zum Durchgang des Pumpenkolbens bestimmten Stopfbüchse M in Verbindung. In diese Nute mündet das Wasserzuführungsrohr O, welches beispielsweise Wasser aus einer Abzweigung der Kondensator-Wasserpumpe der Kolbenstange E zuführt,

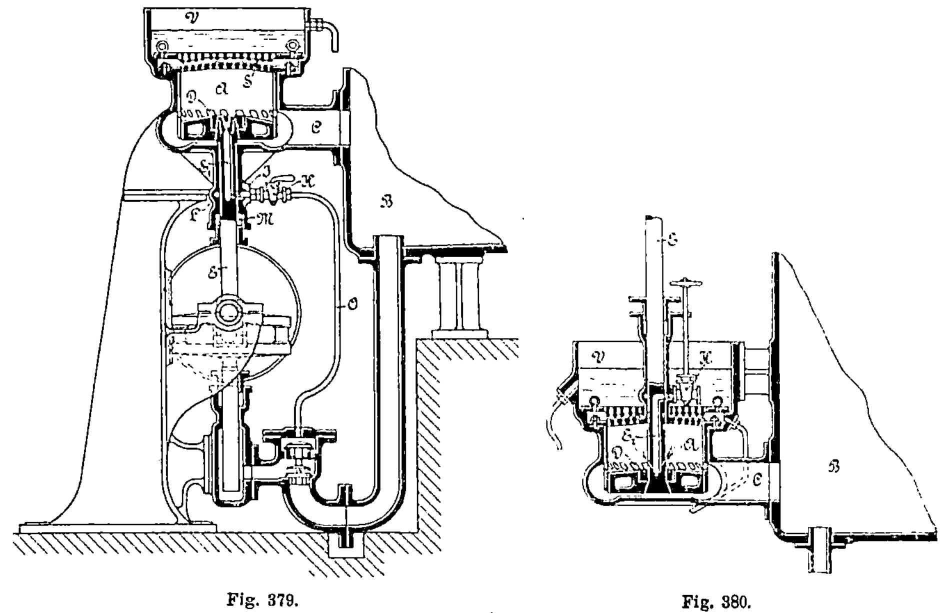

Fig. 379.

Fig. 380.

deren Menge durch einen Hahn H eingestellt werden kann. Beim Einströmen der aus dem Kondensator kommenden Luft, welche durch die Öffnung D in den Zylinder A eintritt, bildet die auf der oberen konischen Decke des Kolbens sich lagernde Wassermenge den Abschluß zwischen Kolben und Zylinderwand. Beim Aufgang des Kolbens verschließt derselbe die Öffnungen D wieder, wobei das auf seiner Oberfläche befindliche Wasser die Stelle der fehlenden Kolbengliederung vertritt und die Abdichtung bewirkt. Am oberen Ende des Hubes drückt der Kolben die Luft durch die Ventile S in den Wasserbehälter V und durch das Wasser desselben hindurch. Gleichzeitig wird aber auch am Ende des Aufwärtshubes eine gewisse Menge des auf der Oberfläche des Kolbens befindlichen Wassers in den Behälter hineingepreßt. Dieses für die Dichtung verloren gegangene Wasser wird am Ende des Abwärtshubes durch die in der tiefsten Stellung hergestellte Verbindung der Kolbenstangenbohrung E_1 mit dem Speiserohr O wiederhergestellt.

Die Anordnung kann auch derartig getroffen werden, daß der
Ersatz des Wassers von dem über den Druckventilen befindlichen Wasserraum V aus durch eine nach aufwärts geführte Bohrung E_2 der Kolbenstange erfolgt, wie aus Fig. 380 ohne weiteres ersichtlich ist.

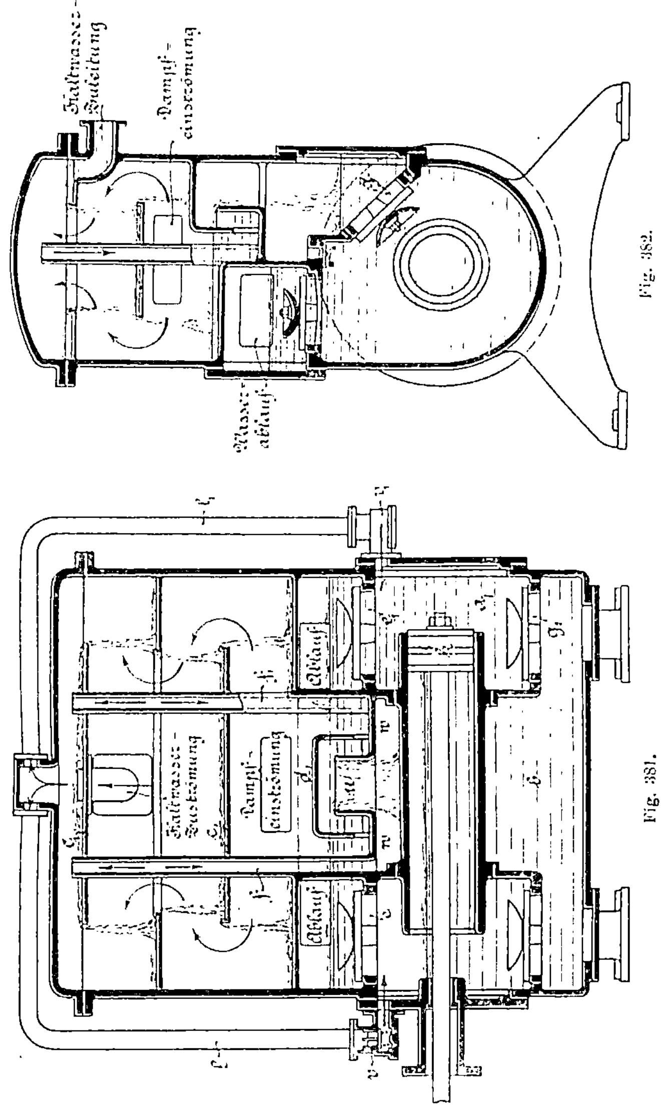

9. Gegenstrom-Kondensatorluftpumpe von Just in Halle a. S.
Bei diesem in den Fig. 381 und 382 dargestellten Kondensator[1] beruht das eigenartige in der Vereinigung eines Gegenstrom-Kondensators

---

[1] Deutsche Pat.-Schrift No. 114098.

mit einer Naßluftpumpe, bei welcher das bei den bekannten ähnlichen Vorrichtungen übliche Fallrohr beseitigt ist. Zwischen dem Pumpensaugraum b und dem Kondensationsraum c ist eine Wand w mit Überlauf u, einem Wasserverschluß d und einem oder mehreren bis in den obersten Teil c_1 des Kondensators reichenden Luftrohre ff_1 eingeschaltet und außerdem Luftwege ll_1 und vv_1 angeordnet, durch welche Anordnung die in dem Kondensator sich ausscheidenden Gase bis unter die Druckventile ee_1 der Pumpe, getrennt vom Wasser, geführt werden. Die Wirkungsweise des Kondensators ist nun folgende: Steht der Kolben k am rechten Hubende, so ist der rechte Pumpenraum a_1 vollkommen mit Wasser gefüllt. In letzterem fällt bei der Bewegung des Kolbens nach links das Wasser, worauf sich zunächst nur das Luftventil v_1 öffnet, so daß durch das Rohr l_1 Luft getrennt vom Wasser aus dem oberen Teil c_1 des Kondensators unter das Druckventil e_1 gesaugt wird. Durch Vermittelung der Luftwege l_1 und ff_1 befindet sich unterdessen der Raum a_1 in offener Verbindung mit dem Wassersaugraume b, so daß der Druck in beiden Räumen ausgeglichen ist. Im weiteren Laufe des Kolbens wird demnach das Wasser aus dem Raum b nach dem Gesetz der kommunizierenden Röhren durch das Ventil g_1 in den rechten Pumpenraum a übertreten, so daß der Wasserspiegel in b abhängig von der hubweisen Wirkung der Pumpe fallen und steigen wird. Dagegen geschieht die Abführung des Wassers aus dem Kondensator c unabhängig von der Saugwirkung der Pumpe, indem dasselbe, da durch die Rohre ff_1 beständiger Durckausgleich zwischen den Räumen c bzw. c_1 und dem Saugraum b stattfindet, ununterbrochen über den Überlauf u in den Wasserraum b abfließt. Das am Boden des Kondensators c befindliche Wasser wird daher eine gleichmäßige, d. h. nicht auf- und abwärtsschwankende Verschlußfläche bilden. Gegenüber den bekannten Einrichtungen von Kondensatoren mit Gegenstrom und Fallrohr und den nach den Gegenstromprinzipien ohne Fallrohr arbeitenden Kondensatoren weist der Justsche Kondensator in bezug auf die Wirkungsweise die Unterschiede auf, daß

1. die oben aus dem Kondensator bei c_1 angesaugte kühle Luft unter die Druckventile ee_1 der Pumpe getrennt vom heißen Kondensationswasser zugeführt wird, und daß

2. infolge der Beseitigung der Fallrohre das heiße Kondensationswasser auf dem kurzen Abfallwege nicht in dem Maße der Zerteilung und Verdampfung ausgesetzt ist als bei Kondensatoren gleicher Art mit Fallrohr, so daß die mit der Luft abzusaugende Dampfmenge nur gering ist.

Bei der Anordnung Fig. 382 sind die Saugventile g schräg gestellt, wobei zur Vereinfachung die Luft- und Wasserventilsitze bzw. Klappen vereinigt werden können. Die Wirkungsweise ist im übrigen dieselbe wie bei Fig. 381.

10. Mischkondensator mit zwei getrennten Pumpen von Balcke & Co. in Bochum i. Westf. Fig. 383. Um bei Mischkondensatoren, welche entweder im Parallelstrom oder im Gegenstrom arbeiten können, eine völlige sichere Wasserabführung zu erzielen, ist bei dem Balckeschen

Kondensator [1]) die Wasserpumpe mit dem Kondensator derart verbunden, daß das Wasser aus dem Kondensator mit natürlichem Gefälle in den Pumpenstiefel einläuft. Der das abzuführende Kondensat und das abzuführende Kühlwasser aufnehmende Raum A des Kondensatorkörpers B liegt außerhalb des horizontalen Pumpenzylinders C. Letzterer besitzt an den Enden die Druckventile D und nahe an seiner Mitte zwei Reihen von Öffnungen E, welche abwechselnd durch den Kolben F freigelegt werden. Der Raum A füllt sich von B aus beständig mit Wasser, welches den Pumpenzylinder umgibt, und daher bei der Öffnung der

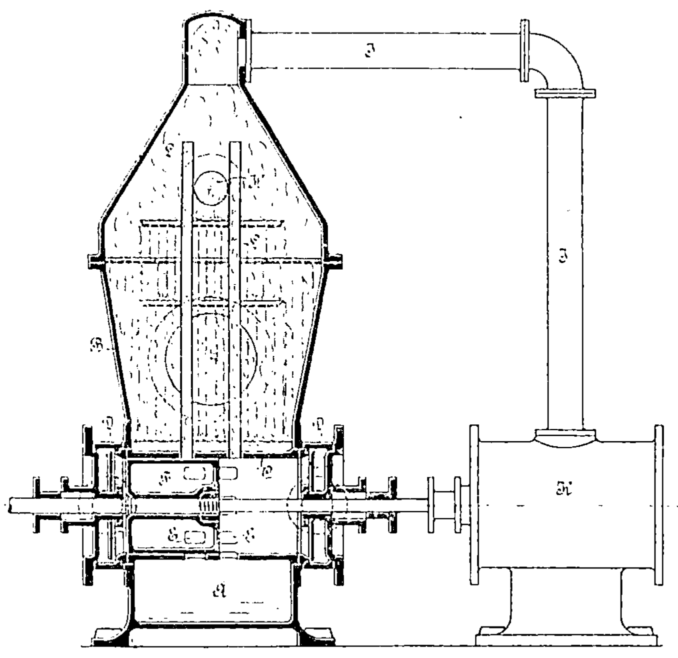

Fig. 383.

einen oder der anderen Reihe der Löcher E frei in den Raum des Zylinders E einläuft, worauf der zurückkehrende Kolben nach gänzlicher Überdeckung der Öffnungen E das Wasser durch das betreffende Druckventil hinausdrückt, worauf am Ende des Kolbenhubes die Freilegung der anderen Reihe von Öffnungen erfolgt. Der Eintritt des Dampfes erfolgt bei G, bei H derjenige des Kühlwassers. Das letztere fließt in bekannter Weise über eine Reihe von durchlöcherten Überfallblechen nach unten. Am oberen Ende des Kondensators ist eine, an die trockene Luftpumpe K anschließende Rohrleitung I angebracht, durch welche etwa nicht kondensierter Dampf und die bei der Kondensation freiwerdende Luft abgesaugt wird.

Die etwa in den Pumpenzylinder hineingelangende Luft wird durch zwei besondere an der höchsten Stelle des Zylinders angebrachte Luft-

---

1) Deutsche Pat.-Schrift 119345.

rohre *L* nach dem oberen Raume des Kondensators abgeführt und von der Luftpumpe abgesaugt. Durch diese Rohre *L* wird der Pumpenzylinder während des Einlaufes des Wassers stets unter den Druck der Luftpumpe gesetzt, so daß der Einlauf in den Zylinder ohne Druckverlust lediglich nach dem Prinzip der kommunizierenden Rohre erfolgt und hierdurch auch vermieden wird, daß an irgend einer Stelle des Kondensators, namentlich im Pumpenzylinder selbst, sich Luftsäcke bilden können.

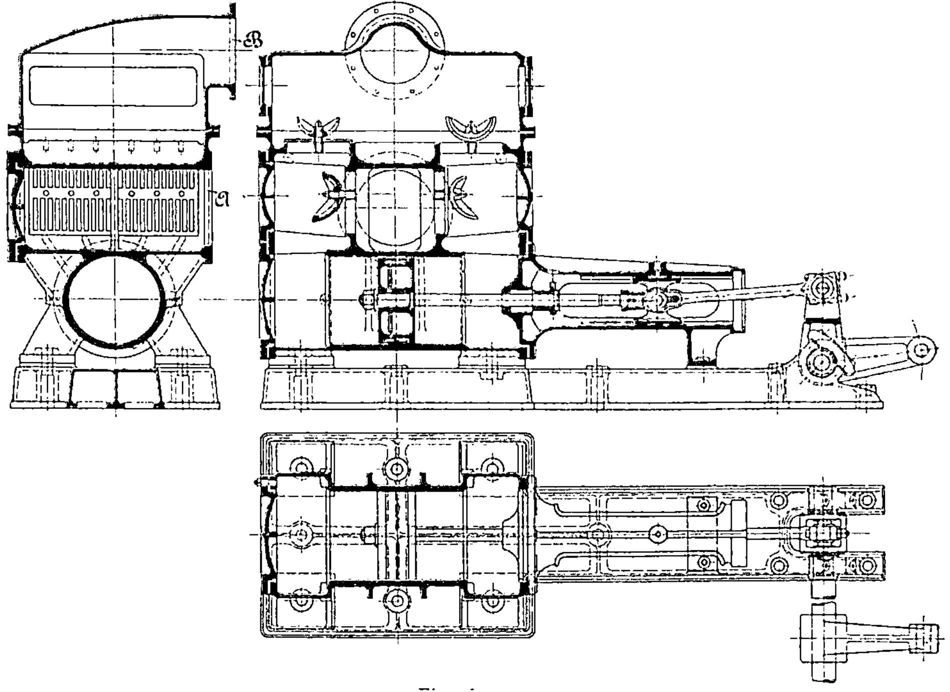

Fig. 384—386.

11. Kondensator-Luftpumpe der Firma Bettinger & Balcke, Pumpen- und Armaturen-Fabrik Frankenthal. Diese Luftpumpensteuerung steuert den Lufteintritt durch einen Saugschieber mit Überströmkanal in der bereits weiter oben[1]) besprochenen, bekannten Weise und hat gegenüber ähnlichen Konstruktionen die Eigentümlichkeit, daß der Schieber in einem neutralen Raume liegt, welcher ganz mit Schmieröl angefüllt werden kann, so daß der Schieber geringste Reibung verursacht. Der Schieber wird durch eine Kappe und Federn stets auf seinen Sitz niedergedrückt. Der Schieber dichtet ohne Stopfbüchse ab, indem ein Spindelansatz gegen einen harten Ring in der Führungsbüchse anläuft. Die austretende Luft passiert nicht mehr den Schieber, sondern geht direkt durch in den Kanalwänden sitzende Druckventile,

---

1) s. weiter oben S. 150.

wodurch der für manche Betriebe wichtige Vorteil erzielt ist, daß das
im Zylinder etwa vorkommende Wasser einen freien Ausweg findet;
diese Ventile wirken also als Sicherheitsventile. Damit die Ventile absolut
sicher sitzen, sind deren Sitzkörper durch Druckschrauben, welche bis
durch die Deckel hindurchreichen, niedergedrückt. Um noch größere
Sicherheit gegen Waserschläge zu erhalten, werden die Ventilkasten-
deckel auch noch mit besonders großen Sicherheitsventilen ausgerüstet,
derart, daß das Wasser nicht das Auspuffrohr zu passieren hat.

Zylindermantel und beide Deckel, sowie die Innenwände der Luftkanäle sind stets mit Wasserkühlung versehen.

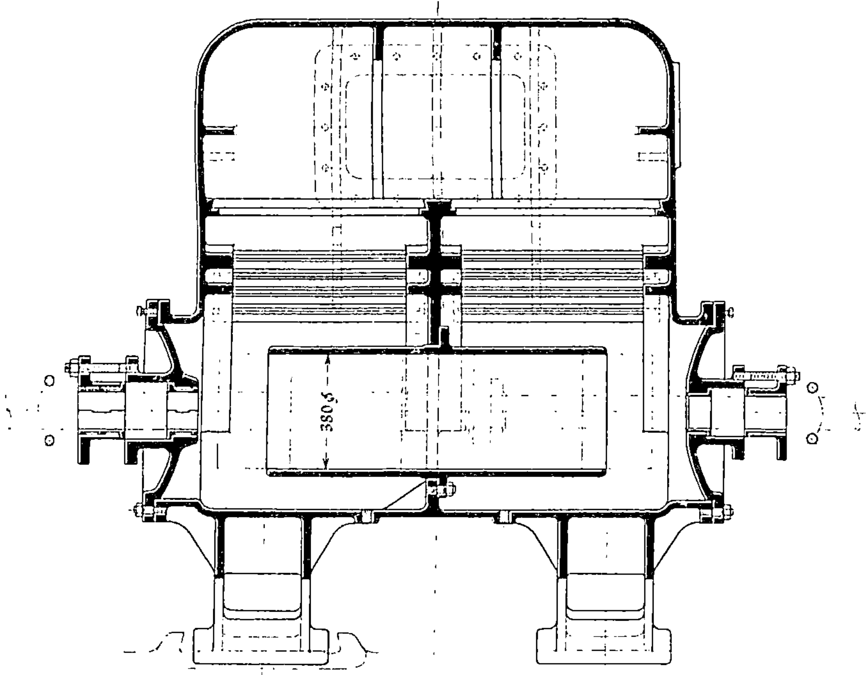

Fig. 387.

Bei den liegenden Luftzylindern tritt die Luft meistens oben ein
und bestreicht noch den oberen Teil des Wassermantels, so daß etwa
enthaltene Wasserdämpfe noch teilweise niedergeschlagen werden; dieses
Kondensations-Wasser tritt durch den Saugschieber ungehindert in den
unteren Teil des Zylinders, um dann durch die Druckventile abzufließen.

Diese Luftzylinder werden sowohl stehend, wie liegend, ausgeführt
und zwar in allen Größen. Für große Zentral-Kondensations-Anlagen
arbeiten diese Luftpumpen mit Leistungen bis zu 2500 cbm angesaugter
Luft i. d. Stunde zur vollen Zufriedenheit.

12. Kondensator-Luftpumpe der Germania in Chemnitz. In den
Fig. 384—386 ist eine liegende Kondensator-Luftpumpe der Maschinen-

fabrik Germania vorm. J. C. Schwalbe & Sohn in Chemnitz von
400 mm Zylinderdurchmesser und 500 mm Hub dargestellt. Der Eintritt
des Dampfes erfolgt von der Seite durch die an den Stutzen A anschließende, zum Kondensator führende Saugleitung. Eigenartig sind
die halbzylinderförmig gebogenen Anschläge für die Klappen der Saug-
und Druckventile, welche in der Mitte durch einen gemeinschaftlichen
Steg getrennt sind, wodurch die Abführung des Wassers nach unten
und der Luft nach oben durch die Saugventile erleichtert wird. An den
Stutzen B schließt die Abflußleitung an.

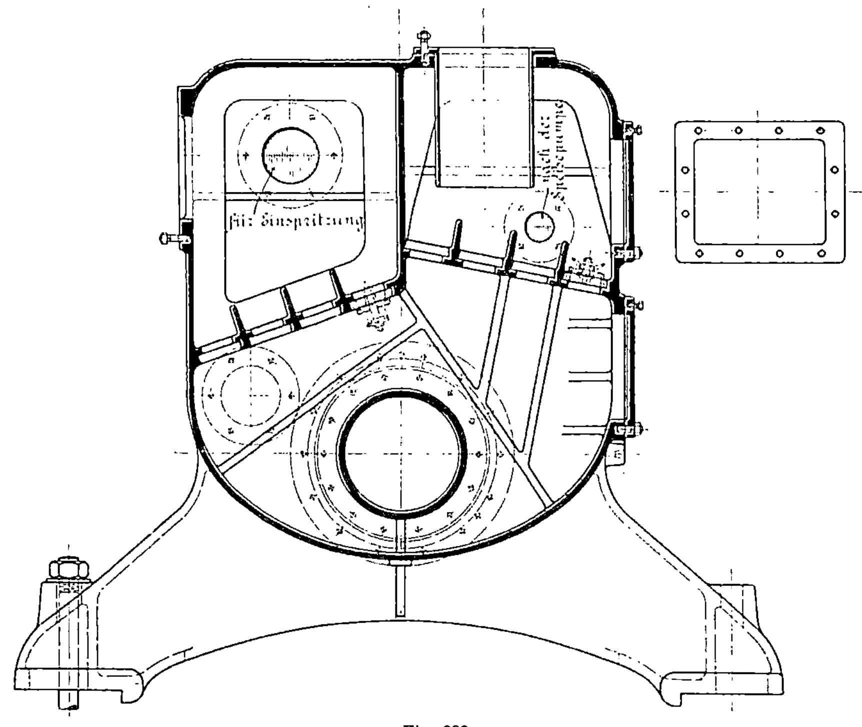

Fig. 388.

13. Kondensator-Luftpumpe von A. Borsig in Tegel bei Berlin.
Diese in den Fig. 387 und 388 im Längsschnitt und Querschnitt wiedergegebene Luftpumpe ist mit Saug- und Druckventilen nach Art der
Worthington-Ventile ausgerüstet, welche jedoch nicht als Rundventile,
sondern als längliche, federbelastete, parallel öffnende und schließende
Klappen ausgeführt sind. Der Querschnitt derselben ist aus Fig. 388
zu ersehen. Die Wasser- und Luftbewegung ist aus den Figuren ohne
weiteres verständlich.

In den Fig. 389 und 390 ist eine Berieselungsluftpumpe derselben
Firma dargestellt, wie dieselbe für Pumpmaschinen für Wasserwerke
und Kanalisationsanlagen verwandt wird, welche mit einer sehr geringen
Tourenzahl laufen müssen, und bei denen infolgedessen an die Konden-

satoren besondere Anforderungen gestellt werden. Vor der Luftpumpe
ist der mit mehreren Überläufen versehene Kondensator angebracht,
dessen Wirkungsweise aus der Zeichnung ohne weiteres verständlich ist.

14. Kolbenluftpumpe von Edwards. Diese von der Firma Wil-
lans & Robinson, Engineers, Rugby in England gebaute Luftpumpe[1])
ist in Fig. 391 im Querschnitt dargestellt. Sie ist nach dem Prinzip
der Brownschen Luftpumpe (s. oben S. 295, Fig. 351) gebaut. Ihre
Druckhöhe darf jedoch 1,5 m Wassersäule nicht überschreiten. Ist dies
doch erforderlich, so ist die Luftpumpe noch mit einer besonderen

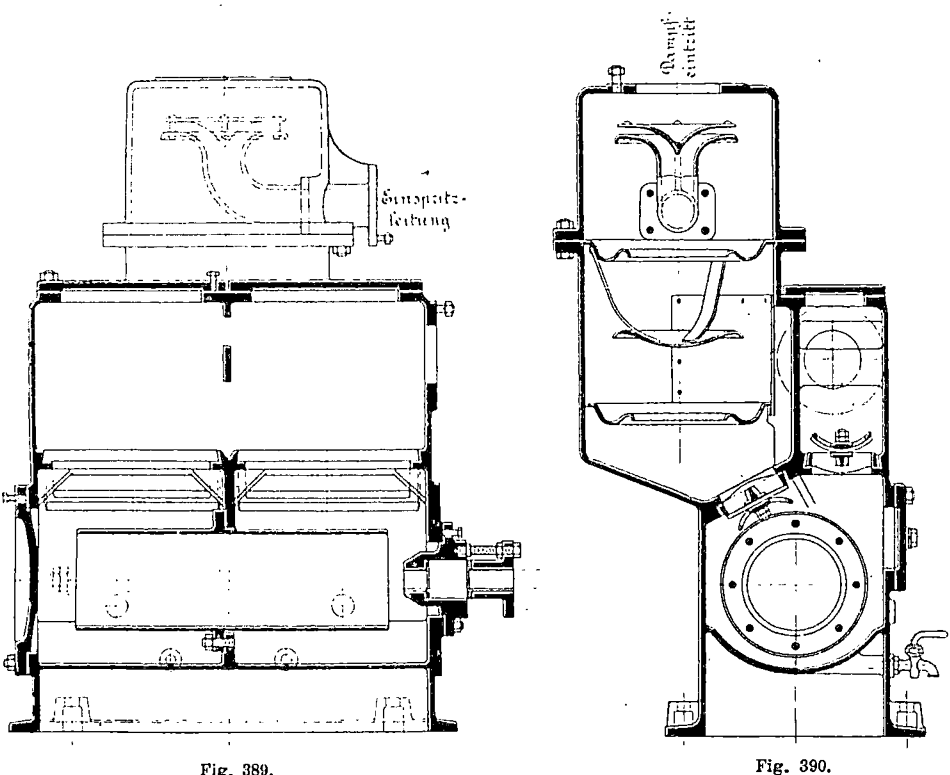

Fig. 389.　　　　　　　　　　　　　Fig. 390.

Druckpumpe zu verbinden. Die Schubstange wird durch ein Exzenter
angetrieben, das am Kurbelwellenende der Luftpumpe befestigt ist.
Die Druckpumpe entnimmt das Wasser (Kondensat und Kondenswasser) einem kleinen Behälter, der mit dem Pumpenkörper zusammengegossen ist und dem das Kondensat aus dem Raum über den
Druckventilen zufließt, wie dies aus der Fig. 391 zu ersehen ist.

Von derselben Firma wird seit kurzem ein neuartiger Kondensator,
der Kontraflo-Kondensator gebaut[2]), welcher sich zunächst dadurch

[1]) Zeitschr. f. d. gesamte Turbinenwesen 1908, S. 270.
[2]) Zeitschr. f. d. gesamte Turbinenwesen 1908, S. 272 nach Engineering,
1906, Bd. 81, S. 497 und 532.

kennzeichnet, daß das Kondensatorinnere durch Trennwände in verschiedene Kammern geteilt ist, und sodann dadurch, daß ein gleichförmiger und paralleler Wasser- und Dampfstrom in entgegengesetzten Richtungen über die ganze kondensierende Oberfläche stattfindet. Dort wo die Umkehrung des Dampfstroms stattfindet, sind keine Rohre vorhanden.

Die Luftabsaugung erfolgt entweder gemeinsam oder getrennt vom Kondensat. Die Anordnung der Stutzen im ersten Falle zeigt Fig. 393, im zweiten Falle Fig. 394. In beiden Fällen wird durch die Lage des Luftabsaugestutzens eine kräftige Unterkühlung der Luft erreicht. Bei getrenntem Absaugen von Wasser und Luft fließt ein Teil des Wassers bereits aus der oberen Kammer fort, der zweite Teil aus der zweiten Kammer. Die unterkühlte Luft wird aus der untersten Kammer abgesaugt. Das Kühlwasser wird durch Trennwände bei dem in Fig. 392 dargestellten Kondensator gezwungen, einen vierfachen Weg durch den Kondensator zu machen. Über eingehende Versuche, welche bemerkenswerte Resultate ergeben haben, ist in der unten angegebenen Zeitschrift „Engineering" berichtet.

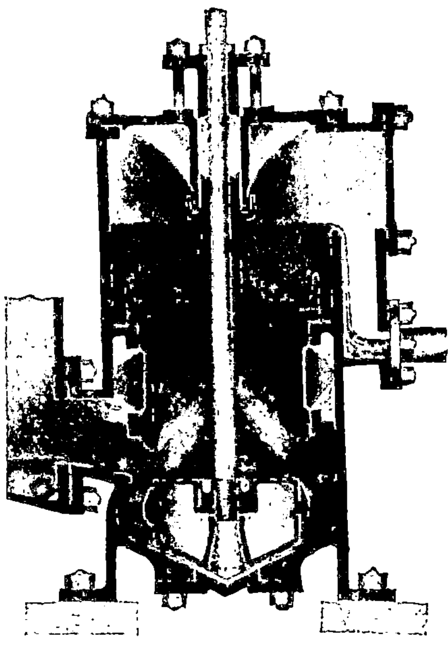

Fig. 391.

Für Dampfturbinen wendet die genannte Firma einen Oberflächenkondensator mit Vakuumvermehrer nach Parsons an. Die Verbesserung des Vakuums durch diese Vorrichtung wird jedoch erkauft durch Aufgabe der konstruktiven Einfachheit. Von einem geeigneten Teil des Kondensators, fast immer von dem unteren aus, wird eine Leitung zu einem Hilfskondensator gelegt, die im allgemeinen $1/20$ der Oberfläche des Hauptkondensators besitzt, Fig. 392. In einem zusammengezogenen Teil der Rohrleitung befindet sich ein kleines Dampfstrahlgebläse, durch das fast die ganze Luft und der Dampf aus dem Kondensator gesaugt und an die Luftpumpe geliefert wird. Ein Wasserverschluß ist, wie Fig. 392 zeigt, vorgesehen, um zu verhindern, daß Luft und Dampf in den Hauptkondensator gelangen.

Man braucht daher, wenn im Kondensator zur Zeit ein Vakuum von 70—71,5 cm Hg vorhanden sein soll, nur ungefähr 66 cm in der Luftpumpe, die deswegen kleinere Dimensionen erhalten kann, da bereits der Dampfstrahl bei diesen Druckverhältnissen auf ungefähr die Hälfte oder einen, nur wenig geringeren Teil des Anfangsvolumens komprimiert wird. Die kleine Dampfmenge, die zur Bedienung des Dampfstrahlapparates nötig ist und die, wie Versuche ergaben, im allgemeinen nur etwa $1\frac{1}{2}$—2 % des Gesamtverbrauches der Dampfturbine bei Vollast

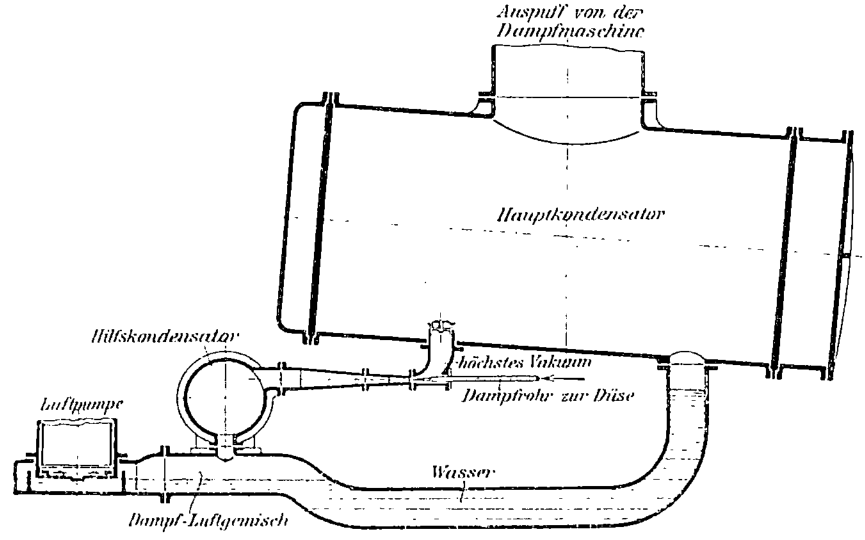

Fig. 392.

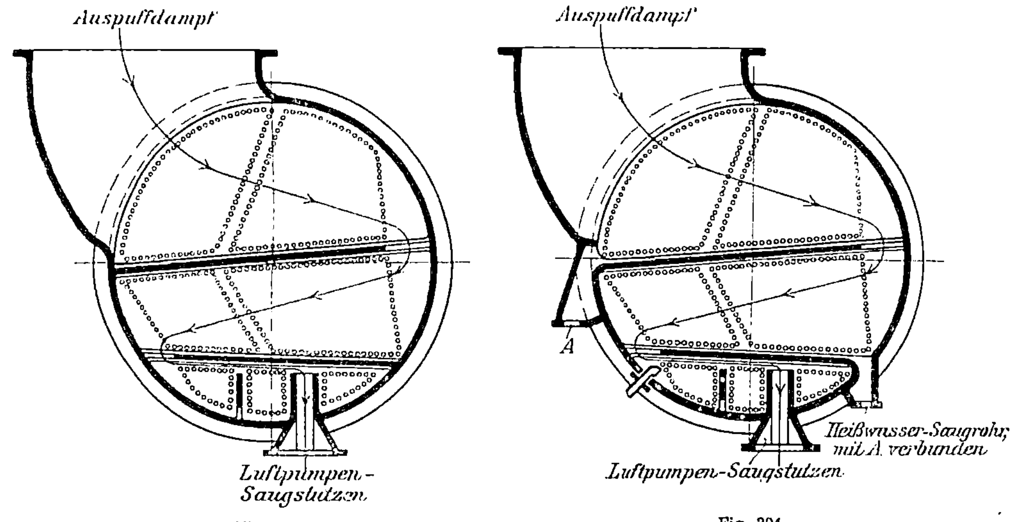

Fig. 393.   Fig. 394.

beträgt, wird durch den Hilfskondensator gekühlt, der meistens parallel mit dem Hauptkondensator mit Kühlwasser versehen wird.

Viertes Kapitel.

Die Kapselgebläse.

Während bei den beiden früheren Hauptklassen der Kolbengebläse die Bewegung des Kolbens oder Verdrängers eine rückkehrende, und zwar entweder eine gradlinig hin- und hergehende oder eine schwingende Bewegung war, ist dieselbe ·bei der nun folgenden Klasse eine, um eine oder mehrere Drehachsen fortlaufend umdrehende.

In einem geschlossenen, zylindrischen Gefäß, der Kapsel oder dem Gehäuse, mit einer Lufteintritts- und Luftaustrittsöffnung befinden sich ein, zwei oder mehrere massive Flügel (Kolben oder Verdränger), welche auf horizontalen Achsen zweiseitig gelagert sind und durch ein oder mehrere außerhalb auf den Wellen sitzende Zahnräder oder Riemenscheiben in Umdrehung versetzt werden. Die Flügel beschreiben daher Kreise und berühren mit ihrem äußersten Rand die Innenwand der Kapsel (bzw. lassen nur einen sehr kleinen Spielraum zwischen ersterem und letzterer), so daß die im Gehäuse eingeschlossene und nach jeder Umdrehung neu angesaugte Luft durch die Flügel verdrängt und in die Druckleitung geschafft wird, durch welche dieselbe dem Verwendungsorte zugeführt wird. In die sich abwechselnd vergrößernden und verkleinernden Zwischenräumen zwischen den Flügeln und der Innenwand der Kapsel wird eine bestimmte Luftmenge eingeschlossen und von der Saugseite nach der Druckseite mitgenommen.

Da jedoch eine vollkommene Abdichtung der Flügel gegen die Kapsel oder das Gehäuse nicht ausführbar ist, so wird nicht alle Luft, welche von den Flügeln erfaßt wird, zur Druckleitung befördert werden, sondern ein Teil derselben durch die Spielräume nach der Saugseite zurückströmen, weshalb der volumetrische Wirkungsgrad um so geringer ist, je weniger dicht die Berührung der Flügel mit der Kapselwand ist, um so größer, je geringer der Spielraum zwischen beiden ist. Zur Ausfüllung des letzteren und möglichsten Abdichtung der Flügel gegen die Kapselwand sind verschiedene Mittel angewandt worden, wodurch der volumetrische Wirkungsgrad nicht unwesentlich erhöht worden ist. Wird die vom Gebläse geförderte Luft in einen geschlossenen Windkessel oder eine am Ende geschlossene Windleitung geblasen, so wird einem Raume von konstantem Volumen stets neue Luft zugeführt, daher der Druck allmählich gesteigert. Der letztere wird daher um so größer werden, je größer die minutliche Umdrehungszahl der Flügel ist. Da jedoch mit wachsendem Überdruck in der Druckleitung der Luftverlust durch die Spielräume zunehmen wird, so ist der mit dieser Gebläseart erzielbare Enddruck ein verhältnismäßig kleiner. Dagegen ist die geförderte Luftmenge bei nicht zu hohem Druck eine beträchtliche.

Die Gebläse dieser Klasse finden daher hauptsächlich dort Anwendung, wo eine große Luftmenge bei nicht sehr hohem Druck benötigt wird, wie z. B. zur Beschaffung der Verbrennungsluft für Schmiedefeuer, Schmelz- und Kupolöfen.

Die Vorteile und Nachteile dieser Gebläse gegenüber den früher besprochenen Systemen lassen sich im wesentlichen folgendermaßen zusammenfassen:

Vorteile	Nachteile
1. Große Luftmengen bei geringem Kraftbedarf.	1. Geringer Kompressionsdruck.
2. Geringe Anschaffungskosten.	2. Lästiges Geräusch während des Betriebes.
3. Seltene und leicht ausführbare Reparaturen.	3. Schwieriges Abdichten der Flügel.
4. Leichte und einfache Inbetriebsetzung und Wartung.	
5. Geringer Raumbedarf.	
6. Gleichmäßigkeit des Luftstroms.	

Die Einteilung der großen Anzahl verschiedenartigster Konstruktionen dieser Gebläse erfolgt am einfachsten nach dem kinematischen Gesichtspunkte. Nach diesem hat zuerst Reuleaux in seiner theoretischen Kinematik[1]) eine umfassende, systematische Zusammenstellung der verschiedenen, hierher gehörigen Mechanismen gegeben, und gebührt ihm das Verdienst, zum ersten Male Klarheit in die bis dahin vielfach falschen und verworrenen Vorstellungen von dem gegenseitigen Verhältnis der einzelnen Konstruktionen zueinander gebracht zu haben. Reuleaux hat den weitaus größten Teil der oft höchst originellen und scheinbar ganz neuen Ausführungen in zwei Hauptklassen zerlegt, deren erste und älteste, die Kapselräderwerke oder Kapselwerke, zwei in ein Gehäuse eingeschlossene Räder mit je zwei oder mehreren, eigenartig geformten Zähnen zur Grundlage hat, während zur zweiten Klasse die kinematischen Umkehrungen oder Erweiterungen des Kurbelmechanismus, speziell der Schubkurbel, Doppelkurbel, Kurbelschleife etc. gehören, weshalb Reuleaux dieselben alle unter dem gemeinsamen Namen der Kurbelkapselwerke zusammenfaßt.

---

[1]) Reuleaux, Theoret. Kinematik, Braunschweig, Friedr. Vieweg & Sohn. 1875.

Im folgenden sollen die verschiedenen Ausführungen der Kapselgebläse auf Grund der Reuleauxschen Systematik kurz behandelt werden.

A. Kapselgebläse mit zwei Drehachsen.

Denkt man sich zwei im Eingriff befindliche, gleich große Stirnräder allseitig von einem möglichst dicht anschließenden Gehäuse, der Kapsel, umgeben, und zwei Öffnungen zum Ein- und Austritt der Luft in der Richtung der auf der Mittellinie beider Räder senkrecht stehenden Tangente durch den Berührungspunkt beider Teilkreise angebracht, so wird durch die Zähne beim Umlauf der Räder in den Zahnlücken je eine dem Inhalt der Zahnlücke entsprechende Luftmenge abgeschlossen und von der Saugseite nach der Druckseite gefördert. Die älteste Ausführung einer derartigen Maschine zur Förderung von Luft (oder anderen Flüssigkeiten, Wasser etc.) soll von Pappenheim [1]) stammen und schon in der Mitte des 17. Jahrhunderts bekannt gewesen sein. Sie bestand aus zwei Zahnrädern von je sechs, an allen Ecken des Profils abgerundeten Zähnen und bildet, wie weiter unten gezeigt wird, noch heute die Grundlage einer Anzahl neuerer Konstruktionen. Da jedoch im Verhältnis zu der Größe des Rades bei dem geringen Inhalt der Zahnlücken die geförderte Luftmenge nur klein war, wurde an Stelle der mehrzähnigen Räder das Zweizahnrad gesetzt und ist diese Konstruktion wohl heute unter den Kapselräderwerken die weitaus verbreitetste.

Die wichtigsten neueren Ausführungen der Kapselräderwerke sind im folgenden besprochen, wobei zunächst die zweizähnigen und hierauf die mehrzähnigen Räder behandelt sind.

1. Gebläse von Root. Als weitaus wichtigster Vertreter dieser Gruppe ist das Rootsche Gebläse, oder der Roots-Bläser (auch vielfach noch Roots-Blower genannt) zu bezeichnen. Dasselbe war zuerst auf der Pariser Weltausstellung des Jahres 1867 von dem Amerikaner Root ausgestellt [2]). Die von ihm gegebene Konstruktion wurde bald Gemeingut aller Nationen und wird heute mit geringer Modifikation von zahlreichen Firmen des In- und Auslandes gebaut.

Fig. 395 zeigt eine Ausführung, bei welcher zum Zweck besserer Abdichtung, leichterer Bearbeitung der Flügeloberfläche und zur Verringerung des Geräusches eiserne Flügel mit Holzbekleidung angewandt sind. Beide Flügel A und B drehen sich in entgegengesetzter Richtung, was durch zwei gleich große, außerhalb des Gehäuses liegende Zahnräder $Z_1 Z_2$ bewirkt wird. Bei C ist der Eintritt, bei D der Austritt der Luft. Eine andere Ausführung zeigt Fig. 396, bei welcher beide Drehachsen nicht in einer Horizontalebene nebeneinander, sondern vertikal übereinander liegen. Um kleinere Abdichtungsflächen zu erhalten, welche weniger Bearbeitung erfordern, ist bei dieser Anordnung der eine Flügel

---

[1]) Näheres über den Ursprung dieser Maschine s. Reuleaux a. a. O. S. 393 und 394.

[2]) Vgl. Engineering 1867, S. 146. Reuleaux a. a. O. 397.

A an beiden Seiten mit je zwei Rippen *B* und *C* versehen, zwischen welchen eine leicht auswechselbare Dichtungsleiste *D* aus hartem Holz oder Eisen befestigt ist, während der andere Flügel nur mit je einer schmalen, angegossenen Leiste *E* versehen ist, welche allein bearbeitet wird. In ähnlicher Weise ist bei dem Gebläse von J. W. Melling in

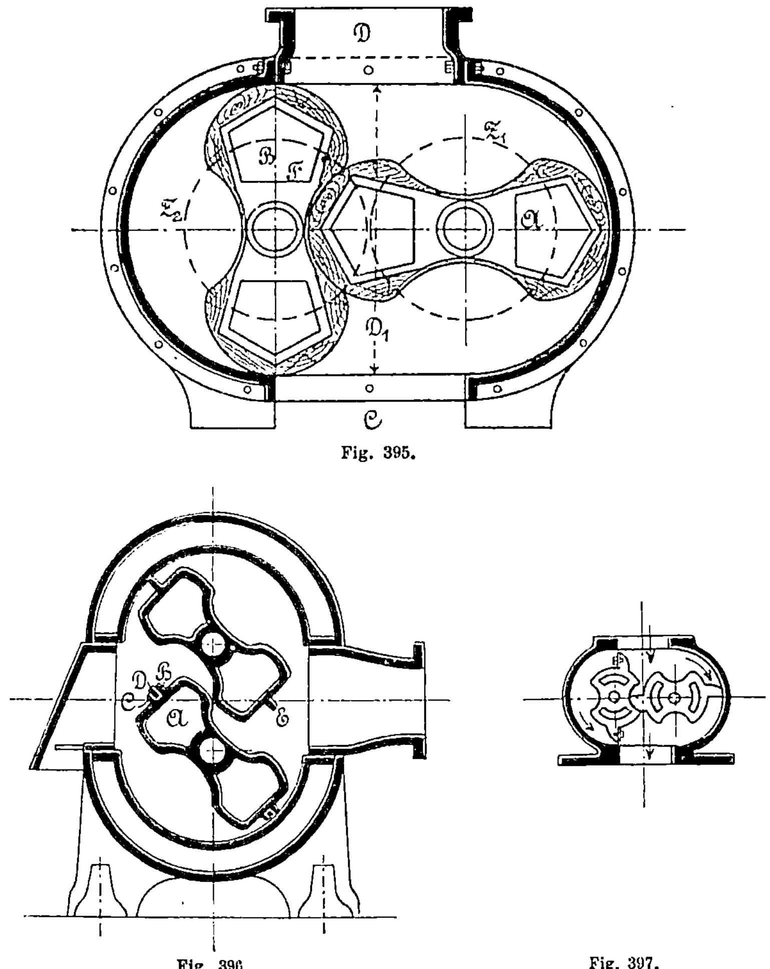

Fig. 395.

Fig. 396.   Fig. 397.

Wigan, Lancashire [1]), Fig. 397, die Dichtung durch zwei an den Enden des einen Flügels seitlich angeschraubte Dichtungsleisten ausgeführt. Die letzteren sind entweder fest oder verstellbar. Für Hochdruckgebläse, d. h. solche, welche eine verhältnismäßig starke Luftverdichtung bewirken sollen, sind verstellbare, federnde Dichtungsleisten angebracht, welche über den vorderen Teil der Flügelvorsprünge umgebogen sind

---

1) Maschinenbauer 1883, S. 271.

und so vermöge der Federspannung fest an die Innenwand der Kapsel anschließen. Eine etwas andere Ausbildung des Flügelprofils zeigt die Konstruktion von Samuelson & Co. in Bambury [1]), Fig. 398, deren Aufzeichnung folgendermaßen erfolgt. Aus dem Mittelpunkt M des Flügels beschreibe man den äußeren Kreis G mit dem Flügelhalbmesser und den Teilkreis K mit dem Halbmesser r gleich dem halben Achsenabstand, sowie den Kreis L mit einem Halbmesser $r_1 = {}^3/_4 r$. Hierauf zieht man unter 45° gegen die Horizontale durch den Mittelpunkt zwei aufeinander senkrechte Durchmesser und durch die Schnittpunkte der-

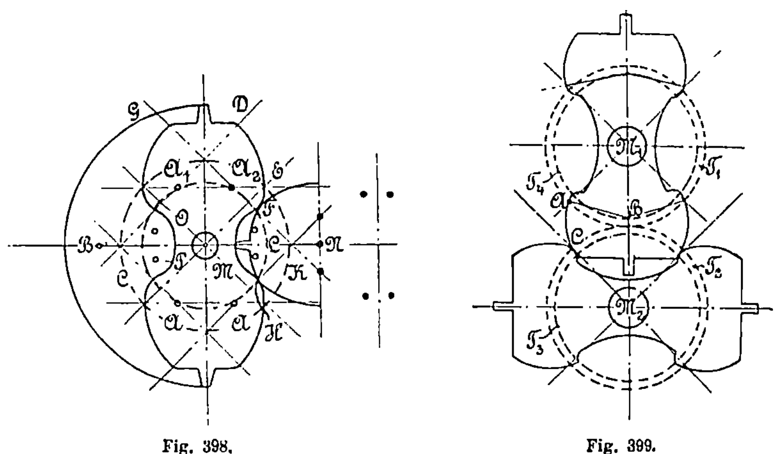

Fig. 398. Fig. 399.

selben mit dem Kreise K zwei Horizontale. Die Mittelpunkte der einzelnen Kreisbogen, aus welchen das Flügelprofil gebildet ist, sind dann folgende:

A_1 Mittelpunkt für den Bogen DE
A_2 ,,   ,, ,,   ,, EF
N ,,   ,, ,,   ,, FH
B ,,   ,, ,,   ,, OP, wobei $BM = NM$ ist.

Eine zweite Konstruktion ist in Fig. 399 [2]) gegeben.

Man beschreibe aus M_1 und M_2 mit dem halben Achsenabstand die Teilkreise T_1 und T_2 und die kleineren Kreise T_3 und T_4, deren Durchmesser ca. $^1/_{12}$ kleiner als jene der Teilkreise gemacht werden. Hierauf teile man beide Kreise in je acht gleiche Teile, so ist AB der Halbmesser des aus B zu beschreibenden Bogens AC. In derselben Weise sind alle übrigen Bogen zu zeichnen.

Eine Konstruktion des Rootschen Gebläses mit seitlichen Dichtungsleisten zeigt Fig. 400, wie sie von der Aerzener Maschinenfabrik in Aerzen [3]) ausgeführt wird. Während die Flügel selbst aus Gußeisen hergestellt sind, werden an den aufeinander wälzenden Flächen hölzerne Dichtungsleisten AA befestigt. Im übrigen ist der Antrieb

---

[1]) Engineering, 1888, Bd. 45, S. 641.
[2]) Uhlands Prakt. Masch.-Konstr. 1882, S. 313.
[3]) Prov. Hannover.

und die Konstruktion des Gebläses genau wie bei den vorstehenden Ausführungen. Zu bemerken ist noch der auf dem Gebläse angebrachte längliche, mit feinem Drahtgitter versehene Saugkasten zum Abhalten des Staubes.

Für große Gebläse würden gußeiserne Flügel zu schwer ausfallen und baut die Firma dieselben daher ganz aus Stahl und Schmiedeeisen, Fig. 401.

Die auf Stahlwellen aufgekeilten Stahlrosetten erhalten eine Blech-Ummantelung mit aufgenieteten Flacheisenstreifen und auf eingelegten Holzleisten befestigte Filzstreifen als Abdichtflächen.

Diese Abdichtungsflächen c, c', c'' etc. werden einerseits mittelst aufgenieteter starker Bleche oder Flacheisenstreifen, welche auf Spezialmaschinen sauber bearbeitet werden, hergestellt, andererseits mittelst auf eingelegter Holzleiste d befestigten Filzstreifen e, so daß die Abdichtung dieser Blechflügel gegeneinander

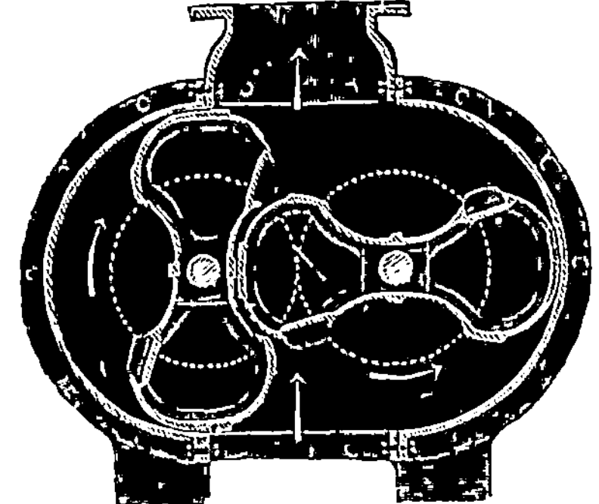

Fig. 400.

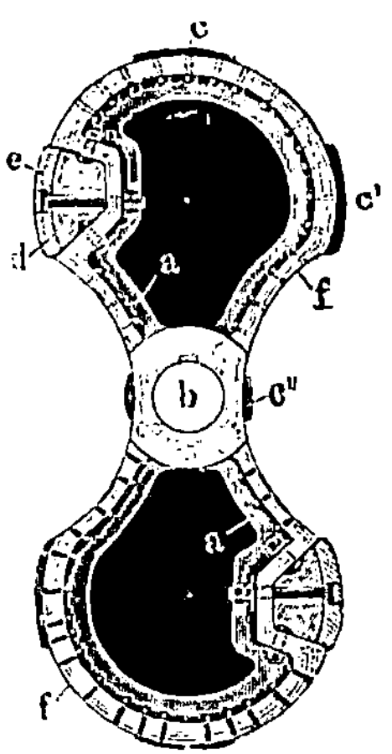

Fig. 401.

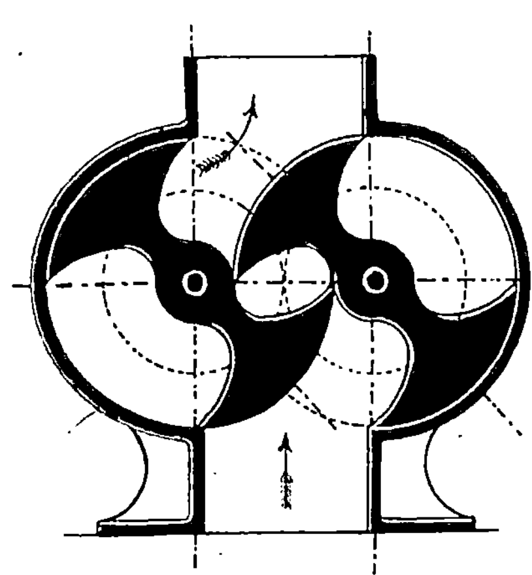

Fig. 402.

mittelst einer Filzfläche gegen eine sauber bearbeitete Eisenfläche geschieht, wodurch genaue Abdichtung, hohe Betriebssicherheit, leichter und ruhiger Gang und größtmöglichster Nutzeffekt erzielt wird.

Eine Bauart mit ausgehöhlten Flügeln ist in Fig. 402 dargestellt. Bei Versuchen, welche im Maschinenbaulaboratorium der Kgl. Technischen Hochschule zu Charlottenburg mit einem Aerzener Gebläse angestellt sind, wurden folgende bemerkenswerte Resultate erzielt.

Die Versuche wurden mit einem Gebläse Nr. 1 für folgende Leistungen vorgenommen.

| Bezeich-nung der Gebläse | Zum Schmelzen von Eisen | | | Für Schmiedefeuer | Wind-menge per Minute | Wind-leitung Durch-messer | Durch-messer der Mund-stücks-flansche | Dimensionen der Riemenscheibe | | Gewicht |
	Umdrehung per Minute	Kilogramm per Stunde	Innere Dimensionen der Kupolöfen mm	Anzahl der Schmiedefeuer (bei 30 mm Düse)	in cbm	mm	mm	Durch-messer mm	Breite mm	kg
1	400	1800	350—600	16	30	160	300	300	110	630

Versuchsergebnisse:

	1	2	3	4	5	6	7	8	9	10	11	12	13	14	15	16	17	
Luftpressung in mm Wassersäule	400	500	600	700	800	900	1000	1100	1200	1300	1400	1500	1600	1700	1800	1900	2000	mm W. S.
Kraftverbrauch des Gebläses inkl. Vorgelege in PS.	3,5	4,4	4,92	5,33	5,97	6,54	7,41	8,03	8,62	9,25	9,75	10,66	11,21	12,0	12,81	13,31	14,0	PS.
Gelieferte Luftmenge i. d. Min. in cbm	31,68	31,38	31,50	31,20	30,60	30,66	30,18	30,18	29,52	29,58	28,26	28,80	28,62	28,68	28,64	28,64	27,90	cbm
Volumetrischer Wirkungsgrad .	0,964	0,953	0,953	0,930	0,910	0,904	0,888	0,888	0,861	0,839	0,835	0,850	0,834	0,828	0,821	0,820	0,797	%
Tourenzahl des Roots-Gebläses i. d. Min.	403	403	403	403	405	405	406	407	406	405	398	398	401	403	403	402	403	n.
Effektive Arbeit des Gebläses in geförderter Luft PS.	2,615	3,24	3,90	4,41	4,93	5,44	5,98	6,58	7,03	7,60	7,80	8,51	9,00	9,51	10,00	10,50	10,80	PS.
Mechanischer Wirkungsgrad . .	0,748	0,737	0,793	0,828	0,825	0,853	0,810	0,820	0,815	0,832	0,805	0,800	0,803	0,794	0,780	0,790	0,770	%

Die mittlere Tourenzahl betrug bei den 17 Versuchen 403,2, die mittlere Luftmenge 29,76 cbm, der mittlere volumetrische Wirkungsgrad 87,5 % und der mittlere mechanische Wirkungsgrad 80,0 %.

Namentlich der volumetrische Wirkungsgrad, im Minimum 87,5, im Maximum 96,4 % ist als ein recht günstiger zu bezeichnen. Derselbe sinkt selbst bei einem Drucke von 2000 mm W.-S. (dem Fünffachen des normalen Druckes von 400 mm) kaum unter ∼ 80 % (genau 79,7 %), was auf eine sehr gute Abdichtung des Gebläses schließen läßt.

Die Leistungen und Dimensionen der Root-Gebläse der Sächsischen Maschinenfabrik in Chemnitz ergibt folgende Tabelle:

| No. | Anzahl der Schmiedefeuer | Höchstes Schmelzquantum bei 50 cm Wassersäule kg | Flügel- | | Antrieb-Riemenscheibe | | | Kraftbedarf PS. | Gewicht kg | Wenn mit Dampfmaschine | |
			Durchmesser mm	Breite mm	Durchmesser mm	Breite mm	Tourenzahl i. d. Min.			Zylind.-Dmr. mm	Hub mm
B 1	10—20	2000	400	800	300	90	400	3	650	—	—
B 1 a	20—30	3000	400	1000	300	90	400	5	700	—	—
B 2	30—40	4000	500	1000	350	130	380	7	1050	200	200
B 2 a	40—50	5000	500	1250	350	130	380	9	1200	250	200
B 3	50—60	6500	600	1200	400	160	350	14	1800	300	200
B 3 a	60—75	8500	600	1500	400	200	350	18	2900	300	200
B 4	75—100	12000	750	1500	550	250	320	28	3300	380	300
B 4 a	100—130	15000	750	2000	550	250	300	35	3700	380	300

2. Kapselgebläse von G. Fude in Berlin [1]). Dasselbe bezweckt die beim Übergang der unkomprimierten Luft in den Druckraum entstehenden Stöße und Druckschwankungen und den hierdurch bewirkten ungleichmäßigen und unruhigen Gang zu beseitigen. Erreicht wird dies dadurch, daß die von der Zahnlücke eines Kolbens eingeschlossene Luft nach dem Abschluß von dem Saugraum und vor der Verbindung mit dem Druckraum durch Einwälzen des Zahnes eines anderen Kolbens in der genannten Zahnlücke zusammengepreßt und hierdurch auf einen höheren als den Saugdruck gebracht wird. In Fig. 403 ist eine solche Ausführungsform dargestellt, welche folgende Wirkungsweise besitzt.

Läßt man die Verzahnung des einen Kolbens nur bis auf Kreis t_2, aber nicht darüber hinausreichen, so fallen die Unterschneidungen der Zähne fort. Das ist jedoch immer nur an einem der beiden Kolben anwendbar.

Um daher die Luft in den Lücken beider Kolben komprimieren zu können, müssen je zwei solcher Lücken in der obersten Stellung durch einen Kanal k verbunden werden. Hierbei dringen immer nur die Zähne des rechten Kolbens in die Lücken des linken Kolbens unter der Rippenkante des Gehäuses abdichtend ein und komprimieren den Luftinhalt dieser Lücke und der dem Zahne folgenden Lücke des rechten Kolbens durch den Kanal k, bis der Zahn selbst die Austrittsöffnungen freigibt. Die letzteren befinden sich sowohl in den Stirnwänden bei d als auch

---

1) Deutsche Pat.-Schrift 94751 vom 2. Nov. 1897.

in dem Mantel bei b über dem Kanal k. Das eine der beiden Räder ist zweiflügelig, das andere vierflügelig ausgebildet, so daß das erstere mit der doppelten Tourenzahl des zweiten umlaufen muß.

3. Kapselgebläse von Morell mit dreiflügeligem Kolben [1]). Das eigenartige dieser Konstruktion besteht darin, daß zum Zwecke einer möglichst großen Abdichtung sowohl zwischen den Flügelkolben untereinander als auch zwischen den Flügelkolben und der Gehäusewandung die Flügel an ihren Stirnseiten sowie an den am Umfange der Zylinder-

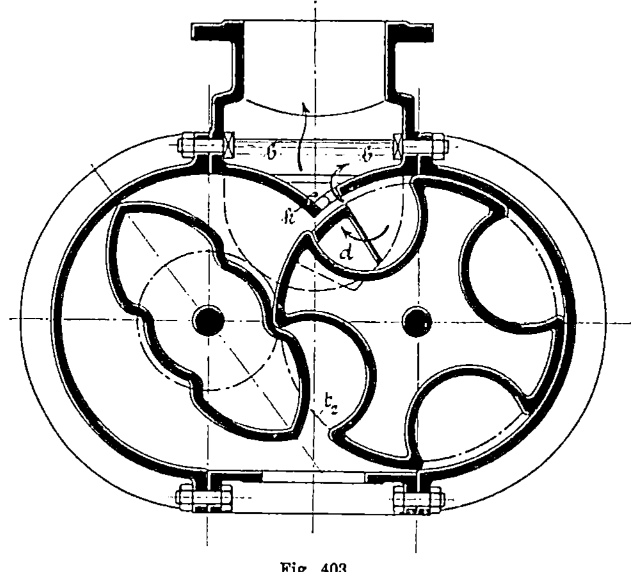

Fig. 403.

bohrung gleitenden Flächen mit weichen Lederkappen k, Fig. 404, versehen sind. Dieselben sind in die Reibeflächen der Flügelkolben eingelassen, welch letztere in Längsnuten der Naben d und e eingeschoben und durch Schrauben h befestigt sind. Durch eine derartige Flügelbefestigung ist es möglich, die Naben auf der Drehbank genau abzudrehen, wodurch eine genaue Dichtung ermöglicht wird. Es erscheint indessen fraglich, ob die vorbeschriebene Abdichtung nicht einer starken Abnutzung unterworfen ist.

4. Gebläse von Evrard und Baker. Bei dem Evrardschen Gebläse, Fig. 405, arbeiten zwei Trommeln von gleichem Durchmesser gegeneinander, deren erstere mit zwei Flügeln, die letztere mit zwei zylindrischen Furchen versehen ist, welche von den Spitzen der Flügel bei einer Umdrehung je einmal durchlaufen werden. Das Profil der Furchen ist durch Abwälzen der beiden gleich großen Teilkreise aufeinander erhalten. Dasselbe ist die Bahn der Flügelspitze bei dieser Wälzung.

---

1) Deutsche Pat.-Schrift 100487 vom 3. Dez. 1898.

Auf demselben Prinzip wie das Evrardsche beruht zunächst das Bakersche Gebläse[1]). Fig. 406—408.

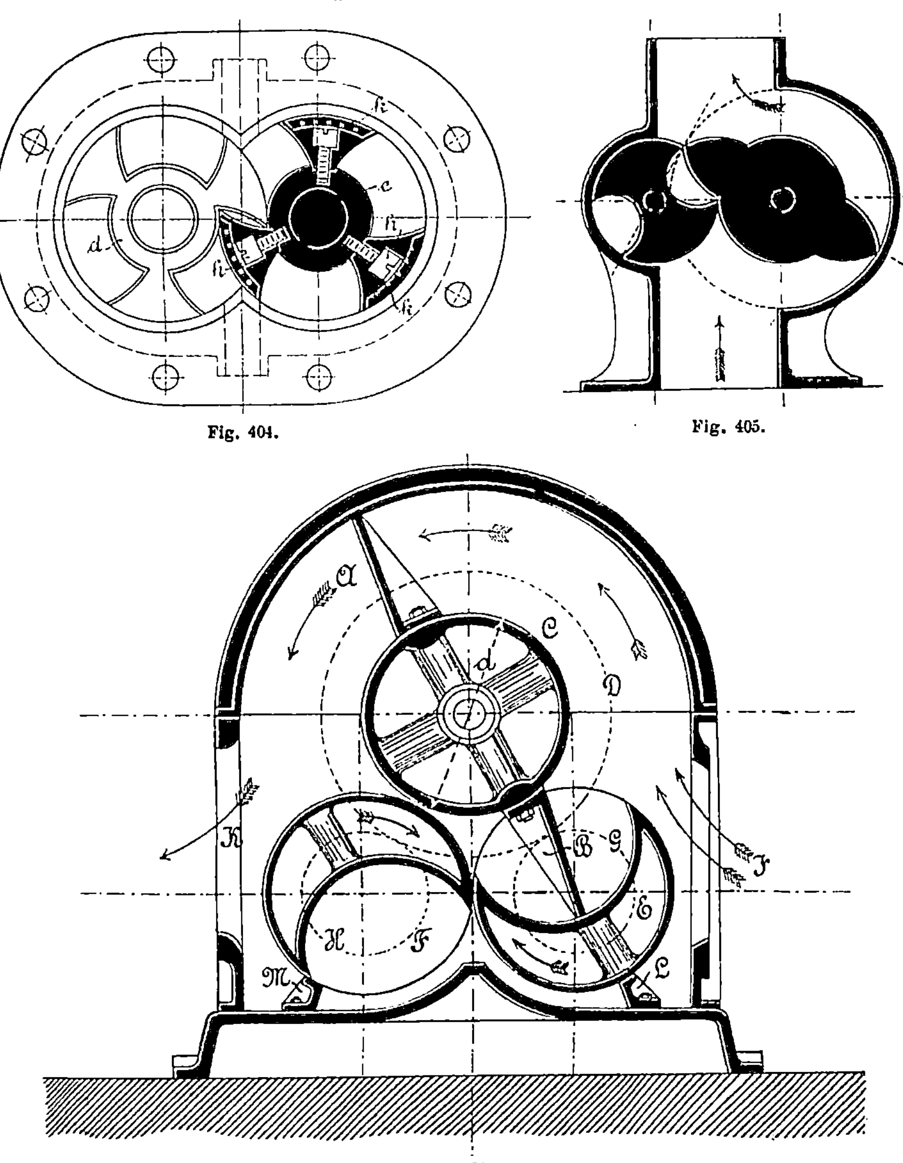

Fig. 404.

Fig. 405.

Fig. 406.

Die beiden Flügel A und B, Fig. 406, sind auf der Trommel C einander gegenüber befestigt. Auf der Trommelachse sitzt außerhalb

---

[1]) Bakers Patent Rotary Pressure Blower, ausgeführt von der Savile Street Foundry & Engineering Co. Limited, Sheffield.

des Gehäuses das Stirnrad D, welches in zwei halb so große Stirnräder G und H eingreift, so daß die letzteren die doppelte Umdrehungszahl wie ersteres haben. Unterhalb der Trommel C liegen zwei mit hohlen Furchen versehene Trommeln E und F, welche sowohl gegen die erste Trommel C als auch gegeneinander, sowie gegen das Gehäuse bei L und M abgedichtet sind. Wie aus der Figur zu ersehen ist, nehmen die Furchen der beiden unteren Trommeln den Flügel beim Durchgang auf und dichten zugleich den unteren Raum ab, so daß die Luft, welche bei J in das Gebläse eintritt, den Weg über die oberste Trommel nach dem Druckrohr K nehmen muß. Da die Umdrehungsgeschwindigkeit der unteren Trommeln die doppelte der oberen Trommel ist, so werden beide Flügel (nach einer halben Umdrehung der oberen Welle) stets genau mit denselben Punkten der Durchlaßtrommeln E und F zusammentreffen.

Eine andere Konstruktion des Bakerschen Gebläses ist in Fig. 407 gegeben, bei welcher die unteren Trommeln ganz hohl und an den Durchgangsstellen der Flügel geöffnet sind. Der Weg der Luft ist durch die eingezeichneten Pfeile gekennzeichnet. Die Luftmenge, der Kraftbedarf und die Tourenzahl der Bakerschen Gebläse sind in nachstehender Tabelle enthalten [1]).

Bakers Kapselgebläse.

Laufende No.	1	2	3	4 [2])	5	6	7	8	9
	Von den Flügeln beschriebener Raum bei 1 Umdrehung		Minutlich geförderte Luftmenge	Stündlich geförderte Luftmenge	Touren-zahl i. d. Min.	Indiz. PS.-Zahl bei 150 mm Wassersäule	Verhältnis der min. Luftmenge zum minutl. durchlauf. Raum oder volumetr. Wirkungsgrad	Stündl. Windmenge in cbm für 1 indiz. Pferdekraft	Indiz. PS.-Zahl für 100 cbm stündl. Windmenge
	cb' engl.	cbm	cbm	cbm					
1	1,5	0,0425	6,37	382,2	200	1,75	0,75	218	0,460
2	3	0,085	11,46	687,6	180	2,6	0,75	265	0,380
3	6	1,170	19,10	1146	150	3,4	0,75	337	0,296
4	9	0,2547	24,85	1491	130	4,0	0,75	373	0,268
5	13	0,368	33,11	1986,6	120	4,5	0,75	441	0,226
6	17	0,481	41,49	2490	115	6,1	0,73	408	0,245
7	25	0,710	70,41	4224,6	110	7,3	0,90	578	0,173
8	30	0,850	84,90	5094	105	8,4	0,95	606	0,165
9	45	1,275	117,93	7075,8	105	10,8	0,88	646	0,154
10	60	1,700	150,92	9055,2	100	14,0	0,887	646	0,154
11	100	2,830	235,83	14150	100	23,0	0,83	615	0,162

Dieselbe zeigt in den Spalten 8 und 9 die Zunahme des mechanischen Wirkungsgrades mit zunehmender Größe und Windmenge des Gebläses.

Eine ähnliche Ausführung jedoch mit nur einer Dichtungstrommel B, zeigt Fig. 408 [3]), bei welcher die letztere doppelt soviel Umdrehungen wie das Flügelrad A macht.

5. Enkes Präzisions-Gebläse [4]). Fig. 409. Dasselbe beruht

[1]) Alle Maße sind aus dem englischen in Meter-Maß umgerechnet.
[2]) Die Werte der Spalten 4, 7, 8 und 9 sind vom Verf. berechnet.
[3]) „Wilkinson-Blower", ausgeführt von F. H. Stacey, Heeley Bridge Foundry bei Sheffield, aus Industries, 1889, S. 492.
[4]) C. Enke, Maschinenfabrik, Schkeuditz bei Leipzig.

auf einem ähnlichen Prinzip wie das Evrardsche Gebläse, jedoch sind statt zweier Flügel vier, statt zweier Durchgangsöffnungen drei in der unteren Trommel enthalten. Die Dichtung geschieht durch eine,

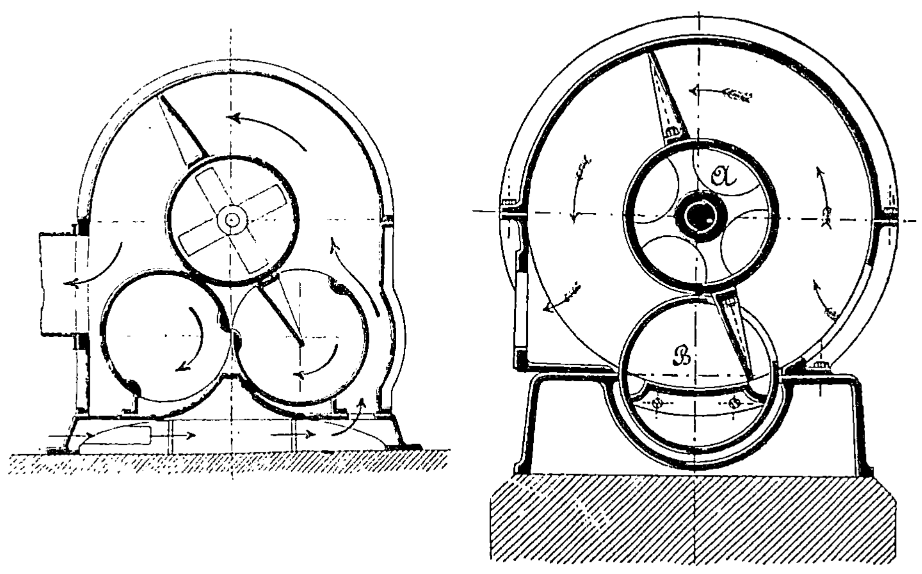

Fig. 407. Fig. 408.

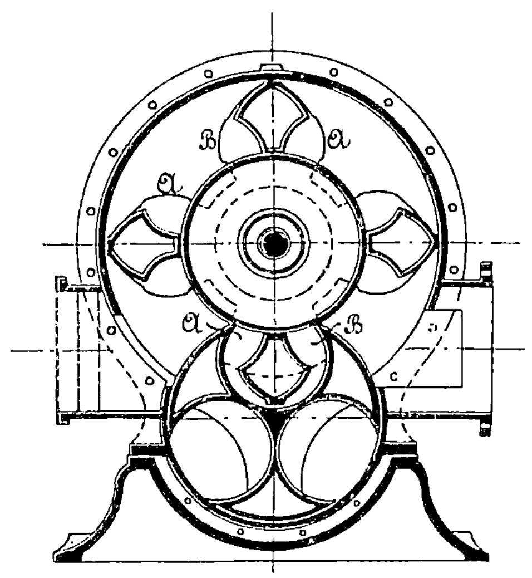

Fig. 409.

je nach der Größe der Gebläse 100—250 mm breite, von der Stellung der Zahnräder völlig unabhängige Flächendichtung an den Stellen A und B. Da das obere Rad vier Zähne, das untere jedoch nur drei Lücken hat, so muß die Umdrehungszahl des unteren Rades $^4/_3$ mal so groß sein als diejenige des oberen, wonach bei gewähltem Achsenabstand resp. Flügeldurchmesser das Verhältnis der Teilkreise beider Räder zu berechnen ist. Als Hauptvorteile des Enkeschen Gebläses werden von dem Erbauer die folgenden angegeben:

1. Flächendichtung an Stelle der Liniendichtung bei anderen Gebläsen.
2. Möglichkeit der Herstellung aller Dichtungen auf der Bohr- und Drehbank; keine Nachdichtung durch Dichtungsmasse erforderlich.
3. Die Arbeitsleistung ist von der oberen Welle allein auszuführen.
4. Geringe und gleichmäßige Beanspruchung aller Konstruktions- teile.
5. Keine Berührung der rotierenden Körper, Zwischenräume von 10—20 mm, so daß schädliche Reibungen ausgeschlossen sind.

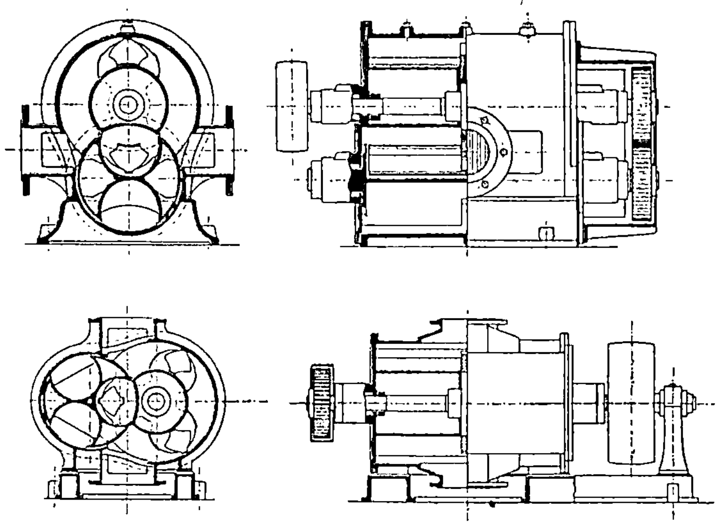

Fig. 410—413.

Die neueren Ausführungen des Enkeschen Gebläses sind aus den Fig. 410—413 zu ersehen, von welchen die beiden ersteren ein einfach dichtendes, die beiden letzteren ein doppeltdichtendes Gebläse darstellen. Die durch schwarze Schraffierung angedeuteten Stellen bedeuten die Dichtungsflächen des Gebläses. Bei demselben werden weder die Zähne noch die Lücken bearbeitet, bleiben vielmehr vollständig roh. Die einzige Bearbeitung geschieht an der unteren Walze an der Peripherie, welche demnach kreisrund ist, mithin leicht abgedreht werden kann. Die Zähne werden daher auch nur an den durch Schraffur angedeuteten Stellen auf Drehbänken abgedreht, was möglich ist, da die Zähne auch an diesen Stellen kreisrund sind. Die Zähne berühren die Lücken nicht, vielmehr sind nur die durch Schraffur gekennzeichneten Stellen Dichtungs- flächen. Von solchen Dichtungsflächen, welche mit der Hand nach-

bearbeitet werden müssen, sind nur die durch Schraffur angedeuteten
Zahnkurven zu nennen, welche ein Zahn dicht oder mit nur wenig Spielraum berührt. Da der Zahn aus weichem Metall hergestellt wird, werden
schädliche Reibungen bei einer eventuellen Berührung vermieden. Da
ferner diese Dichtung nur 15—20 mm breit ist, und dieselbe nur etwa
1 % der ganzen Gebläsedichtung beträgt, so ist ein Luftverlust so gut
wie ausgeschlossen.

Zum Unterschiede gegenüber dem Evrardschen Gebläse, bei
welchem der innere Zylinder auf der Welle festsitzt und mit den Zähnen
rotiert, sitzen bei dem Enkeschen Gebläse die inneren Zylinder an den
beiden seitlichen Deckeln fest, Fig. 412 und 413, und tritt an Stelle
der linienbreiten Abdichtung bei Evrard eine breite Flächendichtung
von 100—250 mm Berührungsoberfläche je nach der Größe des Gebläses.

Über den Nutzeffekt dieser Gebläse bei verschiedenen Drücken
gibt Enke folgendes an:

„Wiederholte, peinlichst durchgeführte Pressungsversuche haben
folgende Effektverhältnisse ergeben, für die ich jede Garantie leiste:

A. Einfachdichtende Gebläse.

No. 4. Umdreh. i. d. Min.: 320; Press. = 0,5 m Wassers.; Raumnutzeff.: 93,5%
„ 5.   „   „   300; „ = 0,5 „   „   „   94 %
„ 6.   „   „   280; „ = 0,5 „   „   „   95 %

B. Dreifachdichtende Gebläse.

No. 5. Umdreh. i. d. Min.: 200; Press. = 2 m Wassers.; Raumnutzeff.: 82 %
„ 6.   „   „   190; „ = 2 „   „   „   83 %
„ 7.   „   „   180; „ = 2 „   „   „   83,5%

„Hieraus folgt, daß der Kraftbedarf bei meinen Gebläsen wesentlich geringer sein muß als bei Gebläsen mit Dichtungsmasse, welche
höchstens bei kräftiger Windpressung 60—70 % Nutzeffekt aufzuweisen
haben.“

6. Hochdruckgebläse von C. H. Jaeger & Co. in Leipzig-
Plagwitz. Dasselbe unterscheidet sich[1] von älteren Root-Gebläsen
dadurch, daß von den beiden Drehkörpern nur einer zur Übertragung
des Drehmomentes und zur fortlaufenden Arbeitsleistung verwendet
wird, während der andere steuert, ohne Arbeit zu verrichten. Der
Vorteil besteht darin, daß die Druckwechsel in den beiden Wellen des
Kapselwerkes fortfallen und Stöße vermieden werden, so daß die Zahnräder, denen lediglich die Überwindung innerer Widerstände zufällt,
leicht gebaut und sehr geschont werden können. Der eigentliche Arbeits-
körper des Gebläses ist eine auf der Hauptwelle sitzende Scheibe a in
der Längsmitte des Gehäuses, Fig. 415, mit drei zur Achse parallelen
Kolben b_1, b_2 und b_3, die zu beiden Seiten der Scheibe auskragen. Diese
Kolben sind gegen zwei Zylinder c abgedichtet, die mit den Deckeln des
Gebläsezylinders d zusammengegossen sind und im Verein mit diesem

---

[1]) Nach Z. Ver. deutsch. Ing. 1906. S. 1122.

einen ringförmigen, beiderseits durch die Deckel begrenzten Arbeitsraum
einschließen. In diesen Arbeitsraum sind die Kolben allseitig genau
eingepaßt. Die zweite Welle e, die von der Hauptwelle durch Zahn-
räderübersetzung 1:1 angetrieben wird, trägt den Steuerkörper f, einen
gußeisernen Hohlzylinder, dessen Aussparungen g_1, g_2 und g_3 so groß
sind, daß sie während der Drehung die Kolben mit reichlichem Spielraum
aufnehmen können. Durchmesser und Abstand des Steuerkörpers von
der Hauptwelle sind dabei so gewählt, daß die Schnittfläche h-i an den
Zylindern c, Fig. 417, die Aussparungen g am Umfang des Steuerkörpers
gerade noch überdeckt. In der Mitte seiner Länge ist der Steuerkörper
bis zur Nabe eingeschnitten, um die Scheibe a durchzulassen. Dieser
Spalt wird, soweit ihn nicht die Scheibe a ausfüllt, durch ein stillstehendes
Scheibenstück k verschlossen, das sich an den Umfang der Scheibe a
anschließt und in den Steuerzylinder eingesetzt ist.

Bei der Drehung im Sinne der Pfeile, Fig. 416, treten die Kolben
in die Ausschnitte des Steuerkörpers ein, wie Zähne in entsprechende
Lücken; sie werden hierbei infolge der Überdeckungsflächen h, i von der
Saugseite auf die Druckseite gebracht, ohne daß Luft unmittelbar zurückströmen kann, weil immer die eine Überdeckungskante h erst öffnet,
nachdem die andere, i, vollständig geschlossen hat. Im übrigen saugen
die Kolben unter zunehmender Vergrößerung des Saugraumes Luft an
und drücken sie auf der anderen Seite unter Verkleinerung des Druckraumes zusammen, genau wie bei anderen Kapselwerken. Die abzu-
dichtenden Flächen sind jedoch hier ausschließlich Kreiszylinderteile,
die sich auf der Drehbank genau herstellen lassen. Infolgedessen können
verhältnismäßig hohe Drücke erzielt werden, die bei den größeren Ausführungen 3 m und bei den kleineren bis zu 5 m Wassersäule betragen.

Durch die Verwendung von drei Kolben wird erreicht, daß verdichtete Luft, die gegebenenfalls von dem Kolben unmittelbar an der
Austrittseite durchgelassen worden ist, nicht gleich nach der Saugseite
entweichen und verloren gehen kann, sondern immer noch von einem
nachfolgenden Kolben aufgefangen wird. Undichtheit der Kolben wird
also nur geringe Verluste zur Folge haben.

Wie aus Fig. 416 ersichtlich ist, kehren die Ausschnitte g von der
Druckseite mit verdichteter Luft gefüllt zur Saugseite zurück. Um
diese Luft zum Teil wieder zu gewinnen und das Geräusch zu mildern,
sind in den Deckeln Aussparungen l_1, l_2 angebracht, Fig. 417, deren
Form den äußersten Umrissen der drei Flügel des Steuerkörpers entspricht. In Fig. 416 decken sich z. B. die Wände des Ausschnittes g_1
gerade mit den Rändern der Ausnehmungen. Bei der Weiterdrehung
wird daher die Ausnehmung l_1 mit dem Ausschnitt g_1 verbunden, so daß
Druckluft nach dem Ausschnitt g_2 allmählich entweichen kann, bevor
der Ausschnitt g_1 nach der Saugseite hin geöffnet wird. Sobald die
Kante h öffnet, wird die Ausnehmung l_1 durch die eine Wand des Ausschnittes g_2 wieder geschlossen.

Das dargestellte Gebläse liefert 300 cbm/min und ist für die Mans-
feldsche Kupferschiefer bauende Gewerkschaft in Eisleben bestimmt,
die bereits drei solche Gebläse für 240 cbm/min Leistung bei 1800 mm

Druck seit 1903 für ihre Kupferschmelzöfen in Betrieb hat. Zum Antrieb der letztgenannten Gebläse dienen Elektromotoren mit Riemenüber-

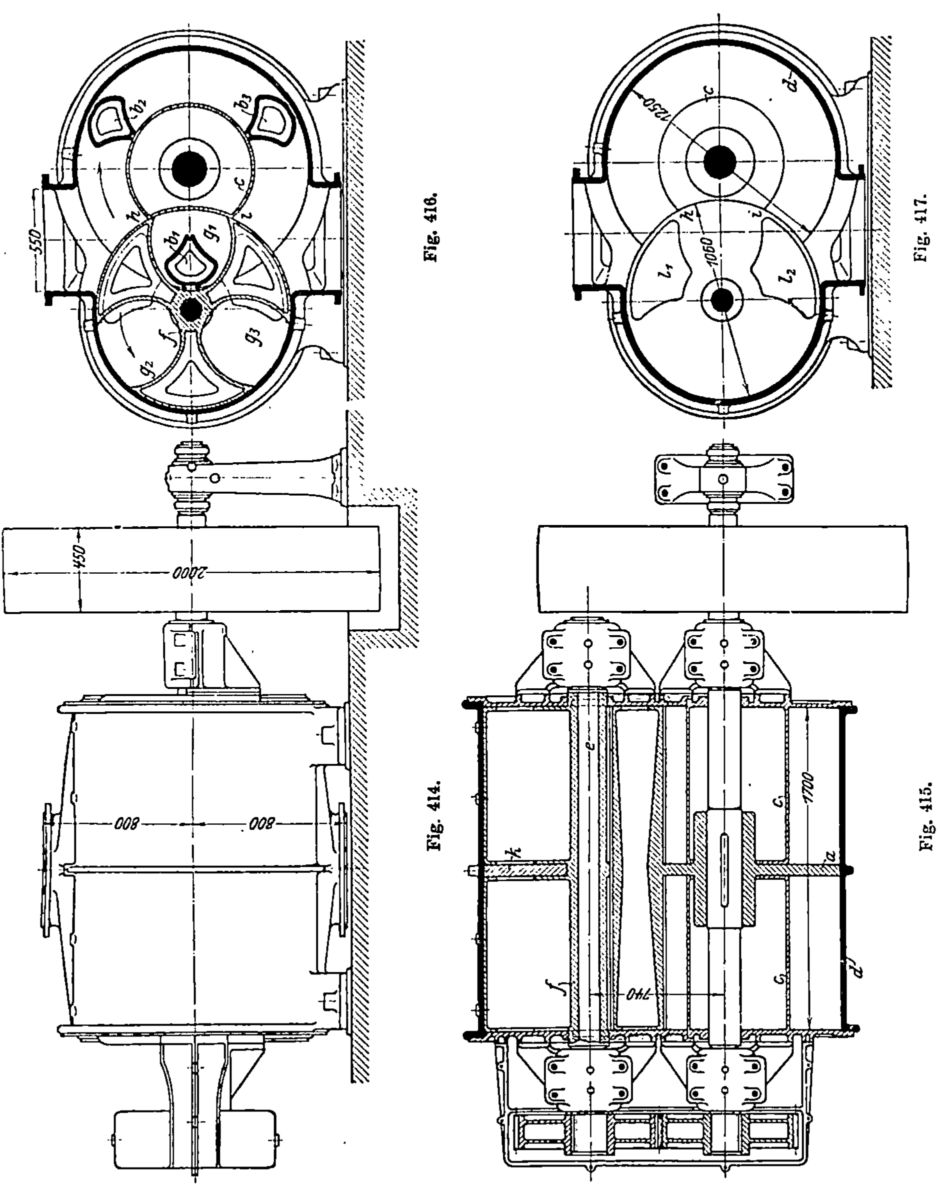

tragung ohne Zwischenvorgelege. Der Kraftverbrauch beträgt 110 PS. einschließlich des Riemenantriebes, einem Wirkungsgrad von etwa 85% entsprechend.

v. Ihering, Die Gebläse. 3. Aufl.

22

Über die Leistungen ihres Gebläses gibt die erbauende Firma an, daß dasselbe bei

3000 mm Wassersäulendruck noch einen Wirkungsgrad von über   90⁰

ergeben soll, so daß also bei einem Drucke von rund 3 m Wassersäule noch ein Wirkungsgrad erreicht werden soll, welcher wesentlich höher ist, als der der gewöhnlichen Zweikammerflügelgebläse.

7. **Kapselgebläse von Alexander Monski in Eilenburg.** Diese, von **C. H. Jaeger & Co.** in **Leipzig, Alexander Monski** in **Eilenburg** und der **Wilhelmshütte** in **Waldenburg** fabrizierten Gebläse, Fig. 418 und 419, welche in ihrer Bauart wenig voneinander abweichen, unterscheiden sich von dem **Enke**schen dadurch, daß an Stelle der gezahnten Mittelscheibe des Arbeitskolbens eine runde Mittelscheibe und an Stelle derjenigen des Steuerkolbens eine lose Füllscheibe Verwendung

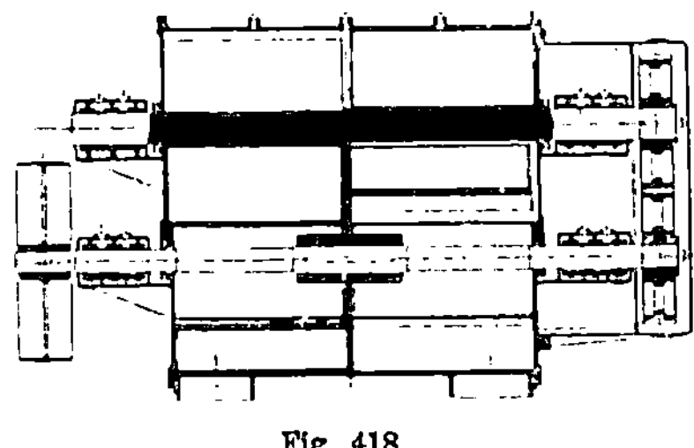

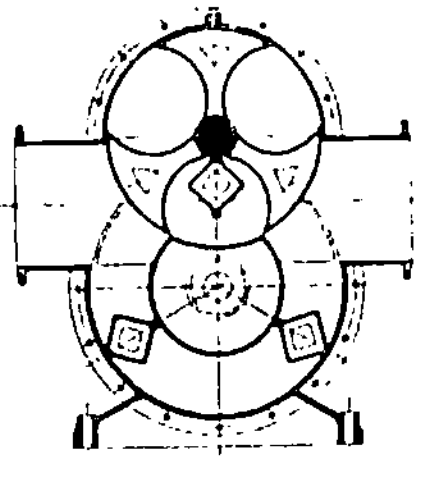

Fig. 418.   Fig. 419.

findet. Auf diese Weise ist es möglich, sämtliche die Abdichtung bewirkenden Flächen auf der Drehbank herzustellen, und bedarf es keiner besonderen plastischen Dichtungsmasse, wie bei den **Root**-Gebläsen.

Folgende sind die Mittelwerte für ein Gebläse von 0,0264 cbm theoretischem Förderquantum bei einer Umdrehung und 400 Umdrehungen in der Minute:

Wassersäulendruck   0   500 1000 1500 2000 2500 3000 3500 mm
volumetr. Wirkungsgrad 99,0 95,0 90,5 85,6 79,7 73,2 66,0 57,8 %.

Da es sich nur um geringe Drücke handelt, so ist der Einfluß der schädlichen Räume des Steuerkolbens gering. Bei 3000 mm Wassersäule, einem schon selten vorkommenden Drucke, beträgt der Verlust infolge schädlichen Raumes nach Rechnung 8 %, infolge Durchlässigkeit daher 26 %. Für größere Gebläse, welche mit größeren Kolbengeschwindigkeiten arbeiten und bei denen das Verhältnis des Förderquantums zum luftdurchlassenden Querschnitt günstiger wird, ergeben sich noch bessere Wirkungsgrade.

Es ist jedenfalls ohne weiteres ersichtlich, daß bei geringeren Umdrehungen der Teil des volumetrischen Verlustes, welcher von der Durchlässigkeit abhängt, prozentual größer wird, also höhere Drücke zweckmäßig höhere Umdrehungszahlen erfordern, da dann entsprechend auch der Kraftbedarf ein größerer ist.

Eine Verminderung des starken Geräusches, welches bei allen Kapselgebläsen an der Saugöffnung, besonders bei höheren Drücken bemerkbar ist, kann bei diesen Gebläsen durch Versetzen der Kolbenflügel erreicht werden. Vollständig beseitigen läßt es sich aber auch erst, indem man das Gebläse aus einer Grube saugen läßt.

Da Gebläse für solche niedrigen Drücke ein großes Verwendungsfeld haben, so haben die den Bau dieser Maschinen betreibenden Fabriken im Laufe der Jahre unter Anwendung der dem modernen Maschinenbau gebotenen Mittel die Konstruktionsdetails weitgehend vervollkommnet[1]). Weniger ist es gelungen, wesentliche prinzipielle Neuerungen einzuführen.

Ein besonderer Wert ist bei der Monskischen Anordnung darauf gelegt, daß der beim Eintreffen des Arbeitskolbens in die Aussparungen des Steuerkolbens infolge des geringen gegenseitigen Spielraumes der Kolben entstehende Stoß vermindert wird.

Um der Luft zum Durchtritt mehr Querschnitt zu geben, läßt Jaeger die Kanten des Steuerkolbens mehr zurücktreten, sogar soweit, daß zu gewissen Zeiten direkt Luft vom Druckraum zum Saugraum durchströmen kann. Natürlich ist dies nur in geringem Maße möglich, um nicht merkliche Verluste zu erleiden.

Monski erreicht größere Querschnitte durch Unterbrechung der Dichtungsfläche am Deckel vor dem Eintritt des Arbeitskolbens in die Aussparungen des Steuerkolbens.

Lehmann hat Umströmkanäle in den Zylindervorsprüngen der Deckel vorgesehen.

8. Krigars Schraubengebläse. Fig. 420—423. Im Querschnitt vollkommen dem Evrardschen Gebläse gleich, hat das Krigarsche[2]) Gebläse an Stelle der zylindrischen schraubenförmig gestaltete Zähne, wodurch die zwischen den Schraubengängen und dem Gehäuse befindliche Luft in achsialer Richtung verdrängt wird. Die Luft muß daher vom Anfang bis zu Ende den Schraubengängen folgen und verläßt das Gebläse stets unter denselben Druckverhältnissen. Die Luft tritt bei *A* (Fig. 420 und 421) an einem Ende des Gehäuses ein, wird durch die Schraubenflügel nach dem anderen Ende gedrängt und entweicht dort durch das Druckrohr *B*.

Die Krigarschen Gebläse arbeiten mit ziemlich geringer Geschwindigkeit, haben äußerst ruhigen, gleichmäßigen und weniger geräuschvollen Gang als die Rootschen Gebläse, weshalb dieselben auch eine sehr geringe Abnutzung und seltene Reparaturen aufzuweisen haben.

Um im Innern einen möglichst dichten Schluß zu erhalten, werden die Gehäuse wie bei den Root-Gebläsen ausgebohrt und die Schrauben-

---

1) Siehe Seite 334 das Kapselgebläse von Jäger, welches mit dem Monskischen Gebläse im wesentlichen übereinstimmt, sich von ihm dagegen nur in der Ausführung der Dichtungsflächen und Luftausgleichöffnungen unterscheidet.

2) Krigar & Ihssen, Eisengießerei und Maschinenfabrik, Hannover. D.R.P. No. 4121.

flügel genau in dieselben passend abgedreht, so daß nur bearbeitete Flächen zur Abdichtung dienen. Die Schraubenwalzen sind zum Ausgleich kleiner, durch die Bearbeitung entstehender Undichtheiten mit

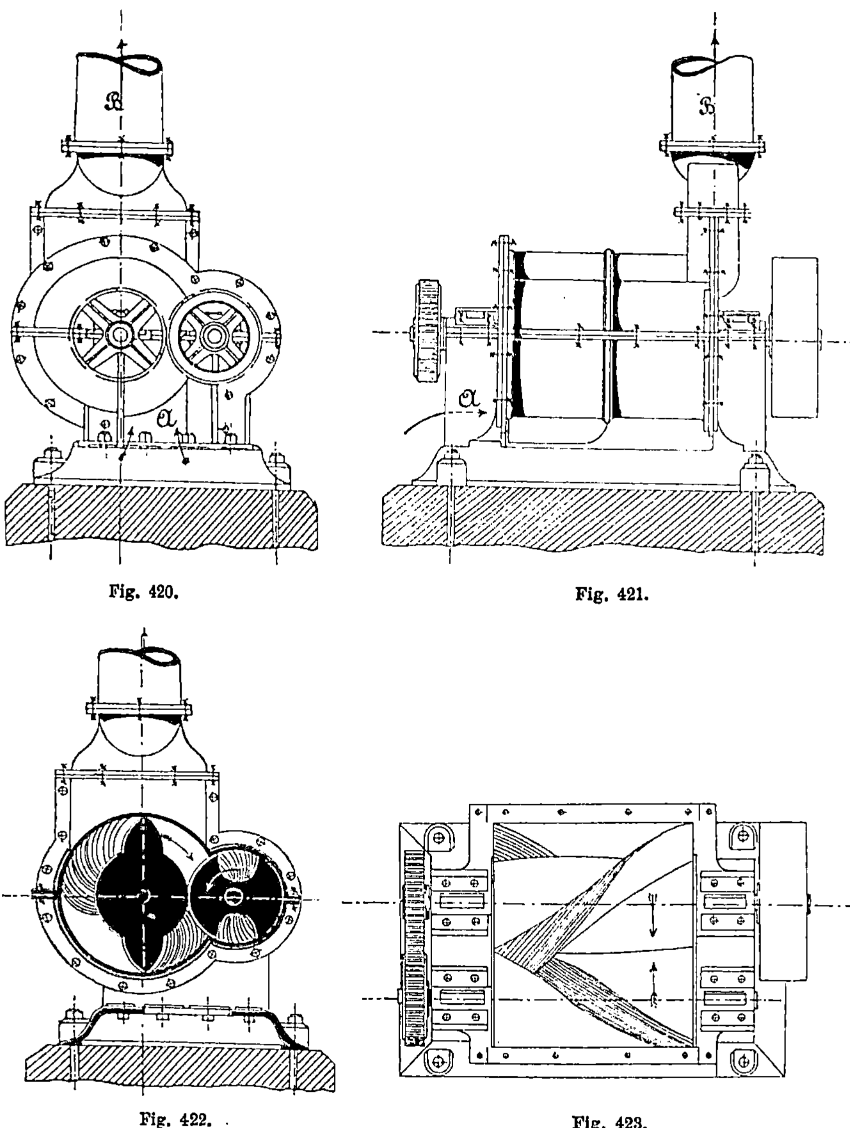

Fig. 420.

Fig. 421.

Fig. 422.

Fig. 423.

einem leichten Überzug einer Dichtungsmasse von besonderer Zusammensetzung und großem Adhäsionsvermögen versehen. Dieser Überzug ist aus Graphit hergestellt und bildet eine trockene Schmierung, weshalb die Schmierung der Lager, um ein Feuchtwerden der Dichtungsmasse zu verhindern, nicht mit Öl oder flüssigem Fett, sondern mit konsistentem Fett erfolgen muß.

Infolge ihrer Konstruktion liefern die Krigarschen Gebläse verhältnismäßig hochgespannte Luft, im Maximum von 500 mm Wassersäule bei recht günstigem, volumetrischem Wirkungsgrad. Nach Versuchen von Prof. Hartig[1]) belief sich bei einem Druck von 500 mm Wassersäule der letztere noch auf 83—88 %.

Als Vorzüge ihrer Gebläse geben die Erbauer folgende an:

1. Höchste Windpressung bei geringer Tourenzahl und Kraftinanspruchnahme.
2. Sehr hoher Nutzeffekt.
3. Ruhiger, geräuschloser Gang und dauernd sicherer Betrieb.

Die beiden nachstehenden Diagramme, Fig. 424 und 425, geben die Luftpressungen bei verschiedenen Austrittsöffnungen und Umdrehungen. Das erstere gilt für ein Schraubengebläse Nr. 7 von folgender Leistung:

Theoretische Luftmenge bei 1 Umdrehung . . = 0,13 cbm
Übliche Tourenzahl . . . . = 200
Effektive Luftmenge in der Minute . . . . . = 24 cbm
Volumetrischer Wirkungsgrad . . . . = 0,923

Das zweite Diagramm (Fig. 425) gilt für das Gebläse Nr. 9 von der Leistung:

Theoretische Luftmenge bei 1 Umdrehung . . = 0,36 cbm
Übliche Tourenzahl . . . . = 200
Effektive Luftmenge in der Minute . . . . . = 62 cbm
Volumetrischer Wirkungsgrad . . . . = 0,861

Dieselben lassen die bei zunehmendem Austrittsquerschnitt zur Erreichung bestimmter Enddrucke nötige Tourenzahl ohne weiteres erkennen und geben den bei gegebenem Austrittsquerschnitt und bestimmter Tourenzahl erreichbaren Maximaldruck an. Während derselbe z. B. bei 120 qcm Öffnung und 235 Touren 1000 mm Wassersäule oder 0,1 Atm. beträgt, ist er bei gleicher Tourenzahl und 240 qcm Öffnung nur ca. 260 mm oder 0,026 Atm. Auch die Verschiedenheit der Leistungen der beiden Gebläse geht aus den Diagrammen hervor. Während Nr. 7 bei 50 qcm Öffnung und 265 Touren einen Druck von 1000 mm Wassersäule hervorbringt, erreicht Nr. 9 bei derselben Öffnung diesen Druck bereits bei 105 Touren. Das letztere Gebläse arbeitet daher in dieser Beziehung günstiger, während sein volumetrischer Wirkungsgrad, wie oben angegeben, um 6,2 % geringer ist.

Die Leistungen der verschiedenen Ausführungen der Krigarschen Schraubengebläse sind aus nachstehender Tabelle zu ersehen. In derselben sind in der letzten Spalte die volumetrischen Wirkungsgrade (aus Spalte 2, 3 und 4 berechnet) enthalten.

Das Krigarsche Gebläse muß zweifellos zu den besten Gebläsen für Gießereien und Schmieden gerechnet werden, und zwar liegt sein Hauptvorteil in dem ruhigen, fast geräuschlosen Gang, der sehr gleich-

---

1) Hannoversche Gewerbeausstellung 1878.

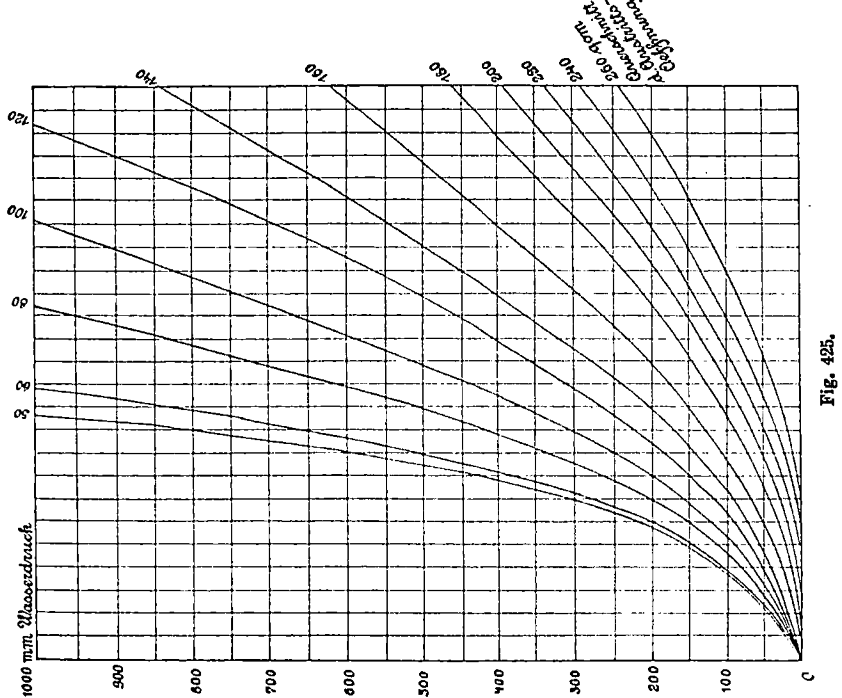

Fig. 425.

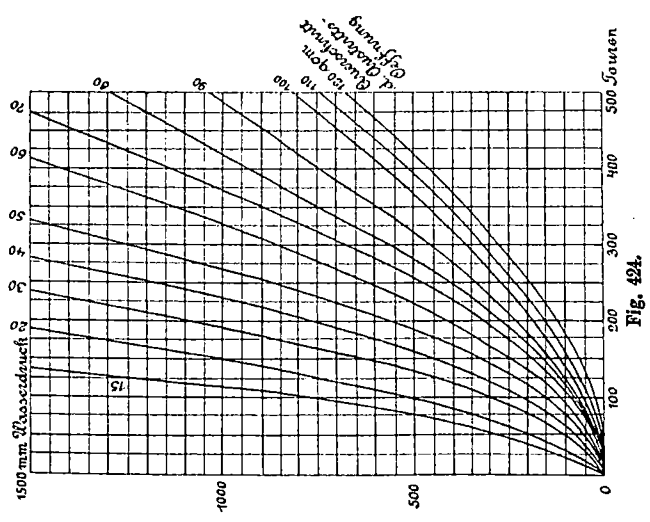

Fig. 424.

| No. des Gebläses | Theoretische Leistung bei 1 Umdrehung in cbm | Übliche Tourenzahl i. d. Min. | Effektive Leistung in cbm i. d. Min. | Annähernder Kraftbedarf bei 500 mm Wassersäule | Für Kupolöfen | | Anzahl der Schmiedefeuer bei 25 mm Düsendurchmesser | Dimensionen der Riemenscheibe | | Durchmesser der Windleitung in mm | Gewicht | | Volumetrischer Wirkungsgrad |
					Lichter Durchmesser des Ofens in mm	Stündliche Schmelzung in kg		Durchmesser in mm	Breite in mm		Gebläse kg	Ankerplatte mit Anker kg	
1	0,0028	400	1,0	0,12	—	—	1	130	65	85	60	—	0,893
2	0,0056	400	1,8	0,2	—	—	1	130	65	85	75	—	0,80
3	0,0120	325	3,5	0,4	—	—	2	200	80	85	100	—	0,90
4	0,033	275	8,35	1,0	—	—	4	360	150	195	260	60	0,92
5	0,0408	275	10,20	1,2	—	—	5	360	150	195	380	60	0,91
6	0,0691	275	16,50	2,0	500	1000	8	360	150	195	470	70	0,87
7	0,1302	200	24	3,0	5—600	1500	20	585	170	240	1050	90	0,923
8	0,2604	200	48	6,0	6—700	3000	30	585	170	240	1140	100	0,923
9	0,361	200	65	7,5	7—800	3800	35	585	170	240	1310	100	0,861
10	0,542	200	85	10,4	9—1000	5000	40	790	190	240	1610	170	0,80
11	0,9484	160	120	14,5	1200	8000	70	1000	200	345	2600	250	0,79
12	1,508	140	155	19	1400	12000	90	1000	200	345	4150	300	0,73

mäßigen (nicht stoßweisen) Luftförderung und der mit demselben erzielbaren, ziemlich hohen Luftpressung.

Die Schraubenflügel sind meist ½ mal, seltener 1—2 mal um den Zylinder gewunden. Zur Aufnahme des infolge der Schraubenbewegung auftretenden achsialen Druckes dienen Kammzapfen und Kammlager.

Für mittlere Gebläse beträgt die Umdrehungszahl 160—200 (Nr. 7 bis 11 der Tabelle), die Windmenge 0,5 bis 2 cbm sekundlich.

Zur Dichtung verwendet Krigar [1]) eine aus 3 T. Wachs, 6 T. Talg, ¾ T. Stearin, 1 T. Graphit und 1 T. Olivenöl zusammengesetzte Masse. Dieselbe wird während des Ganges dem Gebläse zugeführt, worauf mittelst eines Staubbeutels noch Talk eingeschüttet wird. Eine einmalige Dichtung dieser Art soll für mehrere Jahre ausreichend sein. Als vorteilhafteste Tourenzahl wird für kleinere Gebläse 300—350, für größere 140—180 angegeben.

Zu den mehrzähnigen Kapselrädern gehören die folgenden Typen.

1. Fig. 426 zeigt eine in England patentierte Ausführung, welche jedoch kaum empfehlenswert sein dürfte. Am Umfang jeder Trommel sind Lücken eingegossen, in welche gleich große Zähne des anderen Rades eingreifen.

Die bei einer Umdrehung geförderte Luftmenge ist jedoch bei der geringen Tiefe der Lücken eine sehr geringe, so daß für größere Luftmengen diese Gebläse wohl nicht anzuwenden sein dürften. Dagegen wird bei sorgfältiger, wenn auch teurer Bearbeitung der erzielte Enddruck ein ziemlich hoher sein.

---

[1]) Uhlands Prakt. Masch.-Konstr. 1882, S. 266.

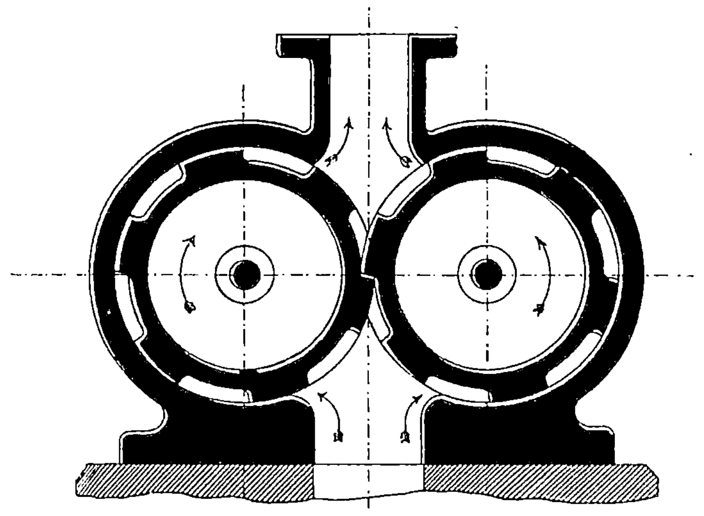

Fig. 426.

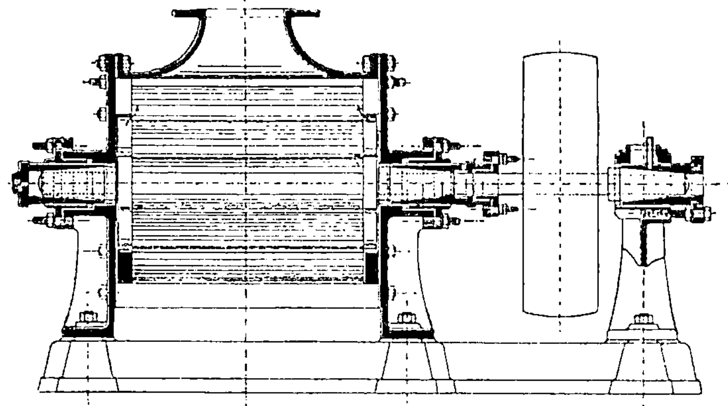

Fig. 427.

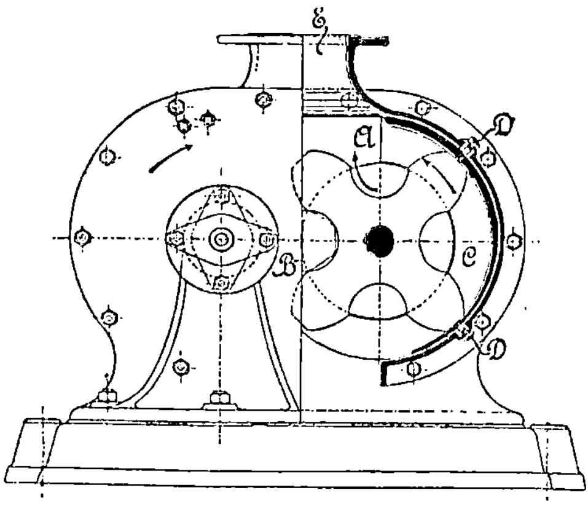

Fig. 428.

2. Gebläse von Hoppe[1]). Fig. 427 und 428. Dasselbe ist eine Nachbildung des Pappenheimschen Gebläses. Die Zähne der beiden Flügeltrommeln greifen genau wie die Zähne eines Stirnrades ineinander, und dreht das eine Rad das andere um, so daß keine äußeren Stirnräder notwendig sind. Das Wesen der Hoppeschen Konstruktion besteht jedoch in folgendem. Während bei den meisten Kapselrädern im Moment des Ineinandergreifens der Zähne die zwischen je zwei Zähnen in der Zahnlücke abgeschlossene Luft stark verdichtet wird, wodurch Stöße, Arbeitsverluste, stärkere Abnutzung der Flügel, Wellen und Lager verursacht werden, ist diesem Übelstand durch die Möglichkeit eines seitlichen Entweichens der Luft hier Abhilfe geschaffen. Die Flügel sind zu diesem Zwecke an ihren beiderseitigen Stirnflächen um ca. 20—40 mm eingedreht, und laufen mit den so entstandenen, zylindrischen Ansätzen in gleich großen zylindrischen Aussparungen der Deckel. Die letzteren sind jedoch nach oben gegen die Ausströmungsöffnung E hin bei A ausgeschnitten, während dieselben nach der Saugseite hin vollkommen abgeschlossen sind, einander in der Mitte bei B berühren und in eine scharfe Spitze auslaufen. Infolgedessen kann die zwischen den Zähnen eingeschlossene Luft seitlich nach der Ausströmungsöffnung hin entweichen. Hierdurch wird der Gang ein bedeutend leichterer und ruhigerer, somit auch der Kraftbedarf ein kleinerer. Eine zweite Eigentümlichkeit der Hoppeschen Konstruktion ist die Möglichkeit der Nachstellung des Gehäuses, sowie der genauen Einstellung der Trommelwellen in achsialer Richtung. Die erstere wird bewirkt durch eine dünne

Leistungen der Hoppeschen Gebläse für Maschinenbetrieb.

No. der Gebläse	Touren i. d. Min.	cbm Wind i. d. Min.	Schmilzt Eisen i. d. Stunde kg	Anzahl der Schmiedefeuer bei einem Düsendurchm. von mm			Kraftbedarf PS.		Lichtweite der Ausströmung	Dimensionen der Riemscheiben		Gewicht in kg annähernd
				25	30	35	zum Schmelzen 280–320 mm	zum Schmieden 120—160 mm		Dmr. mm	Br. mm	
							Wassersäule					
00	400	0,8	—	1	—	—	—	—	40	80	50	28
0	400	1,3	—	1	1	—	—	—	45	100	60	35
1	400	2	—	2	1	1	—	0,1	55	100	60	50
2	390	4,8	—	4	3	2	—	0,3	85	150	80	90
3	390	8,25	—	8	6	4	—	0,4	100	250	115	160
4	380	14,5	1000	13	9	7	1,5—3	0,8	125	275	125	250
5	380	23	1600	23	15	12	2,5—4	1,3	150	300	150	480
6	380	34	2400	30	22	17	4—6	1,8	175	350	150	700
7	350	45	3200	40	29	22	5—7	2,5	200	400	180	950
8	320	52	3600	48	36	27	6—8	3,5	230	500	200	1250
9	300	65	4500	58	43	32	7—9	4,5	260	600	225	1550
10	280	80	6000	70	52	38	8—10	5,5	280	650	225	1800
11	260	92	7500	85	57	44	10—12	6,5	300	650	250	2100
12	250	127	10000	100	75	50	12—14	8	350	750	300	2500

[1]) D.R.P. No. 41526 vom 12. II. 1887 und 44290. Ausgeführt von der Masch.-Fabrik von Gebr. Pintsch, Berlin. Siehe auch Uhlands Prakt. Masch.-Konstr. 1884.

Schale C, welche mit ihrer äußeren Oberfläche genau der inneren Höhlung des Gehäuses angepaßt ist, während ihre Höhlung dem Umfangskreis der Flügel angeschmiegt ist. Durch geringe Drehung der Schalen C, was nach Lösung der in den länglichen Schlitzen des Gehäuses verschiebbaren Schrauben D möglich ist, können dieselben zum dichten Anliegen an die Flügel gebracht und in dieser Lage festgestellt werden.

Die Einstellung der Trommelwellen in achsialer Richtung soll ein möglichst gutes, seitliches Abdichten der Flügel gegen die Gehäusestirnwand bzw. die Deckel ermöglichen. Sie wird durch die nachstellbaren konischen Lagerbüchsen in der aus der Figur ersichtlichen Weise bewirkt.

Die angegebene Konstruktion bietet gegenüber anderen Systemen den Vorzug einer möglichst guten Abdichtung der Flügel gegen das Gehäuse. Freilich ist dieser Vorteil durch größere Komplikation, teuerere Herstellung und schwierigere Aufstellung der Hoppeschen Gebläse erkauft.

Die Luftmengen etc. derselben sind aus der Tabelle auf S. 345 zu ersehen.

B. Kapselgebläse mit einer Drehachse, Kurbelkapselwerke.

Dieselben sind mehr von theoretischem Interesse als praktischem Wert, da ihre Ausführung teils zu kompliziert und kostspielig, teils für größere Luftmengen und höhere Drücke ungeeignet ist. Wie aus der Benennung Kurbelkapselwerke hervorgeht, sind sie aus dem Kurbelmechanismus entstanden, und zwar liegen ihnen im wesentlichen die drei folgenden Mechanismen zugrunde:

1. die oszillierende und rotierende Kurbelschleife,
2. die rotierende Bogenschubkurbel,
3. die rotierende Doppelkurbel.

Zur ersten Gruppe gehören folgende Gebläse:

1. Das Gebläse von Wedding. Fig. 429 [1]). Eine um die Mittelachse M_1 in dem Gehäuse G drehbare, exzentrische Scheibe S von der Exzentrizität M_1M_2 saugt bei A Luft an und drückt dieselbe, indem die Scheibe an der Innenfläche des Gehäuses hingleitet, nach dem Druckrohr B. Zur Abdichtung beider Räume (Saug- und Druckraum) dient eine mit der Scheibe S verbundene Platte C, welche in der Kammer D hin und her schwingt.

2. Die Luftpumpe von Beale [2]). Fig. 430. Die Abdichtung erfolgt durch zwei in radialen Schlitzen der exzentrischen Scheibe verschiebbare Platten, welche am äußersten Ende mit je zwei seitlichen, in kreisringförmigen Nuten des Gehäuses geführten Zapfen versehen sind. Durch letztere werden die Platten fortwährend an die Innenwand des Gehäuses angedrückt, wodurch ein Abschluß des Saug- und Druck-

---

1) Reuleaux, Kinematik, Taf. IV, Fig. 14.
2) Reuleaux, a. a. O., Taf. V, Fig. 5.

raums voneinander bewirkt wird. Da jedoch die Abnutzung sowohl der
ringförmigen Nuten als auch der in ihnen gleitenden Zapfen eine starke
sein wird, so dürfte eine für längeren Betrieb ausreichende Dichtung auf
diese Weise wohl nicht zu erreichen sein. Ramelli hat daher bei seiner
auf demselben Prinzip beruhenden Pumpe die Dichtungsplatte durch
Federn an die Innenwand des Gehäuses angedrückt, wobei jedoch bei

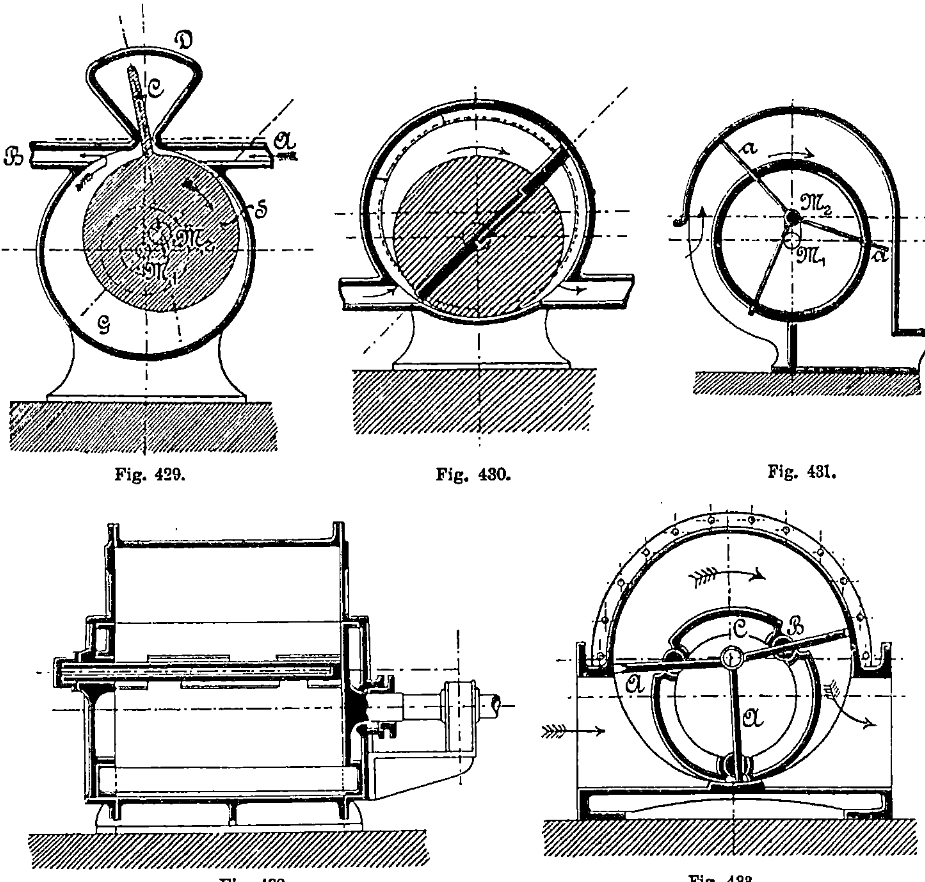

Fig. 429.   Fig. 430.   Fig. 431.

Fig. 432.   Fig. 433.

der zwischen der äußersten und innersten Lage der Platten stets wechselnden Spannung der Feder eine ungleichförmige Abnutzung des Gehäuses,
sowie eine allmähliche Abnahme der Federkraft unvermeidlich ist.

3. Bei dem Gebläse von Bellfort, Fig. 431 [1]) sind drei Dichtungs-
platten a vorhanden, welche um den Mittelpunkt M_2 drehbar sind,
wodurch der Abstand derselben von dem Gehäuse unverändert bleibt,
also eine Abnutzung derselben, sowie des Gehäuses vermieden ist.

---

1) Reuleaux, a. a. O., Taf. V, Fig. 12.

Eine Anwendung desselben Prinzips zeigt das

4. Gebläse von Waller [1]). Fig. 432 und 433. Die Flügel A sind in zylindrischen Dichtungen B verschiebbar, welche im Umfang der exzentrischen, hohlen Trommel C drehbar gelagert sind.

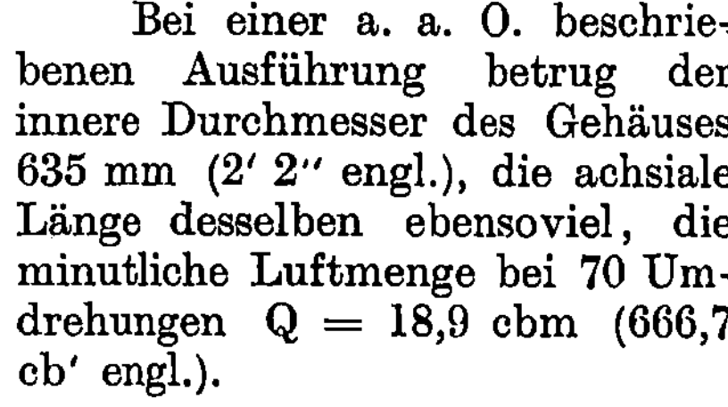

Bei einer a. a. O. beschriebenen Ausführung betrug der innere Durchmesser des Gehäuses 635 mm (2′ 2″ engl.), die achsiale Länge desselben ebensoviel, die minutliche Luftmenge bei 70 Umdrehungen $Q = 18,9$ cbm (666,7 cb′ engl.).

Zur zweiten Gruppe, der rotierenden Bogenschubkurbel gehört

5. das Cookesche Gebläse. Fig. 434 [2]). Die Abdichtung des Saug- und Druckraumes voneinander geschieht durch eine an den Umfang der exzentrischen Scheibe dicht anschließende Schwinge, wel-

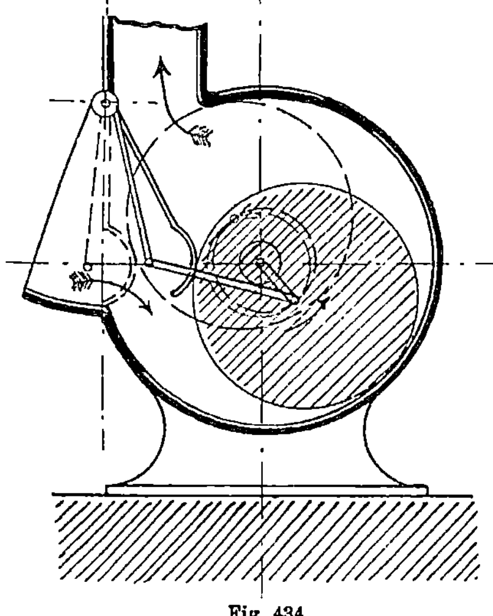

Fig. 434.

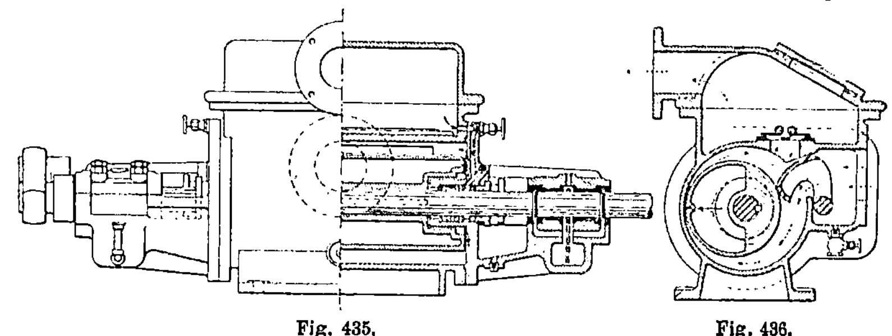

Fig. 435.   Fig. 436.

Fig. 437.

che durch eine außerhalb des Gehäuses liegende Kurbel und Schubstange in schwingende Bewegung versetzt wird, wie aus der Figur ohne weiteres verständlich ist.

6. Rotierende Luftpumpe der C. H. Wheeler Cie. in Philadelphia [3]). In einem leichten, zylindrischen Gehäuse, Fig. 435 bis 437, bewegt sich ein rotierender Kolben, der exzentrisch auf der Welle befestigt ist. Zur Abdichtung zwischen Saug- und Druckraum im Pumpenzylinder dient ein radial gerichteter Daumen, dessen Bewegung durch Kurbel und Schubstange erzwungen wird, wodurch erreicht werden soll, daß stets ein geringer

[1]) Iron, 1881, Bd. 17, S. 355.
[2]) Reuleaux, a. a. O., Taf. VI, Fig. 12.
[3]) Nach Engineering 7. X. 1909. Z. f. d. ges. Turbinenwesen, 1910, 17
S. 269.

Spielraum zwischen Kolben und Daumen bleibt. Dieser Spielraum, sowie derjenige zwischen Kolben und Gehäuse wird zwecks Abdichtung von der Druckseite aus mit Wasser gespeist, dessen Bewegung im Längsschnitt durch Pfeile angedeutet ist, während die Bewegung der Luft aus Fig. 436 ersichtlich ist.

Fig. 438 zeigt eine Kombination einer Wheeler-Pumpe mit einer Kreiselpumpe, deren Tourenzahl zwischen 180 und 250 minutlich wechselt. Solche Maschinen werden für Leistungen von 50—5000 PS. gebaut. Die in Fig. 438 dargestellte Maschine wurde für eine Curtis-Turbine von 800 KW. mit einem Oberflächenkondensator von $\sim$ 280 qm Kühlfläche aufgestellt. Der Kolben hat dabei einen Durchmesser von 324 mm,

Fig. 438.

eine Länge von 812 mm und läuft mit 240 minutlichen Touren. Bei einer Belastung von 775 KW. ergab sich ein Vakuum von 716 mm Hg. bei einem Barometerstand von 751 mm Hg., also über 95 %. Die Kühlwassertemperatur betrug beim Eintritt in den Kondensator 23,3⁰ C, beim Austritt 32,2⁰ C.

Zur dritten Gruppe, der rotierenden Doppelkurbel, sind folgende Gebläse zu rechnen:

1. Das Gebläse von Lemielle. Fig. 439 [1]). Eine Anzahl gekrümmter Schaufeln A, deren Krümmungshalbmesser gleich dem Gehäusehalbmesser ist, bewirkt die Verschiebung der Luft in dem Gehäuse EG. Die Schaufeln sind an einem Ende F am Umfang der um den Mittelpunkt M_2 drehbaren, exzentrischen Scheibe S befestigt, während das andere Ende von den um denselben Mittelpunkt drehbaren Lenkstangen B auf dem Kreise C geführt wird.

---

[1]) Reuleaux, a. a. O., Taf. VI, Fig. 14.

Der Halbmesser $M_1 D$ der größeren Kurbel ist gleich dem Gehäusehalbmesser, derjenige der kleineren gleich dem Halbmesser der exzentrischen Scheibe.

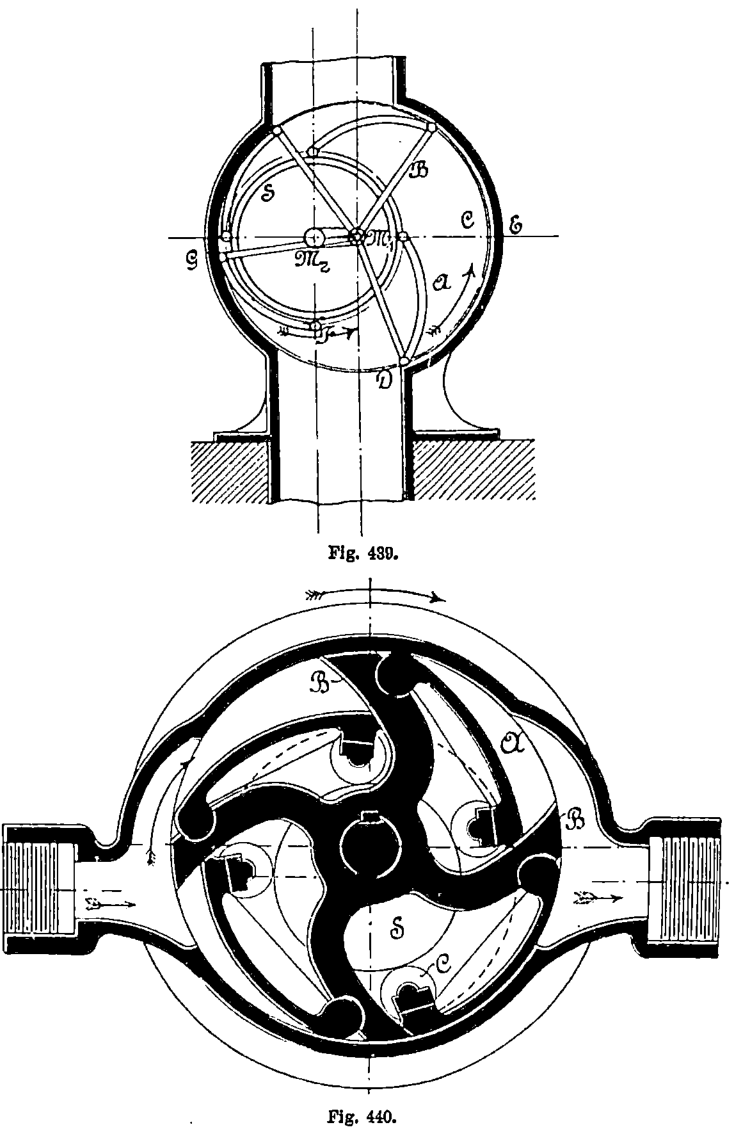

Fig. 439.

Fig. 440.

Das Le mie lle sche Gebläse wurde ursprünglich vielfach ausgeführt, namentlich zur Ventilation von Gruben, und leistete im neuen Zustand befriedigendes. Indessen haben die vielen Nachteile, welche hauptsächlich in Lockerung und Abnutzung der vielen Drehgelenke, Brüchen der Lenkstangen und Flügel, einseitiger Abnutzung der Wellenlager, schwieriger Schmierung der Gelenke, kostspieligen und langdauernden Reparaturen ihren Grund hatten, zur allmählichen Verdrängung desselben durch andere Gebläse, namentlich Zentrifugal-Ventilatoren, geführt.

Als Abänderungen und teilweise Verbesserungen des Lemielleschen Gebläses sind die beiden folgenden Konstruktionen anzusehen.

2. Das Gebläse von Cleathers[1]). Fig. 440. Die Flügel A sind am äußeren Ende an den vier Armen B drehbar befestigt, während sie am anderen Ende je eine Rolle C tragen, welche auf dem Umfang der exzentrischen Scheibe S gleitet. Hierdurch ist ein Verbiegen und Brechen

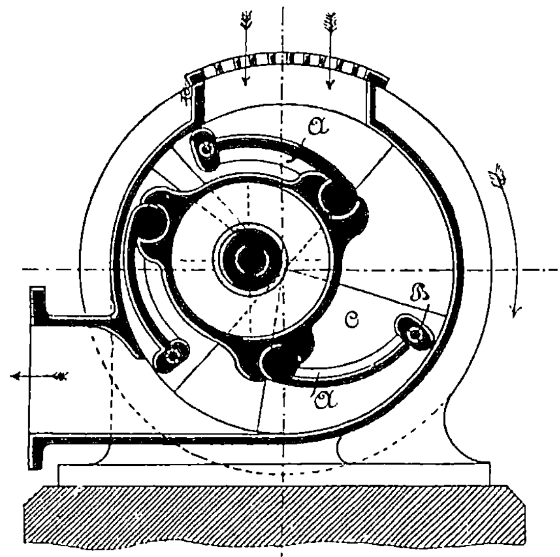

Fig. 441.

der Lenkstangen beseitigt, indessen ist die Zahl der Drehgelenke nicht verringert, sondern durch beiderseits notwendige Lagerung der Rollen nur noch vermehrt. Auch bietet die Schmierung der Gelenke und Zapfen genau dieselbe Schwierigkeit wie bei dem Lemielleschen Gebläse.

3. Das Gebläse von Skinner[2]). Fig. 441. Im Gegensatz zu dem vorigen Gebläse ist hier das innere Ende der Flügel A drehbar an der exzentrischen Scheibe befestigt, während das äußere Ende durch die Drehzapfen B mit je zwei seitlichen, kreissektorförmigen Platten C verbunden ist. Die letzteren sind um die Mittelachse des Gehäuses drehbar und schleifen an den Deckeln des Gehäuses. Auch hier ist gegenüber dem Lemielleschen Gebläse der Fortfall der Lenkstangen als Vorteil zu verzeichnen, indessen ist die Zahl der Gelenke dieselbe wie bei dem vorigen Gebläse.

---

[1]) Engl. Patent No. 17978 v. 11. Nov. 1889. E. T. Cleathers, Brockley, Kent.

[2]) Iron, 1890, S. 513.

Fünftes Kapitel.

Die Schleudergebläse oder Ventilatoren.

Wie in der Einleitung erwähnt wurde, ist die Wirkungsweise der Zentrifugalgebläse oder, wie dieselben häufig kurz bezeichnet werden, der „Ventilatoren" eine dynamische, indem durch ein in einem Gehäuse mit großer Geschwindigkeit umlaufendes Flügelrad der zwischen den Schaufeln befindlichen und durch seitliche, achsiale Öffnungen fortwährend nachströmenden Luft eine große Geschwindigkeit erteilt wird. Die dieser Umfangs- oder Winkelgeschwindigkeit entsprechende Zentrifugalkraft schleudert die Luftteilchen aus dem Rade, weshalb die Zentrifugalgebläse auch den Namen Schleudergebläse oder Schleuderräder, auch Schleuderpumpen führen [1]). Dieselben sind entweder saugend oder blasend, je nachdem sie die Luft aus einem bestimmten Raume, einer Grube, einem Gebäude, Fabrikraum oder dergl. absaugen und in die freie Luft ausblasen, oder aus der äußeren Luft saugen und die angesaugte Luft in eine Rohrleitung drücken, welche dieselbe nach dem Ort ihrer Verwendung, meist einem Schmiedefeuer, Kupolofen, kurz einem Verbrennungsherd führt. Im ersteren Falle werden dieselben wohl auch Exhaustoren genannt. In beiden Fällen besteht zwischen der Spannung der Luft vor dem Eintritt in das Gebläse und hinter demselben ein Unterschied, welcher bei saugenden Gebläsen die Depression, bei blasenden die Pressung genannt wird. Man mißt dieselbe in beiden Fällen von der atmosphärischen Spannung aus und drückt sie meist in mm Wassersäule aus, da bei den Versuchen mit diesen Gebläsen die Messung durch mit Wasser gefüllte Manometer erfolgt, welche eine bedeutend größere Empfindlichkeit besitzen als Quecksilbermanometer oder Federmanometer. Da der Druck, welcher als eine Atmosphäre bezeichnet wird, einer Wassersäule von 10,333 m = 10333 mm oder

---

[1]) Allgemein findet die letzte Bezeichnung Anwendung auf alle Arbeitsmaschinen von der beschriebenen Wirkungsweise, sei der fortzuschaffende Körper tropfbar flüssig oder gasförmig.

nach der neuen Schreibweise[1]) 10000 mm das Gleichgewicht hält, so entspricht 1 mm Wassersäule einem Luftdruck von 0,0001 Atm. oder 100 mm = 0,01 Atm.

Die Depression bzw. Pressung ist je nach dem Zweck der Gebläse sehr verschieden. In der nachstehenden Tabelle sind die Spannungen für verschiedene Zwecke angegeben.

No.	Verwendung des Gebläses	Depression oder Spannung in mm Wassersäule
1.	Gruben, Sammelventilation	60—150
2.	„ Sonder „	10—60
3.	Fabriken, Wohnräume, Theater, Schulen	2—10
4.	Schmiedefeuer	100—200 (120—160)
5.	Schmelzöfen	200—400 (280—320)

Bezüglich der erzeugten Spannung werden die Ventilatoren auch zuweilen in Niederdruck- und Hochdruck-Ventilatoren eingeteilt, welche Unterscheidung jedoch keine exakte ist, da die Spannung der Luft mit der Tourenzahl erheblich gesteigert werden kann, die Grenze zwischen beiden Systemen also eine schwer bestimmbare ist.

Zur Berechnung der von einem Ventilator zu liefernden Luftmenge für die verschiedenen Zwecke der Ventilation, des Schmiedens und des Gießereibetriebes dient die nachfolgende Tabelle auf S. 354.

Die Schaufel- oder Flügelräder sind meist von einem Gehäuse umgeben, welches entweder die ersteren dicht umschließt oder mit einem allmählich sich erweiternden, ringförmigen Raume, dem Verteiler oder Diffusor, versehen ist. Derselbe bezweckt eine Geschwindigkeitsabnahme, also Spannungs- oder Depressionszunahme der Luft[2]).

Die Schaufeln sind entweder gerade (radial oder gegen die Mittellinie geneigt) oder gekrümmt[3]).

Die minutliche Umdrehungszahl des Schaufelrades schwankt bei den verschiedenen Systemen zwischen 30—70 und 1500—2500.

Bezüglich der Leistungsfähigkeit eines Ventilators kann man[4]) die verdünnende und die fortbewegende Kraft desselben unterscheiden. Erzeugt z. B. ein zum Betriebe eines Gießerei-Kupolofens dienender Ventilator eine hohe Spannung, liefert dagegen eine relativ kleine Luftmenge, so ist seine verdünnende Kraft groß, seine fortbewegende klein. Ist dagegen die Luftmenge groß bei kleiner Spannung, so wiegt die fortbewegende Kraft vor. Zur Beurteilung der verdünnenden Kraft ist

---

[1]) Siehe Hüttentaschenbuch. 20. Aufl. 1908, I. Bd., S. 313. 1 metr. (neue) Atmosphäre (at) = 1 kg/qcm = 10000 mm WS. von + 4° C = 0,968 alte Atmosphäre. 1 alte Atm. = 760 mm Q.-S. = 10333 mm WS. von + 4° C = 1,0333 at.

[2]) Näheres hierüber s. Theoret. Teil, Kapitel 12.

[3]) Näheres s. Theoret. Teil, Kapitel 12.

[4]) Nach Murgue, Über Grubenventilatoren, deutsch von Hauer, Leipzig 1884; pouvoir déprimant und pouvoir débitant.

der manometrische Wirkungsgrad, zur Beurteilung der fortbewegenden Kraft der volumetrische Wirkungsgrad zu ermitteln.

Bei der Ventilation von Gruben finden beide Arten von Ventilatoren Anwendung, je nachdem die Grube eine sogenannte enge oder weite, d. h. eine schwer oder leicht zu ventilierende ist. Ersteres ist der Fall, wenn der Grubenquerschnitt klein, die Länge der Grube groß ist, und die Strecken und Stollen mehr oder weniger unregelmäßig, gewunden, mit scharfen Biegungen versehen sind, kurz die durchströmende Luft einen beträchtlichen Widerstand zu überwinden hat.

Art der Verwendung	Luftmenge in cbm für 1 Kopf und 1 Stunde
1. Lüftung [1])	
a) Schulen	
α) kleine Kinder . . . . , ...	12
β) größere „	15
γ) Erwachsene	25
b) Kasernen	30
c) Theater, Konzertsäle	40
d) Gewöhnliche Werkstätten	60
e) Krankensäle	60—70
f) „ für Schwerverwundete . . .	100
g) „ „ Epidemien	200
2. Grubenventilation [2])	120—180
dto. Wettermengen [3]) in belgischen Gruben	108—216
„ „ „ amerikan. „	125
3. Gießereigebläse	
a) Luftmenge für 1 kg Koks	9
b) „ „ 100 kg geschmolzenen Eisens	70—80
4. Schmiedegebläse	
a) Luftmenge für 1 kg Kohle	10—15
b) „ „ 1 Stunde und Feuer . .	70—100

Für enge Gruben dienen daher meist Ventilatoren von geringer Luftmenge, großer Depression, kleinem Durchmesser und großer Tourenzahl, für weite Gruben solche von großer Luftmenge, kleiner Depression, großem Durchmesser und kleiner Tourenzahl [4]).

Für die Lüftung von Gebäuden, Werkstätten etc. dienen Ventilatoren mit großer Luftmenge und kleiner Depression. Hier finden namentlich raschlaufende Zentrifugalgebläse, sowie auch häufig Schraubenventilatoren [5]) ausgedehnte Anwendung.

Für Schmieden und Gießereien endlich sind Ventilatoren von mittlerer Luftmenge, aber großer Spannung in Gebrauch, welche letztere für Gießereien oft 400—500 mm Wassersäule beträgt.

[1]) Paul, Heizung und Lüftung, Tabelle VII d, S. 749.
[2]) Hauer, Wettermaschinen, S. 4.
[3]) Serlo, Bergbaukunde, 4. Aufl. Bd. 2, S. 432 u. folg.
[4]) Vgl. Hauer, Wettermaschinen, Leipzig 1889, S. 23.
[5]) Näheres s. Kapitel 6.

Wohl wenige Klassen von Maschinen zeigen eine so große Verschiedenheit der Ausführungen wie gerade die Ventilatoren, weshalb eine systematische Einteilung derselben große Schwierigkeiten bietet.

Hauer schreibt hierüber [1]:

„Eine rationelle Einteilung der Zentrifugalventilatoren hat ihre Schwierigkeit darin, daß sie für die Wirkungsart und die Konstruktion charakteristischen Merkmale bei den einzelnen Ausführungen in der verschiedensten Art kombiniert sind.“

Hauer faßt bei seiner nachstehend wiedergegebenen Einteilung die für das Prinzip maßgebendsten Merkmale ins Auge und erhält so die folgenden zwölf verschiedenen Systeme:

1. Konstante Breite, radial auslaufende Flügel:
   Dinnendahl, Rittinger.
2. Gegen außen verengter Flügelraum:
   Brunton, Colson, Geisler, Schiele, Stevenson, Waddle, Wagner.
3. Vermeidung der Wirbelbildung hinter den Flügeln:
   Aland, Lambert.
4. Leitapparat für den Austritt:
   Gendebien, Harzé.
5. Intermittierender Austritt der Luft:
   Beer, Guibal.
6. Einlaufspirale:
   Kley.
7. Direkte Umwandlung der zur Achse parallelen in die rotierende Bewegung:
   Chagot, Duvergier, Moritz, Pelzer.
8. Leitrad für den Einlauf:
   Kraft.
9. Vorwärtsgekrümmte Flügel:
   Farcot, Gonther, Ser, Winter.
10. Zurückgeneigte Flügel:
    Combes, Galles, Leforet, Leverkus, Tournaire.
11. Abströmung der Luft in der Richtung der Achse:
    Andemar, Schwartzkopff.
12. Flügel mit unterbrochener Krümmung:
    Capell, Dieu.

Die vorstehende Einteilung dürfte jedoch in mancher Hinsicht nicht vollkommen zutreffend sein. So würde der Schwartzkopff'sche Ventilator, da derselbe einen besonderen, mit gekrümmten Schaufeln versehenen Einlaufapparat besitzt, wohl richtiger zu Klasse 8 (Leitrad für den Einlauf) zu rechnen sein.

Ebenso zeigen die Ventilatoren von Pelzer und Rittinger bedeutend mehr Verwandtschaft hinsichtlich des Lufteintritts, sowie des von ihnen angewandten Verteilers als die Ventilatoren von Pelzer und Moritz, da letzterer nach Angabe des Erfinders selbst als ein Schraubenkreiselgebläse anzusehen, daher wohl zu den Schraubengebläsen zu

---

[1] a. a. O., S. 63.

rechnen ist, der Pelzersche und Rittingersche Ventilator dagegen in eine Klasse zu stellen wären.

Dennoch verdient die Hauersche Einteilung den Vorzug, allen bisher bekannten Systemen Rechnung getragen zu haben.

Verfasser möchte für einige der wichtigsten, im folgenden zu besprechenden Ventilatorensysteme das Vorhandensein oder Fehlen eines Verteilers oder Diffusors als Hauptunterscheidungsmerkmal zugrunde legen und die Unterabteilungen nach der Flügelform treffen, welche auch Hauer für verschiedene Systeme als Unterscheidungsmerkmal angenommen hat.

Die neueren Untersuchungen von Pelzer, Rateau und anderen haben die Bedeutung des Diffusors für den Nutzeffekt des Ventilators, wie später gezeigt werden soll, derart klargelegt, daß dieser Gesichtspunkt wohl als einer der wichtigsten angesehen werden darf. Die Besprechung der wichtigsten Ventilatorkonstruktionen soll daher in folgender Reihenfolge stattfinden [1]):

    1. Schleudergebläse ohne Verteiler
        a) mit geraden Flügeln oder Schaufeln,
        b) mit krummen   ,,   ,,   ,,
    2. Schleudergebläse mit Verteiler
        a) mit geraden Flügeln oder Schaufeln,
        b) mit krummen   ,,   ,,   ,,

Die charakteristischen Merkmale der einzelnen Konstruktionen, welche sich in der systematischen Einteilung nicht alle zur Geltung bringen lassen, sollen bei Besprechung der verschiedenen Systeme selbst hervorgehoben werden.

A. Schleudergebläse ohne Verteiler.

I. Mit geraden Flügeln.

Die einfachste Konstruktion eines solchen Ventilators ist aus den Fig. 442—444 zu ersehen.

Auf der zu beiden Seiten des Gehäuses gelagerten Welle ist mittelst der Naben N_1 und N_2 die Blechscheibe S befestigt, an welcher beiderseits durch Winkeleisen je sechs gerade Schaufeln angebracht sind. Die Luft wird von beiden Seiten des Gehäuses bei A eingesaugt und bei B ausgeblasen.

Dieser Ventilator findet seiner einfachen und billigen Herstellung wegen noch vielfach Anwendung als Schmiedegebläse, sowie für Gießereien, seltener zur Lüftung von Gebäuden, da das bei geraden Flügeln

---

[1]) Verf. beabsichtigt nicht, eine erschöpfende, vergleichende Übersicht aller bisher in Anwendung gewesenen und noch in Anwendung befindlichen Ventilatoren zu geben, da eine solche über den Rahmen dieses Buches hinausgehen würde, und verweist daher für eingehende Studien auf das v. Hauersche Buch: „Die Wettermaschinen".

infolge des Eintritts der Luft mit Stoß auftretende, starke Geräusch seine Anwendung für diesen Zweck untunlich erscheinen läßt.

Als eine originelle Abänderung der vorstehenden Konstruktion ist der Ventilator von Orme[1]), Fig. 445 und 446, anzusehen, welcher gleichfalls mit geraden, jedoch nach der Peripherie verengten Schaufeln

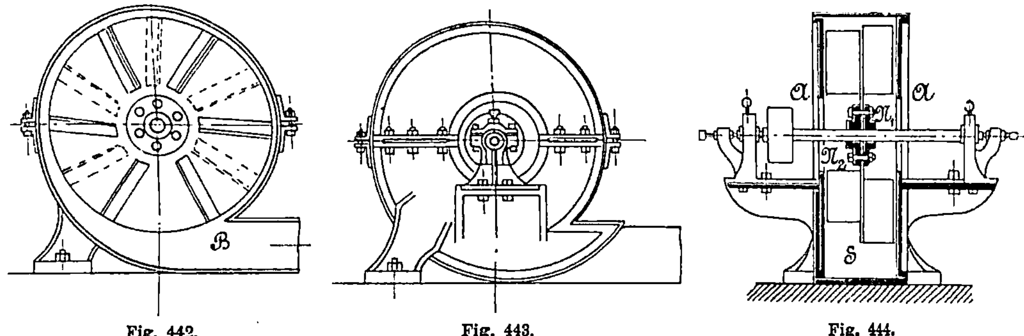

Fig. 442.　　　　　Fig. 443.　　　　　Fig. 444.

versehen ist. Die eigenartige Einlaufkonstruktion soll die saugende Wirkung des Ventilators noch erhöhen, indem ein Teil der aus der äußeren Peripherie des Schaufelrades ausgeschleuderten Luft durch die ring-

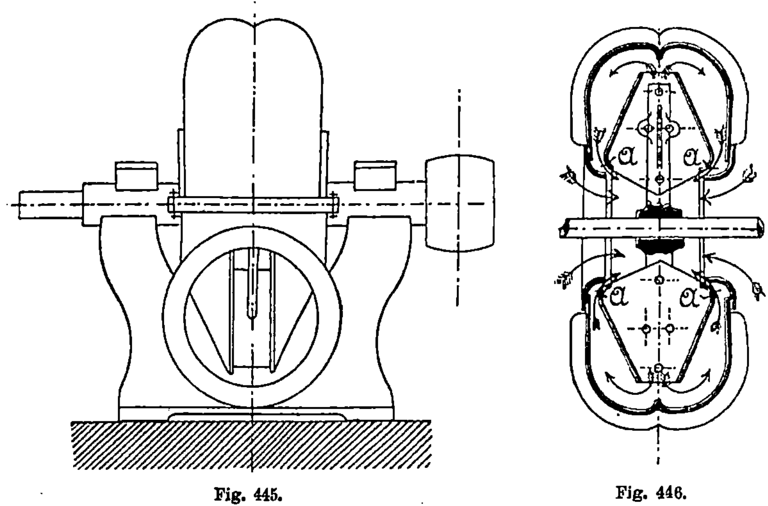

Fig. 445.　　　　　Fig. 446.

förmige Öffnung A zurückströmt und hierdurch nach Art eines Strahlapparates Luft ansaugt. Indessen dürfte die hierdurch bewirkte Effektzunahme eine sehr geringe sein, da einmal die Luft, welche durch A zurückströmt, nicht aus dem Ventilator in die Druckleitung ausgeworfen wird, andererseits durch den nach dem Mittelpunkt des Gebläses zu gerichteten Strom Wirbelbildungen in der Luft entstehen, welche sowohl

---

1) F. Orme & Co., London, Iron 1882, Bd. 20, S. 461.

den mechanischen als auch den manometrischen Wirkungsgrad vermindern, das Geräusch des Ventilators aber zweifellos verstärken müssen.

II. Mit gekrümmten Flügeln.

Die theoretische Untersuchung der Bewegung der Luft in den Kanälen zwischen den Schaufeln führte zur Anwendung gekrümmter Schaufeln, da nur durch Anwendung derselben die erste Hauptbedingung für die richtige Konstruktion, nämlich der Eintritt der Luft in den Ventilator ohne Stoß, erfüllt werden kann.

In der Ausführung der Schaufeln zeigen sich alle möglichen Verschiedenheiten, indem erstlich nur am inneren Umfang gekrümmte, im

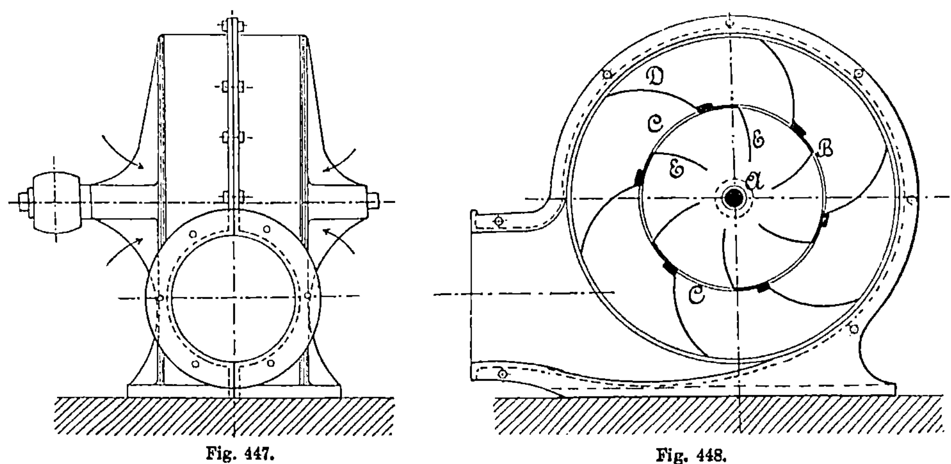

Fig. 447.   Fig. 448.

übrigen radiale, zweitens nach rückwärts gekrümmte, drittens nach vorwärts gekrümmte und endlich gebrochene, aus zwei oder mehreren, verschieden gekrümmten Bogen zusammengesetzte Schaufeln in Anwendung sind.

Einige der wichtigsten Ausführungen dieser Klasse sind die folgenden:

1. Ventilator von Capell[1]). Derselbe besteht in seiner ursprünglichen Bauart, wie aus Fig. 447 und 448 ersichtlich ist, aus einer auf der Achse A befestigten zylindrischen Trommel B, welche mit einer der Flügelzahl gleichen Anzahl von Öffnungen C versehen ist. Sowohl innerhalb wie außerhalb der Trommel sind nach rückwärts gekrümmte Schaufeln D und E befestigt. Der Durchmesser des Schaufelrades ist fast gleich jenem des Gehäuses, welches das Rad einschließt.

Die Saugöffnungen befinden sich zu beiden Seiten des Gehäuses und können, falls der Ventilator aus einem geschlossenen Raume, einer Grube usw. absaugen soll, mit Saugrohren versehen werden. Die An-

---

[1]) George M. Capell, Pattenham (Engl.), D.R.P. No. 25273 vom 25. 2. 1883. Ausgeführt von R. W. Dinnendahl, Kunstwerkerhütte bei Steele a. d. Ruhr.

ordnung eines einseitig saugenden Grubenventilators zeigt Fig. 449,
während die Figuren 450 und 451 den Einbau und Antrieb eines zweiseitig saugenden Grubenventilators ohne weitere Erklärung verständlich
machen.

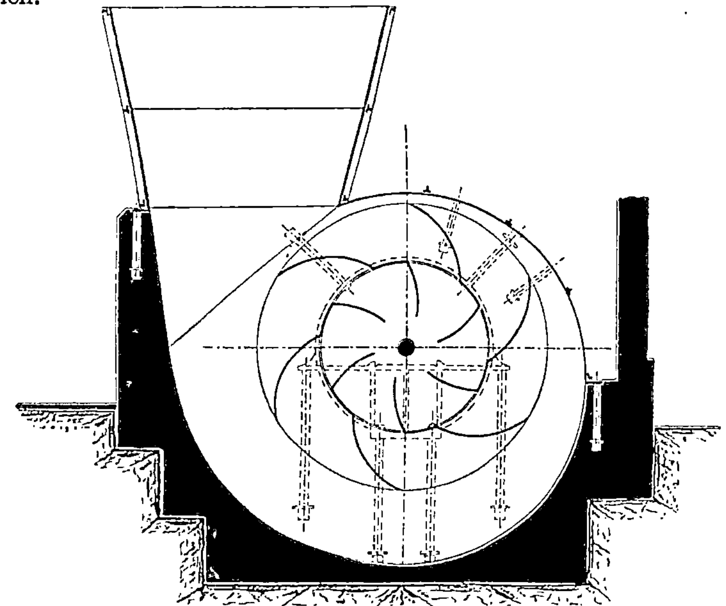

Fig. 449.

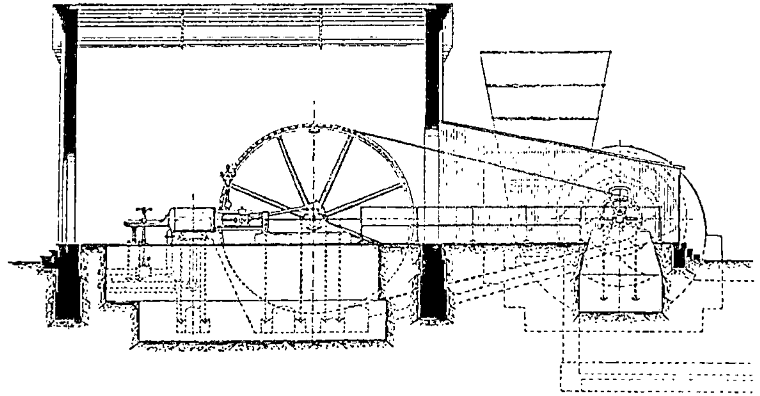

Fig. 450.

Die Fig. 452 und 453 zeigen eine neuere Ausführungsform eines
doppelseitig saugenden Ventilators von 4 m Druchmesser und 1,6 m Breite.
In den Fig. 454 bis 457 ist die Gesamtanlage dieses Ventilators gegeben. In den Fig. 458 und 459 ist eine Doppelventilatoranlage mit
dem Capellschen Ventilator aus dem Jahre 1901 für die Zeche Minister

Achenbach im Grundriß und Aufriß abgebildet. Die Durchmesser der beiden Ventilatorschaufelräder betragen je 4,25 m, die Breite derselben 1,6 m. Dieselben sind durch zwei Verbund-Dampfmaschinen von folgenden Abmessungen durch Seilantrieb bewegt:

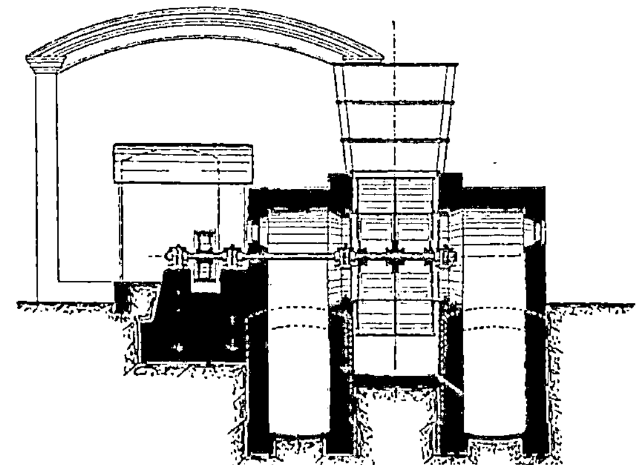

Fig. 451.

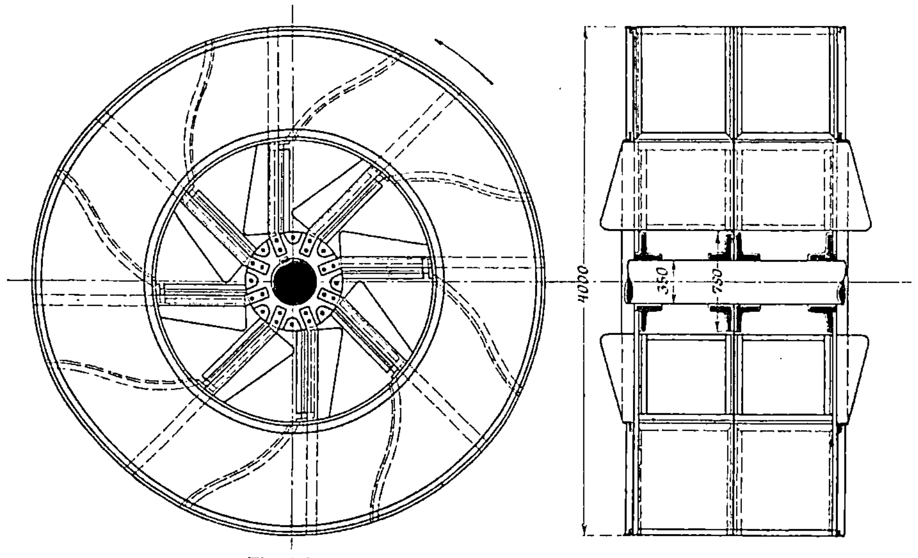

Fig. 452.   Fig. 453.

Durchmesser der Hochdruckzylinder . . . . 450 mm
„   „ Niederdruckzylinder . . . . 700 „
Gemeinschaftlicher Kolbenhub . . . . 900 „

Die Maschinen entwickeln je ca. 500 ind. PS. Die Ventilatorachsen sind hohl, sehr kräftig gehalten, und haben nur je zwei Lager, von welchen diejenigen an der Seilscheibe je eine Lauffläche von 1 m besitzen. Die Welle hat in der Mitte dieses an der Seilscheibe liegenden

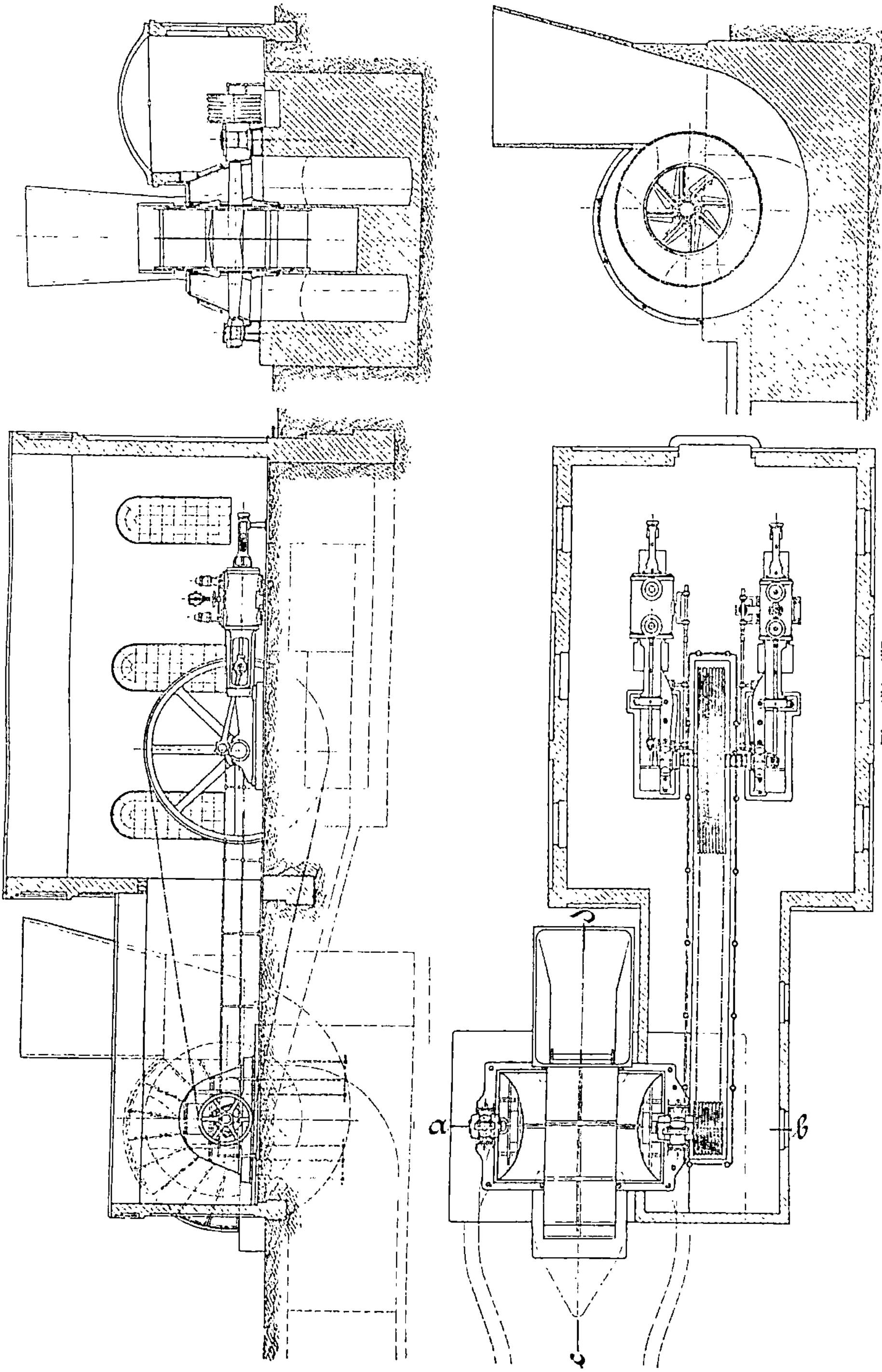

Fig. 454—457.

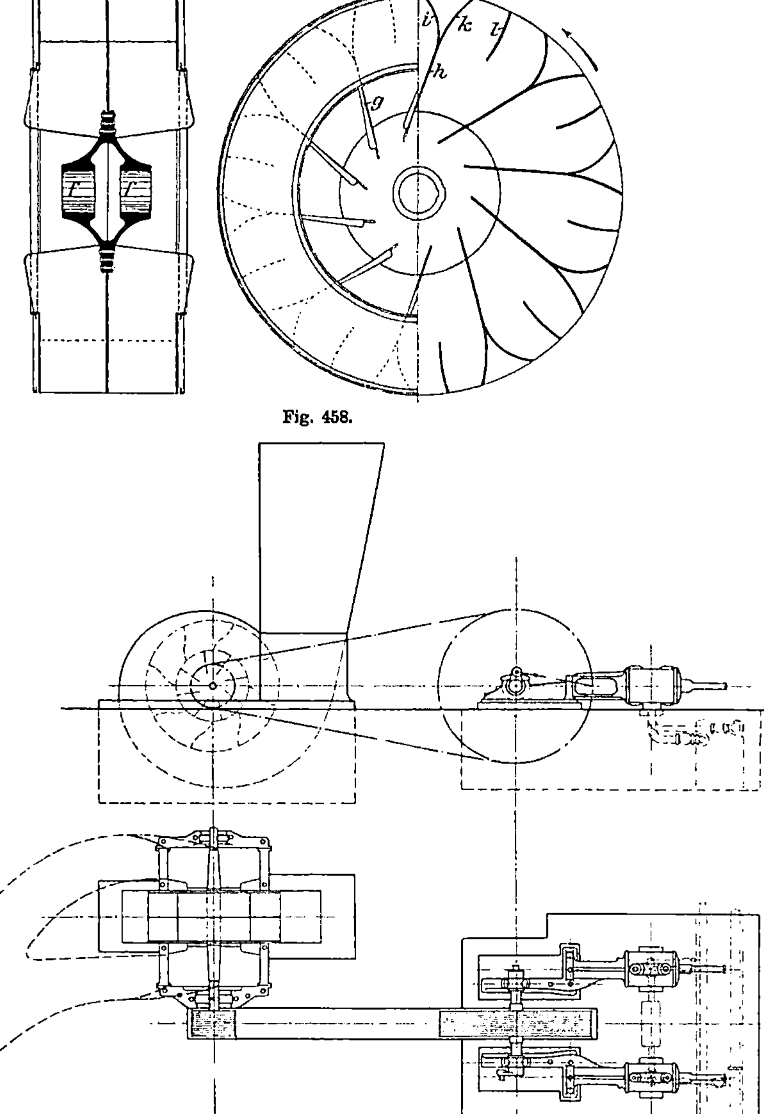

Fig. 458.

Fig. 459.

Lagers einen Wulst, durch welchen sie in der richtigen achsialen Lage erhalten wird, also eine seitliche Verschiebung in achsialer Richtung verhindert wird. Bei beiden Ventilatoren sind die Diffusoren aus Eisengerippe mit Monierumhüllung hergestellt. Die Seilscheiben haben 5000 bzw. 1400 mm Durchmesser.

Die neueste Form der Bauart des Capell-Ventilators ist in Fig. 458 [1]) abgebildet. Dieselbe zeichnet sich durch völlig freie Eintrittsquerschnitte aus, in die nur die nicht entbehrlichen, jedoch sehr kurz gehaltenen Schöpfschaufeln g hineinragen. Schaufeln und äußere Deckscheiben werden mit der Nabe f durch die mittlere Trennungswand verbunden. Die Hauptschaufeln h verlaufen tangential zu einem, mit der Nabe konzentrischen Kreis, und gabeln sich am Umfange des Randes in ein vorwärts gebogenes Stück i zur Erhöhung des manometrischen Wirkungsgrades und in ein schwach rückwärts gebogenes Stück k zur Erhöhung des mechanischen Effektes. Zwischen je zwei Hauptschaufeln sitzt noch eine kurze, schwach nach vorwärts gekrümmte Zwischenschaufel l, welche die Luft zum Ausfüllen des Raumes zwischen zwei Schaufeln zwingen und die Bildung schädlicher Wirbelungen verhindern soll.

Zur Beurteilung der Leistungsfähigkeit des Capellschen Ventilators dienen vielfache, mit demselben angestellte Versuche, von welchen einige sowohl der Art ihrer Ausführung als auch ihrer günstigen Ergebnisse halber angeführt zu werden verdienen.

1. Versuche auf Schacht Friedrich Joachim bei Essen a. R. [2]).

Die Versuche fanden am 28. 11. 1889 und 19. 1. 1890 statt. Die Abmessungen des Ventilators und der Betriebsmaschine waren folgende.

Ventilator.

Durchm. = 2,5 m; Gesamtbreite = 1,8 m.
Durchm. der seitlichen Eintrittsöffnungen 1,37 m.
Anzahl der Schaufeln auf jeder Seite der mittleren Scheidewand = 6.
Anzahl der Mantelöffnungen auf jeder Seite der mittleren Scheidewand = 6.
Freier Querschnitt beider Eintrittsöffnungen $F_1 = 2 \cdot 1{,}388 = 2{,}776$ qm
Gesamter freier Querschnitt der 12 Mantelöffnungen
$F_2 = 12 \cdot 0{,}65 \cdot 0{,}37 = 2{,}886$ qm.

$$\text{folglich } \frac{F_2}{F_1} = 1{,}04.$$

Riemenscheibe: Durchm. = 900 mm, Breite = 360 mm.

Dampfmaschine.

Zylinderdurchm. = 400 mm, Hub = 600 mm.
Freie Kolbenfläche im Mittel = 1234,51 qcm.
Durchm. des Schwungrades = 3,6 m, Breite = 360 mm.
Riemenbreite = 320 mm.

---

[1]) „Glückauf", 1907, S. 366, Fig. 2. Ausführung des C.-Ventilators auf Zeche König Ludwig.
[2]) Z. f. B.-, H.- u. Sal.-W. 1890, S. 248.

$$\text{Übersetzungsverhältnis } \frac{\text{Dampfmasch.}}{\text{Ventilator}} = 4.$$

Zur Berechnung der Hauptwerte wurden folgende Gleichungen verwandt.

a) Gewicht eines cbm Grubenluft $\gamma = 1{,}2936 \cdot \dfrac{b}{760} \cdot \dfrac{273+t}{273}$, worin t die Temperatur an der Meßstelle, in ^{0} C, b der Barometerstand an der Meßstelle (Depression) in mm Quecksilbersäule war.

b) Wettermenge i. d. Min. in cbm.

$V = Q \cdot c$, worin Q der Querschnitt an der Meßstelle, c die Wettergeschw. in m i. d. Min. an der Meßstelle war.

c) Ventilatorarbeit in PS.

$$N = \frac{V\,h}{60 \cdot 75} \left(1 - \frac{h}{2 \cdot 1{,}41 \cdot p}\right),$$

worin h die Depression in mm Wassersäule, p den Druck der Grubengase in kg pro 1 qm bedeutet. Die durch den Atmosphärenüberdruck den Gasen erteilte lebendige Kraft (natürlicher Wetterzug) war berechnet aus der Gleichung

$$N_a = \frac{V \cdot \gamma}{g} \cdot \frac{c_1^2}{2} \frac{1}{60 \cdot 75},$$ worin c_1 die Wettergeschwindigkeit in m

i. d. Sek., also $c_1 = \dfrac{c}{60}$ und γ das Luft-Gewicht (siehe oben unter a) war.

Die Nutzleistung war demnach

$N_e = N - N_a$, da die Arbeit N_a nicht vom Ventilator geleistet war.

Der mechanische Wirkungsgrad war mithin in %

$$\eta_m = 100 \cdot \frac{N_e}{N_i} = 100 \cdot \frac{N-N_a}{N_i},$$

worin N_i die indizierte Leistung der Dampfmaschine war.

Rechteck	Anemometerzeiger		Differenz
No.	vor dem Versuch	nach dem Versuch	
1	9 442	10 102	660
2	10 102	10 768	666
3	10 768	11 496	728
4	11 496	12 210	714
5	12 210	12 907	697
6	12 907	13 530	623
7	13 530	14 226	696
8	14 226	14 968	742
9	14 968	15 706	738
		Summe	6264

Zwei Versuche fanden während des Betriebes der Grube, zwei während des Stillstandes desselben statt.

Der Meßquerschnitt Q war $= 3{,}41$ qm, die Breite $1{,}931$ m, die Tiefe $1{,}766$ m. Dieser Querschnitt war durch Querfäden in neun gleiche Rechtecke geteilt, in deren jedem die Geschwindigkeit der Luft mittelst Anemometer zwei Minuten lang gemessen wurde.

Die Messungen beim ersten Versuch sind in der Tabelle auf S. 364 enthalten.

Die Korrektur des Anemometers wurde zu $18 \cdot 10 = 180$ für 18 Min. eingesetzt, so daß sich ergab:

$$c = \frac{6264 + 180}{18} = \frac{6444}{18} = 358,$$

daraus

$$c_1 = \frac{c}{60} = 5{,}97 \text{ m i. d. Sek.}$$

Hieraus berechnet sich die minutliche Wettermenge zu $V = 3{,}41 \cdot 358 = 1220{,}78$ cbm.

Die Tourenzahl der Dampfmaschine betrug beim ersten Versuch $n_1 = 72$, also diejenige des Ventilators theoretisch $n_2 = 4 \cdot 72 = 288$, in Wirklichkeit jedoch nur $274{,}5$, was aus dem Schleifen des Riemens infolge der Elastizität[1]) zu erklären ist. Die beobachtete Depression war $h = 80$ mm.

Der mittlere Dampfdruck ergab sich zu $p_m = 1{,}588$ Atm., woraus die indizierte Leistung der Maschine sich berechnet zu

$$N_i = \frac{F \cdot s \cdot n}{30} \cdot \frac{p_m}{75} = \frac{1234{,}51 \cdot 0{,}6 \cdot 72}{30} \cdot \frac{1{,}588}{75} = 37{,}61 \text{ PS.}$$

Die Ventilatorarbeit berechnet sich zu

$$N = \frac{V \cdot h}{60 \cdot 75} \cdot \left(1 - \frac{h}{2 \cdot 1{,}41 \cdot p}\right) = \frac{1220{,}78 \cdot 80}{60 \cdot 75} \left(1 - \frac{80}{2 \cdot 1{,}41 \cdot 9500}\right)$$
$$= 21{,}64 \text{ PS.}$$

Die durch den natürlichen Wetterzug geleistete Arbeit N_a war

$$= \frac{\overset{\substack{\text{minutl.} \\ \text{Luft-} \\ \text{menge}}}{1220{,}78} \cdot \overset{\substack{\text{Gew.} \\ \text{von} \\ \text{1 cbm}}}{1{,}209}}{60 \cdot 75} \cdot \frac{\overset{\substack{\text{Geschwin-} \\ \text{digkeit} \\ \text{i. d. Sek.}}}{5{,}97^2}}{9{,}81 \cdot 2} = 0{,}5957 \text{ PS.}$$

Der mechanische Nutzeffekt war somit:

$$\eta_m = \frac{21{,}64 - 0{,}5957}{37{,}61} \cdot 100 = 55{,}66 \text{ }^0/_0.$$

Die Zusammenstellung aller Versuchsresultate ist in der folgenden Tabelle gegeben.

---

[1]) Vgl. B a c h, Masch.-Elemente. 2. Aufl. Stuttgart 1891, S 229 u. ff.

		Versuch No.		
		I	II	III	IV
1	Zustand der Grube	gewöhnlich	etwas erweitert	gewöhnlich	gewöhnlich
2	Barometerstand	752	752	750	750
3	Aussentemperatur ⁰ C.	$+$ 5	$+$ 5	$+$ 10,16	$+$ 10,16
4	Temperatur im Wetterkanal . .	$+$ 13,75	$+$ 13,75	$+$ 14,75	$+$ 14,75
5	Kesseldruck, Atm. Überdruck .	4,1	4,1	3,5	3,5
6	Mittlerer Dampfüberdruck im Dampfzylinder	1,588	2,14	1,734	1,839
7	Tourenzahl der Maschine . . n_1	72	92	78	96
8	Tourenzahl des Ventilators . n_2	274,5	333	294	340
9	$n_1 : n_2$	1:4	1:4	1:4	1:4
10	Meßquerschnitt in qm	3,41	3,41	3,41	3,41
11	h in mm Wassersäule	80	112	93	106
12	Wettergeschwindigkeit an der Meßstelle m i. d. M.	358	526,53	392,66	432,34
13	Wettermenge V in cbm i. d. M.	1220,78	1795,78	1338,97	1474,28
14	Gewicht von 1 cbm Luft in kg	1,209	1,2052	1,2001	1,1985
15	Gewicht der i. d. Min. bewegten Wettermenge in kg	1475,92	2164,27	1606,89	1766,92
16	Arbeitsleistung zur Kompression der Gase in PS. . . . N	21,64	44,51	27,56	34,6
17	Arbeit der Luft in PS. . N_a	0,5957	1,8853	0,7784	1,0375
18	Nutzleistung d. Ventilators in PS. $N_e = N - N_a$	21,0443	42,6247	26,7816	33,5625
19	Leistung der Dampfmaschine N_i	37,61	64,80	44,49	58,08
20	Mechan. Wirkungsgrad in % $\dfrac{N_e}{N_i} \cdot 100$	55,66	65,77	60,19	57,78
21	Äquivalente Fläche (n. Murgue)	0,8646	1,0748	0,8794	0,9058

Der mechanische Wirkungsgrad betrug also im Minimum 55,66 %, im Maximum 65,77 %, im Mittel 59,85 %, welche Werte als recht befriedigende anzusehen sind.

2. Versuche auf Zeche Prosper I bei Berge-Borbeck [1]), Juli 1890, ausgeführt von Ingenieur Herbst.

Die Abmessungen waren hierbei folgende:
    a) Ventilator
        Durchm. = 3,75 m, Breite = 2 m,
        Durchm. der beiden seitlichen Einsaugöffnungen = 2,1 m;
    b) Betriebsmaschine (Zwillingsdampfmaschine)
        Durchm. = 0,52 m, Hub = 0,8 m,
        Wirksame Kolbenfläche = 2087,5 qcm.

Die Messung der Luftgeschwindigkeit erfolgte mit zwei Anemometern, über Tage und unter Tage auf der 234 m-Sohle.

Die Laufzeit des Anemometers betrug 9—11 Minuten.

Die mittlere Geschwindigkeit betrug dabei
        unter Tage . . . . 485 m i. d. Min.
        an der Meßstelle. . . . . . 546 „ „ „ „.

---

[1]) Z. f. B.-, H.- u. Sal.-W. 1890, S. 347.

Der Querschnitt des trapezförmigen Schachtausbaues war
$$F_1 = 4{,}704 \text{ qm,}$$
derjenige des Wetterkanals an der Meßstelle
$$F_2 = 5{,}474 \text{ qm,}$$
woraus sich die Wettermenge in der Minute

$$\text{unter Tage zu . . } V_1 = 4{,}704 \cdot 485 = 2281{,}4 \text{ cbm}$$
$$\text{an der Meßstelle . } V_2 = 5{,}474 \cdot 546 = 2989 \quad \text{,,}$$

für 72 Touren und 186 mm Depression berechnet.

Der Vergleich beider Wettermengen zeigt, daß nur 76 % der Ventilatorleistung der Grube zugute kommen, also 24 % der Dampfmaschinenarbeit nutzlos geleistet wurden.

Die indizierte Leistung der Maschine berechnet sich bei einem mittleren Dampfdruck von 2,144 kg/qcm zu
$$N_i = 229{,}23 \text{ PS.}$$

Die Versuche wurden bei drei verschiedenen Tourenzahlen $n = 72$, 80 und 87,5 angestellt, die Wettermengen, da dieselben der Tourenzahl und der $\sqrt{h}$ proportional sind, hiernach doppelt berechnet.

Dieselben ergeben sich bei 80 Touren und 223 mm Depression zu

$$V_2 = 2989 \cdot \sqrt{\frac{223}{186}} = 3273 \text{ cbm}$$

bzw.

$$V_2 = 2989 \cdot \frac{80}{72} = 3321 \text{ cbm oder im Mittel zu } 3297 \text{ cbm,}$$

bei 87,5 Touren und 269 mm Depression zu

$$V_2 = 2989 \cdot \sqrt{\frac{269}{186}} = 3595$$

bzw.

$$V_2 = 2989 \cdot \frac{87{,}5}{72} = 3663 \text{ oder im Mittel zu } 3629 \text{ cbm.}$$

Die Nutzarbeit, sowie die Arbeit der Luft selbst wurde nach den früher erwähnten Gleichungen berechnet und ergaben sich daraus folgende Resultate.

Versuch No.	n	V_2 an der Meßstelle	N_i PS.	h mm	N_e PS.	η_m
1.	72	2989	229,23	186	119,29	52,039
2.	80	3297	310	223	157,9	51,0
3.	87,5	3629	390	269	207,8	53,0

Der mittlere Nutzeffekt ergab sich somit bei diesen Versuchen nur zu ~ 52 %, während bei den Versuchen auf Schacht Friedrich Joachim als Mittelwert 59,85 erhalten war.

Im Jahre 1906 fanden seitens der Lehrer an der Bochumer Bergschule Stach und Götze Versuche an neuen Capell-Ventilatoren statt, über welche im „Glückauf" [1]) eingehend berichtet ist.

Die Ventilatoren standen auf den Schächten IV, V und VI der Zeche König Ludwig. Dieselben sollten zwischen den Leistungen (bei 3 % Toleranz) von Q = 6000 cbm/min bei 160 mm Depression und 184 Touren bis Q = 8000 cbm/min bei 285 mm Depression und 245 Touren verändert werden können.

Die Ventilatorräder haben 4,5 m Durchmesser und 1,6 m Breite und sind mit Drehstrommotoren durch eine Zodel-Voit-Kuppelung direkt verbunden.

Die Versuche erstreckten sich einmal auf die Bestimmung der Widerstände und Wirkungsgrade der Elektromotoren, und sodann auf die Bestimmung der Leistungen der Ventilatoren. Die ersteren sollen hier außer Betracht bleiben, bemerkt sei nur, daß durch die Regelwiderstände zehn Stufen beim Ventilator auf Schacht IV/V und neun Stufen bei demjenigen auf Schacht VI eingeschaltet werden konnten.

Die folgende Tabelle gibt zunächst für den Ventilator auf Schacht IV/V die Ergebnisse wieder.

Stufe No.		1	2	3	4	5	6	7	8	9	10
Umdrehungen i.d.M.	n	180	191	202	211	220	225	230,5	236	240	244
Absolute Depression m/m	h	144	163	$179^{1}/_{4}$	$196^{3}/_{4}$	$212^{1}/_{2}$	$224^{1}/_{2}$	$236^{1}/_{2}$	$247^{1}/_{2}$	255	$266^{1}/_{2}$
Luftgeschwindigkeit m/min	v	371	386	405	425	445	455	468	480	490	500
Wettermenge cbm/min	Q	5008	5210	5468	5738	6008	6142	6318	6480	6615	6750
Äquival. Grubenweite qm	a	2,63	2,58	2,58	2,6	2,61	2,6	2,58	2,6	2,6	2,61
Vom Ventilator geleistete Arbeit {	PS.	160,3	188,8	217,8	251	283,7	306,4	332	356,4	374,9	399,75
	KW.	118	139	160,3	184,7	208,8	225,5	244,4	262,3	275,9	294,2
Vom Motor abgegeben	KW.	154,2	187,6	225	259,5	294,8	320,7	347,7	374,1	397,5	419,7
Dem Motor zugeführt	KW.	247,6	277,6	309,6	337,4	367,0	386,2	407,0	426,2	443,8	460
Wirkungsgrad des Ventilators .	%	76,51	74,07	71,25	71,19	70,83	70,32	70,28	70,11	69,4	70,1
der Anlage . .	%	47,7	50,1	51,8	54,8	56,9	58,4	60,02	61,56	62,18	64,0

Da die Grube IV/V zur Zeit des Versuches noch eine allgemeine Grubenweite von 3,4 qm hatte, sollte sie durch Drosselungen im Schacht auf 3 qm gebracht werden. Durch ein Versehen wurde jedoch zuviel gedrosselt, und zwar auf 2,6 qm.

Bemerkenswert an den Versuchen ist die Abnahme des Wirkungsgrades des Ventilators mit zunehmender Belastung. Die gleiche Erscheinung fand sich bei den Versuchen auf Schacht VI. Auch an einem

---

[1]) „Glückauf" 1907, S. 365 ff.

Rateau-Ventilator auf Zeche Dahlbusch ist dieselbe Erscheinung beobachtet worden [1]. Eine einwandfreie Erklärung für die Ursache konnte nicht gegeben werden. Es scheinen innere Vorgänge im Ventilator vorzuliegen, die noch der Erklärung bedürfen. Auch bei Zentrifugalpumpen ist dieselbe Erscheinung gefunden worden [2]. Da aus den Werten bei 2,6 qm Grubenweite kein Schluß auf die Werte bei 3,0 qm möglich war, so wurden die bei einigen Vorversuchen ermittelten Werte bei 3,4 qm zu Hilfe genommen und, da 3,0 das Mittel aus 3,4 und 2,6 qm ist, auf diese Weise die Werte für 3,0 qm durch Rechnung gefunden. Diese sind in der folgenden Tabelle enthalten und ergeben Zahlen, welche die Garantiezahlen innerhalb der Toleranz von 3 % erreichen.

Touren i. d. Min.	180	190	200	210	220	225	230	235	240	244
Wettermenge, cbm/min bei A = 2,6 qm . .	5008	5190	5420	5710	6008	6142	6300	6450	6615	6750
„ A = 3,4 „ . . .	6640	7120	7450	7720	8012	8238	8440	8620	8785	8930
im Mittel für A = 3,0 qm	5824	6155	6435	6715	7010	7190	7370	7535	7700	7840
Absol. Depression bei 2,6 qm	144	161	176	193	212,5	224,5	235,5	246,5	255	266,5
Absol. Depression bei 3,4 qm	154,5	171,5	191	207	228	235	246	256	267,5	277
im Mittel bei 3,0 qm .	149,25	166,25	183,5	200	217,75	229,75	240,75	251,25	261,25	271,75

Der Querschnitt der Meßstelle betrug 13,5 qm und war in zwölf Felder geteilt.

Die Tabellenwerte sind von den Versuchsleitern auch graphisch dargestellt worden und zeigt zunächst Fig. 460, obere Hälfte, die Versuchswerte, auf zugeführte KW. bezogen, Fig. 460, untere Hälfte, die gemessenen und berechneten Werte auf die Tourenzahl bezogen bei den drei Grubenweiten von 2,6, 3,4 und im Mittel 3,0 qm. Ein weiteres Hilfsmittel zur Bewertung der Versuche ist die Darstellung von v^2 und h (s. Fig. 461) [3]. Sind die Versuche richtig, so müssen die durch v^2 und h bestimmten Punkte in einer Graden liegen, wie dies auch aus Fig. 461 zu ersehen ist. Die Verlängerung der Graden nach rückwärts gibt durch die Lage zum Koordinatenanfang außerdem an, ob der Schacht bei stillstehendem Ventilator (Q = 0 und v = 0) auszieht (wenn für $v^2 = 0$ h positiv bleibt, wie in Fig. 461) oder einzieht (wenn für $v^2 = 0$ h negativ wird, also unter der Abszissenachse die Ordinatenachse geschnitten wird). Wie aus Fig. 461 hervorgeht, ist ein schwacher, ausziehender Wellenstrom (h etwa = + 5 mm) vorhanden, welcher jedoch unberücksichtigt blieb.

Die Messungen an Schacht VI wurden bei 3,32 qm Grubenweite an einer Meßstelle von 16,6 qm Querschnitt ausgeführt. Die gefundenen Werte sind in Tabelle S. 372 enthalten.

---

[1] „Glückauf" 1905, S. 269, 270.
[2] Kax, Z. Ver. deutsch. Ing. 1907, S. 342.
[3] Fig. 6—8 aus „Glückauf" 1907, S. 369—371.

Die Werte der Tabelle S. 372 sind in Fig. 462 graphisch dargestellt und zeigt diese Darstellung auch die Verluste in der elektrischen Anlage (Schlupfwiderstände, Rotorwickelung, Statorwickelung).

Der Aufsatz schließt mit der Schlußbemerkung: „Die vergleichenden Untersuchungen an diesen Ventilatoren haben uns die Überzeugung aufgedrängt, daß es nicht angängig ist, bei dem heutigen Stand der Untersuchungen an Ventilatoren

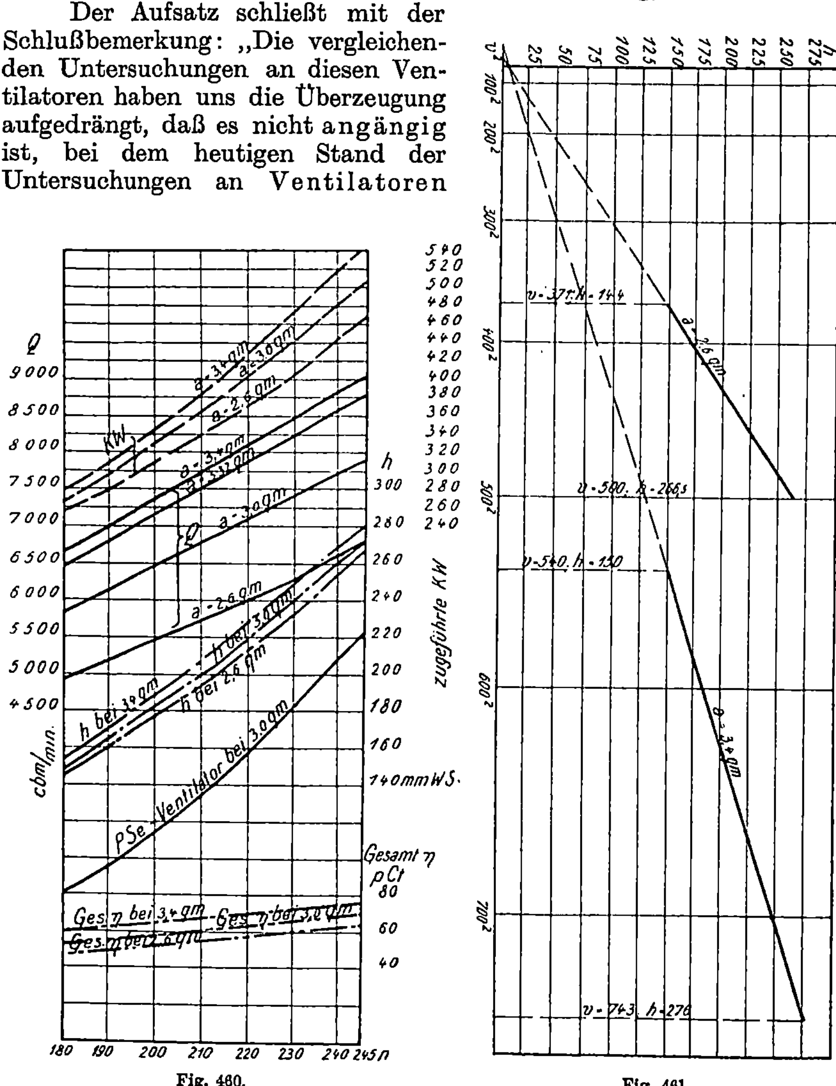

Fig. 460.

Fig. 461.

Ergebnisse verschiedener Systeme selbst bei gleichen Luftleistungen und Grubenweiten miteinander zu vergleichen, weil schon Ventilatoren gleicher Konstruktion Abweichungen in den Ergebnissen aufweisen, wenn keine entsprechende Berücksichtigung der Arbeitsverhältnisse stattfindet."

Die Schlußbemerkung ist nicht recht verständlich, da nicht näher

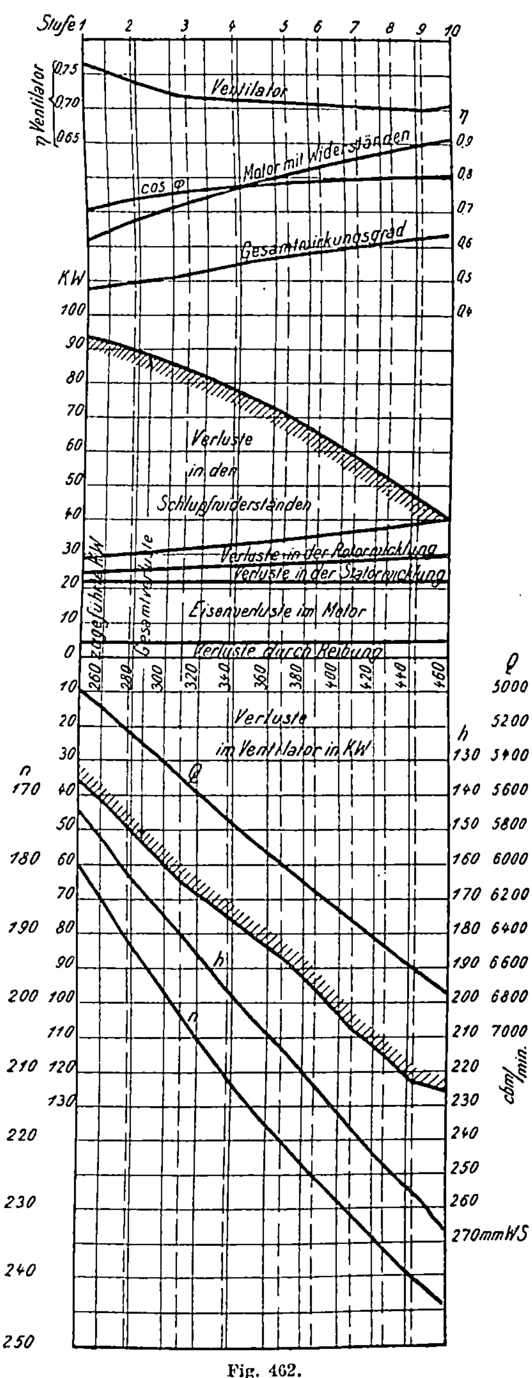

Fig. 462.

Stufe No.		1	2	3	4	5	6	7
Tourenzahl i. d. Min. .	n	202,5	213,5	216,5	226	233	237,5	241,75
Depression m/m W. S.	u	197,25	216	222,5	244	256,5	266,5	277
Luftgeschwindigkeit m/min	v	444	467	468	488	505	520	532
Wettermenge cbm/min	Q	7370	7752	7769	8100	8383	8632	8831
Volt	V	5072	5080	5106	5108	5106	5074	5032
Ampére	A	55,5	61,0	61,8	66,85	71,4	73,9	77,3
Dem Motor zugeführt {	KW	387,2	434,6	439	492	526,4	546,8	567,6
	PS	526,1	590,5	596,5	668,5	715,2	742,9	773
Vom Motor abgegeben {	KW	288,3	347,6	353,3	416,9	461,6	489,6	518,1
	PS	392,1	472,7	480,5	567	627,8	666	704,6
Vom Ventilat. geleistet {	KW	237,8	273,9	282,7	323,2	351,6	376,2	397,1
	PS	323,1	372,1	384,1	439,2	477,8	511,2	539,6
$\cos \varphi$		0,794	0,810	0,830	0,832	0,83	0,84	0,84
Wirkungsgrade Motor mit Widerständen	%	74,45	79,92	80,48	84,74	87,69	89,54	91,28
Ventilator.	%	82,48	78,79	80,02	77,54	76,18	76,85	76,60
Anlage	%	61,41	63,02	64,4	65,7	66,81	68,82	69,81

angedeutet ist, was unter „entsprechender Berücksichtigung der Arbeitsverhältnisse" verstanden ist. Es ist wohl selbstverständlich, daß beim Vergleich zweier Ventilatoren verschiedener Systeme möglichst gleiche Verhältnisse vorliegen sollen, so namentlich bezüglich der Abmessungen der Ventilatoren, der Umfangsgeschwindigkeiten, der äquivalenten Grubenweiten und des Antriebes (Dampf oder elektrisch) der verglichenen Ventilatoren. Diese Forderung wird stets bei vergleichenden Versuchen zu stellen sein, wie dies auch bei sonstigen Vergleichsversuchen von Motoren und Arbeitsmaschinen gefordert wird. Es wäre aber doch etwas zu weit gegangen und hieße jeden Vergleich, also auch jede Kritik unterbinden, wollte man, wie dies in obiger Schlußbemerkung gefordert ist, darauf verzichten, Ventilatoren verschiedener Systeme selbst bei gleichen Luftleistungen und Grubenweiten miteinander zu vergleichen.

Die Resultate einiger anderer, neuerer Versuche an Capell-Ventilatoren sind in der Tabelle Seite 374/375 enthalten.

Hierzu ist zu bemerken, daß die Wettenmenge bei dem zweiten Versuch auf Zeche Konkordia wohl versehentlich zu niedrig angegeben sein dürfte, da doch der höheren Tourenzahl (236) und der größeren Depression (190) auch eine größere Wettermenge als bei dem ersten Versuche (229 Touren, 168 mm Wassersäule) entsprechen muß. Die Tourenzahlen der Ventilatoren schwanken zwischen ca. 160 und 260 i. d. Min. entsprechend Umfangsgeschwindigkeiten von 25—55 m/Sek. Die mechanischen Gesamtwirkungsgrade schwanken zwischen 61,41 und 85 % und beträgt das Mittel aus allen 19 Versuchen 73,1 %, welcher Wert als ein mittlerer und zufriedenstellender anzusehen ist.

Die erzeugten Depressionen schwanken zwischen 100 und 275 mm Wassersäule.

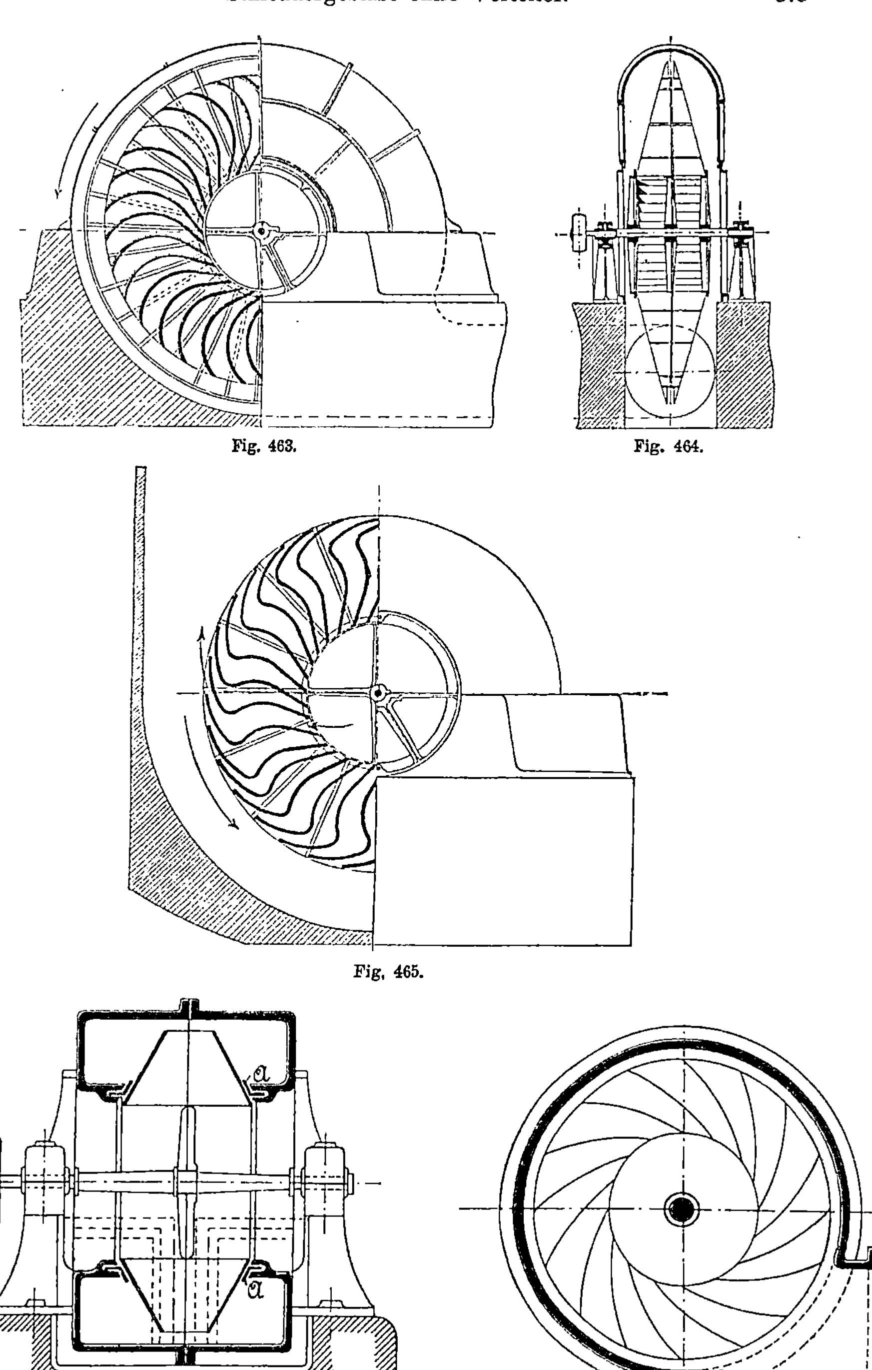

Fig. 463.

Fig. 464.

Fig, 465.

Fig. 466.

Fig. 467.

Name der Zeche	Holland I/II	Dorstfeld Schacht II
Versuchsdatum	14. 8. 03	10. 12. 03
Ventilator Durchm. mm .	4000	4500
„ Breite „ .	—	—
„ Antrieb . . .	Zwilling Dampf	Verbund.-Dampfm.
Dampfzylinder Durchm. .	500/550	—
„ Dh.[1] mm	—	630
„ Dn. „ .	—	950
„ Hub. „ .	800	1000
Umdrehungen der Dampf- maschine i. d. Minute	50, 56, 62, 68,5	50,3, 54,5, 59,8, 65, 66,8
Umdrehungen des Ven- tilators i. d. Minute .	175, 196, 216, 239	187, 194, 203, 221, 228
Indizierte Leistung der Dampfmaschine . . .	132, 175,1, 239,4 306,7	245, 319,3, 418,9, 459,1 576,1
Kraftabgabe des Elek- tromotors PS. . . .	—	—
Dem Motor zugeführte Kraft PS.	—	—
Wettermenge cbm/min .	4276, 4907, 5386, 5673	6711, 7059, 7197, 7490, 8328
Depression, mm Wassers.	102, 125, 152, 183,5	132, 154, 189, 213, 220
Nutzleistung (N$_v$) d. Ventil.	97, 136,2 181,8 231,5	196,8, 241,5, 302,1, 354,5, 400,6
Mechanischer Wirkungs- grad d. Anlage in %	73,5, 77,8, 76, 75,5	76, 73, 70, 75, 69
Äquivalente Grubenweite, qm	2,69, 2,78, 2,77, 2,66	3,7 3,61, 3,34, 3,27, 3,56
Wirkungsgrad des Elek.- Motors m. Widerständ.	—	—
Wirkungsgrad des Ven- tilators	—	—

Der Wirkungsgrad des Ventilators allein (bei elektrischem Antrieb) schwankt zwischen 76,2 und 90,34 %, und erreicht im Mittel
(aus fünf Versuchen), den Wert 80,4 %, welcher kein sehr
günstiger ist, da Wirkungsgrade bis 85 % für den Ventilator allein bei guten Ventilatoren erwartet werden
können und auch erreicht sind[2]).

2. Ventilator von D'Anthonay[3]). Fig. 463—465.
Die Schaufeln sind nach vorwärts oder rückwärts gekrümmt, je nachdem der Ventilator blasend oder saugend
wirken soll.

Fig. 463 stellt einen blasenden, 465 einen saugenden Ventilator dar, der Querschnitt, Fig. 464, ist für
beide Systeme gleich. Die Schaufeln sind trapezförmig

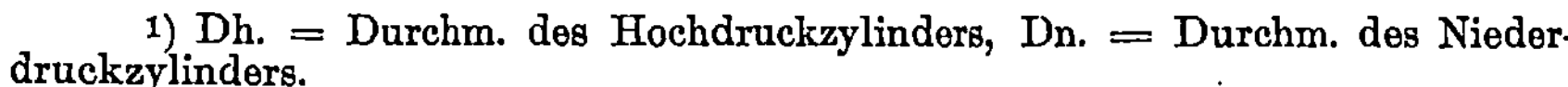

Fig. 468.

---

[1]) Dh. = Durchm. des Hochdruckzylinders, Dn. = Durchm. des Niederdruckzylinders.

[2]) Weitere Angaben s. Glückauf 1904, S. 824, Elektr. betr. Cap.-Vent.
auf Grube Nothberg. — Zeitschr. f. Masch.-Betrieb 1905, No. 37, S. 350, Versuche auf Zeche Dorstfeld.

[3]) S. D'Anthonay, Paris, Rue de Berthelot.

Alkali-werke Ronnenberg	Graf Bismarck I/IV	König Ludwig Schacht VI	Zeche Konkordia Schacht IV/V
25. 1. 06	5. 8. 06	26. 8. 1906	16. 12. 1906
3000	4000	4500	4250
—	—	—	—
Elektromotor Riemen	Zwill. Dampf 500/550	Elektrom.dir.gekuppelt	—
—	—	—	—
—	—	—	500
—	—	—	760
—	1000	—	900
—	49,65, 67,2, 76,7	—	61,4, 63,6, 69,3
165,3	173,7, 235,2, 268,5	202,5, 216,5, 233, 242	229, 236, 258
—	195,6, 449, 640,5	—	378,5, 406, 513,4
43,48	—	392, 480,5, 627,8, 704,6	—
—	—	526, 596,5, 715,2, 773	—
2976	5749, 8055, 9041	7370, 7769, 8383, 8831	7100,8, 6983,8(?) 7798,2
59,4	113, 208,4, 270	197,3, 222,5, 256,5, 275	168, 190, 226
39,28	144,4, 373, 542,5	323, 384, 478, 539,6	265,1, 294,8, 391,6
—	74, 83, 85	61,41, 64,4, 66,8, 69,8	70, 72,6, 76,2
2,44	3,43, 3,54, 3,48	—	3,48, 3,21, 3,28
—	—	74,45, 80,48, 87,7, 91,3	—
90,34	—	78,8, 80, 76,2, 76,6	—

und beiderseits mit Blechmänteln bekleidet, welche am Umfang nahe zusammentreten und nur eine schmale Austrittsöffnung für die Luft bilden. Das Rad ist von einem Gehäuse umgeben, wenn der Ventilator blasend wirken soll, während bei dem saugenden Ventilator die Luft aus dem Ventilator direkt ins Freie ausströmt. Das Einsaugen erfolgt in beiden Fällen durch die beiden seitlichen Saugöffnungen.

Die Schaufeln laufen bei dem saugenden Ventilator unter einem möglichst spitzen Winkel gegen die Peripherie aus, um die Luft mit möglichst geringer absoluter Geschwindigkeit austreten zu lassen. Die Ventilatoren von D'Anthonay haben Durchmesser von 2—4 m, die Depression schwankt zwischen 10 und 100 mm, die sekundliche Luftmenge zwischen 8,75 bei der kleinsten und 155 cbm bei der größten Ausführung.

3. Ventilator von Farcot[1]). Fig. 466—468. Derselbe unterscheidet sich von dem vorigen System nur dadurch, daß zur besseren Abdichtung des Saugraums gegen den Druckraum am Umfang des

---

1) E. Farcot fils, Paris, Rue Lafayette.

Schaufelrades beiderseits Winkelringe A befestigt sind, welche in entsprechenden Nuten des Gehäuses laufen. Die Schaufeln sind nach vorwärts gekrümmt und laufen unter einem spitzen Winkel gegen die Peripherie des Rades aus. Eine andere Form der Abdichtung zeigt Fig. 468 [1]), bei welcher zwei oder mehrere ringförmige Nuten zu beiden Seiten des Flügelrades am Gehäuse angebracht sind, deren Rippen dicht an das Flügelrad anschließen, wodurch gleichfalls ein Luftüberströmen von der Saug- nach der Druckseite verhindert werden soll.

Über einige Versuchsresultate mit Farcotschen Ventilatoren ist in der Revue des mines [2]) näheres mitgeteilt und sind die Resultate in der folgenden Tabelle zusammengestellt.

	Dmr. m	Luft- menge i. d. Sek. cbm	De- pression mm	Touren- zahl	Umfangs- ge- schwin- digkeit m	Äquiv. Fläche	Manom. Wir- kungs- grad
1. Grube zu Aveyron 1884	6	20	{30 {80	95 110	28,6 33,1	1,38 0,84	0,3 0,59
2. „ „ „ 1887	4	35	50	160	33,4	1,87	0,36
3. Brassac (Puy de Dôme) (saugend)	4	18,3	95	215	45,94	0,71	0,375
4. Montieux (St. Etienne)	2,5	24,3	70	350	45,5	1,1	0,28

Der manometrische Wirkungsgrad ist, wie aus dieser Tabelle hervorgeht, trotz der großen Umfangsgeschwindigkeit ein sehr geringer, nur in einem Falle über 50 %, für die meisten Fälle im Mittel nur 30 %. Leider gestatten die Angaben keine Berechnung des mechanischen Wirkungsgrades, welcher indessen, nach dem vorstehenden zu schließen, auch nur gering sein dürfte.

Der Farcotsche Ventilator muß daher nach diesen Resultaten als wenig empfehlenswert bezeichnet werden.

4. Ventilator von Guibal. Derselbe ist mit schwachgekrümmten Schaufeln versehen und bis auf eine kleine Austrittsöffnung vollkommen durch das Gehäuse eingehüllt, so daß die Luftausströmung nur intermittierend erfolgt, sobald eine Zelle an der Austrittsöffnung vorübergeht.

Zur Regulierung der Größe der letzteren dient ein von außen zu bewegender Schieber, welcher in seitlichen Führungen verschiebbar ist. Infolge der stoßweisen Ausströmung der Luft verursacht der Guibalsche Ventilator ein starkes Geräusch, welches denselben zu Ventilationszwecken für Gebäude völlig ungeeignet macht. Derselbe findet daher auch ausschließliche Verwendung zur Lüftung von Gruben.

Während derselbe in Frankreich, Belgien und England noch zuweilen angetroffen wird, ist er in Deutschland durch andere Systeme vollständig verdrängt worden. Infolge seines sehr großen (bis zu 12 m ausgeführten) Durchmessers und seiner großen Breite sind sowohl sein Gewicht als auch seine Herstellungskosten, sowie seine durch das große

---

[1]) Uhlands Prakt. Masch.-Konstr. 1884. Skzbl. IV.
[2]) 1891, S. 219 ff.

Gewicht verursachte Reibungsarbeit so beträchtlich, daß diese Umstände allein schon genügen, ihn gegenüber anderen Systemen von gleicher Leistung bei beträchtlich kleineren Dimensionen und weit geringerem Gewicht unmöglich zu machen. Infolge der geringen von ihm erzeugten Depression ist derselbe für enge Gruben überhaupt nicht anwendbar, wie durch zahlreiche, von der preußischen Schlagwetterkommission angestellte Versuche zur Genüge dargetan ist.

Durch die Anwendung von trichterförmigen Einlaufrohren ist der Wirkungsgrad allerdings beträchtlich erhöht worden, indem durch dieselben starke Pressungs- und Richtungsänderungen der Luft vermieden wurden, wie durch zahlreiche, auf Grube Heinitz bei Saarbrücken im Jahre 1887 [1]) angestellte Versuche erwiesen ist.

Die Ergebnisse derselben sind folgende:

Der Durchmesser des Ventilators betrug 11 m, die Breite 3 m. Die Einlaufrohre waren beiderseits an die Saugöffnungen angeschlossen, welche je 4,93 qm Querschnitt hatten. Der runde Wetterschacht hatte 15 qm freien Querschnitt und war mit den Einlaufrohren durch einen Saugkanal von 10,13 qm Querschnitt verbunden. Die Versuche ergaben bei wechselnden Tourenzahlen des Ventilators von 26,25—50,5 folgende Werte.

No.	Touren-zahl i. d. Min.	De-pression mm	V cbm [2]) i. d. Sek.	Vent.-Leistung N_o in PS.	Maschinen-leistung N_i in PS.	Mechan. Wirkungs-grad $\eta_m = \dfrac{N_o}{N_i}$	Manom. Wirkungs-grad η_{man}	$\dfrac{V}{N_o}$	$\dfrac{V}{N_i}$
1	26,25	20	36,01	9,6	13,7	0,70	0,72	3,75	2,63
2	31,6	30	39,04	15,6	25,7	0,61	0,74	2,50	1,525
3	36,1	36,5	42,75	20,8	30,0	0,69	0,69	2,05	1,425
4	39,4	45	47,81	28,7	43,8	0,66	0,72	1,66	1,091
5	45,9	60	55,53	44,4	67,7	0,66	0,71	1,25	0,82
6	50,5	73,4	60,41	59,1	89,7	0,66	0,71	1,02	0,675

Der mittlere mechanische Wirkungsgrad beträgt demnach 66 %, der mittlere manometrische 71,5 %.

Bezeichnet η_{man} den manometrischen Wirkungsgrad und C die Zahl, um wieviel die wirkliche Umfangsgeschwindigkeit größer ist als die theoretisch notwendige, so ist $\eta_{man} = \dfrac{1}{C^2}$, worin $C = 0,0183 \dfrac{n \cdot D}{\sqrt{h}}$ ist, und

D den Durchmesser in m, h die Depression in mm Wassersäule bezeichnet.

Für den Versuchsventilator war $D = 11$ m, woraus $C = 0,2013 \cdot \dfrac{n}{\sqrt{h}}$ folgt.

---

1) Österr. Z. f. B. u. H.-W. 1888, S. 671.
2) Reduziert auf 0° und Normalbarometerstand.

Für die vorstehenden sechs Versuche ergab sich

für $n =$	26,25	31,6	36,1	39,4	45,9	50,5	im Mittel
$C =$	1,18	1,16	1,20	1,18	1,19	1,19	1,19
und $\eta_{man} =$	0,72	0,74	0,69	0,72	0,71	0,71	0,715

d. h. die Umfangsgeschwindigkeit war im Mittel um ca. 19 % größer als die theoretisch notwendige. Da die Übereinstimmung der beiden Wirkungsgrade bei den drei letzten Versuchen eine fast vollständige war, so darf wohl als richtig angenommen werden, daß der mechanische Wirkungsgrad im Mittel 0,66, der manometrische 0,71 betrug, welches Resultat als ein sehr günstiges angesehen werden muß und die Wichtigkeit der richtigen Lufteinführung, welche durch Anbringung der Einlauftrichter erreicht wurde, deutlich erkennen läßt.

Der gefundene manometrische Wirkungsgrad übertrifft den von Murgue für Guibalsche Ventilatoren angegebenen von 65 % nicht unerheblich; ebenso ist der mechanische Wirkungsgrad von 50 % nach Murgues Angaben, bzw. von 42 % nach den Versuchen der preußischen Schlagwetterkommission, beträchtlich übertroffen, was gleichfalls der durch den richtigen Lufteinlauf bewirkten Verringerung der Wirbelbildungen und sonstigen schädlichen Widerstände zuzuschreiben ist.

Bei Versuchen, welche von Steavenson [1] mit Guibal-Ventilatoren auf englischen Gruben angestellt wurden, ergaben sich folgende Werte:

	Luftgeschwindigkeit i. d. Sek. m	Depression mm Wassersäule	Depression bei 20 m Normalgeschwindigkeit	Theoretische Depression bei dieser Geschwindigkeit	Manom. Wirkungsgrad
im Minimum	19,45	34,30	37,44		0,578
im Maximum	33,50	79,25	47,60	50,5	0,741
im Mittel	26,47	66,77	42,52		0,659

Über eine große Anzahl von Versuchen mit Guibalschen Ventilatoren, welche meist auf amerikanischen Gruben in den Jahren 1890 und 1891 angestellt wurden, berichtet A. Norris im „Engineering" [2].

Die Originalzusammenstellung enthält im ganzen 75 Versuche, welche mit 25 verschiedenen Guibal-Ventilatoren angestellt wurden. Dieselben waren meist als Doppelventilatoren angeordnet, indem zwei gleich große Flügelräder auf einer gemeinsamen Welle saßen, wie aus den Fig. 469—472 ersichtlich ist.

Dieselben zeigen fast durchweg einen mechanischen Wirkungsgrad von über 60 %, häufig sogar über 80 %. Der letztere, sehr hohe Wert erscheint allerdings etwas fraglich und dürfte derselbe wohl in der Messung der Luftgeschwindigkeit in der Mitte des Luftstroms seinen Grund haben, wodurch sich die Luftgeschwindigkeit und die Luftmenge,

---

[1] Engineering 1890. Bd. 49, S. 378.
[2] Engineering 1892. Bd. 53, S. 303. Zentrifugal-Ventilators by R. van A. Norris, Wilkes-Barre, Pa. Siehe I. Aufl., S. 302 u. 303. Versuchstabelle.

als auch die reine Ventilatorleistung und der mechanische Wirkungsgrad als zu vorteilhaft ergibt.

Jedenfalls verdienen die von Norris gegebenen Resultate hohe Beachtung, da auf Grund derselben das Vorurteil, welches gegen die älteren Konstruktionen der Guibal-Ventilatoren vielfach und mit Recht Platz gegriffen hat, wenn auch nicht ganz beseitigt, so doch etwas beeinträchtigt werden kann.

Nicht unerwähnt soll schließlich das Urteil Hauers[1] über die Guibalschen Ventilatoren bleiben, welches folgendermaßen lautet:

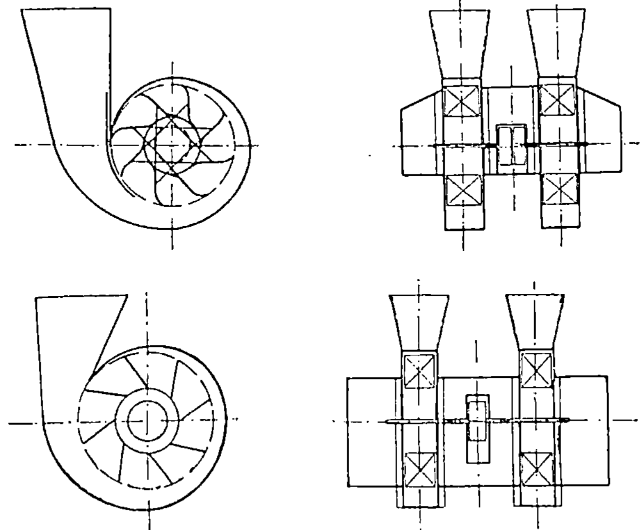

Fig. 469—472.

„Die besprochenen Ventilatoren dürften bei guter und der gleichwertigen Öffnung der Grube angepaßter Ausführung kaum von einer anderen Art Ventilatoren an Wirkungsgrad übertroffen sein; sie zeigen einen soliden Bau und gewähren große Sicherheit des Betriebes . . .“

„Indessen sind doch einige Einwendungen gegen dieselben zu erheben: Das Rad erfordert eine größere Breite, durch welche im Verein mit dem bei stärkerer Depression notwendigen, großen Durchmesser das Gewicht und die Herstellungskosten sehr anwachsen. Die Last des Rades ruft eine bedeutende Achsenreibung hervor (diese konsumiert angeblich beim Ventilator von Couillet 6 PS. bei 42 PS. Leistung). Bei engen Gruben sind sie nicht am Platze und geben, für solche benutzt einen geringen Wirkungsgrad, wie durch Versuche in Preußen vielfach konstatiert wurde. Sie sind daher dort weniger beliebt und haben durch die neueren Konstruktionen eine starke Konkurrenz erlitten; unter 49 in den Jahren 1880 bis 1883 neu erbauten Ventilatoren befanden sich nur 12 Guibalsche.“

---

[1] Hauer, Wettermaschinen, S. 92.

Was die von Hauer besonders hervorgehobene solide Bauart und Betriebssicherheit betrifft, so muß dagegen doch wohl geltend gemacht werden, daß ein eisernes Bauwerk von 11 m Durchmesser und 3 m Breite, welches sich mit einer Umfangsgeschwindigkeit von 20—30 m bewegt, wohl schwerlich dauernd vor Lockerung der Verbindungen bewahrt bleiben kann, zumal durch den unterbrochenen Luftaustritt fortgesetzte Stöße und Vibrationen verursacht werden, dasselbe daher zu häufigeren Reparaturen und Betriebsunterbrechungen Anlaß geben wird als kleine, selbst rascher laufende Ventilatoren.

Dennoch werden die Guibalschen Ventilatoren für weite, leicht zu lüftende Gruben, für welche eine geringe Depression ausreichend ist und große Luftmengen zu bewältigen sind, wohl noch einige Zeit ihren Platz behaupten, da dieselben in manchen Gegenden „Mode" sind, von welcher ungern abgewichen wird.

Die früheren Ausführungen der Guibalschen Ventilatoren der Maschinenbauanstalt „Humboldt" in Kalk bei Köln a. Rh. sind in der nachstehenden Tabelle enthalten [1]), worin die reine Ventilatorleistung, sowie der mechanische Wirkungsgrad vom Verfasser berechnet und eingesetzt sind.

Guibal-Ventilatoren, ausgeführt von der Maschinenbauanstalt „Humboldt", Kalk b. Köln a. Rh.

Durchmesser in m	5	6	7	8	9	10	11	12
Breite in m.	1,5	1,8	2,1	2,4	2,7	3	3,3	3,6
Depression bei 60 Touren, mm Wassersäule	21	30	40	53	68	84	100	120
Luftmenge Q cbm i. d. Sek. .	5	10	16	24	33	46	62	81
Reine Ventilatorleistung (berechnet) $N_0 = \dfrac{Q \cdot h}{75}$, PS. .	1,4	4	8,533	17	30	51,52	82,6	130
Effektiver Kraftverbrauch bei 60 Touren N_e, PS. . . .	3	6	14	27	47	82	132	205
Mechan. Wirkungsgrad $\dfrac{N_0}{N_e}$ in % (berechnet)	46,6	66,7	60,95	63	64	62,83	62,5	63,4

Die Ausführungen ergeben, abgesehen von der ersten Nummer, im Mittel einen mechanischen Wirkungsgrad von 63,34 %, welcher Wert nach dem früher gesagten, speziell nach den Versuchen auf Grube Heinitz, als ein günstiger anzusehen ist.

B. Schleudergebläse mit Verteiler.

Die Versuche, welche über die Wirkungsweise des Verteilers namentlich in Frankreich von Rateau angestellt worden sind, haben die hohe Bedeutung dieses Teiles des Ventilators klargelegt. Dieselbe wird

---

[1]) Berg- und hüttenm. Zeitung 1881, S. 497.

weiter unten näher besprochen und bewiesen werden, an dieser Stelle sei nur folgendes darüber bemerkt. Der Hauptwert des Verteilers beruht auf der Umwandlung der lebendigen Kraft der aus dem Rade ausströmenden Luft in dynamischen bzw. statischen Druck, welche Umwandlung durch die bedeutend geringere Geschwindigkeit der Luft infolge der Querschnittserweiterung zu erklären ist.

Fast alle neueren Ventilatoren sind daher mit einem ringförmigen, nach der Austrittsöffnung sich allmählich erweiternden Gehäuse umgeben, dessen Konstruktion aus den nachfolgenden Beschreibungen der verschiedenen Ventilatorensysteme verständlich werden wird.

Bezüglich der Schaufelform ist zu erwähnen, daß auch hier gerade und gekrümmte Schaufeln Anwendung finden, die letztere Form jedoch, wie später nachgewiesen werden soll [1]), den Vorzug verdient.

I. Mit geraden Flügeln.

1. Ventilator von Beck und Henkel [2]). Fig. 473 stellt die äußere Form, Fig. 474 den Querschnitt sowie die Vorderansicht desselben dar. Die Schaufeln A sind trapezförmig und mit seitlichen Blechmänteln B versehen, welche an gußeisernen, durch zwei Armkreuze D mit der Nabe E verbundenen Ringen C befestigt sind. Die Lagerung der Welle geschieht in zwei leicht nachstellbaren Lagern, deren Konstruktion aus Fig. 474 ersichtlich ist. Der Verteiler V umschließt die Schaufeln ziemlich dicht und erweitert sich nach der Ausflußöffnung hin allmählich.

Die Leistungen, Dimensionen und der Kraftbedarf einiger dieser Ventilatoren sind aus der folgenden Tabelle zu ersehen.

No.	Durchm. des Flügels mm	Zum Schmieden			Zum Schmelzen			Zum Ventilieren und Trocknen			Riemenscheiben		Gewicht ca. kg
		Feuer 300 mm Düse	Umdrehungen i. d. Min.	PS.	Zentner Eisen i. d. Stunde	Umdrehungen i. d. Min.	PS.	Wind i. d. Min. cbm	Umdrehungen i. d. Minute	PS.	Durchm. mm	Breite mm	
0	300	1	3500	0,15	—	—	—	—	—	––	25	35	18
2 c	350	4—8	3200	0,75	15—25	5000	1,75	35	2500	0,50	80	60	80
2 d	400	8—12	3000	1,25	25—35	4000	2,50	50	2300	0,75	100	90	100
2 f	650	18—30	1700	3,50	60—90	2500	7,00	140	1250	2,00	150	100	230
2 h	1000	50—80	1000	7,00	135—240	1500	12,00	300	750	5,00	250	150	850
2 k	1500	110—150	650	11,00	300—375	900	18,00	600	350	9,00	350	250	1500

Ein Vergleich der Leistungen des Beck-Henkelschen Ventilators mit einem gewöhnlichen Lloydschen Ventilator ergibt folgendes:

$$Q = 400 \text{ cbm i. d. Min.}$$

---

[1]) Vgl. über die Schaufelform sowie den Verteiler den theoretischen Teil, Kap. 12, D u. E.

[2]) Beck & Henkel, Kassel.

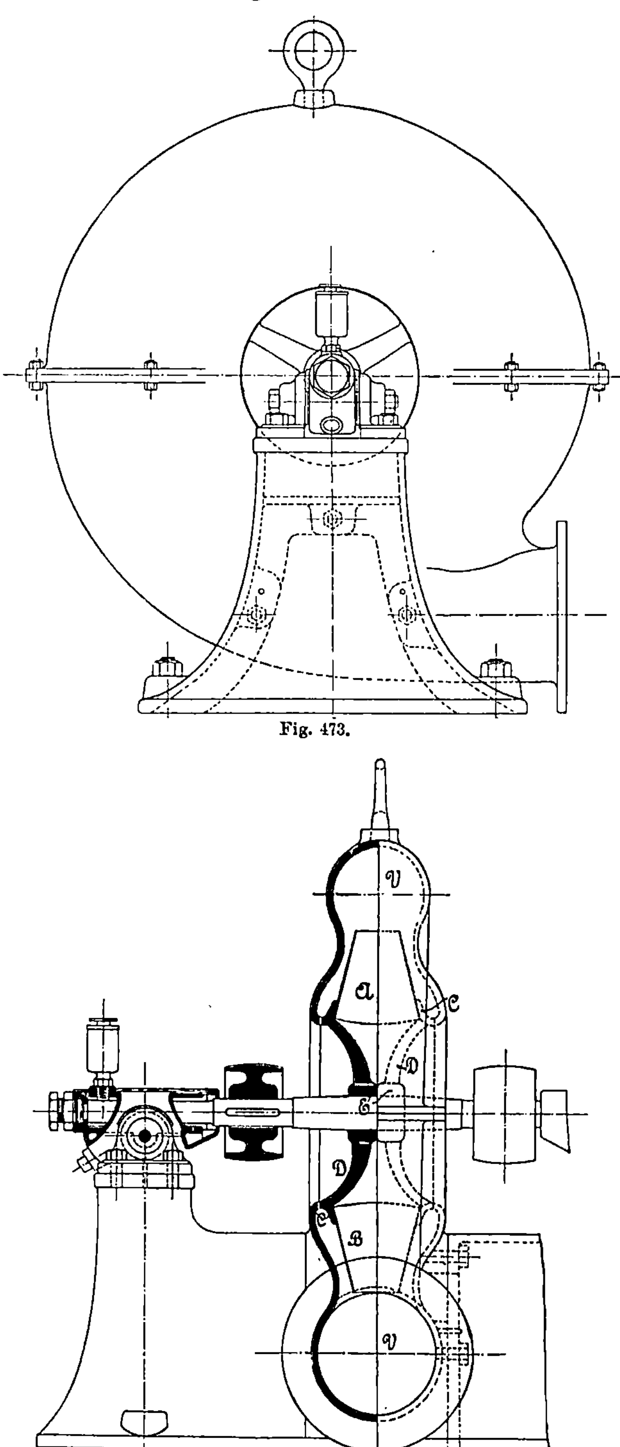

Fig. 473.

Fig. 474.

	Durchm. m	Tourenzahl	PS.	Gewicht kg
Neuwied. Maschinenfabrik } Lloydscher Ventilator . .	1,0	775	4,75	350
Aerzener Maschinenfabrik	1,0	700	6,0	600
Beck & Henkel No. 2 i .	1,2	500	7,0	1200

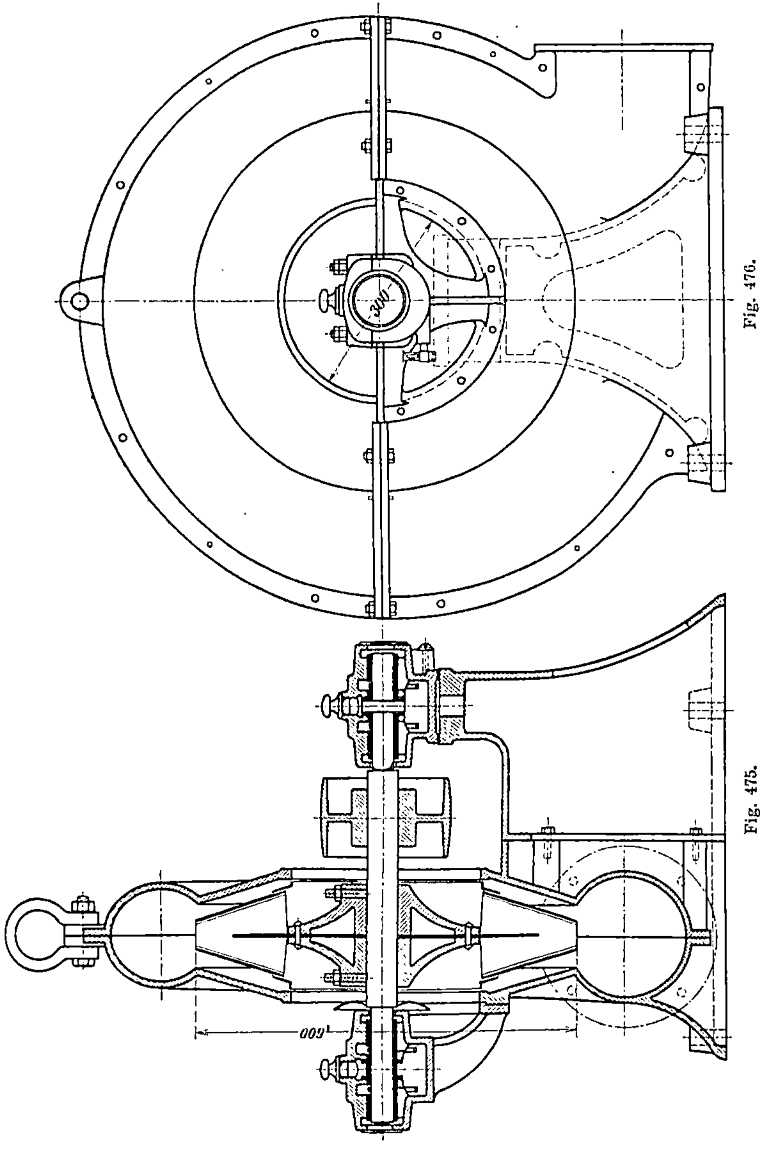

Fig. 476.

Fig. 475.

Die Beck-Henkelschen Ventilatoren haben daher bei gleicher Luftmenge einen größeren Kraftbedarf, sowie ein bedeutend größeres Gewicht als die beiden Lloydschen Ventilatoren. Indessen dürfte wohl auch die erzielte Pressung, welche leider nicht angegeben ist, eine höhere als bei den beiden ersten Systemen sein.

2. Ventilator von Schiele[1]). Derselbe zeigt mit dem vorbesprochenen System große Ähnlichkeit, weshalb derselbe gleich hier behandelt werden soll. Die Schaufeln, Fig. 475 und 476, sind im Querschnitt gleichfalls trapezförmig und entweder gerade oder nach rückwärts gekrümmt.

Das Gehäuse ist entweder in der Mittelebene des Rades, wie in Fig. 475 oder in der Horizontalmittelebene der Achse, geteilt und im letzteren Falle leicht abnehmbar.

Die Schieleschen Ventilatoren liefern Windpressungen bis 400 und 500 mm Wassersäule und dienen vorwiegend für Schmiedefeuer, Kupol-, Schweiß-, Glas- und andere Öfen, sowie als Exhaustoren für Fabriken genau wie die vorbesprochenen Systeme. Die Dimensionen und Leistungen einiger Schieleschen Ventilatoren für Schmiedefeuer und Gießereiöfen sind aus der nachfolgenden Tabelle zu ersehen.

No.	Durchm. des Flügels m	Zum Schmieden bei ca. 150 mm Druck Wassersäule			Zum Schmelzen bei ca. 300 mm Druck Wassersäule			Durchm. in mm		Gewicht ca. kg
		Feuer 3 cm Düse	Umdrehungen i. d. Min.	PS.	Ztr. Eisen i. d. Stunde	Umdrehungen i. d. Min.	PS.	der doppelten Riemenrollen	Ausblasöffnung	
2	0,27	2—4	4000	$^1/_3$	15	6000	1	50 u. 62	125	50
4	0,40	8—12	3000	1 $^1/_4$	25—35	4000	2 $^1/_2$	75 „ 100	200	160
6	0,65	18—30	1700	3 $^1/_2$	60—90	2500	7	120 „ 150	320	500
8	1,00	50—80	1000	7	135—240	1500	12	200 „ 250	500	1270

Dieselbe zeigt sowohl in den Dimensionen als auch in den Leistungen eine große Ähnlichkeit mit den Beck-Henkelschen Ventilatoren, der einzige Unterschied liegt in No. 2 und 3, für welche bei sonst gleichen Verhältnissen folgende Änderungen gelten.

		No. 2.	No. 3.
Beck & Henkel	Durchm.	0,3 m	0,35
Schiele	„	·0,27	0,32
Beck & Henkel	Tourenzahl	3500	3200
Schiele	„	4000	3500
Beck & Henkel	PS.	1,25	1,75
Schiele	(Schmelzen)	1,0	1,5

Auch im Gewicht ist bei No. 3 ein geringer Unterschied vorhanden.

---

[1]) G. Schiele & Co., Bockenheim bei Frankfurt a. M.

Der Kraftbedarf ist mithin bei Schiele für Gebläse zum Betrieb von Kupolöfen bei No. 2 um 20 %, bei No. 3 um 14,3 % geringer als bei Beck-Henkel.

Zur Ventilation von Gruben bauen C. Schiele & Co. Ventilatoren zum Einmauern nach Art des Farcotschen Ventilators, mit seitlichen Blechwänden und spitz zulaufenden, nach vorwärts gekrümmten, am

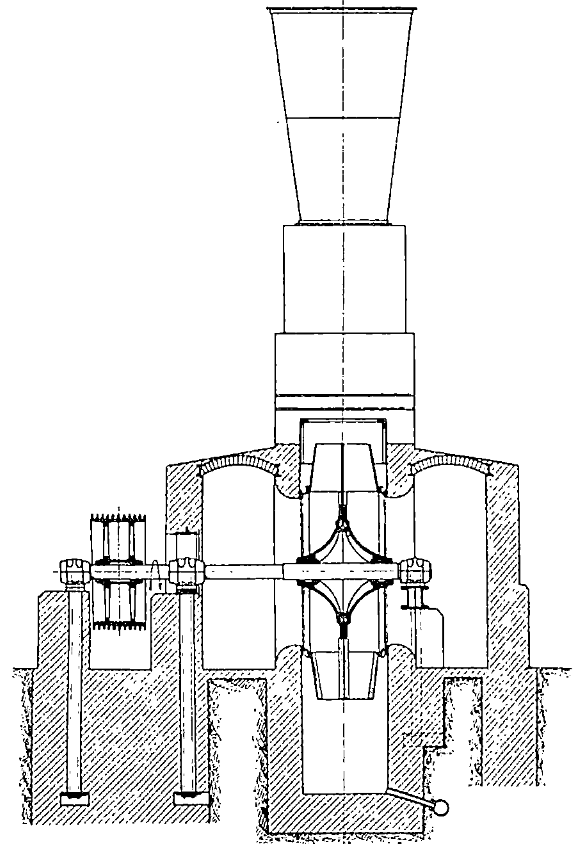

Fig. 477.

Umfange radial auslaufenden Schaufeln von 1¼—4½ m Raddurchmesser. In Fig. 477 ist ein solcher doppelseitig saugender Ventilator von 3,5 m Durchmesser mit 24 Schaufeln abgebildet.

Diese Ventilatoren sind namentlich in Österreich und England zur Ventilation von Gruben viel in Gebrauch. Über Versuchsresultate mit letzteren berichtet v. Hauer[1]) folgendes:

---

1) Hauer, Wettermaschinen, S. 73.

1. Versuche von Merfyn.

Manometr. Wirkungsgrad
- Min. 0,239
- Max. . . . 0,376
- Mittel . . . 0,304

Mechanischer „
- Min. 0,42
- Max. . . . 0,66
- Mittel . . . 0,55

2. Versuche mit engl. Ventilatoren

Manometr. Wirkungsgrad
- Min. 0,203
- Max. . . . 0,400
- Mittel . . . 0,322

3. Versuche der englischen Schlagwetter-Kommission

Manometr. Wirkungsgrad . . . 0,320 bis 0,327

Mechan. „   . . . 0,461 „ 0,493

4. Grube „Gemeinschaft" bei Worsbach

Mechan. Wirkungsgrad . . . . 0,52.

Zwei andere Versuchsreihen seien noch erwähnt, bei welchen das Schielesche System mit dem Guibalschen und Waddleschen verglichen wurde. Die Werte der ersten Versuchsreihe sind die folgenden [1]:

| Name der Grube | System des Ventilators | Datum des Versuchs | Dimensionen des Ventilators | | | Dimensionen der Maschine | | | | | Leistung des Ventilat. | | Querschnitt des Wetterkanals | Geschwindigkeit i. Wetterkanal m. i. d. Min. |
| | | | Durchm. | Breite | Durchm. des Lufteintritts | Zyl.-Durchm. | Hub | Tourenzahl i. d. Min. | Dampfdruck im Kessel | Dampfdruck mittlerer, nach d. Diagrammen | Indiz. Ps. N_i | ebm i. d. Min. | Depression mm Wassersäule | | |
			m	m		m	m							qm	
1. Hilda . .	} Guibal	11. 7. 79	15,25	3,66	4,57	1,07	1,07	41	3	0,77	133	3000	84	13,3	230
2. Pemberton		27. 1. 80	14	4,5	3,96	0,91	1,07	37	3,9	1,17	136	6900	37	15,5	449
3. Canock Wood . .		29. 1. 80	12,2	3,66	4,27	0,91	0,91	36	2,9	0,84	82	4800	36	19,4	247
4. Celynen .	Waddle	30. 10. 79	13,7	2,00 resp 0,43	4,57	0,81	1,22	51	2,3	0,98	142	4600	51	20,0	230
5. Corton Wood . .	} Schiele	24. 1. 80	3,66	0,63	?	0,63	0,61	70	3,2	1,68	102	4400	70	28,0	156
6. Car House		23. 1. 80	2,9	0,51	2,44	0,51	0,51	90	3,4	1,57	69	3000	96	7,0	430

Berechnet man hieraus die reine Ventilatorleistung und daraus den mechanischen Wirkungsgrad, so erhält man folgende Übersicht:

$$\text{No.} \qquad N_e \qquad \eta_m = \frac{N_e}{N_i}$$

Guibal . . . .
- 1   56   0,421
- 2   56,72   0,417
- 3   38,4   0,468

---

[1] Österr. Z. f. B.- u. H.-W. 1885, S. 251.

	No.	N_e	$\eta_m = \dfrac{N_e}{N_i}$
Waddle	4	52,13	0,367
Schiele	5	68,45	0,671
	6	64,0	0,927

Der letzte der berechneten Werte dürfte wohl anzuzweifeln sein, da ein so hoher mechanischer Wirkungsgrad überhaupt nie erreicht werden kann. Es muß also in den Angaben der Quelle ein Fehler sein. Indessen ist der vorhergehende Wert (No. 5) des Wirkungsgrades des Schieleschen Ventilators von 0,671 auch schon ein sehr hoher, welcher denjenigen der beiden anderen Systeme (Guibal und Waddle) um 20—30 % übertrifft.

Die andere Versuchsreihe [1]) bezieht sich auf den manometrischen Wirkungsgrad. Bei Versuchen, welche von Steavenson mit Ventilatoren von Guibal, Waddle und Schiele angestellt wurden, ergaben sich folgende Werte:

	Manom. Wirkungsgrad η_{man}
	Min. 0,578
Guibal . . .	Max. 0,741
	Mittel 0,659
	Min. 0,408
Waddle . . .	Max. 0,478
	Mittel 0,433
	Min. 0,289
Schiele . . .	Max. 0,534
	Mittel 0,412

Der Schielesche zeigt dabei den kleinsten manometrischen Wirkungsgrad von im Mittel 0,412, welcher den von Merfyn angegebenen (S. 386) Mittelwert von 0,304 jedoch noch um über 10 % übersteigt.

Einige weitere, neuere Versuchsergebnisse an Grubenventilatoren sind in den folgenden Tabellen zusammengestellt.

Ein dritter Versuch ergab endlich folgendes:

Westböhmischer Bergbau-Aktienverein, Schatzlar,
3000 mm Flügelraddurchm. einseitig saugend.

1500 cbm Wettermenge/Min.; 500 mm W. S. Depr.; 182 Umdr./Min.; 32,3 PS.

Der Antrieb erfolgt mittelst Riemen und Drehstrommotor. Angenommener Nutzeffekt des letzteren 83 % + 1 % Riemenverlust = 84 %, so daß der vom Ventilator benötigte Arbeitsverbrauch netto 27 PS. beträgt, woraus sich ein Gesamtnutzeffekt des Gebläses von rund 62 % ergibt.

Wie sich aus allen drei Versuchsreihen ergibt, beträgt der manometrische Wirkungsgrad im Maximum 70,1 %, im Mittel 61,6 %, der

---

[1]) Engineering 1890, Bd. 49, S. 378.

I. Versuch auf dem „Johann Schacht" der

Ventilator: 3000 mm

Betriebs-Dampfmaschine: 400 mm Zylinder-Durchmesser,

No. des Ver- suchs	Touren- zahl der Maschine per Minute	Touren- zahl des Ven- tilators per Minute	Umfangs- geschw. des Ven- tilators in m per Sekunde	Absolute Depression (am Venti- lator) in mm Wasser- säule	Geschwin- digkeits- höhe der Strömung im Wetter- kanal in mm Wasser- säule	Wider- stands- höhe der Grube in mm Wasser- säule	Theoret. De- pression in mm Wasser- säule	Mano- metrischer Wirkungs- grad in %
	n	n_1	V	$h = h_0 + h_1$	h_0	h_1	H	K
1	39	121	19	31	1,04	29,96	44,2	70,1
2	45	140	22	38	1,27	36,73	59,2	64,2
3	65	202	31,7	75	2,56	72,44	122,8	61
4	72	223	35	93	3,07	89,93	150	62
5	84	260	40,8	114	3,62	110,38	203,5	56

II. Versuch auf „Grube Habsburg" der Kohlen-Gewerkschaft

Ventilator: 3000 mm

Betriebs-Dampfmaschine: 375 mm Zylinder-Durchmesser,

No.	n	n_1	V	h	h_0	h_1	H	K
1	54	124	19,47	29	1,52	27,48	46,4	62,5
2	67	154	24,18	42	1,92	40,08	71,6	58,7
3	73	168	26,39	50	2,14	47,86	85,3	58,6

Gesamtnutzeffekt dagegen bezogen auf die indizierte Leistung im Maximum 58,2 %, im Mittel 52,1 %.

Einen interessanten Beitrag zur Lösung der Frage blasender oder saugender Luftführungen bei Sonderventilatoren liefert ein Bericht über die blasende und saugende Sonderventilation auf Grube Redern, Bezirk Neunkirchen im Saargebiet [1]. Beim Abteufen des Bildstock- schachtes dieser Grube ist das kombinierte System der saugenden und blasenden Ventilation zur Anwendung gekommen, und zwar ein blasender Ventilator System Schiele und ein saugender, System Pelzer, deren ersterer an eine 40 cm weite, letzterer an eine 80 cm weite Lutten- leitung angeschlossen ist. Die blasende Leitung wird gewöhnlich bis auf 8—10 m vom Schachttiefsten, die saugend bis auf 20—25 m von dort nachgeführt. Bei gleichzeitigem Gang beider Ventilatoren ergaben sich folgende Resultate auf S. 389:

Diese Zusammenstellung zeigt, daß die Verbindung beider Sonder- ventilatoren sehr vorteilhaft ist. Wie die übrigen, hier nicht weiter mitgeteilten Betriebsresultate ergaben, konnten weder bei nur saugender oder nur blasender Wirkung die beim Abteufen durch Abschießen ent- standenen Gase genügend entfernt werden.

---

[1] Zeitschr. f. B.-, H.- u. Sal.-W., 1901, Bd. 49, Heft 2, S. 330.

Brucher Kohlenwerke in Bruch (Böhmen).

Durchmesser.

800 mm Kolbenhub, 6 Atm. Kesselspannung.

Quer-schnitt des Wetter-kanales in m^2	Wetterge-schwindig-keit im Kanal in m per Minute	Geförderte Wetter-menge in m^3 per Minute	Äquiva-lente Gruben-weite in m^2	Ventilator-Nutzarbeit $\frac{Q \cdot h_1}{75.60}$ in PS.	Indizierte Ma-schinen-leistung in PS.	Effektive Ma-schinen-leistung bei 75% Nutzeffekt in PS.	Mechan. Nutzeffekt aus der indizierten Leistung in %	Mechan. Nutzeffekt aus der effektiven Leistung in %
F	e	Q	a	Nu	Ni	Ne	η_i	η_e
4,425	245	1083	1,255	7,22	15,5	11,6	46,5	62,25
4,425	270	1195	1,255	9,75	20,4	15,3	47,75	63,8
4,425	384	1700	1,263	27,35	52,7	39,5	52	69,35
4,425	421	1860	1,242	37,20	73	54,75	51	67,7
4,425	456	2017	1,220	49,50	107	80,25	46,2	60

Grube Habsburg und Viktoria Tiefbau, Brüx (Böhmen).

Durchmesser.

700 mm Kolbenhub, 5 Atm. Kesselspannung.

6,9	296	2042	2,47	12,47	21,85	16,39	57	76
6,9	333	2298	2,30	20,42	35,10	26,32	58,2	77,5
6,9	351	2422	2,22	25,73	44,30	33,25	58,1	77,6

Antriebs-maschine	Blasender Ventilator, Schiele		Saugender Ventilator, Pelzer	
Tourenzahl	Tourenzahl	cbm	Tourenzahl	cbm
38	279	39,20	165	103,04
40	299	41,—	172	107,00
58	427	60,48	253	157,92
62	456	65,14	270	168,70
70	514	73,24	305	189,59

In neuester Zeit ist die Firma Schiele zum Bau sogenannter „Schräg-Schaufelgebläse"[1] übergegangen, welche aus einer großen Anzahl sehr schmaler, schräggestellter Schaufeln bestehen, Fig. 478 und 479. Nach dem Patenanspruch besteht die Eigenart desselben darin, daß die einzelnen, mit nacheilender Hinterkante angeordneten Schaufeln entsprechend der Erzeugenden eines Rotationshyperboloids gelagert sind. Das Flügelrad ist freiliegend auf der Welle gelagert. Die Trommel bildet einen abgestumpften Hohlkegel, an dessen größere

---

[1] D.R.P. No. 187799 v. 6. VI. 1906.

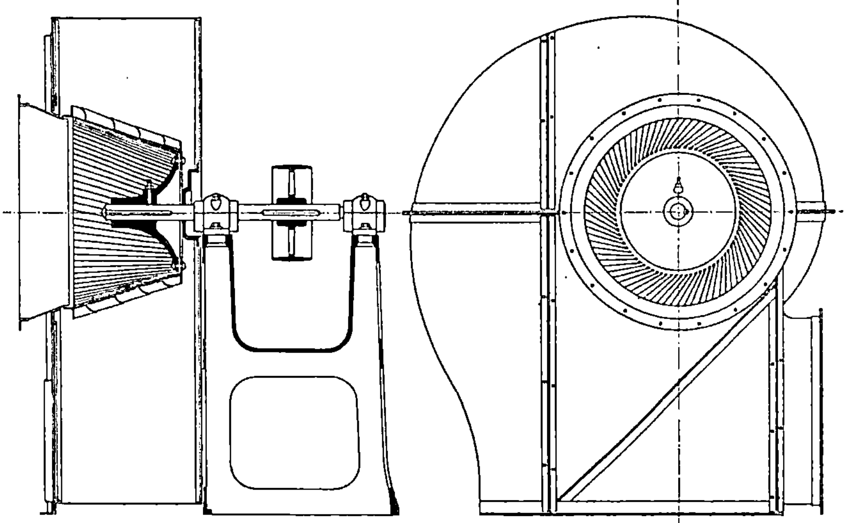

Fig. 478 und 479.

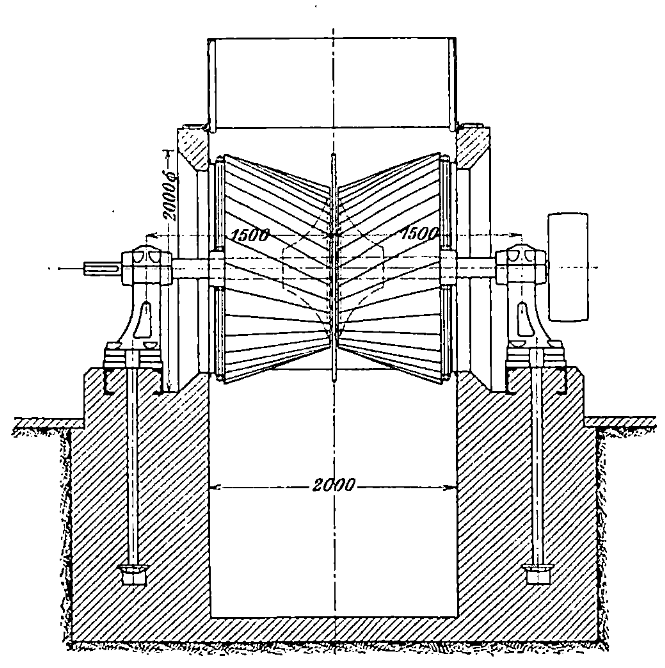

Fig. 480.

Eintrittsöffnung noch ein ebenfalls konischer Einlauf angeschlossen ist. Das Flügelrad läuft in einem zylindrischen, spiralförmig erweiterten Diffusor. Fig. 480 zeigt eine Ausführung dieses Gebläses mit beiderseitigem Lufteintritt, also doppelseitig saugend. Versuchsergebnisse über diesen Ventilator, welche über seine Leistung, Kraftverbrauch etc. Aufschluß geben könnten, standen Verfasser leider nicht zur Verfügung.

3. Ventilator von Dingler. Fig. 481 und 482. Derselbe besteht aus einem mit acht oder mehr geraden, gegen die Mittellinie geneigten Schaufeln A versehenen, einseitig offenen Schaufelrad B. An die Saugöffnung schließt sich das Saugrohr C an. Das Gehäuse ist ringförmig gestaltet, das Flügelrad jedoch exzentrisch in demselben eingebaut, Fig. 483, wodurch der Auslaufraum allmählich nach der Austrittsöffnung erweitert ist, derselbe also wie ein Verteiler wirkt. Der Betrieb des vorstehend gezeichneten Ventilators erfolgt durch Druckluft, und ist derselbe für Sonderventilation in Gruben bestimmt. Auf Grube Dudweiler bei Saarbrücken[1] wurde ein solcher Dinglerscher Ventilator im Jahre 1888 in Betrieb gesetzt, und wurden mit demselben folgende, für die Beurteilung der Sonderventilation von Gruben wertvolle Resultate erhalten.

Versuch No.	Tourenzahl n	L m	Q_1 cbm i. d. Min.	Q_2 cbm i. d. Min.	$\dfrac{Q_2}{Q_1}$	$\dfrac{Q_1 - Q_2}{L}$ cbm
1	302	14	—	20,5	—	—
2	266	15	22,40	18,4	0,82	0,2667
3	189	23	13,00	11,15	0,86	0,080
4	362	62	20,83	11,5	0,55	0,124
5	256	68	11,56	5,7	0,50	0,087
6	388	76	—	11,2	—	—
7	332	88	20,23	13,8	0,68	0,073
8	272	92	14,19	7,5	0,53	0,073
9	280	100	—	7,8	—	—
10	308	115	12,00	7,65	0,64	0,038
11	248	126	9,10	6,65	0,73	0,020
12	398	135	—	10,5	—	—
13	276	135	10,89	6,0	0,59	0,036
14	400	140	17,22	5,5	0,32	0,084
15	280	143	14,98	7,0	0,47	0,056
16	308	168	—	7,5	—	—
17	408	170	15,00	6,8	0,455	0,050
18	390	175	14,00	7,35	0,525	0,040
19	436	185	22,11	7,75	0,355	0,077
20	435	195	—	8,25	—	—
21	402	268	17,47	5,1	0,30	0,050

Der Ventilator wurde durch Preßluft von 4 Atm. Druck betrieben, welche durch zwei Weißsche Kompressoren von Klein, Schanzlin & Becker in Frankenthal und einen Kompressor von Kautz & West-

[1] Z. f. B., H.- u. Sal.-W. 1890, S. 287.

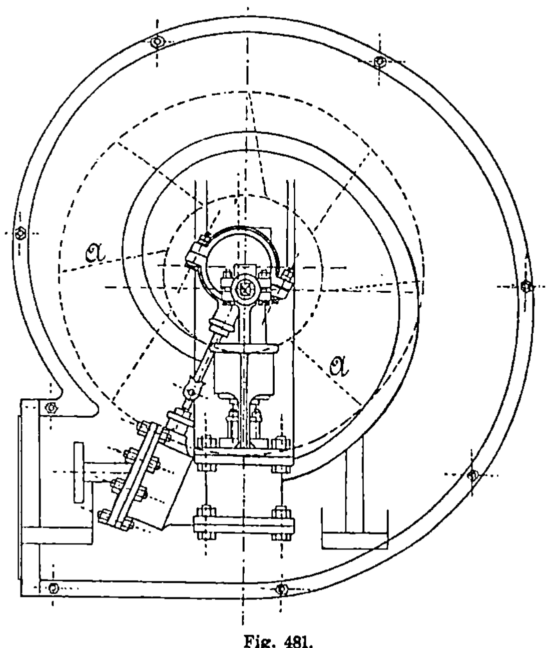

Fig. 481.

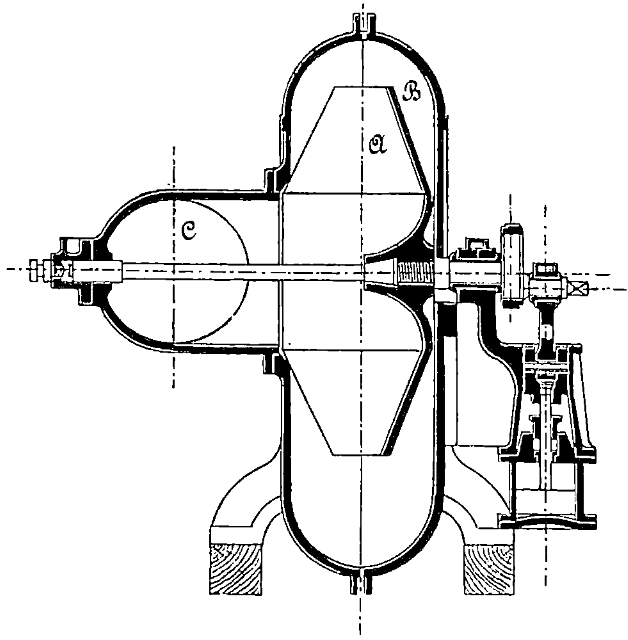

Fig. 482.

meyer in St. Johann geliefert wurde. Die Versuche wurden bei verschiedenen Luttenlängen [1]) und verschiedenen Tourenzahlen ausgeführt und dabei sowohl die Luftmengen (Q_1) im Saugrohr, als auch diejenigen (Q_2) vor Ort gemessen. Das Verhältnis beider Luftmengen gibt den volumetrischen Wirkungsgrad der Anlage, der Quotient der Differenz beider durch die Luttenlänge L den Luftverlust für jeden laufenden Meter der Luttenleistung an.

Aus den in der Tabelle enthaltenen Werten läßt sich folgendes schließen. Der volumetrische Wirkungsgrad nimmt mit zunehmender Luttenlänge ab, ebenso der Luftverlust für einen laufenden Meter Luttenlänge, welcher sich (abzüglich der besonders hoch und auffallend erscheinenden Werte No. 2 und No. 4) in der Minute im Mittel auf 0,0588 cbm beläuft oder abgerundet zu 1 Liter i. d. Sek. für einen laufenden Meter Luttenlänge angenommen werden kann.

Die letzte Reihe (No. 21) der Tabelle zeigt, daß selbst auf 268 m Entfernung hin noch über 5 cbm Luft i. d. Min. oder 300 cbm i. d. Stunde vor Ort gelangen, was, wenn man nach der Tabelle auf S. 354 einen stündlichen Luftbedarf von 150 cbm Luft für einen Arbeiter rechnet, für zwei Arbeiter vollkommen ausreichen würde.

Einen interessanten Beitrag zum Kostenpunkt der Sonderventilation gibt die an gleicher Stelle mitgeteilte Berechnung, welche sich folgendermaßen gestaltet.

A. Kosten von 1 cbm Luft von 4 Atm.

Die Betriebskosten für drei Kompressoren, Brennmaterial, Kessel, Maschinenwartung etc. betrugen im Jahre 1888: 47 696,44 M. bei 8784 Betriebsstunden oder 5,43 M. stündlich.

Es lieferten stündlich:

1. Der Kompressor von **Kautz & Westmeyer** . . . . 145,09 cbm Luft von 4 Atm.
2. Der Kompressor von **Klein, Schanzlin & Becker** (No. 1) . . . . 54,96 „ „ „ „ „
3. Der Kompressor von **Klein, Schanzlin & Becker** (No. 2) . . . . 46,33 „ „ „ „ „

also zusammen   246,38 cbm.

Davon ab ca. 8 % Verlust in der Zuleitung = 19,7 „

gibt 226,68 cbm Luft,

deren Unkosten 5,43 M. betrugen, so daß 1 cbm Luft von 4 Atm. ca. 2,39 ∼ 2,4 Pf. kostete.

B. Berechnung des Luftverbrauchs.

Um 200 m Strecke aufzufahren, waren fünf Monate Ventilationsbetrieb nötig. Der Ventilator verbrauchte i. d. Stunde 7,5 cbm Preßluft von 4 Atm., daher in fünf Monaten $Q = 5 \cdot 30 \cdot 24 \cdot 7,5 = 27\,000$ cbm.

---

1) Lutten s. v. w. Luftzuleitungsrohre zur Ausblasestelle vor Ort.

C. Kosten der Ventilation.

27 000 cbm Preßluft à 0,0239 M. = ... 645,30 M.
200 m Lutten zu je 4,60 M. (5mal benutzbar) = ... 184,00 „
5 % Zinsen und Amortisation vom Anlagekapital der Kom-
     pressoranlage (55 000 M.) auf fünf Monate, woran ein
     Ventilator mit $^1/_{30}$ beteiligt ist . . . . 37,00 „
10 % Zinsen und Amortisation vom Kaufpreis des Venti-
     lators auf fünf Monate . . . . 25,00 „

                                Summe 891,30 M.

     Dagegen kostet

1. Die Ventilation mit Parallelstrecken . . . . 3361,00 M.
2.   „   „   mittelst Backsteinwetterscheider . . . . 830,60 „
3.   „   „   mittelst freistehendem, dreiseitig gemauer-
     tem Wetterkanal . . . . 1464,80 „

so daß die Separatventilation unter Berücksichtigung der Wiederver-
wendbarkeit der Maschinen und Lutten wohl als die billigste anzusehen ist.

Die im 2. Kapitel angeführten Mitteilungen über die Druckluftanlage auf der königlichen Steinkohlengrube Camphausen bei Saarbrücken[1]) enthalten auch nähere Angaben über die Ventilatoranlage
genannter Gruben. Von letzterer sind drei verschiedene Arten im Gebrauch:

     1. Ein älterer Ventilator System Ser aus der Fabrik von Pinette
        mit Riemenantrieb und zweiseitigem Lufteintritt. Derselbe
        hat sich während der langen Betriebszeit zufriedenstellend
        bewährt.
     2. Fünf Ventilatoren älterer Konstruktion aus der Dinglerschen
        Maschinenfabrik in Zweibrücken (s. S. 391). Die ein-
        zylindrige Antriebsmaschine derselben mit Schiebersteuerung
        greift direkt an der Ventilatorwelle an und wird durch Druck-
        luft betrieben.
     3. Zwei Ventilatoren neuerer Konstruktion derselben Firma.

Bei diesen ist der Motor am Rücken des Gehäuses angebracht und
erfolgt der Antrieb durch doppelte Riemenübertragung mit einer Übersetzung von 1:3. Der Antrieb dieser Ventilatoren geschieht gleichfalls
durch Druckluft. Die Luftzuführung zum Zylinder ist am unteren Boden
des Zylinders angebracht und wird durch einen Hahn geregelt, der vermittelst eines Exzenters und einer Exzenterstange vom Motor aus bewegt wird. Durch die Druckluft wird nur eine Aufwärtsbewegung des
Kolbens bewirkt, während die Niederbewegung des Kolbens durch die
lebendige Kraft der Riemenscheiben und des Ventilators geschieht.
Versuche, welche mit beiden Ventilatoren angestellt wurden, haben für
den neueren Ventilator einen günstigeren Wirkungsgrad ergeben, da bei
gleicher Luftleistung der alte Ventilator 0,122 cbm, der neuere nur
0,047 cbm Druckluft von etwa 4,2 Atmosphären absoluter Spannung
i. d. Min. benötigte. Ähnliche Resultate sind auf den Gruben König
und Redern mit denselben Ventilatoren gefunden worden. In Ergänzung

---

[1]) Z. f. B.-, H.- u. Sal.-W. 1900, Bd. 48, S. 496.

der oben mitgeteilten Betriebskosten für die Luftkompressorenanlage
der genannten Grube sei im folgenden die Berechnung des Gesamt-
effektes der ganzen Druckluftanlage wiedergegeben. Zur Feststellung
desselben wurden die Betriebsresultate im Monat Oktober 1897 zugrunde
gelegt. Der Druckluftverbrauch ist bei den Pumpen und Haspeln mit
Rücksicht auf ihre Abmessungen, Umdrehungen und ihre Betriebsdauer
unter Annahme eines durchschnittlichen Füllungsgrades von 60 % berechnet worden, während für alle Maschinen unter Berücksichtigung der
Druckverluste durch Reibung und Durchlässigkeit der Leitungen nur
ein Betriebsdruck in den Motoren von 4 Atm. absoluter Spannung angenommen ist. Nach den angestellten Versuchen beträgt der nutzbare
Luftverbrauch in cbm von 5 Atm. absoluter Spannung

$$
\begin{array}{lr}
\text{1. bei den Pumpen} \ldots \ldots \ldots \ldots & 172 \text{ cbm} \\
\text{2. ,, ,, Ventilatoren} \ldots \ldots \ldots & 1667 \text{ ,,} \\
\text{3. ,, ,, Lufthaspeln} \ldots \ldots \ldots & 603 \text{ . ,,} \\
\hline
\text{Summa} & 2422 \text{ cbm}
\end{array}
$$

$$
\begin{array}{lr}
\text{Rechnet man hierzu etwa } 33\tfrac{1}{3}\% \text{ Luftver-} & \\
\text{lust innerhalb der Maschinen, also} \ldots & 800 \text{ cbm} \\
\text{und denselben Luftverlust in den Leitungen} & 800 \text{ ,,} \\
\hline
\end{array}
$$

so ergibt sich der Gesamtluftverbrauch für

1 Tag auf . . . . 4022 cbm,

wovon also nur 60 % nutzbar verwandt werden.

Die tägliche Leistung beider Kompressoren zusammen beträgt
4750 cbm von 5 Atm. absoluter Spannung. Der Unterschied zwischen
beiden Luftmengen dürfte darin seinen Grund haben, daß

1. der volumetrische Wirkungsgrad des Dingler-Kompressors
   mit Rücksicht auf die Durchlässigkeit seiner Ventile wohl
   geringer war als angenommen wurde,
2. die oben erwähnten Versuche über die Verluste in den Leitungen
   bei Stillstand der Maschinen angestellt wurden, die Verluste
   aber während des Betriebes höher sein dürften, und
3. der Humboldt-Kompressor und die Druckluftmaschinen
   unter Tage nicht indiziert werden konnten, sämtliche Berechnungen daher keine vollständig richtigen oder genauen
   Werte ergeben konnten.

Immerhin ist der Unterschied von 6—7 % zwischen der Berechnung
des Luftverbrauches und der Leistungen kein sehr beträchtlicher. Der
Effekt der ganzen Anlage wurde aus der tatsächlichen Leistung der Pumpen
und Haspeln auf Grund der geförderten Mengen berechnet, während
die indizierte Leistung der Ventilatoren unter Annahme eines Wirkungsgrades von 60 % beim 5er-Ventilator und von 70 % bei den anderen
Ventilatoren berechnet wurde. Die tatsächliche Leistung für einen Tag
ergab sich danach

$$
\begin{array}{lr}
\text{bei den Pumpen zu} \ldots \ldots \ldots & 3\,144\,650 \text{ mkg} \\
\text{,, ,, Ventilatoren zu} \ldots \ldots \ldots & 49\,248\,000 \text{ ,,} \\
\text{,, ,, Haspeln zu} \ldots \ldots \ldots & 8\,909\,630 \text{ ,,} \\
\hline
\text{Summa} & 61\,302\,282 \text{ mkg}
\end{array}
$$

Die indizierte Leistung beider Kompressoren beträgt 382 818 960 mkg.

Es werden also 16 % der über Tage in den Kompressoren geleisteten Arbeit unter Tage nutzbar gemacht. Der Arbeitsverlust von 84 % dürfte sich etwa folgendermaßen verteilen:

50 % Verluste durch Erzeugung der Druckluft,
16—18 % Verluste in den Leitungen,
16—18 % „ „ „ kleinen Motoren; letztere namentlich dadurch, daß eine Expansion der Druckluft kaum stattfand. — Die Gesamtkosten der Anlage und des Betriebes ergeben sich folgendermaßen:

1. die Kompressoren . . . . 30 500 M.
2. Luftleitung . . . . 32 181 „
3. Pumpen . . . . 4 060 „
4. Ventilation . . . . 6 360 „
5. Haspel . . . . 12 010 „

in Summa 85 111 M.

bei 10 % Verzinsung und Amortisation
ergibt sich eine Jahresabschreibung von   8 511 M.
oder im Monat . . . .   710 „

Die Betriebskosten betrugen im Monat Oktober 1897
1. bei den Kompressoren . . . . . 2310,— M.
2. „ „ Pumpen . . . . 141,— „
3. „ „ Ventilatoren . . . . . . 120,— „
4. „ „ Haspeln . . . . 1012,66 „

in Summa 3583,66 M.

Hierzu Amortisation etc. . . . . . . 710,— „

in Summa 4293,66 M.

Hieraus ergibt sich die gesamte Betriebskostenberechnung für 1 Monat zu 4293,66 M., für 1 Tag (bei 25 Arbeitstagen) zu 171,70 M.

Interessant ist ein Vergleich der Ersparnis bei Anwendung des Druckluftbetriebes gegenüber Menschenbetrieb. Danach würde nach der angegebenen Quelle für die entsprechende Leistung eine Belegschaft von 267 Arbeitern erforderlich gewesen sein, oder bei einem durchschnittlichen Schichtlohn von 2,50 M. eine Gesamtausgabe von 667,50 M. für 1 Tag, d. i. das 3,89fache der Kosten der Druckluftanlage, so daß die Ersparnis durch letztere gegenüber Menschenbetrieb für 1 Tag 495,8 M., im Jahre aber 148 770 M. beträgt. Abgesehen von dieser nicht unbeträchtlichen Betriebsersparnis ist auch vorteilhaft in Rechnung zu ziehen, daß wegen des unregelmäßigen Betriebes der Haspel die Menschenkräfte nicht völlig ausgenutzt werden könnten, daß ferner der Betrieb von Ventilatoren durch Druckluft bedeutend zuverlässiger ist, und endlich auch die, durch die in großen Mengen aus den Druckluftmaschinen ausströmende frische Luft bewirkte Verbesserung der Wetter im Grubengebäude ins Gewicht fällt.

4. Ventilator von Kley [1]). In den Fig. 483 und 484 ist die äußere

---

[1]) D.R.P. No 20 314 von C. Kley, Bonn. Ausgeführt von C. Mehler, Maschinenfabrik, Aachen und der Dinglerschen Maschinenfabrik in Zweibrücken.

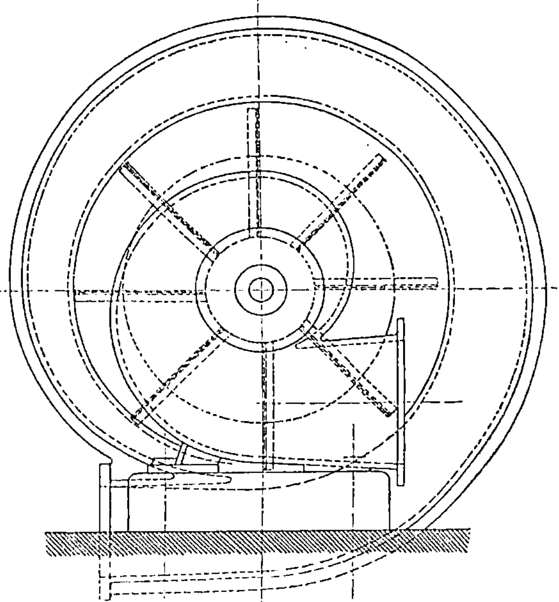

Fig. 483.

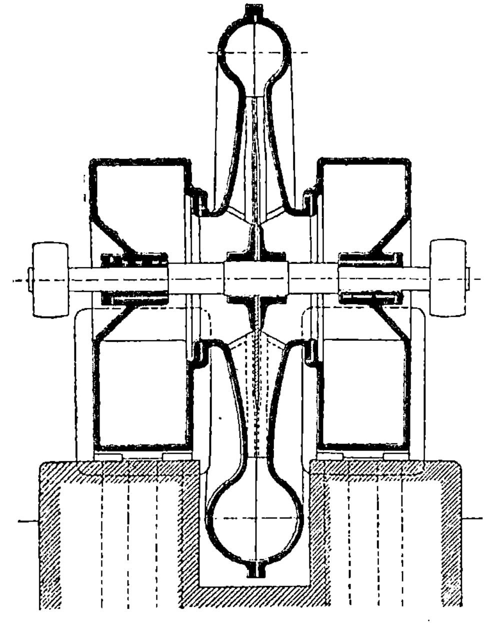

Fig. 484.

Ansicht sowie der Vertikalschnitt durch den Kleyschen Ventilator gegeben, während aus den Fig. 485—487 die Konstruktion des Flügelrades, sowie die Einmauerung zu ersehen ist.

Der Kleysche Ventilator zeigt in seinem Äußeren große Ähnlichkeit mit dem Guibalschen und ist als eine Verbesserung dieses Systems anzusehen. Derselbe dreht sich, ebenso wie der Guibalsche Ventilator, zwischen zwei dichtanschließenden, feststehenden Wänden, welche jedoch nicht eben sind, sondern flache, abgestumpfte Kegelflächen bilden.

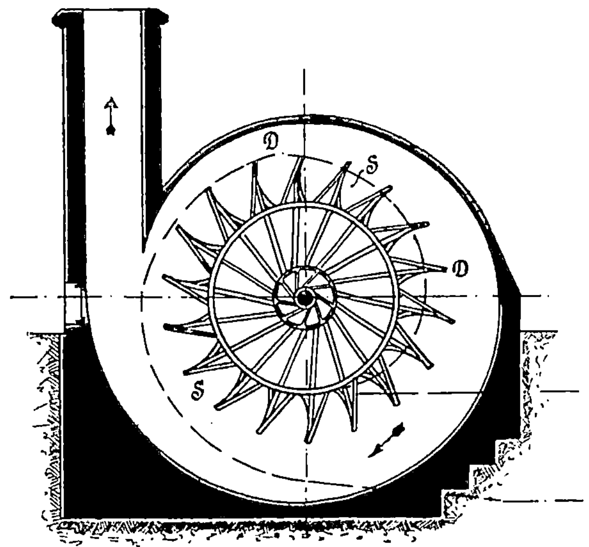

Fig. 485.

Die Eigentümlichkeit der Kleyschen Verbesserung besteht nun darin, daß die einströmende Luft durch einen spiralförmigen Einlauf S, Fig. 485, derart geleitet wird, daß sie in einer Richtung und mit einer Geschwindigkeit am inneren Umfang des Flügelrades ankommt, welche deren Eintritt in das Rad ohne Stoß und ohne Kraftverlust ermöglicht. Die Luft strömt also nicht, wie bei den meisten Ventilatoren, rechtwinkelig zur Ebene des Rades ein, sondern nahezu parallel mit derselben und fast tangential an den inneren Umfang des Rades. Dadurch, daß die einströmende Luft in der Richtung und mit der Geschwindigkeit der inneren Schaufelenden einströmt, wird ihre Geschwindigkeit nutzbar verwendet, wodurch bedeutend an Betriebskraft gespart, sowie das den älteren Guibalschen Ventilatoren anhaftende starke Geräusch vermieden wird.

Da der Kleysche Ventilator am ganzen Umfang ausbläst, während dies bei dem Guibalschen nur auf $\frac{1}{3}$—$\frac{1}{4}$ desselben erfolgt, so kann seine Breite bedeutend geringer sein als diejenige des gleichwertigen Guibalschen Ventilators. Hierdurch wird aber sowohl das Flügelrad als auch die Achse leichter, wodurch sowohl die Herstellungskosten, als auch die Reibungswiderstände beträchtlich vermindert werden.

Die Flügel der Kleyschen Ventilatoren sind so gestellt und geformt, daß die Luft im Flügelrad ihre relative Durchströmungsgeschwindigkeit nicht ändert. Es finden nirgends plötzliche Querschnitts- und Richtungsänderungen statt, und bleibt die Luft in stetiger, nur allmählich beschleunigter oder verzögerter Bewegung. Aus dem Flügelrad gelangt die Luft in nahezu tangentialer Richtung in einen Verteiler oder Diffusor, welcher in einen prismatischen oder allmählich erweiterten Schlot endigt. Die Saugkanäle, der Querschnitt der Saug- und Druckspiralen,

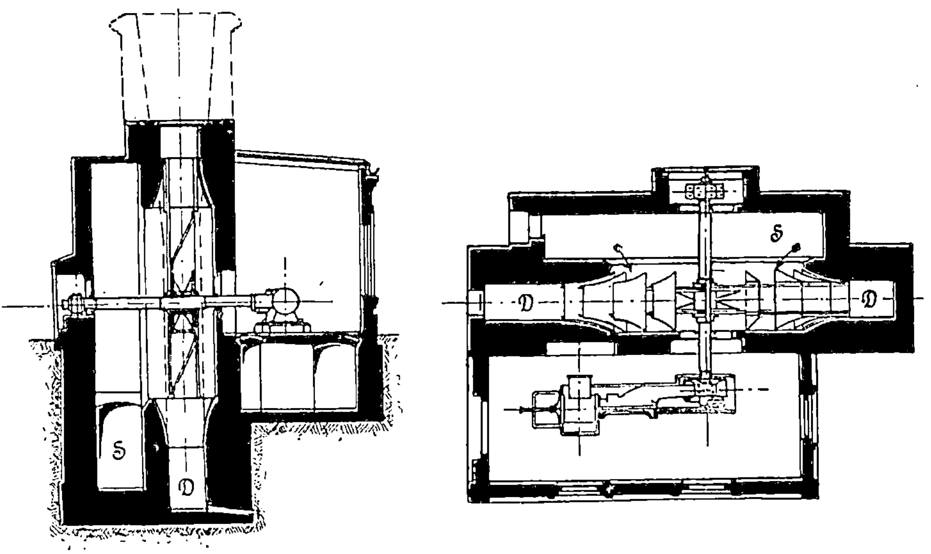

Fig. 486.   Fig. 487.

sowie die Radkanäle sind derart berechnet, daß sie stets vollständig mit vorwärts bewegter Luft erfüllt sind, so daß keine Wirbelbildungen und Rückströmungen der Luft stattfinden können.

Die Kleyschen Ventilatoren werden sowohl einseitig als auch doppelseitig saugend mit gußeisernem, oder für Grubenventilatoren mit gemauertem Gehäuse ausgeführt. Die kleineren Ventilatoren für Schmieden und Gießereien werden in Größen von 300—2200 mm, die größeren für Grubenventilation von 5—12 m Durchmesser und 0,6—1,3 m äußerer Breite ausgeführt.

Die Abmessungen einiger Ausführungen beider Arten sind aus den nachstehenden Tabellen zu ersehen.

Vielfache, mit dem Kleyschen Ventilator angestellte Versuche ergaben recht günstige Resultate, von denen einige im folgenden wiedergegeben sind:

a) Ventilator auf dem Schmidtmannschacht der Kaliwerke-Aschersleben-Gewerkschaft zu Aschersleben[1]).

----

1) „Glückauf" 1886, No. 10.

Äußerer Durchmesser . . . . 9,0 m
Innerer   „   . . . . 6,0 „
Äußere Breite . . . . 0,8 „
Innere   „   . . . . 1,2 „

Fabrikventilatoren.

No.	Windmenge in cbm und Umdrehungszahlen in der Min. bei einer Pressungs-Differenz zwischen Saugraum und Druckraum in Wassersäulen von									Durchmesser	
	Zum Ventilieren und Trocknen			Zum Schmieden			Zum Schmelzen			des Flügelrades	der Windleitung
	40 mm	60 mm	80 mm	100 mm	150 mm	200 mm	250 mm	300 mm	400 mm	mm	mm
1	7 cbm 1592	9 cbm 1950	10 cbm 2246	12 cbm 2605	14 cbm 3191	16 cbm 3683	18 cbm 4119	20 cbm 4512	23 cbm 5210	300	150
3	20 cbm 955	25 cbm 1169	29 cbm 1348	32 cbm 1563	39 cbm 1915	45 cbm 2210	50 cbm 2471	56 cbm 2707	64 cbm 3126	500	250
5	39 cbm 682	49 cbm 853	57 cbm 963	63 cbm 1116	76 cbm 1367	88 cbm 1578	98 cbm 1764	110 cbm 1933	125 cbm 2232	700	350

Grubenventilatoren.

No.	Ventilator mit einseitiger Saugwirkung				Leistung								Passende Dampfmaschine	
	Durchm.		Breite		Wettermenge i. d. Min.		Depression in Wassersäule		Tourenzahl		Die Dampfmaschine muß leist.		Zylinder-	
	äußerer	innerer	äußere	innere	norm.	max.	norm.	max.	norm.	max.	norm.	max	Durchm.	Hub
	m	m	m	m	cbm	cbm	mm	mm			PS.	PS.	mm	mm
KV 5	5	3,4	0,6	0,9	900	1100	35	55	80	100	13	23	250	400
KV 6	6	4,0	0,7	1,05	1200	1500	40	62	72	90	20	40	330	500
KV 8	8	5,4	0,9	1,35	2000	2500	50	76	60	75	40	72	400	700
KV 10	10	6,7	1,1	1,65	3000	3600	60	90	52	65	69	128	500	900
KV 12	12	8,0	1,3	2,05	4000	5000	—	—	44	55	95	182	600	1100

Derselbe ergab folgende Resultate:

Umdrehungen i. d. Min.	Depression im Saugraum des Ventilators mm Wasser	Windmenge i. d. Sek. cbm	Windgeschwindigkeit im Wetterkanal i. d. Sek. m	Verhältnis der theoretischen Leistung zur indizierten Dampfarbeit
30	22,00	14,00	6,05	
40	34,45	17,66	7,63	0,54
50	50,10	21,33	9,25	
60	72,40	25,00	10,81	0,56
70	98,50	29,00	12,52	
72	104,00	30,00	12,97	0,58

Ein Guibalscher Ventilator von gleicher Leistung hätte 2,7—3 m Breite erhalten müssen, würde also ein 3—4 mal größeres Gewicht und entsprechend größere Leerlaufsarbeit haben.

b) Ventilator auf Zeche Zollverein bei Essen a. R. [1].

Derselbe wurde im September 1884 in Betrieb gesetzt und mit einem auf derselben Grube befindlichen Guibal-Ventilator verglichen. Die Dimensionen beider Gebläse waren folgende:

	Kley	Guibal
Durchm. m	4,0	9,0
Breite m	0,5	3,0

Beide wurden von derselben Dampfmaschine von 0,47 m Durchmesser, 0,85 m Hub, welche mit 3 Atm. Überdruck und ½ Füllung arbeitete, betrieben, ersterer mit Seilbetrieb (Übersetzung 1 : 2,93), letzterer direkt.

Die Versuchsresultate waren dabei folgende:

	1. Kley	2. Guibal	Verhältnis beider 1. : 2.
Tourenzahl	132	45	2,93
Depression, mm Wasser	42	33	1,27
Sekundliche Luftmenge cbm	30,7	27,0	1,14
Reine Ventilatorleistung mkg . . .	1288,4	891	1,44
Verhältnis der wirklichen zur theoretischen Umfangsgeschwindigkeit der Flügel	1,49	1,29	1,15
Mechanischer Wirkungsgrad	0,6	0,45	1,33

Dieser Versuch zeigt, daß die reine Ventilatorleistung bei dem bedeutend kleineren Kleyschen Ventilator um 44 %, der dynamische Wirkungsgrad um 33⅓ % größer ist als bei dem Guibalschen Ventilator.

c) Ventilator des Wilhelmsschachtes bei Mährisch-Ostrau [2].

Derselbe hatte die gleichen Abmessungen wie der unter Nr. 1 beschriebene Ventilator des Schmidtmannschachtes und ergab folgende Resultate:

Tourenzahl	Depression mm	Luftmenge i. d. Sek. cbm	Reine Ventilatorleistung mkg
49	43	16,4	705
70	88	21,0	1848

Diese Werte sind allerdings etwas ungünstiger als die auf dem Schmidtmannschacht bei gleichen Touren erhaltenen, indem der dortige Ventilator bei 50 Touren 50 mm Depression und 21,33 cbm, bei 17 Touren 98,5 mm Depression und 29 cbm Luft lieferte.

---

[1] Österr. Z. f. B.- u. H.-W. 1887, S. 14.
[2] v. Hauer, Wettermaschinen, S. 101.

d) Ventilator auf Josephschacht bei Davidsthal (Böhmen).

9 m äußerer Durchm., 6 m innerer Durchm.

Tourenzahl	Depression mm	Luftmenge i. d. Sek. cbm	Reine Ventilator- leistung mkg
32	19	14,6	277,4
60	50	27	1350

Der letztere Wert zeigt gleichfalls einen Abfall gegenüber den Werten des Schmidtmannschacht-Ventilators, indem dort bei 60 Touren 72,4 mm Depression und 25 cbm erzielt wurden, was einer reinen Ventilatorleistung von 1810 mkg, also einer Mehrleistung von ca. 25 % entspricht.

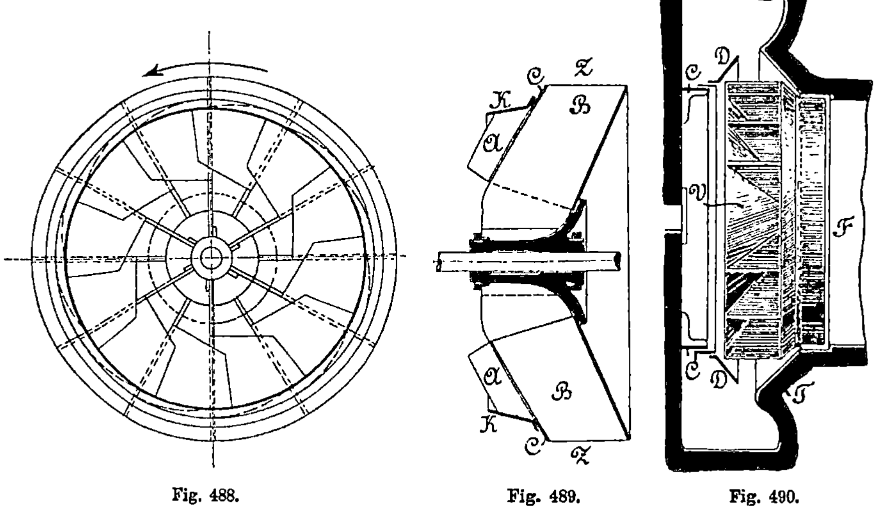

Fig. 488.   Fig. 489.   Fig. 490.

Man darf nach den gefundenen Resultaten wohl die Behauptung aussprechen, daß der Kleysche Ventilator einen bedeutend größeren mechanischen und manometrischen Wirkungsgrad bei wesentlich geringerem Gewicht und geringeren Herstellungskosten als der Guibalsche Ventilator besitzt.

5. Ventilator von Pelzer[1]). Das wesentliche und eigenartige des Pelzerschen Ventilators besteht 1. in den Schöpfschaufeln, 2. in dem verstellbaren Diffusor, zwei Konstruktionen, durch deren Zusammenwirken ein sehr günstiger manometrischer und volumetrischer Wirkungsgrad erreicht wird.

Die Schöpfschaufeln A, Fig. 489, sind auf dem Rücken des die eigentlichen Ventilatorschaufeln B bedeckenden, kegelförmigen Mantels C befestigt.

Die äußere Form des Rades zeigt die Verbindung eines Zylinders ZZ mit einem Kegel CC, an welchem sich nach der Saugseite hin ein

---

1) F. Pelzer, Maschinenfabrik in Dortmund.

zweiter Kegel *KK* von bedeutend kleinerem Spitzenwinkel oder ein Zylinder anschließt. Die eigenartige Form der Schaufeln bewirkt, daß die aus dem Saugkanal ankommende Luft ohne Stoß und Effektverlust zunächst den eigentlichen Ventilatorschaufeln zugeführt wird, von welchen sie in die Austrittsöffnung gebracht wird. Letztere ist durch eine kegel- oder trichterförmige Wand *D*, Fig. 490, begrenzt, welche Pelzer den „verstellbaren Diffusor" nennt. Derselbe bildet mit der gleichfalls trichterförmigen Ummauerung *T* des Ventilators *V* einen ringförmigen Kanal, durch welchen die Luft ins Freie ausströmt. Der Diffusor *D* ist auf einem am gegenüberliegenden Mauerwerk befestigten Blechzylinder *C* verschiebbar. Hierdurch ist es möglich, bei Inbetriebsetzung des Venti- lators die Stellung des Diffusors so lange zu verändern, bis die mit dem Ventilator überhaupt erzielbare günstigste Depression und Luftmenge erreicht ist.

Pelzer gibt für die Konstruktion des Diffusors folgende Regeln an:

1. „Bei saugenden Zentrifugalventilatoren ist die Diffusoreinrichtung so zu treffen, daß die ausgeworfene Luft innerhalb des Diffusorgehäuses zu einem geschlossenen Strome gesammelt wird und unter Vermeidung von Stauungen sowohl innerhalb wie außerhalb des Diffusorgehäuses und unter möglichst geringer Berührung von Wänden ins Freie gelangt."

2. „Bei blasenden Ventilatoren gilt die vorstehende Regel mit dem Unterschiede, daß die aus dem Diffusorspalt austretende Luft in ein Gehäuse strömt, welches außer dem Ausblasespalt vom Flügelrade voll- kommen abgeschlossen ist, und aus dem die Luft mit entsprechend verminderter Geschwindigkeit in die Blaseleitung bzw. den Blaseraum übergeführt wird. Ein Diffusor, dessen Austrittsspalt genau die Größe hat, daß weder Stauungen innerhalb des Diffusors entstehen, noch Lücken in dem austretenden Strom, kann nur durch Versuche richtig eingestellt werden und muß also verstellbar sein."

Als Hauptvorzüge der Pelzerschen Konstruktion sind folgende [1]) zu bezeichnen.

1. Die Luft erhält durch die Schöpfschaufeln bereits eine drehende Bewegung, so daß sie zwischen den Ventilatorschaufeln nur noch einen kleinen Weg zurückzulegen hat, bis sie auf die erforderliche Spannung gebracht ist.

2. Der Eintritt der Luft zwischen die Schöpfschaufeln erfolgt bei der denselben gegebenen Krümmung bzw. Neigung ohne Stoß.

3. Die Saugöffnung kann bei verhältnismäßig kleinem, äußerem Durchmesser groß gemacht werden.

4. Infolge des kleinen Durchmessers ist das Gewicht, die Reibungs- arbeit, sowie der Herstellungspreis gering.

5. Der Effekt läßt sich, allerdings auf Kosten der Betriebskraft, nötigenfalls bedeutend steigern.

Die neuere Ausführungsform des Pelzerschen Ventilators ist aus den Fig. 491 und 492 zu ersehen. Der Ventilator hat 3,25 m Durch- messer und ist mit 16 Schaufeln versehen. Das eine Lager ist in dem Wettersaugkanal angebracht und mit einer kegelförmigen vor demselben

---

[1]) Vgl. auch Hauer a. a. O., S. 108.

angeordneten Spitze versehen, welche zur Zerteilung des Luftstromes nach den Schaufeln dient. Der Ventilator bläst in ein gemauertes Gehäuse aus, welches im Innern mit einem aus Schmiedeeisen hergestellten Diffusor ausgerüstet ist, welcher am äußeren Umfange mit einer Auslaufspirale versehen ist.

Einige Ausführungen der Pelzerschen Ventilatoren für zwei verschiedene Depressionen sind aus der nachstehenden Tabelle zu ersehen, worin u die Umfangsgeschwindigkeit des Ventilators, und v die Luftgeschwindigkeit in der Saugmündung bedeutet.

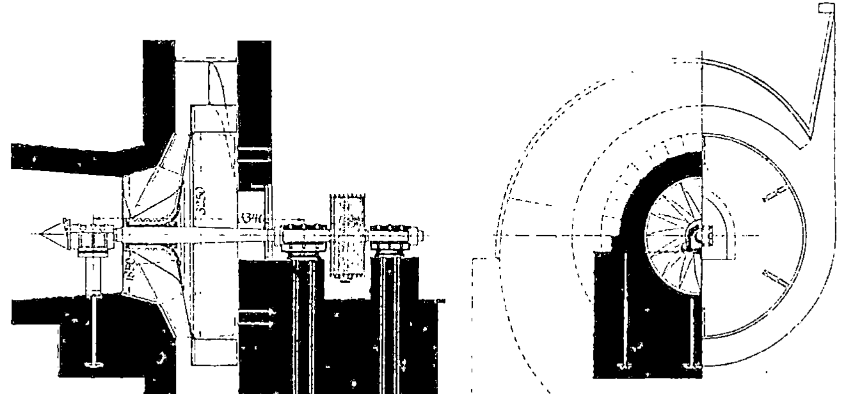

Fig. 491. Fig. 492.

Fig. 491 — Bei 100 mm Spannungsunterschied

Durchm. des Ventilators D, mm	Durchm. der Einströmungsöffnung d, mm	Luftgeschwindigkeit in der Saugemündung i. d. Sek. v, m	Luftmenge gefördert i. d. Min. q, cbm	Tourenzahl des Ventilators i. d. Min.	Beanspruchte Arbeitsleistung PS.
300	220		17	2580	0,84
500	380		48	1550	2,36
1000	750		200	780	9,60
1500	1130	7,6	450	520	22,20
2000	1500		800	400	39,48
2500	1880		1250	315	61,50
3000	2250		1800	260	88,88
4000	3000		3150	200	155,55

$$d = 0{,}75 \cdot D; \quad v = 0{,}192\, u.$$

Fig. 492 — Bei 300 mm Spannungsunterschied

Durchm. des Ventilators D, mm	Durchm. der Einströmungsöffnung d, mm	Luftgeschwindigkeit in der Saugemündung i. d. Sek. v, m	Luftmenge gefördert i. d. Min. q, cbm	Tourenzahl des Ventilators i. d. Min.	Beanspruchte Arbeitsleistung PS.
450	225		28	3000	5,33
500	250		34	2700	6,47
700	350		67	1950	12.76
1000	500		137	1350	26,08
1500	750	11,62	308	900	58,66
2000	1000		550	700	104,76
2500	1250		860	550	163,80
3000	1500		1235	450	235,00
4000	2000		2200	350	419,00

$$d = 0{,}5 \cdot D; \quad v = 0{,}166\, u.$$

Der Durchmesser beträgt danach selbst für die größten Luftmengen und Depressionen nicht mehr als 4 m. Der Pelzersche Ventilator gehört also zu den raschlaufenden Ventilatoren mit verhältnismäßig kleinen Durchmessern. Berechnet man aus den vorstehenden Tabellen für verschiedene Größen des Ventilators die reine Ventilatorleistung, so erhält man für den mechanischen Wirkungsgrad folgende Werte:

$$h = 100 \text{ mm}$$

D	N_e	N_i (n. d. Tabelle)	$\eta_{mech} = \dfrac{N_e}{N_i}$
500	1,06	2,36	0,46
1000	4,44	9,60	0,46
1500	10,00	22,20	0,45
2000	17,77	39,48	0,45
3000	40,00	88,88	0,45
4000	70,00	155,55	0,45

im Mittel 0,453

$$h = 300 \text{ mm}$$

D	N_e	N_i (n. d. Tabelle)	$\eta_{mech} = \dfrac{N_e}{N_i}$
500	2,266	6,47	0,352
1000	9,133	26,08	0,350
1500	20,533	58,66	0,350
2000	36,666	104,76	0,350
3000	82,333	235,00	0,350
4000	146,666	419,00	0,350

im Mittel 0,350

Beide Tabellen zeigen, daß erstens mit zunehmender Depression der mechanische Wirkungsgrad abnimmt, und zweitens sowohl die reine Ventilatorleistung als auch die indizierte Leistung mit dem Quadrate des Durchmessers wächst. Beide Tabellen genügen nämlich mit ziemlich großer Genauigkeit der Gleichung

$$N_e = \alpha \cdot h \cdot D^2,$$

worin für

h =	0,01	0,02	0,03	0,05	0,10	0,20	0,30 m
$\alpha =$	33	48	38	38	44,44	41,76	30,444

ist und h und D in m einzusetzen sind.

Beispiel: Für h = 0,1 und D = 1,5 berechnet sich

$$N_e = 44,44 \cdot 0,1 \cdot 1,5^2 = 10,00 \quad \text{(Tabelle 10,00)}$$

Für h = 0,3, D = 3,0 m ist $N_e = 30,444 \cdot 0,3 \cdot 3^2 = 82,199$

(Tabelle 82,333).

Der aus den Tabellen berechnete mechanische Wirkungsgrad ist verhältnismäßig klein, indessen ist derselbe wohl absichtlich so niedrig gegriffen, um eine Steigerung der Leistung möglich zu machen.

In Fig. 493 ist die allgemeine, bauliche Anordnung eines Pelzerschen Ventilators von 3,25 m Flügelraddurchmesser mit verbessertem Diffusor für die Gewerkschaft Zeche Nordstern bei Aachen, welcher im Jahre 1900 zur Aufstellung gelangt war, in verschiedenen Schnitten abgebildet.

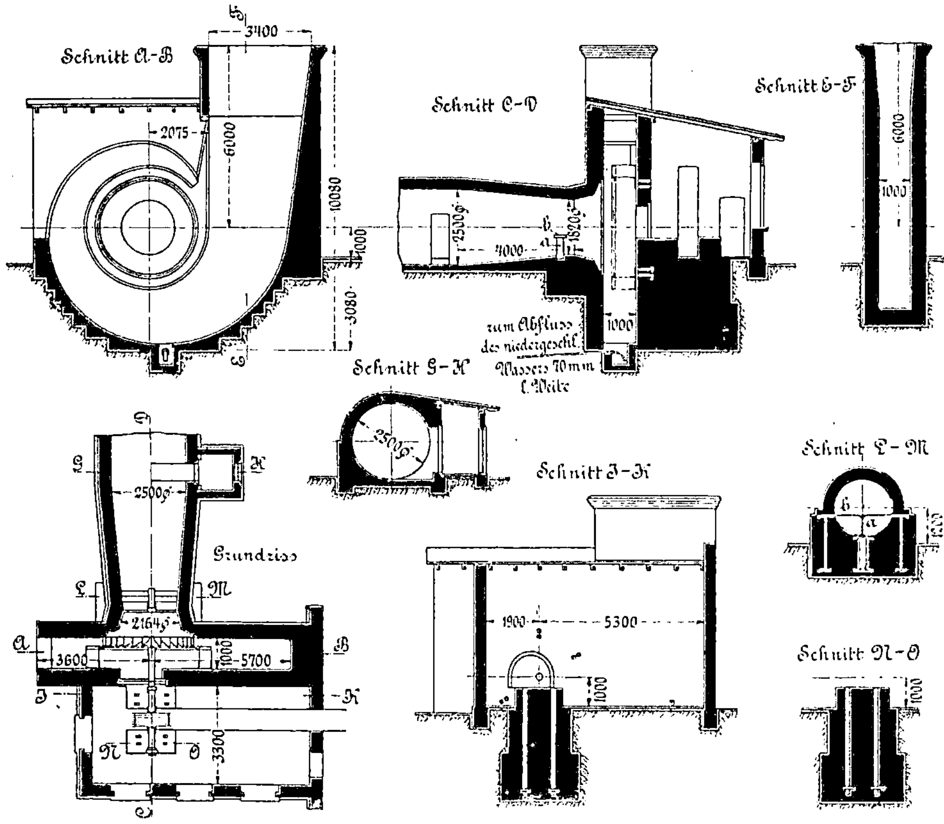

Fig. 493.

Versuchs-No.	Zeche	Tourenzahl		De-pression mm Wasser-säule	Wetter-geschw. m i. d. Min.	Wetter-menge cbm i. d. Min.	Querschnit' der Strecke, in welcher die Messungen stattfanden qm	Bemerkungen
		Dampf-maschine	Ventilator					
1	Wolfs-bank	17 $\tfrac{1}{2}$	114	8—10	300	720	2,4	Die Messungen wurden im Wetterkanal in der Nähe des Ventilators aus-geführt
2		34	221	28—30	405	972		
3		57—59	370—380	65—70	775	1860		
4		57—59	370—380		705	1700		
1	General Blumen-thal	30	195	22			3,14	—
2		40	260	40				
3		45	292	52				
4		51	331	64				
5		56	364	78				
1	Minister Stein	24	255	40	235	719	3,06	Messung im Wetterkanal
2		30	326	70	321	982		
3		34	340	80	335	1025		
4		36	370	82	418	1279		
5		40	390	88	451	1378		
6		35	350	80	493	1183	2,4	Messung in der Grube
7		37	375	85	528	1267		
8		38	382	86—88	558	1339		

Mit dem Pelzerschen Ventilator angestellte Versuche ergaben für seinen mechanischen Wirkungsgrad etwas günstigere als die vorstehend mitgeteilten Resultate. Die wichtigsten dieser Versuche sind nachstehend zusammengefaßt.

1. Versuche zur Ermittelung der Wettermenge und Wettergeschwindigkeit auf den Gruben Wolfsbank, General Blumenthal und Minister Stein in Westfalen [1]. Durchmesser des Ventilators 2,5 m. Dieselben ergaben die in der vorhergehenden Tabelle auf S. 406 enthaltenen Resultate.

Die Maximaldepression betrug 88 mm, die reine Maximalleistung des Ventilators (Versuch Nr. 3, Zeche Wolfsbank) 28,04 PS.

2. Versuche auf den Wilhelmsschächten der Kgl. Steinkohlengrube König bei Neunkirchen, September und Oktober 1886.

Ventilator-System	Tourenzahl des Ventilators i. d. Min.	Umfangsgeschwindigkeit in m i. d. Sek.	Depression in mm Wassersäule	Theoretische Depression in mm Wassersäule	Manometrischer Nutzeffekt %	Geförderte Luftmenge in cbm i. d. Min.	Äquivalente Grubenweite in qm	Indiz. Leistung der Maschine in PS.	Vom Ventil geleist. Arbeit in PS.	Mechanischer Nutzeffekt %	Bemerkungen
A. Vergleichende Versuche mit Guiabal und Pelzer.											
Guibal	40	19,87	23,5	50,3	46,71	2141	2,85				3074 cbm Wetter i. d. Min. stellt also die maximale Leistungsfähigkeit des Guibal-Ventilators dar, während der Pelzersche Ventilator mit derselben verhältnismäßig kleinen Maschine v. 400 mm Zylind.-Durchm., wenn dieselbe 90 statt 70 Umdrehung. i. d. Min. macht, 4000 cbm Wetter unter den gegenwärtigen Verhältnissen zu bewältigen vermag.
Pelzer	90	18,84	23,5	45,2	51,99	2191	2,92				
Guibal	50	24,87	36	78,8	75,68	2577	2,78				
Pelzer	110	23,00	36	67,4	53,41	2675	2,88				
Guibal	60	29,84	52	113,46	45,83	3074	2,76				
Pelzer	130	27,31	52	94,34	55,10	3203	2,87				
„	140	29,30	61	109,37	55,77	3409	2,82				
B. Ermittelung des Nutzeffektes des Pelzerschen Ventilators.											
Pelzer	90	18,84	25	45,2	55,3	2073	2,68	24	11,5	47,92	
„	110	23,00	37	67,4	54,89	2554	2,72	41,38	21	50,75	
„	110	23,00	38	67,4	56,38	2554	2,68	42,86	21,57	50,30	
„	130	27,21	52	94,34	55,10	2973	2,66	64,4	34,35	50,96	
„	130	27,21	52	94,34	55,10	2973	2,66	68,9	34,35	49,88	
„	130	27,21	52	94,34	55,10	2973	2,66	66	34,35	52,04	
„	140	29,3	62	109,37	56,68	3281	2,69	80,5	45,2	56,14	
„	140	29,3	62	109,37	56,68	3281	2,69	84	45,2	53,80	
„	150	31,4	71	125,63	56,51	3544	2,72	106,8	55,9	52,34	

[1] Österr. Z. f. B.- u. H.-W. 1880, S. 587.

Vergleich eines Pelzerschen Ventilators von 4 m Durchmesser mit einem Guibalschen Ventilator von 9,5 m Durchmesser. Die nachstehende Tabelle ist einem Prospekt von Fr. Pelzer entnommen und gibt zunächst die Resultate der Versuche zum Vergleich zwischen dem Pelzerschen und Guibalschen Ventilator, sodann diejenigen der Versuche zur Ermittelung des Wirkungsgrades des Pelzerschen Ventilators an.

Aus den Versuchen der zweiten Reihe (B) ergibt sich ein durchschnittlicher mechanischer Wirkungsgrad $\eta_{mech} = 51,57\,\%$, ein Maximal-Wirkungsgrad $\eta_{mech} = 56,14\,\%$.

„Die Wetter wurden bei dieser zweiten Versuchsreihe in der Grube in vier Teilströmen, jedesmal durch zwei gleichzeitig an derselben Stelle aufgestellte Anemometer in fünfminutlichen Meßperioden gemessen. Der geringeren Geschwindigkeit an den Streckenwänden wurde dadurch Rechnung getragen, daß das gemessene Wetterquantum mit 0,8 multipliziert wurde. Wenngleich diese Reduktion vollkommen gerechtfertigt ist, so dürfte dieselbe doch in den allermeisten Fällen unterbleiben. Zum richtigen Vergleiche mit derartigen nicht reduzierten Resultaten müssen daher die hier verzeichneten mechanischen Nutzeffekte mit $^{10}/_8$ multipliziert werden, und betrüge alsdann der durchschnittliche ökonomische Nutzeffekt $51,57 \cdot 1,25 = 64,46\,\%$ der indizierten Leistung. Rechnet man $20\,\%$ für Reibung in der Maschine ab, so ergibt sich, wenn man die gemessene Wettermenge auf $^8/_{10}$ reduziert, als Nutzeffekt ebenfalls $64,46\,\%$, als nicht reduzierter Nutzeffekt dagegen $80,56\,\%$.“

Der letzte Wert ist ein ungemein günstiger, indessen dürfte wohl der Wirkungsgrad von $64,46\,\%$ unter Berücksichtigung der Reduktion der Wettermenge als der richtige anzusehen sein, während der Wert 80,56 das Verhältnis der reinen Ventilatorleistung zur effektiven Leistung der Maschine und nicht, wie es gewöhnlich geschieht, zur indizierten Leistung der Maschine angibt.

3. Versuche auf Schacht III der Zeche Zollverein.

Dieselben fanden mit einem Ventilator von 3,4 m Durchmesser mit verstellbaren Diffusor statt und ergaben bei 45 Touren der Dampfmaschine und 200 Touren des Ventilators folgende Werte:

Minutliche Luftmenge	2800 cbm
Depression (Wassersäule)	85 mm
Reine Ventilatorleistung	52,88 PS.
Indizierte Leistung der Dampfmaschine . .	75,4 „
Mechanischer Nutzeffekt	70 %.

4. Versuche im Kaiserlichen Theater zu Warschau.

Durchmesser des Ventilators	2,5 m
Leerlaufsarbeit d. Ventilators bei 25 Touren	0,3 PS.
Luftmenge i. d. Min. bei 110 Touren . . .	2100 cbm
Depression	12 mm
Reine Ventilatorleistung	5,6 PS.
Indizierte Leistung der Dampfmaschine . .	8,7 „
Mechanischer Wirkungsgrad	64,36 %.

5. Versuche auf Zeche Königsgrube bei Wanne i. Westf.[1) Dezember 1887.

Durchmesser des Ventilators . . . . 2,5 m.

Versuche auf Zeche Königsgrube.

Touren-zahl i. d. Min.	Depression mm Wasser-säule	Theoret. Maximal-Depression mm	Mano-metrischer Wirkungs-grad	Koeffizient m³)	Luftmenge i. d. Sek. cbm	Indizierte Leistung der Maschine PS.	Reine Ventilator-Leistung PS.	Mechan. Wir-kungs-grad %
200	40	84	0,48	1,48	18,2	17,9	9,7	54
244	58	125	0,46	1,50	31,1	31,1	18,1	58
284	80	169	0,47	1,49	49,3	49,3	30,1	61
320	104	215	0,48	1,47	74,0	73,5	45,6	62
im Mittel			0,473	1,485	—	—	—	59

6. Versuche auf Zeche Monopol (Juni 1891) mit einem Ventilator von 4 m Durchmesser und verstellbarem Diffusor (Zwillings-Dampfmaschine von 550 mm Durchmesser, 1000 mm Hub). (Siehe Tabelle S. 410 und 411.)

Zwei neuere, mit Pelzer-Ventilatoren vorgenommenen Versuche sind die folgenden:

7. Versuche auf Grube Prinz Wilhelm der Braunschweigischen Kohlenbergwerke in Helmstedt, September 1900. Dieselben fanden mit einem Pelzer-Ventilator von 2,75 m Flügeldurchmesser statt, welcher durch einen Drehstrom-Motor der Elektrizitäts-Aktiengesellschaft Lahmeyer in Frankfurt a. Main angetrieben wurde. Die Ergebnisse waren folgende:

Undrehungen des Flügelrades i. d. Min.	Umfangs-geschwindigkeit des Flügelrades in m i d. Sek.	Wetter-geschwindigkeit in m i. d. Sek.	Wettermenge in cbm i. d. Min.	Abgelesene Depression in mm Wassersäule	Nutz-leistung der Anlage in PS.	Wirkliche Leistung der Anlage in PS.	Mechanischer Wirkungsgrad des Ventilators	Manometrischer Wirkungsgrad des Ventilators	Äquivalente Grubenweite in qm
	u	v	Q	h	$N_v = \dfrac{Q \cdot h}{60 \cdot 75}$	$N = \dfrac{\text{Volt.Amp.}\sqrt{3} \cdot \cos \varphi}{736}$	$\eta_{mech} = \dfrac{N_v}{N}$	$\eta_m = \dfrac{h}{u^2 \gamma}{g}$	$A = \dfrac{0,38 \cdot Q}{60 \cdot \sqrt{h}}$
169	24,33	6,25	10,72	50	11,91	15,75	75,6 %	70 %	0,96

1050 Volt, 8 Ampère $\cos \varphi = 0,8$; $\sqrt{3} = 1,732$ $0,8 \cdot 1,732 = 1,38$.

8. In der folgenden Tabelle sind zwei Versuche mitgeteilt, von welchen der obere auf Zeche Königsgrube bei Wanne in Westfalen im Mai 1900 vorgenommen war. Der Ventilator hatte 3,75 m Flügelraddurchmesser, die Zwillingsdampfmaschine mit Ventilsteuerung, welche von der Maschinenfabrik Hohenzollern geliefert war, hatte 550 mm

---

1) Nach Hauer, a. a. O. S. 109.
2) Verhältnis der wirklichen zur theoretisch erforderlichen Tourenzahl.

Versuche auf

No.	Tourenzahl der Maschine i. d. Min.	Mittlere Dampfspannung in den Zylindern in kg/qcm	Indizierte Leistung N_m der Maschine in PS.	Tourenzahl des Ventilators i. d. Min.	Umfangsgeschwindigkeit desselben in m i. d. Sek.	Theoretische Depression H in mm Wassersäule	Gemessene Depression h^I in mm Wassersäule	Geschwindigkeitshöhe h^{II} der Wetter im Saugekanal	Vom Ventil. erzeugte Depression $h = h^I - h^{II}$ in mm Wassersäule	Manometrischer Effekt. d. Ventilators $\eta_m = \frac{h}{H}\, 100$ %
I	36,5	1,8562	140,4	195,7	41,68	205,5	116	1,5	114,5	55,6
II	39	2,1145	170,7	211	44,19	239	130	1,7	128,3	53,7
III	45	2,6335	255,6	236,5	49,52	300,2	178	3,0	175	58,29
									i. Mittel	55,86

Zylinderdurchmesser und 850 mm Hub. Der untere Versuch war an einem Ventilator von 4 m Flügeldurchmesser auf Zeche Kaiserstuhl II am 1. Mai 1898 vorgenommen, bei welchem der Antrieb durch eine Verbunddampfmaschine von folgenden Abmessungen erfolgte:

Hochdruck-Zylinderdurchmesser . . . . . . 480 mm
Niederdruck-   „   . . . . . . 700 „
Gemeinschaftlicher Kolbenhub . . . . . . 1000 „

Umdrehungen i. d. Min. der Maschine	Umdrehungen i. d. Min. des Ventilators	Umfangsgeschwindigkeit des Flügelrades in m i. d. Sek. u	Wettergeschwindigkeit im Saugekanal vor dem Ventilator in m i. d. Sek. v	Wettermenge in cbm i. d. Min. Q	Abgelesene Depression in mm Wassersäule h	Nutzleistung der Anlage in PS. $N_v = \frac{Q \cdot h}{60 \cdot 75}$	Indizierte Leistung der Maschine PS_i N_i	Mechan. Wirkungsgrad der ganzen Anlage $\eta_{mech} = \frac{N_v \cdot 100}{N_i}$	Angenommener Wirkungsgrad der Dampfmaschine % η_m	Mechanischer Wirkungsgrad des Ventilators allein η_v	Manometrischer Wirkungsgrad $\eta_m = \frac{h}{\frac{u^2 \gamma}{g}}$	Äquivalente Grubenweite qm $A = \frac{0,38 \cdot Q}{60 \cdot \sqrt{h}}$
60	210	41,23	16,8	3546	135	106,38	132,94	80,02 %	87 %	91,97 %	64,9 %	2,088
60	163	34,14	10,02	4290	110	104,87	156,84	66,81 %	80 %	83,5 %	77,1 %	2,6

Zu bemerken ist hierzu noch, daß die Anlage auf Zeche Königsgrube mit einem spiralförmigen Einlauf versehen war, wodurch der manometrische Nutzeffekt allerdings verringert, der mechanische dagegen vermehrt wurde. Diese Disposition wird indessen nur dort angewandt, wo die Ventilatorachse rechtwinkelig zum Wetterkanal gelegt werden muß.

Zur Erleichterung des Überblicks sind die aus den verschiedenen Versuchen erhaltenen Werte des manometrischen und mechanischen Wirkungsgrades im folgenden zusammengestellt.

Zeche Monopol.

Temperatur in der Grube in °C.	Temperatur über Tage in °C.	Wettergeschwindigkeit im Saugekanal in m i d. Sek.	Geförderte Wettermenge Q in cbm i. d. Min.	Leistung des Ventilators $N_v = Q \cdot h \dfrac{1}{60 \cdot 75}$ PS.	Gewicht eines cbm der ausziehenden Wetter in kg	Die durch die lebendige Kraft der Wetter geleistete Arbeit $N_e = \dfrac{Q \cdot h^{II}}{60 \cdot 75}$ in PS.	Nutzleistung des Ventilators in PS. $N = N_v - N_e$	Mechan. Effekt des Ventilators in % $\dfrac{N}{N_m} 100$	Nutzeffekt des Ventilators in % der effektiven Leistung der Maschine bei 75 % Nutzleistung
24	18	5	3451	87,8	1,1922	1,165	86,635	61,72	77,12
24	18	5,27	3635	103,6	1,1922	1,363	102,237	59,9	74,8
24	18	6,1	4245	165,08	1,1922	1,680	161,85	66,53	83,2
							i. Mittel	62,72	78,37

No.	Versuchsort	Manom. Wirkungsgrad η_m	Mechan. Wirkungsgrad η_d	Versuchs- jahr	Ventilator- Durchm. m
1.	Wolfsbank etc. .	—	—	1880	2,5
2	König	55,75	64,46	1886	4,0
3	Zollverein . . .	—	40,00	1888	3,5
4	Warschau . . .	—	64,36	1890	2,5
5	Königsgrube . .	47,3	59,00	1887	2,5
6	Monopol	55,86	52,72	1891	4,0
7	Prinz Wilhelm .	70	75,6	1900	2,75
8	Königsgrube . .	64,9	80,0	1900	3,75
9	Kaiserstuhl II . .	77,1	66,8	1898	4,0
		i. Mittel 66,25	i. Mittel 71,63		

Beide Mittel-Werte $\eta_m = 66{,}25\%$ und $\eta_{mech} = 71{,}73\%$ sind als recht günstige zu bezeichnen.

Über einen Versuch an einem doppelseitig saugenden Pelzer-Ventilator ist im „Glückauf"[1] folgendes berichtet.

Seitens des Dampfkesselüberwachungsvereins im Ober-Bergamts-Bezirk Dortmund wurden im Jahre 1906 an dem Ventilator der Zink- und Bleierzgrube Neu-Diepenbrock III Versuche angestellt, welche neben der Bestimmung der Leistung des Ventilators vor allem die Ermittelung der Widerstände und Verluste in der elektrischen Anlage zum Zwecke hatten.

Der Ventilator hatte 1,95 m Durchm., 0,35 m Flügelbreite und sollte bei einer äquivalente Grubenweite von 1,0 qm im Maximum 2400 cbm/min = 40 cbm/Sek. leisten, wozu die erforderliche Depression sich aus der Grubenweite zu h = 231 mm berechnet.

Der Antrieb erfolgte durch einen A.E.G. - Asynchronmotor mit Bürstenabhebevorrichtung, der bei 1560 V., 62 Amp. und 540 Touren

---

[1] „Glückauf" 1907, S. 966 ff.

180 PS. leistet. Der Motor ist mit einem Tourenregulierungswiderstand ausgerüstet, mittelst dessen der Ventilator mit 10 Geschwindigkeiten laufen kann.

Die Wettermessungen beschränkten sich auf drei Stufen von 536, 474 und 357 Touren, während die anderen Stufen rechnerisch ermittelt wurden; Depression und Tourenzahlen wurden dagegen für alle Stufen gemessen.

Die Tabelle 1, S. 413, enthält die Messungen am Ventilator, Tabelle 2 die rein elektrischen Daten, welche für alle 10 Stufen gemessen sind.

In den Tabellen 3 und 4 sind die Gesamtwirkungsgrade bei den verschiedenen Stufen und die Luftmengen, bezogen auf die zugeführten KW. enthalten.

Aus den, in den 4 Tabellen enthaltenen Resultaten ergibt sich, daß es sehr zweckmäßig ist, eine Anlage, wie die untersuchte, mit einem Tourenwiderstand, also Regulierwiderstand zur Veränderung der Tourenzahlen, zu versehen. Die Kosten dieses Widerstandes betragen im vorliegenden Falle 700 Mk., eine Summe, die gegenüber den bedeutenden Kraftersparnissen durch richtige Einstellung des Ventilators für die gerade vorliegenden Grubenverhältnisse ganz unwesentlich ist.

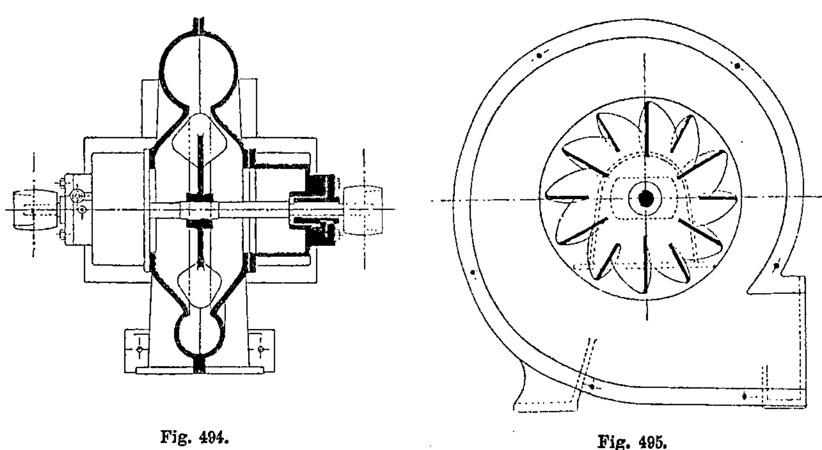

Fig. 494.   Fig. 495.

6. Ventilator von Kroll[1]). Fig. 494 und 495. Seiner eigentümlichen Schaufelform halber sei der Ventilator von Kroll hier noch erwähnt, welcher hauptsächlich für Schmiedefeuer und Kupolöfen Anwendung findet. Die Schaufeln sind radial gestellt, jedoch an den Seiten aufgebogen, wodurch dieselben eine löffelartige Gestalt erhalten; am Rücken sind sie durch je einen mit der Nabe verbundenen Arm gehalten.

---

[1]) G. A. Kroll & Co., Hannover.

1.

Stufe des Regulierwiderstandes	I	II	III	IV	V	VI	VII	VIII	IX	X
Umdrehungszahl in der Minute	550	540	522	502	482	458	434	414	388	368
Theoretische Depression . . . mm WS.	390	370	355	330,3	316	280	255	230	200	177
Gemessene „ „ . „ „	230	223	222	196	193	170	153	147	129	116
Wettermenge . . . . cbm/min	2440	2408	2320	2240	2072	2045	1940	1850	1730	1656
Äquival. Grubenweite . . . qm	—	1,02	—	—	0,95	—	—	—	—	0,973
Barometerstand, außen . . . cm	—	78,0	—	—	78,0	—	—	—	—	78,0
„ im Meßraum . . „	—	77,15	—	—	77,2	—	—	—	—	77,0
Außentemperatur . . . . °C	—	10,0	—	—	10,0	—	—	—	—	9,0
Meßquerschnitt im Saughals . . qm	—	3,53	—	—	3,53	—	—	—	—	3,53
„ „ Diffussor . . „	—	2,41	—	—	2,41	—	—	—	—	2,41
Wettergeschwindigkeit . . . m/Sek.	—	11,30	—	—	9,80	—	—	—	—	7,82
Gewicht von 1 cbm Luft . . . kg	—	1,234	—	—	1,235	—	—	—	—	1,232
Arbeitsleistung des Ventilators . . PS.	124,5	119,2	108,5	98,0	88,8	78,0	67,5	59,5	49,5	42,7
Manometrischer Wirkungsgrad . . %	—	60,5	—	—	61,0	—	—	—	—	65,5

2.

Stufe des Regulierwiderstandes	I	II	III	IV	V	VI	VII	VIII	IX	X
Zugeführte Stromstärke . . . A	53,2	51,4	47,5	43,9	41,2	37,9	33,6	30,9	27,2	24,9
Spannung V	1541,9	1536,3	1558,8	1566,2	1555,0	1536,3	1560,0	1550,0	1561,0	1553,7
Zugeführte KW.	131,5	127,3	119,0	109,2	101,9	91,7	83,1	75,2	66,9	60,2
Cos φ	0,93	0,93	0,92	0,92	0,90	0,89	0,88	0,87	0,85	0,83
Umdrehungszahl i. d. Min.	550	540	522	502	482	458	434	414	388	368
Schlüpfung . . . . %	1,79	3,57	5,80	10,40	13,95	18,20	22,50	26,00	30,7	34,20

3.

Stufe des Regulierwiderstandes	I	II	III	IV	V	VI	VII	VIII	IX	X
Dem Motor zugeführte KW.	131,5	127,3	119,0	109,2	101,9	91,7	83,1	75,2	66,9	60,2
Umgerechnet in PS.	178,67	172,96	161,68	148,37	138,45	124,59	112,91	102,17	90,90	81,79
Vom Ventilator abgegebene PS.	124,5	119,2	108,5	98,0	88,8	78,0	67,5	59,5	49,5	42,7
Wirkungsgrad . . . . %	69,68	68,91	67,11	66,05	64,14	62,61	59,78	58,24	54,46	52,21

4.

Stufe des Regulierwiderstandes	I	II	III	IV	V	VI	VII	VIII	IX	X
Luftmenge . . . . cbm	2440	2408	2320	2240	2150	2045	1940	1850	1730	1656
Zugeführte KW.	131,5	127,3	119,0	109,2	101,9	91,7	83,1	75,2	66,9	60,2
Von 1 KW. geleistete Luftmenge	18,5	18,9	19,5	20,6	21,0	21,3	23,4	24,6	25,9	27,5

II. Mit gekrümmten Flügeln.

1. **Ventilator von Fink.** Fig. 496 und 497. Die Schaufeln sind nach einer archimedischen Spirale nach rückwärts gekrümmt und an eine mittlere Scheidewand beiderseits angegossen. Das Schaufelrad wird von einem Gehäuse mit zweiseitiger Lufteinströmung umgeben, welches ziemlich dicht an das Schaufelrad herantritt, um einen Abschluß zwischen dem Saug- und Druckraum zu bewirken. Der ringförmige Diffusor ist genau wie bei den früher besprochenen Systemen von Beck und Henckel Schiele, Kley etc. gestaltet.

Die starke Krümmung der Schaufeln ist für den Wirkungsgrad des Ventilators nicht vorteilhaft, erfordert vielmehr eine bedeutend höhere Tourenzahl als gerade oder schwach gekrümmte Schaufeln, wes-

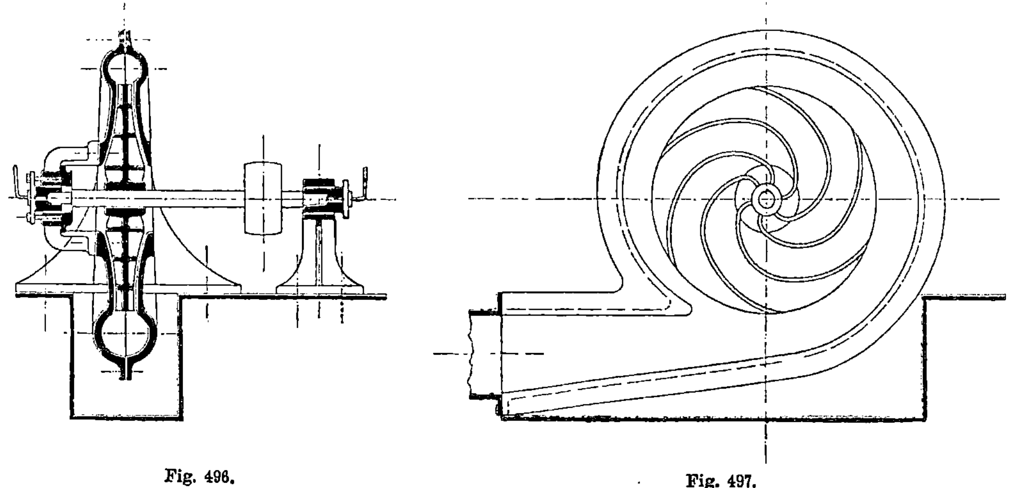

Fig. 496.   Fig. 497.

halb diese von Fink vorgeschlagene [1]) Schaufelform auch nur selten zur Ausführung gekommen und bei keinem der neueren Systeme mehr zu finden ist.

2. **Ventilator von Geisler** [2]). Fig. 498—503. Derselbe besitzt schwach nach vorwärts gekrümmte, am äußeren Ende radial auslaufende Schaufeln A, Fig. 498 und 499. Der Lufteintritt erfolgt einseitig durch das innen abgerundete Eintrittsrohre B. Am Schaufelrad D ist ein Konoid C befestigt, wodurch die Luft möglichst allmählich und ohne Stoß aus der achsialen in die radiale Richtung übergeleitet wird, Effektverluste beim Ansaugen also vermieden werden. Das Schaufelrad D ist als Vollscheibe aus Blech hergestellt und von der Seite her in das Gehäuse eingesetzt. Dasselbe bildet den Abschluß des Gehäuses nach außen und ist mit letzterem durch zwei vertikale, beiderseitig sauber abgedrehte Ringflächen E und F abgedichtet, welche am inneren und äußeren

---

[1]) Fink, Theorie d. Zentrifugalpumpen und Ventilatoren.
[2]) A. Geisler, Zivilingenieur, Düsseldorf. D.R.P. No. 28586.

Radumfang liegen. Durch eine Stellvorrichtung H kann das Rad, welches
auf der Achse G freitragend befestigt ist, dem Gehäuse beliebig genähert

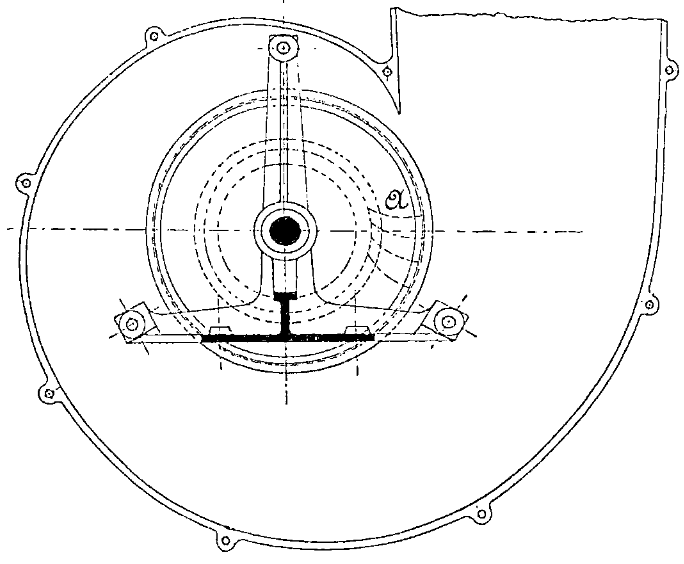

Fig. 498.

werden, und hierdurch eine fast vollkommene Abdichtung erreicht werden.

Durch diese Konstruktion des
Rades und Gehäuses ist ein sehr
leichtes Montieren, sowie ein bequemes
Auswechseln des Rades im Falle
einer Reparatur oder zum Zwecke des
Reinigens der Schaufeln möglich.

Die Schaufelzahl ist eine ziemlich große, wodurch allerdings die
Kanäle ziemlich verengt werden und
die Reibung der Luft an den Schaufeln etwas vergrößert wird.

Der Diffusor ist nicht kreisförmig, sondern erweitert sich nach der
Ausflußöffnung hin allmählich in
radialer Richtung, wie aus Fig. 498
zu ersehen ist.

Die Aufstellung der Geislerschen Ventilatoren erfolgt sowohl
oberirdisch als auch unterirdisch.
Eine Anlage ersterer Art ist in den

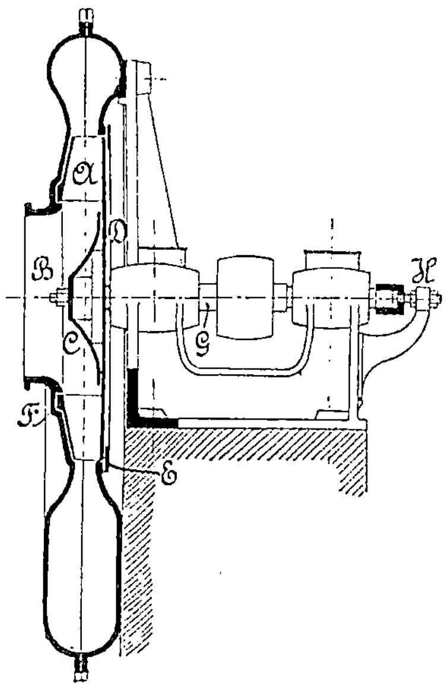

Fig. 499.

Fig. 500 und 501, eine solche der zweiten Art, und zwar mit direktem
Betriebe in den Fig. 502 und 503 dargestellt.

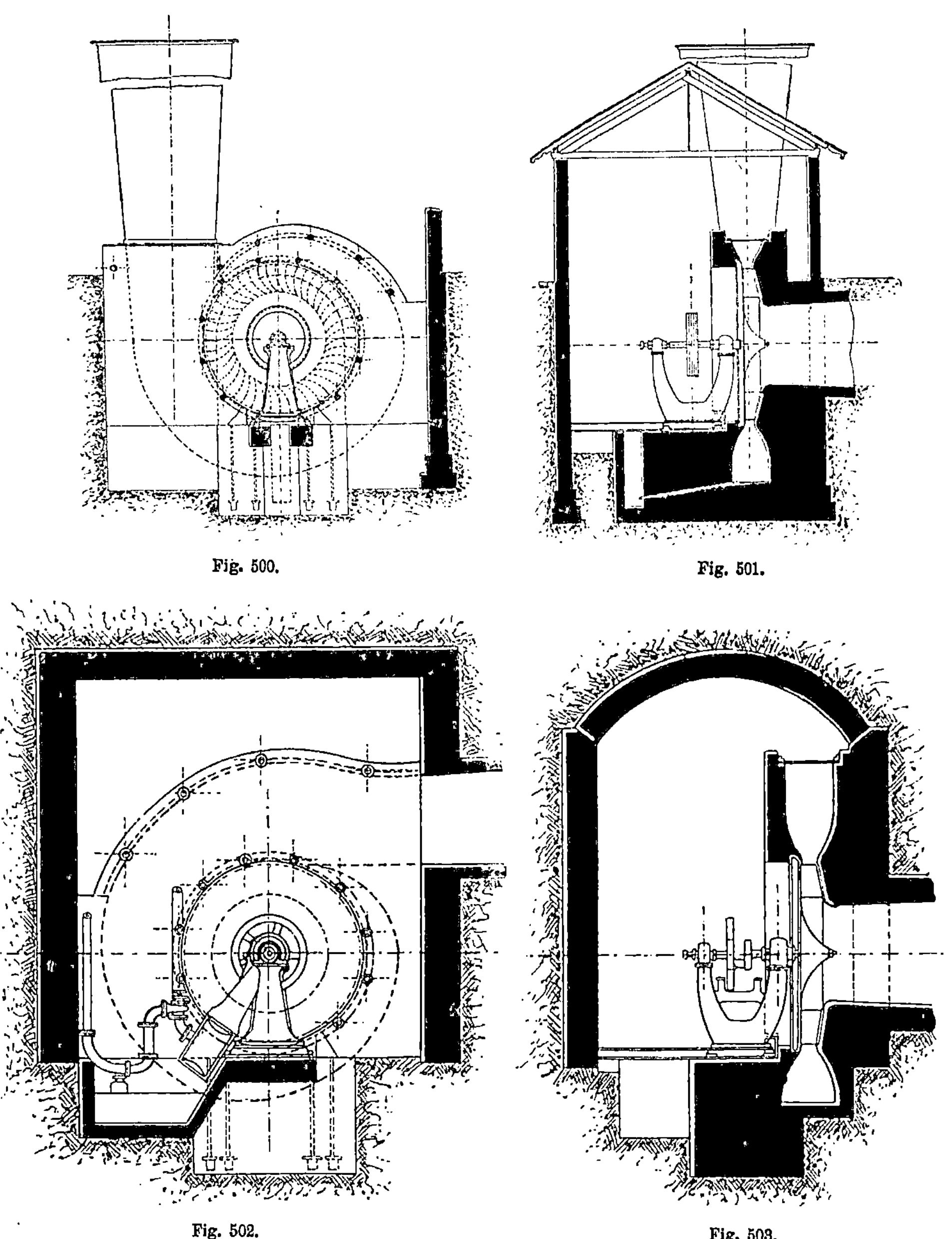

Fig. 500.

Fig. 501.

Fig. 502.

Fig. 503.

Die letztere Aufstellung mit direktem Maschinenbetrieb hat gegenüber der Anordnung mit Transmissionsbetrieb folgende Vorteile:

1. kleinerer Maschinenraum;
2. geringere Anschaffungskosten;

3. geringere Baukosten für Fundament und Maschinenraum;
4. geringere Betriebskraft wegen Fortfall des schweren Schwungrades, der größeren Achse und des Seilwiderstandes;
5. leichterer Transport, raschere und leichtere Aufstellung.

Geisler empfiehlt für seine unterirdischen Ventilatoren mit direktem Antrieb die schnellaufenden Dampfmaschinen, da die Tourenzahlen seiner Ventilatoren noch geringer sind als jene von Dynamomaschinen mit direktem Antrieb.

Nach dem Bericht über die Entwickelung des Rhein.-Westfälischen Steinkohlenbergbaues[1]) sind im Rhein.-Westfälischen Revier bis Ende 1900 die in der nachfolgenden Tabelle angeführten Geisler-Ventilatoren in Betrieb gewesen.

Laufende No.	Name des Schachtes	Jahr d. Aufstellung d. Ventil.	Durchm. d. Ventil m	Tourenz. i. d. Min.		Umfangsgeschw. d. Ventil. m/Sek.	Depression		Manom. Wirkungsgrad $\frac{h}{H}$ %	Luftmenge cbm i. d. Min.	Leistung		Mechanischer Wirkungsgrad %	Äquivalente Grubenweite qm
				Masch.	Ventilator		Beob. h mm Wasser	Theoret. Max. H			der Maschine PS.	des Ventil. PS.		
1	Wilhelmine-Viktoria II/III	1891	3,5	75	225	35,35	80	152	52,6	3100	165	55,1	33,3	2,19
2	Zollverein IV/V	1893	3,5	78	211	38,66	60	180	33,3	2912	90,8	38,9	42,8	2,38
3	Hibernia . .	„	4,5	76	152	35,79	80	156	51,2	5930	203	105,4	51,8	4,20
4	Neumühl . .	1896	3,5	72	223	41,00	130	206	63,1	2900	149	84,0	56,4	1,61
5	Zollverein I/II	„	3,5	123	209	38,30	104	179	58,1	3160	152,6	73,0	47,8	1,97
6	Shamrock · III/IV	1898	4,5	70	140	33,00	84	133	63,1	5183	151,0	96,7	64,0	3,57
7	Shamrock V .	„	3,75	72	144	28,26	34	97	35,0	1367	29,2	10,32	34,4	1,48
8	Shamrock I/II	„	4,5	60	150	35,34	95	151,5	62,7	6177	181,8	118,86	65,4	4,18
9	Wilhelmine-Viktoria I .	1900	4,5	65	162,5	38,31	98	179,1	54,7	4676	177	102	57,6	2,99

Danach schwankte der Durchmesser desselben zwischen 3,5 und 4,5 m, die Tourenzahl zwischen 140 und 225, im Mittel 180 i. d. Min., die Umfangsgeschwindigkeit zwischen 28 und 41 m/Sek., im Mittel 36,0 m/Sek., die Depression zwischen 34 und 130, im Mittel 85 mm W.-S., der manometrische Wirkungsgrad zwischen 33,3 und 63 %, im Mittel 52,6 %, die minutliche Luftmenge zwischen 1367 und 6177, im Mittel $\sim$ 4000 cbm und endlich der mechanische Wirkungsgrad der Anlagen zwischen 33,3 und 65,4 %, im Mittel 50,4 %.

In neuerer Zeit wird der Geisler-Ventilator in etwas verbesserter Form nach D.R.P. 165292 von der „Hohenzollern"-Aktiengesellschaft in Düsseldorf-Grafenberg gebaut.

Die Fig. 504 und 505 zeigen zunächst den Schnitt und Seitenansicht eines elektrisch angetriebenen Grubenventilators für 13 000 cbm/min.

---

[1]) Entwickelung des Rhein.-Westfäl. Steinkohlenbergbaus. Bd. VI. 1903 S. 284—285, Tab. 61.

normale, 16—18 000 cbm maximale Luftmenge. Fig. 506 zeigt die äußere Ansicht. Derselbe hat folgende Eigenart. Das Flügelrad besteht

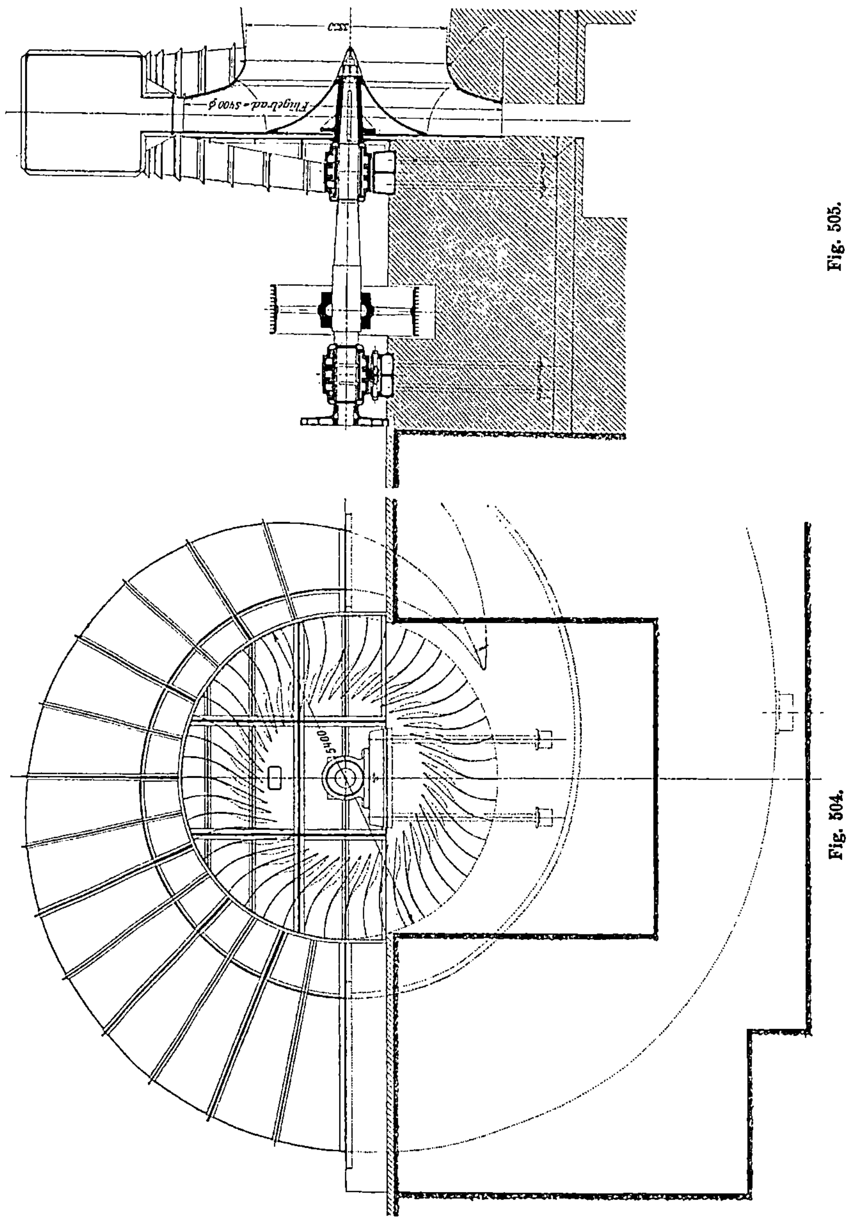

Fig. 505.

Fig. 504.

aus einer kräftigen, zweiteiligen, durch Laschen verbundenen 18 mm starken Blechscheibe, an welche die Flügel von 4 mm Stärke angenietet sind. Kräftige Bänder sichern die Schaufelenden in ihrer Lage. Die Schaufeln sind am Scheibenrande um 20 Grad nach vorn geneigt, an der Schneide derart gekrümmt, daß die Luft möglichst ohne Stoß in das Rad eintritt. Die Radscheibe ist mit der Stahlgußnabe durch konische Stahlbolzen verbunden, das Konoid, das gleichzeitig zur Luftführung dient, gibt dem Rade weiteren Halt. Die dem Rade entströmenden Wetter gelangen erst nach Durchfließen eines schmalen Zwischendiffusors in den eigentlichen Sammelkanal oder Hauptdiffusor, der sich in einer, sich stets erweiternden Spirale um das Rad schlingt. Letzterer endet in den aus eisenarmiertem Beton bestehenden Auswurfschlot, welcher am oberen Ende kreisrund ist und zylindrisch verläuft. Durch die kreisrunde Form werden Erschütterungen des Schlotes durch den Luftstrom am ehesten vermieden, während der zylindrische Fortsatz die Möglichkeit bieten soll, einen bestehenden Schlot später einmal zu erhöhen, ohne damit gleichzeitig den Querschnitt am oberen Schlotende zu vergrößern, da letzteres bekanntlich die Gefahr in sich birgt, daß der austretende Wetterstrom den Schlot nicht mehr ausfüllt. Andererseits ist die Möglichkeit gegeben, bei Ausführung sehr hoher Schlote dem unteren kegelförmigen Teil ohne Rücksicht auf die Gesamthöhe eine den Verhältnissen entsprechende günstigste Neigung zu geben und den Rest des Schlotes zylindrisch fortzuführen. Die Querschnitte der Auslaufschnecke sowohl als auch des Schlotes sind stets reichlich gehalten. Die Ventilatorachse

Fig. 506.

läuft in reichlich bemessenen Ringschmierlagern, deren gußeiserne Schalen einen Ausguß aus allerfeinstem Weißmetall, sogenanntes Lokomotivlager-Metall erhalten, dessen Zusammensetzung sich nach den Vorschriften für Staatsbahnlieferungen richtet. Ein achsialer durch die Depression erzeugter Schub des Rades wird durch die sogenannte Entlastungswand aufgehoben. Der zwischen Wand und Rad entstehende Raum wird durch Öffnungen in der Radscheibe und dem Konoid mit dem Wetterkanal in Verbindung gebracht, wodurch das Rad auf beiden Seiten unter Depression gesetzt wird. Das Kammlager, das neuerdings meistens fortgelassen wird, dient lediglich zum Einstellen des Rades.

Der beschriebene Ventilator ist u. a. auf Zeche Radbod I/II der Bergwerksgesellschaft Trier in Hamm i. W. ausgeführt. Derselbe hat einen Durchmesser von 5,4 m und wird durch einen 1500 pferdigen Drehstrommotor angetrieben und läuft mit 208—225 Touren i. d. Min. entsprechend einer äußeren Umfangsgeschwindigkeit von 58,8—63,6 m/Sek.

Über einige Versuche, welche mit dem Hohenzollern-Ventilator angestellt wurden, ist folgendes zu berichten.

Bei einem Ventilator von 4,5 m Durchmesser auf Zeche „Friedrich der Große", Schacht III/IV bei Herne[1]), waren folgende Garantien zu erfüllen:

1. Ventilator: 6000 cbm/st., 370 PS., 231 mm Depression, 2,5 qm äquivalente Grubenweite, 83 % mechanischer Wirkungsgrad bei 225 Umdrehungen in der Minute.
2. Elektromotor (Nr. 29 594) 5000 V., 40 A., 370 PS., 230 Umdrehungen, 90 % Wirkungsgrad, cos $\varphi = 0,8$.

Da wegen der örtlichen Verhältnisse die Bestimmung der Wettergeschwindigkeit im Saugkanal unmöglich war, so wurde diese bestimmt,

1. auf der Wettersohle und
2. auf der II. Sohle Norden.

Gemessen wurden je neun Punkte der einzelnen Meßquerschnitte mittelst geeichter Anemometer.

Die Depression wurde vom Depressionsmesser in mm Wassersäule im Maschinenhause abgelesen. Die Bestimmung der Umdrehungszahl des Ventilators erfolgte mit Hilfe eines Handtachometers; außerdem wurden Barometerstand und Lufttemperatur über und unter Tage mit abgelesen. Die elektrische Messungen fanden im Ventilatormaschinenhaus statt, so daß in den Aufzeichnungen die Verluste im Zuleitungskabel nicht mehr enthalten sind.

Die ermittelten Werte sind Mittelwerte aus einer Anzahl von Ablesungen, die während der drei Wettermessungen in Abständen von je 2½ Minuten vorgenommen wurden.

Die Messungen selbst erfolgten nach den Normalien des Verbandes Deutscher Elektrotechniker für die Prüfung und Bewertung elektrischer Maschinen und Transformatoren.

Gemessen wurde nach der Zweiwattmeter-Methode mit Instrumenten, die von der Physikalisch-Technischen Reichsanstalt geeicht waren, sowie mit geeichten Vorschaltwiderständen und Stromtransformatoren. Ferner wurde mittelst Gleichstroms der Widerstand der Statorwickelung bestimmt, um die Temperaturerhöhung des Motors festzustellen.

Da der Motor seit längerer Zeit im Betriebe war, konnte die warme Widerstandmessung unmittelbar nach den Messungen stattfinden.

Die kalte Widerstandmessung wurde an einem Sonntag vorgenommen, nachdem der Motor von morgens 6 Uhr bis abends 6 Uhr gestanden hatte. Aus der Widerstandzunahme ergab sich eine Temperaturzunahme von nur 32° C., die als günstig zu bezeichnen ist.

In der nachstehenden Tabelle sind die Mittelwerte der drei Messungen zusammengestellt. Hierbei sei darauf hingewiesen, daß, wie erwähnt, die Luftmessungen auf der Wettersohle und auf der II. Sohle Norden, also ziemlich weit vom Ventilator entfernt, vorgenommen werden mußten. Daher ist die Möglichkeit nicht von der Hand zu weisen, daß die tatsächlich vom Ventilator angesaugte Luftmenge eher etwas größer war, als hier angegeben ist, infolge der Zuströmung von Gasen in den unter Depression stehenden Wetterweg zwischen den Meßstellen und dem Ventilator.

---

[1] „Glückauf" 1907, No. 52.

Wie aus der Tabelle ersichtlich ist, sind die auf Leistung und Wirkungsgrad gegebenen Garantien überschritten, während der Leistungsfaktor des Elektromotors durchschnittlich um 0,04 hinter den garantierten Werten zurückblieb.

Zusammenstellung.

Messung:	I	II	III
1. Zeit der Messung . . . . min.	50	50	45
2. Umdrehungen . . . . min.	225,3	225,1	225
3. Depression, mm Wassersäule	226	227,8	226,2
4. Barometerstand über Tage . . . . . cm	75,8	75,8	75,8
5. „ unter Tage . . . . cm	76,8	76,8	76,8
6. Außentemperatur . . . . °C	21,5	23,0	22,0
7. Temperatur in der Grube . . . . . °C	20	20	20
8. Spez. Gew. der Grubenluft	1,21	1,21	1,21
9. Meßquerschnitt, qm:			
Wettersohle	5,59	5,59	5,59
II. Sohle, Norden	6,16	6,16	6,16
10. Gemessene Wettermenge, cbm/min:			
Wettersohle	4000	4057	4026
II. Sohle, Norden	2128	2110	2100
11. Gesamtwettermenge . . . . . cbm/min.	6128	6167	6126
12. Äquivalente Grubenweite	2,58	2,58	2,58
13. Theoretische Depression . . . . . . mm	347	346,2	346
14. Manometrischer Wirkungsgrad . . . %	65	65,8	65,2
15. Arbeitsleistung des Ventilators . . . PS.	307,75	312,17	307,9
16. Zugeführte Stromstärke . . . . A	45,7	45,6	45,9
17. „ Spannung V	4976	4996	4996
18. „ Leistung . . . . KW.	298,7	298,8	301,47
19. „ „ umgerechnet in PS. .	405,9	406,1	409,6
20. Abgegebene Leistung des Elektromotors PS.[1])	365,3	365,5	368,6
21. Leistungsfaktor	0,76	0,76	0,76
22. Berechneter Wirkungsgrad des Ventilators (ohne Berücksichtigung von Luft- und Lagerreibung des Motors) . . . . %	84	85	83,7
23. Gemessener Wirkungsgrad der Gesamtanlage . . . . %	75,7	76,6	75,2
24. Garantierter Wirkungsgrad der Gesamtanlage . . . . %	74,7	74,7	74,7

Bei einem zweiten, auf derselben Grube aufgestellten, durch eine Dampfmaschine angetriebenen Ventilator von ebenfalls 4,5 m Durchmesser wurden die in der folgenden Tabelle enthaltenen Werte ermittelt und damit die geforderten Garantien vollauf erfüllt.

Danach beträgt der mittlere Wirkungsgrad der Ventilatoranlage (ohne Versuch Nr. 4) 85,07 %. Derselbe nimmt mit zunehmender Belastung von 86,2 auf 83,1 also um 3,1 % ab, welcher Umstand wohl in den zunehmenden Reibungswiderständen bei der zunehmenden Ge-

---

1) Da der Wirkungsgrad des Elektromotors wegen der fehlenden Möglichkeit, ihn abzukuppeln, nicht bestimmt werden konnte, ist der von der Lieferantin garantierte Wirkungsgrad von 90% zugrunde gelegt worden.

Tabelle zum Bericht über die Untersuchung einer Ventilatoranlage auf der Zeche Friedrich der Große, Schacht 3. 4. am 2. Febr. 1910.

Nummer des Versuchs	1	2	3	4	5	6	7
1. Zeit der Messung	10^{15}—10^{50}	12^{05}—12^{40}	1^{15}—1^{45}	2^{55}—3^{25}	4^{05}—4^{25}	5^{10}—5^{30}	5^{50}—6^{10}
2. Dauer der Messung in Minuten	35	35	30	30	20	20	20
3. Umdrehungen des Ventilators je Minute	207	208	232	236	240	273	271
4. Gemessene Depression in mm Wassersäule	207	209	254	258	270	349	348
5. Barometerstand über Tage in cm	74,9	74,9	74,9	74,8	74,8	74,7	74,7
6. Barometerstand an der Meßstelle in cm	73,4	73,4	73,1	72,85	72,8	72,1	72,25
7. Außentemperatur in ° C.	7	4	4	5	4	3	2
8. Temperatur im Wetterkanal in ° C.	17	17	17	16	16	16	16
9. Spezifisches Gewicht der Grubenluft	1,173	1,173	1,170	1,171	1,171	1,16	1,161
10. Meßquerschnitt in qm	7,78	7,78	7,78	7,78	7,78	7,78	7,78
11. Gemessene Wettermenge in cbm je Minute	7682	7263	8140	7000	8039	10239	9993
12. Äquivalente Grubenweite in qm	3,38	3,18	3,24	2,76	3,1	3,47	3,39
13. Theoretische Depression	284	286	354	368	379	487	480
14. Manometrischer Wirkungsgrad in °/o	73,6	73,1	71,7	70,1	71,3	71,6	72,6
15. Arbeitsleistung des Ventilators in PS.	353,4	337,3	459,3	401,3	482,3	794,1	772,8
16. Dampfeintrittsspannung im Atm.-Überdruck	12,4	11,9	11,8	11,9	12,0	11,8	11,8
17. Überhitzung in ° C.	220	227	235	228	222	235	235
18. Vakuum am Niederdruckzylinder cm Quecksilber	67,2	67.0	66,5	66,6	65,8	64,8	64,9
19. Vakuum in °/o des Barometerstandes	89,7	89,5	88,8	89,0	88,0	86,8	87,0
20. Umdrehungszahl der Dampfmaschine	74,4	75,1	84,6	85,2	86,3	97,7	97,2
21. Leistung der Dampfmaschine in PSi	508,2	487,9	646,3	602,3	686,5	1101,3	1089,2
22. Angenommener Wirkungsgrad der Dampfmaschine in °/o	84	84	86	86	86	89	89
23. Effektive Leistung der Dampfmaschine in PS.	426,9	409,8	555,7	518	590,4	980,2	969,4
24. Angenommener Wirkungsgrad des Seiltriebes [1]	96	96	96	96	96	96	96
25. An die Ventilatorwelle abgegebene PS.	410	393,4	533,5	497,3	566,8	941	930,5
26. Wirkungsgrad der Ventilatoranlage in °/o	86,2	85,6	86,0	80,7 [2]	85,1	84,4	83,1

[1] Der Wirkungsgrad des Seiltriebes dürfte für die kleineren Maschinenleistungen zu hoch angenommen sein! „Hohenzollern".

[2] Dieser Versuch weist einen geringeren Wirkungsgrad auf und fällt gewissermaßen aus der Reihe heraus. Wir können uns das nur so erklären, daß bei diesem Versuch, bei welchem die Grubenweite künstlich stark verkleinert worden war, Störungen vorgelegen haben, die das Resultat beeinträchtigten. Im Wetterkanal waren starke Luftstöße bemerkbar!

schwindigkeit seinen Grund haben dürfte. Die Umfangsgeschwindigkeit wächst von 48,65 bei 207 auf 64,2 m/Sek. bei 273 Touren.

Jedenfalls ist der mittlere Wirkungsgrad des Ventilators von 85 % als ein sehr guter zu bezeichnen.

Über Versuche, welche an einem „Hohenzollern"-Ventilator auf Gewerkschaft Lothringen in Gerthe bei Bochum ausgeführt sind, berichtet Stach folgendes[1]:

Der Ventilator hatte 3,8 m im Durchmesser und 375 mm Breite am äußeren Radumfang. Die Grubenweite A betrug 3,0 qm. Hierbei sollte der durch einen Drehstrommotor von 375 PS. angetriebene Ventilator bei 243 Touren 6500 cbm in der Minute ansaugen und eine Depression von 189 mm WS. erzeugen.

Für den Drehstrommotor betrugen

$$\text{bei Belastung } {}^1/_1 \quad {}^3/_4 \quad {}^1/_2$$
$$\cos \varphi \quad 0,8 \quad 0,75 \quad 0,665$$

die Abweichung % $\pm$ 1 2 3
der Wirkungsgrad η % 93,5 92,5 91 (ohne Luft- und Lagerreibung).

Es wurden zwei Versuche angestellt, da der erste Versuch (mit Anemometern im Wetterkanal) wegen zu ungleicher Verteilung der Luftgeschwindigkeit und zu großer Abweichungen bei den Kontrollmessungen nicht befriedigen konnte.

Zur Anwendung kamen bei dem 2. Versuch (im Saughals des Ventilators) eine Stauscheibe von Stach[2] und Mikromanometer von Schultze[3] und Fuchs[4]. Bei ersterer war die Länge des Rohres, da der Saughals eine Lichtweite von 2,60 m hatte, 3,5 m. Die Stauscheibe hatte 100 mm Durchm. und 10 mm Bohrung.

Die Versuchsergebnisse sind in der folgenden Tabelle enthalten.

Stach bemerkt zu den Ergebnissen:

„Im Anschluß an die Ventilatoren-Untersuchung sei allgemein darauf hingewiesen, daß selbst bei sorgfältigster Bestimmung der im eingebauten Ventilator gelieferten Luftmenge ein höherer Wirkungsgrad als 80 % ausgeschlossen erscheint. Dies sei besonders deshalb der Fall, weil die Luftführung in den Saugstutzen sich bei eingelaufenen Ventilatoren ungleichmäßig gestalten muß und dadurch die Schaufeln ungünstig beaufschlagt werden. Es sei daher im Interesse der Lieferanten und Abnehmer gleicherweise geboten, keine höheren Wirkungsgrade der Ventilatoren zu garantieren."

Die garantierte Leistung des Ventilators wurde allerdings erreicht, da bei 244,5 Touren (garantiert 243) eine Depression von 208 mm, eine Luftmenge von 6780 cbm, somit eine reine Ventilatorleistung von 314 PS. erreicht wurde, während nur eine solche von 6500 . 189 : 60 . 75 = 273 garantiert war. Allerdings betrug hierbei die elektrische Leistung 440 PS., während die Garantie nur 375 PS., also 65 PS. oder $\sim$ 17 % weniger betrug. Der Wirkungsgrad betrug daher auch nur 71,4 % für die Maximalleistung und für die Anlage 79,4 %, während 82 verlangt waren.

---

[1] „Glückauf" 1909, S. 913 ff.
[2] „Glückauf" 1903, S. 1158 u. 1909, S. 913, Fig. 1.
[3] „Glückauf" 1909, S. 914, Fig. 2.
[4] „Glückauf" 1909, S. 914, Fig. 3.

	1. Stufe	2. Stufe	3. Stufe	4. Stufe	Garantie
Querschnitt d. Meßstelle, qm . . .	5,28	5,28	5,28	5,28	
Umdrehungen Min.	193	204	223	244,5	243
Depression m/m W. S.	128	145	168	208	189
Mittlere Luftgeschw. m/Sek. . . .	19,67	20,6	21,03	21,4	
Wettermenge cbm/min	6230	6526	6662	6780	6500
Luftleistung PS.	177	211	249	314	
Perioden in 1 Sek.	50,2	50,9	50,9	50,45	
Spannung V	1974	1968	1971	1945	
Stromstärke A	89,4	102	110,5	122	
Kilovoltampere (II)	306	348	377	411	
Kilowatt (I)	233	268	289,7	324	
$\cos \varphi \left(= \dfrac{I}{II} \right)$	0,765	0,77	0,77	0,79	0,665—0,8
Zugeführte Leistung PS_i	317	364	394	440	375
W. grad d. Anlage $\eta = \dfrac{PS_e}{PS_i}$ . . .	0,558	0,58	0,632	0,714	
Wahrscheinl. W. grad d. Motors einschl. Luft u. Lagerreibung η mot.	0,70	0,75	0,82	0,90	
Wahrscheinl. W. grad d. Ventilators $\dfrac{\eta}{\eta \text{ mot.}}$	0,798	0,773	0,774	0,794	0,82
Äquiv. Grubenweite, qm	3,54	3,43	3,25	3,02	3,00

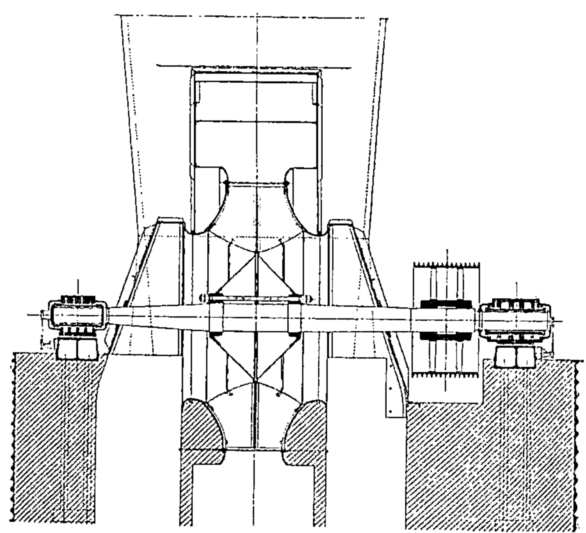

Fig. 507.

Auch als doppeltseitig saugender Ventilator wird derselbe von der Firma Hohenzollern ausgeführt. Fig. 507 zeigt den Querschnitt eines solchen von 4,4 m Durchmesser, für eine Luftmenge von 12 000 cbm/Min. bei 285 Touren i. d. Min., entsprechend einer Umfangsgeschwindigkeit von 65,55 m/Sek.

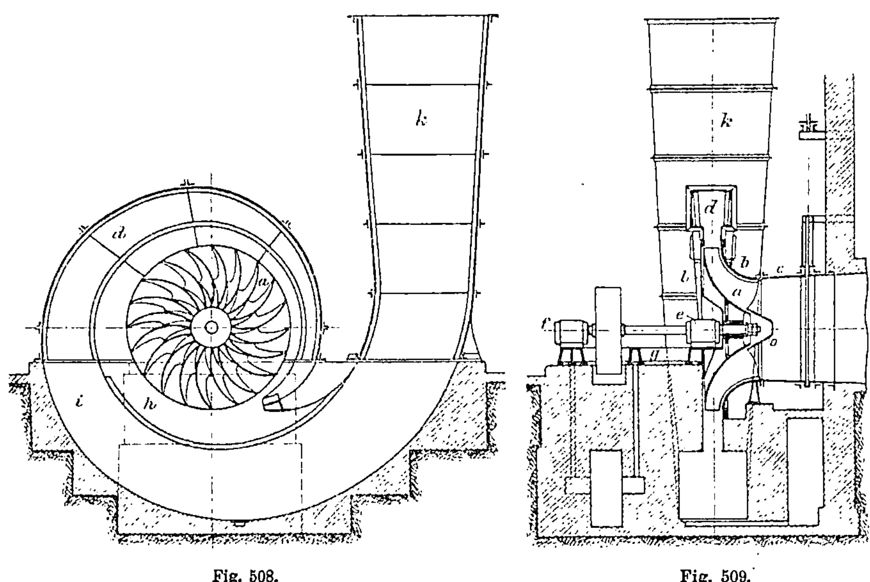

Fig. 508.   Fig. 509.

3. Ventilator von Rateau[1]). Derselbe ist in den Fig. 508—511 in verschiedenen Schnitten und Ansichten dargestellt, während die

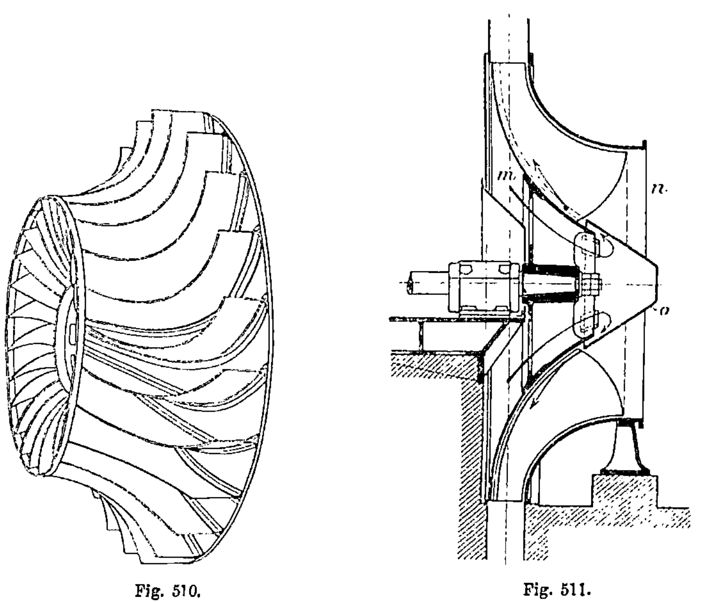

Fig. 510.   Fig. 511.

Fig. 512 und 513 die äußere Ansicht des Schaufelrades mit den eigenartig gestalteten Schöpfflügeln, sowie einen Teil des gemauerten Gehäuses

[1]) Compt. rend. de la soc. min. 1889, S. 140, Tafel 18 und 19.

Fig. 512.

Fig. 513.

erkennen lassen.   Die Schöpfflügel ragen, wie aus Fig. 512 zu erkennen
ist, aus dem eigentlichen Radgehäuse in den Saugkanal hinein; der letztere
ist in Fig. 509 zu erkennen und wird teilweise aus Blech, teilweise aus

Mauerwerk hergestellt. In den Fig. 514 und 515 ist die Konstruktion eines kleinen Ventilators für Schmiedefeuer u. dergl. abgebildet.

Seitens der Firma Schüchtermann & Kremer in Dortmund wird der Rateau-Ventilator in neun verschiedenen Größen ausgeführt. Die Flügelraddurchmesser und Eintrittsöffnungen, sowie die entsprechenden äquivalenten Grubenweiten sind in der nachfolgenden Tabelle zusammengestellt.

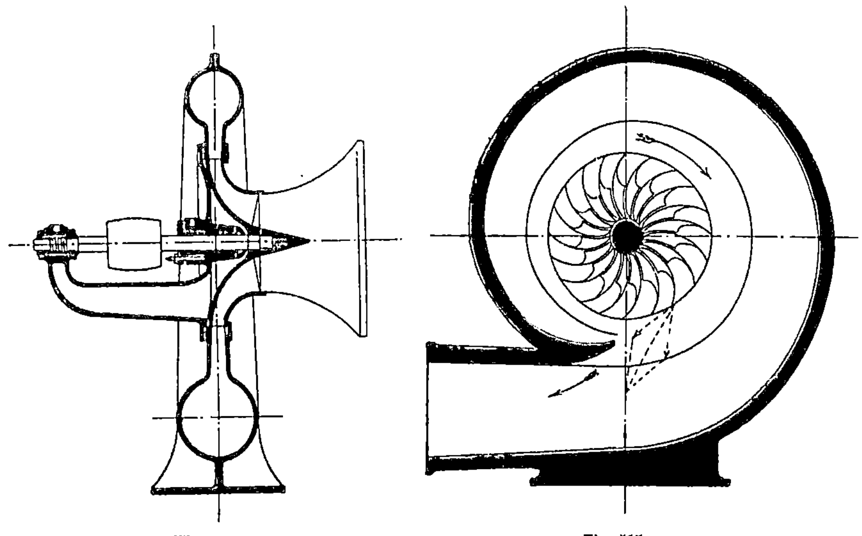

Fig. 514.   Fig. 515.

Durchm. des Flügelrades m	Durchm. der Eintritts- öffnungen	Äquivalente Grubenweite qm
0,5	0,3	0,055
0,8	0,48	0,055—0,15
1,2	0,72	0,15 —0,3
1,6	0,96	0,3 —0,6
2,0	1,20	0,6 —0,9
2,4	1,44	0,9 —1,25
2,8	1,68	1,25 —1,8
3,4	2,04	1,8 —2,6
4,0	2,40	über 2,6

Als besondere Vorzüge des Rateauschen Ventilators nennt die genannte Firma die folgenden:

1. stoßfreies Ein- und Austreten der Luft,
2. höchster manometrischer und mechanischer Nutzeffekt,
3. geringste Umfangsgeschwindigkeit,
4. solide Lagerung auf einer gemeinschaftlichen Grundplatte,
5. freie Zugänglichkeit der mit Ringschmierung versehenen Lager,
6. Ausführung aller Teile über Flur in Eisen.

Der Rateausche Ventilator zeigt sowohl hinsichtlich der Luftzuführung als auch hinsichtlich der allgemeinen Anordnung und Konstruktion des Diffusors gewisse Ähnlichkeit mit dem vorbesprochenen Geislerschen Ventilator. Die Schaufeln sind, wie aus Fig. 510 und 515 ersichtlich ist, ebenso wie bei Geisler nach vorwärts gekrümmt. Die Radkanäle sind im Gegensatz zu allen bisher besprochenen Konstruktionen nach außen hin verengt.

Der Diffusor ist ähnlich wie bei dem Pelzerschen Ventilator aus zwei nahezu parallelen Ringflächen gebildet, an welche sich der kreisringförmige, allmählich erweiterte Auslaufraum anschließt.

Rateau hat durch eine große Anzahl von Versuchen den manometrischen und mechanischen Wirkungsgrad seines Ventilators, sowie den Einfluß der größeren oder geringeren Schaufelzahl auf die Leistung des Ventilators und endlich die Wirkungsweise des Diffusors klargestellt. Diese Versuche sollen im wesentlichen hier wiedergegeben werden, da dieselben sowohl bezüglich der Art und Weise ihrer Ausführung, als auch bezüglich der Leistungsfähigkeit des Ventilators von hohem, wissenschaftlichem Interesse sein dürften.

1. Versuche Juni und Juli 1889 mit einem blasenden Ventilator.

Die Abmessungen des Versuchsventilators waren folgende:

Durchm. des Schaufelrades	0,5	m
Kranzbreite desselben	0,04	„
Durchm. der Eintrittsöffnung	0,3	„
„ des Austrittsrohres	0,29	„
„ der Riemenscheibe	0,15	„
Freier Querschnitt der Eintrittsöffnung . .	645	qcm
„ „ „ Austrittsöffnung . .	660,5	„
Von dem Schaufelrad bei einer Umdrehung beschriebenes Volumen	0,12	cbm

Die Luft wurde in ein zylindrisches Rohr von 10 cbm Inhalt geblasen und dort der Druck gemessen. Die Öffnung dieses Rohres war nach der freien Luft durch einen Schieber von 0,39 m Höhe verschlossen und konnte hierdurch der Ausblasequerschnitt von 0 bis $39 . 78{,}5$ cm $= 3060$ qcm verändert werden.

Der erste Versuch diente zur Ermittelung des Druckes bei konstanter Ausflußöffnung von $38 . 14$ cm $= 546$ qcm; derselbe ergab folgende Werte:

n	n^2	h	$\dfrac{n^2}{h}$	
724	524 176	40	13 104	
1240	1 537 600	118	13 030	
1570	2 464 900	188	13 107	im Mittel 13 054
1701	2 893 401	221	13 092	
1820	3 312 400	226	12 939	

Rateau erhielt hierdurch eine sehr gute Bestätigung des Proportionalitätsgesetzes zwischen dem Drucke und dem Quadrate der Tourenzahl [1]).

---

[1]) Näheres hierüber s. Theoret. Teil, Kapitel 11.

Der zweite Versuch diente zur Feststellung der Maximalpressung bei konstanter Tourenzahl von 1200 Touren oder 31,41 m Umfangsgeschwindigkeit des Schaufelrades und veränderlichem Ausblasequerschnitt. Die Ergebnisse sind in der folgenden Tabelle enthalten.

Bei diesem Versuch war die Außentemperatur 22⁰ und der Barometerstand 727 mm.

Der theoretische Maximaldruck war nach der Formel

$$H = u^2 \cdot \frac{\gamma}{g} \text{ berechnet}^{1}).$$

Öffnung des Schiebers cm	Querschnitt der Öffnung qcm	Tourenzahl n	Druck in mm Wassersäule	Druck reduziert auf 1200 Touren mm	Druck reduziert auf 760 mm Barometerstand, 0⁰ C und 30 m Umfangsgeschwindigkeit mm	Theoret. Maximaldruck bei gleichen Bedingungen mm
0	0	} ca. 1200	80	} 90	82	}
5	195		80		82	
8	312		100	100	103	
9	351		104	104	107	
10	390		106	106	109	
12	468	1190		114	117	
14	546	1177	} 112	116,4	**120**	
16	624	1186		115	118	} 119
18	702	1215	105	102	105	
20	780	1230	100	95	98	
22,5	877	1217	88	85	88	
25	975	1220	78	75	78	
30	1170	1203	64	64	66	
35	1365	1183	51	53	54	
40	1560	1131	40	45	46	

Der größte Druck wurde vom Ventilator bei einer Größe der Ausströmungsöffnung von 546 qcm erreicht und blieb nahezu unverändert, wenn die Ausströmungsöffnung gleich der Einströmungsöffnung (645 qcm) gemacht wurde.

In Fig. 516 ist eine von Rateau (a. a. O. Taf. 19) gegebene graphische Darstellung der Änderung des Druckes mit zunehmender Erweiterung des Ausflußquerschnittes wiedergegeben. Dieselbe zeigt eine allmähliche Zunahme bzw. Abnahme des Druckes nach dem Punkte D hin bzw. von demselben weg.

Die diesem Maximaldruck entsprechende Luftmenge i. d. Sek. berechnete Rateau nach der Gleichung:

$$Q = m \cdot O \cdot \sqrt{\frac{2\,g\,h}{\gamma}}, \text{ worin}$$

m den Kontraktionskoeffizienten der Luft bezeichnet, welcher nach Bernoulli 0,65, nach Tresca und François dagegen auf Grund ihrer Versuche mit Serschen Ventilatoren 0,75 beträgt.

---

¹) Vgl. Theoret. Teil, Kapitel 11.

Hiernach ergibt sich für diese Luftmenge der Wert $Q = 1{,}85$ cbm, oder, da das von dem Schaufelrad beschriebene Volumen 0,12 cbm war, gleich dem Fünfzehnfachen des letzteren. Die nächste Tabelle gibt den Kraftbedarf bei sehr großen Tourenzahlen an, woraus sich der mechanische Wirkungsgrad ermitteln läßt. Es betrug dabei die Öffnung des Schiebers 14 cm, die Ausflußöffnung also 546 qcm.

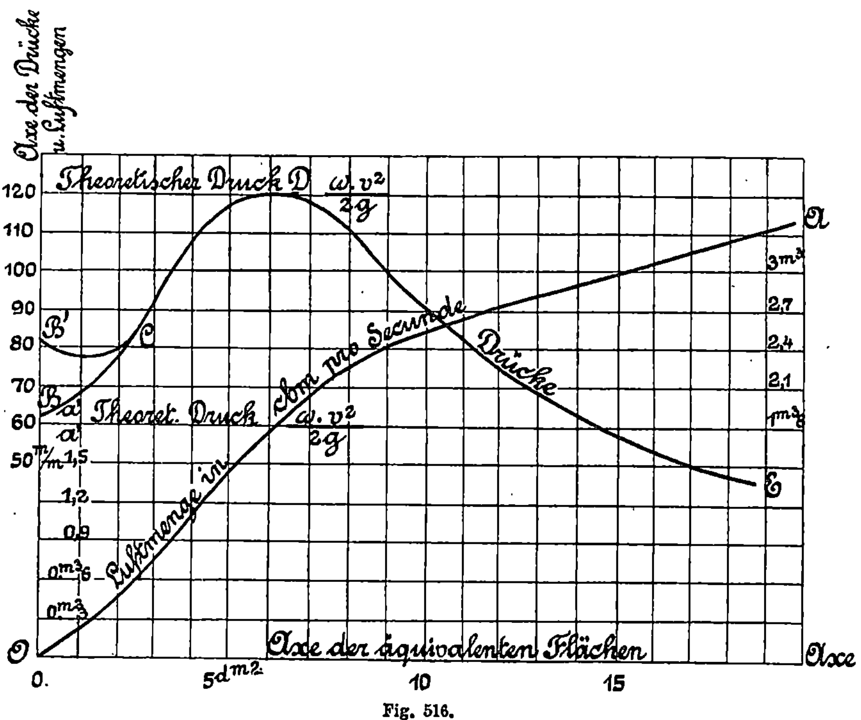

Fig. 516.

Tourenzahl des Ventilators .	1645	1820	1850
„ der Maschine . .	274	303,5	309
Druck im Ausflußrohr, mm .	183	256	265
Windmenge i. d. Sek. cbm .	2,9	2,7	2,75
Reine Ventilatorleistung, PS.	7,1	9,2	9,54

Bei 300 Touren ergab die Bremsung der Maschine eine effektive Leistung derselben von 15,1 PS. Der reduzierte mechanische Wirkungsgrad war also

$$\text{beim 1. Versuch} \quad \frac{7{,}1}{15{,}1} \cdot \frac{300}{274} = 0{,}513$$

$$\text{„ 2. „} \quad \frac{9{,}2}{15{,}1} \cdot \frac{300}{303{,}5} = 0{,}60$$

$$\text{„ 3. „} \quad \frac{9{,}54}{15{,}1} \cdot \frac{300}{309} = 0{,}62$$

Beim Ausfluß in die freie Luft, also unverengtem Querschnitt, ergaben die Versuche bei 1200 Touren einen Druck von 160 mm in der Mündung, eine Luftmenge i. d. Sek. von 3,6 cbm gleich dem 30fachen des von den Schaufeln beschriebenen Volumens und eine Luftgeschwindigkeit von 55 m i. d. Sek.

Ein dritter, mit demselben Ventilator angestellter Versuch betraf die Schaufelzahl, die Wirkungsweise der Schaufel, sowie die Wirkungsweise des Diffusors.

Um zunächst festzustellen, ob die Schaufelzahl (20) des Ventilators nicht zu groß sei, wurde dasselbe Rad mit 10 Schaufeln ausgeführt. Es ergab sich, daß in diesem Falle der Anfangsdruck von 80 mm wie bei 20 Schaufeln nahezu erreicht wurde, von 400 qcm Öffnung an aber sehr rasch abnahm, so daß derselbe z. B. bei 550 qcm Öffnung nur noch 76 mm betrug gegenüber 116 mm bei 20 Schaufeln. Hieraus schloß Rateau, daß man mit der Schaufelzahl nicht zu niedrig bleiben, also nicht zu weite Kanäle wählen soll, um die Länge der Luftwellen zwischen den Schaufeln auf wenige cm herabzuziehen. Indessen darf die Schaufelzahl auch nicht zu groß sein, damit die Reibung der Luft an den Schaufeln nicht zu sehr wächst. Die richtige Mitte zwischen beiden Grenzen zu finden, ist Sache der Erfahrung.

Die zweite Frage, welche Rateau zu lösen suchte, war diejenige, ob die Schaufelarbeit vorwiegend zur Druck- oder zur Geschwindigkeitssteigerung der Luft aufgewandt werde. Nach Rateau ist die Ansicht, daß die Drucksteigerung vorwiegend sei, falsch. Zur letzteren werden im Gegenteil nur 15—16 % der Gesamtarbeit verbraucht. Der weitaus größte Teil der letzteren verwandelt sich in lebendige Kraft, d. h. dient dazu, die Geschwindigkeit der Luft absolut und relativ zu den Schaufeln zu vermehren.

Die dritte Frage bezüglich der Wirkungsweise des Diffusors wird weiter unten [1]) ausführlicher behandelt werden.

2. Versuche auf den Kohlengruben von Aubin (Aveyron) [2]).

Am 24. Juni 1891 fanden in Cransac bei Aubin eingehende Versuche statt, um die Leistung des Rateauschen Ventilators im Vergleich zu der des Guibalschen und Serschen Ventilators zu ermitteln.

Die Versuche wurden bei verschiedenen Geschwindigkeiten und veränderlichem, äquivalenten Querschnitt der Grube angestellt und erstreckten sich auf die Untersuchung

    1. der Geschwindigkeit des Ventilators,

    2. der Depression im Saugschacht, kurz hinter dem Ventilator,

    3. der Luftmenge des Ventilators,

    4. der Dampfarbeit in der Maschine.

Der Versuchsventilator hatte folgende Abmessungen:

Durchm. des Rades	2,0 m
„ der Saugöffnung	1,2 „
Kranzbreite . . . . :	0,16 „
Durchm. der Antriebsscheibe	1,0 „

---

[1]) Siehe Theoret. Teil, Kapitel 11.
[2]) Rev. d. min. 1891, Bd. XV, S. 226.

Querschnitt der Saugöffnung . . . . 1,06 qm
„ „ Mündung des Austrittsrohrs . 3,8 „
Schaufelvolumen bei einer Umdrehung . . . 0,75 cbm

Die zu erfüllenden Bedingungen waren folgende: Der Ventilator sollte bei 200 Touren eine Depression von 30—40 mm und eine Luftmenge von 15—20 cbm i. d. Sek. liefern, wobei der mechanische Wirkungsgrad nicht weniger als 50 % betragen sollte und der äquivalente Querschnitt der Grube $\sim$ 1 qm war.

Zur Veränderung des äquivalenten Querschnittes war im Saugschacht eine Querwand von 1,2 m $\times$ 1,2 m angebracht, durch deren Verschiebung der Querschnitt von 0 bis 1,72 qm veränderlich gemacht werden konnte.

Zur Messung der Tourenzahl diente ein Deschiensscher Tourenzähler; bei jedem Versuch wurden je zwei Ablesungen i. d. Min. gemacht, welche nie um mehr als zwei Touren differierten, was eine Genauigkeit der Übereinstimmung bis auf ½ % ergab. Das Verhältnis der Tourenzahl des Ventilators zu derjenigen der Maschine war konstant = 1,83.

Die Depression wurde am Ende des Saugkanals von 2,8 qm Querschnitt gemessen, wo die Luftgeschwindigkeit gering war.

Die Messung geschah mittelst eines Wassersäulenmanometers.

Zur Berechnung der Luftmenge wurde die Luftgeschwindigkeit am obersten Ende des Schlotes gemessen. Derselbe war mit einer Galerie umgeben und die quadratische Ausflußöffnung von 1,95 m Seitenlänge durch je fünf Quer- und fünf Längsdrähte in 36 kleine Quadrate von 32,5 cm Seitenlänge eingeteilt. Die Luftgeschwindigkeit wurde mit einem Casartellischen Anemometer je fünf Sekunden lang in jedem Quadrat gemessen, so daß bei jedem Versuch 36 Messungen gemacht wurden und die Dauer jedes Versuches drei Minuten betrug. Um eine Kontrolle zu ermöglichen, wurden zwei Anemometer angewandt, welche sich gegenseitig ergänzten. Die Messungen stimmten im Mittel bis auf 1 % Genauigkeit überein, während die Differenz beider Ablesungen nie größer als 3,5 % war. Die Formeln zur Berechnung der Luftgeschwindigkeit waren

für das 1.. Anemometer $v = 0{,}152 + 0{,}308 \cdot n$,
„ „ 2. „ $v = 0{,}166 + n$,

worin n die Tourenzahl des Anemometers i. d. Sek., v die Luftgeschwindigkeit in m i. d. Sek. bezeichnete.

Zu Anfang und zu Ende einer jeden Versuchsreihe wurde die Temperatur der Luft, der Barometer- und Hygrometerstand gemessen.

Zur Berechnung der indizierten Leistung der Dampfmaschine wurden bei jedem Versuche mittelst Richardscher Indikatoren zwei Diagramme abgenommen.

Die Resultate der Versuche sind in der folgenden Tabelle enthalten. Die Temperatur der Luft betrug während der Versuchszeit 31—33⁰ C, der Barometerstand 741 mm, das Gewicht eines cbm Luft mithin 1,122 kg, der Dampfdruck in der Maschine 3,5 kg.

Versuchs-No.	Tourenzahl		Depression		Teilstriche des Anemometers		Geschwindigkeit der Luft		Luftmenge i. d. Sek.	Äquivalente Fläche A	Effektive Arbeit	Mittlere Ordinaten der Diagramme		Indizierte Arbeit	Mechan. Wirkungsgr.
	des Ventilat.	der Maschine	beobachtet	korrigiert	No. 1	No. 2	No. 1	No. 2				No. 1	No. 2		
	n	n'	h mm	h' mm			v m	v' m	Q cbm	qdm	t PS.	mm	mm	T PS.	$\frac{t}{T}$ in %
1	290	154	97 $^1/_4$	96 $^3/_4$	1298	—	3,45	——	13,1	50	16,9	11,6	12,15	30	56,3
2	276	151	103	101 $^1/_2$	2918	922	5,14	5,30	19,8	75	26,6	15,5	15,75	37,8	70,9
3	215	117	63 $^1/_2$	62 $^3/_4$	2358	748	4,19	4,26	16	77	13,4	11,65	11,9	22,1	60,6
4	235	128	85	83	3600	1105	6,31	6,30	24	100	26,8	17,85	18,3	36,8	72,3
5	212	116	71	68 $^1/_2$	4046	1213	7,08	7,1	27	124	24,6	20,5	20,8	38,2	54,4
6	196	107	58 $^1/_2$	55 $^3/_4$	4276	1321	7,63	7,5	28,7	147	21,3	21,7	21,9	37,3	57,1
7	187	102	50	47	4458	1324	7,73	7,52	29,6	165	18,6	22,7	23,5	37,3	49,9
8	184	100	47	44	4554	1397	7,94	7,96	30,2	172	17,5	23,3	23,9	37,8	47,1

Zu bemerken ist, daß die in Spalte 4 enthaltenen korrigierten Depressionen aus den beobachteten Depressionen durch Abzug der der Differenz der lebendigen Kräfte des Windstromes vor seinem Eintritt in den Ventilator und nach seinem Austritt aus dem Schlot entsprechenden Druckhöhe erhalten sind, sowie daß diese korrigierten Depressionen zur

Berechnung der äquivalenten Fläche nach der Formel [1]) $A = \dfrac{38 \cdot Q}{\sqrt{h'}}$,

sowie der reinen Ventilatorleistung t nach der Formel $t = \dfrac{Q \cdot h'}{75}$ gedient haben.

Die Versuche ergaben nun:

1. daß der Ventilator mit weit mehr als 200 Touren laufen konnte, da die Maschine für 6 kg Dampfdruck und 50—90 ind. PS. konstruiert war, während dieselbe bei den Versuchen schon bei 3,5 kg Dampfdruck 38 ind. PS. lieferte;

2. daß der Ventilator schon bei 196 Touren (Versuch No. 6) eine Depression von 55 mm und eine Luftmenge von 28 cbm lieferte, während bei 200 Touren oder 20,944 m Umfangsgeschwindigkeit eine Depression von 46—61 mm und eine Luftmenge von 15,33 cbm bei einer äquivalenten Fläche von 0,75—1,72 qm erzielt wurde, die gestellte Bedingung also vollständig erfüllt war;

3. daß der mechanische Wirkungsgrad für äquivalente Flächen von 0,5—1,6 qm über 50 %, bei 1 qm sogar 72,3 % betrug.

In der nachfolgenden vergleichenden Übersicht, welche den Mitteilungen Rateaus über die obigen Versuche angefügt ist, waren die besten, mit den einzelnen Systemen erreichten Werte einander gegenübergestellt.

Hierzu ist jedoch zunächst zu bemerken, daß der mechanische Wirkungsgrad des Pelzerschen Ventilators (Tabelle S. 411) im allgemeinen bedeutend höher ist, als hier angegeben, und im Mittel 64 % beträgt.

---

[1]) Von Murgue, vgl. Theoret. Teil, Kapitel 11.

Ventilator von	mit 20 m Umfangsgeschwindigkeit erzielte Depression mm	Manom. Wirkungsgrad %	Mechan. Wirkungsgrad %
1. Pelzer[1]), 2,5 m Durchm. . .	29,5	61	48
2. Guibal[2]), 7 und 9 m Durchm.	37	70	48
3. Ser[3]), 2 m Durchm.	41 (?)	85	51
4. Rateau, 2 m Durchm. . . .	59	122	72

Da sich die theoretische Maximaldepression nach der Formel $H = \dfrac{u^2}{g}$ berechnet, und u sich für die größte effektive Depression von 103 mm und die Tourenzahl 276 zu 28,9 m ergibt, so folgt: $H = \dfrac{28,9^2}{9,81}$

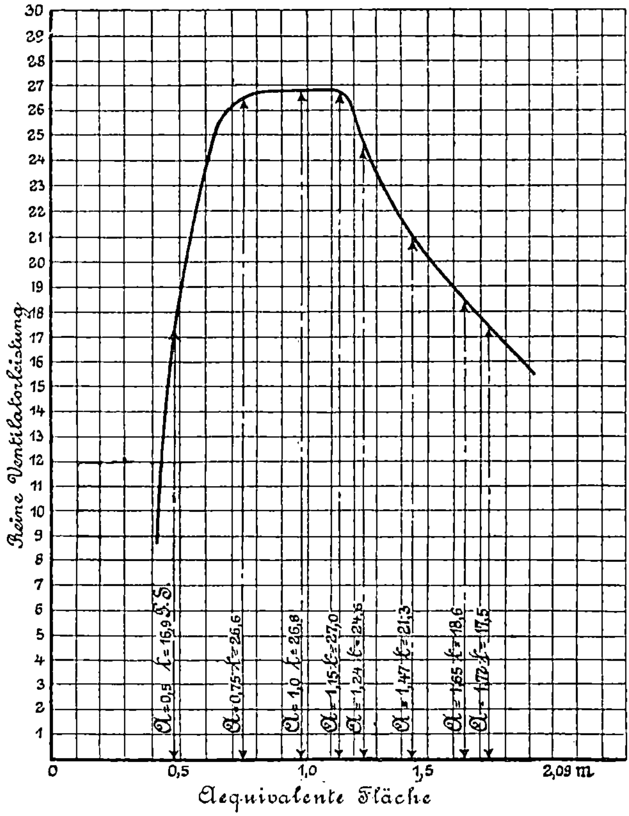

Fig. 517.

[1]) Ventilator Pelzer von Alstaden, Rev. d. min. 1890, Bd. IX, 3. Ser.
[2]) Aufsatz von Althaus, übersetzt von Murgue, Bull. de la soc. min. 1889.
[3]) Versuche von François, Bull. de la soc. min. 1886.

$$= 85{,}1, \quad \text{mithin der manometrische Wirkungsgrad} \quad \eta_m = \frac{103}{85{,}1} = 1{,}22$$

oder 122 %.

Dieser ungemein günstige und scheinbar unmögliche Wert läßt sich durch folgende Betrachtung einigermaßen erklären.

Der größte Wert der reinen Leistung des Rateauschen Ventilators liegt bei ca. 1,15 qm äquivalenter Fläche, wie aus der nach der vorigen Tabelle aufgezeichneten graphischen Darstellung Fig. 517 hervorgeht. Bei dem Serschen Ventilator von gleichem Durchmesser liegt derselbe bei 1 qm, so daß beide unter ziemlich gleichen Verhältnissen arbeiten.

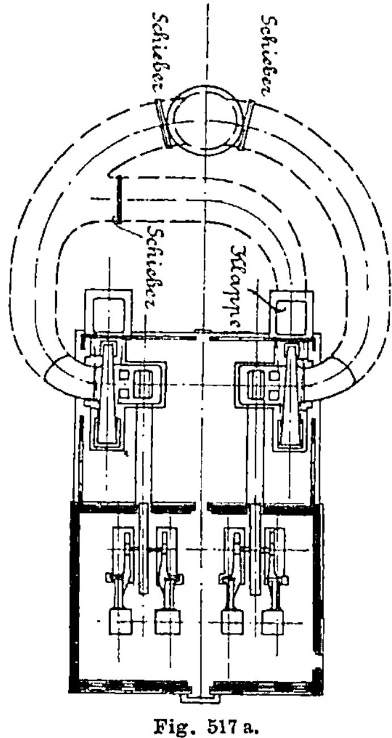

Fig. 517 a.

Da jedoch der Sersche Ventilator mit zwei Saugöffnungen versehen ist, während der Rateausche deren nur eine besitzt, so folgt daraus, daß die Luftgeschwindigkeit im Rade bei dem Rateauschen Ventilator bedeutend größer sein muß als bei dem Serschen, und ist hierdurch der bedeutend höhere manometrische Wirkungsgrad einigermaßen zu erklären.

Wie ein Blick auf Fig. 508 ferner sofort erkennen läßt, ist der Diffusor im Verhältnisse zum Schaufelrad bedeutend größer als bei den früher besprochenen Systemen, und dürfte hierin gleichfalls ein Grund für den so ungewöhnlich hohen manometrischen Wirkungsgrad zu suchen sein, da infolge der sehr großen Querschnittserweiterung im Diffusor die Geschwindigkeit der Luft bedeutend verkleinert, ihre lebendige Kraft also in einen desto größeren dynamischen und statischen Druck umgewandelt wird.

28*

Versuch	Umdrehungen i. d. Min.		Umfangsgeschwindigkeit des Flügelrades in m i. d. Sek.	Wettergeschwindigkeit an der Meßstelle in m i. d. Sek.	Wettermenge in cbm i. d. Min.	Abgelesene Depression in mm Wassersäule	Gewicht eines cbm angesaugter Luft in kg	Nutzleistung der Anlage in PS bei Vernachlässigung des natürlichen Wetterzuges	Indizierte Leistung d. Maschine in PS.	Mechan. Wirkungsgrad in % bei Vernachlässigung d. natürlichen Wetterzug.	Manometrischer Wirkungsgrad in %	Äquivalente Grubenweite in qm	Bemerkungen
	d. Maschine n	des Ventilators n'	u	$\blacktriangledown$	Q	h	γ	$N_n = \dfrac{Q \cdot h}{60 \cdot 75}$	N_i	$\eta = \dfrac{N_n}{N_i}$	$\eta_2 = \dfrac{h}{u^2}\dfrac{\gamma}{g}$	$A = \dfrac{0{,}38 \cdot Q}{60 \cdot \sqrt{h}}$	

Ventilator-Anlage auf Zeche „Schlägel und Eisen".

Wettermessungen bei der Abnahme am 8. Dezember 1894 nach 13 monatlichem Betriebe.
Dampfmaschine: Zwilling, $D = 500$, $H = 800$ mit Ridersteuerung (8 Atm. Kesselspannung).
Rateau-Ventilator von 3,4 m Flügelrad-Durchmesser.

Versuch	n	n'	u	$\blacktriangledown$	Q	h	γ	N_n	N_i	η	η_2	A	Bemerkungen
I	64	192	34,17	12,52	3620	135	1,20	108,6	148	73	93	1,97	
II	72	218	38,80	14,11	4080	170	1,19	154	204	75	93	1,98	
III	81	244	43,43	15,75	4555	210	1,18	212	273	77	93	1,98	

Ventilator-Anlage auf Zeche „Consolidation".

Wettermessungen bei der Abnahme am 16. Juli 1895 nach 6 monatlichem Betriebe.
Dampfmaschine: Zwilling, $D = 500$, $H = 1000$ mit Kolbensteuerung (6 Atm. Kesselspannung).
Rateau-Ventilator von 4,0 m Flügelrad-Durchmesser.

Versuch	n	n'	u	$\blacktriangledown$	Q	h	γ	N_n	N_i	η	η_2	A	Bemerkungen
I	57,5	193,5	40,52	11,945	5590	169	1,183	209,90	305,8	68,6	85,3	2,72	
II	47,5	158	33,09	9,843	4606	112	1,1874	114,60	168	68	84,5	2,75	Zwischen den Versuchen III und IV ist eine Pause von 2½ Stunden während des Schichtwechsels
III	40	135	28,27	8,383	3925	83	1,1905	72,4	108,1	67	85,6	2,73	
IV	67,5	227	47,53	13,133	6150	232	1,192	317	448,43	70,7	86	2,55	Der verringerte Querschnitt A ist erklärt durch Änderung in der Wetterführung
V	25	85	17,8	4,875	2280	33	1,197	16,72	25,797	64,8	85,3	2,52	

Ventilator-Anlage auf Zeche „Victor".

Wettermessungen bei der Abnahme am 20. Februar 1896 nach 1 monatlichem Betriebe.
Alte Dampfmaschine: einzylindrig, D = 475, H = 900 mit Ridersteuerung (6 Atm. Kesselspannung).
Neuer Rateau-Ventilator von 2,8 m Flügelrad-Durchmesser.

I	50	225	—	—	2340	—	—	—	101,3	—	—	—	Q aus II berechnet
II	54	242	35,5	5,446	2525	145	1,175	81,36	122,2	66,6	94	1,33	
III	59,5	268	39,8	5,983	2775	174	1,171	107,3	159	67,5	93	1,33	
IV	61	—	—	—	2845	180	—	—	163,5	—	—	—	Q aus III berechnet

Leistung des alten, durch den Rateau-Ventilator ersetzten „Moritzschen" Ventilators.

54	320	50	4,377	2030	94	1,18	42,5	120	35,4	31	1,33	h für die neue Meßstelle reduziert, N_i nach Angabe

Ventilator-Anlage auf Zeche „Zollern".

Wettermessungen bei der Abnahme am 23. Februar 1896 nach 3 monatlichem Betriebe.
Dampfmaschine: Zwilling, D = 600, H = 1000 mit Kolbensteuerung (4 Atm. Kesselspannung).
Rateau-Ventilator von 3,4 m Flügelrad-Durchmesser.

I	58,5	212	37,74	$\frac{579,55}{60}$	3828	158	1,194	134,7	201,0	67,0	90,9	1,93
II	68	248	44,18	$\frac{681,6}{60}$	4502	213	1,1884	213,1	300,5	70,8	90,2	1,95

Ventilator-Anlage auf Zeche „Dannenbaum", Schacht V.

Wettermessungen am 25. März 1896 nach 1 monatlichem Betriebe.
Dampfmaschine: Zwilling, D = 500, H = 800 mit Ridersteuerung (5 Atm. Kesselspannung).
Rateau-Ventilator von 3,4 m Flügelrad-Durchmesser.

I	51	173,5	30,9	$\frac{560,7}{60}$	2540	106	1,192	59,83	88,3	67,6	91,4	1,56
II	58,5	200	35,6	$\frac{685,5}{60}$	2983	140	1,188	92,8	135	68,8	90,7	1,59
III	66	224	39,87	$\frac{776,5}{60}$	3518	176	1,186	137,6	193,88	70,97	91,5	1,67
IV	76	258	45,93	$\frac{920,6}{60}$	4170	238	1,179	220,55	294,7	74,80	93,9	1,71

Versuch	Umdrehungen i. d. Min.		Umfangsgeschwindigkeit des Flügelrades in m i. d. Sek.	Wettergeschwindigkeit an der Meßstelle in m i. d. Sek.	Wettermenge in cbm i. d. Min.	Abgelesene Depression in mm Wassersäule	Gewicht eines cbm angesaugter Luft in kg	Nutzleistung der Anlage in PS. bei Vernachlässigung des natürlichen Wetterzuges $N_n = \frac{Q \cdot h}{60 \cdot 75}$	Indizierte Leistung d. Maschine in PS. N_i	Mechan. Wirkungsgrad in % bei Vernachlässigung d. natürlichen Wetterzug. $\eta = \frac{N_n}{N_i}$	Manometrischer Wirkungsgrad in % $\eta_z = \frac{h}{u^2} \cdot \frac{\gamma}{g}$	Äquivalente Grubenweite in qm $A = \frac{0,38 \cdot Q}{60 \cdot \sqrt{h}}$	Bemerkungen
	d. Maschine n	des Ventilators n'	u	v	Q	h	γ						

Ventilator-Anlage auf Zeche „König Wilhelm".

Wettermessungen bei der Abnahme am 24. Oktober 1896 nach 3 monatlichem Betriebe.
Dampfmaschine: 2 Zwillinge von $D = 600$, $H = 1000$ mit Kolbensteuerung.
2 Rateau-Ventilatoren von 3,4 m Flügelrad-Durchmesser.

I. Anlage rechts bei 68 Umdrehungen der Maschine.

| 68 | 247 | 43,83 | 14,05 | 5020 | 218 | 1,174 | 243,2 | 344 | 70,7 | 94,7 | 2,15 | |

II. Anlage links bei 60,5 Umdrehungen der Maschine.

| 60,5 | 221 | 39,34 | 12,35 | 4430 | 164 | 1,177 | 161,4 | 232,5 | 69,4 | 88,3 | 2,16 | |

III. Beide Anlagen zugleich arbeitend bei 59 resp. 58 Umdrehungen der Maschinen.

| Masch. rechts 59 / Masch. links 58 | 213,5 / 210 | 38,0 / 37,38 | 16,025 | 5750 | 293 | 1,1799 | 374 | 638 | 58,7 | 86 | 2,13 | Bei III saugt Ventilator rechts, Fig. 517a, S. 435; aus d. Wetterschacht; links aus rechts. Schieber oben links ist geschlossen, 2 (oben rechts) und 3 geöffnet |

Anlage rechts bei 61 Umdrehungen der Maschine.

| 61 | 221 | 39,34 | 11,28 | 4070 | 175 | 1,1716 | 158,3 | 233 | 68 | 93 | 1,95 | Vorversuch, ausgeführt am 8. 10. 96 |

Ventilator-Anlage auf Zeche „Zentrum".

Wettermessungen bei der Abnahme am 6. Januar 1897 nach 5 monatlichem Betriebe.
Dampfmaschine: Zwilling, D = 425, H = 900 mit neuer Collmann-Ventilsteuerung (8 Atm. Kesselspannung).
Rateau-Ventilator von 4,0 m Flügelrad-Durchmesser.

I	42	126	26,4	12,883	5078	76	1,2152	85,76	119,86	71,47	88,08	3,688	Es wurde gemessen: von 10^{20}—10^{50}
II	55	163	34,15	16,745	6586	127	1,2094	185,87	241,7	76,90	88,34	3,701	von 11^{35}—12^{05}
III	64	191	40,0	19,08	7504	174	1,2067	290,15	371,15	78,17	88,42	3,604	von 4^{80}—5^{00}

Ventilator-Anlage auf Zeche „Franziska Tiefbau".

Wettermessungen bei der Abnahme am 2. November 1897 nach 5 monatlichem Betriebe.
Dampfmaschine: Zwilling, D = 450, H = 900 mit Ventilsteuerung (5 Atm. Kesselspannung).
Rateau-Ventilator von 3,4 m Flügelrad-Durchmesser.

I	43	145	25,81	$\frac{320}{60}$	3080	81	1,2165	55,44	79,55	69,7	98	2,17
II	62	209	37,2	$\frac{463}{60}$	4454	167	1,2068	165,3	222,9	74,1	98	2,18
III	67,5	227	40,4	$\frac{503}{60}$	4840	198	1,2025	213	287,1	74,1	98	2,18

Ventilator-Anlage auf Zeche „Neu-Iserlohn".

Ergebnisse der am 3. April 1898 ausgeführten Untersuchung.
Verbund-Dampfmaschine $D = \frac{425}{600}$, H = 900 mit neuer Collmann-Ventilsteuerung.
Rateau-Ventilator von 3,4 m Flügelrad-Durchmesser.

I	53,5	160	24,48	$\frac{703}{60}$	3555	88	1,184	69,52	106,6	65,2	89,6	2,40
II	69	205	36,49	$\frac{881}{60}$	4469	142	1,182	141,02	215,8	65,35	88,5	2,38
III	77,5	231	41,1	$\frac{998}{60}$	5060	182	1,177	204,65	369,8	66,05	89,7	2,37

In den Fig. 518—521 ist eine Ventilatoranlage für den neuen Schacht III der Zeche „Unser Fritz" abgebildet. Bei derselben ist ein Ventilator von 4 m Flügeldurchmesser, 420 mm Flügelbreite am Umfange, eine Zwillingsdampfmaschine von 525 mm Zylinderdurchmesser und 1050 mm Kolbenhub zur Ausführung gekommen und findet der Antrieb von der letzteren auf den Ventilator durch Seilantrieb statt.

Von beachtenswerten Versuchen sind die in den vorstehenden Tabellen angegebenen Versuche besonders hervorzuheben, welche in den Jahren 1894 bis 1898 stets nach mehrmonatlichem Betriebe an Ventilatoren von 2,8, 3,4 bzw. 4 m Durchmesser ausgeführt wurden.

Eine übersichtliche Zusammenstellung der hauptsächlichste dieser Versuche enthält die Tabelle auf S. 442 und 443.

	Grube Frankenholz		Schürbank und Charlottenburg	
Ventilator-Durchm. in m	3,4	3,4	2,8	2,8
Umdrehungen der Dampfmaschine i. d. Minute	72	88	73,1	91,7
Umdrehungen des Ventilators i. d. Min.	217	266	301	379
Umfangsgeschwindigkeit des Ventilators in m/Sekunden	38,6	47,35	44,13	55,56
Wettermenge in cbm i. d. Minute . .	4673	5463	2550	3353
Reine Depression in mm Wassersäule	162	237	199	315
Gewicht der angesaugten Grubenluft in kg/cbm	1,15	1,13	1,19	1,17
Theoretische Depression in mm Wassersäule	173,3	259,4	235,64	368,57
Manometrischer Wirkungsgrad des Ventilators in º/o	93	91,4	84,45	85,5
Nutzleistung des Ventilators in PS. .	168,23	287,7	112,77	234,71
Indizierter Kraftverbrauch der Anlage in PS.	231	400,1	155,44	321,15
Mechanischer Gesamtwirkungsgrad in %	72,8	71,9	72,48	78,1
Äquivalente Grubenweite in qm . .	2,32	2,25	1,146	1,196

	Dahlbusch		Rheinelbe III	
Ventilator-Durchm. in m	4,0	4,0	4,0	4,0
Umdrehungen i. d. Minute	175	211	243	189
Wettermenge in cbm/Minute	5335[1])	6427,2	7409,2	5617,5
Depression in mm Wassersäule . . .	139	204	266	165
Umfangsgeschwindigkeit des Flügelrades in m/Sekunde	36,65	44,19	50,89	39,58
Gewicht der Grubenluft in kg/cbm .	1,21	1,20	1,19	1,18
Theoretische Depression in mm Wassersäule	165	239,2	314	188
Manometrischer Wirkungsgrad in % .	84,25	85,2	84,7	87
Nutzleistung des Ventilators in PS. .	164,8	291,3	438	206
Kraftabgabe des Motors in PS. . . .	195,0	341,7	526,2	244
Mechanischer Wirkungsgrad des Ventilators in %	84,4	85,4	83,3	84,4
Äquivalente Grubenweite in qm . .	2,86	2,85	2,87	2,77

[1]) Die Wettermenge des ersten Versuchs ist aus den beim zweiten und dritten Versuch ermittelten Mengen berechnet.

Vier neueste Versuchsreihen sind in der vorstehenden Tabelle
zusammengestellt und zwar sind die beiden ersten Ventilatoren durch
Dampfmaschinen, die beiden letzten durch Elektromotoren angetrieben.

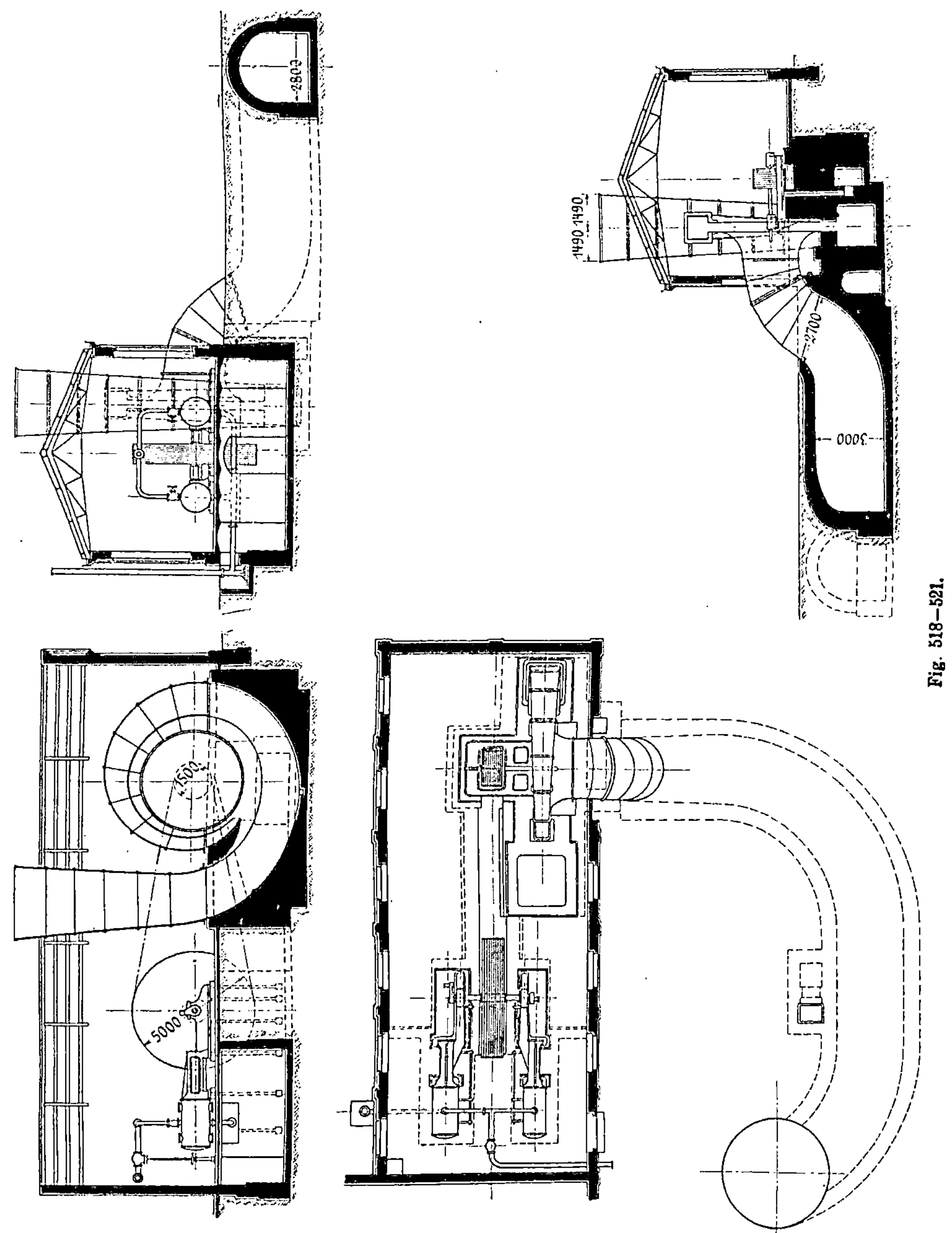

Besteller. Zeche	Flügelrad-Durchm. des Rateau'schen Ventilators mm	Betriebsmaschine			Umdrehungen		Umfangs-geschwindigkeit des Flügelrades
		Zylinder-Durchm. mm	Hub mm	Art der Steuerung	des Ventilators i. d. Min.	der Maschine i. d. Min.	i. d. Sek.
Schlägel und Eisen .	{ 3400	Zwilling 500 | 800		Ridersteuerung	192 244	64 81	34,17 43,13
Konsolidation III u. IV	{ 4000	Zwilling 500 | 1000		Kolben „	158 227	47,5 67,5	33,09 47,53
Zollern	{ 3400	Zwilling 600 | 1000		„　　„	212 248	58,5 68	37,74 44,18
Viktor (Wetterschacht)	{ 2800	Illing 475 | 900		Rider „	242 268	54 59,5	35,5 39,8
Dannenbaum V . . .	{ 3400	Zwilling 500 | 800		„　　„	200 258	58,5 76	35,6 45,93
König Wilhelm . . .	{ 3400	Zwilling 600 | 1000		Kolben „	221 247	60,5 68	39,43 43,83
Franziska Tiefbau . .	{ 3400	Zwilling 450 | 900		Ventil „	145 227	43 67,5	25,81 40,4
Neu-Iserlohn	{ 3400	Verbund 425 600 | 900		„　　„	160 231	53,5 77,5	28,48 41,1
Dannenbaum I . . .	{ 3400	Zwilling 500 | 800		Rider „	203 230	59 67	36,1 40,9
Zentrum	{ 4000	Zwilling 425 | 900		Ventil „	163 191	55· 64	34,15 40,0
Bruchstraße	{ 3400	Zwilling 500 | 800		Kolben „	228 258	66 75	40,58 46,0
Vollmond	{ 3400	Zwilling 500 | 800		„　　„	176 222	59 75	31,3 39,5
Konsolidation III u. IV	{ 4000	Zwilling 500 | 1000		„　　„	157 213	47 65,5	32,9 44,6
Adolf v. Hansemann .	{ 4000	Verbund 450 700 | 900		Ventil „	133 186	50 70	27,8 38,9
Neu-Essen	{ 4000	Zwilling 525 | 1050		„　　„	132,5 211	40 64,5	27,76 44,2

Wie aus den beiden letzten Tabellen hervorgeht, schwankt der manometrische Wirkungsgrad zwischen 84,25 und 93 % und beträgt im Mittel aus allen acht Versuchen 84,94 %, welcher Wert als außerordentlich hoch anzuerkennen ist. Der mechanische Wirkungsgrad beträgt bei den vier ersten Versuchen (Dampfantrieb) im Mittel 72,57 %, bei den vier letzten (elektrischer Antrieb) im Mittel 84,4 %, also fast 12 % mehr als bei ersteren.

latoren. System Rateau.

Abgelesene Depression mm Wassersäule	Manometrischer Wirkungsgrad %	Luftmenge im Wetterkanal i. d. Min. cbm	Nutzleistung der ganzen Anlage PS.	Indizierte Leistung der ganzen Anlage PS.	Mechanischer Wirkungsgrad in %	Äquivalente Grubenweite qm	Zeit der Ausführung des Versuches	Versuch wurde ausgeführt nach einer Betriebszeit von n Monaten	Bemerkungen
135	93	3620	108,6	148	73	1,97	} 8.12.94	13	
210	93	4555	212	273	77	1,98			
112	84,5	4606	114,6	168	68	2,75	}16. 7.95	5	1. Anlage
232	86	6150	317	448,4	70,7	2,55			
158	90,9	3828	134,7	201,0	67,0	1,93	}23. 2.96	3	
213	90,2	4502	213,1	300,5	70,8	1,95			
145	94	2525	813,6	122,2	66,6	1,33	}20. 2.96	1	Alte Betriebs-maschine
174	93	2775	107,3	159	67,5	1,33			
140	90,7	2983	92,8	135	68,8	1,59	}25. 3.96	1	
238	93,9	4170	220,55	294,7	74,8	1,71			
164	88,3	4430	161,4	232,5	69,4	2,16	}24.10.96	3	
218	94,7	5020	243,2	344	70,7	2,15			
81	98	3080	55,44	79,55	69,7	2,17	} 2.11.97	5	
198	98	4840	213	287,1	74,1	2,18			
88	89,6	3555	69,5	106,0	65,2	2,40	} 3. 4.97	5	
182	89,7	5060	204,65	369,8	66,0	2,37			
130	84,6	2060	58,1	90,4	65,8	1,14	}17. 6.97	3	
156	84,5	2285	77,7	120,1	65,9	1,16			
127	88,3	6586	185,87	241,7	76,9	3,7	}15.12.96	5	
174	88,4	7504	290,15	371,15	78,1	3,6			
158	79,9	2680	94,1	123,4	76,2	1,35	} 3.11.96	2	
203	80,1	2890	130,4	174,6	74,1	1,28			
104	87,5	2250	52	86,86	59,8	1,40	}11.12.96	4	
163	86,7	2850	103,2	160,5	64,3	1,41			
110	82,3	4880	119,2	182,3	65,4	2,95	}21.10.97	5	2. Anlage
202		6610	296,7	410,9	72,2	2,95			
83	88,5	2340	43,2	65,9	65,6	1,626	}29.12.98	2	
162	88,5	3276	118,4	180,8	65,6	1,626			
77	83,6	3060	54,08	82,1	65,8	2,28	} 8. 9.99	5	Aus der ersten Reihe berech-net.
190	82,6	5180	218,7	294	74,4	2,37			

Die mittlere Luftmenge i. Sek. bezogen auf 1 m Umfangsgeschwindigkeit beträgt dabei:

bei 2,8 m Durchm. 0,982 cbm
„ 3,4 „ „ 1,97 „
„ 4,0 „ „ 2,41 „

wobei die größte absolute Umfangsgeschwindigkeit bei allen Versuchen 55,56 m bei dem Ventilator von 2,8 m Durchmesser betrug.

Die Versuche zeigen recht günstige Resultate, und dürften auch dazu beitragen, den Ruf des Rateau-Ventilators als eines der leistungsfähigsten Grubenventilatoren, wenn nicht des besten der überhaupt zur Zeit bekannten Ventilatoren zu bestätigen. Ausgeführt war der Rateau-Ventilator bis zum Jahre 1910 in 245 Anlagen. Aus den Katalogen der Erbauerin in Deutschland ergibt sich für diese Anlagen:

die mittlere äquivalente Grubenweite zu A = 2,18 qm,
     ,,   ,,   Maximalleistung 4630 cbm/min. = 77,17 cbm/Sek.
     ,,   ,,   Depression 182,3 mm W.-S. und
     ,,   ,,   reine Ventilatorleistung zu Nv. = $\sim$ 188 PS.

Die absolut größte Anlage darunter für eine Luftleistung von 15 000 cbm/min. = 250 cbm/Sek. befindet sich in Bork i. W. und gehört der Bergwerksgesellschaft Herrmann in Bork i. W. Die äquivalente Grubenweite beträgt dort 5 qm, also die für die Förderung der ungewöhnlich großen Luftmenge erforderliche Depression (gemäß der Gleichung $A = \dfrac{0,38\ Q}{\sqrt{h}}$), h = 361 mm. Der Ventilator wird mit direktem elektrischem Antrieb betrieben.

Der absolut kleinste dieser Ventilatoren hat eine äquivalente Grubenweite von nur 0,04 qm, eine minutliche Luftkompression von 80 cbm/min. und befindet sich in Obernkirchen im Oberbergamtsbezirk Obernkirchen. Die verschiedenen Größen verteilen sich wie folgt:

50	Stück	mit	einer	minutl.	Luftmenge	von	3000— 4000	cbm
39	,,	,,	,,	,,	,,	,,	5000— 6000	,,
34	,,	,,	,,	,,	,,	,,	6000— 7000	,,
31	,,	,,	,,	,,	,,	,,	2000— 3000	,,
30	,,	,,	,,	,,	,,	,,	4000— 5000	,,
15	,,	,,	,,	,,	,,	,,	7000— 8000	,,
12	,,	,,	,,	,,	,,	,,	8000— 9000	,,
10	,,	,,	,,	,,	,,	,,	1000— 2000	,,
7	,,	,,	,,	,,	,,	,,	bis zu 500	,,
7	,,	,,	,,	,,	,,	,,	9000—10000	,,
4	,,	,,	,,	,,	,,	,,	500— 1000	,,
4	,,	,,	,,	,,	,,	,,	10000—12000	,,
1	,,	,,	,,	,,	,,	,,	12000—14000	,,
1	,,	,,	,,	,,	,,	,,	14000—16000	,,

Daraus folgt, daß Rateau-Ventilatoren mit Luftmengen über 10 000 cbm nur sechs oder nur 2,45 % der Gesamtzahl vorhanden sind, während 184 Ventilatoren oder 75,1 % der Gesamtzahl Luftmengen zwischen 2000—7000 cbm liefern.

Während bei den bisher beschriebenen Ventilatoren von Rateau [1]), wie die Versuche zeigen, höchstens Depressionen oder Drücke von 300 bis 400 mm Wassersäule erreicht wurden, ist es zuerst Rateau durch die Verbindung seines Ventilators mit Dampfturbinen gelungen, Pressungen bzw.

---

[1]) Ventilateurs et Pompes centrifuges pour hautes pressions par turbines à vapeur ou par moteurs électriques par A. Rateau, Saint Etienne 1902. Sonderabdruck aus Bulletin de la Société de l'industrie minerale 1902, 4. sér.

Depressionen zu erzielen, welche bis dahin mit Zentrifugalrädern als geradezu unerreichbar erachtet wurden, Pressungen, welche das Zehnfache und bei Verwendung von mehreren Ventilatoren hintereinander das noch Mehrfache der bisher üblichen Pressungen erreichen. Es darf wohl behauptet werden, daß es diese Erfindung Rateaus war, welche eine

Fig. 522.

große Umwälzung sowohl auf dem Gebiete der Ventilatoren wie der Zentrifugalpumpen hervorgebracht hat, da auch bei Zentrifugalpumpen gegenüber Druckhöhen von 12—15 m solche von 200—300 m durch ein einziges Schaufelrad erzielt sind. Durch die Anwendung der Elektrizität wurde zunächst der Übergang gegeben, indem bei der direkten Verbindung der Dynamomaschine mit dem Ventilator bereits beträchtlich hohe Tourenzahlen erreicht werden konnten, und damit bei verhältnismäßig kleinen Raddurchmessern schon beträchtliche Leistungen erzielt wurden. Jedoch erst bei der Verwendung der mit 10—20 000 und mehr Touren i. d. Minute laufenden Dampfturbinen für die Zwecke des direkten Antriebs der Zentrifugalventilatoren kam Rateau zu den erstaunlichen Resultaten, welche er mit seinen verhältnismäßig kleinen Ventilatoren durch diese Verbindungen erreichte. In den Fig. 522—524 ist die Anordnung eines Zentrifugalventilators mit direktem Antrieb durch eine Dampfturbine in der äußeren Ansicht, im Schnitt und im Grundriß dargestellt. Der Ventilator besteht aus einem Flügelrad aus Stahl von besonderer Konstruktion, welche es ermöglicht, demselben eine Umfangsgeschwindigkeit von 250 m i. d. Sekunde zu geben. Der Ventilator ist beiderseitig saugend in einem gußeisernen Gehäuse V angebracht, während die Dampfturbine T auf derselben Welle wie der Ventilator sitzt. Bei dem Versuchsapparat von Rateau hatte das Ventilatorrad einen Durchmesser von 25 cm, die Dampfturbine einen solchen von 30 cm. Die in der nachfolgenden Tabelle wiedergegebenen Versuche, welche am 24. und 25. Juli 1900 stattfanden, zeigen eine größte Wassersäulenhöhe von 5,8 m bei 20 200 Umdrehungen des Ventilators i. d. Minute, wobei die nutzbare Leistung des Ventilators 34,75 PS. und die Luftmenge 0,551 cbm i. d. Sekunde betrug.

Turbinen-Ventilatoren von Rateau für hohe Kompressionen.
Versuche am 24./25. Juli 1900[1]).

No.	Austrittsöffnung der Lutte qcm	Zahl der geöffneten Röhren	Druck über der Turbine P kg/qcm	Geschwindigkeit des Ventilators n Touren i. d. Min.	Totale Höhe in Wassersäule H m	Leistung des Ventilators Q cbm/sec.	$\dfrac{10^6\,H}{n}$	Koeffizient der Leistung δ	Nutzbare Arbeit T_u PS.	Theoret. Arbeit T_t PS.	Ges. Wirkungsgrad $\varrho_\mathbf{v}$
1	8,25	2	3,40	10500	1,39	0,128	1,26	0,069	2,22	18,2	0,122
5	8,25	2	7,40	18500	4,50	0,214	1,32	0,057	10,85	62,4	0,174
6	15,4	2	2,70	8200	0,84	0,189	1,25	0,112	2,03	11,5	0,177
11	15,4	2	8,30	17700	4,32	0,397	1,38	0,110	19,38	73,9	0,262
12	22,8	2	3,50	9350	1,20	0,332	1,37	0,174	5,02	19,2	0,261
16	22,8	2	9,40	16950	3,88	0,562	1,34	0,162	25,67	88,2	0,291
17	30,3	2	4,40	9500	1,07	0,419	1,18	0,217	5,74	28,2	0,204
20	30,3	2	10,10	16500	3,44	0,710	1,26	0,212	28,36	97,3	0,292
21	19,0	3	6,00	15400	3,16	0,429	1,34	0,136	15,93	68,5	0,233
23	19,0	3	9,30	20200	5,80	0,551	1,42	0,134	34,75	130,0	0,267
24	22,8	3	6,40	15200	3,08	0,509	1,33	0,164	18,49	76,0	0,243
26	22,8	3	10,40	20200	5,70	0,656	1,40	0,159	40,72	152,0	0,307
27	26,6	3	6,70	15400	2,96	0,584	1,25	0,185	20 43	81,0	0,252
29	26,6	3	10,90	20200	5,50	0,755	1,35	0,183	45,55	162,0	0,281

Die Messungen fanden in der Weise statt, daß der Austrittsquerschnitt von 8,25 qcm allmählich auf 26,6 qcm erweitert wurde. Für jeden der verschiedenen Austrittsquerschnitte sind in der obigen Tabelle

---

[1]) a. a. O. S. 23, wo sich die ausführliche Tabelle sämtlicher 29 Versuche findet.

an Stelle der in der Originaltabelle enthaltenen 4—5 Werte nur je zwei
Werte gegeben, nämlich für den geringsten und größten Dampfdruck.
In der Tabelle bezeichnet P den Dampfdruck, gemessen vor dem Eintritt
des Dampfes in die Turbine in kg/qcm, n die Tourenzahl i. d. Minute,
H die Druckhöhe in Metern Wassersäule, Q die Leistungen des Venti-
lators in cbm Luft i. d. Sekunde, T_u die erzeugte nutzbare Arbeit[1]),
also die reine Ventilatorleistung, T_t die theoretische Leistung des in die
Turbine einströmenden Dampfes.

In Fig. 525 sind die sogenannten charakteristischen Kurven des
Ventilators und der Turbine aufgezeichnet, indem als Abszisse der Koeffizient der Leistungen $\delta = \dfrac{Q}{U \cdot r^2}$ und als Ordinate der gesamte Wirkungs-

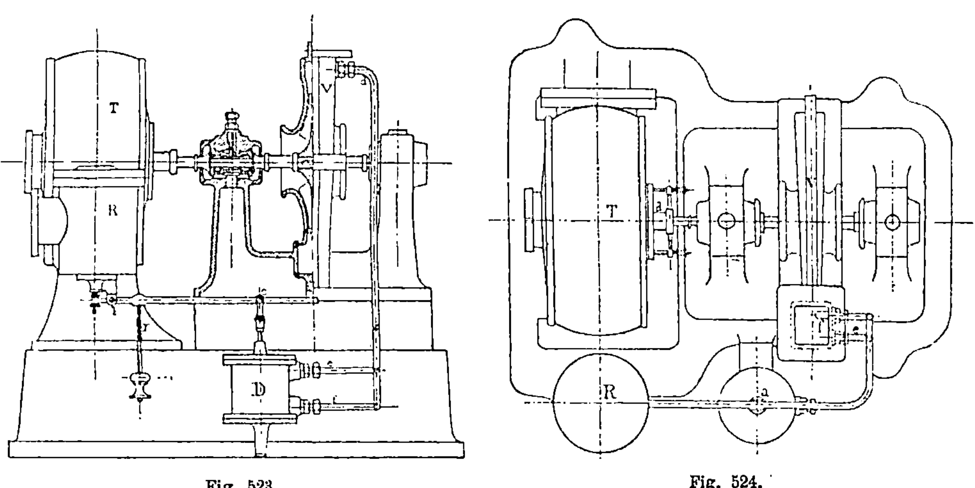

Fig. 523.   Fig. 524.

grad $\varrho_0 = \dfrac{T_u}{T_t}$ aufgetragen ist. Die in der Figur dargestellten Kurven
entsprechen den Geschwindigkeiten von 11 000, 14 000, 17 000 und 20 000
Touren i. d. Minute. Aus diesen Kurven geht hervor, daß bei normalem
Gange der gesamte Wirkungsgrad ϱ_0 noch größer als 28 % ist, was als
ein sehr gutes Resultat bezeichnet werden muß, da sich hieraus für den
Ventilator ein Wirkungsgrad von ungefähr 56 % ergibt; derjenige der
Turbine wird zu etwa 50 % angenommen werden können. Interessant
ist der von Rateau mitgeteilte Betrag des Dampfverbrauches, welcher
bei diesen Versuchen nicht mehr als etwa 12 kg für eine nutzbare PS.
und Stunde betrug, also dem einer guten Kondensationsdampfmaschine
für dieselbe Leistung gleichkommt.

Bei einem weiteren mit einem Ventilator dieser Art angestellten
Versuch wurden die im folgenden gegebenen Resultate erzielt.

Der Ventilator, welcher mit einem Saugrohr und Luftrohr verbunden ist, hat die Aufgabe, die aus einem Kalkofen abziehende Kohlen-

---

[1]) Nach der Schreibweise in der Originalabhandlung.

säure anzusaugen und dieselbe in einen, mit Zuckersaft gefüllten Kessel zu pressen, in welchem der Zucker fast in einer Höhe von etwa 4 m enthalten ist. Der vom Ventilator zu diesem Zwecke zu erzeugende Gesamtdruck beträgt insgesamt 5—6 m Wassersäule.

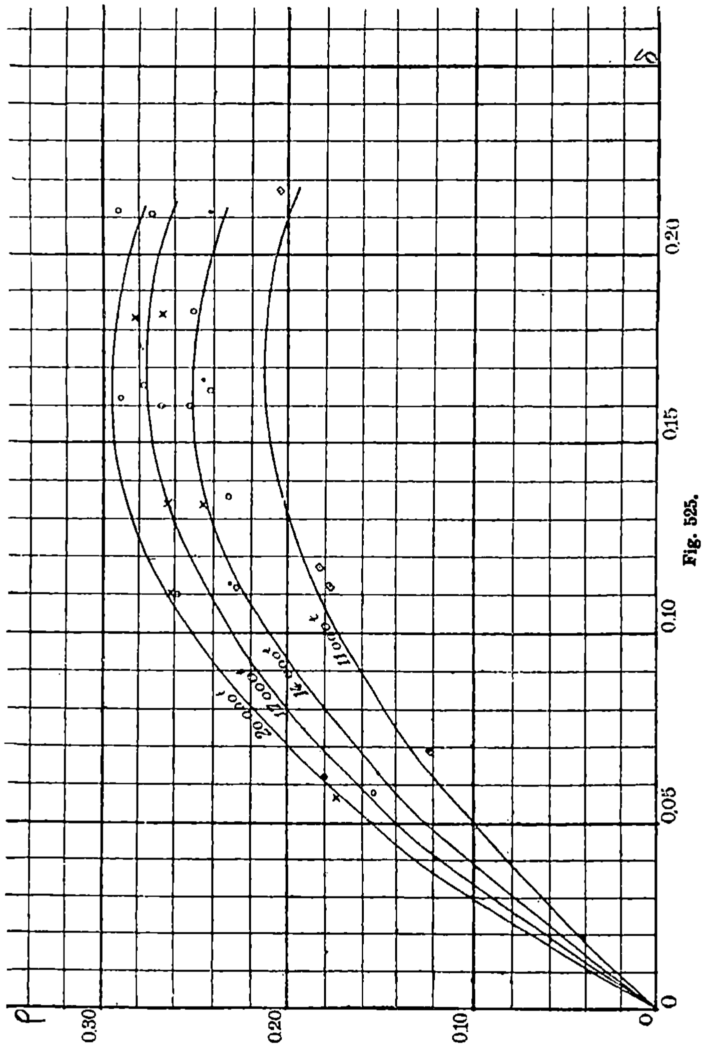

Der Ventilator hat ein Flügelrad von 0,25 m Durchmesser und wird durch eine direkt mit ihm gekuppelte Dampfturbine von gleichfalls 0,25 m Durchmesser betrieben, welche durch sechs Dampfdüsen angetrieben wird. Der Abdampf hat einen Druck von 0,5 Atm. Überdruck. Derselbe wird hierauf noch in einem Triple-Effet-Verdampfapparat in der Zucker-fabrik nutzbar gemacht.

Bei dem einzigen Versuch, welcher angestellt wurde, um nach erfolgter Montage die Leistung der Maschine bei normalem Betriebe zu beurteilen, wurden folgende Werte ermittelt.

Tourenzahl der Turbine und des Ventilators i. d.
Minute 21000
Dampfdruck (beim Eintritt in die Turbine)
absolut . . . . 7,5 kg/qcm
Dampfdruck (beim Austritt aus der Turbine)
absolut . . . . 1,5 „
Dampfverbrauch kg i. d. Stunde 1130
Vom Ventilator erzeugte Pressung, m Wasser-
säule 5,1
Vom Ventilator i. d. Sek. geförderte Luftmenge,
bezogen auf atmosphärischen Druck, cbm 0,75

Der Ventilator saugte bei diesem Versuch direkt aus der Atmosphäre und blies in ein weites Rohr aus, welches am Ende mit einem konisch zulaufenden, verengten Rohransatz zur Messung der Luftmenge versehen war.

Rateau berechnet aus den angegebenen Werten zunächst die Nutzleistung des Ventilators nach der Gleichung

$$T_u = \frac{Q \cdot H}{75} \cdot \frac{1}{1 + \dfrac{5,10}{2}} = 40,5 \text{ PS.}$$

ferner durch Annahme eines Dampfverbrauchs von 9,9 kg für 1 Dampf PS. nach dem Dampfverbrauch die theoretische Leistung der Turbine zu

$$\frac{1130}{9,9} = 114 \text{ PS}_e$$

und danach den mechanischen Gesamtwirkungsgrad zwischen Turbine und Ventilator zu

$$\eta = \frac{40,5}{114} = 0,355,$$

welcher Wert sich ebenfalls, wenn man, wie Rateau angibt, den Wirkungsgrad der Turbine für sich allein und denjenigen des Ventilators ebenfalls für sich allein zu je 60 % annimmt, auch zu

$$\eta = 0,6 \cdot 0,6 = 0,36$$

berechnet.

Es ist zweifellos, daß die neue Erfindung Rateaus überall dort Anwendung finden wird, wo Drücke über 1 m Wassersäule erforderlich sind, z. B. für die Gebläse der Schmelzöfen, Hochöfen, Bessemer Birnen etc., ja selbst für Luftkompressoren für Drücke von 5 Atm. werden sich dieselben einzeln oder in Kombination mehrerer Ventilatoren hintereinander verwenden lassen. Ebenso dürfte jedoch auch auf die Erzeugung hoher Pressungen und Depressionen für Ventilationszwecke der Ventilator allmählich Eingang finden, namentlich für sehr enge und schwer zu lüftende Gruben. Wie im nächsten Kapitel ausgeführt wird, sind aus diesen raschlaufenden Ventilatoren die Turbogebläse und Kompressoren Rateaus hervorgegangen.

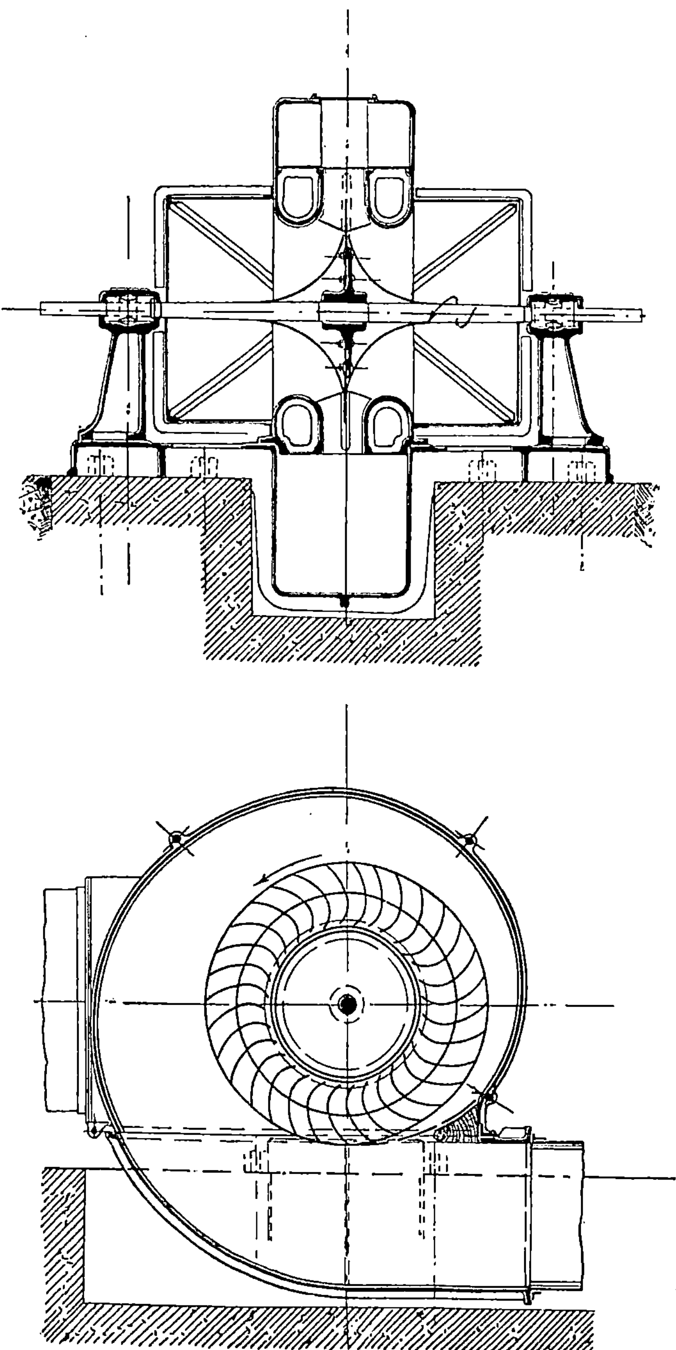

Fig. 526 und 527.

4. Ventilator von Ser. Fig. 526 und 527[1]). Durch zwei seitliche Saugkanäle wird die Luft angesaugt, sodann durch zwei ringförmige Abrundungen des Gehäuses und zwei auf der Flügelradwelle befestigte Konoïde allmählich aus der achsialen in die radiale Richtung abgelenkt und den zu beiden Seiten der massiven, mittleren Blechscheibe befestigten Schaufeln zugeführt. Dieselben sind, wie aus Fig. 527 zu ersehen ist, stark nach vorwärts gekrümmt und bilden mit dem äußeren Radumfang einen Winkel von 45°. Das Schaufelrad ist außen mit einem Diffusor von rechteckigem Querschnitt umgeben, welcher in das Ausblasrohr und einen nach oben sich erweiternden Schlot von quadratischem Querschnitt übergeht, dessen äußere Form aus Fig. 528 zu ersehen ist.

Der Sersche Ventilator gehört, ebenso wie der vorher besprochene Rateausche, zu den raschlaufenden Ventilatoren mit kleinem Durchmesser, geringem Gewicht und daher geringer Reibungsarbeit, geringer Betriebskraft und niedrigen Anschaffungskosten.

Pinette gibt für die Konstruktion der Serschen Ventilatoren folgende allgemeine Regel.

„Die Größe des Ventilators ist für eine bestimmte Grube von bestimmtem, äquivalentem Querschnitt dann passend, wenn

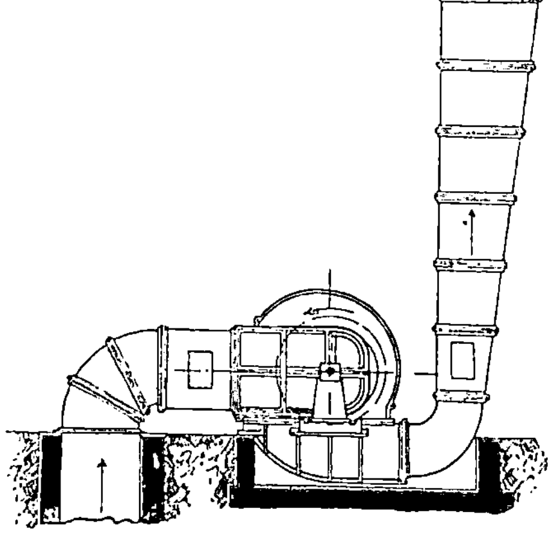

Fig. 528.

der letztere gleich dem Quadrat der Seitenlänge der Ausflußöffnung, also gleich dem Ausflußquerschnitt des Ventilators ist. Ist die äquivalente Fläche doppelt so groß als dieser Querschnitt, so vermehrt sich die geförderte Luftmenge von 65—75 %, die Depression dagegen erniedrigt sich um ca. 30 %.“

Von den in großer Anzahl, namentlich in Frankreich, mit Serschen Ventilatoren vorgenommenen Versuchen seien die folgenden hervorgehoben.

1. Versuche von François in den Gruben der Compagnie d'Anzin. Im Jahre 1884 wurde daselbst ein Ventilator von 2000 mm Durchmesser, im Jahre 1885 wurden zwei solche von 1400 mm Durchmesser neu aufgestellt und untersucht.

Der erstere hatte 32 Flügel von 180 mm Breite und 420 mm Höhe, einen inneren Flügeldurchmesser von 1,2 m und lief mit 240 Touren oder einer Umfangsgeschwindigkeit von 25,12 m i. d. Sek. Die Gesamtlänge betrug 4,45 m, die Höhe des Windkastens 2,22 m, die Entfernung von Mitte zu Mitte Wellenlager 3,28 m, die Höhe über dem Fußboden 4,2 m.

---

[1]) Nach Hauer, Wettermaschinen, Tafel XVII, Fig. 141 u. 142.

Die Versuche erstreckten sich auf die Bestimmung der Depression im Saugkanal und der Luftmenge. Zu diesem Zwecke konnte durch einen Schieber der Durchgangsquerschnitt des Saugkanals vergrößert oder verkleinert werden. Hierdurch wurde sowohl die Depression als auch die Luftmenge entsprechend verändert. Zur Berechnung der Luftmenge diente die Murguesche Formel

$$A = 0{,}38 \cdot \frac{Q}{\sqrt{h}}, \text{ oder } Q = \frac{A \cdot \sqrt{h}}{0{,}38} = 2{,}631 \cdot A \cdot \sqrt{h},$$

worin A die äquivalente Fläche in qm, Q die sekundliche Luftmenge in cbm, h die Depression in mm W. S. bedeutet.

Für die verschiedenen Öffnungen des Schiebers ergaben sich bei 240 Touren die in der nachstehenden Tabelle enthaltenen Werte.

No.	Schieber-öffnung qm	Effektive Depression mm	Theoretische Maximal-Depression	Luftmenge cbm i. d. Sek.	Reine Ventilator-leistung PS.	Manom. Wirkungs-grad %
1	0	46,4	77,2	—	—	60
2	0,97	72	77,2	21,678	20,813	93
3	2,73	29,6	77,2	39,110	15,422	38,3

Eine andere Versuchsreihe mit demselben Ventilator und einem zweiten von 1,4 m Durchmesser ist die folgende [1]:

Durchm. mm	Äquivalente Öffnung qm	Tourenzahl	Luftmenge cbm i. d. Sek.	Effektive Depression	Theoretische Maximal-Depression	Reine Ventilator-leistung PS.	Manom. Wirkungs-grad %
1,4	0,5	400	12	83,52	86,75	13,36	96,2
1,4	1,0	400	20	58,00	86,75	15,50	66,8
2,0	1,0	280	25	80,00	86,75	26,66	92,2
2,0	1,5	280	32	65,79	86,75	28,07	75,8
2,0	2,0	280	40	58,00	86,75	30,93	66,8

Diese Versuche ergaben einen größten manometrischen Wirkungsgrad von im Mittel $\dfrac{96{,}2 + 93 + 92{,}3}{3} = 93{,}8 \%$, und einen mittleren manometrischen Wirkungsgrad von 73,6 %, welche Werte als sehr günstig zu bezeichnen sind.

2. Versuche von Ser [2]. Versuchsventilator: 2000 mm äußerer, 1200 mm innerer Durchmesser. Die Depression wurde an verschiedenen Stellen des Saugkanals gemessen und ergab das Mittel aus 300 Messungen:

$$h = 93{,}44 \text{ mm bei 240 Touren,}$$
$$Q = 28{,}99 \text{ cbm i. d. Sek.,}$$

manometrischer Wirkungsgrad 73,7 %.

[1] François, Bull. de la soc. de l'ind. min. 1886, Bd. 15, S. 89.
[2] Prakt. Masch.-Konstrukteur 1889, S. 178.

Die maschinellen Wirkungsgrade ergeben sich aus nachfolgender Tabelle:

No. des Versuches	Tourenzahl der Dampfmaschine	Tourenzahl des Ventilators	Indizierte Leistung der Maschine N_i	Leerlaufsarbeit der Maschine (ohne Vent.) N_0	Vom Ventilator absorbierte Leistung $N_e = N_i - N_0$	$\dfrac{N_e}{N_i}$
1	31,5	189	31,00	8,2	22,80	0,73
2	32	192	32,84	8,3	24,54	0,74
3	34	204	36,16	8,86	27,30	0,75
4	36	216	40,92	9,6	31,32	0,76
5	38	228	48,28	10,67	37,61	0,77
6	40	240	54,92	11,6	43,32	0,78
7	42	252	60,80	12,8	48,00	0,79
8	44	264	63,60	14,0	49,60	0,78
9	46	276	84,04	15,0	69,04	0,81
10	48	288	84,40	16,12	68,28	0,80

In der letzten Spalte ist jedoch nicht das Verhältnis der reinen Ventilatorleistung zur indizierten Dampfmaschinenleistung, sondern dasjenige der effektiven zur indizierten Leistung der Dampfmaschine enthalten, weshalb die Werte zur Beurteilung des mechanischen Wirkungsgrades des Ventilators ungeeignet sind.

3. Versuche mit Serschen Ventilatoren von verschiedenen Durchmessern [1]).

Durchm. m	Äquival. Öffnung qm	Tourenzahl	Luftmenge cbm i. d. Sek.	Depression mm	Theoretische MaximalDepression	Manom.[2]) Wirkungsgrad %
1,0	0,30	560	8	80	87,5	} 91
1,4	0,56	400	15	80	87,5	} 91
2,0	1,20	260	32	80	75,5	106
2,5	1,85	210	50	80	77,1	103,7
3,0	2,66	160	72	80	65,0	123
4,0	4,60	120	125	80	64,5	124

Während die beiden ersten Werte des manometrischen Wirkungsgrades mit dem früher gefundenen Maximalwert übereinstimmen, sind die vier letzten Werte offenbar falsch, wie leicht nachzuweisen ist.

Nach der unteren Tabelle auf S. 452 war bei 2,0 m Durchmesser bei 280 Touren und A = 1 qm gefunden: Q = 25 cbm, h = 80 mm, „ 280 „ „ A = 1,5 „ gefunden: Q = 32 „ h = ∾ 66 „

Da die Luftmenge bei gleicher Geschwindigkeit dem äquivalenten Querschnitt proportional ist, so würde bei 280 Touren und A = 1,2 qm die Luftmenge nach der Gleichung $\left(\dfrac{Q^x}{25}\right)^m = \dfrac{1,2}{1}$ zu berechnen sein,

worin m aus der Beziehung $\dfrac{1,5}{1} = \left(\dfrac{32}{25}\right)^m$ zu 1,64 folgt.

---

[1]) Z. f. B.-, H.- u. Sal.-W. 1887, S. 229 u. ff.
[2]) Vom Verf. berechnet.

Hieraus berechnet sich $Q_x = 28$. In ähnlicher Weise berechnet sich die dem Querschnitt von 1,2 qm entsprechende Depression zu $h_x \sim 74$ mm.

Da jedoch bei verschiedenen Tourenzahlen, aber konstantem äquivalentem Querschnitt das Verhältnis $\frac{h}{n^2}$ auch konstant bleibt[1]), so ergibt lich hieraus die der Tourenzahl 260 entsprechende Depression h_x zu

$$h_x = 74 \cdot \frac{260^2}{280^2} = 74 \cdot 0{,}862 = 65{,}79.$$

Der dieser Depression entsprechende manometrische Wirkungsgrad berechnet sich dann zu

$$\frac{65{,}79}{75{,}5} \, 100 = 87{,}1 \; {}^0\!/\!o,$$

welcher Wert wohl mehr Anspruch auf Richtigkeit machen dürfte als der aus den Angaben der vorigen Tabelle berechnete Wert von 106. Der Fehler dürfte nun entweder in der fehlerhaften Angabe der Tourenzahlen oder der Luftmengen zu suchen sein. Da nach der obigen Berechnung die Luftmenge für 280 Touren und 1,2 qm Querschnitt 28 cbm war, so wird, da bei konstantem Querschnitt die Luftmenge der Tourenzahl proportional ist, in der letzten Tabelle entweder die der Luftmenge $Q = 32$ entsprechende Tourenzahl größer, oder die der Tourenzahl 260 entsprechende Luftmenge kleiner ausfallen, und zwar im ersten Falle

$$n = \frac{32}{28} \cdot 280 = 320 \text{ statt } 260 \text{ Touren,}$$

im zweiten Falle

$$Q = \frac{260}{280} \cdot 28 = 26 \text{ statt } 32 \text{ cbm}$$

sein.

In genau derselben Weise lassen sich die übrigen manometrischen Wirkungsgrade der Tabelle korrigieren.

Da nun die genaue Bestimmung der Tourenzahl geringere Schwierigkeiten bietet als die genauen Berechnungen der Luftmenge, weil die Messung der mittleren Luftgeschwindigkeit sehr sorgfältig vorgenommen werden muß, wie bei früher besprochenen Versuchen ausführlich mitgeteilt wurde, so dürfte der Fehler der obigen Angaben wohl aus der ungenauen Messung der Luftgeschwindigkeit herzuleiten sein.

4. Versuche zu Anzin [2]).

Dmr. m	Touren- zahl i. d. M.	Äquiv. Fläche A qm	Maximal-Depression		Luftmenge cbm i. d. Sek.	Manom. Wirkungs- grad %	Verhältnis des gelieferten zum durchlaufenen Volumen
			gemessen	theoretisch			
1,4	400	0,47	89,2	103,0	11,615	85	7,78
2,0	240	0,97	72,0	77,2	21,698	93	7,30

[1]) Siehe Theoret. Teil, Kapitel 12.
[2]) Revue des mines 1891, Bd. 14, S. 213 u. ff.

Der manometrische Wirkungsgrad ergibt sich hiernach im Mittel zu 89 %.

Für den letzteren der beiden in der vorigen Tabelle aufgeführten Ventilatoren ergaben sich folgende mechanische Wirkungsgrade:

Äquiv. Fläche A qm	Leistung der Maschine N_i PS.	Leergangs-arbeit der Maschine N_0 PS.	Tourenzahl der Maschine i. d. Min.	Auf den Ventilator über-tragene Arbeit $N_e = N_i - N_0$ PS.	Reine Ventilator-leistung N PS.	Mechan. Wirkungs-grad des Ventilators $\frac{N}{N_e}$	Mechan. Wirkungs-grad der Anlage $\frac{N}{N_i}$
1,06	48,11	12,0	60	36,11	22,15	0,61	0,46
1,58	70,85	13,6	64	57.25	33,10	0,58	0,47

Das Mittel betrug 46,5 %, welcher Wert in Anbetracht des hohen manometrischen Wirkungsgrades von 93 % als ein befriedigender zu bezeichnen ist.

5. Versuche auf Schacht Moulin bei Anzin [1]).

Durchmesser 2,0 m, Kranzbreite 0,5 m, Durchmesser der Saugöffnung 1,0 m, Flügelzahl 32.

Die Versuche zeigten deutlich den Einfluß des natürlichen Wetterzugs, wie aus dem ersten Versuch hervorgeht, bei welchem der Ventilator stillstand, derselbe dem durchziehenden Wetterstrom somit einen gewissen Widerstand entgegensetzte, welcher einer Druckhöhe von 4 mm Wassersäule entsprach.

Die Versuchsergebnisse waren folgende:

No. d. Versuchs	Barometerstand in freier Luft	Barometerstand im Saugkanal	Thermometerstand in freier Luft °C	Thermometerstand im Saugkanal °C	Touren-zahl i. d. Min.	Luftmenge cbm i. d. Sek. im Saugkanal	Depression mm Wassersäule ge-messen	Depression mm Wassersäule theoreti-sches Maximum	Manom. Wir-kungs-grad %
1	735	735	5	18	—	9,66	4	—	—
2	735	735	5	18	60	13,24	4,5	4,5	100
3	735	735	5	18	106	16,37	9,25	12,56	72,8
4	735	734	5	18	160	19,78	23,25	29,35	79,2
5	735	733	5	18	207	23,78	37,0	47,70	77,6
6	735	731	5	18	256	28,83	65,3	72,98	89,4
7	738	728	5	19	346	35,05	107,3	132,11	81,2

Der mittlere manometrische Wirkungsgrad ergibt sich aus diesen Versuchen zu 83,36 %.

6. Schließlich seien einige Versuche mit einem kleinen Serschen Ventilator für Schmiedefeuer, Schmelzöfen etc. erwähnt, welche gleichfalls sehr günstige Resultate ergaben [2]). Es betrug:

---

[1]) Z. f. B.-, H.- u. Sal.-W. 1887, S. 222 u. ff.
[2]) Dingl. polyt. Journ. 1888, Bd. 267, S. 5.

der äußere Durchmesser des Ventilators D . . 0,5 m
der innere „ „ „ d . . . 0,3 „
die radiale Flügellänge . . . . 0,1 „
die achsiale Flügelbreite . . . . 0,09 „
der Querschnitt des Druckrohrs 0,25 $\times$ 0,26 = 0,065 qm

Bezeichnet noch $d_0 = \dfrac{D+d}{2} = \dfrac{0,5+0,3}{9} = 0,4$ den mittleren

Flügeldurchmesser, so berechnet sich der vom Ventilator i. d. Sekunde

beschriebene Raum zu $Q_0 = d_0 \cdot \pi\, f_0 \cdot \dfrac{n}{60}$, woraus für $f_0 = 0,09 \times 0,1 =$

0,009 qm und n = 1000 folgt:

$\qquad Q_0 = 0,1885$ cbm.

| Versuch No. | Touren-zahl i. d. Min. | Depression | | Manom. Wirkungs-grad % | Leistung am Dynamo-meter gemessen mkg | Reine Ventilator-leistung mkg | Mechan. Wirkungs-grad des Ventilators % | Luft-menge cbm i. d. Sek. |
		beobachtet mm Wasser-säule	theoret. Maximal- $H = \dfrac{u^2}{g}\cdot\gamma$					
9	1292	133,8	143,2	93,5	593,90	377,58	63,6	2,822
10	1094	93,6	102,8	91,0	354,43	220,99	62,2	2,361
11	1002	80,2	86,2	93,0	262,69	175,24	66,7	2,185
12	830	56,3	59,2	95,0	180,34	103,08	57,1	1,831

Hieraus berechnet sich zunächst für 1000 Touren das Verhältnis der geförderten Luftmenge zu dem vom Ventilator beschriebenen Volumen zu:

$$\frac{2,185}{0,1885} = 11,6,$$

ferner der mittlere manometrische Wirkungsgrad zu 93,1 %, der mittlere mechanische Wirkungsgrad zu 62,4 %.

Faßt man die bei den verschiedenen Versuchen mit Serschen Ventilatoren gefundenen Resultate zusammen, so erhält man folgende Übersicht:

| Ver-suchs-reihe No. | Durchm. m | Luftmenge cbm i. d. Sek. | Manometr. Wirkungsgrad | | Mechan. Wirkungsgrad | | |
			im Mittel	im Max.	im Mittel	im Max.	
1	1,4—2	12—40	73,6	93,8	—	—	⎫
2	2	29	73,7	—	—	—	⎬ Grubenventilatoren
3	1—4	8—125	87,1	91	—	—	
4	1,4—2	12—22	89,0	93	46,5	47	⎭
5	2	13—35	83,36	89,4	—	—	
6	0,5	1,8—2,8	93,1	95	62,4	66,7	Ventilator für Schmiedefeuer

Rechnet man aus den fünf ersten Werten nochmals einen Mittelwert für den manometrischen Wirkungsgrad aus, so erhält man $\eta_m =$

81,35 %, welcher Wert dem aus der Tabelle auf Seite 455 berechneten Mittelwert am nächsten kommt und daher wohl Anspruch auf Richtigkeit haben kann, da die in jener Tabelle mitgeteilten Versuche die sorgfältigsten und genauesten unter allen angeführten sind.

Der mechanische Wirkungsgrad ist leider nur bei einer Versuchsreihe ermittelt worden und kann für denselben daher nur der Wert $\eta_{mech.}$ = 46 bis 47 % für Grubenventilatoren angegeben werden, während der mechanische Wirkungsgrad für kleine Schmiedeventilatoren von 0,5—1 m Durchmesser beträchtlich höher, im Mittel zu 62—66 % angenommen werden kann.

Prof. A. Habets faßt in seinen Ducoments et Rapports [1]) die mit dem Serschen Ventilator gemachten Erfahrungen in folgenden Sätzen zusammen:

. 1. Es besteht eine vollkommene Übereinstimmung zwischen den Ergebnissen der Serschen Theorie und jenen der Versuche mit diesem Ventilator.

2. Die vom Ventilator gelieferte Windmenge ist der aus der theoretischen Formel berechneten Windmenge gleich und im Mittel gleich dem zehnfachen des von den Schaufeln durchlaufenes Raumes.

3. Der mechanische Wirkungsgrad (des Ventilators) schwankt zwischen 60 und 83 % je nach dem Durchmesser und der Konstruktion des Ventilators.

4. Alle gewonnenen Resultate zeigen, daß mit verhältnismäßig geringem Durchmesser und mittlerer Umfangsgeschwindigkeit der Sersche Ventilator beträchtliche Windmengen von ziemlich hohen Pressungen geben kann, und daß sein Nutzeffekt demjenigen anderer Ventilatoren gleichkommt."

Im allgemeinen kann dies Urteil über den Serschen Ventilator wohl als richtig anerkannt werden, nur müssen die Angaben von Habets bezüglich des mechanischen Wirkungsgrades als viel zu günstig und durch die Versuche nicht bestätigt bezeichnet werden.

7. Ventilator von Davidson. Der Davidsonsche Ventilator [2]) hat in seiner äußeren Anordnung einige Ähnlichkeit mit dem Ventilator von Ser und demjenigen von Geneste-Herrscher, unterscheidet sich von denselben jedoch im wesentlichen in folgendem:

Während bei den beiden genannten Konstruktionen die Schaufeln auf der Ventilatorwelle befestigt sind und von der Mitte aus nach den Enden hin allmählich aus den achsialen in die radiale Richtung übergehen, und dieselben wie bei gewöhnlichen Ventilatoren in einen den Ventilator dicht umgebenden Auslauf die Luft auswerfen, läuft das Davidsonsche Flügelrad völlig frei im Innern eines in bekannter Weise von der engsten nach der weitesten Querschnittsöffnung allmählich spiralig verlaufenden Gehäuses von rechteckigem Querschnitt und ist freitragend auf einer einseitig aus dem Gehäuse herausragenden ·Welle befestigt. Die Konstruktion des Ventilators ist aus den Fig. 529—532 ersichtlich. Die Eintrittsöffnung der Luft ist größer als der Durchmesser des Flügelrades,

---

[1]) Österr. Z. f. B.- u. H.-W. 1885, S. 800.
[2]) Deutsche Pat.-Schrift 116 231. — Engineer 21. Juni 1901. — Z. f. B.-, H.- u. Sal.-W., Bd. 50, 1902.

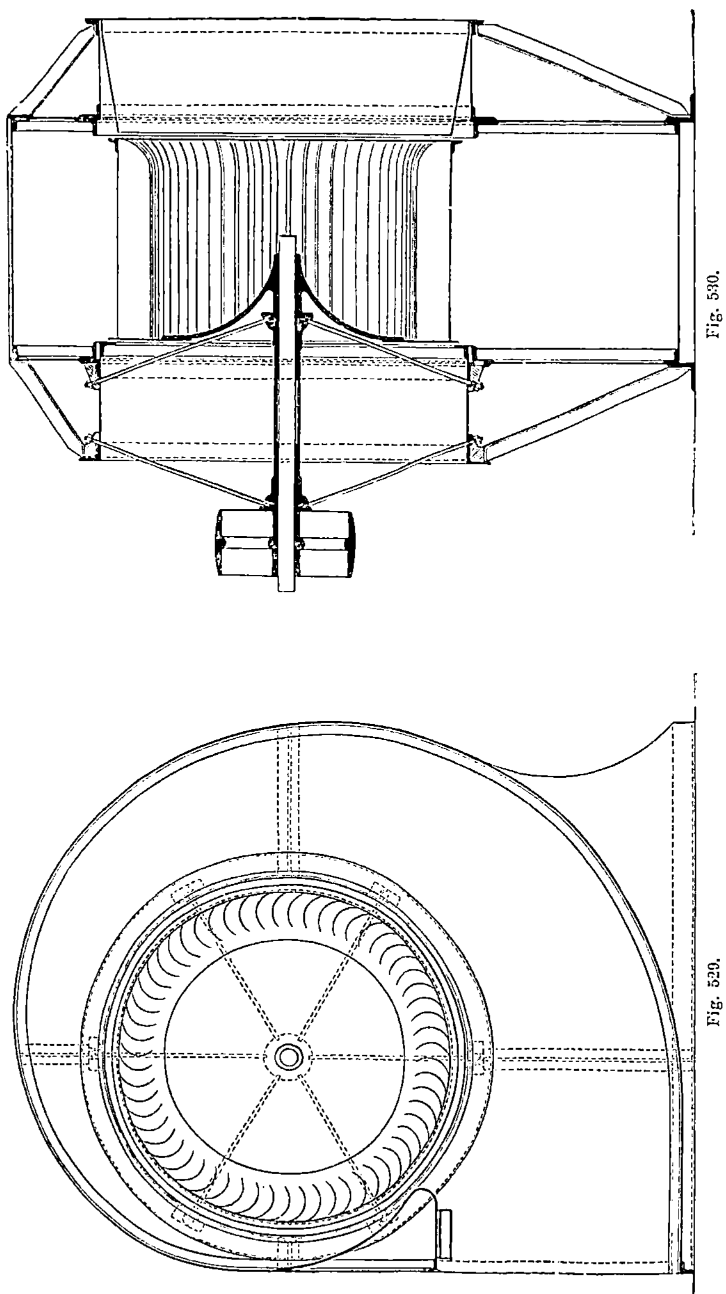

Fig. 530.
Fig. 529.

wodurch sich der Ventilator ganz besonders von allen bisherigen Systemen unterscheidet, und ragen die Schaufeln in das Innere der Trommel hinein, so daß die Luft ohne irgendwie gedrosselt zu werden, frei zu den Schaufeln hinzutreten kann. Die Flügel sind nach vorwärts gekrümmt, bilden an der Innenseite einen Winkel von etwa 64°, an der Außenseite einen Winkel von etwa 22° mit dem Radumfange, und sind nach einem Radius, welcher etwa $\frac{3}{4}$ der Kranzflügelbreite bildet, gekrümmt, wie aus Fig. 529 ohne weiteres ersichtlich ist. Für die Konstruktion charakteristisch ist, daß erstens die radiale Tiefe der Flügel nur $\frac{1}{16}$ des Durchmessers des Ventilators beträgt, daß ferner die Achsiallänge der Flügel $\frac{3}{5}$ des Durchmessers ausmacht, und endlich die Gesamtzahl der Schaufeln 64

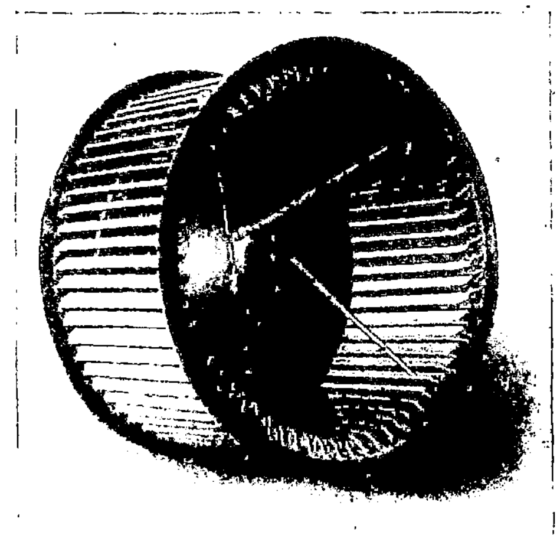

Fig. 531.

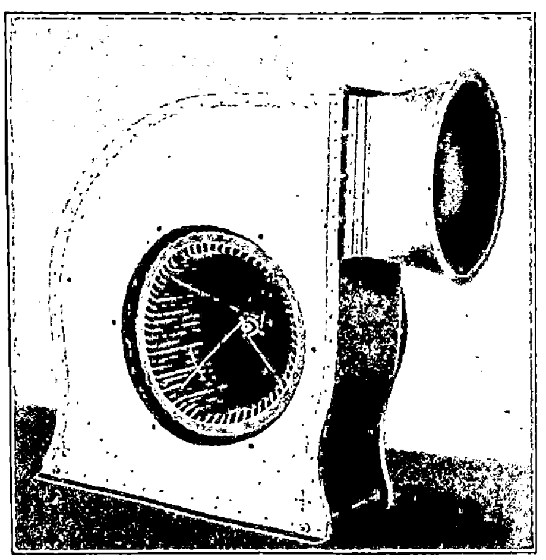

Fig. 532.

beträgt, durch welche Abmessungen erfahrungsgemäß bei den verschiedensten Größen des Ventilators die besten Resultate erzielt worden sind. Zur Versteifung der Nabe bzw. des Radkranzes dienen vier oder mehrere tangential an der Nabe befestigte Spannstangen, wie aus Fig. 531 ersichtlich ist. Der Austritts- und Eintrittsquerschnitt des Ventilators haben dieselbe Größe und wird hierdurch bezweckt, den Durchgang der Luft möglichst zu erleichtern.

Durchmesser			$\dfrac{Di}{Da}$	Radiale Schaufeltiefe t		Achsiale Breite B	$\dfrac{Da}{t}$	$\dfrac{B}{Da}$	$\dfrac{Di}{t}$	$\dfrac{B}{t}$	Schaufelzahl
aussen, Da		innen, Di									
Zoll"	mm	mm		Zoll	mm	mm					
12,5	318	225	0,80	1	25	190	12,7	0,6	16	7,6	48
20	508	406	0,80	2	51	305	10,0	0,6	12,5	6,0	64
25	635	513	0,80	2,5	63	381	10,0	0,6	12,5	6,0	64
30	762	660	0,87	3	76	457	10,0	0,6	12,5	6,0	64
35	889	711	0,80	3,5	89	533	10,0	0,6	12,5	6,0	64

Die Verhältnisse der einzelnen Abmessungen zueinander sind aus der vorstehenden Tabelle zu ersehen.[1]

Bezeichnet man die äußere Trommelaustrittsfläche mit $Fa = Da \times 3,14 \times B$, die Eintrittsöffnung dagegen mit $Fe = Da^2 \times \dfrac{3,14}{4}$, so ist das Verhältnis beider Querschnitte

$$\frac{Fa}{Fe} = \frac{Da \times 3,14 \times B}{\dfrac{Da^2 \times 3,14}{4}} = \frac{Da \times B \times 4}{Da^2} = \frac{4\,B}{Da}$$

oder weil die Breite $= 0,6\,Da$ ist, $= \dfrac{4 \times 0,6\,Da}{Da} = 2,4$.

Dies ist ein sehr großes Verhältnis der Ausströmungsöffnung zur Einströmungsöffnung.

Bei dem Ventilator von Rateau hatte z. B. bei einem Durchmesser von 0,5 m die Eintrittsöffnung 0,3 m Durchmesser und die Kranzbreite 4 cm betragen, woraus sich berechnet der Austrittsquerschnitt aus dem Ventilator $= 689$ qcm, der Eintrittsquerschnitt $= 707$ qcm, das Verhältnis bei der also 0,886, während dasselbe also beim Sirokko 2,7 mal so groß ist.

Bei einem anderen Rateau-Ventilator von 2 m Durchmesser ist die Kranzbreite 0,16 m, der innere Durchmesser 1,2 m, woraus sich das Verhältnis des Austritts- zum Eintrittsquerschnitt zu $\dfrac{Fa}{Fe} = 0,888$ berechnet, also fast genau so groß wie im vorigen Fall.

Bei einem Ventilator von Ser war bei einem äußeren Durchmesser von 2 m und einem inneren Durchmesser von 1,2 m und einer Schaufelbreite von 0,18 m der Austrittsquerschnitt $Fa = 1,1304$ m, der Eintrittsquerschnitt $Fe = 1,1309$ m, also das Verhältnis der Querschnitte rund $= 1,00$.

Verfasser hatte Gelegenheit im Sommer des Jahres 1900 gelegentlich einer Studienreise nach Frankreich und England in der Fabrik des Erfinders eine größere Reihe von Versuchen mit dem genannten Ventilator auszuführen, deren Resultate im folgenden wiedergegeben werden

No.	Durchm.		Breite		Einsauge-Querschnitt		Austritts-Querschnitt		Äußerer Durchm.	Innerer Durchm.	Achsiale Breite		Radiale Schaufeltiefe		Schaufelzahl
	Engl. Zoll	mm	Zoll	mm	Quad.-Zoll	qm	Quad.-Zoll	qm	mm	mm	Zoll	mm	Zoll	mm	
1	35	889	21	533	35	0,621	36/30 Dchm.	0,679	889	771	21	533	3 1/2	89	64
2	30	762	18	457	30	0,456	30 „	0,456	762	660	18	457	3	76	64
3	25	635	15	381	25	0,317	25 „	0,317	635	513	15	381	2 1/2	63	64
4	20	508	12	305	20	0,203	20 „	0,203	508	406	12	305	2	51	64
5	12,5	318	—	—	—	—	—	—	—	—	7,5	190	1	25	48

[1] Bericht über den XI. Allg. Deutsch. Bergmannstag 1910. Bonn. 1911. S. 135. v. Ihering, „Mitteil. über neuere Ausf. der Sirokko-Ventil. i. engl. Bergbau“.

sollen [1]). Die Versuche fanden statt in der Zeit vom 18.—23. Juli einschließlich, und erstreckten sich auf vier Ventilatoren von folgenden Verhältnissen (S. 460 unten):

Die Hauptversuche wurden an einem Ventilator von 35″ Durchmesser ausgeführt [2]).

In der folgenden Tabelle ist für einen Ventilator von 20″ Durchmesser oder einen Eintrittsquerschnitt von 507 qcm unter der Annahme, daß das Verhältnis der Depression zum Quadrat der Umfangsgeschwindigkeit konstant ist, also $\dfrac{h}{u_a{}^2}$ = konst. die Depression bei höheren Tourenzahlen, sowie die Luftmenge nach dem Proportionalitätsgesetz berechnet. Dieselbe ergibt folgende Werte:

Ventilatoren von Davidson (oben) und Rateau (unten).

Laufende No.	F_a	Tourenzahl	u_a	Pressungen in mm W. S. h	Luftmenge i. d. Sek. cbm	$\dfrac{h}{n^2}$
1	2	3	4	5	6	7
1	507	425	11,305	14,5	0,804	$^1/_{12457}$
2	507	500	13,09	20,07	0,95	$''$
3	507	700	18,33	39,3	1,13	$''$
4	507	1000	26,18	80,2	1,90	$''$
5	507	1200	31,42	115,6	2,28	$''$
6	507	1500	39,27	180,6	2,85	$''$
7	507	1800	47,12	260,1	3,42	$''$
1	546	300	7,85	7	—	$^1/_{13054}$
2	546	500	13,09	19,1	—	$''$
3	546	724	18,95	40	—	$''$
4	546	1240	32,46	118	—	$''$
5	546	1570	41,10	188	2,9	$''$
6	546	1701	44,50	221	—	$''$
7	546	1820	47,65	256	2,7	$''$

In der unteren Hälfte der vorstehenden Tabelle sind die auf S. 430 angegebenen Werte des Ventilators von Rateau zusammengestellt, und hieraus rückwärts die Werte des Druckes für die niedrigeren Touren ebenfalls nach der Formel $\dfrac{h}{u_a{}^2}$ = konst. berechnet. Wie ein Vergleich der beiden Tabellen ergibt, ist z. B. bei 500 Touren die erzeugte Pressung bei dem Ventilator von Davidson dieselbe, wie bei dem Rateauschen Gebläse, und auch bei der Tourenzahl von 1800 bzw. 1820 i. d. Minute ist die Pressung bei Davidson 260 gegenüber 256 bei Rateau, also

---

[1]) Die nachstehenden Mitteilungen sind der Abhandlung des Verfassers im ersten Hefte der Z. f. B.-, H.- u. Sal.-W. 1902 entnommen.

[2]) Näheres s. 2. Aufl., S. 438 u. ff.

eher noch etwas größer, woraus hervorgeht, daß der Davidsonsche Ventilator dem für hohe Pressungen sehr geeigneten Rateauschen Ventilator auch bei hohen Tourenzahlen wohl gleichzustellen ist.

Ventilator von Davidson.

	Davidson		Herrschel	Ser
	mm	mm	mm	mm
1. Dmr. des Ventilators .	381	190,5	381	381
2. Umfangsgeschwindig- keit m i. d. Min. . .	730	724	706	718
3. Luftgeschwindigkeit m i. d. Min.	1011	939	914	743
4. Austrittsquerschn. qm	0,095	0,0278	0,0381	0,00278
5. Luftmenge cbm i. d. M.	96	26	34,8	20,7
6. Pressung h_d mm Wasser	28,6	22,4	12,7	16
7. Saugspannung h_s mm	22,4	12,7	6,35	6,35
8. $h_0 = h_d + h_s$ mm . .	51,0	35,1	19,05	22,35
9. Tourenzahl i. d. Min. .	610	1210	590	600
10. N_v, PS.	1,088	0,203	0,147	0,103
11. Verhältnisse v. Reihe 10	10,56	1,98	1,42	1

In der weiteren Tabelle sind Versuche zusammengestellt zwischen zwei Ventilatoren von Davidson von 15″ und 7½″ Durchmesser und einem Ventilator von Geneste-Herrschel von ebenfalls 15″ Durchmesser oder 381 mm und einem Ventilator von Ser von gleichem Durchmesser. Wie die Tabelle zeigt, war zunächst der Austrittsquerschnitt des kleineren Ventilators von Davidson gleich dem Austrittsquerschnitt des Ventilators von Ser, dagegen derjenige des großen Ventilators von Davidson etwa 3½ mal so groß wie derjenige des Serschen, und nahezu dreimal so groß wie derjenige des Geneste-Herrschel-Ventilators. Sowohl die Luftmengen wie auch die erzeugten Gesamtdrücke sind bei ungefähr gleichen Umfangsgeschwindigkeiten selbst bei dem halb so großen Ventilator von Davidson größer als bei dem Serschen Ventilator, und stehen bei den gleich großen drei Ventilatoren im Verhältnis von 4 : 1½ : 1. In der vorletzten Zeile sind die erzeugten reinen Ventilatorleistungen in PS. angegeben, und verhalten sich dieselben, wie aus der letzten Zeile hervorgeht, etwa wie 1 : 1,5 : 2 : 10. Die außerordentliche Überlegenheit des Davidsonschen Ventilators gegenüber den beiden anderen Ventilatoren ist gerade bei diesem kleinen Durchmesser auf die verhältnismäßig geringen Widerstände, welche die Luft beim Ein- und Austritt beim Davidsonschen Ventilator findet, zurückzuführen.

In der nachfolgenden Tabelle sind die Versuchsresultate umgerechnet, welche in der englichen Zeitschrift Engineer vom 21. Juni 1901 veröffentlich sind. Diese Versuche wurden von seiten der technischen Kommission dieser Zeitschrift in der Fabrik des Erbauers des Ventilators angestellt. Die elektrischen Messungen wurden seitens des Oberingenieurs des Belfaster Elektrizitätswerkes vorgenommen und seitens desselben auch die Instrumente kontrolliert. Die Tourenzahl war bei sämtlichen Versuchen nahezu konstant und im Mittel gleich 780 Touren i. d. Minute. Die Versuche bezogen sich auf einen Ventilator von 20 Durchmesser, und wurde hierbei bei ganz geschlossenem Austrittsquerschnitt eine größte Pressung von 63,5 mm Wassersäule erreicht. Sämtliche Werte sind vom Verfasser in metrisches Maß umgerechnet und in umgekehrter Reihe steigend nach den erzeugten Pressungen geordnet. Die in den vertikalen Spalten 9—11 enthaltenen Werte sind vom Verfasser nach den Betriebsergebnissen berechnet. Aus Spalte 9 ergibt sich, daß die größte Ventilatorleistung von 2,04 PS. bei etwa halber Öffnung des Austrittsquerschnittes, ferner wie aus Spalte 10 sich ergibt, der günstigste mechanische Wirkungsgrad des Ventilators von 0,71 bei etwa $^4/_{10}$ Öffnung des Austrittsquerschnittes erreicht wurde. Ein Vergleich des Versuchs Nr. 9 bei 546 qcm Austrittsquerschnitt und 782 Touren mit dem dritten Versuch in der Tabelle Seite 461 bei 700 Touren zeigt, daß im ersteren Falle die Pressung 49,2 mm und die Luftmenge 1,54 cbm betrug, im letzteren 39,3 und 1,13, welche Werte nahezu übereinstimmen, wenngleich die Umfangsgeschwindigkeiten im ersteren Falle 20,8, im letzteren nur 18,33 m betrugen, worauf im letzteren auch die etwas geringere Depression zurückzuführen ist.

Laufende No.	Touren- zahl i. d. Min.	Austritts- quer- schnitt qcm	Pressungen mm Wasser	Luft- geschwin- digkeit m sec.	Luft- menge i. d. Sek. cbm	Elektr. PS Motor und Ventilator zu- sammen	Elektr. PS. für den Ventilator allein	N_v	Wir- kungs- grad (9 : 8)	u_a m/sec.
1	2	3	4	5	6	7	8	9	10	11
1	782	2580	0,00	21,99	5,66	6,74	5,89	—	—	20,80
2	774	2311	7,94	22,87	5,28	5,90	5,05	0,56	0,11	20,59
3	784	2062	19,05	25,00	5,16	5,58	4,73	1,31	0,28	20,85
4	784	1803	30,16	26,35	4,75	5,08	4,23	1,91	0,45	20,85
5	773	1549	34,90	27,53	4,26	4,42	3,57	1,96	0,54	20,56
6	786	1290	41,30	28,79	3,71	3,85	3,00	2,04	0,68	20,90
7	790	1031	44,40	28,54	2,94	3,29	2,44	1,74	0,71	21,01
8	786	774	46,00	28,58	2,22	2,97	2,12	1,36	0,64	20,90
9	782	546	49,20	28,13	1,54	2,68	1,83	1,01	0,55	20,80
10	-—	0	63,50	0	0	2,62	1,77	—	—	—

In einem Vortrage des Verfassers über neuere Ausführungen des Sirokko-Ventilators im englischen Bergbau [1]) hat derselbe nähere Angaben über neuere Versuche mit Sirokko-Ventilatoren gemacht, denen folgendes entnommen ist. Die folgende Tabelle gibt zunächst die wichtigsten Versuchsresultate von zehn Ventilatoren dieses Systems.

Demnach sind die beiden größten bisher ausgeführten Anlagen, über welche nähere Mitteilungen zu erhalten waren, die folgenden:

1. Ein doppelseitig saugender Ventilator von 140 Zoll = 3,566 m Durchmesser auf der Glamorgan Coal Co., und 2. ein Doppelventilator

[1]) Gehalten am 1. IX. 1910 zu Aachen, s. Bericht über den XI. Allgemeinen Deutschen Bergmannstag zu Aachen, S. 135 u. ff. Fußnote 1) S. 460.

No.	Durchmesser m	Luftmenge cbm Min.	Luftmenge cbm Sek.		Depression mm	Touren i. d. Min.	N_e PS.	Umfangsgeschwindigkeit U_a	Theoret. Maximal-Depression	N_v Reine Ventilatorenleistung	η Mechanisch %	η Manometrisch %	
1	1,78	5097	84,95	E[1])	76,2	312	120	29,08	102,9	36,3	72	74	Margaret-Schacht, Lambton C. C.
2	2,134	4247	70,8	E	76,2	—	—	—	—	—	—	—	Lochhead,Schottland, doppelteLeistung als Guibal von 7,925 m ⌀
3	2,31	5240	87,33	E	76,2	235	—	28,4	98,7	88,7	—	77,2	Preston Coll., Nord-Shields
4	2,49	6361	106,0	D	69,9	183	147	23,84	69,3	100	68	—	Earnock Coll., Schottland
5	2,49	8495	141,6	D	102	260	—	33,9	140,6	196	—	72,5	Ferndale, Süd-Wales
6	2,845	4247	70,8	E	102	225	—	33,5	137,3	96,3	—	74,3	Washington Coal Co., Durham
7	2,845	5655	94,4	D	38	—	—	—	—	47,83	—	—	Bolckow Vaughan & Co.
8	3,03	8495	141,6	D	76,2	183	200	29,0	102,9	134	67	74	Bryn Coll.,Süd-Wales
9	3,556	9627	160,45	D	152,4	183	420	34,0	141,4	326	80	—	Glamorgan Coal Co.
10	4,09	16953	282,5	D	226	203	1000	43,7	—	840	78,3	—	Cambrian Coll., Dezember 1909
11	4,09	13986	233	D	155	167	553	36,0	—	475	79,6	—	Cambrian Coll., Dezember 1909
	1,78 bis 4,09	70,8 bis 282,5		4 E 7 D	38 bis 226	167 bis 260	120 bis 1000	23,8 bis 43,7	69,3 bis 141,4	86,3 bis 840 PS.	68 bis 80 im Mittel 74,15	72,5 bis 77,2 im Mittel 74,4	

von 161 Zoll = 4,09 m Durchmesser auf Schacht Nr. 3 der Cambrian Colliery, welch letzterer bei 203 Touren eine Luftmenge von 598 000 Kubikfuß = 16 953 cbm in der Minute = 282,5 cbm in der Sekunde bei einer Depression von 8,92 Zoll = 226,6 mm Wassersäule lieferte. Diese Luftmenge ist die größte, welche bisher überhaupt wohl von einem Ventilator gefördert ist. Nach dem neuesten Katalog von Schüchtermann & Kremer über den Rateau-Ventilator beträgt die Maximalleistung desselben 15 000 cbm/min. auf der Bergwerksgesellschaft „Hermann" in Bork in Westfalen [2]). Der oben genannte Sirokko liefert also noch beinahe 2000 cbm = 13,33 % i. d. Minute mehr!

In England waren bis zum August 1909 217 Sirokko-Ventilatoren im Bergbau in Betrieb und zwar

104 unter 1 m Durchmesser,
113 über 1 „   „

Um einigen Anhalt für die Beurteilung der Leistung der Gruben-Sirokko-Ventilatoren zu erhalten, hat Verfasser die Versuchsresultate

---

[1]) E = einseitig saugend, D = doppelseitig saugend.
[2]) S. oben Seite 444.

an letzteren mit denjenigen an anderen, auf deutschen Gruben aufgestellten Ventilatoren verglichen und dabei interessante Vergleichswerte
erhalten [1]).

Es sind die Luftmengen und Depressionen auf gleiche Umfangsgeschwindigkeiten bei den verschiedenen Systemen bezogen worden,
wobei die Proportionalitätsgesetze [2]) zur genauen Berechnung Anwendung
fanden.

Berücksichtigt sind: hierbei u. a. die Ventilatoren von Capell,
Pelzer und Rateau. Es zeigt sich dabei, daß das Verhältnis der reinen

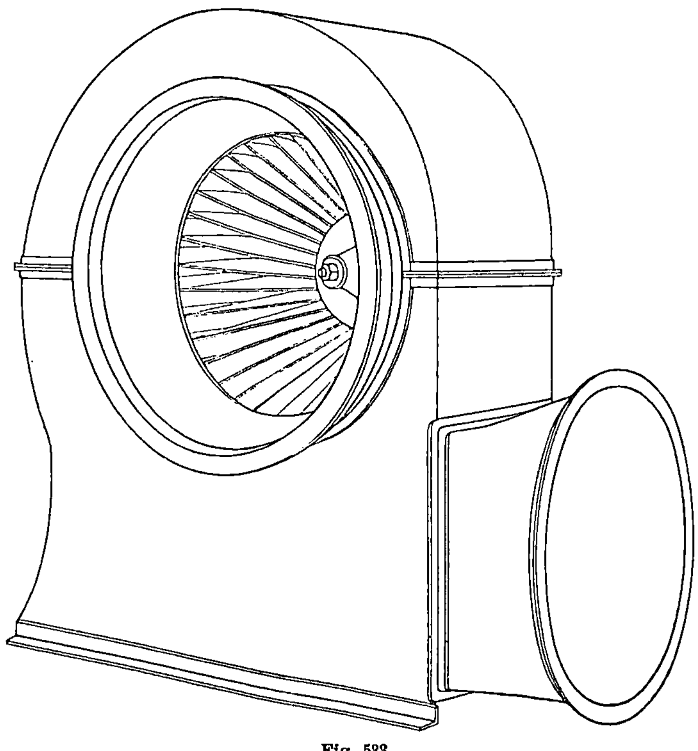

Fig. 533.

Ventilatorleistungen $\left(N_v = \dfrac{Q \cdot h}{75} \right)$ beim Sirokko in den englischen Gruben
bei gleichen Durchmessern und gleichen Umfangsgeschwindigkeiten im
Durchschnitt etwa 3—4 mal größer ist als bei den genannten Ventilatoren.
Diese sehr auffallende Zahl findet aber ihre Erklärung, wenn man die
äquivalenten Grubenweiten der Gruben miteinander vergleicht. Dieselbe betrug im Mittel bei allen zehn, in der obigen Tabelle enthaltenen

---

[1]) Näheres s. den oben zitierten Ber. d. XI. Allg. deutsch. Bergmanns-
tages zu Aachen 1910, S. 141 u. ff.

[2]) S. weiter unten II. Teil, Berechnung d. Gebläse, 11. Kapitel, Berechnung der Schleudergebläse.

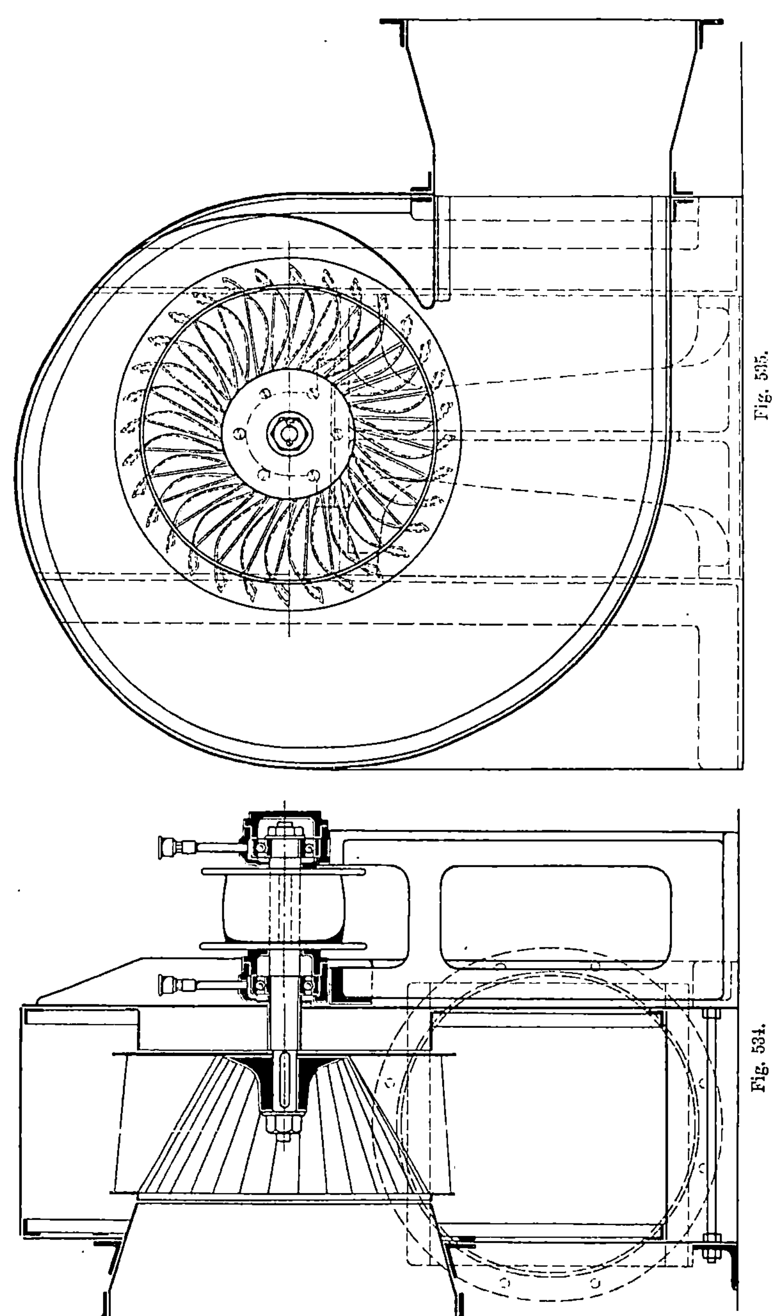

Fig. 535.

Fig. 534.

Ventilatoren 4,96 ∽ 5,0 qm, während sie bei den im deutschen Bergbau untersuchten Ventilatoren nur 2 qm und weniger betrugen. Wie z. B. oben beim Rateau-Ventilator angegeben wurde, beträgt die mittlere Grubenweite bei 245 Ausführungen dieses Systems 2,18 qm. Da somit die englischen Gruben wesentlich weiter sind, also viel leichter zu ventilieren sind (bei der Cambrian-Grube beträgt die äquivalente Grubenweite sogar 7,13 qm), so erklärt sich hieraus die wesentlich höhere reine Ventilatorleistung bei sonst gleichen Durchmessern und Umdrehungszahlen. Wenngleich es nun zwar gewagt wäre, aus diesen wenigen Beispielen allgemeine Schlüsse zu ziehen, so geht doch, wenn man die sehr großen äquivalenten Grubenweiten der englischen Gruben in Betracht zieht, das eine wohl daraus hervor, daß der Sirokko-Ventilator sich für große und weite Gruben, also große Luftmengen und geringere Depressionen vorwiegend eignet. Wenn auch dahingestellt bleiben darf, ob nicht die neuesten Ausführungen der übrigen Systeme, mit welchen der Sirokko - Ventilator verglichen ist, noch wesentlich günstigere Resultate aufweisen, so darf das eine doch zweifellos als feststehend und durch die Versuche bewiesen angesehen werden, daß der Sirokko - Ventilator den im deutschen Bergbau mit Vorliebe zur Anwendung gelangten Systemen von Capell, Geisler, Pelzer und Rateau jedenfalls ebenbürtig ist, und daß es zweifellos des Versuches wert

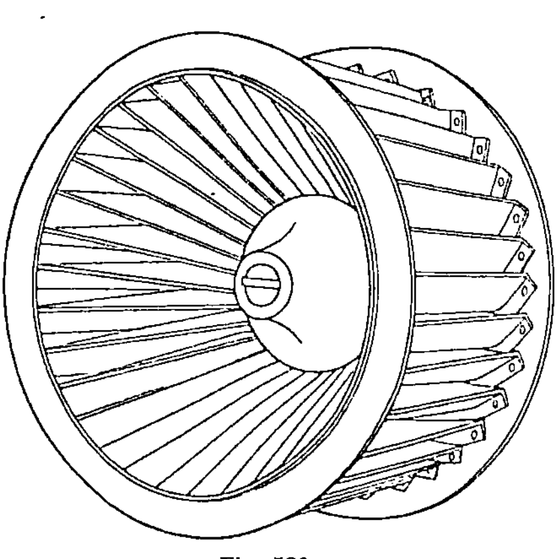

Fig. 536.

erscheint, auch dieses System einer eingehenden Prüfung und ernsten Beachtung für den deutschen Bergbau zu unterziehen[1]).

8. Ventilator von Keith. Dieser von der Blackman-Gesellschaft[2]) seit kurzer Zeit gebaute Ventilator hat gewisse Ähnlichkeit mit dem Sirokko-Ventilator, unterscheidet sich jedoch von demselben durch die Anordnung seiner Flügel.

In Fig. 533 ist derselbe zunächst in seiner äußeren Ansicht dargestellt, während Fig. 534 und 535 den Längs- und Querschnitt durch den Ventilator und Fig. 536 die Trommel darstellt.

Übereinstimmend mit dem Sirokko-Ventilator ist der große Eintrittsquerschnitt der Luft, welcher hier wie beim Sirokko gleich dem äußeren Radquerschnitt ist, durch einen konischen Einlauftrichter aber auf den inneren, größten Durchmesser der Radschaufeln verengt wird.

---

1) Soviel Verf. erfahren konnte, sind zur Zeit in deutschen Gruben nur 3 Sirokko-Ventilatoren in Betrieb bezw. im Bau und zwar auf Antonienhütte, Gewerkschaft Herrmann II und Segen-Gottesgrube, alle 3 im rheinisch-westfälischen Revier.

2) Blackman Export Comp. Ltd. 70. Finsbury Pavement, London E. C.

Ähnlichkeit mit dem Sirokko-Ventilator zeigen auch die zahlreichen, dünnen Schaufeln, deren radiale Tiefe beim Lufteintritt auch in ähnlichem Verhältnis zum äußeren Radumfang steht, wie bei dem Sirokko-Ventilator. Bei der in Fig. 535 abgebildeten Ausführung ist Da: t = 13,7, worin Da den größten äußeren Raddurchmesser, t die radiale Tiefe in der entsprechenden Radebene bezeichnet. Beim Sirokko ist dies Verhältnis bei den kleinen Ventilatoren 12,7, bei den größeren 10.

Der Unterschied zwischen dem Keith-Ventilator und dem Sirokko besteht dagegen in der trapezförmigen Schaufelform und der allmählichen Abnahme des äußeren Raddurchmessers nach innen hin. Die Schaufelzahl beträgt bei der abgebildeten Ausführung 32. Indem die Schaufeln innen gegen die Achse zu verlängert sind, sollen sie eine gleichmäßigere Aufnahme der Luft bewirken und dadurch Wirbelbildungen im Innern des Rades, welche angeblich bei Ventilatoren mit dünnen, schmalen Schaufeln eintreten sollen, vermeiden, also eine größere Leistungsfähigkeit des Ventilators bei sonst gleichem Kraftbedarf herbeiführen.

Ob diese Vorteile tatsächlich eintreten, könnte nur durch vergleichende Versuche zwischen beiden Systemen festgestellt werden.

Nach einem, seitens der Firma dem Verfasser übersandten Versuchsdiagramm eines Keith-Ventilators von 635 mm Durchmesser ergibt sich für die Maximalwerte des Wirkungsgrades und der Wassersäule folgendes:

$$
\begin{array}{ll}
\text{Durchmesser des Ventilators} \dots \dots \dots & 635 \text{ mm} \\
\text{Tourenzahl des Ventilators} \dots \dots \dots & 400 \text{ ,,} \\
\text{Äußere Umfangsgeschwindigkeit} \dots \dots & 13,3 \text{ m/Sek.} \\
\text{Luftmenge, Q} \dots \dots \dots \dots \dots & 3,6 \text{ cbm/Sek.} \\
\text{Depression, h} \dots \dots \dots \dots \dots & 26,4 \text{ mm W.-S.} \\
\end{array}
$$

Reine Ventilatorleistung $N_v = \dfrac{Q \cdot h}{75}$ . . . . 1,2672 PS.

Kraftbedarf . . . . 1,85 PSe.

Mechanischer Wirkungsgrad . . . . 66,8 %

Äquivalente Grubenweite $A = \dfrac{0{,}38\,Q}{\sqrt{h}}$ . . . 0,265 qm

Weitere Versuchsresultate stehen leider zur Zeit nicht zur Verfügung, so daß ein Vergleich des Keithschen Ventilators mit anderen Ventilatoren nicht möglich ist.

8. Ventilator von Wenner[1]). Figg. 537—540. Derselbe besteht aus zwei, drei oder mehreren konzentrischen, mit nahezu gleicher Umfangsgeschwindigkeit bewegten Schaufelrädern A, B, C, Fig. 538, welche sich alle in gleichem Drehsinne bewegen. Der Antrieb derselben erfolgt durch die Riemenscheiben D, E und F, Fig. 537, deren Durchmesser derartig zu nehmen ist, daß bei gleichen Durchmessern der Transmissionsscheiben die Tourenzahlen der drei Schaufelräder nach außen hin allmählich abnehmen, infolgedessen die Umfangsgeschwindigkeiten der drei Schaufelräder annähernd dieselben bleiben. Die einzelnen Schaufelräder

---

[1]) C. Wenner, Zürich, D.R.P. No. 55 760 vom 19. 7. 1890. Z. Ver. deutsch. Ing. 1892, S. 434.

sind durch die Armkreuze *G*, *H* und *I*, Fig. 537, mit den Naben *K*, *L* und *M* verbunden, deren erste auf der Welle festgekeilt ist, während die beiden letzteren sich lose auf derselben drehen und auf ihrer Verlängerung die Riemenscheiben *E* bzw. *F* tragen. Die Arme *H* und *I* sind schraubenförmig gestaltet, wodurch dieselben dem Eintritt der Luft geringeren Widerstand als geradestehende Arme entgegensetzen und derselben eine gewisse Drehbewegung im Sinne der Drehrichtung verleihen.

Der Zweck der **Wenner**schen Konstruktion ist eine Erhöhung des Druckes um nahezu das Doppelte, bzw. Drei- und Mehrfache bei zwei, drei und mehr Schaufelrädern gegenüber den Schaufelrädern mit nur einem Kranz.

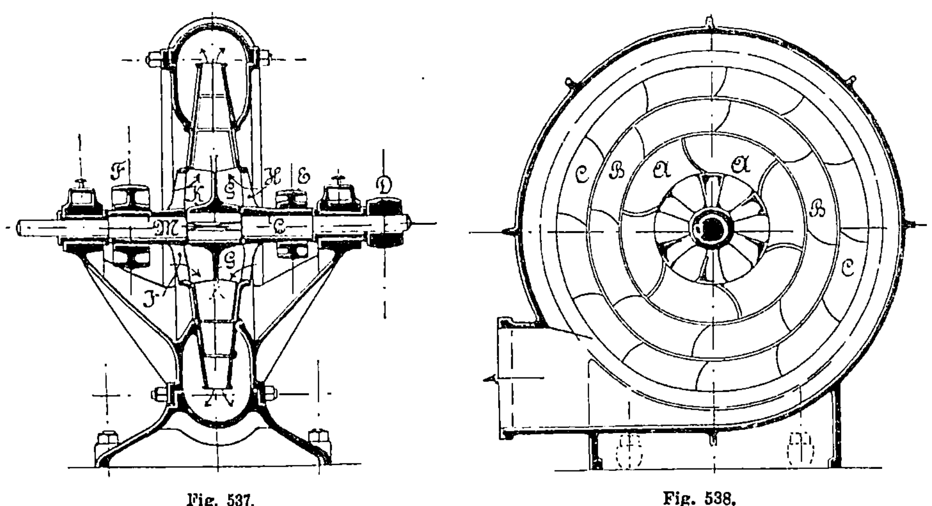

Fig. 537.   Fig. 538.

Da nach dem **Bernoulli**schen Satz [1]) die Druckhöhe um so größer ist, je kleiner die Differenz der Geschwindigkeitshöhen, oder je kleiner der Unterschied der Austritts- und Eintrittsgeschwindigkeit ist, so wird durch die **Wenner**sche Konstruktion, da die Austrittsgeschwindigkeit nur um einen geringen Betrag größer, als die Eintrittsgeschwindigkeit ist, die Druckhöhe allerdings vergrößert werden. Da jedoch durch die Ungleichheit der Umfangsgeschwindigkeiten am äußeren Umfang des kleinsten und inneren Umfang des nächst größeren Rades die Luft starken Stößen und hierdurch bewirkten Wirbelbildungen ausgesetzt ist, welche sich so oft wiederholen, als ein Übergang aus einem kleineren in ein größeres Rad stattfindet, so wird hierdurch ein Effektverlust bewirkt, welcher den Vorteil der ganzen Konstruktion wesentlich beeinträchtigen dürfte. Nur eingehende Versuche können daher die Frage entscheiden, ob der schließliche Gewinn an Luftmenge und Druck (unter Berücksichtigung der besprochenen Effektverluste) die bedeutend größeren Herstellungskosten dieses Ventilators, sowie den zweifellos höheren Kraftbedarf auszugleichen imstande ist.

---

[1]) S. Theoret. Teil, Kapitel 11.

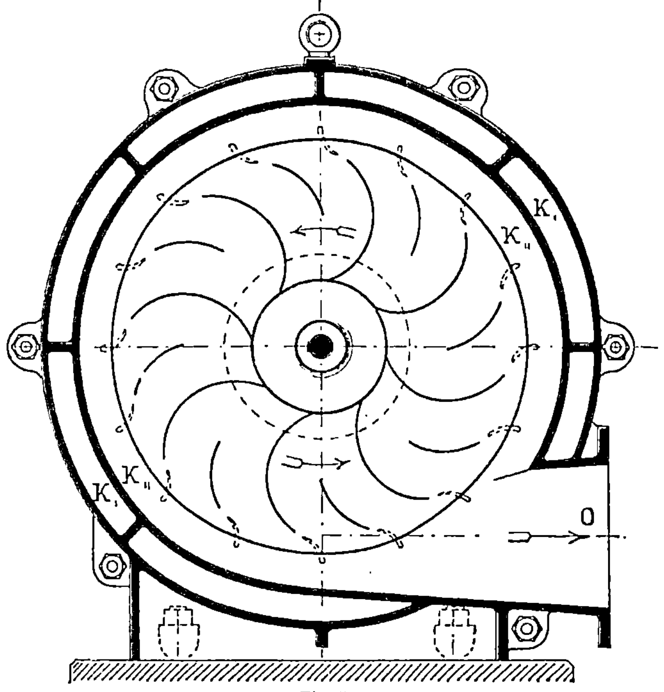

Fig. 539.

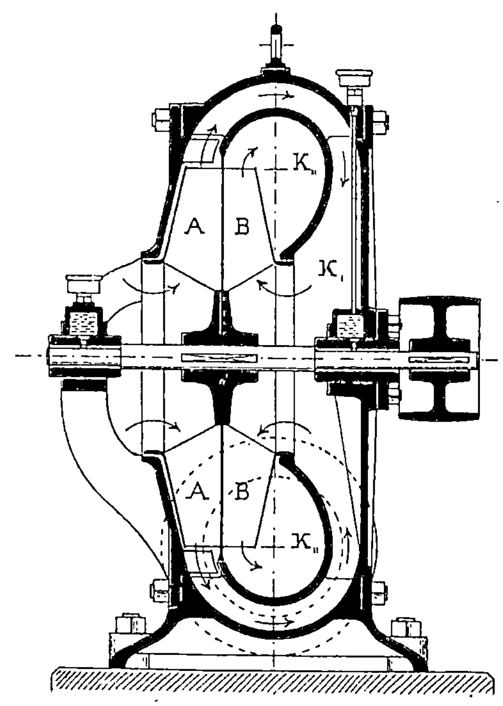

Fig. 540.

Über einen Versuch berichtet Wenner selbst in der angeführten Quelle folgendermaßen:

Ein Verbundventilator von 500 mm äußerem Flügeldurchmesser ergab bei 38 m Umfangsgeschwindigkeit der Flügel: 160 mm Wassersäulenpressung und 0,38 cbm Windmenge i. d. Sek. Ein gewöhnlicher Ventilator hätte unter sonst gleichen Verhältnissen kaum mehr als 95 mm Pressung und eine wesentlich kleinere Windmenge ergeben.

Späterhin ist die vorbeschriebene Konstruktion durch eine neuere, einfachere Konstruktion verbessert worden, welche in den Fig. 539 und 540 dargestellt ist und von Wenner als „Verbund-Hochdruck-Ventilator" bezeichnet ist. Die Wirkungsweise desselben ist folgende. Im Innern des Ventilatorgehäuses, welches eine äußere Kammer K_1 und eine von dieser umschlossene, innere Kammer K_2 bildet, bewegt sich der mit passend geformten Schaufeln versehene Doppelflügel AB, welcher an zwei Stellen die innere Kammer K_2 gegen die äußere K_1 abschließt, so daß der Wind den durch Pfeile angedeuteten Weg zu nehmen gezwungen wird. Er tritt nämlich durch die eine Saugöffnung des Flügels (linker Hand in Fig. 540) in die erste Flügelhälfte A ein, durchströmt diese radial und wird am Umfange unter einer gewissen, der Umfangsgeschwindigkeit des Flügels entsprechenden Pressung in die äußere Kammer K_1 ausgeworfen. Aus dieser Kammer K_1, in welcher also bereits ein gewisser Überdruck herrscht, tritt der Wind durch die andere Saugöffnung des Flügels (rechter Hand in Fig. 450) in die zweite Flügelhälfte B ein, durchströmt dieselbe radial und wird am Umfange in die innere Kammer K_2 ausgestoßen, nachdem er durch die Wirkung dieser zweiten Flügelhälfte abermals auf eine höhere Pressung gebracht worden ist. Aus der Kammer K_2 endlich entweicht der in dieser Weise doppelt gepreßte Wind durch den Ausblasehals O nach dem Ort seiner Verwendung. Die äußere Kammer K_1 bildet somit gleichzeitig den Druckraum der einen Flügelhälfte A und den Saugraum für die andere Flügelhälfte B. Messungen des Luftdrucks in der Kammer K_1 und dem Ausblasehals O ergaben für das Verhältnis beider Drücke nahezu den Wert ½, so daß also tatsächlich eine bedeutende Drucksteigerung durch die neue Wennersche Konstruktion erzielt wird.

Bezüglich der Luftmengen und zugehörigen Umdrehungszahlen macht Wenner folgende Angaben:

	1	2	3	4	5	6
Tourenzahl i. d. Min.	3000	2235	1675	1340	1070	900
Luftmenge, cbm i. d. Min.	30	50	90	140	200	300
Anzahl der Schmiedefeuer von 30 mm Durchm.	15	20	35	65	95	130

Ein Versuch mit einem Verbundventilator von 600 mm Durchmesser ergab

    bei 31 m Umfangsgeschwindigkeit einen Druck von
       55 mm Wassersäule in der Zwischenkammer,
  130 „   „   im Ausblasehals,
    bei 62 m Umfangsgeschwindigkeit
      500 mm Wassersäule im Ausblasehals.

Wenner schließt hieraus, daß

bei 50 m Umfangsgeschwindigkeit ein Druck von rund 320 mm Wassersäule,

bei 60 m Umfangsgeschwindigkeit ein Druck von rund 460 mm Wassersäule,

bei 70 m Umfangsgeschwindigkeit ein Druck von rund 620 mm Wassersäule,

bei 80 m Umfangsgeschwindigkeit ein Druck von rund 800 mm Wassersäule

erreicht werden kann.

Über die bei diesen höheren Drucken erhaltenen Windmengen, sowie den Kraftbedarf macht jedoch Wenner keine Mitteilungen, sodaß aus den obigen Angaben allein über diesen Ventilator kein entscheidendes Urteil zu fällen ist. Trotzdem darf die verbesserte Wennersche Konstruktion wohl als ein wesentlicher Fortschritt zur Erhöhung des manometrischen Wirkungsgrades bezeichnet werden.

9. Ventilator von Mortier. Der von der Maschinenfabrik Emil Wolff in Essen a. d. Ruhr ausgeführte Mortier-Ventilator ist der bisher einzige Vertreter einer besonderen Klasse von Ventilatoren, nämlich derjenigen mit radialem Lufteintritt und radialem Luftaustritt. Derselbe ist in den Fig. 541 und 542 im Vertikal-Längsschnitt und Querschnitt abgebildet.

Auf der horizontalen Welle C ist vermittelst der beiden Naben B die kräftige, massive Blechscheibe A befestigt, an welche am Umfange zu beiden Seiten je 36 dünne Blechschaufeln angenietet sind. Dieselben sind außen noch durch je einen kräftigen, schmiedeeisernen Ring E gehalten. Die Schaufeln laufen innen radial aus, während sie am äußeren Radumfang einen Winkel von 40^0 mit dem Halbmesser, also von 50^0 mit der Tangente an die äußere Peripherie bilden. Dieselben sind nach vorwärts, also nach der Bewegungsrichtung hin, gekrümmt. Das ganze Rad hat die Breite des Wettersaugkanals und wird von einem eigenartig gestalteten schmiedeeisernen Gehäuse umgeben, an welches sich ein Ausblaseschlot von rechteckigem Querschnitt und allmählich nach oben hin zunehmender Breite anschließt. Die ganze untere Begrenzungsfläche G des Gehäuses ist an zwei Stellen beweglich, so daß dieselbe aus der in der Figur gezeichneten äußersten Lage dem Rad bis in die punktiert gezeichnete Stellung genähert werden kann. Diese mit dem Namen des Multiplikators bezeichnete Einrichtung bezweckt, die Leistung des Ventilators bezüglich der angesaugten Luftmenge veränderlich zu machen, allerdings bei gleichzeitiger Abnahme der vom Ventilator erzeugten Depression. Der Ventilator, welcher von dem französischen Ingenieur Mortier Anfang der 90er Jahre erfunden wurde und zunächst in Frankreich und hierauf in Deutschland zur Aufstellung gelangte, wurde von dem Erfinder als Diametral-Ventilator bezeichnet. Diese Benennung hat in der demselben eigenartigen Bewegung der Luft ihren Grund. Die im Wettersaugkanal mit gewisser Geschwindigkeit ankommende Luft trifft nämlich auf den äußeren Umfang des Schaufelrades und wird von den Schaufeln erfaßt. Die Luftteilchen werden nun nicht etwa von den Schaufeln mitgenommen und in den Ausblaseschlot ausgeworfen, sondern

treten durch die Schaufeln hindurch in das Innere des Rades, durchströmen den Innenraum nahezu in gerader Richtung und treten an der
gegenüberliegenden Seite wieder in das Rad ein, strömen aber jetzt von
innen nach außen durch die Schaufeln und werden dann mit einer, der
äußeren Umfangsgeschwindigkeit entsprechenden absoluten Geschwindigkeit in den Ausblasehals geworfen, wo ihre Geschwindigkeit infolge der
allmählichen Querschnittserweiterung und der Reibung an den Wandungen des Schlotes sich verringert, während der statische Druck dabei

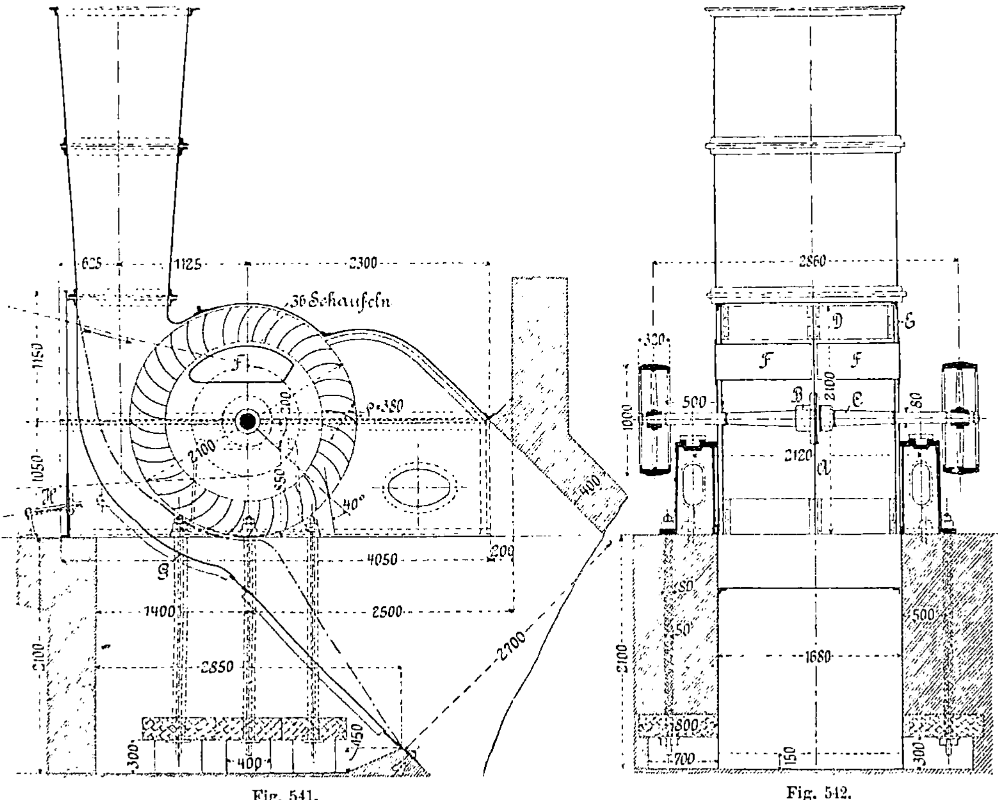

Fig. 541.			Fig. 542.

vergrößert wird. Um nun einerseits Wirbelbildungen und ein vertikales
Aufsteigen der Luft, andererseits ein Zurückströmen derselben im Innern
des Rades zu vermeiden, ist dasselbe in seiner oberen Hälfte mit zwei
linsenförmig gestalteten Kernen F von kreissegmentförmigem Querschnitt
versehen, welche beiderseits an der Innenwand des Gehäuses befestigt
sind und nahe bis an die mittlere Scheibe A des Ventilators heranreichen.
Der Ventilator wird sowohl als Gebläse für kleinere Luftmengen, für
Schmiedefeuer, zu Lüftungszwecken, als auch als Ventilator für Sonder-
ventilationen in Gruben, wie eine solche Ausführung in Fig. 543 für
Druckluftantrieb dargestellt ist, insbesondere aber für die Zwecke der
Wetterversorgung von Gruben, entweder einfach oder als Verbundventi-

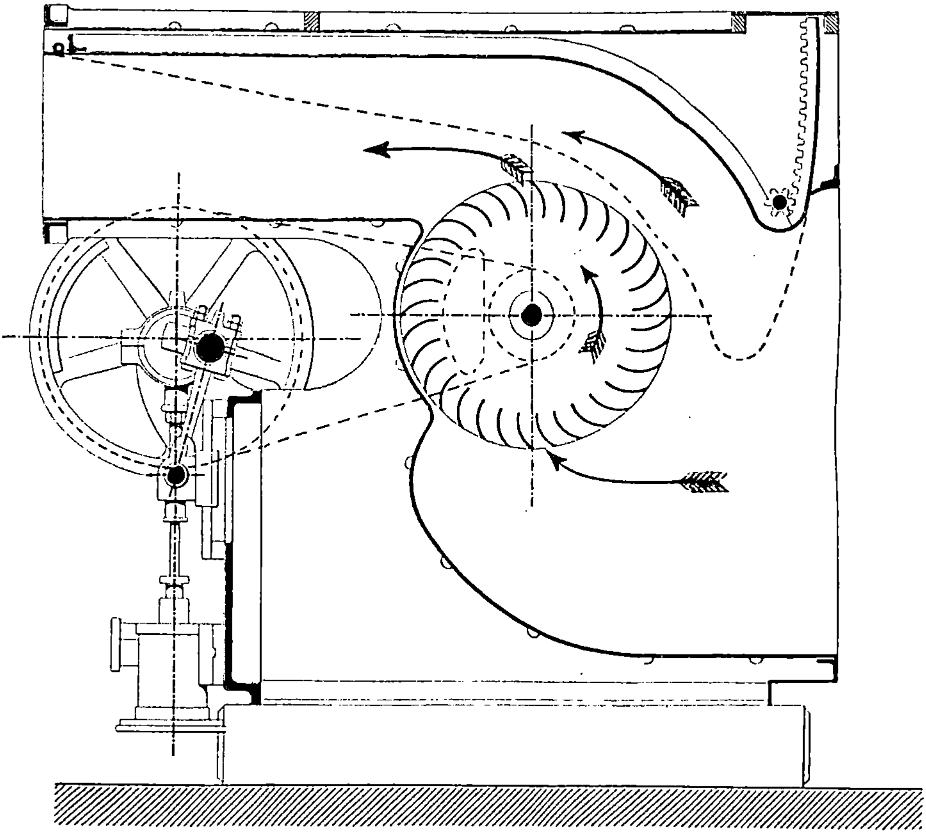

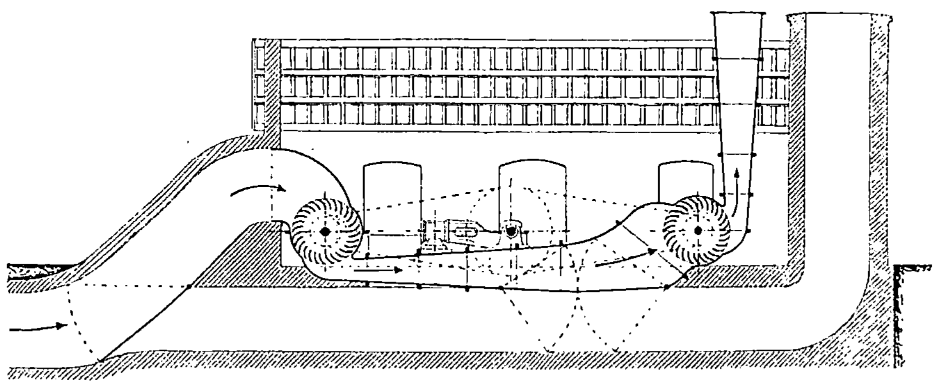

Fig. 543.

Fig. 544.

lator ausgeführt. Eine Anordnung der letzteren Art ist aus Fig. 544 zu ersehen. Wie aus der Zeichnung ersichtlich, wirft der hintere dem Wetterschacht zunächst liegende Ventilator dem vorderen die Luft zu. Die Saugwirkung ist hierdurch nahezu verdoppelt und können diese Ventilatoren, wie die Erfahrung gezeigt hat, eine höhere Depression erzielen als Einzelräder. Eine Ausführung der letzteren Art befindet sich auf Grube Rouchamp in Frankreich. Dieselbe ist im Jahre 1894 gebaut, besitzt zwei Räder von je 1,8 m Durchmesser und je 1,5 m Breite und liefert eine Luftmenge von 5000—5500 cbm i. d. Min. bei einer Depression von 200 mm Wassersäule. Durch zwei in der Figur durch punktierte Linien dargestellte Klappen kann der vordere oder hintere Ventilator außer Tätigkeit gesetzt und nur mit einem der beiden gearbeitet werden. Die genannte Anordnung kann daher auch als Reserveventilator dienen, indem dauernd nur mit einem Ventilator gearbeitet werden kann und in Notfällen, etwa nach erfolgten Schlagwetter-Explosionen oder auch bei erforderlich werdender größerer Luftmenge bei Verengerung des Grubenbaues beide Ventilatoren in Tätigkeit gesetzt werden können.

Von den größeren bis Ende 1898 in Deutschland gelieferten Anlagen sind die folgenden wichtigsten zu erwähnen:

Graf Guido Henkel-Donnersmarcksche Verwaltung, Schwientochlowitz, Oberschlesien;

Bergwerks-Gesellschaft ver. Bonifazius, Kray;

Gelsenkirchener Bergwerks-Aktien-Gesellschaft, Zeche Alma, Gelsenkirchen;

Harpener Bergbau-Aktien-Gesellschaft, Zeche v. d. Heydt, Herne;

Steinkohlenbergwerk Rheinpreußen, Homberg;

Königliche Berginspektion am Deister, Barsinghausen;

Donnersmarckhütte, Aktien-Gesellschaft, Konkordia-Schacht, Zabrze, Oberschlesien;

Zeche Viktoria Mathias, Schacht Gustav, Essen;

Gelsenkirchener Bergwerks-Aktien-Gesellschaft, Zeche Monopol, Schacht Grimberg, Camen i. W.;

Steinkohlenbergwerk Zollverein, Caternberg bei Essen;

Steinkohlenbergwerk ver. Bommerbänker Tiefbau, Bommern;

Union, für Zeche Karl Friedrich, Weitmar;

Gelsenkirchener Bergwerks-Aktien-Gesellschaft, Zeche Minister Stein, Eving bei Dortmund;

Zeche Margaretha, Sölde i. W.;

Zeche Dahlbusch bei Gelsenkirchen;

Gelsenkirchener Bergwerks-Aktien-Gesellschaft Zeche Erin, Castrop.

Von den zahlreichen, mit dem Mortier-Ventilator angestellten Versuchen sind die wichtigsten in der folgenden Tabelle zusammengestellt:

Wie die in der Tabelle enthaltenen Resultate zeigen, hat der Ventilator sowohl einen recht hohen mechanischen, als auch manometrischen Wirkungsgrad aufzuweisen und darf derselbe daher mit zu den leistungsfähigsten Grubenventilatoren gezählt werden, zumal auch seine recht hohen Depressionen (160—170 mm) ihn auch für schwierig ventilierende engere Gruben geeignet machen dürften.

1	2	3	4	5	6	7	8	9	10	11	12
Laufende No.	Datum	Drchm. des Ventilators	Breite des Ventilators	Zylinder-Durchm. der Dampfmaschine	Hub	Touren-zahl der Dampf-maschine	Touren-zahl des Ven-tilators	Umfangs-geschwindigkeit des Ventilators m i. d. Sek.	Theoret. Maximal-Depression mm	Effektive De-pression mm	Quer-schnitt an der Meß-stelle
1	6. 11. 96	—	—	580	550	73	221	—	---	47	—
2	4 Monate Betrieb	—	—	580	550	70	215	—	—	46	—
3	17. 4. 97	2400	1900	500	800	70	317	39,83	—	155	—
4	„	2400	1900	500	800	60	270	33,93	—	118	—
5	20. 6. 97	2800	1200	Zwilling elektrisch betriebener Venti-lator		55	199	—	—	78	—
6	„	2800	1200			55	199	—	—	78	—
7	24. 10. 97	2400	1000	360—550	650	76	344	43,23	—	160	—
8	12. 2. 99	2800	2000	525	1000	61,95	260,8	38,2	177	116,3	8,9
9	„	2800	—	800	—	75,2	312,3	45,7	256	172,6	8,9
10	12. 4. 99	2800	2000	500—800	600	110	275	40,33	199	150	—
11	22. 10. 99	2800	2000	400—800	600	108	270	39,6	192	142	—

Über die Verbreitung der verschiedenen Ventilatorensysteme [1]) im Rhein.-Westfäl. Bergbau bis 1900 gibt die nachfolgende Tabelle inter-essanten Aufschluß.

Laufende No.	Ventilatoren-System	Im Jahre 1883 vor-han-den	Davon		Im Jahre 1898 vor-han-den	Davon		Im Jahre 1900 vor-han-den	Davon	
			in Be-trieb	in Re-serve		in Be-trieb	in Re-serve		in Be-trieb	in Re-serve
1	Capell . .	—	—	—	89	75	14	106	85	21
2	Dinnendahl	1	1	—	—	—	—	—	—	—
3	Fabry . .	11	8	3	—	—	—	—	—	—
4	Geisler . .	—	—	—	14	11	3	19	13	6
5	Guibal . .	46	40	6	23	16	7	19	3	16
6	Kaselowski .	2	2	—	—	—	—	—	—	—
7	Kley . . .	—	—	—	9	7	2	11	6	5
8	Moritz . .	—	—	—	17	9	8	11	5	6
9	Mortier . .	—	—	—	12	9	3	14	10	4
10	Pelzer . .	18	7	1	55	42	13	57	41	16
11	Rateau . .	—	—	—	28	25	3	44	36	8
12	Schiele . .	8	4	4	6	6	—	3	—	—
13	Wagner . .	1	1	—	5	2	3	3	2	1
14	Winter . .	13	13	—	33	17	16	29	14	15
	In Summa	100	86	14	291	204	87	316	212	104

[1]) Aus: Die Entwickelung des Rhein.-Westfäl. Steinkohlenbergbaues Bd. VI. 1903. S. 250, Tab. 54.

13	14	15	16	17	18	19	20	21	22	23	24
Wettergeschwindigkeit in m i. d. Min.	Wettermenge cbm i. d. Min.	Gewicht der Luft cbm	Indizierte Leistung der Dampfmaschine PS	Reine Ventilatorleistung PS	Mechan. Wirkungsgrad	Manom. Wirkungsgrad	Äquivalente Grubenweite qm	Garantierte Luftmenge cbm i. d. Min.	Garantierte Depression mm	Aufstellungsort	Bemerkungen
—	2604	—	—	—	—	—	—	} 2000	50 bei 70 Touren	{ Deutschlandsgrube, O.-Schles.	—
—	2600	—	—	—	—	—	—				—
—	4325	1,2	227,5	149	0,655	0,803	2,2	—	—	{ Schacht Alma in Westf.	—
—	3660	1,2	146	96	0,657	0,842	2,13	—	—		—
—	2605	—	59,92	45,16	0,75	0,75	1,87	2600	70	{ Zeche Bonifazius Kray bei Gelsenkirchen	—
—	2617	—	elektr.	45,36	0,76	0,76	1,88	bei 200 Touren u. 60 PS. i. Motor			—
—	2348,4	1,224	140,48	83,5	0,594	0,78	1,18	2000 b. 130 PS.	—	{ Bullerbach-Schacht, Barsinghausen	—
643,1	5723	1,19	272,4	147,9	0,543	0,657	3,36	—	—	{ Zeche Monopol, Camen in Westf.	Normal-Betrieb.
754,6	6716	1,18	451,5	262	0,589	0,657	3,24	—	—		Forcierter Betrieb
—	5323	1,2	—	—	—	0,76	2,68	5000 bei 110 Touren	150 bei 110 Touren	Minister Stein	—
—	5472	1,2	—	—	—	0,74	2,9			Eving bei Dortmund	—

Danach war bis Ende 1900 am meisten in Gebrauch der Ventilator von Capell mit $85 + 21 = 106$ Ausführungen. Ihm folgt Pelzer mit $41 + 16 = 57$ Ausführungen, dann Rateau mit $36 + 8 = 44$ Ausführungen.

Im Jahre 1905 hatte sich das Verhältnis, wie aus der folgenden Zusammenstellung hervorgeht[1]), schon wesentlich geändert. Es waren danach vorhanden:

No.	Ventilationssystem	1900	1905	Unterschied
1.	Capell	106	139	+ 33
2.	Fröhlich und Klüpfel	—	6	+ 6
3.	Geisler.	19	28	+ 9
4.	Guibal.	19	12	— 7
5.	Herbst	—	1	+ 1
6.	Kley	11	12	+ 1
7.	Moritz	11	5	— 6
8.	Mortier	14	13	— 1
9.	Pelzer	57	51	— 6
10.	Rateau	44	89	+ 45
11.	Schiele	3	2	— 1
12.	Thyssen	—	3	+ 3
13.	Wagner	3	1	— 2
14.	Winter	29	20	— 9
	zusammen:	316	382	

[1]) „Glückauf" 1907, S. 15.

1905 waren also 14 Systeme gegen 11 im Jahre 1900 in Betrieb. Danach ist die Gesamtzahl im Jahre 1905 um 66 gestiegen, 7 haben zugenommen, 7 abgenommen. Von untergeordneter Bedeutung in bezug auf ihre Verbreitung sind die sechs Systeme von Fröhlich, Moritz, Thyssen, Schiele, Herbst, Wagner, die sich, wie folgt verteilen:

Fröhlich: Deutscher Kaiser (5), Feindlicher Nachbar (1);

Moritz: Königsborn I, Präsident I und II, Konsolidation II/V, Prosper II;

Thyssen: Deutscher Kaiser (3);

Schiele: Zollern I (2);

Herbst: Karolinenglück (1);

Wagner: Kaiser Friedrich (1).

Gegenwärtig dürften sich diese Zahlen noch wesentlich geändert haben, da z. B. nach dem neuesten Katalog der Firma Schüchtermann und Kremer (s. oben S. 444) der Rateau-Ventilator in 252 Anlagen vertreten ist, wovon ein großer Teil auf das Rheinisch-Westfälische Revier entfällt.

Sechstes Kapitel

Die Turbogebläse.

Der erste, welcher die Idee der mehrzelligen Gebläse zur Ausführung brachte, war Rateau. Angeregt durch die bemerkenswerten Resultate, welche er mit seinem, mit einer Dampfturbine gekuppelten raschlaufenden Ventilator erzielte, worüber oben (S. 445) eingehende Mitteilungen gemacht sind, stellte Rateau im Jahre 1898 in der Fabrik von Sautter, Harlé & Co. seine ersten Versuche mit durch Dampfturbinen betriebenen mehrzelligen Gebläsen an, welche von ihm Turbomachines multicellulaires genannt wurden und die Grundlage für die heutigen Turbogebläse und Turbokompressoren bildeten [1]. Die erste größere Anlage eines Rateauschen Turbokompressors wurde im Jahre 1905 auf den Gruben von Béthune aufgestellt für einen Maximaldruck von 6 Atm.

Gegenwärtig werden die Turbogebläse und Kompressoren von zahlreichen Firmen des In- und Auslandes gebaut, und sind an denselben natürlich im Laufe der Jahre zahlreiche Verbesserungen angebracht worden.

Im folgenden sollen die wichtigsten dieser Ausführrungen besprochen und namentlich auch zahlreiche Versuche, welche mit ihnen angestellt wurden, mitgeteilt werden.

1. Turbogebläse und Kompressor von Rateau. In Deutschland wird dieses Gebläse von verschiedenen Firmen ausgeführt, so von der „Gutehoffnungshütte" in Sterkrade, von der Firma Kühnle, Kopp & Kausch in Frankenthal (Pfalz), in der Schweiz von der Firma Brown, Boveri & Co. in Baden (Kanton Aargau).

Einige Konstruktionen der letztgenannten Firma, welche zuerst den Bau der Rateau-Gebläse in größerem Umfange aufgenommen hatte, sind in den folgenden Abbildungen dargestellt.

Fig. 545 zeigt den Längsschnitt durch ein, von einer Dampfturbine angetriebenes, zweizelliges Gebläse. Die beiden ersten Schaufelräder

---

[1] A. Rateau, Les turbo-machines multicellulaires in „Memoires de la Soc des Ingén. cuils de France", April 1910. Sonderabdruck: Paris 1910.

sind von gleichem Durchmesser und gleicher Breite, während das letzte,
am Ende der Welle sitzende Rad sowohl einen kleineren Durchmesser

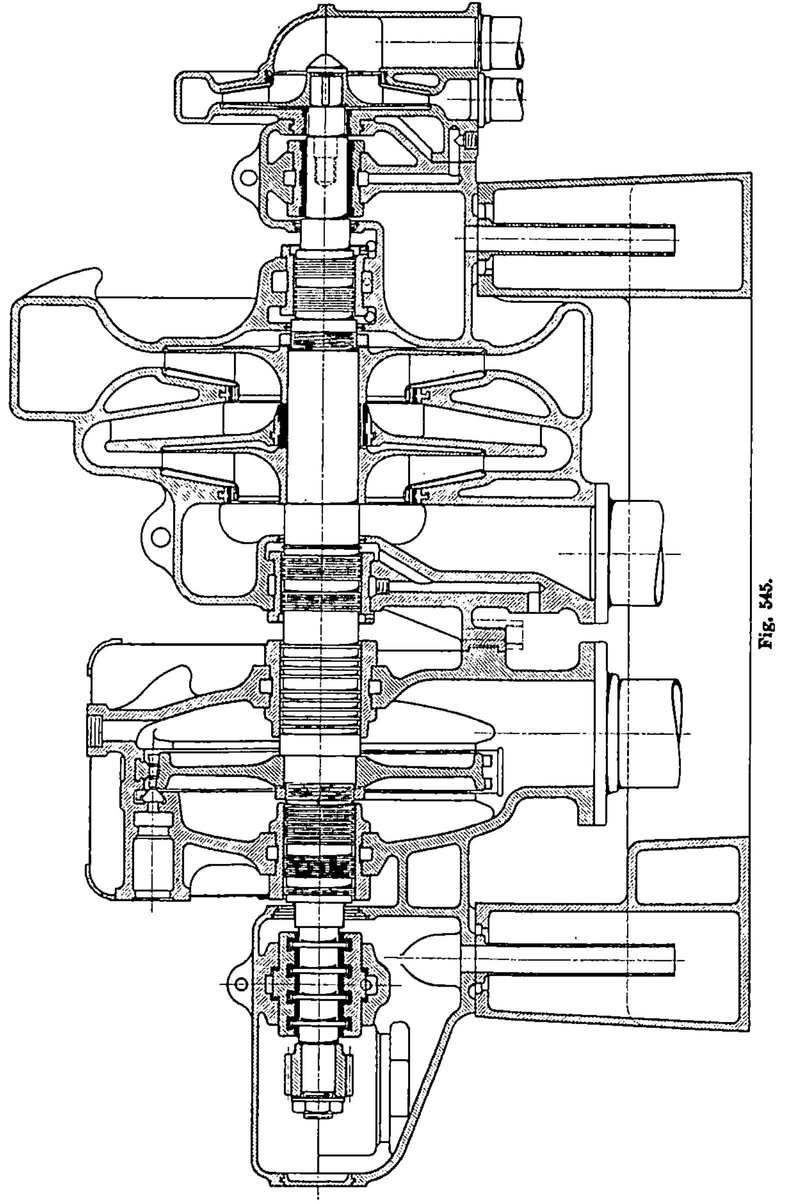

Fig. 545.

als auch eine geringere Breite hat. Dasselbe hat einen besonderen,
weiter unten mitgeteilten Zweck.

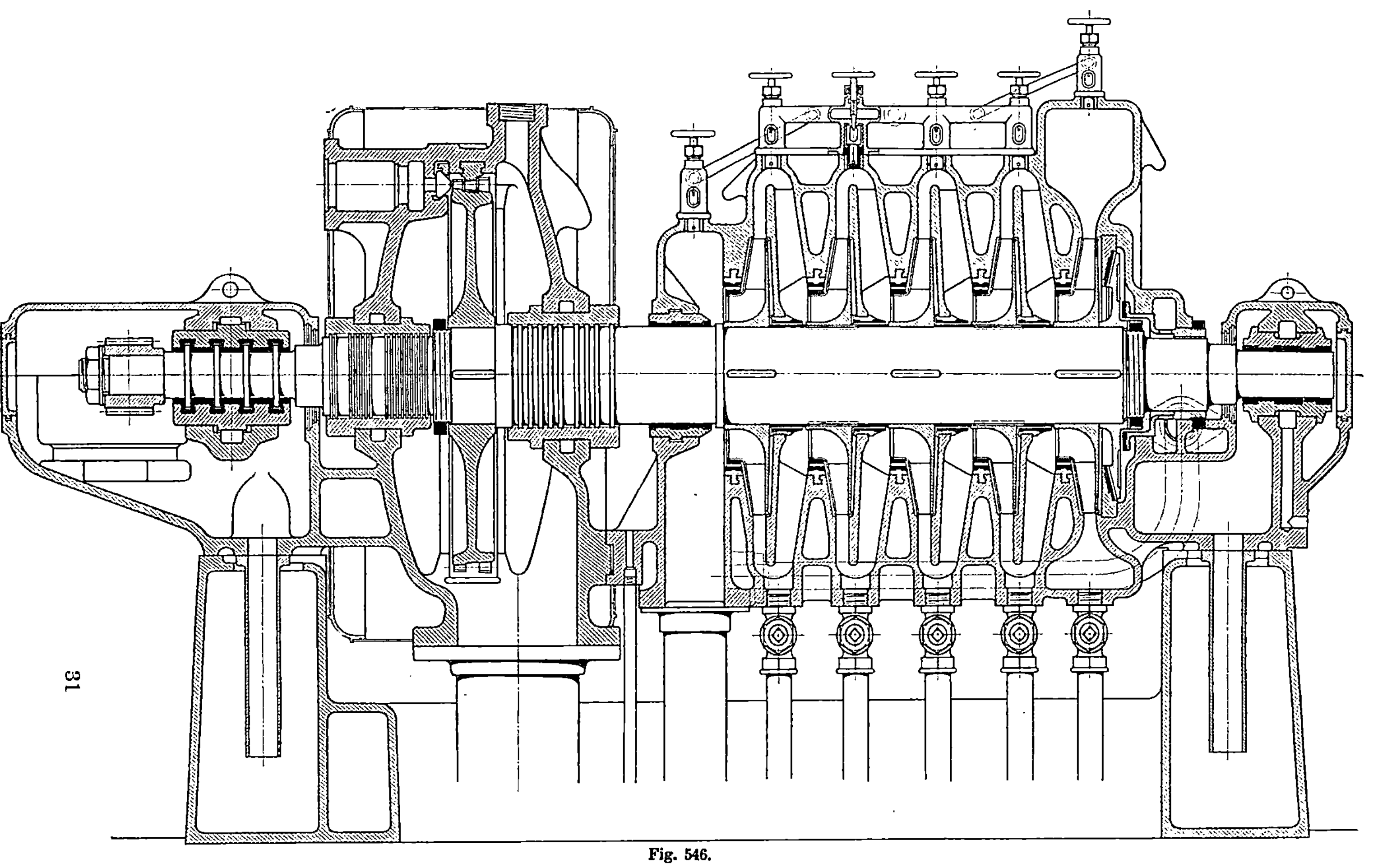

Fig. 546.

31

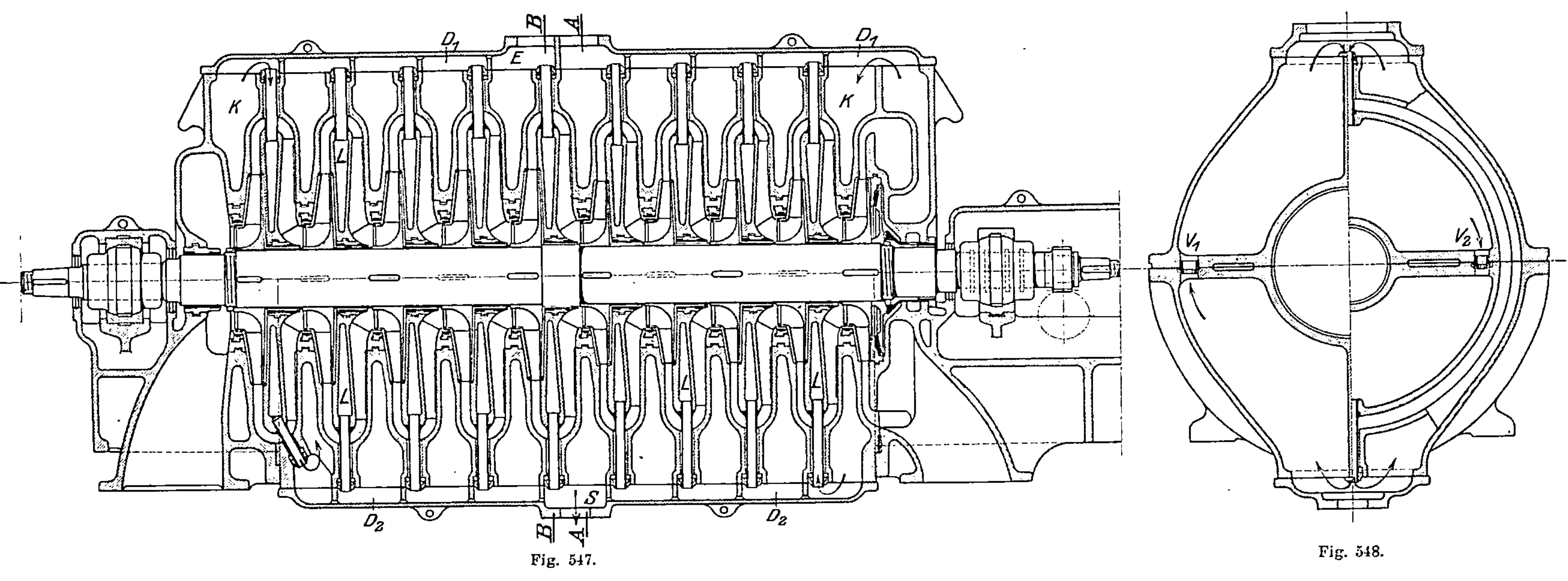

B A
D₁
E
K
D₁
K
D₂
S
B
A
D₂
V₁
V₂
Fig. 547.
Fig. 548.

Fig. 546 zeigt ein fünfstufiges Turbo-Gasgebläse mit gleichbleibenden Durchmessern.

Bei beiden Gebläsen verjüngen sich die Radschaufeln nach dem Umfang, blasen in einen Kanal von anfangs gleichbleibendem Querschnitt aus, welcher sich nach der Richtungsumkehr um 180° allmählich gegen die Wellenmitte hin erweitert, wodurch eine jedesmalige Umwandlung der kinetischen Energie in statischen Druck bezweckt wird. In Fig. 547 und 548 ist ein zehnzelliger Kompressor abgebildet, bei welchem die fünf ersten Stufen von gleichem Durchmesser und gleicher Auslaufbreite sind, an welche sich fünf weitere, jedoch kleinere Stufen anschließen. Der Kompressor ist mit einer außerordentlich wirksamen Kühlung versehen, deren Anordnung aus der Figur verständlich ist.

In Fig. 549 ist ein sechszelliges Gebläse mit doppelseitiger Luftansaugung dargestellt. Jede Saugseite besitzt drei Zellen, die Luft wird in der Mitte des Gebläses in einen gemeinschaftlichen Diffusor ausgestoßen. Zur Erhöhung der Dichtung sind die Schaufelräder an der Antrittsstelle der Luft mit je einer, gegen das Gehäuse abdichtenden Labyrinth-Dichtung versehen, welche aus der Figur in der ersten Stufe jeder Saugseite im Schnitt zu sehen ist.

Bezüglich der Leistungen etc. dieser Ausführungen ist folgendes zu bemerken:

Fig. 545 ist als Gassauger für eine minutliche Gasmenge von 167 cbm bei 4450—4300 Touren/Min. ausgeführt, wobei das Gas auf 0,112 Atm. Überdruck gepreßt wird. Der Kraftbedarf beträgt 70 PS.

Der Gassauger saugt das Gas aus den Retorten der Gasfabrik und drückt dasselbe durch die Apparate in das Gasometer. Der Ansaugdruck wird auf ± 2 m/m W.-S. automatisch konstant gehalten. Die starken Produktionsschwankungen beim Entleeren und Füllen der Retorten stellen hohe Anforderungen an die Regulierung.

Die Regulierung wird durch einen Schwimmer betätigt; letzterer wirkt auf ein in der Steuerungsölleitung befindliches Ventil, durch welches der Druck des Öles und damit die Steuerung der Turbine direkt beeinflußt wird. Das rotierende Gebläse streicht einen großen Teil des im Gase vorhandenen Teers ab, welcher durch Syphonleitungen aus jeder Stufe entnommen wird. Dadurch werden die Teerreinigungsanlagen stark entlastet.

Das Gasgebläse ist im Gaswerk Mariendorf bei Berlin aufgestellt und im Juni 1911 in Betrieb genommen worden.

Das am Ende des Gebläses angebaute Laufrad mit Gehäuse dient dazu, geringe Mengen Luft in das ungereinigte Leuchtgas einzupressen.

Das zweite Gebläse, Fig. 546, dient zur Förderung von Kohlensäure für eine minutlich angesaugte Gasmenge von 60 cbm bei 4200 Touren/Min., wobei das Gas auf 0,4 Atm. Überdruck gepreßt wird. Der Kraftbedarf ist 78 PS. bei einem spezifischen Gewicht des Gases von 1,37 kg/m³.

Das Kohlensäure-Gebläse ist bei 'Vom Rath, Schoeller & Skene, G. m. b. H. in Klettendorf bei Breslau aufgestellt und seit Mitte September 1910 in Betrieb.

Die oberen sechs Hahnen sind zum Einspritzen von Wasser, also zum Reinigen der inneren Kammern von Staubablagerungen aus den

31*

Kalköfen während des Betriebes und die unteren fünf Hahnen zum Ablassen der eingespritzten Flüssigkeit.

Fig. 547 und 548 stellt den ersten Zylinder eines Turbo-Kompressors mit innerer Wasserkühlung dar. Die angesaugte Luftmenge beträgt 150

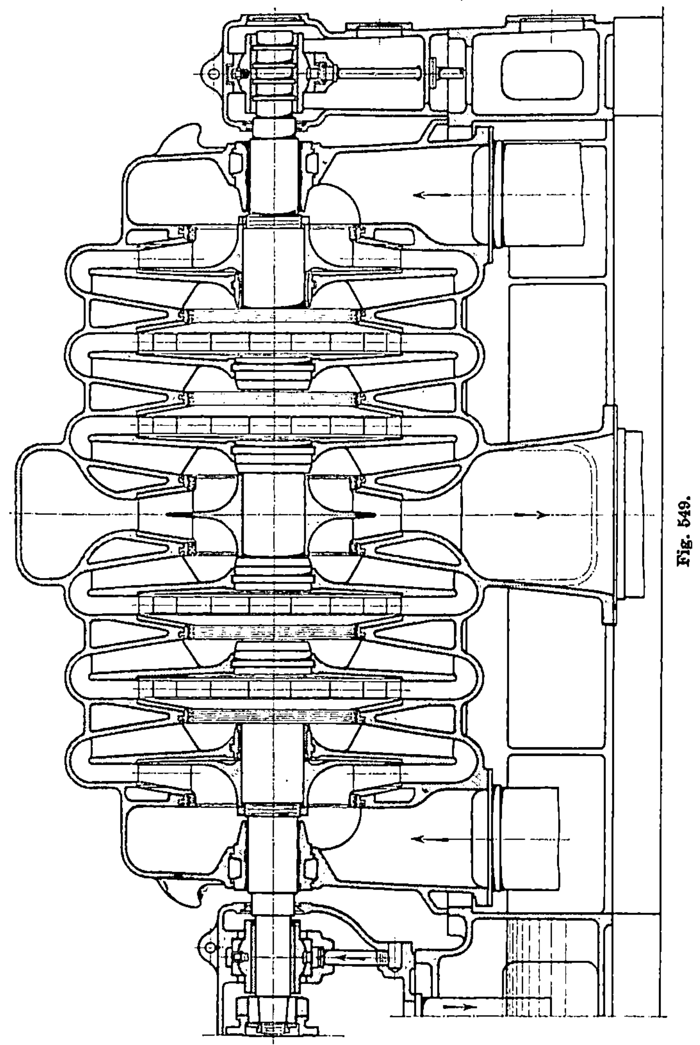

Fig. 549.

cbm/Min. bei 4200 Touren/Min., die Pressung 2,5 Atm. Überdruck, der Kraftbedarf 1100 PS.

Der Kompressor ist für die Werke de Wendel & Cie. in Klein-Rosseln (Lothringen) bestimmt und Anfang Mai 1911 dem Betrieb übergeben worden. Derselbe besteht aus zwei Zylindern. Die Pressung am Ende des zweiten Zylinders beträgt 6 Atm. Überdruck. Die Preßluft wird zum Antrieb von Bohrmaschinen und allerlei Werkzeugen in den Kohlengruben verwendet.

Fig. 549 endlich stellt ein Hochofen-Turbogebläse dar. Die angesaugte Luftmenge beträgt 750—500 cbm/Min. bei 3000—3760 Touren und einer Pressung von 0,41—0,815 Atm. Überdruck, der Kraftbedarf ist dabei 950—1300 PS.

Das Gebläse ist bei der Metallurgischen Gesellschaft Senelle-Maubeuge in Longwy-Bas (Frankreich) aufgestellt und befindet sich seit Ende März 1911 in Betrieb.

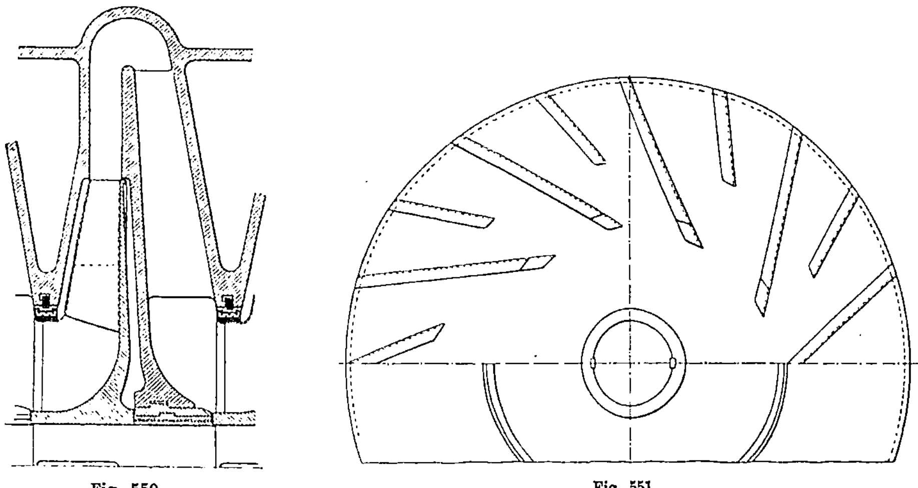

Fig. 550. Fig. 551.

Ein etwas kleineres Gebläse derselben Bauart ist bereits seit Dezember 1907 mit sehr zufriedenstellendem Erfolg in Betrieb.

Die Detailkonstruktion des Laufrades und Leitapparates ist aus Fig. 550 und 551 zu ersehen. Die Leitschaufeln sind nach der Drehrichtung des nachfolgenden Rades hin geneigt.

Von den zahlreichen, mit diesen Turbomaschinen angestellten Leistungsversuchen und deren Ergebnissen seien nur die folgenden erwähnt.

In den folgenden Tabellen sind zunächst die Ergebnisse der Versuche an den Hochofengebläsen von Chasse enthalten, und zwar in der ersten Tabelle für nur eine Gruppe, in der zweiten für zwei Gruppen von Rädern. Beide Versuche fanden im August 1906 statt.

1.

Versuch No	1	2	3	4	5
Anfangsdruck der Luft . . kg/qcm	1,042	1,042	1,047	1,047	1,047
Enddruck der Luft . . . „	1,482	1,477	1,496	1,496	1,422
Anfangstemperatur der Luft . „ °C	27,2	30,2	26,6	26,2	27
Endtemperatur der Luft . . „	76,4	78,2	74,3	72,3	68
Angesaugte Luftmenge, cbm i. d. S.	2,03	2,615	2,835	3,72	5,57
Wirkungsgrad des Kompressors, bezogen auf adiabat. Kompression %	66,4	66,4	67,8	70,5	67,5
Tourenzahl i. d. Min.			3000—3050		

2.

Versuch No	1	2	3	4	5
Anfangsdruck der Luft . . kg/qcm	1,03	1,044	1,044	1,044	1,044
Enddruck der Luft . . . „	1,473	1,437	1,351	1,281	1,396
Anfangstemperatur der Luft . „ °C	23,4	25,4	26,8	27	24,8
Endtemperatur der Luft . . „	68,6	65,4	59,4	53,5	60
Angesaugte Luftmenge, cbm i. d. S.	6,0	5,95	5,29	4,81	6,83
Wirkungsgrad, bezogen auf adiabat. Kompression . . . . %	71	72,5	71,2	68	71,5
Tourenzahl i. d. Min.	3000	2900	2600	2300	2780

Demnach war der Wirkungsgrad bei der ersten Versuchsreihe im Mittel 67,7 %, bei der zweiten (zwei Körper in Betrieb) 70,84 %.

Die folgende Tabelle enthält die Versuchsresultate mit einem Turbokompressor der Société des Turbo-Moteurs, ausgeführt September 1906 in den Werkstätten der Firma Brown, Boveri & Cie. in Baden (Schweiz).

Versuch No	1	2	3	4	5
Anfangsdruck der Luft . . kg/qcm	0,995	0,993	0,995	0,995	0,97
Enddruck „ „ . . „	4,75	4,50	4,315	3,52	3,417
Anfangstemp. der Luft . . . °C	27,1	28,6	27	25,9	30
Endtemp. „ „ . . . „	72,5	78,5	79	80	87,3
Angesaugte Luftmenge . cbm/Sek.	0,856	0,985	1,076	1,381	1,358
Isotherm. Kompressionsarbeit, PS.	178	197	213,5	234	223
Theoret. disponible Arbeit im Dampf, PS.	468	508	530	560	557
Gesamtwirkungsgrad (Turbinen und Turbokompressor) . . . . . %	38	38,7	40,3	41,8	40
Wirkungsgrad d. Kompressors allein, bezogen auf isothermische Kompression . . . . %	59,8	61	63,5	66	63
Tourenzahl i. d. Min.	4000	4000	4000	4000	4000

Die Versuche zeigen den außergewöhnlich günstigen Einfluß der sehr energischen Kühlung der Luft im Turbokompressor, indem selbst bei der höchsten Kompression auf 4,75 kg/qcm die Temperaturerhöhung nur 45,4° C, im Mittel bei allen fünf Versuchen nur 51,74°, im Maximum bei Versuch No. 5 nur 57,3° C betrug.

Sehr interessante Versuche wurden ferner an drei großen, von der Gutehoffnungshütte gebauten Rateauschen Turbokompressoren für die Rand-Minen in Transvaal angestellt, welche für eine Leistung von 10 cbm/Sek. bei einem Druck von 12 kg/qcm bestimmt sind. Die normale Leistung beträgt 4400 PS. Es sind zwei Körper hintereinander geschaltet, deren ersterer 8, der letzte 14 Turbinenräder enthält. Jeder Körper wird durch einen besonderen Dreiphasen-Motor von 2000—2500 PS. bei 3000 Touren angetrieben.

Die Versuche fanden im März und April 1910 statt.

Versuch No		1	2	3
Datum des Versuchs		29. 3. 10	29. 3. 10	1. 4. 10
Barometerstand	mm/Hg	770,6	770,6	761
Absol. Druck der anges. Luft	kg/qcm	0,825	0,843	0,821
Temperatur „ „ „	° C	18,2	18,2	18,2
Enddruck der Luft	kg/qcm	9	8	10,13
Temperat. d. Luft nach d. Verdichtung : .	° C	100	97,3	108,5
Leistung der Niederdruckkomp.-Stufe . .	PS.	1960	1940	2220
„ „ Hoch „ „ „ . . .	„	1890	1885	2090
Leistung beider Stufen zusammen . . .	„	3850	3825	4310
Luftmenge, angesaugte	cbm/Sek.	9,37	9,58	10,13
Leistung für die isotherm.-Komp.	PS.	2460	2420	2785
Wirkungsgrad, bez. auf isoth.-Komp. . . .	%	64	63,4	64,5

Der Wirkungsgrad erreicht also 64,5 % bei der höchsten Leistung, was einen Wirkungsgrad von 76 %, bezogen auf die wirkliche Kompression, entspricht.

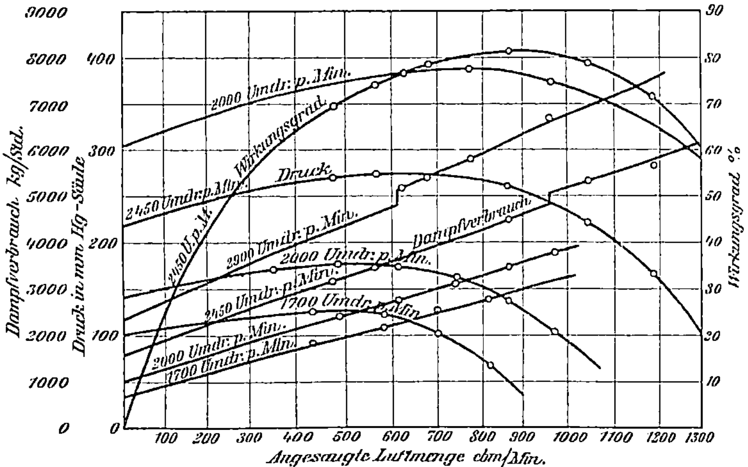

Fig. 552.

Die Betriebsresultate endlich eines Hochofengebläses, welches auf der Int. Weltausstellung in Brüssel im Jahre 1910 von der Firma Brown, Boveri & Cie. ausgestellt war und nachher in Thy-le-Chateau bei Marcinelle in Betrieb gegeben wurde, sind in Fig. 552 graphisch dargestellt. Das Gebläse ist für eine Luftleistung von 1200 cbm i. d. Min. bei 32 cm Hg-Säule (0,421 Atm.) Überdruck bestimmt, und wird durch eine Dampfturbine von 1500 PS. bei 2900 Touren direkt angetrieben.

Bezüglich der Wirkungsgrade zeigt dieses Schaubild zunächst, daß der absolute größte Wirkungsgrad von fast 82 % bei 2450 Umdrehungen und einer Luftmenge von ca. 900 cbm, also ¾ der normalen Luftmenge erreicht wird, während derselbe bei der Normalleistung von 1200 cbm bei 2900 Touren noch ∼ 70 % erreicht. Der Druck von 32 cm wird bei 2900 Touren bei der geforderten Luftmenge von 1200 cbm erreicht, derselbe steigt bei dieser Tourenzahl sogar bis 39 cm Hg, allerdings bei einer geringeren Luftmenge von nur ca. 800 cbm/min. Der entsprechende Dampfverbrauch beträgt nach dem Schaubild für die Normalleistung ca. 7600 kg/Std. oder bei 1500 PS. nur 5,067 kg für 1 PS./Std.

Zwei andere Diagramme von Versuchen an Turbomaschinen derselben Firma sind die folgenden [1]).

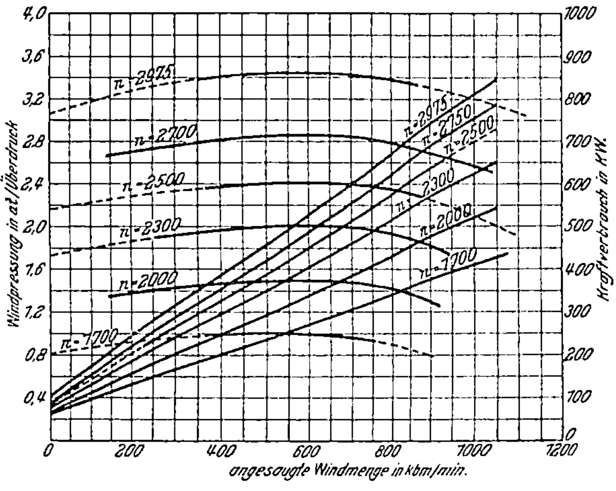

Fig. 553.

Fig. 553 zeigt für ein Turbogebläse für einen Kupolofen, welches auf der Gewerkschaft „Deutscher Kaiser" in Betrieb ist, die Druck- und Kraftkurven, erstere links, letztere rechts.

Der Maximaldruck bei 2975 Touren beträgt dabei ca. 3,43 Atm. Überdruck, bei 1700 Touren 1 Atm., während der Kraftbedarf proportional der Windmenge steigt; für 1000 cbm angesaugter Luft und einen Überdruck von 3,2 Atm. beträgt derselbe 800 KW.

Fig. 554 zeigt für ein Hochofengebläse derselben Firma in dem Hüttenwerk von Bolkow, Vaughan & Co. in England die entsprechenden Kurven. Das Gebläse ist für eine minutliche Luftmenge von 700 cbm bei 0,7 Atm. Überdruck und 2900 Touren gebaut. Wie hieraus hervorgeht, beträgt bei dieser Leistung der Kraftverbrauch ∼ 1400 PS. und der Wirkungsgrad ca. 72 %. Die Figur zeigt auch, daß die Wirkungsgrade nicht gleichmäßig steigen, vielmehr für die kleinere Tourenzahl bei geringeren Windmengen günstiger als bei größeren Touren, während dies Verhältnis sich mit steigender Windmenge über ca. 600 cbm zugunsten

---

[1]) Aus einem Aufsatz von Ob.-Ing. Naville, „Stahl u. Eisen" 1909, S. 493 ff.

der höheren Tourenzahlen ändert. Bei etwa 600 cbm ist der Wirkungsgrad bei allen Tourenzahlen gleich und etwa 71 %. Das Maximum der Windpressung liegt bei etwa 500—550 cbm und nimmt die Pressung mit zunehmender Windmenge bis auf 900 cbm um ca. 0,1 Atm. bei allen Tourenzahlen gleichmäßig ab.

Einem Bericht von Stach[1]) zufolge hat die ersten größeren Rateau-Kompressoren in Deutschland die Gutehoffnungshütte ausgeführt und zwar bis Ende 1908 in folgenden Anlagen:

1. Schacht II der Bergbau-Aktien-Gesellschaft Konkordia in Oberhausen.
2. Schacht Sterkerade der Gutehoffnungshütte.
3. Minister Möller-Schacht der Kgl. Berginspektion II in Gladbeck.

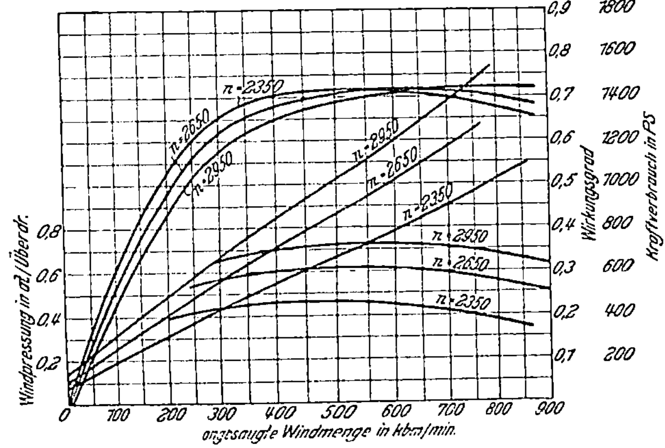

Fig. 554.

Die Ansaugeleistung betrug bei diesen Kompressoren je 8000 cbm/Std., der Enddruck der Luft 5—6 Atm. Der Antrieb erfolgte durch Abdampfturbinen, System Rateau.

Ingenieur Stach hat am 24. Februar 1909 an einer dieser Anlagen Versuche angestellt, deren Ergebnisse in der folgenden Tabelle enthalten sind.

	1. Versuch	2. Versuch
Abdampf-Turbine.		
Drehzahl im Mittel in 1 Min.	3632,0	3663,5
Eintrittsspannung im Mittel . . . . . . Atm. abs.	1,127	1,2
Vakuum in % des Barometerstandes	94,0	94,25
Kondensatortemperatur . . . . ° C.	31,23	32,2
„ menge . . . . kg/Std.	8600,0	9222,0

---

1) „Glückauf“ 1909, No. 43, S. 1556 ff.

			11.12.09	11.12.09	11.12.09	15.12.09
			1	2	3	4
1	Datum des Versuchs					
2	Nummer des „					
3	Umdrehungen i. d. Min.	n	2990	3060	3165	3316
4	Barometerstand Pb	kg/qm	9743	9743	9750	9805
5	Absolute Anfangstemperatur Ta	°C	293	292,75	293,37	293,87
6	Statischer Druck im Druckrohr Pd−Pd′	kg/qm	12841	12971	13268	13780
7	Geschwindigkeit im Druckrohr	m/Sek.	17,70	18,95	17,45	15,78
8	Dynamischer Druck im Druckrohr Pd′	kg/qm	22,7	26,0	22,3	17,9
9	Gesamtdruck im Druckrohr Pd	„	12864	12997	13290	13798
10	Absolute Temperatur im Druckrohr Td	°C	323,67	325,60	328,83	334,34
11	Druck im Windkessel, Pk	kg/qm	10121	10188	10115	10086
12	Absolute Temperatur im Windkessel Tk	°C	323,20	324,10	324,45	333,43
13	Sekundl. anges. Luftmenge (Mittel aus Düsen- und Anemometermessung) Qm	cbm/Sek.	10,65	11,45	10,68	9,80
14	Nutzleistung, gemessen in komp. Luft bei adiabat. Kompression, N	PS.	400,9	446,8	451,0	460,1
15	Theorethische Temperaturerhöhung bei adiabat. Komp. von Pb auf Pd, $\varDelta'T$	°C	24,21	25,14	27,16	30,16
16	Gemessene Temperaturerhöhung, mit Berücksichtigung der Strömungsenergie und der Abkühlungsverluste $\varDelta T = t_1 + t_2 + t_3$	°C	31,05	33,25	35,87	40,91
17	Wirkungsgrad des Gebläses $\dfrac{\varDelta'T}{\varDelta T}$	%	78,0	75,6	75,8	73,7
18	Leistung der Turbine $\dfrac{N}{\eta} + N_r = N_t$	PS.	517,4	594,5	599,1	628,3
19	Dampfverbrauch i. d. Std. D	kg	3750	4016	4088	4220
20	„ „ f. 1 PS./Std. gemessen $\dfrac{D}{N_t}$	„	7,25	6,75	6,82	6,72
21	„ „ „ „ „ umgerechnet auf den Dampfzustand der Lieferungsbedingungen $\dfrac{D'}{N_t}$	„	7,55	7,12	7,21	7,09
22	Garantierter Dampfverbrauch für 1 PS./Std. $\dfrac{D''}{N_t}$	„	8,00	8,00	8,00	8,00

	1. Versuch	2. Versuch
Turbokompressor.		
Red. Barometerstand . . . . mm/Hg	766,4	766,4
Außenlufttemperatur am Saugfilter . . . . °C.	+ 1,0	+ 1,0
Temperatur im Saugrohr . . . . „	+ 1,8	+ 2,1
Mittlere Luftgeschwindigkeit im Saugrohr m/Sek.	14,05	16,425
Querschnitt des Saugrohrs . . . . qm	0,1257	0,1257
Angesaugte Luftmenge bei 35 mm Saugspannung cbm/Sek.	1,766	2,0646
„ „ . . . . cbm/Std.	6358	7433
„ „ auf 15° C. und 760 mm Hg bezogen . . . . cbm/Sek.	6670	7790
Spannung der Druckluft . . . . . . Atm. abs.	6,33	6,4
Temperatur der Druckluft am Druckstutzen . °C.	+ 83,3	+ 88,7
Kühlwassermenge für beide Kompressoren-Zylinder kg/Std.	8370	10750
Abdampfverbrauch für 1 cbm Luft (15° 760 mm) auf 5,4 Atm. Überdruck . . . . kg	1,29	1,2

Die Dampfverbrauchszahlen sind fast genau die gleichen wie bei den früher angestellten Werkstattsversuchen.

Die Betriebsresultate sind sehr günstige; die Maschinen erforderten eine sehr geringe Wartung und sehr geringe Kosten für Schmier- und Putzmaterial. Die Räder, Lager und Wellen der Turbokompressoren am Konkordia-Schacht wurden nach einjährigem Dauerbetrieb nachgesehen und befanden sich genau im gleichen Zustand wie am Tage der Inbetriebsetzung. Die Diffusoren waren innen äußerst sorgfältig bearbeitet, blank poliert, so daß sie sehr geringe Reibungsverluste verursachten. Für eine weitgehende, sehr energische Kühlung der Luft während der Kompression war Sorge getragen, wodurch ein günstiger Wirkungsgrad der Kompression erzielt wurde.

Bei Versuchen, welche mit einem Rateau-Kompressor der Bauart Kühnle, Kopp & Kausch von Prof. Bonte angestellt waren, wurden die in der folgenden Tabelle[1]) enthaltenen Werte ermittelt. Die Tabellenwerte sind dabei Mittelwerte aus mehrfachen Parallelversuchen.

Wie die Versuche, welche mit größter Sorgfalt ausgeführt sind, ergaben, war der Wirkungsgrad, bezogen auf adiabatische Kompression und berechnet aus der Temperaturerhöhung der Luft, im günstigsten Falle 78 %, im Mittel aus allen vier Versuchsreihen 75,8, welcher Wert noch wesentlich günstiger als bei dem oben (S. 485—487) mitgeteilten Versuchen an anderen Rateau-Gebläsen ist.

Der Dampfverbrauch, bezogen auf den Dampfzustand der Lieferungsbedingungen, betrug im Mittel 7,24 kg, also um 0,76 kg weniger als der garantierte Dampfverbrauch oder nur 91 % des letzteren. Auch dieses Resultat muß als ein recht günstiges bezeichnet werden.

2. Turbokompressoren der Firma Pokorny & Wittekind in Bockenheim. Vom Rateauschen Kompressor unterscheidet sich der-

---

[1]) Z. Ver. deutsch. Ing. 1910, S. 1661.

jenige dieser Firma hauptsächlich durch die Ausbildung der Schaufelräder, der Umlaufkanäle und durch den Zusammenbau der mehrzelligen
Gebläse.

Wie aus Fig. 555 hervorgeht, welche ein Turbogebläse für die
Salpetersäure-Industrie-Gesellschaft in Innsbruck für eine Leistung von
6000 cbm/Std. bei 0,5 Atm. Überdruck und 2420 Touren darstellt, sind
die Radkanäle sehr lang. An sie schließt sich ein allmählich divergierender
kurzer Diffusor an, hinter welchem nach der Richtungsumkehr um 180⁰
die Kanäle in solche von etwa vierfacher Breite übergehen, welche sich
nach der Achse des Rades zu allmählich verengen. Das Verhältnis der
äußeren achsialen lichten Breite der Schaufelräder zum äußeren Durch-

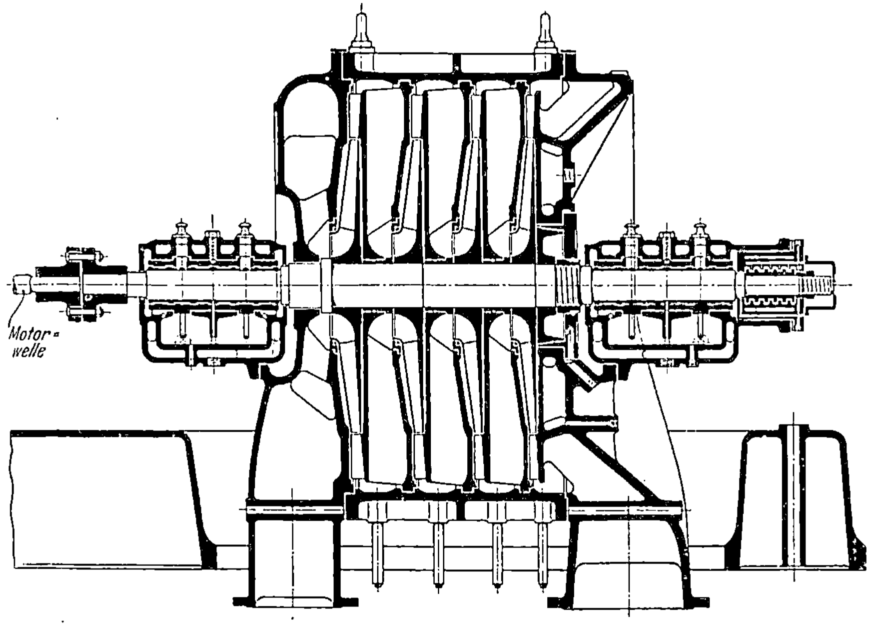

Fig. 555.

messer beträgt in den beiden ersten Stufen 27,6: [960 = 0,028, in den
beiden letzten Druckstufen nur 22,6: 960 = 0,0235, während dasselbe
bei Rateau beträchtlich größer ist. Die Umfangsgeschwindigkeit der
Räder beträgt bei 2420 Touren $n = \dfrac{0,96 \cdot \pi \cdot 2420}{60} = 121,64$ m/Sek.

Fig. 556 zeigt einen Turbokompressor, welcher auf der Weltausstellung in Brüssel 1910 in Betrieb war. Derselbe ist bestimmt, bei 4200
Touren 8000 cbm Luft i. d. Stunde auf 2,8 Atm. absolut zu pressen.

Auch sind verhältnismäßig lange Radkanäle vorhanden, welche
in achsialer Richtung in den drei ersten Stufen breiter als in den drei
letzten sind. Das Verhältnis der achsialen Breite zum Raddurchmesser
beträgt bei ersteren 0,034, bei der letzteren 0,024, die Umfangsgeschwindigkeit bei 4200 Touren 127,55 m/Sek.

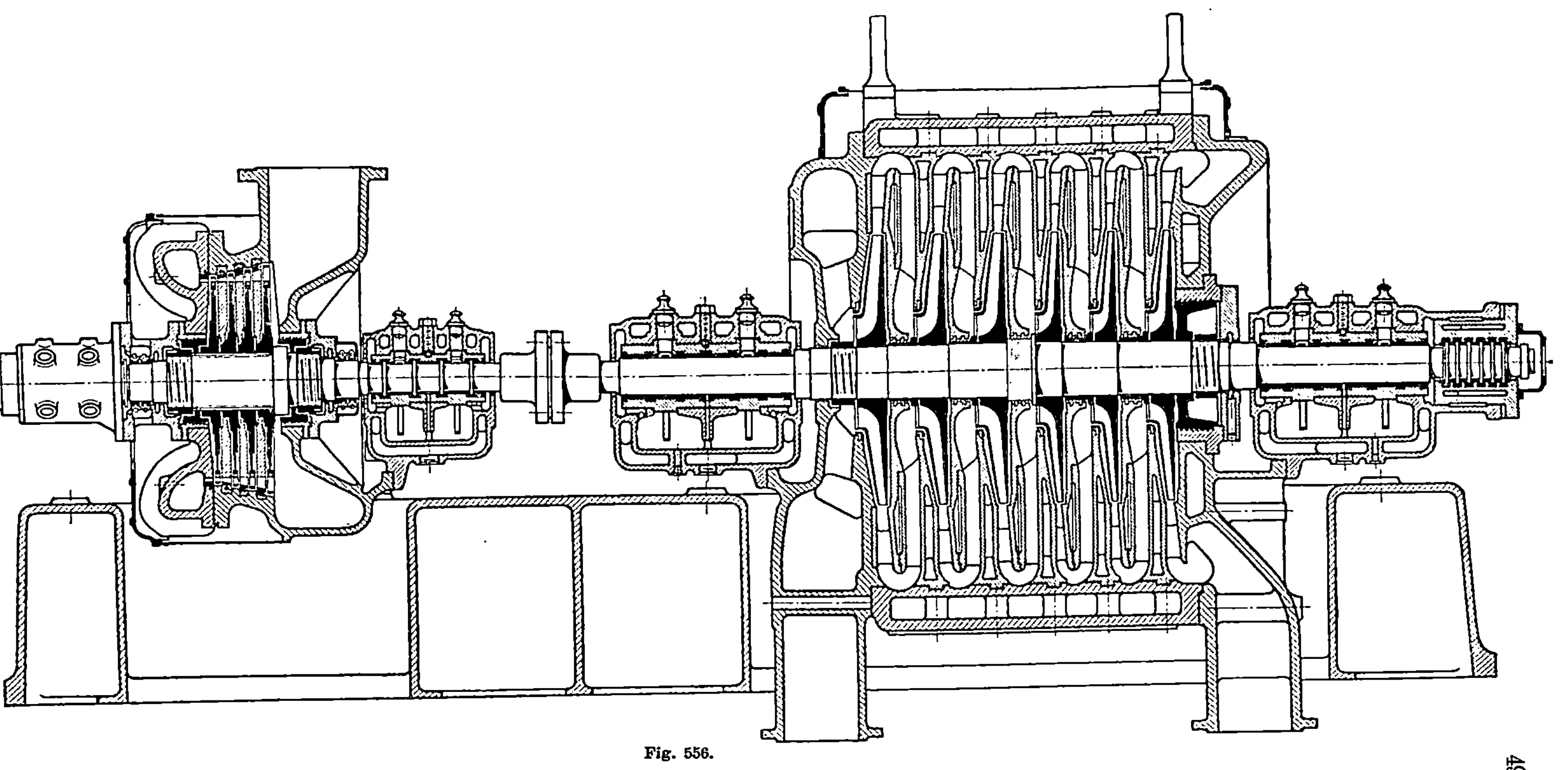

Fig. 556.

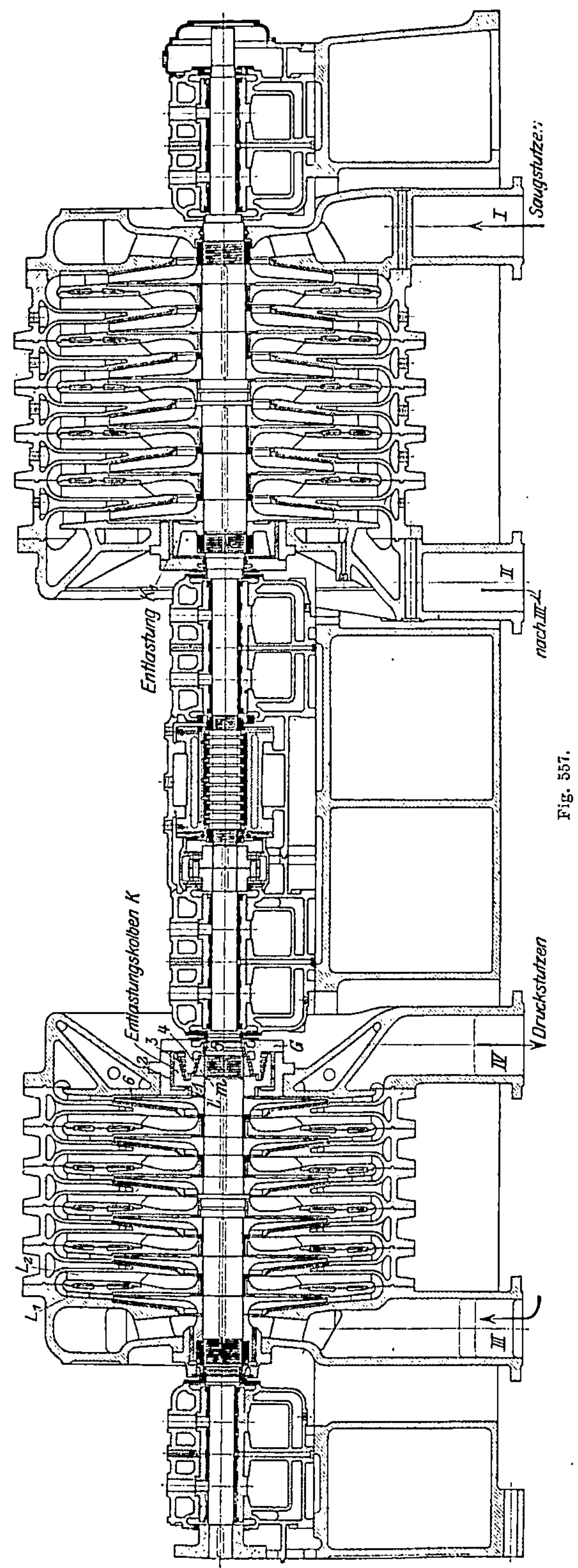

Saugstutzen
I
II
nach III
Entlastung
Entlastungskolben K
Druckstutzen
Fig. 557.

In Fig. 557 endlich ist ein Turbokompressor für 7000 cbm Luft und einem Enddruck von 7 Atm. absolut dargestellt. Derselbe ist auf Grube Itzenplitz der Kgl. Berginspektion VI in Reden aufgestellt. Der Kompressor läuft mit 4200 Touren und hat eine Leistung von ca. 800 PS. Der Kompressor wird durch eine Abdampfturbine betrieben bei einem Dampfdruck von 0,1 Atm. Überdruck. Wie die Figur zeigt, sind zwei Stufen, eine (rechtsseitige) Niederdruck- und eine (linksseitige) Hochdruckstufe mit je sechs Rädern vorhanden. Die letzteren haben 700 mm Durchmesser, die Umfangsgeschwindigkeit beträgt somit $\dfrac{0,7 \cdot 3,14 \cdot 4200}{60}$

$= 153,94$ m/Sek.

Der Zusammenbau der beiden Stufen aus einer großen Anzahl, in lotrechter Ebene geteilter, gleichgestalteter Stufen ist aus der Figur verständlich.

Am 7. und 8. August 1910 fanden an diesem Kompressor eingehende Versuche zur Ermittelung des Dampfverbrauches und zur Bestimmung der Luftmenge statt, welche folgendes ergaben:

Die Abdampfmengenbestimmung erfolgte durch Wägung des Kesselspeisewassers, diejenige der Luftmenge mittelst einer konischen Düse von 200 mm Durchmesser mit kurzem, zylindrischen Mündungsansatz, die am Ende der Saugleitung in der Saugkammer außerhalb des Maschinenhauses angebracht war. Die Berechnung der Luftmenge erfolgte unter Annahme einer adiabatischen Expansion in der Düse mit einem Düsenkoeffizienten $= 0,98$.

Die Resultate der Dampfmessung waren folgende:

> Bei Versuch I: 1,33 kg Dampf $= 0,055$ Atm. Überdruck $= 91$ % Vakuum,
> bei Versuch II: 1,41 kg Dampf $= 0,08$ Atm. Überdruck $= 92$ % Vakuum,
> bei Versuch III: 0,815 kg Dampf $= 5,88$ Atm. Überdruck $= 92,6$ % Vakuum.

Auf die normalen Bedingungen bezüglich der Luft- und Dampfdrücke, sowie des Dampfzustandes reduziert ergeben sich folgende Werte des Dampfverbrauches:

> Versuch I: 1,28 kg trocken ges. Abdampf (0,1 Atm. Überdruck $= 92$ % Vakuum) für die Kompression von 1 cbm Luft von 10,6⁰ C von 1 Atm. auf 7 Atm. absolut.
> Versuch III: 0,81 kg trocken ges. Frischdampf (6 Atm. Überdruck $= 92$ % Vakuum) für die Kompression von 1 cbm Luft von 17,5⁰ C von 1 Atm. auf 7 Atm. absolut.

Die Garantien betrugen:

> Bei Abdampfbetrieb: 1,5 kg Dampf,
> bei Frischdampfbetrieb: 0,88 kg Dampf,

so daß sich die erreichten Werte wesentlich günstiger als die garantierten stellen, und zwar

> bei Abdampfbetrieb um ~ 15 %, bei Frischdampfbetrieb um ~ 8 %.

Die Luftmengen und Drücke betrugen:

Versuch No.	Luftmenge cbm/Std.	Ansauge-Druck Atm.	Enddruck Atm. abs.	Touren-zahl	Anfangs- Temperatur °C	End- Temperatur °C	Temper.-Erhöhung
I.	7514	0,9678	7,026	4220	10,6	77,0	66,4
II.	6197	0,9761	6,818	4154	8,23	69,4	61,17
III.	7314	0,9697	6,859	4210	17,5	83	65,5

Die Dampfmenge betrug für Versuch No. I 9975 kg/Std., also in der Sekunde 9975 : 3600 = 2,771 kg. Da der Wärmeinhalt eines kg Dampf bei dem Drucke von 0,055 Atm. Überdruck $\sim$ 639 W.-E. beträgt, so ist die Gesamtwärme des zugeführten Dampfes $W = 2{,}771 \cdot 639 = 1770$ W.-E./Sek. Für diese Wärmemenge ergibt sich die in der folgenden Tabelle enthaltene Wärmebilanz:

Wärmebilanz für Versuch I.

Gesamtwärme des zugeführten Dampfes . . . . 1770,00 WE/Sek.

1. Turbine:

I. Verfügbare Wärmemenge. . . . . 240,00 WE/Sek.
    Verluste in der Turbine, V:
Vh. Hydraulische Verluste . . . 70,00 WE/Sek.
ST Strahlungsverlust 9,00   „
RT Äquivalent der Lagerreibung 3,15   „
Gesamtverluste in der Turbine . 82,15 WE/Sek.   82,15 WE/Sek.

L_e Äquivalent der Turbinenleistung = I.—V. . . 157,85 WE/Sek.

2. Kompressor:

K Kühlwasserwärme . . . . 111,00 WE/Sek.
L Luftwärme 39,50   „
RK Äquivalent der Lagerreibung 4,15   „
SK Strahlungswärme 3,20   „
Äquivalent des Kraftbedarfes des Kompressors . 157,85 WE/Sek.

3. Gesamtbilanz:

	°/₀ der Gesamtwärme		
CK Kondensator-Kühlwasserwärme	90,40	1600,00	WE/Sek.
K Kompressor-Kühlwasserwärme	6,27	111,00	„
L Luftwärme	2,23	39,50	„
R Äquivalent der Gesamtreibung des Aggregates	0,41	7,30	„
S Strahlungswärme des Aggregates	0,69	12,20	„
Zugeführte Gesamtwärme	100,00	1770,00	WE/Sek.

Isotherm. Wirkungsgrad des Kompressors: Isotherm. Leistung: eff. Kraftbedarf
= rd. 61 °/₀.

Aus dem Kraftbedarf des Kompressors von 157,85 W.-E./Sek. berechnet sich die Leistung in PS. zu $\dfrac{157{,}85 \cdot 426}{75} = 896{,}73$ PS.

In Prozenten der Gesamtwärme ergibt sich folgendes:

	W. E.	%
Gesamtwärme des zugeführten Dampfes .	1770	100,00
1. Verfügbare Wärmemenge i. d. Dampfturbine	240	13,56
2. Gesamtverluste i. d. Dampfturbine .	82,15	4,65
3. Äquivalent der Turbinenleistung = Kraftbedarf des Kompressors . . .	157,85	8,91

Es werden somit nur 8,91 % der gesamten, in der verfügbaren Wärme enthaltenen Energie zur Kompression der Luft im Kompressor nutzbar gemacht.

Bei dem IV. Versuch waren die in der folgenden Tabelle enthaltenen Werte gefunden worden.

Barometerstand: 733,5 mm Hg bei 25°.
Ansaugetemperatur: 19 C.

Versuch	Druckabfall i. d. Düse in mm W. S. Mittelw. korrigiert	Luftmenge in cbm/Std.	Ansauge-Druck in Atm. abs. Mittelw.	Enddruck in Atm. abs. Mittelw.	Druckverhältnis	Umdrehungen i. d. Min.
A	385	9074	0,956	5,30	5,50	4200
B	330	8400	0,962	6,10	6,35	4200
C	330	8400	0,962	5,30	5,50	4100
D	330	8400	0,962	4,50	4,68	4000
E	148	5580	0,980	5,95	6,07	4000
F	198	6450	0,9755	6,87	7,08	4200
G	285	7700	0,9669	7,00	7,25	4300

Von zahlreichen weiteren Versuchen an Turbokompressoren dieser Firma sei noch der sehr ausführlichen Versuche gedacht, welche im Juni 1910 an einem, für die Victoriafalls &. Transvaal Power Cie. bestimmten, aus zwei Hälften bestehenden, ca. 2000 pferdigen Kompressor ausgeführt wurden.

Hierbei wurde die Luftmenge durch zwei Düsen in den beiden Ansaugerohren von je 270 mm Durchmesser gemessen. Die Hauptresultate sind in der folgenden Tabelle enthalten.

Versuchs-No.	Kühlwasser-		Zustand a. d. Ansaugseite				Zustand a. d. Druckseite		Kompressionsverhältnis	Leistung KW.		Wirkungsgrad des Kompressors
	Eintritts-Temperatur	Verbrauch	Absol. Druck	Temperatur	Volumen	Gewicht	Absol. Druck	Temperatur		An die Welle abgegeben	Isotherm. Luft	
	°C	cbm/stdl.	kg/qcm	°C	cbm/sek.	kg/sek.	kg/qcm	°C				%
46	47	48	49	50	51	52	53	54	55	56	57	58
I	11,0	190,15	0,78	27,1	9,99	8,84	9,48	68,9	12,2	2832	1905	67,26
II	11,0	185,44	0,83	27,5	10,0	9,50	9,88	71,4	11,8	3000	2025	67,47
III	23,9	184,79	0,83	28,4	9,99	9,42	9,33	85,6	11,2	2935	1971	67,16
IV	24,1	188,34	0,83	27,7	10,28	9,71	9,08	85,9	10,9	2985	2004	67,13
V	24,5	191,83	0,84	27,2	10,95	10,48	8,09	87,9	9,6	3107	2044	65,78
VI	23,5	191,83	0,84	27,5	9,49	8,12	9,84	80,7	11,7	2653	1722	64,90
VII	22,8	191,83	0,80	27,5	8,63	7,63	9,04	79,0	11,6	2467	1615	65,48

Wie aus Spalte 58 hervorgeht, war der mechanische Wirkungsgrad, bezogen auf isothermische Kompression fast stets größer als 65 %, im Mittel 66,45 %, was einem wirklichen Wirkungsgrad von mehr als 75 % entspricht. Zur Berechnung der Luftmenge diente die Gleichung[1]:

$$V_1 = 0,99 \cdot f \cdot 44,8 \sqrt{T_0 \left(\frac{p_0}{p_1}\right)^{0,286} \left[\left(\frac{p_0}{p_1}\right)^{0,286} - 1\right]}.$$

Hierin bedeuten V_1 = Volumen am Austritt der Düse in cbm/Sek.,

$T_0 = T_1$ absolute Temperatur am Eintritt der Düse,

p_0 = absolute Spannung der Luft am Eintritt der Düse in kg/m²,

p_1 = absolute Spannung der Luft am Austritt in kg/qm, wobei stets $p_0 > p_1$ ist,

f = Querschnitt der Düsenmündung = 0,05726 qm.

Die Luftmengen sind aus den Düsenmessungen für die rechte und linke Hälfte getrennt gerechnet, dann auf den Zustand der Luft am Eintritt „linke Hälfte" des Kompressors reduziert und addiert. Es ist somit der Zustand am Eintritt „rechte Hälfte" gleich dem Zustand am Eintritt „linke Hälfte" gesetzt, obwohl in Wirklichkeit am Eintritt „rechte Hälfte" ein größerer Unterdruck bestand. Diese Rechnung entspricht jedoch den praktischen Verhältnissen, wo beide Kompressorhälften aus dem gleichen Raum ansaugen.

Ein weiterer, kürzlich an dieselbe Gesellschaft gelieferter Turbokompressor[2] benötigte bei den Abnahmeversuchen bei einer Saugleistung von 36 200 cbm/Std. und einer Kompression von 0,83 auf 9,33 Atm. absolut, also 11,2 fachem Kompressionsverhältnis, 3985 PS. Er erreichte somit den hohen Wirkungsgrad von 67,8 %, bezogen auf die Isotherme.

Bei Versuchen endlich an einem Turbokompressor für 8000 cbm stündlicher Saugleistung auf Schacht III/IV der Akt.-Ges. Königsborn in Unna-Königsborn wurden die in der Tabelle auf Seite 499 zusammengestellten Ergebnisse erzielt. Die Versuche fanden am 15. und 16. September 1910 statt.

Der Kraftbedarf des Kompressors, berechnet aus der im Kühlwasser abgeführten Wärmemenge, der in der verdichteten Luft enthaltenen Wärmemenge und 50 % der Reibungsarbeit, ergab sich umgerechnet auf die garantierten Luftverhältnisse:

bei Abdampfbetrieb . . . . zu 957 PS.

bei Frischdampfbetrieb . . . . „ 953 „

der Dampfverbrauch, bezogen auf 1,2 resp. 7,0 Atm. absoluten Anfangsdruck und 0,1 Atm. absoluten Gegendruck

bei Abdampfbetrieb . . . . zu 9920 kg/Std.

bei Frischdampfbetrieb . . . . „ 5850 „

während nach den Garantien gebraucht werden durften:

8000 . 1,55 = 12400 kg Abdampf bzw.

8000 . 0,96 = 7680 kg Frischdampf.

---

[1] S. weiter unten, Theoret. Teil, Kap. 12.

[2] Z. f. d. ges. Turb.-W. 1910, No. 20, S. 317.

Demnach arbeitet die Maschine bei Abdampfbetrieb

$$\frac{9920}{12400} \text{ mit } 0{,}8, \text{ also } 20\% \text{ wirtschaftlicher}$$

und bei Frischdampfbetrieb

$$\frac{5850}{7680} \text{ mit } 0{,}76, \text{ also } 24\% \text{ wirtschaftlicher}$$

als den Garantien entspricht. Bei Berückischtigung der gewährten Toleranz vergrößern sich diese Zahlen noch um 5 %.

Fig. 558 zeigt die Charakteristiken der 21 Versuche, welche mit zwischen 4000 und 4330 Touren wechselnden Geschwindigkeiten angestellt wurden. Dieselben zeigen u. a. mit zunehmender Tourenzahl einen ziemlich raschen Abfall des Druckverhältnisses bei steigender Luftmenge [1]).

Turbokompressor Königsborn.

Barometer = 763 mm bei 27° = 1,0325 at. abs.
Meßdüse = 250 mm Durchm. = 490,9 qcm, μ = 0,99.

Versuchs-No.	Zeit	Druckabfall mm . H_2O	Ansauge-Druck-Atm. abs.	Ansauge-Temperatur °C	Enddruck Atm. abs.	Endtemper. °C	Luftmenge cbm/Std.	Druck-verhältnis	Um-drehungen i. d. Minute
A	—	138	1,019	17,8	5,86	58,3	8330	5,75	4000
B	—	92	1,023	17,6	6,61	56,6	6750	6,46	4000
C	—	S 80	1,024	—	6,73	—	6300	6,56	4000
D	—	165	1,016	18,0	6,20	60,3	9100	6,10	4100
E	940	128	1,020	18,0	6,88	60,8	8000	6,75	4100
F	—	S 68	1,026	—	7,13	—	5810	6,95	4100
G	946	196	1,013	18,0	6,03	65,5	9940	5,95	4200
H	954	168	1,016	18,3	6,86	65,9	9180	6,75	4200
J	1000	132	1,019	18,0	7,53	63,8	8140	7,39	4200
K	—	S 76	1,025	—	7,83	—	6130	7,64	4200
L	1010	225	1,010	18,5	6,06	68,9	10650	6,00	4300
M	1014	210	1,012	18,6	6,63	70,0	10290	6,55	4300
N	1021	189	1,014	18,8	7,33	69,3	9760	7,22	4300
O	1026	156	1,017	18,8	8,03	69,0	8850	7,89	4300
P	1030	114	1,021	18,8	8,28	67,2	7560	8,10	4300
Q	—	S 88	1,024	—	8,43	—	6610	8,23	4300
R	—	242	1,008	19,0	5,86	70,2	11070	5,81	4330
S	—	224	1,010	19,2	6,53	71,3	10630	6,46	4330
T	—	211	1,011	18,8	7,03	72	10340	6,95	4330
U	—	166	1,016	19,5	8,03	71,3	9130	7,90	4330
V	—	S 110	1,022	—	8,63	—	7410	8,45	4330

3. **Turbokompressor von C. H. Jäger.** Derselbe ist in Fig. 559 abgebildet und sind bei demselben Nabe und Laufrad aus zwei getrennten Teilen hergestellt, während das Gehäuse aus drei mit lotrechten Trennungsfugen aneinander gesetzten Teilen besteht, welche jedoch in der wag-

---

[1]) Auf den Versuchsbericht·von Langer an einem Pokorny-Turbokompr. i. Z. Ver. deutsch. Ing. 1911, No. 5, S. 173 sei hier nur verwiesen.

rechten Mittelebene keine Trennungsfuge besitzen. Die Luftumlauf-
kanäle sind nach der Umbiegung um 180⁰ am Umfange zunächst erweitert und verengern sich sodann nach der Mitte, während bei Pokorny & Wittekind die umgekehrte Anordnung getroffen war. Die

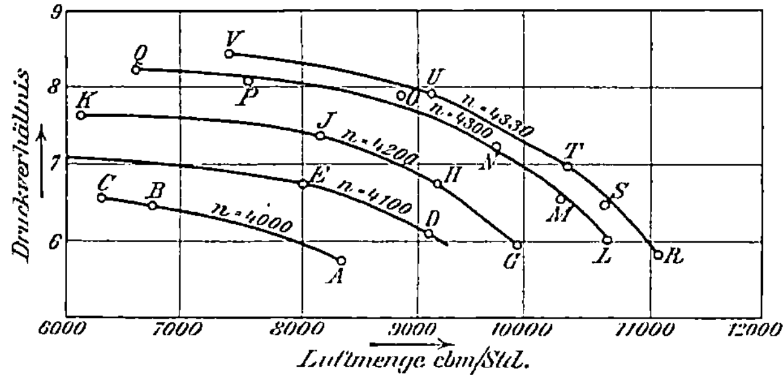

Fig. 558.

aus dem Rade ausströmende Luft wird durch geeignete, im Leitapparate
eingegossene Schaufeln aufgenommen und dem nächsten Rade zugeführt.
Auch kurz vor dem Eintritt in das nächste Laufrad sind wieder Leit-

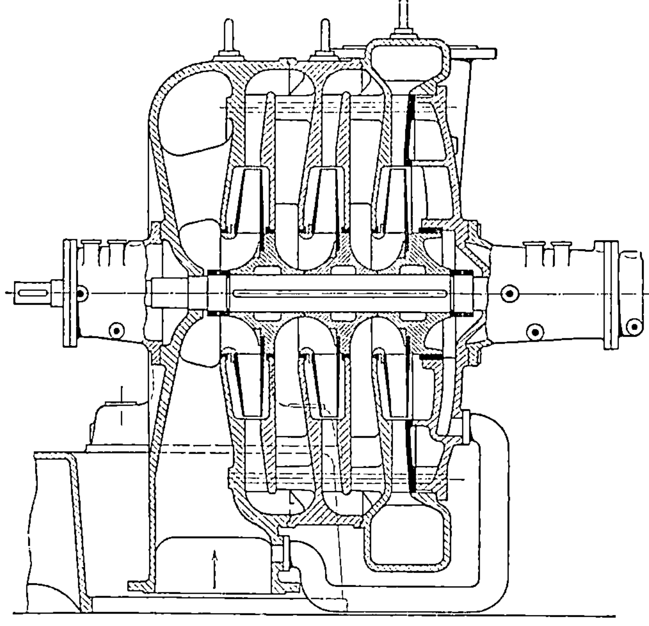

Fig. 559.

schaufeln vorhanden; dies Gebläse hat also sowohl Einlauf- als auch
Auslaufschaufeln. Über eine Untersuchung dieses Gebläses ist in der
Zeitschrift des Vereins deutscher Ingenieure [1]) berichtet. Die folgende
Tabelle gibt die dabei gefundenen Werte.

---

[1]) 1910, S. 218 ff.

Umlaufzahl pro Min.	2900	2900	2920	2920	2940	2940	2950
Druckunterschied. . . . mm WS.	2300	2196	2735	2791	2804	2830	2310
Barometerstand . . . . „	10120	10120	10120	10120	10120	10120	10120
Unterdruck vor Gebläse . „	420	196	2040	2110	2450	2590	2310
Überdruck hinter Gebläse „	1880	2000	695	681	354	240	—
Gefördertes Luftgewicht . . kg min	157	163	99	97	68,5	51,5	—
Angesaugte Luftmenge . cbm/min	136,5	139	103	101,5	76	57	—
Vom Motor abgegebene Arbeit PS.	120	124	76	75,8	57,5	46,8	25,2
Gemessene Temperaturerhöhung °C	33,0	33,0	33,8	34,0	36,5	39,5	—
Adiabatische „ „	18,4	17,9	25,4	26,2	27,5	27,6	—
Adiabatischer Wirkungsgrad . v.H.	53,5	52,5	74,0	75,0	74,0	68,0	—
Arbeitsbedarf der gemessenen Temperatur entsprechend . . . PS.	116	120	75	74	56,8	45,3	—

Wie daraus hervorgeht, schwankte bei den verschiedenen Versuchen der erzeugte Gesamtdruckunterschied zwischen 2196 und 2830 mm W.-E. oder 0,217—0,28 Atm. bei einer Luftmenge von 0,95—2,32 cbm/Sek., also einer reinen Kompressorleistung von 45,3—120 PS. Der maximale, adiabatische Wirkungsgrad betrug 75 %, der mittlere aus allen sechs Versuchen 66,2 %, welcher Wert noch als recht günstig zu bezeichnen ist, wenngleich er auch von anderen Systemen erreicht, ja übertroffen ist (s. u. a. oben S. 486 und Tabelle S. 490, Spalte 17).

Bei den größeren Kompressoren sind zwischen den neun Hauptschaufeln noch neun kürzere Zwischenschaufeln angebracht. Sämtliche Schaufeln sind nach rückwärts gekrümmt.

In Fig. 560 und 561 ist der Längsschnitt und Querschnitt eines achtstufigen Kompressors zu ersehen und zeigt letztere Figur die Anordnung der Auslauf- und Einlaufschaufeln.

Die Fig. 562 und 563 zeigen den Längsschnitt und Querschnitt eines Turbokompressors mit sehr energischer Zwischenkühlung. Zu diesem Zwecke sind die Umlaufkanäle sehr breit gehalten und nehmen je 60 Spiralrohre auf, durch welche das Kühlwasser zirkuliert. Für einstufige Turbinengebläse gibt die Firma für die verschiedenen Pressungen folgende Touren, Luftmengen und Leistungen an:

H, m/m W. S.	300	600	900	1200
Tourenzahlen	2540 bis 1060	2580 bis 1500	4400 bis 1840	5070 bis 2120
Luftmenge i. d. Min. cbm	15 bis 325	21,2 bis 460	26 bis 563	30 bis 650
Kraftbedarf in PS.	1,45 bis 29	4,1 bis 81	7,5 bis 148	11,5 bis 228

Das folgende Diagramm, Fig. 564, gibt die Leistungskurven eines Turbokompressors für Luftmengen bis zu 9500 cbm/Std. (∼ 160 cbm/mm) und Drücke von 5—9 Atm. an. Danach ist der Wirkungsgrad für die

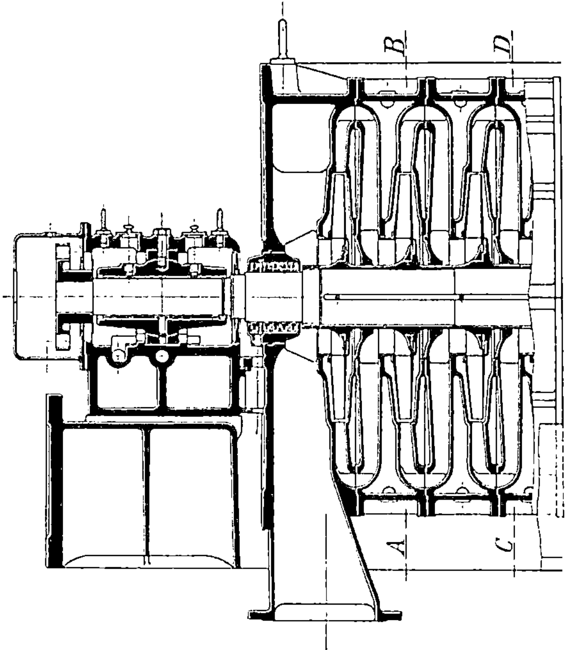

Fig. 560.

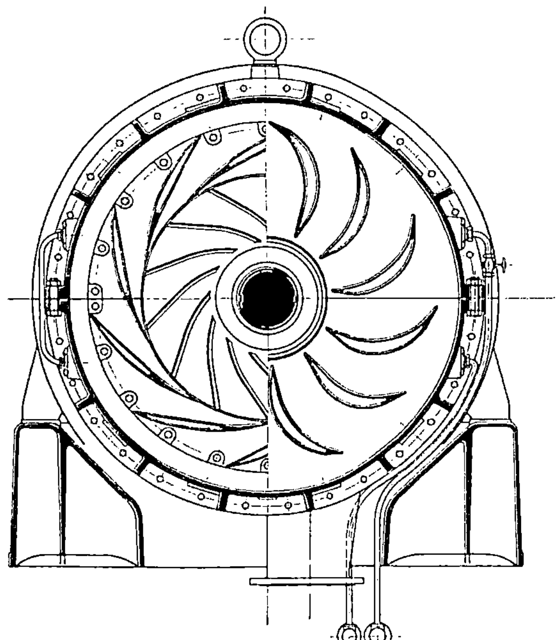

Fig. 561.

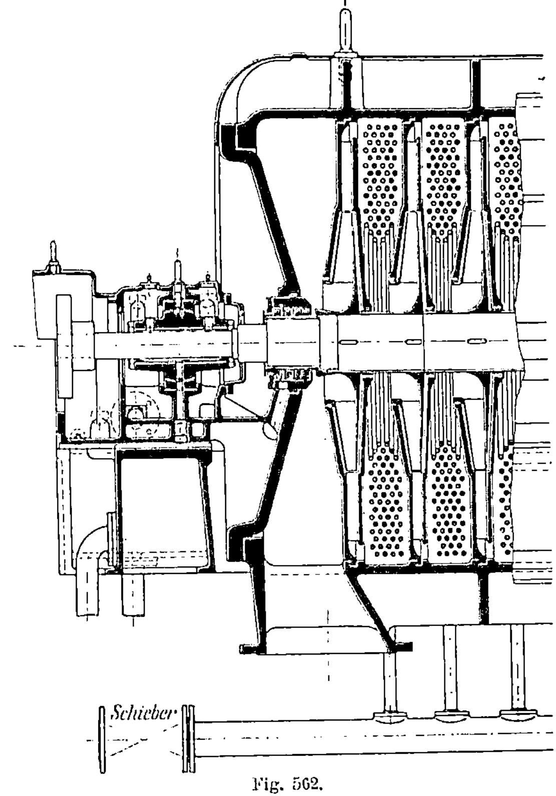

Fig. 562.

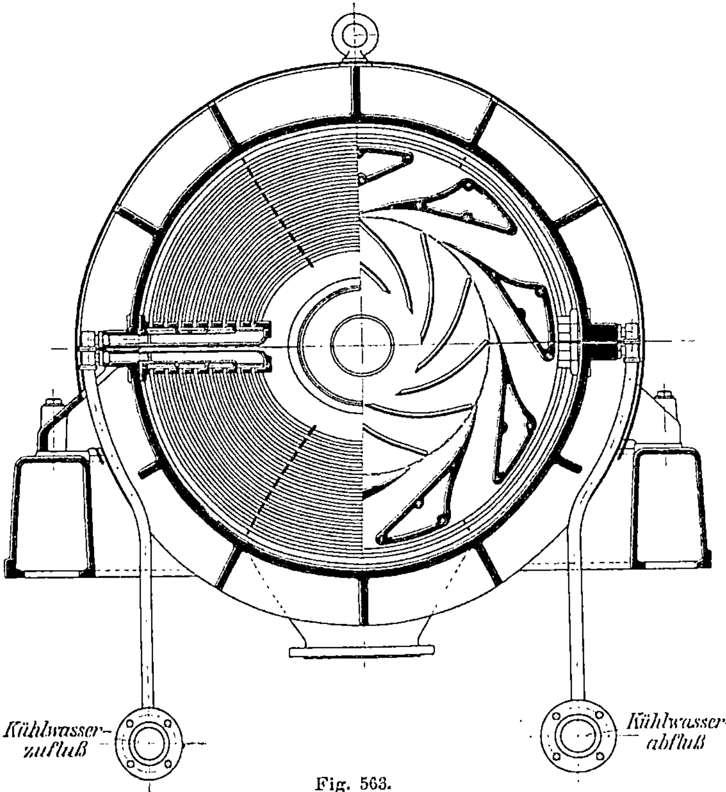

Fig. 563.

äußeren Grenzstufen ∼ 60 %, im Maximum 67 % und erreicht immerhin einen Mittelwert von ca. 64 %, welcher dem oben bei den Versuchen von H. Mitter gefundenen nahezu entspricht. Hierbei ist jedoch in Betracht zu ziehen, daß er letztere bei Drücken von nur 0,217—0,28 Atm. ermittelt war, der erstere aber für Drücke von 5—9 Atm. absolut galt, welche um das 25—30fache größer waren, so daß der geringe Unterschied von nur ca. 2½ % immer noch ein recht günstiges Verhältnis des Wirkungsgrades zeigt.

4. Turbogebläse der Allgemeinen Elektrizitätsgesellschaft, Berlin. Dasselbe ist in Fig. 565 als neunzelliger, zweistufiger Kompressor abgebildet. Die ersten fünf Laufräder haben einen etwas größeren Durchmesser als die vier letzten.

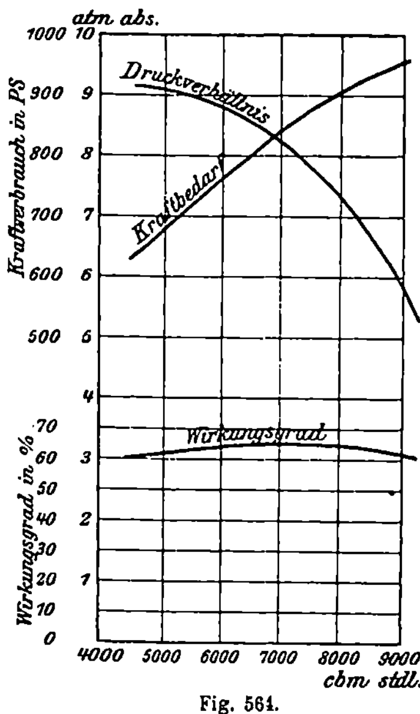

Fig. 561.

Bemerkenswert bei dieser Bauart ist die sehr starke Einschnürung der Radkanäle gegen den Auslauf hin. Es dürfte das Verhältnis der achsialen Radbreite am Auslaufe zum äußeren Raddurchmesser hier noch kleiner sein als bei Pokorny & Wittekind, aber wesentlich kleiner als bei Rateau. Bemerkenswert ist ferner der verhältnismäßig sehr große Umführungsbogen am äußeren Umfange der Leitkanäle, infolgedessen die Kanäle gegen die Achse zu wieder zurückgebogen werden, wodurch die S-förmige Gestalt der Kanäle bewirkt wird. Sehr große Sorgfalt ist auf eine sehr gute und energische Kühlung verwandt, indem die Zwischenräume zwischen den einzelnen Zellen sehr groß ausgeführt sind, so daß eine reichliche Kühlwassermenge durch dieselben hindurch geleitet werden kann. Die Laufräder besitzen Schaufeln, welche am inneren Eintrittsquerschnitt schraubenförmig verwundene Kanten nach Art der Schaufeln bei Francis-Turbinen haben. Am äußeren Radumfange sind die Schaufeln nach rückwärts gekrümmt.

Über Abnahmeversuche mit einem derartigen Kompressor für die Rand-Mines etc. in Transvaal berichtet Ostertag[1]). Die Ergebnisse sind in den beiden folgenden Tabellen enthalten und ergeben folgende Mittelwerte:

Mittlere Tourenzahl	2954
Mittlere Luftmenge	596 cbm/min
Mittleres Kompressionsverhältnis	9,93
Mittlere Lufttemperatur	
vorher (Ansauge-) Luft	20,6⁰ C.
nachher (Kompr.-) Luft	57,0⁰ C.

1) Ostertag, Theorie etc. d. Kolben- u. Turbokompr., Berlin 1911, J. Springer, S. 202.

TK 37 Rand Mines I. Ergebnisse des Abnahme-Versuches am 3./4. 6. 10.

No. des Versuchs	Zeit	Umdrehungen pro Minute	Angesaugte Luftmenge. Mit 4 Sauglinsen à 125 mm Ø gemessen cbm/min	Temperatur der angesaugten Luft °C	Saugspannung der Luft Atm. abs.	Enddruck der Luft Atm. abs.	Kompr.-Verhältnis = Enddruck / Saugspannung	Endtemperatur der Luft °C	Kühlwasser Verbrauch cbm/min	Kühlwasser Eintritts-Temperatur °C	Dampfturbine Gemessener Dampfverbrauch kg/st	Dampfturbine Dampfdr. vor den Düsen Atm. Üb.	Dampfturbine Dampftemp. vor den Düsen °C	Dampfturbine Vakuum %	Dampfturbine Unger. Dampfverbr. bezog. auf 350°, 12 Atm. u. 96% Vak. kg/st
1	7_{15}	2900	424	20	0,914	9,025	9,88	49		10,88					
2	7_{20}	„	475	20	0,889	8,625	9,71	„		„					
3	7_{25}	„	525	20	0,864	8,175	9,46	52		„					
4	7_{30}	„	579	19,4	0,835	7,525	9,01	„		„					
5	7_{35}	„	620	19,1	0,810	6,925	9,55	53		„					
6	7_{40}	„	676	20	0,780	6,525	8,37	55		„					
7	7_{45}	„	699	22	0,767	6,075	7,925	54		„					
8	9_{15}—55	3000	605	22	0,820	9,173	11,2	59	2,98	„	19 314	13,01	251,2	94,4	15 970
9	10_{15}—55	„	486	21,2	0,876	10,072	11,5	55,6	2,95	„	17 850	11,8	251,6	95,0	14 970
10	11_{10}—45	„	733	21,2	0,745	7,623	10,25	57,3	2,97	„	20 865	11,28	255	93,6	17 025
11	12_{00}—30	3105	730	21,2	0,744	9,123	12,29	61,4	2,97	„	22 800	12,53	255	93,0	18 330
12	1_{20}—2_{00}	3040	600	21,5	0,820	9,023	11,0	73,5	3,006	24,4	19 100	12,95	256,3	95,0	16 160

	8	9	10	11	12
Nummer des Versuchs	8	9	10	11	12
Umdrehungen/min	3 000	3 000	3 000	3 105	3 040
Isothermische Kompressionsarbeit PS_{is}	2 662	2 316	2 826	3 136	2 610
Dampfverbrauch, gemessen kg/st	19 314	17 850	20 865	22 800	19 100
Dampfverbrauch, umgerechnet (350°, 12 Atm. abs., 96% Vak.)	15 970	14 970	17 025	18 330	16 160
Dampfverbrauch pro PS_{is}/st, gemessen kg	7,26	7,66	7,37	7,29	7,32
Dampfverbrauch pro PS_{is}/st, umgerechnet kg	6,0	6,46	6,02	5,85	6,19

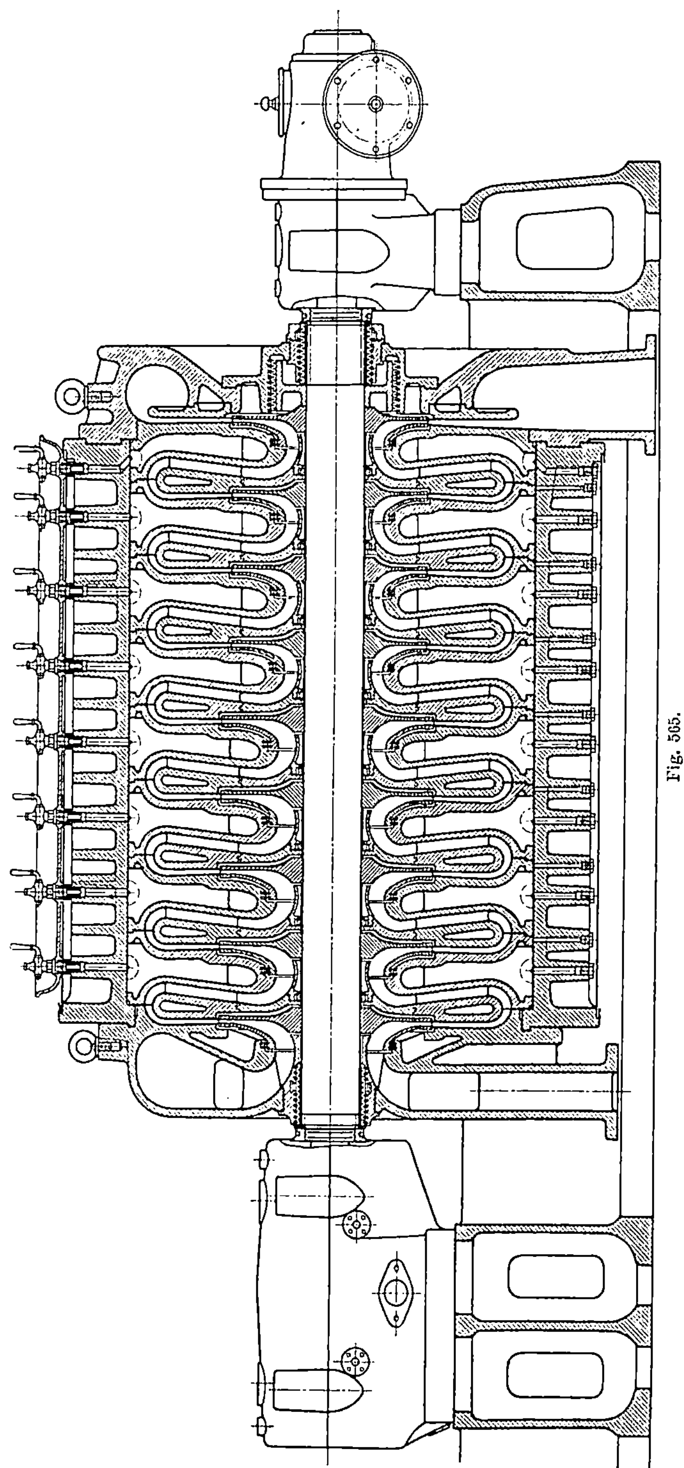

Fig. 565.

Die geringe Endtemperatur ist außer auf die gute Kühlung während der Kompression auf die Anordnung eines Zwischenkühlers zwischen der ersten und zweiten Kompressionsstufe zurückzuführen.

5. Turbogebläse von Parsons. In einem Aufsatz über „Hochofenturbinengebläse" [1] schreibt Prof. P. Langer über dieses Gebläse, daß dasselbe unbeeinflußt von jeder Theorie entstanden sei. Im Widerspruch mit den allgemeinen Grundsätzen aller Turbinenmaschinen, heißt es dort weiter, möglichst stoßfreien Eintritt der Luft in das Laufrad und Leitrad, voller Ausnutzung des Diffusors für die Umsetzung der Laufradaustrittsgeschwindigkeit in Druck, verdichtet Parsons durch den Stoß, indem die flachen, schräggestellten Laufradschaufeln die Luft durchschneiden und sie zwischen die ebenfalls flachen, aber achsial gestellten Leitradschaufeln einpeitschen.

Das Parsonsgebläse ist eine Umkehrung der Dampfturbine gleichen Systems. Es ist konstruktiv minderwertiger als das Mehrzellengebläse, da alle inneren Abdichtungen an die größten Durchmesser gebunden sind, daher unvollkommener sein müssen als bei der Mehrzellenanordnung. Bei der Dampfturbine fallen Mängel in der Abdichtung weniger ins Gewicht als beim Kompressor, denn der entweichende Dampf wird in den niederen Stufen teilweise noch ausgenutzt und dadurch der endgültige Undichtheitsverlust vermindert. Im Kompressor dagegen wird dieser Verlust ein doppelter sein. Zunächst wird die Verdichtungsarbeit der in die niedere Stufe entweichenden Luft verloren gehen, und infolge der Heizung der Luft in der niederen Stufe ein Mehraufwand an Verdichtungsarbeit für das gegebene Luftgewicht verursacht. Der Wirkungsgrad der Parsonsgebläse beträgt etwa 56 % und bleibt somit weit hinter dem der Mehrzellengebläse zurück, ohne daß dieser Mangel durch irgend einen technischen Vorteil ausgeglichen wird.

Das „Parsons"sche Gebläse, welches eine so schlechte Beurteilung von Langer erfahren hat, ist auch in Deutschland bisher nie zur Ausführung gekommen und dürfte auch wohl in England und Amerika sich dauernd gegenüber den, wesentlich günstiger arbeitenden, vorbeschriebenen Gebläsesystemen nicht als konkurrenzfähig erweisen, wenngleich trotz der mangelhaften, theoretischen Vollkommenheit desselben die absolute Zahl der Ausführungen bis zum Jahre 1908 größer war, als diejenige der Gebläse von Rateau und anderen Systemen, wie im nächsten allgemeinen Teil ausgeführt ist.

6. Allgemeines. Bezüglich der Prioritätsfrage der Turbokompressoren ist in der Zeitschrift für das gesamte Turbinenwesen [2] zuerst darauf hingewiesen worden, daß es als ein eigentümliches Zusammentreffen zu bezeichnen sei, daß dem deutschen Ingenieur J. Adolf Müller (gest. 1900) nicht nur die Priorität der mehrstufigen Dampfturbinen mit dem D.R.P. 196 vom Jahre 1877 gegenüber der Parsonsschen Dampfturbine (erstes Patent im Jahre 1884), sondern auch die Priorität der mehrstufigen, rotierenden Kompressoren, wie sie nach dem Vorschlage Parsons seit zwei Jahren ausgeführt wurden, gebührt, und

---

[1] „Stahl u. Eisen" 1903, No. 3.
[2] 1906, S. 221.

zwar auf Grund des D.R.P. 107 363 im Jahre 1898. Der Müllersche Kompressor stellt eine umgekehrte, mehrstufige Dampfturbine dar, deren Laufräder nach Art der Ventilatoren ausgeführte Schraubenwindräder sind. Der Eintritt von Luft oder Gas erfolgt an dem größten Laufrad.

Hierzu ist indessen zu bemerken, daß weder die Müllersche Dampfturbine noch der Kompressor desselben je zur Ausführung gelangt ist und seine Patentanmeldungen zwar historisches Interesse besitzen, aber das Verdienst der Einführung der Dampfturbinen bzw. Turbokompressoren und -Gebläse in die Praxis ihm keineswegs zuerkannt werden kann, dies vielmehr für die letztere Maschinenklasse zweifellos Rateau gebührt.

Die Verbreitung der Turbogebläse und Kompressoren der verschiedenen Systeme bis Ende Januar 1908 ist aus der nachfolgenden Zusammenstellung [1]) zu ersehen.

		Rateau	Jaeger	Parsons	Summe
1. Luftmenge cbm/min	Min. Max. i. Mittel	30 1 200 260	110 110 110	85 1415 578	
2. Überdruck kg/qcm	Min. Max. i. Mittel	0,1 7,0 1,91	0,16 0,30 0,25	0,07 1,40 0,657	
3. Tourenzahlen i. d. Min.	Min. Max. i. Mittel	1500 12000 4017	2400 2900 2733	2400 4000 3540	
4. Verwendungszweck: a) Hochofengebläse . . . b) Kompressoren . . . . c) Kupferschmelzöfen . . d) Kupolöfen . . . . . e) Absaugung . . . . . f) Gasförderung . . . . g) Bleischmelzöfen . . . h) nicht angegeben . . .		10 12 3 5 — 7 — 5	— — — — — 3 — —	22 — 11 1 9 4 1 —	32 12 14 6 9 14 1 5
		42	3	48	93

Von den Rateau-Gebläsen wurden 28 durch Dampfturbinen, 13 durch Elektromotoren und 1 durch eine Gasturbine betrieben.

Die Ausführung verteilt sich, wie folgt:

---

[1]) Z. f. d. ges. Turb.-W. 1908, Heft 11, S. 176.

1. Brown, Boveri & Cie 19
2. Sautter, Harlé & Cie. 8
3. Gutehoffnungshütte 4
4. Kühnle, Kopp & Kausch 3
5. Fraser & Chalmers 3
6. Humboldt 2
7. Atelier Charleroi 1
8. Skodawerk 1
9. Société Rateau 1
_____
42

Die Gesamtluftmenge aller Gebläse zusammen betrug 10911 cbm/min oder im Mittel von 42 Maschinen: 260 cbm/min für eine Maschine.

Bei den Parsons-Gebläsen waren 43 durch Dampfturbinen, fünf durch Elektromotoren angetrieben.

Die Gesamtluftmenge betrug bei diesen 27 760 cbm/min oder im Mittel von 48 Maschinen: 578 cbm/min für eine Maschine.

Die Parsons-Gebläse arbeiteten mit wesentlich geringeren Drücken als die Rateau-Gebläse, wie auch aus den Mittelwerten der obigen Tabelle hervorgeht.

Über die Verwendung der Turbogebläse für den Hochofenbetrieb machte A. Gouvy in einem, in der Société des Ingénieurs civils in Paris am 8. April 1910 gehaltenen Vortrage folgende bemerkenswerte Mitteilungen [1]).

Er gibt zunächst den elektrisch betriebenen Turbogebläsen, bei welchen die Kraft von einer Hochofengaszentrale geliefert wird, den Vorzug, und hebt allgemein folgende Vorteile der Hochofen-Turbogebläse hervor:

1. Zusammenlegen aller größeren Motoren und Maschinen in ein einziges, größeres Maschinenhaus, 2. geringster Raumbedarf, 3. Einfachheit der Anlage durch Verringerung der Fundamente und Vermeidung von besonderen Gas- und Wasserleitungen, 4. Möglichkeit, jeden Hochofen mit einem besonderen Gebläse und mit geringeren Kosten zu bedienen, 5. Beschränkung der Unterhaltungs- und Schmierkosten auf ein Mindestmaß, da ein Elektromotor weniger Öl verbraucht, als eine Dampfturbine, 6. höhere Gleichförmigkeit des Winddruckes und der Windmenge, möglicherweise zugleich regelmäßiger Gang des Hochofens und somit geringerer Koksverbrauch.

Über die Wirtschaftlichkeit der Verwendung von Turbogebläsen für Hochöfen macht Gouvy ferner wertvolle Angaben. In der nachstehenden Tabelle sind diese Werte zunächst übersichtlich zusammengestellt.

Die Zahlen der Tabelle sind auf Grund eines Koksverbrauches von 100 t in 24 Stunden berechnet.

Während bei einer Dampfzentrale 26,7—35,3 % des disponiblen Gases verbraucht werden, ist dieser Wert bei der elektrischen Zentrale mit Großgasmaschinenbetrieb nur 12,5—15,7 %, also weniger als die Hälfte.

_____

[1]) „Stahl u. Eisen" 1910, II., S. 1528.

Bei 100 t. Koks in 24 Std. Gebläsekraft 250 PS. Verfügb. Gasmenge 11250 cbm/Std.	Elektr. Dampfzentrale mit elektr. angetriebenen Turbogebläsen		Dampfgebläse oder Turbogebläse	Elektr. Gaszentrale mit elektr. angetriebenen Turbogebläsen		Direkt wirkenden des Hochofen-Gasgebläse
Nutzeffekt des rotierenden Gebläses (Turbo-Gebläse)	0,70	0,78	0,70	0,70	0,78	—
Nutzeffekt des elektr. Antriebsmotors	0,90	0,90	—	0,90	0,90	—
Nutzeffekt der Dynamomaschine der Zentrale	0,90	0,95	—	0,90	0,95	—
Nutzeffekt der Motoren der Zentrale	0,80	0,90	—	0,75	0,80	—
Gesamter Nutzeffekt	0,4536	0,6002	0,70	0,4253	0,5335	0,80
Kraftbedarf der primären Maschine bei 250 PS. für das Gebläse in PS.	551	417	357	588	468	313
Entsprechender Dampfverbrauch in kg	3306	2502	2142	—	—	—
Entsprechender Hochofengasververbrauch in cbm.	3967	3003	2570	1764	1404	939
Gasverbrauch für das Gebläse in % des verfügbaren Gases	35,3	26,7	22,8	15,7	12,5	8,4

Ebenso ergibt die Tabelle, daß bei einem Turbogebläse, welches direkt von einer Dampfturbine mit Kondensation angetrieben wird, wobei das Gas unter Kesseln verbrannt und 1 kg Dampf ungefähr 1,2 cbm gereinigten Gases verbraucht, der Gasverbrauch für das 250 PS.-Gebläse 2570 cbm oder 22,8 % der verfügbaren Hochofengasmenge von 11 250 cbm erreicht, während bei einem direkt wirkenden Hochofengasgebläse mit 80 % Nutzeffekt sich dieser Gasverbrauch nur auf 8,4 % der Gesamtgasmenge reduziert, so daß in dieser Beziehung das direkt wirkende Gasgebläse als das vorteilhafteste bezeichnet werden muß.

Einen interessanten Vergleich der Anlage- und Betriebskosten eines Turbogebläses und Dampfkolbengebläses für die gleichen Leistungen von im Minimum 450, im Maximum 920 cbm Luft in d. Min. bei 1,5 bis 2,5 Atm. Druck, hat Ober-Ingenieur Naville aufgestellt [1]). Der Dampfverbrauch ist pro Stunde beim Kolbengebläse zu 8600 kg, beim Turbogebläse zu 8200 kg (beide Maschinen mit Kondensation arbeitend) berechnet. Danach ergibt sich folgende Zusammenstellung:

	Turbo-Gebläse	Dampfkolben-Gebläse
I. Anlagekosten:	Mk.	Mk.
1. Maschine und Kondensation, fertig aufgestellt	180 000	200 000
2. Fundamente	2 000	8 000
3. Gebäudeanteil.	6 000	16 000
4. Laufkrananteil	3 500	8 000
5. Unvorhergesehenes 10%	19 150	23 200
Insgesamt:	210 650	255 200

1) „Stahl u. Eisen" 1909, I., S. 501.

	Turbo-Gebläse	Dampfkolben-Gebläse
	Mk.	Mk.
II. Betriebskosten:		
1. Verzinsung und Amortisation, 12 % . . .	25 000	30 500
2. Laufende Reparaturkosten	500	2 000
3. Bedienung (3 Mann bzw. 6 Mann) . . .	4 300	8 600
4. Schmier- und Putzmaterial	1 100	11 000
5. Dampfkosten zu 1,10 Mk. f. d. Tonne . .	78 000	82 000
6. Unvorhergesehenes rd. 5 %	5 100	6 900
Insgesamt:	114 000	141 000

Dieselbe zeigt, daß die Betriebskosten für das Turbogebläse wenigstens 20 % niedriger sind als für ein Dampfkolbengebläse, wobei die Ersparnisse, die durch größere Erzeugungsfähigkeit der Öfen erwachsen, noch nicht berücksichtigt sind. Denn nach Erfahrungen, die in England an Hochofenturbogebläsen gemacht sind, wird die Leistungsfähigkeit der Öfen durch die Gleichförmigkeit der Windlieferung ganz bedeutend gesteigert.

Auch in Amerika beginnen sich jetzt Turbokompressoren in größerem Maßstabe einzuführen [1]. Die durch die Entwickelung der Curtis-Dampfturbinen bekannte General Electric Co. in Schenectady, N.-Y., hat seit kurzem auch den Bau von Curtis-Turbokompressoren aufgenommen. Ein solcher Kompressor direkt gekuppelt mit einer Dampfturbine von 2600 PS. ist im Hochofenbetrieb der Nothern Iron Co. Port Henry N.Y-. im Gebrauch. Seine Leistung ist 707,5 cbm Luft/min. Die erste Ausführung wurde an die Empire Steel & Iron Co., Oxford N.-J. geliefert, während drei weitere Gebläse der oben erwähnten Leistung für die in Chicago im Bau befindlichen neuen Hochöfen der Iroquois Iron Co. bestellt wurden.

Bemerkenswert ist schließlich ein Vergleich zwischen einem Turbokompressor und Kolbenkompressor bezüglich seiner Wirkungsgrade, welchen Direktor E. W. Köster im „Glückauf" [2] veröffentlicht.

Köster vergleicht die Versuchsresultate eines Kompressors von Brown, Boveri & Cie. mit denjenigen eines Kolbenkompressors auf Zeche Friedrich Ernestine aus den „Veröffentlichungen des Dampfkessel-Überwachungsvereins der Zechen im Ob.-Bez. Dortmund" [3]. Er gibt in zwei Tabellen die Versuchswerte, erwähnt jedoch, daß bei dem Kolbenkompressor die Verhältnisse besonders günstig lagen, weil der thermodynamische Wirkungsgrad der Kolbendampfmaschine bei Auspuffbetrieb höher sei als bei Kondensationsbetrieb. Köster gibt daher in einer dritten Tabelle die Werte eines durch eine Verbunddampfmaschine mit Kondensation angetriebenen Verbundkompressors, bei welchem genau die gleichen Dampf- und Luftverhältnisse wie bei dem Turbokompressor-

---

[1] Z. f. d. ges. Turb.-W. 1910, Heft 23, S. 367.
[2] „Glückauf" 1907, S. 1722.
[3] „Glückauf" 1906, No. 6.

apparat zugrunde gelegt sind. Der — danach von Köster berechnete — Kolbenkompressor würde etwa folgende Abmessungen erhalten müssen:

Durchmesser der Luftzylinder . . . . . 800 × 540 mm

„ „ Dampf „ . . . . . 560 × 830 „

Gemeinsamer Kolbenhub . . . . 850 mm

Tourenzahl i. d. Min. etwa . . . . . . 80—90

Entsprechende Saugleistung i. d. Sek. . 1,076—1,195 cbm.

Zur Berechnung des effektiven Dampfverbrauches sind von Köster die Dampftabellen von Hrabak benutzt.

Die drei Tabellen sind in der folgenden Tabelle zusammengestellt.

Das Verhältnis der drei Wirkungsgrade, bezogen auf isothermische Kompression, ergibt sich danach folgendermaßen.

Der Wirkungsgrad des Turbokompressors ist im Mittel

$$\frac{34,7 + 39,2 + 40,0 + 40,7}{4} = 38,65.$$

Der Wirkungsgrad des Kolbenkompressors Zeche F. E. = 59,3.

„ „ „ berechneten Verbundkompressors = 54.

Dieselben verhalten sich wie 1 : 1,53 : 1,44.

Zieht man aber beim Turbokompressors nur die beiden letzten Versuchswerte in Betracht, so stellt sich das Verhältnis

$$40,35 : 54 : 59,3 = 1 : 1,33 : 1,46.$$

Köster schließt hieran die Bemerkungen, daß die, im wesentlichen auf den Luftkompressionsvorgang selbst zurückzuführende große Überlegenheit des Kolbenkompressors über den damit verglichenen Turbokompressor im Durchschnitt zu 30—35 % angenommen werden können. Sie werde in manchen Fällen, wenn die Dampfverhältnisse für die Kolbenmaschine ungünstig, dagegen für die Turbomaschine günstig liegen, etwas geringer ausfallen, in anderen Fällen jedoch, namentlich wenn der Kolbenkompressor, wie auf Zeche „Friedrich Ernestine" mit Auspuff arbeite, bis auf 50 % steigen können.

Zu bemerken ist zu diesen Ausführungen Kösters, daß dieselben für die zurzeit gebauten Turbokompressoren nicht mehr zutreffen dürften, da jetzt Wirkungsgrade derselben bis zu 70 % (bezogen auf isothermische Kompression) erhalten sind, wie oben z. B. bei den Versuchen an Rateau-Kompressoren und auch an den Kompressoren von Pokorny & Wittekind nachgewiesen ist, so daß die geringen Wirkungsgrade von nur 36—44,4 % weit überholt sind.

Gerade umgekehrt als bei den vorerwähnten Versuchen von Köster ergaben sich die Resultate bei Vergleichsversuchen, welche im Eisenwerk Trzynietz im Jahre 1907 zwischen einem Turbogebläse und zwei Kolbengebläsen angestellt wurden. Die Versuchsergebnisse des Turbogebläses waren folgende:

Dampfdruck Atm. abs. am Absperrventil d. Turbine   8,41

„ Temperatur . . . . ° C   168

Kondensatorspannung . . . . Atm. abs.   0,045

Tourenzahl i. d. Min. 3170,3

Windpressung, Überdruck . . . . mm/Hg   336,66

Windmenge . . . . cbm/min   578,65

1	2		3	4	5	6	7		8	9	10	11
Dampf-verbrauch pro Std. D	Absoluter Dampf-druck kg/qcm		Absolute Dampf-Temperatur T'	Theoret. Dampf-verbrauch D_0' kg pro PSi.	Verfüg-bare Dampf-Energie $N = \frac{D}{D_0'}$	Saug-leistung cbm	Absoluter Luftdruck kg/qm		Theoret. Arbeit für 3-stufisch. adiabat. Kompression N_a	Theoret. Arbeit für isotherm. Kompression N_i	Wirkgs.-grad bezog. auf adiabat. Kompression $\frac{N_a}{N}$	Wirkgs.-grad bezog. auf isotherm. Kompression $\frac{N_i}{N}$
	Eintritt p_1	Austritt p_2					Eintritt p	Austritt p'				
kg	p_1	p_2	°C	Std.	PS.	Sek.	p	p'	PS.	PS.	%	. %

I. Turbokompressor.

1	2		3	4	5	6	7		8	9	10	11
1288	3,95	0,136	426	5,15	250	0,770	9827	23 200	90,5	86,7	36,2	34,7
1530	5,29	0,132	481,5	4,50	340	0,910	9975	30 600	143,3	133,2	42,1	39,2
2025	6,73	0,131	563	3,86	525	1,076	9803	43 700	226,4	210,2	43,2	40,0
2735	8,77	0,134	489	4,03	679	1,195	9709	57 800	301,6	276,0	44,4	40,7

II. Kolbenkompressor, Zeche Friedrich-Ernestine.

1	2		3	4	5	6	7		8	9	10	11
5163,8	10,4	1,1	180,6	6,95	743	1,6922	10 100	70 000	510,1	441,2	68,8	59,3

III. Verbundkompressor mit Verbundmaschine.

1	2		3	4	5	6	7		8	9	10	11
1501	6,73	0,131	563	3,86	389	1,076	9803	43 700	—	210,2	—	54
2061	8,77	0,134	489	4,03	511	1,195	9709	57 800	—	276,0	—	54

Temperaturerhöhung des Windes . . . . . . °C   58,76
Thermischer Wirkungsgrad . . . . %   56,5
Mechanischer   „   . . . . %   85
Turbinenleistung . . . . PSe.   842
Dampfverbrauch in 1 Std. . . . . kg   5348,71
Dampf, gesättigter, f. 1 PSe. a. d. Turb.-Welle   kg/Std.   6,35

Der Vergleich mit den Kolbengebläsen ergab:

	Turbinen-gebläse	Kolbengebläse	
	Trzynietz	Trzynietz	Hernadthal
Luftmenge . . . . cbm/min	578,65	540	557,6
Dampfmenge . . . . kg/Stde.	5348,71	5880	5500
„ . . . . kg/min	89,5	97,8	92
Pressung des Windes . . . . . Atm. abs.	1,454	1,466	1,450
Mittl. Dampfmenge f. 100 cbm Luft kg	15,45	18,10	16,45

Der Dampfgewinn im ersten Falle beträgt somit gegenüber dem zweiten Falle 2,65 kg oder $\dfrac{2,65}{18,10} \cdot 100 = 14,7\ \%$ gegenüber dem Kolbengebläse. Der Gang des Turbogebläses ist derart ruhig, daß dasselbe ohne jede Verankerung auf freiem Boden aufgestellt ist. Das Kolbengebläse ist für 443 — 664 cbm/min. auf 0,2—0,7 kg/qcm Überdruck bei 30—45 Touren i. d. Min. bestimmt und hat $23 \times 12 = 276$ qm Bodenfläche, während das Turbogebläse nur $11 \times 5 = 55$ qm oder fast nur $^1/_5$ der obigen Fläche benötigt. [1]

---

[1] Über die Berechnung und Theorie der Turbogebläse findet sich Näheres in Ostertag, Theorie und Konstruktion der Turbokompressoren, Berlin 1911, Julius Springer, worauf hier verwiesen sei, da aus Raummangel im theoretischen Teil ein besonderer Abschnitt über die Theorie der Turbogebläse keine Aufnahme mehr finden konnte.

Siebentes Kapitel

Die Schraubengebläse.

Jede Schraubenbewegung setzt sich bekanntlich aus einer geradlinig fortschreitenden und einer drehenden Bewegung zusammen. Beide Bewegungen können entweder von einem schraubenförmig gestalteten Körper gleichzeitig ausgeführt werden, in welchem Falle der denselben umschließende Körper in Ruhe ist, oder die drehende Bewegung wird von dem einen Körper, die fortschreitende von dem anderen ausgeführt und umgekehrt.

Alle drei Bewegungsarten haben für die Arbeitsmaschinen zur Ortsveränderung der Körper Anwendung gefunden.

Bei den Schraubenventilatoren wird ein mit schrägstehenden, schraubenförmig gestalteten Flügeln versehenes Rad auf einer festgelagerten Welle in rasche Umdrehung versetzt. Das Rad führt daher die drehende Bewegung, die Luft die fortschreitende Bewegung aus.

Auf einer Umkehrung dieses Prinzips beruhen die Windräder oder Windturbinen, bei welchen durch einen in fortschreitender Bewegung befindlichen Luftstrom dem schraubenförmig gestalteten Windrad eine drehende Bewegung erteilt wird.

Während im letzteren Falle eine bestimmte, in der Zeiteinheit durch das Rad strömende Luftmenge von bestimmter Geschwindigkeit demselben eine bestimmte Umdrehungsgeschwindigkeit erteilt und eine bestimmte Arbeit verrichtet, welche an die Welle des Windrades abgegeben und von hier weitergeleitet wird, wird umgekehrt bei den Schraubenventilatoren eine bestimmte Arbeit auf die Welle und das Schraubenrad übertragen, demselben eine bestimmte Umdrehungsgeschwindigkeit gegeben und hierdurch in der Zeiteinheit eine bestimmte Luftmenge mit bestimmter Geschwindigkeit durch das Rad von einer Seite desselben nach der anderen gefördert. Während nun bei den Windrädern ein Zurückströmen der durch das Rad hindurchgegangenen Luft infolge ihrer fortschreitenden Bewegung ausgeschlossen ist, muß bei den Schraubenventilatoren das Zurückströmen verhindert werden. Zu diesem Zwecke sind dieselben entweder mit einem Saugrohr verbunden, welches an seinem einen Ende das Flügelrad umschließt, während das andere mit

33*

dem zu lüftenden Raum in Verbindung steht, oder sie sind in einem, in die Außenmauer des zu lüftenden Raumes luftdicht eingesetzten Gehäuse angebracht.

Da, wie erwähnt, die Luft mit einer großen Geschwindigkeit durch das Rad hindurchströmt, diese Geschwindigkeit aber nur die Folge eines Druckunterschiedes zwischen der in Ruhe befindlichen und der das Rad durchströmenden Luft sein kann, so folgt hieraus, daß das Flügelrad eine der Luftgeschwindigkeit proportionale Depression erzeugen muß. Da jedoch die aus dem zu lüftenden Raume ausströmende Luft ohne irgendwelche Reibungswiderstände oder sonstige Druckverluste in das Schraubenrad gelangen kann, so genügt schon eine sehr geringe Depression, um der Luft die zu ihrer Fortbewegung nötige Geschwindigkeit zu erteilen. Erstere beträgt denn auch für gewöhnlich nicht mehr als 4—10 mm Wassersäule.

Hieraus geht ohne weiteres hervor, daß die Schraubenventilatoren für hohe Depressionen ungeeignet sind, da ihre „verdünnende" Kraft (vgl. S. 353) im Verhältnis zu ihrer „fortbewegenden" Kraft klein ist.

Die Schraubenventilatoren eignen sich daher fast ausschließlich zu Lüftungszwecken für Gebäude, wobei dieselben je nach der Umdrehungsrichtung entweder saugend oder blasend wirken können, also die verdorbene Luft aus den zu lüftenden Räumen fortschaffen, oder frische Außenluft einführen. Im letzteren Falle findet sehr häufig ein Anfeuchten der Luft im Saugrohr statt.

Auch zum Absaugen oder Einblasen von Wasserdämpfen, sowie von stark erwärmter Luft finden dieselben in verschiedenen industriellen Anlagen Verwendung.

Die Luftmengen, welche die Schraubenventilatoren zu bewältigen imstande sind, schwanken zwischen 10 und 400 cbm i. d. Min. bei Flügeldurchmessern von 0,2—1 m und 1000—4000 cbm i. d. Min. bei Flügeldurchmessern von 1,5—3 m. Der Kraftbedarf derselben ist im Vergleich zu demjenigen der Zentrifugalventilatoren sehr gering und schwankt zwischen $\frac{1}{10}$—$1\frac{1}{2}$ PS. bei den kleineren, 4—10 PS. bei den größeren Ausführungen.

Der Antrieb erfolgt meist durch Riemen, bei kleineren Ventilatoren für Einzellüftung häufig durch kleine, mittelst Druckwasser betriebene Turbinen, bei Schiffsventilatoren auch durch besondere, am Ventilatorgehäuse befestigte Dampfmaschinen, sowie in neuerer Zeit auch sehr oft durch Elektromotoren.

Die Konstruktion des Flügelrades ist im allgemeinen bei den meisten Ausführungen dieselbe. Während jedoch bei älteren Systemen meist wenige Flügel und sehr große Umdrehungszahlen in Gebrauch waren, sind in neuerer Zeit Räder mit einer größeren Flügel- und kleineren Tourenzahl mehr in Aufnahme gekommen.

Die wichtigsten Ausführungen der Schraubenventilatoren sind die folgenden:

1. Der Schielesche Schraubenventilator. Figuren 566 und 567.

Am Umfang der zylindrischen, nach beiden Seiten hin konisch verjüngten Nabe *A*, welche auf der Welle *B* befestigt ist, sind 6, 8, 10 oder mehr Flügel C an den schräggestellten Armen D festgenietet. Dieselben drehen sich in dem, das Flügelrad umschließenden Gehäuse E, welches in die Gebäudeaußenmauer eingebaut ist. Dasselbe trägt mittelst der 3 Arme F die Büchse G (im Querschnitt fortgelassen), in welcher die Welle gelagert ist. In gleicher Weise ist die Welle auf der Außenseite gehalten.

Der Steigungswinkel der Schraube beträgt hier 35 Grad, die Flügel sind nach dem äußeren Umfang hin verbreitert und füllen das Gehäuse vollkommen aus.

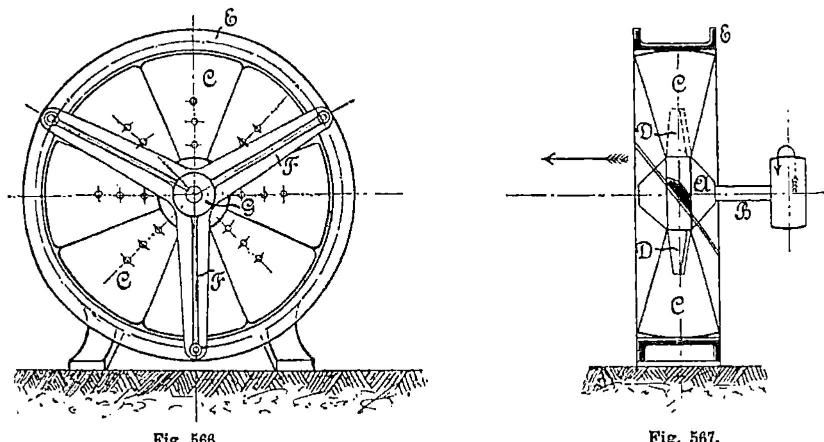

Fig. 566. Fig. 567.

Im wesentlichen ebenso wie der Schielesche Ventilator sind die Ventilatoren der Firmen Beck & Henckel in Cassel, J. C. Kämpf in Frankfurt a. M., Sauerbrey & Beygang in Neuwied und Scherr & Pétzold in Berlin ausgeführt.

Zwei Versuche mit Schieleschen Ventilatoren von 650 mm Durchm. ergaben die in der folgenden Tabelle enthaltenen Werte [1]:

Touren- zahl i. d. Min.	Mittlere Luft- geschwin- digkeit m i. d. Sek.	Mittlerer Druck mm Wasser- säule	Ausström- ungs- querschnitt qm	Luft- menge i. d. Sek. cbm	Be- triebs- arbeit in PS. N_e	Luftmenge für 1 PS. i. d. Stunde $\frac{Q}{N_e}$ cbm	Nutz- Arbeit PS.	Mechan. Wirkungs- grad η_d
550	7,02	3,14	0,312	2,19	0,225	35 000	0,0916	0,407
680	8,84	5,0	0,312	2,75	0,426	23 250	0,183	0,430

Der mittlere mechanische Wirkungsgrad ergibt sich hieraus zu 0,419 $\sim$ 0,42, welcher Wert im Gegensatz zu den bei Zentrifugalventilatoren gefundenen Werten ziemlich niedrig ist.

---

[1] Z. Ver. deutsch. Ing. 1891, S. 598.

2. Der Blackman-Ventilator[1]. Derselbe hat die aus Figur 568 und 569 ersichtliche Gestalt. Die Flügel sind sowohl am Umfang an einem Ringe, als auch seitlich an je einem radialen Arme befestigt, während die andere Seite ausgebaucht ist. Hierdurch erhalten die Flügel

Fig. 568.

eine eigentümliche, schaufel- oder löffelförmige Gestalt, mittelst deren sie die Luft leichter durchschneiden und fortbewegen. Diese Ventilatoren werden von 0,6 bis 1,8 m Durchm. gebaut, laufen mit 100 bis 700 Touren und geben Luftmengen von 40 bis 2300 cbm i. d. Min.

---

[1] Ausgeführt von der Blackman Export Cie. 70. Finsbury Pavement London E. C.

Berechnet man unter Annahme einer Windpressung von 5 mm Wassersäule die reine Ventilatorleistung für die drei vorliegenden Fälle, so erhält man die folgenden mechanischen Wirkungsgrade:

Durchm. m	Reine Ventilator- leistung PS.	Effektive Leistung	Mechanischer Wirkungsgrad %	Luftmenge für 1 effektive PS. i. d. Stunde cbm
0,6	0,2022	0,5	40,5	21 840
0,9	0,452	1,5	30,13	16 280
1,2	0,800	1,75	45,7	24 624

Fig. 569.

Die in der letzten Spalte enthaltenen Werte der stündlichen Luftmengen für 1 effektive PS. sind für die beiden ersten Ventilatoren kleiner, für den letzten nahezu ebenso groß als die in der oberen Tabelle für die Schieleschen Ventilatoren angegebenen Werte. Der mittlere mechanische Wirkungsgrad ergibt sich zu 38,8 %.

Um den Blackman-Ventilator auf seine Leistungsfähigkeit zu prüfen, wurden von G. Schiele & Co. in Bockenheim im Jahre 1889 vergleichende Versuche mit ihrem Schraubenventilator von 0,65 Durchm. und einem Blackman-Ventilator von 0,61 Durchm. angestellt. Dieselben ergaben nach Mitteilung der vorgenannten Firma folgende Resultate:

Tourenzahl	Mittlere Luftgeschwindigkeit m i. d. Min.	Ventilator-Querschnitt qm	Luftmenge i. d. Min. cbm	Betriebskraft PS.
		Schielescher Schraubenventilator No. 4.		
		650 mm Flügel-Durchm.		
550	421	0,312	131	0,225
670	530	0,312	165	0,426
		Blackman-Schrauben-Propeller		
		610 mm Flügel-Durchm.		
550	327	0,277	90	0,100
920	491	0,277	136	0,466
1000	570	0,277	158	0,570

Die Luftgeschwindigkeit wurde bei diesen Versuchen mit einem Anemometer an verschiedenen Stellen der Austrittsöffnung gemessen, der Kraftbedarf mit Hilfe eines zuverlässigen Zwischen-Dynamometers ermittelt.

3. Schraubenventilator von Rateau. Der von Rateau auf Grund seiner Ventilatoren-Theorie ausgeführte Schrauben-ventilator[1]) hat eine derartige Leistung, wie dieselbe im allgemeinen bei Schraubenventila-toren nicht zu erreichen ist,

Fig. 570.

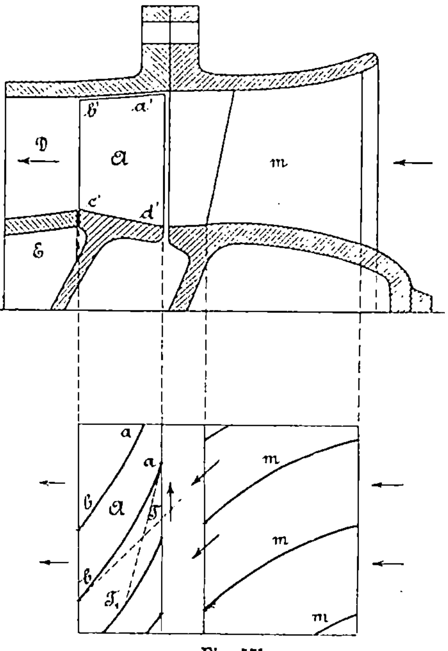

Fig. 571.

indem mittelst desselben wesentlich höhere Drücke als bei gewöhnlichen Schraubenventilatoren erzielt werden, wobei gleichzeitig auch ein Wirkungsgrad in maschineller und volumetrischer Beziehung erreicht wird, welcher demjenigen guter Zentrifugal-Ventilatoren nahe kommt. Der Rateausche Schraubenventilator besteht aus folgenden Teilen:

[1]) Ventilateurs hélicoïdes de M. Rateau. Par A. Laponche. Paris, Publications du journal „Le génie", 1899.

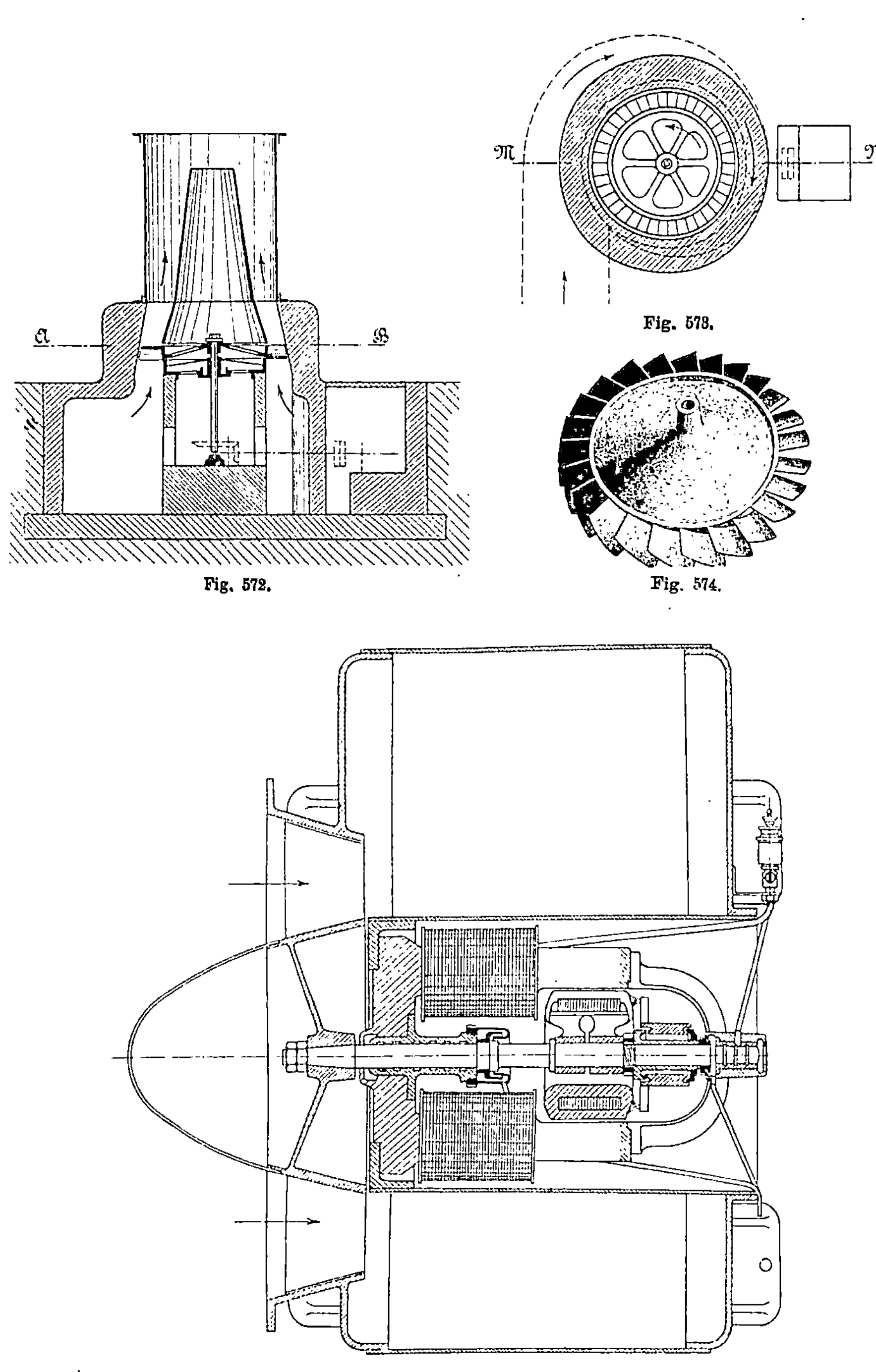

Fig. 572.

Fig. 573.

Fig. 574.

Fig. 575.

1. dem Einlauf oder Verteiler,
2. dem eigentlichen Laufrad,
3. dem Auslauf oder Diffusor.

Der Einlauf oder Verteiler hat den Zweck, den Luftstrahlen beim Eintritt in das Schraubenrad die geeignete Richtung zu erteilen, damit dieselben am Turbinenrad ohne Stoß aufgenommen werden. Bei dem in Fig. 570 in äußerer Ansicht und Fig. 571 im Querschnitt dargestellten Ventilator hat der Verteiler 24 feste, aus Blech hergestellte Leitschaufeln m, welche in dem Zylindermantel des Diffusors angebracht sind. Häufig wendet Rateau an Stelle eines derartig gestalteten, zylindrischen Einlaufes einen spiralförmigen an, wie aus den Fig. 572 und 573 ersichtlich ist. Das Turbinenrad ist in Fig. 574 abgebildet und besteht aus einer, mit konischem Aufsatz versehenen Scheibe, welche am Umfange eine größere Anzahl schräg gestellter Schaufeln trägt. Aus der Theorie seines Schraubenventilators hat Rateau die Beziehung abgeleitet, welche für die gute Wirkungsweise seines Schraubenventilators von großer Wichtigkeit ist, daß die radiale Höhe der Schaufeln vom Eintrittsrande der Luft (a' d'), Fig. 571, nach dem Austrittsrande (b' c') allmählich abnimmt. Sowohl die Theorie als auch die Versuche mit seinem Ventilator haben ergeben, daß zur Erhöhung des Wirkungsgrades die Bewegung der Luft, wie dieses durch die genannte Anordnung der Schaufeln erreicht wird, zentripetal verläuft, d. h. daß die Luftstrahlen auf ihrem Wege vom Eintritt zum Austritt aus den Schaufeln nach der geometrischen Achse des Schaufelrades hin abgelenkt werden. Der Diffusor oder Verteiler D des Schraubenventilators, Fig. 571, bezweckt, die lebendige Kraft des Luftstroms, welche derselbe vermöge seiner Austrittsgeschwindigkeit aus dem Rade besitzt, ebenso wie bei den Zentrifugalventilatoren in Pressung umzusetzen. Außerdem soll er dazu dienen, Wirbelströmungen und Wirbelbildungen der Luft nach dem Verlassen des Schraubenrades zu vermeiden. Der Diffusor kann im allgemeinen in gleicher Weise wie der Verteiler- oder Einlauf-Apparat mit Schaufeln versehen oder ähnlich wie der Einlauf spiralförmig angeordnet sein. Die geometrische Achse des Schraubenventilators kann sowohl wie in Fig. 570 horizontal, als auch wie in den Fig. 572 und 573 vertikal angeordnet sein. Fig. 575 zeigt einen Schraubenventilator mit elektrischem Antrieb, welcher direkt an die Saugleitung angeschlossen und mit Auslaufschaufeln versehen ist. Derselbe ist auf der Grube du Cros in St. Etienne aufgestellt, hat einen Durchmesser von 1,6 m, ist für eine äquivalente Grubenweite von 1,4 qm berechnet und hat nur ein Gewicht von 1400 kg. Die mit diesem Ventilator angestellten Versuche vom 8. April 1899 sind in der folgenden Tabelle zusammengestellt.

Leider war es nicht möglich, bei demselben den Kraftverbrauch des Elektromotors zu messen, trotzdem sind die nachfolgenden Versuche deswegen nicht uninteressant, weil dieselben die Leistungsfähigkeit der Schraubenventilatoren und die Möglichkeit, mit denselben hohe Drücke zu erzielen, erkennen lassen. Bei den Versuchen wurde der manometrische Wirkungsgrad mit Hilfe eines Wassermanometers vor und hinter dem Ventilator, die Luftmenge mit Hilfe eines Anemometers gemessen.

No. der Ver- suche	Tourenzahl des Ventilators	Tourenzahl des Anemo- meters i. d. Sek.	Mess- querschnitt qm	Luft- geschwin- digkeit m i. d. Sek.	Luftmenge cbm i. d. Sek.	Pressung mm Wasser- säule	Äquiv. Gruben- weite qm
1	610	—	3,4	—	—	62	—
2	575	80	3,4	1,50	5,2	55	0,266
3	575	152	3,4	2,70	9,18	47	0,509
4	575	252	3,4	4,36	14,81	44	0,845
5	575	281	3,4	4,85	16,5	41	0,940
6	575	301	3,4	5,19	17,6	40	1,000
7	575	322	3,4	5,52	18,8	40	1,150
8	575	327	3,4	5,60	19,1	38,5	1,170
9	575	334	3,4	5,72	19,5	38	1,200
10	575	450	3,4	7,62	26,1	20	2,210

Ein weiterer interessanter Versuch eines elektrisch betriebenen Schraubenventilators von Rateau wurde von der französischen Marine an einem Schraubenventilator von 1,3 m Durchm. ausgeführt, welcher für Lüftungszwecke für ein Kriegsschiff bestimmt war. Bei diesen Versuchen wurde der Ventilator direkt durch den Elektromotor angetrieben. Er blies seine Luft in eine große Kammer aus, welche mit einer Öffnung in dünner Wand versehen war, die durch einen Schieber verschließbar war. Die Versuche ergaben folgende Resultate:

No. d. Versuche	Tourenzahl des Ventilators	Luftmenge i. d. Sek.	Druck Wass.-Säule mm	Reine Ventilator- leistungen in m/kg	Elektrische Leistung m/kg i. d. Sek.	Gesamt- Wirkungsgrad des Ventilators und seines Elektro- motors 5 : 6
1	2	3	4	5	6	7
1	435	0	16,5	0	294	0
2	450	3,024	16,5	50	294	0,170
3	450	5,837	16,5	96	302	0,318
4	440	8,213	14,5	119	302	0,392
5	445	9,333	12,5	117	294	0,400
6	445	10,205	10,0	102	290	0,351
7	460	10,860	8,5	92,5	277	0,332
8	475	12,804	5,0	64	262	0,245
9	490	14,710	2,0	29,4	253	0,116

Der Ventilator zeigt somit einen größten Wirkungsgrad von 40%. Die mit dem oben zuerst genannten Schraubenventilator auf der Grube du Cros erzeugten Pressungen von 62 mm Wassersäule bei geschlossenem Auslauf und 55 mm bei 0,266 qm sind für einen Schraubenventilator sehr hoch und wohl hauptsächlich der Anwendung der Einlaufschaufeln und des Auslaufs zuzuschreiben. Es dürfte allgemein daher empfehlenswert sein, nach dieser Richtung hin weitere Untersuchungen über den Nutzen und die günstigsten Formen der Ein- und Auslaufvorrichtungen bei Schraubenventilatoren auszuführen.

Achtes Kapitel.

Die Strahlgebläse.

Dieselben beruhen auf demselben Prinzip wie die Strahlpumpen oder Injektoren. Durch einen, mit großer Geschwindigkeit aus einer konisch zugespitzten Düse ausströmenden Dampf-, Wasser-, Luft- oder beliebigen anderen Flüssigkeitsstrahl wird in dem, die Düse umgebenden Raum eine Luftverdünnung erzeugt, indem der austretende Strahl die in diesem Raum befindliche Luft mit sich fortreißt. Ist dieser Raum nun durch ein Saugrohr mit einem zu entleerenden Raume verbunden, so wird aus diesem die Luft gleichfalls abgesaugt. Steht dagegen der Düsenraum direkt mit der äußeren Luft in Verbindung, so wird aus ihr Luft angesaugt und mit einem bestimmten Überdruck in eine Druckleitung geschafft. Die Strahlgebläse können daher

1. saugend wirken, in welchem Falle der Düsenraum mit einem luftleer zu pumpenden Raume in Verbindung steht, während das Druckrohr direkt in die freie Luft mündet,
2. blasend wirken, in welchem Falle der Düsenraum direkt von der äußeren Luft umgeben ist, das Druckrohr dagegen in einen mit Luft von höherer Pressung zu erfüllenden Raum mündet.

Der Unterschied beider Systeme ist bezüglich der Wirkungsweise genau derselbe wie zwischen Kolbenluftpumpen und Kompressoren. In beiden Fällen ist die Luft von einer Anfangsspannung (p_a, Druck im Saugraume bzw. atmosphärischer Luftdruck) auf eine Entspannung (p_e, atmosphärischer Luftdruck bzw. Überdruck) zu bringen, also entweder eine Depression oder eine Pressung zu erzeugen.

Der durch den bewegten Strahl erzeugte Spannungsunterschied ist von der Ausflußgeschwindigkeit der bewegten Flüssigkeit, die letztere wieder von dem auf der Flüssigkeit lastenden Druck und den Konstruktionsverhältnissen des Gebläses abhängig [1]).

Das unbestrittene, große Verdienst, die Strahlgebläse auf Grund fortgesetzter, sorgfältigster Versuche zu einer hohen Vollendung gebracht

---

[1]) Näheres hierüber siehe im letzten Kapitel des theoretischen Teiles.

zu haben und dieselben in fast alle Gebiete der Industrie eingeführt zu haben, gebührt der Firma Gebrüder Körting in Hannover.

Die Luftmenge der Strahlgebläse schwankt zwischen 0,005 und 12, selbst 18 cbm i. d. Sekunde, der erforderliche Betriebsdruck ist für Dampf-

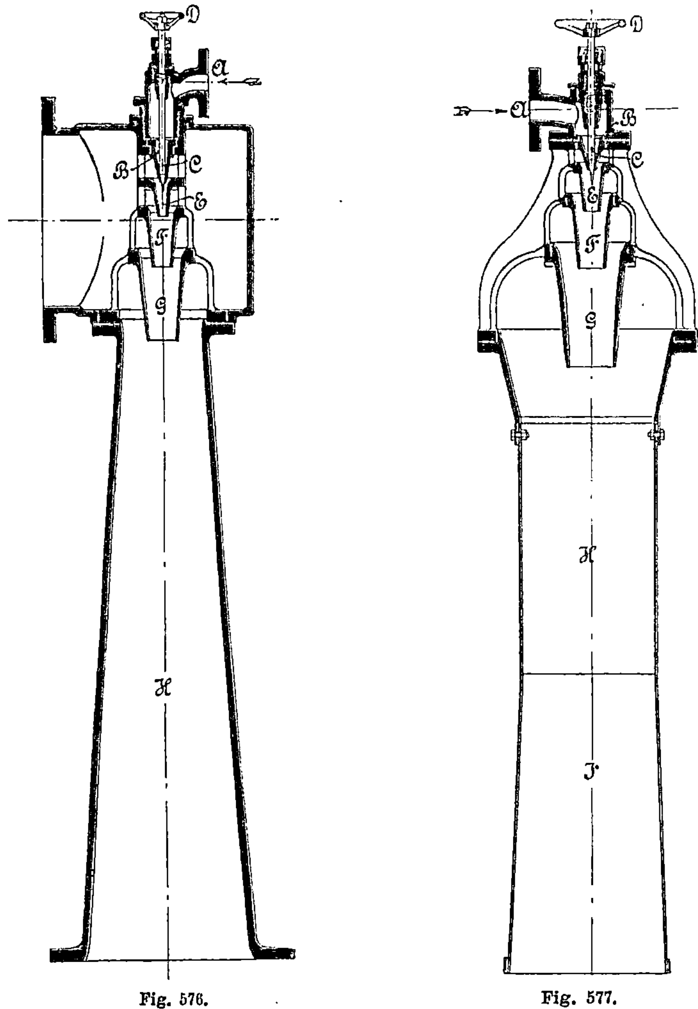

Fig. 576.   Fig. 577.

betrieb meist 5—6 Atm., für Betrieb durch Druckwasser 3—5 Atm., für Druckluftbetrieb 3—4 Atm.

Die Vorzüge der Strahlgebläse gegenüber anderen Gebläsen sind die folgenden:

1. Fortfall einer Betriebsmaschine und Transmission.
2. Leichte Aufstellung, bequeme Inbetriebsetzung und Wartung.
3. Geringer Raumbedarf.

4. Fortfall von Reparaturen und hierdurch versuchten Betriebsstörungen.

5. Geringe Anschaffungs- und Aufstellungskosten.

6. Geringere Betriebskosten als bei Ventilatoren mit direktem oder indirektem Maschinenbetrieb.

7. Leichte Regulierung der geförderten Luftmenge.

8. Leichte Auswechselung gegen neue Apparate von gleicher oder größerer Leistungsfähigkeit.

9. Leichterer Anschluß an vorhandene Dampf-, Druckwasser- oder Druckluftleitungen.

Einige der gebräuchlichsten Ausführungen der Strahlgebläse für saugende und blasende Wirkung sind die folgenden:

1. Strahlgebläse von Körting[1]).

In den Fig. 576 und 577 sind zwei neuere Ausführungen der Körtingschen Strahlgebläse abgebildet, die erstere für saugende, die letztere für

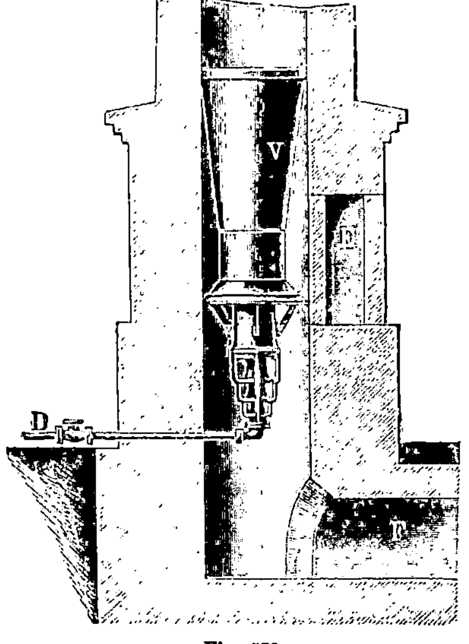

Fig. 578.

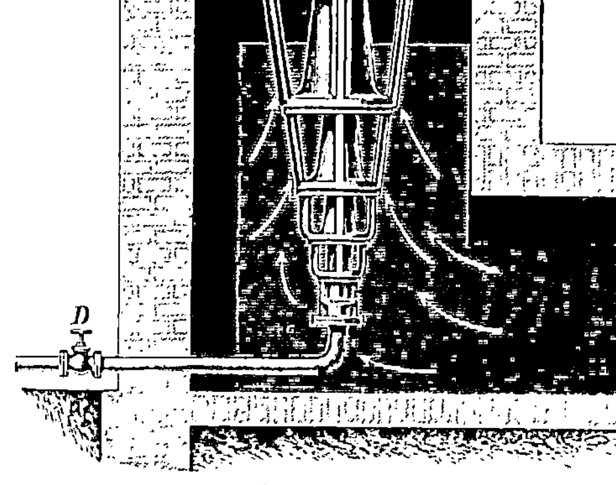

Fig. 579.

blasende Wirkung. An den Stutzen A wird die Dampf-, Wasser- oder Druckluftleitung angeschlossen. B ist die Düse, C ein Ventilkegel, welcher durch das Handrad D bewegt wird. Derselbe gestattet

[1]) Gebrüder Körting, Körtingsdorf bei Hannover.

ein langsames Anlassen des Apparates sowie eine bestmögliche Regulierung der Druckflüssigkeitsmenge. An die erste Düse B sind mehrere Zwischendüsen E, F und G angeschlossen, welche eine Verstärkung der Saugwirkung sowie eine Vermeidung von Wirbelbildungen in der angesaugten Luft bezwecken. Die letzte derselben mündet in die Fangdüse oder die Esse H, welche entweder aus einem zylindrischen Rohr H und einem konischen Mundstück J, Fig. 577, oder aus einem einzigen konischen Rohr H, Fig. 577, besteht.

Für Luftsauge- oder Vakuumbremsen findet die aus Fig. 580 u. 581 ersichtliche und ohne weiteres verständliche Konstruktion des Exhaustors oder Saugers Anwendung.

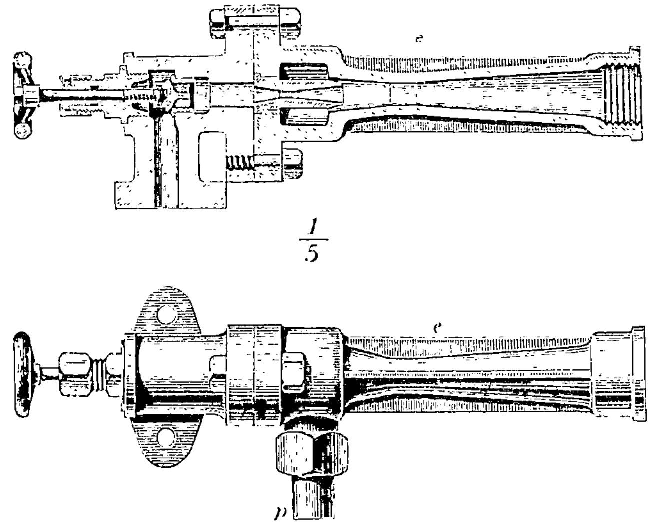

Fig. 580 und 581.

Den Einbau des saugenden Strahlapparates als Schornsteinventilator zeigt Fig. 578 auf voriger Seite, während Fig. 579 die äußere Anordnung desselben als Grubenventilator wiedergibt.

Für Sonderlüftung in Bergwerken sind Strahlgebläse in Gebrauch, deren Konstruktion genau der in Fig. 580 und 581 gegebenen entspricht. Dieselben wirken entweder saugend oder blasend und werden durch Druckflut betrieben. Der Einbau derselben ist aus den Figuren 582—584 ersichtlich.

Dieselben werden für kurze Luttenleitungen für Luftmengen bis zu 180 cbm i. d. Min., für längere Leitungen bis 110 cbm gebaut. Die Leistungen einiger Ausführungen derselben sind aus der folgenden Tabelle zu ersehen.

No. des Apparates	Weite der Lutten mm	Leitung in cbm i. d. Min. bei		Weite des Rohres für Pressluft mm	Gewicht des Apparates kg
		kurzen Luttenleitungen	Luttenleitungen von 100 m Länge		
1	150	20— 25	15	20	22
2	210	40— 50	30	25	35
3	300	80—100	60	35	75
[4]	400	150—180	110	45	135

Da auf vielen Gruben die Anwendung dieser Ventilatoren infolge Mangels von Druckluft nicht möglich ist, bauen Gebr. Körting für den gleichen Zweck Wasserstaub-Ventilatoren, bei welchen Druckwasser

Fig. 582.

Fig. 583.

Fig. 584.

als treibende Flüssigkeit verwandt wird, dasselbe aber zugleich in Apparaten zerstäubt und zur Anfeuchtung der Luft benutzt wird. Die Einrichtung eines solchen Ventilators zeigt Fig. 585. Die Leistung desselben ist aus der folgenden Tabelle zu ersehen.

No. der Apparate	Passend für eine Lutte von	Leistung i. d. Stunde bei 6 Atm. Druck cbm	Weite des Wasserrohres mm
1	150 mm Durchm.	250	13
2	200 „ „	500	13
3	300 „ „	1000	20
4	400 „ „	1500	25

Die mit einem Wasserstaubventilator auf Grube Melchior bei Altwasser in Schlesien angestellten Versuche ergaben folgendes.

Der Ventilator sollte stündlich 1000 cbm Luft liefern, welche bei einem Wasserverbrauch von höchstens 10 cbm bei 20 Atm. Betriebsdruck durch eine Luttenleitung von 1000 m Länge vor Ort geschafft werden sollten.

Bei einer Entfernung von 380 m vom Wetterschacht ergaben die Versuche

Luftmenge i. d. Stunde	Wasserverbrauch	Verhältnis der Luft zur Wassermenge
1250 cbm	5,666 cbm	220
1710 „	8,136 „	210

so daß die an den Ventilator zu stellenden Anforderungen erfüllt bzw. übertroffen waren.

Über einige Anwendungen der Körtingschen Grubenventilatoren berichtet Salomon in der Zeitschrift für Berg-, Hütten- und Salinenwesen [1]) folgendes:

Auf den Gruben Sarts - Berleurs, Hasard, Gosson-Lagasse und La Haye (Lüttich) waren Körtingsche Strahlgebläse als Reserveventilatoren vorhanden.

Auf Grube La Haye hatte ein solcher eine minutliche Leistung von 600 cbm, auf Grube Hasard diente als Abzugsschacht ein 60 cm weites, mit eisernem Rohr ausgekleidetes Bohrloch und arbeitete auch hier der Körtingsche Apparat zufriedenstellend.

Einen Anhalt bezüglich des Dampf-, Druckwasser- oder Druckluft-verbrauchs bieten die angeführten Tabellen und Versuchsresultate jedoch kaum.

Bei den Versuchen auf der Melchiorgrube betrug die Luftmenge das 210 bis 220 fache der Wassermenge bei einem Betriebsdruck von 20 Atm. Bei 5 Atm. Betriebsdruck würde die Wassermenge ca. das 2 bis 3 fache der vorigen Menge betragen.

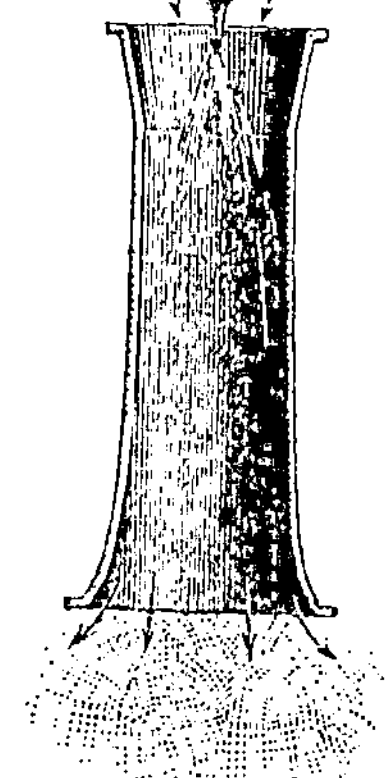

Fig. 585.

---

1) 1887. Bd. 35, S. 229.

Es ist daher auch schwer, einen Vergleich der Strahlapparate mit Zentrifugal- und anderen Gebläsen bezüglich ihrer Betriebskosten zu ziehen.

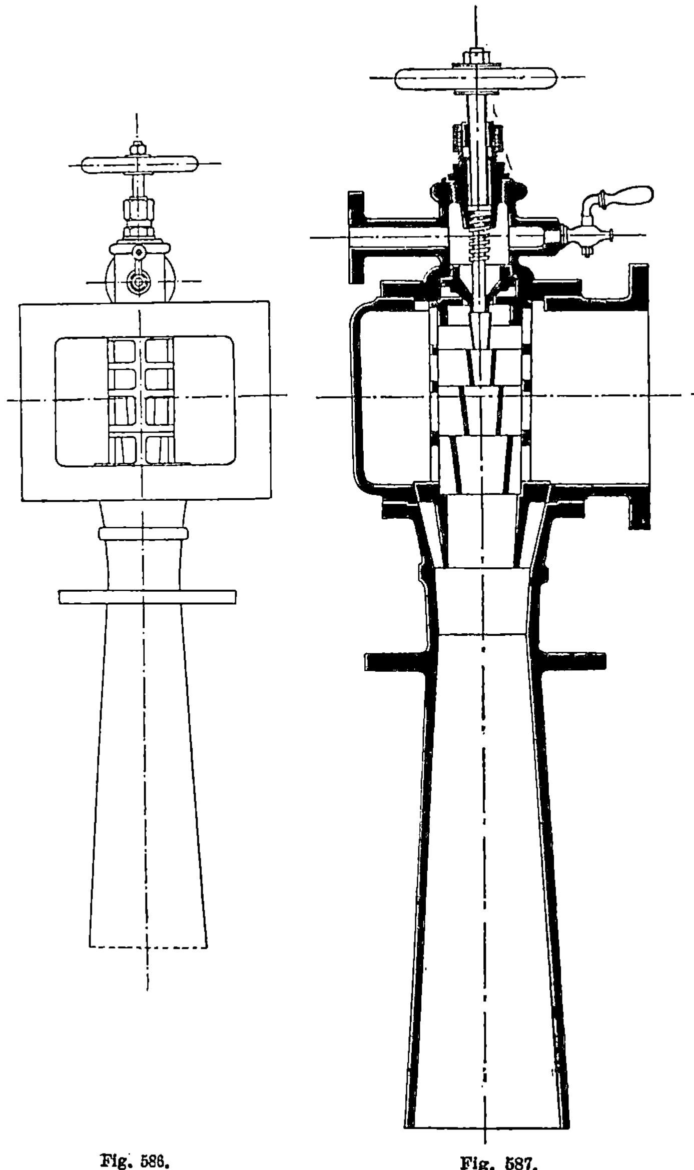

Fig. 586. Fig. 587.

Einen gewissen Anhalt kann die folgende Tabelle geben, bei welcher die Dampfmengen aus den in den Katalogen der Firma angegebenen Dampfrohrweiten bei Annahme einer Dampfgeschwindigkeit von 20 m/Sek. berechnet sind.

No. des Venti-lators	Luftmenge i. d. Stunde	Dampfmenge i. d. Stunde		Luftmenge in cbm für 1 kg Dampf	Dampfmenge in kg i. d. Stunde für 1000 cbm Luft i. d. Stunde
	cbm	cbm	kg[1]		
3	720	1,21	3,95	182,3	5,48
4	1 500	2,14	7,0	214,3	4,66
6	6 000	6,42	21,2	283,0	3,53
8	15 000	13,27	43,3	346,4	2,88
10	24 000	19,16	62,1	386,4	2,60
12	37 500	33,71	110	341,0	2,93

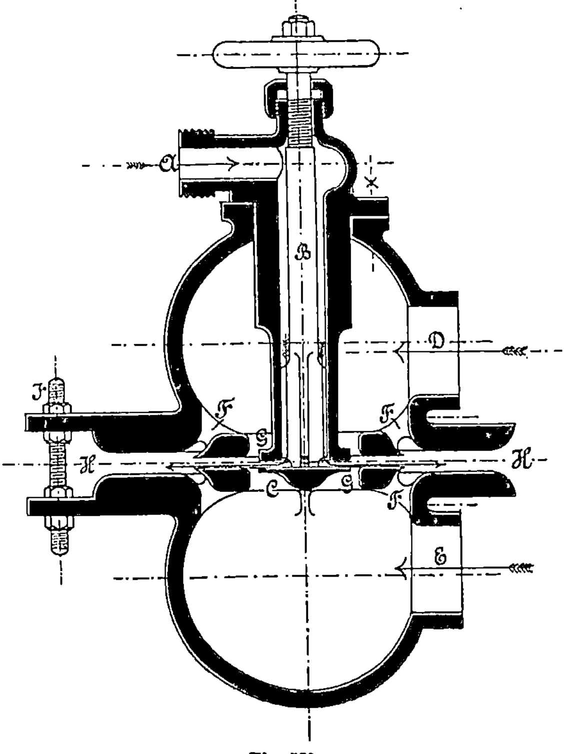

Fig. 588.

Nach dieser Tabelle kann man für Überschlagsberechnungen im Mittel die Luftmenge in cbm als das 200 bis 350 fache des Dampfgewichts in kg annehmen, und die Dampfmenge für 1000 cbm Luft im Mittel zu 3 kg für größere, zu 4 bis 6 kg für kleinere Gebläse in Rechnung setzen.

2. Strahlgebläse von C. W. Jul. Blancke. Dieselben unterscheiden sich nicht wesentlich von den vorbesprochenen Körtingschen Apparaten und ist ihre Einrichtung aus den Fig. 586 und 587 ohne weiteres verständlich.

---

1) Bei Annahme eines Dampfdruckes von 6 Atm. abs. beträgt das Gewicht eines cbm Dampf: $\gamma = 3{,}2632$ kg.

3. Dampfstrahlsauger von Tilghmann[1]). Fig. 588. Eine Eigentümlichkeit zeigt dieser Apparat bezüglich des Dampf- und Luftaustritts und der Regulierung. Der bei A eintretende Dampf strömt durch das Rohr B nach der Düse, welche eine schmale, ringförmige Öffnung besitzt,

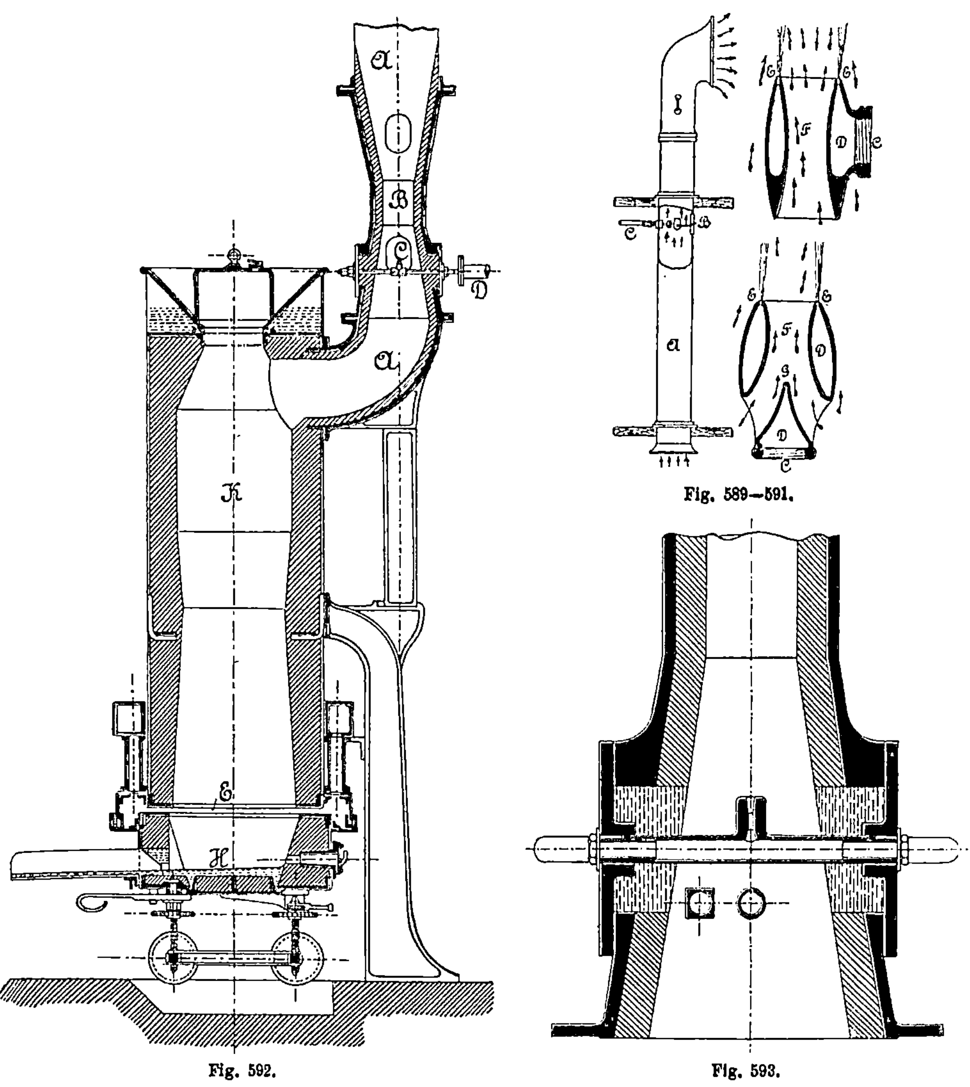

Fig. 589—591.

Fig. 592.   Fig. 593.

deren Abschluß und Regulierung durch das Ventil C erfolgt. Die bei D und E eintretende Luft wird durch den radial ausströmenden Dampf durch die Öffnungen F und G angesaugt und verläßt den Apparat mit dem Dampf durch die gleichfalls ringförmige Öffnung H. Die beiden

1) Sand Blast Company Lim., Sheffield. Engng. 1891, Bd. 52, S. 212.

Hälften des Apparates werden durch drei um 120° gegeneinander versetzte Schrauben I verbunden, welche ein genaues Einstellen beider Teile gegeneinander und somit der Ausblasöffnung H ermöglichen. An die Rohrstutzen D und E wird die Saugleitung angeschlossen.

4. Ein Strahlgebläse zur Erzeugung künstlichen Zuges für Schiffskessel, welches in England Anwendung findet, stellen die Fig. 589—591 dar. In der Mitte des Kesselschornsteins A ist die Saugdüse B angebracht, Fig. 589, welche durch die Dampfleitung C mit dem von der Maschine abgehenden oder mit frischem Kesseldampf gespeist wird. In den Fig. 590 und 591 ist dieselbe in zwei verschiedenen Ausführungen im Querschnitt dargestellt. Der bei C eintretende Dampf gelangt in den Hohlraum D der Düse und strömt aus der sehr schmalen, ringförmigen Öffnung E aus. Die Luft wird hierdurch sowohl durch den Innenraum F der Düse hindurch als auch um dieselbe herum angesaugt.

Bei der in Fig. 591 dargestellten Düse tritt der Dampf sowohl am Rande bei E als auch im Innern bei G aus, wodurch die saugende Wirkung erhöht wird. Die vorliegende Konstruktion zeichnet sich durch große Einfachheit aus, gestattet jedoch keine Regulierung der Dampf- oder Luftmenge.

5. Eine andere erwähnenswerte und vielfach mit Vorteil ausgeführte Anwendung des Strahlgebläses ist diejenige für Kupolöfen, Schmelzöfen etc. von Herbertz[1]) in Köln. Dieselbe ist aus Fig. 592 in der allgemeinen Anordnung, sowie aus Fig. 593 in ihrer besonderen Konstruktion zu ersehen. In die am oberen Ende des Kupolofens seitlich angebrachte Esse A, welche sich allmählich konisch verjüngt und oberhalb des zylindrischen Teiles B wieder konisch erweitert, ist kurz unterhalb des zylindrischen Rohres B eine Dampfdüse C eingebaut, welche mit der Dampfleitung D verbunden ist. Durch den ausströmenden Dampfstrahl werden die Verbrennungsgase aus dem Schacht des Ofens abgesaugt und wird hierdurch im Ofen eine Luftverdünnung erzeugt, welche ein Nachströmen der äußeren Luft durch die ringförmige Öffnung E zwischen dem Schacht K und dem in vertikaler Richtung verstellbaren und ausziehbaren Herd H bewirkt.

Die Konstruktion der Düse ist aus Fig. 593 ohne weiteres verständlich.

Bei Versuchen[2]), welche von Hollenberg mit einem Herbertz-Ofen angestellt wurden, hatte derselbe folgende Leistung. Bei einem Kesseldruck von

	kg	betrug die Depression in mm Wassersäule
1.	4	40
2.	4	50
3.	4,5	60
4.	4,5—4,75	85
5.	4,5	80
6.	4	70
7.	4,75	60
8.	3,75—4	65
9.	3,5	55

---

[1]) D.R.P. No. 29 539, 42 580, 52 644, 52 992, 52 995, 56 205.
[2]) Revue des mines 1886, Bd. 19.

Die Depression war mithin bei dem 4. Versuch bei 4,75 kg Kesseldruck am größten, während sie bei gleichem Druck beim 7. Versuch nur 60 mm betrug.

Der Koksverbrauch ergab sich hierbei zu 4 kg für 100 kg geschmolzenen Eisens, während er bei Anwendung anderer Gebläse 7—10 kg beträgt. Die stündlich geschmolzene Eisenmenge betrug 3000 kg, der stündliche Dampfverbrauch 70 kg. Bei Annahme einer nur 7 fachen Verdampfung ergab dies einen Kohlenverbrauch von 10 kg stündlich oder für 100 kg geschmolzenes Eisen ⅓ kg, mithin war der Gesamtverbrauch an Brennmaterial 4 kg Koks und ⅓ kg Steinkohle für die erwähnte Eisenmenge.

Die vorstehenden Resultate müssen als sehr günstige bezeichnet werden und dürften dem Herbertzschen Ofen eine dauernde Anwendung und eine weite Verbreitung sichern. Die einzige Schwierigkeit scheint bei dieser Konstruktion die Erhaltung der Düse (e) in den heißen Gasen des Schmelzofens und der Wiedereinbau neuer Düsen zu sein. Hierüber liegen leider keine zuverlässigen Mitteilungen vor.

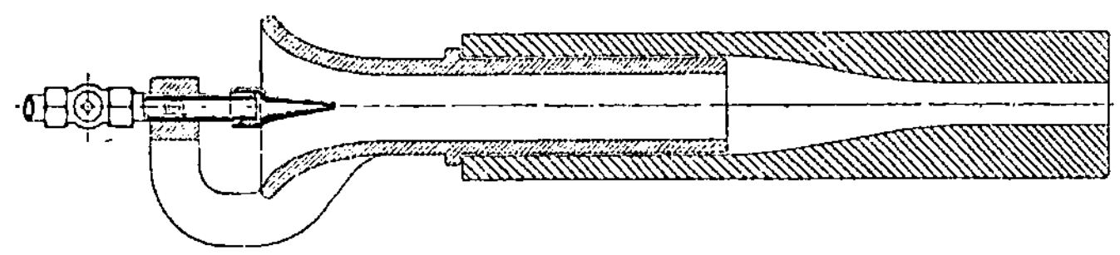

Fig. 594.

6. Ein Strahlgebläse, welches gleichfalls zur Luftlieferung für Kupolöfen, Schmiedefeuer, Lötrohre etc. dient, ist das von der Maschinenfabrik von L. A. Riedinger in Augsburg für die Offenbacher Druckluftanlage seinerzeit ausgeführte, welches in Fig. 594 im Längsschnitt dargestellt ist[1]). Dasselbe wird durch Druckluft betrieben, saugt durch ein konisches Mundstück Luft an und bläst sie direkt in die Formen der Schmiedefeuer. Die Leistungsfähigkeit desselben ist aus der nachstehenden, auf Grund zahlreicher Versuche ermittelten Tabelle[2]) zu ersehen.

Luftverbrauch von Schmiedefeuerdüsen.

Schmiedefeuer	Geförderte Luftmenge i. d. Stunde cbm	Durchm. der		Luftverbrauch i. d. Stunde cbm	Betriebskosten i. d. Stunde Pfg.
		Düse mm	Mündung mm		
Kleines für Schlosser . .	60	1,0	25	3,32	3
Mittleres für Schmiede .	90	1,5	25	7,47	7
Größtes f. Schmiedestücke von 500 kg und mehr .	150	2,0	35	13,28	13

[1]) M. F. Gutermuth, Die Druckluftanlage Offenbach. Z. Ver. deutsch. Ing. 1892, S. 1449 folgt.
[2]) a. a. O. S. 1459.

Aus derselben lassen sich die folgenden Werte berechnen:

	Luftmenge in cbm für 1 cbm Druckluft	Luftgeschwindigkeit in m i. d. Sek.		$c_1 : c_2$
		in der Düse c_1 ca.	in der Mündung c_2 ca.	
1. Kleines Feuer . . .	18	1150	50	23
2. Mittleres „ . . .	12	1000	80	13
3. Größtes „ . . .	11,3	1150	70	15

Die letzte Spalte gibt das Verhältnis der Ausflußgeschwindigkeiten der Luft aus der Düse und aus der Mündung an, welches sich im Mittel zu 17 ergibt. Die gefundenen Werte dürften einigen Anhalt für die Berechnung der Düsenquerschnitte, Luftmengen und Luftgeschwindigkeiten für andere Ausführungen bieten.

7. Strahldüsengebläse von Friedeberg in Berlin [1]. Das Eigenartige dieses Gebläses, Fig. 595, besteht darin, daß der Regulier- und Abschlußkonus C mit einer T-förmigen Durchbohrung $H I$ versehen ist und

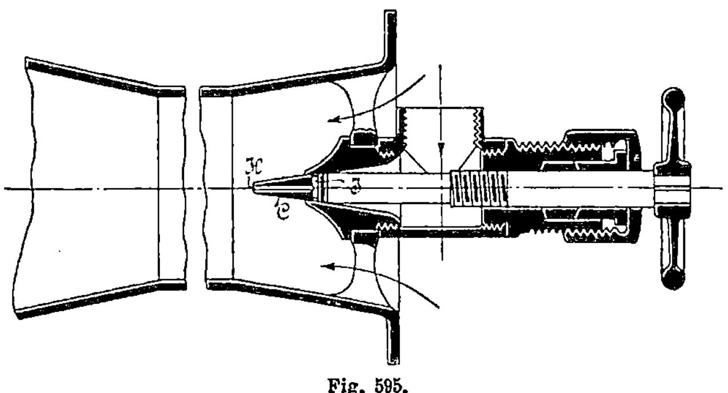

Fig. 595.

der Kegel sowohl als auch die Düsenöffnungen große Konizität besitzen, wodurch bewirkt wird, daß beim Öffnen der Düsen das Druckmittel als Vollkegel statt des sonst üblichen Hohlkegels aus der Düse austritt, da auch durch den mittleren Kanal H Druckflüssigkeit ausströmt. Außerdem wird durch die angegebene Konstruktion erreicht, daß beim Schlusse der Strahldüse gleichzeitig die ringförmige Öffnung und auch die mittlere Bohrung abgeschlossen werden. Durch die angegebene Konstruktion soll eine Erhöhung des Wirkungsgrades des Strahlgebläses infolge des volleren Strahles erreicht werden.

8. Über die Verwendung von Druckwasser und Druckluft als Bewetterungsmittel sind auf Zeche Germania II im Bergrevier Dortmund Versuche gemacht worden, um festzustellen, ob es zweckmäßig ist, bei Einführung mehrerer Preßluft- oder Druckwasserdüsen in ein und dieselbe Wetterlutte die Düsen nebeneinander oder in einiger

---

[1] Deutsche Pat.-Schrift, 104644 vom 16. Aug. 1899.

536 Die Strahlgebläse.

Entfernung hintereinander anzuordnen [1]). Als Versuchslutte diente
eine gut verdichtete Luttentour von 130 m Länge. Die nebeneinander
liegenden Düsen waren in die vordere Öffnung der Lutte eingeführt,
während bei hintereinander angeordneten Düsen nur die erste am Anfang,
die zweite und dritte in Abständen von je 15 m voneinander angebracht
waren.

Die nachstehende Tabelle ergibt die näheren Abmessungs- und Betriebsverhältnisse bei den Versuchen.

Betriebs-kraft	Durchm. der Düsen-öffnung mm	Querschnitte der Düsen qmm	Überdruck Atm.	Verbrauch an Druckwasser resp. Druckluft i. d. Min.	Länge der Luttentour m	Querschnitt der Luttentour qm	Angesaugte Luft i. d. Min. cbm	Ausgeblasene Luft i. d. Min. cbm	Depression in Wassersäule mm	Bemerkungen
Druckwasser	2	3,14	11,2	7,65	130	0,1256	25,37	24,62	1,5	1 Düse
"	3 à 2	9,42	11,2	22,95	130	0,1256	41,45	37,68	4	3 Düsen nebeneinander
"	3 à 2	9,42	11,2	22,95	130	0,1256	40,94	35,80	3,6	3 " hinter "
Druckluft	2	3,14	4	50	130	0,1256	14,32	14,07	0	1 Düse
"	3 à 2	9,42	4	150	130	0,1256	27,75	23,48	1,5	3 Düsen nebeneinander
"	3 à 2	9,42	4	150	130	0,1256	25,62	22,86	1,5	3 " hinter "
Druckwasser	3,6	10,17	11,2	19,75	130	0,1256	40,44	37,68	3	1 Düse
"	3 à 3,6	30,52	8,8	59,25	130	0,1256	56,52	45,85	7,8	3 Düsen nebeneinander
"	3 à 3,6	30,52	8,8	59,25	130	0,1256	53,38	43,08	7,2	3 " hinter "
Druckluft	3,6	10,17	4,6	170	130	0,1256	23,23	22,39	1	1 Düse
"	3 à 3,6	30,52	4,6	520	130	0,1256	48,73	41,69	5,4	3 Düsen nebeneinander
"	3 à 3,6	30,52	4,6	520	130	0,1256	47,35	40,44	5	3 " hinter "

Diese Tabelle zeigt, daß:

1. bei gleichen Düsen von 2 mm Durchmesser sich die angesaugten
   Luftmengen bei Druckwasser und Druckluft wie 25,37 : 14,32 oder
   wie 1,77 : 1, dagegen bei 3,6 mm Durchmesser nur wie 1,74 : 1
   verhalten, und
2. bei sonst gleichen Querschnittsverhältnissen es stets vorteilhaft
   ist, die Düsen nebeneinander statt hintereinander anzuordnen,
   sowohl bezüglich der Luftmenge als auch bezüglich des erzeugten Luftdruckes.

Auch bezüglich des Verhältnisses der angesaugten zur ausgeblasenen
Luftmenge, des Luftverlustes für den laufenden Meter Luttenlänge, des
Druckwasser- und Druckluftverbrauchs ließen sich interessante Folge-
rungen ziehen, worauf hingewiesen zu haben jedoch genügen möge.

---

[1]) Zeitschr. f. B.-, H.- u. Sal.-Wesen, 1901, Bd. 49, Heft 2, S. 326.

Es muß als dringend wünschenswert bezeichnet werden, daß durch recht zahlreiche, in ähnlicher Weise angestellte Versuche zur Schaffung einer Grundlage für die theoretische Behandlung der fraglichen Bewetterungsverhältnisse weitere und genauere Erfahrungswerte ermittelt werden.

Strahlgebläse für Lokomotiven.

Die weitaus häufigste Anwendung finden die Strahlgebläse zur Zugerzeugung bei Lokomotiven.

Der aus den Dampfzylindern ausströmende Dampf gelangt durch zwei Ausblaserohre A und B, Fig. 596, und ein Verbindungsrohr C in

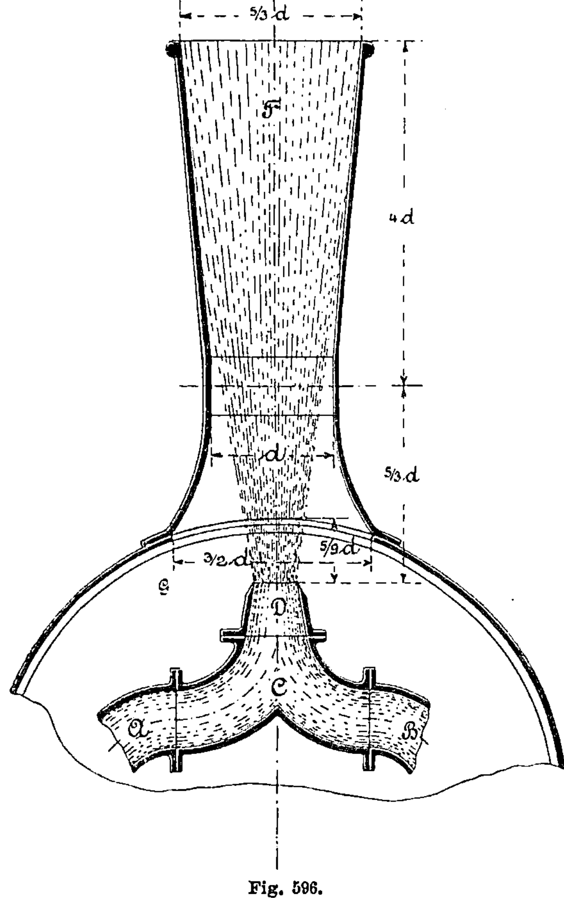

Fig. 596.

das sogenannte Blasrohr D. Der austretende Dampfstrahl bildet einen nach der Mündung des Schornsteins F sich erweiternden Kegel, welcher die Innenwand des gleichfalls nach oben erweiterten Schornsteins berührt und vermöge seiner Geschwindigkeit auf die ihn umgebenden Feuergase

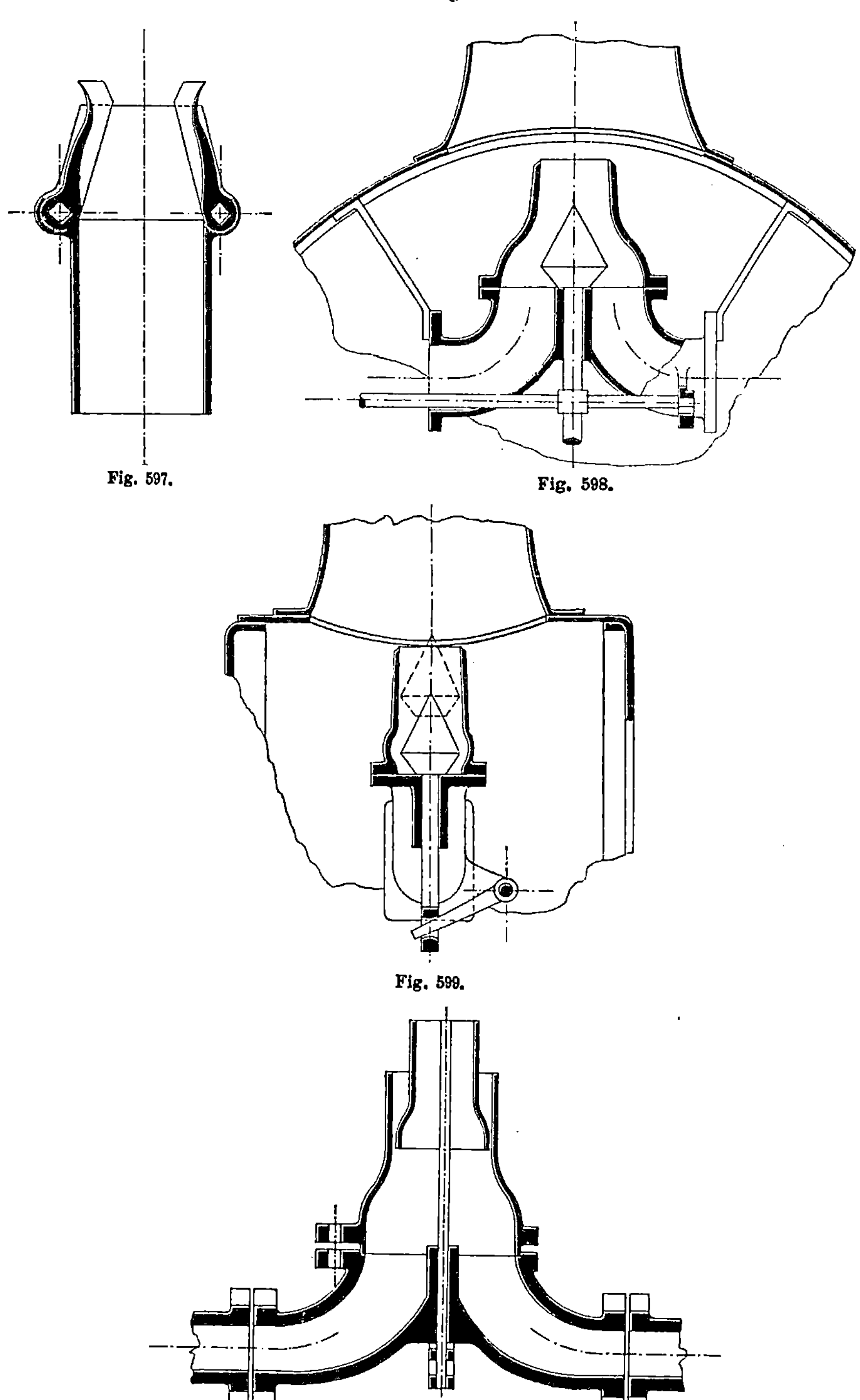

Fig. 597.

Fig. 598.

Fig. 599.

Fig. 600.

eine saugende Wirkung ausübt, in der Rauchkammer G also eine Depression erzeugt, infolge deren die Außenluft durch den Rost in die
Feuerkiste einströmt und die Verbrennung unterhält, worauf die Verbrennungsgase durch die Siederohre in die Rauchkammer gelangen.

Einige neuere Konstruktionen des Blasrohres sind im folgenden gegeben. Dieselben bezwecken fast alle eine Möglichkeit der Regulierung
des Zuges durch Veränderung des Blasrohrquerschnitts, welch letztere
auf verschiedene Weise möglich ist.

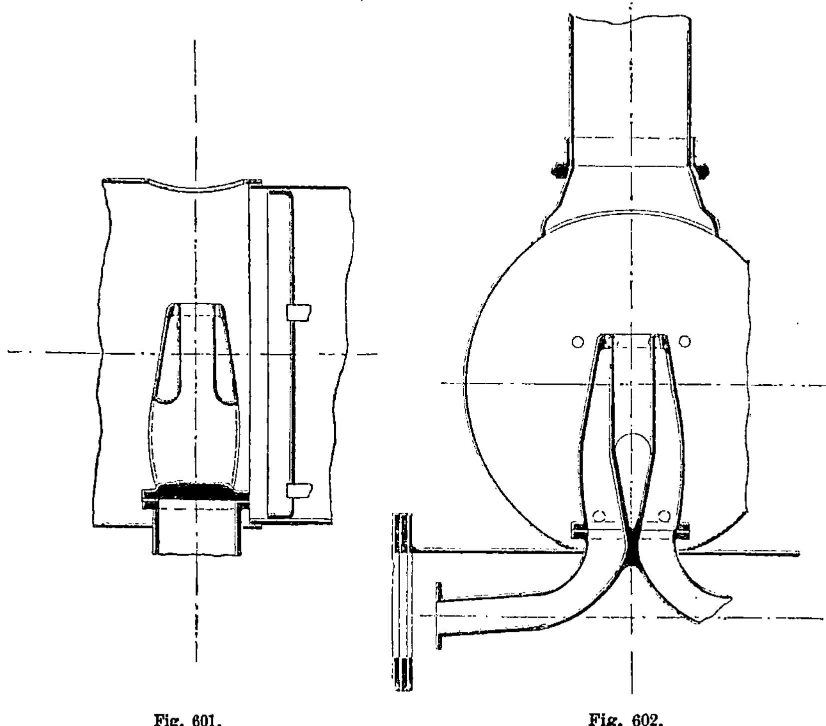

Fig. 601.   Fig. 602.

In Fig. 597 ist dieselbe durch zwei Klappen bewirkt, welche vom
Führerstand aus einander genähert bzw. von einander entfernt werden
können, wodurch die Ausblasöffnung verengt bzw. erweitert wird. Diese
Konstruktion ist auch unter dem Namen „Froschmaulblasrohr" oder
Polonceausches Blasrohr bekannt.

Die Fig. 598 und 599 stellen die Konstruktion des Blasrohres mit
verstellbarer Birne dar. Durch Heben derselben kann eine Verengerung
des Blasrohres bewirkt werden.

Bei dem Blasrohr von Heusinger von Waldegg, Fig. 600,
geschieht die Verengerung des Blasrohrquerschnittes durch ein unten
erweitertes Rohr.

Die Dampfausströmung erfolgt bei demselben sowohl durch das Rohr
hindurch, als auch durch den zwischen dem inneren und äußeren Rohr
gebildeten, ringförmigen Querschnitt. Während nun der innere Quer-

schnitt des beweglichen Rohres unverändert bleibt, wird durch Heben desselben der Ringquerschnitt mehr und mehr verengt und hierdurch der
Zug verstärkt. Da jedoch durch den engeren Querschnitt dieselbe bzw.
eine größere Dampfmenge treten muß, weil infolge des stärkeren Zuges
die Dampfentwickelung eine stärkere geworden ist, so wird infolgedessen
der Druck im Blasrohr, also auch der Gegendruck auf den Kolben größer,
hierdurch aber die Nutzleistung der Maschine kleiner werden. Aus diesem
Grunde ist eine Verengerung des Blasrohrquerschnittes nicht ohne weiteres
vorteilhaft. Über den wirklichen Nutzen dieser Konstruktion sind die Ansichten noch sehr geteilt und werden in England gar keine Blasrohr-

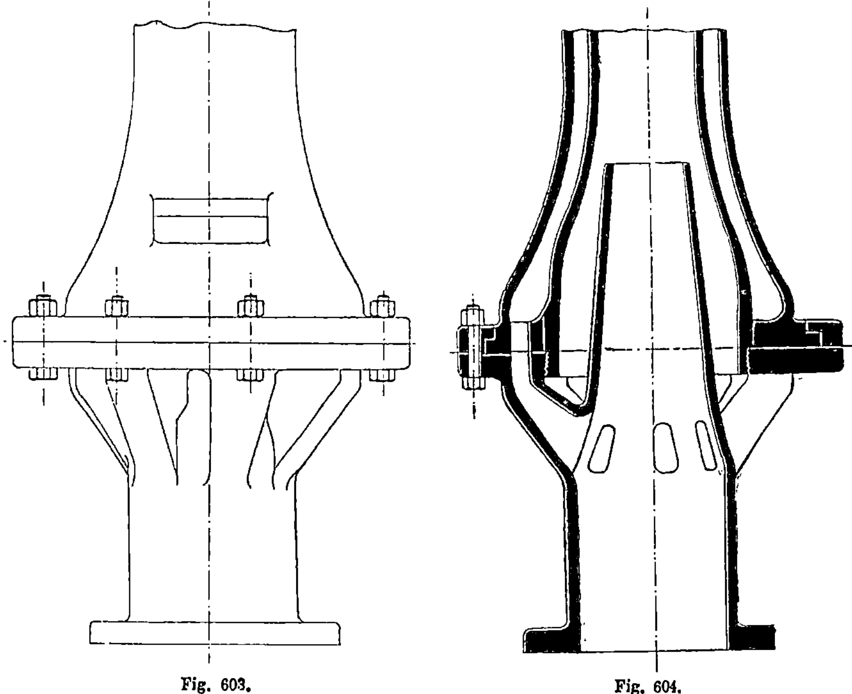

Fig. 603.   Fig. 604.

reguliervorrichtungen verwandt. Dagegen findet dort vielfach die Ausführung ringförmiger Blasrohrquerschnitte statt. Erwähnt seien hiervon
die folgenden Konstruktionen.

Von Adams[1]), dem Chef-Ingenieur der „London and South-
Western Railway" ist das von ihm „Vortex blast pipe" benannte,
ringförmige Blasrohr konstruiert, welches nach der Ausführung der
österreichischen Staatseisenbahnen in Fig. 601 und 602 dargestellt ist.
Der von beiden Zylindern kommende Dampf strömt durch das Blasrohr
von kreisringförmigem, nach oben allmählich verengtem Querschnitt
und saugt sowohl innerhalb als außerhalb des Rohres die Heizgase an,
wodurch eine bedeutende Verstärkung des Zuges hervorgebracht wird.
Die Konstruktion ist der auf S. 533 unter No. 4 behandelten sehr ähnlich.

---

1) Organ f. d. Fortschr. des Eisenbahnwesens. N. Folge, Bd. 27, 1890, S. 33.

Zunächst in England, sodann auch in Frankreich und Österreich fand die Ada ms sche Konstruktion vielfache Anwendung und haben verschiedene Versuche den Vorzug derselben vor dem einfachen Blasrohr erwiesen. Da das Ada ms sche Blasrohr tiefer als das gewöhnliche liegt, so wird auch auf die tiefer liegenden Siederohre eine stärkere Zugwirkung ausgeübt. Als Hauptvorteile des Ada ms schen Blasrohres sind folgende zu bezeichnen:

1. Nahezu gleichmäßige Teilnahme aller Siederohre an der Dampferzeugung,

2. Verhinderung des starken Absatzes von Zunder und Asche in den unteren Rohrreihen,

3. sanfteres Ausströmen des Dampfes,

4. Vergrößerung der Berührungsfläche zwischen dem austretenden Dampf und den Verbrennungsgasen und dadurch bewirkte Verstärkung des Zuges.

Im Jahre 1886 mit zwei, unter fast gleichen Verhältnissen arbeitenden Lokomotiven angestellte Versuche ergaben für die mit dem Ada m sschen Blasrohr ausgerüstete Maschine eine Kohlenersparnis von 11,23%.

Im Jahre 1885 waren von den 505 Lokomotiven der englischen Gesellschaften 9, d. h. 1,8%, im Jahre 1887 dagegen von 529 Lokomotiven bereits 230, d. h. 43,5%, mit dem Ada ms schen Blasrohr ausgerüstet. Der Kohlenverbrauch für ein Zugkilometer stellte sich im Jahre 1885 auf 11,27 kg, im Jahre 1888 auf 10,32 kg, so daß sich durch die Ausrüstung der Hälfte der Lokomotiven mit dem neuen Ausströmungsrohre der Kohlenverbrauch um ungefähr 8,4% verringerte.

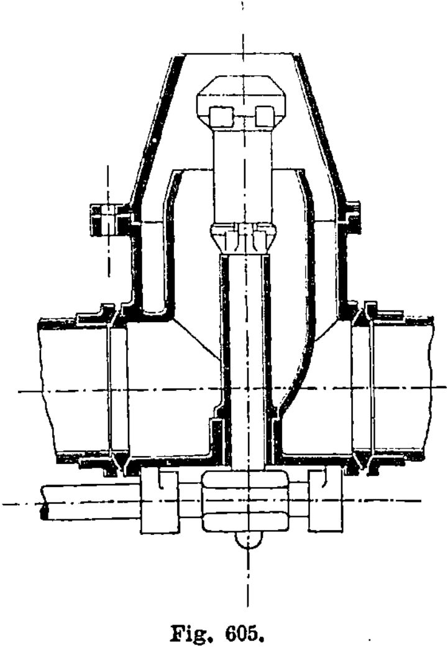

Fig. 605.

Eine andere, ähnliche Konstruktion zeigt das Blasrohr von Apple by und Ro binson [2]), Fig. 603 und 604.

Der eintretende Dampf strömt sowohl durch das mittlere Rohr als auch durch 6 oder 8 Verbindungskanäle und einen ringförmigen Raum aus und saugt sowohl durch das Rohr hindurch als auch von außen Luft an.

Auf dem gleichen Prinzipe beruhend, nur etwas anders in der Ausführung ist das Blasrohr von Kordina [3]), einem österreichischen Ingenieur, welches sowohl für Lokomotivkessel als auch für stationäre und Lokomobilkessel Anwendung gefunden hat. Der von dem einen Zylinder durch das Austrittsrohr, Fig. 605, kommende Dampf strömt durch das

2) Engineer 1887, Bd. 64, S. 14.
3) Engineer 1888, Bd. 65, S. 46.

innere Rohr, während der vom anderen Zylinder zuströmende Dampf in den äußeren, ringförmigen Raum des Blasrohres gelangt. Zur Regulierung des Zuges dient ein in der Mitte des Blasrohres vertikal verschiebbar angebrachter Regulierkegel. Mehrere a. a. O. wiedergegebene Diagramme lassen den durch die Anwendung des Kordinaschen Blasrohres erzielten Vorteil deutlich erkennen.

Bezüglich der Druckverhältnisse, der Dampf- und Luftmengen der Lokomotiv-Blasrohre und deren Berechnung sei auf die Lehrbücher des Eisenbahnmaschinenwesens verwiesen.[1]

---

[1] U. And. W. Maier, Die Lokomotive, Berlin 1895. — Sauvage, la machine locomotive Paris 1904. — Heusinger, Handbuch der Ingenieur-Wissenschaften. Leipzig.

Erstes Kapitel

Die physikalischen Eigenschaften der Luft.

Als Zweck aller Gebläse ist die Ortsveränderung atmosphärischer Luft bezeichnet und dabei zugleich bemerkt worden, daß dieselbe immer mit einer Druckveränderung der Luft verbunden ist.

Infolge der Elastizität der Luft hat diese Druckveränderung auch stets eine Volumveränderung zur Folge, und umgekehrt entspricht jeder Volumveränderung der Luft auch eine Änderung des Druckes. Da endlich jede Druckänderung der Luft auch eine Temperaturänderung derselben nach sich zieht, so folgt aus dem Vorhergehenden, daß Druck, Volumen und Temperatur der Luft in einer bestimmten Wechselbeziehung zueinander stehen müssen.

Ehe daher auf die Untersuchung der Vorgänge in den Gebläsen näher eingegangen werden kann, ist es notwendig, zunächst die Gesetze zu betrachten, nach welchen die oben erwähnten Veränderungen vor sich gehen.

Während die Luft früher zu den sogenannten permanenten Gasen gerechnet wurde, worunter alle jene gasförmigen Körper verstanden wurden, welche man nicht in den flüssigen oder festen Aggregatzustand überführen konnte, ist letzteres gegenwärtig sowohl bei der Luft als auch bei fast allen übrigen Gasen, der Kohlensäure, dem Sauerstoff, Stickstoff, Wasserstoff usw. gelungen. Man versteht daher neuerdings unter Gasen solche Dämpfe flüssiger oder fester Körper, welche von ihrem Kondensationspunkt weit entfernt sind und erst durch starken Druck oder starke Abkühlung oder beides zusammen in den flüssigen oder festen Aggregatzustand überführbar sind. Man kann dieselben daher auch als überhitzte Dämpfe ansehen.

Wie alle gasförmigen Körper ist auch die Luft in hohem Grade elastisch und zusammendrückbar, und verringert oder vergrößert ihr Volumen bei abnehmender oder zunehmender Temperatur und zwar in genau demselben Verhältnisse wie alle übrigen Gase. Der kubische Ausdehnungskoeffizient der Luft, d. h. die Vergrößerung eines bestimmten

Luftvolumens bei der Erwärmung um 1^0 C bei konstantem Druck beträgt $\dfrac{1}{273} = 0{,}003665$ des Anfangsvolumens.

Wird also z. B. ein Luftvolumen von 273 l = 0,273 cbm um 1^0 C erwärmt, so wird das Volumen um $\dfrac{1}{273} = 1$ l vergrößert, so daß das neue Volumen 273 + 1 = 274 l beträgt. Wird umgekehrt eine bestimmte Luftmenge, z. B. 1 cbm bei konstantem Druck um 1^0 C abgekühlt, so wird dieselbe um $\dfrac{1}{273}$ ihres Anfangsvolumens, also um $\dfrac{1000}{273} = 3{,}665$ l verringert, so daß das Endvolumen nur noch 996,335 l beträgt.

Denkt man sich eine bestimmte Luftmenge V bei konstantem Drucke von 0^0 C abwärts fortwährend abgekühlt, bis ihre Temperatur $- 273^0$ C beträgt, so wird — theoretisch — ihr Volumen auf Null gebracht sein, da bei jedem Grad Temperaturerniedrigung eine Luftmenge von $\dfrac{V}{273}$, also bei $- 273^0$ eine solche von $\dfrac{V}{273} \cdot - 273 = - V$ von dem ursprünglichen Volum V abzuziehen ist. Eine noch stärkere Abkühlung wäre imaginär, da das Volumen der Luft bei $- 273^0$ C auf Null gebracht, dieselbe also vollständig verschwunden und ihre weitere Abkühlung daher nicht ausführbar wäre [1]). Man hat diesen Temperaturgrad von $- 273^0$ C als den absoluten Nullpunkt einer absoluten Wärmeskala angenommen und mißt von ihm aus die sogenannten absoluten Temperaturen (T). In dieser Skala liegt also der Gefrierpunkt des Wassers bei $+ 273^0$, der Siedepunkt desselben bei $273^0 + 100$ oder $+ 373^0$. Man schreibt die

---

[1]) Während man bisher der Ansicht war, daß es wohl kaum möglich sein würde, den absoluten Nullpunkt der Temperatur ($- 273^0$ C) jemals zu erreichen, soll es nach neuesten, im Frühjahr 1912 erfolgten Veröffentlichungen in der Zeitschrift „Nature" Professor Kammerling Onnes in Leyden in seinem Kältelaboratorium an der dortigen Universität gelungen sein, eine tiefste Temperatur von $- 272^0$ C oder 1^0 absolut zu erreichen. Diese tiefe Abkühlung wird in mehreren stufenweisen Kältezyklen erreicht. Ein Stoff, zuerst Chlormethyl, wird zunächst durch die vereinigte Wirkung von Druck und Kälte verflüssigt. Die Flüssigkeit läßt man dann verdampfen, und die hierzu nötige Wärme liefert ein weiterer Stoff, der dadurch verflüssigt wird, der einen tieferen Siedepunkt hat. Indem man eine ganze Reihe verschiedener Stoffe mit immer tieferen Siedepunkten benutzt, nähert man sich allmählich dem absoluten Nullpunkte. In dem ersten „Kältezyklus" wird das Chlormethyl verwendet, das im Vakuum bei 90^0 unter Null siedet; der nächste „Kältezyklus" arbeitet mit Aethylen. Hierbei werden 160^0 unter Null erreicht. Mit flüssigem Sauerstoff kommt man dann endlich bis zu 210^0, mit flüssigem Wasserstoff bis 259^0 unter Null, und dann mit dem flüssigen Helium bis auf 272^0 unter Null, nur einen Grad über dem absoluten Nullpunkt. 45 Minuten nach dem Ingangsetzen des Chlormethylzyklus kann man den Aethylenzyklus einschalten, dann dauert es 37 Minuten, bis das flüssige Aethylen wieder verdampft werden kann, nach weiteren 73 Minuten ist die größtmögliche Menge flüssigen Aethylens erreicht, nach 19 Minuten beträgt dessen Dampfdruck nur noch 70 mm, und nach weiteren 6 Minuten kann der Sauerstoffzyklus zu arbeiten beginnen. Nach weiteren 29 Minuten ist der flüssige Sauerstoff fertig, und nach 7 Stunden 30 Minuten ist endlich die Temperatur von 272^0 unter Null ($+ 1^0$ absol.) erreicht.

absoluten Temperaturen, indem man zu den Graden (t) der Celsiusschen Skala 273° addiert, also

$$T = 273 + t.$$

Durch Einführung der absoluten Temperaturen erhält man für das Ausdehnungsgesetz der Luft folgende allgemeine Gleichungen, in welchen V_0 das der Temperatur T_0 entsprechende Anfangsvolumen, V_1 das zu T_1 gehörige Endvolumen und $\alpha = \dfrac{1}{273}$ den Ausdehnungskoeffizienten bedeutet:

$$V_1 = V_0 + \frac{1}{273} V_0 (T_1 - T_0) = V_0 \left[1 + \frac{1}{273}(T_1 - T_0)\right].$$

Da jedoch

$$T_1 - T_0 = 273 + t_1 - (273 + t_0) = t_1 - t_0 = t$$

ist, worin t die wirkliche Erwärmung der Luft in ^{0} C bedeutet, so folgt:

$$V_1 = V_0 (1 + \alpha \cdot t), \qquad\qquad 1)$$

oder allgemein

$$\frac{V_1}{V_2} = \frac{V_0(1 + \alpha \cdot t_1)}{V_0(1 + \alpha \cdot t_2)} = \frac{1 + \alpha \cdot t_1}{1 + \alpha \cdot t_2} = \frac{\dfrac{273 + t_1}{273}}{\dfrac{273 + t_2}{273}} = \frac{T_1}{T_2}, \quad \text{(für } p = \text{konst.)} \quad 1\text{a})$$

worin V_2 ein beliebiges anderes, der Temperatur T_2 entsprechendes Volumen bedeutet.

Aus diesem einfachen Gesetze lassen sich durch die folgenden Betrachtungen und Berechnungen fast alle Beziehungen zwischen Druck, Volumen, Temperatur und Wärme der Luft leicht ableiten.

Es sei in Fig. 606 *A* ein oben offener Zylinder, dessen Grundfläche genau 1 qm betrage, was einem Durchmesser von rund 1,13 m entspricht. In demselben soll ein, als gewichtlos gedachter Kolben *B* luftdicht beweglich sein. Der Zylinder sei genau mit 1 kg Luft von 0° C (t = 0°, T = 273°) gefüllt, dann ist die Höhe *H* des Luftzylinders 0,773 m[1]). Der äußere Luftdruck, welcher auf den Kolben wirkt, beträgt 1 Atm. auf 1 qm oder 10333 kg/qm, mithin der Gesamtdruck *P* auch 10333 kg, da die Kolbenfläche *F* = 1 qm gesetzt wurde.

Wird nun dieses Luftvolumen von 1 kg um 1° C erwärmt, so dehnt sich dasselbe um $\dfrac{1}{273}$ seines Volumens aus, so daß das neue

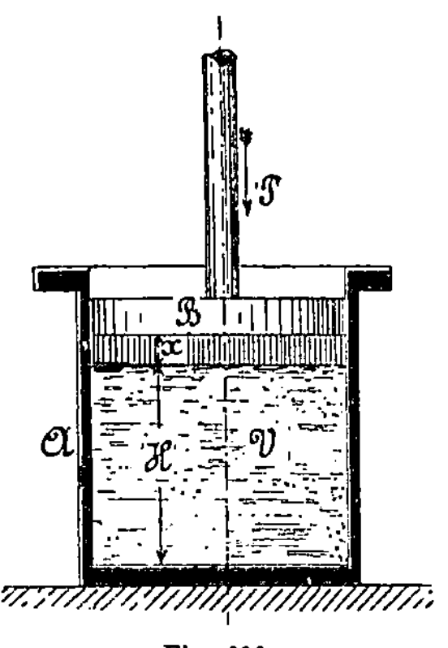

Fig. 606.

Volumen $V_1 = V + \dfrac{V}{273}$ wird. Die bei dieser Ausdehnung unter kon-

---

[1]) 1 cbm Luft von 0° wiegt bei einer Spannung von 1 Atm. = 10333 kg/qm 1,2936 kg, daher ist das Volum von 1 kg Luft $V = \dfrac{1}{1,2936} = 0,773$ cbm. Da nun die Grundfläche F = 1 qm ist, so ist, da V = F . H ist, $H = \dfrac{V}{F} = \dfrac{0,773}{1} = 0,773$ m.

stantem, äußerem Druck geleistete Arbeit R besteht aber in der Hebung des Kolbens um den Weg x, so daß hierfür die Gleichung

$$R = P \cdot x$$

besteht. Die Volumvergrößerung durch die Erwärmung ist $V_1 - V = F \cdot x$, woraus, da $F = 1$ ist, folgt:

$$x = \frac{V_1 - V}{F} = \left[V + \frac{V}{273} - V \right] \cdot \frac{1}{F} = \frac{V}{273}.$$

Mithin ist $R = \dfrac{P \cdot V}{273}$. Setzt man hierin die Werte für P und V ein, so folgt

$$R = \frac{10\,333 \cdot 0,773}{273} = 29,2721 \text{ mkg.} \qquad 2)$$

Da für alle anderen Temperaturerhöhungen, z. B. von 100 auf 101°, der Ausdehnungskoeffizient nahezu derselbe bleibt [1]), so wird auch die bei der Ausdehnung unter konstantem Druck verrichtete Arbeit unabhängig von der Temperatur, bei welcher die Ausdehnung erfolgt, für jeden Grad Temperaturerhöhung innerhalb sehr weiter Grenzen dieselbe sein. Der Wert R ist also eine konstante Größe und bedeutet „diejenige Arbeit in mkg, welche 1 kg trockener [2]) atmosphärischer Luft bei konstantem Drucke bei seiner Ausdehnung infolge der Erwärmung um 1° C verrichtet". Die Zahl R heißt die Regnaultsche Zahl oder Regnaultsche Konstante.

Dividiert man den in Gleichung 2 enthaltenen Wert durch das mechanische Wärmeäquivalent $\dfrac{1}{A} = 424$ mkg, also $\dfrac{R}{A} = A \cdot R = q$, so erhält man diejenige von der Luft aufgenommene Wärmemenge q in WE., welche lediglich zu ihrer Ausdehnung verbraucht wurde, während der Rest nur zur Temperaturerhöhung diente. In der Summe beider Wärmemengen erhält man dann die gesamte, dem 1 kg Luft zugeführte Wärmemenge oder die spezifische Wärme der Luft bei konstantem Druck c_p [3]), während die nur zur Temperaturerhöhung verbrauchte Wärmemenge die spezifische Wärme bei konstantem Volumen c_v ist. Man kann sich die Zustandsänderungen, welche durch die Erwärmung erfolgt sind, der Reihe nach in folgende Teile zerlegt denken.

1. Ein Teil der in den Zylinder eingeführten Wärme bewirkt die Erwärmung um 1° C bei konstantem, unverändertem Volumen; dann ist

---

[1]) Für sehr verdünnte atmosphärische Luft ist nach D r o n k e der Ausdehnungskoeffizient $\alpha = \dfrac{1}{274,6}$.

[2]) Für mittelfeuchte Luft ist R etwas größer, und zwar 29,38 mkg für 1 kg Luft.

[3]) In neuerer Zeit ist die Schreibweise c_1 statt c_p und c statt c_v vielfach in Gebrauch gekommen, indessen behält Verfasser die ältere Schreibweise bei, welche sowohl Z e u n e r in seiner Technischen Thermodynamik, als auch G r a s h o f in seiner Theoretischen Maschinenlehre angewandt hat, da dieselbe vermöge der dem Buchstaben c angefügten Kennzeichen p und v wesentlich deutlicher als die neuere Bezeichnung ist.

die hierzu benötigte Wärmemenge die spezifische Wärme bei konstantem Volumen $= c_v$.

2. Hierauf wird durch die noch übrige, zugeführte Wärme das Volumen der Luft um $\frac{1}{273}$ vergrößert; die hierzu nötige Wärmemenge ist nach Obigem $= A \cdot R$, die gesamte, bei der Erwärmung unter konstantem Druck verbrauchte Wärme daher:

$$c_p = c_v + A \cdot R,$$

woraus folgt

$$A \cdot R = c_p - c_v, \quad \text{oder} \quad R = \frac{1}{A}(c_p - c_v). \qquad 3)$$

R war berechnet zu 29,27 mkg, also ist

$$A \cdot R = 29,27 \cdot \frac{1}{424} = 0,06904.$$

Die spezifische Wärme für 1 kg Luft bei konstantem Volumen ist aber durch Versuche zu

$$c_v = 0,16847 \text{ WE.}$$

ermittelt, mithin muß

$$c_p = A \cdot R + c_v = 0,06904 + 0,16847 = 0,23751 \text{ WE. für 1 kg Luft}$$

sein, welcher Wert dem von Regnault durch zahlreiche Versuche gefundenen genau entspricht.

Der zur Ausdehnung der Luft verbrauchte Teil der zugeführten Wärme, $A \cdot R$, läßt sich rückwärts wieder gewinnen, wenn man umgekehrt den Kolben im Zylinder A, Fig. 606, wieder nach unten bewegt und hierdurch die Luft zusammendrückt. Bezeichnet man mit t' die Temperaturerhöhung nach beendigter Verdichtung, so besteht die Gleichung:

$$A \cdot R = c_p - c_v = c_v \cdot t',$$

worin $A \cdot R$ die im ersten Falle zur Arbeitsleistung verbrauchte Wärmemenge, $c_v \cdot t'$ die im zweiten Falle zur Erwärmung der Luft verbrauchte, durch die Verdichtung erzeugte Wärmemenge bedeutet. Aus dieser Gleichung folgt:

$$\frac{c_p - c_v}{c_v} = t', \quad \text{oder} \quad \frac{c_p}{c_v} = 1 + t' = \varkappa.$$

Da nun $c_p = 0,23751$ und $c_v = 0,16847$ ist, so folgt:

$$\varkappa = \frac{c_p}{c_v} = \frac{0,23751}{0,16847} = 1,4098 \backsim 1,41 \text{ }^{1)}, \qquad 4)$$

also

$$t' = \varkappa - 1 = 0,41\,^0\text{C,}$$

---

1) Nach Wüllmer ist $\varkappa$ (für 0^0) $= 1,40526$ aus der Schallgeschwindigkeit berechnet; nach Regnault ist $\varkappa$ (für 100^0) $= 1,40289$, nach Röntgen $\varkappa$ (für 18^0) $= 1,4053$, nach Regnault für 0^0 $c_v = 0,16903$ und $\varkappa = 1,40496$. Hieraus folgt, daß die spez. Wärme der Luft mit wachsender Temperatur etwas wächst, sodaß bei 100^0 $c_v = 0,16930$ ist und $\frac{c_v \, 100^0}{c_v \, 0^0} = 1,00169$ ist. Für die nachfolgenden Berechnungen gibt jedoch der Wert $\varkappa = 1,41$ vollständig genügende Genauigkeit. Vgl. auch Zeuner, Techn. Thermodynamik, Bd. I, S. 113.

d. h. die bei der Kompression eines kg trockener Luft von atmosphärischer Spannung um $\frac{1}{273}$ seines Volumens erfolgte Temperaturerhöhung beträgt 0,41° C und die hierbei erzeugte Wärmemenge ist gleich dem, zur Ausdehnung eines kg Luft bei 1° Temperaturerhöhung bei konstantem Druck verbrauchten Teil der zugeführten Wärme.

Das in den Gleichungen 1) und 1 a) ausgedrückte Gesetz galt jedoch nur unter der Voraussetzung, daß der Luftdruck stets gleich 1 Atmosphäre, also konstant blieb. Ist letzteres nicht der Fall, so tritt an Stelle des vorstehenden Gesetzes das Mariotte-Gay-Lussacsche Gesetz, welches die Beziehungen zwischen dem Volumen, dem Drucke und der Temperatur der Luft ganz allgemein angibt und folgendermaßen lautet:

Für trockene, atmosphärische Luft verhalten sich die Produkte aus Druck und Volumen in zwei verschiedenen Zuständen wie die denselben entsprechenden Temperaturen, also

$$\frac{V_1 \cdot p_1}{V_2 \cdot p_2} = \frac{T_1}{T_2} \qquad\qquad 5)$$

oder

$$\frac{V_1 \cdot p_1}{T_1} = \frac{V_2 \cdot p_2}{T_2} = \frac{V_x \cdot p_x}{T_x} = \text{Konstante} = R \qquad\qquad 5\,a)$$

oder

$$V \cdot p = R\,T. \qquad\qquad 5\,b)$$

Nach Antoine[1]) ist der Wert R für wachsenden Druck nicht konstant, sondern nimmt zu nach der Gleichung:

$$R = 28,35 + 0,018\,(p - 40) \quad \text{für Drücke über 40 Atm.}$$

Für Drücke unter 40 Atmosphären setzt Antoine R = 28,35, also konstant. In der Gleichung $p \cdot V = (273 + t) = R \cdot (\beta + t)$ hat β nach Antoine für Luft den Wert $\beta = 273,6 - \sqrt{p}$, worin p in Atmosphären einzusetzen ist. Nach diesen Werten von R und β ist die nachstehende Tabelle für 1 kg Luft und t = 0° berechnet, worin p.V die in 1 kg Luft bei 0° aufgespeicherte Arbeit in mkg bedeutet.

Tabelle 1.

p kg/qcm	p · V	R mkg	p kg·qcm	p · V	R mkg
1	?	28,35	220	8746	33,80
20	?	28,35	240	8897	34,47
40	7577,2	28,35	260	9048	35,24
60	7667	28,84	280	9201	35,82
80	7778	29,39	300	9357	36,51
100	7903	29,98	750	13047	52,99
120	8032	30,58	1000	15165	62,67
140	8167	31,20	1500	19450	82,81
160	8309	31,84	2000	23719	103,63
180	8450	32,48	2500	27955	125,02
200	8596	33,13	3000	32132	146,83

[1]) Antoine, Ch., Comptes rendues 1890, S. 335.

Das in den Gleichungen 5)—5 b) enthaltene Gesetz läßt sich sehr einfach auch aus den früheren Gleichungen ableiten.

Die zur Erwärmung der Luft um 1^0 C zu verrichtende Arbeit war berechnet zu:

$$R = P \cdot \frac{1}{273} \cdot V,$$

folglich ist die Arbeit bei einer Erwärmung um 273^0,

$$L = 273\,R = P \cdot V,$$

bei einer weiteren Erwärmung um $t_x{}^0$

$$L_x = (273 + t_x)\,R = P_x \cdot V_x,$$

oder wenn man $273 + t_x = T_x$ setzt,

$$T_x \cdot R = P_x \cdot V_x, \text{ oder } R = \frac{P_x \cdot V_x}{T_x},$$

und ebenso

$$T_y \cdot R = P_y \cdot V_y, \text{ oder } R = \frac{P_y \cdot V_y}{T_y},$$

also ganz allgemein:

$$\frac{P \cdot V}{T} = R \text{ und } P \cdot V = R \cdot T$$

für irgend einen Zustand der Luft.

Aus diesem Gesetze ergeben sich nun die folgenden Spezialfälle ohne weiteres.

1. Der Druck bleibe fortwährend konstant.

Dann ist $P_0 = P_1 = P_x =$ konstant und

$$\frac{V_1 \cdot p_1}{T_1} = \frac{V_2 \cdot p_1}{T_2} = \frac{V_x \cdot p_1}{T_x},$$

also

$$\frac{V_1}{T_1} = \frac{V_2}{T_2} \text{ oder } \frac{V_1}{V_2} = \frac{T_1}{T_2} \qquad 6)$$

und

$$V_1 = T_1 \cdot R, \quad V_2 = T_2 \cdot R,$$

also auch

$$V_2 - V_1 = (T_2 - T_1) \cdot R \qquad 6\,a)$$

und

$$\frac{V_2 - V_1}{T_2 - T_1} = R = \text{konst.}, \qquad 6\,b)$$

d. h. bei konstantem Druck verhalten sich die Volumina wie die Temperaturen, und die Volumvergrößerung oder -verkleinerung ist der Temperaturzu- oder -abnahme direkt proportional.

2. Die Temperatur bleibe konstant.

Dann ist $T_0 = T_1 = T_x$, und

$$\frac{V_1 \cdot p_1}{T_1} = \frac{V_2 \cdot p_2}{T_1} = \frac{V_x \cdot p_x}{T_1},$$

also

$$V_1 \cdot p_1 = V_2 \cdot p_2 = V_x \cdot p_x = R\,T, \qquad 7)$$

d. h. bei konstanter Temperatur sind die Produkte aus Druck und Volumen auch konstant.

3. Das Volumen bleibe konstant.

Dann ist $V^0 = V_1 = V_x$ und

$$\frac{V_1 \cdot p_1}{T_1} = \frac{V_1 \cdot p_2}{T_2} = \frac{V_1 \cdot p_x}{T_x},$$

also

$$p_1 : p_2 : p_x = T_1 : T_2 : T_x \qquad 8)$$

und

$$p_1 = T_1 \cdot R, \quad p_2 = T_2 \cdot R,$$

also auch

$$p_2 - p_1 = (T_2 - T_1)\, R, \qquad 8\,a)$$

d. h. bei konstantem Volumen verhalten sich die Drücke genau wie die Temperaturen oder die Druckzu- oder -abnahmen sind den Temperaturzu- oder -abnahmen direkt proportional.

Aus Gleichung 5 a) lassen sich noch die folgenden Gleichungen zur Bestimmung der Dichtigkeit oder des Gewichtes der Luft ableiten.

Es bezeichne γ das Gewicht eines cbm Luft in kg bei irgend einem Drucke. Dasselbe ist um so größer, je größer dieser Druck, welcher auf der Luft lastet, je kleiner also das Volumen ist, d. h. es ist dem Volumen umgekehrt proportional, also $\gamma = \dfrac{1}{V}$.

In Gleichung 5 a) war gefunden:

$$V \cdot p = R \cdot T,$$

woraus folgt:

$$V = \frac{R \cdot T}{p} \quad \text{oder} \quad \gamma = \frac{1}{V} = \frac{p}{R\,T}.$$

Setzt man hierin

$$T = 273 + t, \quad \text{oder} \quad \frac{T}{273} = \frac{273 + t}{273} = 1 + \frac{1}{273}\, t = 1 + \alpha \cdot t,$$

also

$$T = 273\,(1 + \alpha \cdot t),$$

so folgt

$$\gamma = \frac{1}{V} = \frac{p}{1 + \alpha \cdot t} \cdot \frac{1}{29{,}27 \cdot 273} = 0{,}0001252 \cdot \frac{p}{1 + \alpha \cdot t}\ \text{kg für 1 cbm.} \qquad 9)$$

Hierin bedeutet p den in dem betreffenden Luftvolumen herrschenden Druck in kg/qm, t die Temperatur der Luft in ^{0} C. Aus der Beziehung der Drücke oder zugehörigen Druckhöhen

$$\frac{p}{b} = \frac{10\,333\ \text{m Luftsäule}}{0{,}76\ \text{m Quecksilber}} = 13\,600$$

folgt

$$p = b \cdot 13\,600,$$

oder wenn b in mm Quecksilber angegeben ist

$$p = \frac{b}{1000} \cdot 13\,600 = b \cdot 13{,}6.$$

Mithin schreibt sich Gleichung 9·

$$\gamma = 0{,}0001252 \cdot 13{,}6 \cdot \frac{b}{1 + \alpha \cdot t} = 0{,}0017022\, \frac{b}{1 + \alpha \cdot t}.$$

Demnach ist das Gewicht eines cbm trockener Luft von $0\,^0$ C bei einem Drucke von 1 (alten) Atm. oder einem Barometerstand von 760 mm Quecksilber

$$\gamma = 0{,}0001252 \cdot \frac{10333}{1+0^0} = 1{,}29369 \text{ kg, oder } \gamma = 0{,}0017022 \cdot \frac{760}{1+0^0} = 1{,}29367 \text{ kg}$$

welche Werte mit dem auf S. 547, Fußnote 1, angegebenen Werte von $\gamma = 1{,}2936$ fast genau übereinstimmen.

Soll in Gleichung 9) die absolute Temperatur enthalten sein, so ist die erstere in folgender Weise umzuformen:

$$\gamma = \frac{1}{V} = \frac{p}{R\,T} = \frac{1}{29{,}27} \cdot \frac{p}{T} = 0{,}034165 \cdot \frac{p}{T} \text{ kg,} \qquad\qquad 9\,\text{a})$$

worin γ das Gewicht eines cbm Luft von der absoluten Temperatur T und dem absoluten Drucke p in kg/qm bedeutet.

Soll ferner der Druck p nicht in kg/qm, sondern in kg/qcm in die Gleichung eingesetzt werden, so ist, da ein qm 10000 qcm enthält, Gleichung 9 a) mit 10000 zu multiplizieren und man erhält

$$\gamma = 341{,}65 \cdot \frac{p}{T} \text{ kg} \qquad\qquad 9\,\text{b})$$

als das Gewicht eines cbm Luft von der absoluten Temperatur T und einem absoluten Atmosphärendruck p. Hierin ist für 1 alte Atmosphäre (760 mm Quecksilber) p = 1,0333 kg/qcm und für 1 metrische [1] (neue) Atm. p = 1,000 kg/qcm zu setzen.

Soll endlich der Luftdruck in mm Quecksilber und die Temperatur in Celsiusgraden eingesetzt werden, so ist die Gleichung zu verwenden:

$$\gamma = 0{,}4645 \cdot \frac{b}{273+t}. \qquad\qquad 9\,\text{c})$$

Beispiel: Es ist das Gewicht eines cbm Luft von 0,97 alten Atm. Druck und $17{,}5^0$ C zu berechnen.

Nach Gleichung 9) folgt zunächst

$$\gamma = 0{,}0001252 \cdot \frac{p}{1+\alpha \cdot t} = 0{,}0001252 \cdot \frac{0{,}97 \cdot 10333}{1 + \frac{17{,}5}{273}} = 1{,}1794 \text{ kg,}$$

und aus 9 a), wenn T = 273 + 17,5 = 290,5 eingesetzt wird,

$$\gamma = 0{,}034165 \cdot \frac{10023{,}98}{290{,}5} = 1{,}1787 \text{ kg.}$$

Nach Gleichung 9 b) ist

$$\gamma = 341{,}65 \cdot \frac{0{,}97 \cdot 1{,}0333}{290{,}5} = 341{,}65 \cdot \frac{1{,}0024}{290{,}5} = 1{,}1787 \text{ kg.}$$

Soll endlich der Druck in barometrischer Höhe angegeben werden, so ist, da eine alte Atmosphäre = 760 mm ist, b = 0,97.760 = 737,2 zu setzen.

Nach Gleichung 9 c) folgt sodann

$$\gamma = 0{,}4645 \cdot \frac{b}{273+t} = 0{,}4645 \cdot \frac{737{,}2}{290{,}5} = 1{,}17894,$$

welche Werte sämtlich bis auf wenige Gramm übereinstimmen.

---

[1] 1 metr. Atm. = 10000 kg/qm = 0,96778 alte Atm. = 735,51 mm Quecksilber.

Das aus Gleichung 3) abgeleitete Gesetz, daß die einem kg Luft zur Temperaturerhöhung um 1^0 C zuzuführende Wärmemenge c_p teilweise zur Erwärmung der Luft, d. h. zur Vermehrung der sogenannten inneren Arbeit (U, c_v) und teilweise zur Volumvergrößerung derselben, d. h. zur sogenannten äußeren Arbeit (L, A.R) verbraucht wird, läßt sich auch folgendermaßen entwickeln und erweitern.

Versteht man unter Q die gesamte, bei der Erwärmung um T_2—T_1^0 zugeführte Wärmemenge für 1 kg Luft, unter Q_1 den hiervon auf die bloße Temperaturerhöhung entfallenden, unter Q_2 den zur Volumvergrößerung, also Arbeitsverrichtung, verbrauchten Teil, so ist

$$Q = Q_1 + Q_2$$

oder

$$Q = c_v (T_2 - T_1) + A \cdot R (T_2 - T_1) = c_v T_2 - c_v T_1 + A \cdot L$$
$$= U_2 - U_1 + A \cdot L. \qquad 10)$$

Da nun $T_1 = \dfrac{p_1 V_1}{R}$ und $T_2 = \dfrac{p_2 V_2}{R}$ ist, so läßt sich die vorstehende Gleichung auch schreiben:

$$Q = \frac{c_v}{R} \cdot (p_2 V_2 - p_1 V_1) + A \cdot (p_2 V_2 - p_1 V_1) = \left(A + \frac{c_v}{R} \right) \cdot (p_2 V_2 - p_1 V_1),$$

also nach Gleichung 3)

$$Q = \frac{c_p}{R} \cdot (p_2 V_2 - p_1 V_1)\,^1) \qquad 10\,a)$$

Hieraus lassen sich, ähnlich wie aus Gleichung 5), folgende Spezialfälle ableiten:

1. Zustandsänderung der Luft bei konstantem Druck. Die Erwärmung bewirkt eine Vergrößerung des Volumens und der Temperatur.

$$p_1 = p_2 = p_n = \text{Konst.}$$

Dann gelten für 1 kg Luft folgende Gleichungen:

$$Q = c_p (T_2 - T_1) = c_p \cdot \left[\frac{p_1 V_2}{R} - \frac{p_1 V_1}{R} \right] = \frac{c_p \, p_1}{R} (V_2 - V_1). \qquad 11)$$

Die äußere Arbeit ist dann

$$L = R \cdot (T_2 - T_1),$$

die derselben entsprechende Wärmemenge

$$Q_2 = A \cdot R (T_2 - T_1), \qquad \left. \right\} \quad 11\,a)$$

---

^{1}) Mit Hilfe der höheren Mathematik lassen sich die vorstehenden Gleichungen einfacher folgendermassen schreiben:

$$d Q = d Q_1 + d Q_2 = c_v \cdot dT + A \cdot p \cdot dv,$$

welche Gleichung bekanntlich den 1. Hauptsatz der mechanischen Wärmetheorie darstellt.

Aus ihr folgt

$$Q = \int (c_v \, dT + A \cdot p \, dv) = c_v \int_{T_1}^{T_2} dT + A \int_{V_1}^{V_2} p \cdot dv = c_v (T_2 - T_1)$$

$$+ A \int_{V_1}^{V_2} p \, dv. \qquad 10\,b)$$

die innere Arbeit

$$U_2 - U_1 = \frac{c_v}{A}\,(T_2 - T_1),$$

die derselben entsprechende Wärmemenge

$$Q_1 = A\,(U_2 - U_1) = c_v\,(T_2 - T_1).$$

11 b)

2. **Zustandsänderung der Luft bei konstantem Volumen.** Die Erwärmung bewirkt eine Vergrößerung des Druckes und der Temperatur. Die gesamte Wärmezufuhr wird also nur zur Vergrößerung der inneren Arbeit U verbraucht.

$$V_1 = V_2 = V_n = \text{Konst.}$$

Dann ist, gleichfalls für 1 kg Luft:

$$Q = c_v\,(T_2 - T_1) = \frac{c_v}{R}\cdot V_1\,(p_2 - p_1). \qquad 12)$$

Die äußere Arbeit L ist gleich Null, weil keine Ausdehnung der Luft stattfindet, die Vermehrung der inneren Arbeit

$$U_2 - U_1 = \frac{Q}{A}. \qquad 12\,a)$$

3. **Zustandsänderung der Luft bei konstanter absoluter Temperatur T oder isothermisch.** Die Wärmezufuhr bewirkt keine Vergrößerung der Temperatur, sondern nur eine solche der äußeren Arbeit, die ganze von außen zugeführte Wärme wird in äußere Arbeit umgesetzt.

$$T_1 = T_2 = T_n = \text{Konst.}$$
$$U_2 = U_1, \quad U_2 - U_1 = 0.$$

Dann ist

$$L = \frac{Q}{A} \text{ oder } Q = A\,L. \qquad 13)$$

Soll L die ganze, bei der isothermischen Zustandsänderung verrichtete Arbeit bezeichnen, so kann man sich dieselbe aus einer großen Anzahl sehr kleiner Einzelarbeiten zusammengesetzt denken, deren Summe gleich L ist, oder

$$L = L_1 + L_2 + L_3 + L_4 \ldots\ldots L_n.$$

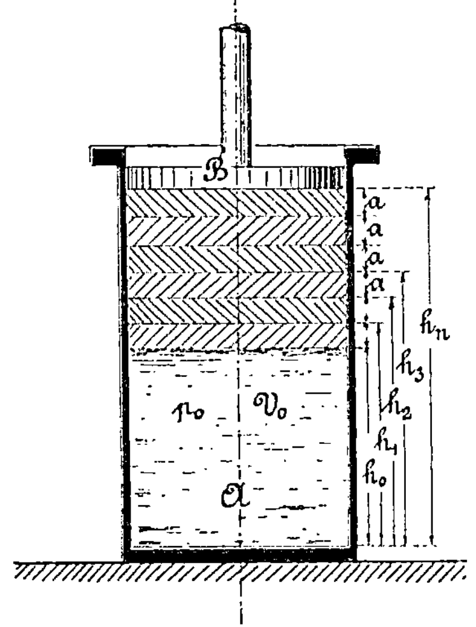

Fig. 607.

Zur Berechnung der Einzelarbeiten diene folgende Betrachtung. In Fig. 607 sei wieder, wie in Fig. 606, A ein Zylinder von 1 qm Grundfläche und 1 kg Luftinhalt, B der in demselben luftdicht verschiebbare Kolben. Bei jeder sehr klein gedachten Zuführung einer Wärmemenge von q WE. werde der Kolben um $a = h_1 - h_0 = h_2 - h_1 = h_3 - h_2$ usw. gehoben.

Die bei der Hebung um $a = h_1 - h_0$ verrichtete Arbeit L_1 ist, da die Fläche $F = 1$ qm ist,

$$L_1 = p_0 \cdot a.$$

Ferner ist

$$p_0 \cdot V_0 = p_1 \cdot V_1 = p_n \cdot V_n, \text{ also } p_0 = p_1 \cdot \frac{V_1}{V_0} = p_1 \cdot \frac{h_1}{h_0}. \qquad \Bigg\} \quad 13\,a)$$

Mithin ist

$$L_1 = p_1 \cdot a \cdot \frac{h_1}{h_0} = p_1 \cdot h_1 \cdot \frac{a}{h_0}.$$

Nimmt man nun a, also auch $\dfrac{a}{h_0}$ sehr klein an, so kann man annäherungsweise [1]) setzen

$$\frac{a}{h_0} = \ln\left(1 + \frac{a}{h_0}\right) = \ln\frac{h_0 + a}{h_0} = \ln\frac{h_1}{h_0}.$$

Folglich ist

$$L_1 = p_1 \cdot h_1 \cdot \ln\frac{h_1}{h_0}, \text{ oder, da } p_1 h_1 = p_0 h_0 = p_0 V_0 \text{ und}$$

$$\frac{h_1}{h_0} = \frac{V_1}{V_0} = \frac{p_0}{p_1} \text{ ist:}$$

$$L_1 = p_0 V_0 \cdot \ln\frac{V_1}{V_0} = p_0 V_0 \cdot \ln\frac{p_0}{p_1}. \qquad 13\,b)$$

In derselben Weise findet sich

$$L_2 = p_0 V_0 \cdot \ln\frac{V_2}{V_1}$$

$$L_3 = p_0 V_0 \cdot \ln\frac{V_3}{V_2}$$

$$L_n = p_0 V_0 \cdot \ln \cdot \frac{V_n}{V_{n-1}}, \text{ folglich:}$$

$$L = L_1 + L_2 + L_3 + \ldots\ldots L_n = p_0 V_0\left(\ln\frac{V_1}{V_0} + \ln\frac{V_2}{V_1} + \ldots\ldots \ln\frac{V_n}{V_{n-1}}\right)$$

$$= p_0 V_0 \cdot (\ln V_1 - \ln V_0 + \ln V_2 - \ln V_1 + \ldots\ldots \ln V_{n-1} + \ln V_n - \ln V_{n-1})$$

Hierin heben sich alle Logarithmen bis auf diejenigen von V_0 und V_n fort und es bleibt:

$$L = p_0 V_0 \cdot (\ln V_n - \ln V_0) = p_0 V_0 \cdot \ln\frac{V_n}{V_0} = p_0 V_0 \cdot \ln\frac{p_0}{p_n}, \qquad 13\,c)$$

oder, da $p_0 V_0 = RT_0$ ist,

$$L = RT_0 \cdot \ln\frac{V_n}{V_0} \qquad 13\,d)$$

und

$$Q = A \cdot L = ART_0 \cdot \ln\frac{V_n}{V_0} = A \cdot p_0 V_0 \ln\frac{V_n}{V_0}\,[2]). \qquad 13\,e)$$

---

[1]) Unter Zuhilfenahme der Beziehungen

$$e^x = 1 + x + \frac{x^2}{1\cdot 2} + \ldots\ldots$$

und für sehr kleines x

$$x = \ln(1 + x).$$

[2]) Mit Hilfe der höheren Mathematik gestaltet sich die vorstehende Entwickelung folgendermaßen bedeutend einfacher: Aus der allgemeinen Gleichung

4. Zustandsänderung der Luft ohne Wärmezufuhr von außen oder Wärmeableitung nach außen.

In Gleichung 10)

$$Q = Q_1 + Q_2 = c_v (T_2 - T_1) + AL$$

ist $Q = 0$ zu setzen, woraus folgt:

$$AL = - c_v (T_2 - T_1) = c_v (T_1 - T_2)$$

oder umgekehrt:

$$c_v (T_2 - T_1 =) - A L,$$

oder

$$L = \frac{c_v}{A}(T_1 - T_2) = - \frac{c_v}{A}(T_2 - T_1) = - (U_2 - U_1), \qquad 14)$$

d. h. die ganze äußere Arbeit A wird in Vermehrung der inneren Arbeit oder in die Erwärmung von T_1 auf T_2 umgesetzt und umgekehrt wird bei der Temperaturerniedrigung, also auch Druckerniedrigung die gesamte innere Arbeitsverminderung $U_2 - U_1$ in äußere Arbeit umgesetzt, oder mit anderen Worten einer **Zunahme an innerer Arbeit** (oder **Temperaturerhöhung**) entspricht ein **Verlust an äußerer Arbeit** und umgekehrt einer **Abnahme der inneren Arbeit** eine genau gleich große **Zunahme der äußeren Arbeit.**

Diese Zustandsänderung der Luft heißt die **adiabatische.** Sie ist eine der wichtigsten Zustandsänderungen der Gase überhaupt und spielt bei der theoretischen Untersuchung der Kompressionsarbeit der Luft eine Hauptrolle.

Zur Ableitung einer gebräuchlicheren Schreibweise von Gleichung 14), in welcher dieselbe für gewöhnlich angewandt wird, dienen die folgenden Entwickelungen.

Bezeichnen ΔV und Δp die bei einer Zustandsänderung erfolgenden sehr kleinen Volumen- und Druckzu- oder -abnahmen, so steht eine bestimmte Wärmezu- oder -abnahme ΔQ mit den Werten ΔV und Δp in folgendem Zusammenhange:

$$\Delta Q = c_v \cdot V \cdot \Delta p + c_p \cdot p \, \Delta V,$$

oder in Worten ausgedrückt: Die Wärmezufuhr bewirkt zunächst bei konstantem Volumen (c_v) eine Drucksteigerung um Δp und sodann bei konstantem Druck (c_p) eine Volumvergrößerung um ΔV oder: die von außen zugeführte Wärmemenge zerfällt in zwei Teile, deren einer bei unverändert gedachtem Volum eine Druckerhöhung, der andere bei unverändert gedachtem Druck eine Volumvergrößerung bewirkt.

$dL = A \cdot p \, dV$ erhält man durch die Beziehung $p_0 V_0 = R T_0$, oder $p_0 = \dfrac{R T_0}{V_0}$

die Gleichung $dL = R T_0 \cdot \dfrac{dV_0}{V_0}$, also durch Integration

$$L = R T_0 \int_{V_0}^{V_n} \frac{dV_0}{V_0} = R T_0 (\ln V_n - \ln V_0) = R T_0 \ln \frac{V_n}{V_0},$$

mithin $\quad Q = A \cdot L = A \cdot R T_0 \ln \dfrac{V_n}{V_0}.$

Da nun die Zustandsänderung ohne Wärmezu- oder -abnahme stattfinden, also $\varDelta Q = 0$ sein soll, so ist

$$c_v \cdot V \varDelta p + c_p \cdot p\, \varDelta V = 0.$$

oder

$$c_v \cdot V \cdot \varDelta p = -c_p \cdot p \cdot \varDelta V,$$

$$\frac{V}{\varDelta V} = -\frac{c_p}{c_v} \cdot \frac{p}{\varDelta p} = -\varkappa \cdot \frac{p}{\varDelta p}$$

und

$$\frac{\varDelta V}{V} = -\frac{1}{\varkappa}\frac{\varDelta p}{p}. \qquad\qquad 15)$$

Nun ist bei einer Volumzunahme um $\varDelta V$

$$V_1 = V + \varDelta V = V\left(1 + \frac{\varDelta V}{V}\right),$$

mithin unter Voraussetzung einer fortwährend gleichen Zunahme um $\varDelta V$ nach den Lehrsätzen über geometrische Reihen das Endvolumen

$$V_n = V\left(1 + \frac{\varDelta V}{V}\right)^{n-1}$$

und ebenso

$$p_1 = p + \varDelta p = p\left(1 + \frac{\varDelta p}{p}\right)$$

$$p_n = p\left(1 + \frac{\varDelta p}{p}\right)^{n-1},$$

mithin

$$\frac{V_n}{V} = \left(1 + \frac{\varDelta V}{V}\right)^{n-1}, \quad \frac{p_n}{p} = \left(1 + \frac{\varDelta p}{p}\right)^{n-1},$$

oder unter Zuhilfenahme der Beziehung (auf S. 556 Anmerkung)

$$1 + x = e^x, \quad (1+x)^{n-1} = e^{(n-1)\cdot x}$$

$$\left(1 + \frac{\varDelta V}{V}\right)^{n-1} = e^{(n-1)\cdot \frac{\varDelta V}{V}},$$

also

$$(n-1)\cdot \frac{\varDelta V}{V} = \ln\left[\left(1 + \frac{\varDelta V}{V}\right)^{n-1}\right] = \ln\left(\frac{V_n}{V}\right)$$

und ebenso

$$\left(1 + \frac{\varDelta p}{p}\right)^{n-1} = e^{(n-1)\cdot \frac{\varDelta p}{p}},$$

$$(n-1)\cdot \frac{\varDelta p}{p} = \ln\left[\left(1 + \frac{\varDelta p}{p}\right)^{n-1}\right] = \ln\left(\frac{p_n}{p}\right).$$

Nun war nach Gleichung 15)

$$\frac{\varDelta V}{V} = -\frac{1}{\varkappa}\frac{\varDelta p}{p},$$

also

$$(n-1)\cdot \frac{\varDelta V}{V} = -(n-1)\cdot \frac{1}{\varkappa}\cdot \frac{\varDelta p}{p}$$

oder

$$\ln\left(\frac{V_n}{V}\right) = -\frac{1}{\varkappa}\cdot \ln\left(\frac{p_n}{p}\right),$$

mithin

$$\varkappa \cdot \ln\left(\frac{V_n}{V}\right) = -\ln\frac{p_n}{p} = \ln\frac{p}{p_n}.$$

Hieraus folgt

$$\left(\frac{V_n}{V}\right)^{\varkappa} = \frac{p}{p_n}, \quad \text{oder } p \cdot V^{\varkappa} = p_n \cdot V_n^{\varkappa} \qquad 16)$$

Aus den Gleichungen

$$p_1 V_1 = R T_1 \text{ und } p_2 V_2 = R T_2$$

folgt ferner

$$\frac{T_2}{T_1} = \frac{p_2}{p_1} \cdot \frac{V_2}{V_1} = \left(\frac{V_1}{V_2}\right)^{\varkappa} \cdot \frac{V_2}{V_1} = \left(\frac{V_1}{V_2}\right)^{\varkappa} \cdot \frac{1}{\frac{V_1}{V_2}} = \frac{\frac{(V_1)^{\varkappa}}{V_1}}{\frac{(V_2)^{\varkappa}}{V_2}} = \frac{(V_1)^{\varkappa-1}}{(V_2)^{\varkappa-1}} = \left(\frac{V_1}{V_2}\right)^{\varkappa-1}$$

und

$$\frac{T_2}{T_1} = \frac{p_2}{p_1} \cdot \left(\frac{p_1}{p_2}\right)^{\frac{1}{\varkappa}} = \left(\frac{p_2}{p_1}\right)^{1-\frac{1}{\varkappa}} = \left(\frac{p_2}{p_2}\right)^{\frac{\varkappa-1}{\varkappa}},$$

mithin allgemein:

$$\frac{T_n}{T} = \left(\frac{V}{V_n}\right)^{\varkappa-1} = \left(\frac{p_n}{p}\right)^{\frac{\varkappa-1}{\varkappa}} \quad \text{und} \quad \frac{p_n}{p} = \left(\frac{V}{V_n}\right)^{\varkappa} = \left(\frac{T_n}{T}\right)^{\frac{\varkappa}{\varkappa-1}}. \qquad 16a)$$

Das in diesen Gleichungen ausgesprochene Gesetz heißt das Poissonsche Gesetz oder das potenzierte Mariottesche Gesetz [1]).

Aus den Gleichungen 14), 3) und 4) folgt sodann:

$$L = \frac{c_v}{A}(T_1 - T_2) = \frac{R}{\varkappa-1}(T_1 - T_2),$$

---

1) Mit Hilfe der höheren Mathematik läßt sich dasselbe ebenfalls einfacher folgendermassen ableiten: In der allgemeinen Gleichung

$$dQ = c_v \, dT + A \, p \, dV \text{ ist } dQ = 0 \text{ zu setzen,}$$

also $c_v \, dT = -A \, p \, dV$ oder, da $p = \dfrac{RT}{V}$ ist,

$$c_v \, dT = -A R T \frac{dV}{V}, \quad c_v \frac{dT}{T} = A R \cdot \frac{dV}{V},$$

$$c_v \cdot \int_{T_1}^{T_2} \frac{dT}{T} = -A R \int_{V_1}^{V_2} \frac{dV}{V},$$

$$c_v \cdot \ln\frac{T_2}{T_1} = -A R [\ln V_2 - \ln V_1] = A R \ln\frac{V_1}{V_2}, \quad \ln\frac{T_2}{T_1} = \frac{A R}{c_v}\ln\frac{V_1}{V_2};$$

nun ist aber $A R = c_p - c_v = \varkappa \cdot c_v - c_v = (\varkappa - 1) \cdot c_v,$

$$\text{also } \frac{A R}{c_v} = \varkappa - 1,$$

$$\text{mithin } \ln\frac{T_2}{T_1} = (\varkappa - 1)\ln\frac{V_1}{V_2}$$

$$\text{und } \frac{T_2}{T_1} = \left(\frac{V_1}{V_2}\right)^{\varkappa-1},$$

$$\text{also allgemein } \frac{T_n}{T} = \left(\frac{V}{V_n}\right)^{\varkappa-1} = \left(\frac{p_n}{p}\right)^{\frac{\varkappa-1}{\varkappa}}.$$

und da

$$R = \frac{p_1 V_1}{T} \text{ ist,}$$

$$L = \frac{p_1 V_1}{\varkappa - 1}\left[1 - \frac{T_2}{T_1}\right] = \frac{p_1 V_1}{\varkappa - 1}\left[1 - \left(\frac{V_1}{V_2}\right)^{\varkappa - 1}\right]$$

$$= \frac{p_1 V_1}{\varkappa - 1}\left[1 - \left(\frac{p_2}{p_1}\right)^{\frac{\varkappa - 1}{\varkappa}}\right]. \qquad 17)$$

Darin bedeutet L die von einem kg Luft entsprechend der Temperaturänderung $T_2 - T_1$ verrichtete oder verbrauchte, äußere Arbeit in mkg. Wird hierin $V_1 = 1$ cbm gesetzt, so ist

$$L_0 = \frac{p_1}{\varkappa - 1}\left[1 - \frac{T_2}{T_1}\right] = \frac{p_1}{\varkappa - 1}\left[1 - \left(\frac{p_2}{p_1}\right)^{\frac{\varkappa - 1}{\varkappa}}\right] \qquad 17\,\text{a})$$

die von einem cbm Luft verrichtete oder verbrauchte äußere Arbeit in mkg.

Zweites Kapitel.

Die Kompressionsarbeit für trockene Luft.

Die Kompressionsarbeit L für 1 kg Luft von der Anfangsspannung p_1 setzt sich aus folgenden Teilen zusammen:

1. der Arbeit beim Ansaugen der Luft, L_1,
2. der Arbeit beim Verdichten der Luft, L_2,
3. der Arbeit beim Verdrängen der Luft aus dem Zylinder, L_3.

Die Arbeit beim Ansaugen der Luft wirkt auf der, der Kompressionsarbeit entgegengesetzen Kolbenseite, ist daher mit zur Verschiebung des Kolbens wirksam, also von der zur Kompression nötigen Arbeit abzuziehen, so daß man erhält:

$$L = L_2 + L_3 - L_1.$$

Bezeichnet p_1 den absoluten Anfangsdruck der Kompression, p_2 den absoluten Enddruck, beide in kg/qm, also $p_2 > p_1$, V_1 das Anfangsvolumen der Luft, V_2 das Endvolumen in cbm, wobei $V_1 > V_2$, T_1 die Anfangstemperatur, T_2 die Endtemperatur, wobei $T_2 > T_1$, s_1 den ganzen Kolbenhub, s_2 den Kolbenhub während des Verdrängens der Luft aus dem Zylinder, F die Kolbenfläche in qm, so ergeben sich folgende Gleichungen:

A. Isothermische Kompression.

$$L_1 = p_1 \cdot F \cdot s_1 = p_1 \cdot V_1.$$

$$L_2 = p_1 V \cdot \ln \frac{V_1}{V_2} = p_1 \cdot V_1 \cdot \ln \frac{p_2}{p_1}, \text{ nach Gleichung 13 c).}$$

$$L_3 = p_2 \cdot F \cdot s_2 = p_2 \cdot V_2.$$

Da nun nach Gleichung 13 a)

$$p_1 V_1 = p_2 V_2 \text{ ist, so folgt}$$

$$L_1 = L_3, \text{ also}$$

$$L = L_2 + L_1 - L_1 = L_2 = p_1 \cdot V_1 \cdot \ln \frac{p_2}{p_1} \qquad 18)$$

in mkg für 1 kg angesaugter Luft; oder nach Gleichung 13 d)

$$L = R \cdot T_1 \cdot \ln \frac{V_1}{V_2} = R\, T_1 \cdot \ln \frac{p_2}{p_1} \qquad 18\,a)$$

Soll die Arbeit für einen cbm angesaugter Luft berechnet werden, so ist, da in Gleichung 18) V_1 das Volumen eines kg Luft von der Temperatur T_1 in cbm bedeutet, Gleichung 18) durch V_1 zu dividieren, oder $V_1 = 1$ zu setzen, woraus sich ergibt:

$$L_I = p_1 \cdot \ln \frac{p_2}{p_1} = \frac{R\,T_1}{V_1} \cdot \ln \frac{p_2}{p_1} \qquad 18\,b)$$

in mkg für 1 cbm angesaugter Luft.

Da ferner

$$L = p_1\, V_1 \cdot \ln \frac{p_2}{p_1} = p_2\, V_2 \cdot \ln \frac{p_2}{p_1}$$

ist, worin V_2 das Volumen komprimierter Luft in cbm vom Drucke p_2 bedeutet, so ist

$$L_{II} = p_2 \cdot \ln \frac{p_2}{p_1} \qquad 18\,c)$$

die Arbeit für 1 cbm komprimierter Luft in mkg.

Bezeichnet D den Zylinderdurchmesser einer **Gebläsemaschine** und s den Kolbenhub derselben, beides in m, so ist die bei einem Hube theoretisch angesaugte Luftmenge

$$V = \frac{D^2 \cdot \pi}{4} \cdot s = F \cdot s$$

in cbm, mithin

$$V_0 = F\, s \cdot 2\, n$$

in cbm die angesaugte Luftmenge i. d. Min., wenn n die Zahl der Umdrehungen in einer Minute bezeichnet; folglich ist

$$A_0 = 2\, F\, s\, n\, p_1 \cdot \ln \frac{p_2}{p_1}$$

die Arbeit in mkg i. d. Min., oder

$$N = \frac{2 \cdot F\, s\, n}{60 \cdot 75}\, p_1 \cdot \ln \frac{p_2}{p_1} = \frac{F \cdot s \cdot n}{30} \cdot \frac{p_1 \cdot \ln \frac{p_2}{p_1}}{75} = \frac{F \cdot s\, n}{30} \cdot \frac{p_m}{75} \qquad 18\,d)$$

die gesamte Kompressionsarbeit in PS., worin F in qm, s in m, p_1 und p_2 in kg/qm zu setzen sind, und

$$p_m = p_1 \cdot \ln \frac{p_2}{p_1}$$

ist.

Beispiel: Eine Bessemer-Gebläsemaschine [1]) habe folgende Abmessungen:

     Gebläsezylinder Durchm. . . . . . . 1,57 m
             ,,   Kolbenhub . . . . 1,41 m
             ,,   Kolbenfläche . . . 1,9359 qm
Tourenzahl 34—36 i. d. Min.
Höchster absoluter Winddruck = 2,74 kg/qcm.
Mittlerer (aus dem Diagramm ermittelter) Winddruck = 1,04 kg/qcm.
Dann ist, weil 2 Gebläsezylinder vorhanden sind, die im Gebläse-

---

[1]) Dortmunder „Union", Bessemer-Gebläsemaschine No. 2.

zylinder verbrauchte Arbeit (ohne Berücksichtigung der Reibungsarbeit der Kolben, Kolbenstangen, Ventilspindeln usw.):

$$N = 2 \cdot \frac{F\,s\,n}{30} \cdot \frac{p_1 \cdot \ln \frac{p_2}{p_1}}{75} = \frac{2 \cdot s\,n}{30 \cdot 75} \cdot F \cdot p_m$$

$$= \frac{1{,}41 \cdot 36}{15 \cdot 75} \cdot [1{,}9359 \cdot 10333 \cdot \ln 2{,}74] = 0{,}04512 \cdot 20\,226 = 912{,}6 \text{ PS}.$$

B. Adiabatische Kompression.

Wie bei der isothermischen Kompression gilt die Hauptgleichung:
$$L = L_2 + L_3 - L_1.$$
Darin ist $L_1 = p_1 V_1$.

Da jedoch die Arbeit L_2 nicht von der Luft geleistet, sondern verbraucht wird, so ist der Wert aus Gleichung 17) mit dem negativen Vorzeichen einzuführen, also zu setzen

$$L_2 = - \frac{p_1 V_1}{\varkappa - 1}\left[1 - \left(\frac{p_2}{p_1}\right)^{\frac{\varkappa - 1}{\varkappa}}\right] = \frac{p_1 V_1}{\varkappa - 1}\left[\left(\frac{p_2}{p_1}\right)^{\frac{\varkappa - 1}{\varkappa}} - 1\right].$$

Endlich ist
$$L_3 = p_2 V_2 = p_1 V_1 \cdot \frac{T_2}{T_1},$$
also nach Gleichung 16 a)
$$= p_1 V_1 \left(\frac{p_2}{p_1}\right)^{\frac{\varkappa - 1}{\varkappa}}$$

Mithin folgt:

$$L = \frac{p_1 V_1}{\varkappa - 1}\left[\left(\frac{p_2}{p_1}\right)^{\frac{\varkappa - 1}{\varkappa}} - 1\right] + p_1 V_1 \left(\frac{p_2}{p_1}\right)^{\frac{\varkappa - 1}{\varkappa}} - p_1 V_1$$

$$= p_1 V_1 \left\{\left(\frac{p_2}{p_1}\right)^{\frac{\varkappa - 1}{\varkappa}}\left(1 + \frac{1}{\varkappa - 1}\right) - \left(1 + \frac{1}{\varkappa - 1}\right)\right\}$$

$$= \frac{\varkappa}{\varkappa - 1} p_1 V_1 \left\{\left(\frac{p_2}{p_1}\right)^{\frac{\varkappa - 1}{\varkappa}} - 1\right\} = \varkappa \cdot L_2 \qquad 19)$$

in mkg für 1 kg Luft.

L_2 ist aber nach Gleichung 17) $= \frac{c_v}{A}(T_2 - T_1)$, mithin läßt sich L auch schreiben:

$$L = \varkappa \cdot L_2 = \frac{\varkappa \cdot c_v}{A}(T_2 - T_1) = \frac{c_p}{A}(T_2 - T_1) \text{ mkg für 1 kg Luft,}$$

oder unter Einführung der Beziehung

$$c_v = \frac{A\,R}{\varkappa - 1} \text{ (S. 559, Fußnote)}$$

$$L = \frac{\varkappa}{\varkappa - 1} \cdot R(T_2 - T_1) = 100{,}7 \cdot (T_2 - T_1), \text{ wenn}$$

$$\varkappa = 1{,}41, \frac{\varkappa}{\varkappa - 1} = \frac{1{,}41}{0{,}41} = 3{,}44 \text{ und } R = 29{,}2721$$

$$\left.\begin{array}{c} \\ \\ \\ \\ \\ \\ \\ \\ \\ \end{array}\right\} \; 19\,a)$$

eingesetzt wird.

Soll wieder, wie in Gleichung 18), die Arbeit für 1 cbm angesaugter Luft berechnet werden, so ist $V_1 = 1$ zu setzen, und es folgt:

$$L_I = \frac{\varkappa}{\varkappa - 1} \cdot p_1 \cdot \left[\left(\frac{p_2}{p_1} \right)^{\frac{\varkappa - 1}{\varkappa}} - 1 \right] \quad \text{mkg für 1 cbm Luft[1]}. \qquad 19\,b)$$

Die Arbeit für 1 cbm komprimierter Luft berechnet sich aus den Gleichungen:

$$L = \frac{\varkappa}{\varkappa - 1} p_1 \cdot V_1 \left[\left(\frac{p_2}{p_1} \right)^{\frac{\varkappa - 1}{\varkappa}} - 1 \right]$$

und

$$p_1 V_1 = p_1 \cdot \frac{p_2}{p_1} \cdot \frac{T_1}{T_2} \cdot V_2 = p_1 \cdot V_2 \left(\frac{p_2}{p_1} \right)^{\frac{1}{\varkappa}},$$

zu

$$L = \frac{\varkappa}{\varkappa - 1} p_1 \cdot V_2 \left[\left(\frac{p_2}{p_1} \right)^{\frac{\varkappa - 1}{\varkappa}} \cdot \left(\frac{p_2}{p_1} \right)^{\frac{1}{\varkappa}} - \left(\frac{p_2}{p_1} \right)^{\frac{1}{\varkappa}} \right] = \frac{\varkappa}{\varkappa - 1} \cdot p_1 \cdot V_2 \left[\left(\frac{p_2}{p_1} \right) - \left(\frac{p_2}{p_1} \right)^{\frac{1}{\varkappa}} \right],$$

woraus für $V_2 = 1$ folgt:

$$L_{II} = \frac{\varkappa}{\varkappa - 1} \cdot p_1 \cdot \left[\left(\frac{p_2}{p_1} \right) - \left(\frac{p_2}{p_1} \right)^{\frac{1}{\varkappa}} \right] = 3{,}44 \cdot p_1 \left[\left(\frac{T_2}{T_1} \right)^{3,44} - \left(\frac{T_2}{T_1} \right)^{2,44} \right], \qquad 19\,c)$$

$$\text{wenn } \frac{p_2}{p_1} \text{ durch } \left(\frac{T_2}{T_1} \right)^{\frac{\varkappa}{\varkappa - 1}}$$

ausgedrückt und wieder $\varkappa = 1{,}41$, also $\dfrac{\varkappa - 1}{\varkappa} = 3{,}44$ gesetzt wird. Wird jedoch die auf die Temperatur T_2 komprimierte Luft durch nachherige Abkühlung wieder auf die Anfangstemperatur T_1 abgekühlt, so wird V_2 (den Druck als unverändert vorausgesetzt) auf V_2' verringert, wofür nach Gleichung 6) $\dfrac{V_2'}{V_2} = \dfrac{T_1}{T_2}$ ist.

Mithin ist

$$V_2' = V_2 \cdot \frac{T_1}{T_2} = V_2 \cdot \left(\frac{p_1}{p_2} \right)^{\frac{\varkappa - 1}{\varkappa}}.$$

Da nun durch die Abkühlung das Volumen sich verkleinert oder $V_2' < V_2$ ist, so ist die Arbeit für die abgekühlte Luft größer, und berechnet sich die Arbeit für 1 cbm komprimierter Luft von der Temperatur T_1 zu:

$$L_{III} = \frac{L}{V_2'} = \frac{\varkappa}{\varkappa - 1} p_1 \cdot V_2 \left[\left(\frac{p_2}{p_1} \right) - \left(\frac{p_2}{p_1} \right)^{\frac{1}{\varkappa}} \right] \cdot \frac{1}{V_2'}$$

$$= \frac{\varkappa}{\varkappa - 1} \cdot p_1 \left[\left(\frac{p_2}{p_1} \right) \cdot \left(\frac{p_2}{p_1} \right)^{\frac{\varkappa - 1}{\varkappa}} - \left(\frac{p_1}{p_2} \right)^{\frac{-\varkappa - 1 + 1}{\varkappa}} \right] = \frac{\varkappa}{\varkappa - 1} \cdot p_2 \left[\left(\frac{p_2}{p_1} \right)^{\frac{\varkappa - 1}{\varkappa}} - 1 \right]. \quad 19\,d)$$

Die Arbeit für 1 cbm angesaugter Luft von der Temperatur T_1 war nach Gleichung 19 b)

$$L_I = \frac{\varkappa}{\varkappa - 1} \cdot p_1 \left[\left(\frac{p_2}{p_1}\right)^{\frac{\varkappa - 1}{\varkappa}} - 1 \right];$$

folglich ist

$$\frac{L_{III}}{L_I} = \frac{p_2}{p_1}, \quad \text{oder} \quad L_{III} = L_I \cdot \frac{p_2}{p_1}; \qquad 19\,e)$$

d. h. die Arbeiten für 1 cbm angesaugter und komprimierter Luft von gleicher Temperatur verhalten sich genau wie die entsprechenden Drücke.

Kühlt sich die Luft nicht auf die Anfangstemperatur T_1, sondern nur auf T' ab, so ist

$$V_2{}'' = V_2 \left(\frac{T'}{T_2}\right),$$

also

$$L_{IV} = \frac{L}{V_2{}''} = \frac{\varkappa}{\varkappa - 1}\, p_1 \left[\left(\frac{p_2}{p_1}\right) - \left(\frac{p_2}{p_1}\right)^{\frac{1}{\varkappa}} \right] \cdot \frac{T_2}{T'}. \qquad 19\,f)$$

Unter Voraussetzung derselben Bezeichnungen für eine Gebläsemaschine wie in Gleichung 18 d) ist wieder $V_0 = 2\,F\,s\,n$ in cbm die i. d. Min. angesaugte Luftmenge, ferner

$$V_I = V_0 \cdot \frac{p_1}{p_2} \cdot \frac{T_2}{T_1}$$

in cbm die i. d. Min. komprimierte Luftmenge von der Temperatur T_2, und endlich, unter Berücksichtigung der nachherigen Abkühlung der Luft von T_2 auf T'

$$V_{II} = V_0 \cdot \frac{p_1}{p_2} \cdot \frac{T_2}{T_1} \cdot \frac{T'}{T_2} = V_0 \cdot \frac{p_1}{p_2} \cdot \frac{T'}{T_1}\ \text{cbm}, \qquad 20)$$

die i. d. Min. komprimierte Luftmenge von der Temperatur T'.

Die Arbeit i. d. Min. berechnet sich daher zu

$$A_0 = 2 \cdot F\,s\,n \cdot \frac{\varkappa}{\varkappa - 1} \cdot p_1 \left[\left(\frac{p_2}{q_1}\right)^{\frac{\varkappa - 1}{\varkappa}} - 1 \right],$$

also in PS.

$$N = \frac{F\,s\,n}{30} \cdot \frac{p_m}{75},$$

worin

$$p_m = \frac{\varkappa}{\varkappa - 1} \cdot p_1 \left[\left(\frac{p_2}{p_1}\right)^{\frac{\varkappa - 1}{\varkappa}} - 1 \right] \qquad 21)$$

ist.

Die Luftmenge der Maschine i. d. Sek. ist dann:

$$V_0 = \frac{F\,s\,n}{30}\ \text{cbm angesaugter Luft von der Temperatur } T_1$$

$$V_I = \frac{F\,s\,n}{30} \cdot \left(\frac{p_1}{p_2}\right) \left(\frac{T_2}{T_1}\right)\ \text{cbm komprimierter Luft von der Temperatur } T_2 \qquad 22)$$

$$V_{II} = \frac{F\,s\,n}{30} \left(\frac{p_1}{p_2}\right) \left(\frac{T'}{T_1}\right)\ \text{cbm komprimierter Luft von der Temperatur } T'$$

Beispiel: Das auf S. 562 angegebene Beispiel berechnet sich bei

Tabelle 2.

Werte der Endtemperaturen in °C für Anfangstemperaturen von 5, 10, 15, 20, 25° C und Kompressionsgrade von 1,1 bis 10.

t_1	1,1	1,2	1,3	1,4	1,5	1,6	1,7	1,8	1,9	2,0	2,2	2,4	2,6	2,8	3,0
5	12,82	20,15	27,05	33,58	39,80	45,73	51,37	56,84	62,04	67,08	76,64	85,62	94,04	102,02	109,64
10	17,95	25,42	32,44	39,09	45,43	51,46	57,21	62,75	68,07	73,19	82,93	92,07	100,65	108,77	116,52
15	23,05	30,70	37,84	44,90	51,06	57,16	63,04	68,68	74,09	79,31	89,22	98,52	107,25	115,51	123,40
20	28,24	35,97	43,24	50,12	56,68	62,93	68,87	74,62	80,12	85,43	95,51	104,97	113,85	121,26	130,28
25	33,35	41,24	48,63	55,64	62,31	68,66	74,71	80,55	86,15	91,54	101,79	111,42	120,45	129,00	137,17

Fortsetzung.

t_1	3,2	3,4	3,6	3,8	4,0	4,2	4,4	4,6	4,8	5,0	6,0	7,0	8,0	9,0	10,0
5	116,89	123,82	130,48	136,22	143,03	149,00	154,71	160,29	165,69	170,91	195,09	216,56	235,94	258,87	269,10
10	123,91	130,95	137,72	143,58	150,51	156,59	162,39	168,08	173,58	178,89	203,49	225,37	244,89	263,14	278,85
15	130,92	138,09	144,97	150,94	157,99	164,18	170,10	175,88	181,47	186,88	211,91	234,17	254,00	272,62	288,60
20	137,93	145,23	152,23	158,29	165,48	171,77	177,78	183,67	189,36	194,86	220,33	242,97	263,19	282,09	298,35
25	144,95	152,37	159,49	165,66	172,96	179,37	185,47	191,46	197,25	202,85	228,74	251,79	272,34	291,56	308,10

adiabatischer Kompression folgendermaßen. Da wieder 2 Zylinder vorhanden sind, so ist

$$N = 2 \cdot \frac{F\,s\,n}{30 \cdot 75} \cdot P_m = \frac{s\,n}{15 \cdot 75}\,F \cdot p_m = \frac{s\,n}{15 \cdot 75} \cdot P_m = 0{,}04512 \cdot P_m$$

$$= 0{,}04512\,\frac{1{,}41}{0{,}41}\left[\left(2{,}74\right)^{\frac{0{,}41}{1{,}41}} - 1\right] \cdot 10\,333 \cdot 1{,}9359$$

$$= 0{,}04512 \cdot 3{,}44\,(1{,}338 - 1) \cdot 20\,006 = 1049{,}35 \text{ PS.},$$

ebenfalls ohne Berücksichtigung der Reibungsarbeiten des Kolbens usw.

Bei isothermischer Kompression war $N = 912{,}6$ PS. gefunden, folglich ist der Mehrbetrag bei adiabatischer Kompression $1049{,}35 - 912{,}6 = 136{,}75$ PS. oder $\frac{136{,}75}{912{,}6} = 15\%$ der isothermischen und $\frac{136{,}75}{1049{,}35} = 13{,}3\%$ der adiabatischen Kompressionsarbeit.

Die Erwärmung der Luft ergibt sich aus der Gleichung

$$T_2 = T_1 \left(\frac{p_2}{p_1}\right)^{\frac{\varkappa - 1}{\varkappa}}.$$

Wird hierin die Lufttemperatur t_1 zu 20^0, also T_1 zu $273 + 20 = 293^0$ angenommen, so ist

$$T_2 = 293\,(2{,}74)^{0{,}291} = 293 \cdot 1{,}338 = 391^0 = 273 + 118^0,$$

mithin die Erwärmung von 20 auf 118^0 C oder um 98^0 C.

Die Luftmenge jedes Zylinders i. d. Sek. berechnet sich in beiden Fällen nach den Gleichungen 18) und 22)

a) bei isothermischer Kompression zu:

$$V_0 = \frac{F \cdot s \cdot n}{30} = \frac{1{,}9359 \cdot 1{,}41 \cdot 36}{30} = 3{,}2755 \text{ cbm}$$

angesaugte Luftmenge und

$$V_I = \frac{p_1}{p_2} \cdot V_0 = \frac{1}{2{,}74} \cdot 3{,}2755 = 1{,}1956 \text{ cbm}$$

komprimierte Luftmenge;

b) bei adiabatischer Kompression zu:

$$V_0 = 3{,}2755 \text{ cbm}$$

angesaugte Luftmenge,

$$V_I = 1{,}1956 \cdot 1{,}334 = 1{,}595 \text{ cbm}$$

und

$$V_{II} = 1{,}1956 \cdot \frac{T'}{T_1}$$

komprimierte Luftmenge, worin T' je nach den Umständen gleich oder größer als T_1 anzunehmen ist.

Zur leichteren Berechnung der Endtemperaturen bei adiabatischer Kompression dient die Tabelle 2 auf S. 566, welche für bestimmte Anfangstemperaturen $5{-}25^0$ C berechnet ist.

Drittes Kapitel.

Die Kompressionsarbeit für feuchte Luft und der Einfluß der Wasserkühlung.[1])

Die im vorigen Kapitel abgeleiteten Gleichungen bezogen sich auf die Zustandsänderungen vollkommen trockener Luft. Es ergab sich, daß die theoretisch günstigste Kompression diejenige nach dem Mariotteschen Gesetz oder bei konstanter Temperatur war, während die adiabatische Kompression bedeutend mehr Arbeit erforderte. Beide Zustandsänderungen entsprechen jedoch der Wirklichkeit nicht, da weder eine Kompression ohne Temperaturerhöhung noch eine solche ohne Wärmeabgabe durch die Zylinderwandungen nach außen möglich ist. Je näher jedoch die Zustandsänderung dem Mariotteschen Gesetze kommt, d. h. je geringer der Unterschied zwischen der End- und Anfangstemperatur der Luft ist, desto günstiger wird, wie sich aus dem Vorstehenden ohne weiteres ergibt, die Kompression erfolgen.

Da jedoch die in die Gebläse eingesaugte Luft nicht immer vollkommen trocken, sondern meistens mehr oder weniger mit Wasserdampf erfüllt ist, so werden auch hierdurch die oben abgeleiteten Gleichungen beeinflußt. Es ist daher notwendig zu untersuchen:

a) welchen Einfluß die Feuchtigkeit der Luft auf die Kompressionsarbeit ausübt,

b) inwieweit durch Abkühlung der Luft durch Wasserkühlung der Wirkungsgrad der Kompression erhöht werden kann.

Für beide Fälle sind die im vorigen Kapitel entwickelten Gleichungen abzuändern.

A. Hauptgleichungen für die Kompression feuchter Luft.

Da das in der Luft enthaltene Wasser als Wasserdampf vorhanden ist, so setzt sich die Kompressionsarbeit aus 2 Teilen zusammen, 1. der

---

[1]) Siehe auch Zeuner, Techn. Thermodynamik, Bd. II. § 38—40, S. 302 ff.

zur Kompression der trockenen Luft, 2. der zur Kompression des Wasserdampfes nötigen Arbeit. Die Menge der letzteren oder der absolute Feuchtigkeitsgehalt der Luft ist je nach der Temperatur und dem Sättigungsverhältnis der Luft verschieden. Für jede Temperatur gibt es jedoch nur eine ganz bestimmte größte Wasserdampfmenge, welche in 1 cbm Luft enthalten sein kann. Man nennt diese Dampfmenge die Sättigungsmenge der Luft. Dieselbe steigt und sinkt jedoch mit der Temperatur. Die Spannung oder Spannkraft dieses Wasserdampfes ist bedeutend geringer als der Luftdruck. Die Sättigungsmengen und Spannkräfte des Wasserdampfes für verschiedene Temperaturen sind in der nachstehenden Tabelle 3 enthalten.

Tabelle 3.

Spannkräfte und Sättigungsmengen des Wasserdampfes von 0° bis 70° C[1]).

Temperatur		Absoluter Druck[2])		Sättigungsmenge x[3]) in 1 cbm feuchter Luft in Gramm
Cels.	absol.	mm Quecksilber	kg/qcm	
0	273	4,600	0,0062	4,82
2,5	275,5	5,492	0,00723	5,72
5	278	6,534	0,0086	6,75
7,5	280,5	7,769	0,0108	7,96
10	283	9,165	0,0120	9,36
12,5	285,5	10,804	0,0145	10,93
15	288	12,699	0,0167	12,75
17,5	290,5	14,884	0,0196	14,84
20	293	17,391	0,023	17,23
22,5	295,5	20,266	0,0266	19,88
25	298	23,550	0,031	22,93
27,5	300,5	27,296	0,0359	26,35
30	303	31,548	0,0415	30,21
32,5	305,5	36,24	0,0477	34,54
35	308	41,71	0,0549	39,45
37,5	310,5	47,78	0,063	44,89
40	313	54,906	0,072	50
45	318	71,391	0,094	65
50	323	91,982	0,121	81
55	328	117,478	0,155	· 99
60	333	148,791	0,196	118
65	338	186,945	0,246	137
70	343	233,093	0,306	157

Angenommen nun, daß die Luft mit Wasserdampf vollständig gesättigt sei, so berechnet sich das Gewicht eines cbm dieser Luft folgendermaßen. Bezeichnet p den absoluten Luftdruck der feuchten Luft, p_1 den

---

[1]) Nach Jochmann, Ex. Physik. und Hüttentaschenbuch, 14. Aufl. I, S. 241.
[2]) Die Drücke nach Weißbach-Herrmann, Lehrb. d. Mechanik, Bd. II, 2. S. 769.
[3]) Die Werte von x für t = 0° bis 37,5° nach Jochmann (s. Fußnote 1), diejenigen für t = 40° bis 70° C sind graphisch durch Konstruktion der Kurve für x nach der empirischen Gleichung $t^{1,816} = 192,8\ x$ ermittelt, worin t in °C, x in g/cbm Luft einzusetzen sind.

absoluten Druck der in einem cbm obiger Luft enthaltenen, trockenen Luft, p_d die absolute Dampfspannung des in einem cbm obiger Luft enthaltenen Wasserdampfes (alles in kg/qm), ferner γ das Gewicht eines cbm der trockenen Luft, γ_1 dasjenige eines cbm der feuchten Luft, $\dfrac{x}{1000}$ das Gewicht eines cbm des in der Luft enthaltenen Wasserdampfes (alles in kg) so ist nach dem Daltonschen Gesetz[1]) der absolute Luftdruck gleich der Summe der Einzeldrücke oder

$$p = p_l + p_d, \text{ oder } p_l = p - p_d.$$

Nach Gleichung 9) (S. 552) ist sodann

$$\gamma = 0{,}0001252 \cdot \frac{p_l}{1 + \alpha \cdot t} = 0{,}0001252 \, \frac{p - p_d}{1 + \alpha \cdot t},$$

folglich

$$\gamma_1 = \gamma + \frac{x}{1000} = 0{,}0001252 \, \frac{p - p_d}{1 + \alpha \cdot t} + \frac{x}{1000}. \qquad 23)$$

Ist z. B. $t = 20\,^{0}$ C, $p = 10333$ kg, so ist nach Tabelle 3

$$x = 17{,}23 \text{ g}, \quad \frac{x}{1000} = 0{,}01723 \text{ kg}, \quad p_d = 0{,}023 \text{ kg/cm} = 230 \text{ kg/qm}.$$

Das Gewicht eines cbm trockener Luft berechnet sich dann zu

$$\gamma = 0{,}0001252 \cdot \frac{p}{1 + \alpha \cdot t} = 0{,}0001252 \, \frac{10\,333}{1 + 0{,}003665 \cdot 20} = 1{,}2053 \text{ kg},$$

während das Gewicht der gleichen Menge feuchter Luft sich ergibt zu

$$\gamma_1 = 0{,}0001252 \, \frac{10\,333 - 230}{1 + 0{,}003665 \cdot 20} + 0{,}01723 = 1{,}1957 \text{ kg}.$$

Ist die Luft nicht vollständig mit Wasserdampf gesättigt, so nennt man das Verhältnis der in einem cbm enthaltenen Dampfmenge in g zu der Sättigungsmenge x den Sättigungsgrad oder das Sättigungsverhältnis oder die relative Feuchtigkeit der Luft, φ [2]). Das Gewicht der Luft berechnet sich dann nach der Gleichung:

$$\gamma_1 = 0{,}0001252 \, \frac{p - \varphi \cdot p_d}{1 + \alpha \cdot t} + \frac{\varphi \cdot x}{1000}. \qquad 24)$$

Ist z. B. bei Annahme desselben Druck- und Temperaturzustandes wie im obigen Beispiel $\varphi = 0{,}25$, d. h. sind in 1 cbm feuchter Luft nicht 17,23 g, sondern nur 4,33 g Wasserdampf enthalten, so ist

$$\gamma_1 = 0{,}0001252 \, \frac{10\,334 - 0{,}25 \cdot 230}{1 + 0{,}003665 \cdot 20} + \frac{4{,}33}{1000} = 1{,}2030 \text{ kg}.$$

Das Gewicht der Luft ist also um so größer, je geringer der Feuchtigkeitsgehalt derselben, oder je kleiner das Sättigungsverhältnis oder, kurz gesagt, je trockener dieselbe ist.

Da durch die Kompression Wärme entwickelt wird, die wärmere Luft jedoch eine größere Sättigungsmenge besitzt, so wird sich der in der Luft enthaltene Wasserdampf bei der Kompression von seinem Tau- oder

---

1) Wüllner, Exp. Physik, 2. Aufl., Bd. III, S. 622.
2) Zeuner, Techn. Thermodynamik Bd. II, S. 323.

Kondensationspunkt immer weiter entfernen, sich mithin nicht wie gesättigter, sondern wie überhitzter Wasserdampf verhalten.

Die zur Kompression feuchter Luft nötige Arbeit setzt sich nun zusammen:

1. aus der Arbeit zur Kompression der in einer bestimmten Luftmenge, z. B. 1 cbm enthaltenen trockenen Luft,

2. aus der Arbeit zur Kompression des in dieser Luftmenge enthaltenen Wasserdampfes.

Für den ersteren Teil der Arbeit gelten alle früheren Gleichungen der trockenen Luft, während für die Berechnung der Kompressionsarbeit des überhitzten Wasserdampfes die folgenden Betrachtungen anzustellen sind.

Da nach beendigter Kompression die Luft das Volumen V_2, den Druck p_2 und die Temperatur T_2 angenommen hat, so wird auch der Wasserdampf dieselbe Endtemperatur annehmen müssen, mithin von der Anfangsspannung p_x (entsprechend der Anfangstemperatur T_1) auf den Enddruck p_y (entsprechend der Endtemperatur T_2) komprimiert worden sein. Unter Voraussetzung adiabatischer Kompression kann mithin auch für den überhitzten Wasserdampf, da er als ein permanentes Gas angesehen werden kann, mit genügender Annäherung das Poissonsche Gesetz angewandt werden, woraus folgt

$$\frac{T_2}{T_1} = \left(\frac{p_y}{p_x}\right)^{\frac{\varkappa-1}{\varkappa}}. \qquad 25)$$

Die Berechnung dieser Gleichung setzt aber die Kenntnis des Wertes $\varkappa$ oder der spezifischen Wärmen des überhitzten Wasserdampfes bei konstantem Druck und konstantem Volumen voraus. Beide Werte sind jedoch noch nicht vollkommen genau durch Versuche bestimmt [1]. Es ist von vornherein klar, daß der Exponent $\varkappa$ zwischen dem Exponenten für trocken gesättigten Dampf $\varkappa = 1,135$ und dem Exponenten für die adiabatische Kompression der Luft $\varkappa = 1,41$ liegen muß. Aus Versuchen von Regnault ergibt sich, daß die spezifische Wärme c_p im Mittel

$$= 0,4805 \text{ zu setzen ist, woraus Zeuner den Exponenten } \varkappa \text{ zu } 1,3333 = \frac{4}{3}$$

und den Wert $\dfrac{\varkappa-1}{\varkappa}$ zu 0,25 berechnet.

Die Kompressionsarbeit für 1 kg feuchter Luft würde sich hieraus berechnen lassen zu

$$L = L_1 + L_2,$$

worin L_1 die Arbeit zur Kompression der Luft,
L_2 „ „ „ „ des Wasserdampfes ist.

Nach Gleichung 19) war die Arbeit für 1 kg trockener Luft

$$L_1 = \frac{\varkappa}{\varkappa-1} p_1 V_1 \left[\left(\frac{p_2}{p_1}\right)^{\frac{\varkappa-1}{\varkappa}} - 1\right].$$

---

[1] Ausführlicheres hierüber siehe Zeuner, Techn. Thermodynamik, Bd. II, S. 230 ff.

Die Arbeit für 1 kg überhitzten Wasserdampf berechnet sich demnach ebenso zu

$$L_2 = \frac{\varkappa}{\varkappa - 1} \cdot p_x \cdot V_x \left[\left(\frac{p_y}{p_x} \right)^{\frac{\varkappa - 1}{\varkappa}} - 1 \right],$$

worin jedoch $\varkappa = 1{,}3333$, oder $\frac{\varkappa - 1}{\varkappa} = 0{,}25$, also $\frac{\varkappa}{\varkappa - 1} = 4$ zu setzen ist, p_x und p_y die absolute Anfangs- und Endspannung in kg/qm, V_x das Anfangsvolumen des Wasserdampfes in cbm ist.

Sind nun in 1 kg feuchter Luft G_1 kg trockener Luft und G_2 kg Wasserdampf enthalten (wobei $G_1 + G_2 = 1$ ist), so folgt

$$L = G_1 \cdot L_1 + G_2 \cdot L_2.$$

Einfacher gestaltet sich die Berechnung, wenn man nach Zeuner [1]) den Exponenten $\varkappa$ der Mischung von Luft und Wasserdampf nach der Gleichung

$$\varkappa = \frac{c_p' + m \cdot c_p''}{c_v' + m \cdot c_v''} \qquad 26)$$

berechnet, worin c_v' und c_p' die spezifischen Wärmen der Luft, c_p'' und c_v'' diejenigen des überhitzten Wasserdampfes bedeuten und zu

$$c_p' = 0{,}2375, \qquad c_v' = 0{,}1685,$$
$$c_p'' = 0{,}4805, \qquad c_v'' = 0{,}3695,$$

zu setzen sind und endlich m das Mischungsverhältnis oder das Verhältnis des Dampfgewichts zum Luftgewicht in 1 kg feuchter Luft also

$$m = \frac{G_2}{G_1} \text{ ist.}$$

Zur Berechnung von m dient die Gleichung:

$$m = \frac{R_1}{R_2} \cdot \frac{p_d}{p_l} = \frac{29{,}269}{47{,}061} \cdot \frac{p_d}{p_l} = 0{,}623 \cdot \frac{p_d}{p_l}. \qquad 27)$$

Darin ist p_d die absolute Dampfspannung bei einer beliebigen Temperatur und p_1 der absolute Luftdruck bei derselben Temperatur, R_1 bzw. R_2 die Regnaultsche Konstante für Luft bzw. überhitzten Wasserdampf. Die Kompressionsarbeit berechnet sich dann genau wie bei trockener Luft durch Einführung dieses Mischungsexponenten in die Gleichung

$$L = \frac{\varkappa}{\varkappa - 1} p_1 \cdot V_1 \cdot \left[\left(\frac{p_2}{p_1} \right)^{\frac{\varkappa - 1}{\varkappa}} - 1 \right], \qquad 28)$$

worin der Wert von $\varkappa$ aus Gleichung 26) für ein bestimmtes Mischungsverhältnis m zu berechnen ist.

Bezeichnet wieder, wie früher, $\frac{F \cdot s \cdot n}{30}$ die i. d. Sek. angesaugte Luftmenge, so folgt genau wie oben

---

1) Zeuner, a. a. O. Bd. II, S. 327 u. 328.

$$N = \frac{F \cdot s \cdot n}{30} \cdot \frac{p_m}{75},$$

worin

$$p_m = \frac{\varkappa}{\varkappa - 1} \cdot p_1 \left[\left(\frac{p_2}{p_1}\right)^{\frac{\varkappa - 1}{\varkappa}} - 1 \right]$$

$\left.\begin{array}{c} \\ \\ \\ \\ \end{array}\right\}$ 28 a)

und $\varkappa$ aus Gleichung 26) zu berechnen ist.

Beispiel: Das oben S. 562 und 565 berechnete Beispiel soll unter der Voraussetzung, daß feuchte Luft von 25° C bei einem äußeren Luftdruck von 745 mm Barometerstand angesaugt werde, umgerechnet werden, wobei der Sättigungsgrad φ der Luft zu 0,3 angenommen sei.

Zunächst ist wieder $V_0 = \dfrac{F \cdot s \cdot n}{30} = 3,2755$ cbm die i. d. Sek. angesaugte Luftmenge, und $\dfrac{p_2}{p_1} = 2,74$ das Kompressionsverhältnis.

Dann ist

$$p_1 = 10\,333 \cdot \frac{745}{760} \cdot \frac{1}{1 + 0,00367 \cdot 25} = 10129,5 \cdot 0,916 = 9278,6.$$

Für vollkommen gesättigte Luft wäre nach Tabelle 3.) $p_d = 310$ kg/qm. Da jedoch das Sättigungsverhältnis nur 0,3 ist, so folgt $p_d = 0,3 \cdot 310 = 93$ kg/qm, und $p_1 = 9278,6 - 93 = 9185,6$ kg/qm, also nach Gleichung 27)

$$m = 0,623 \cdot \frac{93}{9185,6} = 0,0063$$

und

$$\varkappa = \frac{0,2375 + 0,0063 \cdot 0,4805}{0,1685 + 0,0063 \cdot 0,3695} = 1,4080,$$

welcher Wert dem Exponenten $\varkappa = 1,41$ für trockene Luft sehr nahekommt. Setzt man den gefundenen Wert in Gleichung 28 a) ein, so erhält man

$$p_m = 3,44 \cdot 9278,6 \cdot \left(2,74^{0,898} - 1\right) = 10\,791.$$

folglich

$$N = 0,04512 \cdot 1,9359 \cdot 10\,791 = 945,83 \text{ PS.}$$

Wäre dagegen die Temperatur der Luft bei gleichem Sättigungsverhältnis 0° gewesen, so ergibt die Berechnung:

$$p_1 = 10\,333 \cdot \frac{745}{760} = 10129,5 \text{ kg/qm,}$$

$p_d = 62$ kg/qm, also für $\varphi = 0,3 \quad p_d = 0,3 \cdot 62 = 18,6$ kg/qm,

$p_1 = 10\,129,5 - 18,6 \backsim 10\,111$ kg/qm,

$m = 0,00112, \varkappa = 1,4094,$

$p_m = 11780,6$ kg/qm und endlich

$N = 1032,57$ PS.

Die folgende Tabelle erleichtert die Übersicht:

	Beschaffenheit der Luft	Art der Kompression	Kraftbedarf
1.	Trocken	isothermisch	912,6
2.	Feucht		
	von 25° C	Exponent 1,408	945,83
3.	Feucht		
	von 0° C	„ 1,4094	1032,75
4.	adiabatisch	adiabatisch	1049,35

Da die Kompressionsarbeit bei trockener Luft N = 1049,35 PS. betrug, so ist der Mehrbetrag der letzteren gegenüber der Arbeit bei feuchter Luft

im ersten Falle (25° C) 1049,35 — 945,83 = 103,52 PS. oder fast 10 % der Arbeit bei trockener Luft,

im zweiten Falle (0° C) 1049,35 — 1032,57 = 16,78 PS. oder nur 1,6 %, welcher Unterschied auf der Verschiedenheit des vorausgesetzten äußeren Luftdrucks und dem Feuchtigkeitsgehalt der Luft beruht.

Die vorstehenden Berechnungen gestatten die Behauptung aufzustellen, daß

1. die **Kompressionsarbeit** mit **zunehmender Temperatur** der angesaugten Luft **abnimmt** und

2. die **Kompressionsarbeit feuchter Luft kleiner ist als die**jenige **trockener Luft** von **sonst gleichem Zustand.**

B. Einfluß der Wasserkühlung auf den Wirkungsgrad der Kompression.

Um die Erwärmung der Luft und der Zylinderwandungen möglichst herabzuziehen, dadurch aber den Wirkungsgrad der Kompression möglichst zu erhöhen, bedient man sich der Wasserkühlung, welche nach drei verschiedenen Methoden ausgeführt wird

1. durch Einspritzen von Wasser in den Zylinder,
2. durch Anwendung einer vom Kolben bewegten Wassersäule im Innern des Zylinders,
3. durch Kühlung der äußeren Oberfläche des Zylinders und der Deckel.

Über die Anwendung dieser verschiedenen Methoden ist das Nähere im I. Teil erwähnt worden [1].

Um die zur Kühlung nötige Wassermenge zu berechnen, soll zunächst die adiabatische Kompression, d. h. diejenige ohne Wärmezu- oder -abfuhr vorausgesetzt werden.

---

[1] Siehe S. 123, S. 128 und S. 174.

Nach Gleichung 19 a) ist dann die zur Kompression eines kg Luft notwendige Arbeit L in mkg gleich:

$$L = \frac{c_p}{A}(T_2 - T_1), \text{ worin } T_2 - T_1$$

die Temperaturerhöhung bei der adiabatischen Kompression bedeutete. Die Beziehungen zwischen Anfangsdruck, -Volumen und -Temperatur $p_1\,V_1\,T_1$ und Enddruck, -Volumen und -Temperatur $p_2\,V_2\,T_2$ waren für diesen Fall berechnet zu

$$p_1 \cdot V_1^{\varkappa} = p_2 \cdot V_2^{\varkappa}$$

und

$$\frac{T_2}{T_1} = \left(\frac{V_1}{V_2}\right)^{\varkappa - 1} = \left(\frac{p_2}{p_1}\right)^{\frac{\varkappa - 1}{\varkappa}}.$$

Für die Kompression o h n e Temperaturerhöhung war $p_1 \cdot V_1 = p_1 \cdot V_2$, mithin werden für die Kompression mit Wasserkühlung, da dieselbe zwischen beiden Grenzzuständen liegt, die Gleichungen gelten:

$$p_1 \cdot V_1^{n} = p_2 \cdot V_2^{n} \qquad\qquad 29)$$

und

$$\frac{T_2}{T_1} = \left(\frac{V_1}{V_2}\right)^{n - 1} = \left(\frac{p_2}{p_1}\right)^{\frac{n-1}{n}} \qquad\qquad 29\,\text{a})$$

worin $1 < n < k$ ist.

Die Kompression nach diesem Gesetz bezeichnet Z e u n e r als die p o l y t r o p i s c h e Kompression.

Aus der letzten Gleichung berechnet sich n für jede beliebige End-temperatur T_2 und jeden Enddruck p_2 folgendermaßen.

Es ist

$$\log \frac{T_2}{T_1} = \frac{n-1}{n} \log \frac{p_2}{p_1},$$

daher

$$n = \frac{\log \dfrac{p_2}{p_1}}{\log \dfrac{p_2}{p_1} - \log \dfrac{T_2}{T_1}} = \frac{\log \dfrac{p_2}{p_1}}{\log \dfrac{p_2}{p_1} \cdot \dfrac{T_1}{T_2}} = \frac{\log \varepsilon}{\log \varepsilon \cdot \dfrac{T_1}{T_2}}, \qquad 30)$$

worin $\varepsilon = \dfrac{p_2}{p_1}$ das Kompressionsverhältnis ist.

Die Kompressionsarbeit bei p o l y t r o p i s c h e r Zustandsänderung berechnet sich nun genau wie bei adiabatischer Kompression nach Gleichung 19) und 19 b) zu

$$L_1 = \frac{n}{n-1} \cdot p_1 \left[\left(\frac{p_2}{p_1}\right)^{\frac{n-1}{n}} - 1\right] \qquad\qquad 31)$$

in mkg für 1 c b m angesaugter Luft, oder unter Einführung der Tem-peraturen zu:

$$L_1 = \frac{n}{n-1} \cdot p_1 \left[\frac{T_2'}{T_1} - 1\right] = \frac{n}{n-1} \cdot p_1 \frac{T_2' - T_1}{T_1}. \qquad 31\,\text{a})$$

Soll jedoch die Kompressionsarbeit für 1 cbm komprimierter Luft berechnet werden, so ist

$$L_{II} = \frac{n}{n-1} \cdot p_1 \left[\frac{p_2}{p_1} - \left(\frac{p_2}{p_1} \right)^{\frac{1}{n}} \right] \qquad 31\,b)$$

oder unter Einführung der Temperaturen

$$L_{II} = \frac{n}{n-1} \cdot p_1 \left[\left(\frac{T_2'}{T_1} \right)^{\frac{n}{n-1}} - \left(\frac{T_2'}{T_1} \right)^{\frac{1}{n-1}} \right] \qquad 31\,c)$$

Hierin ist n für das gewünschte Druckverhältnis $\varepsilon = \frac{p_2}{p_1}$ und die beabsichtigte Temperaturerhöhung $T_2' - T_1$ aus Gleichung 30) zu berechnen.

Die Arbeit für 1 kg trockener Luft berechnet sich bei teilweiser Kühlung (oder polytropischer Kompression) nach der Gleichung

$$L = \frac{n}{n-1} \cdot R\,(T_2' - T_1), \qquad 32)$$

welche der Gleichung 19 a) entspricht. Hierin bedeutet n den Exponenten nach Gleichung 30) für das gewünschte Kompressionsverhältnis, sowie T_2' die durch die Kühlung beabsichtigte niedrigere Endtemperatur.

Diese Gleichung dürfte für die Berechnung der Kompressionsarbeit bei teilweiser Kühlung für die meisten praktischen Fälle genügende Genauigkeit ergeben.

Für streng wissenschaftliche Untersuchungen dagegen muß den von Mallard aufgestellten Gleichungen der Vorzug gegeben werden.

In sehr eingehender und klarer Weise hat derselbe zuerst [1]) die Vorgänge bei der Kompression und Expansion feuchter Luft, sowie den Einfluß der Wasserkühlung entwickelt und die Gleichung für die Berechnung des Enddrucks der Kompression und der Kompressionsarbeit abgeleitet, wobei er die Voraussetzungen macht, daß 1. keinerlei Wärme durch die Zylinderwandungen zu- oder abgeführt werde (also adiabatische Zustandsänderung stattfinde), daß 2. während der Kompressionsperiode soviel Wasser in den Zylinder eingespritzt werde, daß die bei der Kompression entwickelte Wärme teilweise zur Verdampfung desselben verbraucht werde, so daß am Ende der Kompression die Luft gerade ganz mit Wasserdampf gesättigt sei, und daß 3. die Temperaturen des Wassers, der Luft und des Wasserdampfes fortwährend einander gleich seien, also das Wasser und der Wasserdampf sich mit der Luft infolge der Kompression gleichmäßig und gleichzeitig erwärme [2]).

---

[1]) Etude théorique sur les machines à air comprimé, par M. Mallard, Ingénieur de mines, professeur à l'Ecole des mineurs de Saint-Etienne. Bulletin de l'industrie minérale, Bd. XII, S. 615 ff. Paris 1867.

[2]) Für die gegebenenfalls erforderliche Benutzung dieser Gleichung sei auf die 1. Auflage, S. 464 u. folg. verwiesen.

C. Berechnung der abzuleitenden Wärmemenge.

In Fig. 608 sind die theoretischen Kompressionsdiagramme für isothermische, adiabatische und polytropische Kompression dargestellt. Die Kurve A B stellt die Druckzunahme im ersten, A C im zweiten, A D bzw. A H im dritten Falle bei teilweiser Kühlung auf 150 ^{0} bzw. 75 ^{0} dar. Die diesen Kompressionen und nachherigem Verdrängen aus dem Zylinder entsprechenden Arbeitsmengen sind durch die Flächen A B E F, A C E F und A D E F bzw. A H E F dargestellt. Es ist darin $L_i = F_0$, $L_a = F_0 + F_1 + F_2$ und $L_p = F_0 + F_1$, worin F_0 die kreuzweise schraffierte, F_1 die

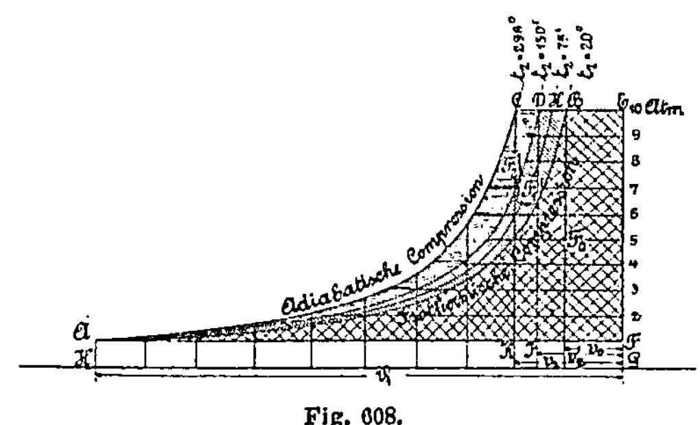

Fig. 608.

diagonal schraffierte und F_2 die horizontal schraffierte Fläche bezeichnet. Die adiabatische Kompressionsarbeit ist somit am größten, die isothermische am kleinsten, zwischen beiden liegt die polytropische. Der ersteren entspricht im vorliegenden Falle (für $\frac{p_2}{p_1} = \varepsilon = 10$) eine Endtemperatur $t_2 = 298\ ^0$, der letzteren eine solche von $t_2' = 150\ ^0$ bzw. 75 ^{0}. Die Arbeitsersparnis bei teilweiser Kühlung von 298 ^{0} auf 150 ^{0} oder um $T_2 - T_2' = t_2 - t_2' = 148\ ^0$ ist somit gleich der Fläche F_2, diejenige bei isothermischer Kompression, also bei einer Kühlung von 298 ^{0} auf 20 ^{0} oder um 278 ^{0} gleich der Fläche $F_1 + F_2$. Für die Kühlung auf 75 ^{0} ist noch die Kurve A H eingezeichnet.

Zur Berechnung der ganzen, bei polytropischer Kompression abzuleitenden Wärmemenge dienen folgende Gleichungen.

Zeuner [1] versteht unter der polytropischen Kompression diejenige, bei welcher die der Luft entzogene Wärmemenge der Temperaturänderung direkt proportional ist. Diese Voraussetzung läßt sich ausdrücken durch die Gleichung

$$Q = c\,(T_2' - T_1) \quad \text{oder} \quad \frac{Q}{T_2' - T_1} = \text{Konst.} = c,$$

worin c eine konstante Zahl ist, welche das Verhältnis der Wärmemenge zur Temperaturänderung ausdrückt. Da jedoch die Multiplikation von c mit einer Temperaturdifferenz die Wärmemenge Q ergibt, so muß c eine spezifische Wärme oder die zur Erwärmung eines kg Luft bei der Zu-

---

[1] Techn. Thermodynamik, Bd. I, 1887, S. 142.

standsänderung nach der polytropischen Kurve um 1^0 nötige Wärmemenge bezeichnen. Zeuner[1]) nennt daher auch c die spezifische Wärme des betreffenden Gases, also hier der Luft, für die Druckkurve $p \cdot v^n = $ Konst.

Ganz allgemein war nun für alle Zustandsänderungen der Luft die Gleichung 10) gefunden

$$Q = Q_1 + Q_2 = c_v (T_2 - T_1) + A \cdot L.$$

Schreibt man hierin T_2' statt T_2 und L_p statt L, so folgt

$$Q = c_v (T_2' - T_1) + A \cdot L_p.$$

Subtrahiert man diese Gleichung von der obigen, so folgt

$$0 = (c - c_v)(T_2' - T_1) - A \cdot L_p$$

oder

$$L_p = \frac{c - c_v}{A}(T_2' - T_1).$$

Dividiert man endlich diese Gleichung durch die erste, so folgt

$$\frac{A \cdot L_p}{Q} = \frac{c - c_v}{c},$$

oder wenn man nach Zeuner[2])

$$c = \frac{n - \varkappa}{n - 1} \cdot c_v$$

setzt,

$$\frac{A L_p}{Q} = \left(\frac{n - \varkappa}{n - 1} - 1\right) \cdot c_v \cdot \frac{n - 1}{(n - \varkappa) \cdot c_v} = \frac{1 - \varkappa}{n - \varkappa} = \frac{\varkappa - 1}{\varkappa - n},$$

folglich

$$Q = \frac{\varkappa - n}{\varkappa - 1} \cdot A L_p. \tag{33}$$

Hierin bedeutet L_p die nur zur Kompression verwandte Arbeit. Da jedoch, wie bei der adiabatischen Kompression, auch hier die Beziehung besteht, daß die Gesamtarbeit zur Kompression und Hinausschieben aus dem Zylinder für 1 kg Luft

$$L = n \cdot L_p$$

ist, so folgt

$$L_p = \frac{1}{n} \cdot L,$$

und

$$Q = \frac{\varkappa - n}{(\varkappa - 1) \cdot n} \cdot A \cdot L = q \cdot L, \quad \text{worin} \quad q = \frac{\varkappa - n}{n(\varkappa - 1)} \cdot A \tag{34}$$

und L die ganze Arbeit bei einem Hube ist.

Die nachfolgende Tabelle 4 enthält für verschiedene Endtemperaturen und Kompressionsgrade bei einer Anfangstemperatur der Luft $= 20^0$ die Werte von q. Dieselbe gestattet, auch für andere Anfangstemperaturen die Wärmemenge zu ermitteln, da die Kompressionsarbeit nach den Gleichungen 17 a), 19 a) und 32) nur abhängig ist von der Temperaturdifferenz oder dem Verhältnis der Anfangs- und Endtemperatur zueinander, nicht aber von der absoluten Größe der Anfangstemperatur.

---

[1]) a. a. O. S. 143.
[2]) a. a. O. S. 143.

Tabelle 4.

Werte von q (Gleichung 34).

$t_1 = 20^0$ C, $T_1 = 293^0$.

$\varepsilon = \dfrac{p_2}{p_1}$	$t_2' = 30^0$	50^0	75^0	100^0	150^0
	$T_2' : T_1 = 1,034$	1,102	1,188	1,273	1,443
1,5	0,00171	0,00041	—	—	—
2	0,00200	0,00122	0,00034	—	—
2,5	0,00207	0,00148	0,00083	0,00020	—
3	0,00211	0,00161	0,00109	0,00054	—
3,5	0,00214	0,00170	0,00125	0,00075	—
4	0,00216	0,00178	0,00135	0,00094	0,00020
4,5	0,002175	0,00183	0,00143	0,00106	0,00037
5	0,00219	0,00186	0,00148	0,00114	0,00051
6	0,00220	0,00191	0,00157	0,00127	0,00070
7	0,00221	0,00195	0,00163	0,00135	0,00083
8	0,00222	0,00198	0,00168	0,00141	0,00092
9	0,00223	0,00200	0,001715	0,00146	0,00100
10	0,00224	0,00201	0,00175	0,00150	0,00107

Da in der zweiten Horizontalreihe diese Verhältnisse für die in der Tabelle enthaltenen Werte angegeben sind, so dürfte es nicht schwer fallen, durch Interpolation für beliebige andere Temperaturverhältnisse die Werte von q zu ermitteln.

Beispiel: Es sei für die im obigen Beispiel (S. 562) berechnete Luftmenge von 3,2755 cbm i. d. Sek. die in der gleichen Zeit abzuleitende Wärmemenge Q_0 zu berechnen, wenn $t_1 = 20^0$ und $t_2' = 50^0$ sein soll.

Es war zunächst $\varepsilon = 2,74$. Nach den obigen Gleichungen berechnet sich die Kompressionsarbeit zu $L = 9125$. Aus Tabelle 4 erhält man durch Interpolation q = 0,001545 WE., woraus folgt

$$Q = 9125 \cdot 0,001545 = 14,098 \backsim 14,1 \text{ WE.}$$

für 1 kg Luft. Das Gewicht eines cbm Luft von 20^0 berechnet sich für einen Luftdruck von 760 mm nach Gleichung 9 b) zu

$$\gamma = 341,65 \, \frac{1,0333}{273 + 20} = 1,2048 \text{ kg,}$$

folglich ist

$$G = 3,2756 \cdot 1,248 = 3,956 \text{ kg,}$$

und

$$Q_0 = 14,1 \cdot 3\,946 = 55,64 \text{ WE.}$$

die ganze i. d. Sek. abzuführende Wärmemenge [1]).

---

[1]) Über die Berechnung der zur Kühlung erforderlichen K ü h l w a s s e r - m e n g e s. Näheres II. Aufl., S. 560 ff.

Viertes Kapitel.

Der Einfluß des schädlichen Raumes, volumetrischer Wirkungsgrad.

In dem zwischen dem Kolben in seiner Endstellung und den Zylinderdeckeln, Ventilen öder Klappen befindlichen schädlichen Raum bleibt ein gewisses Luftvolumen $\varepsilon_0 \cdot V_1$ von der Spannung p_2 zurück, welches sich beim Rückgang des Kolbens vergrößert, wobei die Luft bis zum Anfangsdruck p_1 expandiert und der Kolben den Weg s' zurücklegt. Erst

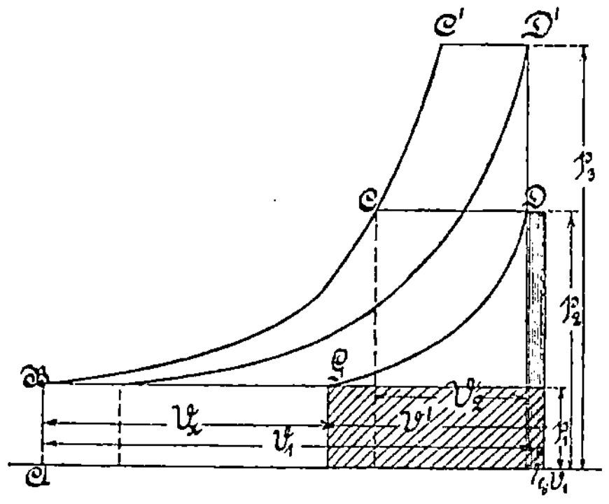

Fig. 609.

bei dieser Stellung G des Kolbens beginnt das Ansaugen von Luft. In Fig. 609 stellt D G die Expansionskurve dar, wobei vorausgesetzt ist, daß diese Zustandsänderung adiabatisch erfolge. Die angesaugte Luftmenge ist dann nur V_x statt V_1, und ist dieselbe, wie die Figur zeigt, um so kleiner, je größer der Enddruck p_2 ist. Wird derselbe z. B. gleich p_3, so findet fast während des ganzen Rückganges Expansion statt, und die angesaugte Luftmenge ist ungefähr gleich Null. Je höher also die Kompression getrieben wird, um so stärker ist der Einfluß des schädlichen Raumes.

Bei Beginn des Rückgangs war das Volumen des schädlichen Raumes $\varepsilon_0 V_1$ (vertikal schraffiert), der Druck p_2, die Temperatur T_2, am

Ende der Expansion bzw. V' (diagonal schraffiert), p_1 und T_1, so daß die Gleichungen bestehen:

$$p_2 \cdot (\varepsilon_0 V_1) = p_1 \cdot V'$$

für isothermische und

$$p_2 \cdot (\varepsilon_0 V_1) = R\,T_2 \quad \text{und} \quad p_1 \cdot V' = R \cdot T_1,$$

oder

$$\frac{p_2\,(\varepsilon_0\,V_1)}{T_2} = \frac{p_1 \cdot V'}{T_1}$$

für adiabatische Zustandsänderung.

Aus der ersten Gleichung folgt:

$$V' = \varepsilon_0 \cdot V_1 \frac{p_2}{p_1} = \varepsilon_0 \cdot V_1 \cdot \varepsilon.$$

Aus der Gleichung $V_1 + \varepsilon_0 V_1 = V' + V_x$ folgt aber weiter:

$$V_x = (1 + \varepsilon_0)\,V_1 - V' = V_1\,(1 + \varepsilon_0 - \varepsilon_0 \cdot \varepsilon) = V_1\,[1 - \varepsilon_0\,(\varepsilon - 1)]. \qquad 41)$$

Für isothermische Kompression ergibt sich daher der **volumetrische Wirkungsgrad**[1]), d. h. das **Verhältnis der wirklich angesaugten zur theoretischen Luftmenge oder zum Hubvolumen, zu:**

$$\eta_v = \frac{V_x}{V_1} = 1 - \varepsilon_0\,(\varepsilon - 1). \qquad 42)$$

Hieraus folgt, daß $\eta_v = 0$ wird, wenn $1 - \varepsilon_0\,(\varepsilon - 1) = 0$, oder

$$\varepsilon = \frac{1}{\varepsilon_0} + 1 = \frac{1 + \varepsilon_0}{\varepsilon_0} \qquad 43)$$

ist, woraus z. B. für $\varepsilon_0 = 0{,}05$ sich

$$\varepsilon = \frac{1{,}05}{0{,}05} = 21, \quad \text{für } \varepsilon_0 = 0{,}03 \text{ zu } 34{,}33 \text{ für } \varepsilon_0 = 0{,}02 \text{ zu } 51$$

berechnet.

Für adiabatische Zustandsänderung folgt aus der obigen Gleichung:

$$V' = \varepsilon_0\,V_1 \cdot \frac{p_2}{p_1} \cdot \frac{T_1}{T_2} = \varepsilon_0\,V_1 \cdot \left(\frac{p_2}{p_1}\right)^{\frac{1}{\varkappa}} = \varepsilon_0\,V_1 \cdot \left(\frac{p_2}{p_1}\right)^{0{,}7092} \qquad 44)$$

Aus der Gleichung

$$V_1 + \varepsilon_0\,V_1 = V' + V_x$$

folgt sodann wie vorher:

$$V_x = (1 + \varepsilon_0)\,V_1 - V' = (1 + \varepsilon_0)\,V_1 - \varepsilon_0\,V_1\,\left(\frac{p_2}{p_1}\right)^{\frac{1}{\varkappa}},$$

---

[1]) Nach den vom Verein Deutsch. Ingenieure ausgearbeiteten und im Juni 1912 vorläufig vom Verein angenommenen „Regeln für Leistungsversuche an Kompressoren" gelten die Bezeichnungen: 15. Volumetrischer Wirkungsgrad ist das Verhältnis der wirklich angesaugten Gasmenge bei Spannung und Temperatur an der Saugöffnung zum Hubvolumen. 16. Liefergrad ist das Verhältnis der nutzbar gelieferten Gasmenge (wenn nicht anders bestimmbar, aus der Fortdrucklinie des Diagrammes zu berechnen), umgerechnet auf Spannung und Temperatur des angesaugten Gases an der Saugöffnung (daß die Temperatur außerhalb des Zylinders gemessen wird, ist ein unvermeidlicher Fehler) zum Hubvolumen.

Der Liefergrad ist stets kleiner als der volumetrische Wirkungsgrad, und zwar um die Verluste infolge von Rückströmung von Luft durch die Saugventile bei der Kolbenumkehr im Todpunkt, ferner um die Verluste infolge von etwaigen Undichtigkeiten der Saugventile, der Stopfbüchsen, der Kolben, kurz um alle Gasverluste während des Kompressionshubes.

woraus sich nach verschiedenen Umformungen und unter Einführung der Bezeichnung $\varepsilon = \dfrac{p_2}{p_1}$ ergibt:

$$V_x = V_1\left[1 - \varepsilon_0\left((\varepsilon)^{\frac{1}{\varkappa}} - 1\right)\right],\tag{45}$$

also der volumetrische Wirkungsgrad zu:

$$\eta_v = \frac{V_x}{V_1} = 1 - \varepsilon_0\left((\varepsilon)^{\frac{1}{\varkappa}} - 1\right).\tag{46}$$

Aus dieser Gleichung folgt, daß der volumetrische Wirkungsgrad um so größer ist, je kleiner der schädliche Raum und je kleiner der Enddruck der Kompression ist. Der Wirkungsgrad wird dagegen gleich Null, wenn

$$\varepsilon_0\left((\varepsilon)^{\frac{1}{\varkappa}} - 1\right) = 1 \quad \text{oder} \quad \varepsilon = \left(\frac{1 + \varepsilon_0}{\varepsilon_0}\right)^{\varkappa}\tag{47}$$

ist, also z. B. für

$$\varepsilon_0 = 0{,}05, \quad \varepsilon = 21^{1{,}41} = 73{,}17.$$

Die nachstehende Tabelle 5 gibt für verschiedene Werte von ε_0 die Werte von ε an, für welche der Wirkungsgrad bei isothermischer und adiabatischer Kompression gleich Null wird, also keine Luft mehr angesaugt wird. Die volumetrischen Wirkungsgrade für verschiedene schädliche Räume und für verschiedene Werte von ε sind aus Tabelle 6 zu ersehen.

Tabelle 5.

ε_0 in $^0/_0$	Isotherm. Kompr. $\varepsilon = \dfrac{1 + \varepsilon_0}{\varepsilon_0}$	Adiabat. Kompr. $\varepsilon = \left(\dfrac{1 + \varepsilon_0}{\varepsilon_0}\right)^{\varkappa}$
10	11	29,4
8	13,5	39,24
6	17,66	57,49
4	26	98,88

Der **Liefergrad** berechnet sich nach den obigen Gleichungen folgendermaßen:

Für den Anfangszustand der Kompression gilt die Gleichung:

$$V_y \cdot p_1 = R \cdot T_1, \text{ also } R = \frac{V_y \cdot p_1}{T_1}$$

für den Endzustand:

$$V_2 \cdot p_2 = R \cdot T_2, \text{ also } R = \frac{V_2 \cdot p_2}{T_2} = \frac{V_y \cdot p_1}{T_1}$$

Mithin ist das auf den Anfangszustand (Druck und Temperatur an der Saugöffnung) zurückgeführte **wirklich** angesaugte Volumen V_y [1] berechnet aus der Fortdrücklinie $C\,D$

---

[1] In Fig. 609 nicht gezeichnet.

Tabelle 6.

Volumetrische Wirkungsgrade bei verschiedenen Kompressionsgraden.

$\dfrac{p_2}{p_1} = \varepsilon$	Isothermische Kompression				Adiabatische Kompression			
	$\varepsilon_0 = 0,1$	$\varepsilon_0 = 0,08$	$\varepsilon_0 = 0,06$	$\varepsilon_0 = 0,04$	$\varepsilon_0 = 0,1$	$\varepsilon_0 = 0,08$	$\varepsilon_0 = 0,06$	$\varepsilon_0 = 0,04$
1,1	0,99	0,992	0,994	0,996	0,993	0,994	0,996	0,9972
1,2	98	984	988	992	986	989	992	9945
1,3	97	976	982	988	979	984	9877	9918
1,4	96	968	976	984	973	978	9838	989
1,5	95	960	970	980	967	973	980	9867
1,6	94	952	964	976	960	968	976	984
1,7	93	944	958	972	954	963	9726	9817
1,8	92	936	952	968	948	958	9689	979
1,9	91	928	946	964	942	954	9654	977
2	90	920	940	960	936	949	9619	9746
2,5	85	88	91	94	908	927	945	963
3	80	84	88	92	882	906	929	953
3,5	75	80	85	90	857	885	914	9427
4	70	76	82	88	833	866	8896	933
5	60	68	76	84	787	829	872	915
6	50	60	70	80	744	795	846	897
7	40	52	64	76	703	762	821	881
8	30	44	58	72	663	730	798	865
9	20	36	52	68	625	699	775	850
10	0,10	0,28	46	64	588	670	753	835
15	—	—	0,16	55	417	534	650	767
20	—	—	—	0,24	0,263	0,410	0,558	0,705

$$V_y = V_2 \cdot \frac{p_2}{p_1} \cdot \frac{T_1}{T_2}$$

und daher der Liefergrad oder das Verhältnis dieser reduzierten Gas-(Luft-)menge zum Hubvolumen

$$\eta_l = \frac{V_y}{V_1} = \frac{V_2}{V_1} \cdot \frac{p_2}{p_1} \cdot \frac{T_1}{T_2}.$$

Hierin ist V_y stets kleiner als V_x, oder der Liefergrad η_l kleiner als der volumetrische Wirkungsgrad η_v.

Um den nachteiligen Einfluß des schädlichen Raumes auf den volumetrischen Wirkungsgrad möglichst zu verkleinern, hat zuerst Professor Wellner [1]) den Vorschlag gemacht, am Ende des Kolbenhubes eine Verbindung zwischen beiden Zylinderräumen herzustellen, wodurch ein Überströmen, also ein Druckausgleich der im schädlichen Raum befindlichen komprimierten Luft nach der anderen Kolbenseite erfolgen kann. Bezeichnet wieder $\varepsilon_0 V_1$ den Inhalt des schädlichen Raumes, p_2 und T_2 den Druck und die Temperatur der in ihm enthaltenen Luft, p_1, T_1 und V_1 dieselben Werte für die andere Kolbenseite, so kann man den Vorteil des Druckausgleichs für den volumetrischen Wirkungsgrad folgendermaßen berechnen.

---

1) Wellner, Schadloshaltung des schädlichen Raumes bei Gebläsemaschinen, siehe Technische Blätter 1879, S. 91.

Volumetrischer Wirkungsgrad bei Druckausgleich.

I. Für isothermische Kompression.

Vor dem Ausgleich: $\varepsilon_0 V_1 \cdot p_2$ Druck und Volumen der Luft im schädlichen Raum, $(1 + \varepsilon_0) V_1 \cdot p_1$ Druck und Volumen der Luft auf der anderen Kolbenseite.

Nach dem Ausgleich: $(1 + 2\varepsilon_0 + \varepsilon_1) V_1 p_1'$ Druck und Volumen der gesamten Luft im Zylinder, den schädlichen Räumen und dem Umlaufkanal, worin $\varepsilon_1 \cdot V_1$ der Inhalt des Umlaufkanals ist, folglich:

$$\varepsilon_0 V_1 \cdot p_2 + (1 + \varepsilon_0) V_1 \cdot p_1 = (1 + 2\varepsilon_0 + \varepsilon_1) V_1 \cdot p_1'.$$

Wird $p_2 = \varepsilon \cdot p_1$ eingesetzt, so folgt:

$$V_1 \cdot p_1 (\varepsilon_0 \varepsilon + 1 + \varepsilon_0) = V_1 \cdot p_1' (1 + 2\varepsilon_0 + \varepsilon_1)$$

oder

$$p_1' = \frac{1 + (1 + \varepsilon)\varepsilon_0}{1 + 2\varepsilon_0 + \varepsilon_1} \cdot p_1, \quad \text{und} \quad \varepsilon' = \frac{p_1'}{p_1} = \frac{1 + (1 + \varepsilon)\varepsilon_0}{1 + 2\varepsilon_0 + \varepsilon_1} \qquad 48)$$

also

$$\eta_v = 1 - \varepsilon_u (\varepsilon' - 1).$$

Die nachstehende Tabelle 7 gibt eine vergleichende Übersicht der Wirkungsgrade bei Kompression ohne und mit Druckausgleich.

Tabelle 7.
Volumetrische Wirkungsgrade.
$\varepsilon_0 = 0,05; \quad \varepsilon_1 = 0,01; \quad 1 + 2\varepsilon_0 + \varepsilon_1 + 1,11.$

$\dfrac{p_2}{p_1}$ oder ε	Ohne Druckausgleich	Mit Druckausgleich		Gewinn in %	$\varepsilon' = \dfrac{p_1'}{p}$
		nach Gl. 52	nach Weiß[1]		
1,2	0,99	0,99995	—	—	1,001
1,4	98	99955	—	—	1,009
1,6	97	9991	—	—	1,018
1,8	96	9986	—	—	1,027
2	95	998	0,995	4	1,036
2,5	925	997	—	—	1,060
3	90	9959	0,9925	10	1,081
3,5	875	9948	—	—	1,103
4	85	9937	0,990	15	1,126
5	80	991	0,9875	20	1,171
6	75	989	985	24	1,216
8	65	984	980	33	1,306
10	55	980	975	42	1,400
15	28	969	960	68	1,621
20	0,05	957	950	90	1,85
30	—	935	—	—	2,30
40	—	912	—	—	2,75
50	—	89	87	—	3,20
100	—	0,778	0,75	—	5,45

[1] Weiß, a. a. O. S. 934.

Die erste Spalte gibt das Kompressionsverhältnis $\dfrac{p_2}{p_1} = \varepsilon$, die zweite den volumetrischen Wirkungsgrad ohne Druckausgleich, die beiden folgenden denselben mit Druckausgleich. Die Angaben der vierten Spalte sind der umfassenden und wertvollen Abhandlung von Weiß[1]) entnommen. Die für praktische Verhältnisse wohl belanglosen Unterschiede zwischen den Weißschen und den vom Verfasser berechneten Werten dürften ihren Grund in der Verschiedenheit der Annahme bezüglich der Größe des Umlaufkanals haben. Die letzte Spalte gibt das Verhältnis des Drucks nach erfolgtem Ausgleich zum atmosphärischen Druck.

Die Tabelle zeigt, daß bei Kompression ohne Ausgleich für $p_2 > 20$ Atmosphären der Wirkungsgrad gleich Null wird, während derselbe bei Druckausgleich für denselben Enddruck noch 95 % und der Anfangsdruck auf der Saugseite nur 1,85 Atmosphären absolut beträgt, während er bei nicht erfolgtem Ausgleich 20 Atmosphären betragen würde.

Aus Gleichung 49) folgt ferner, daß der Wirkungsgrad um so größer ist, je kleiner ε', oder nach Gleichung 48) je größer der Umlaufkanal ε_1 ist, weil der Druckausgleich um so rascher, also auch die Öffnung der Saugkanäle um so früher erfolgen kann. Jedoch darf aus praktischen Gründen dieser Wert nicht zu groß genommen werden, damit der Schieber nicht zu groß wird.

II. Für adiabatische Kompression.

Da der Druckausgleich sehr rasch erfolgt, so darf wohl angenommen werden, daß derselbe bei konstanter Temperatur vor sich geht, zumal der Inhalt des schädlichen Raumes im Verhältnis zum Zylinderinhalt nur sehr klein ist. Bei sehr hohen Drücken dagegen wird die überströmende Luft einen Teil der angesaugten Luft erwärmen, indessen findet auch eine Wärmeabgabe an die Wandungen des Zylinders, Schiebers und der Deckel statt, so daß auch die Annahme einer adiabatischen Druckausgleichung falsch sein würde. Für adiabatische Kompression gehen die Gleichungen 48) und 49) über in die folgenden Gleichungen:

$$\varepsilon' = \frac{p_1{}'}{p_1} = \frac{1 + \varepsilon_0 + \varepsilon \cdot \varepsilon_0}{1 + 2\,\varepsilon_0 + \varepsilon_1} \qquad 50)$$

und

$$\eta_v = 1 - \varepsilon_0 \left[(\varepsilon')^{\frac{1}{\varkappa}} - 1 \right]. \qquad 51)$$

Aus der letzten Gleichung folgt, daß der Wirkungsgrad bei Annahme adiabatischer Kompression noch günstiger wird, da $(\varepsilon')^{\frac{1}{\varkappa}} < \varepsilon'$ ist, also $\varepsilon_0 \left[(\varepsilon')^{\frac{1}{\varkappa}} - 1 \right]$ kleiner und η_v größer als bei isothermischer Kompression wird.

---

[1]) J. F. Weiß, Schieberkompressoren und Vakuumpumpen mit potenzierter Leistung, Patent Burckhardt und Weiß, Z. Ver. deutsch. Ing. 1885, S. 934.

Da die wirkliche Zustandsänderung zwischen der isothermischen und adiabatischen liegen, also eine polytropische sein wird, so wird n an Stelle von $\varkappa$ zu setzen und n nach Gleichung 30) zu berechnen sein, welcher Wert dann dem Kompressionsverhältnis und der infolge der teilweisen Abkühlung im Zylinder herrschenden, niedrigeren Temperatur entspricht.

Beispiel: Bei einem Kompressor von 400 mm Zylinderdurchmesser, 600 mm Kolbenhub sei $\varepsilon_0 = 0,08$, $\varepsilon_1 = 0,01$, $p_2 = 6$ Atmosphären absolut $= 6$ kg/qcm; dann berechnet sich $p_1{}'$ nach Gleichung 48) zu

$$p_1{}' = \frac{1 + (1 + \varepsilon)\,\varepsilon_0}{1 + 2\,\varepsilon_0 + \varepsilon_1} \cdot p_1 = 1,33 \text{ kg/qcm,}$$

und

$$\varepsilon' = \frac{1,33}{1} = 1,33,$$

folglich

$$\eta_{\mathrm{v}} = 1 - \varepsilon_0\,(\varepsilon' - 1) = 0,9736.$$

Nach Tabelle 6 ist dagegen bei Kompression ohne Druckausgleich der Wirkungsgrad $\eta = 0,6$, so daß durch den Druckausgleich ein volumetrischer Gewinn von $\sim$ 38 % erzielt ist.

Zur Berechnung des volumetrischen Gewinns ist Gleichung 49) durch Gleichung 42) zu dividieren und man erhält:

$$\eta_{\mathrm{g}} = \frac{\eta_{\mathrm{v}}{}''}{\eta_{\mathrm{v}}{}'} = \frac{1 - \varepsilon_0\,(\varepsilon' - 1)}{1 - \varepsilon_0\,(\varepsilon - 1)}, \qquad\qquad 52)$$

für isothermische Zustandsänderung und

$$\eta_{\mathrm{g}} = \frac{\eta_{\mathrm{v}}{}''}{\eta_{\mathrm{v}}{}'} = \frac{1 - \varepsilon_0\left[(\varepsilon')^{\frac{1}{\varkappa}} - 1\right]}{1 - \varepsilon_0\left[(\varepsilon)^{\frac{1}{\varkappa}} - 1\right]} \qquad\qquad 53)$$

für adiabatische Zustandsänderung.

Beispiel: Es ist der volumetrische Gewinn bei einem Enddruck $p_2 = 10$ Atm. abs. zu berechnen, wenn $\varepsilon_0 = 0,06$, $\varepsilon_1 = 0,008$ ist, bei einem Kompressor mit Druckausgleich gegenüber einem solchen ohne Druckausgleich a) bei isothermischer, b) bei adiabatischer, c) bei polytropischer Kompression, bei welcher die Endtemperatur der Luft infolge starker Kühlung nur 95 ⁰ C betragen, die Anfangstemperatur aber 20⁰ sein soll.

Nach Gleichung 48) ist

$$p_1{}' = \frac{1 + \varepsilon_0\,(1 + \varepsilon)}{1 + 2\,\varepsilon_0 + \varepsilon_1} \cdot p_1 = \frac{1 + 0,06\,(1 + 10)}{1 + 0,12 + 0,008} \cdot 1 = 1,472$$

also

$$\varepsilon' = \frac{1,472}{1} = 1,472,$$

folglich

$$\eta_{\mathrm{g}} = \frac{1 - \varepsilon_0\,(\varepsilon' - 1)}{1 - \varepsilon_0\,(\varepsilon - 1)} = \frac{1 - 0,06\,(1,472 - 1)}{1 - 0,06\,(10 - 1)} = \frac{0,972}{0,46} = 2,11$$

bei isothermischer Kompression, ferner

$$\eta_{\mathrm{g}} = \frac{1 - \varepsilon_0 \left[(\varepsilon')^{\frac{1}{\varkappa}} - 1 \right]}{1 - \varepsilon_0 \left[\varepsilon^{\frac{1}{\varkappa}} - 1 \right]} = \frac{1 - 0,06 \left[1,472^{0,709} - 1 \right]}{1 - 0,06 \left[10^{0,709} - 1 \right]} = \frac{0,981}{0,753} = 1,303$$

bei adiabatischer Kompression und endlich für den Fall der Abkühlung der Luft auf 95 °, für welchen sich aus Gleichung 30) für n = 1,11, also $\frac{1}{\mathrm{n}} = 0,9$ ergibt:

$$\eta_{\mathrm{g}} = \frac{1 - \varepsilon_0 \left[(\varepsilon')^{\frac{1}{\mathrm{n}}} - 1 \right]}{1 - \varepsilon_0 \left[\varepsilon^{\frac{1}{\mathrm{n}}} - 1 \right]} = \frac{1 - 0,06 \left[1,472^{0,9} - 1 \right]}{1 - 0,06 \left[10^{0,9} - 1 \right]} = \frac{0,975}{0,583} = 1,672.$$

Es ist somit der Gewinn bei adiabatischer Kompression 30 %, bei polytropischer 67 % und bei isothermischer 111 % von der Luftmenge des Kompressors ohne Druckausgleich, wovon der mittlere Wert bei polytropischer Kompression der Wirklichkeit am nächsten kommen dürfte.

Fünftes Kapitel.

Der mechanische Wirkungsgrad.

A. Bei Maschinen ohne Druckausgleich.

Das in Fig. 608 (S. 577) dargestellte Kompressionsdiagramm lieferte in der Fläche F_0 die theoretische, bei isothermischer Kompression bei einem Kolbenhub verbrauchte Arbeit, in den Flächen $F_0 + F_1 + F_2$ diese Arbeit bei adiabatischer Kompression. In diesem Diagramm waren jedoch

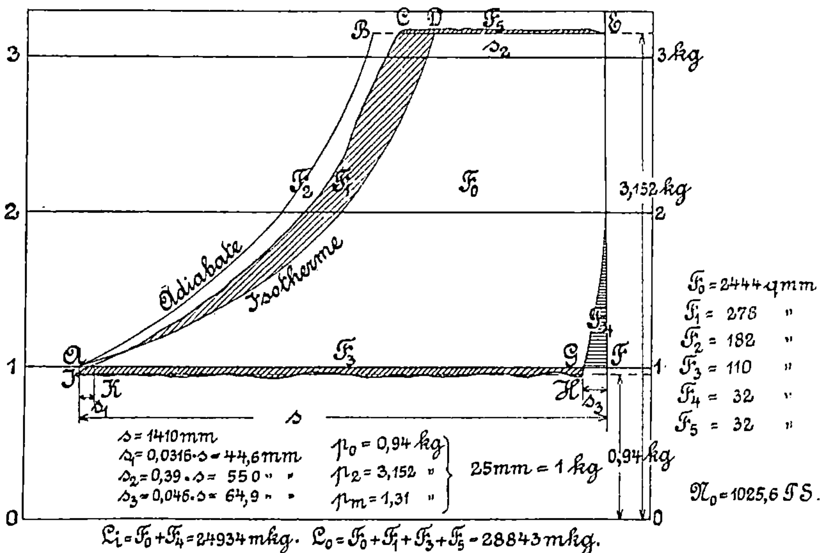

Fig. 610.

weder die schädlichen Räume, noch die infolge der Saugwirkung des Kolbens stattfindende Druckverminderung, noch endlich die Widerstände in den Ventilen etc. berücksichtigt worden, welche Umstände zusammen das wirkliche Kompressionsdiagramm wesentlich beeinflussen. Fig. 610 zeigt ein Diagramm der Bessemer-Gebläsemaschine No. 1 der Dortmunder

„Union" (Aufnahme April 1891). Die Abmessungen dieser Maschine sind folgende:

Dampfzylinderdurchmesser . . . . 1255 mm
Gebläsezylinderdurchmesser . . . . . . 1410 „
Gemeinschaftlicher Hub . . . . 1410 „
Umdrehungszahl i. d. Min. 40
Kolbengeschwindigkeit i. d. Sek. . . . . 1,88 m

Die Kompressionskurve J K C D E liegt zwischen der Adiabate und der Isotherme, die diagonal schraffierte Fläche F_1 gibt den Mehrbetrag an Kompressionsarbeit gegenüber der isothermischen Kompression, die Fläche F_2 den Arbeitsgewinn infolge der Kühlung, F_3 den zum Heben der Ventile etc. verbrauchten Arbeitsverlust während der Saugperiode, F_4 den Arbeitsgewinn infolge der Expansion der im schädlichen Raum enthaltenen Luft, F_5 den zum Heben der Druckventile etc. verbrauchten Arbeitsverlust während des Hinausschiebens der Luft aus dem Zylinder. Während nun $F_0 + F_4$ das der theoretischen oder isothermischen Kompressionsarbeit entsprechende Diagramm ist und sich durch Planimetrieren zu 2476 qmm ergibt, ist $F_0 + F_1 + F_3 + F_5$ die wirklich verbrauchte Arbeit, welche einer Fläche von 2864 qmm entspricht. Der mittlere Kolbenüberdruck berechnet sich hieraus zu 1,31 kg/qcm, die Arbeit bei einem Hube zu $L_0 = 28843$ mkg, so daß eine Fläche von 1 qmm einer Arbeit von 10,07 mkg entspricht. Die Einzelarbeiten ergeben sich danach zu:

$$
\begin{aligned}
F_0 &= 24610 \text{ mkg oder} & F_0 : L_0 &= 0{,}853 = 85{,}3 \text{ \%} \\
F_1 &= 2800 \text{ „} & \text{„} \quad F_1 : L_0 &= 0{,}097 = 9{,}7 \text{ „} \\
F_2 &= 1833 \text{ „} & \text{„} \quad F_2 : L_0 &= 0{,}063 = 6{,}3 \text{ „} \\
F_3 &= 1108 \text{ „} & \text{„} \quad F_3 : L_0 &= 0{,}038 = 3{,}8 \text{ „} \\
F_4 &= F_5 = 324 \text{ „} & \text{„} \quad F_4 : L_0 &= 0{,}011 = 1{,}1 \text{ „}
\end{aligned}
$$
der effektiven Arbeit L_0.

Die Leistung der Maschine im Gebläsezylinder berechnet sich daher, da zwei Zylinder vorhanden sind, nach Gleichung 18 d) zu:

$$ N = 2 \cdot \frac{F \cdot s \cdot n}{30} \cdot \frac{P_m}{75} = \frac{2 \cdot n}{30 \cdot 75} \cdot L_0 = \frac{2 \cdot 28843 \cdot 40}{30 \cdot 75} = 1025{,}6 \text{ PS.} $$

für beide Gebläsezylinder zusammen. Die indizierte Dampfarbeit beträgt nach der Berechnung aus den Dampfdiagrammen: $N_i = 1171$ PS., so daß der mechanische Wirkungsgrad der Kompressoranlage [1]),

---

[1]) Nach den „Regeln für Leistungsversuche an Kompressoren" des Ver. deutsch. Ing. (s. S. 581 Fußnote 1) gelten die folgenden Bezeichnungen:

14) Wirkungsgrad des Kompressors ist das Verhältnis der Nutzleistung des Kompressors zu der dem Kompressor zugeführten Energie und zwar je nach der Bestimmung der Nutzleistung: a) nach dem Kompressordiagramm (mechanischer Wirkungsgrad), b) unter Zugrundelegung der isothermischen Kompression (isothermischer Wirkungsgrad).

17) Wirkungsgrad der Kompressoranlage ist das Verhältnis der Nutzleistung des Kompressors zu der, der Treibmaschine zugeführten Energie, und zwar je nach der Bestimmung der Nutzleistung: a) nach dem Kompressordiagramm (mechanischer Wirkungsgrad), b) unter Zugrundelegung der isothermischen Kompression (isothermischer Wirkungsgrad).

17a) Die noch zuweilen anzutreffende Bezeichnung dynamischer Wirkungsgrad (in der II. Auflage dieses Buches war diese Bezeichnung noch beibehalten worden) deckt sich mit dem hier gekennzeichneten Begriff „mechanischer Wirkungsgrad der Kompressoranlage".

d. h. das Verhältnis der zur Kompression und Verdrängung der Luft notwendigen Arbeit zu der ganzen im Dampfzylinder geleisteten Arbeit

$$\eta_d = \frac{N}{N_i} = \frac{1025,6}{1171} = 0,876,$$

beträgt, der Arbeitsverlust durch die Widerstände der Maschine also 12,4 % der Dampfarbeit ist. Der Gesamtarbeitsverlust setzt sich aber aus den einzelnen Arbeitsverlusten, d. h. jenen Arbeitsmengen zusammen, welche nicht zur Kompression der Luft, sondern zur Überwindung von schädlichen Widerständen verbraucht werden; dieselben sind folgende:

1. Arbeitsverlust L_1 infolge der Erwärmung der Luft, Fläche F_1.

2. Arbeitsverlust L_2 beim Verdrängen der Luft und eventuell des Kühlwassers aus dem Zylinder infolge des Widerstandes durch die Klappen oder Ventile, Fläche F_5.

3. Arbeitsverlust L_3 beim Ansaugen der Luft gleichfalls infolge des Widerstandes in den Ventilen, Fläche F_3.

4. Arbeitsverlust L_4 durch Kolben- und Stopfbüchsenreibung, Schieber- und Ventilreibungswiderstände.

Hierzu heißt es noch in dem Erläuterungsberichte:

Mechanischer und isothermischer Wirkungsgrad. (Zu 14) und 17) des Entwurfes und dessen Erläuterungen.) Nach der im Entwurf gegebenen Begriffsbestimmung bezieht sich der mechanische Wirkungsgrad nur auf Kolbenkompressoren. Hier ist die Nutzleistung eindeutig durch das Diagramm des Luftzylinders gegeben. Bei Kompressoren mit Schiebersteuerung, z. B. der Köster-Steuerung (s. oben S. 154), arbeiten Maschinenkolben und Steuerkolben während des größten Teiles vom Druckhub gemeinsam auf die zu verdichtende Luft. Es ist deshalb die vom Steuerkolben verrichtete Leistung (durch Indizieren des Schieberraumes zu ermitteln) der indizierten Nutzleistung des Luftzylinders hinzuzurechnen.

Bei Kolbenkompressoren mit unmittelbarem Dampf- oder Gasmaschinenantrieb stellt die Differenz zwischen der zugeführten Energie und der Nutzleistung lediglich die Leistung dar, die innerhalb der gesamten Anlage zur Überwindung der Reibungsarbeit aller bewegten Teile erforderlich ist. Infolge des verwickelten Kräftespieles ist es ganz unmöglich, den auf den Kompressor allein entfallenden Anteil der zur Überwindung der Reibung nötigen Leistung zu bestimmen. In diesen Fällen kann daher nur der mechanische Wirkungsgrad der ganzen Kompressoranlage, nicht aber der des Kompressors allein ermittelt werden.

Wird der Kolbenkompressor unmittelbar durch einen Elektromotor angetrieben, so sind die durch den mechanischen Wirkungsgrad der Kompressoranlage zum Ausdruck kommenden Verluste nicht nur bedingt durch Reibungsarbeit, sondern außerdem durch die Verluste im Elektromotor. In diesem Falle können durch Ermittelung des Wirkungsgrades des Motors die Verluste im Kompressor und in der Antriebmaschine getrennt und der mechanische Wirkungsgrad für den Kompressor allein bestimmt werden. Ist z. B. die aus den Diagrammen entnommene Nutzleistung der Luftzylinder 630 PS., verbraucht der treibende Elektromotor 560 KW. = 761 PS., (1 PS. = 0,735 KW.) und wurde der Motorwirkungsgrad zu 92 % bestimmt, so ist der mechanische Wirkungsgrad der Kompressoranlage $\frac{630}{761} = 0,828$, der des Kompressors $\frac{0,828}{0,92} = 0,90$ oder umgekehrt: Wirkungsgrad der Anlage = Wirkungsgrad des Kompressors × Wirkungsgrad des Motors = 0,92 × 0,90 = 0,828.

5. Arbeitsverlust L_5 durch die Reibung in den Pleuelstangen- und Schwungradachslagern.

6. Arbeitsverlust L_6 durch den Luftwiderstand des Schwungrades.

Während die drei ersten Widerstände sich nur auf das Gebläse allein beziehen, findet der vierte Verlust in beiden Zylindern statt, während die Verluste 5 und 6 nur von der Dampfmaschine und ihrer indizierten Leistung abhängig sind. Bezeichnet man die letztere mit L_i, die theoretische Kompressionsarbeit mit L, so lassen sich die Verluste im Verhältnis zu L_i und L folgendermaßen ausdrücken [1]):

$$\lambda_1 = \frac{L_1}{L}, \quad \lambda_2 = \frac{L_2}{L}, \quad \lambda_3 = \frac{L_3}{L}, \quad \lambda_4 = \frac{L_4 + L_5 + L_6}{L_i}, \qquad 54)$$

und die Gesamtarbeit

$$L_i = L + L_1 + L_2 + L_3 + L_4 + L_5 + L_6,$$

woraus man durch Einführung von λ_1, λ_2 etc. erhält

$$\eta_d = \frac{L}{L_i} = \frac{N}{N_i} = \frac{1 - \lambda_4}{1 + \lambda_1 + \lambda_2 + \lambda_3}. \qquad 55)$$

Hierin bezeichnet L die Arbeit zur Kompression eines bestimmten Luftvolumens ohne Berücksichtigung des volumetrischen Wirkungsgrades. Da jedoch die wirklich gelieferte Luftmenge nach Kapitel 4 kleiner ist, so hat man den volumetrischen Wirkungsgrad mit in Rechnung zu ziehen und erhält somit den Gesamtwirkungsgrad η, d. h. das Verhältnis der theoretisch zur Kompression einer bestimmten Luftmenge nötigen Arbeit zur Dampfarbeit zu

$$\eta = \eta_d \cdot \eta_v = \frac{N_1}{N_d}, \text{ also } N_d = \frac{1}{\eta_d} \cdot \frac{1}{N_v} \cdot N_1, \qquad 56)$$

oder nach den Gleichungen 46) und 50)

$$\eta = \frac{1 - \lambda_4}{1 + \lambda_1 + \lambda_2 + \lambda_3} \cdot \left\{ 1 - \varepsilon_0 \left((\varepsilon)^{\frac{1}{\varkappa}} - 1 \right) \right\}. \qquad 57)$$

Der isothermische Wirkungsgrad der Anlage berechnet sich danach folgendermaßen.

Die isothermische Kompressionsarbeit war in Fig. 610 $F_0 + F_3$, also, da $F_0 = 24610$ mkg, und $F_3 = 1108$ mkg, $F_0 + F_3 = 25718$ mkg ist, die Leistung in beiden Gebläsezylindern nach Gleichung 18 d):

$$N = \frac{2 \cdot 25\,718 \cdot 40}{30 \cdot 75} = 914{,}06 \text{ PS.,}$$

also der isothermische Wirkungsgrad der Anlage

$$\eta_{is} = \frac{914{,}06}{1171} = 0{,}78.$$

Derselbe ist also im vorliegenden Falle um $0{,}876 - 0{,}78 = 0{,}096$ oder 9,6 % kleiner als der mechanische Wirkungsgrad.

---

[1]) Vgl. auch Handbuch der Ing.-Wissenschaften IV, 1, S. 212 ff.

B. Bei Maschinen mit Druckausgleich.

I. Voraussetzung isothermischer Kompression.

I. Fall.

Nach Gleichung 18) war die Kompressionsarbeit ohne Berücksichtigung des schädlichen Raumes berechnet zu:

$$L_I = L_2 + L_3 - L_1 = p_1 V_1 \ln \varepsilon + p_2 V_2 - p_1 V_1,$$

oder da

$$p_1 V_1 = p_2 V_2$$

ist,

$$L_I = p_1 V_1 \cdot \ln \frac{p_2}{p_1} = p_1 V_1 \cdot \ln \varepsilon.$$

Die Kompressionsarbeit ist repräsentiert durch die nicht schraffierte Fläche B C D B, Fig. 611, die beiden anderen Figuren 612 und 613 stellen die Arbeitsflächen für den (II.) Fall, Kompression mit schädlichem Raum ohne Druckausgleich und für den (III.) Fall, Kompression mit schädlichem Raum und mit Druckausgleich dar.

Die entsprechenden Arbeitsgleichungen ergeben sich nun folgendermaßen.

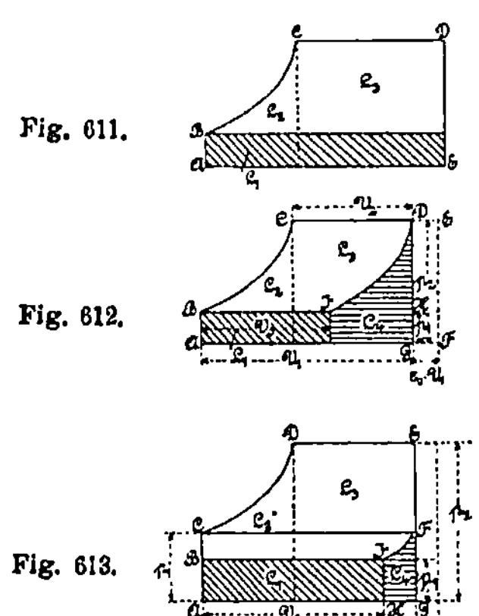

Fig. 611.

Fig. 612.

Fig. 613.

II. Fall.

$$L_{II} = L_2 + L_3 - L_1 - L_4.$$

Hierin ist nach Fig. 612

$$L_1 = p_1 \cdot V_0 = \text{Fläche A B J A,}$$
$$L_2 = p_1 V_1 \cdot (1 + \varepsilon_0) \ln \varepsilon = \text{Fläche A B C,}$$
$$L_3 = p_2 V_2 = p_1 \cdot V_0 = \text{Fläche C D G,}$$

weil die angesaugte Luftmenge gleich der fortgeschafften Luftmenge sein muß,

$$L_4 = \varepsilon_0 V_1 \cdot \varepsilon \cdot p_1 \cdot \ln \varepsilon = \text{Fläche J D G.}$$

Folglich ist

$$L_{II} = p_1 V_1 \cdot (1 + \varepsilon_0) \ln \varepsilon + p_1 V_0 - p_1 V_0 - p_1 V_1 \cdot \varepsilon \varepsilon_0 \ln \varepsilon$$
$$= p_1 V_1 \cdot [1 - \varepsilon_0 (\varepsilon - 1)] \ln \varepsilon = \eta_v \cdot p_1 V_1 \cdot \ln \varepsilon = \eta_v \cdot L_I.$$

III. Fall.

$$L_{III} = L_2 + L_3 - L_1 - L_4.$$

Hierin ist nach Fig. 613.

$$L_1 = p_1 \cdot V_0 = \text{Fläche A B J H,}$$
$$L_2 = p_1' V_1 \cdot (1 + \varepsilon_0) \ln \frac{p_2}{p_1'} = \varepsilon' \cdot p_1 V_1 \cdot (1 + \varepsilon_0) \ln \frac{p_2}{p_1} \cdot \frac{p_1}{p_1'}$$
$$= p_1 V_1 \cdot \varepsilon' (1 + \varepsilon_0) \ln \frac{\varepsilon}{\varepsilon'},$$
$$L_3 = p_2 V_2' = p_1 \cdot V_0,$$

(ebenso wie bei Fall II)

$$L_4 = \varepsilon_0 V_1 \cdot \varepsilon' \cdot p_1 \cdot \ln \varepsilon',$$

folglich ist

$$L_{III} = p_1 V_1 \cdot \varepsilon' (1 + \varepsilon_0) \ln \frac{\varepsilon}{\varepsilon'} + p_1 V_0 - p_1 V_0 - \varepsilon_0 \cdot \varepsilon' \cdot p_1 V_1 \cdot \ln \varepsilon';$$

oder nach mehreren Umformungen

$$= \varepsilon' \cdot L_I \cdot \frac{(1 + \varepsilon_0) \ln \varepsilon - (1 + 2\varepsilon_0) \ln \varepsilon'}{\ln \varepsilon},$$

weil

$$p_1 V_1 \cdot \ln \varepsilon = L_I$$

ist.

Man erhält somit die folgende vergleichende Übersicht:

<table>
<tr><td colspan="2" align="center">I. Fall.</td><td colspan="2" align="center">II. Fall.</td></tr>
<tr><td>$L_1 = p_1 V_1$</td><td></td><td>$L_1 = \eta_v \cdot p_1 V_1 = p_1 V_0$</td></tr>
<tr><td>$L_2 = p_1 V_1 \cdot \ln \varepsilon$</td><td></td><td>$L_2 = (1 + \varepsilon_0) p_1 V_1 \cdot \ln \varepsilon$</td></tr>
<tr><td>$L_3 = p_2 V_2 = p_1 V_1$</td><td></td><td>$L_3 = p_2 V_2 = p_1 \cdot V_0$</td></tr>
<tr><td>$L_4 = 0$</td><td></td><td>$L_4 = \varepsilon \cdot \varepsilon_0 p_1 V_1 \cdot \ln \varepsilon$</td></tr>
<tr><td>$L_I = p_1 V_1 \ln \varepsilon$</td><td></td><td>$L_{II} = \eta_v \cdot p_1 V_1 \cdot \ln \varepsilon = \eta_v \cdot L_I$</td></tr>
</table>

III. Fall.

$$L_1 = \eta_v' \cdot p_1 V_1 = p_1 \cdot V_0$$

$$L_2 = \varepsilon' (1 + \varepsilon_0 p_1 V_1 \ln \frac{\varepsilon}{\varepsilon'}$$

$$L_3 = p_2 V_2' = p_1 \cdot V_0$$

$$L_4 = \varepsilon' \cdot \varepsilon_0 p_1 V_1 \cdot \ln \varepsilon'$$

$$L_{III} = \varepsilon' \cdot L_I \cdot \frac{(1 + \varepsilon_0) \ln \varepsilon - (1 + 2\varepsilon_0) \ln \varepsilon'}{\ln \varepsilon}.$$

Aus den letzten drei Gleichungen folgt zunächst, daß L_I der größte der drei Arbeitswerte ist, was auch aus den Figuren sofort zu ersehen war. Ferner ist L_{III} größer als L_{II}, wie gleichfalls aus der Vergleichung der Fig. 612 und 613 folgt, weil im III. Falle nur eine kleinere Arbeit durch die Expansion wiedergewonnen wird als im II. Falle. Das Verhältnis der letzteren beiden Arbeitswerte berechnet sich aus der Gleichung:

$$\psi = \frac{L_{III}}{L_{II}} = \frac{\varepsilon' \cdot [(1 + \varepsilon_0) \ln \varepsilon - (1 + 2\varepsilon_0) \ln \varepsilon']}{\eta_v \cdot \ln \varepsilon}.$$

Da jedoch die in beiden Fällen wirklich gelieferten Luftmengen vom volumetrischen Wirkungsgrad abhängig sind, welcher im zweiten Falle bedeutend kleiner als im dritten Falle ist, so hat man, um das Verhältnis der effektiven Arbeitswerte zu erhalten, den Wert ψ noch mit dem Verhältnis der volumetrischen Wirkungsgrade zu multiplizieren und erhält so schließlich das Arbeitsverhältnis für gleiche Luftmengen zu:

$$\psi_e = \frac{\varepsilon' \cdot [(1 + \varepsilon_0) \ln \varepsilon - (1 + 2\varepsilon_0) \ln \varepsilon']}{\eta_v \ln \varepsilon} \cdot \frac{\eta_v}{\eta_v'}$$

$$= \frac{\varepsilon' \cdot [(1 + \varepsilon_0) \ln \varepsilon - (1 + 2\varepsilon_0) \ln \varepsilon']}{\eta_v' \cdot \ln \varepsilon}. \qquad 58)$$

Nach dieser Gleichung ist die folgende Tabelle 8 berechnet, wobei $\varepsilon_0 = 0{,}05$, $\varepsilon_l = 0{,}01$ gesetzt und die Werte für ε' und η'_v aus Tabelle 7 (S. 584) entnommen sind.

Tabelle 8.

Werte von ψ_e.

ε	ε'	Nach Gl. 72)	Nach Weiß[1]
2	1,036	1,03	1,04
4	1,126	1,085	1,11
6	1,216	1,14	—
8	1,306	1,20	—
10	1,400	1,27	1,36
15	1,621	1,43	—
20	1,850	1,60	1,76
50	3,200	2,60	2,80
100	5,450	4,52	4,50

Die Abweichung von den Weißschen Werten erklärt sich aus der verschiedenen Annahme des schädlichen Raumes, welchen Weiß im Verhältnis zum Hubvolumen + schädlichen Raum angibt, während derselbe in den vorstehenden Berechnungen im Verhältnis zum Hubvolumen allein angenommen ist. Indessen zeigen beide Berechnungen mit genügender Übereinstimmung die Zunahme des Arbeitsverhältnisses bei wachsendem Kompressionsgrad.

Die Kompressionsarbeit bei Anwendung des Druckausgleichs ist daher stets größer als bei Nichtanwendung desselben [2]). Bei hohen Kompressionsgraden, z. B. für $\varepsilon = 18$ oder 20 wird der volumetrische Wirkungsgrad im zweiten Falle fast gleich Null, während Kompressoren mit Druckausgleich in diesem Fall noch immer über 90% der theoretischen Luftmenge liefern, worin der wesentliche Vorteil der Kompressoren mit Ausgleich für hohe Drücke liegt. Dasselbe gilt, wie später zu zeigen ist, für Vakuumpumpen, für welche der Druckausgleich von noch größerem Vorteil ist, weil nur mit Hilfe desselben ein sehr tiefes Vakuum zu erreichen ist.

II. Voraussetzung adiabatischer Kompression.

Bei Annahme adiabatischer Zustandsänderung ergeben sich folgende Gleichungen:

I. Fall. Kein schädlicher Raum und kein Druckausgleich.

$$L_I = L_2 + L_3 - L_1,$$

worin

---

[1]) Weiß, a. a. O. S. 1011, Tabelle V.

[2]) Vgl. auch A. Kás, „Zur Schadlosmachung des schädlichen Raumes bei Luftverdichtungsmaschinen". Österr. Z. f. B.- u. H.-Wesen 1886, S. 287 ff.

$$L_1 = p_1 V_1,$$

$$L_2 = \frac{1}{\varkappa - 1} \cdot p_1 V_1 \left[\varepsilon^{\frac{\varkappa - 1}{\varkappa}} - 1 \right], \quad \varepsilon = \frac{p_2}{p_1},$$

$$L_3 = p_1 V_1 \cdot \varepsilon^{\frac{\varkappa - 1}{\varkappa}},$$

$$L_4 = \frac{\varkappa}{\varkappa - 1} \cdot p_1 V_1 \left[\varepsilon^{\frac{\varkappa - 1}{\varkappa}} - 1 \right].$$

II. Fall. Schädlicher Raum ohne Druckausgleich.

Zunächst gelten für die Kompressionsarbeit allein folgende Beziehungen:

Anfangszustand:

$$p_1, \quad V_1 + \varepsilon_0 V_1, \quad \text{also} \quad p_1 \cdot V_1 (1 + \varepsilon_0) = R T_1.$$

Endzustand:

$$p_2, \quad V_2 + \varepsilon_0 V_1, \quad \text{also} \quad p_2 \cdot (V_2 + \varepsilon_0 V_1) = R T_2,$$

oder

$$\frac{V_2 + \varepsilon_0 V_1}{(1 + \varepsilon_0) V_2} = \left(\frac{p_1}{p_2} \right)^{\frac{1}{\varkappa}} \quad \text{(nach Gleichung 16)},$$

woraus folgt:

$$V_2 = \frac{V_1 \left[1 - \varepsilon_0 \left(\varepsilon^{\frac{1}{\varkappa}} - 1 \right) \right]}{\varepsilon^{\frac{1}{\varkappa}}},$$

und, weil nach Gleichung 49)

$$1 - \varepsilon_0 \left(\varepsilon^{\frac{1}{\varkappa}} - 1 \right) = \eta_{\mathrm{v}} \quad \text{ist,} \quad V_2 = \frac{\eta_{\mathrm{v}} \cdot V_1}{\varepsilon^{\frac{1}{\varkappa}}}.$$

Wie früher gilt nun die folgende Gleichung:

$$L_{\mathrm{II}} = L_2 + L_3 - L_1 - L_4,$$

worin

$$L_1 = p_1 \cdot V_0 = \eta_{\mathrm{v}} \cdot p_1 V_1,$$

$$L_2 = \frac{1}{\varkappa - 1} \cdot p_1 (1 + \varepsilon_0) V_1 \cdot \left[\varepsilon^{\frac{\varkappa - 1}{\varkappa}} - 1 \right],$$

$$L_3 = p_2 V_2 = \frac{\eta_{\mathrm{v}}}{\varepsilon^{\frac{1}{\varkappa}}} \cdot V_1 \cdot \varepsilon \cdot p_1 = \eta_{\mathrm{v}} \cdot p_1 V_1 \cdot \varepsilon^{\frac{\varkappa - 1}{\varkappa}},$$

$$L_4 = \frac{1}{\varkappa - 1} p_1 V_1 (1 + \varepsilon_0 - \eta_{\mathrm{v}}) \left[\varepsilon^{\frac{\varkappa - 1}{\varkappa}} - 1 \right]$$

ist, folglich:

$$L_{\mathrm{II}} = \eta_{\mathrm{v}} \cdot \frac{1}{\varkappa - 1} p_1 V_1 \left[\varepsilon^{\frac{\varkappa - 1}{\varkappa}} - 1 \right] + \eta_{\mathrm{v}} \cdot p_1 V_1 \right] \varepsilon^{\frac{\varkappa - 1}{\varkappa}} - 1 \right]$$

$$= \eta_{\mathrm{v}} \cdot \frac{\varkappa}{\varkappa - 1} p_1 V_1 \left[\varepsilon^{\frac{\varkappa - 1}{\varkappa}} - 1 \right] = \eta_{\mathrm{v}} \cdot L_{\mathrm{I}}.$$

III. Fall. Schädlicher Raum und Druckausgleich.

$$L_{III} = L_2 + L_3 - L_1 - L_4,$$

worin

$$L_1 = p_1 V_0 = \eta_v \cdot p_1 V_1,$$

$$L_2 = \frac{1}{\varkappa - 1} \cdot (1 + \varepsilon_0)\varepsilon' \cdot p_1 \cdot V_1 \cdot \left[\left(\frac{\varepsilon}{\varepsilon'} \right)^{\frac{\varkappa - 1}{\varkappa}} - 1 \right],$$

$$L_3 = p_2 V_2.$$

Zur Bestimmung von V_2 ist zu setzen:
Anfangszustand:

$$p_1' = \varepsilon' \cdot p_1, \quad (1 + \varepsilon_0) V_1, \quad \text{also} \quad \varepsilon' \cdot (1 + \varepsilon_0) p_1 \cdot V_1 = R T_1.$$

Endzustand:

$$p_2 \cdot (V_2 + \varepsilon_0 V_1) = R T_2$$

oder wie oben:

$$\frac{V_2 + \varepsilon_0 V_1}{(1 + \varepsilon_0) V_1} = \left(\frac{p_1'}{p_2} \right)^{\frac{1}{\varkappa}} = \left(\frac{\varepsilon' \cdot p_1}{\varepsilon \cdot p_1} \right)^{\frac{1}{\varkappa}} = \left(\frac{\varepsilon'}{\varepsilon} \right)^{\frac{1}{\varkappa}},$$

woraus

$$V_2 = V_1 \left[(1 + \varepsilon_0) \left(\frac{\varepsilon'}{\varepsilon} \right)^{\frac{1}{\varkappa}} - \varepsilon_0 \right]$$

folgt, mithin

$$L_3 = p_2 V_2 = \varepsilon \cdot p_1 \cdot V_1 \cdot \left[(1 + \varepsilon_0) \left(\frac{\varepsilon'}{\varepsilon} \right)^{\frac{1}{\varkappa}} - \varepsilon_0 \right],$$

$$L_4 = \frac{1}{\varkappa - 1} \cdot \varepsilon' \cdot p_1 \cdot \varepsilon_0 V_1 \cdot \left[\varepsilon'^{\frac{\varkappa - 1}{\varkappa}} - 1 \right]$$

ist. Hieraus ergibt sich:

$$L_{III} = p_1 V_1 \cdot \left\{ \frac{\varepsilon'}{\varkappa - 1} \left[(1 + \varepsilon_0) \left(\left(\frac{\varepsilon}{\varepsilon'} \right)^{\frac{\varkappa - 1}{\varkappa}} - 1 \right) - \varepsilon_0 \cdot \left(\varepsilon'^{\frac{\varkappa - 1}{\varkappa}} - 1 \right) \right] \right.$$

$$\left. + \varepsilon \cdot \left[(1 + \varepsilon_0) \left(\frac{\varepsilon'}{\varepsilon} \right)^{\frac{1}{\varkappa}} - \varepsilon_0 \right] - \eta_v \right\}.$$

Man erhält somit für adiabatische Kompression die folgende Zusammenstellung:

<table>
<tr><td align="center">I. Fall.</td><td align="center">II. Fall.</td></tr>
</table>

$$L_1 = p_1 v_1,$$
$$\qquad\qquad L_1 = \eta_v \cdot p_1 V_1,$$

$$L_2 = \frac{1}{\varkappa - 1} \cdot p_1 V_1 \left[\varepsilon^{\frac{\varkappa - 1}{\varkappa}} - 1 \right],$$
$$\qquad L_2 = \frac{(1 + \varepsilon_0)}{\varkappa - 1} \cdot p_1 V_1 \left[\varepsilon^{\frac{\varkappa - 1}{\varkappa}} - 1 \right],$$

$$L_3 = p_1 V_1 \cdot \varepsilon^{\frac{\varkappa - 1}{\varkappa}},$$
$$\qquad\qquad L_3 = \eta_v \cdot p_1 V_1 \cdot \varepsilon^{\frac{\varkappa - 1}{\varkappa}},$$

$$L_4 = 0,$$
$$\qquad\qquad L_4 = \frac{1 + \varepsilon_0 - \eta_v}{\varkappa - 1} p_1 V_1 \left[\varepsilon^{\frac{\varkappa - 1}{\varkappa}} - 1 \right],$$

$$L_I = \frac{\varkappa}{\varkappa - 1} \cdot p_1 V_1 \cdot \left[\varepsilon^{\frac{\varkappa - 1}{\varkappa}} - 1 \right].$$
$$\qquad L_{II} = \eta_v \cdot \frac{\varkappa}{\varkappa - 1} p_1 V_1 \cdot \left[\varepsilon^{\frac{\varkappa - 1}{\varkappa}} - 1 \right] = \eta_v \cdot L_I.$$

III. Fall.

$$L_1 = \eta_v{}' \cdot p_1 V_1,$$

$$L_2 = \frac{1 + \varepsilon_0}{\varkappa - 1}\, \varepsilon' \cdot p_1 V_1 \left[\left(\frac{\varepsilon}{\varepsilon'} \right)^{\frac{\varkappa - 1}{\varkappa}} - 1 \right],$$

$$L_3 = \varepsilon \cdot p_1 V_1 \left[(1 + \varepsilon_0) \left(\frac{\varepsilon'}{\varepsilon} \right)^{\frac{1}{\varkappa}} - \varepsilon_0 \right],$$

$$L_4 = \frac{\varepsilon' \cdot \varepsilon_0}{\varkappa - 1} \cdot p_1 V_1 \cdot \left[\varepsilon'^{\frac{\varkappa - 1}{\varkappa}} - 1 \right],$$

$$L_{III} = p_1 V_1 \left\{ \frac{\varepsilon'}{\varkappa - 1} \left[(1 + \varepsilon_0) \left[\left(\frac{\varepsilon}{\varepsilon'} \right)^{\frac{\varkappa - 1}{\varkappa}} - 1 \right] - \varepsilon_0 \left(\varepsilon'^{\frac{\varkappa - 1}{\varkappa}} - 1 \right) \right] \right.$$
$$\left. + \varepsilon \left[(1 + \varepsilon_0) \left(\frac{\varepsilon'}{\varepsilon} \right)^{\frac{1}{\varkappa}} - \varepsilon_0 \right] - \eta_v \right\}.$$

Hieraus folgt wieder:

$$\psi = \frac{L_{III}}{L_{JI}} \quad \text{und} \quad \psi_e = \frac{L_{III}}{L_{JI}} \cdot \frac{\eta_v}{\eta_v{}'}. \tag{59}$$

Zur Vereinfachung der letzteren Formel kann man für nicht zu hohe Kompressionsgrade angenähert

$$\varepsilon'^{\frac{1}{\varkappa}} \backsim 1 \quad \text{und} \quad \varepsilon'^{\frac{\varkappa - 1}{\varkappa}} \backsim 1$$

setzen, woraus zunächst folgt:

$$L_3 = \varepsilon^{\frac{\varkappa - 1}{\varkappa}} \cdot p_1 V_1 \left(1 + \varepsilon_0 - \varepsilon_0\, \varepsilon^{\frac{1}{\varkappa}} \right) = \eta_v \cdot p_1 V_1 \cdot \varepsilon^{\frac{\varkappa - 1}{\varkappa}}$$

und

$$L_3 - L_1 = \eta_v{}' \cdot p_1 V_1 \cdot \left[\varepsilon^{\frac{\varkappa - 1}{\varkappa}} - 1 \right],$$

wenn $\eta_v = \eta'_v$ gesetzt wird, was für mittlere Kompressionsgrade mit einer für die praktischen Verhältnisse genügenden Genauigkeit wohl zulässig ist. Ferner erhält man annäherungsweise:

$$L_2 - L_4 = \frac{\varepsilon' \cdot p_1 V_1}{\varkappa - 1} \cdot \left[(1 + \varepsilon_0) \left(\frac{\varepsilon}{\varepsilon'} \right)^{\frac{\varkappa - 1}{\varkappa}} - \varepsilon_0\, \varepsilon'^{\frac{\varkappa - 1}{\varkappa}} - 1 \right]$$
$$= \frac{\varepsilon'(1 + \varepsilon_0)}{\varkappa - 1} \cdot p_1 V_1 \left[\varepsilon^{\frac{\varkappa - 1}{\varkappa}} - 1 \right],$$

folglich ist

$$L_{III} = p_1 V_1 \cdot \left(\varepsilon^{\frac{\varkappa - 1}{\varkappa}} - 1 \right) \cdot \left[\frac{\varepsilon'(1 + \varepsilon_0)}{\varkappa - 1} + \eta_v{}' \right]$$
$$= \frac{p_1 V_1}{\varepsilon - 1} \left(\varepsilon^{\frac{\varkappa - 1}{\varkappa}} - 1 \right) \left[\varepsilon'(1 + \varepsilon_0) + \eta'_v (\varkappa - 1) \right]$$

oder, da

$$L_{II} = \eta_v \cdot \frac{\varkappa}{\varkappa - 1} \cdot p_1 V_1 \left(\varepsilon^{\frac{\varkappa - 1}{\varkappa}} - 1 \right),$$

also

$$\frac{p_1 V_1}{\varkappa - 1} \left(\varepsilon^{\frac{\varkappa - 1}{\varkappa}} - 1 \right) = \frac{L_{II}}{\eta_v \cdot \varkappa}$$

ist,

$$L_{III} = \frac{L_{II}}{\varkappa \cdot \eta_v} \cdot \left[\varepsilon' (1 + \varepsilon_0) + \eta_v' (\varkappa - 1) \right],$$

demnach

$$\psi = \frac{L_{III}}{L_{II}} = \frac{\varepsilon' (1 + \varepsilon_0) + \eta_v' (\varkappa - 1)}{\varkappa \cdot \eta_v}.$$

und

$$\psi_e = \frac{L_{III}}{L_{II}} \cdot \frac{\eta_v}{\eta_v'} = \frac{\varepsilon' (1 + \varepsilon_0) + \eta_v' (\varkappa - 1)}{\varkappa \cdot \eta_v'} \qquad 60)$$

Die nachfolgende Tabelle 9 gibt für $\varepsilon_0 = 0{,}05$ die Werte von ψ_e für die adiabatische Kompression in der ersten Vertikalreihe, diejenige für isothermische Kompression nach Tabelle 8 in der zweiten Reihe, neben welcher noch die Weißschen Werte zum Vergleich angegeben sind.

Tabelle 9.

Werte ψ_e.

ε	Adiabat. Kompression nach Gl. 74)	Isotherm. Kompression	
		nach Gl. 72)	nach Weiß
2	1,06	1,03	1,04
4	1,13	1,085	1,11
6	1,20	1,14	—
8	1,27	1,20	—
10	1,35	1,27	1,36
20	1,70	1,60	1,76

Es ist somit bei adiabatischer Kompression ebenso wie bei isothermischer die Kompressionsarbeit für Kompressoren mit Druckausgleich größer als für solche ohne denselben, und für mittlere Drücke (6 bis 8 Atmosphären) die erstere noch um einige Prozente größer als bei isothermischer Kompression. Da die wirklichen Arbeitswerte zwischen beiden Grenzwerten liegen, so wird für dieselben jedenfalls auch ein Mehrverbrauch an Kompressionsarbeit bei Anwendung des Druckausgleichs stattfinden.

Sechstes Kapitel

Theorie des Verbundkompressors.

Um die Wirkungsweise der Verbundkompressoren klarzulegen, ist in Fig. 614 zunächst in A B C D das theoretische Diagramm eines einfachen Kompressors für den Enddruck p_4 gezeichnet. Die Linie A B ist dann die adiabatische, A M die isothermische Linie. Die Fläche

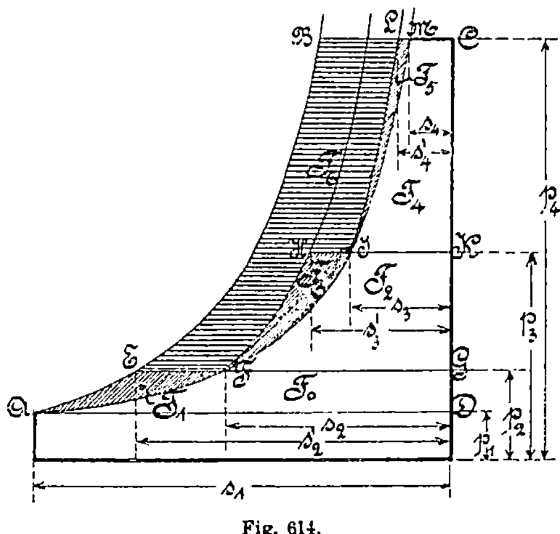

Fig. 614.

$$A B C D = F_0 + F_1 + F_2 + F_3 + F_4 + F_5 + F_6$$

repräsentiert die Arbeit bei adiabatischer Kompression auf den Enddruck p_4.

Wird dagegen die Kompression stufenweise in mehreren (z. B. 3) Zylindern ausgeführt, und die Luft zwischen den einzelnen Kompressionsperioden in Zwischenbehältern auf die Anfangstemperatur wieder abgekühlt, so ist die Kompressionslinie die teilweise gebrochene Linie A E F H I L. Die Kompression findet dabei in folgender Reihenfolge statt.

1. Kompression der Luftmenge $V_1 = F \cdot s_1$ vom Drucke p_1 auf den Druck p_2, Kompressionsarbeit

$$A_1 = F_0 + F_1 = \frac{\varkappa}{\varkappa - 1} \cdot p_1 \cdot V_1 \left[\varepsilon^{\frac{\varkappa - 1}{\varkappa}} - 1 \right];$$

Endvolumen

$$V_2' = F \cdot s_2' = V_1 \cdot \left(\frac{1}{\varepsilon} \right)^{\frac{1}{\varkappa}},$$

worin

$$\varepsilon = \frac{p_2}{p_1}.$$

2. Abkühlung der Luft auf die Anfangstemperatur T_1 bei konstantem Druck, wodurch eine Volumverminderung auf das Volumen

$$V_2 = F \cdot s_2 = V_2' \cdot \frac{T_1}{T_2} = V_1 \cdot \left(\frac{1}{\varepsilon} \right)^{\frac{1}{\varkappa}} \cdot \left(\frac{1}{\varepsilon} \right)^{\frac{\varkappa - 1}{\varkappa}} - 1 = \frac{V_1}{\varepsilon}$$

bewirkt wird.

3. Kompression der Luftmenge $V_2 = F \cdot s_2$ vom Drucke p_2 auf den Druck p_3, Kompressionsarbeit

$$A_2 = F_2 + F_3 = \frac{\varkappa}{\varkappa - 1} \cdot p_2 \cdot V_2 \left[\varepsilon_1^{\frac{\varkappa - 1}{\varkappa}} - 1 \right];$$

oder, da

$$V_2 = \frac{V_1}{\varepsilon} \quad \text{und} \quad p_2 = \varepsilon \cdot p_1$$

ist,

$$A_2 = \frac{\varkappa}{\varkappa - 1} p_1 V_1 \left[\varepsilon_1^{\frac{\varkappa - 1}{\varkappa}} - 1 \right];$$

Endvolumen

$$V_3' = F \cdot s_3' = V_2 \cdot \left(\frac{1}{\varepsilon_1} \right)^{\frac{1}{\varkappa}},$$

worin

$$\varepsilon_1 = \frac{p_3}{p_2}.$$

4. Abkühlung der Luft auf die Anfangstemperatur T_1 bei konstantem Druck, Volumverminderung auf

$$V_3 = F \cdot s_3 = V_3' \cdot \frac{T_1}{T_3} = V_2 \cdot \left(\frac{1}{\varepsilon_1} \right)^{\frac{1}{\varkappa}} \left(\frac{1}{\varepsilon_1} \right)^{\frac{\varkappa - 1}{\varkappa}} = \frac{V_2}{\varepsilon_1} = \frac{V_1}{\varepsilon \cdot \varepsilon_1}.$$

5. Kompression der Luftmenge $V_3 = F \cdot s_3$ vom Drucke p_3 auf den Druck p_4, Kompressionsarbeit

$$A_3 = F_4 + F_5 = \frac{\varkappa}{\varkappa - 1} \cdot p_3 V_3 \left[\varepsilon_2^{\frac{\varkappa - 1}{\varkappa}} - 1 \right],$$

oder, da

$$p_3 V_3 = p_1 V_1 \text{ ist, } A_3 = \frac{\varkappa}{\varkappa - 1} \cdot p_1 V_1 \left[\varepsilon_3^{\frac{\varkappa - 1}{\varkappa}} - 1 \right]$$

Endvolumen

$$V_4' = F \cdot s_4' = V_3 \left(\frac{1}{\varepsilon_2}\right)^{\frac{1}{\varkappa}},$$

worin

$$\varepsilon_2 = \frac{p_4}{p_3}.$$

Das Endvolumen bei nochmaliger Abkühlung auf T_1 wäre:

$$V_4 = F \cdot s_4 = V_4' \cdot \frac{T_1}{T_4} = V_3 \cdot \left(\frac{1}{\varepsilon_2}\right)^{\frac{1}{\varkappa}} \cdot \left(\frac{1}{\varepsilon_2}\right)^{\frac{\varkappa-1}{\varkappa}} = \frac{V_3}{\varepsilon_2} = \frac{V_1}{\varepsilon \cdot \varepsilon_1 \cdot \varepsilon_2} = \frac{V_1}{\varepsilon_0},$$

also dasselbe wie bei isothermischer Kompression auf den Druck p_4 in einem Zylinder.

Die Kompressionsarbeit für einen Hub ist somit:

$$A = A_1 + A_2 + A_3$$

$$= \frac{\varkappa}{\varkappa-1}\left[p_1 V_1 \cdot \left(\varepsilon^{\frac{\varkappa-1}{\varkappa}} - 1\right) + p_2 V_2 \cdot \left(\varepsilon_1^{\frac{\varkappa-1}{\varkappa}} - 1\right) + p_3 V_3 \cdot \left(\varepsilon_2^{\frac{\varkappa-1}{\varkappa}} - 1\right)\right]$$

oder

$$A = \frac{\varkappa}{\varkappa-1} \cdot p_1 V_1 \left[\left(\varepsilon^{\frac{\varkappa-1}{\varkappa}} - 1\right) + \left(\varepsilon_1^{\frac{\varkappa-1}{\varkappa}} - 1\right) + \left(\varepsilon_2^{\frac{\varkappa-1}{\varkappa}} - 1\right)\right]. \qquad 61)$$

Die Kompressionsarbeit bei adiabatischer Kompression in einem Zylinder war dagegen:

$$A_0 = \frac{\varkappa}{\varkappa-1} \cdot p_1 V_1 \left[\varepsilon_0^{\frac{\varkappa-1}{\varkappa}} - 1\right], \qquad 62)$$

worin

$$\varepsilon_0 = \frac{p_4}{p_1} = \frac{p_2}{p_1} \cdot \frac{p_3}{p_2} \cdot \frac{p_4}{p_3} = \varepsilon \cdot \varepsilon_1 \cdot \varepsilon_2 \qquad 63)$$

ist.

Soll die Kompressionsarbeit auf alle drei Zylinder gleich verteilt sein, also $A_1 = A_2 = A_3$ sein, so folgt:

$$\frac{\varkappa}{\varkappa-1} \cdot p_1 V_1 \cdot \left(\varepsilon^{\frac{\varkappa-1}{\varkappa}} - 1\right) = \frac{\varkappa}{\varkappa-1} \cdot p_1 V_1 \left(\varepsilon_1^{\frac{\varkappa-1}{\varkappa}} - 1\right)$$

oder $\varepsilon = \varepsilon_1 = \varepsilon_2 =$, also, da $\varepsilon_0 = \varepsilon \cdot \varepsilon \cdot \varepsilon = \varepsilon^3$ wird

$$\varepsilon = \sqrt[3]{\varepsilon_0}, \qquad 64)$$

und

$$A = 3 A_1 = 3 \frac{\varkappa}{\varkappa-1} \cdot p_1 V_1 \left(\varepsilon^{\frac{\varkappa-1}{\varkappa}} - 1\right). \qquad 65)$$

Sind nur zwei Zylinder vorhanden, so ist $\varepsilon = \varepsilon_1$, $\varepsilon_0 = \varepsilon^2$, oder $\varepsilon = \sqrt{\varepsilon_0}$ und

$$A = 2 A_1 = 2 \frac{\varkappa}{\varkappa-1} \cdot p_1 V_1 \left(\varepsilon^{\frac{\varkappa-1}{\varkappa}} - 1\right). \qquad 66)$$

Für zweistufige Kompression zeigt das folgende Diagramm [1] die Ersparnis.

---

[1] Aus dem Katalog der Firma Pekorny & Wittekind A. G. Frankfurt a. M. S. 67 ff.

In Fig. 615 A ist a b c d f das theoretische Diagramm für einstufige
adiabatische Kompression der Luft von Atmosphärenspannung und
20 ° C Ansaugetemperatur. Der zugrunde gelegte schädliche Raum beträgt 3 %, der volumetrische Wirkungsgrad 89,9 %, die Diagrammfläche
mißt 2550 qmm.

Im allgemeinen stellt man bei zweistufiger Kompression die Bedingung, daß die im Niederdruck- und im Hochdruckluftzylinder geleisteten Arbeiten und Endtemperaturen einander gleich und möglichst
klein sein sollen. Zur Erfüllung dieser Bedingung ist es erforderlich,
daß die Kompressionsverhältnisse in beiden Zylindern gleich, also beide
$= \sqrt{\text{abs. Enddruck}}$ sind. Diese Verhältnisse werden in Wirklichkeit
etwas durch die kleinen, im Zwischenkühler auftretenden Widerstände

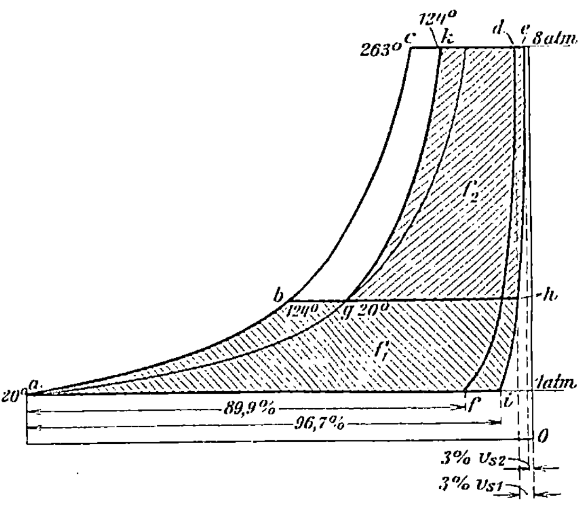

Fig. 615.

beeinflußt, sowie dadurch, daß man bisweilen nicht genügend kühles
Wasser hat, um im Zwischenkühler auf Anfangstemperatur zurück-
kühlen zu können. Von diesen Einflüssen, die in besonderen Fällen eine
gewisse Rolle spielen und berücksichtigt werden müssen, sei hier abgesehen und angenommen, daß bei zweistufiger Kompression auf 8 at abs.
das Kompressionsverhältnis in beiden Zylindern $= \sqrt{8} =$ ca. 2,83 sei.
Im Niederdruckzylinder wird auf 2,83 at abs. komprimiert; hierbei
erwärmt sich die Luft auf 124 ° C. Das Diagramm zeigt die Fläche
a b h i, und der volumetrische Wirkungsgrad, der vorher bei einstufiger
Kompression 89,9 % war, wird nun 96,7 %. In Linie b h zeigt sich das
vom Niederdruckkolben fortgepreßte Volumen von 124 ° C. Dasselbe
geht durch den Zwischenkühler und wird hier auf Anfangstemperatur
zurückgekühlt. Das gekühlte Volumen ist durch die Strecke g h dargestellt. Es gelangt in den Hochdruckzylinder und wird hier auf 8 at abs.
komprimiert, wobei das Kompressionsverhältnis $= \dfrac{8}{2,83}$ also wiederum

ca. 2,83 ist. Die Erwärmung der Luft ist dieselbe, wie zuvor im Niederdruckzylinder. g k e h stellt das Hochdruck-Diagramm dar.

Die gesamte, bei zweistufiger Kompression auf 8 at abs. für 96,7% des Hubvolumens verwendete Arbeit wird durch die Summe der beiden Flächen a b h i und g k e h dargestellt. Der Inhalt dieser beiden Flächen ist ca. 2340 qmm. Bei einstufiger Kompression von 89,9 % des Hubvolumens betrug die Flächenentwickelung 2550 qmm; für 96,7 % Hubvolumen ergeben sich alsdann ca. 2740 qmm. Da die Diagrammflächen direkt die Arbeiten darstellen, so kostet die einstufige Kompression rund $\dfrac{(2740 - 2340)}{2340} = 17\,\%$ mehr an Arbeit, als die zweistufige. Die durch zweistufige Kompression und Zwischenkühlung zu erzielenden Betriebsersparnisse sind also sehr groß, und die Mehrkosten der Anlage werden durch die Kohlen- bzw. Strom-Ersparnis längstens in einem Jahre gedeckt, ganz abgesehen davon, daß man bei zweistufiger Kompression und Zwischenkühlung mit einer kleineren, billigeren Dampfkesselanlage auskommt. Bei geringeren Luftüberdrücken als 7 at werden die Ersparnisse durch zweistufige Kompression etwas geringer. Man kann praktisch rechnen, daß bei einstufiger Kompression

auf 8 at abs. . . . . ca. 16 %
„ 7 „ „ . . . . „ 15 „
„ 6 „ „ . . . . „ 13,5 „
„ 5 „ „ . . . . „ 11,5 „

Arbeit mehr verbraucht werden, als bei zweistufiger. Bei größeren Kompressoren empfiehlt sich ihre Anwendung demnach schon bei 4 at Luftüberdruck.

Die vorher besprochenen Vorteile der zweistufigen Kompression gegenüber der einstufigen waren:

1. erheblich geringerer Kraftbedarf,
2. größerer volumetrischer Wirkungsgrad,
3. bessere Instandhaltung.

Hinzu kommt noch, daß die erzeugte Preßluft bei zweistufiger Kompression erheblich trockener ist, als bei einstufiger. Bekanntlich tritt beim Ansaugen, je nach dem Feuchtigkeitsgehalt der Luft, eine mehr oder weniger große Menge Wasser in Dampfform in die Maschine ein. Während sie bei einstufiger Kompression nur zum allergeringsten Teil abgeschieden wird, ist die Abscheidung bei zweistufiger Kompression eine nahezu vollkommene, Im Zwischenkühler schlägt sich soviel Wasser nieder, daß die Luft soeben gesättigt in den Hochdruckzylinder eintritt. In manchen Betrieben wird möglichst trockene Luft gewünscht, und in diesem Falle empfiehlt sich die zweistufige Kompression schon bei kleinen Maschinen, bei denen die Kraftersparnis eine weniger große Rolle spielt.

1. Beispiel: Das Kompressionsverhältnis ε_0 sei $= 8$, die Luft soll in zwei Zylindern nacheinander so komprimiert werden, daß beide Zylinder die gleiche Arbeit zu verrichten haben. Dann ist zunächst

$$\varepsilon = \varepsilon_1 = \sqrt{\varepsilon_0} = 2{,}8284,$$

und

$$A = 2\frac{\varkappa - 1}{\varkappa} \cdot p_1 V_1 \left(\varepsilon^{\frac{\varkappa - 1}{\varkappa}} - 1\right).$$

Soll nun das Volumen $V_1 = 1$ cbm angenommen werden, so ist

$$A = 2 \cdot \frac{\varkappa}{\varkappa - 1} \cdot p_1 \cdot \left(\varepsilon^{\frac{\varkappa - 1}{\varkappa}} - 1\right) = 2 \cdot 3{,}44 \cdot 10\,333\left(2{,}8284^{0{,}29} - 1\right) = 25\,026 \text{ mkg}.$$

Für adiabatische Kompression in einem Zylinder berechnet sich die Arbeit zu

$$A_0 = 29\,527,$$

folglich ist der Arbeitsgewinn

$$\varDelta = A_0 - A = 4500 \text{ mkg}$$

oder

$$= \frac{4500}{29\,527} = 0{,}15 = 15 \text{ %}$$

der adiabatischen Kompressionsarbeit in einem Zylinder und

$$\frac{4500}{25\,026} = 0{,}183 = 18{,}3\%$$

der Arbeit bei stufenweiser Kompression, also noch etwas höher als in der vorstehenden Tabelle angegeben, welcher Unterschied nur auf den verschiedenen schädlichen Räumen beruht.

2. Beispiel: Bei einem Kompressor, welcher die Luft zum Betriebe von Torpedomaschinen von 200 Atmosphären absoluter Spannung zu liefern bestimmt ist, soll die Kompression stufenweise in 3 Zylindern stattfinden und die Arbeit auf alle 3 Zylinder gleichmäßig verteilt sein. Da $\varepsilon_0 = 200$ ist, und 3 Zylinder vorhanden sind, so folgt

$$\varepsilon = \varepsilon_1 = \varepsilon_2 = \sqrt[3]{200} = 5{,}848.$$

Die Arbeit für 1 Hub berechnet sich dann zu

$$A = 3\,A_1 = 3 \cdot 3{,}44 \cdot 10\,333 \cdot \left(5{,}848^{0{,}29} - 1\right) \text{ mkg}$$

für 1 cbm angesaugter Luft, oder

$$A = 71\,304{,}6 \text{ mkg}.$$

Soll die Arbeit in PS. berechnet werden, so ist

$$N = \frac{71\,304{,}6 \cdot 2\,n}{60 \cdot 75}$$

die Arbeit für 1 cbm angesaugter Luft i. d. Sek., folglich, wenn V cbm i. d. Sek. angesaugt werden sollen,

$$N = \frac{71\,304{,}6 \cdot 2 \cdot n}{60 \cdot 75} \cdot V = \frac{F \cdot s \cdot n}{30} \cdot \frac{71304{,}6}{75}.$$

Ist der Durchmesser D des ersten Zylinders z. B. $= 600$ mm, der Hub $s = 800$ mm, die Tourenzahl $n = 80$, also $\dfrac{s \cdot n}{30} = 2{,}13$ m i. d. Sek. und $F = 0{,}2827$ qm, so folgt

$$N = 0{,}2827 \cdot 2{,}13 \cdot \frac{71\,305}{75} = 572{,}32 \text{ PS}.$$

im ganzen, also

$$N_1 = N_2 = N_3 = \frac{N}{3} = 190{,}8\ \text{PS.}$$

für jeden einzelnen Kompressor.

Während dreistufige Kompression noch vorteilhaft ist, scheinen die Ansichten, ob vier- und fünfstufige Kompression bei Drücken von 100—200 Atm. noch praktische Vorteile bieten, in der Praxis auseinander zu gehen. Während, wie oben (S. 238 und 235) beschrieben ist, die Berliner Maschinenbauaktiengesellschaft und R. Meyer Kompressoren von 4 und 5 Stufen ausführen, wendet sich A. Borsig in Tegel aus praktischen Gründen gegen die Verwendung von mehr als 3 Stufen und versucht den Nachweis [1]), daß die höheren Stufen keinen Nutzen mehr bringen könnten.

Es heißt in der unten zitierten Flugschrift:

In der letzten Zeit wird vielfach die Nachricht verbreitet, daß die Ausführung von fünfstufigen Kompressoren besondere Vorteile biete für Enddrücke von 100 Atm. aufwärts und daß insbesondere für Drücke von 150 Atm. unbedingt fünfstufige Kompressoren erforderlich seien.

Um hierüber ein zuverlässiges Urteil zu erlangen, habe ich in der nachstehenden Tabelle vierstufige mit dreistufigen und fünfstufige mit dreistufigen Kompressoren verglichen. Dabei bedeutet in der Tabelle:

Rubrik   I Theoretischer Kraftverbrauch ohne schädlichen Raum,

   ,,   II   ,,   ,,   mit   ,,   ,,

   ,,   III Kraftverbrauch mit einfachem Ventilwiderstand und schädlichem Raum.

Als Saugwiderstand und als Druckwiderstand sind Werte angenommen, die in der Praxis kaum unterschritten werden dürften. Der schädliche Raum der ersten und zweiten Stufe ist entsprechend normalen Verhältnissen mit 2,5 %, der schädliche Raum der dritten und vierten Stufe mit 5 % und der schädliche Raum der fünften Stufe mit 6 %, sowie der Kompressions-Koeffizient K mit 1,32 und isothermische Rückexpansion zugrunde gelegt.

Die Zahlen für die Arbeitsersparnis in Prozenten gegenüber der dreistufigen Kompression sind mit positiven (+) und die Zahlen des Arbeitsmehrverbrauches in Prozenten gegenüber dreistufiger Kompression mit negativen (—) Vorzeichen versehen.

Die Kraftverbrauchszahlen sind ermittelt für Drücke von 100, 135, 150 und 200 Atm.

Tabelle a: Prozente der Arbeitsersparnis bzw. des Arbeitsmehrverbrauches bei vierstufiger Kompression gegenüber dreistufiger Kompression.

Atm.	I	II	III
100	+ 4,8 %	+ 1,55 %	— 5,0 %
135	+ 5,35 ,,	+ 2,6 ,,	— 1,0 ,,
150	+ 5,5 ,,	+ 2,65 ,,	— 0,5 ,,
200	+ 5,75 ,,	+ 2,5 ,,	+ 0,0 ,,

---

1) Flugschrift von A. Borsig in Berlin-Tegel, 1910 unter dem Titel: „Vergleich der Kraftverbrauchszahlen von mehrstufigen Hochdruck-Kompressoren.“

Tabelle b: Prozente der Arbeitsersparnis bzw. des Arbeitsmehrverbrauches bei fünfstufiger Kompression gegenüber dreistufiger Kompression.

Atm.	I	II	III
100	+ 8,2 %	+ 4,75 %	— 3,5 %
135	+ 8,35 ,,	+ 4,9 ,,	— 1,5 ,,
150	+ 9,1 ,,	+ 4,9 ,,	— 1,0 ,,
200	+ 9,2 ,,	+ 4,4 ,,	— 0,5 ,,

Aus dieser Tabelle ist ersichtlich, daß rein theoretisch betrachtet, bei vierstufiger und fünfstufiger Kompression gegenüber dreistufiger Kompression auf dieselben Enddrücke, wie aus den Rubriken I und II ersichtlich, eine Arbeitsersparnis zu verzeichnen ist. Diese Arbeitsersparnis ist aber, wie erwähnt, nur theoretisch vorhanden, sofern der Ventilwiderstand unberücksichtigt bleibt. Selbst wenn man diesen, wie in Rubrik III geschehen, mit sehr geringen Werten für den Saugwiderstand und Druckwiderstand einführt, so ist aus der Rubrik III, die die Verhältnisse der Praxis darstellt, ersichtlich, daß die fünfstufige und vierstufige Kompression gegenüber der dreistufigen Kompression auf die gleichen Enddrücke einem Arbeitsmehrverbrauch gleichkommt, und zwar bei der vierstufigen Kompression nach Tabelle a von durchschnittlich 1,2 % und bei der fünfstufigen Kompression nach Tabelle b von durchschnittlich 1,9 %. Ganz abgesehen davon, daß ein dreistufiger Kompressor eine erheblich einfachere Maschine darstellt, als ein vier- oder gar fünfstufiger Kompressor, ist es also augenscheinlich, daß die dreifache Kompression auf den gleichen Enddruck eine Kraftersparnis gegenüber vier- und fünfstufiger Kompression bedeutet.

Über die Zweckmäßigkeit zwei- und mehrstufiger Kompression hat auch Ingenieur Hinz in Frankfurt a. M. Untersuchungen angestellt, welche im wesentlichen Folgendes ergeben haben [1]).

Es ist zunächst versuchsmäßig festgestellt, daß man durch zweistufige Kompression bei ca. 6 Atm. Überdruck ca. 13 % an Arbeitsaufwand sparen kann.

Für 1 cbm/min. auf 6 Atm. Überdruck sind theoretisch erforderlich
bei einstufiger Kompression adiabatisch 5,82 PS.

,, zweistufiger	,,	,,	5,01 ,,
,, dreistufiger	,,	,,	4,77 ,,
,, vierstufiger	,,	,,	4,65 ,,
,, isothermischer	,,	,,	4,33 ,,

Es werden also theoretisch durch die zweistufige Kompression 16 %
,, ,, dreistufige ,, noch 5 ,,
,, ,, vierstufige ,, ,, 2,5 ,,
,, ,, isothermische ,, ,, 7 ,,
an Arbeit gespart.

An zweistufigen Kompressoren sind oft genaue Untersuchungen ausgeführt und haben dieselben z. B. bei 6 Atm. Überdruck einen Wir-

---

1) „Glückauf" 1907, S. 1501.

kungsgrad von 95 % ergeben. So hat z. B. ein Kompressor von Pokorny & Wittekind auf Zeche Neu-Essen [1]) zum Komprimieren von
1 cbm Luft auf 6,13 Atm. Überdruck 5,28 PS. gebraucht, auf 6 Atm.
umgerechnet also $5{,}28 \cdot \dfrac{5{,}00}{5{,}06} = 5{,}22$ PS. Die Widerstände betragen
also $\dfrac{5{,}22 \cdot 100}{5{,}00} - 100 = 4{,}4$ %.

Rechnet man für moderne Kompressoren im Mittel bei 6 Atm.
5 % Widerstände, so ergibt sich die Arbeit für die Widerstände (für
1 cbm/min. auf 6 Atm.) zu 0,25 PS. Hinz weist nun graphisch und
rechnerisch nach, daß die Arbeitsersparnisse bei mehrfacher Kompression
bei nicht sehr hohen Drücken die Komplikation und Verteuerung durch
die mehrfache Kompression nicht aufwiege, so daß z. B. bei 10 Atm.
die dreistufige Kompression noch nicht gerechtfertigt sei, da die Arbeitsersparnis im Zylinder nur ca. 3 % betrage. Es stimmen also diese
Untersuchungen von Hinz im wesentlichen mit denjenigen von Borsig
überein und darf daraus wohl der Schluß gezogen werden, daß es (aus
praktischen und wirtschaftlichen Gründen) nicht angebracht ist, mit
der mehrstufigen Kompression zu hoch zu gehen. Daß allerdings mit
4 bezw. 5 stufiger Kompression eine wesentlich trockenere Luft, als mit
2 und 3 stufiger erhalten wird, ist wohl einwandfrei erwiesen und
dürfte hierin wohl der Hauptgrund für den Bau der höherstufigen
Kompressoren zu suchen sein.

---

[1]) „Glückauf" 1904, S. 1428.

Siebentes Kapitel

Theorie der Luftpumpe.

A. Berechnung des Enddruckes bei einfach wirkenden Luftpumpen.

In Fig. 616 ist die Anordnung einer Luftpumpe schematisch dargestellt und es bezeichnet $V = F \cdot s$ den Inhalt des Zylinders, $\varepsilon_0 V$ den Inhalt des schädlichen Raumes bis zum Saugventil B, V_0 den Inhalt des

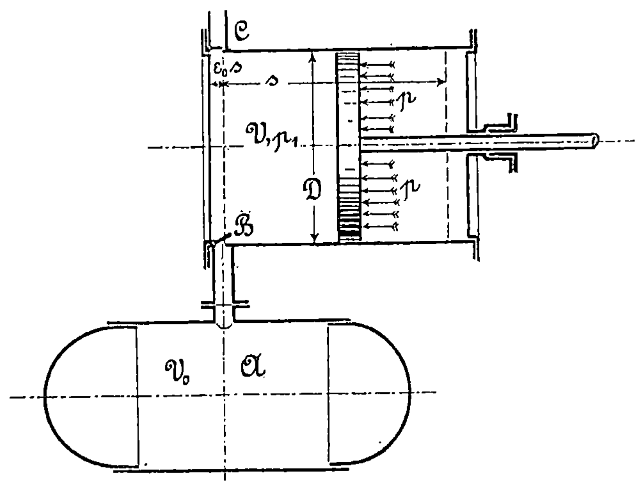

Fig. 616.

luftleer zu pumpenden Behälters A, gleichfalls bis zum Saugventil B gemessen, p den atmosphärischen Druck $= 1{,}0333$ kg/qcm, p_1, p_2, p_3 etc. den Druck im Behälter A am Ende des ersten, zweiten, dritten etc. Kolbenhubes.

Vor Beginn des ersten Hubes ist der Druck im Zylinder, im schädlichen Raum und im Behälter A gleich p. Die Reihenfolge der einzelnen Vorgänge ist nun folgende:

1. Der Kolben geht nach rechts, am Ende des Hubes ist der Druck im Zylinder, schädlichen Raum und Behälter gleich p_1, so daß

$$p_1 \cdot (V + \varepsilon_0 V + V_0) = p (V_0 + \varepsilon_0 V),$$

oder

$$p_1 = p \frac{V_0 + \varepsilon_0 V}{V_0 + V (1 + \varepsilon_0)}$$

ist. Setzt man $\dfrac{V}{V_0} = \alpha$ oder $V = \alpha \cdot V_0$ und dividiert den Zähler und Nenner durch V_0, so folgt

$$p_1 = p \cdot \frac{1 + \varepsilon_0 \cdot \alpha}{1 + (1 + \varepsilon_0) \alpha}. \qquad 67)$$

2. Rückkehr des Kolbens und Kompression der Luft auf atmosphärischen Druck; Druck im schädlichen Raum $= p$.

3. Zweiter Kolbenhub, Expansion der Luft im schädlichen Raum vom Drucke p auf den Druck p_1, wobei das Volumen V_x beschrieben wird, bis

$$\varepsilon_0 V \cdot p = V_x \cdot p_1 \quad \text{oder} \quad V_x = \varepsilon_0 V \cdot \frac{p}{p_1}$$

ist. Anfangs- und Endzustand der Saugperiode sind dann

$$(V_0 + V_x) p_1 = [V_0 + V (1 + \varepsilon_0)] p_2,$$

woraus folgt:

$$p_2 = p_1 \frac{V_0 + \varepsilon_0 V \cdot \dfrac{p}{p_1}}{V_0 + V (1 + \varepsilon_0)},$$

oder wenn wieder $\dfrac{V}{V_0} = \alpha$ und $\dfrac{p}{p_1} = \varepsilon_1$ gesetzt wird

$$p_2 = p_1 \frac{1 + \varepsilon_0 \cdot \alpha \cdot \varepsilon_1}{1 + (1 + \varepsilon_0) \alpha}. \qquad 67\,a)$$

Rückkehr des Kolbens und Kompression.

4. Dritter Kolbenhub, Expansion der Luft im schädlichen Raum bis p_2, so daß $V_x = \varepsilon_0 V \cdot \dfrac{p}{p_2}$ oder wenn $\dfrac{p}{p_2} = \varepsilon_2$ gesetzt wird, $V_x = \varepsilon_2 \cdot \varepsilon_0 V$ ist. Anfangs- und Endzustand sind wieder

$$(V_0 + V_x) \cdot p_2 = (V_0 + V [1 + \varepsilon_0]) \cdot p_3,$$

oder

$$p_3 = p_2 \frac{V_0 + \varepsilon_0 V \cdot \varepsilon_2}{V_0 + V (1 + \varepsilon_0)} = p_2 \cdot \frac{1 + \varepsilon_0 \cdot \alpha \cdot \varepsilon_2}{1 + (1 + \varepsilon_0) \cdot \alpha}. \qquad 67\,b)$$

In derselben Weise erhält man

$$p_4 = p_3 \cdot \frac{1 + \varepsilon_0 \cdot \alpha \cdot \varepsilon_3}{1 + (1 + \varepsilon_0) \alpha} \quad \text{etc.}$$

oder allgemein

$$p_{n+1} = p_n \cdot \frac{1 + \varepsilon_0 \cdot \alpha \cdot \varepsilon_n}{1 + (1 + \varepsilon_0) \alpha}, \qquad 67\,c)$$

worin

$$\varepsilon_n = \frac{p}{p_n}$$

ist. Setzt man zur Vereinfachung

$$1 + \varepsilon_0 \alpha = a, \quad \text{also} \quad \varepsilon_0 \alpha = a - 1$$

und

$$1 + (1 + \varepsilon_0) \alpha = b,$$

so folgt zunächst:

$$\varepsilon_1 = \frac{1 + (1 + \varepsilon_0) \cdot \alpha}{1 + \varepsilon_0 \cdot \alpha} = \frac{b}{a},$$

folglich nach Gleichung 81)

$$p_1 = p \cdot \frac{a}{b},$$

nach Gleichung 81 a)

$$p_2 = p \cdot \frac{a + (a - 1) b}{b^2},$$

ebenso

$$p_3 = p \cdot \frac{a + (a - 1) b + (a - 1) b^2}{b^3},$$

$$p_4 = p \cdot \frac{a + (a - 1) b + (a - 1) b^2 + (a - 1) b^3}{b^4}$$

oder allgemein

$$p_n = p \cdot \frac{a + (a - 1) b + (a - 1) b^2 + \ldots (a - 1) b^{n-1}}{b^n}. \qquad 67\,\mathrm{d})$$

Setzt man rückwärts a und a — 1 ein, so folgt

$$p_n = \frac{p}{b^n} \left\{ 1 + \left(\varepsilon_0 \alpha + \varepsilon_0 \alpha b + \varepsilon_0 \alpha \cdot b^2 + \ldots \varepsilon_0 \alpha \cdot b^{n-1} \right) \right\}$$

oder, da die Summe der geometrischen Reihe

$$\varepsilon_0 \alpha + \varepsilon_0 \alpha \cdot b + \ldots \varepsilon_0 \alpha \cdot b^{n-1} = \varepsilon_0 \alpha \cdot \frac{b^n - 1}{b - 1}$$

ist,

$$p_n = p \left[\frac{1}{b^n} + \frac{\varepsilon_0 \alpha}{b - 1} \left(1 - \frac{1}{b^n} \right) \right]. \qquad 68)$$

Der Enddruck p_n für $n = \infty$, d. h. also die nach unendlich viel Hüben überhaupt erreichbare kleinste Spannung im Behälter A ergibt sich hiernach einfach, da

$$\frac{1}{b^n} = \frac{1}{\infty} = 0$$

wird, zu

$$p_n = p \cdot \frac{\varepsilon_0 \alpha}{b - 1} = p \cdot \frac{\varepsilon_0 \alpha}{1 + (1 + \varepsilon_0) \alpha - 1} = p \cdot \frac{\varepsilon_0}{1 + \varepsilon_0} \qquad 68\,\mathrm{a})$$

oder, wenn Zähler und Nenner mit V multipliziert wird:

$$p_n = \frac{\varepsilon_0 V}{V + \varepsilon_0 V} \cdot p, \quad \frac{p_n}{p} = \frac{\varepsilon_0 V}{V + \varepsilon_0 V}, \qquad 69)$$

d. h. der kleinste, überhaupt erreichbare Enddruck ist gleich dem atmosphärischen Druck mal dem Verhältnis des schädlichen Raumes zum Zylinderinhalt vermehrt um den schädlichen Raum.

Beispiel: Wie groß ist nach $n = 30$ Hüben der Enddruck in einem Behälter A vom Inhalt $V_0 = 1$ cbm, wenn die einfach wirkende Luftpumpe 400 mm Durchmesser, 600 mm Hub hat, und das Verhältnis des schädlichen Raumes zum Zylinderinhalt $\varepsilon_0 = 0{,}06$ ist?

Zunächst ist der Zylinderinhalt

$$V = F \cdot s = 0{,}4^2 \cdot \frac{\pi}{4} \cdot 0{,}6 = 0{,}07542 \text{ cbm},$$

folglich

$$\alpha = \frac{V}{V_0} = \frac{0{,}07542}{1} = 0{,}07542,$$

also

$$\varepsilon_0 \cdot \alpha = 0{,}004525, \quad b = 1 + (1 + \varepsilon_0) \cdot \alpha = 1{,}07995, \quad b^n = 1{,}07995^{30} = 10{,}053$$

und nach Gleichung 82)

$$p_n = p \cdot \left[\frac{1}{10} + \frac{0{,}004525}{0{,}07995} \cdot \left(1 - \frac{1}{10}\right)\right] = p \cdot \left[0{,}1 + 0{,}0566 \cdot 0{,}9\right]$$
$$= 0{,}15094 \cdot 1{,}0333 = \mathbf{0{,}156 \ kg/qcm},$$

oder in cm Quecksilbersäule

$$p_n = 0{,}15094 \cdot 76 = 11{,}472 \text{ cm}$$

absolut, oder von der Atmosphäre abwärts gemessen

$$p_n{'} = 76 - 11{,}472 = 64{,}528 \text{ cm}$$

Vakuum.

Der äußerste Enddruck, welcher für $n = \infty$ erreicht würde, betrüge

$$p_\infty = p \cdot \frac{\varepsilon_0}{1 + \varepsilon_0} = 1{,}0333 \cdot \frac{0{,}06}{1{,}06} = 0{,}0585 \text{ kg/qcm}$$

oder

$$p_\infty = 4{,}3016 \text{ cm Quecksilbersäule absolut} = 71{,}6948 \text{ cm Vakuum.}$$

B. Berechnung des Enddrucks bei doppeltwirkenden Luftpumpen.

Da jede Zylinderseite als einfach wirkende Luftpumpe angesehen werden kann, so wird zur Erzielung eines bestimmten Enddrucks die Anzahl der Hübe ebenso groß, diejenige der Doppelhübe oder Umdrehungen dagegen nur halb so groß sein wie bei der einfach wirkenden Pumpe. Zur Berechnung des Enddrucks dient daher ebenfalls Gleichung 83), worin jedoch n die Anzahl der einfachen Hübe bedeutet, während dann die

Tourenzahl der Maschine $n_0 = \dfrac{n}{2}$ ist.

C. Berechnung des Enddrucks bei Luftpumpen mit Druckausgleich.

Nach Gleichung 82) ist der niedrigste, überhaupt erreichbare Enddruck bei einfachen Luftpumpen abhängig vom Verhältnis des schädlichen

Raumes zum Zylinderinhalt. Um diesen Einfluß des schädlichen Raumes
möglichst zu beseitigen, wird, wie bei Luftkompressoren, am Ende des
Hubes ein Druckausgleich zwischen beiden Zylinderseiten bewirkt, wodurch ein bedeutend größerer, volumetrischer Wirkungsgrad und auch
ein kleinerer Enddruck erreicht wird.

Es sei in Fig. 617 V der Zylinderinhalt, V_s der schädliche Raum
bis zum Saugventil und dem Verteilungsschieber gemessen, V' der Inhalt
des Druckausgleichkanals, V_0 der Inhalt des luftleer zu pumpenden Behälters, oder wie früher

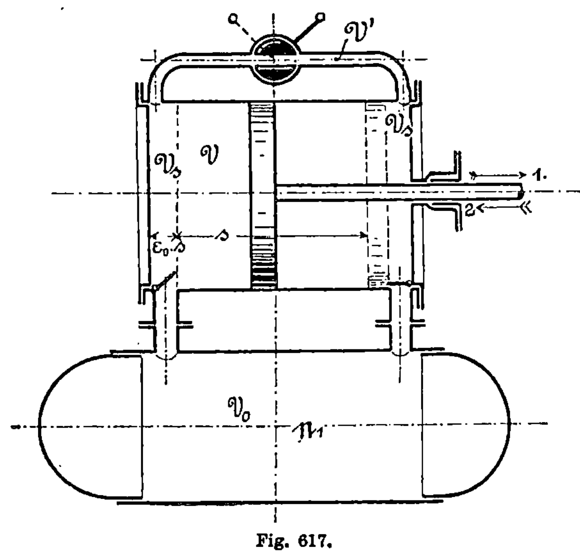

Fig. 617.

$$V_s = \varepsilon_0 \cdot V, \quad \frac{V}{V_0} = \alpha \quad \text{und} \quad V' = \varepsilon' \cdot V,$$

so ist die Reihenfolge der Vorgänge jetzt folgende:

1. Kolbenhub nach rechts. Anfangszustand und Endzustand:

$$(V_s + V_0) \cdot p = (V + V_s + V_0)\, p_1$$

oder

$$(\varepsilon_0 V + V_0) \cdot p = (V + \varepsilon_0 V + V_0)\, p_1,$$

und nach Division durch V_0,

$$p_1 = p\, \frac{1 + \varepsilon_0\, \alpha}{1 + (1 + \varepsilon_0)\, \alpha},$$

oder wenn zur Vereinfachung der späteren Rechnungen wieder

$$1 + \varepsilon_0\, \alpha = a, \quad \text{also} \quad \varepsilon_0\, \alpha = a - 1,$$
$$1 + (1 + \varepsilon_0)\, \alpha = b, \quad \text{also} \quad (1 + \varepsilon_0)\, \alpha = b - 1,$$

dagegen hier zur Vereinfachung der Berechnung umgekehrt

$$\frac{p_1}{p} = \varepsilon_1, \quad \frac{p_2}{p} = \varepsilon_2, \quad \cdots\cdots \frac{p_n}{p} = \varepsilon_n$$

gesetzt wird,

$$p_1 = p\,\frac{a}{b} = p \cdot \varepsilon_1. \qquad\qquad 70)$$

2. Druckausgleich zwischen linker Kolbenseite $(V_s + V)\,p_1$ und rechter Kolbenseite $V_s \cdot p$, woraus folgt:

$$V_s \cdot p + (V_s + V)\,p_1 = (V + 2\,V_s + V')\,p_1',$$

worin p_1' den Druck nach erfolgtem Ausgleich auf beiden Kolbenseiten bezeichnet, oder unter Einführung der Koeffizïenten ε_0, a und ε'

$$\varepsilon_0\,p + (1 + \varepsilon_0)\,p_1 = (1 + 2\,\varepsilon_0 + \varepsilon')\,p_1',$$

also

$$p_1' = \frac{\varepsilon_0 \cdot p + (1 + \varepsilon_0)\,p_1}{1 + 2\,\varepsilon_0 + \varepsilon'},$$

oder wenn

$$1 + 2\,\varepsilon_0 + \varepsilon' = c$$

gesetzt wird,

$$p_1' = \frac{p}{c}\left(\varepsilon_0 + (1 + \varepsilon_0)\,\frac{a}{b}\right)$$

oder

$$= \frac{p}{a \cdot c}\left(\varepsilon_0\,a + (1 + \varepsilon_0)\,a \cdot \frac{a}{b}\right),$$

und nach verschiedenen Umformungen

$$p_1' = \frac{p}{b \cdot a \cdot c}\left[(a - 1)\,b + b \cdot (b - 1) \cdot \varepsilon_1\right]. \qquad\qquad 70\,a)$$

3. Kolbenhub nach links, Anfangs- und Endzustand:

$$V_s \cdot p_1' + V_0 \cdot p_1 = (V + V_0 + V_s) \cdot p_2$$

oder

$$\varepsilon_0\,a \cdot p_1' + p_1 = [1 + (1 + \varepsilon_0)\,a] \cdot p_2,$$

$$p_2 = \frac{(a - 1)\,p_1' + p_1}{b} = \frac{1}{b}\left[(a - 1)\,p_1' + p\,\frac{a}{b}\right]$$

$$= \frac{1}{b}\left\{a - 1)\,\frac{p}{b \cdot a\,c}\left[(a - 1)\,b + (b - 1)\,a\right] + p \cdot \frac{a}{b}\right\}$$

$$= \frac{p}{b^2}\left\{a + \frac{a - 1}{a \cdot c}\left[(a - 1) \cdot b + (b - 1)\,a\right]\right\}$$

$$= \frac{p}{b^2}\left\{a + \frac{a - 1}{a \cdot c}\left[(a - 1)\,b + (b - 1)\,b\varepsilon_1\right]\right\}, \qquad\qquad 70\,b)$$

folglich ist

$$\varepsilon_2 = \frac{p_2}{p} = \frac{1}{b^2}\left\{a + \frac{a - 1}{a \cdot c}\left[(a - 1) \cdot b + (b - 1) \cdot a\right]\right\}.$$

4. Druckausgleich zwischen rechter und linker Kolbenseite:

$$V_s \cdot p + (V + V_s) \cdot p_2 = (V + 2\,V_s + V')\,p_2',$$

oder

$$\varepsilon_0 \cdot p + (1 + \varepsilon_0)\,p_2 = (1 + 2\,\varepsilon_0 + \varepsilon')\,p_2' = c \cdot p_2',$$

mithin

$$p_2' = \frac{\varepsilon_0 \cdot p + (1 + \varepsilon_0)\,p_2}{c},$$

oder wenn $p_2 = \varepsilon_2\,p$ gesetzt wird

$$p_2' = \frac{p}{c}\left(\varepsilon_0 + (1 + \varepsilon_0)\cdot\varepsilon_2\right) = \frac{p}{\alpha\cdot c}\left(\varepsilon_0\,\alpha + (1 + \varepsilon_0)\,\alpha\cdot\varepsilon_2\right)$$

$$= \frac{p}{\alpha\cdot c}\left[(a-1) + (b-1)\,\varepsilon_2\right]$$

$$= \frac{p}{\alpha\cdot c}\left[(a-1) + \frac{b-1}{b^2}\left\{a + \frac{a-1}{\alpha\cdot c}\left[(a-1)\,b + (b-1)\,a\right]\right\}\right],$$

und nach mehreren Umformungen

$$p_2' = \frac{p}{b^2\cdot\alpha\,c}\left[b^2(a-1) + b^2(b-1)\,\varepsilon_2\right]. \qquad 70\,c)$$

In derselben Weise wie für p_2 (Gl. 84 b) erhält man für p_3 die Gleichung:

$$p_3 = \frac{p}{b^3}\left\{a + \frac{a-1}{\alpha\cdot c}\left[(a-1)(b + b^2) + (b-1)\,b^2\cdot\varepsilon_2\right]\right\},$$

für p_4:

$$p_4 = \frac{p}{b^4}\left\{a + \frac{a-1}{\alpha\cdot c}\left[(a-1)(b + b^2 + b^3) + (b-1)\,b^3\cdot\varepsilon_3\right]\right\},$$

mithin allgemein

$$p_n = \frac{p}{b^n}\left\{a + \frac{a-1}{\alpha\cdot c}\left[(a-1)\left(b + b^2 + b^3 + \ldots\ldots b^{n-1}\right)\right.\right.$$
$$\left.\left. + (b-1)\,b^{n-1}\cdot\varepsilon_{n-1}\right]\right\}.$$

Wird hierin die Summe der Reihe

$$b + b^2 + b^3 + \ldots\ldots b^{n-1} = b\cdot\frac{b^{n-1}-1}{b-1}$$

eingesetzt, so folgt

$$p_n = \frac{p}{b^n}\left\{a + \frac{a-1}{\alpha\cdot c}\left[(a-1)\cdot b\cdot\frac{b^{n-1}-1}{b-1} + (b-1)\cdot b^{n-1}\cdot\varepsilon_{n-1}\right]\right\}, \quad 71)$$

oder nach einigen Umformungen:

$$p_n = p\left\{\frac{1}{b^n} + \frac{\varepsilon_0\,\alpha}{b^n} + \frac{\varepsilon_0\,\alpha}{\alpha\cdot c}\left[\frac{\varepsilon_0\,\alpha}{b-1}\left(1 - \frac{b}{b^n}\right) + \varepsilon_{n-1}\cdot\left(1 - \frac{b^{n-1}}{b^n}\right)\right]\right\}. \quad 71\,a)$$

Hieraus erhält man:

$$\varepsilon_n = \frac{p_n}{p}$$

$$= \frac{1}{b^n}\left\{a + \frac{a-1}{\alpha\cdot c}\left[(a-1)\,b\cdot\frac{b^{n-1}-1}{b-1} + (b-1)\,b^{n-1}\cdot\varepsilon_{n-1}\right]\right\}. \qquad 72)$$

Aus Gleichung 85 a) erhält man den Enddruck p_n für $n = \infty$, d. h. die überhaupt mögliche kleinste Spannung, da für

$$b^n = \infty \ \text{auch}\ b^{n-1} = \infty\,,\ \frac{1}{b^n} = 0,\ \frac{b^{n-1}}{b^n} = \frac{b^n}{b^n} = 1$$

wird, zu:

$$p_\infty = p\cdot\frac{\varepsilon_0^2\,\alpha^2}{\alpha\cdot c\,(b-1)} = p\cdot\frac{\varepsilon_0^2\,\alpha^2}{\alpha\cdot(1 + \varepsilon_0)\,\alpha(1 + 2\,\varepsilon_0 + \varepsilon')} = p\cdot\frac{\varepsilon_0^2}{(1 + \varepsilon_0)(1 + 2\,\varepsilon_0 + \varepsilon')}$$

und

$$\varepsilon_\infty = \frac{p_\infty}{p} = \left(\frac{\varepsilon_0}{1+\varepsilon_0}\right)\left(\frac{\varepsilon_0}{1+2\,\varepsilon_0+\varepsilon'}\right) = \varepsilon_a \cdot \varepsilon_b \qquad\qquad 72\,a)$$

Nach Gleichung 82 a) war für gewöhnliche Luftpumpen ohne Druckausgleich der kleinste überhaupt erreichbare Druck

$$p_\infty = p \cdot \frac{\varepsilon_0}{1+\varepsilon_0} = p \cdot \varepsilon_a,$$

während durch Anwendung des Druckausgleiches dieser theoretische Grenzwert um

$$\varepsilon_b = \frac{\varepsilon_0}{1+2\,\varepsilon_0+\varepsilon'} \quad \text{mal}$$

kleiner ist, worin ε_b das Verhältnis des schädlichen Raumes auf einer Zylinderseite zu dem ganzen beim Druckausgleich von Luft erfüllten Raume ist.

Zur Berechnung des Enddruckes für eine bestimmte Hubzahl nach den Gleichungen 85 a) und 86) wäre zunächst der Wert ε_{n-1} zu berechnen, für welchen wieder ε_{n-2} usw. bekannt sein müßte. Da jedoch diese Berechnung eine sehr umständliche sein würde, so kann, da für eine größere Hubzahl der Unterschied zwischen ε_{n-1} und ε_n nur gering ist, annäherungsweise $\varepsilon_{n-1} = \varepsilon_n$ gesetzt werden, wodurch Gleichung 86) übergeht in die folgende Gleichung:

$$\varepsilon_n = \frac{1}{b^n}\left\{a + \frac{a-1}{\alpha\cdot c}\left[(a-1)\,b\cdot\frac{b^{n-1}-1}{b-1} + (b-1)\cdot b^{n-1}\cdot\varepsilon_n\right]\right\}.$$

Hieraus erhält man nach verschiedenen Umformungen die Gleichung

$$\varepsilon_n = \frac{1}{b^{n-1}}\left\{a + \frac{a-1}{\alpha\cdot c}(a-1)\,b\cdot\frac{b^{n-1}-1}{b-1}\right\} = \frac{p_n}{p}, \qquad\qquad 73)$$

welche nur die bekannten Werte α, a, b und c enthält, deren Bedeutung auf S. 610 erklärt ist.

Setzt man, um die Größe des Fehlers zu berechnen, den nach Gleichung 86) berechneten Wert $= \varepsilon_n{}'$, den nach Gleichung 87) berechneten $= \varepsilon_n{}''$, so folgt:

$$\varepsilon_n{}' - \varepsilon_n{}'' = \frac{\varepsilon_0}{c}\frac{b-1}{b}\cdot\varepsilon_{n-1} - \left\{a + \frac{a-1}{\alpha\cdot c}(a-1)\,b\cdot\frac{b^{n-1}-1}{b-1}\right\}\cdot\frac{b^n-b^{n-1}}{b^{2n-1}}.$$

Läßt man den Subtrahenten dieser Gleichung als einen sehr kleinen Wert fort, so ist jedenfalls:

$$\varepsilon_n{}' - \varepsilon_n{}'' < \frac{\varepsilon_0}{c}\frac{b-1}{b}\cdot\varepsilon_{n-1} \quad \text{oder}$$

$$< \frac{\varepsilon_0}{1+2\,\varepsilon_0+\varepsilon'}\cdot\frac{(1+\varepsilon_0)\alpha}{1+(1+\varepsilon_0)\alpha} \quad \text{oder} < \frac{\varepsilon_0}{1+2\,\varepsilon_0+\varepsilon'}\cdot\left(1-\frac{1}{1+(1+\varepsilon_0)\,\alpha}\right)\cdot\varepsilon_{n-1}.$$

Da hierin $1 + (1+\varepsilon_0)\,\alpha$, wenn α und ε_0 verhältnismäßig klein angenommen werden, wenig größer als 1 ist, so ist auch $\dfrac{1}{1+(1+\varepsilon_0)\,\alpha}$

nahezu 1, also $1 - \dfrac{1}{1 + (1 + \varepsilon_0)\,\alpha}$ ein verhältnismäßig kleiner Bruch, folglich

$$\frac{\varepsilon_0}{1 + 2\,\varepsilon_0 + \varepsilon'} \cdot \left(1 - \frac{1}{1 + (1 + \varepsilon_0)\,\alpha}\right)$$

noch bedeutend kleiner. Für ε_0 z. B. $= 0{,}06$ $\alpha = 0{,}1$, $\varepsilon' = 0{,}01$ ist

$$\varepsilon_n' - \varepsilon_n'' < 0{,}0053\,\varepsilon_{n-1},$$

so daß mit einer für die Praxis völlig genügenden Genauigkeit in Gleichung 86) ε_n statt ε_{n-1} gesetzt und der Wert ε_n dann nach Gleichung 87) berechnet werden darf.

Beispiel: In dem auf S. 610 berechneten Beispiel war $V_0 = 1$ cbm, $V = 0{,}07542$ cbm, also $\alpha = \dfrac{V}{V_0} = 0{,}07542$, ferner $\varepsilon_0 = 0{,}06$ angenommen. Es sei nun $\varepsilon' = 0{,}01$ und $n = 30$ gesetzt. Dann ist die Endspannung p_n nach Gleichung 93):

$$p_n = p \cdot \varepsilon_n = p \cdot \frac{1}{b^{n-1}} \left\{ a + \frac{(a - 1)^2}{a \cdot c} \cdot b \cdot \frac{b^{n-1} - 1}{b - 1} \right\}.$$

Hierin ist: $b = 1{,}07995$, $b^{n-1} = 1{,}07995^{29} = 9{,}315$, $b - 1 = 0{,}07995$, $c = 1 + 2\,\varepsilon_0 + \varepsilon' = 1{,}13$, $a = 1 + \varepsilon_0\,\alpha = 1{,}00453$, $a - 1 = 0{,}00453$, $(a - 1)^2 = 0{,}00002052$, also

$$p_n = 1{,}0333 \cdot \frac{1}{9{,}315} \left\{ 1{,}00453 + 0{,}02705 \right\} = 1{,}0333 \cdot \frac{1{,}0316}{9{,}315} = 0{,}11445 \ \text{kg/qcm}$$

oder in cm Quecksilbersäule

$$p_n = 0{,}11445 \cdot 76 = 8{,}7 \ \text{cm absolut} = 67{,}3 \ \text{cm Vakuum}.$$

Für $n = \infty$ beträgt der theoretische Grenzwert

$$p_\infty = p \cdot \frac{\varepsilon_0}{1 + \varepsilon_0} \cdot \frac{\varepsilon_0}{1 + 2\,\varepsilon_0 + \varepsilon'} = 0{,}0585 \cdot 0{,}053 = 0{,}0031 \ \text{kg/qcm}$$

oder

$$p_\infty = 0{,}2356 \ \text{cm Quecksilber} = 75{,}7644 \ \text{cm Vakuum}.$$

Ein Vergleich der früheren Werte mit den jetzigen zeigt den Vorteil des Druckausgleiches ohne weiteres.

Tabelle 10.

p_n für $n = 30$		p_n für $n = \infty$	
ohne Ausgleich	mit Ausgleich	ohne Ausgleich	mit Ausgleich
0,156 kg/qcm	0,11445 kg/qcm	0,0585 kg/qcm	0,0031 kg/qcm
11,470 cm Quecks.	8,7 cm absol.	4,3016	0,2356 cm Quecks.
64,528 cm Vakuum	67,3 cm Vakuum	71,6984	75,7644 cm Vakuum

D. Berechnung der angesaugten Luftmenge.

Bezeichnet wieder V den Inhalt des Luftpumpenzylinders, $V_s = \varepsilon_0 V$ den schädlichen Raum, $V_0 = \dfrac{V}{a}$ den Inhalt des luftleer zu pumpenden Behälters A, p den atmosphärischen Luftdruck, p_n den Druck im Behälter A nach n Hüben, so erhält man, wenn man sich den Inhalt V_0 soweit vergrößert denkt, bis in einem neuen Behälter A' von dem Inhalt V_n der Druck p_n herrscht, die Gleichung

$$V_n \cdot p_n = V_0 \cdot p, \quad \text{oder} \quad V_n = V_0 \cdot \frac{p}{p_n} = \frac{V_0}{\varepsilon_n}.$$

Diese Luftmenge V_n soll bei n Hüben angesaugt und fortgeschafft werden. Zum Schluß befindet sich jedoch noch die Luftmenge V_0 vom Drucke p_n im Behälter A, so daß die tatsächlich fortgeschaffte Luftmenge vom Drucke p_n nur $V_n - V_0$ ist. Mithin folgt

$$(V_n - V_0) \cdot p_n = V_x \cdot p$$

oder die bei n Hüben abgesaugte Luftmenge V_x, bezogen auf den äußeren Luftdruck, zu:

$$V_x = (V_n - V_0)\frac{p_n}{p} = V_0 \frac{p - p_n}{p} = V_0 \left(1 - \frac{p_n}{p}\right) = V_0 (1 - \varepsilon_n). \qquad 74)$$

Macht nun der Kolben $2 \cdot n_1$ Hübe oder die Maschine n_1 Umdrehungen i. d. Min., so ist, da $\dfrac{V_x}{n}$ die Luftmenge bei einem Hube ist,

$$V_{sec} = \frac{V_x}{n} \cdot \frac{2 n_1}{60} = \frac{V_0}{n} \cdot \frac{(1 - \varepsilon_n) \cdot n_1}{30}$$

die Luftmenge i. d. Sek. bezogen auf den äußeren Luftdruck.

Bezeichnet wieder D den Zylinderdurchmesser, s den Kolbenhub, F die Kolbenfläche (alles in m-Maß), so ist $V' = \dfrac{F \cdot s \cdot n_1}{30}$ der vom Kolben i. d. Sek. durchlaufene Raum, also

$$V_{sec} = \frac{F\, s \cdot n_1}{30}\frac{p_n}{p} = \frac{F \cdot s\, n_1}{30} \cdot \varepsilon_n \qquad 74\,\text{a})$$

die auf den äußeren Luftdruck bezogene, i. d. Sek. angesaugte Luftmenge. Mithin ist

$$\frac{F\, s \cdot n_1}{30} \cdot \varepsilon_n = \frac{V_0}{n}\frac{(1 - \varepsilon_n)\, n_1}{30},$$

oder da $V = F \cdot s = a \cdot V_0$ ist

$$V = V_0 \frac{1 - \varepsilon_n}{n \cdot \varepsilon_n},$$

und

$$a = \frac{1 - \varepsilon_n}{n \cdot \varepsilon_n} = \frac{1}{n}\left(\frac{1}{\varepsilon_n} - 1\right).$$

$$\left.\begin{array}{r}\\ \\ 74\,\text{b})\\ \\ \end{array}\right.$$

Da nun in der Gleichung 73) für ε_n ebenfalls α enthalten ist, so ließe sich α aus beiden Gleichungen berechnen, was jedoch eine ziemlich umständliche Berechnung ergibt.

Wird Gleichung 73) für n als Unbekannte aufgelöst, so folgt

$$b^{n-1} = \frac{a \cdot c\,(1+\varepsilon_0) - \varepsilon_0^2 \cdot b}{\varepsilon_n \cdot c\,(1+\varepsilon_0) - \varepsilon_0^2 \cdot b} = B$$

und

$$(n-1) \cdot \log b = \log B, \quad n-1 = \frac{\log B}{\log b},$$

also

$$n = 1 + \frac{\log \dfrac{a\,c \cdot (1+\varepsilon_0) - \varepsilon_0^2 \cdot b}{\varepsilon_n\,c \cdot (1+\varepsilon_0) - \varepsilon_0^2 \cdot b}}{\log b}$$

$$= n = 1 + \frac{\log \{a \cdot c\,(1+\varepsilon_0) - \varepsilon_0^2 \cdot b\} - \log \{\varepsilon_n \cdot c\,(1+\varepsilon_0) - \varepsilon_0^2 \cdot b\}}{\log b}. \qquad 75)$$

Hierin müssen ε_0, a, ε' und ε_n bekannt sein, woraus sodann die Hubzahl n berechnet werden kann, welche nötig ist, um das Volumen V_0 auf die Spannung p_n zu erniedrigen.

Ist ε_0, a, ε' und n gegeben, so ist ε_n nach Gleichung 73) zu berechnen.

Annäherungsweise kann V berechnet werden, wenn V_0, ε_n, ε_0 und ε' bekannt sind, indem α schätzungsweise angenommen, sodann n aus Gleichung 75) berechnet und hierauf α rückwärts nach Gleichung 74 b) genauer ermittelt wird.

Beispiel: In welcher Zeit kann eine doppeltwirkende Luftpumpe von 420 Durchm., 400 mm Hub, 108 Umdrehungen i. d. Min. in einem Gefäß von 4 cbm Inhalt eine Luftleere von 0,08 Atmosphären herstellen?

Um n zu berechnen, muß ε_0, ε' und α bekannt sein. ε_0 sei angenommen zu 0,05, $\varepsilon' = 0,01$, α berechnet sich zu

$$\alpha = \frac{V}{V_0} = \frac{0,0555}{4} = 0,0139.$$

Dann ist

$a = 1 + \varepsilon_0\,\alpha = 1 + 0,0007 = 1,0007,$

$b = 1 + (1 + \varepsilon_0)\,\alpha = 1 + \alpha + \varepsilon_0\,\alpha = a + \alpha = 1,0007 + 0,0139 = 1,0146.$

$c = 1 + 2\,\varepsilon_0 + \varepsilon' = 1 + 0,1 + 0,01 = 1,11, \quad \varepsilon_n + 0,08.$

Hieraus berechnet sich n zu

$$n = 1 + \frac{0,06614 - (0,95761 - 2)}{0,00647} = 1 + \frac{1,10853}{0,00647} = 172,3 \text{ Hüben.}$$

Da nun die Pumpe i. d. Min. 108 Umdrehungen, also $2 \cdot 108 = 216$ Hübe, also i. d. Sek. $\dfrac{216}{60} = 3,6$ Hübe macht, so ist die Zeit zur Erzeugung eines Vakuums von 0,08 Atm. $Z = \dfrac{172,3}{3,6} = 47,8$ Sek.

Weit einfacher ist die Berechnung, wenn die Luftpumpe dazu dienen soll, fortwährend ein bestimmtes Vakuum in einem Raume, z. B. einem Dampfmaschinen-Kondensator, zu erhalten.

Bezeichnet V_0 die i. d. Sek. aus dem Raum zu entfernende Luftmenge in cbm von der absoluten Spannung $p_n = \varepsilon_n \cdot p$, so ist: $V_1 p = V_0 \cdot p_n$, oder

$$V_1 = V_0 \cdot \frac{p_n}{p} = V_0 \cdot \varepsilon_n$$

dasselbe Volumen bezogen auf atmosphärischen Druck. Der Inhalt des Luftpumpenzylinders berechnet sich sodann aus der Gleichung:

$$\frac{F \cdot s \cdot n}{30} = V_0 \text{ zu } F \cdot s = V = \frac{30 \cdot V_0}{n} = \frac{30 \cdot V_1}{n \cdot \varepsilon_n}. \qquad 76)$$

Hierbei ist jedoch vorausgesetzt, daß die zur Aufrechterhaltung der Luftleere dienende Luftpumpe weder Wasser noch Dampf zu fördern braucht.

E. Berechnung der Kondensatorluftpumpen.

Um aus den bei Dampfmaschinen gebräuchlichen Einspritzkondensatoren die mit dem Einspritzwasser in den Kondensator gelangende und bei der Kondensation frei werdende Luft, sowie den der Kondensatortemperatur T_1 entsprechenden Wasserdampf und das Warmwasser zu entfernen, bedient man sich der Luft- und Warmwasserpumpen, welche das gesamte Gemisch ansaugen und fortschaffen.

Um für eine bestimmte, zu kondensierende Dampfmenge den Inhalt der Luftpumpe zu bestimmen, bedarf es folgender Annahmen. Bezeichnet D den stündlichen Dampfverbrauch der Kondensationsdampfmaschine in kg, so ist $\mathfrak{d} = \dfrac{D}{3600}$ die i. d. Sek. zu kondensierende Dampfmenge in kg. Die hierzu nötige Wassermenge berechnet sich nach Grashof [1] zu:

$$G_1 = \frac{620 - t_1}{t_1 - t_0} \cdot \mathfrak{d} \text{ kg Wasser,} \qquad 77)$$

worin t_0 die Anfangs-, t_1 die Endtemperatur des Wassers nach der Kondensation oder die Kondensatortemperatur bedeutet. Die dieser Temperatur t_1 entsprechende absolute Spannung des Wasserdampfes p_d, sowie die Dampfmenge x in g in 1 cbm Luft ist aus der Tabelle 3, S. 569 zu entnehmen. Es bezeichne ferner: y die Luftmenge in cbdm, welche in 1 kg Wasser von der Temperatur t_0 bei atmosphärischem Druck gebunden ist, γ_1 die Dampfdichte, oder das Gewicht eines cbm Dampf von der Temperatur t_1 oder der Spannung p_d in kg, p_l die der Temperatur t_1 entsprechende Spannung der Luft im Kondensator, so setzt sich die im Kondensator herrschende Gesamtspannung zusammen aus der Spannung des Wasserdampfes und der Luft, oder

$$p_c = p_d + p_l \,{}^{2)}, \text{ und } p_l = p_c - p_d, \qquad 78)$$

<hr>

[1] Grashof, Theoret. Maschinenlehre, 1890, Bd. III, S. 672 u. ff.
[2] Vgl. S. 548, Anm. 3 und Weißbach-Herrmann, Lehrbuch der Mechanik II, 2. S. 1116 ff.

Das ganze, i. d. Sek. fortzuschaffende Volumen ergibt sich dann folgendermaßen. In 1 kg Wasser sind y cbdm Luft, also $G \cdot y = V_0$ cbdm in G_1 kg Wasser enthalten. Da sich diese Luftmenge bei der Kondensation ebenso wie das Kühlwasser von t_0 und t_1 erwärmt, so wird sich dieselbe auf

$$V_0' = V_0 \frac{273 + t_1}{273 + t_0} = V_0 \cdot \frac{T_1}{T_0}.$$

ausdehnen. Unter Annahme des Mariotteschen Gesetzes ist bei der Ausdehnung dieser Luftmenge im Kondensator: $V_1 \cdot p_c = V_0' \cdot p_1$, worin V_1 das Volumen der Luft im Kondensator, p_1 den äußeren Luftdruck bezeichnet oder

$$V_1 = V_0 \cdot \frac{T_1}{T_0} \cdot \frac{p_1}{p_c} = G_1 \cdot y \cdot \frac{T_1}{T_0} \cdot \frac{p_1}{p_c} = \frac{D}{3600} \cdot \frac{620 - t_1}{t_1 - t_0} \cdot y \frac{T_1}{T_0} \cdot \frac{p_1}{p_c} \qquad 79)$$

Nach Weißbach-Herrmann (a. a. O.) ist y im Mittel zu 0,071 cbdm für 1 kg Wasser [1]) anzunehmen, so daß:

$$V_1 = 0,00002 \cdot D \cdot \frac{620 - t_1}{t_1 - t_0} \cdot \frac{T_1}{T_0} \cdot \frac{p_1}{p_c} \text{ cbdm} \qquad 79 \text{ a})$$

die i. d. Sek. fortzuschaffende Luftmenge von der Kondensatorspannung p_c ist.

Die Dampfmenge V_d, welche zugleich mit der Luft fortzuschaffen ist, berechnet sich folgendermaßen: Da $\frac{x}{1000}$ kg Dampf bei der Temperatur T_1 in 1 cbm, oder

$$\frac{1}{1000} \cdot \frac{x}{1000} = \frac{x}{1000^2} \text{ kg}$$

in 1 cbdm Luft enthalten sind, und

$$s = \frac{1}{\gamma_1} \text{ cbm oder } s_1 = 1000 \cdot \frac{1}{\gamma_1} \text{ cbdm}$$

das Volumen eines kg Dampf von der Temperatur T_1 ist, so ist

$$V_d = \frac{x}{1000^2} \cdot \frac{1000}{\gamma_1} = \frac{x}{1000 \cdot \gamma_1} \text{ cbdm}$$

die Dampfmenge in 1 cbdm Luft, mithin, da die ganze Luftmenge V_1 cbdm beträgt,

$$V_d = V_1 \cdot \frac{x}{1000 \cdot \gamma} \text{ cbdm} \qquad 80)$$

die ganze, i. d. Sek. fortzuschaffende Dampfmenge.

Die zur Kondensation nötige Wassermenge betrug G_1 kg, also das Volumen derselben $V_w' = G_1$ cbdm.

Die zu kondensierende Dampfmenge $\mathfrak{d} = \frac{D}{3600}$ liefert (unter der mit genügender Genauigkeit gültigen Voraussetzung, daß aller Dampf kondensiert werde) ein Wasservolumen

$$V_w'' = \frac{D}{3600} \text{ cbdm,}$$

---

[1]) Grashof, Theoret. Maschinenlehre, Bd. III, 1890, S. 674 gibt nach Bunsen y = 0,025 an.

folglich ist das gesamte, i. d. Sek. fortzuschaffende Wasservolumen

$$V_w = V_w{}' + V_w{}'' = \frac{D}{3600} \cdot \frac{620 - t_1}{t_1 - t_0} + \frac{D}{3600} = \frac{D}{3600} \cdot \frac{620 - t_0}{t_1 - t_0}$$

$$= G_1 + \mathfrak{d} \ \text{cbdm.} \qquad\qquad 81)$$

Das ganze, von der Luftpumpe i. d. Sek. fortzuschaffende Volumen in cbdm ist daher:

$$V = V_1 + V_d + V_w = V_1 \left(1 + \frac{x}{1000\,\gamma_1}\right) + V_w$$

$$= G_1 \cdot y \cdot \frac{T_1}{T_0} \cdot \frac{p_1}{p_c}\left(1 + \frac{x}{1000\,\gamma_1}\right) + G_1 + \mathfrak{d},$$

oder, wenn G_1 und $\mathfrak{d}$ durch ihre Werte ausgedrückt werden:

$$V = \frac{D}{3600}\left\{\frac{620 - t_1}{t_1 - t_0} \cdot 0{,}071 \cdot \left(1 + \frac{x}{1000\,\gamma_1}\right) \cdot \frac{T_1}{T_0} \cdot \frac{p_1}{p_c} + \frac{620 - t_0}{t_1 - t_0}\right\} \ \text{cbdm.} \quad 82)$$

Zur Berechnung dieser Gleichung müssen die Werte p_c, T_1, T_0, x und γ_1 bekannt sein. p_c wird meist $= 0{,}08 - 0{,}13$ Atm. angenommen, p_p und x ergeben sich aus Tabelle 3 S. 569 für die Kondensatortemperatur T_1, welche in Celsiusgraden ausgedrückt, gewöhnlich 30—40 °, im Mittel 35^0 C ist, während γ_1 aus den Zeunerschen oder Fliegnerschen Tabellen für gesättigte Wasserdämpfe zu entnehmen ist. Der Luftpumpenzylinder in dm berechnet sich hiernach, da

$$\eta_v \cdot \frac{F \cdot s \cdot n \cdot i}{60} = V$$

sein muß, zu

für einfach wirkende und

$$d = 4{,}25 \ \sqrt[3]{\frac{V}{\eta_v \cdot \alpha \cdot n}}$$

$$d = 3{,}37 \ \sqrt[3]{\frac{V}{\eta_v \cdot \alpha \cdot n}}$$

$$\qquad\qquad 83)$$

für doppeltwirkende Luftpumpen, worin $i = 1$ bzw. 2 für einfach-, bzw. doppeltwirkende Zylinder zu setzen, $\alpha = \dfrac{s}{d}$, d der Zylinderdurchmesser in dm, s der Kolbenhub in dm, n die Tourenzahl i. d. Min. und η_v der volumetrische Wirkungsgrad der Pumpe ist, welcher zu 0,8—0,9 angenommen werden kann.

Beispiel: Wie groß ist das i. d. Sek. zu fördernde Volumen V, sowie der Durchmesser und Hub der hierzu nötigen, doppeltwirkenden Luftpumpe einer Kondensationsdampfmaschine zu nehmen, wenn die stündliche Dampfmenge derselben $D = 560$ kg, $n = 64$, $t_0 = 15^0$ C, $t_1 = 38^0$ C ist und $p_c = 0{,}1$ Atmosphären betragen soll.

Für $t_1 = 37{,}5$ ist nach Tabelle 3, S. 569,

$$x = 44{,}89, \quad \gamma_1 = 0{,}043, \quad p_d = 0{,}063 \ \text{kg/qcm,}$$

folglich, da

$$p_c = 0{,}1 \ \text{Atm.} = 0{,}10333 \ \text{kg/qcm}$$

ist:

$$p_l = p_c - p_d = 0{,}10333 - 0{,}063 = 0{,}04033 \text{ kg/qm.}$$

Es berechnet sich ferner:

$$\frac{p}{p_c} = \frac{1{,}0333}{0{,}10333} = 10,$$

$$\frac{T_1}{T_0} = \frac{273 + 38}{273 + 15} = 1{,}08,$$

$$\frac{620 - t_1}{t_1 - t_0} = \frac{620 - 38}{23} = 25{,}3,$$

$$\frac{620 - t_0}{t_1 - t_0} = \frac{620 - 15}{23} = 26{,}3,$$

$$\frac{x}{1000 \cdot \gamma_1} = \frac{44{,}89}{43} = 1{,}044,$$

also das Luftvolumen zu:

$$V_1 = \frac{560}{3600} \cdot 25{,}3 \cdot 0{,}071 \cdot 1{,}03 \cdot 10 = 3{,}017 \text{ cbdm,}$$

das Dampfvolumen zu:

$$V_d = V_1 \cdot \frac{x}{1000 \gamma} = 3{,}017 \cdot 1{,}044 = 3{,}15 \text{ cbdm}$$

und das Wasservolumen zu:

$$V_w = \frac{D}{3600} \cdot \frac{620 - t_0}{t_1 - t_0} = 26{,}3 \cdot \frac{560}{3600} = 0{,}1555 \cdot 26{,}3 = 4{,}0897 \text{ cbdm.}$$

Folglich ist

$$V = V_1 + V_d + V_w = 3{,}017 + 3{,}15 + 4{,}09 = 10{,}257 \text{ cbdm.}$$

Da die i. d. Sek. zu kondensierende Dampfmenge

$$b = \frac{560}{3600} = 0{,}155 \text{ kg}$$

war, so ist

$$\frac{V}{b} = \frac{10{,}257}{0{,}1555} = 66$$

oder das gesamte Volumen der Luftpumpe $= 66 \, b$. Der Durchmesser der Pumpe berechnet sich dann nach Gleichung 83) zu

$$d = 3{,}37 \sqrt[3]{\frac{10{,}26}{\eta_v \cdot \alpha \cdot n}},$$

oder wenn $\alpha = \frac{s}{d} = 1{,}5$, $\eta_v = 0{,}85$ genommen wird,

$$d = 3{,}37 \sqrt[3]{\frac{10{,}26}{0{,}85 \cdot 1{,}5 \cdot 64}} = 1{,}685 \text{ dm} \sim 170 \text{ mm}$$

und $s = 15 \cdot 170 = 255$ mm.

Das Verhältnis des Luftvolumens zum Dampfgewichte oder $\frac{V_1}{b}$ berechnet sich zu:

$$\frac{3{,}017}{0{,}1556} = 19{,}4 \text{ oder rund } V_1 = 20 \mathfrak{b}$$

und das Verhältnis der Dampfmenge im Kondensator zum Dampfgewicht oder $\dfrac{V_d}{\mathfrak{b}}$ zu:

$$\frac{3{,}15}{0{,}1556} = 20{,}3 \text{ oder rund } V_d = 21 \mathfrak{b},$$

endlich das Verhältnis des ganzen Volumens V zum Volumen des fortzuschaffenden Wassers oder $\dfrac{V}{V_w}$ zu:

$$\frac{10{,}61}{3{,}227} = 2{,}51.$$

Die vorstehend durchgeführte Berechnung der Verhältnisse $\dfrac{V_1}{\mathfrak{b}}$, $\dfrac{V_d}{\mathfrak{b}}$, $\dfrac{V_w}{\mathfrak{b}}$ gibt für die Berechnung des Luftpumpeninhalts folgenden Annäherungswert:

$$V = V_1 + V_d + V_w = (20 + 21 + 27) \cdot \mathfrak{b} = 68 \mathfrak{b},$$

wofür abgerundet:

$$V = 70 \mathfrak{b},$$

und unter Einführung des volumetrischen Wirkungsgrades η_v, die Gleichung:

$$V = 70 \mathfrak{b} = i \cdot \eta_v \cdot \frac{\pi \cdot d^2}{4} \cdot a \cdot d \cdot \frac{n}{60}$$

geschrieben werden kann, woraus folgt:

$$d = 1{,}673 \sqrt[3]{\frac{D}{\eta_v \cdot a \cdot i \cdot n}} \qquad \text{84)}$$

Darin ist: $a = \dfrac{s}{d}$, $i = 1$ bzw. 2 für einfach- bzw. doppeltwirkende Luftpumpen, n die Tourenzahl i. d. Min., D die stündliche Dampfmenge der Maschine in kg und η_v der volumetrische Wirkungsgrad der Pumpe.

F. Berechnung des Kraftbedarfs der Luftpumpen.

I. Für trockene Luftpumpen.

Es bezeichne in Fig. 618 p_n den niedrigsten Luftdruck, p_1 den atmosphärischen Druck, $\varepsilon_n = \dfrac{p_1}{p_n}$ das Kompressionsverhältnis, s den Hub des Kolbens, $s_2{}'$ den Hub beim Rückgang des Kolbens bis zum Beginn der Saugwirkung, $L_1 =$ Fläche A B I H die Arbeit während der Saugperiode

$L_2 =$ Fläche A B C K die Kompressionsarbeit,
$L_3 =$ Fläche C D G K die Arbeit zum Fortschaffen der Luft,
$L_4 =$ D G H I die Expansionsarbeit der im schädlichen Raum enthaltenen Luft,

so berechnet sich die zur Kompression und Verschiebung bei einem Hub nötige Arbeit zu

$$L = L_2 + L_3 - L_1 - L_4.$$

Da für Vakuumpumpen genau dieselben Gleichungen wie für Kompressoren gelten, vorausgesetzt, daß Anfangs- und Enddruck fortwährend unverändert bleiben und daß der niedrigste Druck an Stelle des atmosphärischen Druckes bei Kompressoren und der atmosphärische Druck an Stelle des Kompressionsenddruckes, also p_n statt p_1 und p_1 statt p_2 und

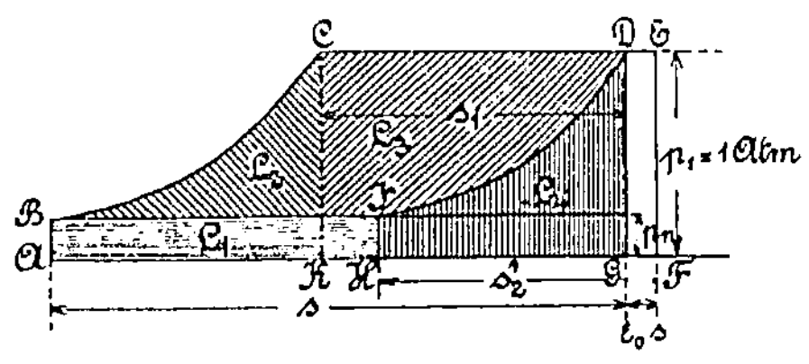

Fig. 618.

$\varepsilon_n = \dfrac{p_1}{p_n}$ statt $\varepsilon = \dfrac{p_2}{p_1}$ in den entsprechenden Gleichungen gesetzt wird, so folgt zunächst aus den früheren Gleichungen

$$L_{II} = \eta_v \cdot p_n \cdot V_1 \cdot \ln \varepsilon_n = \eta_v \cdot \frac{1}{\varepsilon_n} \cdot p_1 \cdot V_1 \ln \frac{p_1}{p_n},$$

$$L_{III} = \varepsilon' p_n V_1 \ln \varepsilon_n \cdot \frac{(1 + \varepsilon_0) \ln \varepsilon_n - (1 + 2 \varepsilon_0) \ln \varepsilon'}{\ln \varepsilon_n},$$

worin, unter Beibehaltung derselben Bezeichnung wie oben, nach Gleichung 48) (S. 584)

$$\varepsilon' = \frac{1 + (1 + \varepsilon_n) \varepsilon_0}{1 + 2 \varepsilon_0 + \varepsilon_1}$$

L_{II} die Arbeit bei Luftpumpen ohne Druckausgleich, L_{III} dieselbe bei Anwendung desselben bezeichnet.

Nach Gleichung 58) (S. 593) erhält man dann das Verhältnis des Arbeitsverbrauchs in beiden Fällen (bei Anwendung und Nichtanwendung des Druckausgleiches) zu:

$$\psi_e = \frac{[(1 + \varepsilon_0) \ln \varepsilon_n - (1 + 2 \varepsilon_0) \ln \varepsilon']}{\eta_v' \cdot \ln \varepsilon_n}. \tag{85}$$

worin η_v' nach Gleichung 49) (S. 584) zu setzen ist:

$$\eta_v' = 1 - \varepsilon_0 (\varepsilon' - 1),$$

oder unter Einführung von ε'

$$\eta_v' = 1 - \varepsilon_0 \left[\frac{1 + (1 + \varepsilon_n) \varepsilon_0}{1 + 2 \varepsilon_0 + \varepsilon_1} - 1 \right] = 1 - \varepsilon_0 \frac{\varepsilon_0 (\varepsilon_n - 1) - \varepsilon_1}{1 + 2 \varepsilon_0 + \varepsilon_1}. \tag{86}$$

Bezeichnet wieder V_s die i. d. Sek. angesaugte theoretische Luftmenge vom Drucke p_n, so ist:

$$V_s = \frac{F \cdot s \cdot n}{60} \cdot i,$$

worin $\begin{cases} i = 1 \text{ für einfach wirkende} \\ i = 2 \quad \text{„} \quad \text{doppelt} \quad \text{„} \end{cases}$ Pumpen ist.

Setzt man in den Gleichungen für L_{II} und L_{III} $V_1 = 1$, so erhält man die Arbeit für 1 cbm angesaugter Luft von der Spannung p_n zu

$$L_{II}' = \eta_v \cdot p_n \cdot \ln \varepsilon_n \text{ und } L_{III}' = \varepsilon' \cdot p_n \cdot [(1 + \varepsilon_0) \ln \varepsilon_n - (1 + 2\varepsilon_0) \ln \varepsilon']. \quad 87)$$

Die Arbeit in Pferdestärken berechnet sich dann in beiden Fällen zu:

$$N = \frac{V_s \cdot L_{II}'}{75} = \eta_v \cdot \frac{F \cdot s\, n}{60} \cdot i \cdot \frac{p_n \ln \varepsilon_n}{75}$$

(ohne Ausgleich), worin $\eta_v = 1 - \varepsilon_0 (\varepsilon_n - 1)$ ist, und $\qquad$ 87)

$$N = \frac{V_s \cdot L_{III}'}{75} = \varepsilon' \cdot \frac{F\, s\, n}{60} \cdot i \cdot \frac{p_n [(1 + \varepsilon_0) \ln \varepsilon_n - (1 + 2\varepsilon_0) \ln \varepsilon']}{75}$$

(mit Ausgleich).

Hierin ist, wie früher, p_n in kg/qm einzusetzen.

Beispiel: Eine doppeltwirkende Luftpumpe mit Druckausgleich, **Patent Burckhardt und Weiß**[1]), habe 0,3 m Zylinderdurchmesser, 0,2 m Hub und mache 200 Umdrehungen in der Minute. Bei einer Ventilluftpumpe ohne Druckausgleich von denselben Dimensionen sei ε_0 zu 0,05 angenommen, bei der ersten Pumpe sei das Verhältnis des Umlaufkanals zum Zylinderinhalt $\varepsilon_1 = 0,03$. Es soll eine Luftleere von 0,08 Atmosphären absoluter Spannung oder ein Vakuum von $69,92 \backsim$ 70 cm hergestellt werden. Die theoretisch i. d. Sek. angesaugte Luftmenge von der Spannung 0,08 Atmosphären berechnet sich dann in beiden zu $V_s = 0,09425$ cbm, oder 340 cbm stündlich und unter Einführung der volumetrischen Wirkungsgrade

$$\eta_v = 1 - \varepsilon_0 (\varepsilon_n - 1) = 1 - 0,05 (12,5 - 1) = 0,425$$

und

$$\eta_v' = 1 - \varepsilon_0 \frac{\varepsilon_0 (\varepsilon_n - 1) - \varepsilon_1}{1 + 2\varepsilon_0 + \varepsilon_1} = 0,9759 \backsim 0,976$$

erhält man die wirkliche Luftmenge im ersten Falle zu:

$$V_{st} = 0,425 \cdot 340 = 144,5 \text{ cbm}$$

stündlich, im zweiten Fall zu

$$V_{st} = 0,976 \cdot 340 = 331,84 \backsim 332 \text{ cbm.}$$

Die Arbeit in Pferdestärken berechnet sich im ersten Falle zu:

$$N = 0,425 \cdot 0,09425 \cdot 0,08 \cdot \frac{10333 \cdot \ln 12,5}{75} = 1,114 \text{ PS.,}$$

im zweiten Falle zu:

$$N = 1,482 \cdot 0,09425 \cdot 0,08 \cdot 10333 \cdot \frac{[(1 + 0,05) \cdot 2,526 - (1 + 0,1) \cdot 0,392]}{75} =$$

$$= 3,42 \text{ PS.}$$

---

[1]) Preisliste **Klein, Schanzlin & Becker** in Frankenthal 1886, S. 91, No. 4; siehe auch S. 110 d. B.

Berücksichtigt man, daß im ersten Falle nur 144,5 cbm stündlich abgesaugt wurden, im zweiten dagegen 332 cbm, so erhält man das Verhältnis des wirklichen Kraftbedarfs in beiden Fällen zu

$$\psi_e = \frac{3,42}{1,114} \cdot \frac{144,5}{332} = 1,33.$$

Der Kraftbedarf bei Anwendung des Druckausgleichs ist daher um $\frac{1}{3}$ größer als bei Fortfall desselben. Je niedriger jedoch das Vakuum ist, desto günstiger wird dieses Verhältnis, da bei einem Vakuum von 0,05 Atmosphären oder $\varepsilon_n = 20$ der volumetrische Wirkungsgrad im ersten Falle fast zu Null wird, während derselbe im zweiten Falle nach Tabelle 7, S. 584, noch über 95 % beträgt, also die Luftpumpe im letzteren Falle fast die theoretische Luftmenge liefert, während die erstere überhaupt nicht mehr funktioniert.

Zur Herstellung starker Luftverdünnungen wird daher nur eine Luftpumpe mit Druckausgleich dienen können und liegt hier der außerordentliche Vorteil dieser Konstruktion gegenüber allen anderen Pumpen ohne Druckausgleich.

Dieselben ermöglichen es, wie früher gezeigt, sich einem Vakuum von 75,7644 cm oder einem absoluten Luftdruck von 0,0031 Atmosphären bis auf beliebige Genauigkeit zu nähern, also fast eine absolute Luftleere zu erreichen.

II. Für Kondensatorluftpumpen.

Die zum Fortschaffen der Luft, des Wasserdampfes und Kühlwassers aus dem Kondensator nötige Arbeit setzt sich aus folgenden Teilen zusammen:

1. aus der Arbeit L_1 zur Kompression und zum Fortschaffen der mit Wasserdampf gesättigten Luft,

2. aus der Arbeit L_2 zur Hebung der Kühlwassermenge V_w.

Nach Gleichung 28) auf S. 572 berechnet sich die Kompressionsarbeit für 1 cbm feuchter, mit Wasserdampf völlig gesättigter Luft zu:

$$L_1 = \frac{\varkappa}{\varkappa - 1} \cdot p_1 \cdot \left[\left(\frac{p_2}{p_1} \right)^{\frac{\varkappa - 1}{\varkappa}} - 1 \right],$$

worin $\varkappa$ aus Gleichung 26), Seite 572 zu berechnen ist. Da hierin p_1 der Anfangs-, p_2 der Enddruck der Kompression ist, so muß für die Kondensatorluftpumpe p_c statt p_1 und p_1 statt p_2 gesetzt werden, woraus folgt

$$L_1 = \frac{\varkappa}{\varkappa - 1} \cdot p_c \cdot \left[\left(\frac{p_1}{p_c} \right)^{\frac{\varkappa - 1}{\varkappa}} - 1 \right]. \tag{88}$$

Hierin ist p_c die absolute Kondensatorspannung bei der mittleren absoluten Kondensatortemperatur T_c und nach Gleichung 98) gleich $p_d + p_l$. Da jedoch mit zunehmender Kühlwassertemperatur der Kondensatordruck größer wird, so muß der Berechnung des Kraftbedarfes die höchste, überhaupt vorkommende Kühlwassertemperatur und der dieser entsprechende Kondensatordruck zugrunde gelegt werden [1]).

Zunächst berechnet sich die ganze, i. d. Sek. fortzuschaffende Luft- und Dampfmenge zu

$$V_s = V_l + V_d = \frac{D}{3600} \cdot 0{,}071 \cdot \left(1 + \frac{x}{1000} \cdot \gamma_l\right) \cdot \frac{620 - t_1}{t_1 - t_0} \cdot \frac{T_1}{T_c} \cdot \frac{p_1}{pc}\,, \qquad 89)$$

die i. d. Sek. fortzuschaffende Wassermenge zu

$$V_w = \frac{D}{3600} \cdot \frac{620 - t_1}{t_1 - t_0} \text{ cbdm oder kg.} \qquad 89\,a)$$

Die Arbeit L_1 i. d. Sek. ergibt sich demnach zu

$$L_1 = \frac{\varkappa}{\varkappa - 1} \cdot pc \cdot V_s \left[\left(\frac{p_1}{pc}\right)^{\frac{\varkappa - 1}{\varkappa}} - 1\right] \text{ mkg.} \qquad 90)$$

Die Arbeit zum Fortschaffen des Wassers berechnet sich zu

$$L_2 = V_w \cdot h \text{ in mkg,} \qquad 91)$$

worin $h = h_s + h_d$ in m, h_s die dem Kondensatorvakuum entsprechende Saughöhe, h_d die Förderhöhe des Wassers von Mitte Luftpumpenzylinder bis Mitte Ausflußrohr ist. Die erstere ergibt sich aus der Gleichung

$$h_s = \left(1 - \frac{pc}{p_1}\right) \cdot 10{,}333\,,$$

während h_d von den örtlichen Verhältnissen abhängig ist.

Aus den Gleichungen 90) und 91) folgt somit

$$L = L_1 + L_2 = \frac{\varkappa}{\varkappa - 1} \cdot pc \cdot V_s \left[\left(\frac{p_1}{pc}\right)^{\frac{\varkappa - 1}{\varkappa}} - 1\right] + V_w (h_s + h_d) \qquad 92)$$

oder die effektive Luftpumpenarbeit in PS.

$$N = \frac{1}{\eta} \cdot \frac{L}{75}\,, \qquad 92\,a)$$

worin η der maschinelle Wirkungsgrad der Luftpumpe ist und zu 0,8—0,9 angenommen werden kann.

Zur Aufstellung einer einfacheren, wenngleich nur annäherungsweise gültigen Formel diene folgende Betrachtung.

Auf S. 623 war das Verhältnis des Luftvolumens zur Dampfmenge berechnet zu $\dfrac{V_l}{b} = 20$, oder $V_l = 20\,b$, das Dampfvolumen $V_d = 21\,b$, das Wasservolumen $V_w = 27\,b$.

Unter der Annahme, daß das Dampfvolumen gleich dem Luftvolumen, also $V_l = V_d = 20\,b$ sei, und daß auch für den Dampf dasselbe Kompressionsgesetz wie für die Luft gelte, ist:

$$V_s = 2 \cdot V_l = 40\,b \text{ bis } 42\,b$$

und nach Gleichung 18 b) S. 562 die Kompressions- und Ausschubarbeit

$$L_1 = pc \ln \frac{p_1}{pc}\,.$$

---

[1]) Ausführlicher s. diese Berechnung 1. Aufl. S. 537: „Berechnung der vorteilhaftesten Kondensatorspannung".

Hieraus folgt, da $V_s = \dfrac{40\,\mathfrak{d}}{1000}$ in cbm gemessen zu setzen ist:

$$L_1' = V_s\,L_1 = L_1' = 0{,}04 \cdot \mathfrak{d} \cdot p_c \ln \frac{p_1}{p_c} = 0{,}04 \cdot \frac{D}{3600}\,p_c \cdot \ln \frac{p_1}{p_c}$$

$$= 0{,}111\,D \cdot p_c \ln \frac{p_1}{p_c} \quad \text{mkg i. d. Sek.} \tag{93}$$

worin D die stündlich zu kondensierende Dampfmenge, p_c den Kondensatordruck in kg/qcm, p_1 den Atmosphärendruck in kg/qcm bedeutet.

Unter Einführung von $V_w = G = 27\,\mathfrak{d}$, oder allgemein $G = x \cdot \mathfrak{d}$ berechnet sich L_2' zu:

$$L_2' = 27\,\mathfrak{d} \cdot h = \frac{27}{3600} \cdot D \cdot h = 0{,}0075\,D \cdot h,$$

oder allgemein

$$L_2' = \frac{x}{3600} \cdot D \cdot h,$$

folglich

$$L = L_1' + L_2' = 0{,}111\,D \cdot p_c \cdot \ln \frac{p_1}{p_c} + \frac{x}{3600} D \cdot h$$

$$= D \cdot \left(0{,}111 \cdot p_c \ln \frac{p_1}{p_c} + \frac{x}{3600} \cdot h \right). \tag{94}$$

Unter Einführung eines Wirkungsgrades der Pumpe von $\eta = 0{,}66 - 0{,}9$ (je nach der Güte der Ausführung) oder $\dfrac{1}{\eta} = 1{,}11$ bis $1{,}5$ [1]), sowie der Beziehungen $\ln \dfrac{p_1}{p_c} = 2{,}3026 \log \dfrac{p_1}{p_c}$ und $0{,}111 \cdot 2{,}306 \cdot \log \dfrac{p_1}{p_c} = a$ folgt allgemein:

$$N = \frac{1}{\eta} \cdot \frac{D}{75} \left(a \cdot p_c + \frac{x}{3600} \cdot h \right), \tag{95}$$

worin D die stündliche Dampfmenge, a aus der nachstehenden Tabelle 11 zu entnehmen, p_c der Kondensatordruck, $x = \dfrac{G}{\mathfrak{d}}$ das Verhältnis der Kühlwassermenge zur Dampfmenge und h die gesamte Förderhöhe $= h_s + h_d$ (nach den Gleichungen auf. S. 627) ist.

Tabelle 11.

$p_c = \Big\{$	64	65	66	67	68	69	70	71	72 cm Vak.
	0,158	0,145	0,131	0,118	0,105	0,092	0,079	0,066	0,053 Atm. absol.
$\dfrac{p_1}{p} = \dfrac{1}{\varepsilon_a}$	6,33	6,9	7,6	8,44	9,5	10,86	12,66	15,2	19
$a =$	0,205	0,214	0,226	0,237	0,250	0,264	0,282	0,303	0,327

[1]) Nach G r a s h o f, Theoret. Maschinenlehre, III, 677, $\dfrac{1}{\eta} = 1{,}3 - 1{,}5$.

Nach Grashof berechnet sich, unter Beibehaltung der obigen Beziehungen und Zusammenstellung seiner Formeln No. 5), 6) und 7) [1], die effektive Pferdestärkenzahl zu

$$N = \frac{1}{\eta}\,\frac{D}{3600 \cdot 75}\left[x \cdot h_d + (x+1) \cdot b \cdot (1 - p_e)\right.$$

$$\left. + (0{,}025 \cdot x + 1{,}8) \cdot b \cdot \ln\frac{1 - p_d}{p_c - p_d}\right], \qquad\qquad 95\,a)$$

worin b der Barometerstand in m Wassersäule, für gewöhnlich also $b = 10{,}333$ m, $x = \dfrac{G}{b}$ und p_d die Spannung des Wasserdampfes nach Tabelle 3 (S. 569) ist.

Beispiel: Für eine Kondensatorluftpumpe ist der Kraftverbrauch zu ermitteln, bei welcher die stündlich zu kondensierende Dampfmenge $D = 2431$ kg, $p_c = 0{,}08987$ oder $\sim 0{,}09$ kg/qcm, also $1 - p_c = 0{,}91$ kg/qcm ist. Es sei ferner angenommen, daß $\eta = 0{,}8$ oder $\dfrac{1}{\eta} = 1{,}25$ und $h_d = 1$ m, $h_s = \left(1 - \dfrac{1}{\varepsilon_n}\right) 10{,}333 = (1 - 0{,}09) \cdot 10{,}333 = 9{,}4$ m, also $h = 9{,}4 + 1 = 10{,}4$ m sei, so folgt zunächst nach der Gleichung $G = \dfrac{593 - 0{,}7\,t_0}{27 - 0{,}3\,t_0}\,b$ [2] $G = 23{,}7 \cdot b$ oder $x = \dfrac{G}{b} = 23{,}7$. Ferner war t_1 berechnet zu 32^0, also $p_d = 0{,}0477$ kg/qcm (Tabelle 3, S. 569), mithin $p_c - p_d = 0{,}09 - 0{,}0477 = 0{,}0423$ kg/qcm und

$$\ln\frac{1 - p_d}{p_c - p_d} = \ln\frac{0{,}9523}{0{,}0423} = \ln 22{,}5 = 3{,}114.$$

Nach Gleichung 110) berechnet sich dann:

$$N = 1{,}25\,\frac{2431}{75} \cdot \left(0{,}267 \cdot 0{,}09 + \frac{23{,}7}{3600} \cdot 10{,}4\right) = 3{,}65\ \text{PS.},$$

oder

$$\frac{3{,}65 \cdot 100}{243{,}08} = 1{,}5\,\%$$

der Dampfmaschinenleistung.

Nach der Grashofschen Gleichung 95 a) ist:

$$N = 1{,}25 \cdot \frac{2431}{3600 \cdot 75} \cdot [23{,}7 \cdot 1 + 24{,}7 \cdot 10{,}333 \cdot 0{,}91$$

$$+ (0{,}025 \cdot 23{,}7 + 1{,}8)\,10{,}333 \cdot 3{,}114] = 3{,}746\ \text{PS.},$$

$= 1{,}541\,\%$ der Dampfmaschinenleistung, d. h. im letzteren Falle 0,096 $\sim 0{,}1$ PS. größer, welcher geringe Unterschied wohl eine genügende Übereinstimmung beider Gleichungen erkennen läßt.

---

[1] a. a. O. S. 676 ff.
[2] 1. Aufl. S. 543, Gl. 110).

G. Berechnung der Luftpumpen für Gegenstrom-Kondensatoren.

Während bei den bisher besprochenen Kondensatorluftpumpen ein Gemisch von Luft und Dampf, sowie Warmwasser aus dem Kondensator fortzuschaffen und hierfür das Fördervolumen der Luftpumpe zu berechnen war, wird bei den Gegenstrom-Kondensatoren nach dem Prinzip von F. J. Weiß[1]) nur Luft und eine geringe Menge Dampf abgesaugt, während das Kondensationswasser im unteren Ende des Kondensators abfließt. Die Wirkungsweise derselben ist auf S. 309 ff. beschrieben. Nach Weiß berechnet sich zunächst das Fördervolumen V_1 i. d. Sek. zu:

$$V_1 = \frac{625 - t_1}{t_1 - t_0} \cdot \frac{y}{1000} \cdot \mathfrak{d} \cdot \frac{1}{p_c - p_d{}'} \text{ cbm,} \qquad 96)$$

worin $p_d{}'$ der Dampfdruck bei einer um 1 bis 5 ° höheren Temperatur als derjenigen des Kühlwassers ist, während t_0 die Kühlwasser-, t_1 die Dampftemperatur und y wie früher das Luftvolumen in 1 kg Wasser bezeichnet.

Nach Gleichung 79) (S. 620) war für Kondensatoren mit nassen Pumpen das Luftvolumen

$$V_1 = \frac{620 - t_1}{t_1 - t_0} \cdot \frac{y}{1000} \cdot \mathfrak{d} \cdot \frac{p_1}{p_c} \cdot \frac{T_1}{T_0} \text{ cbm}$$

oder, wenn $p_1 = 1$ gesetzt wird

$$V_1 = \frac{620 - t_1}{t_1 - t_0} \cdot \frac{y}{1000} \cdot \mathfrak{d} \cdot \frac{1}{p_c} \cdot \frac{T_1}{T_0}.$$

Das letztere Volumen ist also $\dfrac{p_c - p_d{}'}{p_c} \cdot \dfrac{T_1}{T_0}$ mal größer. Da ferner zu diesem Luftvolumen noch das Dampfvolumen hinzukommt, welches abgerundet gleich dem Luftvolumen gesetzt werden kann (siehe S. 622), so ist das Verhältnis der von der Pumpe in beiden Fällen zu fördernden Gasmengen:

$$\frac{V_1}{V_1} = 2 \cdot \frac{T_1}{T_0} \cdot \frac{1}{p_c} : \frac{1}{p_c - p_d{}'} = 2 \cdot \frac{T_1}{T_0} \cdot \frac{p_c - p_d{}'}{p_c}.$$

Ist z. B. $p_c = 0{,}1$, $t_0 = 20$ °, $t_1 = 40$ ° oder $T_0 = 293$ °, $T_1 = 313$ ° abs., $p_d{}'$ für $t^0 = 20 + 2{,}5 = 22{,}5$ ° nach Tabelle 3 S. 569 $= 0{,}0266$, so folgt

$$\frac{V_1}{V_1} = 2 \cdot \frac{313}{293} \cdot \frac{0{,}1 - 0{,}0266}{0{,}1} = 1{,}6.$$

Hierzu kommt bei den Parallelstrom-Kondensatoren noch das Wasservolumen, so daß das Fördervolumen dieser Pumpen, also auch der Kraftbedarf derselben 2—3 mal größer ist, als bei Anwendung des Gegenstromprinzips.

---

1) F. J. Weiß, Kondensation, Z. Ver. deutsch. Ing. 1888, S. 9 ff.

Der große Vorteil bei Anwendung des Gegenstroms erhellt am deutlichsten aus nachstehender Vergleichung [1]:

Tabelle 12.

	Parallel-strom	Gegenstrom	Ersparnis in % der ersteren
Kühlwasserbedarf, i. d. Min. cbm	9	5,7	37
Größe der (reinen) Luftpumpe bzw. nötige Leistung i. d. Min. cbm	30	10,04	67
Effektive Betriebskraft PS.	56	16,7	70

und bei einem zweiten von Weiß berechneten Beispiel:

Tabelle 13.

	Parallel-strom	Gegenstrom	Ersparnis in % der ersteren
Kühlwasserbedarf, i. d. Min. cbm	3,77	2,74	27
Größe der (reinen) Luftpumpe bzw. nötige Leistung i. d. Min. cbm	20	6,3	69
Indizierte Leistung PS.	18,4	3,33	82

Im letzteren Falle beträgt also die Krafterspamis 82 % oder die notwendige Kraftleistung nur ca. $^1/_6$ derjenigen im ersten Falle.

Der große Vorteil dieser Kondensatoren gegenüber den Parallelstromkondensatoren liegt somit auf der Hand, jedoch wird man überall da, wo durch örtliche Verhältnisse die Anbringung eines 10—12 m tiefen Ablaufrohrs ausgeschlossen ist, von den Paralellstromkondensatoren nicht abgehen können.

---

1) Weiß, a. a. O. S. 65 ff.

Achtes Kapitel

Theorie der Schieber-Kompressoren.

A. Ohne Druckausgleich.

Es sei in Fig. 619 S der Schieber, welcher in gleicher Weise wie der Schieber einer Dampfmaschine abwechselnd die Saug- und Druck- kanäle der Maschine öffnet. Zur Beurteilung des Zusammenhangs

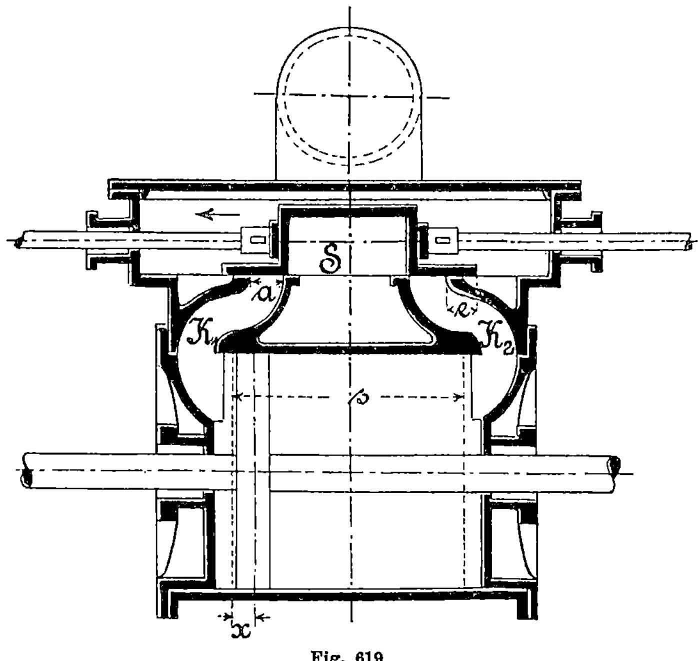

Fig. 619.

zwischen der Bewegung des Schiebers und Kolbens, des Beginns der einzelnen Saug- und Druckperioden seien folgende Bezeichnungen ein- geführt [1].

---

[1] Vgl. G. Schmidt, Berg- und Hüttenmänn. Jahrbuch der k. k. Berg- akademien Leoben etc. 1862.

Es sei:

r der Halbmesser des den Schieber bewegenden Exzenters, Fig. 620,

$90^0 + \delta$ der Winkel, um welchen das Exzenter der Kurbel O A nacheilt, Fig. 621,

s der Hub des Kolbens,

x der Kolbenweg nach der Drehung der Kurbel um ω, Fig. 620 und 621,

F der Querschnitt des Zylinders,

$\varepsilon_0 . Fs = \varepsilon_0 V$ der Inhalt des schädlichen Raumes auf jeder Zylinderseite,

$\xi = r . \sin (\delta - \omega) = r . \sin \varphi$ der Schieberweg, gemessen von der Mittellage aus, und zwar $+ \xi$, wenn der Schieber rechts, $- \xi$, wenn er links von der Mittellage aus, Fig. 621,

$i = r . \sin \varphi_1$ die innere, sehr kleine Überdeckung des Schiebers bei seiner Mittellage,

$e = r . \sin \varphi_2$ die äußere Überdeckung desselben.

Man kann nun die folgenden wichtigen Stellungen des Schiebers unterscheiden:

1. Rechts Abschluß des Kanals, $\xi = + i$, $\varphi = \varphi_1$, $\omega = \delta - \varphi_1 = \omega_1$, Beginn der Kompression rechts, der Expansion links.

2. Links Öffnen, $\xi = - i$, $\varphi = - \varphi_1$, $\omega = \delta + \varphi_1 = \omega_2$, Beginn des Saugens links.

3. Rechts Öffnen und Beginn der Ausströmung, $\xi = - e$, $\varphi = - \varphi_2$, $\omega = \delta + \varphi_2 = \omega_3$.

4. Rückkehr des Schiebers nach rechts, rechts Abschluß und Ende der Ausströmung, $\xi = - e$, $\varphi = - (180 - \varphi_2)$, $\omega = \delta + (180 - \varphi_2) = \omega_4$.

Unter Einführung dieser Winkel ω und φ erhält man die diesen Stellungen entsprechende Kolbenwege:

1. Kolbenweg x_1 bis zum Beginn der Kompression rechts

$$= \frac{s}{2} (1 - \cos \omega_1) = \frac{s}{2} [1 - \cos (\delta - \varphi_1)];$$

vorher wird, da der Kanal K_2 noch mit dem Schieber S kommuniziert, die Luftmenge $F . x_1 = V_1$ hinausgedrückt, also ein Verlust verursacht.

2. Kolbenweg x_2 bis zum Beginn der Einströmung links, Expansion der links im schädlichen Raum enthaltenen Luft

$$x_2 = \frac{s}{2} (1 - \cos \omega_2) = \frac{s}{2} [1 - \cos (\delta + \varphi_1)];$$

Luftverlust vor dem Ansaugen $V_2 = F . x_2$.

3. Kolbenweg x_3 bis zum Beginn des Ausblasens der komprimierten Luft

$$= \frac{s}{2} (1 - \cos \omega_3) = \frac{s}{2} [1 - \cos (\delta + \varphi_2)].$$

4. Kolbenweg x_4 bis zum Ende des Ausblasens

$$= \frac{s}{2} (1 - \cos \omega_4) = \frac{s}{2} [1 + \cos (\varphi_2 - \delta)];$$

verstärkte Kompression der Luft in den schädlichen Raum hinein. Beim Rückgang des Kolbens wird erst nach dem Kolbenweg $x_5 = s - x_4$ der Druck der komprimierten Luft erreicht und beginnt erst jetzt die Expansion während des Kolbenweges x_1 (wie vorher beim Hingang).

Das Kompressionsverhältnis berechnet sich nun folgendermaßen.

Bei Beginn der Kompression war das Luftvolumen rechts vom Kolben

$$V_0 = F s = F \cdot \varepsilon_0 \cdot s - F x_1 = F\,[(1 + \varepsilon_0)\,s - x_1].$$

am Ende der Kompression ist

$$V_0' = F s + F \cdot \varepsilon_0 s - F \cdot x_3 = F \cdot [(1 + \varepsilon_0)\,s - x_3],$$

folglich ist das Kompressionsverhältnis

$$\varepsilon = \frac{V_0}{V_0'} = \frac{(1 + \varepsilon_0)\,s - x_1}{(1 + \varepsilon_0)\,s - x_3}.$$

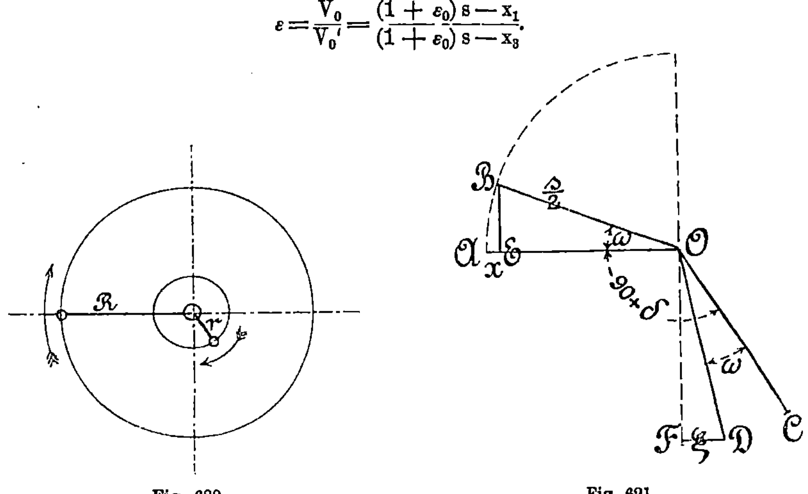

Fig. 620.   Fig. 621.

Das Expansionsverhältnis berechnet sich mit Berücksichtigung des schädlichen Raumes zu:

$$\varepsilon' = \frac{x_2 + \varepsilon_0 \cdot s}{x_5 + \varepsilon_0 s} = \frac{x_2 + \varepsilon_0 \cdot s}{s - x_4 + \varepsilon_0 s} = \frac{x_2 + \varepsilon_0 s}{(1 + \varepsilon_0)\,s - x_4}.$$

Damit nun weder beim Blasen noch zu Beginn des Saugens Stöße stattfinden, muß $\varepsilon' = \varepsilon$ sein, woraus nach verschiedenen Umformungen nach Einsetzen der Werte für x_1, x_2, x_3 und x_4 folgt:

$$\sin \delta = \frac{(1 + 2\,\varepsilon_0)\,(\varepsilon - 1)}{\dfrac{i}{r} + \varepsilon\,\dfrac{e}{r}} \qquad\qquad 97)$$

und

$$e = \frac{r}{\varepsilon}\sqrt{\varepsilon^2 - 1 + \left(\frac{i}{r}\right)^2}. \qquad\qquad 98)$$

Die bei einem Hub angesaugte Luftmenge berechnet sich zu

$$V_e = V - V_1 - V_2 = F s - F x_1 - F x_2 = F\,(s - x_1 - x_2)$$

oder

$$V_e = F s \left[1 - \frac{1}{2} + \frac{1}{2} \cos(\delta - \varphi_1) - \frac{1}{2} + \frac{1}{2} \cos(\delta + \varphi_1) \right]$$

$$= F s \cdot \cos \sqrt{1 - \sin^2 \varphi_1} = F s \cdot \cos \delta \cdot \sqrt{1 - \left(\frac{i}{r}\right)^2} = \eta \cdot F s, \qquad 99)$$

worin also der volumetrische Wirkungsgrad

$$\eta = \cos \delta \cdot \sqrt{1 - \left(\frac{i}{r}\right)^2} \qquad\qquad 100)$$

ist.

Zur Erleichterung der Berechnung der Schieberdimensionen dient die nachfolgende Tabelle, welche für Drücke von $p_2 = 1{,}1$ bis 2 Atmosphären absolut und das Verhältnis $\dfrac{i}{r} = \dfrac{1}{40}$, $\varepsilon_0 = 0{,}08$ berechnet ist.

Tabelle 14.

p_2	ε	$\dfrac{e}{r}$	δ		η
			0	,	
1,1	1,070	0,356	11	33	0,979
1,2	1,138	0,478	16	21	0,959
1,3	1,204	0,558	19	54	0,940
1,4	1,269	0,616	22	47	0,922
1,5	1,333	0,662	25	11	0,905
1,6	1,395	0,698	27	20	0,888
1,7	1,457	0,727	29	15	0,872
1,8	1,517	0,752	30	57	0,857
1,9	1,576	0,773	32	31	0,843
2,0	1,635	0,791	33	57	0,829

Beispiel: Es ist Schiebergebläse zu berechnen, welches stündlich 240 cbm Luft (von atm. Spannung und 10 ° Temperatur) oder i. d. Sek. 0,0667 cbm Luft ansaugt. Der Enddruck der Kompression sei $p_2 = 2$ Atm. abs. Die mittlere Kolbengeschwindigkeit sei $c = 1{,}3$ m, der Kolbenhub $s = 1{,}5$ D.

Nach Gleichung 99) ist die bei einem Hub angesaugte Luftmenge

$$V_e = \eta \cdot F \cdot s,$$

oder die Luftmenge i. d. Sek.

$$V_{sec} = \eta \cdot F \cdot c,$$

folglich

$$F = \frac{D^2 \pi}{4} = \frac{0{,}0667}{0{,}829 \cdot 1{,}3} = 0{,}0618 \text{ qm},$$

also

$$D = 0{,}2807 \backsim 280 \text{ mm}, \quad s = 1{,}5 \, D = 420 \text{ mm}.$$

Die größte Eröffnung des Schieberkanals für den Austritt der komprimierten Luft findet statt, wenn der Schieber in seiner äußersten Lage, also die Kanalweite

$$r - e = r \left(1 - \frac{e}{r} \right) = r \, (1 - 0{,}791) = 0{,}209 \, r$$

ist.

Wird die Kanalbreite gleich der 10 fachen Kanaleröffnung ange-nommen, so folgt

$$B = 10 \cdot (r - e) = 2{,}09\,r,$$

also der größte Ausströmungsquerschnitt

$$f_{max} = B \cdot (r - e) = 2{,}09 \cdot 0{,}209 \cdot r^2 = 0{,}437\,r^2.$$

Wird nun dieser Ausströmungsquerschnitt zu $\dfrac{1}{20}\,F$ angenommen, so folgt

$$\frac{618}{20} = 0{,}437\,r^2,$$

also

$$r = \sqrt{70{,}7} = 8{,}41 \text{ cm} \backsim 84 \text{ mm},$$

ferner

$$e = 0{,}791\,r = 6{,}644 \text{ cm} \sim 67 \text{ mm} \text{ und } r - e = 17 \text{ mm}, \ B = 170 \text{ mm}.$$

Setzt man

$$i = \frac{r}{20} = 4{,}1 \text{ mm},$$

und die größte innere Einströmungsöffnung $= \dfrac{F}{15}$, so folgt

$$a \cdot B = \frac{618}{15},$$

also

$$a = \frac{618}{15 \cdot 17} = 2{,}42 \text{ cm} \backsim 25 \text{ mm},$$

und die Schieberlappenlänge

$$l = e + a + i \backsim 96 \text{ mm}.$$

Nach Tabelle 14 ist endlich $\delta = 33^0\,57'$ zu machen.

B. Mit Druckausgleich.

Im vorstehenden Kapitel war ausführlich behandelt, welchen großen Vorteil die Anwendung eines Druckausgleiches gegenüber den Kompressoren und Vakuumpumpen ohne denselben sowohl hinsichtlich des volumetrischen Wirkungsgrades, als auch hinsichtlich des Kraftbedarfs bietet, vorausgesetzt, daß ein ziemlich hoher Kompressionsgrad bzw. ein ziemlich tiefes Vakuum erreicht werden soll, z. B. $\varepsilon = 15 - 20$ und mehr, $\dfrac{1}{\varepsilon} = \dfrac{1}{15} - \dfrac{1}{20}$ und weniger. Es sollen nun die Bedingungen untersucht werden, welche erfüllt sein müssen, damit die Schieber dieser Kompressoren und Vakuumpumpen mit Druckausgleich richtig arbeiten. Es sei zunächst in Fig. 622 der Querschnitt durch den Schieber zur Hälfte schematisch dargestellt, und die Einströmungskanalweite mit a, die äußere Überdeckung mit e, die innere mit i, die Umlaufskanalweite mit k, die Stegbreite mit a_1 und die halbe Saugkanalweite mit a_0 bezeichnet. In Fig. 623 ist das Schieberdiagramm bezogen auf das Achsenkreuz XXYY dargestellt. Die Exzenterkurbel läuft ebenso, wie bei einfachen Schiebergebläsen, der Maschinenkurbel um den Winkel $90 + \delta$ nach und wird erst nach Zurücklegung dieses Drehwinkels in ihrer Totpunktlage, also der

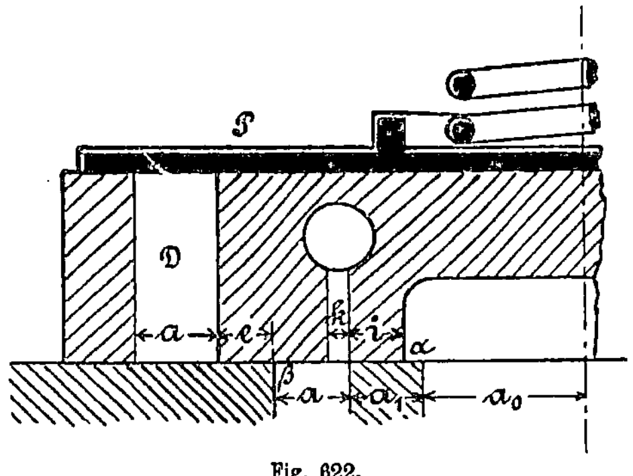

Fig. 622.

Schieber in seiner äußersten Ausweichung nach links angekommen sein, weshalb im Schieberdiagramm die Mittellinie der Schieberkreise unter einem Winkel $90 + \delta$ gegen die Horizontalachse geneigt zu zeichnen ist.

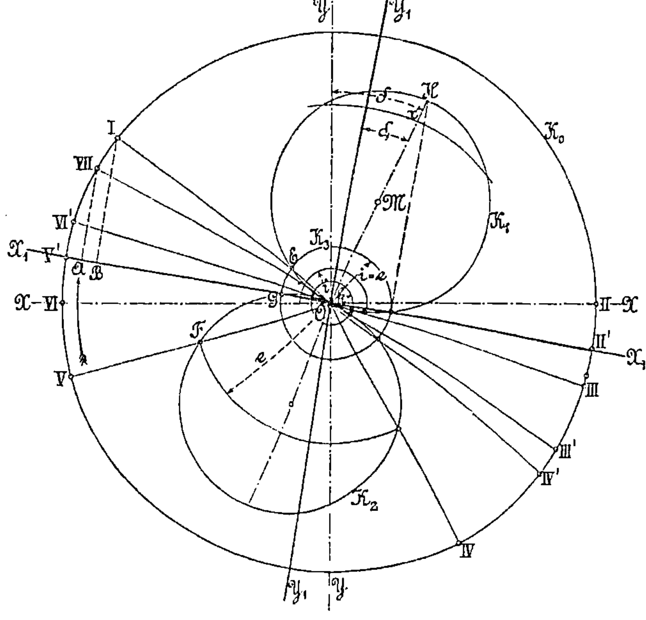

Fig. 623.

Es seien nun in bekannter Weise die Schieberkreise K_1 und K_2, Fig. 623, um die Exzentrizität als Durchmesser, sowie die Deckungskreise mit e und i, sowie ein dritter Kreis mit k als Radien aus O gezeichnet. Beschreibt man noch mit R als Halbmesser den Kurbelkreis K_0, so erhält man, indem man durch die Durchschnittspunkte der Kreise K_1 und K_2 mit den Deckungskreisen Radien zieht, die folgenden wichtigen Stellungen der Maschinenkurbel.

1. Stellung I, Beginn des Ansaugens, Schieberweg $\xi = i$.

2. Stellung II, rechtsseitige Totlage der Kompressorkurbel, Schieberweg $\xi = i + 1$, Öffnung des Einströmungskanals um 1.

3. Stellung II′, Abschluß des Einströmungskanals, Ende der Saugperiode, $\xi = i$.

4. Stellung III, Beginn der Überströmung, $\xi = k$.

5. Stellung III′, Ende der Überströmung, Beginn der Kompression, $\xi = k$.

6. Stellung IV, Beginn der Ausströmung, $\xi = e$.

7. Stellung V, Ende der Ausströmung, Beginn der Überkompression auf einen Druck $p_2{}'$, $\xi = e$.

8. Stellung VI′, Beginn der Überströmung, $\xi = k$.

9. Stellung VII, Ende der Überströmung, $\xi = k$.

Das Diagramm zeigt zunächst, daß der Saugkanal am Ende des Kolbenhubes nicht geschlossen ist, daß also beim Rückgang wieder Luft ausgeblasen, also verloren wird. Um dies zu vermeiden, muß Stellung II mit der XX-Achse zusammenfallen. Aus Stellung V folgt ferner, daß die Ausströmung früher beendigt ist, als der Kolben am Ende seines Hubes angelangt ist, wodurch eine nutzlose Überkompression der Luft stattfindet. Um dies zu verhindern, muß Punkt F gleichfalls in die XX-Achse fallen. Da nach dem Vorigen O II′ = $X_1 X_1$ die neue Lage der XX-Achse sein muß, so muß Punkt F mit G zusammenfallen, woraus folgt, daß die äußere Überdeckung e gleich der inneren Überdeckung i sein muß, wie dies auch bei den Weißschen Kompressoren ausgeführt ist. Die richtige Lage des Achsenkreuzes gegenüber den Schieberkreisen ist mithin dargestellt durch die Linien $X_1 X_1$ und $Y_1 Y_1$, δ_1 ist der neue oder richtige Voreilungswinkel, und der Kreis K_3 der richtige Deckungskreis mit dem Halbmesser e = i. Man erhält dann die neuen Stellungen der Maschinenkurbel:

    I Beginn des Ansaugens,

    II Ende des Ansaugens,

    III Beginn der Überströmung,

    III′ Ende der Überströmung,

    IV′ Beginn der Ausströmung in den Kanal D,

    V′ Ende der Ausströmung,

    VI Beginn der Überströmung,

    VII Ende der Überströmung.

Fällt man nun von den Punkten VII und I auf die neue X-Achse $X_1 X_1$ die Senkrechten VII A und I B, so ist (unter Vernachlässigung des Einflusses der endlichen Pleuelstangenlänge) V′ A der Kolbenweg bis zum Abschluß des Druckausgleichkanals, V′ B = $s_1{}'$, der Kolbenweg bis zum Beginn der Saugwirkung. Nach den früheren Berechnungen folgt dann, wenn angenähert V′ A = A B = $s_1{}'$ gesetzt wird,

$$p_1{}' \cdot \left(\varepsilon_0 \cdot s + \frac{s_1{}'}{2} \right) = p_1 \cdot (\varepsilon_0 s + s_1{}')$$

oder

$$\frac{p_s{'}}{p_1} = \frac{\varepsilon_0 \cdot s + s_1{'}}{\varepsilon_0 \cdot s + \frac{s_1{'}}{2}} = \varepsilon{'};$$

woraus folgt:

$$s_1{'} = \frac{2 \cdot \varepsilon_0\,(\varepsilon{'} - 1)}{2 + \varepsilon{'}} \cdot s, \qquad\qquad 101)$$

worin nach Gleichung 48) (S. 584)

$$\varepsilon{'} = \frac{1 + (1 + \varepsilon) \cdot \varepsilon_0}{1 + 2\,\varepsilon_0 + \varepsilon_1}$$

ist.

Da nun Stellung I, also auch $s_1{'}$ von der Wahl des Voreilungswinkels abhängig ist, so folgt, daß für einen bestimmten Winkel δ_1, unter welchem das Exzenter gegen die Y-Achse aufgekeilt ist, die richtige Eröffnung des Saugkanals nur für einen ganz bestimmten Wert von $\varepsilon{'}$ oder, da $\varepsilon{'}$ eine Funktion von ε ist, nur für ein ganz bestimmtes Kompressionsverhältnis erfolgen kann. Für einen kleineren Wert von ε oder $s_1{'}$ wird der Saugkanal geöffnet, ehe die Luft auf atmosphärischen Druck expandiert ist, so daß teilweise Ausströmung ins Freie, also ein Druckverlust stattfindet, während für einen größeren Wert von ε oder $s_1{'}$ zu spätes Öffnen erfolgt, die Luft daher unter den atmosphärischen Druck expandiert. Auch hierdurch wird ein Arbeitsverlust bewirkt, da der nützliche Gegendruck der Luft von a bis b, Fig. 624, kleiner als eine

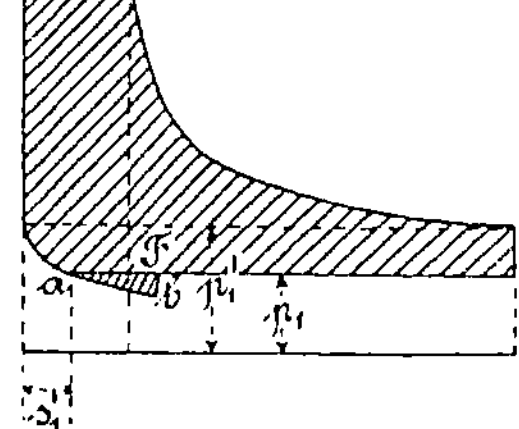

Fig. 624.

Atmosphäre ist, also von der Maschine eine größere Arbeit (entsprechend der engschraffierten Fläche F im Diagramm) zu leisten ist. Der Voreilungswinkel δ ist daher für das normale Kompressionsverhältnis zu wählen.

Da der Druckkanal D, Fig. 622, nach dem Schieberdiagramm von der Stellung IV' bis V' der Kurbel oder fast während $^9/_{10}$ des Kolbenhubes geöffnet ist, so wird die Ausströmung der Luft für die verschiedensten Kompressionsgrade richtig erfolgen, sobald nur der Druck im Zylinder den auf der Rückschlagplatte P ruhenden Überdruck erreicht oder in Anbetracht des auf der Platte lastenden Federdrucks um einen geringen Betrag überschritten hat.

Zur Berechnung der Exzentrizität, des Voreilungswinkels etc. dienen folgende Gleichungen.

Aus dem rechtwinkligen Dreieck über O M H, Fig. 623, folgt:

$$e = i = O\,H \cdot \sin \delta_1 = r \cdot \sin \delta_1,$$

also

$$\sin \delta_1 = \frac{e}{r}. \qquad\qquad 102)$$

Aus dem Diagramm folgt ferner

$$r = i + a + x \quad \text{oder, da } i = e \text{ ist,}$$
$$r = e + a + x,$$

worin x die Strecke ist, um welche die innere Schieberkante α, Fig. 622, bei der äußersten Stellung des Schiebers über die Kante β hinausgegangen ist. Wird

$$x = \frac{a}{5} \text{ und } \mathrm{e} = \frac{a}{3} \text{ bis } \frac{a}{2}, \text{ im Mittel} = \frac{2}{5}\,a$$

angenommen, so folgt

$$r = \frac{a}{3} + 1{,}2\,a \text{ bis } \frac{a}{2} + 1{,}2\,a$$

oder

$$r = 1{,}5 \text{ bis } 1{,}7\,a, \text{ im Mittel } 1{,}6\,a \qquad 103)$$

mithin

$$\sin \delta_1 = \frac{a}{3} \cdot \frac{1}{1{,}5\,a} = \frac{1}{4{,}5} = 0{,}222 \text{ bis } \frac{a}{2} \cdot \frac{1}{1{,}7\,a} = \frac{1}{3{,}4} = 0{,}3$$

und

$$\delta_1 = 13^0 \text{ bis } 20^0.$$

Bezeichnet ferner c_1 die Geschwindigkeit der Luft in den Schieber-kanälen, $c = \dfrac{s \cdot n}{30}$ die Kolbengeschwindigkeit, B die Breite der Kanäle, $\mathrm{o} = \dfrac{a}{B}$ das Verhältnis der Kanalweite zur Breite, so muß

$$a \cdot B \cdot c_1 = \frac{D^2 \pi}{4} \cdot c$$

sein.

Wird $c_1 = m \cdot c = 30\,m$ gesetzt, welchen Wert auch Weiß bei seinen Kompressoren einführt, so folgt zunächst $m = \dfrac{30}{c}$ und

$$a \cdot \frac{a}{\mathrm{o}} \cdot m \cdot c = \frac{D^2 \pi}{4} \cdot c \text{ oder } a^2 = \frac{D^2 \pi}{4} \cdot \frac{\mathrm{o}}{m}$$

und

$$a = D \cdot \sqrt{\frac{\pi \cdot \mathrm{o} \cdot c}{4 \cdot 30}} \qquad 104)$$

Nach Weißschen Ausführungen [1] ist $\mathrm{o} = \dfrac{1}{7}$ bis $\dfrac{1}{8}$. Hieraus kann für einen bestimmten Zylinderdurchmesser und Hub, sowie eine bestimmte Tourenzahl zunächst a, sodann B, r und e berechnet werden. Die Weite der Umlaufkanalmündung k, Fig. 622, nehme man zu $\dfrac{a}{4}$ bis $\dfrac{a}{3}$.

Zur graphischen Bestimmung von r, s und δ dient folgendes Verfahren. Man berechne zunächst a nach Gleichung 104) aus den gegebenen Werten s, D und n, hierauf $\mathrm{e} = \dfrac{a}{2}$ bis $\dfrac{a}{3}$ und $s_1{}'$ aus der Gleichung

$$s_1{}' = 2\,s\,\varepsilon_0\,\frac{\varepsilon_0\,(\varepsilon - 1) - \varepsilon_1}{\varepsilon_0\,(\varepsilon + 5) + 2\,\varepsilon_1 + 3},$$

welche durch einige Umformungen aus Gleichung 101) entwickelt ist, worin ε, ε_0 und ε_1 bekannt sind. Sodann zeichne man das Achsenkreuz

---

[1] Z. Ver. deutsch. Ing. 1885, Taf. 36, Fig. 1 u. 2.

$X_1 X_1$ und $Y_1 Y_1$, Fig. 625, schlage mit R als Halbmesser einen Kreis aus dem Achsenmittelpunkt, mache $V A = A B = \dfrac{s_1'}{2}$, errichte in B eine Senkrechte, welche den Kurbelkreis in I schneidet, ziehe von I nach dem Mittelpunkt O, beschreibe aus diesem mit e als Halbmesser einen Kreis, halbiere den $< I O X_1$, so erhält man im Schnittpunkt zweier, auf den Mitten der Sehnen im Deckungskreis errichteten Senkrechten den Mittel-

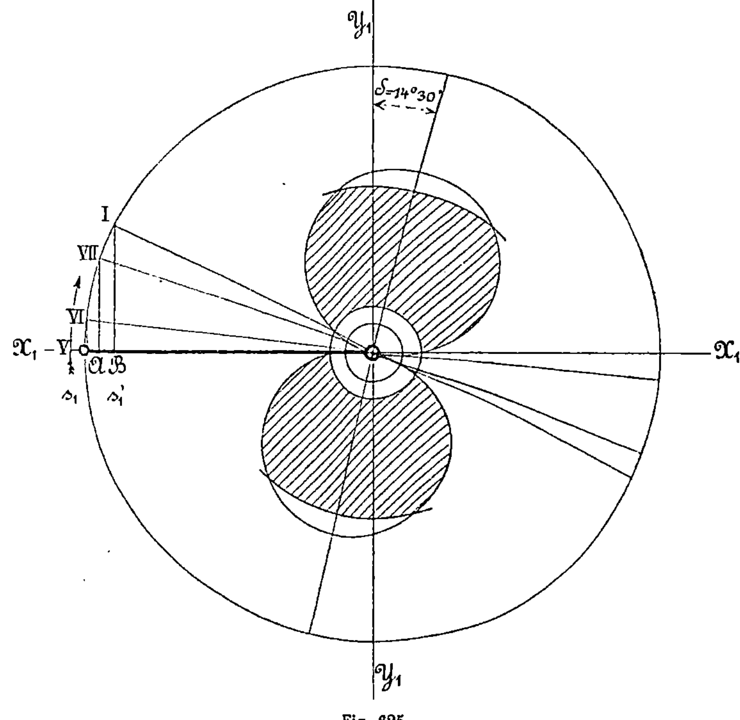

Fig. 625.

punkt des gesuchten Schieberkreises, sowie durch die Verbindungslinie der Mittelpunkte des Schieberkreises und Kurbelkreises den richtigen Winkel δ_1.

Beispiel: Für die auf S. 625 berechnete Schieberluftpumpe sind die Schieberdimensionen etc. zu ermitteln.

Bei derselben war $D = 0,3$ m, $s = 0,2$ m, $n = 200$, $\varepsilon_0 = 0,05$, $\varepsilon_1 = 0,03$, $p_n = 0,08$, p_1 oder $\varepsilon = 12,5$.

Die Kolbengeschwindigkeit c berechnet sich zu

$$c = \frac{0,2 \cdot 200}{30} = \frac{40}{30} = 1,334 \text{ m},$$

die Kanalweite a nach Gleichung 119) zu

$$a = 0,3 \sqrt{\frac{3,14 \cdot 1,334}{4 \cdot 7,5 \cdot 30}} = 0,0204 \text{ m} \backsim 21 \text{ mm},$$

mithin

$$e = i - \frac{2}{5}\, a = 8\ \text{mm},$$

$$r = 1{,}5\, a = 32\ \text{mm},$$

$$s_1' = 2 \cdot 0{,}2 \cdot 0{,}05 \cdot \frac{0{,}05\,(12{,}5 - 1) - 0{,}03}{0{,}05\,(12{,}5 + 5) + 2 \cdot 0{,}3 + 3} = 0{,}0028\ \text{m} \backsim 3\ \text{mm}.$$

Hiernach ist in der angegebenen Weise das Diagramm Fig. 625 gezeichnet, und ergibt die Konstruktion der Exzentrizität r zu 32,5 mm, den Nacheilungswinkel δ_1 zu $\dfrac{12{,}5}{78{,}54} \cdot 90^{\,0} = 14^{\,0}\,18'$, während die Berechnung ergibt:

$$\sin \delta_1 = \frac{8}{32} = 0{,}25 \quad \text{und} \quad \delta_1 = 14^0\,30',$$

was wohl eine genügende Übereinstimmung des graphischen mit dem rechnerischen Verfahren zeigt.

Neuntes Kapitel.

Versuchsergebnisse.

Zur Ermittelung des mechanischen und volumetrischen Wirkungsgrades, der Kühlwassermenge, der Querschnitte der Ein- und Austrittsöffnungen der Luft, der vorteilhaftesten Kolbengeschwindigkeit bzw. Tourenzahl und verschiedener anderer Verhältnisse mehr sind namentlich mit Kompressoren zahlreiche Versuche angestellt worden, deren Ergebnisse im nachfolgenden derart zusammengestellt sind, daß die erste Spalte die absoluten Minimalwerte, die letzte die absoluten Maximalwerte unter allen Versuchen, die mittlere Spalte die Mittelwerte aus einer größeren Anzahl von Versuchen enthält.

1. Kolbengeschwindigkeit. $\quad c = \dfrac{s \cdot n}{30}.$

A. Gebläsemaschinen.

	Min.	Mittel	Max.
a) Hochofengebläse	0,63	1,253	2,13
b) Bessemergebläse	0,938	1.827	4,00

B. Kompressoren.

	Min.	Mittel	Max.
a) Trockene	0,80	1,40	2,24
b) Halbnasse	0,75	1,37	2,00
c) Nasse	0,20	0,95	1,40

2. Mechanischer Wirkungsgrad. $\quad \eta_d = \dfrac{\text{Reine Kompressorarbeit}}{\text{Indizierte Dampfarbeit}}.$

A. Gebläsemaschinen.

	Min.	Mittel	Max.
a) Hochofengebläse	0,6	0,85 [1]	—
b) Bessemergebläse [2]	0,75	0,83	—

[1] Trappen, Dingl. polyt. Journ. 1885, Bd. 256, S. 119.
[2] Riedler, Verh. d. V. f. Gewerbfl. 1890, S. 294.

B. Kompressoren.

	Min.	Mittel	Max.
a) Trockene	0,55	0,70	0,75
b) Halbnasse	—	0,70	—
c) Nasse	0,665	0,75	0,79

3. Volumetrischer Wirkungsgrad.

A. Gebläsemaschinen.

	Min.	Mittel	Max.
Gebläsemaschinen	—	0,85	0,90

B. Kompressoren.

	Min.	Mittel	Max.
a) Trockene	0,70	0,80	0,91
b) Halbnasse	0,70	0,85	0,92
c) Nasse	0,66	0,88	0,94

Über den Einfluß der Kolbengeschwindigkeit auf den volumetrischen Wirkungsgrad geben folgende Versuche Aufschluß.

a) Halbnasser Kompressor (Dubois-François) [1]:

Kolbengeschwindigkeit in m . .	0,4	0,8	1,0	1,2	1,4
Minutl. Tourenzahl	10	20	25	30	35
Volumetr. Wirkungsgrad . . .	0,94	0,92	0,90	0,86	0,78

so daß für die mittlere, für halbnasse Kompressoren gültige Kolbengeschwindigkeit von 1,3 m der volumetrische Wirkungsgrad nur 0,82 beträgt.

b) Nasse Kompressoren.

α) Stanek [2]). (Vgl. S. 133.)

Kolbengeschwindigkeit in m . . .	0,6	0,8	1,0	1,2	1,4
Minutl. Tourenzahl	30	40	50	60	70
Volumenverlust in % des Hubvol..	1	2	3	6	10

β) Humboldt. (Vgl. S. 132.)

Kolbengeschwindigkeit .	0,44	0,66	0,84	0,94	1,04	1,19	1,36
Tourenzahl	22	33	42	47	52	58,5	68
Volumetr. Wirkungsgrad	81,4	91	91,5	92,7	92,4	89	84,6

---

[1]) Handbuch d. Ing.-Wissensch. IV, S. 212.
[2]) Österr. Z. f. B.- u. H.-W. 1879, S. 267.

4. Verhältnis der Saug- und Druckventilquerschnitte zum Zylinderquerschnitt $\frac{S}{F}$ und $\frac{D}{F}$.

A. Gebläsemaschinen.

		$\frac{S}{F}$	$\frac{D}{F}$	$\frac{S}{D}$
α) Hochofengebläse . . .	ältere	$\frac{1}{8} - \frac{1}{10}$ $\left(\text{sogar } \frac{1}{22}\right)$ [1]	$\frac{1}{12}$	1,5
	neuere	$\frac{1}{4} - \frac{1}{6}$ i. M. $\frac{1}{5}$	$\frac{1}{8}$	1,6—1,7
β) Bessemergebläse		$\frac{1}{6}$	$\frac{1}{12}$	2

B. Kompressoren.

		$\frac{S}{F}$	$\frac{D}{F}$	$\frac{S}{D}$
a) trockene	ältere Konstr.	$\frac{1}{9} - \frac{1}{11}$	$\frac{1}{12,5} - \frac{1}{25}$	1,3—2,3
	neuere Konstr.	$\frac{1}{5} - \frac{1}{8}$	$\frac{1}{8} - \frac{1}{10}$	1,25—1,6
b) halbnasse		$\frac{1}{5} - \frac{1}{6}$	$\frac{1}{7} - \frac{1}{8}$	1,3—1,4
c) nasse		$\frac{1}{3}$	$\frac{1}{4}$	1,333

Nach Riedler[2] ist bei der Berechnung der Ventile die Luftgeschwindigkeit in denselben zugrunde zu legen, welche nach ihm zu nehmen ist zu:

$$v_{max} = 20{-}30 \text{ m i. d. Sek. für die Saugventile,}$$
$$v_{max} = 25{-}35 \text{ m i. d. Sek. für die Druckventile.}$$

Die Maximalgeschwindigkeiten sind für die Berechnung der Maximalluftmengen zugrunde zu legen. Die mittlere Geschwindigkeit ist zu $\frac{1}{1,57} \cdot v_{max} = 0{,}636 \cdot v_{max}$ zu nehmen, oder

$$v_m = 12{,}72 - 19{,}1 \text{ m} \backsim 13 - 19 \text{ m für die Saugventile,}$$
$$v_m = 15{,}9 \quad - 22{,}3 \text{ m} \backsim 16 - 23 \text{ m für die Druckventile.}$$

---

[1] Percy-Wedding, Eisenhüttenkunde II, 1. S. 59.
[2] Z. Ver. deutsch. Ing. 1884, S. 5.

5. Kühlwassermenge.

A. Bessemer-Gebläsemaschinen.

Leider liegen hierfür sehr wenige versuchsweise ermittelte Werte vor.

Für eine horizontale zweizylindrische Bessemer-Gebläsemaschine der Märkischen Maschinenbauanstalt zu Wetter a. R. ist die minutliche Kühlwassermenge für eine minutliche Windmenge von 252—300 cbm zu 6,5 cbm angegeben [1]), woraus sich die Wassermenge für 1 cbm angesaugter Luft zu 0,0217 bis 0,026 cbm = 21,7 bis 26 l oder die Wassermenge dem Volumen nach zu 2,17 bis 2,6 % der Luftmenge bzw. als das 17- bis 21 fache des Luftgewichts ergibt.

B. Kompressoren.

a) Trockene Kompressoren.

Bei dem Colladon-Kompressor des Gotthardtunnels [2]) betrug für einen Luftdruck von 8 Atm. abs. und eine Kolbengeschwindigkeit von 1 m die Wassermenge 8—10 % der angesaugten Luftmenge (dem Volumen nach).

b) Halbnasse Kompressoren.

Bei Versuchen mit einem Cornet-Kompressor auf der Grube Levant-le-Flénu (Belgien) ergab sich für einen Luftdruck von p = 5,21 Atm. abs. und 30—40 Touren die Wassermenge zu 6,52 l für 1 cbm angesaugter Luftmenge oder zu 0,65 % des Luftvolumens.

Der Reumeauxsche Kompressor hatte bei dem oben (S. 147) mitgeteilten Versuch einen Kühlwasserbedarf von 5,8 kg für 1 cbm Luft oder 0,58 %. Man kann daher wohl annäherungsweise den Kühlwasserbedarf für halbnasse Kompressoren bei mäßigen Enddrücken (4—6 Atm. abs.) und mittlerer Lufttemperatur zu 0,6 bis 0,7 % des Luftvolumens setzen.

Wesentlich kleinere Kühlwassermengen ergaben die bereits erwähnten, von H. Lorenz veröffentlichten [3]) Augsburger Versuche, obwohl bei denselben nicht nur Wassereinspritzung in beide Kompressoren, sondern auch in den Zwischenkühler stattfand. (Vgl. auch die Mitteilungen über die Druckluftanlage zu Offenbach, S. 163.) Obgleich der Kompressionsenddruck ein wesentlich höherer als bei den anderen, vorher erwähnten Versuchen war, und die Maschine mit einer Kolbengeschwindigkeit von 1,5 bis 1,6 m lief, fand gegenüber diesen keine Vermehrung der Einspritzwassermenge statt.

Die auf den Kühlwasserverbrauch bezüglichen Mittelwerte aus den Lorenzschen Versuchen sind im folgenden wiedergegeben.

---

[1]) Uhlands Prakt. Masch.-Konstr. 1889, Bd. 22, S. 168.
[2]) Handbuch d. Ing.-Wissenschaft, Bd. IV, S. 214.
[3]) Z. Ver. deutsch. Ing. 1892, S. 733 ff.

Tabelle 15.

	I. Versuch	II. Versuch	III. Versuch
Überdruck im Zwischenkühler kg/qcm	2,26	2,45	2,5
„ „ Windkessel „	6,0	8.0	10,0
Stündlich angesaugte Luft cbm	673	660	662
„ „ „ G kg	814	798	801
Temperatur der Luft vor dem N. D.-Komp. °C	12	18	19
„ „ „ hinter „ „ „ °C	47	50	52
„ „ „ vor „ H. D.-Komp. °C	31	32	34
„ „ „ hinter „ „ „ °C	37	50	50
Anfangstemperatur des Kühlwassers °C . . .	11,9	11,25	11,25
Endtemperatur „ „ nach Verlassen des Zwischenbehälters °C	32,5	40,0	37,5
Stündliche Kühlwassermenge K kg	1065	1092	1046
„ „ für 1 kg Luft $\cdot\frac{K}{G}$	1,31	1,37	1,30

Rechnet man das stündliche Luftvolumen aus allen drei Versuchen im Mittel zu 665 cbm, die stündliche Wassermenge im Mittel zu 1,068 cbm, so ergibt sich 1,61 kg oder Liter Wasser für 1 cbm Luft oder nur 0,161 % der Luftmenge, so daß die Kühlwassermenge für stufenweise Kompression wegen der besseren Ausnutzung derselben wesentlich geringer als bei allen anderen Kompressorensystemen ausfällt.

c) Nasse Kompressoren.

Für dieselben ist die Kühlwassermenge im Verhältnis zu trockenen und halbnassen Kompressoren am kleinsten und beträgt nach den bereits mehrfach erwähnten Versuchen von Novák und anderen je nach der Tourenzahl 0,27—0,48 % der angesaugten Luftmenge, im Mittel für Staneksche Kompressoren 0,37 % der Luftmenge.

Man erhält somit folgende, freilich nur annäherungsweise gültigen und je nach der Kolbengeschwindigkeit, dem Kompressionsdruck, der äußeren Lufttemperatur und der Wassertemperatur veränderlichen Mittelwerte.

Tabelle 16.

	Kompressorsystem	Wassermenge in % des angesaugten Luftvolumens
1	Bessemer Gebläsemaschinen (1—2 Atm.)	2,5
2	Trockene Kompressoren (6–8 Atm.)	8—10
3	Halbnasse Kompressoren	0,6—0,7
4	Nasse Kompressoren	0,3—0,5
5	Verbund-Kompressoren mit Zwischenkühlung. . .	0,16

Man sieht hieraus, daß der Kühlwasserverbrauch für trockene Kompressoren am größten, für halbnasse kleiner und nur etwa 7—8 %

des vorhergehenden, für nasse Kompressoren am kleinsten und ca. 4 bis
6 % des ersteren Wasserverbrauchs beträgt. Es ergibt sich ferner, daß
die im vorstehenden berechneten theoretischen Einspritzwassermengen in
Wirklichkeit sehr beträchtlich überschritten werden, was wohl hauptsächlich in folgenden Umständen seinen Grund hat. Erstlich ist die
Mischung des Wassers und der Luft keine vollkommene, ferner ist die
Zeit für den Temperaturausgleich eine zu geringe, endlich aber entzieht
sich die Erwärmung der Luft an den durch die Kolbenreibung und die
Kompression erwärmten Zylinderwänden, sowie an der durch die Stopfbüchsenreibung erwärmten Kolbenstange der theoretischen Untersuchung
vollständig. Nur genaue, mit derselben Maschine bei verschiedenen
Tourenzahlen, verschiedenen Enddrücken und verschiedenen Luft- und
Wassertemperaturen angestellte Versuche, sowie vergleichende Versuche
an verschiedenen Kompressoren der Hauptsysteme können über den
wirklichen Kühlwasserverbrauch und den Einfluß der einen oder anderen
Kühlungsart auf den mechanischen Wirkungsgrad, also über die wirkliche Kraft- bzw. Dampf- und Kohlenersparnis Aufschluß geben. Solche
Versuche liegen leider noch wenige vor, weshalb dieselben aufs Dringendste
zu wünschen sind, um einerseits den häufigen Übertreibungen hinsichtlich der Endtemperaturen der gelieferten Luft, sowie der Kraftersparnis
infolge der Einspritzung ein Ziel zu setzen, andererseits Grundlagen für
die Berechnung der wirklichen (nicht der theoretischen) Kühlwassermengen bei den verschiedenen Systemen zu schaffen.

Zehntes Kapitel.

Berechnung der Kapselgebläse.

Die genaue Berechnung der Windmenge, der Windpressung, des Kraftbedarfs und der äußeren Abmessungen der Kapselgebläse läßt sich nicht so wie bei den vorherigen Klassen der Kolbengebläse auf Grund der Gesetze der Physik und Mechanik ausführen. Der Hauptgrund hierfür bildet die Schwierigkeit der Beurteilung der Bewegungsvorgänge in dem Gebläse. Durch die Flügel werden Wirbelbewegungen in der Luft erzeugt, deren Berechnung höchst schwierig, ja fast unmöglich sein dürfte. Infolge des Spielraumes zwischen den Flügeln und dem Gehäuse, sowie auch zwischen den Stirnflächen beider Flügel und den Deckeln finden Druck- und Luftverluste statt, welche sich gleichfalls der genauen Beurteilung entziehen. Weit richtiger und für die Praxis wertvoller ist es daher, die Luftmenge, den Kraftbedarf, die Pressung etc. durch Versuche festzustellen und aus den erhaltenen Werten Versuchskonstante abzuleiten, welche zur Aufstellung von Gleichungen dienen können.

In dieser Weise hat zuerst Hartig bei seinen mustergültigen und höchst verdienstvollen Versuchen [1] über den Kraftbedarf der Arbeitsmaschinen, speziell der Werkzeugmaschinen, für verschiedene Arten von Gebläsen die Gleichungen aufgestellt, und dieselben sind im folgenden näher behandelt.

Die geringste Schwierigkeit bietet die Berechnung der Windmenge, da die letztere dem von den Flügeln durchlaufenen Raum proportional, jedoch noch mit einem durch Versuche festzustellenden Wirkungsgrad zu multiplizieren ist. Schwieriger ist die Berechnung des Winddrucks und des Kraftbedarfs.

Es soll im folgenden für verschiedene Gebläse zunächst die erstere berechnet und sodann für letztere eine Anzahl, auf Grund von Versuchen aufgestellter Formeln gegeben werden.

---

[1] E. Hartig, Versuche über Leistung und Arbeitsverbrauch der Werkzeugmaschinen, aus „Mitteilungen der königl. sächs. Polytechnischen Schule zu Dresden", Leipzig 1873.

1. Root-Gebläse.

Es sei D_1 (Fig. 395, S. 325) der Durchmesser der Flügel in m, F der Querschnitt derselben in qm, L die axiale Breite derselben in m, so ist die Luftmenge, welche bei einer halben Umdrehung eines Flügels verdrängt wird

$$Q_1 = \frac{1}{2} \cdot \left(\frac{D_1{}^2 \pi}{4} - F \right) \cdot L \text{ in cbm,}$$

also bei einer Umdrehung beider Flügel

$$Q_2 = 2 \cdot \left(\frac{D_1{}^2 \pi}{4} - F \right) \cdot L,$$

folglich in der Sekunde

$$Q_{sec} = \frac{n \cdot L}{30} \cdot (0,785\, D_1{}^2 - F)\, \text{cbm.} \qquad 105)$$

In Wirklichkeit ist jedoch, wenn η_v den volumetrischen Wirkungsgrad bezeichnet, die geförderte Luftmenge nur:

$$Q_e = \eta_v \cdot Q_{sec} = \eta_v \cdot \frac{n \cdot L}{30} \cdot (0,785\, D_1{}^2 - F)\, \text{cbm.} \qquad 105\,a)$$

Hierin ist der Wirkungsgrad η_v durch Versuche zu bestimmen. Derselbe ist abhängig von der Tourenzahl des Gebläses, sowie von der Windpressung und zwar der ersteren direkt, der letzteren umgekehrt proportional, denn je größer die letztere ist, desto kleiner wird infolge der Verluste durch die Spielräume die Luftmenge sein.

Bei den Versuchen von Hartig [1]) ergab sich folgendes:

Windpressung mm Wassersäule	Tourenzahl i. d. Min.	Volumetr. Wirkungsgrad η_v
38	275	0,79
820	192	0,12.

Hieraus läßt sich die folgende, empirische Gleichung ableiten:

$$\eta_v = 0,00288\, n - 0,646\, h^2,$$

worin n die minutliche Tourenzahl und h den Luftdruck in **m** Wassersäule bezeichnet.

Dieselbe gestattet folgende Schlüsse:

1. für einen Wasserdruck $h = 0$, also freies Ausblasen in die Luft, ist bei 348 Touren der volumetrische Wirkungsgrad am größten, und zwar $= 1$;

2. der volumetrische Wirkungsgrad wird Null, wenn die Gleichung besteht: $n = 224,3\, h^2$. Da der normale Winddruck für Gebläse zum Schmieden und Schmelzen zwischen 120—160 mm bzw. 280—320 mm Wassersäule liegt, so läßt sich hieraus die kleinste Tourenzahl des Gebläses berechnen.

---

[1]) a. a. O. S. 243.

Für jedes andere Gebläse sind die Koeffizienten für n und h in ähnlicher Weise durch Versuche zu bestimmen.

Nach Hartig berechnet sich für das bei seinen Versuchen benutzte Gebläse von 430 mm Flügeldurchm., 850 mm Länge die Windmenge i. d. Sek. zu

$$Q_{sec} = 0{,}152 \cdot \frac{n}{60} = 0{,}002533 \cdot n \text{ in cbm,}$$

der Kraftbedarf zu:

$$N = 0{,}169 \cdot \frac{n}{60} = 0{,}002817 \cdot n \text{ in PS.,}$$

worin n die minutliche Tourenzahl bedeutet und die berechneten Werte für den Fall des Ausblasens durch den unverengten Blasehals gelten.

Für die auf S. 256 [1]) mitgeteilten Ausführungen des Root-Gebläses von Mohr & Federhaff berechnet sich die theoretische Windmenge folgendermaßen.

Bezeichnet D den äußeren Durchmesser in m, F den Querschnitt des Flügels in qm, so kann mit hinreichender Annäherung $F = 0{,}254 \, D^2$ gesetzt werden, woraus die theoretische sekundliche Luftmenge sich nach Gleichung 105) zu:

Tabelle 17.

Root-Gebläse von Mohr & Federhaff.

No. des Prosp.	Minutliche Windmenge cbm		Volumetrischer Wirkungsgrad
	theoretisch [2]) berechnet nach Gl. 106 a)	effektiv [3])	
1	0,877	0,50	0,57
3	1,625	0,95	0,58
4	2,836	1,83	0,65
5	3,980	2,25	0,57
6	7,965	4,65	0,58
7	15,93	9,50	0,60
$7^1/_2$	32,50	19,25	0,60
8	49,70	29,40	0,60
9	74,50	44,00	0,60
10	134,60	95,00	0,70
11	179,50	125,00	0,70
12	224,40	158,00	0,70

$$Q_{sec} = \frac{n \cdot L}{30} \cdot (0{,}785 - 0{,}254) \, D^2 = 0{,}0177 \cdot n \cdot L \cdot D^2 \qquad \text{106)}$$

und die theoretische, minutliche Luftmenge zu:

$$Q_{min} = 1{,}062 \cdot n \cdot L \cdot D^2 \qquad \text{106 a)}$$

---

[1]) Der ersten Auflage dieses Buches.

[2]) Unter Zugrundelegung der von der Firma gütigst übermittelten Konstruktionswerte.

[3]) Nach den Versuchstabellen der genannten Firma.

berechnet. Die Tabelle 17 auf S. 651 gibt eine Zusammenstellung der so berechneten theoretischen und effektiven Luftmengen, sowie der volumetrischen Wirkungsgrade.

Der volumetrische Wirkungsgrad schwankt somit zwischen 0,57 und 0,70 und beträgt im Mittel 0,62, welcher Wert als befriedigend angesehen werden muß.

2. Gebläse von Evrard, Baker etc.

In Fig. 406 (S. 331) ist D der äußere Flügeldurchm., d der Flügeltrommeldurchm., L die achsiale Länge der Flügel, alles in m. Dann ist die Luftmenge bei einer Umdrehung

$$Q = \left(\frac{D^2 \pi}{4} - \frac{d^2 \pi}{4} \right) L,$$

oder i. d. Sek.

$$Q_{sec} = 0,785 \, (D^2 - d^2) \frac{L \cdot n}{60}$$

und die effektive Luftmenge

$$Q_e = \eta_v \cdot 0,0131 \cdot L \, n \cdot \left(1 - \left(\frac{d}{D} \right)^2 \right) \cdot D^2,$$

worin η_v den volumetrischen Wirkungsgrad bezeichnet. Setzt man, wie es auch in Fig. 406 der Fall ist, $\frac{d}{D} = 0,45$, ferner $L = a \, D$, so folgt

$$Q_e = \eta_v \cdot 0,63 \cdot n \cdot a \cdot D^3. \tag{107}$$

Hierin ist für Neuausführungen $\eta = 0,75 - 0,85$, $a = 1$ bis 2 zu setzen. Für die in der Tabelle auf S. 332 enthaltenen Bakerschen Gebläse erhält man folgende Werte:

Tabelle 18.

Laufende No. des Gebläses	Tourenzahl	Durchm. D in m	Luftmenge Q cbm i. d. Min.	
			nach der Tabelle auf S. 332	nach Gl. 107 berechnet
1	200	0,325	6,37	6,43
7	110	0,825	70,41	70,68
11	100	1,310	235,83	235,14

Zur überschläglichen Berechnung des Kraftbedarfs in PS. kann die empirische Gleichung dienen:

$$N = 0,93 + 0,134 \, Q - 0,00043 \, Q^2, \tag{108}$$

worin Q die minutliche Luftmenge in cbm bezeichnet.

Für Luftmengen über 100 cbm i. d. Min. ist jedoch zu dem aus dieser Gleichung gefundenen Werte ein Zuschlag von 10—20 % desselben hinzuzufügen.

3. Schraubengebläse von Krigar.

Wie die Diagramme Fig. 424 und 425 auf S. 342 zeigen, ist für jede Austrittsöffnung der Zusammenhang zwischen dem Luftdruck, dem Ausblasequerschnitt und der Umdrehungszahl durch eine Parabel dargestellt. Man kann diese Beziehung zusammenfassen in den folgenden Gleichungen:

$$h = \frac{n^2}{F}(4{,}10 - 0{,}01\,F) \qquad\qquad 109)$$

für enge Ausblasöffnungen und

$$h = \frac{n^2}{F}(4{,}90 - 0{,}0186\,F) \qquad\qquad 109\,a)$$

für weite Ausblasöffnungen, worin h den Druck in mm Wassersäule, n die minutliche Tourenzahl und F den Ausblasequerschnitt in qcm bedeutet.

Zur Berechnung des Kraftbedarfs dient folgende Betrachtung.

Denkt man sich die Schraubenflügel derartig gegen das Gehäuse abgedichtet, daß keine Verluste stattfinden können, so wird durch die Umdrehung der Flügel die von einem Flügel abgeschlossene Luftmenge auf den Druck in der Windleitung komprimiert und fortgeschafft werden müssen. Da eine merkliche Erwärmung der Luft bei dem geringen Kompressionsgrad nicht stattfindet, so kann man isothermische Kompression voraussetzen. Für dieselbe berechnet sich nach Gleichung 18) (S. 561) die theoretische Kompressionsarbeit zu

$$N = \frac{p_1 V_1}{75} \cdot \ln \frac{p_2}{p_1} = \frac{p_1 V_1}{75} \cdot 2{,}3026 \cdot \log \frac{p_2}{p_1}. \qquad\qquad 110)$$

Hierin bezeichnet p_1 den äußeren Luftdruck, p_2 den Luftdruck beim Eintritt in die Windleitung oder den Kompressionsdruck, beide in kg/qm oder mm Wassersäule, V_1 die i. d. Sek. angesaugte Luftmenge. Setzt man in Gleichung 110) $p_i = 10000$ und bezeichnet mit V_m die i. d. Min. gelieferte Luftmenge vom Drucke p_2, so folgt, da

$$V_m = 60 \cdot V_1 \cdot \frac{p_1}{p_2}, \ \text{ also } \ V_1 = \frac{V_m}{60} \cdot \frac{p_2}{p_1} \ \text{ ist,}$$

$$N = \frac{10\,000}{60 \cdot 75} \cdot V_m \cdot \frac{p_2}{p_1} \cdot 2{,}3026 \log \frac{p_2}{p_1},$$

oder wenn die Druckhöhe h in mm Wassersäule eingesetzt, also $p_2 = 10000 + h$ und

$$\frac{p_2}{p_1} = \frac{10\,000 + h}{10\,000} = 1 + 0{,}0001 \cdot h$$

gesetzt wird:

$$N = 5{,}117\,(1 + 0{,}0001 \cdot h)\,V_m \cdot \log\,(1 + 0{,}0001 \cdot h). \qquad\qquad 111)$$

Für die auf S. 343 angeführten Krigarschen Gebläse ist in Spalte 5 der Kraftbedarf bei 500 mm Wasserdruck nach den durch die Erfahrung gewonnenen Resultaten angeführt.

In der nachstehenden Tabelle sind diese Werte mit den nach Gleichung 111 a) berechneten zusammengestellt.

Tabelle 19.

No. der Gebläse	1. Annähernder Kraftbedarf nach der Tabelle S. 343	2. Theoretischer Kraftbedarf nach Gl. 111 a)	3. Mechanischer Wirkungsgrad 2 : 1
1	0,12	0,114	0,95
2	0,20	0,205	1,02 (?)
3	0,40	0,399	0,99
4	1,0	0,952	0,95
5	1,2	1,163	0,97
6	2,0	1,881	0,94
7	3,0	2,736	0,912
8	6.0	5,472	0,912
9	7,5	7,410	0,98
10	10,4	9,690	0,93
11	14,5	13,680	0,94
12	19,0	17,670	0,93

In der dritten Spalte sind die mechanischen Wirkungsgrade angegeben, deren Mittelwert $\eta_m = 0,952$ wohl etwas zu hoch sein dürfte. Indessen ist zu berücksichtigen, daß die wirklich zu komprimierende Luftmenge, also auch die Kompressionsarbeit, infolge des Luftverlust durch die Spielräume kleiner ist, als oben berechnet ist. Multipliziert man den berechneten mittleren mechanischen Wirkungsgrad $\eta_m = 0,952$ mit dem mittleren volumetrischen Wirkungsgrad (aus der Tabelle S. 343) $\eta_v = 0,86$, so erhält man einen mittleren mechanischen Wirkungsgrad $\eta_m = 0,819 \sim 0,82$, welcher gleichfalls noch als sehr günstig zu bezeichnen ist.

4. Fabrysches Gebläse.

Nach Weißbach-Herrmann[1]) berechnet sich die theoretische, sekundlich gelieferte Luftmenge in cbm nach der Formel

$$Q = (\pi \cdot r_1^2 - 3,4277 \, r_2^5) \frac{n \cdot L}{30}, \qquad 112)$$

worin r_1 den äußeren Flügelhalbmesser, r_2 den Abstand eines Querarms vom Mittelpunkt, L die Radweite, alles in m, und n die minutliche Umdrehungszahl bedeutet.

Ein (a. a. O. angeführtes) Fabrysches Gebläse hat folgende Abmessungen:

$$r_1 = 1,7 \text{ m}, \quad r_2 = 1 \text{ m}, \quad b = 2 \text{ m}, \quad n = 36-40, \quad h = 40-50 \text{ mm Wassersäule},$$
$$N_i = 15 \text{ PS.}, \quad \eta_d = 0,51, \quad \eta_v = 0,7.$$

Nach Gleichung 112) berechnet sich die theoretische, sekundliche Luftmenge zu 15,07 cbm, die minutliche (bei 40 Touren) zu 602,8 $\sim$ 603 cbm, die effektive Luftmenge i. d. Min. also zu

$$V_m = 603 \cdot 0,7 = 422,1 \text{ cbm}.$$

---

[1]) Ing. Mechanik, Bd. III, 2. Abteil., S. 1212 u. 1213. II. Aufl.

Wendet man zur Berechnung des Kraftbedarfs Formel 111 a) hier an, so folgt

$$N = 422{,}1 \cdot 5{,}117 \cdot 1{,}005 \cdot \log 1{,}005 = 5{,}065 \backsim 5{,}1 \text{ PS.}$$

Da der mechanische Wirkungsgrad, also das Verhältnis der theoretisch zur Kompression nötigen Arbeit zur ganzen, auf das Gebläse zu übertragenden Arbeit zu 0,51 angegeben ist, so folgt die letztere zu:

$$N_e = \frac{5{,}1}{0{,}51} = \mathbf{10\ PS.}$$

Da die indizierte Leistung der Dampfmaschine ca. 15 PS. betrug, so ist der Wirkungsgrad der letzteren $^2/_3$ oder 0,667. Bei Annahme eines Wirkungsgrades von 0,75 an Stelle des letzteren wären $\dfrac{10}{0{,}75} = 13{,}33$ ind. PS. von der Maschine zu leisten. Die stündliche Windmenge für 1 ind. PS. berechnet sich danach zu

$$V_{st} = \frac{422{,}1 \cdot 60}{15} = 1690 \text{ cbm.}$$

Bei dem auf S. 271 der ersten Auflage angeführten Fabryschen Gebläse von Vieille Marihaye betrug die minutliche Windmenge 2400 cbm, die Depression 40 mm. Da die Depression um 10 mm geringer ist als im vorigen Falle, so kann die stündliche Windmenge für 1 ind. PS. etwas höher, beispielsweise zu 1800 cbm angenommen werden, woraus man rückwärts den Kraftbedarf erhält zu:

$$N_1 = \frac{2400 \cdot 60}{1800} = 80 \text{ PS.}$$

Nach Gleichung 111 a) berechnet sich derselbe bei Annahme desselben mechanischen Wirkungsgrades von 0,51 wie oben zu:

$$N_i = \frac{1}{0{,}51} \cdot 2400 \cdot 5{,}117 \cdot 1{,}004 \cdot \log 1{,}004 = 79{,}82 \text{ ind. PS.,}$$

welche beiden Werte genügende Übereinstimmung zeigen. Es kann somit auch für das Fabrysche Gebläse der Kraftbedarf mit ziemlicher Genauigkeit nach Gleichung 111 a) berechnet werden.

Elftes Kapitel.

Berechnung der Schleudergebläse.

Bei der theoretischen Untersuchung der Wirkungsweise der Schleudergebläse oder Zentrifugalventilatoren, ihrer Leistung, ihres Kraftbedarfs, ihres Wirkungsgrades, ihrer Umdrehungszahl usw., hat man
folgende Werte zu berücksichtigen und ihre gegenseitigen Beziehungen
zueinander zu ermitteln:

1. Die vom Ventilator in der Zeiteinheit gelieferte Luftmenge in
   cbm/Sek.
2. Die vom Ventilator hervorgebrachte Luftverdichtung bzw. Verdünnung, oder die Pressung im Druckrohr bei blasenden, bzw.
   die Depression im Saugrohr bei saugenden Ventilatoren, ausgedrückt in dem erzeugten Gesamtdruckunterschied vor und
   hinter dem Ventilator, in kg/qcm oder meistens in mm Wassersäule (WS.).
3. Die Umfangsgeschwindigkeit des Ventilatorflügelrades in m/Sek.
   bzw. der Durchmesser des letzteren in m und seine Tourenzahl
   in der Minute.
4. Den Kraftbedarf des Ventilators in PS.
5. Die auf die Konstruktion des Rades speziell bezüglichen Werte,
   die Winkel der beiden Schaufelenden mit den Umfangskreisen,
   die Krümmung, Länge und Breite der Schaufeln, die Größe der
   Eintrittsöffnung, des Verteilers oder Diffusors und der Austrittsöffnung.

Zu diesen Werten kommt noch ein wichtiger Wert hinzu, welcher
für die Berechnung der Luftmengen, sowie überhaupt zur Vereinfachung
der theoretischen Untersuchungen von großer Bedeutung ist und zuerst
von Murgue [1] eingeführt wurde, die gleichwertige oder äquivalente Fläche [2]. Dieselbe ist von Murgue zunächst für Grubenventilatoren angewandt worden, läßt sich jedoch auch bei allen übrigen
Ventilatoren mit Vorteil benutzen.

Man hat darunter diejenige Öffnung a in einer dünnen Scheidewand
zwischen zwei mit Luft von verschiedener Spannung erfüllten Räumen zu

---

[1] Murgue, Über Grubenventilatoren, deutsch v. J. v. Hauer, Leipzig 1884.
[2] Orifice équivalent.

verstehen, welche bei dem Spannungsunterschied h zwischen beiden Luft-
drücken in der Zeiteinheit genau dieselbe Luftmenge V durchläßt, wie in
der gleichen Zeit bei der gleichen Pressung oder Depression h durch eine
bestimmte Grube hindurchströmt. Murgue hat daher an Stelle des
Grubenquerschnitts diese, mit letzterem gleichwertige oder äquivalente
Fläche oder Öffnung gesetzt und je nach der Größe dieser Fläche die verschiedenen Gruben in enge, mittlere und weite Gruben eingeteilt.
Er bezeichnet als enge Gruben alle jene, deren gleichwertige Fläche
kleiner als 1 qm ist, als mittlere diejenigen von 1—1,5 qm Fläche und als
weite diejenigen über 1,5 qm gleichwertiger Fläche.

Durch Einführung dieses Wertes gewinnen alle Berechnungen
Murgues eine große Klarheit und Einfachheit und soll daher bei den
nachfolgenden Berechnungen auf die Murguesche Methode Bezug genommen werden.

A. Beziehungen des Druckes und Volumens der Luft zur Umfangsgeschwindigkeit des Ventilators.

Bei den folgenden Untersuchungen sei zunächst die Form der
Schaufeln, ihre axiale und radiale Breite, ihre Anzahl, sowie die Form
des das Schaufelrad umschließenden Gehäuses unberücksichtigt gelassen.

Zwischen je zwei Schaufeln bewegt sich die am inneren Radumfang
eintretende Luft wie in einem allseitig geschlossenen Kanal oder Rohr.

Es ist zunächst ohne weiteres ersichtlich, daß für gewöhnlich [1]) der
Querschnitt dieses Kanals nach außen hin allmählich zunehmen wird, da
die Entfernung der Schaufeln voneinander oder die Teilung außen größer
ist als innen.

Es ist ferner klar, daß die Umfangsgeschwindigkeit, welche die Luft
durch die Umdrehungen der Flügel erhält, mit wachsendem Durchmesser
zunehmen muß.

Da die Luft sich in den Schaufelkanälen von innen nach außen
fortbewegt, zugleich aber an der drehenden Bewegung der Schaufeln teil-
nimmt, so ist ihre Bewegung durch beide Bewegungen bedingt, oder ihre
Geschwindigkeit von der radialen Geschwindigkeit in den Schaufeln und
der Umfangsgeschwindigkeit abhängig.

Es seien nun zunächst für die nachstehenden Berechnungen folgende
Bezeichnungen eingeführt.

Es bedeute:

V die von einem Ventilator i. d. Sek. abgesaugte oder ausgeblasene
    Luftmenge in cbm,

a die gleichwertige Fläche in qm nach Murgue,

v die Geschwindigkeit der Luft im Querschnitt a in m,

u die äußere Umfangsgeschwindigkeit des Ventilators in m,

---

[1]) Die Abweichung von dieser Regel siehe weiter unten.

γ_0 das Gewicht eines cbm Wasser (1 cbm $= 1000$ kg),

γ „ „ „ „ Luft (1 cbm bei $0^0 = 1{,}293$ kg, bei $20^0 \sim 1{,}2$ kg) [1]),

$g = 9{,}81$ m die Beschleunigung der Schwere,

o die Durchgangsöffnung des Ventilators in qm,

H_0 die theoretische Maximaldepression bzw. Pressung beim Absaugen aus einem geschlossenen Raum bzw. Einblasen in einen geschlossenen Raum in m Wassersäule,

H die effektive Maximaldepression bzw. Pressung in m Wassersäule,

h die effektive Depression bzw. Pressung bei irgend einer Umfangsgeschwindigkeit in m Wassersäule.

Die theoretische Luftmenge V_{th}, welche der Ventilator sekundlich liefert, berechnet sich zunächst aus der Gleichung:

$$V_{th} = a \cdot v. \qquad\qquad 113)$$

In Wirklichkeit ist dieselbe jedoch infolge des Reibungswiderstandes beim Durchgang durch die dünne Wand, sowie infolge der Kontraktion geringer. Die effektive Luftmenge V ergibt sich daher zu:

$$V = \mu \cdot a \cdot v, \qquad\qquad 113\,a)$$

worin μ ein Koeffizient ist, welcher diesen Widerständen Rechnung trägt. Derselbe ist nach **Murgue** $= 0{,}65$ zu setzen, während **Weißbach** denselben höher angibt [2]).

Die bekannte Formel für die Ausflußgeschwindigkeit tropfbarflüssiger Körper:

$$v = \sqrt{2\,g\,h_d} \qquad\qquad 114)$$

worin h_d ganz allgemein die zur Erzeugung der Geschwindigkeit v erforderliche **Druckhöhe** in m Flüssigkeitssäule bedeutet, ergibt für Luft die Gleichung

$$v = \sqrt{2\,g\,h_l} \qquad\qquad 114\,a)$$

worin h_l die der Geschwindigkeit v entsprechende Druckhöhe in m Luftsäule ist. Soll dieselbe jedoch in m Wassersäule (h) gemessen werden, so ist, da $h_l \cdot \gamma = h \cdot \gamma_0$, oder $h_l = h\,\dfrac{\gamma_0}{\gamma}$ ist

zu setzen:

$$v = \sqrt{2\,g\,h \cdot \frac{\gamma_0}{\gamma}}. \qquad\qquad 114\,b)$$

Für $\gamma_0 = 1000$ und $\gamma \sim 1{,}25$, also $\dfrac{\gamma_0}{\gamma} = 800$,

$$v = \sqrt{2\,g\,h \cdot 800} = 125{,}28\,\sqrt{h}, \qquad\qquad 114\,c)$$

worin h in m Wassersäule einzusetzen ist.

---

[1]) Genauer zu berechnen nach den Gleichungen 9) bis 9c), S. 552 und 553.

[2]) Auf welchen Wert von μ man sich in der Ventilationstechnik einigen soll, ist noch eine offene Frage (s. Geschäftsber. f. d. Regeln an Leistungsversuchen von Ventil. u. Kompressoren des V. D. Ingen. Mai 1912; in Zukunft kurz mit „Reg. Vent. Komp." 1912 vom Verf. bezeichnet.

[3]) Neuere Werte finden sich in: Hüttentaschenbuch 1908, 20. Aufl., Bd. I, S. 861. (S. auch weiter unten: Berechnung d. Luftm. durch. Düsenmessung.)

Soll endlich die Druckhöhe in mm Wassersäule (h_1) ausgedrückt werden, so ist, da $h_1 = 1000 \cdot h$ ist,

$$v = \sqrt{2\,g\,h_1 \cdot \frac{\gamma_0}{\gamma} \cdot \frac{1}{1000}} \qquad\qquad 114\,d)$$

Für $\gamma_0 = 1000$ folgt hieraus:

$$v = \sqrt{\frac{2\,g\,h_1}{\gamma}} \qquad\qquad 114\,e)$$

und hieraus umgekehrt:

$$h_1 = \frac{v_2}{2\,g} \cdot \gamma \qquad\qquad 114\,f)$$

Für $\gamma_0 = 1000$ und $\gamma = 1{,}25$ kg/cbm ist:

$$v = \sqrt{2 \cdot 9{,}81 \cdot 800 \cdot \frac{h_1}{1000}} = 3{,}961\,\sqrt{h_1}$$

Durch Einsetzen der vorstehenden Gleichungen in Gleichung 113a) folgt

$$V = \mu \cdot a \cdot \sqrt{2\,g\,h\,\frac{\gamma_0}{\gamma}} \quad \text{für h in m Wassersäule} \qquad 115)$$

und

$$V = \mu \cdot a \cdot \sqrt{2\,g \cdot h_1\,\frac{\gamma_0}{\gamma} \cdot \frac{1}{1000}} = \mu \cdot a \cdot \sqrt{\frac{2\,g\,h_1}{\gamma}}\;\text{für}\,h_1\,\text{in mm Wassersäule.}\ 115\,a)$$

Beispiel: Für eine Grube von 1 qm äquivalenter Fläche und einer Depression von $h_1 = 80$ mm Wassersäule ist

$$V_{sek} = 0{,}65 \cdot 1 \cdot \sqrt{2 \cdot 9{,}81 \cdot \frac{800}{1000}} \cdot \sqrt{h_1}$$

$$= 2{,}575 \cdot 1 \cdot \sqrt{80} \backsim 23 \text{ cbm i. d. Sek., und } V_{min} = 1380 \text{ cbm/min.}$$

Aus Gleichung 115) berechnet sich rückwärts die gleichwertige Fläche zu:

$$a = \frac{V}{\mu \cdot \sqrt{2\,g\,h\,\dfrac{\gamma_0}{\gamma}}} \cdot \qquad\qquad 116)$$

Nach Murgue [1] ist

$$V = 0{,}65 \cdot a \cdot \sqrt{\frac{2\,g\,h \cdot \gamma_0}{\gamma}} = \frac{0{,}65 \cdot a \sqrt{\dfrac{2\,g\,H \cdot \gamma_0}{\gamma}}}{\sqrt{1 + \dfrac{a^2}{o^2}}}, \qquad 117)$$

worin

$$H = k \cdot \frac{u^2}{g} \cdot \frac{\gamma}{\gamma_0} \qquad\qquad 118)$$

die effektive Maximaldepression in m Wassersäule ist.

Die theoretische Maximaldepression berechnet sich hiernach für $k = 1$ zu:

$$H_0 = \frac{u^2}{g} \cdot \frac{\gamma}{\gamma_0} \qquad\qquad 119)$$

n m Wassersäule.

---

[1] a. a. O. S. 27.

Dieselbe ist somit dem Quadrate der Umfangsgeschwindigkeit direkt porportional. Für $\gamma_0 = 1000$ und $\gamma = 1,20$ (bei etwa 20 ^{0} C) berechnet sich die Konstante der Gleichung zu

$$\frac{\gamma}{g \cdot \gamma_0} = \frac{1,2}{9,81 \cdot 1000} = 0,0001223.$$

Tabelle 20 gibt für Umfangsgeschwindigkeiten von 15—35 m die Werte von H_0 in mm Wassersäule an, welche nach der Gleichung

$$H_0 = \frac{u^2}{g} \cdot \frac{\gamma}{\gamma_0} \cdot 1000 = 0,1223 \cdot u^2 \qquad\qquad 119\,a)$$

berechnet sind, worin u ebenso wie in Gleichung 159) in m/Sek. einzusetzen ist.

Tabelle 20.

Theoretische Maximal-Depressionen.

u Umfangsgeschwindigkeit des Ventilators in m, H_0 entsprechende theoretische Depression in mm Wassersäule.

u	H_0	u	H_0	u	H_0	u	H_0
m	mm	m	mm	m	mm	m	mm
15,0	27,5	20,0	48,9	25,0	76,5	30,0	110,1
2	28,3	2	49,9	2	77,7	2	111,6
4	29,0	4	50,9	4	78,9	4	113,1
6	29,8	6	51,9	6	80,2	6	114,6
8	30,5	8	52,9	8	81,4	8	116,1
16,0	31,3	21,0	53,9	26,0	82,7	31,0	117,6
2	32,1	2	55,0	2	84,0	2	119,1
4	32,9	4	56,0	4	85,3	4	120,6
6	33,7	6	57,1	6	86,6	6	122,2
8	34,5	8	58,1	8	87,9	8	123,7
17,0	35,4	22,0	59,2	27,0	89,2	32,0	125,3
2	36,2	2	60,3	2	90,5	2	126,8
4	37,0	4	61,4	4	91,8	4	128,4
6	37,9	6	62,5	6	93,2	6	130,0
8	38,8	8	63,6	8	94,5	8	131,6
18,0	39,6	23,0	64,7	28,0	95,9	33,0	133,2
2	40,5	2	65,8	2	97,3	2	134,8
4	41,4	4	67,0	4	98,7	4	136,5
6	42,3	6	68,1	6	100,1	6	138,1
8	43,2	8	69,3	8	101,5	8	139,8
19,0	44,2	24,0	70,5	29,0	102,9	34,0	141,4
2	45,1	2	71,6	2	104,3	2	143,1
4	46,0	4	72,8	4	105,7	4	144,8
6	47,0	6	74,0	6	107,2	6	146,5
8	48,0	8	75,2	8	108,6	8	148,2
						35,0	149,8

Aus den Gleichungen 118) und 119) folgt

$$k = \frac{H}{H_0} \qquad\qquad 120)$$

welchen Wert **Murgue** als den **manometrischen Wirkungsgrad** bezeichnet.

Man hat nach **Murgue** folgende drei Werte für die Pressung bzw. Depression in m **Wassersäule** zu unterscheiden:

1. Theoretische Maximaldepression

$$H_0 = \frac{u^2}{g} \cdot \frac{\gamma}{\gamma_0}.$$
121 a)

2. Effektive Maximaldepression bei geschlossener Grube (a $=$ 0)

$$H = k \cdot \frac{u^2}{g} \cdot \frac{\gamma}{\gamma_0}.$$
121 b)

3. Effektive Depression bei offener Grube

$$h = k \cdot \frac{u^2 \, \gamma}{g \, \gamma_0} \cdot \frac{o^2}{a^2 + o^2}$$
121 c)

oder daraus:

$$\frac{h}{u^2} = \frac{k}{g} \cdot \frac{\gamma}{\gamma_0} \cdot \frac{o^2}{a^2 + o^2},$$

worin sämtliche Werte der rechten Seite der Gleichung für einen bestimmten Zustand des Ventilators konstant sind, so daß man, da die Umfangsgeschwindigkeit u sich nur mit der Tourenzahl n ändert, auch schreiben kann:

$$\frac{h}{u^2} \ \text{oder} \ \frac{h}{n^2} = \text{Konst.}$$

Aus Gleichung 117) folgt ferner, da $\dfrac{\sqrt{h}}{u}$ konstant ist, nach mehreren Umformungen

$$\frac{V}{u} = \frac{0{,}65 \cdot a \cdot o \cdot \sqrt{2\,k}}{\sqrt{a^2 + o^2}} = \text{Konst.,}$$
122)

d. h. das Verhältnis $\dfrac{V}{u}$ oder, da u wieder nur mit n zu- oder abnimmt, $\dfrac{V}{n}$ ist für einen bestimmten Ventilator und eine bestimmte Grube vom Querschnitt a gleichfalls **konstant**.

Diese beiden **Proportionalitätsgesetze** lassen sich auch folgendermaßen aussprechen:

1. Die von einem Ventilator **in der Zeiteinheit gelieferte Luftmenge** ist der **Umdrehungszahl** in dieser Zeiteinheit **direkt proportional.**

2. Die von einem Ventilator bei bestimmter Umdrehungszahl er**zeugte Depression** oder **Pressung** ist dem **Quadrate** dieser **Umdrehungszahl direkt proportional.**

Beide Gesetze finden durch die zahlreichen, mit den verschiedensten Ventilatoren angestellten Versuche ihre Bestätigung. In Tabelle 21 sind beide, aus einer größeren Anzahl von Versuchen berechneten Werte für einige der wichtigsten Ventilatorensysteme enthalten.

Tabelle 21.

No.	Name des Ventilators	V cbm i. d. Min.	n	h mm	$\dfrac{V}{n}$	$\dfrac{h}{n^2}$
1	Capell[1]	1221	275	80	4,44	0,00106
		1339	294	93	4,55	0,00107
		1474	333	106	4,43	0,00096
		1796	397	112	4,44	0,00071
2	Geißler[2]	2261	105	21	21,53	0,0019
		2580	120	28	21,5	0,0019
		2849	136	36	20,9	0,0019
		2981	149	43	20,1	0,0019
		3087	151	45	20,4	0,0019
		3511	167	59	21,0	0,0021
		3627	179	66	20,3	0,00206
		3913	196	75,3	20,0	0,0019
		4040	201	79	20,1	0,00195
3	Guibal[3]	2160	26,25	20	82,3	0,029
		2342	31,6	30	74	0,030
		2565	36,1	36,5	71	0,028
		2869	39,4	45	73	0,029
		3332	45,9	60	72,6	0,0284
		3625	50,5	73,4	72,0	0,029
4	Kley[4]	840	30	22	28	0,0244
		1060	40	34,45	26,5	0,0215
		1280	50	50,10	25,6	0,0204
		1500	60	72,40	25	0,0201
		1740	70	98,5	25	0,0201
		1800	72	104,00	25	0,0201
5	Lambert[5]	1800	60	40	30	0,01111
		1920	65	63	30	0,0154
6	Pelzer[6] Zeche Wolfsbank	720	114	8–10	6,3	0,0008
		972	221	28–30	4,4	0,00061
		1860 1700	} 375	} 65–70	} 5,0	} 0,0005
7	Pelzer[7] Zeche Minister Stein	719	255	40	2,82	0,00061
		982	326	70	3,00	0,00065
		1025	340	80	3,01	0,00069
		1279	370	82	3,43	0,00060
		1378	390	88	3,53	0,00058

---

[1] Z. f. B.-, H.- u. Sal.-W. 1890, S. 248.
[2] Österr. Zeitschr. f. B.- u. H.-W. 1887, S. 47.
[3] Österr. Zeitschr. f. B.- u. H.-W. 1888, S. 671
[4] „Glückauf" 1886, No. 10 (3. 2. 1886).
[5] Z. f. B.-, H.- u. Sal.-W. 1887, S. 227.
[6] Österr. Z. f. B.- u. H.-W. 1880, S. 587.
[7] Österr. Z. f. B.- u. H.-W. 1880, S. 587.

Tabelle 21 (Fortsetzung).

No.	Name des Venti-lators	V cbm i. d. Min.	n	h mm	$\dfrac{V}{n}$	$\dfrac{h}{n^2}$
8	Pelzer Zeche Minister Stein	1183 1267 1339	350 375 382	80 85 88	3,38 3,38 3,50	0,00065 0,000605 0,000603
9	Pelzer[1] Verstellb. Diffusor	3451 3635 4245	196 211 237	114,5 128,3 175	17,6 17,2 17,9	0,00298 0,00288 0,00311
10	Pinette[2]	44,7 78,3 95,4 109,3 124,8	446 677 776 900 964	10 23 34 45 58	0,100 0,116 0,123 0,121 0,129	0,0000503 0,0000502 0,000056 0,000055 0,000062
11	Rateau[3]	— — — — —	724 1240 1570 1701 1820	40 118 188 221 256	— — — — —	0,0000763 0,0000767 0,0000762 0,0000763 0,0000772
12	Ser[4]	983 1388 1427 1730 2103	106 160 207 256 346	9,25 23,25 37 65,3 107,3	9,27 8,68 7,00 7,00 6,09	0,00082 0,00090 0,00086 0,00100 0,00096
13	Ser[5]	110 131 142 169,3	830 1002 1094 1292	56,3 80,2 93,6 133,8	0,1325 0,1307 0,1300 0,1310	0,0000817 0,0000800 0,0000800 0,0000800

Tabelle **22** gibt eine gedrängte Übersicht der gefundenen Werte, während Tabelle **23** die Werte $\dfrac{V}{n}$ und $\dfrac{h}{n^2}$ nach zunehmenden Ventilator-durchmessern geordnet wiedergibt.

---

[1] Zeche Monopol, 7. Juni 1891. Prospekt von Pelzer.
[2] Z. f. B.-, H.- u. Sal.-W. 1890, S. 237.
[3] Compt. rend. soc. min. 1889, p. 140.
[4] Z. f. B.-, H.- u. Sal.-W. 1887, Bd. 35, S. 227 ff.
[5] Dinglers, Polyt. Journ. 1888, Bd. 267, S. 5.

Tabelle 22.

No.	1	2	3	4	5	6	7	8
	Ventilator	V cbm i. d Min.	n	D_{max} m	Umfangs-geschwindig-keit m	h mm Wasser-säule	$\alpha = \dfrac{V}{n}$ im Mittel	$\beta = \dfrac{h}{n^2}$ im Mittel
1	Capell	1221—1796	275—333	2,5	36—44	80—112	4,47	0,00103
2	Geißler	2260—4040	105—201	3,6	19—37	21—79	20,7	0,00195
3	Guibal	2160—3625	26—50	11,0	15—29	20—73	74,1	0,0289
4	Kley	840—1800	30—72	1,56	2,45—5,88	22—104	25,8	0,0211
5	Lambert	1800—1920	60—65	10,0	31,4—34	40—63	30	0,01325
6	Pelzer	720—1700	114—375	2,5	14,9—49	8—70	5,2	0,00063
7	dto.	719—1378	255—390	2,5	33—51	40—88	3,16	0,000626
8	dto.	1183—1339	350—382	2,5	45,8—50	80—88	3,42	0,000619
9	Pelzer { mit verstellbarem Diffusor	3451—4245	196—237	4,0	41,7—49,5	114—175	17,6	0,00299
10	Rateau	—	724—1820	0,5	19—47,7	40—256	—	0,0000765
11	Ser	983—2103	60—346	2,0	6,3—36,2	4,5—107	8,55	0,000965
12	Ser	110—170	830—1292	0,5	21,7—33,8	56—134	0,131	0,0000804
13	Ser-Pinette	45—125	446—964	0,5	11,7—25,3	10—58	0,118	0,0000547

Tabelle 23.

Namen	D_{max} in mm	$\dfrac{V}{n}$	$\dfrac{h}{n^2}$
Rateau	0,5	—	0,0000765
Ser	0,5	0,118	0,0000547
Ser	0,5	0,131	0,0000804
[Kley	1,56	25,8	0,0211]
Ser	2	8,55	0,000965
Pelzer	2,5 2,5 2,5	5,2 3,16 3,42 } i. M. 3,93	0,00063 0,000626 0,000619 } i. M. 0,000625
Guibal	2,5	3,1	0,000981
Capell	2,5	4,47	0,00103
Geißler	3,5	20,7	0,00195
Pelzer	4	17,6	0,00299
Lambert	10	30,0	0,01325
Guibal	11	74,1	0,0289

Tabelle 23 lehrt, daß im großen und ganzen mit zunehmendem Ventilatordurchmesser die Werte $\dfrac{V}{n}$ und $\dfrac{h}{n^2}$ gleichfalls zunehmen. Die einzige Ausnahme bildet der Kleysche Ventilator, welcher bei nur 1,56 m Durchm. bedeutend größere Werte von $\dfrac{V}{n}$ und $\dfrac{h}{n_2}$ zeigt, als andere Ventilatoren von gleichem Durchmesser.

Ein drittes Proportionalitätsgesetz folgt direkt aus den beiden ersten.

Aus der ersten Gleichung $\dfrac{V}{n} =$ konst. und der zweiten $\dfrac{h}{n^2} =$ konst. folgt

$$V = n \cdot \text{konst. und } h = n^2 \cdot \text{konst.,}$$

also die Leistung des Ventilators $V.h = n^3$ konst. oder $\dfrac{V.h}{n^3} =$ konst. oder in Worten:

3. Die reine Ventilatorleistung ist der dritten Potenz der Umdrehungszahl direkt proportional.

Eine interessante Beziehung läßt sich aus dem ersten Proportionalitätsgesetz noch ableiten, welche zur überschläglichen Berechnung der Luftmengen bzw. des Wertes $\dfrac{V}{n}$ für verschiedene Ventilatorgrößen desselben Systems dient, sobald für eine bestimmte Größe der Wert $\dfrac{V}{n}$ bekannt ist.

Bezeichnet man mit a_1 den Wert $\dfrac{V_1}{n_1}$ für den Durchmesser D_1 eines

Ventilators, mit α_x den dem Durchmesser D_x zugehörigen Wert von $\dfrac{V}{n}$, so gilt mit ziemlicher Genauigkeit das Gesetz

$$\alpha_x = \alpha_1 \left(\frac{D_x}{D_1}\right)^3, \qquad\qquad 123)$$

wobei vorausgesetzt ist, daß die Depression in allen Fällen konstant sei. Die nachstehenden Tabellen geben die Bestätigung hierfür.

1. Ser[1]).

V cbm i. d. Min.	Durchm. m	Tourenzahl i. d. Min. n	h mm Wasser- säule	$\alpha = \dfrac{V}{n}$
480	1	560	80	0,86
900	1,4	400	80	2,25
1920	2	260	80	7,4
3000	2,5	210	80	14,3
4320	3	160	80	27,0
7500	4	120	80	62,5

Beispiel:

$$D_1 = 1,\; D_x = 2,\; \alpha_1 = 0,86,$$

$$\alpha_x = 0,86 \left(\frac{2}{1}\right)^3 = 0,86 \cdot 8 = 6,88 \;\text{(Tabelle 7,4)}.$$

2. Pelzer[2]), $h = 75$ mm.

V	Durchm.	n	h	α
16	0,3	2250	75	0,0071
46	0,5	1350	75	0,0340
115	0,8	850	75	0,135
180	1	700	75	0,257
410	1,5	475	75	0,863
725	2	350	75	2,071
1135	2,5	270	75	4,2
1625	3	230	75	7,01
2220	3,5	200	75	11,1
2880	4	175	75	16,4

Beispiel:

a) $D_1 = 0,3,\; \alpha_1 = 0,0071,\; D_x = 3,$

$$\alpha_x = 0,0071 \left(\frac{3}{0,3}\right)^3 = 0,0071 \cdot 1000 = 7,1 \;\text{(Tabelle 7,01)}.$$

b) $D_1 = 1,\; \alpha_1 = 0,257,\; D_x = 4,\; \alpha_x = 0,257 \cdot (4)^3 = 0,257 \cdot 64$
$$= 16,448 \;\text{(Tabelle 16,4)}.$$

---

[1]) Z. f. B.-, H.- u. Sal.-W. 1887, S. 229 ff.
[2]) Preisliste von G. Pelzer, Dortmund.

3. Pelzer, h = 200 mm.

V	D	n	h	$\dfrac{V}{n}$
47	0,5	2200	200	0,0213
122	0,8	1400	200	0,087
190	1	1100	200	0,173
420	1,5	750	200	0,56
750	2	550	200	1,364
1170	2,5	450	200	2,5
1680	3	375	200	4,5
2290	3,5	325	200	7,01
3000	4	280	200	10,7

Beispiel:

a) $D_1 = 1$, $\quad \alpha_1 = 0,173$, $\quad D_x = 3$, $\quad \alpha_x = 0,173 \cdot (3)^3$
$$= 0,173 \cdot 27 = 4,67 \ (\text{Tabelle } 4,5).$$

b) $D_1 = 1$, $\quad \alpha_1 = 0,173$, $\quad D_x = 4$, $\quad \alpha_x = 10,9 \ (\text{Tabelle } 10,7).$

c) $D_1 = 0,5$, $\quad \alpha_1 = 0,0213$, $\quad D_x = 2,5$, $\quad \alpha_x = 0,0213 \cdot (5)^3$
$$= 0,0213 \cdot 125 = 2,6625 \ (\text{Tabelle } 2,5).$$

4. Kley[1].

V	D	n	h	$\dfrac{V}{n}$	$\alpha_x = \alpha_1 \left(\dfrac{D_x}{D_1}\right)^3$
10	0,3	2246	80	0,00445	—
18	0,4	1685	80	0,0107	0,0105
29	0,5	1348	80	0,0215	0,0209
40	0,6	1123	80	0,0356	0,0356
57	0,7	963	80	0,0592	0,0570
30	0,75	1810	400	0,01657	—
50	1,00	1358	400	0,03682	0,0392
75	1,25	1086	400	0,0690	0,0760
120	1,56	870	400	0,1380	0,1399
140	2,222	610	400	0,3934	0,3938
40	0,75	2216	600	0,0180	—
60	1,00	1662	600	0,0610	0,042
90	1,25	1330	600	0,0676	0,070
150	1,56	1065	600	0,1400	0,134
300	2,222	748	600	0,4000	0,395

Man kann wohl nach dem vorstehenden die Vermutung aussprechen, daß auch für andere Ventilatorensysteme der in Gleichung 123) ausgedrückte Zusammenhang bestehen wird [2].

---

[1] Preisliste der Maschinenfabrik von C. Mehler, Aachen.

[2] Leider standen Verf. für andere Systeme keine Versuchsresultate zum Beweise der Gültigkeit dieser Annahme zur Verfügung.

Aus den beiden Proportionalitätsgesetzen folgt eine weitere Beziehung, welche einen Anhalt für die Wahl der Größe des Ventilators für eine bestimmte Grube bietet.

Setzt man wieder, wie vorher,

$$\frac{V}{n} = \alpha,$$

und ferner

$$\frac{h_1}{n^3} = \beta,$$

so folgt

$$n = \frac{V}{\alpha}, \quad h_1 = \beta \cdot n^2 = \beta \cdot \frac{V^2}{\alpha^2},$$

woraus

$$V = \alpha \cdot \sqrt{\frac{h_1}{\beta}},$$

und

$$\frac{V}{\sqrt{h_1}} = \frac{\alpha}{\sqrt{\beta}} = \text{Konst.} \qquad\qquad 124)$$

Hierin ist V die Luftmenge in cbm i. d. Sek., h_1 die Depression oder Pressung in mm Wassersäule.

Nach Gleichung 115) ist aber für $\frac{\gamma_0}{\gamma} = 800$, wenn man die konstanten Werte ausrechnet

$$\frac{V}{\sqrt{h_1}} = 2{,}575 \cdot a, \qquad\qquad 124\,a)$$

worin h_1 in mm Wassersäule zu setzen ist. Aus beiden Gleichungen folgt:

$$\frac{\alpha}{\sqrt{\beta}} = 2{,}575 \cdot a. \qquad\qquad 124\,b)$$

Da nun für einen bestimmten Ventilator die Werte α und β, also auch $\frac{\alpha}{\sqrt{\beta}}$ konstant sind, so folgt, daß für diesen Ventilator auch a konstant ist, oder daß es umgekehrt für eine jede Grube von bestimmtem gleichwertigem Querschnitt a nur einen Ventilator gibt, welcher die für diese Grube notwendige Luftmenge zu liefern imstande ist, wenn bei ihm

$$\frac{\alpha}{\sqrt{\beta}} = \frac{V}{\sqrt{h}} = 2{,}575\,a \qquad\qquad 124\,c)$$

ist. Der Ausdruck $\frac{V}{\sqrt{h}}$ entspricht dem von Guibal zuerst aufgestellten, sogenannten Temperament der Grube. Kennt man daher a, so läßt sich daraus $\frac{\alpha}{\sqrt{\beta}}$, oder umgekehrt, wenn V und h bekannt sind, die zugehörige äquivalente Fläche a berechnen.

Der Zusammenhang der vorstehenden Gleichungen läßt sich auch graphisch darstellen, wie in Fig. 626 geschehen.

Auf der X-Achse sind von 0 aus die gleichwertigen Querschnitte der Grube aufgetragen, auf der Y-Achse die jedem Querschnitt entsprechenden Depressionen und Luftmengen. Die oberste Parallele zur X-Achse stellt die theoretische Maximaldepression, die nächstfolgende die anfängliche Depression, die Kurve A B endlich die Abnahme der wirklichen Depression mit zunehmender Größe der äquivalenten Grubenweite a dar. Die Kurve O C gibt die Zunahme der Luftmenge bei zunehmender Weite der Grube. Aus Fig. 626 ist ohne weiteres folgendes ersichtlich:

1. Für a = 0 ist V = 0, d. h. die Kurve für V beginnt im Koordinatenanfangspunkte.

2. Für a = ∞ ist V ein Maximum; dies ist der Fall, wenn der Ventilator aus der freien Luft saugt.

3. Die effektive Depression nimmt ab mit wachsender Fläche a und wird für a = ∞, d. h. für den Fall des Absaugens aus freier Luft und Wiederausblasens in die freie Luft zu Null. Die ganze vom Ventilator

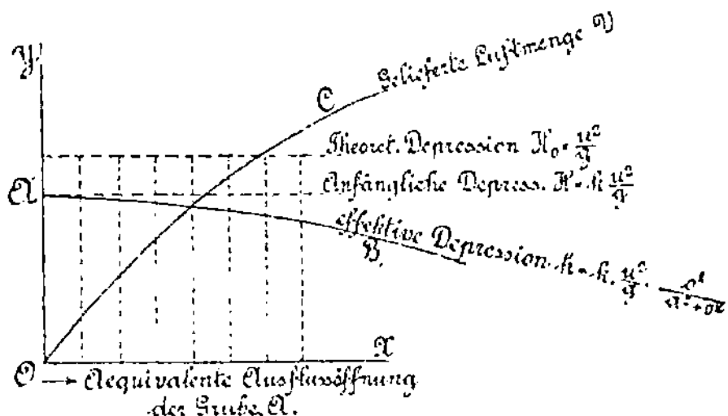

Fig. 626.

erzeugte Depression wird dann im Innern desselben zur Überwindung der inneren Widerstände, Reibung der Luft etc. aufgezehrt.

In den „Regeln" [1]) ist die äquivalente oder gleichwertige Fläche ebenfalls in Rücksicht gezogen. Es heißt (S. 18, 2): „Unter No. 16 des Entwurfes (und den zugehörigen Erläuterungen) ist zur Verwendung in den Lieferverträgen eine Größe empfohlen, die in der Bewetterungstechnik der Bergwerke bereits vielfach benutzt wird, die gleichwertige Öffnung oder äquivalente Grubenweite. Sie dient als Maßstab für den Gesamtwiderstand, den ein vorhandenes Kanalnetz dem hindurchströmenden Gase bietet . . . . . Berechnet man eine Öffnung so, daß zum Durchtritt einer gleichen Gasmenge der gleiche Druckunterschied nötig ist, wie bei dem Kanalnetz, so ist die Öffnung dem Kanalnetz „gleichwertig". Die Formel für den Durchfluß . . . . . lautet:

$$V = \mu \cdot a \sqrt{\frac{2\,g \cdot h_1}{\gamma}}\,[2]) \quad . . . .$$

Für die Verhältnisse bei Bergwerken, wo es sich fast immer um Luft von wenig schwankenden Temperaturen handeln wird, hat man die

---

[1]) Regeln f. Vent. u. Komp. s. S. 658, Fußnote 2.
[2]) In der Schreibweise des Verf.

Zahlenfaktoren zusammengezogen und erhält mit $\gamma = 1,2$ kg/m^3 und $\mu = 0,65$

$$a = 0,38 \frac{V}{\sqrt{h_1}} \quad \ldots \ldots \ldots$$

Die gleichwertige Fläche bietet auch für den Ventilator einen sehr brauchbaren Maßstab . . . . . Angaben über den von einem Ventilator erzeugten Druck, über seinen Wirkungsgrad usw. haben nur dann einen bestimmten Sinn, wenn der Widerstand der zugehörigen Kanalanlage, also die gleichwertige Öffnung desselben mit angegeben ist. Für verschiedene gleichwertige Öffnungen liefert der Ventilator bei derselben Umdrehungszahl verschiedenen Druck und verschiedenen Wirkungsgrad."

Zur Konstruktion des Leistungsdiagramms eines Ventilators bei gleichbleibender Tourenzahl ist somit als Abszissenachse die äquivalente Grubenweite zu nehmen, und sind für die verschiedenen Werte derselben (von 0 bis zum größten Wert) die übrigen Versuchsresultate (Drücke, Luftmengen Wirkungsgrade etc.) auf der Ordinatenachse aufzutragen [1].

Um die äquivalente Grubenweite berechnen zu können, muß für irgend eine bestimmte Wettermenge die zugehörige Depression bekannt sein. Dies ist jedoch nur der Fall, wenn für das zu bewetternde Grubenfeld bereits eine Ventilatoranlage vorhanden ist. Andernfalls muß die Depression aus den Längen und Querschnitten der Wetterwege abgeleitet werden. Sie wird alsdann berechnet nach der Formel

$$h = \frac{L.U.v^2.}{S} c \; [2]); \quad \text{hierbei bedeuten:}$$

L die Länge der Strecke in m,
U den Umfang derselben in m,
v die Geschwindigkeit der Luft in m i. d. Sekunde,
S der Querschnitt des Wetterweges in qm,
h die Depression in mm Wassersäule,
c einen Erfahrungs-Koeffizienten, dessen Größe abhängig ist von der Beschaffenheit der Wandungen der Wetterwege und der, je nachdem diese Wege ausgemauert und glatt verputzt sind oder in rohem Gestein, in Türstockzimmerung oder in anderer Weise ausgeführt sind, zwischen 0,0001 und 0,002 wechselt.

Zur Bestimmung der erforderlichen Wettermenge rechne man, wie oben [3]) bereits angegeben, ist in der Regel als erforderliche Wettermenge

für 1 Mann der Belegschaft   3 cbm i. d. Min.
für 1 Pferd   10 cbm i. d. Min.

Beispiel: In einer Grube von 650 Mann Belegschaft und 40 Pferden beträgt die Länge der Wetterstrecke 3,5 km, der Umfang derselben im Mittel 7,6 m, der Querschnitt im Mittel 3,6 qm. Die Luftgeschwindigkeit soll 7,5 m/Sek. betragen und für die Wände der Grubenstrecken glatte

---

[1]) Siehe z. B. S. 430, Fig. 516, Versuche mit dem Rateau-Ventilator und S. 434, Fig. 517.
[2]) Nach Angaben von R. W. Dinnendahl, A.-Ges., Kunstwerkerhütte bei Steele a. Ruhr.
[3]) S. 354.

Ausmauerung angenommen werden, so daß $c = 0{,}0001$ gesetzt werden kann.

Die erforderliche Wettermenge ist zunächst

$$Q_{min} = 650 \cdot 3 + 40 \cdot 10 = 2350 \text{ cbm, oder } V_{sek} \sim 40 \text{ cbm/Sek.}$$

Die erforderliche Depression berechnet sich dann zu

$$h = \frac{L \cdot U \cdot v^2}{S} \cdot c = \frac{3\,500 \cdot 7{,}6 \cdot 7{,}5^2}{3{,}6} \cdot 0{,}0001 = 41{,}6 \text{ mm WS.}$$

Setzt man jedoch, um stärkeren Reibungswiderständen Rechnung zu tragen $c = 0{,}0005$, also 5 mal so groß, so wird

$$h = 41{,}6 \cdot 5 = 208{,}0 \text{ mm.}$$

Man erkennt hieraus sofort den großen Einfluß, den der Faktor c oder die Oberflächenbeschaffenheit der Strecken auf die erforderliche Depression hat. Es ist daher ohne weiteres klar, daß die Depression, also auch der Kraftbedarf des Ventilators um so geringer ist, je sorgfältiger der Ausbau der Wetterstrecken bewirkt wird.

B. Die Betriebskraft der Ventilatoren.

Die mit der Geschwindigkeit v durch den Querschnitt a strömende Luftmenge V hat das Gewicht $V \cdot \gamma$, die Masse $\dfrac{V \cdot \gamma}{g}$, mithin ist die in derselben enthaltene lebendige Kraft

$$A = \frac{V \cdot \gamma}{g} \cdot \frac{v^2}{2} = V \cdot \frac{v^2}{2\,g} \cdot \gamma.$$

Da die Anfangsgeschwindigkeit beim Einsaugen aus der freien Luft $= 0$ ist, so ist die vom Ventilator zu leistende Arbeit

$$L = A = V \cdot \frac{v^2}{2\,g} \cdot \gamma,$$

oder da $\dfrac{v^2}{2\,g} = h$ ist,

$$L = V \cdot h \cdot \gamma.$$

Hierin ist jedoch h noch in m Luftsäule ausgedrückt. In m Wassersäule schreibt sich h nach Gleichung 114 b)

$$h = \frac{v^2}{2\,g} \cdot \frac{\gamma}{\gamma_0}, \text{ also } \frac{v^2}{2\,g} = \frac{\gamma_0}{\gamma} \cdot h,$$

in mm Wassersäule nach Gleichung 114 d)

$$h_1 = \frac{v^2}{2\,g} \cdot \gamma,$$

mithin erhält man

$$\frac{v^2}{2\,g} = \frac{h_1}{\gamma}$$

und

$$= V \cdot \frac{h_1}{\gamma} \cdot \gamma = V \cdot h_1 \text{ mkg.} \qquad 125)$$

Soll jedoch die theoretische Maximalarbeit für die theoretische Maximaldepression berechnet werden, so ist H_0 statt h_1 zu setzen, woraus folgt

$$L = V \cdot H_0 \text{ mkg.} \qquad\qquad 125\,a)$$

In beiden Gleichungen ist V die sekundliche Luftmenge in cbm, h_1 und H_0 die Depression oder Pressung in mm Wassersäule.

In anderer Weise läßt sich die Arbeitsgleichung folgendermaßen ableiten.

Bezeichnet wieder

V die sekundliche Luftmenge in cbm,
v die Geschwindigkeit der Luft in m,
a den gleichwertigen Durchgangsquerschnitt,
H' die Druckhöhe in m Luftsäule,
P den Druck, welcher auf der Fläche a lastet,

so ist zunächst

$$P = a \cdot H' \cdot \gamma.$$

Die Arbeit, welche die Luft bei diesem Drucke und der Geschwindigkeit v leistet, ist dann:

$$L = P \cdot v,$$

oder, da die Luftmenge

$$V = a \cdot v,$$

also

$$v = \frac{V}{a}$$

ist,

$$L = P \cdot \frac{V}{a} = a \cdot H' \cdot \frac{V}{a}\, \gamma = V \cdot H' \cdot \gamma,$$

oder da

$$H' \cdot \gamma = H_0 \cdot \gamma_0$$

ist,

$$L = V \cdot H_0 \cdot \gamma_0,$$

worin H_0 in m Wassersäule ausgedrückt ist, folglich, da $h_1 = 1000\,H_0$ die Druckhöhe in mm Wassersäule bezeichnet,

$$L = V \frac{h_1}{1000} \cdot \gamma_0 = V \cdot h_1 \text{ mkg.} \qquad\qquad 125\,b)$$

Man erhält somit die reine Ventilatorarbeit in mkg als „das Produkt aus der sekundlichen Luftmenge und der Depression in mm Wassersäule". Bezeichnet Q die Luftmenge in cbm i. d. Min., so ist die reine Ventilatorleistung N_v in PS. ausgedrückt

$$N_v = \frac{Q \cdot h_1}{75 \cdot 60},$$

welche Gleichung häufiger angewandt wird.

C. Die Wirkungsgrade der Ventilatoren.

I. Der manometrische Wirkungsgrad.

Als manometrischer Wirkungsgrad wurde bisher[1] das Verhältnis der bei einer bestimmten Tourenzahl wirklich erreichten Pressung oder Depression zu der theoretischen Maximalpressung oder Depression angesehen, also $\eta_{man} = \dfrac{h_1}{H_0}$, beide Drücke in mm Wassersäule ausgedrückt.

Da nach Gleichung 121 a) $N_0 = \dfrac{u^2}{g} \cdot \dfrac{\gamma}{\gamma_0}$ ist, so folgt auch

$$\eta_{man} = \frac{h_1}{u_2} \cdot \frac{g \cdot \gamma_0}{\gamma} = \frac{h_1}{u^2} \text{ konst. oder daraus}$$

$$h_1 = \eta_{man} \cdot u^2 \cdot \frac{\gamma}{g \cdot \gamma_0}.$$

In den „Regeln für Ventilatoren und Kompressoren" ist nun der manometrische Wirkungsgrad nicht enthalten. Es heißt dort[2]: „Der manometrische Wirkungsgrad ist diejenige Zahl, mit welcher der zur Umfangsgeschwindigkeit des Flügelrades gehörige dynamische Druck multipliziert werden muß, um den, von dem Ventilator erzeugten Druckunterschied zu erhalten. Ist c diese Umfangsgeschwindigkeit und ψ der manometrische Wirkungsgrad, so gilt demnach die Formel:

$$p_1 - p_2 = \psi \cdot \gamma \cdot \frac{c^2}{g}.$$

Der manometrische Wirkungsgrad kann ebenso Werte kleiner als 1 wie auch größer als 1 annehmen. Der Name Wirkungsgrad ist schlecht, ja irreführend gewählt, denn einem höheren Werte der „Druckziffer", wie diese Größe besser zu nennen wäre, entspricht keineswegs mit Notwendigkeit ein höherer Grad von Arbeitsausnützung. Die Druckziffer hat lediglich den Wert, daß man mit ihrer Hilfe für einen vorher gegebenen, vom Ventilator zu leistenden Druckunterschied die richtige Umdrehungszahl des Ventilators bestimmen kann.

Da es im Entwurf (d. h. der „Regeln") unter No. 1 heißt: Gegenstand der Untersuchung einer Ventilatoranlage kann sein . . . . . . β) erzeugter Druckunterschied, so war ein besonderer Hinweis auf die Druckziffer (manometrischer Wirkungsgrad) unnötig.

Leider sind zurzeit die Verhandlungen über die Aufstellung der „Regeln für Leistungsversuche an Ventilatoren" innerhalb des Vereins deutscher Ingenieure selbst noch nicht zum Abschlusse gelangt[3], geschweige denn diese Regeln ausprobiert, wie es beabsichtigt ist, und all-

---

[1] Siehe oben S. 661.
[2] S. 17 des Geschäftsberichtes der Kommission v. J. 1910.
[3] Dieselben sind während der Drucklegung dieser Auflage (im Juni 1912) seitens des Vorstandsrates des V. D. Ing. zur probeweisen Benutzung zunächst für 2 Jahre empfohlen worden.

gemein, u. a. auch von den deutschen Bergbehörden, anerkannt worden. Ein endgültiges Urteil über ihre Brauchbarkeit kann somit noch nicht gefällt werden. Verfasser möchte daher vorläufig an der früheren Bezeichnung des manometrischen Wirkungsgrades festhalten, und ihn als einen brauchbaren Maßstab zur Beurteilung der von einem Ventilator erzeugten Depression in bezug auf die sogenannte theoretische Maximaldepression, d. h. auf die der Umfangsgeschwindigkeit entsprechende, überhaupt mögliche, größte Depression bezeichnen.

II. Der mechanische Wirkungsgrad.

Der mechanische Wirkungsgrad des Ventilators ist das Verhältnis der reinen Ventilatorleistung L in mkg bzw. N in PS. zu der dem Ventilator zugeführten Energie L_e bzw. N_e also

bezw.

$$\eta_m = \frac{L}{L_e} = \frac{L}{L+L_l} = 1 - \frac{L_l}{L+L_l}$$

$$\eta_m = \frac{N}{N_e} = \frac{N}{N+N_l} = 1 - \frac{N_l}{N+N_l},$$

$$126)$$

L_l bzw. N_l die Leerlaufsarbeit des Ventilators bezeichnet.

Derselbe wird um so größer sein, je kleiner L_l im Verhältnis zu L

oder je kleiner $\dfrac{L_l}{L + L_l}$ ist.

Bezeichnet ferner wie früher N_i die indizierte· Leistung der Antriebs-Dampfmaschine, so ist

$$\eta_d = \frac{N}{Ni} \qquad 127)$$

der Wirkungsgrad der ganzen Ventilatoranlage.

Aus zahlreichen Versuchen, speziell den bereits erwähnten Versuchen der französischen Commission du Gard leitete zunächst Murgue [1] folgende Mittelwerte für η_m ab.

1. Ventilatoren mit Schraubenflügeln . . . . $\eta_m = 0{,}260$
2. Zentrifugalventilatoren ohne Gehäuse . . . . . . „ $= 0{,}278$
3.   „   mit   „   ohne Schlot   „ $= 0{,}284$
4.   „   „   „   mit Schlot von konst. Querschnitt   „ $= 0{,}379$
5.   „   „   „   mit allmählich erweitertem Schlot   „ $= 0{,}467.$

Als Mittelwert für Guibalsche Ventilatoren gibt Murgue $\eta_m = 0{,}5$ an.

Für einige der in Tabelle 22 (S. 664) angeführten Ventilatoren haben sich folgende Werte für den mechanischen Wirkungsgrad η_m ergeben.

---

[1] a a. O. S. 73

  1. Capell-Ventilator [1]) (Schacht Friedrich Joachim b. Essen a. R.)
0,557—0,658,

  2. Capell-Ventilator (Zeche Prosper I, Bergeborbeck) [2]) 0,5204
bis 0,53,

  3. Guibal [3]) 0,16—0,43,

  4. Guibal (Grube Hernitz bei Saarbrücken, 1887) [4]) 0,66—0,70,

  5. Kley (Zeche Zollverein, Essen) [5]) 0,45,

  6. Kley (Schmidtmann-Schacht, Aschersleben) [6]) 0,54—0,58,

  7. Pelzer (Schacht III, Zollverein, Essen) [7]) 0,70,'

  8. Pelzer (Zeche Monopol, Juni 1891) [8]) 0,599 —0,6653,

  9. Pelzer (Kaiserl. Theater, Warschau) 0,644,

  10. Pelzer (Zeche Wolfsbank) [9]) 0,737—0,81,

  11. Rateau (Kohlengruben von Aubin, Aveyron) [10]) $r_m = 0,709$
bis 0,723, $\eta_d = 0,52$—0,62) [11]),

  12. Ser [12]) 0,51,

  13. Ser (Schmiede-Ventilator) [13]) 0,571—0,636,

  14. Ser (Bergwerks-Ventilator) [14]) 0,5—0,775,

  15. Ser [15]) 0,604—0,828.

Die vorstehende Übersicht ergibt, daß der mechanische Wirkungsgrad zwischen 0,5 und 0,75 schwankt, daher die effektive Arbeit Ne der
Antriebsmaschine $^4/_3$ bis 2 mal so groß als die reine Ventilatorarbeit, oder

$$L_e = 1{,}33\,L - 2{,}0\,L$$

bezw.   128)

$$N_e = 1{,}33\,N - 2{,}0\,N\,.$$

angenommen werden muß.

  Zur leichteren Berechnung von L_e dient die nachstehende Tabelle 24
von Hanarte [16]), in welcher die Arbeiten zur Kompression und diejenigen
zum Verdrängen der Luft besonders aufgeführt sind.

  Dieselbe gibt die reine Ventilatorarbeit für 1 cbm Luft bei der in
Spalte 1 angegebenen Depression oder Pressung bei konstanter Temperatur.

  Beispiele: 1. Bei dem Capell-Ventilator auf Schacht Fried-
ich Joachim bei Essen (vgl. S. 363), war beim 1. Versuch Q = 1221 cbm

---

[1]) Z. f. B.-, H.- u. Sal.-W. 1890, S. 248 ff.
[2]) Z. f. B.-, H.- u. Sal.-W. 1890, S. 347.
[3]) Prakt. Masch.-Konstr. 1889, XXII, S. 168.
[4]) Österr. Z. f. B.- u. H.-W. 1888, S. 671.
[5]) Österr. Z. f. B.- u. H.-W. 1887, S. 14.
[6]) „Glückauf" 1886, No. 10 vom 3. Februar.
[7]) Prospekt von F. Pelzer, Dortmund.
[8]) Vent. mit verstellbarem Diffusor bei No. 7 und 8.
[9]) Berg- u. Hütten-Z. 1881, S. 26.
[10]) Rev. univ. d. min. 1891, Bd. XV, 226.
[11]) Compt. rend. soc. min. 1889, S. 140.
[12]) Murgue, Bull. soc. min. 1889.
[13]) Dingler 1888, Bd. 267, S. 5.
[14]) Prakt. Masch.-Konstr. 1889, S. 178.
[15]) Österr. Z. f. B.- u. H.-W. 1885, S. 800. Vers. von Habets.
[16]) Hanarte, Revue de min. 1886, Bd. 20, S. 153.

Tabelle 24.

Depression oder Pressung in m Wassersäule	Nützliche, vom Ventilator geleistete Arbeit: $p_0 V_0 . \ln \frac{p}{p_0}$			Gesamtarbeit in PS. für 1 cbm Luft i. d. Sek. $\dfrac{p_0 V_0 \ln . \frac{p}{p_0}}{75}$
	Zur Kompression	Zum Verdrängen	Gesamtarbeit, um aus der Leitung abzusaugen und fortzuschaffen $p_0 V_0 \ln . \frac{p}{p_0}$	
m	mkg	mkg	mkg	PS.
0,01	0,004	10,839	10,843	0,144
015	005	14,951	14,956	199
02	005	19,901	19,906	264
025	006	24,943	24,949	332
03	006	29,872	29,878	398
035	007	34,904	34,911	465
04	007	39,833	39,840	531
045	008	44,732	44,740	596
05	010	49,763	49,773	663
055	017	54,670	54,687	729
06	036	59,580	59,616	794
065	058	64,581	64,639	861
07	074	69,479	69,553	927
075	105	74,469	74,574	994
08	164	79,357	79,521	1,060
085	248	84,234	84,482	1,126
09	317	89,215	89,532	1,193
095	388	94,081	94,469	1,259
0,100	429	99,052	99,481	1,326
0,105	484	104,011	104,495	1,379
110	545	108,765	109,310	1,457
115	575	113,724	114,299	1,510
120	631	118,571	119,202	1,589
125	664	123,510	124,174	1,655
130	721	128,346	129,067	1,720
135	838	133,285	134,123	1,788
140	882	138,110	138,992	1,853
145	913	142,936	143,849	1,917
150	938	148,548	149,486	1,991
155	1,070	152,670	153,740	2,049
160	1,199	157,474	158,673	2,115
165	1,212	162,372	163,584	2,181
170	1,343	167,177	168,520	2,247
175	1,441	172,075	173,516	2,313
180	1,459	176,859	178,318	2,377
185	1,589	181,643	183,232	2,443
190	1,683	186,520	188,203	2,522
195	1,712	191,294	193,006	2,573
0,200	1,885	196,172	198,057	2,640

i. d. Min. oder $Q = 20{,}35$ cbm i. d. Sek., die Depression 80 mm. Nach Spalte 5 der Tabelle 24 folgt hierfür

$$N' = 1{,}06 \text{ PS. für 1 cbm,}$$

folglich

$$N = 1{,}06 \cdot 20{,}35 = 21{,}571 \text{ PS. } (21{,}64 \text{ in der Tabelle S. 366, Zeile 16).}$$

2. Bei den Versuchen mit dem Guibal-Ventilator auf Grube Heinitz bei Saarbrücken [1]) betrug bei

<table>
<tr><td>Versuch No. 4</td><td>die Luftmenge Q i. d. Sek.
47,81</td><td>die Depression in mm
45</td></tr>
<tr><td>„ „ 5</td><td>55,53</td><td>60</td></tr>
</table>

Die reine Ventilatorleistung berechnet sich dann nach Tabelle 24 für

No. 4. zu $N = 0,596 \cdot 47,81 = 28,5$ (28,7 in der Tabelle S. 377)

„ 5. „ $N = 0,794 \cdot 55,53 = 44,1$ (44,4 „ „ „ S. 377).

3. Bei den auf Zeche Monopol mit dem Pelzerschen Schöpfschaufelventilator mit verstellbarem Diffusor am 7. Juni 1891 angestellten Versuchen war bei Versuch III

$$Q = 4245 \text{ cbm i. d. Min. oder } Q = 70,75 \text{ cbm i. d. Sek.,}$$
$$b = 175 \text{ mm};$$

nach Tabelle 24 ist für diese Depression

$$N = 2,313 \cdot 70,75 = 163,65 \ (165,08 \text{ nach der Angabe S. 411).}$$

D. Die Schaufelform der Ventilatoren.

Um eine möglichst große Pressung oder Depression der Luft beim Durchgang durch das Flügelrad zu erzielen, müssen alle Effektverluste wie Wirbelbildungen, Stöße, plötzliche Geschwindigkeitsänderungen usw. nach Möglichkeit vermieden werden. Zu diesem Zwecke müssen folgende zwei Bedingungen erfüllt sein:

1. Die Luft muß aus dem Saugrohr womöglich ohne Stoß in das Flügelrad eintreten.

2. Die Luft muß das Flügelrad mit möglichst großer absoluter Geschwindigkeit verlassen, da die erzielte Pressung oder Depression dem Unterschied der Eintritts- und Austrittsgeschwindigkeit proportional ist.

Es bezeichne in Fig. 627 für den Punkt P_1 am inneren Umfang des Radkranzes

u_1 die Umfangsgeschwindigkeit,

v_1 die absolute Eintrittsgeschwindigkeit der Luft in das Schleuderrad und

w_1 die Geschwindigkeit der Luft relativ zu den Schaufeln beim Eintritt in das Rad,

ferner für den Punkt P_2 am äußeren Umfang des Radkranzes

u_2 die Umfangsgeschwindigkeit,

v_2 die absolute Austrittsgeschwindigkeit und

w_2 die Geschwindigkeit relativ zu den Schaufeln beim Anstritt aus dem Rade, ferner

H_1 die statische Druckhöhe im Innern des Rades (Saugspannungshöhe bei saugenden Ventilatoren, gemessen unmittelbar vor

---

[1]) Österr. Z. f. B.- u. H.-W. 1888, S. 671, vgl. S. 377 d. Buches.

dem Eintritt der Luft in das Rad, äußere Luftdruckhöhe bei
blasenden Ventilatoren) und

H_2 die statische Druckhöhe der Luft im Ausblaseraum hinter dem
Diffusor (atmosphärische Druckhöhe bei saugenden, Pressungs-
höhe im Druckkanal bei blasenden Ventilatoren) und zwar
sämtliche Geschwindigkeiten in m/Sek., die beiden Druckhöhen in m Luftsäule,

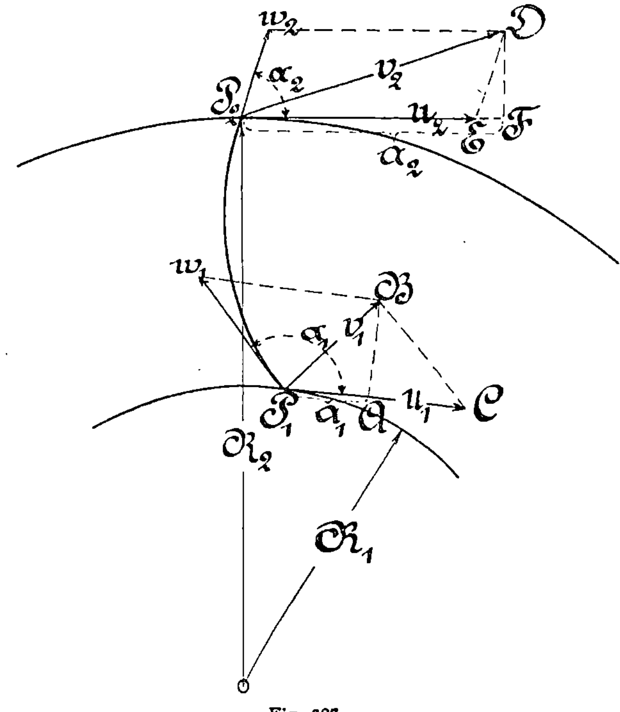

Fig. 627.

so gelten zunächst für die Umfangsgeschwindigkeiten die Gleichungen,
wenn n die Tourenzahl i. d. Min. bedeutet:

$$u_1 = \frac{2\,R_1 \cdot \pi \cdot n}{60} = \frac{R_1 \cdot \pi \cdot n}{30} = 0{,}10472 \cdot R_1 \cdot n$$

und

$$u_2 = \frac{2\,R_2 \cdot \pi \cdot n}{60} = \frac{R_2 \cdot \pi \cdot n}{30} = 0{,}10472 \cdot R_2 \cdot n.$$

Zur Ableitung der Hauptgleichung für den Zusammenhang zwischen
den Drücken und Geschwindigkeiten an den verschiedenen Punkten der
Ventilatorschaufel dient der Bernoullische Satz, nach welchem für jeden
Punkt des bewegten Luftstrahls die Summe aus der statischen Druckhöhe und der, der Geschwindigkeit der Luft in diesem Punkt entsprechenden Geschwindigkeitshöhe, oder der dynamischen Druckhöhe konstant ist.

Im Punkte P_1 herrscht somit eine statische Druckhöhe

$$H_1 = \frac{v_1^2}{2\,g}. \qquad\qquad 129)$$

Die Änderung der lebendigen Kraft, welche die Luftmenge bei ihrer Bewegung an den Schaufeln entlang infolge der Zunahme der Umfangsgeschwindigkeit erleidet, berechnet sich zu

$$\frac{M\,(u_2^2 - u_1^2)}{2}, \qquad\qquad 130)$$

worin

$$M = \frac{V_0 \cdot \gamma}{g}$$

und V_0 die i. d. Sek. angesaugte Luftmenge in cbm, γ das Gewicht eines cbm dieser Luft in kg und $g = 9{,}81$ die Beschleunigung der Schwere ist. Die der Relativgeschwindigkeit w_1 beim Eintritt der Luft entsprechende dynamische Druckhöhe ist $\frac{w_1^2}{2\,g}$, mithin die gesamte Druckhöhe im Punkte P_1

$$H_1 - \frac{v_1^2}{2\,g} + \frac{w_1^2}{2\,g}. \qquad\qquad 131)$$

Die der Energiezunahme in den Schaufeln entsprechende Geschwindigkeitshöhe ist

$$\frac{u_2^2 - u_1^2}{2\,g},$$

mithin ist die Gesamtdruckhöhe beim Austritt der Luft aus der Schaufel, also im Punkte P_2 gleich der Gesamtdruckhöhe im Punkte P_1, vermehrt um die der Zunahme der lebendigen Kraft in den Schaufeln entsprechende Druckhöhe, also

$$H_{d+s} = H_1 - \frac{v_1^2}{2\,g} + \frac{w_1^2}{2\,g} + \frac{u_2^2 - u_1^2}{2\,g}, \qquad\qquad 132)$$

Die im Punkte P_2 herrschende statische Druckhöhe allein erhält man, wenn man von dieser Gesamtdruckhöhe die dynamische Druckhöhe abzieht, welche der Relativgeschwindigkeit w_2 im Punkte P_2 entspricht, also

$$H_s = H_1 - \frac{v_1^2}{2\,g} + \frac{w_1^2}{2\,g} + \frac{u_2^2 - u_1^2}{2\,g} - \frac{w_2^2}{2\,g}, \qquad\qquad 133)$$

welcher Druck in der Luft beim Eintritt in den Diffusor herrscht.

Wird nun angenommen, daß die ganze dynamische Druckhöhe, welche der absoluten Austrittsgeschwindigkeit v_2 entspricht, im Ausblasehals des Ventilators in statischen Druck umgesetzt werde, so daß also die Luft mit der theoretisch kleinstmöglichen Geschwindigkeit gleich Null aus dem Ausblasehals ausströme, so folgt der im Ausblasehals herrschende statische Druck zu

$$H_2 = H_s + \frac{v_2^2}{2\,g},$$

also zu

$$H_2 = H_1 - \frac{v_1^2}{2\,g} + \frac{w_1^2}{2\,g} + \frac{u_2^2 - u_1^2}{2\,g} - \frac{w_2^2}{2\,g} + \frac{v_2^2}{2\,g}, \qquad\qquad 134)$$

woraus der statische Druckunterschied zwischen Saug- und Druckraum, oder der vom Ventilator theoretisch erzeugbare Pressungsunterschied (die Depression bei saugenden, die Pressung bei blasenden Ventilatoren) sich ergibt zu

$$H_0 = H_2 - H_1 = \frac{u_2^2 + v_2^2 - w_2^2}{2\,g} - \frac{u_1^2 + v_1^2 - w_1^2}{2\,g} \qquad 135)$$

oder

$$2\,g\,H_0 = (u_2^2 + v_2^2 - w_2^2) - (u_1^2 + v_1^2 - w_1^2)\,^1) \qquad 136)$$

Diese Gleichung läßt sich jedoch noch vereinfachen, wenn man die Beziehungen zwischen den Geschwindigkeiten an den Punkten P_1 und P_2 berücksichtigt.

Bezeichnet noch a_1 die Projektion von v_1 auf u_1 und a_2 diejenige von v_2 auf u_2, so ist zunächst in den Dreiecken $P_1\,B\,C$ und $P_2\,D\,E$

$$w_1^2 = u_1^2 + v_1^2 - 2\,u_1 \cdot a_1$$

und

$$w_2^2 = u_2^2 + v_2^2 - 2\,u_2 \cdot a_2$$

oder, wenn man mit α_1 und α_2 die Winkel zwischen u_1 und w_1 bzw. u_2 und w_2 von 0^0 bis 180^0 an gerechnet, bezeichnet,

$$a_1 = u_1 + w_1 \cdot \cos \alpha_1$$

und

$$a_2 = u_2 + w_2 \cdot \cos \alpha_2.$$

Aus den ersteren Gleichungen folgt

$$u_1^2 + v_1^2 - w_1^2 = 2\,u_1 \cdot a_1$$

und

$$u_2 + v_2^2 - w_2^2 = 2\,u_2 \cdot a_2,$$

$$\left.\begin{matrix} \\ \\ \end{matrix}\right\} \qquad 137)$$

mithin ergibt sich Gleichung 136) in der Form

$$2\,g\,H_0 = 2\,u_2\,a_2 - 2\,u_1 \cdot a_1$$

oder

$$g \cdot H_0 = u_2\,a_2 - u_1 \cdot a_1, \qquad 138)$$

während aus den beiden anderen Gleichungen und Gleichung 138) folgt

$$g\,H_0 = u_2\,(u_2 + w_2 \cdot \cos \alpha_2) - u_1\,(u_1 + w_1 \cdot \cos \alpha_1). \qquad 138\,a)$$

Aus Gleichung 138) folgt sofort, daß H_0 am größten wird, wenn der Subtrahend $u_1\,a_1$ gleich Null wird. Dies ist der Fall, wenn a_1 gleich Null wird, oder v_1 in die Richtung des Radius R_1 fällt, d. h. wenn die Luft radial in die Schaufeln eintritt. Aus der Gleichung $a_1 = u_1 + w_1 \cos \alpha_1$ folgt sodann

$$u_1 = - w_1 \cdot \cos \alpha_1 \quad \text{oder} \quad w_1 = - \frac{u_1}{\cos \alpha_1} \qquad 139)$$

Da w_1 tangential zur Schaufel gerichtet ist, so folgt aus der ersten der beiden Gleichungen 139) auch, da

$$\frac{u_1}{w_1} = - \cos \alpha_1 = \cos (180 - \alpha_1)$$

---

1) Die Ableitung dieser Gleichung in dieser Form ist zuerst von R a t e a u gegeben worden. Vgl. Bull. de la soc. de l'industrie minerale, 1892, S. 47 u. 228; speziell Gleichung No. 32, S. 108 a. a. O.

ist, daß der Winkel $\alpha > 90^0$ sein muß, oder daß die Schaufel, wie es in Fig. 627 dargestellt ist, **konkav zur Bewegungsrichtung**, d. h. also **nach vorwärts gekrümmt** sein muß, damit die erzeugte Depression möglichst groß ist.

Aus der Gleichung

$$g\,H_0 = u_2\,a_2 = u_2\,(u_2 + w_2 \cdot \cos \alpha_2) = u_2^2 + u_2 \cdot w_2 \cdot \cos \alpha_2$$

folgt ferner, daß H_0 am größten wird, wenn a_2 am größten gemacht wird. Da $a_2 = u_2 + w_2 \cdot \cos \alpha_2$ ist, so folgt hieraus, daß dieser größte Wert erreicht würde, wenn $\cos \alpha_2 = 1$, oder $\alpha_2 = 0^0$ wäre. Dies würde bedeuten, daß das Schaufelende tangential im Punkte P_2 zum Radumfange ausliefe. Dies ist jedoch in Wirklichkeit nicht ausführbar, weil hierdurch der Austritt der Luft völlig oder nahezu unmöglich gemacht würde, da die Radkanäle am äußeren Ende zu sehr verengt würden.

Wie die Erfahrung ergeben hat, soll α_2 nicht kleiner als 30^0 und nicht größer als 50^0 gewählt werden. Im ersten Falle (30^0) ist $\cos \alpha_2 = 0{,}866$, im letzteren $\cos \alpha_2 = 0{,}643$.

Da mit abnehmendem Werte von α die Geschwindigkeit w_2 immer größer wird, und w_2 schließlich für $\alpha = 0^0$ mit u_2 zusammenfällt, so wäre für diesen Grenzwert

$$H_0 = \frac{u_2^2 + u_2^2}{g} = 2 \cdot \frac{u_2^2}{g} . \tag{140}$$

Für **radial** auslaufende Schaufeln ist $\alpha_2 = 90^0$, also $\cos \alpha_2 = 0$, mithin

$$H_0 = \frac{u_2^2}{g}\,{}^1). \tag{140a}$$

Beide Gleichungen gelten für den radialen Eintritt der Luft in das Schaufelrad, also für den Fall, daß in Gleichung 138 a) der Subtrahend der rechten Seite gleich Null ist. Für den letzten Fall (Gleichung 140 a) ist die theoretische Maximaldepression in Tabelle 20 (S. 660) enthalten. Für die Winkel $\alpha_2 = 30^0$ und 50^0 endlich berechnet sich die theoretische Maximaldepression aus der Gleichung

---

${}^1)$ Hierin ist H_0 in m Luftsäule gemessen. Aus der Beziehung

$$H_0 \cdot \gamma_{\text{luft}} = h \cdot \gamma_{\text{wass}},\ \text{folgt zunächst}$$

$$h = H_0 \cdot \frac{\gamma_{\text{luft}}}{\gamma_{\text{wass}}},\ \text{in m Wassersäule.}$$

Da aber 1 m Wassersäule $= 1000$ mm W S und $\gamma_{\text{wass}} = 1000$ kg ist, so ergibt sich h_0 in mm WS:

$$h_0 = H_0 \cdot \frac{\gamma_{\text{luft}}}{\gamma_{\text{wass}}} \cdot 1000 = H_0 \cdot \frac{\gamma_{\text{luft}}}{1000} \cdot 1000 = H_0\,\gamma_{\text{luft}},\ \text{in mm W S., worin für}$$

gewöhnlich $\gamma = 1{,}225$ kg gesetzt werden kann.

Es folgt hieraus weiter für Gl. 140 a) angenähert

$$h_0 = \frac{u_2^2}{g} \cdot 1{,}225 = \frac{u_2^2}{8}\ \text{in mm W. S.}$$

Dieser Wert von h_0 wird gewöhnlich als die **theoretische Maximaldepression** bezeichnet (s. oben S. 659), er gilt aber, wie ja auch oben ausgeführt ist, nur für den Fall des **radialen Auslaufs** der Schaufeln.

$$H_0 = \frac{u_2{}^2 + 0,866\, u_2 \cdot w_2}{g}, \text{ für } 30^0 \qquad\qquad 140\,b)$$

bzw.

$$H_0 = \frac{u_2{}^2 + 0,643\, u_2 \cdot w_2}{g}, \text{ für } 50^0. \qquad\qquad 140\,c)$$

Hierin ist w_2 aus der sekundlich vom Ventilator gelieferten bzw. zu liefernden Luftmenge Q_{sek} in cbm und dem Querschnitt des Austrittskanals am Radumfang zu berechnen [1]), oder durch Aufzeichnung des Geschwindigkeitsparallelogramms im Punkte P_2 (also graphisch) zu bestimmen.

E. Der Zweck und die Wirkungsweise des Verteilers.

Um die Geschwindigkeit der aus dem Schleuderrad ausströmenden Luft allmählich zu verringern und dementsprechend die Pressung der Luft zu erhöhen, ist das Rad häufig, ja bei den meisten neueren Ventilatoren fast immer mit einem sich allmählich erweiternden Diffusor oder Verteiler umgeben. In demselben nimmt die Geschwindigkeit der Luft vom Anfangspunkt der Auslaufspirale nach der Ausflußöffnung hin allmählich ab. Die Annahme jedoch, daß der Druck dementsprechend von der Spitze der Spirale aus nach dem Druckrohr gleichmäßig zunehme, ist, wie sehr genaue Versuche von Rateau erwiesen haben, irrig. Dieselben [2]) wurden von Rateau zur Beantwortung der beiden folgenden Fragen angestellt:

1. wie die Wirkung der Schaufeln auf die Luft sich äußere, ob die von ihnen geleistete Arbeit mehr eine Drucksteigerung oder eine Geschwindigkeitszunahme verursache, und

2. wie der Diffusor auf die Druckänderung der Luft einwirke.

Die vielfach verbreitete Ansicht, daß die Schaufelarbeit mehr den Druck, als die lebendige Kraft der Luft vermehre, ist nach Rateau falsch.

Durch mehrere, am 19. Juli 1889 mit einem blasenden Ventilator angestellte Versuche fand Rateau die überraschende Tatsache, daß am Umfang des Rades, bzw. direkt dahinter eine Depression von 21 mm Wassersäule herrschte, während nach der gewöhnlichen Annahme die Luft mit einem Überdruck aus den Schaufeln austritt. Die Depression im Saugrohr betrug dabei 45 mm, während die ganze, von den Schaufeln verrichtete Arbeit einen mittleren Überdruck von 155 mm Wassersäule im Verteiler hervorbrachte.

Hiernach läßt sich die Arbeit des Schaufelrades folgendermaßen zerlegen.

Da der Druck von — 45 auf — 21 mm oder um 24 mm Wassersäule erhöht wurde, so betrug der auf Druckerhöhung verwandte Teil der Arbeit $\frac{24}{155} \cdot 100\% = 15,5 \sim 16\%$. Die ganze übrige Arbeit ist zur Vermehrung

---

[1]) Näheres s. weiter unten: F. Berechnung eines Ventilators.
[2]) Compt. rend. de la soc. min. 1889, S. 173 ff.

der lebendigen Kraft oder Geschwindigkeit der Luft verwandt. Daraus folgt aber sofort, daß der ganze nützliche Überdruck, welchen der Ventilator (sei es als Pressung, sei es als Depression) ausübt, lediglich durch die Umwandlung der lebendigen Kraft der Luft im Verteiler oder Diffusor hervorgebracht wird.

Zur Lösung der zweiten Frage, wie diese Umwandlung der lebendigen Kraft im Diffusor vor sich gehe, wurden Druckmessungen an verschiedenen Stellen des Diffusors mit Hilfe von Wassermanometern vorgenommen, welche durch die Außenwand in den Luftstrom im Diffusor eingesetzt waren. Die Messungen ergaben dabei folgende Drücke bzw. Depressionen.

1. Depression beim Eintritt der Luft aus dem Freien in das Saugrohr ½ mm Wassersäule.
2. Depression am Umfang des Rades und direkt hinter demselben 21 mm.
3. Druck im Diffusor (am Beginn der Spirale) 177 mm.
4. „ „ „ (in der Mitte der Spirale) 155 mm.
5. „ „ „ (am Ende der Spirale) 130-134, i. M. 132 mm
6. Druck im Ausblaserohr 128 mm.

Der Diffusor verwandelte somit die lebendige Kraft der Luft in einen dynamischen Druck:

1. am Anfang der Spirale von 177 + 21 = 198 mm,
2. in der Mitte „ „ „ 155 + 21 = 176 „
3. am Ende „ „ „ 132 + 21 = 153 „

oder im Mittel von

$$\frac{198 + 176 + 153}{3} = 176 \text{ mm}$$

und in einen statischen Druck, welcher fortwährend im Ausblaserohr herrschte, von 118 + 21 = 139 mm. Der hieraus berechnete manometrische Wirkungsgrad ist:

$$\eta_m = \frac{139}{176} \cdot 100 = 79\,\%.$$

Die theoretische Maximaldepression, welche der ganzen, durch das Flügelrad geleisteten Arbeit entsprechen würde, berechnet Rateau nach der Gleichung

$$H_0 = \mu \cdot \frac{v^2}{g} \cdot \left(1 + \frac{w}{u} \cdot \sin \alpha\right),$$

worin $\mu = 1,14$, $g = 9,81$, $u = 32,4$ m die Umfangsgeschwindigkeit, $w = 23$ m die Austrittsgeschwindigkeit relativ zu den Schaufeln, α der äußere Schaufelwinkel (= 45 °) ist, zu

$$H_0 = 183 \text{ mm}.$$

Die Druckverluste in den einzelnen Teilen des Ventilators ergeben sich hiernach folgendermaßen:

1. Verlust in der Eintrittsöffnung . . . . ca. 0,5 %
2. Verlust im Rad $\quad \frac{183 - 155}{183} \cdot 100 = \frac{28}{183} \cdot 100 = 15 \quad$ „

3. Verlust im Diffussor $\dfrac{155-132}{183}\cdot 100 = \dfrac{23}{183}\cdot 100 = 12{,}5\ \%$

4. Verlust im Ausblaserohr $\dfrac{132-118}{183}\cdot 100 = \dfrac{14}{183}\cdot 100 = 7{,}6\ ,,$

$$\text{Summa } 35{,}6\ \%,$$

welcher Wert sich auch aus der folgenden Gleichung ergibt:

$$\frac{183-118}{183}\cdot 100 = \frac{65}{183}\cdot 100 = 35{,}5\ \%,$$

oder abgerundet 36 %. Rateau rechnet hierzu noch 4 % Verlust für die Reibung der Luft in den Schaufeln, so daß schließlich die gesamte Druck- oder Arbeitsverlust sich auf 40 % beläuft, der maschinelle Wirkungsgrad mithin 100 — 40 = 60 % beträgt.

Die Rateauschen Versuche haben demnach die interessanten Resultate ergeben, daß die Pressung bzw. die Depression der Luft haupt- sächlich im Diffusor erzeugt wird, und daß der Druck in letzterem vom Anfang der Spirale nach dem Ausblaserohr hin allmählich abnimmt. Der außerordentlich hohe manometrische und mechanische Wirkungsgrad des Rateauschen Ventilators ist auf diese Wirkungsweise des Diffusors zurückzuführen. Leider liegen über den Einfluß des Diffusors bei den verschiedenen anderen Ventilatorkonstruktionen keine Versuchsergebnisse vor, aus welchen sich eine Bestätigung der Rateauschen Versuche und Behauptungen mit Sicherheit ergibt. Bei der großen Bedeutung des Diffusors für den Nutzeffekt der Zentrifugalgebläse muß der Mangel an solchen Versuchen befremden, wenngleich die Schwierigkeit ihrer genauen Ausführung nicht unterschätzt werden soll. Es muß daher die Aus- führung derartiger Versuche, welche über die Wirkungsweise des Dif- fusors genauen Aufschluß geben, zur Förderung der Theorie der Venti- latoren, sowie zur Vervollkommnung der Konstruktion derselben als unerläßlich bezeichnet werden.

F. Berechnung eines neuen Ventilators.

Der weitaus häufigste Fall ist derjenige, daß für eine bestimmte Luftmenge V_{sec} und für eine bestimmte, zu erzeugende Pressung oder Depression h ein neuer Ventilator zu berechnen ist.

Nach den von Murgue aufgestellten Beziehungen zwischen dem sogenannten äquivalenten Querschnitt A einer Grube und den beiden obengenannten Werten V und h, welche in der Formel:

$$A = 0{,}347\,\frac{V_{sec}}{\sqrt{h}}\cdot\sqrt{\gamma}$$

zum Ausdruck gebracht sind, ist es auch leicht, für eine gegebene Grube von bekanntem Querschnitt A und eine bestimmte Luftmenge die er- forderliche Depression oder für die beiden Werte V und h die entsprechende äquivalente Fläche zu berechnen. In vorstehender Gleichung ist γ das

Gewicht eines cbm Luft, welches für mittlere Verhältnisse (mittlere Temperatur von etwa 15^0 C und mittleren Feuchtigkeitsgehalt bei etwa 755 bis 765 mm Barometerstand) zu $\gamma = 1,20$ kg/cbm angenommen werden kann, oder bei einer gegebenen Grube durch Messung der Temperatur der ausziehenden Wetter, des Feuchtigkeitsgehaltes derselben und des Barometerstandes gefunden werden kann.

Für den Wert $\gamma = 1,20$ geht die obige Gleichung über in die folgende:

$$A = 0,38 \frac{V_{sec}}{\gamma \, h}.$$

In der folgenden Tabelle 25 sind nun für verschiedene Ventilatorensysteme die wichtigsten, auf die bauliche Ausführung dieser Ventilatoren bezüglichen Abmessungen und Verhältnisse zusammengestellt, wodurch die Wahl geeigneter Verhältnisse für einen bestimmten, zu berechnenden Ventilator sehr erleichtert wird.

Aus dieser Tabelle ist zunächst der Durchmesser D_2 für ähnliche Verhältnisse zu wählen. Hierbei ist zu beachten, ob der Ventilator einseitig oder doppelseitig saugen soll.

Nach Spalte 3 der Tabelle ist sodann $\frac{D_2}{D_1}$ zu wählen, hieraus D_1 und der oder die Einströmungsquerschnitte und die Eintrittsgeschwindigkeit der Luft aus der Gleichung

$$V_{sec} = \frac{D_1{}^2 \cdot \pi}{4} \cdot v$$

für einseitigen Eintritt und

$$V_{sec} = 2 \cdot \frac{D_1{}^2 \cdot \pi}{4} v_1$$

für doppelseitigen Eintritt der Luft zu berechnen. Um jedoch den Reibungswiderständen der Luft im Einlauf und der Verengerung des Querschnittes durch die bei doppelseitiger Einsaugung meistens durch den Einlaufskanal beiderseits nach außen durchgeführte Ventilatorwelle Rechnung zu tragen, empfiehlt es sich, v_1 um $\cdot 10$—$20\,\%$ größer anzunehmen, als die obigen Gleichungen der sekundlichen Luftmengen ergeben.

Unter der Voraussetzung des radialen Eintrittes der Luft bei nach vorwärts gekrümmten Schaufeln, welche Anordnung wegen der damit zu erzielenden höheren Depression für höhere Druckunterschiede wohl allgemein zur Anwendung kommen dürfte, folgt aus den Beziehungen zwischen v_1 und w_1 (s. Fig. 627):

Tabelle 25

Laufende No.	System des Venti-lators	1 Äußerer Durch-messer D_2 m	2 Innerer Durch-messer D_1 m	3 $\dfrac{D_2}{D_1}$	4 Luft-menge i.d. Min. cbm	5 Luft-menge V_{sec} i. d. Sek. cbm	6 Eintritts-quer-schnitt im Rad (s. Spalte 17) qm	7 Einströ-mungs-geschwin-digkeit v_1 m sec.	8 Breite des Rades außen b_2 m	9 Breite des Rades innen b_1 m
1	Capell	2,5	1,37	1,82	1474	24,57	2,76	8,88	1,8	1,8
2	,,	3,75	2,10	1,80	2989	49,80	6,86	7,30	2,0	2,0
3	,,	0,915	0,50	1,83	374	6,23	0,196	29,00	0,31	0,31
4	Kley	5,0	3,40	1,47	1100	18,33	9,08	2,10	0,6	0,90
5	,,	8,0	5,40	1,48	2500	41,67	22,90	1,82	0,9	1,35
6	,,	9,0	6,00	1,50	1800	30,00	28,27	1,06	0,8	1,20
7	,,	10,0	6,70	1,49	3600	60,00	35,26	1,70	1,1	1,65
8	Pelzer	2,0	1,00	2	800	13,40	1,1	7,60	—	—
9	,,	3,0	1,50	2	1800	30,00	2,5	7,60	—	—
10	,,	4,0	2,00	2	3150	52,50	4,5	7,60	—	—
11	Geißler	1,44	0,87	1,66	600	10	0,407	24,50	} $\approx$ 0,69 D_2	} $\approx$ 0,15 D_2
12	,,	2,03	1,22	1,66	1200	20	0,802	26,10		
13	,,	2,50	1,50	1,66	1800	30	1,227	24,40		
14	Rateau	2,0	1,20	1,66	1440	24	1,06	6,30	0,16	—
15	,,	2,8	1,68	1,66	2775	46,25	2,217	20,90	—	—
16	,,	3,4	2,04	1,66	5020	83,60	3,27	25,60	—	—
17	,,	4,0	2,40	1,66	6610	110,16	4,524	24,30	—	—
18	Ser	1,4	0,84	1,66	720	12	1,11	10,81	—	—
19	,,	2,0	1,20	1,66	1500	25	2,26	11,10	0,18	—
20	,,	2,5	1,50	1,66	3000	50	3.53	14,10	—	—
21	,,	3,0	1,80	1,66	4320	72	5,09	14,10	—	—
22	,,	4,0	2,40	1,66	7500	125	9,05	13,70	—	—

$$w_1 = \frac{v_1}{\sin(180 - \alpha_1)} = m \cdot v_1.$$

Der Winkel α_1 ist zwischen 120 ° und 150 ° anzunehmen, und hieraus w_1 zu berechnen. Zur Erleichterung dient die folgende Tabelle.

Tabelle 26.

α_1	$180 - \alpha_1$	$\sin(180 - \alpha_1)$	$m = \dfrac{1}{\sin(180 - \alpha_1)}$
120	60°	0,866	1,155
125	55	0,819	1,221
130	50	0,766	1,305
135	45	0,707	1,415
140	40	0,643	1,555
145	35	0,574	1,742
150	30	0,500	2,000

Tabelle 25.

10	11	12	13	14	15	16	17
Krümmung der Radschaufeln nach	Tourenzahl i. d. Min. n	Äußere Umfangsgeschwindigkeit u_2 m/sec.	Depression h in mm Wassersäule, gemessen mm	$n \cdot D_2$	$\dfrac{u_2}{v_1}$	Seite des Buches (3. Aufl.)	Lufteinströmung einseitig oder zweiseitig
rückwärts	340	44,54	106	850	5	363	zweiseitig
„	72	14,15	186	270	2	366	„
„	900	43,10	84	823	1,5	363	„
vorwärts	100	26,20	55	500	12,5	400	einseitig
„	75	31,44	76	600	17,2	400	„
„	72	33,96	104	648	30	400	„
„	65	34,06	90	650	20	400	„
gebrochen, radial	400	39,52	300	800	5,2	404	„
gebrochen, radial	260	39,52	300	780	5,2	404	„
gebrochen, radial	200	39,52	300	800	5,2	404	„
vorwärts	657	49,44	100	946	2,00	—	„
„	466	49,55	100	946	1,98	—	„
„	378	49,64	100	945	2,04	—	„
„	235	24,70	83	470	3,92	442	„
„	268	39,80	174	750	1,90	442	„
„	247	43,83	218	840	1,71	442	„
„	213	44,60	202	852	1,83	442	„
„	400	29,40	84	560	2,72	453	zweiseitig
„	280	29,40	80	560	2,66	453	„
„	210	27,50	80	525	1,95	453	„
„	160	25,14	80	480	1,80	453	„
„	120	25,14	80	480	1,84	453	„

Zur Berechnung der Austrittsgeschwindigkeit w_2 relativ zu den Schaufeln kann die Annahme gemacht werden, daß dieselbe entweder kleiner, gleich oder größer als w_1 wird. Letzteres ist bei dem Ventilator von Rateau der Fall. Zweifellos dürfte es nachteilig sein, w_2 kleiner als w_1 werden zu lassen, daher empfiehlt es sich, entweder

$$w_2 = w_1, \qquad \frac{w_2}{w_1} = 1$$

oder

$$w_2 > w_1, \qquad \frac{w_2}{w_1} > 1,$$

also etwa 1,25 bis 1,5 zu wählen.

Ist hieraus w_2 berechnet, so läßt sich endlich u_2 aus Gleichung 138a, ermitteln.

In derselben bezeichnet jedoch H_0 die theoretische Maximaldepression. Aus der Beziehung

$$\eta_m = \frac{h}{H_0}$$

folgt

$$H_0 = \frac{h}{\eta_m},$$

worin der manometrische Wirkungsgrad η_m entsprechend den im 5. Kapitel mehrfach angegebenen Mittelwerten angenommen werden kann.

Aus Gleichung 138 a) folgt sodann

$$u_2^2 + u_2 \cdot w_2 \cdot \cos \alpha_2 = \frac{g \cdot h}{\eta_m}$$

und daraus

$$u_2 = \sqrt{\left(\frac{w_2 \cdot \cos \alpha_2}{2}\right)^2 + \frac{g \cdot h}{\eta_m}} - \frac{w_2 \cdot \cos \alpha_2}{2}, \qquad 141)$$

worin h jedoch die der erzeugten Pressung oder Depression entsprechende Druckhöhe in m Luftsäule bedeutet. Soll die Pressung jedoch nicht in m Luftsäule, sondern mm Wassersäule ausgedrückt werden, so ist γ.h für h in Gleichung 141) zu setzen, worin γ das Gewicht eines cbm Luft ($\sim 1,2 - 1,225$) und h in mm WS. einzusetzen ist.

Ferner ist $\cos \alpha_2$ unter Annahme des äußeren Schaufelwinkels α_2 zwischen 35 und 75 ⁰ einzusetzen. Zur Erleichterung der Berechnung dient die folgende Tabelle

Tabelle 27.

α	$\dfrac{\cos \alpha_2}{2}$
35	0,4095
40	0,3830
45	0,3536
50	0,3214
55	0,2868
60	0,2500
65	0,2113
70	0,1710
75	0,1294

Häufig wird $\alpha_2 = 45$ ⁰ angenommen. Aus der äußeren Umfangsgeschwindigkeit u_2 folgt sodann zunächst u_1 nach der Beziehung

$$u_1 : u_2 = D_1 : D_2$$

zu

$$u_1 = u_2 \cdot \frac{D_1}{D_2}.$$

Ferner ergibt sich die Tourenzahl n des Ventilators aus der Gleichung

$$u_2 = \frac{D_2 \pi \cdot n}{60}$$

zu

$$n = \frac{60 \cdot u_2}{D_2 \cdot \pi} = 19,1 \cdot \frac{u_2}{D_2}.$$

Zur Berechnung der äußeren axialen Radbreite b_2 dient die folgende Betrachtung. Es bezeichne t_2 die Teilung, also den, auf dem äußeren Radumfange gemessenen Abstand zweier Schaufeln voneinander, z die Schaufelzahl, δ_2 den lotrechten Abstand zweier Schaufeln am äußeren Rande, also $b_2 . \delta_2$ den Ausflußquerschnitt, so ist die durch eine Schaufel i. d. Sek. ausströmende Luftmenge $L_0 = \delta_2 . b_2 . w_2$, also durch z Schaufeln, oder den ganzen Radumfang

$$V_{sec} = b_2 \cdot w_2 \cdot \delta_2 \cdot z.$$

Mit großer Annäherung kann man setzen:

$$\frac{\delta_2}{t_2} = \sin \alpha_2 \quad \text{oder} \quad \delta_2 = t_2 \cdot \sin \alpha_2,$$

also

$$V_{sec} = b_2 \cdot w_2 \cdot z \cdot t_2 \cdot \sin \alpha_2.$$

Nun ist aber $z . t_2 = D_2 \pi$, mithin

$$V_{sec} = b_2 \cdot w_2 \cdot D_2 \pi \cdot \sin \alpha_2$$

und daraus

$$b_2 = \frac{V_{sec}}{D_2 \cdot \pi \cdot w_2 \cdot \sin \alpha_2}. \qquad 142)$$

Für den Eintritt der Luft in den inneren Schaufelrand gilt die Gleichung

$$V_{sec} = D_1 \cdot \pi \cdot v_1 \cdot b_1$$

und daraus

$$b_1 = \frac{V_{sec}}{D_1 \cdot \pi \cdot v_1}. \qquad 143)$$

Beispiel: Es soll ein einseitig saugender Grubenventilator berechnet werden, welcher eine minutliche Luftmenge von 3000 cbm bei einer Depression von 150 mm liefert.

Zunächst ist

$$V_{sec} = \frac{3000}{60} = 50 \text{ cbm}$$

und

$$A = 0{,}38 \frac{3000}{60} \cdot \frac{1}{\sqrt{150}} = 1{,}551 \text{ qm.}$$

Nach Tabelle 25 kann zunächst $D_2 = 3{,}5$ m und $\dfrac{D_2}{D_1} = 1{,}667$ gewählt werden.

Hieraus folgt

$$D_1 = \frac{D_2}{1{,}667} = \frac{3{,}5}{1{,}667} = 2{,}1 \text{ m,}$$

ferner

$$v_1 = \frac{V_{sec}}{\frac{D_1{}^2 \pi}{4}} = \frac{50}{3{,}464} = 14{,}43 \text{ m/sec.}$$

Nimmt man jedoch v_1 um 10 % größer, so ergibt sich $v_1 = 14{,}43 + 1{,}443 = 15{,}87$ m/sec. Wählt man $\alpha_1 = 130^0$, so ist m $= 1{,}305$, also $w_1 = 1{,}305 . v_1 = 20{,}71$ m/sec.

Ferner sei $\dfrac{w_2}{w_1} = 1{,}33$, also $w_2 = 1{,}33 \cdot w_1 = 22{,}61$ m/Sec

Unter Annahme eines manometrischen Wirkungsgrades $\eta_m = 0{,}8$ und des äußeren Schaufelwinkels $\alpha_2 = 45^0$ ist zunächst nach Tabelle 27

$$\frac{\cos \alpha_2}{2} = 0{,}3536.$$

Für $h = 150$ mm berechnet sich bei $\gamma = 1{,}2$ kg die Druckhöhe h_1 in m Luftsäule aus der Gleichung

$$h_1 = \frac{1000}{1{,}2} \cdot \frac{150}{1000} = \frac{150}{1{,}2} = 125 \text{ m}.$$

und hieraus endlich

$$u_2 = \sqrt{(27{,}61 \cdot 0{,}3536)^2 + \frac{9{,}81 \cdot 125}{0{,}8}} - 27{,}61 \cdot 0{,}3536$$

$$= \sqrt{1628{,}1} - 9{,}763 = 30{,}59 \text{ m/Sec.}$$

Somit ist $u_1 = u_2 \cdot \dfrac{D_1}{D_2} = 30{,}59 \cdot 0{,}6 = 18{,}35$, ferner $n = 19{,}1 \cdot \dfrac{30{,}59}{3{,}5}$ $= 167$,

$$b_2 = \frac{V_{sec}}{D_2 \cdot \pi \cdot w_2 \sin \alpha_2} = \frac{50}{3{,}5 \cdot 3{,}14 \cdot 27{,}61 \cdot 0{,}707} = 0{,}25 \text{ m}$$

$$b_1 = \frac{V_{sec}}{D_1 \cdot \pi \cdot v_1} = \frac{50}{2{,}1 \cdot 3{,}14 \cdot 15{,}87} = 0{,}533 \text{ m.}$$

Man erhält somit die Verhältniszahlen

$$\frac{b_2}{D_2} = \frac{0{,}25}{3{,}5} = 0{,}071,$$

$$\frac{b_1}{D_2} = \frac{0{,}533}{3{,}5} = 0{,}152,$$

$$n \cdot D_2 = 585,$$

von welchen die ersteren beiden Werte den Werten bei dem Geißler-schen Ventilator (s. Tabelle 25, S. 686, Zeilen 11—13, Spalten 8 und 9) nahe kommen.

Zwölftes Kapitel.

Die Untersuchung der Leistung von Ventilatoren.

Für die Untersuchung von Ventilatoren sind nach den vom Verein Deutscher Ingenieure neuerdings aufgestellten „Regeln für Leistungsversuche an Ventilatoren" [1]) folgende Punkte zu beachten.

Als Gegenstand der Untersuchung eines Ventilators gelten folgende Werte:

a) die geförderte Gasmenge;

b) der erzeugte Druckunterschied;

c) die Nutzleistung;

d) die dem Ventilator zugeführte Leistung;

e) der Wirkungsgrad des Ventilators;

f) die Kennlinien des Ventilators;

g) zur Kennzeichnung des Widerstandes des Leitungsnetzes (ohne Ventilator)

α) die gleichwertige Öffnung (äquivalente Weite),

β) die gleichwertige Düse.

Gegenstand der Untersuchung einer Ventilatoranlage (also Ventilator einschl. Treibmaschine) kann sein:

h) die der Treibmaschine zugeführte Leistung;

i) der Wirkungsgrad der Ventilatoranlage.

I. Die Messung der geförderten Gas- (Luft-) menge.

Dieselbe kann erfolgen (gemäß Nr. 23 der „Regeln"):

a) durch Messung der Druckänderung bei Querschnittsverengerung:

α) durch Düsen,

β) durch Drosselscheiben;

b) durch netzweise vorgenommene Messung der Geschwindigkeit:

α) mit Staugeräten,

β) mit Anemometern;

---

[1]) Geschäftsbericht des Ausschusses für Aufstellung der „Regeln etc." vom Mai 1912 und Z. Ver. deutsch. Ing. 1912, S. 1795 u. f.

44*

   c) durch unmittelbare Volummessung
     α) mit Gasbehältern,
     β) mit eichfähigen Gasuhren;
   d) durch Wärmemessung (Thomas-Messer und ähnliche).

Die Anemometermessung ist zurzeit für Grubenventilatoren fast ausschließlich noch in Gebrauch. Entweder findet die Messung in dem vom ausziehenden Schacht zum Ventilator führenden Kanal oder, wenn dies nicht möglich ist, unter Tage oder endlich auf dem Ausblaseschlot statt. Im ersten Falle ist die Messung an einer Stelle mit möglichst regelmäßigem Querschnitt, genügender Länge und glatten Stollenwänden vorzunehmen. Beim Fehlen einer derartigen Meßstelle ist eine solche von mindestens 3—4 m Länge durch Einbau einer Holzverkleidung mit allmählichen Übergängen in die Kanalquerschnitte zu schaffen. Der Meßquerschnitt wird durch eine größere Anzahl senkrecht zueinander gespannter dünner Drähte in eine Anzahl womöglich gleich großer Felder (z. B. durch 3 lotrechte und 3 wagrechte Drähte in 16 Felder) geteilt, in deren Mittelpunkten bzw. Schwerpunkten die Anemometermessungen vorzunehmen sind. Hierbei soll die Laufzeit des Anemometers, welches von Feld zu Feld gerückt wird, in jedem Felde 2, besser 3 Minuten dauern. Es sind mindestens 2 oder auch mehrere Anemometer anzuwenden und sind Kontrollmessungen durch Vertauschen der Anemometer zu empfehlen. Sind z. B. 16 Felder vorhanden, so werden beim ersten Versuch die 8 oberen Felder mit dem ersten, die unteren Felder mit dem zweiten Anemometer gemessen, während bei einem folgenden Versuche die Anemometer in den entgegengesetzten Feldern zur Anwendung gebracht werden. Jedes Anemometer ist möglichst vor jeder Untersuchung einer Ventilationsanlage zu eichen, während eine Kontrolleichung nach beendeten Versuchen wegen der Schwierigkeit der Eichung der verschmutzten Instrumente nicht ausführbar ist.

Bei der Eichung der Anemometer, welche meistens in amtlichen Eichstellen (so z. B. der Bergschule zu Bochum) vorgenommen werden, ist besondere Rücksicht auf den bei der Bewegung des Anemometers auftretenden, sogenannten Mitwind zu nehmen. Die Anemometerprüfungsstation in Bochum hat, wie Ingenieur Stach[1]) berichtet, seit längerer Zeit eine Einrichtung, um den Einfluß des Mitwindes bei Anemometerprüfungen möglichst zu beseitigen bzw. zu verringern. Es wurde nämlich eine kreisrunde Einkleidung des Versuchsapparates von 7 m Durchmesser vorgenommen. Hierzu wurde Wettertuch von 1,4 m Breite benutzt, welches an der oberen Langseite mittelst Haken an einem, an der Decke des Versuchsraumes befestigten Flacheisenring aufgehängt und an der unteren Seite durch einen zweiten, in Haken liegenden Ring gespannt wird.

Die Laufzone der Anemometer befindet sich in der Mitte dieser 1,4 m hohen zylindrischen Auskleidung, die Luft kann aus dem Zylinder nach oben und unten in den äußeren Raum entweichen, aber niemals von den Wänden zurückprallend die Anemometerflügel treffen. Der Mitwind läuft nach den angestellten Versuchen selbst bei der geringen .

---

1) „Glückauf" 1904, S. 318.

Umfangsgeschwindigkeit der Prüfungsarme von 1 m/Sek. noch etwa 80 Sekunden kreisförmig um, nachdem der Apparat stillgesetzt ist.

Der Mitwind ist, prozentual auf die Umfangsgeschwindigkeit des Göpels bezogen, für kleine Geschwindigkeiten am größten (etwa 19 % bei $v = 2$ m/Sek.), nimmt dann bis zu etwa 10 % ab bei $v = 10$ m/Sek. und bleibt von da ab konstant.

Von besonderer Wichtigkeit ist nun das Ergebnis von Eichungen eines und desselben Anemometers im nicht eingekleideten und im eingekleideten Versuchsraum mit Berücksichtigung der entsprechenden Mitwindwerte. Durch graphische Aufzeichnung der gefundenen Werte kann man sich leicht davon überzeugen, ob das Anemometer fehlerfrei ist, da die Korrektion eines guten Anemometers eine gerade Linie ergeben muß. (Vgl. die Anemometer-Gleichung S. 365 Z. 11 v. oben.)

Zur Messung der Stromgeschwindigkeit durch Messung des Druckunterschiedes mittelst hydrostatischer Meßgeräte kommen unter anderen folgende Instrumente in neuerer Zeit häufig zur Anwendung.

1. Das Pneumometer von Krell-Prandtl[1]).

Dasselbe, Fig. 628, besteht im wesentlichen aus der sogenannten Stauscheibe s, den beiden Druckröhrchen d und d', dem Halterohr f und den beiden Schlauchtüllen g. Die Stauscheibe s ist eine in den Durchmessern von 11, 22 und 50 mm hergestellte dünne, kreisrunde Metallscheibe, welche innen zwei voneinander getrennte kleine Kammern b und b' hat. Diese haben nach außen Verbindung durch zwei kleine, in der Mitte und auf beiden Seiten der Scheibe liegende, gebohrte Löcher a und a'. In die beiden Kammern münden am Scheibenrand die dünnen, nebeneinander liegenden Druckröhrchen d und d', die in der unmittelbaren Nähe der Stauscheibe einen äußeren Durchmesser von nur wenigen mm haben; sie gehen dann über in die weiteren Röhrchen e und e', welche durch das sie umschließende Halterohr f gegen Verbiegen geschützt werden. Die Druckröhrchen und das Halterohr werden, entsprechend den verschiedenen Rohr- oder Kanal-Weiten, verschieden lang ausgeführt. Das Halterohr f trägt an seinem, der Stauscheibe entgegengesetzten Ende ein rechteckiges flaches Metallstück h, die sogenannte Richtfläche, welche parallel zur Stauscheibenfläche liegt. Die Druckröhrchen d und d', bzw. e und e' sind, nachdem sie das Halterohr f verlassen haben, etwas auseinander gebogen und mit den Schlauchtüllen g versehen, welche zur Verbindung des Gerätes mit den zum Manometer führenden Rohrleitungen dienen. Zum Verschluß der Pneumometer-Einführungs-Öffnung in der Wand der zu untersuchenden Rohrleitung dient das aus zwei Hälften bestehende Einführungsrohr k, welches zugleich das Halterohr f festhält.

Die in Vorstehendem beschriebene Krellsche Stauscheibe hat durch Prof. Dr. Prandtl in Göttingen eine kleine Abänderung erfahren, welche in Fig. 629 dargestellt ist. Sie besteht aus einer dünnen Messingplatte ohne Bohrungen. Die offenen Druckröhrchen werden in kurzem Bogen

---

[1]) Ausführung der Firma G. A. Schultze, Fabrik techn. Meßinstrumente, Charlottenburg, Charl. Ufer 53/54.

ganz dicht gegen die Mitten der beiden Scheibenseiten geführt, wodurch das Eindringen von Staub verhindert wird. Im übrigen weicht das Prandtlsche Pneumometer von der Krellschen Ausführung in keiner Weise ab.

Man gebraucht das Pneumometer in der Weise, daß die Stauscheibe seitlich in die zu untersuchende Rohr- oder Kanal-Leitung eingeführt und senkrecht gegen die Strömungsrichtung der Luft oder Gase gestellt wird. Um Irrtümer beim Anschluß der Fernleitungen zu ver-

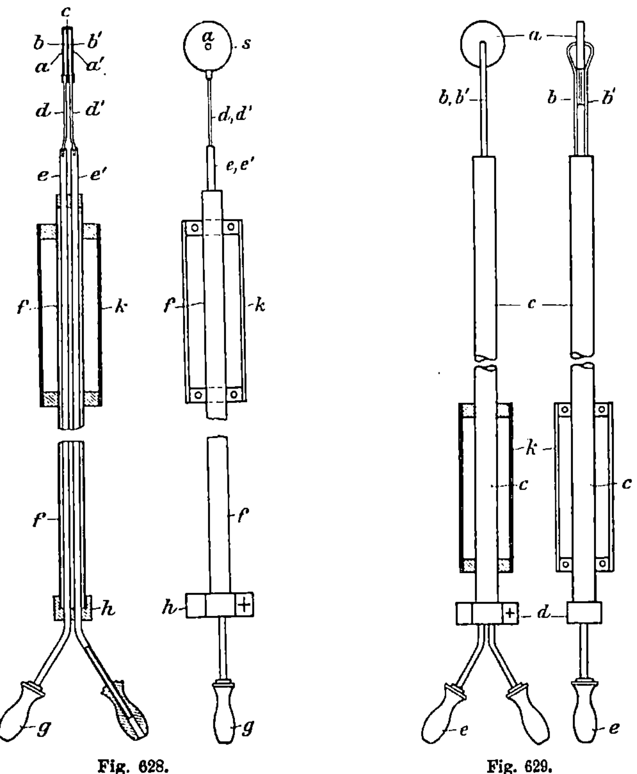

Fig. 628.   Fig. 629.

meiden, führt man die Stauscheibe stets so ein, daß die auf der Richtfläche h des Halterohres f mit + bezeichnete Seite der Strömungsrichtung zugekehrt ist. Auf dieser Plus-Seite der Stauscheibe entsteht nun infolge des Aufpralls der strömenden Gase eine Pressung, die sogenannte Überpressung, während sich an der entgegengesetzten Scheibenseite eine Unterpressung zeigt. Beide Pressungen ändern sich mit der größeren oder geringeren Strömungs-Geschwindigkeit, jedoch immer in einem ganz bestimmten Verhältnis. Die solchergestalt geschaffenen Über- und Unterpressungen werden durch die Kammern (bei Krell) bzw. Druckröhrchen (bei Prandtl) aufgenommen und durch die Anschluß-Leitungen zum Manometer weitergeleitet, woselbst ihr Differenzwert

am Stande der Flüssigkeit zum Ausdruck gelangt und die jeweilig vorhandene Gas-Geschwindigkeit erkennen läßt.

In den Figuren 630 und 631 ist eine Einrichtung zur bequemen
Anbringung eines und desselben Pneumometers an Rohrleitungen von
verschiedenen Durchmessern dargestellt. Eine solche ist namentlich da von Wert, wo man rasch hintereinander eine Reihe von Messungen vornehmen will.

In der Rohrwandung wird eine Öffnung o vorgesehen, durch
welche die Stauscheibe eingebracht wird. Die Abdichtung der Öffnung

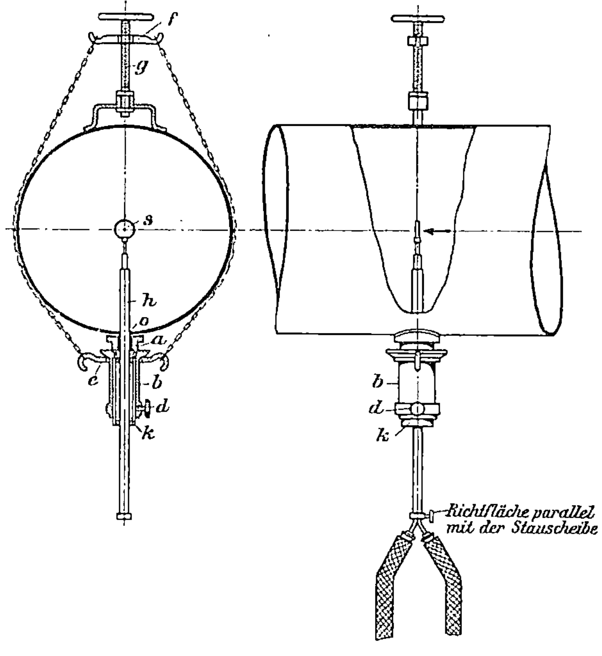

Fig. 630.　　　　　Fig. 631.

und des Halterohres h bewirkt das mit Leder oder dergl. ausgefütterte
zweiteilige Stück a, das sich andererseits mittelst eines Konus gegen die
einteilige Hülse b legt. In ihr befindet sich noch die zweiteilige Hülse k,
die mit Hilfe der Schraube d ein Feststellen des Pneumometers nach erfolgter Einstellung gestattet. Eine um das Luftrohr geschlungene
Gliederkette bewirkt mit Hilfe der beiden Traversen e und f und der
mit Handrädchen versehenen Schraubenspindel g ein Anpressen der
Hülse b an die Rohrleitung.

Bei den meisten Versuchen und nur zeitweiliger Verwendung der
Apparate genügt es, wenn die Verbindung zwischen dem Pneumometer
und Manometer durch neue, starkwandige, nicht zu enge Gummischläuche
hergestellt wird.

2. Das Staurohr von Dr. Brabbée[1]).

Dasselbe beruht auf demselben Prinzip wie die Stauscheibe (Pneumometer), also der Bestimmung des Strömungsdruckes, der auf die, der Strömung zugekehrte Mündung eines Meßröhrchens ausgeübt wird und in bestimmtem Verhältnis zu der Strömungsgeschwindigkeit steht. Beträgt die letztere v in m/Sek. und das spezifische Gewicht des strömenden

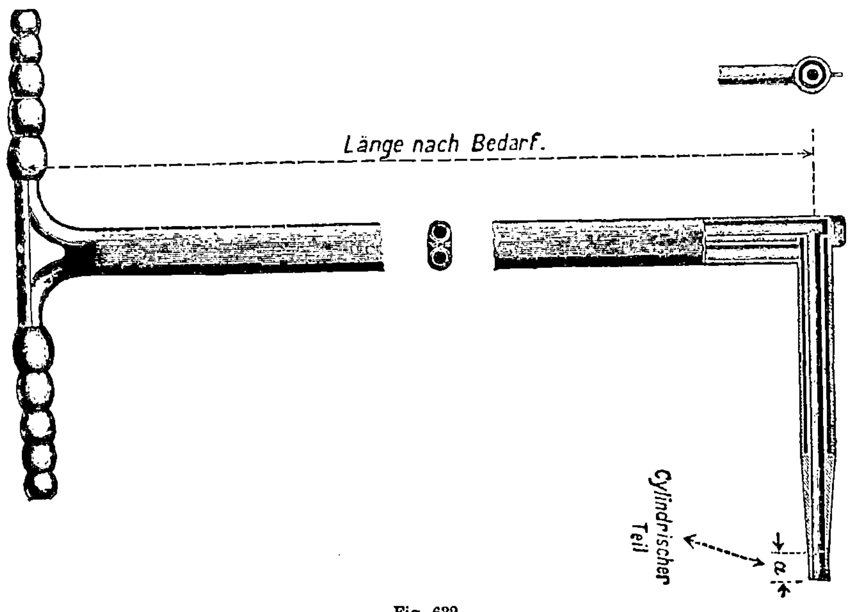

Fig. 632.

Gases oder der Luft γ in kg/cbm, so berechnet sich der Strömungsdruck aus der Gleichung:

$$p = \frac{v^2}{2\,g} \cdot \gamma \text{ in mm WS.,}$$

also die Geschwindigkeit

$$v = \sqrt{\frac{2\,g}{\gamma} \cdot p}$$

wie oben (S. 659, Gleichung 114 e) nachgewiesen ist.

Da hiernach bei konstant bleibendem Werte von γ die Geschwindigkeit nur eine Funktion des Druckes ist, also die Gleichung auch geschrieben werden kann: $v = \text{konst.}\ \sqrt{p}$, so kann man die Geschwindigkeit direkt an entsprechend geeichten Skalen des Druckmessers ablesen[2]). Das Brabéesche Staurohr ist in Fig. 632 abgebildet. Das zylindrische Meßrohr, dessen Mündung der Strömung entgegen gerichtet ist, wird

---

[1]) Ausführung der Firma G. A. Schultze, Fabrik techn. Meßinstrumente, Charlottenburg, Charl. Ufer 53 54.
[2]) Siehe weiter unten Druckmesser und Mikromanometer.

von einem etwas weiteren Mantel derart umgeben, daß das zylindrische
Rohr über den, den Übergang bildenden Kegel hervorschaut. Auf dem
Umfange des Mantels befinden sich mehrere Öffnungen, durch die sich
der statische Druck des Gases in den Innenraum der vom Mantel
und Meßrohr gebildeten Ringkammer fortpflanzt. Von dieser Ringkammer sowohl, wie von dem Meßrohr führen voneinander getrennt
zwei Röhrchen nach außen, die an ihren Enden mit Schlauchtüllen
oder Verschraubungen zum Anschluß des Druckunterschiedsmessers ausgerüstet sind. Die beiden Röhrchen liegen in der Strömungsrichtung
hintereinander und bilden einen Schaft von ovalem Querschnitt, der

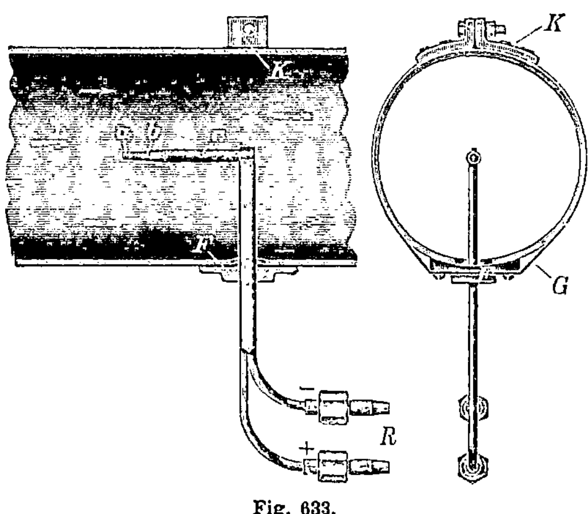

Fig. 633.

durch eine besondere Stahleinlage die erforderliche Widerstandsfähig-
keit erhält und durch seine Form dem strömenden Gas kein merkliches
Hindernis bietet, auch ein Verdrehen des Geräts in der Führung wirksam verhindert. Die Messung erfolgt in der Weise, daß man das Staurohr in der Wand des Gaskanals befestigt und so ausrichtet, daß seine
Öffnung dem Gasstrom entgegen steht. Zu diesem Zweck ist die Stellung
des Staurohrs selbst an den Schlauchtüllen äußerlich kenntlich gemacht,
indem ein eingravierter Pfeil die Strömrichtung anzeigt und die zu der
vorderen Öffnung gehörige Schlauchtülle durch das Zeichen $+$, die
zu der Ringkammer gehörige durch ein $-$ Zeichen erkennbar sind.
Werden die beiden Schlauchtüllen an einen Druckunterschiedmesser
angeschlossen, so zeigt dieser den sogenannten Strömungsdruck an.
Die Befestigung des Staurohrs erfolgt in der aus Fig. 633 ersichtlichen
Art und Weise.

Die Schelle Fig. 633, besteht aus dem Flansch F, in dem der
Staurohrschaft befestigt ist, den beiden Stahlbändern G, welche um
das Rohr gelegt werden, und den beiden durch eine Schraube verbundenen Lappen K. Diese Befestigungsvorrichtung wird für Rohrleitungen
bis zu 200 mm äußerem Durchmesser ausgeführt.

Die Befestigung mittelst Flansch erfolgt dadurch, daß der mit
einem Flansch versehene Staurohrschaft auf einen am Rohr befestigten

Gegenflansch geschraubt wird. Diese Befestigungsart eignet sich für alle Rohrweiten.

Für die verschiebbare Anordnung des Staurohrs dient die Befestigungsart Fig. 634. Sie besteht aus 2 Flanschen M und N, die an der Rohrleitung auf entgegengesetzten Seiten fest angebracht werden. Durch zweiteilige Muffen und Stellschrauben wird das Staurohr geführt bzw. festgestellt, wobei Vorsorge getroffen ist, daß es sich in der Führung nicht verdrehen kann.

Die zuletzt genannte Befestigung wird auch einseitig, d. h. mit nur einem Flansch und einer Klemmhülse für Staurohre ohne Verlängerungsstück ausgeführt, wenn die Schaftlänge unter ca. 700 mm beträgt und das Staurohr verschiebbar montiert werden soll.

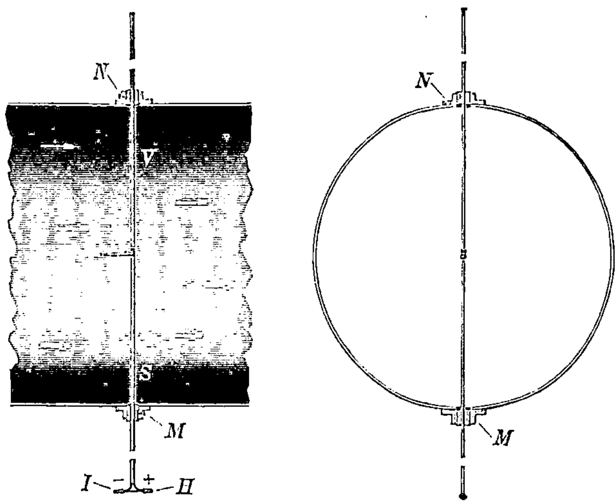

Fig. 634.

Durch diese Anordnung ist es möglich, in der horizontalen (oder vertikalen) Mittelachse an beliebig vielen Punkten die Strömungsgeschwindigkeit zu messen, woraus sich dann die mittlere Strömungsgeschwindigkeit berechnet.

Wie aus dem Geschäftsbericht der Kommission für die „Regeln" hervorgeht, ist jedoch die Krellsche Stauscheibe nicht so zuverlässig wie die Pitotröhre von Brabée und anderen. Es zeigte sich, daß der Eichungsbeiwert β nicht unveränderlich gleich 1,37 war, wie Recknagel ihn bestimmt hatte, sondern daß derselbe um so mehr wächst, je mehr Wirbel der Strömung beigemischt sind, und zwar von 1,43 bei glatter Strömung bis 1,6 und darüber, so daß Fehler in der Messung von $\dfrac{1,6-1,43}{1,43} \sim 12\,\%$ und mehr entstehen. Bei der Pitot-Röhre ist der Beiwert nahezu gleich 1 und zeigt derselbe wesentlich geringere Veränderlichkeit mit der Durchwirbelung der Ströme, als die Stauscheibe. Die Brabéesche Stauröhre hat den Beiwert 0,97, während derselbe bei einem von Prandtl vorgeschlagenen Staurohr innerhalb der Fehlergrenzen = 1 beträgt.

3. Staurohr von Prandtl, Fig. 635.

Der Kopf des Rohres ist halbkugelförmig mit einer zylindrischen Bohrung von etwa 0,3 des Durchmessers. Statt der hinteren Bohrung (zur Messung des statischen Druckes) ist ein ringsherum laufender Schlitz vorhanden, um für kleine Richtungsabweichungen nach allen Seiten symmetrische Verhältnisse zu erhalten. Der Beiwert β ist = 1, so daß das Staurohr als Einheitsgerät für die Messung des dynamischen und statischen Druckes geeignet erscheint, da auch seine Geschwindigkeitsangaben bis etwa 15° Richtungsabweichung von der genau parallelen Lage zur Strömungsachse praktisch unveränderlich sein sollen.

Aus der mittleren Strömungsgeschwindigkeit und dem Meßquerschnitt berechnet sich dann direkt die in der Zeiteinheit durch den Querschnitt strömende Gas-(Luft-)menge.

4. Von der oben genannten Firma G. A. Schulze wird auch ein kombinierter **Volumen-Geschwindigkeits-** und **Depressionsmesser** gebaut, der in Fig. 636 abgebildet ist und folgende Bauart und Wirkungsweise hat.

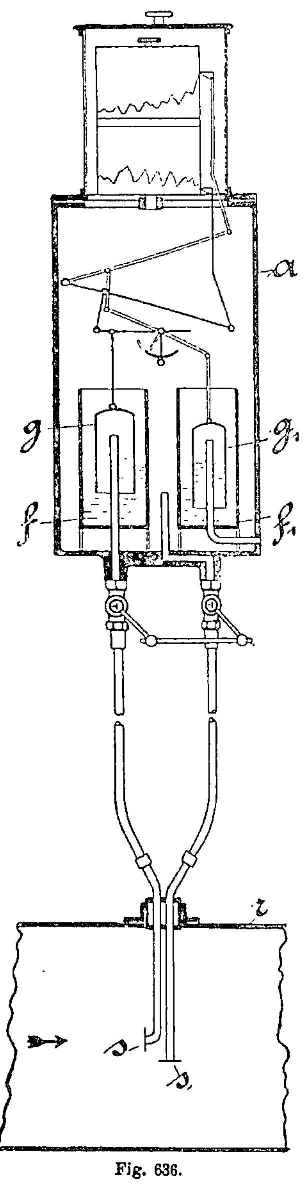

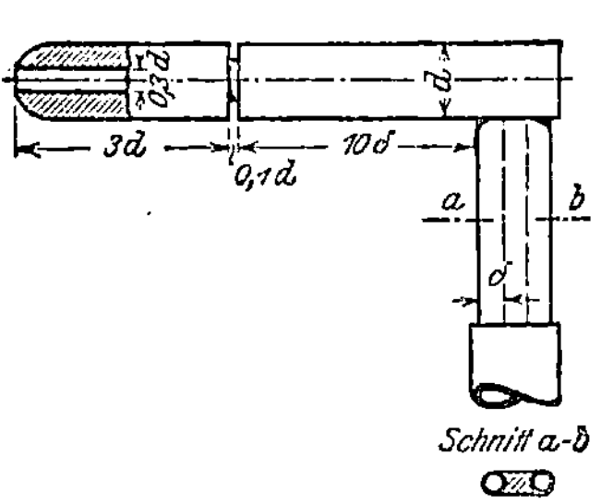

Fig. 635.

Fig. 636.

An der Meßstelle wird eine kombinierte Stau- und Flachscheibe in die Rohrleitung eingeführt. Die eine Scheibe s steht senkrecht zum Luftstrom, die andere s_1 parallel. Auf die in ersterer befindliche Öffnung wird demnach außer dem sonst in der Leitung vorhandenen statischen Druck ein Druck ausgeübt, der lediglich von der Geschwindigkeit herrührt.

Auf die Öffnung der Scheibe s wird der in der Leitung vorhandene Druck (unabhängig von der Geschwindigkeit) ausgeübt. Auf die Öffnung der Scheibe s_1, die so in Verbindung mit der Scheibe s ist, daß sie parallel dem Luftstrom steht, wenn letztere demselben entgegengerichtet ist, hat die Geschwindigkeit keinen Einfluß, sondern auf sie wirkt nur der statische Druck. Die Scheibe s mißt somit den Gesamtdruck (stat. und Geschw.-Druck), Scheibe s_1 nur den statischen Druck.

Die Doppelscheibe wird durch eine Doppelleitung mit dem Anzeige- bzw. Registrier-Apparat in Verbindung gebracht.

Dieser Apparat enthält in einem nach außen hin geschlossenen Gehäuse a zwei Glocken g und g_1, die zur Aufnahme des auf die Scheibe s und s_1 ausgeübten Druckes dienen und sich unabhängig voneinander bewegen können. Sie tauchen in eine, in den Gefäßen f und f_1 befindliche, nicht verdunstende Flüssigkeit ein, mit welcher sie Hohlräume bilden.

Die Glocken übertragen ihre Bewegung auf je einen Zeiger oder auf eine Registrierfeder, je nachdem der Apparat nur mit Anzeige oder mit Registrierung, oder mit Registrierung und Anzeige arbeiten soll.

Der Hohlraum unter der Glocke g steht mit der Scheibe s, der Hohlraum unter der zweiten Glocke g_1 mit der äußeren Luft in Verbindung, während der Gehäuse-Innenraum an die Flachscheibe s_1 angeschlossen ist.

Dementsprechend ist in dem Gehäuse-Innenraum der an der Meßstelle im Rohre r herrschende statische Druck vorhanden. Unter der Glocke g_1 wirkt der äußere atmosphärische Druck, und wird sich diese daher dem Über- oder Unterdruck in der Leitung entsprechend einstellen. Unter der Glocke g wirkt der statische Druck, zuzüglich dem von der Geschwindigkeit herrührenden Geschwindigkeitsdruck. Über der Glocke g (Gehäuse-Innenraum) wirkt nur der statische Druck, unter ihr der gleiche Druck $+$ Geschwindigkeitsdruck; mithin kommt auf die Glocke g selbst lediglich die Differenz, d. h. eben der Geschwindigkeitsdruck zur Wirkung.

Die beiden Glocken werden sich den auf sie ausgeübten Drücken entsprechend einstellen, so daß die damit verbundenen Zeiger oder Registrierfedern unmittelbar den statischen Druck, bzw. die Geschwindigkeit anzeigen.

Dieser Apparat findet vor allem in Bergwerken Anwendung zur gleichzeitigen Messung der Wettermenge (Wettergeschwindigkeit) und der Depression, mit welcher der Wetterstrom angesaugt wird.

Der Entwurf einer neuen Bergpolizeiverordnung für den Oberbergamtsbezirk Dortmund sieht für die Hauptschachtventilatoren schreibende Apparate vor, welche die Depression (statischen Druck) und das Volumen (Wettermenge) fortlaufend registrieren.

Wie hieraus ersichtlich, bricht sich die Erkenntnis immer mehr Bahn, daß weder die Depression allein, noch das Volumen allein zur Beurteilung der im Wetterkanal und den Hauptwetterstrecken sich wirklich abspielenden Verhältnisse genügen. Nur beide Angaben, gleichzeitig betrachtet, geben ein zutreffendes Bild der Vorgänge und Veränderungen an den bezeichneten Stellen.

Beide Werte werden bei .dem vorbeschriebenen, kombinierten Apparat gleichzeitig angegeben und auf dem gleichen Diagrammblatte übereinander aufgezeichnet, und gestattet diese Registrierung daher durch einen Blick die Beurteilung, ob und wann sich unbeabsichtigte Vorgänge bei der Bewetterung abspielen, bzw. abgespielt haben.

Normal soll die Depression auf der durch die äquivalente Grubenweite bedingten Höhe verbleiben; ebenso soll auch die gelieferte Wettermenge möglichst unverändert bleiben: die beiden Angaben sollen somit möglichst parallel verlaufen, solange unvorhergesehene und unbeabsichtigte Änderungen in der Bewetterung nicht eingetreten sind.

Geht jedoch etwa ein Teil der Hauptwetterstrecke zu Bruch, so daß der Wetterquerschnitt sich verengt, so steigt die Depression, die gelieferte Wettermenge hingegen wird geringer. Diese Änderungen werden durch den kombinierten Apparat sogleich angegeben und auf dem Diagrammblatt selbsttätig aufgezeichnet.

Weiter ist der kombinierte Apparat von besonderem Vorteil bei Schächten, welche gleichzeitig als ausziehende Wetterschächte und als Förderschächte dienen. Man ist dabei imstande, das angesaugte Quantum falscher Luft bestimmen zu können. Fällt die Depression bei gleichbleibender oder größerer Wettermenge, so ist damit angezeigt, daß zuviel falsche Luft angesaugt wird. Das gleiche gilt auch, wenn durch etwaige Undichtheiten in der Wetterführung die angesaugte Luftmenge (falsche Luft) größer wird. Der Apparat zeigt dann bei größerer Wettermenge dieselbe oder eine kleinere Depression an. Würden in der Wetterführung keinerlei unvorhergesehene Verhältnisse eingetreten sein, so müßte mit steigender Depression, etwa bei rascherer Tourenzahl des Ventilators, auch die Wettermenge ansteigen und umgekehrt.

Auch für andere Zwecke, wo der Druck und die gelieferte Luftmenge dauernd kontrolliert werden soll, bietet der Apparat ein vortreffliches Hilfsmittel.

Auf ähnlicher Wirkung beruhen und demselben Zwecke dienen ferner der Luftmengenregistrierapparat von O. Ellinghaus[1]), gebaut von R. Fueß in Steglitz bei Berlin und der registrierende Geschwindigkeits- und Volummessungsapparat „Phönix" von E. Stach[2]), gebaut von P. de Bruyn, G. m. b. H., Düsseldorf.

5. Die Messung der geförderten Gasmenge durch Düsen[3]) ist zweifellos die genaueste Methode. Hierzu sind sowohl Ausflußdüsen am freien Ende der Druckleitung, als auch Verengungen irgendwelcher Art innerhalb der Rohrleitung verwendbar. Wegen der späteren Umrechnung sind Druck und Temperatur des Gases vor der Düse sowie der Druck hinter derselben zu bestimmen.

---

1) „Glückauf" 1906, II, S. 1346.
2) „Glückauf" 1906, II, S. 1590.
3) Siehe oben S. 691 I, a, α. Vergl. auch: Über die Versuchseinrichtung zur Düsenmessung von der Maschinenfabrik Oerlikon bei Zürich v. Prof. H. Bonte, Z. Ver. deutsch. Ing. 1910, S. 1661 ff.

Für die Berechnung der Luftmenge aus der Düsenmessung dient die Gleichung

$$V = \mu \cdot f \cdot v,$$

worin μ den Widerstandskoeffizienten der Düse, f den Querschnitt derselben in qm und v die Luftgeschwindigkeit in m/Sek. bedeutet.

Der Koeffizient μ ist für gut abgerundete Düsen zu $\mu = 0{,}98$ bis $0{,}99$ zu nehmen.

Die Luftgeschwindigkeit v berechnet sich aus der Gleichung

$$v = 44{,}8 \sqrt{T_0 \cdot \left(\frac{p_0}{p_1}\right)^{\frac{n-1}{n}} \cdot \left[\left(\frac{p_0}{p_1}\right)^{\frac{n-1}{n}} - 1\right]}.$$

Hierin ist T_0 die absolute Temperatur der Luft beim Eintritt in die Düse, p_0 der absolute Druck der Luft beim Eintritt in die Düse in kg/qm, p_1 der absolute Druck der Luft beim Austritt aus der Düse in kg/qm, n der Exponent für die Kompression der Luft $= 1{,}40$.

Die Gleichung schreibt sich unter Einsetzung dieses Exponenten zu

$$v = 44{,}8 \sqrt{T_0 \cdot \left(\frac{p_0}{p_1}\right)^{0{,}286} \cdot \left[\left(\frac{p_0}{p_1}\right)^{0{,}286} - 1\right]} \; {}^1).$$

Beispiel: Bei den Versuchen auf Grube Itzenplitz (Kompressor von Pokorny & Wittekind) ${}^2)$ betrug der Düsendurchmesser 0,2 m, demnach der Querschnitt $f = 0{,}0314$ qm, die Temperatur T_0 bei Versuch I $T_0 = 273 + 10{,}6 = 283{,}6\,^0$, die Drücke p_0 bzw. p_1 9950 bzw. 9680 kg/qm. Die Luftmenge berechnet sich daraus zu

$$V = 0{,}99 \cdot 0{,}0314 \cdot 44{,}8 \cdot \sqrt{283{,}6 \cdot 1{,}02789^{\,0{,}286} \left[1{,}02789^{\,0{,}286} - 1\right]}$$
$$= 0{,}99 \cdot 0{,}0314 \cdot 44{,}8 \cdot \sqrt{2{,}258} = 2{,}092,$$

also in der Stunde

$$V_{st} = 2{,}092 \cdot 3600 = 7531{,}2 \text{ cbm}.$$

Der entsprechende Wert in der Tabelle (S. 496) beträgt 7514 cbm. Die geringe Abweichung dürfte auf Kürzungen in den Berechnungen zurückzuführen sein.

Bei den 3 Versuchen (s. S. 495) wurden die Drücke folgendermaßen berechnet.

Der Barometerstand betrug

bei Versuch I   735 mm QS bei 18⁰ C
  „   „   II   735 „   „   „   „
  „   „ III 733 „   „   „ 20⁰ C

Daraus folgt der Druck in Atmosphären oder mm Wassersäule, wenn die Barometerstände mit 13,54, dem spez. Gewicht des Quecksilbers multipliziert werden, zu

---

${}^1)$ Siehe auch weiter unten Kapitel 13, S. 713, Gleichungen 174a und 174b.
${}^2)$ Siehe oben S. 495.

I. $735 \cdot 13{,}54 = 9950$ mm WS $= 0{,}995$ Atm.
II. $735 \cdot 13{,}54 = 9950$.
III. 733 bei 20^0 ist nach der Reduktionsformel

$$\frac{B_0}{B_1} = \frac{T_0}{T_1} \text{ oder } B_0 = 733 \cdot \frac{291}{293} = 733 \cdot 0{,}993 = 727{,}87$$

$= 9855$ mm WS. (im Bericht zu 9950 angegeben).

Der Abfall in der Düse betrug

bei Versuch I i. M. 272 mm WS
„ „ II „ „ 189 „ „
„ „ III „ „ 253 „ „

demnach war der absolute Druck im Saugrohr oder der Ansaugedruck

bei Versuch I $9950 - 272 = 9678$ mm WS $= 0{,}9678$ Atm. abs.
„ „ II $9950 - 189 = 9761$ „ „ $= 0{,}9761$ „ „
„ „ III $9950 - 253 = 9697$ „ „ $= 0{,}9697$ „ „

welche Werte mit denjenigen in Tabelle auf S. 496 übereinstimmen.

Bei dem IV. Versuch auf Grube Itzenplitz waren die in der Tabelle auf S. 497 enthaltenen Werte gefunden worden. Der Barometerstand war dabei derselbe wie bei den Versuchen I—III, also gleich 9950 mm Wassersäule, woraus sich die Ansaugedrücke, wie in der obigen Tabelle angegeben, berechnen, z. B. für Versuch A $9950 - 385 = 9565 = 0{,}9565$ Atm. abs. oder für Versuch F $9950 - 198 = 9752 = 0{,}9752$ Atm. abs. Die Luftgeschwindigkeiten und Luftmengen berechnen sich wieder wie oben angegeben.

Für Versuch A ist z. B. $p_0 = 9950$, $p_1 = 9565$, also $\dfrac{p_0}{p_1} = 1{,}0403$, $T_0 = 273 + 19 = 292$, mithin

$$v = 44{,}8 \sqrt{292 \cdot 1{,}0403^{\,0{,}288} \cdot \left[1{,}0403^{\,0{,}286} - 1\right]}$$

$$= 44{,}8 \cdot \sqrt{292 \cdot 1{,}0115 \cdot 0{,}0115} = 82{,}20 \text{ m/Sek.}$$

daher

$$V = 0{,}99 \cdot 0{,}0314 \cdot 82{,}20 = 2{,}555 \text{ cbm/Sek.}$$

$$= 2{,}55 \cdot 3600 = 9200 \cdot \text{cbm/Std.} \quad \text{(Tabelle 9074).}$$

Für Versuch D ist $p_0 = 9950$, $p_1 = 9620$, also $\dfrac{p_0}{p_1} = 1{,}0097$, daher $v = 75{,}76$ m/Sek. und

$$V_{\text{sec}} = 2{,}355 \text{ cbm, also } V_{\text{st}} = 8457 \quad \text{(Tabelle 8400).}$$

Für Versuch G endlich ist $p_0 = 9950$, $p_1 = 9665$, $\dfrac{p_0}{p_1} = 1{,}0295$, daher $v = 70{,}46$ m/Sek. $V_{\text{sek}} = 2{,}1903$ cbm und $V_{\text{st}} = 7884$ (Tabelle 7700).

Die gefundenen und berechneten Werte sind in der nachstehenden Tabelle der besseren Übersicht wegen zusammengestellt.

Tabelle 26.

Ver-such No.	Druck vor der Düse p_0		hinter der Düse p_1		Druck-abfall mm WS.	Geschw. d. Luft i. d. Düse m/Sek.	Berechnete Luftmenge cbm		nach der Ver-suchs-tabelle
	mm WS.	Atm.	mm WS.	Atm.			Sek.	Stunde	
I	9950	0,995	9680	0,968	270	67,34	2,092	7531,2	7514
I	9950	—	9678	0,968	272	—	—	—	—
II	9950	—	9761	0,976	189	—	—	—	—
III	9950	—	9697	0,969	253	—	—	—	—
IV A	9950	—	9565	0,956	385	82,20	2,555	9200	9074
„ F	9950	—	9752	0,975	198	—	—	—	—
„ D	9950	—	9620	0,962	330	75,76	2,355	8457	8400
„ G	9950	—	9665	0,966	285	70,46	2,1903	7884	7700

II. Messung des Druckunterschieds.

Die Messung des erzeugten Druckunterschiedes[1]) erfolgt fast ausnahmslos durch Flüssigkeitsmanometer. Die „Regeln" bestimmen hierfür, daß sämtliche Drücke als statische Drücke zu messen sind.

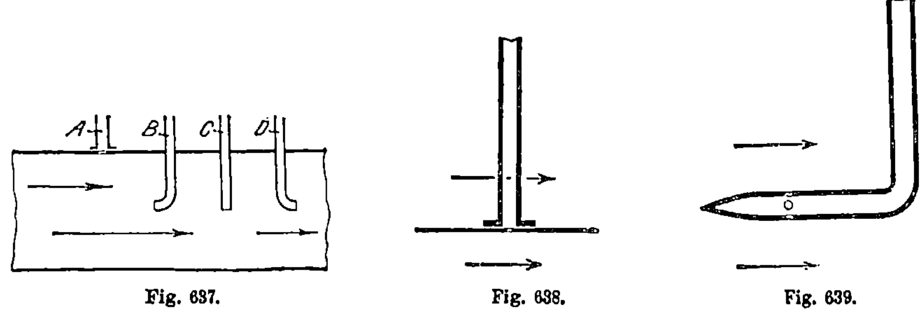

<table><tr><td align="center">Fig. 637.</td><td align="center">Fig. 638.</td><td align="center">Fig. 639.</td></tr></table>

Der Gesamtdruck ist die algebraische Summe des statischen und dynamischen Druckes: $p_g = p_{st} + p_d = p_{st} + \dfrac{\gamma \cdot v^2}{2g}$, worin v die Geschwindigkeit des Gasstromes in m/Sek. bedeutet.

Die Messung des statischen Druckes hat durch ein an die Gefäßwand glatt anschließendes Rohr A, Fig. 637 oder ein Meßrohr mit glatter Platte, eine sogenannte Sersche Scheibe (Fig. 638) im Strom zu erfolgen, die Messung des dynamischen Druckes durch ein dem Strom mit seiner Mündung zugekehrtes, um 90^0 gebogenes Pitot-Rohr (Fig. 639), wie es oben in mehrfachen Ausführungen beschrieben ist. Zur Druckanzeige dienen entweder, für größere Druckunterschiede (bis zu 400 mm WS.) einfache, stehende U-Röhrchen mit Flüssigkeitsfüllung (rotgefärbter Alkohol) oder für kleinere Druckunterschiede Flüssigkeitsmanometer mit geneigter Skala oder Mikromanometer. Die Verbindung des Stau-

---

¹) Siehe oben S. 691 b).

rohres mit einfachen U-Röhrchen zeigt Fig. 640. Diese Anordnung gestattet gleichzeitig alle 3 Drücke, den statischen, dynamischen und den Gesamtdruck abzulesen. Da der dynamische Druck gleich der Differenz zwischen Gesamtdruck und statischem Druck ist $p_d = p_g - p_{st}$, so wird das mittlere U-Rohr einerseits mit dem statischen, andererseits mit dem Gesamtdruckrohr verbunden, wie es aus der Figur ohne weiteres verständlich ist.

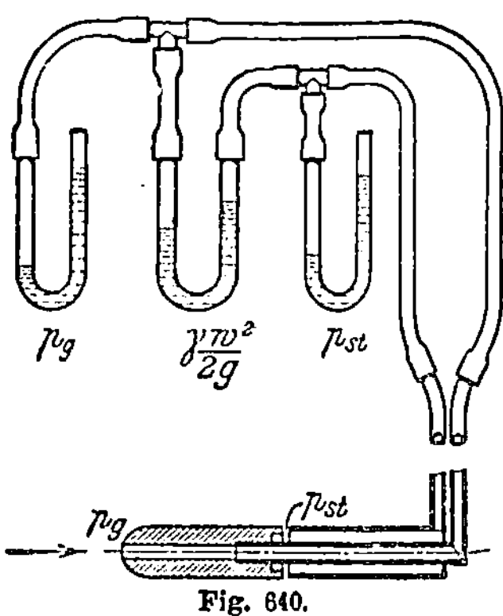

Fig. 640.

Ein Instrument zur Messung der Drücke von Krell[1]) zeigt Fig. 641. Es besteht aus einem verhältnismäßig großem Glasgefäß mit eingeschmolzenem Meßrohr und ist auf einem soliden Eichenholzbrettchen montiert. Das Meßrohr ist je nach der geforderten Genauigkeit mehr oder weniger zur Horizontalen geneigt. Diese Neigung bewirkt eine deutliche Verschiebung des Flüssigkeitsfadens in vergrößertem Maßstabe bei den geringsten Drücken, die auf das Manometer einwirken; hierdurch können Gaspressungen von 0,1 mm Wassersäule

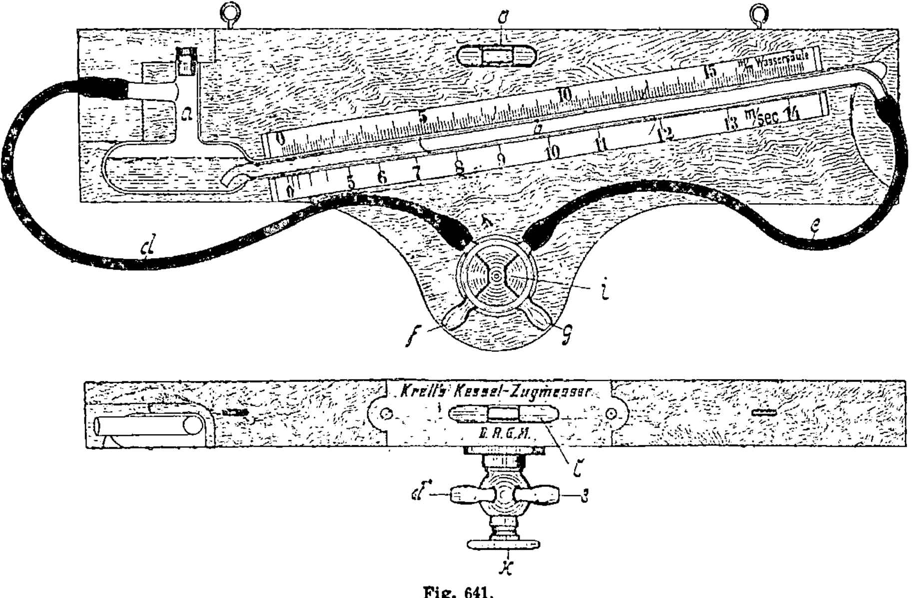

Fig. 641.

noch genau abgelesen werden. Zum richtigen Einstellen der Neigung des Apparates dient eine kleine Wasserwage, die in das Holz eingelassen ist. Der Vierweghahn i stellt die Verbindungen 1. des Raumes a mit

---

1) Ausgeführt von G. A. Schultze, Berlin-Charlottenburg, Charlottenburger Ufer 53/54.

der Anschlußtülle f und 2. der Skala mit der Tülle g her. Bei f ist der Schlauch an die höhere Druckstelle, bei g an die niedere anzuschließen. Es herrscht also stets in a höherer Druck als in der Skala-Meßröhre b, so daß die Flüssigkeitssäule stets vom Nullpunkt aus um den Betrag der Druckdifferenz in das Röhrchen a verschoben wird.

Für die Messung geringerer Druckunterschiede (selbst bis $1/_{100}$ mm WS.) und Luftgeschwindigkeiten von nur 0,25 m/Sek. dienen empfindlichere Instrumente, so u. a. das Krellsche Mikromanometer.

Dasselbe wird sowohl mit geradem als auch mit gebogenem Meßrohr ausgeführt. Eine Anordnung mit gebogenem Meßrohr zeigt Fig. 642, welche sowohl die dynamischen Drücke in mm WS.

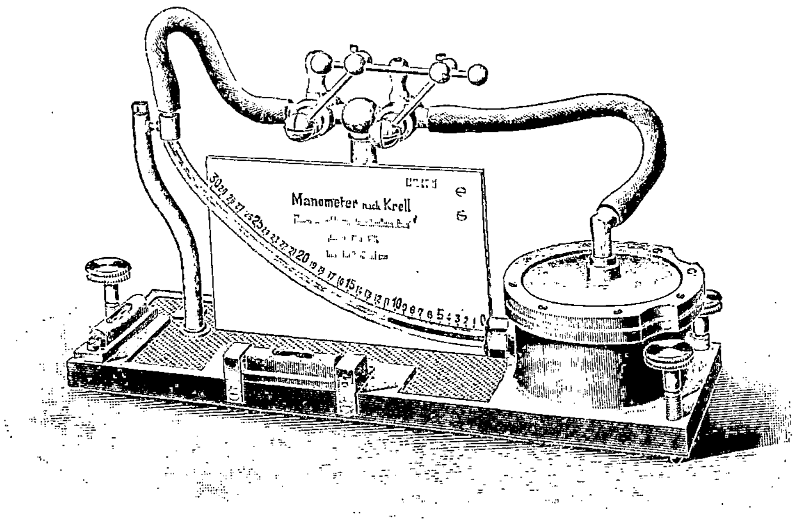

Fig. 642.

als auch die entsprechende Luftgeschwindigkeit abzulesen gestattet. Die Konstruktion und Wirkungsweise dürfte nach dem oben bei dem Flüssigkeitsmanometer Gesagten aus der Figur ohne weiteres verständlich sein.

III. Nutzleistung des Ventilators.

Die Berechnung der Nutzleistung des Ventilators[1]) ist nach den oben angeführten Gleichungen[2]) auszuführen. Nach den „Regeln" sind die Gleichungen

$$L = V_m \cdot (p_2 - p_1), \quad V_m = V_0 \frac{p_0 (t_1 + 273)}{\frac{p_1 + p_2}{2} \cdot (t_0 + 273)}$$

und

$$p_1 = p_{1st} + \frac{\gamma_1 \cdot w_1^2}{2\,g}, \quad p_2 = p_{2st} + \frac{\gamma_2 \cdot w_1^2}{2\,g}$$

---

[1]) Siehe oben S. 691 c): Die Bezeichnung „Reine Ventilatorleistung" ist hiermit identisch und noch vielfach in Gebrauch.

[2]) S. 671.

anzuwenden, worin V_0 das gemessene Sekundenvolumen, V_m das Volumen des geförderten Gases bei dem Drucke $\frac{p_1 + p_2}{2}$ und der zu p_1 gehörigen Temperatur t_1, p_0 der absolute statische Druck an der Meßstelle, t_0 die Temperatur an derselben Stelle, p_1 und p_2 der absolute Gesamtdruck vor und hinter dem Ventilator und meistens $\gamma_1 = \gamma_2 = \gamma_0$ das Gewicht eines cbm des gemessenen Gases (oder der Grubenluft) bezeichnet.

Die Werte V in cbm/Sek., p_1 und p_2 in kg/qm = mm W S. ergeben die Leistung L in m/kg. In Pferdestärken ausgedrückt ist dann bekanntlich

$$N_v = \frac{V_m\,(p_2 - p_1)}{75} = \frac{V_m \cdot h}{75},$$

worin $h = p_2 - p_1$ der erzeugte Druckunterschied in mm W S. vor und hinter dem Ventilator ist.

Zur Kennzeichnung des Widerstandes des Leitungsnetzes ist in den „Regeln" [1]) noch außer der äquivalenten Weite oder gleichwertigen Öffnung noch eine neue Größe, die „gleichwertige Düse" eingeführt.

Während die gleichwertige (äquivalente) Öffnung nach Murgue [2]) sich aus der Gleichung 115 a) (S. 659):

$$V = \mu \cdot A \cdot \sqrt{\frac{2g \cdot h_1}{\gamma}} \quad \text{zu}$$

$$A = \frac{V}{\mu} \cdot \sqrt{\frac{\gamma}{2g\,h_1}}$$

ergibt, worin η nach Murgue zu 0,65 anzunehmen war, soll nach dem Vorschlag der Kommission für die Regeln der Wert $\mu = 1$ eingesetzt werden, was dem Ausfluß des Gases durch eine sehr vollkommene Düse entspricht. Ihre Gleichung lautet dann:

$$A_1 = V \cdot \sqrt{\frac{\gamma}{2g\,h_1}}.$$

Bezüglich der Bedeutung derselben für die Beurteilung der Leistung von Ventilatoren und der unter Zugrundelegung der erhaltenen Versuchsergebnisse dargestellten Kennlinien (charakteristischen Kurven) muß auf die „Regeln" [3]) selbst und die Erläuterungsberichte zu denselben verwiesen werden.

---

[1]) Siehe oben S. 691 g, β).
[2]) Siehe oben S. 669.
[3]) S. 691, f, g.: Gleichwertige Öffnung; Kennlinien.

Dreizehntes Kapitel.

Berechnung der Strahlgebläse.

Die Theorie der Strahlgebläse oder Strahlapparate ganz allgemein
hat sich mit der Untersuchung der folgenden Werte zu befassen:
1. mit der Ausflußgeschwindigkeit und Ausflußmenge der treibenden Flüssigkeit, also des Dampfes, Wassers oder der Druckluft;
2. mit der durch die treibende Flüssigkeit erzeugten Depression
   oder Pressung;
3. mit dem Verhältnis der Querschnitte des Ausblaserohrs (oder
   der Düse), des Aufsatzrohrs (oder der Esse) und des Saugrohrs
   zueinander;
4. mit dem Verhältnis der in der Zeiteinheit angesaugten Luftmenge zur Menge der Treibflüssigkeit.

Alle diese, für die Erkenntnis der Wirkungsweise der Strahlapparate
so sehr wichtigen Werte sind zuerst von Zeuner in seiner klassischen
Abhandlung über das Lokomotivblasrohr eingehend untersucht [1]),
und auf Grund dieser Untersuchungen die zur Berechnung der Strahlapparate erforderlichen Grundgleichungen aufgestellt worden.

Eine Erweiterung und teilweise Abänderung [2]) haben diese Untersuchungen in Zeuners technischer Thermodynamik [3]), bei der Behandlung der strömenden Bewegung und des Ausflusses der Gase [4]) und
Dämpfe gefunden [5]).

Auf Grund einer großen Anzahl von Versuchen, welche Zeuner
im Sommer des Jahres 1858 auf dem Bahnhofe der Schweizerischen
Nordostbahn in Zürich angestellt hatte, deren Ergebnisse mit den Resultaten seiner theoretischen Untersuchungen durchweg eine vollkommene
Übereinstimmung zeigten, gelangte Zeuner zu nachfolgenden Haupt-

---

[1]) „Das Lokomotiv-Blasrohr“. Experimentelle und theoretische Untersuchungen über die Zugerzeugung durch Dampfstrahlen und über die saugende
Wirkung der Flüssigkeitsstrahlen überhaupt. Von Dr. Gustav Zeuner,
Zürich 1863.
[2]) Technische Thermodynamik, Bd. II, S. 166, Z. 10 v. u.
[3]) Technische Thermodynamik von Dr. Gustav Zeuner, 3. Aufl., Bd. I,
Leipzig 1887; Bd. II, Leipzig 1890.
[4]) a. a. O. Bd. I, § 40—52, S. 212—262.
[5]) a. a. O. Bd. II, § 20—25, S. 137—186.

sätzen, welche zwar nicht in der hier gewählten Zusammenstellung und demselben Wortlaute in seiner Abhandlung enthalten sind, jedoch das wesentliche der aus seinen Versuchen und Berechnungen abgeleiteten Schlüsse wiedergeben.

1. Die beim Ausströmen eines Flüssigkeitsstrahls erzeugte Depression oder der Pressungsunterschied ist proportional dem Flüssigkeitsdruck oder der Geschwindigkeitshöhe, welche der Geschwindigkeit entspricht, mit welcher der Flüssigkeitsstrahl ausströmt.

2. Die Depression oder der Pressungsunterschied ist nur abhängig vom Verhältnis des Querschnitts des Aufsatzrohrs zum Düsenquerschnitt und demjenigen des Saugrohrs zum Düsenquerschnitt, nicht aber von der absoluten Größe dieser drei Querschnitte.

3. Die Depression nimmt mit zunehmendem Verhältnis des Saugrohr- zum Düsenquerschnitt um so rascher ab, je kleiner das Verhältnis des Aufsatzrohrs zur Düse ist.

4. Jedem bestimmten Verhältnis von Saugrohr und Düse entspricht ein vorteilhaftestes Verhältnis vom Aufsatzrohr zur Düse, für welches die Luftverdünnung und folglich auch die angesaugte Luftmenge am größten ist.

5. Bei konstanter Größe des Querschnitts der Düse und des Aufsatzrohrs nimmt die angesaugte Luftmenge direkt mit der Quadratwurzel aus dem Überdruck der treibenden Flüssigkeit über dem äußeren Luftdruck zu.

6. Bei konstantem Querschnitt der Düse, des Aufsatzrohrs und konstantem Dampfdruck nimmt die angesaugte Luftmenge mit wachsender Saugrohröffnung zu, erreicht jedoch schließlich einen Grenzwert, welcher nicht überschritten wird, wie groß auch die Saugrohröffnung gemacht wird. Selbst bei unendlich großer Öffnung, also Saugen aus freier Luft, wird die Luftmenge nicht größer als beim Saugen aus einem Rohr von bestimmtem, dem Grenzwert entsprechendem Querschnitt.

7. Bei konstantem Querschnitt der Düse, des Saugrohrs und konstantem Dampfdruck existiert eine bestimmte Weite des Aufsatzrohrs, für welche die angesaugte Luftmenge am größten ist. Der vorteilhafteste Aufsatzrohrquerschnitt ist dabei um so kleiner, je kleiner das Verhältnis des Saugrohrs zur Düse ist.

8. Beim Ausfluß einer Flüssigkeit aus einem Gefäß wird, abgesehen von den schädlichen Widerständen auf Erzeugung der Ausflußgeschwindigkeit, eine Arbeit verwendet, welche gleich ist:

a) der Arbeit, welche die Flüssigkeit durch das Konstanthalten des Druckes im Ausflußgefäß annimmt, vermehrt

b) um die Arbeit, welche frei wird, indem die Flüssigkeit vom anfänglichen Flüssigkeitsdruck im Gefäß in den außerhalb desselben herrschenden Druck übergeht, vermindert endlich

c) um die Arbeit, welche die Flüssigkeit verrichten muß, um den äußeren konstanten Gegendruck zu überwinden.

9. Die angesaugte Luft bewegt sich mit derselben Geschwindigkeit und unter denselben Druckverhältnissen durch das Aufsatzrohr, wie die saugende Flüssigkeit.

10. Bei konstantem Verhältnis des Saugrohrs zur Düse und konstantem Dampfdruck gibt es stets zwei Werte des Verhältnisses des Aufsatzrohrs zur Düse, für welche dieselbe Luftmenge angesaugt wird.

In den nachfolgenden Gleichungen sind folgende Bezeichnungen eingeführt. Es bedeutet:

ξ die durch den ausfließenden Strahl erzeugte Depression bzw. den Pressungsunterschied zwischen dem äußeren Luftdruck und dem in der Saugkammer, d. h. dem die Düse umgebenden Raum herrschenden Druck in m Wassersäule für Luft- und Wasserdruck, in mm Quecksilbersäule für Dampfdruck;

h die Druckhöhe der treibenden Flüssigkeit in m Wassersäule bzw. mm Quecksilber;

F den Querschnitt der Ausflußöffnung oder Düse in qm;

F_1 „ „ des Aufsatzrohrs oder der Esse in qm;

F_2 „ „ „ Saugrohres in qm;

m das Verhältnis $\dfrac{F_1}{F}$;

n „ „ $\dfrac{F_2}{F}$;

p den Dampfüberdruck des Betriebsdampfes in Atm.;

w die Ausflußgeschwindigkeit der treibenden Flüssigkeit aus der Düse in m i. d. Sek.;

G die sekundliche Ausflußmenge der treibenden Flüssigkeit in kg;

x die spezifische Dampfmenge des Betriebsdampfes;

α, β, ζ und $\varkappa$ Versuchskonstanten.

Während die Untersuchung der Vorgänge beim Absaugen der Luft aus einem geschlossenen Gefäße exakt ausführbar ist, wie Zeuner nachgewiesen hat, ist dieselbe für das Absaugen aus Gefäßen oder Räumen, welche mit der äußeren Luft in Verbindung stehen, welcher Fall für die Strahlapparate in Frage kommt, bedeutend schwieriger, da die hierbei auftretenden Vorgänge höchst verwickelter Natur sind. Die Änderung der Dichtigkeit im Gehäuse [1]), die Wirbelbildungen, welche durch die Ablenkung der Luft aus der Bewegungsrichtung im Saugrohr in eine senkrecht hierzu stehende verursacht werden, die teilweise Kondensation des Dampfes und verschiedene andere Umstände mehr erschweren die Berechnung ungemein. Dieselbe kann daher nur annäherungsweise unter bestimmten Voraussetzungen erfolgen. Eine der ersten derselben ist diejenige, daß die Dichtigkeit im Gehäuse überall dieselbe sei und für dieselbe ein mittlerer Wert γ_1 angenommen werden könne. Einige andere Voraussetzungen bezüglich der Widerstandskoeffizienten, sowie der Koeffizienten α und β werden im weiteren bei Ableitung der einzelnen Hauptgleichungen noch gemacht werden.

Für alle nachfolgenden Berechnungen gelten nun die folgenden Hauptgleichungen gemeinsam.

---

[1]) Unter welcher Bezeichnung in der Folge der die Düse direkt umgebende Raum zu verstehen ist, in welchen das Saugrohr mündet.

Das Gewicht der treibenden Flüssigkeit, welches in der Zeiteinheit durch den Düsenquerschnitt F ausströmt, berechnet sich zu

$$G = V \cdot \gamma = F \cdot w \cdot \gamma \qquad 144)$$

oder, da das spezifische Volumen v der Flüssigkeit dem Gewicht je eines cbm oder der Dichtigkeit umgekehrt proportional, also

$$v = \frac{1}{\gamma} \text{ und } \gamma = \frac{1}{v}$$

ist,

$$G = \frac{F \cdot w}{v} \text{ }^{1}). \qquad 144\,a)$$

Die theoretische Ausflußgeschwindigkeit w berechnet sich nach der Gleichung:

$$w = \sqrt{2\,g\,H} \qquad 145)$$

dagegen die effektive Ausflußgeschwindigkeit unter Berücksichtigung der Widerstände zu

$$w_e = \sqrt{\frac{2\,g\,H}{1+\zeta}}. \qquad 146)$$

Hierin bedeutet H die **Strömungsenergie** oder die der Ausflußgeschwindigkeit w zugehörige **Geschwindigkeitshöhe**. Für die verschiedenen treibenden Flüssigkeiten, Druckluft, Dampf und Wasser sind daher zunächst die Werte von H und w zu bestimmen. Hierbei soll für alle 3 Fälle die Voraussetzung gemacht werden, daß der Ausfluß durch gut abgerundete Mündungen (Fig. 576 und 577, S. 525) und bei **konstantem** Überdruck der treibenden Flüssigkeit über dem äußeren Luftdruck erfolge und daß der absolute Flüssigkeitsdruck mindestens das Doppelte des äußeren Luftdruckes betrage [2]). Alle 3 Voraussetzungen entsprechen den bei Strahlapparaten wirklich vorkommenden Verhältnissen, indem erstlich die Ausflußdüsen gut abgerundet sind, sodann der Dampf-, Wasser- oder Luftdruck, welcher zum Betriebe der Apparate zur Verfügung steht, innerhalb sehr enger Grenzen als konstant angenommen werden kann und endlich der Betriebsdruck meist 3—4 Atmosphären, bei Dampf oft noch mehr beträgt.

A. Berechnung der Ausflußgeschwindigkeit w und Ausflußmenge G für Luft[3].

Ohne Berücksichtigung des Reibungswiderstandes in der Ausflußdüse gelten die Gleichungen:

$$w = \sqrt{2\,g \cdot \frac{\varkappa}{\varkappa - 1} \cdot p_0 \cdot v_0 \left[1 - \left(\frac{p}{p^0}\right)^{\frac{\varkappa - 1}{\varkappa}} \right]} \qquad 147)$$

<hr>

[1]) Vgl. Zeuner, a. a. O. Bd. I. S. 218, Gleichung IV.

[2]) Zeuner hat nachgewiesen, daß für Dämpfe bei einem Druckverhältnis zwischen dem Flüssigkeitsdruck und äußeren Gegendruck kleiner als 1,732 der Mündungsdruck mit dem äußeren Druck identisch ist, für ein größeres Verhältnis jedoch beide Werte verschieden sind, daher der letztere Fall als der allgemeinere und häufigere Fall betrachtet werden soll. (Näheres vgl. a. a. O. Bd. II, S. 162 ff.)

[3]) Vgl. Zeuner, Bd. I, S. 220 ff.

und

$$G = F \cdot \sqrt{2\,g \cdot \frac{\varkappa}{\varkappa-1} \cdot \frac{p_0}{v_0} \cdot \left[\left(\frac{p}{p_0}\right)^{\frac{2}{\varkappa}} - \left(\frac{p}{p_0}\right)^{\frac{\varkappa-1}{\varkappa}}\right]} \cdot \qquad 148)$$

Hierin ist v_0 in cbm das spezifische Volumen eines kg Luft vom Drucke p_0 in der Druckleitung gemessen, p der Mündungsdruck, $\varkappa = 1{,}410$ das Verhältnis der spezifischen Wärme bei konstantem Druck zu derjenigen bei konstantem Volumen (S. 549).

Unter Berücksichtigung der Reibungswiderstände in der Düse ist die effektive Ausflußgeschwindigkeit geringer, oder

$$w_e = \varphi \cdot w, \qquad 149)$$

worin φ der **Geschwindigkeitskoeffizient** ist.

Die effektive Strömungsenergie H_e ist dann nur $\varphi^2 . H$, da die Beziehung besteht

$$\frac{H_e}{H} = \frac{w_e^2}{w_e^2} = \frac{\varphi^2 \cdot w^2}{w^2} = \varphi^2.$$

Nach Gleichung 146) ist aber auch

$$w_e = \sqrt{\frac{1}{1+\zeta}} \cdot \sqrt{2\,g\,H} = \sqrt{\frac{1}{1+\zeta}} \cdot w,$$

folglich ist

$$\varphi = \sqrt{\frac{1}{1+\zeta}} \quad \text{und} \quad \zeta = \frac{1}{\varphi^2} - 1. \qquad 150)$$

Unter Berücksichtigung der Kontraktion des Luftstrahles ist $\alpha \cdot \varphi$ statt φ einzuführen, worin α den **Kontraktionskoeffizienten** bezeichnet. Setzt man $\alpha \cdot \varphi = \mu$, so ist auch $w_e' = \mu \cdot w$ und man erhält die effektive Ausflußmenge G_e zu:

$$G_e = \mu \cdot G = \mu \cdot \frac{F \cdot w}{v_1}. \qquad 151)$$

Hierin ist μ der **Ausflußkoeffizient**.

Nach den Versuchen von **Weißbach**, deren Ergebnisse von **Grashof** teilweise umgerechnet worden sind, können die Koeffizienten φ und μ für Luft nahezu gleich denen für Wasser gesetzt werden.

Zeuner hat die nachfolgende Gleichung zur Berechnung des Widerstandskoeffizienten ζ aufgestellt [1]:

$$\zeta = \frac{\varkappa - n}{\varkappa\,(n-1)}, \qquad 152)$$

worin n den „**Ausflußexponenten**" bedeutet, welcher für die Zustandsänderung der Luft nach der **polytropischen Kurve** $p.v^n =$ Konst. gilt. Gleichung 152) lehrt, daß n stets kleiner als $\varkappa$ sein muß, da ζ stets einen positiven Wert besitzt, daß dagegen für die theoretische Ausflußgeschwindigkeit, bei welcher die Widerstände vernachlässigt werden, also $\zeta = 0$ ist, $n = \varkappa$ sein muß, die polytropische Kurve also in die adiabatische Kurve übergeht, der Ausfluß der Luft also ohne Wärmezufuhr von außen oder Wärmeabfuhr nach außen stattfindet. Hieraus folgt jedoch umgekehrt, daß in Wirklichkeit beim Ausfluß der Luft durch die Düse eine Wärmeabgabe nach außen stattfindet, welche der infolge der Reibung der

---

[1] a. a. O. Bd. I, S. 227.

Luft an den Wandungen der Düse verlorenen Arbeit entspricht. Unter Berücksichtigung von Gleichung 152) gehen die Gleichungen 147) und 148) nun über in die folgenden

$$w = \sqrt{2g \cdot \frac{n}{n-1} p_0 v_0 \left[1 - \left(\frac{p}{p_0}\right)^{\frac{n-1}{n}} \right]} \qquad 153)$$

und

$$G = F \cdot \sqrt{2g \cdot \frac{n}{n-1} \frac{p_0}{v_0} \left[\left(\frac{p}{p_0}\right)^{\frac{2}{n}} - \left(\frac{p}{p_0}\right)^{\frac{n+1}{n}} \right]}, \qquad 154)$$

in denen an Stelle des Exponenten $\varkappa$ in den früheren Gleichungen der Exponent n getreten ist.

Unter Benutzung der Beziehung

$$A \cdot p_0 v_0 = c_p \frac{n-1}{n} \cdot T_0$$

oder

$$p_0 v_0 = c_p \frac{n-1}{n} \cdot \frac{T_0}{A},$$

sowie unter Einführung des Kontraktionskoeffizienten α (falls eine Kontraktion angenommen werden soll) folgt endlich:

$$w_e = \sqrt{2g \cdot c_p \cdot \frac{T_0}{A} \left[1 - \left(\frac{p}{p_0}\right)^{\frac{n-1}{n}} \right]}, \qquad 153\,a)$$

oder unter Einsetzung der konstanten Werte: $g = 9,81$, $c_p = 0,2375$ und $\frac{1}{A} = 428$

$$w_e = 44,8 \sqrt{T_0 \left[1 - \left(\frac{p}{p_0}\right)^{\frac{n-1}{n}} \right]} \qquad 153\,b)$$

und

$$G_e = \frac{\alpha \cdot F}{v_0} \cdot \sqrt{2g \cdot c_p \cdot \frac{T_0}{A} \left[\left(\frac{p}{p_0}\right)^{\frac{2}{n}} - \left(\frac{p}{p_0}\right)^{\frac{n+1}{n}} \right]}, \qquad 154\,a)$$

worin T_0 die absolute Temperatur der Luft im Druck- oder Ausflußrohr, c_p die spezifische Wärme bei konstantem Druck $= 0,2375$ bedeutet und v_0 sich aus der Gleichung

$$v_0 = \frac{R \cdot T_0}{p_0} = 29,272 \frac{T_0}{p_0} \qquad 155)$$

berechnet.

Der Mündungsdruck p kann für geringere Pressungen (1,5—2 Atm. abs. Luftdruck) ohne großen Fehler gleich dem äußeren Gegendruck p_2 gesetzt werden.

Für $n = 1,4$ wird $\frac{n-1}{n} = 0,286$. Für das umgekehrte Verhältnis $\frac{p_0}{p}$ schreibt sich die Gleichung 153 b) nach einigen Umformungen auf Grund der Beziehung

$$\left(\frac{p}{p_0}\right)^{0,287} = \frac{T}{T_0} \text{ folgendermaßen:}$$

$$w_e = 44,8 \sqrt{T_0 \left(\frac{p_0}{p}\right)^{0,286} \left[\left(\frac{p_0}{p}\right)^{0,286} - 1\right]}. \qquad 153\,c)$$

Hierin ist $p_0 > p$ und $\dfrac{p_0}{p} > 1$.

Für größere Drücke ist der Mündungsdruck jedoch aus der Gleichung

$$p = p_0 \cdot \left(\frac{2}{n+1}\right)^{\frac{n}{n-1}} \text{ oder } \log p = \log p_0 + \frac{n}{n-1} \log \frac{2}{n+1}$$

$$= \log p_0 - \frac{n}{n-1}\left(\log(n+1) - \log 2\right) \qquad 156)$$

zu berechnen, sobald die Beziehung erfüllt ist, daß

$$\frac{p_2}{p_0} < \left(\frac{2}{n+1}\right)^{\frac{n}{n-1}} \text{ oder } \frac{p_0}{p_2} > \left(\frac{2}{n+1}\right)^{\frac{n}{n-1}} \text{ ist.}$$

Je nach der Größe der Mündung, ihrer Beschaffenheit, Abrundung etc. ist hierin n zwischen 1,0 und 1,41 zu wählen. Zeuner gibt für

$$\frac{p_2}{p_0} = 0,6667 = \frac{2}{3}, \quad \text{also} \quad \frac{p_0}{p_2} = 1,5, \quad n = 1,250,$$

für

$$\frac{p_2}{p_0} = 0,25 = \frac{1}{4}, \quad \text{also} \quad \frac{p_0}{p_2} = 4,0, \quad n = 1,380$$

an, woraus zu schließen ist, daß mit wachsendem Überdruck der Einfluß der Widerstände auf die Ausflußgeschwindigkeit abnimmt, weil mit wachsendem Exponenten n der Wert ζ kleiner wird, wie auch aus der folgende Tabelle zu ersehen ist.

Tabelle 27.

Widerstandskoeffizient ζ.

$n =$	1,0	1,10	1,15	1,20	1,22	1,25	1,27	1,30	1,33	1,35	1,38	1,41
$\zeta =$	∞	2.19	1,23	0,745	0,613	0,454	0,368	0,260	0,172	0,1215	0,056	0,000

Das spezifische Volumen in der Mündung berechnet sich für dieselben Voraussetzungen nach der Gleichung

$$v = v_0 \cdot \left(\frac{n+1}{2}\right)^{\frac{1}{n-1}}. \qquad 157)$$

Beispiel: Aus einer Druckluftleitung ströme Luft unter einem Druck von 4 Atm. abs. durch eine konische Düse von 20 mm Mündungsdurchmesser aus. Die Temperatur der Luft in der Luftleitung sei 17^{0} C. Die theoretische und effektive Ausflußgeschwindigkeit und Ausflußmenge ist zu berechnen.

Nach Gleichung 155) ist zunächst das spezifische Volumen bei dem gegebenen Druck p_0 von 4 Atm. $= 4 \cdot 10333 = 41332$ kg/qm

$$v_0 = 29{,}272 \, \frac{273 + 17}{41\,332} = 0{,}2053 \ \text{cbm} \,,$$

also

$$p_0 \, v_0 = 8488{,}01.$$

Nach Gleichung 147) berechnet sich sodann

$$w = \sqrt{19{,}62 \cdot 3{,}439 \cdot 8488{,}01 \left[1 - \left(\frac{p}{p_0}\right)^{0{,}29}\right]},$$

hierin ist zunächst p noch unbekannt. Ohne Berücksichtigung der Reibung also für $n = \varkappa\, 1{,}41$ berechnet sich p nach der Gleichung

$$p = p_0 \cdot \left(\frac{2}{\varkappa + 1}\right)^{\frac{\varkappa}{\varkappa - 1}}$$

zu:

$$p = 41\,332 \cdot \left(\frac{2}{2{,}41}\right)^{\frac{1{,}41}{0{,}41}} = 41\,332 \cdot 0{,}527 = 21\,784 \ \text{kg} = 2{,}108 \ \text{Atm.}$$

Das spezifische Volumen ergibt sich nach Gleichung 157), wenn $n = \varkappa = 1{,}41$ gesetzt wird, zu:

$$v = 0{,}2053 \left(\frac{2{,}41}{2}\right)^{\frac{1}{0{,}41}} = 0{,}2053 \cdot 1{,}5773 = 0{,}32392$$

Nach Gleichung 156) berechnet sich, wenn $n = 1{,}380$ angenommen werden mag, p zu

$$p = 41\,332 \cdot 0{,}84^{3{,}631} = 41\,332 \cdot 0{,}531 = 21\,947{,}29 \ \text{kg/qm} = 2{,}124 \ \text{Atm.}$$

und daraus

$$\frac{p}{p_0} = 0{,}531,$$

ferner:

$$1 - \left(\frac{p}{p_0}\right)^{0{,}29} = 1 - 0{,}531^{0{,}29} = 1 - 0{,}8325 = 0{,}1675.$$

Folglich ist

$$w = \sqrt{19{,}62 \cdot 3{,}439 \cdot 8488{,}01 \cdot 0{,}1675} = \sqrt{95967{,}5} \backsim 310 \ \text{m.}$$

Das spezifische Volumen in der Mündung berechnet sich dann nach Gleichung 157) zu

$$v = v_0 \cdot \left(\frac{n+1}{2}\right)^{\frac{1}{n-1}} = 0{,}2053 \cdot \left(\frac{2{,}38}{2}\right)^{\frac{1}{0{,}38}} = 0{,}2053 \cdot 1{,}58 = 0{,}3252 \ \text{cbm.}$$

Nach Gleichung 154) ist sodann die Ausflußmenge in kg i. d. Sek.

$$G = 0{,}02^2 \, \frac{\pi}{4} \, \sqrt{19{,}62 \cdot 3{,}439 \cdot \frac{41\,332}{0{,}2053} \cdot \left[0{,}531^{1{,}418} - 0{,}531^{1{,}70}\right]}$$

$$= 0{,}000314 \, \sqrt{930\,528} = 964{,}6 \cdot 0{,}000314 = 0{,}3029 \ \text{kg,}$$

oder in cbm vom Drucke p_0:

$$G \cdot v_0 = 0{,}2053 \cdot 0{,}3029 = 0{,}0622 \ \text{cbm.}$$

Die effektive Ausflußgeschwindigkeit berechnet sich nach Gleichung 153 a) zu:

$$w_e = \sqrt{19{,}61 \cdot 0{,}2375 \cdot 424 \cdot 290 \cdot \left[1 - 0{,}531^{\frac{n-1}{n}}\right]}.$$

Hierin ist der Wert von n noch unbekannt. Wird derselbe nach Zeuners Angaben zu 1,38 angenommen, so folgt

$$w_e = \sqrt{572\,379 \cdot [1 - 0,8383]} = \sqrt{92\,554} = 304,23 \text{ m.}$$

Die effektive Ausflußmenge ergibt sich nach Gleichung 154 a), wenn $\alpha = 0,90$ angenommen wird, zu

$$G_e = \frac{0,9 \cdot 0,000314}{0,2053} \cdot \sqrt{19,61 \cdot 0,2375 \cdot 424 \cdot 290\left[0,531^{1,45} - 0,514^{1,724}\right]}$$
$$= 0,2695 \sim 0,27 \text{ kg,}$$

oder in cbm vom Drucke p_0

$$G_e \cdot v_0 = 0,0553 \text{ cbm.}$$

Der Ausflußkoeffizient $\varphi = \dfrac{w_e}{w}$ berechnet sich hiernach zu

$$\varphi = \frac{304,23}{310} = 0,9814.$$

Berechnet man hieraus rückwärts ζ nach Gleichung 150), so folgt

$$\zeta = 0,03885,$$

und nach Gleichung 152)

$$n = \frac{\varkappa\,(1 + \zeta)}{1 + \zeta \cdot \varkappa} = 1,388;$$

welcher Wert mit dem anfangs angenommenen $n = 1,38$ fast genau übereinstimmt.

B. Berechnung der Ausflußgeschwindigkeit w und Ausflußmenge G für Wasser.

Nach Gleichung 145) ist:

$$w = \sqrt{2\,g \cdot h}, \tag{158}$$

$$w_e = \sqrt{\frac{2\,g \cdot h}{1 + \zeta_0 + \zeta \dfrac{1}{d}}} = \varphi \cdot w, \quad \text{worin } \varphi = \sqrt{\frac{1}{1 + \zeta_0 + \zeta \dfrac{1}{d}}} \tag{158a}$$

ist. Ferner ist nach Gleichung 144):

$$G = F \cdot w \cdot \gamma \text{ in kg,} \tag{159}$$
$$G_e = \mu\,G = \alpha \cdot \varphi' \cdot G = \alpha \cdot \varphi \cdot F\,w\,\gamma. \tag{159a}$$

Hierin bezeichnet:

w bzw. w_e die theoretische bzw. effektive Ausflußgeschwindigkeit des Wassers in m i. d. Sek.;

h die Druckhöhe in m Wassersäule (1 Atm. = 10,33 m);

l und d die Länge und Weite des Zuflußrohres in m;

G und G_e die theoretische und effektive Ausflußmenge in kg i. d. Sek.;

F den Mündungsquerschnitt in qm;

φ wie vorher den Geschwindigkeitskoeffizienten;

ζ_0 den Widerstandskoeffizienten für die Mündung;

ζ „   „   „   „ Reibung des Wassers im Zuflußrohr;

a den Kontraktionskoeffizienten und

μ den Ausflußkoeffizienten.

Die Werte dieser Koeffizienten sind bekanntlich durch sehr zahlreiche Versuche von Weißbach bestimmt worden.

Für innen gut abgerundete, konische Mundstücke können folgende Werte eingesetzt werden:

$a = 1$, da eine Kontraktion des austretenden Strahls nur beim Ausfluß aus Mündungen in dünner Wand stattfindet, dieselben jedoch bei den Strahlapparaten keine Anwendung finden. Es kann daher in der Folge $\mu = \varphi$ gesetzt werden.

ζ_0 ist nach Weißbach-Hermann [1]) zu 0,0526 zu nehmen, wenn φ für gut abgerundete konische Mundstücke zu 0,975 gesetzt wird.

Nach Zeuner [2]) ist für die verschiedensten Druckhöhen und Mündungsdurchmesser bei gut abgerundeten Mündungen $\zeta_0 = 0,063$ zu setzen.

ζ ist der Geschwindigkeit umgekehrt proportional und berechnet sich nach Weißbach-Herrmann [3]) aus der Gleichung

$$\zeta = 0,01439 + \frac{0,0094711}{\sqrt{v}}, \qquad 160)$$

worin v die mittlere Geschwindigkeit des Wassers im Zuflußrohr in m/Sek. ist und vorläufig nach der Gleichung

$$v = \sqrt{2\,g\,h}$$

zu berechnen ist.

Zeuner [4]) gibt dafür die Gleichung

$$\zeta = 0,014312 + \frac{0,010327}{\sqrt{v}}. \qquad 161)$$

Aus beiden Gleichungen ergeben sich für verschiedene, am meisten gebräuchliche Druckhöhen folgende Werte.

Tabelle 28.

p Atm. Überdruck	h m Wassersäule		$w = \sqrt{2\,g\,h}$	Widerstandskoeffizient ζ		
	genau	abgerundet	m	berechnet nach Weißbach-Herrmann Gleichung 181)	berechnet nach Zeuner Gleichung 182)	Mittelwerte
1	10,333	10,34	14,27	0,01505	0,015036	0,015043
2	20,666	20,70	20,15	0,01486	0,014825	0,014843
3	30,999	31,00	24,67	0,01477	0,014730	0,014750
4	41,332	41,34	28,49	0,01472	0,014675	0,014698
5	51,665	51,70	31,85	0,01469	0,014636	0,014663
6	61,998	62,00	34,88	0,01466	0,014608	0,014634
8	82,664	82,67	40,27	0,01463	0,014568	0,014599
10	103,330	103,34	45,00	0,01460	0,014542	0,014571
15	154,995	155,00	55,15	0,01456	0,014500	0,014530
20	206,660	206,70	63,70	0,01454	0,014474	0,014507

[1]) Weißbach-Herrmann, Lehrbuch der Ingenieur- und Maschinenmechanik, 5. Aufl. 1875, Bd. I, S. 969.

[2]) a. a. O. Bd. I, S. 254.

[3]) a. a. O. S. 1015.

[4]) Zivilingenieur, Bd. I, 1854.

Die Zeunerschen Koeffizienten sind somit durchweg etwas kleiner als diejenigen von Weißbach-Herrmann. Für die meisten praktischen Fälle dürften die in der letzten Spalte enthaltenen Mittelwerte genügende Genauigkeit ergeben.

Beispiel: Für das für Luft berechnete Beispiel soll unter gleichen Verhältnissen die theoretische und effektive Ausflußgeschwindigkeit und Ausflußmenge berechnet werden, wobei die Länge der Zuflußleitung $l = 10$ m (von einem Druckwasserbehälter herkommend) und der Durchmesser derselben auch $= 20$ mm sein soll.

Für $p = 4$ Atm. abs. ist nach Tabelle 28. $h = 41,332$ und $w = 28,49$ die theoretische Geschwindigkeit.

Nach Gleichung 158 a) ist

$$\varphi = \sqrt{\frac{1}{1 + \zeta_0 + \zeta \cdot \frac{l}{d}}} = \sqrt{\frac{1}{1 + 0,063 + 0,014698 \cdot \frac{10}{0,02}}} = 0,3448 \backsim 0,345,$$

folglich

$$w_e = 28,49 \cdot 0,345 = 9,83 \text{ m.}$$

Die theoretische Ausflußmenge ist demnach

$$G = 0,0003142 \cdot 1000 \cdot 28,49 = 8,954 \text{ kg,}$$

die effektive Ausflußmenge aber, da $\mu = \varphi$ ist, nur

$$G_e = \varphi \cdot G = 8,954 \cdot 0,345 = 3,089 \text{ kg.}$$

C. Berechnung der Ausflußgeschwindigkeit w und Ausflußmenge G für Dampf.

Nach Zeuner[1]) können die für den Ausfluß der Luft abgeleiteten Gleichungen hier mit der einzigen Änderung Anwendung finden, daß
$$\varkappa = 1,035 + 0,100\, x_1 \qquad\qquad 162)$$
zu setzen ist, worin x_1 die spezifische Dampfmenge bezeichnet, also für trocken gesättigten Wasserdampf oder $x_1 = 1$, $\varkappa = 1,135$ wird.

Der Ausflußexponent n berechnet sich wie oben nach der Gleichung
$$n = \frac{\varkappa\,(1 + \zeta)}{1 + \varkappa\,\zeta},$$
worin ζ wieder den Widerstandskoeffizienten für das Ausflußrohr oder die Düse bezeichnet. Für verschiedene Werte von n ist derselbe aus der nachfolgenden Tabelle zu entnehmen.

Tabelle 29.
Widerstandskoeffizient ζ.

$n =$	1,00	1,02	1,04	1,06	1,08	1,10
$\zeta =$	∞	5,07	2,092	1,101	0,606	0,308
$n =$	1,105	1,110	1,115	1,120	1,125	1,130
$\zeta =$	0,252	0,200	0,152	0,110	0,0704	0,034

für $n = \varkappa$ ist $\zeta = 0,000$.

[1]) a. a. O. Bd. II, S. 161 ff.

Für Dampfdrücke über 2 Atm. abs., welche bei Strahlgebläsen wohl meist nur Anwendung finden, gelten nach Zeuner die folgenden Gleichungen:

Der Mündungsdruck p ist zunächst für $n = \varkappa$ (ohne Berücksichtigung des Widerstandskoeffizienten ζ)

$$p = 0,5774\,p_1,\qquad\qquad 163)$$

das spezifische Volumen in der Mündung

$$v = 1,6223\,v_0.\qquad\qquad 164)$$

Die Ausströmungsgeschwindigkeit berechnet sich sodann zu

$$w = 3,2296\,\sqrt{p_0\,v_0},\qquad\qquad 165)$$

die Ausflußmenge zu

$$G = 1,9908 \cdot F\sqrt{\frac{p_0}{v_0}}.\qquad\qquad 166)$$

In den Gleichungen 165) und 166) ist v_0 in cbm, p_0 in kg/qm zu setzen. Soll p_0 in Atm. abs. eingesetzt werden, so ist

$$w = 328,32 \cdot \sqrt{p_0\,v_0}\qquad\qquad 165\,a)$$

und

$$G = 202,4 \cdot F\sqrt{\frac{p_0}{v_0}}\qquad\qquad 166\,a)$$

zu setzen.

Mit Berücksichtigung von ζ (also für $n < \varkappa$) gelten für die Mündung folgende Gleichungen:

Mündungsdruck

$$p = p_0 \cdot \left(\frac{2}{n+1}\right)^{\frac{1}{n-1}},\qquad\qquad 167)$$

Spezifisches Mündungsvolumen

$$v = v_0 \cdot \left(\frac{n+1}{2}\right)^{\frac{1}{n-1}},\qquad\qquad 168)$$

Dampfgeschwindigkeit in der Mündung

$$w = \sqrt{2\,g \cdot \frac{\varkappa}{\varkappa-1} \cdot \frac{n-1}{n+1} \cdot p_0\,v_0},\qquad\qquad 169)$$

Ausflußmenge aus der Mündung

$$G = F\sqrt{2\,g \cdot \frac{\varkappa}{\varkappa-1} \cdot \frac{p_0}{v_0} \cdot \frac{n-1}{n+1} \cdot \left(\frac{2}{n+1}\right)^{\frac{2}{n-1}}}.\qquad\qquad 170)$$

Darin ist p_0 in kg/qm, v_0 in cbm einzusetzen.

Zur Berechnung der spezifischen Dampfmenge x in der Mündung dient die Gleichung:

$$v = x \cdot u + \sigma,\qquad\qquad 171)$$

woraus folgt:

$$x = \frac{v - \sigma}{u}.\qquad\qquad 171\,a)$$

Hierin ist v das spezifische Volumen in der Mündung, welches nach den Gleichungen 155) bzw. 157) zu berechnen ist, $u = s - \sigma$ für den

Tabelle 30.

Ausfluß trockener, gesättigter Wasserdämpfe in die freie Atmosphäre durch eine einfache abgerundete Mündung unter Vernachlässigung der Widerstände [1].

Druck p_0	1	2	3	4	5	6	7	8	9	Druck p_0 im Kessel
	Spez. Volumen V_0	Druck p	Spez. Volumen v	Spez. Dampfmenge x	Ausflußgeschwindigkeit w	Ausflußmenge G in kg i. d. Sek. Mündungsquerschnitt F in qm			Werte von $\frac{F_0}{F}$ F_0 Ausflußquerschnitt, F Mündungsquerschnitt	
	im Kessel	in der Mündungsebene				Mischung $\frac{G}{F}$	Dampf $\frac{G \cdot x}{F}$	Wasser $\frac{G(1-x)}{F}$		
Atm.	cbm	Atm	cbm	kg	m/Sek.					Atm.
1,1	1,5088	1	1,6410	0,994	178,5	108,8	108,1	0.7	1	1,1
1,2	1,3902	1	1,6324	0,989	247,0	151,3	149,6	1,7	1	1,2
1,4	1,2025	1	1,6174	0,980	335,5	207,4	203,3	4,1	1	1,4
1,6	1,0606	1	1,6047	0,972	397,0	247,4	240,5	6,9	1	1,6
1,8	0,9494	1,039	1,5402	0,965	429,2	278,6	268,9	9,7	1,000	1,8
2	0,8599	1,155	1,3950	0,966	430,5	308,6	298,1	10,5	1,015	2
3	0,5875	1,732	0,9531	0,967	435,8	457,3	442,2	15,1	1,166	3
4	0,4484	2,310	0,7274	0,968	439,7	604,4	585,1	19.3	1,348	4
5	0,3636	2,887	0,5899	0,968	442,6	750,4	726,4	24,0	1,533	5
6	0,3064	3,464	0,4971	0,969	445,1	895,4	867,7	27,7	1,715	6
7	0,2652	4,042	0,4302	0,969	447,3	1039,7	1007,5	32,2	1,898	7
8	0,2339	4,619	0,3795	0,969	449,1	1183,3	1146,6	36,7	2,073	8
9	0,2095	5,197	0,3399	0,969	450,8	1326,2	1285,1	41,1	2,240	9
10	0,1897	5,774	0,3078	0 969	452,2	1469,0	1423,5	45,5	2 409	10
11	0,1735	6,351	0,2815	0,969	453,5	1611,1	1561,2	49,9	2,574	11
12	0,1599	6,929	0,2594	0,969	454,7	1753,1	1698,7	54,4	2,738	12
13	0,1483	7,506	0,2406	0,969	455.8	1894.5	1835,8	58,7	2,899	13
14	0,1383	8,084	0,2241	0,969	456 8	2035.7	1972,6	61,1	3,058	14

[1] Zeuner, Techn. Thermodynamik, Bd. II. S. 167.

Mündungsdruck aus den Zeunerschen Tabellen für Wasserdämpfe zu entnehmen, und $\sigma = 0{,}001$ zu setzen.

Die nachfolgende Tabelle, welche von Zeuner nach den Gleichungen 163)—166), also unter Vernachlässigung der Widerstände berechnet ist, gibt für Dampfdrücke von 1—14 Atm. die auf den Ausfluß trockener, gesättigter Wasserdämpfe durch eine einfache abgerundete Mündung in die freie Atmosphäre bezüglichen Werte.

Beispiel: Für das oben berechnete Beispiel ergeben sich für Dampf folgende Werte.

Die theoretische Ausflußgeschwindigkeit w ist für 4 Atm. nach Tabelle 30

$$w = 439{,}7 \text{ m},$$

das spezifische Volumen des Dampfes in der Mündung

$$v = 0{,}7274 \text{ cbm},$$

der spezifische Druck in derselben

$$p = 2{,}310 \text{ Atm.},$$

die spezifische Dampfmenge

$$x = 0{,}968 \text{ kg}$$

und die Ausflußmenge

$$G = 604{,}4 \cdot 0{,}0003142 = 0{,}1899 \sim 0{,}19 \text{ kg}.$$

Unter Berücksichtigung der Widerstände ergibt sich bei Annahme eines Widerstandskoeffizienten $\zeta = 0{,}1$

$$n = \frac{\varkappa\,(1+\zeta)}{1+\varkappa\,\zeta} = \frac{1{,}135 \cdot 1{,}1}{1+0{,}1135} = 1{,}121.$$

Unter Benutzung der Gleichungen 167—170) erhält man:

$$p = 4 \cdot \left(\frac{2}{2{,}121}\right)^{9{,}294} = 4 \cdot 0{,}94295^{9{,}294} = 2{,}3213,$$

$$v = v_0 \left(\frac{n+1}{2}\right)^{\frac{1}{n-1}} = 0{,}4484 \left(\frac{2{,}121}{2}\right)^{\frac{1}{0{,}121}} = 0{,}4484 \cdot 1{,}6249 = 0{,}7286,$$

$$w = \sqrt{19{,}62 \cdot 8{,}4 \frac{0{,}121}{2{,}121} \cdot 4 \cdot 10\,333 \cdot 0{,}4484} = 417{,}2 \text{ m},$$

$$G_e = 0{,}0003142 \sqrt{19{,}62 \cdot 8{,}4 \cdot \frac{41\,332}{0{,}4484} \cdot \frac{0{,}121}{2{,}121} \cdot \left(\frac{2}{2{,}121}\right)^{\frac{2}{0{,}121}}} = 0{,}1797 \text{ kg}.$$

Der Ausflußkoeffizient φ bzw. das Verhältnis der effektiven zur theoretischen Ausflußmenge berechnet sich demnach zu

$$\varphi = \frac{w_e}{w} = \frac{417}{440} = 0{,}9477,$$

$$\frac{G_e}{G} = \frac{0{,}1797}{0{,}1899} = 0{,}9473,$$

welche Werte eine genügende Übereinstimmung zeigen.

Die für die drei verschiedenen Flüssigkeiten Luft, Wasser und Wasserdampf für das gegebene Beispiel erhaltenen Werte sind der besseren Übersicht wegen in der folgenden Tabelle 31 zusammengestellt.

Tabelle 31.

Flüssigkeitsdruck $= 4$ Atm. abs.

Aus-strömende Flüssig-keit	1. Spezifisches Volumen v_0 cbm im Druck-behälter	2 Spezifisches Volumen v cbm in der Mün-dung		3. Druck p in der Mündungsebene in Atm. ohne Berück-sich-tigung der Rei-bung	4. mit Berück-sich-tigung der Rei-bung	Ausfluß-geschwindigkeit in m i. d. Sek. theo-retisch	effek-tiv	Ausflußmenge G theo-retisch kg (cbm)	effektiv kg (cbm)
		a)	b)						
Luft	0,2053	0,3239	0,3252	2,108	2,124	310	304,23	0,3029 (0,0622	0,270 0,0553)
Wasser	0,001	0,001		1	1	28,49	9,83	8,954	3,089
		a)	b)						
Wasser-dampf	0,4484	0,7274	0,7284	2,310	2,3213	439,7	417,2	0,1899	0,1797

a) ohne Berücksichtigung, b) mit Berücksichtigung der Reibung.

Die Tabelle zeigt die auffallende Tatsache, daß sowohl das spezifische Volumen, als auch der Druck in der Mündung bei Berücksichtigung der Reibungswiderstände größer ausfällt als ohne Berücksichtigung derselben, oder daß der effektive Mündungsdruck bzw. das spezifische Volumen größer ist als der theoretische Druck bzw. das theoretische Volumen in der Mündung. Wie die Tabelle zeigt, gilt dies sowohl für Luft als auch für Wasserdampf [1]).

D. Berechnung der angesaugten Luftmenge.

Zur Berechnung der angesaugten Luftmenge dienen folgende Gleichungen.

Es bezeichne in Fig. 643

F, p, γ, w den Querschnitt, den Druck, das Gewicht eines cbm und die Geschwindigkeit in der Ausströmungsöffnung,

F_1, p_1, γ_1, w_1 dieselben Werte an der engsten Stelle des Ausfatzrohres,

F_0, p_0, $\gamma_0 = \gamma_1$, w_0 diese Werte am Ende des Aufsatzsohres,

F_2, p_2, γ_2, w_2 dieselben im Saugrohr;

ferner

---

[1]) Zur Erklärung dieser Erscheinung sei auf die nähere Entwickelung in der 1. Aufl. S. 674—678 verwiesen.

p_x den Druck an der Mischungsstelle,

G die aus dem Mundstück D sekundlich ausströmende Luft-, Wasser- oder Dampfmenge in kg,

G_2 die durch das Saugrohr S sekundlich angesaugte Luftmenge in kg,

G_0 die aus dem Aufsatzrohr sekundlich ausströmende Mischungsmenge in kg.

Da die in der Zeiteinheit aus dem Mundstück D ausströmende Flüssigkeitsmenge, sowie die angesaugte Luftmenge in derselben Zeit aus dem Aufsatzrohr auch wieder ausgeblasen werden muß, so folgt als erste Gleichung

$$G_0 = G + G_2. \qquad 172)$$

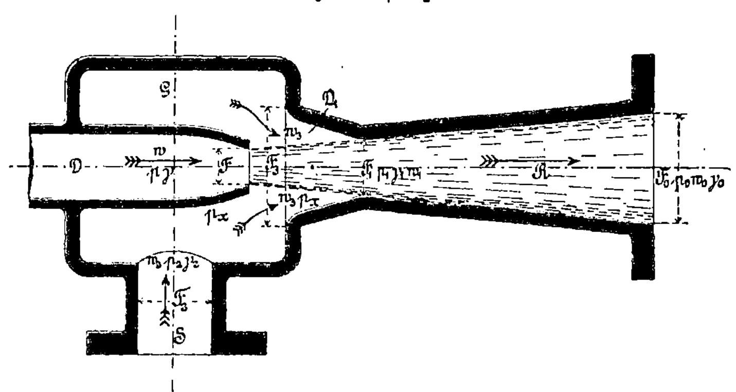

Fig. 643.

Aus den Beziehungen

$$G = F \cdot w \cdot \gamma, \quad G_2 = F_2 \cdot w_2 \cdot \gamma_2 \quad \text{und} \quad G_0 = F_0 \cdot w_0 \cdot \gamma_1 \qquad 173)$$

ergibt sich

$$F_0 \cdot w_0 \cdot \gamma_1 = F \cdot w \cdot \gamma + F_2 \, w_2 \, \gamma_2 \qquad 174)$$

oder da dieselbe Mischungsmenge in der Zeiteinheit auch durch den engsten Querschnitt des Aufsatzrohres strömen muß,

$$F_1 \, w_1 \cdot \gamma_1 = F_0 \, w_0 \, \gamma_1.$$

Gleichung 174) schreibt sich also auch

$$F_1 \, w_1 \cdot \gamma_1 = F \cdot w \cdot \gamma + F_2 \, w_2 \, \gamma_2,$$

oder

$$\frac{F_1}{F} \, w_1 \, \gamma_1 = w \cdot \gamma + \frac{F_2}{F} \, w_2 \, \gamma_2.$$

Bezeichnet man noch $\dfrac{F_1}{F}$ mit m, $\dfrac{F_2}{F}$ mit n, so folgt

$$m \cdot w_1 \cdot \gamma_1 = w \cdot \gamma + n \cdot w_2 \, \gamma_2. \qquad 175)$$

Zur Berechnung der einzelnen Geschwindigkeiten dient die allgemeine Gleichung

$$\frac{w^2}{2\,g} = \frac{p_a - p_e}{\gamma}. \qquad 176)$$

46*

oder unter Berücksichtigung der Reibungswiderstände

$$(1 + \zeta)\frac{w^2}{2g} = \frac{p_a - p_e}{\gamma}, \qquad \text{176 a)}$$

worin p_a den Anfangsdruck, p_e den Enddruck ($p_a > p_e$) und γ das Gewicht der strömenden Flüssigkeit ist.

Nach Zeuner berechnet sich nun die ganze, von der Mischungsmenge G_0 verrichtete Arbeit folgendermaßen. Betrachtet man den zwischen den Querschnitten F_1 und F_0 im Aufsatzrohr enthaltenen Flüssigkeitskegel, so wirken zunächst auf den Querschnitt F_1 folgende Kräfte.

1. $F_1.p_x$ der konstante, in der Mischungsdüse D_1 herrschende absolute Druck.

2. $\dfrac{G}{g}$ ($w - w_1$) der von der treibenden Flüssigkeit infolge der Geschwindigkeitsabnahme ausgeübte Druck.

3. $\dfrac{G_2}{g}$ ($w_3 - w_1$) der von der angesaugten Luft ausgeübte Druck, wobei w_3 die Geschwindigkeit der Luft in der Mischungsdüse ist.

Der Gesamtdruck $\mathbf{P_1}$ ist somit

$$P_1 = F_1\, p_x + \frac{G}{g}\, (w - w_1) + \frac{G_2}{g}\, (w_3 - w_1). \qquad \text{177)}$$

folglich die Arbeit, welche derselbe in der Zeiteinheit leistet

$$A_1 = P_1 \cdot w_1. \qquad \text{178)}$$

Diese Arbeit wird verwandt zur Beschleunigung der gesamten Mischungsmenge $G_0 = G + G_2$ und zur Überwindung des äußeren Luftdrucks $F_0\, p_0$, es ist somit auch

$$A_1 = \frac{G_0}{g} \cdot \frac{w_0^2 - w_1^2}{2} + F_0\, p_0 \cdot w_0. \qquad \text{178 a)}$$

Aus der Gleichung 177) und 178 a) folgt sodann

$$F_1\, p_x \cdot w_1 + \frac{G}{g}(w - w_1) \cdot w_1 + \frac{G_2}{g}(w_3 - w_1) \cdot w_1 = \frac{G_0}{g}\,\frac{w_0^2 - w_1^2}{2} + F_0\, p_0\, w_0, \qquad \text{179)}$$

oder nach einigen Umformungen

$$F_0\, w_0 \cdot p_0 - F_1\, w_1\, p_x = \frac{G}{g} \cdot w \cdot w_1 + \frac{G_2}{g} \cdot w_3 \cdot w_1 - \frac{G_0}{g}\,\frac{(w_0^2 + w_1^2)}{2}. \qquad \text{180)}$$

Setzt man hierin die Werte für G_0, G und G_2 ein, so folgt:

$$F_0\, w_0\, p_0 - F_1\, w_1\, p_x = \frac{F \cdot w \cdot \gamma}{g} \cdot w\, w_1 + \frac{F_2\, w_2 \cdot \gamma_2}{g} \cdot w_3 \cdot w_1 - \frac{F_0 \cdot w_0 \cdot \gamma_1}{g}\,\frac{(w_0^2 + w_1^2)}{2},$$

oder da $F_0\, w_0 = F_1\, w_1$ ist, nach Division durch $F_1\, w_1$

$$p_0 - p_x = \frac{F}{F_1} \cdot \frac{\gamma}{g} \cdot w^2 + \frac{F_2}{F_1} \cdot \frac{\gamma_2}{g} \cdot w_2\, w_3 - \frac{\gamma_1}{2g}(w_0^2 + w_1^2),$$

mithin, da nach den obigen Bezeichnungen

$$\frac{F}{F_1} = \frac{1}{m}, \quad \frac{F_2}{F_1} = \frac{n}{m}$$

ist,

$$2\,g\,(p_0 - p_x) = \frac{2\,\gamma}{m} \cdot w^2 + \frac{2\,\gamma_2 \cdot n}{m} \cdot w_2\, w_3 - \gamma_1(w_0^2 + w_1^2). \qquad \text{181)}$$

Nach Gleichung 176 a) ist nun

$$w_2{}^2 = \frac{2\,g}{\gamma_2} \cdot \frac{p_0 - p_x}{1 + \zeta_2}. \qquad\qquad 182)$$

Setzt man ferner noch $w_3 = 0$, d. h. nimmt man an, daß die Luft im Gehäuse G wieder zur Ruhe gekommen sei, so folgt aus Gleichung 181)

$$2\,g\,(p_0 - p_x) = \frac{2\,\gamma}{m}\,w^2 - \gamma_1\,(w_0{}^2 + w_1{}^2). \qquad\qquad 183)$$

Für $w_0{}^2 + w_1{}^2$ läßt sich setzen

$$w_1{}^2\left[1 + \left(\frac{w_0}{w_1}\right)^2\right] = 2 \cdot w_1{}^2 \cdot \frac{1}{2}\left[1 + \left(\frac{F_1}{F_0}\right)^2\right] = 2\,w_1{}^2 \cdot \lambda,$$

worin

$$\lambda = \frac{1}{2}\left[1 + \left(\frac{F_1}{F_0}\right)^2\right] \qquad\qquad 184)$$

ist und eine Funktion des Verhältnisses des engsten zum weitesten Querschnitt des Aufsatzrohres ist.

Man erhält somit für Gleichung 181) die folgende Gleichung

$$2\,g\,(p_0 - p_x) = \frac{2\,\gamma}{m} \cdot w^2 - 2\,\gamma_1 \cdot \lambda \cdot w_1{}^2 \qquad\qquad 185)$$

Aus Gleichung 182) folgt aber

$$2\,g\,(p_0 - p_x) = w_2{}^2 \cdot \gamma_2\,(1 + \zeta_2), \qquad\qquad 185\,\text{a})$$

folglich ist

$$w_2{}^2 \cdot \gamma_2\,(1 + \zeta_2) = \frac{2\,\gamma}{m} \cdot w^2 - 2\,\gamma_1\,\lambda\,w_1{}^2$$

oder

$$w_2{}^2 = \frac{2\,\gamma}{\gamma_2\,(1 + \zeta_2)} \cdot \frac{w^2}{m} - \frac{2\,\gamma_1}{\gamma_2\,(1 + \zeta_2)}\,\lambda\,w_1{}^2.$$

Setzt man hierin:

$$\frac{2\,\gamma_1}{\gamma_2\,(1 + \zeta_2)} = \alpha \qquad\qquad 186)$$

und

$$\frac{2\,\gamma}{\gamma_2\,(1 + \zeta_2)} = \beta \qquad\qquad 186\,\text{a})$$

so folgt

$$w_2{}^2 = \beta \cdot \frac{w^2}{m} - \alpha \cdot \lambda\,w_1{}^2, \qquad\qquad 187)$$

oder

$$m \cdot w_2{}^2 = \beta \cdot w^2 - m \cdot \alpha \cdot \lambda \cdot w_1{}^2$$

und

$$m^2\,w_2{}^2 = m \cdot \beta\,w^2 - \alpha \cdot \lambda\,(m \cdot w_1)^2.$$

Aus Gleichung 175) folgt ferner

$$w_1 = w \cdot \frac{1}{m} \cdot \frac{\gamma}{\gamma_1} + w_2 \cdot \frac{n}{m} \cdot \frac{\gamma_2}{\gamma_1},$$

folglich

$$(m \cdot w_1)^2 = \left(\frac{\gamma}{\gamma_1} \cdot w + \frac{\gamma_2}{\gamma_1} \cdot n \cdot w_2\right)^2.$$

Aus dieser Gleichung und Gleichung 187) folgt

$$\left(m \cdot \frac{w_2}{w}\right)^2 = m \cdot \beta - \alpha \lambda \left(\frac{\gamma}{\gamma_1} + \frac{\gamma_2}{\gamma_1} \cdot n \frac{w_2}{w}\right)^2,$$

und hieraus schließlich

$$\left(\frac{w_2}{w}\right)^2 \cdot \left[m^2 + \alpha \cdot \lambda \cdot \left(\frac{\gamma_2}{\gamma_1} \cdot n\right)^2\right] + 2 \cdot \alpha \lambda \frac{\gamma \cdot \gamma_2}{\gamma_1^2} \cdot n \frac{w_2}{w} = m \cdot \beta - \alpha \cdot \lambda \frac{\gamma}{\gamma_1}. \qquad 188)$$

Die Auflösung dieser Gleichung führt zu einem sehr komplizierten Ausdruck, weshalb das zweite Glied der linken Seite als verhältnismäßig klein vernachlässigt werden soll. Man erhält dann die bedeutend einfachere Gleichung

$$\left(\frac{w_2}{w}\right)^2 = \frac{m\beta - \alpha \cdot \lambda \dfrac{\gamma}{\gamma_1}}{m^2 + \alpha \cdot \lambda \dfrac{\gamma_2^2}{\gamma_1^2} \cdot n^2}$$

und hieraus

$$w_2 = w \cdot \sqrt{\frac{\beta (m - \lambda)}{m^2 + \beta \cdot \lambda \cdot n^2 \dfrac{\gamma_2^2}{\gamma_1 \cdot \gamma}}}, \qquad 189)$$

da

$$\alpha = \frac{\gamma_1}{\gamma} \cdot \beta$$

und

$$\alpha \cdot \frac{\gamma_2^2}{\gamma_1^2} = \frac{2 \cdot \gamma_1}{\gamma_2 (1 + \zeta_2)}, \frac{\gamma_2^2}{\gamma_1^2} \cdot \frac{\gamma}{\gamma} = \beta \cdot \frac{\gamma_2^2}{\gamma_1 \cdot \gamma}$$

ist. Für $\gamma_2 = \gamma_1 = \gamma$ folgt hieraus

$$w_2 = w \cdot \sqrt{\frac{\beta (m - \lambda)}{m^2 + \beta \cdot \lambda \cdot n^2}}. \qquad 189\,a)$$

Die angesaugte Luftmenge G_2 berechnet sich hieraus unter Berück-·
sichtigung von Gleichung 173) zu:

$$G_2 = F_2 \gamma_2 \cdot w \cdot \sqrt{\frac{\beta (m - \lambda)}{m^2 + \beta \cdot \lambda \cdot n^2 \dfrac{\gamma_2^2}{\gamma_1 \cdot \gamma}}}, \qquad 190)$$

das Verhältnis der angesaugten Luftmenge zur treibenden Flüssigkeitsmenge zu

$$\frac{G_2}{G} = \frac{F_2 \gamma_2 w_2}{F \cdot \gamma \cdot w},$$

oder da $\dfrac{F_2}{F} = n$ ist, zu

$$\frac{G_2}{G} = n \cdot \frac{\gamma_2}{\gamma} \cdot \sqrt{\frac{\beta (m - \lambda)}{m^2 + \beta \cdot \lambda \cdot n^2 \cdot \dfrac{\gamma_2^2}{\gamma \cdot \gamma_1}}} = \frac{\gamma_2}{\gamma} \sqrt{\frac{\beta n^2 (m - \lambda)}{m^2 + \beta \cdot \lambda n^2 \dfrac{\gamma_2^2}{\gamma \cdot \gamma_1}}}. \qquad 191)$$

Die in dieser Gleichung enthaltene Beziehung läßt sich in folgendem, von Ze u n e r zuerst in seiner Theorie des Lokomotivblasrohrs ausgesprochenem und bewiesenem Satze ausdrücken:

„Die angesaugte Luftmenge ist der ausfließenden Flüssigkeitsmenge direkt proportional, von der Größe des Flüssigkeitsdruckes unabhängig und nur eine Funktion der verschiedenen Querschnittsverhältnisse, nicht aber der absoluten Größen derselben."

Aus Gleichung 191) lassen sich ferner folgende Schlüsse ziehen:

1. Die angesaugte Luftmenge ist um so größer, je größer n, d. h. je größer der Querschnitt der Saugleitung im Verhältnis zum Düsenquerschnitt ist oder umgekehrt.

2. Dieselbe ist um so kleiner, je größer λ ist. Dieselbe ist somit für $\lambda < 1$ größer als für $\lambda = 1$, oder gar $\lambda > 1$. Der erste Wert gilt für konisch divergente Aufsatzrohre, der mittlere für zylindrische und der letzte für konvergente Rohre. Es ist daher stets vorteilhafter, das Aufsatzrohr konisch divergent als zylindrisch zu machen, während konisch nach oben verjüngte Rohre ganz zu verwerfen sind.

3. Die Luftmenge ist vom Verhältnis der spezifischen Gewichte der anzusaugenden Luft und der saugenden Flüssigkeit abhängig. Die spezifisch leichteste Flüssigkeit wird daher unter sonst gleichen Verhältnissen die größte Luftmenge, die spezifisch schwerste, das Wasser, dagegen die kleinste Luftmenge ansaugen.

Um den Einfluß der Werte m, n und λ auf G_2 noch deutlicher zu zeigen, kann man Gleichung 191) auch folgendermaßen schreiben:

$$\frac{G_2}{G} = \frac{\gamma_2}{\gamma} \sqrt{\frac{\beta \cdot n^2 m - \beta \lambda n^2 + m^2 - m^2}{m^2 + \beta \lambda n^2}} = \frac{\gamma_2}{\gamma} \sqrt{\frac{m^2 + m \cdot \beta n^2}{m^2 + \lambda \cdot \beta n^2} - 1}. \qquad 191\,a)$$

Der Bruch unter dem Wurzelzeichen wird um so größer sein, je größer m gegenüber λ ist, weil die beiden Glieder βn^2 im Zähler und Nenner sich nur durch die Faktoren m und λ unterscheiden.

Um zu ermitteln, für welche Werte von m, n und λ die Luftmenge G_2 ein Maximum ist, hat man Gleichung 190) nach diesen einzelnen Werten zu differenzieren.

1. m sei veränderlich und vorübergehend mit x bezeichnet, n und λ seien konstant. Dann ist Gleichung 190) zu schreiben

$$G_2 = G \cdot \frac{\gamma_2}{\gamma} \cdot \sqrt{\frac{x^2 + x \cdot \beta n^2}{x^2 + \lambda \beta n^2} - 1}.$$

Durch Differentiation ergibt sich:

$$\frac{d\,G_2}{dx} = G \cdot \frac{\gamma_2}{\gamma} \cdot \frac{(x^2 + \lambda \beta n^2)(2x + \beta n^2) - (x^2 + x \beta n^2) \cdot 2x}{2 \cdot (x^2 + \lambda \beta n^2)^2 \cdot \sqrt{\frac{x^2 + x \beta n^2}{x^2 + \lambda \beta n_2} - 1}} = 0,$$

oder

$$(x^2 + \lambda \beta n^2)(2x + \beta n^2) = (x^2 + x \beta n^2) \cdot 2x,$$

woraus nach einigen Umformungen

$$x^2 - \lambda \cdot 2x - \lambda \beta n^2 = 0,$$

also

$$x = m = \lambda + \sqrt{\lambda^2 + \lambda \beta \cdot n^2} \qquad 192)$$

folgt.

2. n sei veränderlich. Dann ist

$$G_2 = G \frac{\gamma_2}{\gamma} \sqrt{\frac{x^2 \cdot m \beta + m^2}{x^2 \cdot \lambda \beta + m^2} - 1}$$

zu setzen.

Die Differentiation dieser Gleichung würde keinen Maximalwert von G_2 ergeben, da, wie die Gleichung sofort zeigt, G_2 mit n fortwährend wächst, wie auch bereits oben nachgewiesen wurde.

3. λ sei veränderlich. Gleichung 190) zeigt sofort, daß, wie auch bereits erwähnt, G_2 um so größer ist, je kleiner λ ist. Aus Gleichung 184) folgt, daß der Grenzwert für λ sich für $\left(\dfrac{F_1}{F_0}\right)^2 = 0$ oder $\dfrac{F_1}{F_0} = 0$ zu $\lambda = \dfrac{1}{2}$ ergibt. Diesen Wert kann man jedoch nicht erreichen, da hierzu entweder $F_1 = 0$ oder $F_0 = \infty$ sein müßte, was den Voraussetzungen widerspricht.

Zeuner empfiehlt für Lokomotivblasrohre $\lambda = 0{,}5988 \backsim 0{,}6$ zu machen, woraus folgt

$$\frac{F_1}{F_0} = \sqrt{2\,\lambda - 1} = 0{,}447$$

oder

$$F_0 = 2{,}237\,F_1$$

und

$$d_0 = 1{,}497\,d_1 \backsim 1{,}5\,d_1.$$

Setzt man den Wert $\lambda = 0{,}6$ in Gleichung 192) ein, so erhält man

$$m = 0{,}6 + \sqrt{0{,}36 + 0{,}6 \cdot \beta\,n^2} = 0{,}6 + \sqrt{n^2\left(0{,}6\,\beta + \frac{0{,}36}{n^2}\right)}. \qquad \text{192 a)}$$

Vernachlässigt man das zweite Glied des Klammerausdruckes und setzt β vorübergehend nach Zeuner [1]) $= \dfrac{1}{6} = 0{,}1666$, so folgt

$$m = 0{,}316\,n + 0{,}6$$

oder

$$n = 3{,}164\,(m - 0{,}6). \qquad \text{193)}$$

Zeuner fand bei den oben erwähnten Versuchen, daß, wenn $m < 4$ gemacht wurde, der Versuchsapparat so starken Erschütterungen ausgesetzt und das Geräusch desselben ein so starkes war, daß unter diesen Verhältnissen eine Weiterführung der Versuche nicht durchführbar war. Man kann daher wohl $m = 4$ als niedrigsten Grenzwert für m angeben. Hierfür erhält man nach Gleichung 193)

$$n = 3{,}164 \cdot 4{,}6 = 14{,}55 \backsim 14{,}6.$$

In den obigen Gleichungen sind noch die Werte von α, β, $\zeta_2\,\gamma$, γ_1 und γ_2 einer näheren Besprechung zu unterziehen.

In den Gleichungen 186) und 186 a) ist der Widerstandskoeffizient ζ_2 enthalten. Derselbe kann für Luft annähernd so groß wie für Wasser gesetzt und für große Geschwindigkeit vernachlässigt werden, da er nach Weißbach der Geschwindigkeit umgekehrt proportional ist.

Zur genaueren Berechnung dienen die auf S. 717 angegebenen Gleichungen 160) und 161) von Weißbach und Zeuner.

Im Mittel kann derselbe zu $0{,}0146$ oder $\dfrac{2}{1 + \zeta_2} = 1{,}971$ angenommen werden, woraus sich ergibt

---

[1]) Für Dampf als saugende und heiße Luft als angesaugte Flüssigkeit.

$$\alpha = 1{,}971 \cdot \frac{\gamma_1}{\gamma_2} \quad \text{und} \quad \beta = 1{,}971 \cdot \frac{\gamma}{\gamma_2}.$$

Zur Berechnung der Gewichte eines cbm dienen folgende Gleichungen:

1. γ ergibt sich aus der Gleichung

$$\gamma = \frac{1}{v},$$

worin v das spezifische Volumen der saugenden Flüssigkeit im Mundstück ist, und sich

für Luft aus Gleichung 157) (S. 714),
  „ Dampf „   „   168) (S. 719)
berechnet, während für Wasser $\gamma = 1$ zu setzen ist.

2. γ_1 ist das Gewicht eines cbm der Mischung im Aufsatzrohr. Wie bereits oben bemerkt wurde, muß zur Vereinfachung der Berechnung das Gewicht im Aufsatzrohr konstant angesehen und hierfür ein mittlerer Wert angenommen werden.

Man berechne zunächst w_2 nach Gleichung 189), indem man im Nenner $\gamma_1 = \gamma$ setzt. Sodann folgt aus Gleichung 172) (S. 723)

$$G_0 = G + G_2$$

oder

$$v_0\,\gamma_1 = v \cdot \gamma + v_2\,\gamma_2,$$

mithin

$$\gamma_1 = \frac{F \cdot w \cdot \gamma + F_2\,w_2\,\gamma_2}{F_0 \cdot w_0} = \frac{F \cdot w \cdot \gamma + F_2\,w_2\,\gamma_2}{F_1 \cdot w},$$

wenn man $w_1 = w$ setzt, welche Voraussetzung zwar nicht streng richtig ist, jedoch keinen großen Fehler verursacht. Setzt man noch

$$w_2 = \varepsilon \cdot w,$$

worin ε den Wurzelausdruck in Gleichung 189) bezeichnet, und dividiert die rechte Seite der obigen Gleichung durch F, so ist

$$\gamma_1 = \frac{w \cdot \gamma + n \cdot \varepsilon \cdot w \cdot \gamma_2}{m \cdot w} = \frac{\gamma + n \cdot \varepsilon \cdot \gamma_2}{m}. \qquad 194)$$

Diese Gleichung enthält noch den Wert γ_2, welcher sich aus den nachfolgenden Gleichungen berechnet.

3. γ_2 ist das Gewicht der angesaugten Luft. Dasselbe ergibt sich aus der Zustandsgleichung

$$p_2\,v_2 = R\,T_2$$

und der Beziehung

$$v_2 = \frac{1}{\gamma_2} \quad \text{zu} \quad \gamma_2 = \frac{p_2}{R\,T_2}.$$

Hierin ist p_2 der Druck der angesaugten Luft beim Eintritt in das Gehäuse, welchen man, ohne einen großen Fehler zu begehen, gleich dem Drucke p_x setzen kann, so daß man auch schreiben kann

$$\gamma_2 = \frac{p_x}{R\,T_2}.$$

Nach Gleichung 185 a) (S. 725) ist nun

$$2\,g\,(p_0 - p_x) = w_2{}^2 \cdot \gamma_2 \cdot (1 + \zeta_2) = w_2{}^2 \cdot (1 + \zeta_2)\,\frac{p_x}{R\,T_2},$$

woraus nach verschiedenen Umformungen folgt

$$p_x = p_0 \frac{2\,g\,R\,T_2}{2\,g\,R\,T_2 + w_2{}^2(1+\zeta_2)} = p_0 \left[1 - \frac{w_2{}^2(1+\zeta_2)}{2\,g\,R\,T_2 + w_2{}^2(1+\zeta_2)}\right. \qquad 195)$$

Setzt man den ersteren der beiden Werte oben ein, so folgt

$$\gamma_2 = p_0 \cdot \frac{2\,g}{w_2{}^2(1+\zeta_2) + 2\,g\,R\,T_2}. \qquad 196)$$

Zur Berechnung von w_2 wende man Gleichung 189 a) an, worin vorübergehend $\gamma_2 = \gamma_1 = \gamma$ gesetzt ist.

Die Temperatur T_2 nehme man gleich der Temperatur T_0 der Außenluft.

Aus Gleichung 195) läßt sich, nachdem mit Hilfe von Gleichung 196) und 189) der richtige Wert von w_2 gefunden ist, die absolute Spannung p_x im Gehäuse G, sowie die erzeugte Depression $\xi = p_0 - p_x$ berechnen. Man erhält

$$\xi = p_0 - p_x = \frac{w_2{}^2(1+\zeta_2)}{2\,g\,R\,T_2 + w_2{}^2(1+\zeta_2)} \cdot p_0$$

$$= w_2 \cdot (1+\zeta_2) \cdot \frac{m^2 + \beta \cdot \lambda \cdot n^2 \dfrac{\gamma_2{}^2}{\gamma_1 \cdot \gamma}}{2\,g\,R\,T_2 + w^2(1+\zeta_2)\dfrac{\beta(m-\lambda)}{m^2 + \beta \cdot \lambda \cdot n^2 \cdot \dfrac{\gamma_2{}^2}{\gamma_1 \cdot \gamma}}} \cdot p_0,$$

woraus nach verschiedenen Umformungen folgt:

$$\xi = \frac{w^2 \cdot (1+\zeta_2) \cdot \beta(m-\lambda)}{w^2(1+\zeta_2) \cdot \beta(m-\lambda) + 2\,g\,R\,T_2\left(m^2 + \beta \cdot \lambda \cdot n^2 \dfrac{\gamma_2{}^2}{\gamma \cdot \gamma_1}\right)} \cdot p_0 \cdot \qquad 197)$$

Beispiel: Für das oben (S. 714) berechnete Beispiel soll die angesaugte Luftmenge und die Depression im Gehäuse für Luft, Wasser und Dampf als saugende Flüssigkeit berechnet werden.

1. Luft als saugende Flüssigkeit.

Es war

$$w_0 = 304{,}23 \text{ m}, \qquad G_0 = 0{,}27 \text{ kg} = 0{,}0553 \text{ cbm}$$

gefunden.

Nach Gleichung 189 a) (S. 726) ist zunächst für $\gamma = \gamma_1 = \gamma_2$

$$w_2 = w \cdot \sqrt{\frac{\beta \cdot (m-\lambda)}{m^2 + \beta \cdot \lambda\, n^2}}.$$

Um zunächst m zu berechnen, sei $\lambda = 0{,}6$, $n = 12$ gesetzt, so folgt nach Gleichung 213 a)

$$m = 0{,}6 + \sqrt{0{,}36 + 0{,}6 \cdot 1{,}971 \cdot 144},$$

worin β für $\gamma_2 = \gamma$ nach Gleichung 186 a) (S. 725) zu 1,971 gesetzt ist.

Hieraus folgt m = 13,7, mithin

$$w_2 = 304{,}23 \cdot \sqrt{\frac{1{,}971 \cdot 13{,}1}{187{,}7 + 170{,}28}} = 304{,}23 \cdot 0{,}268 = 81{,}54 \text{ m}.$$

Berechnet man γ_2 für diesen Wert von w_2 nach Gleichung 196), worin $t = 10\,^0$ C oder $T = 283$ angenommen sei, so folgt

$$\gamma_2 = 10\,333 \cdot \frac{19{,}62}{81{,}54^2 \cdot 1{,}0146 + 19{,}62 \cdot 29{,}27 \cdot 283} = \frac{202\,733}{169\,262} = 1{,}198.$$

Berechnet man ferner noch γ aus dem Wert

$$v = 0{,}3244 \text{ zu } \gamma = \frac{1}{v} = 3{,}0826$$

und

$$\beta = 1{,}971 \cdot \frac{\gamma}{\gamma_2} = 1{,}971 \cdot \frac{3{,}0826}{1{,}198} = 2{,}573,$$

hieraus sodann m genauer zu

$$m = 0{,}6 + \sqrt{0{,}36 + 0{,}6 \cdot 2{,}573 \cdot 144} = 15{,}53,$$

und endlich γ_1 nach Gleichung 194) zu

$$\gamma_1 = \frac{3{,}0826 + 12 \cdot 0{,}268 \cdot 1{,}198}{15{,}53} = \frac{6{,}743}{15{,}53} = 0{,}434 \text{ kg,}$$

so kann man nun die genaue Formel 189) zur Berechnung von w_2 benutzen, wonach man erhält

$$w_2 = 304{,}23 \cdot \sqrt{\frac{2{,}573 \cdot 14{.}93}{241 + 2{,}573 \cdot 0{,}6 \cdot 144 \cdot \frac{1{,}198^2}{0{,}434 \cdot 3{,}0826}}} = 304{,}23 \sqrt{\frac{38{,}41}{480}} = 85{,}732 \text{ m.}$$

Hieraus folgt genau

$$\gamma_2 = 1{,}1925 \text{ kg.}$$

Es ist mithin

$$\frac{G_2}{G} = \frac{F_2}{F} \frac{w_2 \cdot \gamma_2}{w \cdot \gamma} = n \cdot \frac{w_2}{w} \cdot \frac{\gamma_2}{\gamma} = 12 \cdot 0{,}2818 \cdot \frac{1{,}1925}{3{,}0826} = 1{,}34$$

und

$$G_2 = 0{,}27 \cdot 1{,}34 = 0{,}362 \text{ kg.}$$

Das Volumverhältnis der angesaugten zur saugenden Flüssigkeit ergibt sich zu

$$\frac{V_2}{V} = \frac{G_2}{G} \cdot \frac{\gamma}{\gamma_2} = 1{,}34 \cdot \frac{3{,}0826}{1{,}1925} = 2{,}59,$$

also

$$V_2 = 0{,}0553 \cdot 2{,}59 = 0{,}1433 \text{ cbm.}$$

Die absolute Spannung p_x im Gehäuse folgt nach Gleichung 195) zu

$$p_x = p_0 \cdot \frac{2\,g\,R\,T_2}{2\,g\,R\,T_2 + w_2^2\,(1 + \zeta_2)} = 10\,333 \cdot \frac{162\,520}{162\,520 + 85{,}732^2 \cdot 1{,}0146}$$
$$= 9867{,}25 \text{ kg, qm}$$

oder mm Wassersäule, mithin die erzielte Depression zu

$$\xi = p_0 - p_x = 465{,}75 \text{ mm Wassersäule.}$$

2. Dampf als saugende Flüssigkeit.

$$w_e = 417{,}2 \text{ m i. d. Sek., } G_e = 0{,}22257 \text{ kg, } \gamma = \frac{1}{v} = \frac{1}{0{,}72796} = 1{.}283 \text{ kg.}$$

Unter Anwendung derselben Gleichungen, wie vorher, erhält man, wenn man vorläufig γ_2 wie bei Luft als Treibflüssigkeit zu 1,247 annimmt,

$$\beta = 1{,}971 \cdot \frac{1{,}283}{1{,}247} = 2{,}03,$$

$$m = 13{,}9,$$

$$w_2 = 112{,}65 \text{ m,}$$

hieraus genauer

$$\gamma_2 = 1{,}156 \text{ kg,} \quad m = 14{,}4, \quad \gamma_1 = 0{,}3474 \text{ kg}$$

und nach Gleichung 189)

$$w_2 = 83{,}44 \text{ m.}$$

woraus sich γ_2 rückwärts zu

$$\gamma_2 = 1{,}194 \text{ kg}$$

berechnet. Hieraus folgt:

$$\frac{G_2}{G} = 2{,}232,$$

also

$$G_2 = 0{,}497 \text{ kg,} \quad \frac{V_2}{V} = 2{,}397 \backsim 2{,}4.$$

Die absolute Spannung im Gehäuse und die Depression erhält man zu

$$p_x = 10\,333 \cdot \frac{162\,520}{162\,520 + 83{,}44^2 \cdot 1{,}0146} = 9901{,}08 \text{ kg/qm}$$

oder mm Wassersäule, folglich

$$\xi = p_0 - p_x = 431{,}92 \text{ mm Wassersäule.}$$

3. Wasser als saugende Flüssigkeit.

Dieselben Verhältnisse λ und n auf Wasser angewandt führen, wie die nachfolgende Berechnung klarlegen soll, zu sehr abnormen Werten, was seinen Grund einmal in dem sehr verschiedenen spezifischen Gewicht von Wasser und Luft, also der nicht mehr in gleichem Maße wie bei Luft oder Dampf zutreffenden Voraussetzung einer gleichbleibenden mittleren Dichtigkeit im Gehäuse, sodann aber auch in der bedeutend geringeren Geschwindigkeit des Wassers hat.

Nach Tabelle 31 (S. 722) ist $w_e = 9{,}83$ m, $G_e = 3{,}089$ kg, also $V_e \backsim 0{,}00309$ cbm. Da $\gamma = 1000$ kg ist, so folgt, wenn man zunächst nach dem vorigen Beispiel $\gamma_2 = 1{,}193$ setzt,

$$\beta = 1{,}971 \cdot \frac{1000}{1{,}193} = 16{,}52.$$

Man erhält dann für $\lambda = 0{,}6$ und $n = 12$ m $= 378$ und hiernach vorläufig $w_2 = 19{,}4$ m. Genauer folgt sodann $\gamma_2 = 1{,}2445$ kg, $\gamma_1 = 2{,}704$ kg und daraus

$$w_2 = 9{,}83 \cdot \sqrt{\frac{1652 \cdot 377{,}4}{378^2 + 1652 \cdot 0{,}6 \cdot 144 \dfrac{1{,}2445^2}{2{,}704 \cdot 1000}}} = 20{,}515 \text{ m,}$$

woraus sich wieder genauer

$$\gamma_2 = 1{,}248 \text{ kg}$$

berechnet.

Man erhält sodann

$$\frac{G_2}{G} = n \cdot \frac{w_2}{w} \cdot \frac{\gamma_2}{\gamma} = 12 \cdot 2{,}088 \cdot \frac{1{,}248}{1000} = 0{,}03127$$

oder

$$G_2 = 3{,}09 \cdot 0{,}03127 = 0{,}0966 \text{ kg,}$$

nnd endlich

$$\frac{V_2}{V} = \frac{G_2}{G} \cdot \frac{\gamma}{\gamma_2} = 0{,}03127 \cdot \frac{1000}{1{,}248} = 25{,}06$$

und

$$V_2 = 0{,}00309 \cdot 25{,}06 = 0{,}0775 \text{ cbm.}$$

Die Spannung und Depression berechnet sich zu

$$p_x = 10\,333 \cdot \frac{162\,520}{162\,520 + 20{,}515^2 \cdot 1{,}0146} = 10\,302 \text{ kg/qm}$$

oder mm Wassersäule, also

$$\xi = p_0 - p_x = 29 \text{ mm Wassersäule.}$$

Der letztere Wert zeigt besonders auffallend die höchst mangel-
hafte Wirkungsweise des Apparates unter den angenommenen
Verhältnissen und berechtigt zu dem Ausspruch, daß die für einen
Druckluft- oder Dampfstrahlapparat brauchbaren Verhältnisse für
Wasserstrahlapparate nicht anwendbar sind oder daß umgekehrt
die ersteren Apparate bei Anwendung von Wasser als saugende Flüssigkeit im höchsten Grade unvorteilhaft arbeiten.

Es sind daher für Wasserstrahlapparate andere Werte für m, n und
λ als für Dampf- und Luftstrahlapparate zu wählen.

Wie aus Gleichung 195) hervorgeht, ist p_x um so kleiner, je größer
w_2 ist.

Aus der Gleichung

$$w_2 = w \cdot \sqrt{\frac{\beta\,(m - \lambda)}{m^2 + \beta \cdot \lambda\,n^2 \dfrac{\gamma_2^2}{\gamma_1 \cdot \gamma}}}$$

lassen sich zunächst folgende Schlüsse ziehen.

w_2 ist der Ausflußgeschwindigkeit w direkt proportional. Der Zähler
des Bruches unter dem Wurzelzeichen ist aber um so größer, je kleiner λ
gegenüber m, oder je größer $\dfrac{m}{\lambda}$ ist. Da nun

$$m = \frac{F_1}{F} \quad \text{und} \quad \lambda = \frac{1}{2}\left(1 + \left(\frac{F_1}{F_0}\right)^2\right)$$

ist, so folgt

$$\frac{m}{\lambda} = 2 \cdot \frac{F_1}{F} \cdot \frac{1}{1 + \left(\dfrac{F_1}{F}\right)^2},$$

oder wenn man den Wert $\left(\dfrac{F_1}{F_0}\right)^2$ als sehr klein vernachlässigt,

$$\frac{m}{\lambda} \backsim 2 \cdot \frac{F_1}{F}.$$

Diese Vernachlässigung kann man aber, ohne einen großen Fehler
zu begehen, vornehmen, da beispielsweise für $\dfrac{F_1}{F_0} = \dfrac{1}{10}$ oder $d_0 = 3{,}16\ d_1$
der Wert

$$\frac{1}{1 + \left(\dfrac{F_1}{F_0}\right)^2} = 0,99$$

wird, also mit genügender Genauigkeit $= 1$ gesetzt werden darf.

Der Wert $\dfrac{m}{\lambda} = \dfrac{F_1}{F}$ wird aber um so größer sein, je kleiner F und

je größer F_1 ist. Der unterste Grenzwert für λ war früher zu $\dfrac{1}{2}$ gefunden.

Um daher den Zähler des obigen Wurzelausdrucks möglichst groß zu machen, müßte m möglichst groß sein. Da jedoch m im Nenner im quadratischen Verhältnis zunimmt, so ist hierdurch die Wahl von m beeinflußt.

Genauer läßt sich der günstigste Wert des Wurzelausdrucks durch Differentiation ermitteln. Zunächst sind die Werte λ, γ_1, γ_2 und β zu

bestimmen. Die folgende Tabelle gibt für verschiedene Werte von $\dfrac{d_0}{d_1}$

die entsprechenden Werte von λ.

Für

$$\frac{d_0}{d_1} = 1,5 \qquad 2 \qquad 3 \qquad 4 \qquad 5$$

folgt

$$\frac{F_0}{F_1} = 2,25 \qquad 4 \qquad 9 \qquad 16 \qquad 25$$

oder

$$\frac{F_1}{F_0} = 0,444 \qquad 0,25 \qquad 0,111 \qquad 0,0625 \qquad 0,004$$

also

$$\left(\frac{F_1}{F_0}\right)^2 = 0,1971 \qquad 0,0625 \quad 0,0123 \quad 0,0039 \quad 0,000016$$

und daraus

$$\lambda = 0,5985 \qquad 0,5313 \quad 0,5061 \quad 0,50195 \quad 0,5008.$$

Wählt man $\lambda = 0,6$, so wird hiermit den meist praktischen Fällen Genüge geleistet sein und in manchen Fällen γ noch kleiner, also w_2 entsprechend größer sein.

Nach dem früheren sei $\gamma_2 = 1,193$, also $\beta \sim 1650$ und

$$\frac{\beta \cdot \lambda \gamma_2^2}{\gamma \cdot \gamma_1} = C$$

gesetzt. Wird ferner n konstant angenommen, so kann man den Bruch unter dem Wurzelzeichen auch schreiben

$$\frac{1650\,(m - 0,6)}{m^2 + C\,n^2} = \frac{1650\,m - 0,6 \cdot 1650}{m^2 + C\,n^2}$$

Durch Differentiation erhält man

$$(m^2 + C\,n^2) \cdot 1650 - (1650\,m - 0,6 \cdot 1650) \cdot 2\,m = 0,$$

oder einfacher

$$m^2 + C\,n^2 - (m - 0,6) \cdot 2\,m = 0,$$

woraus folgt

$$m^2 - 1,2\,m - C\,n^2 = 0,$$

also

$$\cdot m = 0{,}6 \pm \sqrt{0{,}36 + C\,n^2}$$

worin, da m positiv sein muß, das positive Wurzelzeichen zu nehmen ist, also

$$m = 0{,}6 + \sqrt{0{,}36 + C\,n^2} \qquad \text{198)}$$

zu schreiben ist. Da jedoch der Wert von w_2 um so größer wird, je kleiner n, also auch n^2 ist, so folgt, daß in Gleichung 219) C und n_2 möglichst klein zu halten sind. Für $C \cdot n^2 = 0$ ist $m = 1{,}2$ oder $= 2\,\lambda$.

Aus Gleichung 198) folgt rückwärts

$$n = \sqrt{\frac{m^2 - 1{,}2\,m}{C}} \cdot \qquad \text{199)}$$

Der Koeffizient $C = \beta\,\dfrac{\lambda \cdot \gamma_2^{\,2}}{\gamma \cdot \gamma_1}$ wird nur durch die verschiedenen

Dichtigkeiten bestimmt. Setzt man noch $\beta = 1{,}971 \cdot \dfrac{\gamma}{\gamma_2}$ ein, so folgt

$$C = 1{,}971 \cdot \lambda \cdot \frac{\gamma_2}{\gamma_1},$$

Da γ_2 das Gewicht eines cbm der angesaugten Luft, γ_1 dasjenige des Gemisches von Wasser und Luft ist, so ist ohne weiteres klar, daß $\gamma_2 < \gamma_1$, oder $\dfrac{\gamma_2}{\gamma_1} < 1$ sein muß. Setzt man den Grenzwert $\dfrac{\gamma_2}{\gamma_1} = 1$ oben ein, so folgt $C = 1{,}971 \cdot 0{,}6 = 1{,}1826$ als größter Wert. Für $C = 1$ folgt

$$\frac{\gamma_2}{\gamma_1} = \frac{1}{1{,}971 \cdot 0{,}6} = 0{,}84\,.$$

Nimmt man vorläufig an, daß dieses Verhältnis zutreffend sei, so kann man Gleichung 198) schreiben

$$m = 0{,}6 + \sqrt{0{,}36 + n}$$

und man erhält für verschiedene Werte von n folgende Werte von m:

n =	0,1	0,5	1	1,5	2	4	8
m =	1,201	1,381	1,766	2,216	2,69	4,65	8,62.

Rechnet man hieraus z. B. für $n = 1$ und $m = 1{,}766$ die Werte w_2, γ_1 und γ_2 aus, so folgt $w_2 = 21{,}6 \cdot w = 282{,}96$ m, $\gamma_2 = 0{,}835$, folglich $\gamma_1 = \dfrac{0{,}835}{0{,}84} \backsim 1{,}0$ nach obiger Annahme. Aus Gleichung 194) folgt dagegen

$$\gamma_1 = \frac{1000 + 1 \cdot 21{,}6 \cdot 0{,}835}{1{,}766} = 575{,}1\,\cdot$$

Man erkennt hieraus sofort, daß die obige Annahme $C = 1$ einen

viel zu großen Wert des Verhältnisses $\dfrac{\gamma_2}{\gamma_1}$ ergibt, daß man also C be-

deutend kleiner, oder $\dfrac{\gamma_2}{\gamma_1}$ bedeutend größer anzunehmen hat.

Aus der Gleichung $C = 1{,}971 \cdot \lambda \cdot \dfrac{\gamma_2}{\gamma_1}$ folgt

$$\frac{\gamma_2}{\gamma_1} = \frac{C}{\lambda \cdot 1{,}971} \quad \text{oder für } \lambda = 0{,}6,$$

$$\frac{\gamma_2}{\gamma_1} = \frac{C}{1{,}183} \quad \text{und } C = 1{,}183\,\frac{\gamma_2}{\gamma_1}\,. \qquad \text{200)}$$

Da nun über die Größen der Werte von γ_1, m und n keine weiteren Anhaltspunkte vorhanden sind, so soll zur Lösung der Aufgabe der folgende Weg eingeschlagen werden.

Es soll angenommen werden, daß die vom Wasserstrahl anzusaugende Luftmenge dieselbe wie bei Luft und Dampf, also im Mittel

$$G_2 = 0{,}43 \text{ kg}$$

oder

$$\frac{G_2}{G} = \frac{0{,}43}{3{,}089} = 0{,}1392$$

sein soll, daß ferner auch die Depression im Gehäuse dieselbe wie bei Luft und Dampf, also $\xi \backsim 450$ mm, mithin

$$p_x = p_0 - \xi = 9883 \text{ kg/qm oder mm Wassersäule}$$

sein soll.

Dann berechnet sich zunächst w_2 nach Gleichung 195) (S. 730) zu

$$w_2 = \sqrt{\frac{p_0 - p_x}{p_x} \cdot \frac{2\,g\,R\,T_2}{1 + \zeta_2}} = 85{,}5 \text{ m,}$$

sodann nach Gleichung 196)

$$\gamma_2 = p_0 \frac{2\,g}{2\,g\,R\,T_2 + w_2^2\,(1 + \zeta_2)} = \frac{202\,733}{162\,520 + 7313} = 1{,}1925 \text{ kg,}$$

ferner

$$\varepsilon = \frac{w_2}{w} = \frac{85{,}5}{9{,}83} = 8{,}698 \backsim 8{,}7$$

und hiermit nach Gleichung 191)

$$n = \frac{G_2}{G} \cdot \frac{\gamma}{\gamma_2} \cdot \frac{1}{\varepsilon} = 0{,}1392 \cdot \frac{1000}{1{,}1925} \cdot \frac{1}{8{,}7} = 13{,}43.$$

Zur Berechnung von γ_1 dient die Gleichung

$$G_0 = V_0 \cdot \gamma_1 = G_1 + G_2 ,$$

also

$$\gamma_1 = \frac{G + G_2}{V_0} = \frac{G + G_2}{V + V_2} = \frac{G + G_2}{\dfrac{G}{\gamma} + \dfrac{G_2}{\gamma_2}} = \frac{0{,}43 + 3{,}089}{0{,}003089 + 0{,}385} = 9{,}072 \text{ kg.}$$

Hieraus folgt

$$\frac{\gamma_2}{\gamma_1} = \frac{1{,}1925}{9{,}072} = 0{,}1314 ,$$

mithin nach Gleichung 200)

$$C = 1{,}183 \cdot \frac{\gamma_2}{\gamma_1} = 1{,}183 \cdot 0{,}1314 = 0{,}1555$$

und

$$m = 0{,}6 + \sqrt{0{,}36 + 0{,}1555 \cdot 13{,}43^2} = 5{,}92 ,$$

also

$$\frac{d_1}{d} = \sqrt{m} = \sqrt{5{,}92} = 2{,}433$$

und endlich, da d = 20 mm angenommen war, $d_1 = 48{,}66 \backsim 49$ mm und

$$d_2 = d \cdot \sqrt{n} = 20 \cdot \sqrt{13{,}43} = 73{,}4 \backsim 74 \text{ mm.}$$

Während also bei Druckluft und Dampf m $>$ n gefunden war, ist hier umgekehrt m $<$ n zu machen.

Man erhält somit die folgenden zusammengehörigen Werte bei nahezu gleicher Leistung.

	m	n	d	d_1	d_2	d_0 [1]
					mm	
Druckluft . . .	15,53	12	20	79	69,3	120
Dampf	14,4	12	20	76	69,3	114
Wasser	5,92	13,43	20	49	74	75

Der leichteren Übersicht halber sind die sämtlichen berechneten Werte in der folgenden Tabelle zusammengestellt.

Tabelle 32.

No.	Bezeichnung	Druckluft	Dampf	Wasser
1	Effektive Ausflußmenge G, kg i. d. Sek.	0,27	0,22257	3,089
2	Angesaugte Luftmenge G_2, kg „ „ „	0,362	0,497	0,43
3	$G_2 : G$	1,34	2,232	0,1392
4	Volumenverhältnis $V_2 : V$	2,59	2,4	124,6
5	Effektive Ausflußgeschwindigkeit w, m i. d. Sek.	304,23	417,2	9,83
6	Geschwindigkeit der angesaugten Luft, w_2, m i. d. Sek.	85,732	83,44	85,5
7	Depression ξ, mm Wassersäule . . .	465,75	431,92	450
8	Gewicht γ_1 der Mischung, kg/cbm . .	0,434	0,3474	9,072
9	„ γ_2 der angesaugten Luft, kg/cbm	1,1925	1,194	1,1925

Tabelle 32 zeigt zunächst, daß das Volumenverhältnis $\frac{V_2}{V}$ bei Druckluft ungefähr dasselbe wie bei Dampf, bei Wasser dagegen bedeutend größer ist, was aus dem bedeutend größeren Gewicht des Wassers zu erklären ist, daß ferner das Gewicht eines cbm der Mischung in dem Aufsatzrohr bei Wasser bedeutend größer ist als bei Druckluft und Dampf.

Die vorstehend ausgeführten Berechnungen geben einen Anhalt, wie die entwickelten Hauptgleichungen zu benutzen sind. Die meisten Probleme, welche in Wirklichkeit auftreten, lassen sich auf folgende zwei Fälle zurückführen.

1. Gegeben ist ein Strahlgebläse von bestimmten Abmessungen, also bekannten Verhältnissen m, n und λ. Gegeben ist ferner der Betriebsdruck, wodurch die Ausflußgeschwindigkeit gleichfalls bekannt ist. Es soll die sekundlich oder stündlich angesaugte Luftmenge und die erzeugte Depression berechnet werden.

2. Gegeben ist die anzusaugende Luftmenge, die zu erzeugende Depression und der Betriebsdruck, zu berechnen sind die Verhältnisse m, n und λ.

---

[1]) Für $\lambda = 0,6$.

In beiden Fällen geben die entwickelten Gleichungen wohl für die meisten praktischen Ausführungen genügend genaue Resultate, während infolge der gemachten Voraussetzungen und teilweisen Vernachlässigungen, ohne welche eine Durchführung der Entwickelungen überhaupt nicht ausführbar war, eine absolute Genauigkeit derselben, sowie eine vollständige Übereinstimmung mit den durch Versuche gefundenen Resultaten nicht zu erwarten ist.

Während für Lokomotivblasrohre durch Zeuners Versuche die Bestimmung der Erfahrungskoeffizienten, sowie der günstigsten Werte für die Ausführung erfolgt ist, fehlen leider für die übrigen Strahlgebläse bei höheren Betriebsdrücken diese Werte vollständig, welchen Mangel auch Zeuner [1]) mit Bedauern hervorhebt. Es soll zwar nicht in Abrede gestellt werden, daß die Verbesserung der Strahlapparate, wie sie speziell der bereits mehrfach erwähnten Firma Gebr. Körting in Hannover gelungen ist, nur durch langwierige und mühevolle Versuche erreicht werden konnte, und daß bestimmte Erfahrungskoeffizienten hierdurch gefunden wurden, welche für den Bau der Apparate maßgebend sind. Indessen sind diese Werte leider nicht bekannt, so daß auch hier wieder, wie bereits bei verschiedenen anderen Gelegenheiten, der Mangel streng wissenschaftlicher, zuverlässiger Versuche hervorgehoben und die Ausführung derselben im Interesse der Wissenschaft und Industrie aufs lebhafteste befürwortet werden muß. Einen sehr wertvollen Beitrag zur Untersuchung und Aufklärung der Ausströmungserscheinungen der Gase aus Düsen bildet die Abhandlung von Dr. R. Emden [2]), auf welche hier nur verwiesen sei. Auch die neueren Versuche von Rateau [3]) über die Ausflußmengen und Saugwirkung von bewegten Dampfstrahlen seien an dieser Stelle erwähnt, wenngleich eine weitere Ausbildung der Theorie der Strahlapparate auf Grund dieser Versuche zurzeit noch nicht ausführbar ist, weil dieselben noch kein genügendes Material hierfür bieten, da sie noch nicht auf die Ausflußerscheinungen bei Druckluft und Wasser ausgedehnt sind. Endlich sei noch auf die Untersuchungen von Fliegner [4]) über das Ausströmen von Luft durch konisch divergente Düsen und von Stodola [5]) über die strömende Bewegung des Dampfes in den Düsen von Dampfturbinen verwiesen, welche gleichfalls wertvolle Beiträge zur Weiterentwickelung der Theorie der Strahlapparate enthalten [6]).

---

[1]) Techn. Thermodynamik, Bd. II, S. 171, § 24.

[2]) Über die Ausströmungserscheinungen permanenter Gase. Habilitationsschrift etc. von Dr. Robert Emden. Leipzig, J. A. Barth, 1899.

[3]) Revue industrielle, 1901, Bd. 32, S. 464.

[4]) Schweizerische Bauzeitung, 1898, Bd. 31, S. 68 und 1901, Bd. 38, S. 151.

[5]) Ver. deutsch. Ing., 1903, Bd. 47, S. 1, „Die Dampfturbinen etc." Abschnitt über die strömende Bewegung des Dampfes. Ferner in Stodola, Dampfturbinen, 4. Aufl. Julius Springer, Berlin 1910, III. Die strömende Bewegung elastischer Flüssigkeiten. S. 39—112.

[6]) Weiter vergl. Ostertag, Theorie und Konst. der Kolben- und Turbokompressoren. Julius Springer, Berlin 1911. S. 113—172.

Alphabetisches Sach- und Namen-Register.

(Die Ziffern bedeuten die Seitenzahlen.)

Abnahme des Wirkungsgrades entgegen der Belastung 369.
Absaugen 2.
Absolute Temperatur 546.
Absoluter Temperaturnullpunkt 546.
Absorption 2.
Adiabatische Kompression 557, 563.
Äquivalente Fläche 433, 656.
Ärzener Maschinenfabrik 326.
Anemometergleichungen 365, 432.
Anemometer von Casella 432.
Antoine 550.
Arbeit, äußere 554.
— innere 554.
Arbeitsersparnis der mehrstufigen Kompression 605.
Atmosphäre, alte 353.
— metrische 553.
— neue 353, 553.
Ausflußexponent 712.
Ausflußgeschwindigkeit 711.
Ausflußmenge 711.

Baker und Evrard 330.
Balanciermaschinen 22.
Balcke & Co. 315.
Balggebläse 4.
Beale 346.
Beck und Henkel 381.
Bellfort 347.
Berliner Maschinenbau-A.-G. 238.

Bernoullischer Satz 469, 678.
Bessemer - Gebläsemaschinen 5, 28.
Betriebskosten der Turbogebläse 510.
— der Ventilation 394.
— von Kompressoren 393.
— von Ventilatoren 396, 671.
— von Verbandkompressoren 272.
Bettinger und Balcke 116, 316.
Blackman Expert Co. 467.
— Ventilator 518.
Blasebälge 6.
Blasrohr von Adams 540.
— — Heusinger 539.
Blyth, Kompressor 177.
Böckel & Co. 138.
Bonte 491.
Borsig 185, 318.
Breitfeld, Daněk & Co. 192.
Brinkmann & Co. 309.
Brooks-Steuerung 65.
— Southwork-Steuerung 77.
Brotherhood 178.
Brown, Boveri & Co. 479.
Burckhardt 150.
— -Weiß, Kompressor 111.

Capell 358.
Carlile 11.
de Castellain, Kompressor 204.

Cleathers 351.
Cook 348.

Dämpfe, überhitzte 545.
Daltonsches Gesetz 570.
Davisdon 457.
Depression 352.
— Berechnung aus den Grubendimensionen 670.
Diffusor 353, 682.
— verstellbarer 403.
Dinglerscher Kompressor 395.
— Ventilator 394.
Drillingsmaschine, stehend 25.
Dronke 548.
Druck, dynamischer 704.
— Gesamt- 707.
— statischer 704.
Druckausgleich 583.
Druckluftregulierung, selbsttätige 226.
Druckluftverwendung 535.
Druckunterschied 704.
Dürre 17.
Düse, gleichwertige 707.
Düsenmessungen 701.
Dynamischer Druck 704.

Edwards 319.
Enfer 15.
Enke 332.

Fabrysches Gebläse 654.
Farcot 375.
Fincke 113.
Finkscher Ventilator 414.
Friedrich-Wilhelmshütte 25.
Fude 329.

47*

Additional information of this book

(Die Gebläse; 978-3-662-24136-3) is provided:

http://Extras.Springer.com